心理学核心课

# 行为生理学

第 12 版

# Physiology of Behavior

12th edition

[美] 尼尔 · R. 卡尔森　梅利莎 · A. 伯基特　著
Neil R. Carlson　Melissa A. Birkett
徐步云　贺荟中　译

上海社会科学院出版社
SHANGHAI ACADEMY OF SOCIAL SCIENCES PRESS

# 译者序

当本书终于快要交付出版时，全球正在经历第三波新冠疫情。2020 年是注定要被载入史册的一年。从疫情开始全球蔓延到第一支疫苗投入使用，仅仅用了大半年时间。在我们看来，正是人类对自身生理体系不断深入的了解，才给予了我们战胜疫情的可能性。此外，如果没有各种跨学科合作以及充足的各类基础科学理论储备，战胜疫情怕是更加遥遥无期了。

我们所研究的认知神经科学领域也正在成为现代科技发展的重要理论基础来源。最近大热的领域——人工智能的开发和研究，很大程度上得益于人类对自身大脑运作机理的理解。此外，认知神经科学领域也急需基础理论突破以及对现有理论创造性的理解和运用，来解决现今人类社会所面临的日益严重的药物滥用以及精神障碍等问题。由此可见，想要用科学技术为人类社会创造更多福祉，就需要更深入地、准确地了解人类行为的生理学机制。想要深入地研究行为生理学，就需要培养高素质的人才。而这门学科的人才培养的起点，就是大学。激发大学生对这门学科的兴趣的一个重要工具，就是一本高质量、全面、并且与时俱进的教科书。这也是我们参与本书翻译工作的一大原因。

本书覆盖面很广，不但囊括了一般认知神经科学教科书的基本内容，比如神经元的结构和功能、感知系统和运动系统的大脑机制、学习和记忆的神经机理等，也包括了诸如精神类药物运作机理、生殖行为、摄食行为、药物摄入后的代谢，以及各种精神和行为障碍的神经学基础等广泛的课题。这也让我们在进行翻译工作时对认知神经科学以外的话题有了更深入的了解，这个过程让我们受益匪浅。

本书也汲取了不少行为生理学领域的最新研究成果。在我们更为熟悉的认知神经科学领域，本书囊括了比较前沿的研究成果以及研究方法，比如深部脑刺激技术的应用、新的视觉通路的研究、关于海马体和空间记忆的新研究成果等。虽然我们一直在努力让自己在认知神经科学领域的知识不"过时"，但不可否认的是，由于我们都有各自的专长研究领域，所以无法不断地刷新这些领域以外的知识。即使是认知神经科学领域，在翻译过程中我们也学到了很多更前沿的知识。此外，在其他领域，本书也颇为与时俱进，加入了近几年才开始被大规模讨论的话题。比如，本书涉及了在北美地区最新的药物滥用问题，如阿片类药物危机（opioid crisis），以及大麻合法化后所涉及的大麻对青少年大脑的危害的研究。书中也讨论了最近比较热门的性取向的形成和生理基础的问题。读者可以通过这些内容初步了解一些欧美社会的最新的焦点问题。

从两年多前开始翻译，直到本译作终于要定稿并付之梨枣之时，我们深切体会到了专业书籍翻译的难度。我们竭尽全力地靠近"信达雅"的翻译标准。然而，虽然我们自诩有着扎实的专业功底和英语阅读理解能力，也有着足够的学习能力，但是毕竟我们没有接受过专业的翻译训练，所以，翻译中不可避免会出现一些问题，恳请各位读者批评指正。

最后，我们由衷地希望这本书可以激发读者对这门学科的兴趣。这本书不应该是终点，而是起点。

徐步云　贺荟中

2021 年 4 月 15 日

# 简要目录

第 1 章　导论 / *001*
第 2 章　神经系统细胞的结构和功能 / *024*
第 3 章　神经系统的结构 / *059*
第 4 章　精神药理学 / *091*
第 5 章　研究方法与研究策略 / *124*
第 6 章　视觉 / *158*
第 7 章　听觉、躯体感觉和化学感觉 / *201*
第 8 章　运动控制 / *246*
第 9 章　睡眠与生物节律 / *277*
第 10 章　生殖行为 / *316*
第 11 章　情绪 / *354*
第 12 章　摄食行为 / *393*
第 13 章　学习与记忆 / *436*
第 14 章　人类交流 / *480*
第 15 章　神经障碍 / *519*
第 16 章　精神分裂症与情感障碍 / *560*
第 17 章　压力、焦虑及神经发育障碍 / *594*
第 18 章　药物滥用 / *630*

# 目　录


前言 001

第 1 章　导论 001

**行为神经科学基础** 003

研究目的 004

行为神经科学的生物学根源 004

**自然选择和进化** 009

功能主义和遗传特质 009

大容量脑的进化 011

**人类和其他动物研究的伦理问题** 015

动物研究 015

人类研究 017

**神经科学的未来：职业和学习策略** 018

神经科学的职业 018

学习策略 019

第 2 章　神经系统细胞的结构和功能 024

**神经系统中的细胞** 026

神经系统概述 026

神经元 027

支持细胞 031

血脑屏障 035

**神经元内的传递** 037

神经传递概述 037

轴突电位的测量 038

膜电位 039

动作电位 041

动作电位传导 043

**神经元之间的传递** 046

突触结构 047

神经递质的释放 048

受体激活 049

突触后电位 051

突触后电位的终止 052

突触后电位的效应：神经整合 053

自身受体 054

其他类型的突触 055

其他化学传递形式 055

第 3 章　神经系统的结构 059

**神经系统的基本特征** 061

解剖学方位术语 061

脑膜 063

脑室系统和脑脊液的产生 064

**神经系统的发展** 066

大脑发育概述 066

产前大脑发育 067

产后大脑发育 071

**中枢神经系统的结构和功能** 073

前脑 073

中脑 081

后脑 083

脊髓 083

**外周神经系统的结构和功能** 085

颅神经 085

脊神经 086

自主神经系统 087

第 4 章　精神药理学 091

**精神药理学原理** 093

精神药理学概述 093

药代动力学 094

药物的有效性 096
重复给药的效果 098
安慰剂效应 099
**药物的作用位点** 100
对神经递质生成的影响 101
对神经递质储存和释放的影响 101
对受体的影响 103
对神经递质再摄取或破坏的影响 104
**神经递质和神经调质** 104
氨基酸 106
乙酰胆碱 109
单胺 112
肽类 119
脂质 120

第 5 章　研究方法与研究策略 124
**实验消融** 126
评估脑损伤的行为效应 126
制造脑损伤 127
立体定向手术 128
组织学方法 130
跟踪神经连接 132
研究活体人脑的结构 137
**记录和刺激神经活动** 141
记录神经活动 141
记录大脑的新陈代谢和突触活动 143
刺激神经活动 146
**神经化学方法** 149
寻找产生特定神经化学物质的神经元 149
特异性受体定位 151
测量大脑中分泌的化学物质 152
**遗传方法** 154
双胞胎研究 154
领养研究 154
基因组研究 155
靶突变 155
反义寡核苷酸 156

第 6 章　视觉 158
**眼睛** 161
感觉、知觉的简介 161
刺激:光 161
眼的解剖结构 162
光感受器 163
转导 164
中央视觉和周围视觉 166
视神经 167
视觉通路概述 168
**与视觉加工有关的大脑区域** 170
外侧膝状体核 170
纹状皮层 170
纹外皮层 172
**颜色知觉** 174
视网膜神经节细胞对光/暗环境的感知作用 174
视网膜对色觉感知的作用 176
纹状皮层的作用 180
纹外皮层的作用 180
**形状知觉** 184
纹状皮层的作用 184
纹外皮层的作用 185
**空间位置知觉** 192
视网膜的作用 192
纹状皮层的作用 192
纹外皮层的作用 192
**方向和运动知觉** 194
纹状皮层的作用 194
纹外皮层的作用 195

第 7 章　听觉、躯体感觉和化学感觉 201
**听觉** 203
刺激 203
耳的解剖学 204
听觉毛细胞和听觉信息的传递 206
听觉通路 207
音高的感知 210

响度的感知 211
音色的感知 211
空间位置感知 212
复杂声音感知 215
音乐感知 217
**前庭神经系统** 220
前庭器官的解剖学 220
前庭神经通路 222
**体觉** 223
刺激 224
皮肤及其感受器官的解剖学 224
皮肤刺激知觉 224
躯体感觉通路 228
痛觉 229
**味觉** 235
刺激 236
味蕾和味觉细胞的解剖学 236
味觉信息的感知 237
味觉通路 238
**嗅觉** 240
嗅觉器官的刺激和解剖学 240
嗅觉信息的转导 242
对特定气味的感知 242

第 8 章 运动控制 246
**骨骼肌** 248
解剖学特征 248
肌肉收缩的生理基础 249
来自肌肉的感觉反馈 250
**脊髓的运动控制** 252
单突触牵张反射 252
γ-运动系统 254
多突触反射 254
**大脑的运动控制** 256
皮层结构 256
运动的大脑皮层控制:下行通路 257
计划和发起运动:运动联合皮层的作用 259
皮层下结构 263
**复杂运动行为** 270
模仿和理解动作:镜像神经元系统的作用 270
抓握控制:顶叶皮层的作用 272
**熟练动作缺陷:失用症** 274
肢体失用症 274
结构性失用症 275

第 9 章 睡眠与生物节律 277
**什么是睡眠?** 279
睡眠阶段 279
睡眠中的大脑活动 283
**我们为什么要睡觉?** 285
慢波睡眠的功能 285
快速眼动睡眠的功能 288
睡眠与学习 288
**睡眠与觉醒的生理机制** 291
睡眠神经调控 291
觉醒神经调控 292
睡眠/觉醒转换神经调控 297
快速眼动睡眠转换神经调控 299
**睡眠障碍** 303
失眠 303
发作性睡病 304
REM 睡眠行为障碍 305
慢波睡眠相关问题 306
**生物钟** 307
昼夜节律与授时因子 307
视交叉上核 309
季节性节律调控:松果腺和褪黑激素 312
昼夜节律变化:轮班工作与时差 313

第 10 章 生殖行为 316
**性发育** 318
配子的产生和受精 318
性器官的发育 319

性成熟 322
**性行为的激素控制** 325
女性生殖周期的激素控制 325
实验室动物性行为的激素控制 325
雄激素对行为的组织作用：
雄性化和去雌化 328
人类性行为 329
信息素作用 331
**性行为的神经控制** 335
男性 335
女性 338
配偶关系的形成 339
**性取向** 341
激素的激活和组织作用 342
雄激素的作用 342
泄殖腔外翻 343
大脑性别二态性 343
产前环境对性取向的作用 345
遗传与性取向 345
**亲职行为** 347
啮齿动物的母性行为 347
母性行为的激素控制 349
母性行为的神经控制 350
父性行为的神经控制 352

第 11 章　情绪 354
**恐惧** 355
情绪反应的组成 355
动物为被试的实验室研究 356
人为被试的研究 360
**攻击性** 362
动物为被试的实验室研究 363
人为被试的研究 364
激素控制攻击行为 365
**冲动控制** 370
腹内侧前额皮层的作用 371
大脑发展与冲动控制 372
犯罪与冲动控制 373
血清素与冲动控制 373
道德决策 374
**情绪交流** 377
情绪的面部表情：先天反应 377
情绪交流的神经基础：识别 378
情绪交流的神经基础：表情 385
**情绪感受** 388
詹姆斯-兰格理论 389
情绪表情的反馈 390

第 12 章　摄食行为 393
**饮水** 395
生理调节机制 395
两种类型的口渴 396
渴的神经机制 399
**进食：什么是新陈代谢** 401
短期储备 402
长期储备 403
禁食阶段 403
吸收阶段 404
**进食：开始用餐的信号** 405
消化系统信号 406
新陈代谢信号 407
**进食：停止用餐的信号** 409
短期饱腹信号 409
环境因素信号 410
感觉因素信号 411
胃因素信号 411
肠道因素信号 411
肝脏因素信号 412
胰岛素信号 413
长期饱腹感：脂肪组织信号 413
**大脑机制** 415
脑干 415
下丘脑 416
**肥胖** 421
可能的原因 422
治疗 425

**进食障碍** 430
可能的原因 431
治疗 434

第 13 章 学习与记忆 436
**学习和记忆概述** 438
学习的类型 439
记忆的类型 441
**刺激-反应学习** 444
经典条件反射 444
操作性条件反射 445
**动作学习** 452
大脑皮层的作用 452
基底核的作用 452
**知觉学习** 453
大脑皮层的作用 453
保持短时记忆中的知觉信息 455
**关系学习** 456
海马体的作用 457
大脑皮层的作用 462
**遗忘症** 462
海马体的作用 463
刺激-反应学习 465
运动学习 465
知觉学习 466
关系学习 467
**长时程增强** 472
长时程增强的诱导 473
NMDA 受体的作用 474
AMPA 受体的作用 475
突触变化的作用 477

第 14 章 人类交流 480
**语言产生和理解:大脑机制** 482
偏侧优势 482
语言产生 484
语言理解 484
双语 485
韵律 486
识别他人声音 488
**语言产生和理解障碍** 489
语言产生障碍:布洛卡失语症 489
语言理解障碍:威尔尼克失语症 493
传导性失语症 499
听障人失语症 501
口吃 503
**读写障碍** 506
与失语症的关系 506
纯失读症 506
对阅读的理解 508
对书写的理解 514

第 15 章 神经障碍 519
**肿瘤和癫痫** 521
肿瘤 521
癫痫 523
**脑血管意外** 527
病因 527
治疗方法 529
**外伤性脑损伤** 532
病因 532
治疗方法 534
**发展性障碍** 534
有毒化学物质 534
遗传代谢病 535
唐氏综合征 536
**退行性疾病** 538
传染性海绵状脑病 538
帕金森病 540
亨廷顿舞蹈病 546
肌萎缩侧索硬化症 548
多发性硬化症 549
痴呆 550
科尔萨科夫综合征 554
**传染性疾病造成的损伤** 557
脑炎 557

脑膜炎 558

第 16 章　精神分裂症与情感障碍 560
**精神分裂症** 562
描述 562
遗传可能性 564
环境因素 566
精神分裂症的异常 569
中脑边缘多巴胺通路:阳性症状 572
中脑皮层多巴胺通路:阴性和认知症状 574
**情感障碍** 579
描述 579
遗传可能性 580
生物疗法 580
前额皮层的作用 584
单胺假设 586
5-HT 转运体的作用 587
神经发生的作用 588
昼夜节律的作用 588

第 17 章　压力、焦虑及神经发育障碍 594
**压力** 596
压力反应的生理机制 596
长期压力的健康效应 598
压力的脑部影响 599
精神神经免疫学 602
**创伤后应激障碍** 606
症状 606
遗传可能性 606
大脑变化 607
治疗 609
**焦虑障碍** 610
症状 610
遗传可能性 611
大脑变化 612
治疗 612
**强迫症** 614
症状 614
遗传可能性 616
大脑变化 616
治疗 617
**自闭症谱系障碍** 619
症状 620
遗传可能性 621
大脑变化 621
**注意缺陷/多动障碍** 625
症状 625
遗传可能性 626
大脑变化 627

第 18 章　药物滥用 630
**药物滥用的共同特征** 632
正强化 633
负强化 640
**遗传** 643
酒精 644
尼古丁 645
兴奋剂 645
**常见的滥用药物** 646
阿片类 646
兴奋剂 648
尼古丁 649
酒精 653
大麻 655
**药物滥用的治疗** 658
阿片类 658
兴奋剂 659
尼古丁 660
酒精 661
脑刺激 662

词汇表 664
参考文献 695

# 前　言

三十多年前，我写了第 1 版的《行为生理学》。当时，我并不知道有一天自己会写到第 12 版。我依然从写作的过程中收获了很多乐趣，所以我希望将来还能继续更新版本。每个新的版本都补充了新的内容，多数来自我同事实验室的有趣工作，这是他们的创造力和辛勤工作的结果。因为我有很多东西需要学习，所以，写这版的时候我收获了和写第一版时一样多的快乐。这就是使新版本有趣的原因:学习新东西，然后试图找到一种方法将信息传达给读者。

在这个版本中，梅利莎·伯基特加入了写作团队，为审查章节结构和增加新的教学功能作出了贡献，其中包括学习目标和修订思考问题。她的工作有助于将本书的内容集中于关键概念之上，提供给了读者一种更为一致的，评估自己对行为神经科学的理解的方法。她还参与制作了新的补充文本内容的在线资源，并为本版中对研究的持续重新评估作出了贡献。利用我们的教学和与学生合作的经验，我们一起为行为神经科学的学生制作了一份全面且容易理解的指南。

本书的第一部分涉及行为神经科学的基础，包括该领域的历史、神经元的结构和功能、神经解剖学、精神药理学和研究方法。第二部分涉及指导行为的输入和输出，包括感觉系统和运动系统。第三部分涉及几类物种典型行为，包括睡眠、繁殖、情绪行为和摄食。关于生殖行为的章节包括亲职行为以及求爱和交配。关于情感的章节包括对恐惧、愤怒和攻击、情绪交流和情感的讨论。关于摄食行为的章节包括饮酒和饮食的神经和代谢基础。本书的第四部分探讨学习方面的内容，包括突触可塑性的研究、负责感知学习的神经机制和刺激 反应学习(包括经典条件反射和操作性条件反射)、人类的遗忘症以及海马结构在关系学习中的作用。本书的最后一部分探讨人类交流的神经机制，以及精神和行为障碍的神经基础。后一主题分为三章，第 16 章讨论精神分裂症和情感障碍，第 17 章讨论压力、焦虑和神经发育障碍，第 18 章讨论药物的滥用问题。

本书中，每一章都以**案例研究**开始，这些案例研究都描述了受到神经科学中的一个重要问题影响的个体的经历。章节内还包含其他的案例研究。为了给你的阅读起到指导作用，可以在文本的每个主要部分的开头找到**学习目标**。学习目标可以帮助你识别和理解每个部分的关键点，并在每个部分的末尾进行总结。**思考题**也位于每个部分的末尾，旨在激发你对所学内容的思考。**章节回顾问题**对每章进行了总结，为每一章提供有用的回顾内容，并提供更全面的机会来测试你对这些知识的理解。每一章都增加了**关键概念**的功能，其目标是突出神经科学中的重要主题，并提供更深入探索它们的机会。

## 本版本中新加入的内容

现在这个版本中所引用的研究，既反映了研究方法上的巨大进步，也反映了这些新研究方法所产生的新发现。在神经科学中，一旦某个实验室开发出一种新方法，它就会被其他实验室采用并应用于广泛的研究。研究人员正在结合技术，将解决问题的方法集中在一起，使用许多方法，并通常与其他实验室合作。

本书中的视觉设计也在不断地发展。第12版中视觉设计也进行了更新，从而使本书变得清新、现代且吸引人，同时，该领域的最新发现和研究也都被囊括到了本书中。我们一直努力尽可能地保持内容的前沿性和准确性。我们希望本版新的视觉设计能够反映出这种持续的努力。

为了使这个版本的内容更易于获取、更具吸引力、更易于学生理解，我们为此付出了巨大努力。我们尽一切努力在每一章中创建更多的“支架”，对材料进行分组和重组，以便读者能够更好地辨别重要概念，更好地了解这些概念如何以更全面的模式相互关联。当然，除了内容组织上的修订，我们还试图更新文献以保持该领域的最新趋势和发现。

你会注意到所有章节都包含了新的标题和副标题以及学习目标。这些是新版本的一些最重要的结构变化。每章中的小标题与新开发的学习目标相对应，并与每个部分的学习目标摘要相关联。我们相信这种方法将有助于读者更方便地识别主题和概念。

以下列表总结了此版本的一些更新：

### 第1章

本章的开头加入一个反映神经科学研究应用的新案例研究。

增加了强调神经可塑性是神经科学的一个重要主题的内容。

增加了关于神经科学领域当代发展的新内容。

增加了一个新的部分，其中包括与人类被试一起研究中的伦理考虑因素。

增加了支持学习策略的新研究摘要（以及对读者的实用建议）。

### 第4章

本章开头增加了一个新的案例研究，包括有关浴盐的信息。

添加了关于药理学领域的附加内容。

### 第5章

增加了关于深部脑刺激技术和应用的信息。

### 第6章

对本章的开头进行了重新组织，以提供感觉和感知的介绍。

重新安排了本章的结构，以便更好地与后续章节的格式保持一致。

添加了新内容以提供视觉通路的概述。

增加了关于盲视的话题。

### 第7章

本章开头增加了一个新的案例研究，突出了先天性缺乏疼痛感受器的经验。

增加了有关镜盒治疗幻肢痛的应用信息。

### 第9章

修订了睡眠阶段评分指南信息。

加入了对睡眠性痉挛的描述。

增加了清醒梦的经验研究。

增加了对慢波睡眠区域脑血流的进一步研究。

加入了有关失眠干预的信息。

### 第10章

本章现在加入了对性别和间性这两个词的讨论。

加入了有关产前环境和性取向的其他研究。

加入了关于睾酮与预期性活动之间关系的新研究。

### 第11章

加入了描述杏仁核损伤影响的新案例研究。

添加了有关血清素、黄体酮和攻击性的其他信息。

添加了关于使用合成代谢类固醇的详细信息。

加入了关于情绪薄片评估研究的新信息。

### 第12章

本章增加了描述进食障碍干预的新案例研究。

增加了关于神经性厌食症死亡风险的信息。

增加了对饱腹感信号的新研究。

增加了关于减肥手术的内分泌反应的其他信息。

增加了与进食障碍干预相关的大脑变化的研究。

加入了与进食相关的环境因素的新研究。

### 第13章

增加了关于运动学习的新研究。

添加了有关神经发生的其他信息。

加入了对空间记忆和海马体的新研究。

### 第14章

增加了描述学习多种语言的大脑区域的新章节。

增加了对失语症和美国手语的新研究。

## 第15章

加入了一项新的案例研究,描述了创伤性脑损伤的干预措施。

增加了关于慢性创伤性脑病的新信息。

加入了对唐氏综合征干预的新研究。

加入了有关癫痫和脑肿瘤患病率的详细信息。

加入了有关深部脑刺激应用的新信息。

## 第16章

本章开头的案例研究经过修订,反映年轻人中精神分裂症的经历。

加入了描述精神分裂症中大脑变化的新研究。

加入了有关精神分裂症中症状进展和幻觉类型发病率的详细信息。

加入了关于精神分裂症干预的新信息。

加入了精神分裂症的风险和保护因素。

加入了关于使用氯胺酮治疗难治性抑郁症的新研究。

## 第17章

本章开头加入了一个新的案例研究,描述了年轻人惊恐发作的经历。

本章经过了重新组织,反映压力和焦虑障碍以及神经发育障碍的重叠内容。

本章的内容已经更新,反映《精神障碍诊断与统计手册》(第5版)的变化。

增加了关于压力和免疫抑制的新研究。

增加了关于创伤后应激障碍治疗的新信息。

添加了描述与ADHD相关的大脑变化的研究。

加入了关于自闭症谱系障碍干预的新信息。

加入了有关PTSD患病率和创伤后应激障碍与TBI合并症的详细信息。

增加了有关压力恢复的信息。

增加了关于治疗和预防创伤后应激障碍的药物干预的信息。

增加了关于社交焦虑的跨文化比较的信息。

## 第18章

本章开头案例研究已经更新,以反映阿片剂滥用的趋势。

本章的内容已经更新,以反映《精神障碍诊断与统计手册》(第5版)的变化。

增加了关于药物滥用干预措施的新信息。

增加了药物滥用治疗后戒除率的详细信息。

添加了关于青少年THC暴露和精神分裂症风险的新研究。

## 致谢

在此我们要感谢许多同事和审稿人,他们提供了宝贵的时间、专业知识和资源,使得本书尽可能地完善。

John Agnew, Walden University
MaryBeth Ahlum, Nebraska Wesleyan University
Mark Basham, Regis University
Lora Becker, University of Evansville
Jes sica Bodoh-Creed, California State University, Los Angeles
Melissa Burns-Cusato, Centre College
Giuseppe Cataldo, Queens College-CUNY
Cynthia Cimino, University of South Florida
Ann Cohen, University of Pittsburgh
De borah Conway, Community College of Allegheny County
Patricia Costello, Walden University
Traci Craig, University of Idaho
Joseph DeBold, Tufts University
David Devonis, Graceland University
Jeannie DiClementi, Indiana-Purdue Fort Wayne
Nick Dominello, Holy Family University
William Dragon, Cornell College
Mi chael Dudley, Southern Illinois University Edwardsville
Jean Egan, Asnuntuck Community College
Marie-Joelle Estrada, University of Rochester
Claire Etaugh, Bradley University
Rebecca Foushee, Fontbonne University
Mary Fraser, Menlo College
Joseph Green, The Ohio State University, Lima
John C. Hallock, Pima Community College
Julie Hanauer, Suffolk County Community College
Dr. Euriel Merrick, South University
Brian Piper, Husson University School of Pharmacy
Trisha Prunty, Lindenwood University-Belleville

几位同事已经回顾了本书以前的版本,并提出了很好的改进建议。在此,我们要感谢:

Massimo Bardi, Marshall University
Kyle Baumbauer, Texas A&M University
Lora Becker, University of Evansville
Annie Cardell, Mountain State University
James Cherry, Boston University
Gary Dunbar, Central Michigan University

Walter Isaac, Georgia College & State University
Eric Jackson, University of New Mexico
Karen Jennings, Keene State College
Linda Lockwood, Metropolitan State College of Denver
Christopher May, Carroll University
Khaleel Razak, University of California, Riverside
Christian Reich, Ramapo College of New Jersey
Christopher Sletten, University of North Florida
Alicia Swan, Southern Illinois University
Lorey Takahashi, University of Hawaii
Sheralee Tershner, Western New England University
Charles Trimbach, Roger Williams University
Steve Weinert, Cuyamaca College
Erin Young, Texas A&M University

我们还要感谢参与本书的编辑和出版工作的人们：

Amber Chow，高级策划编辑；Cecilia Turner，项目经理；Stephany Harrington，编辑助理；以及 Shelly Kupperman，项目经理。

自由撰稿编辑 Thomas Finn 为编写这一版的内容和格式作出了许多宝贵的贡献。最后，Neil 要感谢他的妻子 Mary 的支持；Melissa 感谢她的家人的支持。

请发邮件告诉我们你喜欢和不喜欢这本书的原因：nrc@psych.umass.edu。

# 第 1 章

# 导 论

## 本章概要


**行为神经科学基础** 003

研究目的 004

行为神经科学的生物学根源 004

**自然选择和进化** 009

功能主义和遗传特质 009

大容量脑的进化 011

**人类和其他动物研究的伦理问题** 015

动物研究 015

人类研究 017

**神经科学的未来:职业和学习策略** 018

神经科学的职业 018

学习策略 019


## 学习目标

目标 1.1 解释概括和还原在行为神经科学中的重要性。

目标 1.2 概括哲学、生理学和其他学科的科学家对现代行为神经科学所作的贡献。

目标 1.3 描述自然选择在行为特质进化过程中所扮演的角色。

目标 1.4 识别人类的大容量脑进化过程中所涉及的因素。

目标 1.5 讨论在行为神经科学研究中采用动物被试的原因。

目标 1.6 讨论使用人类被试的研究中涉及的伦理学考量。

目标 1.7 认识行为神经科学领域的职业。

目标 1.8 描述学习行为神经科学的有效学习策略。

杰里迈亚是一名律师,今年 53 岁了。7 岁时,他在打棒球时遭遇了中风。尽管中风更常见于成人群体,但不幸的是,其实中风可以发生在任何人身上,甚至是儿童。当大脑的某个部分血流或者供氧不足时,就会发生中风(我们会在第 15 章详细讨论中风以及脑血管症状)。由于杰里迈亚大脑左侧因为中风而受损,他右边身体的所有知觉都丧失了,同时，他右手和右脚的行动能力也受到了极大的限制。在杰里迈亚中风以后，他接受了及时的康复治疗，并学习使用拐杖行走。因为右手丧失精细动作能力，他只能尝试用左手写字。

杰里迈亚右半边身体的活动能力已无法完全恢复。尽管他在康复的道路上取得了一些进展，但他还是经常摔倒。在中风了40多年后，他每年仍然会摔倒150次之多，造成手脚以及臀部的多处骨折。经过这么多年的煎熬，杰里迈亚开始寻求新的治疗方法，以改善他的平衡感、协调性以及精细动作技能。令人惊喜的是，仅仅经过两周针对右手的治疗，以及三周针对右腿的治疗，杰里迈亚的平衡感就改善了许多，并且终于能够用他的右手写出自己的名字了。那么杰里迈亚的大脑到底为何会有如此显著的改善呢？

杰里迈亚接受了强制性使用运动治疗。这个治疗是基于这样的想法：中风引起的麻痹是由于肢体不被使用，以及脑细胞更少地被用于肢体运动。为了重新教会大脑如何参与到行为当中去，这个疗法让患者大量地使用受影响的半身进行运动。比如，杰里迈亚每天都要进行数小时的训练来活动受到中风影响的手脚，比如抓握铅笔、搭积木、把夹子夹到直尺上。

为了迫使杰里迈亚更多地使用他受中风影响、较弱的右手，治疗师将杰里迈亚的左手用连指手套包裹起来以防他使用。这种循序渐进的训练和塑造对杰里迈亚的大脑进行了重新的“布线”，让他重新学习了基本的功能和过程。这种对大脑重新“布线”的过程，被神经科学家称为大脑的可塑性，或者大脑通过时间而改变的能力。因为大脑的这种可塑性，经过一段时间的训练，杰里迈亚重拾了不少由于中风而丧失多年的动作技能（Doidge，2007）。

即使到了21世纪初叶，多数研究者仍然认为成年人的大脑已经不会再改变了。一开始，有几项具有先驱意义的研究发现，大脑里的细胞以及脑细胞之间的连接是灵活或可塑的，这些研究者试着改变人们一直以来对大脑的认识。然而，改变人们对大脑的固有认识并不容易。这些研究人员尽管拥有革命性的证据，他们仍一直受到批评，他们的数据和方法也一直被质疑。不过，最终由于新证据层出不穷，即使是最顽强的质疑者也不得不收回他们的反对意见，并赞同成人的大脑仍然可以改变，大脑的某些区域甚至可以有新的脑细胞出现。

如今，我们知道，成人的大脑一直都在形成大脑细胞——也就是**神经元**——之间的连接。这种对大脑的重新认识，让大家感到乐观和兴奋。理解了大脑终身都可以变化发展的理论，研究人员开发出了新的脑损伤和精神疾病的治疗方法。每年，在**神经发生学**领域——关于新神经元的产生的科学——都有不少新的科学发现。

在本书接下来的章节里，你会发现许多重要的原则都被我们对大脑不断更新的理解，以及这种更新的理解所带来的益处所阐明。行为神经科学是一个动态的、与时俱进的领域。当你阅读此书时，不但需要关注真相本身，也需要关注发现这些真相的过程及众多负责研究的科学家的努力。此外，我们也不应该忽视另一个令人激动的可能性——大脑和神经科学里还有许多未知的真相正有待我们去研究学习。

这个世界的最前沿就在我们的面前。人类的神经系统让我们所为、所知和所经历的成为可能。它的复杂性不言而喻，对大脑的研究和理解让人类之前的所有科学尝试都相形见绌。

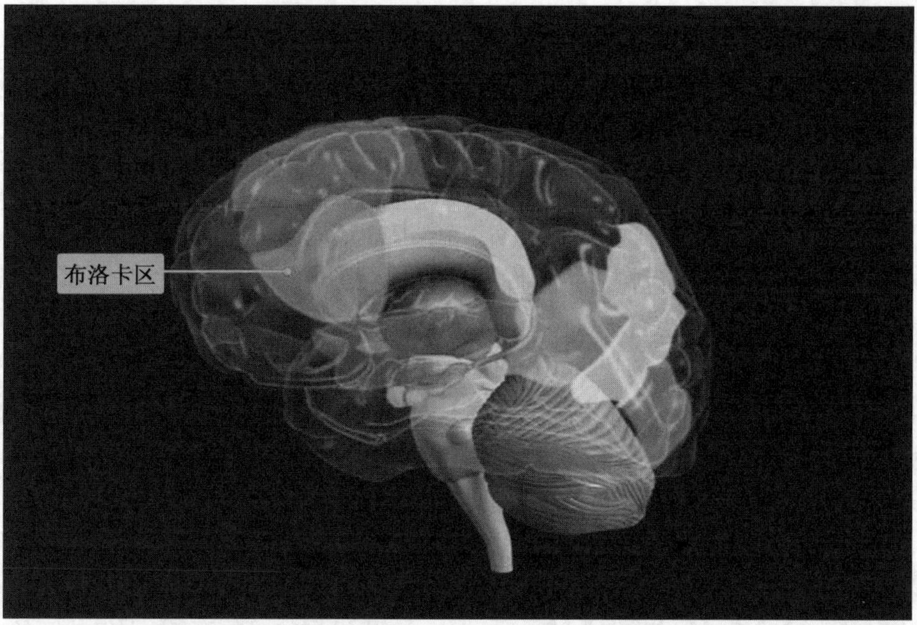


此图描画了布洛卡区，一个负责言语产生的脑区。布洛卡区的功能是在一系列先驱的研究中被发现的，在本章节里会有详细的讲述。

## 行为神经科学基础

行为神经科学曾经也被称作**生理心理学**。事实上，威廉·冯特所著的第一本心理学教科书的书名就是《生理心理学原理》。近些年来，虽然还时常有人提到生理心理学这个说法，但是由于实验生物学、化学、动物行为学、心理学、计算机科学等领域涌现诸多研究成果，行为神经科学已经成为一门跨学科的科学。学界也越来越意识到，神经系统的最终功能，就是行为。

每当学生们被问及“大脑的终极功能是什么？”这个问题，他们常常会回答“思考”“逻辑推理”“感知”或者“记住东西”。的确，神经系统的确也负责这些功能，但是这些功能都服务于一个最终的目的——对于动作的控制（值得注意的是，一些沟通的手段，包括言语，都是动作的一种）。知觉的最基本功能是让我们知晓周围发生了什么、该如何控制自己的行为以适应环境。无法指导行为的知觉是无用的。更高级一些的知觉过程可以被用于除了指导行为外的其他目的，比如，我们可以单纯地用我们的知觉系统欣赏绚丽的落日及伟大的艺术作品，而不具体产生任何行动。思考本身也可以独立于任何外显行为而单独存在。但是，思考之所以成为一种高级的功能，是因为它可以让我们进行复杂的行为，服务于我们保护自我的目的。此外，回忆过去可以是一种愉悦的体验，我们的祖先之所以进化出学习和记忆功能，是为了从过去的经历中学到经验，并指导今后的有用行为。

行为神经科学领域的科学家将心理学实验方法与生理学结合起来，并将其应用于研究不同领域的学者所共同关心的问题。研究课题包括知觉过程、动作控制、睡眠和觉醒、生殖行为、消化行为、情感行为、学习和语言。近些年来，我们也开始研究一些病理状态背后的神经学机制，比如物质滥用以及神经和心理障碍。这些话题都将在之后的章节阐述。

## 研究目的

目标 1.1　解释概括和还原在行为神经科学中的重要性。

所有科学家的目标都是去解释他们所研究的现象。但是,何为解释?科学解释以两种形式存在:概括和还原。**概括**是指通过例子来解释通用的法则,经常是通过实验的方法来进行。**还原**是指通过简单的现象来解释复杂现象。

行为神经科学家的任务是通过研究行为的生理过程来解释行为。但行为神经科学家不可以只是还原主义者。光研究行为和同时发生的生理过程的相关性是不够的,我们还要理解特定行为的功能。比如,作为哺乳动物,小鼠会筑巢。通过行为观察我们发现小鼠会在气温低及怀孕的时候筑巢。没有怀孕的小鼠仅仅在气温低的时候才会筑巢,而怀孕的小鼠不论气温高低都会筑巢。在这个例子中,同样的行为背后的原因却不同。实际上,筑巢行为可以被不同的生理机制所控制,所以它既可以作为小鼠的体温调节行为进行研究,又可以作为小鼠孕期行为进行研究。虽然控制筑巢行为本身的大脑机制是相同的,但在这两个例子中,这种筑巢行为却是由不同的大脑区域激发的,前者是收到了体温调节相关脑区的信息,而后者则是受到怀孕期间体内激素水平的影响。

有些时候,生理机制可以提供关于诸如言语、记忆或情绪之类的心理过程的信息。比如,大脑特定部位遭到破坏可能导致个体特定的语言功能受损。这些损害的本质昭示着这些能力是如何被组织起来的。比如,当大脑中关于言语声音分析的部位被损坏,拼写能力也会受到影响。这表明,识别口语词汇的能力和拼写的能力由相关的大脑机制负责。又比如,大脑特定部位的损伤可造成无法通过拼读的方法来读出不熟悉的词,但这不会影响个体读出已经熟悉的词。这表明阅读理解有两个不同的路径:一个路径是通过词语的发音,另一个路径是通过视觉上识别出整个词语。

在实际操作中,行为神经科学家会运用概括和还原来解释研究中发现的现象。实验的点子都是被研究者对于行为和生理机制的心理学概括激发的。一个出色的行为神经科学家必须同时是研究行为和生理学的专家。

## 行为神经科学的生物学根源

目标 1.2　概括哲学、生理学和其他学科的科学家对现代行为神经科学所作的贡献。

从很早的时候开始,人们就开始相信是一种无法触及的东西——一种心理、灵魂、抑或是精神,给予了他们生命力。人们同样有肉体,肉体由肌肉所驱动,诸如眼睛和耳朵的感知器官可以感知外部世界所传递给我们的信息。在身体内,神经系统的角色至关重要。神经系统从感知器官收到信息,并控制肌肉的运动。但是,心理到底在这些过程中扮演了何种角色?心理是否**控制**着神经系统,还是神经系统的一**部分**?心理是不是和其他身体部分一样,是物质的,也是可以触及的?抑或心理只是一种精神的存在,看不见摸不着?

这个谜题被称为**身心问题**。为了回答这个问题,哲学家已经努力了几个世纪,而今,科学家也参与了进来。主要来说,这个问题有两种讨论的途径:二元论和一元论。**二元论**相信现实的二重性,认为心理和身体是分开的。身体由普通物质组成,而心理则不是。**一元论**相信宇宙中的任何事物都含有物质和能量,而心理是由神经系统的工作而产生的一种现象。

仅仅通过猜测的方式来研究心理的本质并不能给我们更多的答案。如果我们仅仅凭借思考就可以回答身心问题,那哲学家肯定很早就已经解决了这个问题。与此不同的是，行为神经科学家采取了实证的、一元论的方式来研究人类的本性。多数的神经科学家坚信，一旦我们理解了人体如何工作，或者更具体地来说，神经系统如何工作，那身心问题就能迎刃而解。我们将可以解释我们如何感知、如何思考、如何记忆，以及如何行为。我们甚至可以解释我们自我意识的本质。在这部分的内容中，我们重点介绍在身心问题研究历史上那些对于今天的行为神经科学研究仍然影响深远的重要发现。

**古代世界** 人们对于行为的生理机制的探究(或猜测)可以追溯至远古时代。在一份公元前1 700多年的古本手卷里，我们发现了头部创伤的手术记录，以及迄今为止最古老的关于大脑、脑脊液、脑膜，以及头骨的记录(Feldman and Goodrich，1999)。

由于心脏对于生命的重要性，以及心脏会由于情绪而加速跳动，在古埃及人、古印度人及古代中国人的文化中，心脏是思维和情绪产生的地方。古希腊学者多数也这么认为，然而，希波克拉底(公元前460—公元前370)却把此归功于大脑。

但并不是所有古希腊学者都赞同希波克拉底的学说。亚里士多德就认为，大脑只是用来冷却心脏的热情的。然而，虽然盖伦(公元130—200)非常尊重亚里士多德，但他在解剖和研究了牛、羊、猫、狗、鼬鼠、猴子、猿的大脑后得出结论认为(Finger，1994)，亚里士多德关于大脑的理论是荒诞的，因为如果亚里士多德的理论是正确的，大脑就不应该距离心脏那么远，大脑也不会和那么多的感知神经连接在一起(Galen，1968年译本，p.387)(见图1.1)。

**十七世纪** 17世纪的哲学家和生理学家对当今的行为神经科学的奠基做出了伟大的贡献。法国哲学家勒内·笛卡尔对于心理和大脑在行为控制中所扮演的角色的推测给现代行为神经科学创造了一个好的开端。笛卡尔认为，动物都是机械装置，动物的行为都是被环境刺激所控制的。他对于人体的观点也很相似，认为任何人体也是一个机械。笛卡尔通过观察发现，人体的一些动作是自动的并不受意识控制。比如，当一个人的手指触碰到了滚烫的物体，手臂便会迅速收缩以远离热源。如此的反应是自然而然地发生的，并不需要心理的参与。笛卡尔将这些行动称为**反射**(见图1.2)。

**图1.1 盖伦(公元130—200)**

虽然笛卡尔和他同时代的很多哲学家类似，是一个二元论者，相信每个人都拥有的心理是一个人类独有的、不受宇宙法则约束的特质，但是他的观点和他之前的哲学家的观点仍然存在重要的差别。笛卡尔是第一个认为人类的心理和纯粹的生理器官——大脑——存在联系的人。他坚信心理控制着身体的行动，而身体通过感知器官向心理提供关于周围环境的信息。他进一步假想这种心理和生理的互动发生在松果体里。松果体是一个存在于脑干上方，在大脑两个半球的

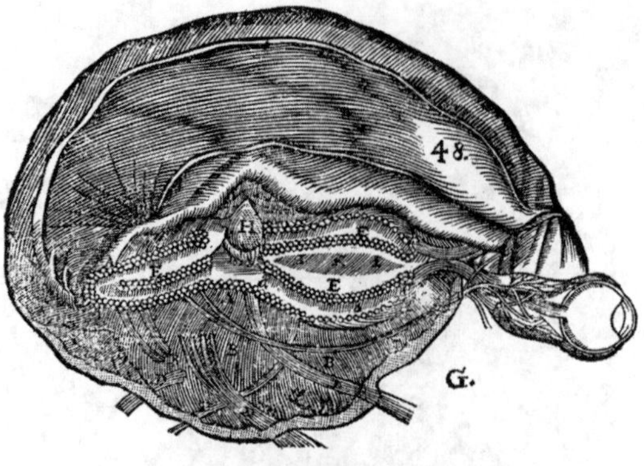


**图 1.2 笛卡尔的模型**

笛卡尔认为灵魂(现在我们称为心理)通过松果体控制肌肉的运动。根据这个理论,灵魂在大脑里检验眼睛传递来的视觉信息,当灵魂决定行动,它会使松果体(图中 H 的位置)发生倾斜,将带有压力的液体通过神经传送至指定的肌肉。

下方的小器官。他发现大脑中存在中空的、充满液体的脑室,他假设这些液体是处在压力之下的。当灵魂决定去行动,它会使松果体向特定的角度发生倾斜,就像操纵手柄上的摇杆那般,将这些液体从大脑流向特定的神经。液体的流动导致了肌肉的膨胀和运动。

然而,并没有过多久,生物学家就证明了笛卡尔的大脑学说中关于液压驱动行为的说法是错的。17 世纪的意大利生理学家路易吉·伽伐尼发现,用电流刺激青蛙的神经可以导致这根神经所牵连着的肌肉发生收缩。肌肉的收缩甚至可以在肌肉已经和青蛙身上其他部位分离的情况下发生,由此可见,肌肉收缩的能力,以及神经传送信号给肌肉的能力,都是这两种组织本身具有的特征。所以,伽伐尼证明了并不是大脑通过神经利用液压使得肌肉产生膨胀,他的实验让后来的很多科学家致力于研究肌肉收缩以及神经信号传递的本质。这些研究的成果大大地促进了行为生理学领域的知识积累。

**十九世纪** 对于实验生理学的学科发展至关重要的人物之一便是 19 世纪的德国生理学家——约翰内斯·缪勒。缪勒将实验的方法运用到生理学研究中去。之前,多数自然科学家还大多采用观察和分类的方法进行研究。虽然观察和分类的研究方法也很重要,但是缪勒坚持认为,只有通过实验的手段移除或者隔离动物的内脏、测量它们对不同化学物质的反应,以及对于不同环境变化的反应,才可以促进我们对身体如何运作的了解。他对行为生理学最大的贡献就是他提出的**神经的特殊能量学说**。缪勒观察发现,虽然所有神经都传递着一样的基本信息——电脉冲,我们对于不同神经传递的信息的接收也并不一样。比如,视神经传递的信息就产生了视觉映像,听神经传递的信息产生了对声音的知觉。不同的感觉到底是如何从相同的基本信息(电脉冲)中产生的呢?

缪勒对此的回答是,信息在不同的通道中。大脑接收视神经传递来的信息的部分就把信息编译为视觉刺激,即使视神经受到的刺激是机械的(比如,我们用手揉眼睛时,我们可以看到光的闪烁)。因为大脑不同的部分接收不同的神经传来的信息,所以大脑必须存在功能的区分。大脑的某个部分特定负责某个功能,而其他的部分则负责其他的功能。

缪勒对于实验方法的主张及对其特殊神经能量学说的逻辑推论开创了对于大脑直接进行实验的研究阶段。19 世纪的法国生理学家皮埃尔·弗卢龙就对大脑进行了直接的实验研究,他切除了动物大脑的不同部分,然后观察动物的行为。他通过研究动物在特定大脑部分切除后无法再完成的行为,来推测这部分被切除的大脑的功能。这种实验方法被称为**实验切除法**。通过实验切除法,弗卢龙声称他发现了大脑中负责控制心率和呼吸、有意识运动、视觉以及听觉反射的部位。

在弗卢龙的实验之后不久,法国外科医生保罗·布洛卡也运用了实验切除法的原理对人类大脑进行了研究。然而，他并没有有意识地切除了人类大脑的特定部分后观察人的行为。布洛卡观察了大脑损伤的中风病人的行为。在1861年的一项研究中，布洛卡对一名由于中风而丧失说话能力的病人的大脑进行了解剖。他发现，大脑皮层左前部分的一个区域所负责的功能对言语十分重要。后来，大脑的这个区域被命名为布洛卡区(图1.3)。其他的生理学家后来也发现了更多的证据来支持布洛卡这个结论。在第14章中你将会学到，对于言语的控制并非只是由一个特定的脑区所负责。言语涉及很多不同的功能，而这些功能所涉及的大脑区域遍布整个大脑。尽管如此，实验切除法仍然对于我们了解人类和动物大脑有着重要的作用。

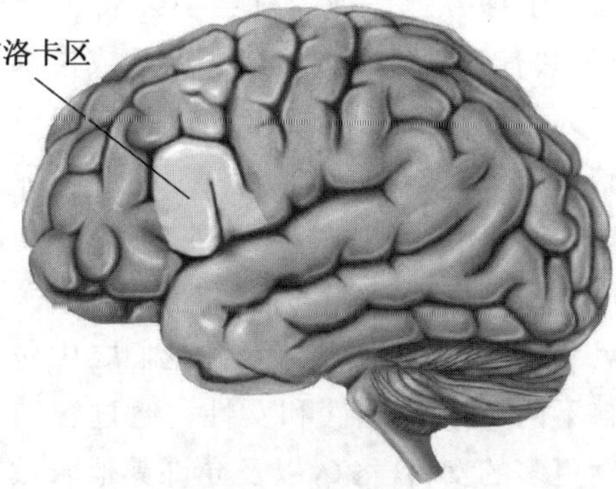


**图1.3 布洛卡区**

一个根据法国外科医生保罗·布洛卡而命名的脑区。布洛卡发现，这个大脑左前方区域受损会破坏病人说话的能力。

之前提到过，路易吉·伽伐尼利用电刺激证明了肌肉内存在导致它们收缩所需要的能量。1870年，德国生理学家古斯塔夫·弗里茨奇和爱德华·希茨格使用电刺激来对大脑的生理学进行了研究。他们对狗的裸露的大脑表层施以微弱的电流刺激，并观察这种刺激所产生的效果。他们发现，对于大脑表层不同部位的刺激会导致另一侧身体的特定部位的肌肉产生收缩。现在，我们把这个区域叫做初级运动皮层，并且知道这个区域里的神经细胞直接和产生肌肉收缩的神经细胞有联系。我们也知道大脑的其他部位和初级运动皮层有联系，因而也可以控制行为。比如，布洛卡所发现的和言语相关的脑区，就和初级运动皮层里控制嘴唇、舌头以及喉咙这些和我们说话相关的肌肉群之间有交流和控制的关系。

德国物理和生理学家赫尔曼·冯·亥姆霍兹提出了能量守恒定律的数学公式，发明了检眼镜(用于检查眼睛的视网膜)，设计了一个重要并有影响力的关于色觉和色盲的理论；并研究了听觉、音乐和许多生理过程。亥姆霍兹是第一个试图测量神经传导速度的科学家。先前，科学家认为这种传导和电流在电线中的传导有着相同的速度——几乎和光速相同。然而，亥姆霍兹发现神经传导速度比光速慢了许多，只有大概每秒90英尺(合27.4米)。这个测量结果表明，神经传导不仅仅是简单的电信息传导。关于这点，我们将在第2章中详细介绍。

捷克生理学家杨·浦肯野对中枢神经系统和外周神经系统进行了研究。他发现了浦肯野纤维——这种终止于心脏细胞的神经元复杂控制心脏的收缩。他同时也研究了大脑中的神经元，对小脑中的浦肯野细胞进行了描述，并对视觉系统进行研究。有趣的是，浦肯野也是第一个描述人类指纹个体特异性的人(Bhattacharyya, 2011)。

19世纪后期，西班牙解剖学家拉蒙·圣地亚哥·卡哈尔使用高尔基染色法(将在第5章详细介绍)对大脑中单个的脑细胞进行了研究。他通过使用显微镜的放大功能，绘制了大脑、脊髓及视网膜的神经元。这些图画第一次详细地展示了这些细胞具体的内部结构。这个观点和当时主流的观点认为，神经系统是一个连续的网络结构，而圣地亚哥·卡哈尔则提出了相反的观点，认为神经系统中包含了数以十亿计的相互独立的神经元。1906年，圣地亚哥·卡哈尔因为对神经系统结构的详细描述而获得了诺贝尔奖。

**当代研究** 到了20世纪，实验生理学的发展推出了很多重要的发明，比如用来侦测微弱电流的敏感的电流放大器，用来分析细胞内和细胞间的化学变化的神经化学技术，以及用来对细胞及其成分进行可视化的组织学技术。在接下来的章节里，我们将对这些技术，以及其他更多重要发展进步进行详细的介绍。简单来说，在20世纪的研究中对神经科学的主要贡献涉及多个尺度，从微观尺度上的神经元如何使用化学和电信号进行传递，到较为宏观尺度上的关于大脑回路和结构在行为中所扮演的角色，例如镜像神经元系统是用于协调社会行为的（详细描述参见第8章）。此领域内的其他发展则对全新的治疗抑郁症和精神分裂症的方法有所贡献，这些方法都是基于大脑的。

进入21世纪以来，神经行为科学领域已经见证了数个重要的研究发现和进展。随着研究人员不断提高他们对大脑结构和功能的理解，关于大脑通路和回路的新发现也不断涌现。比如，2014年的诺贝尔奖被授予John O'Keefe、May-Britt Moser和Edvard Moser，以嘉奖他们对大脑空间定位系统（通常称为大脑的全球定位系统）的研究工作。新的技术进展也使得使用深部脑刺激技术治疗严重抑郁症和帕金森病成为可能（见第15章和第16章）。此外，光遗传学的发展为研究人员提供了选择性激活单个神经元并观察行为变化的能力，而这种操作仅仅需要使用光来完成（见第5章）。

作为一个跨学科领域，行为神经科学在不断发展。比如，“欧洲人类大脑计划”（European Human Brain Project）正在努力开发大脑的计算机模拟，美国的“通过推进神经技术创新来进行大脑研究”（Brain Research through Advancing Innovative Neurotechnologies, BRAIN）将继续汇集来自生物、化学、工程学、心理学、生理学等领域的研究人员进行跨学科研究。毕竟，不论是行为神经科学的根源，还是它的未来，都是基于跨学科合作之上的。

**神经科学研究人员的多样性** 作为一个多元化的跨学科领域，神经科学研究人员遍布全球各地。神经科学学会成立于1969年，共有500名成员组成。这些成员都致力于为科学家和医学工作者建立专门了解大脑和神经系统的专业组织。这个国际组织现在有来自90多个国家的约40 000名成员。回顾表1.1中与神经科学研究有关的诺贝尔奖获得者，你将注意到他们之中包括来自不同国家的男性和女性。通过容纳和鼓励更多的女科学家，以及允许其他未被充分代表的社会群体内的科学家参与研究，神经科学的领域正在努力地增加该学科研究人员的多样性。

**表1.1 部分神经科学研究相关的诺贝尔奖获奖者**

| 年份 | 获奖者（国籍） | 研究领域 |
|---|---|---|
| 1906 | 卡米洛·高尔基（意）和圣地亚哥·拉蒙·伊·卡哈尔（西） | 神经系统结构 |
| 1963 | 约翰·卡鲁·埃克尔斯爵士（澳）、艾伦·劳埃德·霍奇金爵士（英）和安德鲁·菲尔丁·赫胥黎（英） | 神经细胞膜离子机制 |
| 1970 | 朱立亚斯·阿克色罗德（美）、伯纳德·卡兹爵士（德，美）和伍尔夫·斯万特·冯·犹勒尔（瑞典） | 神经递质 |

（续表）

| 年份 | 获奖者(国籍) | 研究领域 |
|---|---|---|
| 1979 | 大卫·休伯尔(美)、托斯腾·威塞尔(瑞典,美国)和罗杰·斯佩里(美) | 神经系统的功能 |
| 2000 | 阿尔韦德·卡尔森(瑞典)、保罗·格林嘉德(美)和埃里克·肯德尔(美) | 神经通信 |
| 2014 | 约翰·欧基夫(美,英)、爱德瓦德·摩苏尔(挪威)和梅-布里特·摩苏尔(挪威) | 大脑中的空间定位系统 |

## 本节回顾

### 行为神经科学基础

目标 1.1 解释概括和还原在行为神经科学中的重要性。

为了解释行为神经科学研究的结果,概括可用于揭示一般行为规律。还原可以用简单的现象来解释复杂的现象。

目标 1.2 概括哲学、生理学和其他学科的科学家对现代行为神经科学所作的贡献。

古代学者对大脑在行为中的重要性众说纷纭。法国哲学家笛卡尔描述了反射,但认为加压液体导致肌肉收缩而产生了行为。缪勒提出了特定神经能量的理论,而弗卢龙和布罗卡使用了切除法来研究脑区功能。伽伐尼利发现神经传递电信号,而冯·赫尔姆霍兹对此进行了更深入研究,并开始考虑细胞之间的化学通信。浦肯野和圣地亚哥·卡哈尔研究了特定神经元组的结构和功能。

## 思考题

数个全新的研究领域,比如脑活动图计划和人脑项目,都有望塑造行为神经科学的未来。给你的朋友写一封电子邮件,告诉他们你认为未来的行为神经科学研究和可能有哪些新的发现。

# 自然选择和进化

根据缪勒和冯·赫尔姆霍兹所立下的传统,其他生物学家不断地对他们所看到的东西进行观察、分类和思考,并得出了一些很有价值的结论。其中,以查尔斯·达尔文的贡献最为重要(见图 1.4)。达尔文制定了自然选择和进化的原则,对生物学有着革命性的意义。

### 功能主义和遗传特质

目标 1.3 描述自然选择在行为特质进化过程中所扮演的角色。

达尔文的理论强调,生物的所有特征——包括其结构、着色和行为——都具有功能性的意义。比如,鹰所拥有的强力的爪子和锋利的喙允许它们捕食猎物。吃绿叶的毛毛虫本身是绿色的,它们的颜色使得鸟类难以从背景中来发现它们。母鼠建造巢穴以让后代保持温暖并不受伤害。行为本身是不会遗传的，但导致行为发生的那种生理结构——大脑——是可以遗传的。因此，达尔文的理论催生了**功能主义**，功能主义认为生物体的特征具有有用功能。所以，要了解各种行为的生理基础，我们必须先了解这些行为的目的是什么。故而，对于被研究的那个物种，我们要了解其自然历史相关的内容，从而可以对它们的行为根据特定的情境进行研究。

**图 1.4　查尔斯·达尔文(1809—1882)**

达尔文的进化论对生物学有着革命性的意义，并对早期的心理学产生了很大的影响(North Wind Picture Archives)。

要理解像神经系统一样复杂的系统是如何工作的，我们应该知道它的功能是什么。有机体之所以成为今天的样子，是由于遗传变异性引起的长期变化的结果。严格来说，我们不能说生物体的生理机制有目的。但是我们可以试着去确定它们所具有的功能性。比如，图 1.5 所示的各种前肢结构是不同种类的哺乳动物为了适应不同的功能性目的进化而来的。这种适应也发生在脑结构中。例如，白冠麻雀之类的雄性鸣鸟和它们的非鸣鸟近亲相比，具有一些高度发达的、不同的脑结构(原纹状体、高级发声中枢和 X 区域)。鸣鸟的独特大脑结构使它们能够学习鸣唱，以应对复杂的社会和环境刺激。这些种类的雄性鸣唱行为的功能是吸引伴侣并阻止对手。而非鸣鸟则缺乏这些大脑结构及其相关功能(Beecher and Brenowitz, 2005)。在只有雄性鸣唱的鸣鸟中，雄性与雌性相比具有较大的和鸣唱相关的脑结构。在两性都鸣唱的鸣鸟物种中，雄性和雌性的相关大脑结构大小没有差异(Brenowitz, 1997)。

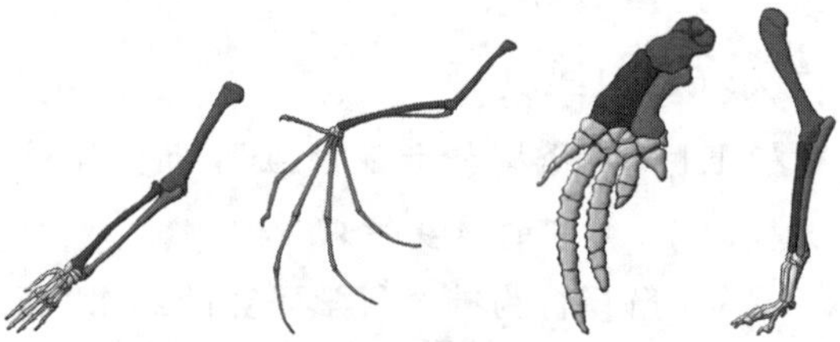

**图 1.5　前肢骨**

本图显示了人类、蝙蝠、鲸、狗的前肢骨骼。通过自然选择，这些骨骼已经适应了许多不同的功能。

达尔文提出进化论来解释物种获得其适应特征的手段。这个理论的基石是**自然选择**的原则。达尔文指出，一个相同物种内成员并不是完全相同的，它们之间的一些差异会遗传给它们的后代。如果一个个体的特征能让它更成功地被复制，这些个体的后代将继承有利的特征，并且将由此产生更多的后代。从而，这种特征将在这个物种中变得更加普遍。达尔文观察到，动物育种者能够通过仅对带有他们所偏好的特性的个体进行配种，从而开发具有特定性状的新种群。仅仅由动物育种者控制的**人工选择**就可以产生如此多的狗、猫和牲畜品种，那么**自然选择**则可能导致不同物种的发展。在自然选择中，是自然环境塑造了进化过程，而非动物育种者。

达尔文和他的科学家同事并不知道自然

选择到底是如何运作的。实际上，分子遗传学的原理直到20世纪中叶才被发现。简单来说，这个过程是这样运作的：每个有性生殖的多细胞生物体都是由大量的细胞组成的，每个细胞都含有染色体。染色体是复杂的大分子，指导蛋白质的产生来满足细胞的生长需要和功能的发挥。本质上，染色体包含特定物种的特定成员的构建蓝图（即胚胎发育）。如果计划被改变，就会产生不同的有机体。

计划的确会不时发生改变，这种情况被称为**突变**。突变是一些精子或卵子细胞染色体发生的意外突然变化结合到了一起，从而导致了新物种的产生。例如，动物睾丸或卵巢细胞中染色体的随机突变可能产生影响该动物后代的突变。大多数突变都是有害的，会造成后代无法生存，或者不得不带着缺陷生存。然而，一小部分突变是有益的，能给予具有这种特性的生物体以**选择性优势**。也就是说，这些个体可以比其他个体存活更长的时间，以得到足够的繁殖机会，从而将其染色体传给自己的后代。许多不同种类的特征都可以给予持有这种特征的个体以选择性优势：比如抵抗特定疾病、消化新食物的能力、更有效地御敌或狩猎的方法，甚至对异性更具吸引力的外表（毕竟，必须通过繁殖才可以让自己的染色体代代相传）。

可以通过突变改变的特征都是物理特征，因为染色体产生蛋白质，影响细胞的结构和化学过程。但是，这些细胞内的物理变化可以从动物的行为中体现出来。因此，自然选择的过程可以间接地作用于行为。比如，如果某个个头较小的动物，因为特定的突变引起大脑变化而导致其行为变化，使其能够在感知到新的刺激时一动不动，那么，当捕食者经过时，该动物更有可能成功逃脱而不被发现。这种趋势使得该动物更有可能生存和繁殖后代，从而将其基因传给后代。

其他一些类型的突变并没有立即显现好处，但是由于持有这种特性的个体不会处在不利地位，所以这些特性至少会被该物种的一些成员代代相传。作为数千种这样的突变的结果，特定物种的成员往往具有多种不同的基因，所以它们之间往往多少会有一些不同之处。多样性对于一个物种来说肯定是一种优势。不同的环境可以为不同种类的有机体提供最佳的生存条件。当环境变化时，物种必须适应，不然就会面对灭绝的危险。如果该物种的一些成员拥有能够提供适应新环境特征的基因，那么它们的后代将会生存下去，而该物种也将延续。

对自然选择原理的理解在每一位从事行为神经科学研究的科学家的思考中都起着一定的作用。一些研究人员明确地考虑了各种行为的遗传机制和这些行为所依赖的生理过程。其他研究人员则更关注于行为及其生理基础的物种间异同，他们比较不同动物的神经系统，从而对脑结构的演变及与这种进化发展相对应的行为能力提出假设。但即使许多研究人员没有直接参与研究进化问题，自然选择的原则同样也指导了行为神经科学家的研究思路。我们经常询问某种特定的特征的选择性优势是什么？我们考虑大自然如何使用已经存在的生理机制来在更复杂的有机体中执行更复杂的功能。当我们提出假设，我们就是在问一个特定的解释在进化视角下是否仍然具有意义。

## 大容量脑的进化

目标 1.4 识别人类的大容量脑进化过程中所涉及的因素。

进化意味着逐渐发展。进化的过程，是体现在动植物的物种结构和生理学上的逐渐变化，是自然选择的结果。当有机体开发出新的特征来利用环境中曾经未经利用的生存机会时，新物种就会发展。

早期人类的外观可追溯到新生代期间，当时，热带森林覆盖了多数的土地面积。灵长类动物——我们最直接的祖先——正是在这些森林里进化繁衍的。最初的那些灵长类动物体型很小，靠捕食昆虫和小型冷血脊椎动物(如蜥蜴和青蛙)为生。它们有着可以抓握的手，这使得它们有能力在森林里的小树枝上爬行。随着时间的推移，体型更大的灵长类物种发展出来了，它们发展出了更大的、朝向前方的眼睛(及可以分析眼睛所看到的信息的大脑功能)，这有助于它们在树木之间移动和捕获猎物。

可以结果实的树的演化给吃果实的灵长类动物提供了更多的生存机会。实际上，颜色视觉(及其相关的大脑感觉区域)最初所提供的生存优势，就是帮助个体将成熟的果实与绿色叶子区分开来，并在其腐烂之前或者其他动物得到它之前吃掉果实。而正是因为果实中含有丰富的营养，使得它们能够为大体型灵长类动物所利用。这些大体型的灵长类动物能够更远程地寻找食物。

第一种人科动物(类人猿)出现在非洲。他们似乎并不聚集在密集的热带森林，而是生活在干燥的林地和稀树草原中。我们吃果实的祖先一直在食用果实，但他们演变出了能够让他们收集根和块茎、猎取和杀死猎物、防御其他捕食者的生存特征。他们制造了可以用来狩猎、生产衣物和建造住房的工具；他们发现了火的许多用途；他们驯养了狗，从而大大增加了他们狩猎并预警其他捕食者的攻击的能力；他们也发展出了利用言语进行象征性沟通的能力。

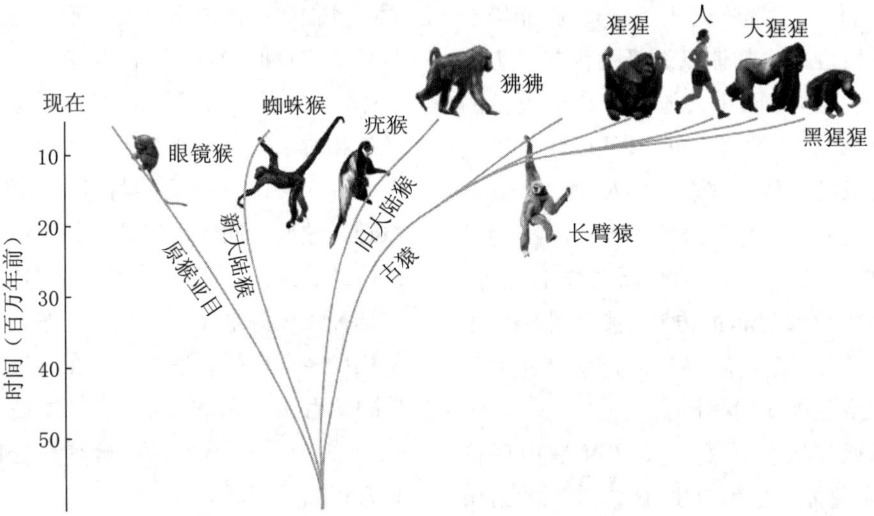


**图 1.6 灵长类进化图**

资料来源：Lewin, R. *Human Evolution: An Illustrated Introduction*, 3rd ed. Boston: Blackwell Scientific Publications, 1993. Reprinted with permission by Blackwell Science Ltd。

图 1.6 显示了灵长类动物的家族谱系。除了我们人类，我们最亲近的、仍然存在于这个世界的亲戚就是黑猩猩、大猩猩和猩猩。基因分析显示，从遗传上来说，这四种物种之间差异很小。比如，人类和黑猩猩就享有近99%相同的基因。

在大约 170 万年前，第一批古人类离开了非洲。这种物种叫做**直立人**，他们分散在欧洲和亚洲。**尼安德特人**在大约 12 万到 3 万年前居住在西欧的地域，他们的祖先就是直立人的一个分支。尼安德特人和现代人类相似。他们用石头和木头制作工具，并懂得如何使用火。我们自己所属的物种，**智人**，是在大约10万年前在东非进化而来的。我们的一些祖先迁移到非洲的其他地区，并且从非洲迁移到了亚洲、波利尼西亚、澳大利亚、欧洲和美洲（见图1.7）。

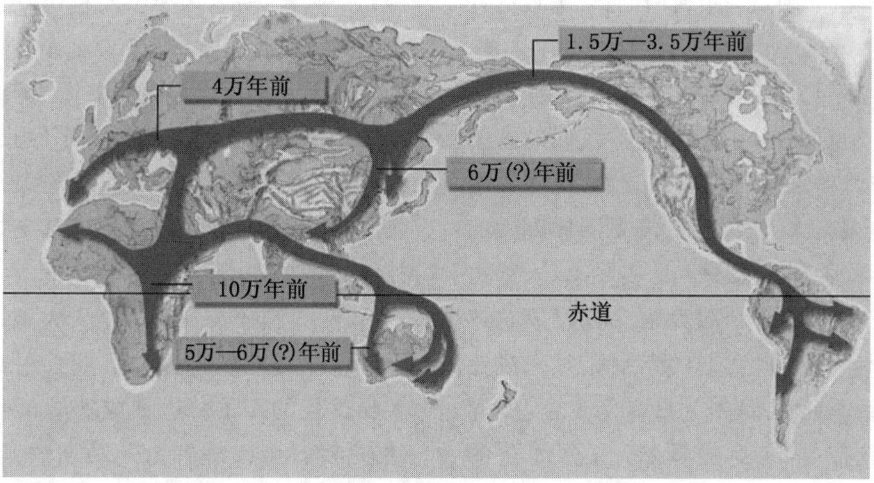


**图1.7 智人的迁徙**

本图显示了智人从东非地区进化后朝各处的可能迁徙路线。

资料来源：Cavalli-Sforza, L. L. Genes, peoples and languages. *Scientific American*, Nov.1991, p. 75。（注：本书地图系原书插图。）

人类具有几个重要特征，使他们能够与其他物种竞争。敏捷的手使他们能够制作和使用工具。出色的色彩视觉帮助他们发现成熟的果实、猎物和潜在的捕食者威胁。掌握了火的使用方法后，他们便能够烹饪食物、满足保暖的需求并阻止夜间的捕食者靠近。直立行走的姿态和二足性（使用两个后肢行走的能力）使得他们可以进行长距离的行走，眼睛远高于地面从而可以看到平原上很远以外的距离。此外，二足性还使得人类可以携带工具和食物，这就意味着他们可以把果实、根和肉类带回他们的部落。他们的语言能力使他们能够总结部落全体成员的集体智慧、制订计划、将信息传递给后代、形成一个作为优势物种而存在的高度复杂的文明。所有这些特点需要体积更大的脑的支持。

一个体积更大的脑需要更大的头骨，但是直立的姿势则限制了女性生殖道的大小。一个新生婴儿的头的直径不能大于允许其安全出生的产道的最大直径。尽管这样，一个人类婴儿的诞生比其他哺乳动物（包括和我们最接近的灵长类动物）幼仔的诞生要艰巨得多，因为后者的头相对它们的身形来说比较小。正因为婴儿的大脑还不具备履行成人的体力和智力活动的庞大和复杂度，婴儿的大脑必须在出生后继续生长和发育。事实上，所有的哺乳动物（及所有的鸟类）在神经系统发育过程中都需要父母照顾一段时间。年幼的哺乳动物（特别是年幼的人类个体）在得到它们父母的照料上几乎可以得到保证，这意味着它们都有一段时间进行学习。所以，进化过程并不需要产生一个配有特定的脑回路的大脑来执行专门的任务，相反，进化过程可以产生出一个更大容量的、配有丰富的神经回路的脑，这类大脑内的神经可以被经验所修改。成年人会养育和保护他们的后代，并教授他们成年人需要的技能。当然，一些和专门技能相关的脑回路是必要的(例如，那些分析我们复杂的言语声音的脑回路)，但总体来说，大脑是一个通用的、可编程的计算机。

那人脑与其他动物的大脑相比有何异同呢？就绝对的尺寸大小而言，我们的大脑比大象或鲸的大脑小得多。然而，这些动物本来就体型庞大，所以它们需要同样庞大的大脑来匹配他们的大身体。实际上，人脑占我们总体重的2.3%，而大脑只占大象总体重的0.2%，这使得我们的大脑相对来说比较大。然而，地鼠的体重只有7.5克，但它们的大脑有0.25克的重量，占总体重的3.3%。但地鼠的大脑比人类大脑的复杂度低多了，所以不论是仅仅比较大脑的重量，或是比较大脑占身体重量的比例都是有问题的。

答案是，尽管体型较大的动物需要更大的大脑，但大脑的大小不必与身体的大小成正比。比如，较大块的肌肉并不需要更多的神经细胞来控制。决定智力能力的关键在于大脑中可用于行为、学习、记忆、推理和制订计划的神经元，而非那些用于控制肌肉运动或是分析感觉信息的神经元。除了尺寸差异，单位重量的脑组织所存在的神经元数量也不同。Herculano-Houzel 等(2007)在比较了几种啮齿动物和灵长类动物的大脑重量及所含的神经元数量后发现，灵长类动物的大脑——特别是体积大的大脑——每克所含有的神经元数目比啮齿动物的大脑更多(见图1.8)。

那究竟是何种遗传变化促使了人类大脑的演化呢？这个问题将在第3章中更详细地讨论。但有证据表明，其中最重要的原因是人类大脑发育过程得到了放缓，从而允许大脑有更多的时间来发育。正如我们即将在之后的章节里看到的那样，在产前期，和其他动物相比，人类大脑细胞分裂的过程得到了延长，所以人类会发育出一个平均重达350克并且包含约1 000亿个神经元的大脑。在婴儿出生以后，他们的大脑继续不断地发育。新神经元的产生几乎停止了，但已经存在的那些神经元则不断发育并建立起彼此的联系，而其他起到保护和支持作用的神经元则同时开始大规模增殖。直到青春期后期，大脑才长到了成年人大脑该有的大小(1 400克左右)，这个重量大约是新生儿大脑重量的4倍。这种成熟的延长被称为**幼态持续**(可以理解为年幼期的延伸)。成熟的人类头部和大脑保留了一些婴儿时代的特征，比如与身体其他部位不相称的大尺寸。

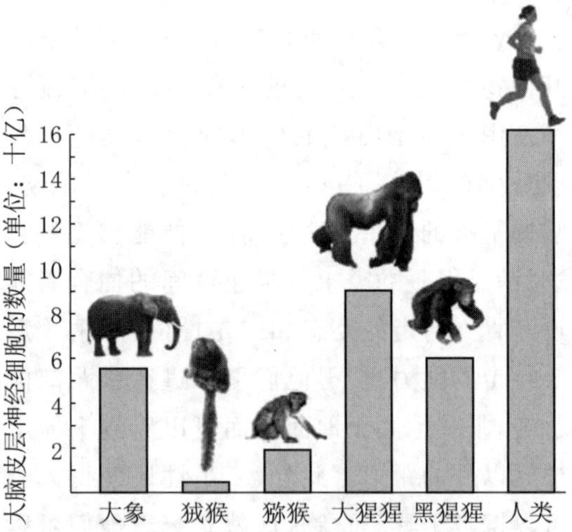


**图1.8 哺乳动物大脑的比较**

具有更复杂行为的物种的大脑中有更多的神经元用于行为、学习、记忆、推理和制订计划。灵长类动物的大脑(特别是体积大的大脑)每克所含有的神经元数目比啮齿动物的大脑更多。

资料来源：Herculano-Houzet, S., Marino, L.Brain Behav Evol 1998; 51 230—238。

## 本节回顾

### 自然选择和进化

目标 1.3 描述自然选择在行为特质进化过程中所扮演的角色。

自然选择是负责特定功能的结构演化的过程。一个物种的成员拥有各种不同的功能结构。如果某种结构可以增加个体繁殖的成功率，那其后代也将具有这类结构，并且这类结构将在群体中变得更加普遍。遗传获得的结构对行为负责，比如，一些雄性鸣鸟的大脑具有和鸣唱相关的脑结构。

目标 1.4 识别人类的大容量脑进化过程中所涉及的因素。

负责颜色视觉、精细运动控制、复杂视觉和语言功能的专门大脑结构的演变需要更大容量的大脑。人类大脑的尺寸在出生时受到母亲产道大小的限制。人类大脑的发育更多是在个体出生后、在父母照料下、通过较长一段时间完成的。灵长类动物的每1克大脑中含有比其他物种更多数量的神经元。这些额外的细胞负责行为、学习、记忆、推理和制订计划。

## 思考题

最近，Kavoi 和 Jameela(2011)在他们的论文里提到，即使考虑到整体脑部大小的差异，狗的大脑中负责嗅觉的嗅球仍然比人类的大。请你使用自然或人为选择的原则来解释狗为何会有更大的嗅球，并预测更大的嗅球可能如何影响狗的行为。

## 人类和其他动物研究的伦理问题

本书囊括了诸多目前已得到确认的关于神经系统的结构和功能的知识。那么这些知识是从哪里获取而来的呢？其实，它们是通过精心设计的实验来获取的，这种实验的方法包括计算机模拟，对个体细胞的研究，以及对人类和其他动物的研究。凡是涉及人类和动物的神经科学研究，都会牵涉重要的伦理上的考量。本节将更详细地讨论这些问题。

### 动物研究

目标 1.5 讨论在行为神经科学研究中采用动物被试的原因。

本书中描述的大多数研究都涉及对活体动物进行实验。每当我们出于自身的目的而使用另一种动物进行实验时，我们应该确保我们的所作所为是人道及有价值的。神经科学是否在这两方面都做得很好、可以成为表率是十分重要的。人道待遇是一个程序问题。我们知道如何在舒适、卫生的条件下保持实验动物的身体健康；我们知道如何使用麻醉剂和止痛剂，以使动物在手术期间或手术后不会承受痛苦；我们也知道如何通过适当的外科手术和使用抗生素来预防感染。大多数工业发达国家对动物护理有非常严格的规定，并且需要对涉及动物的实验程序进行审批。在我们对动物的护理过程中，我们不应该有任何借口来虐待动物。实际上，绝大多数的实验动物都受到了人道待遇。

至于一个实验是否有价值就比较难说了。我们利用动物来实现不同的目的。比如，我们食用它们的肉和卵；我们喝它们的奶；我们把它们的皮变成皮革；我们从它们的器官中提取胰岛素和其他激素来治疗人的疾病;我们训练它们在农场做一些有用的工作或来取悦我们。即使养宠物也是对动物进行剥削的一种形式,因为它们并没有决定想要住在我们的家里,是我们替它们做出这个决定。实际上,自有了人类这个物种开始,我们就一直在使用其他动物。

和动物研究相比,把动物当成宠物养可能会给它们带来更多的痛苦。宠物主人不需要获得包括兽医在内的专家委员会的许可,他们也不需要定期检查以确保他们的家是干净卫生的、他们的宠物有足够的空间适当运动,或者宠物的饮食是适当的。然而科学研究人员则需要证明他们满足了以上的要求。

在美国,任何接受联邦研究经费资助的动物研究机构都必须拥有一个动物护理和使用委员会(Institutional Animal Care and Use Committee, IACUC)。IACUC 通常由兽医、与动物合作的科学家、非科学家成员和不隶属于该机构的社区成员组成。该小组审查了涉及动物研究的所有提案,目的是确保所有涉及动物的人道和道德的待遇。即使对动物进行非侵入性研究(如实地工作或观察性研究)也必须通过审查并获得 IACUC 的批准。这一批准过程不仅确保了动物的福利,而且确保了研究符合当地、州和联邦法规。

大量动物保护组织成员对在研究和教育中使用动物表现出了极大的反对和顾虑。然而这一点令人困惑,因为以这样的方式来使用动物是不可或缺的。我们不吃肉仍然可以生存下去,我们不打猎也照样可以生活,我们不使用动物皮毛也不会影响生存;但如果不用动物进行研究和培养未来的研究人员,我们就无法在理解和治疗疾病方面取得进展。在不久之后,科学家们可能开发出用来防止埃博拉、疟疾或艾滋病等疾病进一步传播的疫苗。如果药物公司不能再使用动物来开发和测试新的治疗方法,即使对于我们已经可以控制治疗的疾病,都会带来新的受害者。如果他们被剥夺了使用动物做研究的权利,这些公司就不能再提取用于治疗人类疾病的激素,也无法制造诸多我们现在用于预防疾病的疫苗。

人类这个物种会受到医疗、心理和行为问题的困扰,其中许多困扰只能通过生物研究来解决。让我们具体来讨论一些主要的神经系统疾病。比如在本章的开头提到的杰里迈亚的中风,是由大脑内出血或血管阻塞引起的。中风经常会使人们部分瘫痪、无法阅读、写作或与他们的朋友和家人交谈。关于脑细胞死亡原因的重要发现都是基于对神经细胞相互通信的手段机制的研究。这项研究本非针对具体的实际目标,但其所带来的实际效果却让研究人员感到惊讶。

基于这些研究成果的实验表明,如果通往大脑的血管被阻塞了几分钟,那么大脑中由该血管所负责的部分就会死亡。然而,如果先使用干扰特定类型的神经通信的药物,这样的大脑损伤就可以避免。这项研究很重要,因为它可以开发减少脑中风引起的脑损伤的医学治疗。但是它涉及对实验室动物进行某些操作,如大鼠,在被麻醉的情况下夹住某根血管。这样操作以后,一些动物会持续脑损伤,最终所有的动物都将被安乐死,以便它们的大脑可以被检查。尽管如此,你可能会同意这样的研究与食用动物同样合法。

正如你将在本书后面章节学到,实验室动物的研究已经催生了关于神经和精神障碍的可能原因或潜在治疗方法的重要发现,这些障碍包括帕金森病、精神分裂症、双相情感障碍、焦虑症、强迫症、神经性厌食症/肥胖和物质滥用。虽然研究取得了较大的进展,但这些问题仍然存在,并对很多人造成了的痛苦。除非我们继续使用实验室动物进行研究,否则将无法解决这些问题。

有人建议，我们可以使用组织培养或计算机来代替在实验动物中使用实验动物。虽然这些技术可以用于研究一些科研问题，但不幸的是，组织培养物或计算机不可能代替复杂的生物体。我们无法研究组织培养物质的行为问题，比如物质滥用，也不能让计算机来模拟动物神经系统的运作（如果可以的话，那意味着我们已经有了所有关于神经科学的答案）。

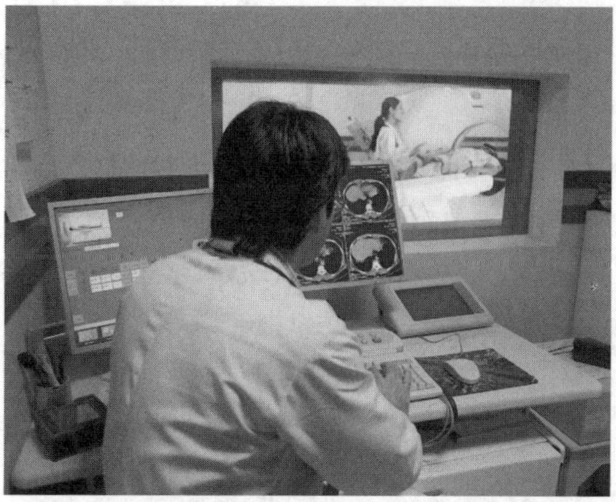

**图 1.9 使用人类被试的行为神经科学研究**

研究者对人类被试进行研究，以了解更多关于情感、学习、记忆和行为的大脑机制。

## 人类研究

目标 1.6 讨论使用人类被试的研究中涉及的伦理学考量。

并非所有的神经科学研究都是用动物模型进行的。我们目前对大脑和行为的了解很多是对人类被试进行研究所获得的结果。和动物研究类似，要获取健康和疾病状态下的大脑的相关知识，离不开对人类被试的研究。另一个人类和动物研究的相似点在于，以人类作为对象的实验也受到严格监管，也必须经过专家委员会和非专业人员的审查和批准。机构审查委员会（Institutional Review Board，IRB）的功能类似于 IACUC，目的在于确保志愿者被试在研究中受到符合伦理的待遇（见图 1.9）。

除了人道的研究条件外，针对人类被试的研究项目还必须包括知情同意和保护被试身份隐私的预防措施。研究人员必须在**知情同意**书中向被试具体描述研究的具体性质、收集和储存数据的方法，以及被试参与实验后可能产生的受益和付出。被试只有在获得这些信息后，才能对是否参与这个研究作出明智的决定。违反了知情同意程序可能产生道德、法律和财务后果。2010 年，哈瓦苏派部落起诉亚利桑那州理事会的案件最终得到解决，经过 6 年的激辩，亚利桑那州理事会最终向哈瓦苏派部落退回了生物样本、并支付了 70 万美元作为赔偿。这个案件的处理结果是针对一个当时模糊和不完整的知情同意程序，这个知情同意程序导致了最初用于糖尿病研究的血液样本被用于涉及精神分裂症相关因素的研究，这使研究本身产生了很大的争议（Van Assche et al.，2013）。保护被试的身份信息至关重要，尤其是对那些行为神经科学研究中潜在的敏感话题的研究项目（比如，在研究物质滥用的脑机制和其治疗方案的开发研究中使用非法药物）。

神经伦理学是一个新兴的跨学科领域，致力于更好地理解人类被试神经科学研究伦理的意义，以及如何才能建立最佳的伦理方案。2014 年的一份专家报告探索了神经科学研究的部分伦理学上的挑战，这份报告调查了（1）神经影像学和大脑隐私；（2）痴呆，个性和偏好的变更；（3）认知改善与正义；以及（4）深部脑刺激研究和历史上备受伦理争议的精神手术学（Presidential Commission for the Study of Bioethical Issues，2014）。这个研究小组建议通过各个层面的教育来整合伦理和科学。

## 本节回顾

### 人类和其他动物研究的伦理问题

目标 1.5　讨论在行为神经科学研究中采用动物被试的原因。

动物会被用于行为神经科学研究，以提高对神经系统的理解，并开发针对神经系统疾病和损伤的治疗方法。当不可能或者不适合用人类被试进行研究，并且细胞模型或计算机程序不能模拟神经系统的复杂性时，就会使用动物模型进行研究。

目标 1.6　讨论使用人类被试的研究中涉及的伦理学考量。

在涉及人类被试的研究中，伦理上的考量包括知情同意和被试身份的保密措施。神经伦理学领域正致力于更好地理解人类被试神经科学研究伦理的意义，以及如何才能建立最佳的伦理方案。

## 思考题

行为神经科学研究需要独特的伦理考量。比如，开发增强注意力和学习能力的药物，改善用来揭示一个人的情绪或信仰的脑成像技术，或者揭示一个人实施攻击行为的可能性，都会带来极具挑战的道德困境。从上述的例子中选择一个，指出这种研究存在哪些伦理上的挑战，并提出是否应该做这样的研究以及为什么。如果进行了这样的研究，应该采取什么预防措施来保护参与者的权利？

# 神经科学的未来：职业和学习策略

什么是行为神经科学，行为神经科学家是如何工作的？什么是进一步了解这个多元化和激动人心的领域的最佳方式？当你学习完这本书的时候，你会对这些问题有更清晰的答案。下一节将介绍那些专门从事这一领域的职业。同样，我们也希望为你提供一些策略，帮助你阅读和学习这个令人着迷的学科。

### 神经科学的职业

目标 1.7　认识行为神经科学领域的职业。

行为神经科学的上级学科可以被简单地称为**神经科学**。神经科学家关心神经系统的各个方面：其解剖学、化学、生理学、发育和功能。神经科学家的研究范围很广，从分子遗传学研究到社会行为研究都有涉猎。**行为神经科学家**则研究人类和动物的所有可观测的行为和现象。他们试图了解行为的生理学机制：比如神经系统如何与其他身体部分（特别是分泌激素的内分泌系统）相互作用，以完成行为控制。他们研究诸如感觉过程、睡眠、情绪行为、消费行为、攻击行为、性行为、养育行为以及学习和记忆等主题。他们还研究人类疾病的动物模型，如焦虑、抑郁、强迫症、恐惧症和精神分裂症。虽然这个领域原来被称为**生理心理学**，但现在其他几个类似的术语也很常用，比如**生物心理学**、**心理生物学**和最常见的说法——**行为神经科学**。

**神经学**和**认知神经科学**领域的研究经常和行为神经科学的研究重合。神经学家是诊断和治疗神经系统疾病的医生。多数的神经学家只参与医疗实践，但仍有些从事研究工作。他们研究人类由于自然原因而大脑受损后的行为变化，并在人类被试进行各种行为时采用先进的脑成像技术研究他们大脑各个区域的活动。这项研究也由认知神经科学家（通常是拥有心理学博士学位的研究员）进行。认知神经科学家都接受过关于神经学的原理过程的专业培训。

大多数以行为神经科学研究为职业的科学家已经通过心理学研究生课程或其他跨学科课程获得了博士学位。这些课程项目可以由心理学、生物学、化学、生物化学或计算机科学等部门的教师来共同教授。大多数行为神经科学家在大专院校从事教学和研究工作。其他的神经科学家则会在从事相关研究的机构任职，比如国家政府或私营慈善组织拥有和经营的实验室。还有些神经科学家在相关的产业里工作，比如在制药公司里评估药物对行为的影响。

要成为大学教授或独立的研究人员，先决条件是获得博士学位，通常是哲学博士学位（Ph.D），虽然有些人在获得医学博士（MD）学位后开始从事研究工作。多数行为神经科学家在获得博士学位后会再花两年以上的时间，在更资深的科学家的实验室里从事博士后阶段的研究工作，以获得更多的研究经验。在此期间，他们将研究成果撰写成论文，并将其提交给科学期刊发表。这些出版物是这些研究人员能够获得独立科研职位的重要因素。

然而，并非所有从事神经科学研究的人都具有博士学位。拥有本科或硕士学位的研究技术人员可以和资深的科学家合作，一起进行重要并有收获的研究工作。通过这种工作，技术人员可以继续学习并获得工作经验，并能够独立负责项目的管理和完成（见图 1.10）。

## 学习策略

目标 1.8　描述学习行为神经科学的有效学习策略。

大脑是一个复杂的器官。毕竟，它是我们所有能力和所有复杂性的来源。多年以来，尤其是近些年来，科学家一直在研究这个器官，已经了解了很多关于大脑如何工作的原理。用简单几句话来总结这些研究进展是不可能的，所以，这本书里包含了很多信息。我们尝试有逻辑地组织这些信息，告诉你需要知道什么，并且告诉你需要按照何种顺序去了解它们（因为如果你要了解一些事情，有时你需要首先了解其他的东西作为基础）。我们也试图尽可能清楚将这些知识进行描述，并尽可能地使用简单和生动的例子。然而，你不能指望通过简单被动的阅读就可以掌握这本书中的信息；你必须使用合适的方法进行学习。

了解行为神经科学所涉及的不仅仅是对事实的记忆。当然，有不少事实是需要进行记忆的：比如神经系统里不同部分的名称、化学品和药物的名称、关于特定现象的科学术语，以及用于研究它们的程序，等等。但对知识的追求永无止境，在神经科学领域，在我们必须学习的内容中，我们只知道其中的一小部分。几乎可以肯定的是，我们现在接受的许多"事实"有一天会被证明是不正确的。如果你所做的一切仅仅是学习事实，那么当这些事实被更新的时候你将如何跟上这个步伐呢？

我们的目标是提供一些关于学习的实用建议。在你的整个学术生涯里，你一直都在学习，所以你无疑学到了一些有用的策略。即使你已经获得了高效和有效的学习技能，你也可以考虑尽可能地改进一些学习方法。本节旨在帮助你最大限度地学习行为神经科学，这里建议的学习方法得到了实证研究的支持。

- 记笔记，并将信息进行有意义的分组。将新信息与已经学到的知识相联系是学习的重要手段。要做到这一点就要积极思考手上的新信息，并设法将其与你目前对相关

| 时间段 | 描　述 | |
|---|---|---|
| 高　中 | 对神经科学感兴趣的高中学生可能会在高中修读生物、化学、心理学或其他科学课程。 |  |
| 大　学 | 对神经科学感兴趣的大学生可能会修读生物学、化学、心理学、神经科学或其他相关领域的课程。有的学生在实验室担任研究助理，在研究人员的指导下进行研究工作。对神经科学感兴趣的大学毕业生可以担任研究技术人员或助理工作。 |  |
| 研究生 | 学生可以在大学毕业后进行一年或多年的研究生阶段的训练。研究生项目通常涉及高级课程的修读和更多的独立研究。研究生有望在导师的指导下进行研究，并传播其研究工作中获得的成果。这些学生在完成研究生课程后，可以在中等或高等教育机构进行教学和研究工作，或者在相关行业里工作。 |  |
| 研究生之后的培训 | 研究生之后的研究职位更为独立，经常会涉及专业研究领域或专门研究技术的额外培训。这些学生在完成研究生课程后，可以在中等或高等教育机构进行教学和研究工作，或者在相关行业里工作。 |  |

**图 1.10　从事神经科学的研究工作**

从事神经科学的职业需要什么样的训练？神经科学家在哪里工作？通过这个时间轴来了解更多相关的知识。

知识的理解联系起来。这是一个积极而有意义的过程,需要耗费时间和精力。如果你没有自己记录笔记,只是在书上划了重点,而不将信息合并到你自己的笔记中,那这种学习是被动的,不利于学习和记住这些知识。研究表明,仅仅划重点并不能提高考试成绩,在某些情况下甚至可能不利于学习(Dunlosky et al., 2013)。

- 在教别人的过程中学习。在阅读某个章节或小节后,想象一下你该如何将你所学到的知识教授给别人,比如你的同学、朋友或对此感兴趣的家庭成员。这个过程将帮助你思考这个章节中最重要的部分。Nestojko等(2014)发现,如果你让学生对资料进行学习,并告诉他们之后需要把这些知识教给其他人,那么这些学生的学习表现会比那些仅仅为了考试而学习的学生的表现更好。
- 在和考试相同的环境中学习。状态依赖学习理论认为,在一个环境中学到的信息在同一环境中最容易回忆。这种通过环境对行为表现进行提升的理由是,环境因素(比如墙壁的颜色、座位、周围的人物)提供了重要的线索,可帮助你回忆以前在该环境中学到的内容。如果你无法在和你考试完全相同的环境中进行学习,你可以尝试尽可能多地在学习中使用和考试时相同的元素(比如使用相同的电脑,笔,记笔记的过程等),或在许多不同的环境中学习(比如在家里、学生会、宿舍),以便在你进行测试时,不会去依赖任何线索进行回忆。Godden和Baddeley(1975)做过一个有趣的关于状态依赖学习的研究,在研究中,他们测试了水肺潜水的大学生对在水下或陆地上阅读的信息的回忆水平。学生在水底的测试中对在水下阅读的信息进行了更好的回忆,学生在不同的学习和测试背景下(比如在水下学习的信息,但在陆地上测试)信息回忆的表现最差。
- 尽量减少学习时候的外界干扰。你大脑工作效率最高的时候,就是当你正重点关注一个具有挑战性的任务时(如学习神经科学)(Hattie and Yates, 2014)。尽可能关闭电视、社交媒体和电话,尝试在安静的环境中学习。Lee等(2012)安排大学生被试学习科学、历史和政治,并将他们分为3组。其中一组学生在安静环境下进行阅读;一组学生在电视节目播放的同时阅读,但学生可以忽略电视节目;另一组学生则被告知一会儿会接受关于电视节目内容的测试,所以他们一定要注意电视节目及指定的学习资料。学生们后来进行了相关学习内容的选择题测试。正如你所预料到的,试图同时进行阅读和关注电视节目的学生在测试中表现最差。
- 展开学习课程。单次花较少的时间、但是分两次学习新的知识比单次长时间学习更有效果。不要临时抱佛脚般地拼命学习。相反,在测验或考试之前,每次学习一些新的东西,然后在另一天复习一下这些内容。根据课程安排来计划自己的学习,并根据课程中的作业或测验考试的日期,为你提供一些认知空间(cognitive spacing)。虽然没有一种万灵的时间间隔方案,但一个好的经验法是学习可以隔开一到几天(Carpenter et al., 2012)。
- 最先或最后学习最难的那部分。经典心理学研究表明,当人们学习长的单词时,首先学习的词语(**首因效应**)和最后的单词(**近因效应**)被记住的准确率最高。学习行为神经科学同样适用这个原理。比如,如果你正在阅读第3章中的皮层、丘脑和脑膜,并且已经知道脑膜的大部分内容,但对皮层和丘脑还了解得不够,那你就应该先学习关于皮层的知识,然后再学习关于脑膜的内容,最后对丘脑的那一部分进行学习。

尝试使用记忆方法来帮助记忆。使用记

忆方法是帮助记住新信息的捷径。比如，你可以使用**故事链接法**，编写一个简短的故事来连接不同的学习项目；使用**定位**的方法，将不同的学习内容形成一个图片放到想象中不同的物理位置，然后就能够在想象中步行到不同的位置来回忆相应的知识；你也可以使用**离合文字**，将一个词代表一系列的概念，例如将大脑皮层的各个叶称作 FPOT，代表额叶、顶叶、枕叶、颞叶（Hattie and Yates，2014）。

这本书是如何组织的：

- 本书中的文字、互动部分和插图都尽可能地结合在了一起。经验告诉我们，阅读时最令人沮丧的事情之一就是不知道该什么时候看图。这本书中，所有的东西都会在你需要的时候呈现给你。
- 每个章节都从一个描述一个人的现实生活经历的个案研究开始，并列出学习目标和一幅大脑的图。案例研究的目的在于使本章中即将讨论的概念变得更加相关，并更人性化。学习目标可以让你对本章中包含的关键知识点更为关注，大脑的图画可以帮助你找到在特定章节中与之相关的大脑区域。
- 你会注意到在文本中的一些词使用了*楷体*，而另一些则使用了**黑体**。*楷体字*表示着重强调，要么表示新概念的引入。**黑体字**的术语是行为神经学的关键术语，这些术语将会在后面的章节中反复出现。
- 在每个部分的末尾，你会发现两种不同类型回顾："本节回顾"和"思考题"。在"本节回顾"中将再次列出各节的学习重点，而"思考题"将会让你将所学知识应用于新的背景中，以拓宽你对相关主题的思考。最后，每章结尾都有"本章回顾问题"，以帮助你评估对这些概念的理解程度。

现在，你已经对行为神经科学领域有所了解，欢迎阅读本书的其余部分！下一章将从神经系统最重要的元素——神经元的结构和功能开始。

---

## 本节回顾

### 神经科学的未来：职业和学习策略

目标 1.7　认识行为神经科学领域的职业。

研究人员在神经科学、行为神经科学和认知神经科学领域工作。神经学家是专长神经系统疾病的医生。想要在神经科学事业工作的个人，不论是在学术界或者相关产业界工作，都需要研究生的学历。

目标 1.8　描述学习行为神经科学的有效学习策略。

积极的学习策略是最有效的。你可以记笔试，尝试将学到的知识教授或分享给其他人，确保你在和考试类似环境中学习，尽可能减少学习中的干扰，分多次进行学习，仔细规划何时学习最难的那部分知识，并可以使用各种的记忆方法来使学习更有效率。

## 思考题

今天，神经科学家是如何工作的？从事神经科学相关工作需要接受怎样的培训？神经科学家从事什么样的活动？运用网络进行搜索，找到一个神经科学职位的招聘信息。仔细阅读工作描述和资质。这个工作需要何种资格？你为什么认为这些经验或培训是必需的？这个职位有什么样的责任，需要进行哪些活动？

## 本章回顾问题

1. 解释行为神经科学研究的目标。
2. 描述行为神经科学的生物学根源。
3. 描述自然选择在行为特征演化中的作用。
4. 解释人类和大容量脑的演化。
5. 动物研究的价值是什么？涉及哪些伦理问题？
6. 如果想成为一个神经科学家，你必须接受何种教育？
7. 描述神经科学的就业机会。

# 第 2 章

# 神经系统细胞的结构和功能

## 本章概要


**神经系统中的细胞**　026
　神经系统概述　026
　神经元　027
　支持细胞　031
　血脑屏障　035
**神经元内的传递**　037
　神经传递概述　037
　轴突电位的测量　038
　膜电位　039
　动作电位　041
　动作电位传导　043
**神经元之间的传递**　046
　突触结构　047
　神经递质的释放　048
　受体激活　049
　突触后电位　051
　突触后电位的终止　052
　突触后电位的效应:神经整合　053
　自身受体　054
　其他类型的突触　055
　其他化学传递形式　055


## 学习目标

目标 2.1　对比中枢和外周神经系统的位置。

目标 2.2　描述神经元的结构及其一般功能。

目标 2.3　区分中枢和外周神经系统的支持细胞的功能。

目标 2.4　讨论血脑屏障的特征和重要性。

目标 2.5　比较退避反射在有抑制和无抑制状态下的神经传导。

目标 2.6　对比在静息电位、超极化、去极化和动作电位时神经元内电位的变化。

目标 2.7　总结扩散、静电压力和钠-钾离子泵对建立膜电位的贡献。

目标 2.8　总结动作电位发生时的一系列离子运动。

目标 2.9　描述动作电位的传导。

目标 2.10　描述突触前细胞里涉及突触传递部分的结构和功能。

目标 2.11　描述神经递质释放的过程。

目标 2.12 对比离子型和代谢型受体。

目标 2.13 比较突触后细胞中兴奋性突触后电位和抑制性突触后电位的功能。

目标 2.14 解释再摄取和酶失活在终止突触后电位中的作用。

目标 2.15 总结兴奋性突触后电位和抑制性突触后电位的神经整合过程。

目标 2.16 区分自身受体和突触后受体的位置和功能。

目标 2.17 认识不涉及神经整合的突触。

目标 2.18 列举非突触传导的例子。

凯瑟琳开始变得绝望。一直以来，她都很健康活跃，注意饮食，并坚持定期参加体育运动和锻炼。她几乎每天都会去健身房进行有氧运动和游泳。但是几个月前，她开始无法跟上她通常的日程安排。起初，她发现自己在健身课程班结束时感到劳累，尤其感觉手臂变得沉重。然后，当她进入游泳池开始游泳时，发现自己很难把手举过头顶。除此之外，她没有任何其他症状，所以她告诉自己，她需要更充足的睡眠。

然而，在接下来的几个星期里，事情变得更糟了。她越来越难以完成她的运动课程。运动课的导师有点担心，所以建议凯瑟琳去看医生。她去看了医生，但医生没有发现什么问题，认为她没有生病和感染，看上去也似乎很健康。她的医生询问了她工作状态，凯瑟琳说最近一个月的工作非常繁重，让她压力很大。凯瑟琳和她的医生都觉得最近的工作压力可能是她问题的原因。医生并没有开药，但是告诉凯瑟琳，如果短期内感觉没有好转的话，就再去看一次医生。

她确实好转了一段时间，但突然之间她的症状更糟了。她不得不退出健身房，但发现自己竟然连一天的正常工作也完成不了了。一天下午，她试图抬起头看墙上的钟，但发现由于眼皮下垂，她几乎无法看到时间。她感觉自己的头好像有一百磅重。就在那时，她的一个上级来找她，要求她总结一下最近在一个新项目上所取得的进展。在她和上级汇报的时候，她发现自己变得越来越虚弱，甚至连呼吸都需要花很多精力。她设法开完了这个会后，立刻就回家了。

她打了电话给她的医生，医生安排她去医院看神经学家。神经学家听凯瑟琳讲述了她的症状，并对她进行了简单的检查。神经学家似乎找到了凯瑟琳的问题所在。她给凯瑟琳进行了一次注射。她开始询问凯瑟琳关于她的工作方面的事情。凯瑟琳缓缓地回答，声音轻到几乎像是在耳语。但随着问题的继续，她开始感到回答问题变得越来越容易。她直起了背，并深吸了一口气。她站起来，将双手举过头顶。“你看！”她越加兴奋地说道：“我又可以将双手举过头顶了，我的力气回来了！你刚才给我用了什么药？我痊愈了吗？”

所有我们能够做的事情——感知、思考、学习、记忆，行动——都无法离开神经系统细胞的整合活动。要了解神经系统如何控制行为，我们必须先了解组成其各部分的细胞。在凯瑟琳的案例中，她神经系统的细胞功能不正常，从而导致了她的疲劳症状。凯瑟琳被诊断患有重症肌无力。这个病症的字面意思就是“严重的肌肉无力”。这是一个罕见的疾病，但大多数专家认为，有许多轻度的病例并没有被诊断出来。虽然有药物可以治疗这种病，但遗憾的是，我们尚未找到治愈的方法。

重症肌无力是一种自身免疫性疾病。由于不明原因，免疫系统会破坏神经系统中允许细胞接收信息的蛋白质。了解神经系统细胞的结构和功能使神经学家能够诊断和治疗凯瑟琳。凯瑟琳的案例涉及本章将要讲到的许多关键方面，包括神经系统细胞内和细胞之间的沟通。要了解更多和重症肌无力相关的细胞的内容，请参阅“突触后电位的终止”那部分中，关于乙酰胆碱的内容。

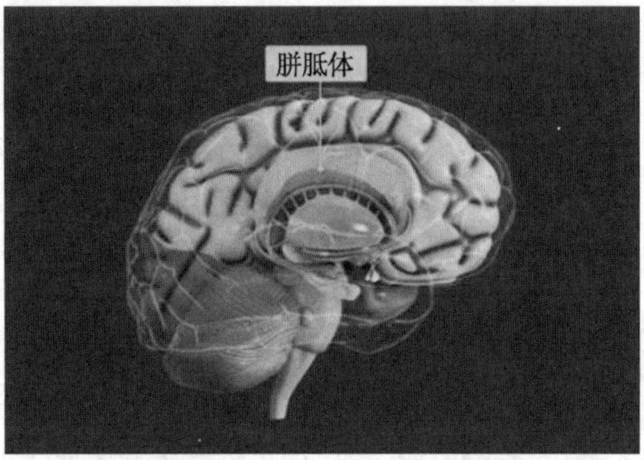


本图描画了胼胝体——大脑右半球和左半球之间由许多轴突组成的白质。在本章中，你将了解轴突在神经传导中的重要性。

## 神经系统中的细胞

在人类神经系统中有着数十亿的神经细胞或**神经元**。因为本章涉及细胞层面的知识，你还不需要熟悉整个神经系统的结构，这将会在第3章中介绍。然而，你需要知道神经系统由两个基本部分组成：中枢神经系统和外周神经系统。

### 神经系统概述

目标 2.1 对比中枢和外周神经系统的位置。

由颅骨和脊柱骨包裹的部分——大脑和脊髓，组成了**中枢神经系统**。**外周神经系统**则包含了没有被上述这些骨头包裹的部分，主要由神经和大部分感觉器官组成（参见图2.1）。

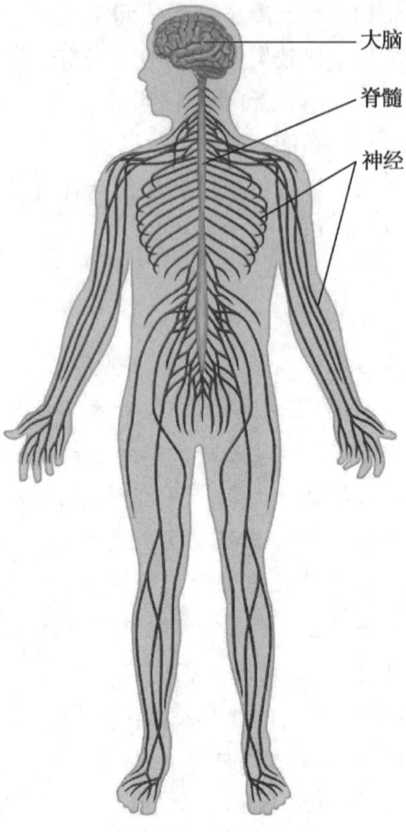


**图 2.1 中枢神经系统**

中枢神经系统包括大脑和脊髓。外周神经系统包括中枢神经系统和身体其他部分之间负责信息传递的所有神经。

中枢神经系统通过连接到大脑和脊髓的**神经**与身体的其他部分进行沟通。神经是由成千上万个单独的神经细胞组成的束，它们都被一层坚硬的保护膜包裹。在显微镜下，神经看起来就像一捆捆的电线，像电话机的电缆。和电话线上的每根电线类似，神经纤维通过神经将信息从感觉器官传递到大脑，或者从大脑传递到肌肉或腺体。

外界信息以光、声波、气味、味道或实体接触的形式被中枢神经系统中的**感觉神经元**收集。中枢神经系统中的**运动神经元**控制肌肉收缩，而肌肉收缩导致运动。处于感觉神经元和运动神经元之间的**中间神经元**，它们位于中枢神经系统内。**局部中间神经元**和附近的神经元形成回路来分析小块的信息。**中继中间神经元**将大脑不同区域的局部中间神经元的回路联结起来。由于这样的联结，大脑中的神经元回路可以进行诸如感知、学习、记忆、决定和控制复杂行为等任务(参见图 2.2)。

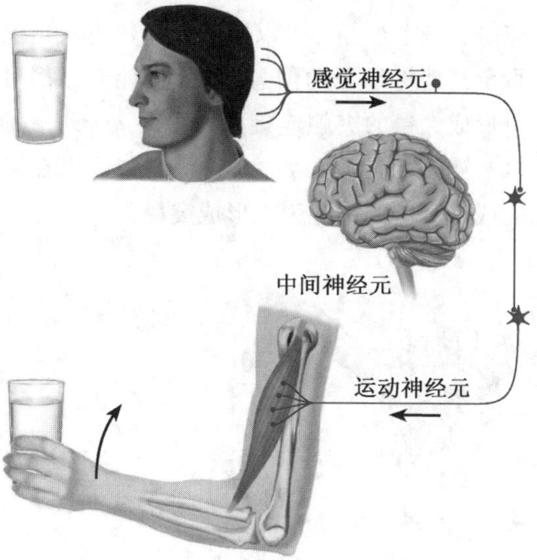


**图 2.2　感觉、运动和中间神经元**

这三种神经元负责在中枢神经系统和外周神经系统之间传递信息。在这个例子中，人看到装水的玻璃杯，感觉神经将感觉信息传递到中枢神经系统。中枢神经系统的输出动作信号，让这个人举起杯子来喝水。

本节专门描述神经系统中最重要的细胞——神经元、其支持细胞，以及为中枢神经系统神经元提供与身体其他部位间的化学隔离的血脑屏障(blood-brain barrier)。

## 神经元

目标 2.2　描述神经元的结构及其一般功能。

神经元是神经系统中的信息处理和信息传递单元。神经元可以根据它们所负责的专门工作呈现出多种形状，分为很多个种类。绝大多数神经元都以这样或那样的形式存在以下四个结构或区域：(1)细胞体、(2)树突、(3)轴突和(4)终扣

**细胞体**　**细胞体**包含细胞核和许多细胞生命过程的供养机制(参见图 2.3)。它的形状在不同种类的神经元中有很大的不同。

**树突**　**树突**这个术语源自 dendron——是希腊语中树的意思，而神经元内树突的分支看起来就和树十分相像(参见图 2.3)。树突是神经元之间所传递的信息的重要接收者。树突的功能就像天线一样，可以接收其他神经元传递来的信息。同可以远距离接收信息的天线(比如接收广播或无线网络信号的天线)类似，接收到信号的神经元的树突通过突触收到信息，**突触**位于发送信号的神经元的终扣(稍后将会具体讲述)和接收到信号的神经元自身的树突和细胞膜之间。突触的信息传递是单向性，都是从终扣传递到另一个细胞的细胞膜(就像诸多一般的规则一样，这个规则也有例外。我们将在第 4 章看到，一些突触会在两个方向传递信息)。

**轴突**　**轴突**是一根细长的管了，通常由**髓鞘**覆盖(髓鞘会在稍后具体讲述)。轴突的外表面将信息从细胞体传递到终扣，其功能就像一根电线将电信号从插座传递到一个电器(参见图 2.3)。然而，轴突传递的基本信息被称为**动作电位**。动作电位的功能很重要，将在后面的章节中更详细地讲述。目前，我们只需要知道动作电位是一个短暂的电事件，它从轴突的末端传递到细胞体，然后向着

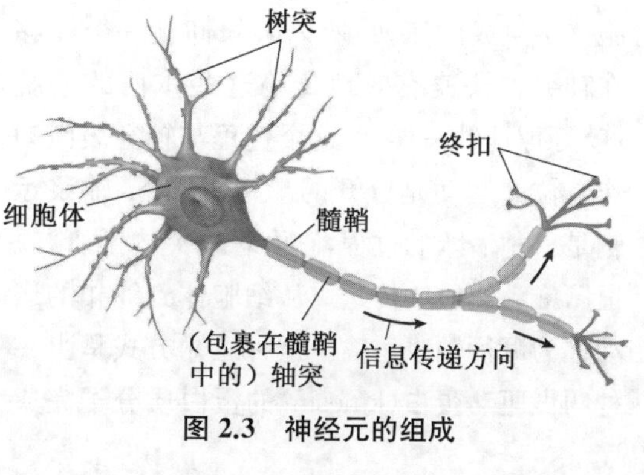


**图 2.3　神经元的组成**

终扣传递。动作电位就像一个短暂的脉冲，在任何给定的轴突中，动作电位的大小和持续时间都是一样的。当它到达轴突的分叉时，它会分流但强度不会变小。每个分支都接收到一个完整强度的动作电位。和树突类似，轴突和它们的分支也有不同的形状。

**终扣** 大多数轴突都会有很多分支，在这些分支的末端有一个像门把手一样的东西，叫做**终扣**。终扣有一个非常特殊的功能：当一个动作电位沿着轴突到达终扣时，它们会分泌一种叫做**神经递质**的化学物质。这种化学物质（在中枢神经系统中有许多不同种类的神经递质）可以使接收细胞兴奋或抑制，以决定接收细胞中的轴突是否发生动作电位。通过这种方式，终扣就像喷雾瓶一样将化学物质释放到突触中。这个过程将在本章后面的内容中进行详细介绍。

单个神经元从其他神经元的轴突末梢接收信息，而其轴突的终扣与其他神经元形成突触。一个神经元可以接收来自数十甚至上百个其他神经元的信息，每一个神经元都可以形成大量的突触连接网络。图 2.4 列举了这些连接的性质。如你所见，终扣可以在树突或细胞体的细胞膜上形成突触。

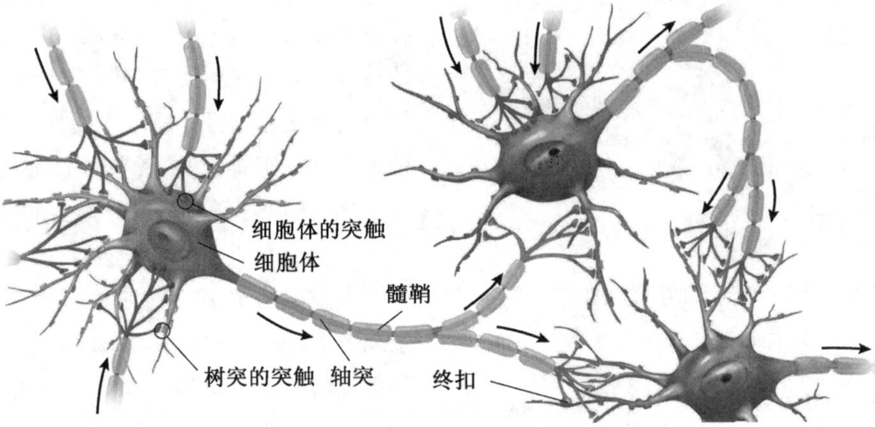


**图 2.4 神经元的结构和突触连接概述**

箭头表示信息流动的方向。

相对于轴突自身的直径和其所在的细胞体的大小来说，轴突是非常长的。比如，人体中最长的轴突从足部一直延伸到一个位于大脑底部的区域。因为终扣需要一些只能在细胞体中生成的东西：所以必须仰仗一个能够在轴突中快速有效地传输这些东西的系统（就好像地铁一样）。这个过程与轴突表面动作电位的运动是分开的。相比之下，**轴浆运输**是一种活跃的过程，它沿着轴突内微管“轨道”，推动物质的传送。从细胞体到终扣的运动称为**顺行**轴浆运输。这种运输方式是由一种叫做**驱动蛋白**（kinesin）的蛋白质分子完成的。在细胞体中，驱动蛋白分子就好像被输送物质的腿和脚，帮助物质沿着轴突传输。然后，驱动蛋白分子沿着微管的方向行走，携带需要输送的物质到达目的地（Yildiz et al., 2004）。能量是由线粒体产生的三磷酸腺苷（ATP）分子提供的（参见图 2.5）。另一种叫做**动力蛋白**的蛋白质，将物质从终扣传递到细胞体，这一过程被称为**逆行**轴浆运输。顺行轴浆运输速度非常快：每天最多可达 500 毫米。逆行轴浆运输的速度大约是顺行轴浆运输的一半。

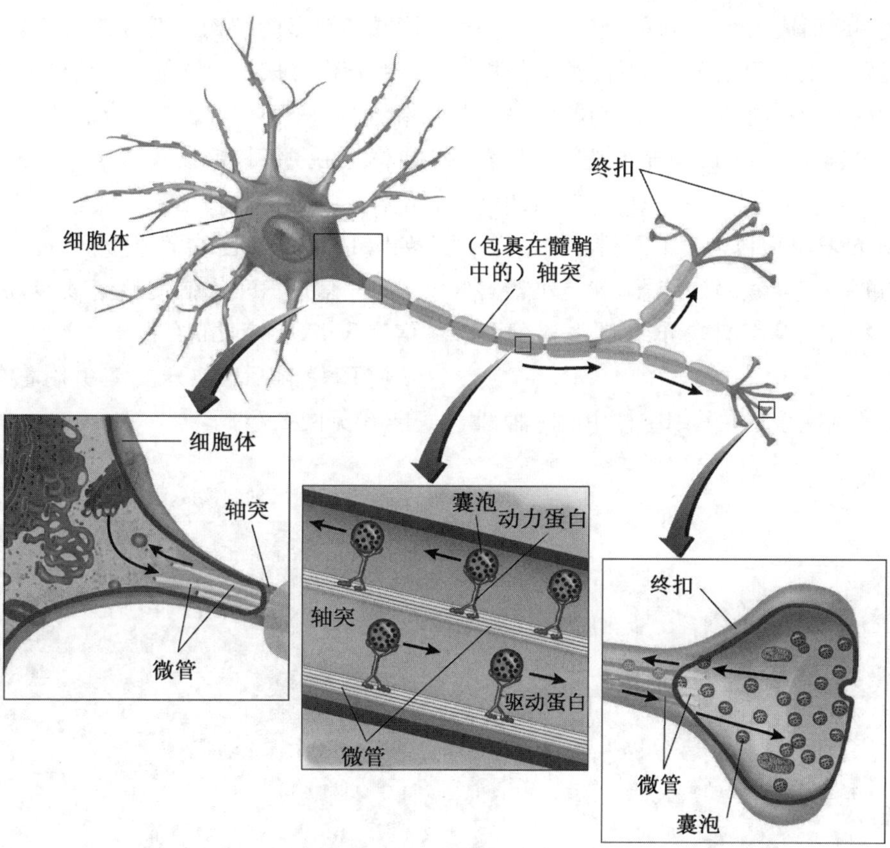


**图 2.5 轴浆运输**

这个图描绘了驱动蛋白分子如何将物质沿着细胞骨架从细胞体转移到终扣的过程。另一种叫做动力蛋白的蛋白质将物质从终扣携带到细胞体。

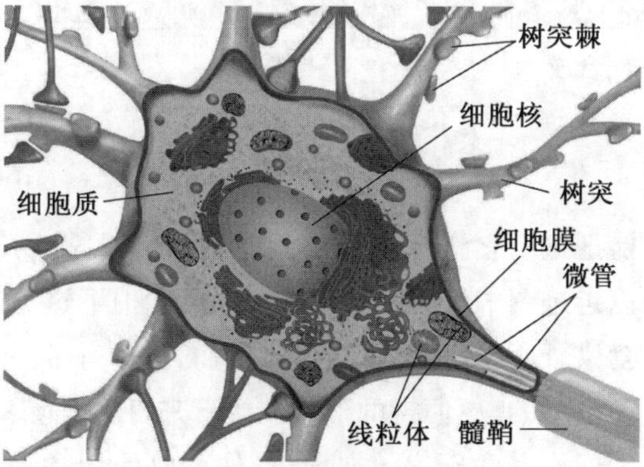


**图 2.6 神经元的内部结构**

**其他细胞结构** 图 2.6 列出了神经元的典型内部结构。

就像你的皮肤一样，**细胞膜**决定了神经元的边界。它由双层脂质分子组成。各种具有特殊功能的蛋白质分子镶嵌在细胞膜中。一些蛋白质检测细胞外的物质（如激素）并将这些物质内包含的信息传递到细胞的内部。其他的蛋白质控制进入细胞内部的通道，允许一些物质进入，但禁止其他物质进入。还有一些蛋白质充当运输者的角色，积极地携带某些分子进入或离开细胞。因为在神经元细胞膜中发现的蛋白质在信息传递中特别重要，因此在本章后面会更详细地讨论它们的特性。

神经元的内部包含一个蛋白质链的基质。就像你的骨骼系统中的骨头一样，这个被称为**细胞骨架**的基质决定了神经元的形状。细胞骨架由三种不同的蛋白质链组成，相互连接，形成一个紧密的结合体。这些链中最厚的是**微管**，由在中空的核心周围的 13

种蛋白丝围绕而成。

**细胞质**的组成很复杂，在不同类型的细胞中也会很大的不同，但是一般来说，它是一种胶状的、半物质的物质，填充了细胞膜所囊括的空间。它包含了一些小型的、专门的结构，就像人的身体内包含了不同的器官一样。这些结构的一般叫法是**细胞器**，就是小器官的意思。接下来，我们来介绍最重要的细胞器。

细胞的**细胞核**是在其细胞体中的一种圆形或椭圆形的结构。细胞核被核膜所包围。细胞核内有核仁和染色体。**核仁**负责制造**核糖体**——一种参与蛋白质合成的小结构。**染色体**是由**脱氧核糖核酸**（DNA）长链组成的，包含生物体的遗传信息。当它们活跃时，染色体的部分**基因**会产生另一种复杂的分子——信使 RNA（**信使核糖核酸**，mRNA）。信使 RNA 会接收储存在该位置信息的副本。信使 RNA 随后会离开核膜，并附着在核糖体上（参见图 2.7）。

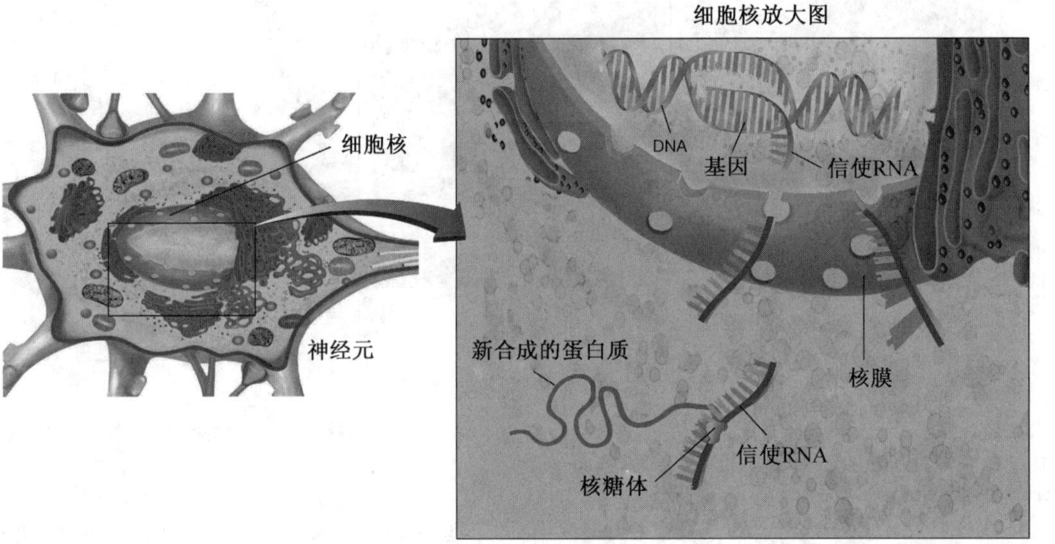


**图 2.7　蛋白质合成**

当一个基因活跃时，信息就会被复制到信使核糖核酸的分子上。信使核糖核酸会离开细胞核，附着在核糖体上，并在那里产生蛋白质。

蛋白质的生成需要经过两个步骤。第一步是**转录**，来自 DNA 的信息（这些信息无法离开细胞核）被转录成便于传输的新形式：信使 RNA。信使 RNA 将这些信息传递给核糖体，以用于第二步的过程——**翻译**。在翻译过程中，核糖体利用信使 RNA 所携带的信息创造蛋白质。

为了帮助你记住蛋白质产生的复杂过程，我们将它和制作一个绝密配方的蛋糕做比较。想象一下，你在图书馆的一本罕见的食谱中找到这个绝密的蛋糕食谱，而你又不能把这个食谱从图书馆里拿走。但是，你可以走进图书馆，用你手机上的相机拍下这个食谱。所以，现在就这份食谱而言，你有了一种全新的、更便携的形式。接下来，你把食谱带回你家的厨房。在那里，你可以使用食谱上提供的配方信息，将面粉、鸡蛋和牛奶等原料混合到蛋糕中。在这个例子中，被锁在图书馆里的食谱书就像储存在细胞核里的 DNA 一样。从图书馆获取食谱的过程和从图书馆中取出食谱信息的过程，代表了将细胞核中的 DNA 转录到一种新的、更便携的信息——信使RNA的过程。把这张照片带回家，并利用它所包含的信息将原材料做成最终的产品，则代表了翻译的过程，在这个过程中，信使RNA离开细胞核，并将信息传递给核糖体，核糖体随后用它来制造蛋白质。

蛋白质在细胞功能中很重要。除了提供结构外，蛋白质还可以作为**酶**，通过控制化学反应来指挥细胞的化学过程。酶是一种特殊的蛋白质分子，充当催化剂；也就是说，它们会导致化学反应发生，而不会成为最终产品本身的一部分。因为细胞含有合成各种化合物所需的成分，而细胞实际上产生的这些物质主要依赖于所存在的特定酶。此外，还有一些酶可以将分子分解，并将它们组合在一起；在细胞的某个特定区域内存在的酶可以决定哪些分子保持完整。

细胞的内膜系统（一个内部的细胞膜组成的网状结构）包含内质网、高尔基体和溶酶体。**内质网**有两种形式：粗糙的和光滑的。这两种内质网都由同一种覆盖细胞的膜的平行层组成。粗糙的内质网含有核糖体。附着在粗面内质网上的核糖体所产生的蛋白质，要么会从细胞中被传输出去，要么会在细胞膜中被使用。未附着的核糖体也分布在细胞质周围，并制造在神经元内被使用的蛋白质。光滑内质网为不同细胞过程中分子的分离提供了通道。脂质分子也在这里被制造出来。**高尔基体**是一种特殊的光滑内质网。在这里会产生一些由更简单的分子组成的复杂分子。高尔基体也有着打包的功能。例如，分泌细胞（比如释放激素的细胞）可以将其分泌出来的物质包裹在高尔基体制造的膜中。当细胞进行分泌时，它会使用一种叫做**胞外分泌**的过程。在胞外分泌的过程中，胞被细胞膜包裹的产物会转移到细胞膜里，与细胞膜融合，再破裂，从而将里面的物质扩散到细胞周围的液体中。正如我们所看到的，神经元通过这种方式分泌化学物质，从而可以相互交流。我们将在本章的后面更详细地描述胞外分泌的过程。高尔基体也会产生**溶酶体**——含有酶的小囊，溶酶体能分解细胞不再需要的物质。这些物质被回收或从细胞中排泄出来。

**线粒体**的形状像椭圆的珠子，是由双层膜形成的。线粒体的内膜带有褶皱，这些褶皱充满了整个椭圆形珠子的内部，组成了一套支架结构，称为嵴。线粒体在细胞经济地运转过程中扮演着重要的角色，因为许多从营养分解中提取能量的生物化学步骤都发生在脊上，并由位于那里的酶控制。大多数细胞生物学家相信，在许多万年前，线粒体是一种能够“感染”大细胞的自由生物。因为线粒体能比它们感染的细胞更有效地提取能量，所以线粒体开始变得对细胞很重要，并最终成为细胞的永久组成部分。细胞为线粒体提供营养物质，线粒体为细胞提供一种特殊的分子**三磷酸腺苷**（ATP）作为其直接的能量来源。由于它们在产生可用能量方面的作用，线粒体可以被认为是神经元的“发电站”。

## 支持细胞

目标2.3 区分中枢和外周神经系统的支持细胞的功能。

神经元仅占据了中枢神经系统的一半体积。余下的部分由各种支持细胞组成。因为神经元的新陈代谢率非常高，但是自身又没有储存营养的方法，所以它们必须不断地得到营养和氧气的供给，否则它们很快就会死亡。因此，负责支持和保护神经元的细胞所起的作用对我们的生存具有非常重要的意义。

**中枢神经系统内的支持细胞** 中枢神经系统最重要的支撑细胞是神经胶质，或称为“神经胶”。**神经胶质**（也叫做胶质细胞）可以名副其实地把中枢神经系统粘在一起，但是它们的功能远不至于此。神经元非常需要被保护：神经胶质细胞是神经元在物理和化学上同身体其他部分的缓冲。神经胶质细胞包围着神经元，将它们固定，并控制它们的营养供给，以及它们需要的一些化学物质来与其他神经元交换信息；它们使神经元彼此隔离，这样神经信息就不会被打乱；它们甚至充当管家，摧毁并清除死于疾病或伤害的神经元的尸体。神经胶质细胞有几种类型，每一种都在中枢神经系统中扮演着特殊的角色。最重要的三种类型是星形胶质细胞、寡树突胶质细胞和小神经胶质细胞。

*星形胶质细胞* 顾名思义，这是一种"星形的细胞"，这个名字准确地描述了这些细胞的形状。**星形胶质细胞**为神经元提供物质支持，清理大脑内部的碎片。它们产生一些化学物质来帮助神经元完成它们的功能。它们主动吸收或释放那些浓度必须保持在临界水平的物质，以此来控制神经元周围的液体的化学成分。最后，星形胶质细胞还为神经元提供营养。

一些星形细胞的突起（就好像星形细胞的手臂）包裹在血管周围，其他的突起则包裹在神经元的部分，因此神经元的体细胞和树突膜大部分都被星形细胞包围着。通过对这种结构布局的研究，意大利的组织学家卡米洛·高尔基(Camillo Golgi, 1844—1926)认为，星形胶质细胞通过毛细血管为神经元提供了营养，并处理了它们产生的废物(Golgi, 1903)。他认为营养物质从毛细管传递到星形胶质细胞的细胞质，然后通过细胞质传递到神经元。

最近的证据表明高尔基的理论是正确的。尽管神经元可以直接从毛细血管中获得一些葡萄糖，但它们从星形细胞中获得了大部分的营养。星形胶质细胞从毛细血管中接收葡萄糖并将其分解为**乳酸**，这是葡萄糖代谢的第一阶段所产生的化学物质。随后，它们将乳酸释放到细胞外的液体中，这些液体包围着神经元，所以神经元得以吸收乳酸，将其传输到线粒体中，将其作为能量(Tsacopoulos & Magistretti, 1996; Brown et al., 2004; Pellerin et al., 2007)。显然，这一过程为神经元提供了一种比葡萄糖更快的代谢速度。此外，星形胶质细胞储存少量的碳水化合物，即糖原。糖原可以分解为葡萄糖，然后当其附近的神经元代谢率特别高时，就会分解成乳酸（参见图 2.8）。

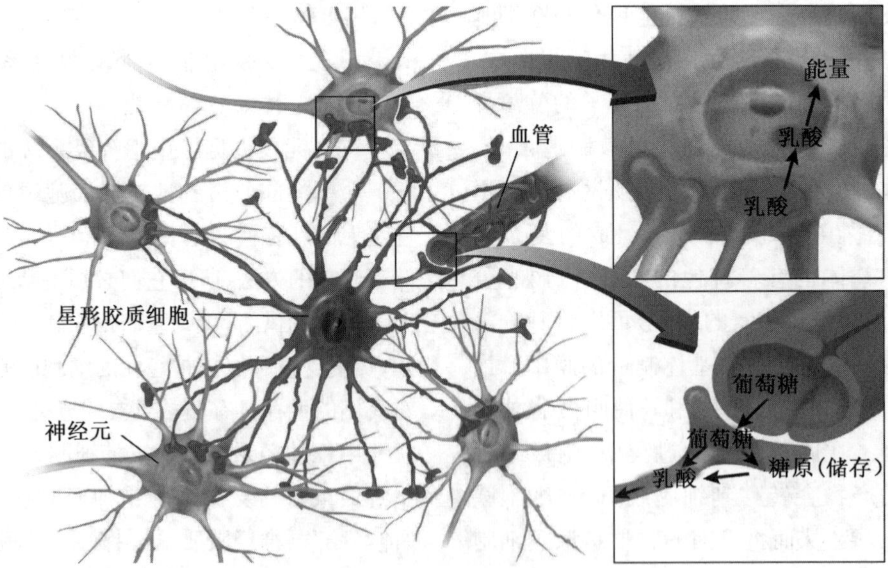


**图 2.8　星形胶质细胞的结构和位置**

星形胶质细胞的突起围绕着毛细血管和中枢神经系统的神经元。

除了将化学物质输送到神经元外，星形胶质细胞还可以充当将神经元固定的基质，类似于“神经胶水”。这些细胞也会将突触包围和分离，限制了由终扣释放的神经递质。

当中枢神经系统中的细胞死亡时，某些特定种类的星形胶质细胞就会承担清理残骸的任务。这些细胞可以在中枢神经系统周围活动，延伸和收缩它们的突起（或“假足”），并以变形虫的方式运动。当这些星形胶质细胞接触到一个死亡的神经元碎片时，它们会把自己推挤到碎片上，最终吞噬并消化这些碎片。我们称这个过程为**吞噬作用**。如果有相当数量的受伤组织的碎片需要被清理干净，星形胶质细胞就会分裂并产生足够多的新细胞来完成这项任务。一旦坏死组织被分解完，就会有一个星形胶质细胞来填补空白区域，而一种特殊的星形胶质细胞将会形成疤痕组织，通过筑墙将这块区域和其他区域隔离开。

*寡树突胶质细胞*　寡树突胶质细胞的主要功能是为轴突提供支持，并产生**髓鞘**，使大多数轴突相互绝缘（非常小的轴突没有髓鞘）。髓磷脂由 80% 的脂质和 20% 的蛋白质构成，是由寡树突胶质细胞生成的、围绕轴突的管状物。这个管子不是一个连续的鞘；相反，它由一系列的片段组成，每段大约 1 毫米长，在段之间有 1—2 微米的无涂层的轴突（一微米，缩写为 $\mu m$，是一米的百万分之一，或千分之一毫米）。轴突的裸露部分被称为**郎飞氏结**，是根据发现这个部分的人的名字命名的。被髓鞘化了的突触，就像一串细长的珠子（实际上，这些珠子的长度很长，它们的长度大约是其宽度的 80 倍）。

一个寡树突胶质细胞可以产生多达 50 段髓磷脂。在中枢神经系统的发展过程中，寡树突胶质细胞形成了类似于独木舟船桨的东西。每一种桨状的突起都围绕着轴突的一部分反复地包裹自己，并在此过程中产生髓磷脂层。每个桨叶因此成为轴突髓鞘的一部分（参见图 2.9）。

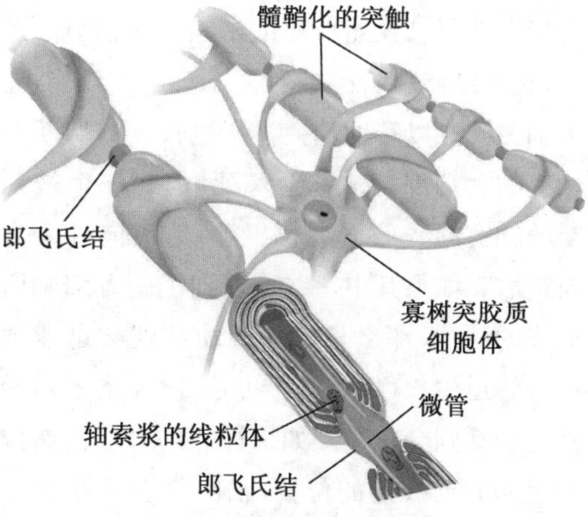


**图 2.9　寡树突胶质细胞**

在中枢神经系统中，寡树突胶质细胞形成环绕着许多轴突的髓鞘。每个细胞在相邻的轴突上形成髓磷脂。

*小神经胶质细胞*　从名称就可以看出，**小神经胶质细胞**是胶质细胞中最小的。就像一些星形胶质细胞，它们扮演吞噬细胞的角色，吞没和分解已经死亡和正在死亡的神经元。然而，除此之外，它们还充当了大脑免疫系统的代表，保护大脑不受微生物入侵。它们主要负责炎症反应，以应对脑损伤。

**外周神经系统的支持细胞**　在中枢神经系统中，寡树突胶质细胞支持轴突并产生髓磷脂。在外周神经系统中，**施万细胞**也有同样的功能。在外周神经系统中，大多数轴突都有髓鞘。和中枢神经系统类似，外周神经系统中的髓鞘也处于不同的片段中。每个片段由一个单独的施万细胞组成，它将轴突进行了多次的包裹。在中枢神经系统中，寡树突胶质细胞会产生大量的桨状突起，这些突起包裹着轴突。在外周神经系统中，整个施万细胞，而不只是施万细胞的一部分，将轴突包裹，为轴突提供髓磷脂（参见图 2.10）。

施万细胞和在中枢神经系统中扮演类似角色的寡树突胶质细胞有着重要的差别。正如我们所见，神经由许多髓鞘化的轴突组成，所有的轴突都覆盖在坚硬的、有弹性结缔组织的鞘中。如果神经受到了损伤，施万细胞会帮助消化已经死亡和正在死亡的轴突。随后，施万细胞将自己排列成一系列的圆柱，充当轴突向导以帮助轴突再次生长。被切断的轴突的远端部分最终会坏死，但每一个被切断的轴突的残肢都会长出芽，然后向各个方向扩散。如果其中一些芽遇到了施万细胞所形成的圆柱，那么长出芽的幼苗就会迅速地通过管道生长（每天最多可达 3—4 毫米），而其他的芽则会枯萎。如果神经的末端仍然位于足够靠近彼此的位置，轴突就会重新建立起与肌肉和感觉器官的连接。

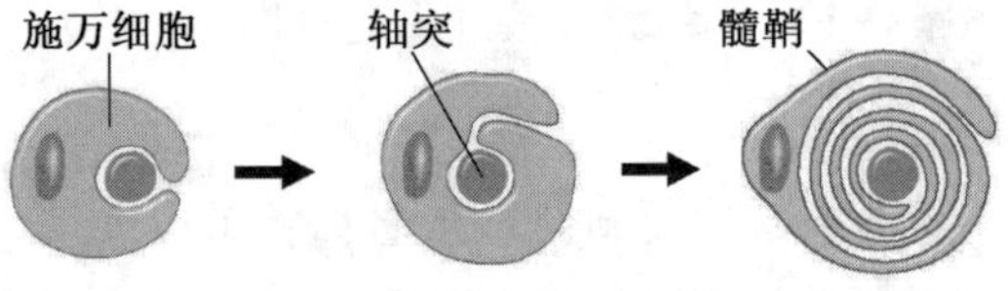


**图 2.10 髓磷脂形成**

在外周神经系统中，一个完整的施万细胞将一个单独的轴突包裹了很多次，变成了其髓鞘的一个部分。

不幸的是，中枢神经系统的胶质细胞并不像外周神经系统的支持细胞那样具有协作性。和外周神经系统类似，如果大脑或脊髓中的轴突受损，新芽就会形成。然而，新生的轴突遇到星形胶质细胞产生的疤痕组织，但无法穿透这个屏障。即使这些芽能够穿过这样的屏障，由于缺乏类似于外周神经系统中施万细胞的指导，这些芽无法重新建立它们的原始连接。在发展过程中，轴突有两种成长模式。第一种模式会使它们伸长，使它们达到目标，这可能会远至大脑的另一端或脊髓。施万细胞为受伤的轴突提供了这个信号。第二种模式导致轴突停止伸长，并开始萌发终扣，因为它们已经达到了目标。Liuzzi 和 Lasek（1987）发现，即使是星形细胞也不会产生疤痕组织，它们产生一种化学信号，指导轴突开始以上述的第二种模式进行生长：也就是停止伸长，并开始生长终扣。因此，在中枢神经系统和外周神经系统中轴突的再生特性的差异，不是由于轴突本身的差异而造成的，而是由于支持细胞特性的差异造成的。

中枢神经系统的寡树突胶质细胞和外周神经系统的施万细胞之间还有另一个区别：它们产生的髓磷脂的化学成分不同。**多发性硬化症**患者的免疫系统只攻击由寡树突胶质细胞产生的髓磷脂；因此，外周神经系统中的髓磷脂得以幸免。从 C 博士的案例中，我们可以看到这种紊乱所导致的大脑变化和症状。

一天晚上，C 博士在她最喜欢的餐馆和她的伴侣吃完晚饭后，开始走路跌跌撞撞，并差点跌倒。她意识到自己最近忽略了一些本应该关注到的症状。第二天，她向她的一位同事进行了咨询，这位同事认同了 C 博士对自己的初步诊断。C 博士的症状与多发性硬化症的症状相符。她偶尔会有复视，有时感觉走路不稳，她的右手也会感觉到刺痛。由于这些症状都不严重，而且都只持续了很短的时间，所以她忽略了这些症状，或者她自己也不认为这些症状很重要。

直到 C 博士由于心脏病发作而去世，在之前的 20 年里，C 博士一直饱受多发性硬化症的折磨。在 C 博士去世几周后，在医学院的尸检室里，一群医学生和神经科住院实习医生聚集在了一起。D 博士是学校的神经病理学家，他在一个不锈钢的托盘上展示一个大脑和脊髓。“这是 C 博士的大脑和脊髓，”他说，“几年前，她把自己的器官捐献给了医学院。”每个人都更专注地看着大脑，知道它属于一个很有能力的医生和老师。即使并非每个人都在 C 博士生前和她认识，但是他们都了解 C 博士的名声。

D博士在墙上向学生们展示了核磁共振扫描的图像。他指出了在一次扫描中出现的一些白色斑点。"这个扫描明确地显示了一些白质病变，但它们在6个月后就消失了。这是另一个，但它在下一次扫描也消失了。免疫系统攻击了特定区域的髓鞘，然后胶质细胞清除了碎片。当时的核磁共振成像并没有显示病变，但轴突不能再传递信息了。"

随后，他戴上了一副手套，拿起了C博士的大脑，并切成几片。他拿起一块说："在这里，看到了吗？"他指出了一束变色了的白质。"这是一个硬化的板片，它比周围的组织感觉更硬。在C博士的大脑和脊髓中还能找到许多这样的小片，这就是为什么这种疾病被称为多发性硬化症的原因。"D博士把脊髓放下，说："谁能告诉我这种疾病的根源？"其中一个学生说："这是一种自身免疫性疾病。免疫系统对身体自身的髓磷脂蛋白敏感，并定期对其进行攻击，引起各种不同的神经症状。有人认为某种儿童时期的病毒性疾病使免疫系统开始把蛋白质看作是外来异物而进行攻击。""是的"，D博士说，"多发性硬化症诊断的主要标准是神经系统症状的反复出现。这些症状并不是一下子就出现的，它们可能是由神经系统的几个不同部分的损伤而造成的，所以，这就意味着它们不可能是中风的结果。"

## 血脑屏障

目标2.4 讨论血脑屏障的特征和重要性。

一百多年前，保罗·埃利希(Paul Ehrlich)发现，如果将蓝色染料注射到动物的血液中，除脑和脊髓之外的所有组织都将被染成蓝色。然而，如果将相同的染料注射到大脑充满流体的脑室中，则蓝色将遍及中枢神经系统(Bradbury，1979)。该实验表明血液和围绕脑细胞的液体之间存在**血脑屏障**。

只有某些特定的物质才可以穿过血脑屏障，其他的则不行。因此，血脑屏障是**选择性渗透**的。在体内的大多数组织中，毛细血管的细胞并非绝对紧密地结合在一起，在它们之间往往会有小的间隙，允许大多数物质在血液和毛细血管外的液体之间自由交换。然而在中枢神经系统中，毛细血管缺乏这样的特性；因此，许多物质不能离开毛细血管中的血液。因此，大脑中的毛细血管壁构成了血脑屏障(见图2.11)。其他物质必须由特殊的蛋白质通过毛细管壁进行积极输送。例如，葡萄糖转运蛋白负责给大脑运送所需的"燃料"，其他转运蛋白则负责帮助大脑摆脱有毒废物(Rubin and Staddon，1999；Zlokovic，2008)。

血脑屏障的功能是什么？正如我们将看到的，在大脑中从一个地方传播到另一个地方的信息取决于神经元内的物质与周围细胞外液中的物质之间的微妙平衡。如果细胞外液的组成稍微改变，这些信息的传播就会被破坏，这意味着大脑功能会被破坏。血脑屏障的存在使得对这种液体组成成分的调节更为容易。此外，我们吃的许多食物中都会带有某种会干扰神经元之间信息传递的化学物质。血脑屏障防止这些化学物质进入大脑中。

血脑屏障的形态在整个神经系统中并非完全一样的。在某些地方，血脑屏障是相对可渗透的，有些物质在别处会被血脑屏障排除在外，但在这些地方就会被允许自由地进出。比如，血脑屏障在**脑极后区**，大脑中负责控制呕吐的部分，就比较薄弱，这样就可以允许该区域的神经元检测血液中有毒物质的存在(而环绕脑极后区的血脑屏障则可以防止物质从该区域扩散到大脑的其余部分)。所以，从胃部进入循环系统的有毒物质可以进入脑极后区，刺激该区域从而发生呕吐。如果足够幸运的话，进入有机体体内的有毒物质就可以在还没有对有机体造成太大伤害之前，就从胃部排出了。

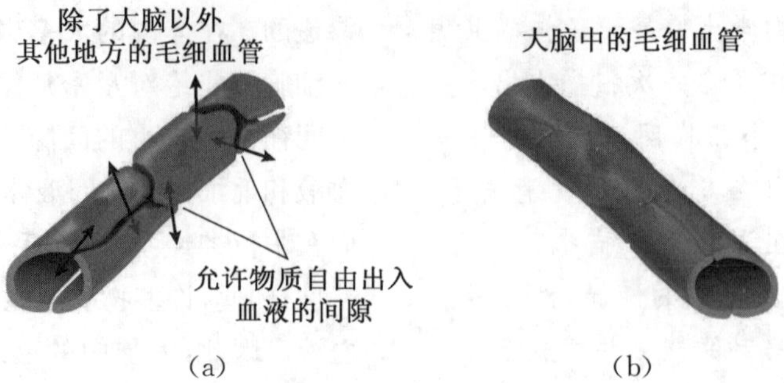


**图 2.11　血脑屏障**

该图显示(a)形成脑外毛细血管壁的细胞具有间隙,从而提供了一条自由的通道,让物质进入和离开血液,(b)形成脑中毛细血管壁的细胞连接很紧密。

## 本节回顾

### 神经系统中的细胞

目标 2.1　对比中枢和外周神经系统的位置。

中枢神经系统位于大脑和脊髓。外周神经系统则在大脑和脊髓之外。外周神经系统通过介于大脑、脊髓和身体其他部分之间的连接感觉和运动信息的中间神经来和中枢神经系统沟通。

目标 2.2　描述神经元的结构及其一般功能。

神经元包括四个基本结构:神经、树突、轴突和终扣。细胞体包含细胞核和许多细胞器。树突是附着于细胞体并从其他神经元接收消息的树枝状结构。轴突是细胞体的一个细长的延伸部分,将电信息传递到终扣。终扣是轴突的延伸,接收电信号,并通过释放神经递质到突触中而将电信号转换为化学信号。其他重要的结构包括细胞膜、细胞骨架和细胞质,这些结构为细胞提供形状和支持,以及附加功能。神经元细胞内部的细胞器帮助细胞存活,细胞器包括细胞核、内质网、高尔基体和线粒体。

目标 2.3　区分中枢和外周神经系统的支持细胞的功能。

在中枢神经系统中,星形胶质细胞、寡树突胶质细胞和小神经胶质细胞通过营造有利于神经元功能的环境来支持神经元,提供髓鞘,激活免疫反应。在外周神经系统中,施万细胞提供髓鞘并辅助神经再生。

目标 2.4　讨论血脑屏障的特征和重要性。

血脑屏障选择性地只允许一部分物质进入,以保护中枢神经系统。血脑屏障由毛细血管壁制成,有助于调节大脑中液体的组成成分,保护神经元的传递。血脑屏障在脑极后区更具渗透性,允许该区域的神经元检测血液中有毒物质的存在。

## 思考题

虽然血脑屏障可以有效预防病原体进入脑部,但也可以防止具有治疗功能的分子进入。针对特定大脑部位的药物的研发往往由于血脑屏障的存在变得困难和复杂,因为这些药物的分子往往无法逾越血脑屏障。跨越血脑屏障被认为是开发药物治疗阿尔茨海默病和帕金森病等疾病的关键障碍。想象一下,如果你被选中来研究增强药物在血脑屏障中传播的技术,你可以尝试什么策略,为什么?

# 神经元内的传递

本节介绍神经元内部信息的传递方式。神经元内的信息传递通过动作电位实现，动作电位从细胞体通过轴突发送到终扣，从而释放神经递质。关于突触传递（神经元之间的通信）的细节将在下一节中进行描述。在本节中，我们将看到，动作电位由轴突细胞膜的一系列变化所导致，这些细微的变化允许离子（小的带电粒子）在轴突的内部和周围的液体之间移动。一些离子交换的过程会产生电流。

## 神经传递概述

目标 2.5　比较退避反射在有抑制和无抑制状态下的神经传导。

在我们开始讨论动作电位之前，先让我们回顾一下，看看神经元如何交互以产生有用的行为。我们首先来研究一个由三个神经元和肌肉组成的简单组合，这个组合可以控制退避反射。在接下来的两个插图中（以及后续说明简单神经回路的插图中），出于简洁明了的目的，神经元被简化地描绘为一个多边的星状结构。这些星状结构中的点代表树突，轴突末端仅显示一个或两个终扣。在这个例子中，感觉神经元检测到疼痛刺激。当其树突受到有害的刺激时（例如与很烫的物体接触），它将信号沿着轴突发送到位于脊髓中的终扣（见图 2.12）。感觉神经元的终扣释放神经递质，激发了中间神经元，使其将信息沿着轴突继续传递。随后，中间神经元的终扣释放神经递质，激发运动神经元，使其向其轴突发送信息。运动神经元的轴突接入一根神经，进而连接到肌肉。当运动神经元的终扣释放其神经递质时，肌肉细胞收缩，导致手离开烫的物体。

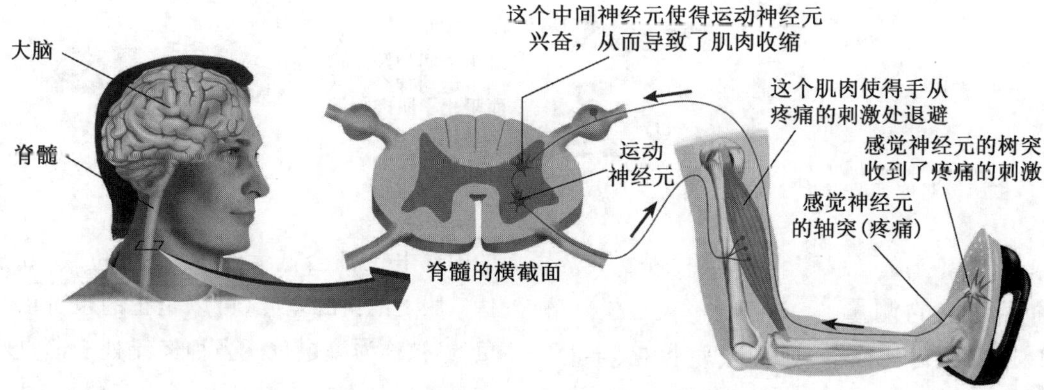


**图 2.12　退避反射**

本图提供了一个简单的例子来描述神经系统的一个有用的功能。痛刺激导致手从滚烫的熨斗退缩回来。

到目前为止，所有的突触都进行了兴奋的反应。接下来，我们让事情变得更复杂一些，让我们来看看抑制性突触的作用。假设你已经从微波炉中取出了热饮。当你拿起杯子，饮料的热量会烫到你的手。由热引起的疼痛会引发退避反射，从而使杯子从你的手中掉落到地上。然而，为了避免杯子掉到地上，你会设法拿着杯子直到你走到桌子边并能把它放到桌子上为止。那是什么阻止你的退避反射，不让你将杯子掉在地板上的呢？

手握烫杯子所产生的疼痛感增加了运动神经元上兴奋性突触的活动，这往往会导致手将杯子扔掉。然而，这种兴奋性的反应被**抑制反应**所抵消，这种抑制反应的来源是大脑。大脑里的神经回路进行了分析，确认了如果你把杯子扔在地板上的话就会有灾难性的后果。这些神经回路将信息发送到脊髓，防止退避反射，从而让你得以继续拿着杯子不让其掉落。

图 2.13 显示了该信息是如何传递到脊髓的。正如你所看到的，来自大脑神经元的轴突到达脊髓，其终扣和一个抑制性的中间神经元形成了突触。当大脑中的神经元变得活跃时，其终扣就会激发该抑制性的中间神经元。这个中间神经元则会释放抑制性的神经递质，从而降低运动神经元的活性，阻止了退避反射。整个回路包含了两个相互竞争的趋势：放下杯子或者拿着杯子。

当然，真正的反射过程比这个例子更复杂，而抑制这些反射的机制更是如此。这个过程涉及数千个神经元。图 2.13 中所示的神经元代表了诸多其他的类似神经元：几十个感觉神经元检测到热物体，数百个中间神经元被其活动刺激，数百个运动神经元产生收缩，如果反射被抑制的话，数千个大脑的神经元会被激活。然而，这个简单的模型为神经传递过程提供了一个简单的概述，在本章后面将更详细地描述这个过程。

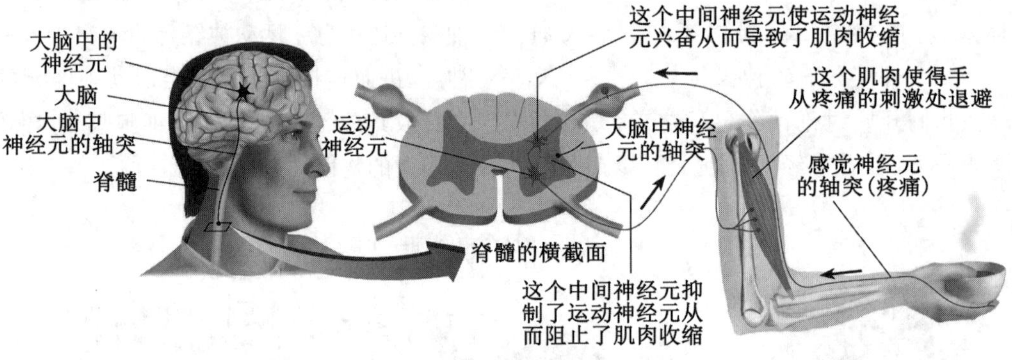


**图 2.13 抑制作用**

由脑引起的抑制信号可以防止退避反射从而使杯子从手上掉落。

## 轴突电位的测量

目标 2.6 对比在静息电位、超极化、去极化和动作电位时神经元内电位的变化。

接下来，我们将研究沿着轴突传递的信息的性质。这种信息可以以电的形式被测量到。研究人员开发出了使用很小的微电极作为传感器的电测量技术，他们将这些微电极插入到神经元中，便可以记录轴突膜内电活动的变化（参见第 5 章）。当微电极被插入处于静息状态的轴突时，微电极将检测到膜内的负电荷。与外部相比，大多数神经元轴突的内部电位都会低大约 70 个单位或 70 毫伏。膜上电荷的差异（可以是正的也可以是负的）被称为**膜电位**。当神经元处于静息状态且不参与与任何其他神经元通信时，其膜电位保持在大约 −70 毫伏。这被称为神经元的**静息电位**。

在神经系统中，神经元接收来自其他神经元的信息。然而，我们也可以人为地刺激神经元，对其施加电荷，以此来模拟电信息。如果对其施加了负电荷，则轴突的内部电位就会向负值加大的方向变化（例如 −80 毫伏）。当轴突内部的电位朝负值方向加大时，它是**超极化**的。反之，如果施加正电荷，则轴突的内部电位就会向正值的方向变化(例如，－50 毫伏在负值上更小，因此比－70 毫伏的静息电位从正值上更大)。当轴突内部的电位朝正值的方向加大时，神经元被**去极化**了。每个神经元都有一个阈值或设定值，超越这个阈值或设定值以后，去极化的过程就可以触发轴突中最主要的电事件——**动作电位**。动作电位是突发的快速去极化和超极化的过程。这种去极化和超极化从细胞体和轴突交界的位置开始扩散，并像波一样传递到终扣的末端，使得终扣将神经递质释放到突触中去。以下部分将详细介绍和动作电位相关的事件。

在开始研究动作电位的详细过程之前，先让我们简单了解一下一个不太可能成为我们研究对象的关键人物和研究参与者——鱿鱼。鱿鱼为何和动作电位的研究有关系呢？大自然为神经科学家提供了巨型鱿鱼轴突(这是鱿鱼的巨型轴突，而不是巨型鱿鱼的轴突)。该轴突的直径约为 0.5 毫米，是最大的哺乳动物轴突的数百倍，使其成为研究轴突电活动的一个易于使用的模型。目前，关于轴突电位的诸多知识都来自对巨型鱿鱼轴突的研究。

## 膜电位

目标 2.7　总结扩散、静电压力和钠-钾离子泵对建立膜电位的贡献。

要了解导致动作电位发生的原因，我们必须首先了解膜电位存在的原因。这种电荷是两个相反的力之间平衡的结果：**扩散**和**静电压力**。

**扩散力**　当将一匙糖小心地倒入装水的容器中时，它会沉到底部。一段时间后，糖开始溶解，但它仍然靠近容器的底部。经过更长的时间(可能几天)以后，即使没有人搅动液体，糖分子也能均匀分布在水中。分子在其溶解的介质中均匀分布的过程称为**扩散**。

当没有力或障碍阻止它们这样做时，分子将从高浓度区域扩散到低浓度区域。分子不断运动，其运动速率与温度成比例。只有在绝对零度(0 K＝－273.15 ℃＝－459.7 ℉)分子停止其随机运动。在所有其他温度下，它们在不同方向上移动，碰撞和转动，从而相互推挤。在糖和水的例子中，这些碰撞的结果就是迫使糖分子向上(并迫使水分子向下)运动，远离它们最集中的区域。

**静电压力**　当某些物质溶解在水中时，它们会分成两部分，每部分具有相反的电荷。具有这种属性的物质被称为**电解质**，它们分解出的带电粒子被称为**离子**(ion)。离子有两种基本的类型：阳离子具有正电荷，阴离子具有负电荷。例如，当氯化钠(NaCl，食盐)溶解在水中时，许多分子分成钠离子($Na^+$)和氯离子($Cl^-$)。

具有相同类型电荷的粒子彼此排斥(正电荷排斥正电荷，负电荷排斥负电荷)，但具有不同电荷的粒子彼此吸引(正电荷吸引负电荷)。因此，阴离子排斥阴离子，阳离子排斥阳离子，但阴离子和阳离子彼此吸引。这种吸引力或斥力所施加的力被称为**静电压力**。正如扩散力将分子从高浓度区域移动到低浓度区域一样，静电压力将离子从一个地方移动到另一个地方。静电压力会将阳离子从具有过量阳离子的区域推开，并将阴离子从具有过量阴离子的区域推开(见图 2.14)。

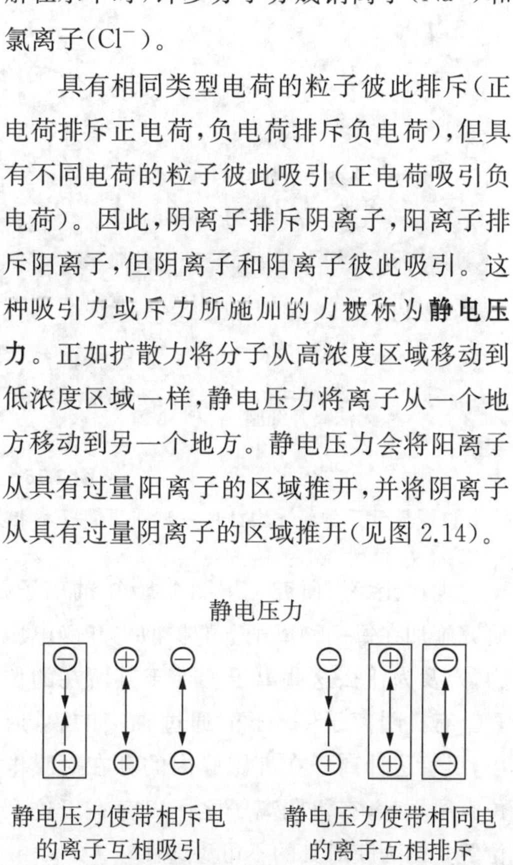


**图 2.14　静电压力**

离子在整个介质中均匀分布。

**细胞内和细胞外液体中的离子** 细胞内的液体即**细胞内液**和周围的液体即**细胞外液**含有不同的离子。由这些离子贡献的扩散力和静电压力产生膜电位。因为膜电位是通过扩散力和静电压力之间的平衡来产生的，所以为了理解产生这种电位的因素，我们需要知道细胞外液和细胞内液中各种离子的浓度。

在这些液体中有几种重要的离子，包括有机阴离子（由 $A^-$ 表示），氯离子（$Cl^-$）、钠离子（$Na^+$）和钾离子（$K^+$）。有机阴离子是带负电荷的蛋白质和细胞代谢过程的中间产物，仅存在于细胞内液体中。尽管其他三种离子都分别存在于细胞内液和细胞外液中，但 $K^+$ 主要存在于细胞内液中，而 $Na^+$ 和 $Cl^-$ 主要存在于细胞外液中。在图 2.15 中，方框的大小表示这四种离子的相对浓度。关于这些离子分别存在于什么地方，一个最简单的方法是将细胞周围的液体想象成海水，海水的主要成分是盐，所以海水就是 NaCl 的溶液。我们细胞的最原始祖先就是生活在海洋中的，因此海水就是其细胞外液。所以，我们的细胞外液体类似于海水，第 12 章的内容将详细讲述产生和维持细胞外液的调节机制。

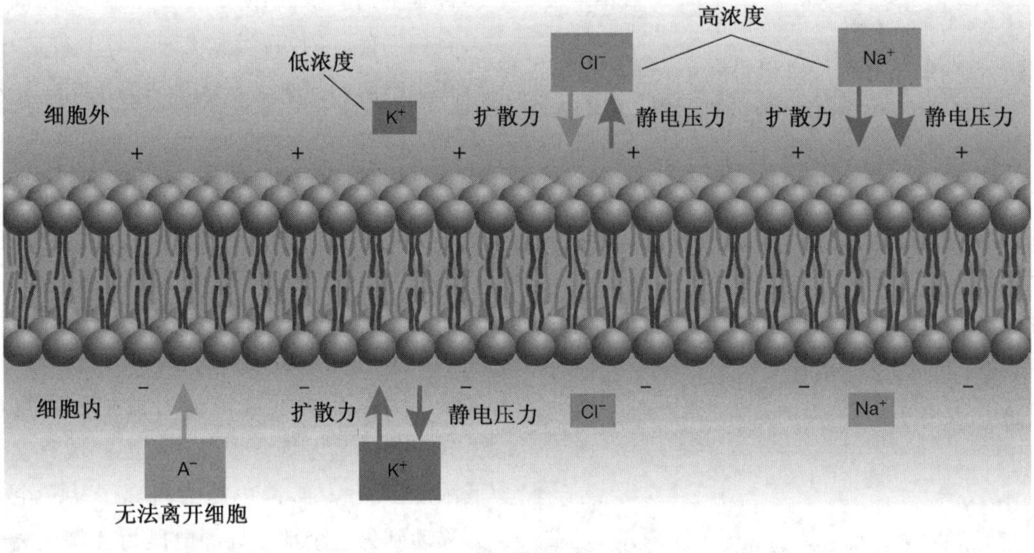


**图 2.15 膜电位的控制**

该图显示了神经元内外的一些重要离子的相对浓度以及作用于这些离子的力。

现在让我们研究一下图 2.15 中的离子，研究施加在每一种离子上的扩散力和静电压力，以及为什么这些离子会处于其所在的位置。有机阴离子 $A^-$ 不能通过轴突的膜，所以，尽管这种离子在细胞膜内的存在对膜电位有所贡献，有机阴离子之所以存在于这个位置是因为膜对其的不可渗透性。

钾离子 $K^+$ 集中在轴突内，所以，扩散力倾向于将其推出细胞。但是，相对于细胞内部而言，细胞的外部相对带有更多的正电，所以静电压力倾向于迫使该阳离子在细胞内部。所以，由于两个相斥的力的平衡，钾离子往往留在它们原本的位置（请参阅图 2.15）。

氯离子 $Cl^-$ 在轴突外的浓度最大。扩散力推动氯离子向内。但是由于轴突内部带负电，所以静电压力会将该阴离子向外推。同样，两个相斥的力相互平衡（同样，参见图 2.15）。

钠离子 $Na^+$ 也是在轴突外达到了最大浓度，因此它像 $Cl^-$ 一样被扩散力推入细胞。但与氯离子不同，钠离子带正电。所以，静电压力不会阻止 $Na^+$ 进入细胞。事实上，轴突内的负电荷吸引了 $Na^+$（同样参见图 2.15）。

**钠-钾离子泵**　既然两种力（扩散和静电压力）都倾向于将钠离子推入细胞内部，$Na^+$ 是如何在细胞外液中保持最大浓度的？答案是这样的：由**钠-钾泵**提供的另一种力不断地将 $Na^+$ 推出轴突。钠钾泵由嵌入膜中的大量蛋白质分子组成，由线粒体产生的 ATP 分子提供的能量所驱动。这些称为钠-钾转运蛋白的分子将 $Na^+$ 交换为 $K^+$，每次将两个钾离子推入细胞的时候，就会将三个钠离子推出。

由于细胞膜对 $Na^+$ 的通透性不好，所以钠-钾转运蛋白非常有效地保持了 $Na^+$ 在细胞内的浓度。通过将 $K^+$ 输送到细胞中，它们也少量地增加了 $K^+$ 的细胞内浓度。细胞膜对 $K^+$ 的渗透性比 $Na^+$ 的高大约 100 倍，所以，这种浓度的增加是轻微的，但正如我们在本章后面研究神经抑制过程时会看到的那样，这种轻微的浓度增加是非常重要的。组成钠-钾泵的运输机制所使用的能量很大，相当于 40% 的神经元代谢资源。在人体内大多数的细胞膜中，包括神经元、肌肉细胞、神经胶质等，都有钠-钾转运蛋白的存在。

## 动作电位

目标 2.8　总结动作电位发生时的一系列离子运动。

如我们所看到的那样，扩散力和静电压力的作用往往会将 $Na^+$ 推入细胞。然而，细胞膜对该离子的通透性并不好，而钠-钾离子转运体则连续泵出 $Na^+$，保持 $Na^+$ 的细胞内浓度水平。但是想象一下，如果细胞膜突然变得可以渗透 $Na^+$ 的话，会发生什么事情呢？扩散力和静电压力会导致 $Na^+$ 涌入细胞。这种正电荷离子的突然涌入将通过去极化来显著地改变膜电位。细胞膜对 $Na^+$ 的渗透性的短暂增加（允许这些离子冲入细胞），而随后，细胞膜对 $K^+$ 的渗透性瞬时增加（允许这些离子冲出细胞），这就是导致动作电位的原因。那么，这些渗透率的瞬时增加是为何会产生的呢？

我们已经看到，嵌入细胞膜中的钠-钾转运体蛋白质分子主动地将钠离子泵出细胞并将钾离子泵入其中。而另一种类型的蛋白质分子则提供允许离子进入或离开细胞的开口。这些分子提供**离子通道**，包括可以打开或关闭的通道（小孔）。当离子通道打开时，特定的离子可以流过小孔，从而进入或离开细胞（见图 2.16）。神经元的细胞膜含有数千个离子通道。比如，每个钠离子通道在开放时每秒可以允许达到 1 亿个离子通过。因此，细胞膜在给定时刻对特定离子的通透性由开放的离子通道的数量所决定。

动作电位由离子通道的打开和关闭，以及由此导致的离子分布的一系列变化组成。首先，膜电位必须达到激发阈值。然后，膜中的钠通道打开，在扩散力和静电压力推动下，$Na^+$ 冲入。钠离子通道之所以被称为**电压依赖性离子通道**，是因为它们仅能通过膜

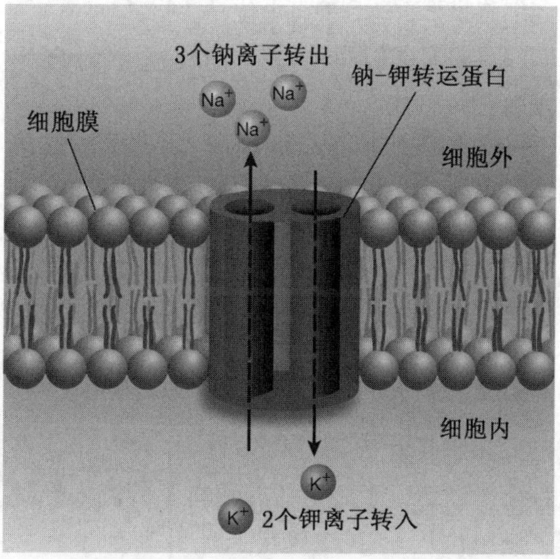


**钠-钾泵**　这些转运蛋白存在于细胞膜中。

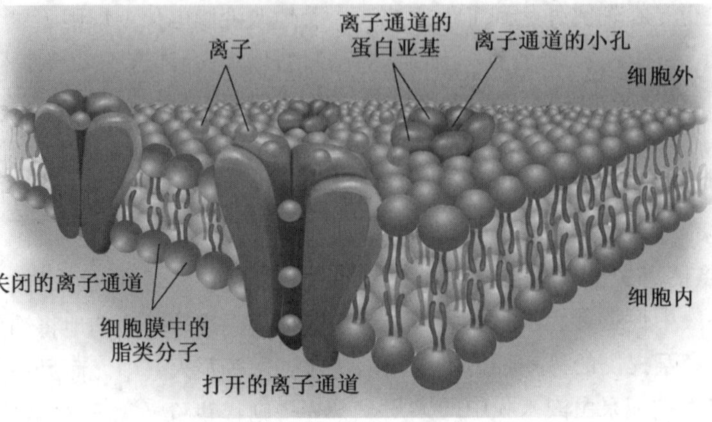


**图 2.16　离子通道**

当离子通道打开时，离子可以通过它们，进入或离开细胞。

电位的变化而打开。在这一点上，细胞的内部开始变得带有更多的正电。

随后，依赖于电压的钾离子通道开始开放，允许钾离子离开细胞。相对于电压依赖性钠离子通道而言，这些钾离子通道的敏感性相对较低。也就是说，它们在开始开放之前需要更大程度的去极化，并且它们比钠离子通道开放的时间更晚。你应该还记得，细胞的内部是带正电的，所以 $K^+$ 通过扩散力和静电压力被驱出细胞。就在这个时刻(通道打开后的 1 毫秒)，钠离子通道变得**不应**，通道变得阻塞并无法再次打开，这种状态一直保持到细胞膜再次达到静息电位(见图 2.17)。

在此，我们总结一下动作电位的产生步骤：

1. 一旦达到了激发阈值，细胞膜中的钠离子通道就会通过扩散力和静电压力推动而开放，然后 $Na^+$ 涌入。这些通道的开放是由膜电位降低引起的(去极化)。它们在动作电位开始的时刻——也就是到达激发的阈值的时刻——打开。因为这些通道是通过膜电位的变化来打开的，所以它们被称为电压依赖性离子通道。带正电荷的钠离子的流入导致了膜电位从－70 毫伏快速地升高到了＋40 毫伏。

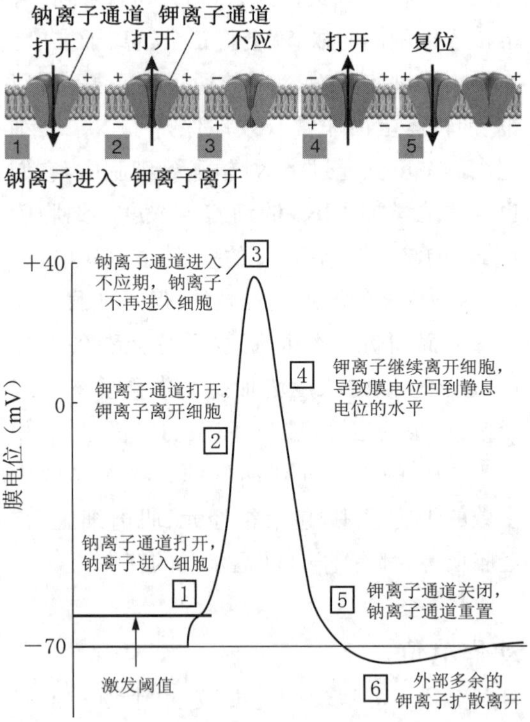


**图 2.17　动作电位发生时的离子运动**

上半部分的图显示了钠离子通道在激发阈值下开放，其在动作电位达到峰值时的不应状态，以及当膜电位恢复到静息电位时的复位。

2. 轴突膜含有依赖于电压的钾离子通道，但这些通道相对于依赖于电压的钠离子通道而言，敏感性较低。也就是说，它们在开始开放之前需要更大程度的去极化。因此，它们的开放会晚于钠离子通道开放。

3. 几乎在动作电位达到峰值的同时(约1毫秒左右),钠离子通道变得不应,通道变得阻塞而无法再次打开,这种状态会延续到细胞膜再次达到静息电位为止。此时,不再有 $Na^+$ 可以进入细胞。

4. 到目前为止,细胞膜中的依赖于电压的钾离子通道仍然是开放的,使 $K^+$ 离子自由地移动,通过细胞膜。此时,轴突的内部带正电,所以通过扩散力和静电压力将 $K^+$ 推送出细胞。阳离子的流出导致膜电位回到其正常值。由此,钾离子通道又开始关闭了

5. 一旦膜电位恢复正常,钠离子通道的状态被重置,等待另一次去极化的过程将它们再次打开。

6. 膜电位实际上超过了其静息电位(−70毫伏),随着钾离子通道的最终关闭,然后才恢复正常。最终,钠-钾离子转运蛋白去除漏入的 $Na^+$ 离子,并回收漏出的 $K^+$ 离子。

图2.18阐明了在动作电位期间细胞膜对钠和钾离子的渗透性的变化。有多少离子流动了?细胞膜对 $Na^+$ 通透性的增加是短暂的,且扩散到一定的距离需要一些时间。因此,当我们说"$Na^+$ 进来"时,并不意味着轴浆被 $Na^+$ 所淹没。在动作电位的最高点,在轴突内部的一层非常薄的液体被新来的 $Na^+$ 离子充满;这个数量其实已经足以扭转膜电位。然而,这些离子并没有足够的时间来填满整个轴突。在此发生之前,$Na^+$ 通道已经关闭,而 $K^+$ 开始流出了。

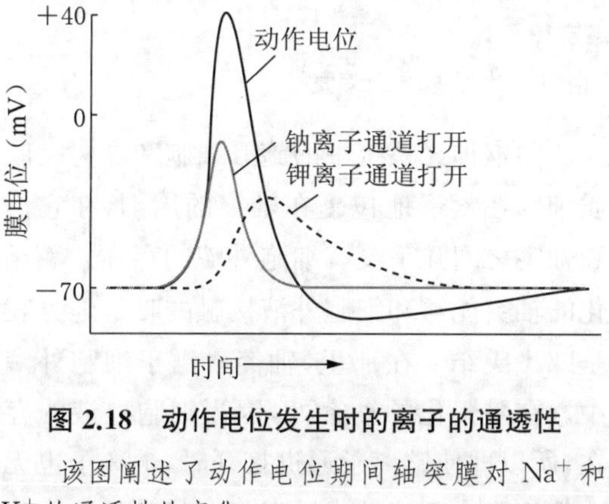


**图2.18 动作电位发生时的离子的通透性**

该图阐述了动作电位期间轴突膜对 $Na^+$ 和 $K^+$ 的通透性的变化。

实验表明,动作电位临时导致巨鱿轴突内的 $Na^+$ 离子数量增加了0.000 3%。尽管膜内的钠离子浓度高,但是进入细胞的离子总数相对于已经存在的数量来说仍然非常小。这意味着,在短期的作用来看,钠-钾转运蛋白并不很重要。少量 $Na^+$ 离子渗透到其余的轴突中,$Na^+$ 浓度的轻微升高几乎不显著。然而,钾离子的输送在长期的作用上来看是很重要的。没有钠-钾离子转运蛋白的活动,轴突中钠离子的浓度最终会增加到使得轴突不再能够起作用的程度。

## 动作电位传导

目标2.9 描述动作电位的传导。

刚才我们对静息状态下的膜电位进行了基本的描述,并对动作电位的产生进行了介绍,接下来,我们来看看信息是如何沿轴突移动,或换一种说法,**动作电位是如何传导的**。为了研究这种现象,我们需要再次利用巨鱿鱼轴突。我们将电刺激器附着在轴突一端的

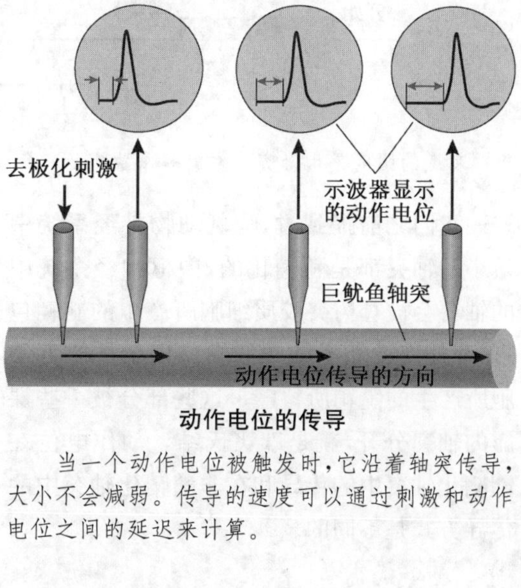


**动作电位的传导**

当一个动作电位被触发时,它沿着轴突传导,大小不会减弱。传导的速度可以通过刺激和动作电位之间的延迟来计算。

电极上，并将记录的电极放置在与刺激电极隔开一段距离的地方。然后我们对轴突的末端加以去极化刺激并引发动作电位。我们依次记录每个电极的动作电位。由此，我们可以看到动作电位是沿着轴突进行传导的。动作电位在传导过程中的大小保持不变。

这个实验发现了一种基本的沿轴传导规则：**全或无法则**。该法则指出，动作电位可能发生，也可能不发生，但是一旦触发，它就会沿着轴突传递到它的末端。动作电位的大小始终保持不变，不会增加，也不会减少。当一个动作电位到达轴突分支的时候，它会分流，但不会变小。轴突可以在任意一个方向上传导一个动作电位，如果动作电位在轴突的中间部分开始时候，甚至在两个方向上都能同时传递。然而，由于活体动物的动作电位往往从细胞体末端开始，所以轴突通常只会从一个方向上来传导动作电位。

肌肉收缩的强度可以非常弱，也可以非常有力，而刺激的强度，就像眼睛里的神经元所检测到的光一样，可以从几乎不被察觉到非常强烈。轴突的动作电位控制肌肉收缩，其强度可以代表物理刺激的强度。但是，如果动作电位是全或无的事件，并且每个动作电位都是相同的大小，那么它们如何处理连续的信息变化，比如，由强到弱的肌肉收缩，或由亮到暗的光线变化？答案是令人惊讶的：对这种变化的信息的控制是通过控制轴突发射动作电位的频率来实现的。高率的动作电位会导致强烈的肌肉收缩，而强烈的刺激（如强光）会使轴突的发射率变高，这对眼睛是有帮助的。例如，一个轴突可以在一个单位时间内发射 10 个相同的动作电位（一个较低的发射率），从而对暗淡的光线作出反应。同样的轴突可能会在同一单位时间内发射 100 个相同的动作电位（高射速），从而对明亮的照明灯作出反应。**速率定律**表明，在一个轴突中传递的刺激或其他信息的强度变化可以由轴突发射动作电位的速率变化来表示（见图 2.19）。打个比方，想象一下，每次你拍手，会产生同样音量的声音。为了表现出你对出色表演的热情，你可能会在 30 秒内迅速鼓掌（这是一个很高的频率）。而如果你不喜欢某个表演，你可能只会慢慢地在 30 秒的时间内拍几下手（低频率）。你使用的是同样的通信方式（拍手，或者在神经元中，发射动作电位），但是你通过改变频率以传达不同的信息。

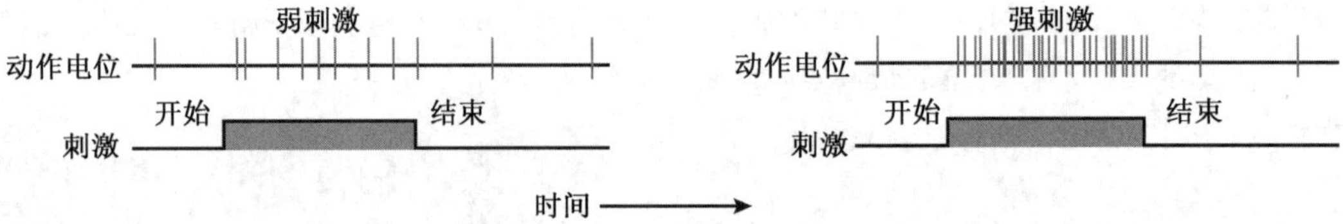


**图 2.19　速率定律**

刺激的强度是由轴突的发射率来决定的。每个动作电位的大小总是恒定的。

我们之前提到过，哺乳动物神经系统中最小的轴突都是髓鞘化的，中枢神经系统中的轴突会被寡树突胶质细胞所产生的髓鞘包裹，而外周神经系统中的轴突则会被施万细胞所产生的髓鞘所覆盖。这些部分被一些裸露的轴突分开，就是郎飞氏结。动作电位在髓鞘化轴突中的传导和在非髓鞘化轴突中的传导方式是不同的。

中枢神经系统中的施万细胞和寡树突胶质细胞在紧密地包裹在轴突的周围，在它们和轴突之间几乎没有细胞外液的存在。髓鞘化的轴突能够和细胞外液接触的唯一地方就是郎飞氏结。在那里，轴突暴露于细胞外液中。在髓鞘化的轴突处，因为细胞外液的存在，所以即使钠离子通道打开时，钠离子也无法朝细胞内部流动。轴突将电扰动从动作电位处传导至下一个郎飞氏结。电扰动的传导是被动地进行的，就好像电信号在绝缘的电缆中进行传导的方式一样。当穿过轴突时，电扰动会变小，但它仍然达到足够在下一个节点触发一个新的动作电位。这种扰动大小的减弱被称为**递减传导**。在郎飞氏结的每个节点上，动作电位会被重新触发，从而导致电扰动沿着髓鞘向下一个节点进行传导。这种从节点到节点的信息传导方式，被称为**跳跃式传导**(参见图 2.20)。

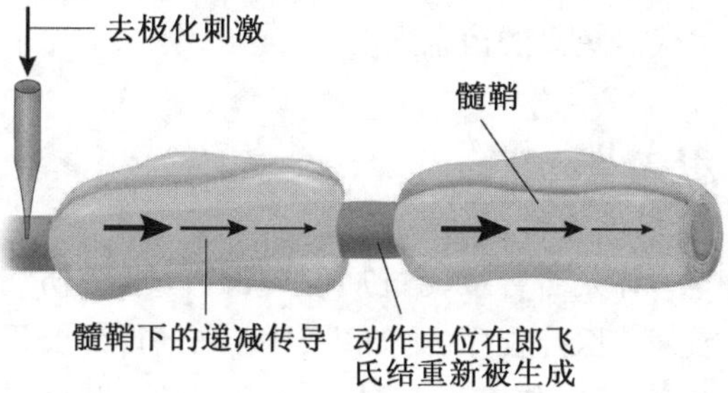


**图 2.20　跳跃式传导**

本图显示了动作电位在髓鞘化的轴突内的传播。

跳跃式传导有两个好处。首先，这种方式很经济。钠离子在动作电位时进入轴突，但最终必须离开轴突。钠-钾转运蛋白必须遍布整个无髓鞘化的轴突，因为 $Na^+$ 可以从任何地方进入轴突。然而，由于 $Na^+$ 只能在郎飞氏结上进入髓鞘化的轴突，所以能够进入的钠离子数量相对更少。因此，更少的钠离子需要被钠-钾泵抽出来。所以，髓鞘化轴突维持钠平衡需要的能量更少。

其次，这种方式还具有速度上的优势。在髓鞘化的轴突中，动作电位的传导速度更快，因为节点之间的传输速度非常快。毫无疑问，传导速度的增加能够使得有机体更快地做出反应和进行思考。提高传导速度的方法之一就是增加体积。因为它太大了，鱿鱼的无髓鞘轴突直径为 500 微米，达到了大约 35 米/秒的传导速度。然而，猫的髓鞘化轴突达到同样的速度，直径仅为 6 微米。速度最快的髓轴突，直径为 20 微米，能以 120 米/秒的速度，或 432 公里/小时的速度进行动作电位传导。在这样的速度下，信号可以从轴突的一端几乎瞬间到达另一端，而不会有太大的延迟。

## 本节回顾

### 神经元内的传递

目标 2.5　比较退避反射在有抑制和无抑制状态下的神经传导。

一个简单的退避反射由一个检测刺激的感觉神经元、一个刺激运动神经元的脊髓中间神经元、以及一个激发退避行为的运动神经元参与。大脑可以通过抑制运动神经元，来阻止这个反射行为的发生。

目标 2.6　对比在静息电位、超极化、去极化和动作电位时神经元内电位的变化。

大多数神经元的静息电位大约在－70 毫伏，或者说，其所带的电荷比神经元外部的环境往负值的方向多了 70 个单位。当神经元的内部带电朝负值方向变大时(例如－100 毫伏)，就会发生超级化。而当细胞内部带电朝正值变大时(例如＋20 毫伏)，就会发生去极化。当神经元被去极化并达到其阈值时，就会产生动作电位。动作电位是一种突发的去极化和超极化的过程，会像波一样沿着轴突传导，从轴突到达细胞体，最终到达终扣。

目标 2.7　总结扩散、静电压力和钠-钾离子泵对建立膜电位的贡献。

轴突膜的内部和外部的电荷之间的差异是由扩散力、静电压力和钠钾泵的共同活动所产生的。扩散力描绘了分子在溶质中均匀分布的过程。静电压力解释了相似的电荷相斥、相反的电荷相互吸引的现象。钠-钾泵通过将 3 个钠离子排出细胞、将 2 个钾离子泵入细胞的过程，维持了细胞膜的静息电位。

目标 2.8 总结动作电位发生时的一系列离子运动。

在达到兴奋的阈值后，依赖于电压的钠离子通道打开，钠离子进入细胞。钠离子进入细胞的过程是由扩散力和静电压力所驱动的。这使得轴突膜去极化。在大约 1 毫秒之后，钠离子通道进入不应期。细胞内的正电荷打开了依赖于电压的钾离子通道。由于细胞内部带有正电荷，钾离子会在扩散力和静电压力的驱使下离开细胞。当钾离子离开细胞并扩散时，细胞就会变得超级化，最终，细胞内会变得比静息电位时候带更多负电。钾离子通道关闭，钾离子停止离开细胞。钠-钾泵变得活跃，将三个钠离子从细胞中移出，同时将两个钾离子泵入细胞中。

目标 2.9 描述动作电位的传导。

动作电位在轴突和细胞体连接之处生成之后，会根据全或无法则传播到终扣。全或无法则规定，动作电位要么发生，要么不发生，一旦触发，它就会沿着轴突传递到它的终点。在非髓鞘化的轴突中，动作电位沿着轴突进行传导，但传导过程会受到递减传导的影响。在髓鞘化的轴突中，动作电位以跳跃式传导的方式传播，这种方式下，信息传递的速度更快，避免了递减传导，并可以在郎飞氏结进行重新激发。动作电位传递的信息强度的改变遵循速率法则。尽管每个动作电位的强度都是相同的，但更高的动作电位发射速率代表更高的信息强度。

## 思考题

你是否曾接受过局部麻醉，以减轻伤病或某些医疗程序（比如补牙）带来的疼痛？局部麻醉剂，如诺瓦卡因（Novocaine）或利多卡因（Lidocaine）（甚至是可卡因）都是通过阻断感觉神经元的轴突来产生麻木效果的。请解释这些麻醉剂是如何通过阻断这些通路来阻碍这些感觉神经元的功能的。

---

# 神经元之间的传递

在了解了神经元的基本结构和动作电位的相关知识后，接下来，我们来研究一下神经元之间是通过何种方式传递信息的。这些信息的传递使得神经元回路可以收集感官信息、制订计划并发起行为。

神经元之间的主要沟通手段是**突触传递**，就是通过突触将信息从一个神经元传输到另一个神经元。正如我们所看到的，这些信息由神经递质携带，由负责发送的细胞或**突触前**细胞的终扣释放。这些化学物质会在一个充满液体的间隙里扩散开来，这个间隙由终扣和与它们形成突触的神经元膜组成，这种神经元被称为**突触后**细胞。神经递质然后产生**突触后电位**——通过短暂的去极化或超极化来增加或减少突触后神经元的轴突发射速率。

神经递质通过在受体分子上的特定区域进行附着从而施加影响，这种特定的区域被称为**结合位点**。神经递质的化学分子附着到结合位点的方式，就好像一把钥匙插入锁孔一样，因为结合位点的形状和神经递质分子的形状是互补的。附着于结合位点的化学物质称为**配合基**。神经递质是天然存在的配合基，由神经元产生和释放。但在自然界还存在其他化学物质（主要在植物中，或动物的毒液中）也可以作为配合基。另外，在实验室中还可以制成人造的配合基。这些化学品涉及药物及其影响,将在第 4 章中具体讨论。

## 突触结构

目标 2.10 描述突触前细胞里涉及突触传递部分的结构和功能。

突触是一个神经元的轴突分支末端的终扣与另一个神经元的细胞膜之间的连接点。许多突触存在于树突或**树突棘**的光滑表面上(树突棘是连接大脑里几种类型的大神经元树突的一种小的突起)。此外,有些突触也可以存在于细胞体和轴突上(见图 2.21)。

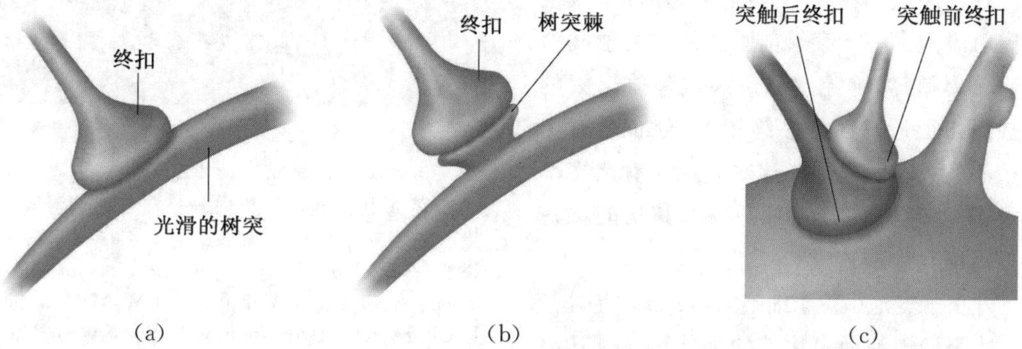


**图 2.21 突触的类型**

轴突—树突状突触存在于树突(a)或树突棘(b)的光滑表面上。轴突-轴突状突触由两个终扣(c)之间的突触组成。

现在,让我们来详细地研究一下一个典型的突触结构。**突触前膜**位于终扣的末端,面向位于接收信息的神经元上的**突触后膜**。这两种膜在**突触间隙**中彼此相对,这个间隙的大小通常在 20 纳米(纳米是米的十亿分之一)左右,不过在不同的突触中,这个大小会有所不同。突触间隙含有细胞外液,神经递质通过该细胞外液扩散。网状细丝穿过突触间隙,将突触前和突触后膜对齐。

正如图 2.22 所示,在终扣的细胞质中存在两个突出的结构:线粒体和突触囊泡。你也会发现微管,它们负责在细胞体和终扣之间进行物质传输。线粒体的存在意味着终扣需要能量来执行其功能。**突触囊泡**是球形或卵圆形的。一个特定的终扣中可以包含从几百到几百万个突触囊泡(见图 2.22)。

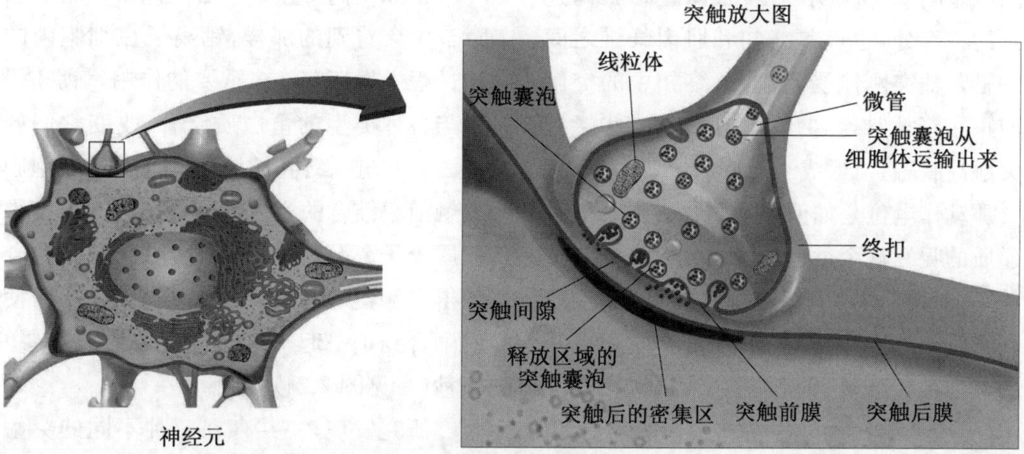


**图 2.22 突触的组成细节**

本图显示了突触信息传递中涉及的结构。

许多终扣含有两种类型的突触囊泡：大囊泡和小囊泡。小突触囊泡存在于所有终扣中，含有神经递质的分子。它们的数量从几十到几百不等。小突触囊泡膜由约 10 000 个脂质分子组成，其中插入了约 200 个蛋白质分子。**运输蛋白**将囊泡中填满神经递质，并参与神经递质的释放和囊泡的再循环。大量的突触囊泡存在于突触前膜的面向突触间隙的部分周围，离神经递质最终被释放出去的**释放区域**很近。在许多终扣中，分布着有密集核心的大突触囊泡。这些囊泡含有诸多不同种类的多肽类物质中的一种，其功能将在本章后面具体描述。

小突触囊泡由位于细胞体内的高尔基体产生。小突触囊泡通过快速的轴浆运输到达终扣。正如我们将看到的，有些小突触囊泡也可以由从终扣中回收材料中产生。大突触囊泡仅在体细胞中产生，并通过轴浆运输到终扣。

## 神经递质的释放

目标 2.11　描述神经递质释放的过程。

当动作电位沿着轴突（和其所有的分支）传导时，在所有的终扣内都会发生如下的事件：位于突触前膜内部的许多小突触囊泡会与膜融合，然后打开，将其内部物质释放入突触间隙。图 2.23 显示了蛙的神经和肌肉连接处的一部分，也就是终扣和肌肉纤维之间的突触。轴突刚刚受到刺激，终扣中的突触囊泡正在释放神经递质。请注意，一些囊泡与突触前膜融合，形成了 Ω 形。

那动作电位是如何引发突触囊泡释放神经递质的呢？这个过程开始于突触囊泡与突触前膜"对接"，并准备将它们的神经递质释放到突触间隙中。当蛋白质分子和突触前膜里的其他蛋白质分子成功附着时，对接就完成了（见图 2.24）。

突触前膜的释放区（见图 2.22）含有依赖于电压的钙离子通道。当终扣的膜由于动作电位而产生去极化时，钙通道打开。像钠离子一样，钙离子（$Ca^{2+}$）在细胞外液中浓度最高。因此，当依赖于电压的钙通道开放时，$Ca^{2+}$ 通过静电压力和扩散力的推动进入细胞。$Ca^{2+}$ 的进入是一个至关重要的步骤，如果将神经元置于不含钙离子的溶液中，则动作电位不再导致神经递质的释放（钙转运蛋白，与钠-钾转运蛋白相似，事后会将细胞内 $Ca^{2+}$ 移除）。

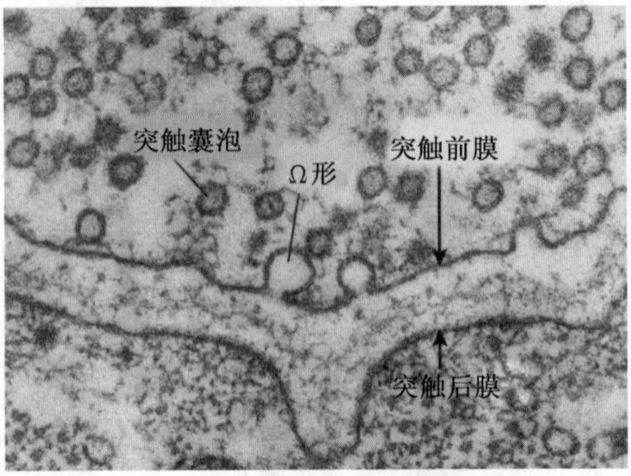


**图 2.23　突触的横截面**

用电子显微镜拍摄的突触横截面的照片。类似 Ω 的形状是构成蛙肌肉神经突触的突触囊泡和终扣的突触前膜相融合形成的。

资料来源：Heuser, J. E., in *Society for Neuroscience Symposia*, Vol. Ⅱ, and W. M. Cowan and J. A. Ferredelli. Bethesda, MD: Society for Neuroscience, 1977。经授权使用。

正如我们将在本章后面以及本书后面的章节中会看到的那样，钙离子在细胞内的生物过程中发挥着许多重要的作用。钙离子可以与各种类型的蛋白质结合，改变它们的特性。一些进入终扣的钙离子与突触囊泡膜和突触前膜结合的蛋白质分子结合。这使得蛋白质分子簇分开，从而产生**融合孔**。融合孔使得突触囊泡膜和突触前膜贯通，从而使它们融合到了一起。融合过程大约只需要 0.1 毫秒（参见图 2.24）。

研究发现，一共存在三种不同的突触囊泡（Rizzoli & Betz, 2005）。**预备释放的囊泡**停靠在突触前膜的内侧，可以在动作电位到

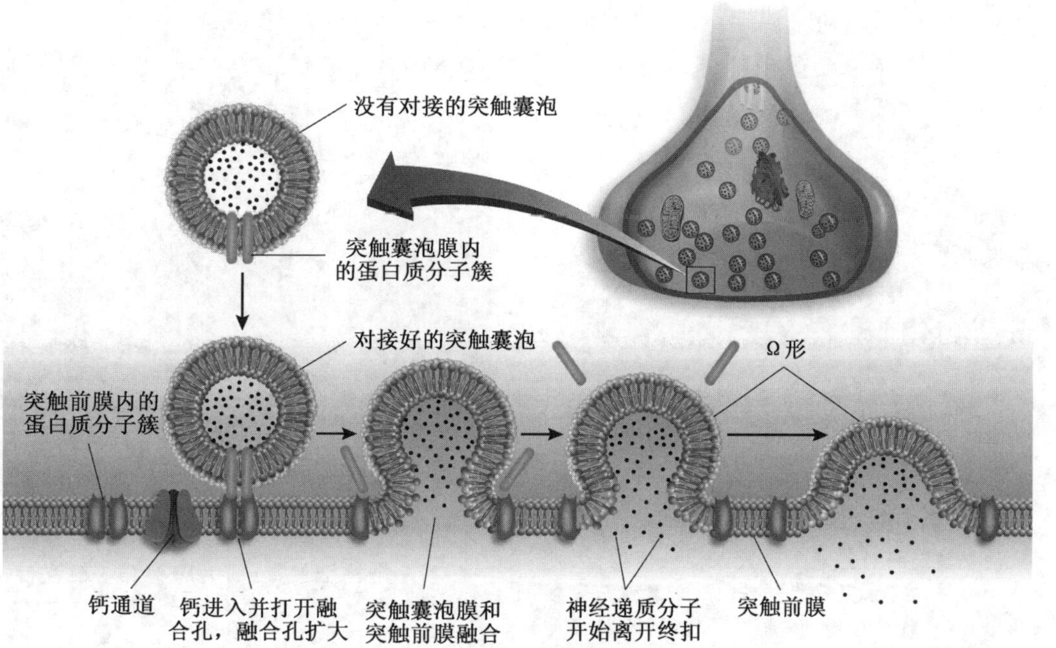


**图 2.24　神经递质的释放**

动作电位可打开钙离子通道，使钙离子进入，并和逗留在预备释放区里的突触囊泡膜内的蛋白质相结合。融合孔张开，神经递质释放到突触间隙中。

达时就释放其内部的物质。这些囊泡在所有终扣内的突触囊泡所占的比例少于1%。**回收池囊泡**占囊泡总数的10%—15%，而剩余85%—90%的囊泡都是**储备池**囊泡。如果轴突以低速率发射，则只有来自预备释放池的囊泡才会被激活。而如果突触发射速度增加，则来自回收池以及储备池的囊泡都将释放其内部物质。

突触囊泡膜破裂并释放它们内部的神经递质之后，又会发生什么呢？预备释放池中的许多囊泡会经历一个被称为"亲完就跑"的过程。这些突触囊泡会将其内部大部分或全部神经递质释放出去，然后，融合孔会闭合，而囊泡会从突触前膜脱离，并再次充满神经递质。其他囊泡(主要是回收池中的那些囊泡)开始合并和回收，因此改变了它们原来特性。这些囊泡的膜会与突触前膜相融合。膜上的小芽会被掐断，然后进入细胞质并成为突触囊泡。随后，适当的蛋白质将进入这些囊泡的膜中，囊泡内会被填充满神经递质分子。储备池中的囊泡膜通过**整体胞饮**的作用机制进行再循环。一些大片的终扣的膜向内折叠、折断，并进入细胞质。新的囊泡是由小芽分离出这些膜而形成的。预备释放池的回收过程不到一秒钟，回收池的回收过程需要几秒钟，而备用池则需要几分钟(见图2.25)。

## 受体激活

目标2.12　对比离子型和代谢型受体。

神经递质分子是如何在突触后膜中产生去极化或超极化的呢？其实，这是通过神经递质分子在突触间隙扩散，并在突触后膜上的特殊蛋白质分子的结合位点处附着来实现的。这种特别的蛋白质分子被称为**突触后受体**。一旦结合，突触后受体打开**依赖神经递质的离子通道**，允许特定离子进入或离开细胞。因此，神经递质在突触间隙中的存在允许特定离子穿过膜，改变局部膜电位。

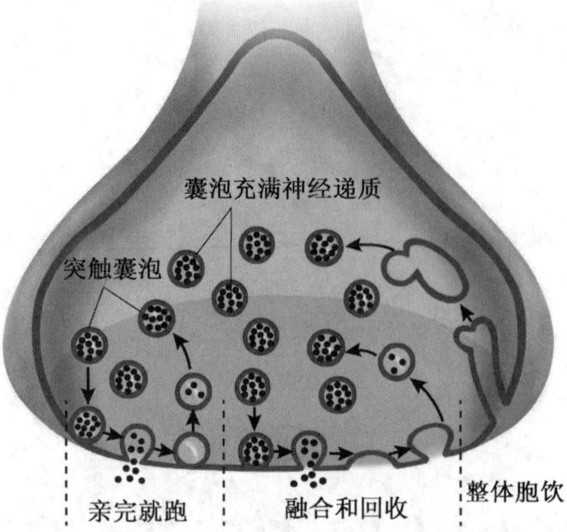


**图 2.25　突触囊泡膜的回收**

突触囊泡将神经递质释放入突触间隙后，发生以下事件：在“亲完就跑”的过程中，囊泡与突触前膜融合，释放神经递质，重新密封，离开对接部位，囊泡重新充满神经递质，并与终扣中的其他囊泡混合。在“融合和回收”的过程中，囊泡与突触后膜完全融合，从而改变了其特性。已经融合了的囊泡的额外囊泡膜会被扭断，进入细胞质并形成囊泡，并被充满神经递质。储备池中的囊泡膜通过整体胞饮作用进行再循环。大片的终扣的膜会向内折叠、折断并进入细胞质。新的囊泡是由小芽分离出这些膜而形成的。

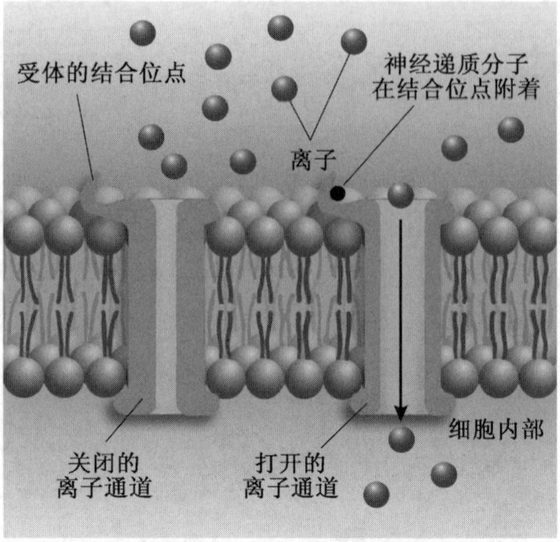


**图 2.26　离子型受体**

当一个神经递质分子附着到结合位点时，离子通道打开。为了更清楚地描述这个过程，本图的尺寸并不代表实际的大小比例。实际上，神经递质分子的体积远大于离子。

值得注意的是，神经递质分子不能进入突触后细胞，而只有离子可以通过离子通道进入细胞。

神经递质可以通过至少两种不同的方法直接和间接地打开离子通道。我们先来介绍一下直接的方法，因为它更简单一些。图 2.26 显示了一个自带结合位点的、依赖于神经递质的离子通道。当适当的神经递质分子附着其上时，离子通道打开。该组合受体或离子通道的正式名称是**离子型受体**。

离子型受体首先是在电鳐体内产生电流的器官内被发现的（电鳐，英语是 torpedo，也可以说成 electric ray，是一种会放电的鱼类，而非星球大战里的一种武器）。在电鳐体内，离子型受体大量存在。这些对**乙酰胆碱**神经递质敏感的受体含有钠通道。当这些通道打开时，钠离子进入细胞并使其细胞膜去极化。

使离子通道打开的间接方法更为复杂一些。与一些受体结合的配合基不直接打开离子通道，而是先引发一系列的化学事件。这些受体被称为**代谢型受体**，因为它们需要细胞消耗代谢能量。代谢型受体位于附着于膜上的另一种蛋白质——**G 蛋白质**附近。当神经递质分子与代谢型受体结合时，受体激活位于受体旁边的膜内的 G 蛋白。当被激活后，G 蛋白激活一种能够刺激产生称为**第二信使**的化学物质的酶（神经递质是第一信使）。第二信使的分子穿过细胞质，附着在附近的离子通道上，并使它们打开。与离子型受体产生的突触后电位相比，代谢型受体产生的突触后电位需要更长的时间才能开始，并会持续更长时间（见图 2.27）。

第一种在研究中被发现的第二信使是**环 AMP**，这是一种从 ATP 合成的化学物质。此后，研究者又发现了其他几种第二信使。在后面的章节中你会看到，第二信使在突触和

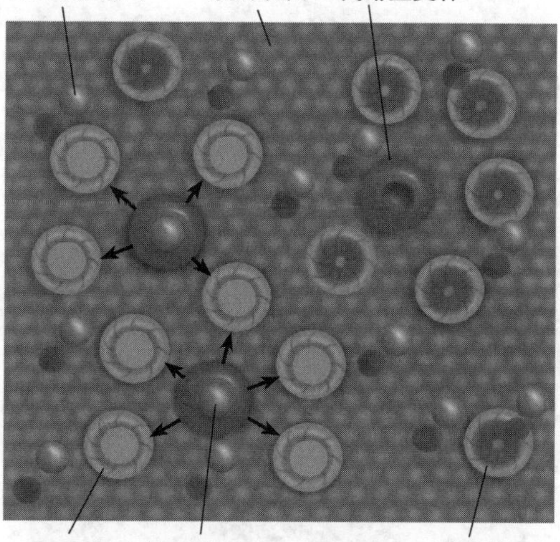


**图 2.27　代谢型受体**

当一个神经递质分子与一个受体结合时，一个G蛋白激活一种酶，产生一个第二信使（用黑色箭头表示），并打开附近的离子通道。

非突触通信中发挥着重要的作用。它们可以做的不仅仅局限于打开离子通道。比如，它们可以前往神经元的细胞核或其他区域，并引起影响细胞功能的生物化学变化。它们甚至可以开启或关闭特定基因，从而启动或终止特定蛋白质的生产。

## 突触后电位

目标 2.13　比较突触后细胞中兴奋性突触后电位和抑制性突触后电位的功能。

正如我们之前所提到的，突触后电位可以是去极化（兴奋性）的，也可以是超极化（抑制性）的。决定一个突触中突触后电位性质的并不是神经递质本身。相反，它由突触后受体的特性决定。更具体地说，**由它们打开的特定类型的离子通道来决定**。

在突触后膜中存在着四种主要的依赖于神经递质的离子通道：钠、钾、氯和钙（见图 2.28）。虽然图 2.28 仅描绘了直接激活的离子通道，但你应该知道许多离子通道是通过与G蛋白配合的代谢型受体间接激活的。

依赖于神经递质的钠通道是兴奋性突触后电位的最重要来源。正如我们所看到的，钠-钾转运蛋白使细胞外的钠保持在细胞外，等待扩散力和静电压力的推动。当钠通道打开时，就会产生去极化，也就是**兴奋性突触后电位**（EPSP）（见图 2.28a）。我们还可以看到，钠-钾转运蛋白在细胞内维持少许过量的钾离子。如果钾通道开放，这些阳离子中的一些将顺着这种浓度的差别而离开细胞。由于 $K^+$ 带正电荷，它流出细胞就会使膜超极化，产生**抑制性突触后电位**（IPSP）（见图 2.28b）。在许多突触处，抑制性神经递质打开的是氯通道，而非（或者不局限于）钾通道。打开氯通道的效果取决于神经元的膜电位。如果膜处于静息电位，则不会发生任何反应，因为（正如我们前面看到的）氯离子的扩散力和静电压力完全平衡。然而，如果膜电位已经被位于附近的兴奋性突触的活性去极化，则氯通道的开放将允许 $Cl^-$ 进入细胞。阴离子（带负电荷的离子）的流入会使膜电位恢复到正常的静息状态。因此，氯离子通道的开放可以用来中和 EPSP（见图 2.28c）。

第四种依赖于神经递质的离子通道是钙通道。钙离子（$Ca^{2+}$）带正电，位于细胞外部（钙离子的浓度最高），和钠离子起到的作用很类似。也就是说，钙通道的开放使膜去极化，产生 EPSP。但是钙离子除此之外还会做其他事情。正如我们在本章前面所看到的，钙进入终扣会触发突触囊泡的迁移和神经递质的释放。在突触后细胞的树突中，钙和特殊的酶相结合并将其激活。这些酶具有多种作用，包括引发突触后神经元中生物化学和结构的变化。正如我们将在第 13 章中所看到的那样，学习的过程会影响神经元之间关系，而其影响方式之一就是通过打开钙通道并引发的树突棘的变化（见图 2.28d）。

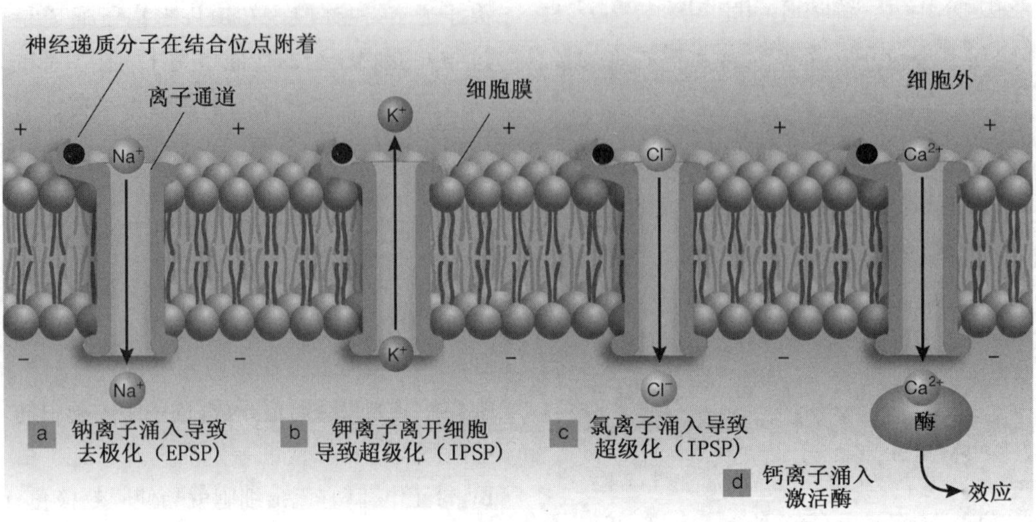


**图 2.28　突触后电位过程中的离子运动**

## 突触后电位的终止

目标 2.14　解释再摄取和酶失活在终止突触后电位中的作用。

突触后电位是由神经递质分子激活突触后受体引起的短暂去极化或超极化。它们通过两种机制保持过程简短：再摄取和酶失活。

**再摄取**　大多数神经递质产生的突触后电位通过**再摄取**而终止。这是个通过终扣从神经突触间隙中非常快速地移除神经递质的过程。神经递质不会返回到从终扣的膜上被掐断的囊泡中去。相反，膜中含有特殊的转运蛋白分子，它们利用细胞的能量储备迫使神经递质的分子从突触间隙直接进入细胞质，就像钠-钾转运蛋白使得 $Na^+$ 和 $K^+$ 穿过膜一样。当动作电位到达时，终扣释放少量神经递质进入突触间隙，然后再将其摄取回来，从而使突触后受体仅短暂地和神经递质相接触（见图 2.29）。

**酶失活**　**酶失活**是通过一种破坏神经递质分子的酶完成的。由**乙酰胆碱**（ACh）和肽分子组成的神经递质产生的突触后电位就是以这种方式终止。肌肉纤维的突触和某些中枢神经系统神经元细胞间的突触的信号传递都会通过 ACh。由 ACh 产生的突触后电位是短暂的，因为这些突触处的突触后膜包含一种被称为**乙酰胆碱酯酶**（AChE）的酶。AChE 通过将乙酰胆碱分解成胆碱和乙酸盐来破坏乙酰胆碱。因为这些物质都不能激活突触后受体，所以一旦 ACh 分子被破坏，突触后电位就会终止。AChE 会不遗余力地破坏 Ach，一个 AChE 分子每秒可以破坏超过 5 000 个 Ach 分子。

你也许还记得，在本章开篇的案例研究中，凯瑟琳遭受了渐进式肌肉衰竭症状。正如她的神经科医生发现的那样，凯瑟琳患有重症肌无力，这是一种免疫系统破坏 Ach 受体的疾病，由于从 ACh 系统传递到肌肉的信号减少，从而产生肌肉无力。凯瑟琳的医生给她开了一种阻断 AChE 的药物。这种药物的作用是增加突触中 ACh 的量（因为它尚未被 AChE 分解）。尽管她仍缺乏大量的 ACh 受体，但突触中增加的 Ach 在数量上超越了剩余的 ACh 受体，并将信息放大到她的肌肉。因此，凯瑟琳的 ACh 系统可以再次将信息传达给她的肌肉，从而扭转了她的肌无力症状。

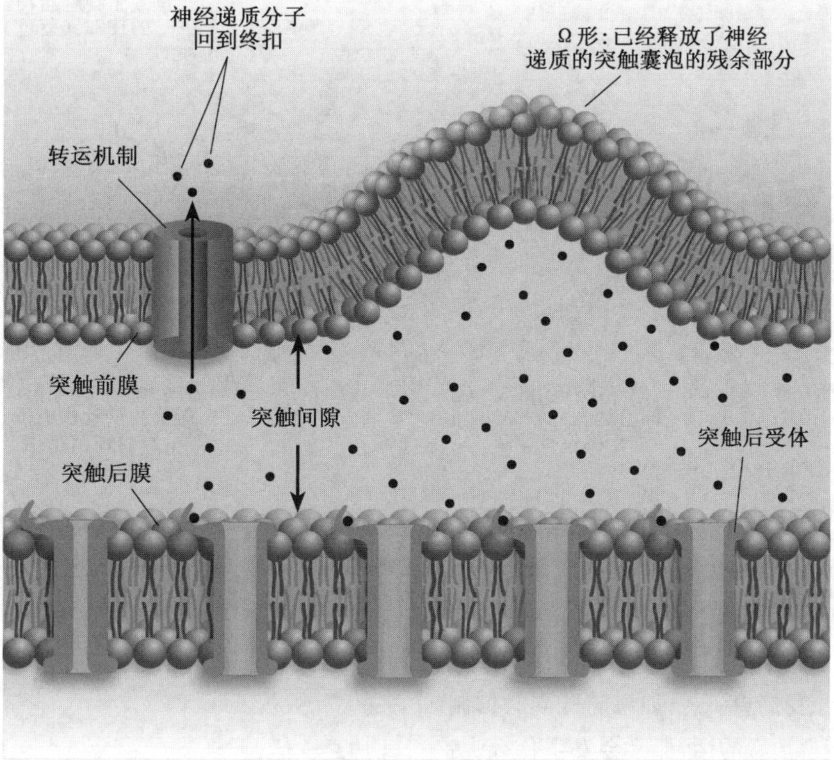


**图 2.29 再摄取**

释放到突触间隙的神经递质分子被转运回终扣。

## 突触后电位的效应：神经整合

目标 2.15 总结兴奋性突触后电位和抑制性突触后电位的神经整合过程。

刚才，我们已经了解了神经元如何通过突触相互联系，动作电位如何触发神经递质的释放，以及这些化学物质如何引发兴奋性或抑制性突触后电位。兴奋性突触后电位会增加突触后神经元发射的可能性；抑制性突触后电位则降低了这种可能性（请记住，这里说到的“发射”是指动作电位的发生）。因此，轴突发射的速率取决于兴奋性和抑制性突触对该细胞细胞体和树突的相对活性。如果没有活跃的兴奋性突触或者抑制性突触的活性不是特别高，那么这种发射速率可能接近于零。

现在，我们一起来看看这个过程中涉及的一些元素。对于一个特定神经元来说，其兴奋性和抑制性突触的相互作用称为**神经整合**。神经元兴奋的速度受兴奋性和抑制性突触对其树突和细胞体的相对活动量所控制。如果兴奋性突触的活动增加，则发射率会升高。如果抑制性突触的活性升高，则发射速率会下降。

图 2.30 显示了兴奋性和抑制性突触对突触后神经元的影响。图的上半部分显示了几个兴奋性突触激活时所发生的事件。神经递质的释放在神经元的树突中产生了去极化的 EPSP。然后，这些 EPSP 通过树突、穿过细胞体、传递到位于轴突基部的**轴突小丘**。如果此时去极化程度仍然足够强的话，轴突就会发射（见图 2.30a）。

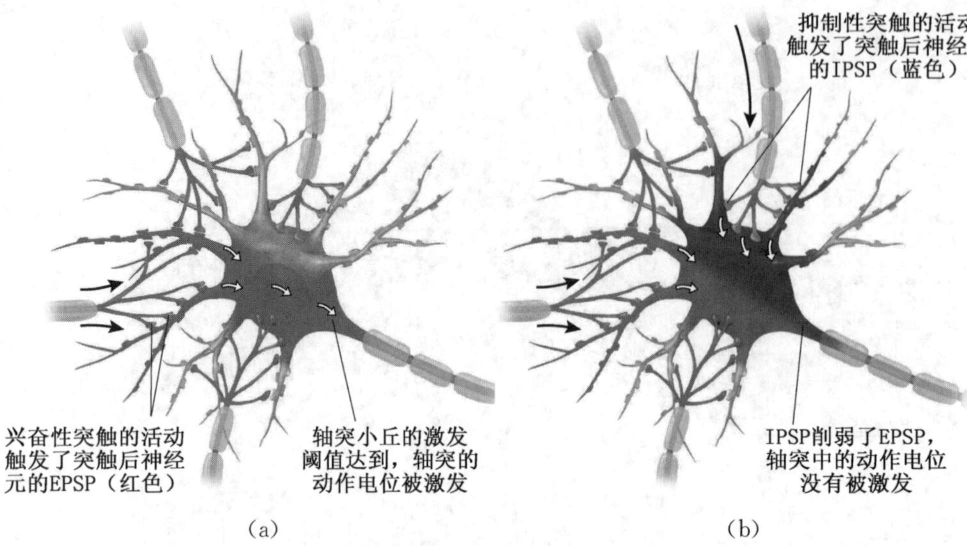


**图 2.30 神经整合**

(a) 如果几个兴奋性突触同时活跃，它们产生的 EPSP(以红色显示)在向轴突行进时进行汇总，轴突发射。 (b) 如果几种抑制性突触同时存在，它们产生的 IPSP 减小了 EPSP 的大小，并阻止了轴突发射。

现在，让我们想一想，如果与此同时抑制性突触也变得活跃的话，那又会发生什么呢？抑制性突触后电位是超极化的，它们使膜电位远离激发阈值。因此，它们倾向于消除兴奋性突触后电位的影响。

值得注意的是，神经抑制(即抑制性突触后电位)并不总是产生行为抑制。例如，假设一组神经元抑制特定的运动。如果这些神经元受到抑制，它们将不再抑制行为。因此，抑制性神经元的抑制使得行为发生的可能性变大了。当然，神经兴奋也是如此。抑制行为的神经元的兴奋抑制了这种行为。例如，当我们在做梦的时候，大脑中一组特定的抑制性神经元变得活跃起来，并阻止我们起床并做出梦中正在经历的动作(正如我们将在第 9 章中看到的那样，如果这些神经元受到损伤，人们就会梦游)。神经元是处于复杂回路中的元素，在不知道这些回路的细节的情况下，我们无法预测一组神经元的兴奋或抑制对生物行为的影响。

## 自身受体

目标 2.16 区分自身受体和突触后受体的位置和功能。

突触后受体检测突触间隙中是否存在神经递质，从而启动兴奋性或抑制性突触后电位。然而，突触后膜不是响应神经递质的受体存在的唯一位置。许多神经元也拥有响应自身释放的神经递质的受体，称为**自身受体**。

自身受体可以存在于细胞任何部位的膜上，但本章节中，我们仅讨论位于终扣上的自身受体。在大多数的情况下，这些自身受体不控制离子通道。因此，当受到神经递质分子刺激时，自身受体不会产生终扣的膜电位变化。相反，它们调节内部的过程，包括神经递质的合成和释放(可能你已经猜到了，自身受体是代谢性的，它们对这些过程施加的控制是通过 G 蛋白和第二信使完成的)。在大多数情况下，自身受体激活的效应是抑制性的。也就是说，神经元附近细胞外液中，神经递质的存在会引起神经递质合成或释放速率的降低。大多数研究者认为，自身受体是控制神经递质释放量的监管系统的一部分。如果神经递质过多释放，自身受体则抑制其生产和释放，反之，如果神经递质释放不够，自身受体就会使其生产率和释放率上升。

## 其他类型的突触

目标 2.17　认识不涉及神经整合的突触。

到目前为止，关于突触活动的讨论仅涉及突触后兴奋或抑制的效应。当终扣的突触存在于突触后树突和细胞体时，这些效应就会发生。但是，突触也可能出现在轴突上。这些突触的工作方式不同。轴突-轴突突触不直接促成神经整合。相反，它们改变了突触后轴突终扣释放的神经递质的量。它们可以进行突触前调节，包括突触前抑制或突触前促进（见图 2.31）。

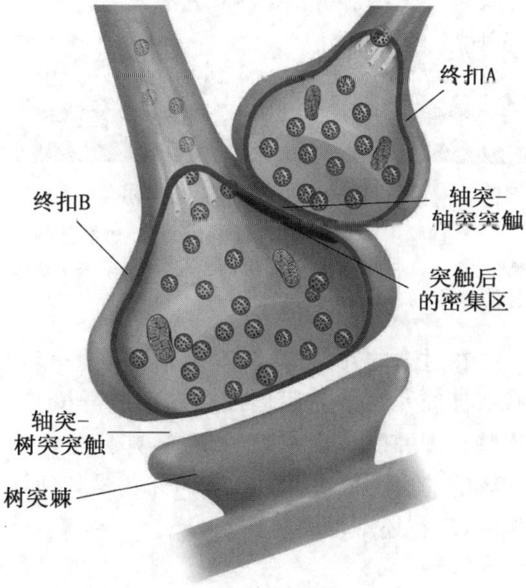


**图 2.31　轴突-轴突突触**

终扣 A 的活动可以增加或减少由终扣 B 释放的神经递质的量。

正如你所知，通过终扣释放神经递质是由动作电位启动的。通常，每当动作电位到达时，特定终扣释放固定量的神经递质。然而，神经递质的释放可以通过轴突-轴突突触的活性来进行调节。如果轴突-轴突突触的活性减少了神经递质的释放，则该效应被称为**突触前抑制**。反之，如果轴突-轴突突触的活性增加了神经递质的释放，这个效应就被称为**突触前促进**。顺便说一句，正如我们将在第 4 章中会看到的那样，大麻中的活性成分通过与突触前受体结合来对大脑发挥作用。

许多非常小的神经元的突起很短，而且，它们缺乏轴突。这些神经元形成树突-树突突触，或树突之间的突触。因为这些神经元缺乏长的轴突突起，所以它们不能将信息从大脑中的一个地方传输到另一个地方。大多数研究者认为它们执行监管职能，帮助组织神经元群体的活动。由于这些神经元太小，很难对它们进行研究。所以，我们对它们的功能知之甚少。

一些较大的神经元也会形成树突-树突突触。这类突触中，有一些是纯化学的，其表现为并列的树突中所存在的一个突触小泡和与其相连的另一个树突状细胞的突触后膜的增厚。而其他的这类突触则是电学意义上的。膜会合并，甚至几乎互相接触，从而形成间隙连接。间隙连接两侧的膜包含允许离子从一个细胞扩散到另一个细胞的通道。因此，一个神经元膜电位的变化会引起另一个神经元膜电位的变化。尽管脊椎动物突触中的大多数间隙连接都是树突-树突的结构，但这种间隙也会存在于突触后树突和细胞体之间。间隙连接在无脊椎动物中很常见，它们在脊椎动物的神经系统中的功能仍然是未知的。

## 其他化学传递形式

目标 2.18　列举非突触传导的例子。

神经递质由神经元的终扣释放，并与附近的另一个细胞膜中的受体结合。每个突触上的交流都不是公开的，仅仅影响到参与这个过程的神经元。**神经调质**（neuromodulator）是由神经元释放的化学物质，其传播距离远比神经递质分散更广。大多数神经调质是**肽**——氨基酸链。神经调质大量分泌并且扩散得更远，从而调节大脑特定部分中许多神经元的活性。比如，神经调质可以影响总体的行为状态，如警惕性、恐惧和对疼痛的敏感性。第 4 章中我们会讨论最重要的神经递质和神经调质。

**激素**是由**内分泌腺**细胞，或位于各种器官（如胃、肠、肾和脑）内的细胞所分泌的。分泌激素的细胞将这些化学物质释放到细胞外液中。然后，激素通过血液分配到身体的其余部分。激素可以影响细胞（包括神经元）的活性，这些细胞的细胞膜表面或细胞核深处存在特定的受体。含有特定激素受体的细胞被称为该激素的**靶细胞**，只有这些细胞会被激素影响。许多神经元含有激素受体，所以，激素能够通过刺激受体来改变这些神经元的活性，从而影响行为。例如，性激素睾酮增加了大多数雄性哺乳动物的攻击性。

肽激素通过刺激细胞膜中的代谢型受体，从而对靶细胞发挥其作用。这个过程所产生的第二信使可以传播到细胞核，在细胞核启动细胞生理过程的变化。类固醇激素由非常小的可溶性分子组成。常见的类固醇激素包括由卵巢和睾丸分泌的性激素、由肾上腺皮质分泌的激素，等等。由于类固醇激素可溶于脂质，它们很容易穿过细胞膜，前往细胞核，并和那里的受体附着。然后，受激素刺激的受体就会指导细胞的内部机制改变其蛋白质生产过程（见图 2.32）。

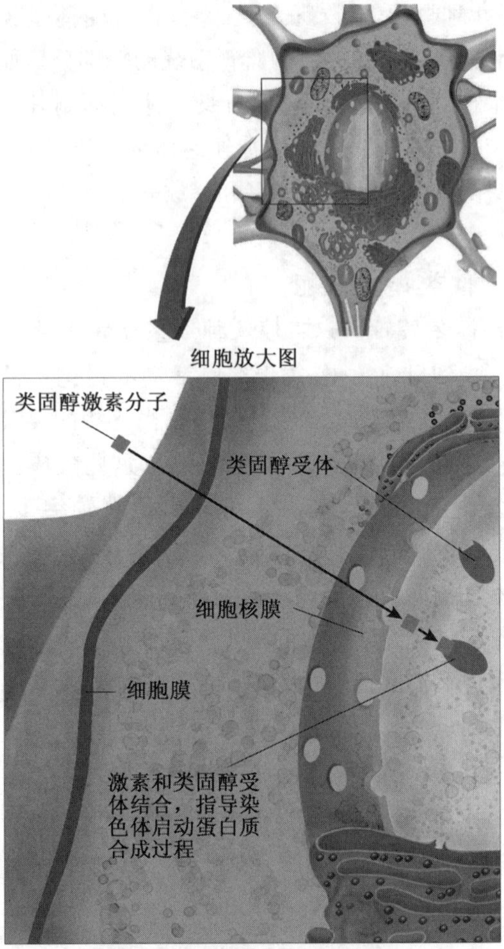


**图 2.32　类固醇激素的作用**

类固醇激素通过细胞核中的特殊受体影响其靶细胞。一旦受体与类固醇激素分子结合，就会引发基因的机制来启动蛋白质合成。

在过去的几年中，研究人员发现终扣和某些神经元突触后膜周围存在类固醇受体。这些类固醇受体影响突触传递，并且它们施加影响的速度很快。关于它们究竟是如何运作的，现在还不得而知。

## 本节回顾

### 神经元之间的传递

目标 2.10　描述突触前细胞里涉及突触传递部分的结构和功能。

突触前细胞含有充满神经递质的突触囊泡。运输蛋白用神经递质填充囊泡，并且运输蛋白参与神经递质的释放和囊泡的再循环。突触前膜横跨突触间隙，面向突触后膜。

目标 2.11 描述神经递质释放的过程。

在动作电位发生之后，突触前细胞中的囊泡释放出神经递质，移动到终端膜并与其对接。钙离子的流入引发融合孔的对接和产生。神经递质通过融合孔释放到突触间隙中去。神经递质释放后，囊泡的膜被回收并返回池中，以便为将来的神经递质释放做准备。

目标 2.12 对比离子型和代谢型受体。

离子型受体和配合基结合，打开离子通道。代谢型受体可通过使用G蛋白间接打开离子通道。代谢型受体还可以激活第二信使系统，该系统可以传播到神经元的细胞核或其他区域，并启动影响细胞功能的生物化学变化。第二信使还可以打开或关闭特定基因，从而启动或终止特定蛋白质的产生。

目标 2.13 比较突触后细胞中兴奋性突触后电位和抑制性突触后电位的功能。

在突触后细胞中，EPSP是由钠离子或钙离子通过依赖于神经递质的离子通道进入细胞而引起的去极化。在突触后细胞的树突中，钙还可以与具有多种作用的酶结合。IPSP是由通过依赖于神经递质的离子通道离开的钾离子或进入的氯离子而产生的超极化。

目标 2.14 解释再摄取和酶失活在终止突触后电位中的作用。

突触后电位可被以下两种方法终止：通过对转运蛋白的再摄取从而从突触中去除神经递质；或通过酶失活。

目标 2.15 总结兴奋性突触后电位和抑制性突触后电位的神经整合过程。

神经元收到多个低于其激发阈值的EPSP和IPSP。神经元会对这些信息进行汇总。如果最终整合的信息导致超出细胞激发阈值的去极化，神经元将激发动作电位。如果信息是IPSP或没有达到激发阈值，神经元则不会激发动作电位。

目标 2.16 区分自身受体和突触后受体的位置和功能。

突触后受体位于突触后膜上，其作用是将信息传递至突触后细胞。突触后受体可以是离子型或代谢型的。自身受体是位于突触前膜上的代谢型受体，它帮助调节神经递质的释放量。

目标 2.17 认识不涉及神经整合的突触。

其他类型的突触包括轴突-轴突突触或树突-树突突触和间隙连接。

目标 2.18 列举非突触传导的例子。

神经调质是由神经元释放的化学物质，其传播范围远比神经递质分散更广。激素由内分泌腺细胞或位于各器官内的细胞分泌。激素通过血液分配到身体的其余部分。

## 思考题

许多改变行为的药物通过改变受体或再摄取的位置来发挥作用。例如，一些抗抑郁药物和兴奋剂药物可以阻断神经递质的再摄取。描述阻断突触再摄取的效果。突触中可用的神经递质的量到底是增加了、减少了还是保持不变？请对你的答案进行解释。

## 本章回顾问题

1. 命名并描述神经元的各个部分并解释它们的功能。
2. 描述中枢和外周神经系统的支持细胞，并解释血脑屏障。

3. 解释动作电位的测量和膜电位的动态平衡。
4. 离子通道在动作电位中的作用是什么？全或无法则和速率法则分别是什么？
5. 描述突触的结构、神经递质的释放和突触后受体的激活。
6. 解释突触后电位。解释引起突触后电位的离子运动、突触后电位终止的过程、以及它们是如何整合的。
7. 描述自身受体、突触前抑制、突触前促进和非突触通信对神经递质影响的调节作用。

# 第 3 章

# 神经系统的结构

## 本章概要


**神经系统的基本特征** 061

解剖学方位术语 061

脑膜 063

脑室系统和脑脊液的产生 064

**神经系统的发展** 066

大脑发育概述 066

产前大脑发育 067

产后大脑发育 071

**中枢神经系统的结构和功能** 073

前脑 073

中脑 081

后脑 083

脊髓 083

**外周神经系统的结构和功能** 085

颅神经 085

脊神经 086

自主神经系统 087


## 学习目标

目标 3.1 将解剖学术语应用于神经系统。

目标 3.2 区分三层脑膜的位置。

目标 3.3 描述脑室系统内脑脊液的位置和功能。

目标 3.4 总结人类大脑从外胚层板、到神经管、再到三个相互连接的室的发育过程。

目标 3.5 解释产前发育如何影响人类复杂大脑的发育。

目标 3.6 举例说明基因改变、个人经历和神经发生如何影响大脑的产后发育。

目标 3.7 了解前脑的结构和功能，包括端脑和间脑。

目标 3.8 了解中脑结构的位置和功能。

目标 3.9 对比后脑和末脑结构的位置和功能。

目标 3.10 描述脊髓的结构和功能。

目标 3.11 了解颅神经的功能。

目标 3.12 区分脊神经传入轴突和传出轴突的功能。

目标 3.13 比较自主神经系统交感神经和副交感神经的功能和位置。

瑞恩是一名大一学生。从小,他就有偶尔癫痫发作的经历。他的神经科医生开了一种药物来控制他的癫痫发作,但从最近开始,这种药物开始不起作用了,他的癫痫发作越来越频繁。他的医生增加了药物的剂量,但癫痫仍然没有改善。而且这种药物的使用使瑞恩难以专注于他的学习,他开始担心自己是否会因此而辍学。

他去看了神经科医生,询问是否有另一种药物可以更有效地控制病情,但同时又不影响他的集中精力。“没有”,神经学家说,“你正在服用的就是我们现在最好的药物。但我想把你转介给医学院的神经外科医生L。我想可能癫痫手术对你来说是个好的方案。”

瑞恩患有部分性癫痫发作。这是由他大脑局部区域的组织上的疤痕所引起的。这个区域周期性地刺激周围区域,从而引发癫痫发作。这种癫痫是不受控制的、持续的脑神经元放电,会导致患者的认知障碍,有时甚至无法控制自身的运动。瑞恩的疤痕组织可能是他出生时的脑损伤所导致的。L医生对瑞恩进行了一些测试,发现癫痫的发作主要位于他的大脑左侧,一个称为内侧颞叶的区域。

瑞恩惊讶地发现他在手术期间会全程保持清醒。事实上,瑞恩需要给外科医生提供相关的信息,从而使得医生可以安全地切除他的大脑中癫痫发作的区域。正如你所预料的那样,当他被推进手术室时,他很紧张,但在麻醉医生给他注入镇静剂之后,瑞恩放松了下来。他自言自语:“一切都会好的。”

在准备手术时,瑞恩的头发被剃光了。L医生标记了瑞恩的头皮上切口的位置,然后给他注射了几次局部麻醉剂。然后他切开瑞恩的头皮,并注射更多麻醉剂。最后,他用一把钻和一把锯去掉一块头骨。然后他切开并折起覆盖大脑的厚膜,从而使大脑表面露了出来。

当切除癫痫发作部位时,外科医生希望切除所有异常组织,同时避免触及执行重要功能的脑组织,例如理解和生成言语的区域。出于这个原因,L医生开始刺激部分大脑区域,以确定他可以安全地移除那些区域。为此,他把一个金属探针放在瑞恩大脑的表面,并按下了一个产生微弱电流的开关。这微弱的电刺激破坏位于探针附近的神经元的放电模式,从而阻止它们执行其正常功能。L医生发现,对颞叶的某些部位进行时,瑞恩的语言理解能力就会受到影响。所以,当他切除含有癫痫发作区的大脑组织时,他就需要很小心,以免损伤这些区域。

手术很成功。瑞恩继续服用他的药物,但只需要很少的剂量。他的癫痫发作消失了,他发现集中精神上课变得更容易了。他之后的大学生涯非常成功。

瑞恩的故事说明了理解神经系统结构和功能的重要性。神经科学研究的总体目标是了解大脑的工作方式。要了解这项研究的结果,你必须熟悉神经系统的基本结构。有关神经系统的结构及其相关功能的信息量巨大,而本章只介绍其中的一小部分。在第2章,你了解了神经系统的最小单位:神经元和支持细胞。在本章中,你将了解由神经元组成的更大的神经系统结构。第一部分从神经系统的基本结构开始,第二部分探讨了神经系统是如何发展的。然后第三和第四部分分别

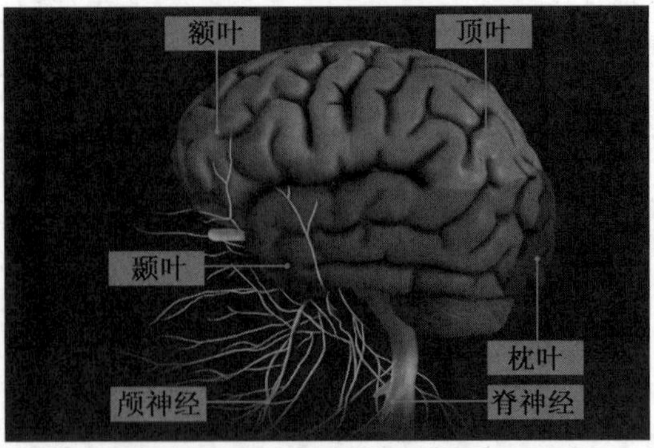

**大脑皮层的叶、颅神经和脊神经概述**

详细描述了中枢神经系统和外周神经系统。下图展示了本章中即将介绍的大脑皮层的叶，以及中枢神经系统中的颅神经和脊神经的概况。

## 神经系统的基本特征

神经系统由**中枢神经系统**和**外周神经系统**组成。中枢神经系统包含脑和脊髓，而外周神经系统包含颅神经、脊神经和外周神经节。中枢神经系统被包裹在骨骼中——大脑被颅骨覆盖，而脊髓被包含在脊柱内。图 3.1 描绘了大脑和脊髓与身体其他部分的关系。大脑由神经元、神经胶质细胞和其他支持细胞组成。它被包裹在坚硬的头骨中，并漂浮在**脑脊液**中，所以，大脑是全身受到最多保护的器官。大脑需要大量血液供应，并被血脑屏障化学保护。

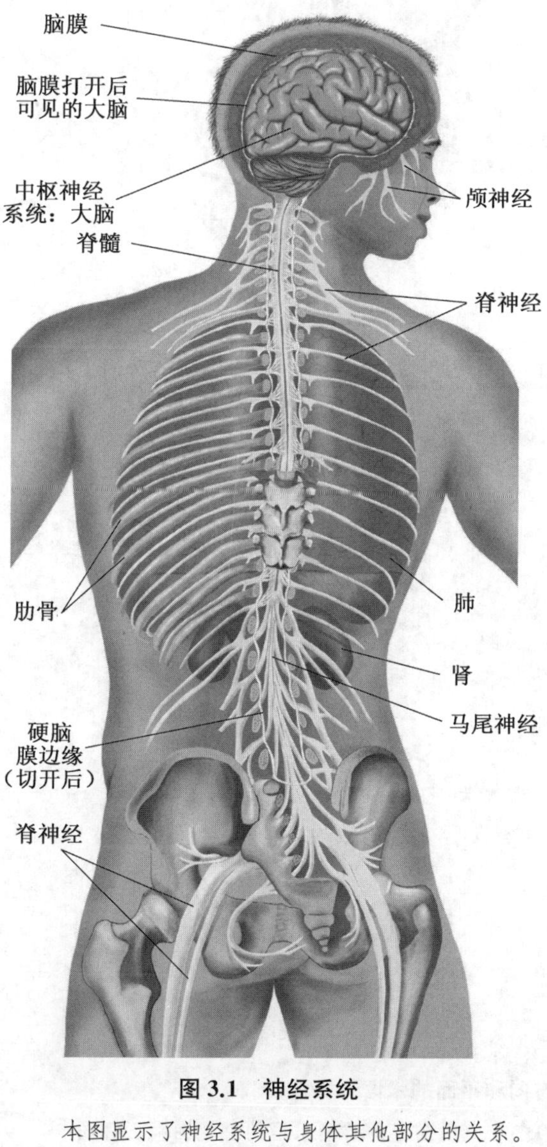


**图 3.1 神经系统**

本图显示了神经系统与身体其他部分的关系。

大脑连续不断地从心脏接收血液供给，从心脏泵出的大约 20%的血液都流向了大脑。身体的其他部位，例如骨骼肌肉或消化系统，会根据它们的需要，相对于其他区域的血液需求量，而接受适当量的血液。然而，如果大脑需要血液供给时，它总是能得到足够的份额。因为大脑只能储存少量的能量（主要是葡萄糖），并且在暂时缺氧的情况下提取能量（而肌肉却可以）。因此，不中断的血液供应对大脑的功能来说至关重要。大脑血液供应中断 1 秒钟就会耗尽大部分的溶解氧；而 6 秒的血液供应中断就会让个体失去意识。如果血液中断长达几分钟的话，大脑就会受到永久性伤害。

### 解剖学方位术语

目标 3.1 将解剖学术语应用于神经系统。

在开始详细描述神经系统之前，我们先来讨论一下用来描述它的一些术语。大脑的大体解剖结构在很久以前就已经被了解了，所以无需借助显微镜就能看到的部位都已被赋予了名称。早期的解剖学家会根据它们与普通物体的相似性命名大多数大脑结构：举几个例子来说，杏仁核是杏仁形的；海马体的形状和海马相似；膝从膝盖的形状而来；皮层的意思是树皮；脑桥就像一座桥一样；钩回呈钩子的形状，等等。在整本书中，我们有时会翻译解剖术语的名称，因为翻译可以使术语更加令人难忘。例如，知道皮层意味着“树皮”将帮助你记住皮层是大脑的外层。

在描述像大脑那样复杂结构的特征时，我们需要使用表示方向的术语。神经系统中

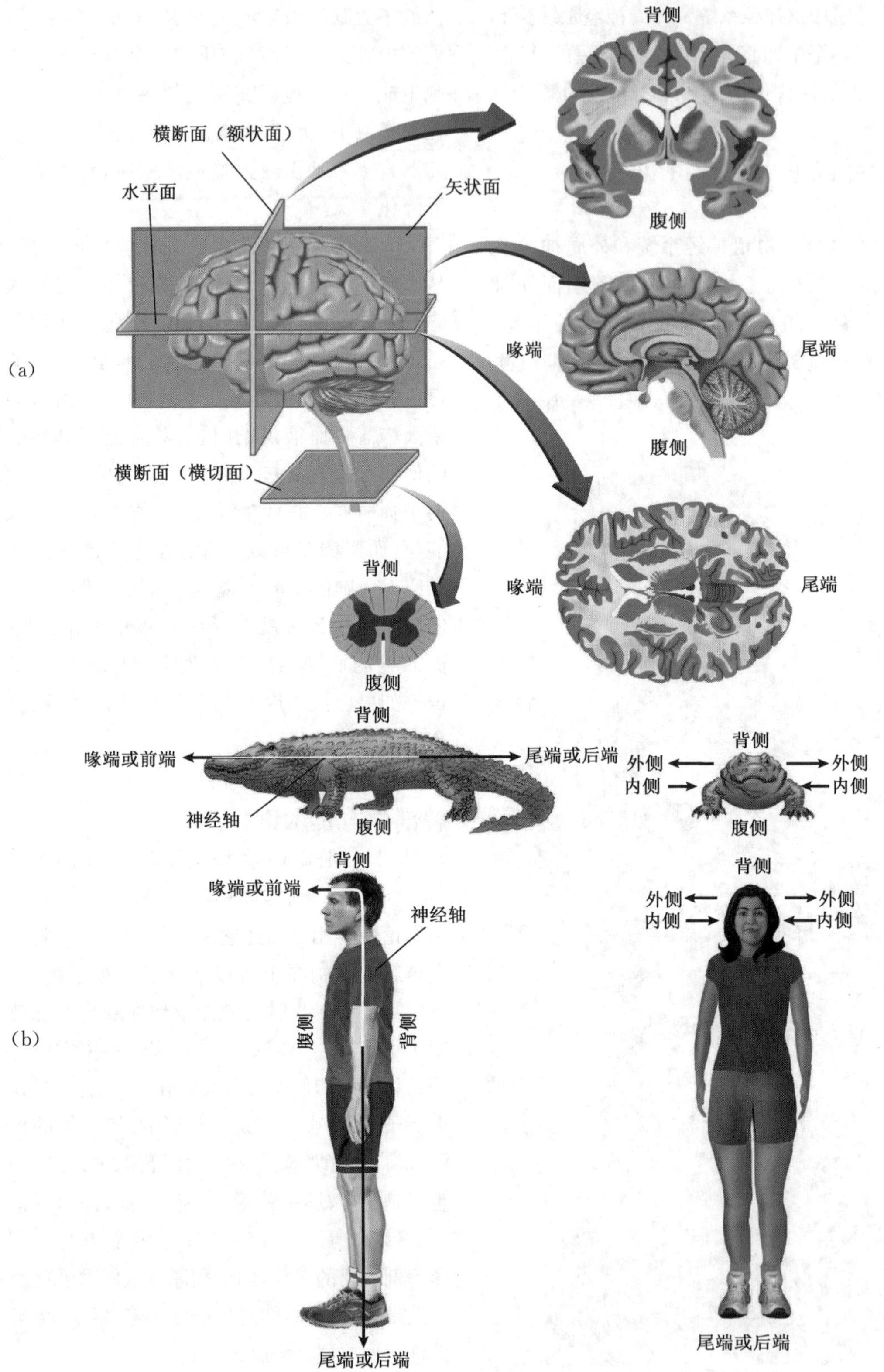


**图 3.2 解剖学的方向和平面的术语**

本图显示了(a)与神经系统有关的截面平面和(b)本节中所描述的解剖术语的侧视图和正视图。

的方向术语通常是相对于**神经轴**来描述的，神经轴是沿着中枢神经系统的长度而画出的一条假想线，从脊髓下端延伸到大脑前部。为了简单起见，让我们考虑一个具有直神经轴的动物。图 3.2(b)显示了鳄鱼和两个人。这鳄鱼是以线性方式展现的。我们可以绘制一条直线，在它的眼睛之间开始，沿着它的脊髓延伸。前面的部分叫做**前端**(anterior)，而后面的部分叫**后端**(posterior)。有时候，也会使用**喙端**和**尾端**这两个术语，尤其是当在形容大脑的时候。头和背部的顶部是**背侧**(dorsal)的一部分，而腹侧(ventral)表面朝向地面(dorsal 的词根是 dorsum，代表背部，而 ventral 的词根 ventrum 则代表腹部)。这些方向在人体上稍微复杂一些，因为我们都是直立的，所以我们的神经轴会弯曲，所以我们的头顶垂直于我们的背部[另两个你经常看到的术语是上方(superior)和下方(inferior)。在提到大脑时，上方的意思是"上面的"，而下方的意思是"下面的"。例如，上方小丘位于下方小丘的上面]。鳄鱼和人类的额面像则分别解释了**外侧**(lateral)和**内侧**(medial)：分别朝向侧面和朝向中间。

另外两个有用的术语是同侧和对侧。**同侧**指的是身体同一侧的结构。如果我们说嗅球将轴突投射到同侧的脑半球，意思就是起源于左侧嗅球的轴突终止于左半球，而右侧嗅球中的轴突则终止于右半球。**对侧**是指处于身体不同侧的结构。如果我们说左侧大脑皮层的特定区域控制对侧手的运动，那么我们意味着该区域控制右手的运动。

要了解神经系统的内部究竟有什么，我们就必须打开它才可以看到。而为了能够更准确地传达信息，我们要以标准方式对其进行切割。图 3.2(a)和图 3.3 显示了人类神经系统的切割平面。我们可以通过三种方式切割神经系统：

1. 横断地，就像切一块面包一样，我们会得到**横切面**，当涉及大脑时也称为**额状面**。对大脑中部的横向切割会将大脑分成前后两半。

2. 平行于地面切割，我们就会得到**水平断面**。对大脑中部进行平行切割后，大脑会分成上下两个部分。

3. 垂直于地面并与神经轴平行地切割，我们就会得到大脑的**矢状切面**。中矢状平面将大脑分成两个对称的右半部分和左半部分。图 3.2(a)和图 3.3 中的矢状切面在中矢状平面内。

需要注意的是，由于我们的直立姿势，脊髓的横截面会平行于地面[见图 3.2(a)]。

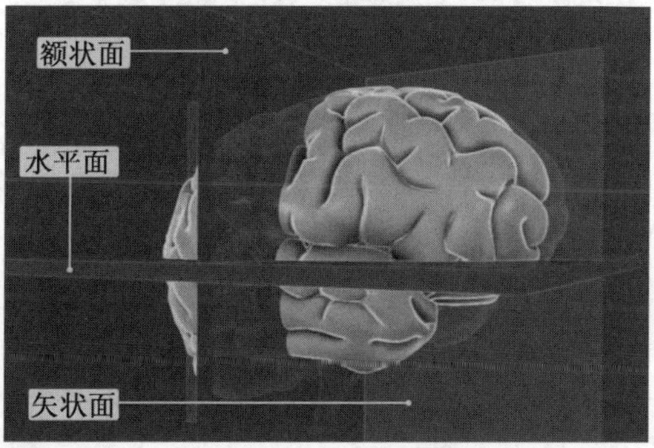


**图 3.3 大脑的截面**

本图显示了人类大脑切面的三维视图。

## 脑膜

目标 3.2 区分三层脑膜的位置。

整个神经系统，包括脑、脊髓、颅神经、脊髓神经，以及外周神经节，都被坚韧的结缔组织覆盖。脑和脊髓周围的保护套被称为**脑膜**(meninx，复数是 meninges，源于希腊语 membrane，意思是"膜")。脑膜由三个层次组成。处于最外层的叫做**硬脑膜**，硬脑膜很耐用、厚实、坚韧、虽然灵活但不可拉伸。处于中间的那层脑膜叫做**蛛网膜**，顾名思义，蛛网膜的外观和蜘蛛网的形状很类似，布满**蛛网状小梁**(arachnoid trabeculae，源于希腊语 arachne，意思是“蜘蛛”，trabecula 的意思是“轨道”)。蛛网膜柔软、呈海绵状，位于硬脑膜之下。**软脑膜**紧密连接大脑和脊髓，会随着表面的弯曲而发生折叠。脑和脊髓表面的较小的血管就在该层内。软脑膜和蛛网膜之间有一层间隙叫做**蛛网膜下腔**，这个空间内充满了脑脊液。

外周神经系统被两层脑膜覆盖。中间层(蛛网膜)及其脑脊液池仅覆盖脑和脊髓。在中枢神经系统之外，脑膜的外层和内层(硬脑膜和软脑膜)融合并形成覆盖脊髓和颅神经以及外周神经节的鞘。

## 脑室系统和脑脊液的产生

目标 3.3　描述脑室系统内脑脊液的位置和功能。

大脑的脑室系统由一系列空心的、相互连通的室组成，称为**脑室**，充满了脑脊液(见图 3.4)。**侧脑室**是最大的室，它们连接到**第三脑室**。第三脑室位于大脑的中轴线上，第三脑室的壁将大脑周围的部分分成互相对称的两半。一种叫做中间块的神经组织的桥穿

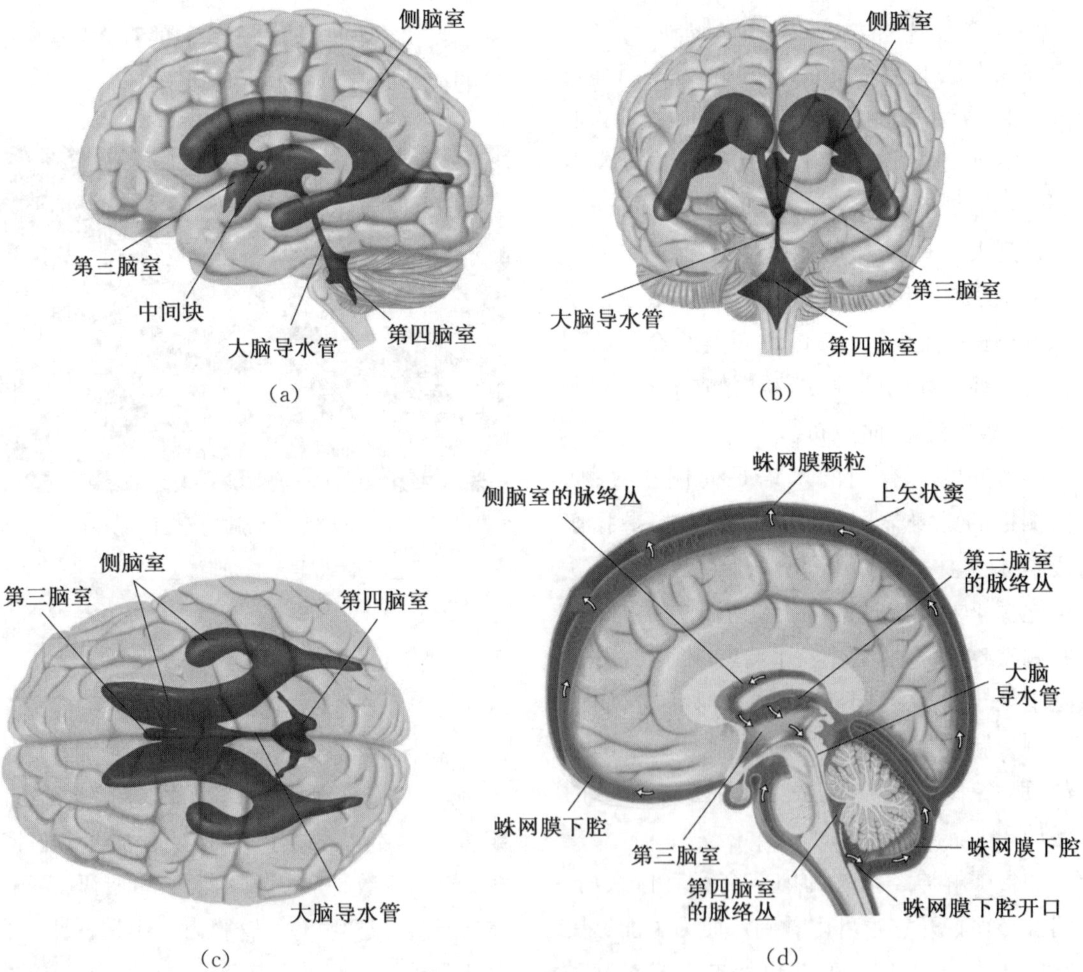


**图 3.4　大脑的脑室系统**

本图显示(a)脑左侧的侧面图，(b)正视图，(c)背侧视图，和(d)脑脊液的产生、循环和再吸收。

过第三脑室的中间部分，所以，它可以作为一个方便的参照点。**大脑导水管**（cerebral aqueduct）是一根长管，将第三脑室连接到**第四脑室**。侧脑室由第一和第二脑室构成，但它们从未被这样命名过。

脑室不仅仅是大脑中被空置的空间，其实，它们对脑脊液的产生和容纳脑脊液起到了很重要的作用。脑脊液由一种称为**脉络丛**的特殊组织制造，脉络丛有特别丰富的血液供应，并可以延伸到所有四个脑室中去。脑脊液是持续不断地产生的。脑脊液的总体积大约为 125 ml，半衰期（脑室系统中一半的脑脊液被新鲜液体代替所需的时间）约为 3 小时。因此，脉络丛每天产生脑脊液的体积是这个数量的好几倍。脑脊液的连续生产意味着必须同时存在一个机制将脑脊液移除。

由侧脑室脉络丛产生的脑脊液会流入第三脑室。在这个脑室会产生更多的脑脊液，然后通过大脑导水管流到第四脑室，在那里，还将产生更多的脑脊液。脑脊液会通过与脑周围的蛛网膜下腔连接的小开口流出第四脑室。然后脑脊液通过中枢神经系统周围的蛛网膜下腔，通过**蛛网膜颗粒**将其重新吸收到血液供应中去。这些囊状结构会突入一种能将血液输入大脑静脉的血管——**上矢状窦**。

大脑非常软，就好像果冻一样。由于其重量（大约 1 400 克）和精巧的结构，人类的大脑必须避免受到冲击。人类的大脑甚至无法很好地支撑自身的重量。比如，移除和处理刚死去的人的大脑是一件很困难的事情，因为很难做到在处理的过程中不对大脑造成损伤。

然而，幸运的是，一个活着的人的大脑却可以得到很好的保护。因为大脑漂浮在蛛网膜下腔内的脑脊液中。由于大脑完全浸入液体，其净重减少到约 80 克。因此，大脑底部的压力大大地减弱了。围绕大脑和脊髓的脑脊液也缓冲了由头部的突然运动所造成的对中枢神经系统的震动。

偶然情况下，脑脊液的流动会在其传输路线上的某个地方中断。例如，在中脑生长的脑肿瘤可能会挤压大脑导水管，从而阻断脑脊液的流动，或者婴儿可能出生时由于大脑导水管太小而不能保证脑脊液的正常流动。由于脉络丛会继续不断地产生脑脊液，因此这种脑脊液的阻塞会导致脑室内的压力大大增加。脑室壁会随之扩张，并产生一种称为**梗塞性脑积水**（obstructive hydrocephalus，hydrocephalus 的字面意思是“水头”）的状况。如果梗阻没有被处理，并且没有采取任何措施来纾解不断增加的脑内压力的话，脑血管将被堵塞，形成永久性的、甚至致命的脑损伤。幸运的是，外科医生通常可以通过手术操作，在颅骨上钻一个孔并在其中一个脑室插入一个分流管。然后医生会将

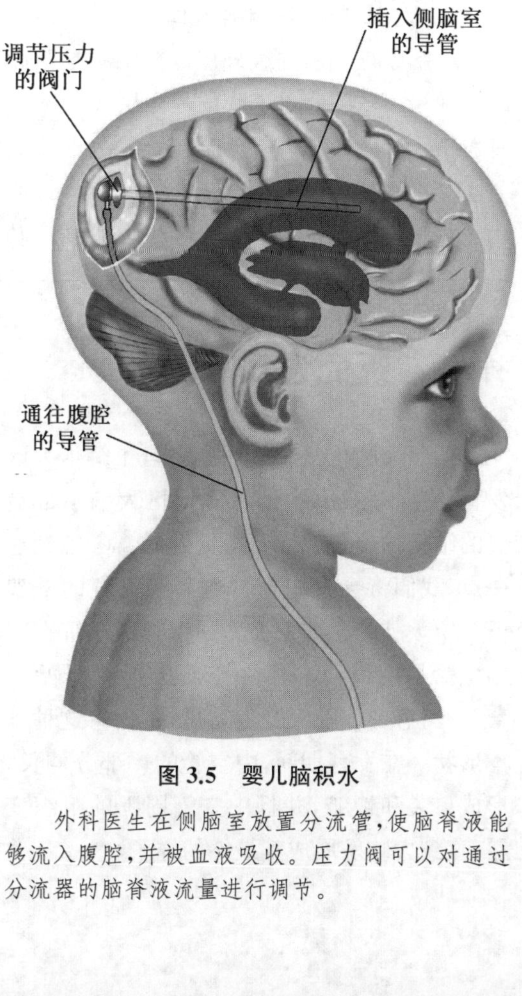


**图 3.5 婴儿脑积水**

外科医生在侧脑室放置分流管，使脑脊液能够流入腹腔，并被血液吸收。压力阀可以对通过分流器的脑脊液流量进行调节。

分流管放置在皮肤下方，并连接到植入于腹腔中的减压阀。当脑室的压力过大时，阀门可以将脑脊液疏导至腹部，最终重新被吸收并回到血液中去(见图 3.5)。

## 本节回顾

### 神经系统的基本特征

目标 3.1　将解剖学术语应用于神经系统。

前端和喙端都是指神经系统的前部；而后端和尾端则是指后部。背侧指大脑顶部、头部和背部，而腹侧指的是神经系统处于“腹部”的部分。上端指的是上方，而下端指的是下方。内侧是指沿着中线的部分，侧面指的是边上的部分。额状面是横向切割的结果，水平面是平行于地面切割的结果，而矢状面是由垂直于地面并与人脑中的神经轴平行的切割所产生的。

目标 3.2　区分三层脑膜的位置。

硬脑膜是脑膜的最外层。蛛网膜是脑膜的中间层。软脑膜是脑膜的最内层。

目标 3.3　描述脑室系统内脑脊液的位置和功能。

脑脊液由脉络丛产生，将脑室充满。脑脊液从侧脑室流向第三脑室，通过大脑导水管流向第四脑室。随后，脑脊液流入蛛网膜下腔并被再吸收入血液中。脑脊液通过分散重量和吸收冲击力来保护大脑。

## 思考题

在研究大脑时，许多神经科学家使用一种被称为大脑图谱(brain atlas)的参考工具。就像街道的地图册可以帮助你找到如何前往某个位置的路线，大脑图谱可以帮助研究人员找到大脑中的相关位置。大脑图谱使用解剖学的方向，如前面和后面，而非北方、南方、东方和西方那样使用指南针方向。假设你要从大脑的中心位置去到大脑皮层最前面的位置，或者你要从大脑的腹部位置去到大脑皮层的最后端，练习使用解剖学术语来进行“导航”。

## 神经系统的发展

虽然大脑很复杂，但是，一旦了解了大脑发育的基本特征后，学习和记忆大脑中最重要的结构的位置就会变得更容易。考虑到这一点，我们将会在中枢神经系统发育的框架下介绍大脑的这些特征。中枢神经系统在胚胎生命早期就以一个中空管的形式开始发育。并且，即使在充分发育后，也保持这种基本形状。在发育期间，中空管的一部分伸长，形成口袋和褶皱，并且中空管周围的组织变厚，直到大脑发展成其最终的样子。

### 大脑发育概述

目标 3.4　总结人类大脑从外胚层板、到神经管、再到三个相互连接的室的发育过程。

在受孕成功后的第 18 天左右，人类的神经系统就开始发育了。胚胎后部的外胚层的一部分变厚并形成外胚层板。该板的边缘形成沿着纵向线朝向彼此卷曲的脊，朝着尾侧方向延伸。到了第 21 天，这些脊彼此接触并融合在一起，形成了**神经管**，并由此发育出大脑和脊髓。脊的顶部从神经管分离开，并成为自主神经系统的神经节，我们会在本章后面详细讲述(见图 3.6)。

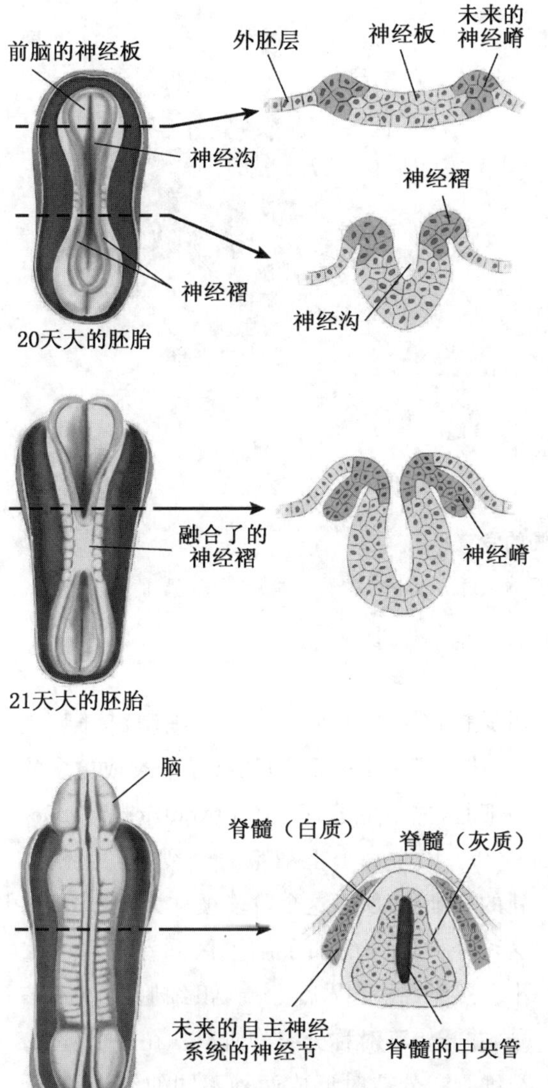


**图 3.6 神经板发育**

本图显示了神经板发育成神经管,并最终发育出脑和脊髓的过程。左:背侧视图。右:虚线表示的横截面。

到了胚胎发育的第 28 天,神经管闭合,其喙端发育出三个相互连接的腔室。这些腔室成为脑室,围绕着这些脑室的组织发育成了大脑的三大部分:前脑、中脑和后脑[见图 3.7(a)和图 3.7(c)]。随着发育的进行,处于喙端的腔室(前脑)分化成三个独立的部分,成为两个侧脑室和第三脑室。侧脑室周围的区域成为端脑,第三脑室周围的区域成为间脑[见图 3.7(b)和图 3.7(d)]。最终,中脑内部的腔室变窄,形成大脑导水管,后脑发育出两种结构:后脑和末脑[见图 3.7(e)]。

表 3.1 总结了这里介绍的术语,并提到了大脑各个部分的主要结构。这些结构将在本章的其余部分进行描述。

## 产前大脑发育

目标 3.5 解释产前发育如何影响人类复杂大脑的发育。

大脑的发育从一根细管开始,最终发育成重约 1 400 克(约 3 磅)、由数百亿个细胞组成的结构。这些细胞从哪里来,它们的成长受到哪些因素的控制呢?

首先,我们来看一下大脑皮层的发育。我们已经基本了解了大脑皮层是如何发育的。我们在此描述的关于大脑皮层发育的原则同样适用于大脑其他区域的发育(有关此过程的详细信息,请参阅:Cooper, 2008; Rakic, 2009)。**大脑皮层**约 3 毫米厚,环绕大脑半球。如果将身体的大小作为一个因素加以考虑,人类的大脑皮层比任何其他物种都要大。正如我们在本书后面会看到的那样,大脑皮层中的神经元回路在运动的感知、认知和控制中起着重要作用。

排列在神经管内部的干细胞发育出中枢神经系统的细胞。大脑皮层从内向外发展。也就是说,即将发育的第一批细胞只要移动一小段距离,从而建立大脑皮层的第一层(最深的一层)。新一代的新生细胞会穿过第一层,从而形成第二层,依此类推,直到所有六层大脑皮层都被铺平。最后发育的细胞必须通过之前发育好的所有细胞层。

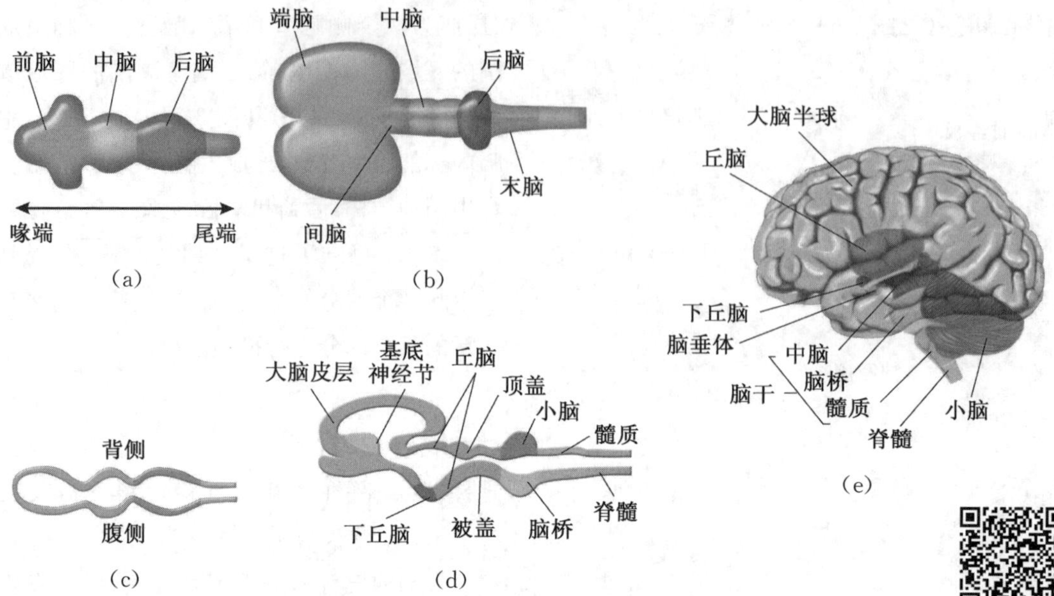


**图 3.7 大脑的发育**

本图展示了大脑的发育过程，以及大脑发育和脑室的关系。图(a)和图(c)显示了大脑的早期发育。图(b)和图(d)显示了大脑的后期发育。图(e)显示了人脑左侧的侧视图，将这个人脑半透明处理后，就可以看到藏在其中的脑干。图中所有部位的颜色都和其相应的区域的颜色对应。

**表 3.1 脑的解剖学细分**

| 主要区域 | 脑 室 | 细分 | 主要结构 |
|---|---|---|---|
| 前 脑 | 侧脑室 | 端脑 | 大脑皮层 |
| | | | 基底神经节 |
| | | | 边缘系统 |
| | 第三脑室 | 间脑 | 丘 脑 |
| | | | 下丘脑 |
| 中 脑 | 大脑导水管 | 中脑 | 顶盖和被盖 |
| 后 脑 | 第四脑室 | 后脑 | 小 脑 |
| | | | 脑 桥 |
| | | 末脑 | 延 髓 |

最终成为脑细胞的干细胞被称为**祖细胞**(progenitor cells)(progenitor 的意思是“祖先”，是一系列后代的直接始祖)。在发育的第一阶段，位于神经管壁外**脑室区**(ventricular zone，VZ)里的祖细胞分裂并形成新的祖细胞，并增加脑室区的大小。一些祖细胞离开脑室区，移动了一小段距离后，继续分裂成更多的祖细胞，并建立**室下区**(subventricular zone，SVZ)。因为每个祖细胞的分裂会产生两个新的祖细胞，所以这个阶段被称为**对称分裂**。这种分裂形式增加了脑室区和室下区的大小。然后，在受孕后七周，祖细胞会收到信号，并开始**不对称分裂**的阶段。在这个阶段，祖细胞在分裂时形成两种不同的细胞：一个祖细胞和一个脑细胞。

通过不对称分裂所产生的第一个脑细胞就是**放射状神经胶质细胞**。放射状神经胶质细胞的细胞体在脑室区和室下区中仍然靠近神经管壁，但它们将纤维像轮辐一样从脑室区径向地向外延伸。这些纤维最终长成杯子形状的足，附着于位于大脑皮层的外表面软脑膜。随着皮层变得越来越厚，放射状神经胶质纤维会越长越长，并始终保持与软脑膜的连接(见图 3.8)。

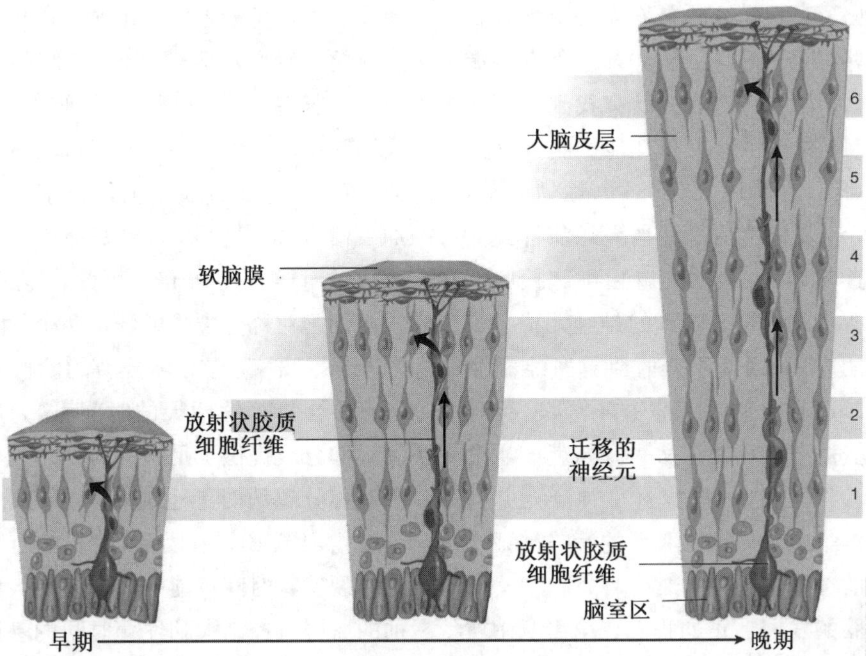


**图 3.8 大脑皮层的发育**

这个穿过大脑皮层的横截面显示了大脑发育的初期。神经胶质细胞的放射状纤维可以引导新形成的神经元从脑室区迁移至其在大脑皮层中的最终位置。神经元会一波一波、前赴后继地穿过较早迁移到位的神经元。所以,最新的神经元会占据更靠近皮层表面的位置。

资料来源:Rakic, P., A small step for the cell, a giant leap for mankind: A hypothesis of neocortical expansion during evolution, *Trends in Neuroscience*, 1995, 18, 383—388。

不对称分裂的时期会持续三个月左右。由于人类大脑皮层含有约 1 000 亿个神经元,所以每天都会有大约 10 亿个神经元沿径向胶质纤维迁移。最早迁移的神经元需要大约一天的时间进行移动,它们移动的路径最短。最后发育的最外层的神经元必须穿过五层神经元,并且它们的迁移则需要大约两周的时间。当祖细胞接收到导致它们死亡的化学信号时,大脑皮层发育就结束了,这被称为**细胞凋亡**(apoptosis,意思是"消亡")。传递这种信号的化学分子会与可以激活细胞杀伤基因的受体结合(所有细胞都具有这些基因,但只有某些细胞拥有这类能和激活它们的化学信号起反应的受体)。此时,放射状神经胶质转化为星形胶质细胞。

一旦神经元迁移到其最终位置,它们就开始与其他神经元形成连接。它们生长树突,与其他神经元轴突的终扣形成突触连接,它们也会长出自己的轴突。一些神经元横向延伸其树突和轴突,连接和它们相邻的神经元,甚至与其他较远的大脑区域里的神经元建立连接。轴突的生长受物理和化学因素的影响。一旦轴突的生长端(或称**生长锥**)到达了目标位置,它们就会形成许多分支。每一个分支都会在相应的突触后细胞膜上找到它们自己的位置,长出终扣,并建立突触连接。显然,不同类型的细胞,甚至单个细胞的不同部分,都会分泌不同的化学物质,从而吸引不同类型的轴突(Benson et al., 2001)。当然,建立突触联系也需要突触后细胞的参与。突触后细胞必须提供其突触的部分,包括突触后受体。神经细胞用来通知彼此建立连接的化学信号传递模式,在此时才刚刚被建立起来。

脑室区会生产出过量的神经元。事实

上，这些神经元必须通过竞争来获得生存机会。在这些神经元中，大约 50％会因细胞凋亡而死亡，因为它们的轴突没有找到与其形成正确突触连接、并尚未和其他细胞连接的突触后细胞。这种现象（有时也称为修剪，pruning）会涉及化学信号。当突触前神经元建立突触连接时，它会从突触后细胞接收一个允许其存活的信号。晚到的神经元找不到任何可用的空间，因此不会收到这种维持生命的信号。这种机制看起来并不经济，但显然，在进化过程中，相比于从一开始就产生合适数量的神经元，这种产生过多神经元并让它们通过竞争来建立突触联系的策略被证实是最安全的选择。

**复杂脑的发展** 正如我们在第 1 章中所看到的那样，当将身体大小的因素考虑在内时，人类的大脑比任何其他大型动物都大，比和我们基因上最接近的黑猩猩大三倍。那么，何种基因变化会产生体积大的大脑呢？

和后来出现的动物的大脑相比，更早出现的脊椎动物的大脑不但更小。而且也更简单。进化的过程带来了基因的变化，导致了更复杂的大脑发育、更多的大脑区域、以及更多的大脑内部连接。更复杂的大脑进化的一个重要因素是基因复制（Allman，1999）。正如 Lewis（1992）所指出的，物种所拥有的大多数基因都具有重要的功能。如果一个突变赋予这些基因中的一个以新的功能，那么这个基因之前的功能就会丧失，并且动物可能无法生存。然而，遗传学家发现基因有时可以复制自己，如果这些复制发生在产生卵子或精子的细胞中，则被复制的基因就可以传递给有机体的后代。这意味着后代将保有一个基因用来执行其原先的重要功能，而另一个基因则可以进行“实验”。如果发生了额外的基因突变，则旧基因仍然存在，其原先负责的重要功能仍然可以被执行。

Rakic（1988，2009）认为，物种之间大脑尺寸的差异可能是由一个非常简单的过程所造成的。我们刚刚看到，祖细胞的对称分裂会导致脑室区的尺寸增加。脑的最终尺寸取决于脑室区的大小。正如 Rakic 所指出的那样，每个对称的分裂都会使祖细胞的数量增加一倍，从而使大脑的体积加倍。人类的大脑比恒河猴的大 10 倍。因此，三至四次额外的祖细胞对称分裂将解释这两个大脑的大小的差异。事实上，对称分裂的阶段在人脑的发育中会持续约两天的时间，这为额外的三次对称分裂提供了足够的时间。人脑细胞的不对称分裂的时期也较长，这导致人类皮层厚度增加了 15％。因此，更长的对称和不对称分裂发育时间可能是造成人类大脑尺寸增加的原因。控制大脑发育时间的基因的一些简单突变可能是造成这种时间延长的原因。

小型哺乳动物（如啮齿类动物）的大脑具有相对光滑的外表面，这限制了覆盖它们大脑的皮层的大小。较大的脑，特别是那些较大灵长类动物的脑，更为复杂，因为这些大脑的表面充满了凹槽和凸起。折叠大大增加了大脑皮层的表面积，这意味着复杂大脑的皮层含有比光滑大脑更多的神经元。复杂的人类大脑皮层中神经元数量的增加使得我们大脑中存在复杂的大脑回路成为可能。

有两项研究揭示了负责复杂折叠的大脑发育过程的一个重要方面。折叠的大脑的室下区比平滑的大脑的室下区更厚。实际上，这个区域可以分为两部分，室下区的内部和室下区的外部（室下区内部更靠近神经管壁，而室下区外部则更靠近大脑表面的位置）。在啮齿类动物的光滑大脑中，大脑的所有细胞均来源于位于脑室区和室下区的祖细胞。因为从祖细胞发育而来的放射状神经胶质细胞体被锁定在适当位置，所以发育中的大脑皮层表面和神经管壁会或多或少地保持平行，所以，这就导致了大脑皮层会比较光滑。Fietz 等人（2010）和 Hansen 等人（2010）发现，在人类大脑发育过程中，一些新生的祖细胞迁移到室下区的内部，将自己置于已经锚定了的放射状神经胶质纤维之间。这些尚未连接好的祖细胞经历不对称分裂，将神经元送入发育中的大脑皮层的上层。这些神经元增加了大脑皮层细胞的数量，迫使它弯曲并折叠。然而，控制这一过程的基因尚未被发现。

## 产后大脑发育

目标 3.6　举例说明基因改变、个人经历和神经发生如何影响大脑的产后发育。

动物出生后，大脑发育仍在继续。事实上，人脑至少会保持 20 年的持续发育，微妙的变化，比如由学习而产生的变化，将贯穿人的一生（见图 3.9 和 3.10）。

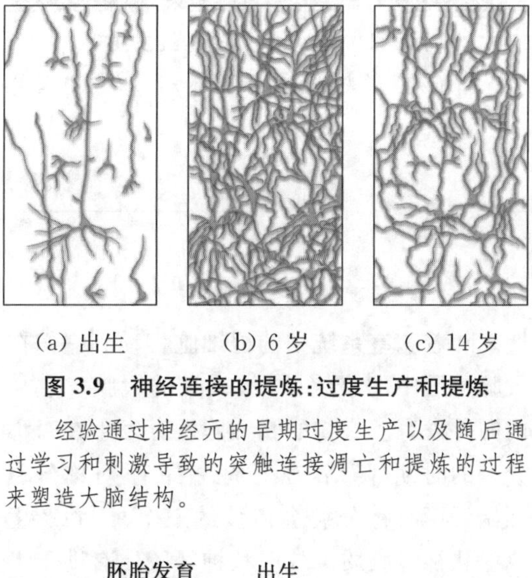

(a) 出生　(b) 6 岁　(c) 14 岁

**图 3.9　神经连接的提炼：过度生产和提炼**

经验通过神经元的早期过度生产以及随后通过学习和刺激导致的突触连接凋亡和提炼的过程来塑造大脑结构。

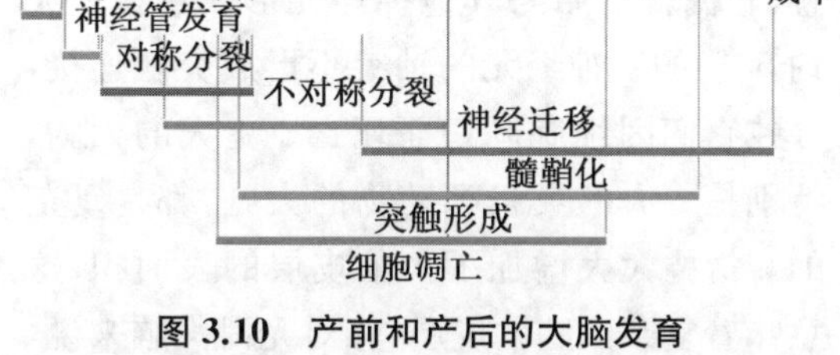


**图 3.10　产前和产后的大脑发育**

大脑发育始于产前期，贯穿成年期。

正如我们在本章后面会看到的，大脑皮层的不同区域执行特定的功能。有些区域负责接收和分析视觉信息，有些区域负责接收和分析听觉信息，有些区域负责控制肌肉运动，等等。因此，不同区域接收不同的输入，包含不同类型的神经元回路，并且具有不同的输出方式。那么，哪些因素控制着这种发展模式？主要因素是基因、个人经验和被称为神经发生的过程。

一些专门的大脑分工无疑是通过基因决定的。由特定祖细胞的不对称分裂产生的神经元沿着特定的放射状神经胶质细胞纤维发生，所以最终它们或多或少地都会位于祖细胞之上。因此，如果发育中的大脑不同区域的祖细胞的本质不同，那么通过它们所发育出的神经元将反映这些差异。

经验也会影响大脑的发育。例如，左右眼对外界的视角略有不同，而这种不同则成为深度知觉的一个提示线索（Poggio & Poggio，1984）。这种**立体视觉**和立体镜或立体电影中获得的体验类似。除非婴儿在生命早期的关键时期用双眼观察物体，否则位于大脑皮层中的立体视觉所需的特定神经回路就不会发育。如果婴儿的眼睛不能正确移动、无法指向环境中的相同位置（斗鸡眼），那么即使眼球运动之后通过对眼部肌肉进行手术得到了纠正，婴儿也不会发展出立体视觉。这个关键时期发生在 1—3 岁（Banks et al.，1975）。科学家已经在实验室动物中研究了类似的现象，并且已经证实感觉输入会影响皮层神经元之间建立的连接。

证据表明，即使在成人的大脑中也存在一定数量的神经重新连接。例如，在一个人的手臂被截肢之后，负责分析被截掉的肢体的感觉信息的大脑皮层区域很快开始分析来自身体相邻区域的信息，例如残留部分的手臂、躯干或面部。事实上，大脑皮层发生变化后，人们对这些区域的触摸变得更加敏感（Elbert et al.，1994；Kew et al.，1994；Yang et al., 1994)。另外,弹奏弦乐器的音乐家有一个较大的皮层区域来专门分析(用来按弦的)左手手指的感觉信息。此外,和视觉正常的人相比,一个能读盲文的盲人用他或她的指尖接触物体时,大脑皮层更大的区域会被激活(Elbert et al., 1995; Sadato et al., 1996)。

在过去的很多年,研究人员曾经认为神经发生(新神经元的产生)不可能发生在已经发育充分的大脑中。然而,许多新的研究表明这种看法是不正确的。成年人的大脑中仍然含有一些可分裂和产生神经元的干细胞(类似于负责大脑发育的祖细胞)。通过使用少量放射性形式的核苷酸碱基(nucleotide base),新产生的细胞可以被检测到。在神经产生中,这种核苷酸碱基被用来生成神经发生所需的DNA。在随后的一天里,将动物的大脑移除,并用第5章中描述的方法进行检查。这些研究已经发现了两个成人大脑区域中神经发生的证据:主要参与学习的海马体、和参与嗅觉的嗅球(Doetsch & Hen, 2005)。有证据表明,暴露于新气味中可以提高嗅球新神经元的存活率,而对学习任务的训练可以增强海马体中的神经发生(见图3.11)。第13章将会更详细地讲述神经发生在学习中的作用。此外,正如我们将在第16章中看到的那样,抑郁症或暴露于压力之下可抑制海马体内的神经发生,缓解压力和抑郁症的药物则可恢复神经发生。不幸的是,并没有证据表明新神经元的生长能够修复诸如由头部损伤或中风这样的脑损伤所带来的影响。

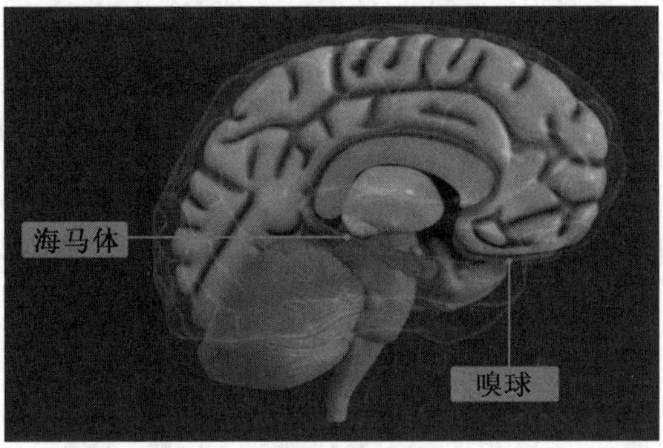


**图 3.11 成年大脑的神经发生**

神经发生的过程已经在成人脑的嗅球和海马体中得到证实。

## 本节回顾

### 神经系统的发展

目标 3.4 总结人类大脑从外胚层板、到神经管、再到三个相互连接的室的发育过程。

外胚层在胚胎生成的第18天左右开始发育。随着更多的细胞被添加到神经板中,神经板的边缘开始卷曲在一起,并在第20天左右形成神经管。神经管在大约28天以后融合,然后神经管开始发育出三个相互连接的腔室,这些腔室将成为充分发育的大脑中的前脑、中脑和后脑。

目标 3.5 解释产前发育如何影响人类复杂大脑的发育。

人类复杂的大脑的发育始于胎儿发育期。随着脑室系统中的祖细胞移动到它们在大脑皮层中的最终位置,人类的大脑皮层从内向外发育。最初的脑细胞发育发生在对称分裂的时期,随后,在七周左右,不对称分裂开始。不对称分裂会持续约三个月,并产生放射状神经胶质。放射状神经胶质有助于大脑皮层的发育。一旦神经元迁移到其最终位置,它们就开始与其他神经元形成连接。大约50%的新神经元的轴突不形成突触连接,导致它们因细胞凋亡而死亡。更大的大脑,特别是更大的灵长类动物的大脑,都是复杂的。折叠大大增加了大脑皮层的表面积,这意味着复杂大脑的皮层,相对光滑大脑来说,含有更多的神经元。复杂的人类大脑皮层中神经元数量的增加使得我们大脑中存在复杂回路成为可能。

目标 3.6 举例说明基因改变、个人经历和神经发生如何影响大脑的产后发育。

从基因上来说，如果身处发育中的大脑不同区域的祖细胞本身是不同的，那么它们所生成的神经元就会反映这些差异。个人经验可以影响出生后大脑发育，举一个例子来说，用双眼观察物体有助于负责立体视觉的大脑区域的发育。又比如，和视觉正常的人相比，一个能够读盲文的人用他或她的指尖接触物体时，大脑皮层被激活的区域会更大。最后，在海马和嗅球中，新的神经元的生成会贯穿一生。

## 思考题

许多医学机构都建议女性在怀孕前和怀孕期间摄入叶酸(B族维生素)以降低与神经系统发育相关的新生儿缺陷的风险。叶酸不足会导致神经管发育问题，包括脊柱裂(脊髓发育问题)或无脑畸形(脑发育问题)。发育中的神经系统的哪些部位可能受到脊柱裂或无脑畸形的影响最大？怀孕早期可能会发生神经管缺陷吗(提示：当神经管发育时胚胎的周数是多少)？

# 中枢神经系统的结构和功能

## 前脑

目标 3.7 了解前脑的结构和功能，包括端脑和间脑。

正如我们所看到的，**前脑**从神经管的喙端发展而来。它的两个主要组成部分是端脑和间脑(见图 3.12)。

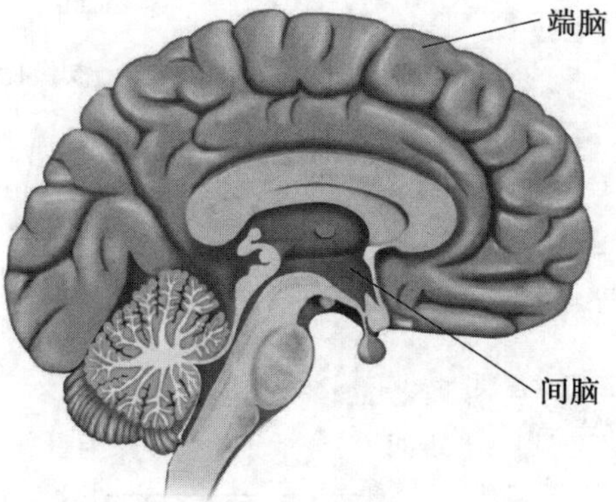


**图 3.12 前脑**

前脑是大脑最为背侧的部分。前脑由端脑和间脑组成。

**端脑** 端脑包括两个对称的**脑半球**的大部分。大脑半球被大脑皮层覆盖，包括边缘系统和基底神经节。后两组结构主要位于大脑的**皮层下区域**，也就是说，它们位于大脑皮层下方的深处，而非表面。

*大脑皮层* 正如我们之前讲到过的，大脑皮层像树皮一样覆盖了大脑半球。人类的大脑皮层非常复杂，由**沟**(sulcus，意思是“小凹槽”)、**裂**(fissure，意思是“大凹槽”)和**回**(两个相邻的沟或裂之间的凸起)组成。与相同尺寸的光滑脑相比，人类人脑的这些折叠的结构大大地扩大了大脑皮层的表面积。事实上，大脑皮层表面的三分之二都隐藏在凹槽中，因此，这些折叠的存在使大脑皮层表面积增加了三倍。大脑皮层的总表面积约为2 360平方厘米(2.5平方英尺)，厚度约为3毫米。大脑皮质主要由神经胶质细胞和神经元的细胞体、树突和互相连接的轴突所组成。由于细胞体的数量占到大多数，所以大脑皮层的外观呈灰褐色，因此被称为**灰质**(见图 3.13)。在大脑皮层下有着数以百万计的轴突，这些轴突将大脑皮层的神经元与位于大脑中其他地方的神经元连接起来。高密度的髓磷脂给这种组织结构带来不透明的白色外观，因此称为**白质**。

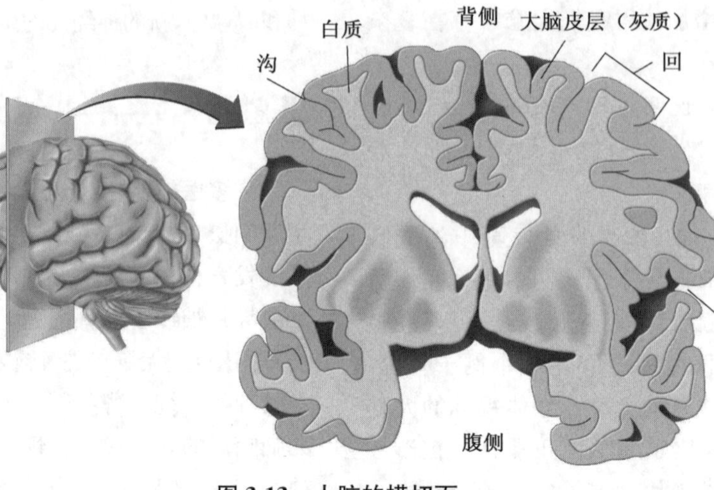


**图 3.13　人脑的横切面**

这个大脑切片展示了裂和回，以及随着这些结构而折叠的大脑皮层。

**大脑皮层的叶**　如果我们给大脑皮层的各个区域命名，那么讨论这些区域就会更容易些。事实上，大脑皮层分为四个区域或**叶**，即以覆盖它们的颅骨命名的区域：额叶，顶叶，颞叶和枕叶。人类的大脑中，上述的每种脑叶都存在两个，即每个半球一个。**额叶**包括中央沟前面的区域。**顶叶**位于大脑半球的侧面，中央沟的后方，额叶的尾端。**颞叶**从大脑底部向前突出，位于额叶和顶叶的腹侧。**枕叶**位于大脑的后面，顶叶和颞叶的尾端。图 3.14 从三个不同视角展示了这些处于大脑不同半球的叶片：腹侧视图（从底部看的视图），中矢状视图（当左半球被去除之后，右半球内表面的视图）和侧向视图。

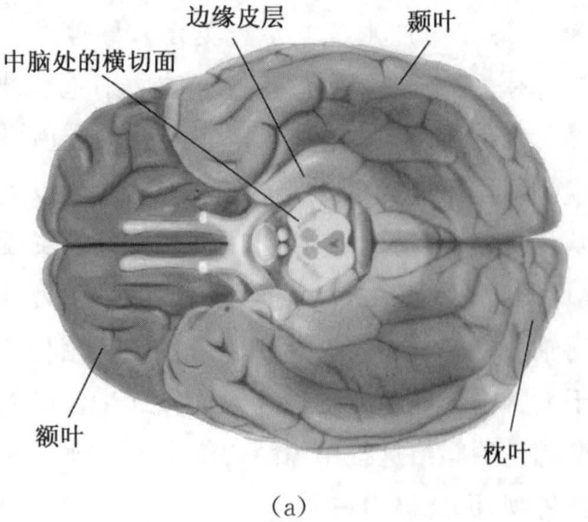


(a)

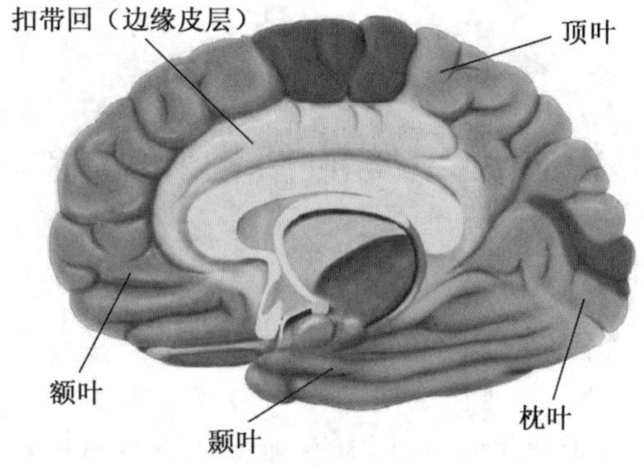


(b)

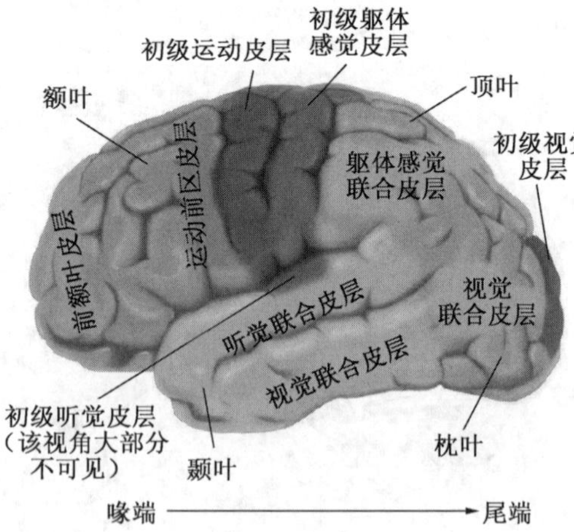


(c)

**图 3.14　大脑皮层的四个叶**

大脑皮层的两个对称半球可以被分成四个叶。本图显示了四个叶，触及感觉皮层、初级运动皮层以及联合皮层的位置。(a)大脑底部的腹部视图；(b)除去小脑和脑干后的中矢状视图；(c)侧向视图。

**感觉皮层** 大脑皮层有三个区域从感觉器官接收信息。负责视觉信息接收的**初级视觉皮层**，或**纹状皮层**，位于大脑后测的枕叶，大脑半球内表面，**距状裂**的上下两侧（见图 3.15）。负责听觉信息接收的**初级听觉皮层**位于颞叶，大脑侧面的下表面的一条被称为**外侧裂**的深裂（见图 3.15）。**初级躯体感觉皮层**是位于顶叶中央沟尾端的一条垂直的皮层。如图 3.15 所示，初级区体感觉皮层的不同区域负责接收来自身体不同区域的信息。此外，躯体感觉皮层的底部和**岛叶皮层**的一部分负责处理关于味觉的信息。岛叶皮层通常会被额叶和颞叶挡住。

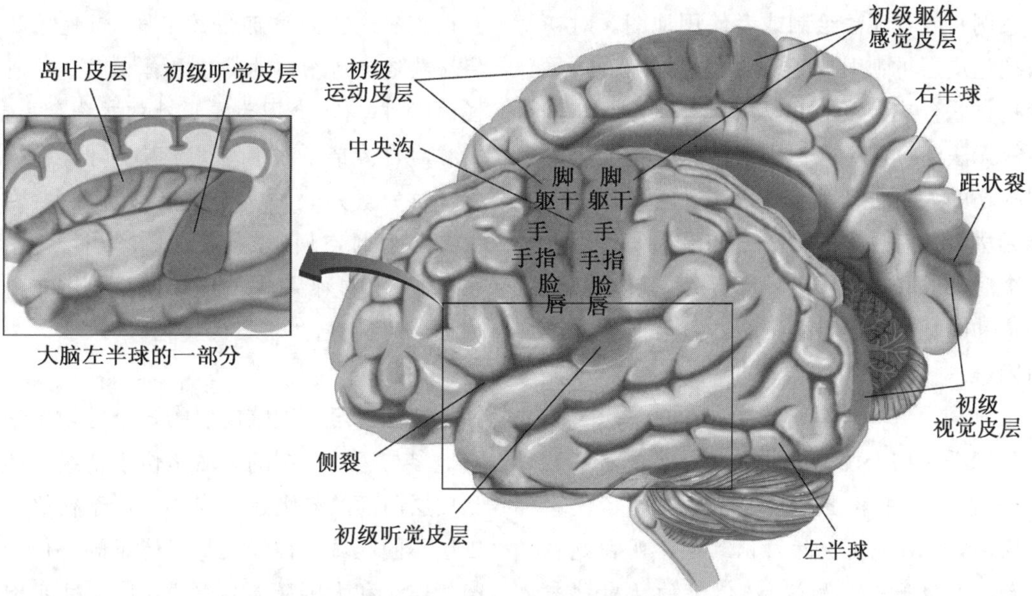


**图 3.15 大脑的初级感觉区域**

本图显示了人脑左侧的侧视图和一部分的右侧内表面。左侧的插图显示了部分左半球额叶的剖面图，这样我们就可以看到颞叶的背侧表面上的初级听觉皮层，这个皮层位于侧裂的腹侧。

除了嗅觉（气味）和味觉（味道）之外，来自身体或环境的感觉信息都会被发送到对侧半球的初级感觉皮层。因此，左半球的初级感觉皮层会收到关于右手握住的东西的信息，而左侧初级视觉皮层则负责人体右侧正在发生的事情，等等。

**感觉联合皮层** 初级感觉和运动皮层所占的区域仅占大脑皮层的一小部分。大脑皮层的其余部分负责感觉和行动之间的统合工作：包括感知、学习和记忆、计划和行动。这些过程发生在大脑皮层的联合区域。中央沟是大脑皮层的喙端和尾端区域之间的重要分界线（图 3.15）。喙端皮层区域涉及和运动相关的活动，比如行为的计划和执行。而尾部皮层区域则涉及感知和学习。

大脑皮层的初级感觉区域会将信息发送到与其邻近的、被称为**感觉联合皮层**的区域。感觉联合皮层中的神经元回路对初级感觉皮层传来的信息进行分析。这个区域负责知觉的产生以及记忆的存储。最靠近初级感觉区域的感觉联合皮层区域仅能从一个感觉系统接收信息。比如，最接近初级视觉皮层的区域分析视觉信息并存储视觉记忆。位于远离初级感觉区域的感觉联合皮层区域则可以从多个感官系统接收信息，因此，这些区域可以负责多重类型的知觉和记忆。这些区域可以整合来自多个感官系统的信息。比如,我们可以将某人的人脸视觉信息与这个人说话声音的信息相联系起来(图 3.15)。

如果一个人的躯体感觉联合皮层受到损害,这个人就会有和躯体感受以及环境有关的障碍。比如,这个人可能很难知晓可以触摸但看不见的物体的形状,这个人可能无法命名他们身体的某些部分(参见下列 M 先生的案例),或者无法绘制或者使用地图。对初级视觉皮层的破坏则会导致失明。然而,尽管视觉联合皮层受损的人不会失明,但他们可能无法通过视觉来识别物体。听觉联合皮层损伤的人可能难以对言语进行感知,并可能无法产生有意义的言语。如果损伤发生在三个后叶的联合皮层区域交界处(躯体感觉、视觉和听觉的功能重叠区域),就可能造成读写困难。

M 是一名公交车司机。他将公交车靠站停好,让一名乘客上车。这名乘客问了他一个问题,但 M 先生突然意识到他不明白她在说什么。他能听到她说话,但她的话对他来说毫无意义。他试图张嘴回答,并发出了一些声音,但那个乘客脸上的表情告诉他,她无法理解他想说什么。他将引擎熄火,环顾乘客,试着告诉他们赶紧去找救护车。尽管他无法说出任何话,但乘客们看出了事情有些不对劲,其中一名乘客叫了救护车。

核磁共振扫描显示 M 先生脑内出血,这是一种由大脑血管破裂而引起的中风。中风破坏了他的左侧顶叶。M 先生逐渐恢复了谈话和理解别人说话的能力,但一些障碍仍然存在。一位神经学家在 M 先生中风几周后对他进行了检查。以下是他们之间的对话:

"指给我看你的手。"

"我的手……我的手。"M 看着自己的手臂,然后触摸左前臂。

"指给我看你的下巴。"

"我的下巴。"M 看着自己的手臂,低头,然后把手放在他的腹部。

"再指给我看你的右手肘。"

"我的右……"(M 用右手拇指指向右侧)"……手肘"。M 上下端详自己的右手臂,最后碰了自己的右肩。

M.先生可以理解医生要求他指出他身体某些部位的指令,并在他听到身体部位时可以重复这些身体部位的名称,但他无法确定这些名字所指向的特定身体部位。这种奇怪的障碍,有时会因为左顶叶的损伤而引起,被称为自体部位失认症,意思是对自己的身体部位的认知缺乏。顶叶与空间有关:右侧主要是外部空间,左侧是人体和个人空间。在第 14 章中你将学习到更多关于语言的大脑机制的疾病,和本案例类似。

**运动皮层** 大脑皮层的各个区域中最直接地参与运动控制的区域是位于初级躯体感觉皮层前面的**初级运动皮层**。位于初级运动皮层不同区域的神经元与身体不同部位的肌肉相连。和大脑感觉区域类似,这种肌肉和神经元的连接也是对侧的:左侧的初级运动皮层控制身体的右侧,反之亦然。因此,如果外科医生将电极放置在初级运动皮层的表面上,并用弱电流刺激神经元,就会导致身体特定部位的动作。将电极移动到不同的位置会导致身体不同部位的动作(图 3.15)。你可以将初级运动皮层想象成钢琴的键盘,每个键控制不同的动作(我们很快会看到是哪个"钢琴手"在演奏这架"钢琴")。

**运动联合皮层** 正如大脑后部感觉联合皮层参与感知和记忆一样,大脑的额叶联合皮层参与运动的规划和执行。**运动联合皮层**(也称为**前运动皮层**)位于初级运动皮层的前侧。该区域控制初级运动皮层,所以,它直接控制行为。如果初级运动皮层是钢琴的键盘,那么运动联合皮层就是钢琴的演奏者。处于运动联合皮层喙端的额叶其余部分，被称为**前额叶皮层**。这个大脑区域较少涉及运动控制，更多涉及制订计划和策略（见图3.16）。

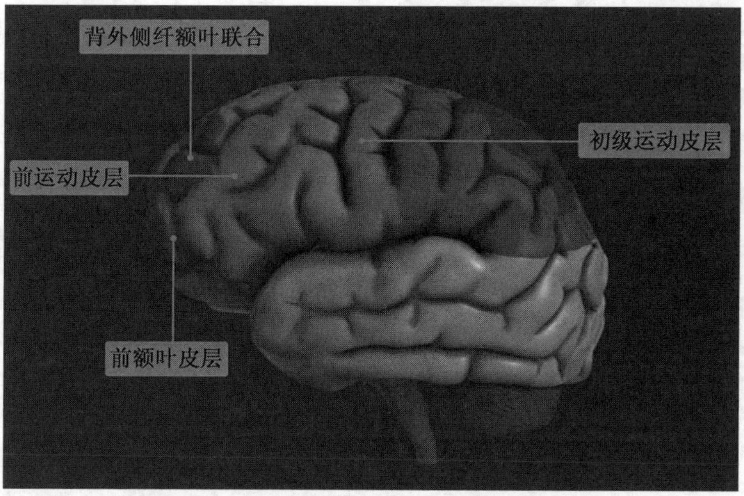


**图3.16 不同皮层区域在运动控制中的作用**

运动、前运动和前额叶皮层都参与运动控制。

**大脑皮层的偏侧性** 尽管两个大脑半球相互配合，但它们并不执行相同的功能。一些功能有**偏侧性**，它们主要位于大脑的某一侧。总的来说，左半球参与信息分析，提取构成整体体验的元素。这种能力使得左半球特别擅长识别序列事件（这种事件的相关元素一个接一个出现），并控制一系列行为（但是一些人的左右半球的功能是和其他人是相反的）。左半球执行的序列性的功能包括和言语相关的活动，比如说话、理解他人的言语、阅读和写作。如果左半球的某些区域受到破坏，这些功能就会遭到破坏（我们将在第14章更多地讲述语言和大脑的关系）。

与之相反，右半球更擅长于**合成**。右半球尤其擅长将互相孤立的元素放在一起，作为一个整体事物进行加工。例如，我们画画（尤其是画三维的物体）、读取地图以及搭建复杂物体的能力，就在很大程度上取决于位于右半球的神经元组成的回路。如果右半球遭到破坏，那这些功能也会遭到破坏。

在我们的日常生活中，我们并不会意识到我们大脑的每个半球都会以不同的方式感知世界。虽然两个大脑半球负责不同的功能，但我们的知觉和我们的记忆则是统一的。这种统一是由**胼胝体**完成的，胼胝体由很多轴突组成，负责连接大脑左右半球皮层的相应部位，比如连接左右颞叶、左右顶叶等。由于胼胝体的存在，大脑联合皮层的每个区域都会获悉大脑另一侧相应区域发生了什么。胼胝体还使得连接两个半球不同区域的一些不对称连接成为可能。图3.17显示了构成胼胝体的轴突束，通过**弥散张量成像**获得。这种特殊的成像方法会在第5章进行详细描述。

*边缘系统* 图3.18显示了大脑的中矢状切面图。大脑（和脊髓的一部分）被从中间切开，分成对称的两半。左半部分没有显示，所以我们看到是大脑右半部分的内表面。覆盖大脑半球表面（包括额叶、顶叶、枕叶和颞叶）的大部分面积的大脑皮层被称为**新皮层**，因为从进化的起源上来说这些皮层的进化距离现在的时间较近。大脑皮层的另一种形

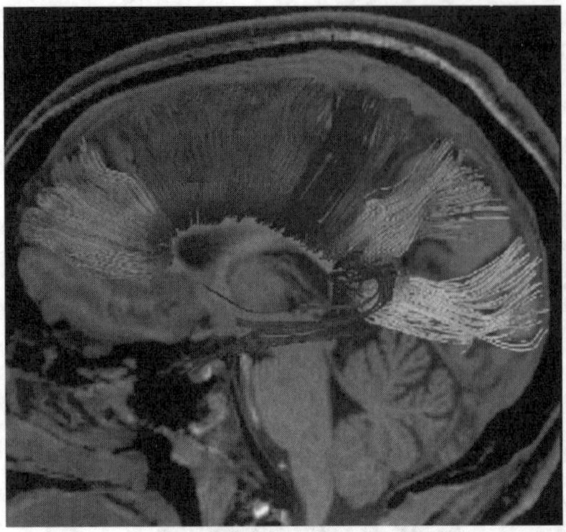

**图 3.17　胼胝体中的轴突束**

本图是通过弥散张量成像获得的。本图显示了位于胼胝体中的轴突束，服务于大脑皮层的不同区域。

资料来源：Hofer，S.，and Frahm，J.，Topography of the human corpus callosum revisited-comprehensive fiber tractography using diffusion tensor magnetic resonance imaging. *NeuroImage*，2006，32，989—994。复制经许可。

式，即**边缘皮层**（limbic cortex；limbic 的词源是 limbus，意思是边界），位于大脑半球的内侧边缘。在这张图中我们还可以看到**扣带回**，这是边缘皮层上的一个重要区域。另外，如果回顾图 3.14 的前两幅图，你就会发现边缘皮层占据了大脑中心没有被着色的区域。

神经解剖学家 Papez（1937）认为，一组相互关联的大脑结构形成了一个回路，其主要功能是动机和情感。该系统包括边缘皮层的几个区域和围绕前脑核心区域的一组相互连接的结构。生理学家 MacLean（1949）将该系统扩展，纳入了其他结构，并创造了**边缘系统**这个术语。除边缘皮层外，边缘系统最重要的部分是**海马体**和**杏仁核**，位于颞叶侧脑室旁。**穹窿**是一组连接海马体和大脑其他区域的轴突，包括大脑底部包含下丘脑部分的突起，叫做**乳头体**（见图 3.19）。

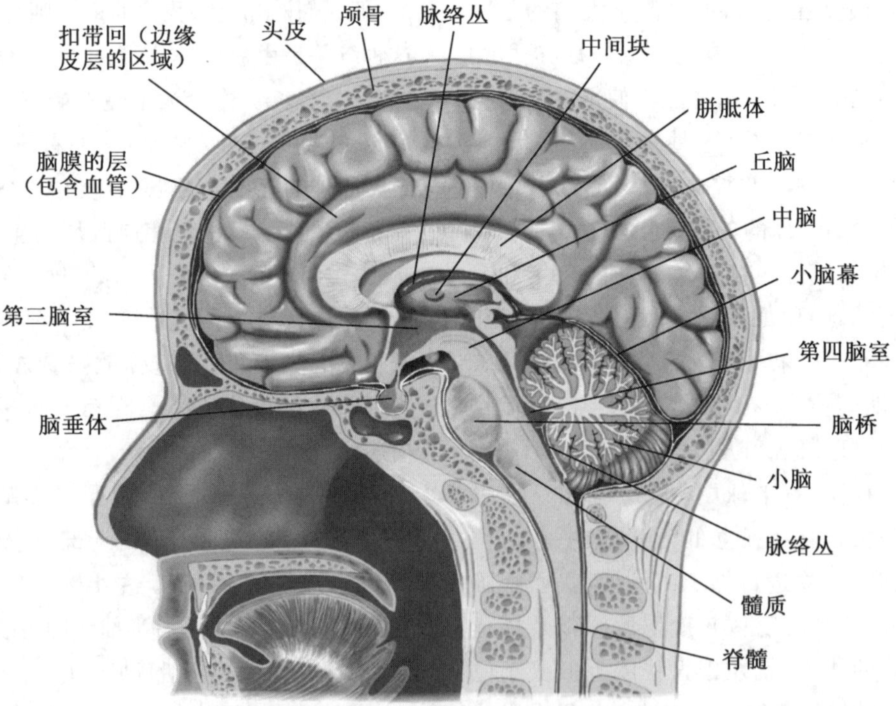


**图 3.18　脑和部分脊髓的的中矢状切面图**

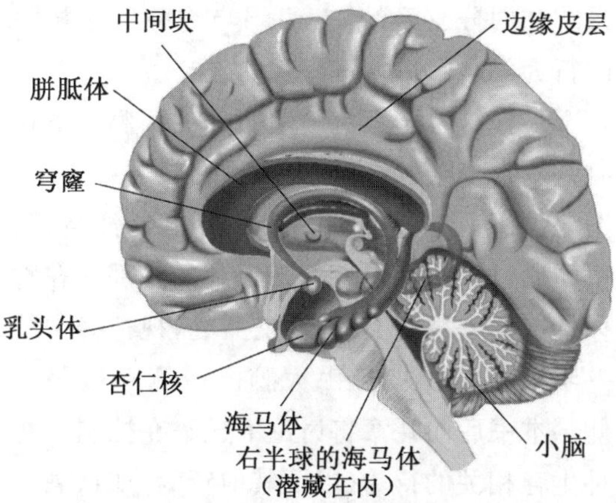


**图 3.19 边缘系统的主要组成部分**

本图中，大脑的左半球，除了边缘系统外的所有部分都没有显示。

MacLean 指出，这个系统包含了第一个也是最简单形式的大脑皮层，其进化过程似乎与情绪反应的发育过程是一致的。正如你将在第 13 章中看到的那样，我们目前已经知道了边缘系统的一部分（特别是构成海马体的部分以及其周围的边缘皮层区域）涉及学习和记忆。杏仁核和边缘皮层的一些区域参与和情绪相关的功能，比如感情和情绪表达、情感记忆以及对其他人的情绪状态的识别。

基底神经节　**基底神经节**是位于前脑皮层下方的一组**核**，位于侧脑室前部的下方。核是一组形状相似的神经元细胞（nuclei 的单数是 nucleus，可以指原子的内部，也可以指含有染色体的细胞的结构，而在目前的语境中，这个词的意思是位于脑内的一组神经元）。基底神经节的主要部分是**尾状核**、**壳核**和**苍白球**（见图 3.20）。基底神经节参与运动的控制。例如，帕金森氏病就是由位于中脑的某些神经元的病变引起的，这些神经元将轴突从中脑延伸到尾状核和壳核。这种疾病的主要症状是虚弱、震颤、四肢僵硬、平衡差以及运动启动困难。

**间脑**　前脑的第二大主要部分就是**间脑**。间脑位于端脑和中脑之间，被三个脑室所围绕。它最重要的两个结构是丘脑和下丘脑（见图 3.20）。

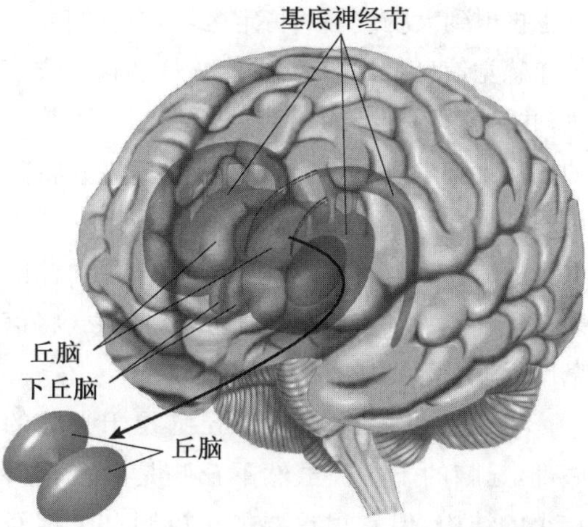


**图 3.20 基底神经节和间脑**

基底神经节和间脑（丘脑和下丘脑）被显示在半透明的大脑中。

丘脑　**丘脑**（thalamus，来自希腊语 thalamos，意思是里面的房间）构成了间脑的背侧部分。它位于大脑半球中间位置附近，紧挨基底神经节的内侧和尾部。丘脑有两个叶片，由被称为中间块的灰质桥连接，穿过第三脑室的中间部分（图 3.20）。中间块可能并不是一个重要的脑结构，因为许多人的大脑中不存在中间块。但是，它可以作为查看大脑图解时的参考点。

大脑的大部分神经输入是从丘脑开始被接收的。事实上，大脑大部分皮层的表面都能够和丘脑的特定区域形成一一对应的关系，丘脑的这些区域会将信息投射到大脑的相应的皮层区域。**投射纤维**源于大脑一个区域中的细胞体的轴突，和位于其他区域内的神经元上的突触连接（所以，它们将信息投射到这些区域）。

丘脑可以分成几个核。一些丘脑核收到来自感觉系统的感觉信息。然后，这些核中的神经元将感觉信息传递到大脑皮层的特定感觉投影区域。比如，**外侧膝状核**从眼睛接收信息，并将信息由轴突发送到初级视觉皮层。**内侧膝状核**接收来自内耳的信息，并将信息通过轴突发送到初级听觉皮层。其他丘脑核也投射到大脑皮层的特定区域,但它们并不传递感觉信息。比如,**腹外侧核**从小脑接收信息,并将其投影到初级运动皮层。此外,其他的核从大脑皮层的一个区域接收信息并将其传递到另一个区域。正如我们将在第 9 章中看到的那样,几个核参与控制大脑皮层总体的兴奋程度。为了完成这项任务,这些核会将信息广泛地投射到所有的皮层区域。

下丘脑　顾名思义,**下丘脑**位于大脑的底部,丘脑的下方。虽然下丘脑是一个相对较小的结构,但它很重要。它控制自主神经系统和内分泌系统,并组织与物种生存相关的行为:战斗、进食、逃跑和交配。

下丘脑位于第三脑室腹侧的两侧。下丘脑是一个复杂的结构,包含许多核和纤维束。图 3.21 显示了它的位置和大小。请注意,脑垂体通过垂体柄附着于下丘脑的底部。在垂体柄前面是**视交叉**,在视交叉处,视神经中的一半轴突(从眼睛)由大脑的一侧穿过另一侧。本书后面几章将讨论下丘脑在控制与物种生存相关的行为(以及其他行为,如饮酒和睡眠)中的作用。

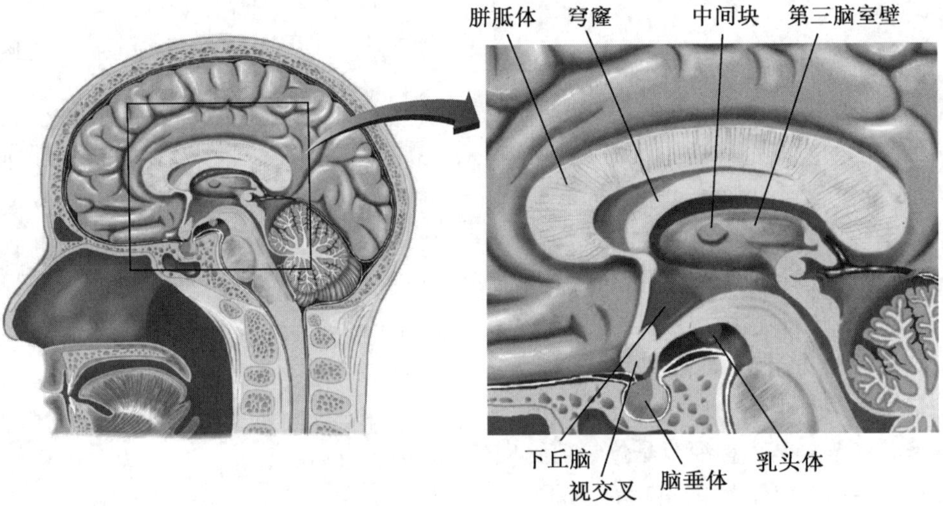


**图 3.21　部分大脑的中矢状视图**

本图显示了下丘脑。它位于右半球内侧的第三脑室壁的远侧。

大部分的内分泌系统会受下丘脑细胞产生的激素所控制。一个特殊的血管系统直接连接下丘脑和**脑垂体前叶**(见图 3.22)。下丘脑激素由位于垂体柄底部附近的一种特殊的神经细胞所分泌,这种细胞叫做**神经分泌细胞**。这些激素刺激脑垂体前叶分泌激素。例如,引起促性腺激素释放的激素会导致脑垂体前叶分泌**促性腺激素**,这种激素的分泌在和生殖相关的生理学过程和行为中起到重要作用。

由脑垂体前叶分泌的大部分激素能控制其他内分泌腺。由于这种功能,脑垂体前叶被称为人体的“主腺体”。比如,促性腺激素刺激性腺(卵巢和睾丸)释放雄性或雌性激素。这些激素影响整个身体、包括大脑中的一些细胞。另两种垂体前叶激素——催乳素和促生长激素——不控制其他腺体,而直接产生作用。许多垂体前叶激素所产生的行为效应将在后面的章节中讨论。

下丘脑还产生**垂体后叶激素**,并控制它们的分泌。这些激素包括在分娩时刺激排出乳汁和子宫收缩的催产素和调节肾脏排尿量的加压素。它们由下丘脑中的神经元产生,其轴突沿垂体柄延伸至脑垂体后部。激素通

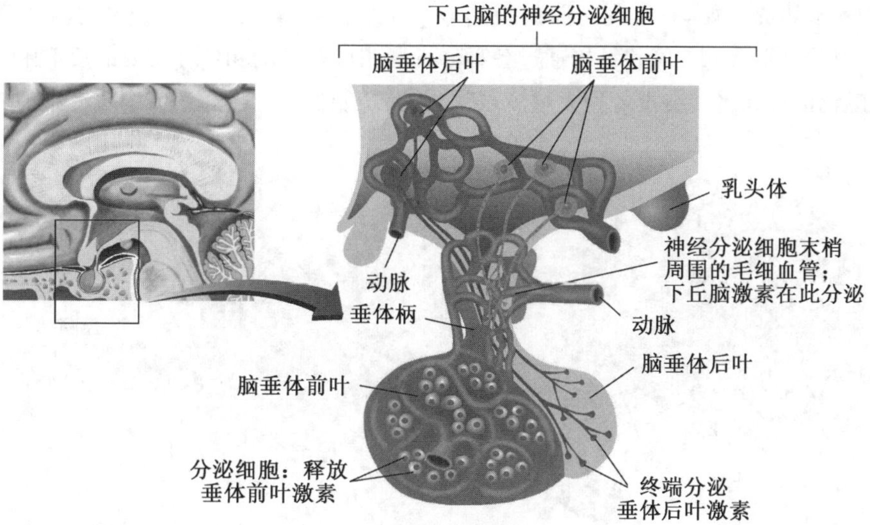


**图 3.22 脑垂体**

下丘脑神经分泌细胞释放的激素进入毛细血管，并被传送到脑垂体前叶，在那里它们控制着激素的分泌。垂体后叶的激素是在下丘脑产生的，并通过轴浆运输的方式被囊泡所携带。

过这些神经元的轴浆进入囊泡并在垂体后叶的终扣中被收集。当这些轴突发射信号时，其终扣内的激素被释放并进入循环系统。

## 中脑

目标 3.8 了解中脑结构的位置和功能。

**中脑**（midbrain 或 mesencephalon）环绕大脑导水管，由两个主要部分组成：顶盖和被盖（见图 3.23）。

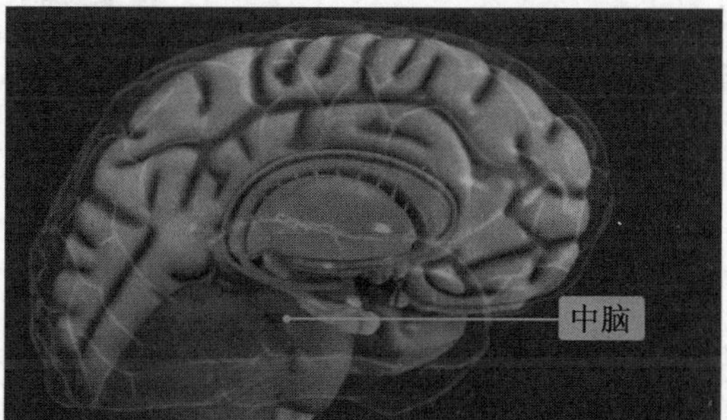


**图 3.23 中脑**

中脑是大脑中间的部分，位于后脑背侧和前脑腹侧。

**顶盖** **顶盖**（tectum，有屋顶的意思）位于中脑的背部。它的主要结构是**上丘**和**下丘**，它们是在脑干背面的四个隆起结构。**脑干**包括中脑和后脑，它被称为脑干是因为它看起来就像一个树干的样子。图 3.24 从几个不同的视角显示了脑干的结构：半透明的大脑内的脑干的侧视和后视图、脑干的放大图（将小脑的一部分移除以后第四脑室的内部），以及通过中脑的截面图。下丘是听觉系统的一部分。上丘则是视觉系统的一部分。在哺乳动物中，它们主要参与视觉反射和对移动中的刺激的反应。

**被盖** **被盖**由顶盖下的部分中脑所组成。它包括网状结构的喙端，几个控制眼球运动的核，导水管周围灰质，红核，黑质和腹侧被盖区[见图 3.23 和图 3.24(d)]。

**网状结构**是由众多（超过 90 个）核所组成的大型结构。网状结构的另一个特点是，它是一个弥散状的、互相关联的网络，由带有复杂轴突树突的神经元组成（reticulum 的意思是小网。早期解剖学家很惊讶于网状结构的复杂网状外观）。网状结构占据了脑干的核心，从髓质的下边界开始，一直到中脑的上边界[图 3.23 和图 3.24(d)]。网状结构通过各种途径接收感觉信息并将轴突投射到大脑皮层、丘脑和脊髓。它在睡眠和觉醒、注意力、肌肉紧张以及运动和各种重要的反射中发挥作用。其功能将在后面的章节中更详细地介绍。

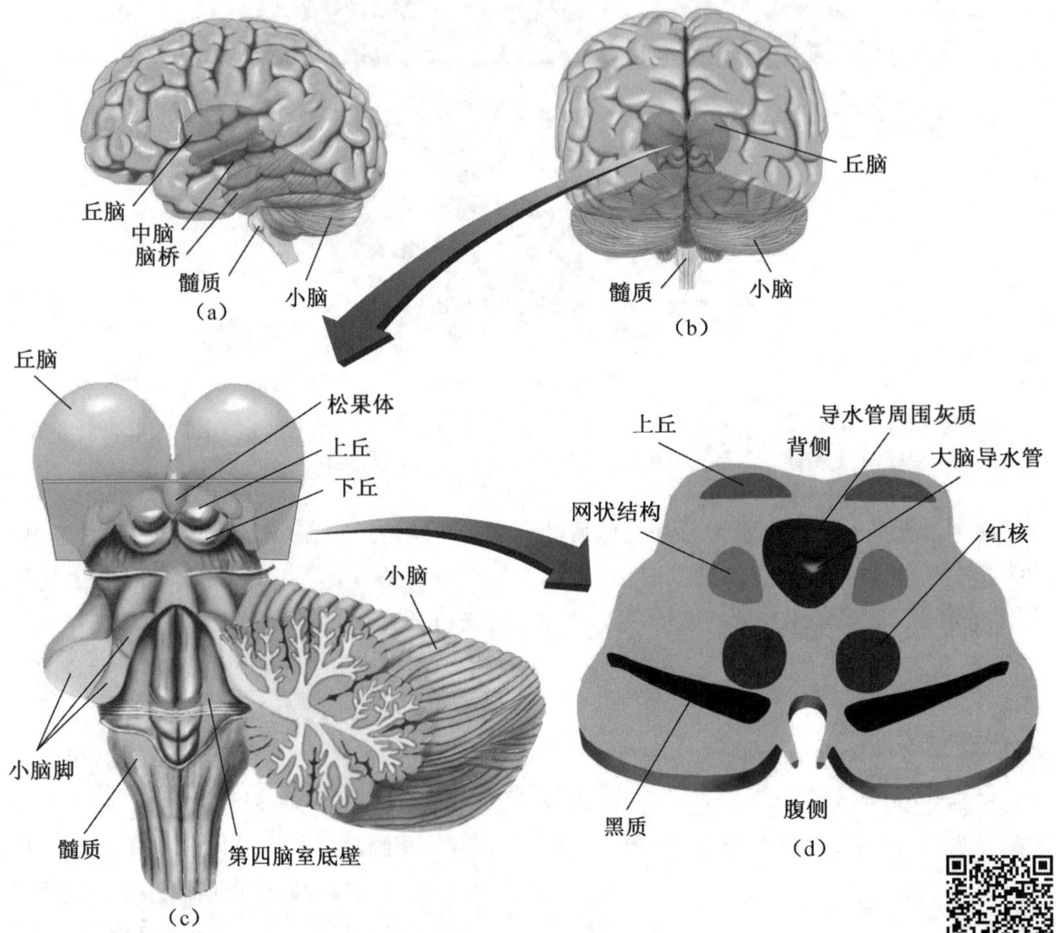


**图 3.24 小脑和脑干**

本图显示(a)半透明大脑的侧视，以凸显小脑和脑干；(b)大脑后部的视角；(c)脑干的背侧视角，小脑左半球以及部分右半球没有显示，以凸显第四脑室和小脑脚的内侧；(d)显示了中脑的横截面。

**导水管周围灰质**，顾名思义，主要由神经元的细胞体组成(灰质，与轴突束组成的白质形成对比)，围绕大脑导水管从第三脑室延伸到第四脑室。导水管周围灰质内包含神经回路，这些回路控制构成物种典型行为的一系列运动(例如战斗和交配)。正如我们将在第 7 章中看到的那样，阿片类药物(如吗啡)通过刺激位于该区域的神经元受体来降低机体对疼痛的敏感性。

**红核**和**黑质**是运动系统的重要组成部分。由红核产生的一束轴突将大脑皮层和小脑的运动信息传送到脊髓，红核的轴突束是大脑中执行此类功能两种纤维之一。黑质内包含神经元，其轴突投射到尾状核和壳核，是基底神经节的一部分。正如我们将在第 4 章中看到的那样，这些神经元的病变会导致帕金森病。

## 后脑

目标 3.9 对比后脑和末脑结构的位置和功能。

**后脑**围绕第四脑室，由两个部分组成：后脑和末脑。

**后脑** **后脑**由小脑和脑桥组成。小脑对协调运动至关重要，而脑桥在睡眠/觉醒调节中起到很重要的作用。

小脑 **小脑**类似于大脑的微缩版本，也由两个半球组成。它由**小脑皮层**覆盖，并具有一组小脑深部核。这些核从小脑皮层接收信息投射，并将其从小脑发送到大脑的其他部分。小脑的每个半球分别通过一束被称为**小脑脚**轴突连接到脑桥的背侧表面，这些轴突束分别被称为上小脑脚、中小脑脚和下小脑脚[图 3.24(c)]。

如果小脑受损，那么站立、行走或协调运动就会受到损害（所以，钢琴家或其他表演音乐家的表演十分依赖于小脑）。小脑接收视觉、听觉、前庭和躯体感觉信息，并且接收由大脑指导的单个肌肉运动的信息。小脑整合了这些信息，并修正动作的输出，从而对运动起到了协调和稳定的作用。小脑损伤会导致不平稳、不协调、夸张的动作。严重的小脑损伤甚至可以造成患者无法站立。第 8 章将更详细地讨论小脑的解剖结构和小脑的功能。

脑桥 **脑桥**是脑干中的一个大凸起，位于中脑和延髓之间，紧挨小脑的腹侧。虽然 pons 的意思是桥梁，但脑桥看起来并不像一座桥。脑桥的核心部分包含一部分的网状结构，其中包括一些在睡眠和唤醒中起到重要作用的核。它还含有一个将大脑皮层信息传递到小脑的大核。

**末脑** 末脑含有一种主要结构，**延髓**（medulla oblongata，字面意思是长方形的骨髓），通常又被称为**髓质**。这种结构位于脑干的最尾端，其下端的边界是脊髓的喙端[图 3.24(c)]。髓质含有部分的网状结构，包括控制诸如心血管系统调节、呼吸和骨骼肌张力等重要功能的核。

## 脊髓

目标 3.10 描述脊髓的结构和功能。

**脊髓**是一个长圆锥形的结构，其厚度大概和你的小指一样。脊髓的主要功能是将运动纤维分布到身体的效应器官（腺体和肌肉），并收集体感信息并将其传递给大脑。脊髓具有一定程度的、独立于大脑的自主性，包括各种自反控制回路（其中的一些将在第 8 章中详细描述）。

脊髓由脊柱保护，脊柱由位于**颈椎**、**胸椎**和**腰椎**的 24 个单独的椎骨及位于骨盆区域的、包括**骶骨**和**尾骨**的融合椎骨组成。脊髓穿过每个**脊髓孔**。图 3.25 显示了脊髓和脊椎骨的详细解剖结构。

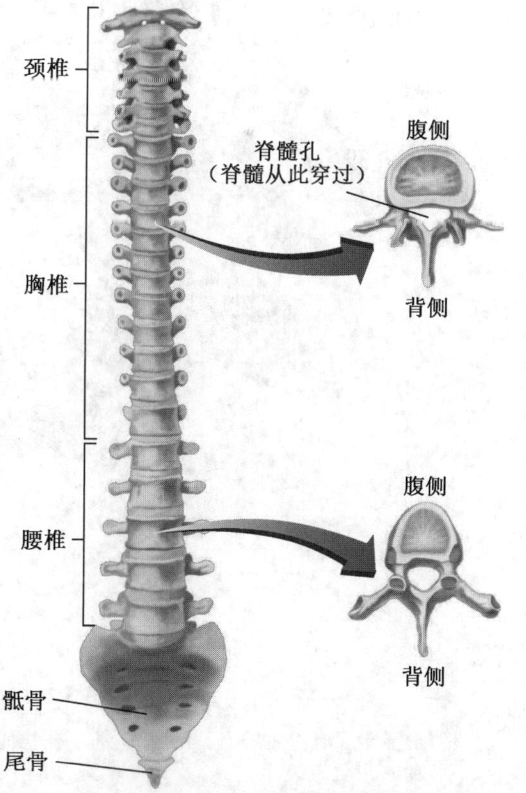


**图 3.25 脊柱的腹侧图**

柱的分割和结构。脊髓的长度大概只有脊柱长度的三分之二。脊柱内除了脊髓以外其余的空间充满了大量的**脊髓根**,形成**马尾**。

在胚胎发育的早期,脊柱和脊髓长度相同。但是,随着发育的过程,脊柱生长速度比脊髓更快。这种不同的生长速率导致脊髓根向下移动,最尾部的脊髓根延伸得最远,然后它们穿过椎骨之间的开口,形成了马尾。在盆腔手术或分娩过程中,有时麻醉师会将麻醉剂注射到围绕马尾神经硬膜囊内的脑脊液中,麻醉剂阻断了马尾轴突的传导,以达到麻醉的目的。这种方法被称为**骶管阻滞**。

图 3.26(a)显示了脊髓的一部分,包括包裹着脊髓的脑膜。小束的纤维沿着其背外侧和腹外侧表面以两条直线从脊髓两侧出现。这些束团融合在一起,成为 31 对**背根**和**腹根**。当它们通过椎间孔时,背根和腹根连接在一起,形成脊神经。

图 3.26(b)显示了脊髓的横截面。像大脑一样,脊髓由白质和灰质组成。但和大脑不同的是,脊髓的白质(由有髓鞘的上行和下行的轴突束组成)位于外侧,而灰质(主要是神经细胞体和短而无髓鞘的轴突)位于内侧。在图 3.26(b)中,上行的束用蓝色表示,下行的束用红色表示。

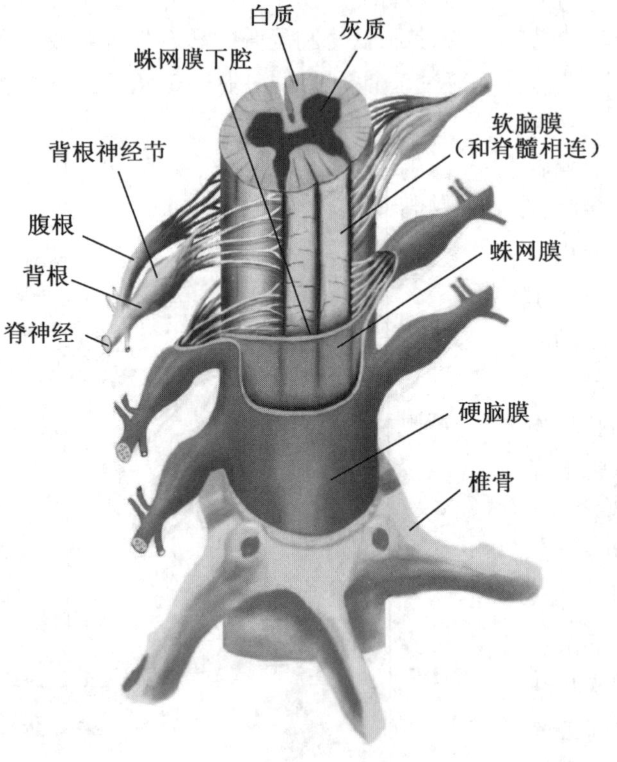


(a)

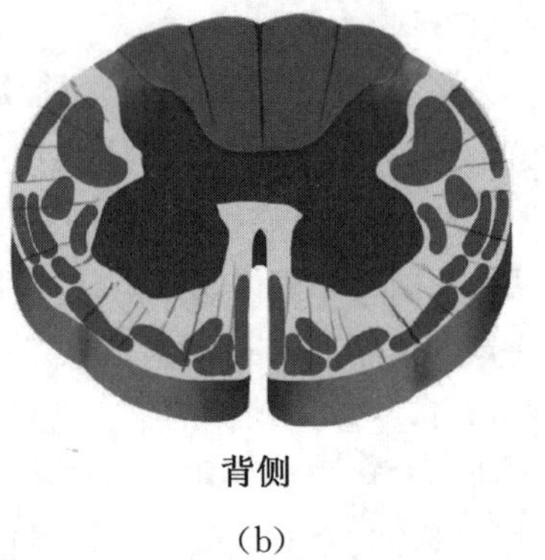


(b)

**图 3.26　脊髓的腹侧视图**

图(a)显示了部分的脊髓、脑膜、脊髓与脊柱的关系,图(b)显示了脊髓的横截面。上行的束用蓝色表示,下行的束用红色表示。

## 本节回顾

### 中枢神经系统的结构和功能

目标 3.7 了解前脑的结构和功能，包括端脑和间脑。

前脑由包括大脑皮层、边缘系统和基底神经节的端脑，以及包括丘脑，下丘脑和垂体的间脑所组成。大脑皮层负责感觉和运动功能以及执行功能。边缘系统负责动机、情感和某些形式的学习。基底神经节参与运动的控制。丘脑将信息传达给大脑的各个位置。下丘脑参与调节内分泌系统和自主神经系统。垂体也参与调节内分泌系统。

目标 3.8 了解中脑结构的位置和功能。

中脑位于大脑导水管周围的大脑区域，包含顶盖和被盖。顶盖位于中脑的背侧部分，包含上丘和下丘，参与听觉（下丘）和视觉（上丘）加工。被盖位于顶盖下方，包含网状结构、导水管周围灰质、红核和黑质。网状结构参与感觉加工、睡眠、注意力、肌肉紧张、运动和反射。导水管周围灰质参与物种特有行为和疼痛感知。红核和黑质参与运动控制。

目标 3.9 对比后脑和末脑结构的位置和功能。

后脑和末脑围绕第四脑室。后脑包含负责平衡和协调运动的小脑，负责从皮层接收信息和睡眠调节的脑桥。末脑包含延髓，参与调节生命机能。

目标 3.10 描述脊髓的结构和功能。

脊髓被包裹在脊柱内，其功能是将感觉信息从身体传递给大脑、将运动信息从大脑传递给身体、并协调反射行为。

## 思考题

在本小节中，大脑结构或功能的哪个方面最让你感到诧异？并解释你感到诧异的原因。

# 外周神经系统的结构和功能

大脑和脊髓通过颅神经和脊神经与身体的其他部分进行交流。这些神经是外周神经系统的一部分，它将感觉信息传达给中枢神经系统，并将来自中枢神经系统的信息传达给身体的肌肉和腺体。

## 颅神经

目标 3.11 了解颅神经的功能。

大脑的腹侧有 12 对**颅神经**附着。这些神经大多负责头部和颈部区域的感觉和运动功能。其中之一，第 10 对颅神经或称**迷走神经**，调节胸腔和腹腔器官的功能。它之所以被称为迷走神经（vagus nerve），是因为它的分支在整个胸腔和腹腔“徘徊”[vagus 这个词和 vagabond（流浪汉）有相同的词根]。图 3.27 显示了大脑底部的颅神经及其所涉及的结构。请注意传出（运动）纤维和传入（感觉）纤维。

正如我们前面所提到的那样，进入大脑和脊髓（视觉系统除外）的感觉神经纤维细胞体位于中枢神经系统之外。体感信息（以及味觉）通过颅神经接收。**嗅球**从鼻子中的嗅觉受体获得嗅觉信息。嗅球是复杂的结构，包含大量的神经回路。实际上，嗅球是大脑的一部分。感官机制在第 6 章和第 7 章中将有更详细的描述。

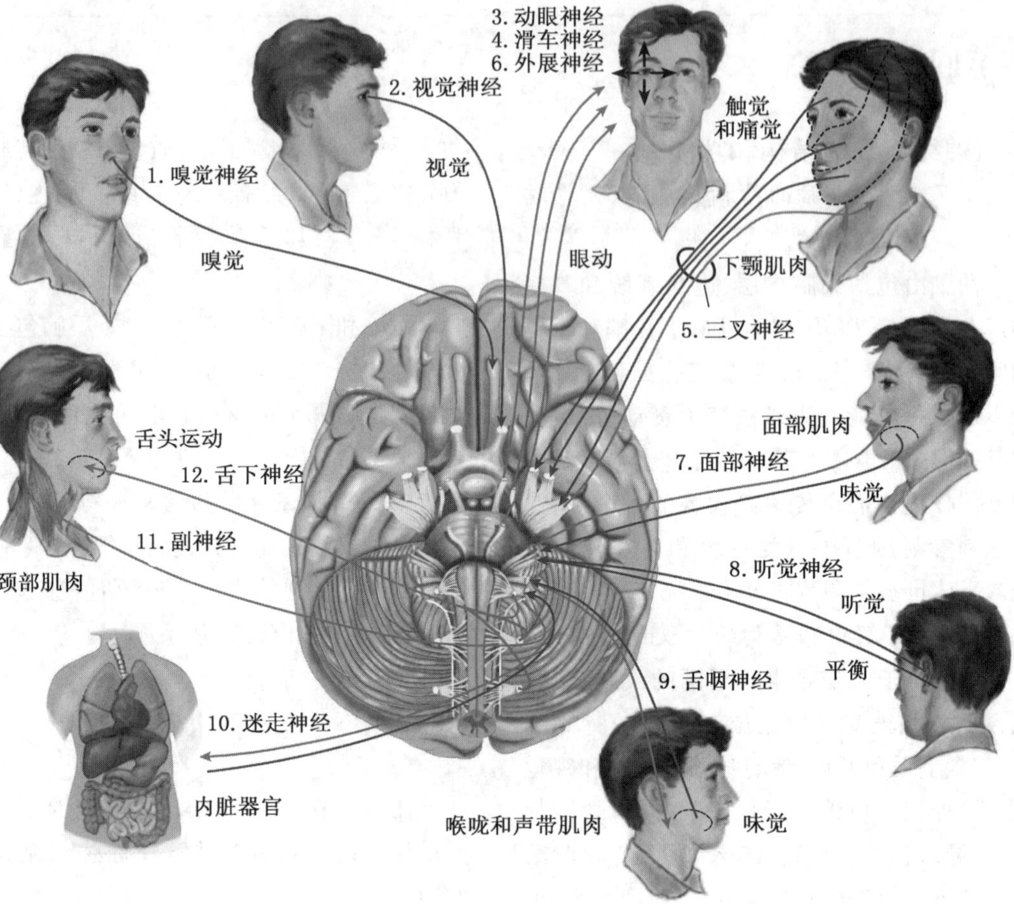


**图 3.27　颅神经**

这 12 对颅神经负责头部、颈部、胸腔和腹腔的区域。

## 脊神经

目标 3.12　区分脊神经传入轴突和传出轴突的功能。

**脊神经**始于脊髓背侧和腹侧的交界处。脊神经离开脊柱，延伸至它们所支配（或供应）的肌肉或感觉受体，一路上脊神经不断产生分支。脊神经分支通常跟随血管延伸，尤其是那些支配骨骼肌的分支。

现在让我们来看一下感觉信息进入脊髓、以及运动信息从脊髓发出的路径。所有将感觉信息带入大脑和脊髓的轴突所在的细胞体都位于中枢神经系统之外（唯一的例外是视觉系统，眼睛的视网膜实际上是大脑的一部分）。这些自外而内的轴突被称为**传入轴突**，这意味着信息的传递方向是向内、朝向中枢神经系统的。将躯体感觉信息传入脊髓的轴突所在的细胞体存在于**背根神经节**。背根神经节是背根上圆形的肿起的部分（见图 3.28）。轴柄在靠近细胞体处分叉，其中一条分叉通往脊髓，另一条分叉则前往感觉器官。请注意，背根中的所有轴突都传送体感信息。

腹根的细胞体位于脊髓的灰质内。这些神经元的轴突通过腹根离开脊髓，和腹根汇合，形成脊神经。通过腹根离开脊髓的轴突控制着肌肉和腺体。它们被称为**传出轴突**，这意味着信息的传递方向是向外、远离中枢神经系统的。

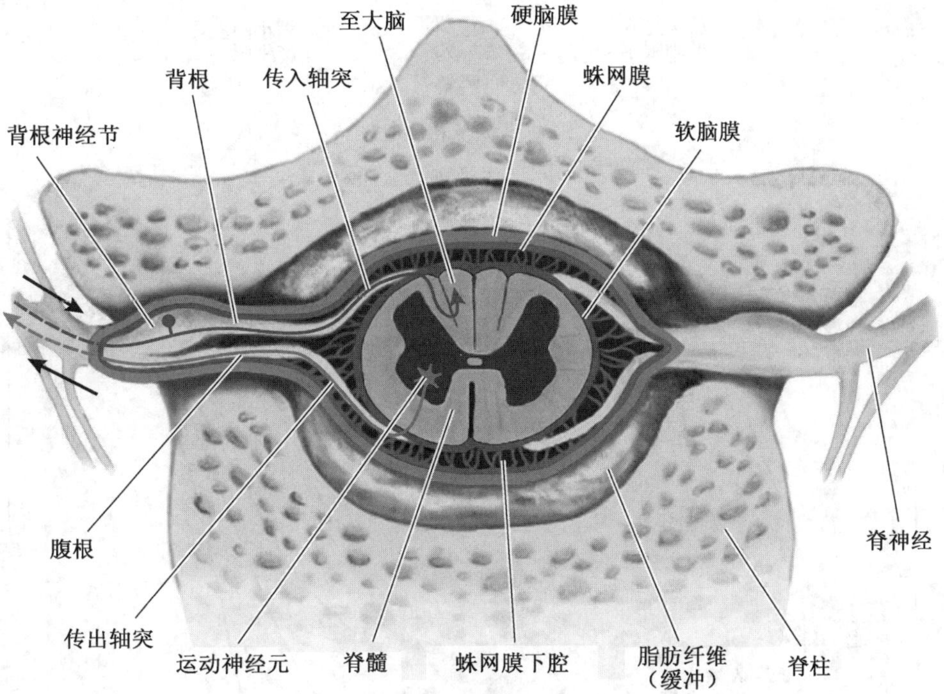


**图 3.28 脊髓横断面**

本图显示了传入和传出轴突通过背根和腹根的路线。

## 自主神经系统

目标 3.13 比较自主神经系统交感神经和副交感神经的功能和位置。

迄今为止,我们讨论了负责从感觉器官接收感官信息并控制骨骼肌肉的运动的外周神经系统的部分,这部分外周神经系统被称为**躯体神经系统**。外周神经系统的另一个分支——**自主神经系统**(autonomic nervous system, ANS)——参与对平滑肌、心肌和腺体的调节。平滑肌存在于皮肤(毛囊)、血管、眼睛(控制瞳孔大小和调节晶状体)和肠、胆囊和膀胱的壁和括约肌中。仅仅通过列举自主神经系统受支配的器官,就可以表明自主神经系统的主要功能:自主神经系统主要负责人体的营养功能(vegetative processes,即使处于植物人状态下也需要的基本功能)。

自主神经系统由两个解剖学上互相独立的系统组成:**交感神经系统**和**副交感神经系统**。排除少数例外的情况,身体的多数器官都受到这两个系统的支配,并且每个系统都有其不同的效果。例如,交感神经系统可以加快心率,而副交感神经系统则可以减缓心率。

**自主神经系统的交感神经部分** **交感神经系统**负责涉及消耗体内储备能量的活动。例如,当生物体兴奋时,交感神经系统就会增加流向骨骼肌的血液、刺激肾上腺素的分泌(导致心率增加和血糖水平升高)、并引起立毛现象(哺乳动物的毛发竖立现象,比如人类的鸡皮疙瘩)。

交感运动神经元的细胞体位于脊髓的胸椎和腰椎区域的灰质(因此,交感神经系统也被称为**胸—腰椎系统**)。这些神经元的纤维通过腹根离开脊髓,和脊神经汇合后,纤维分叉并进入**交感神经节**(请不要将此与背根神经节混淆)。图 3.29 显示了这些神经节与脊髓的关系。请注意,单个交感神经节与上下

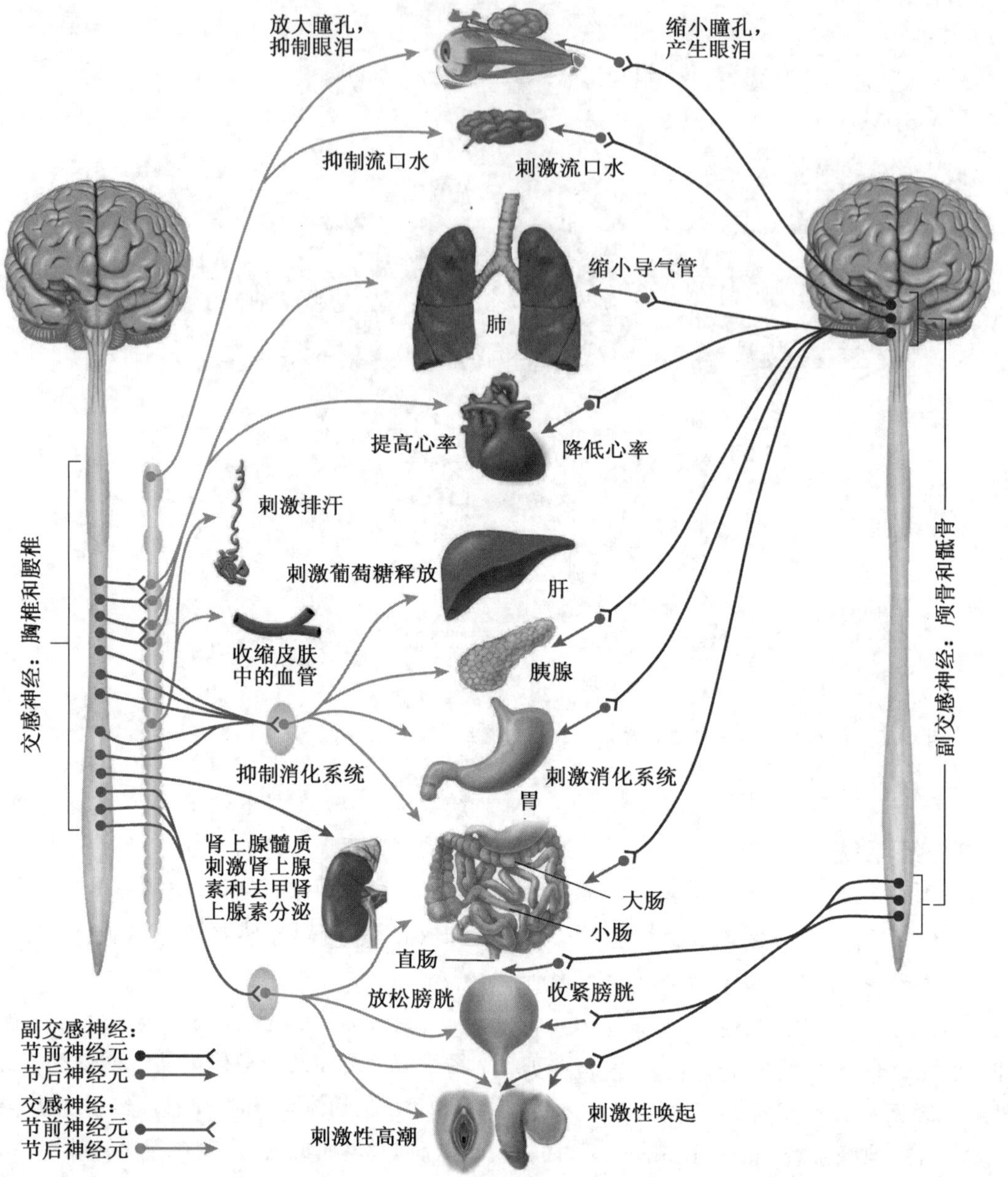


**图 3.29 自主神经系统**

本图显示了自主神经系统的交感神经和副交感神经部分的靶器官和其功能。

相邻的神经节连接，形成**交感神经链**。

通过腹根离开脊髓的轴突属于**节前神经元**。交感节前神经轴突联入交感神经链的神经节。大多数轴突在那里形成突触，但其他神经元穿过这些神经节，并继续延伸到存在于内部器官之间的某个交感神经节。所有交感节前神经轴突都会与某个神经节中的神经元形成突触（但有一个例外，会在下一段中解释）。和它们形成突触的神经元被称为**节后神经元**。节后神经元随后会将轴突延伸至目标器官，如肠、胃、肾脏或汗腺（见图 3.29）。

交感神经系统控制**肾上腺髓质**。肾上腺髓质是位于肾上腺中心的一组细胞。肾上腺髓质与交感神经节非常相似。它由神经节前轴突支配，而其分泌细胞与节后交感神经元非常相似。当它们被刺激时，这些细胞会分泌肾上腺素和去甲肾上腺素。这些激素的主要作用是辅助交感神经活动的直接神经作用。比如，它们增加输送至肌肉的血流量，并使营养物质储备在骨骼肌细胞内分解成葡萄糖，从而增加这些细胞可用的能量。

交感神经节前轴突的终扣会分泌乙酰胆碱。节后轴突靶器官上的终扣则分泌另一种神经递质：去甲肾上腺素。但这个规则也有一种例外情况：汗腺是由分泌乙酰胆碱的终扣所支配的。

**自主神经系统的副交感神经部分** 自主神经系统的**副交感神经系统**负责涉及增加身体能量储备的活动。这些活动包括流口水、胃和肠道蠕动、消化液的分泌、增加胃肠系统的血流量。

在副交感神经系统中，节前神经元轴突的细胞体位于两个区域：一些颅神经核（特别是迷走神经）和脊髓骶骨区灰质的中间角。因此，自主神经系统的副交感神经部分经常被称为**颅骨—骶骨系统**。副交感神经节位于目标器官附近，所以节后纤维因此相对较短。副交感神经系统节前和节后神经元的终扣会分泌乙酰胆碱。

表 3.2 总结了外周神经系统的主要部分。

**表 3.2 外周神经系统的主要部分**

| 躯体神经系统 | 自主神经系统 |
|---|---|
| **脊神经** | **交感神经分支** |
| 从感觉器官传入 | 脊神经（胸椎和腰椎部分） |
| 传出至肌肉 | 交感神经节 |
| **颅神经** | **副交感神经分支** |
| 从感觉器官传入 | 颅神经（第 3、第 7、第 9 和第 10） |
| 传出至肌肉 | 脊神经（骶骨部分） |
| | 副交感神经节（靶器官邻近的部分） |

## 本节回顾

### 外周神经系统的结构和功能

目标 3.11 了解颅神经的功能。

大部分颅神经负责头部和颈部区域的感觉和运动功能。迷走神经调节胸腔和腹腔器官的功能。

目标 3.12 区分脊神经传入轴突和传出轴突的功能。

传入轴突将感知信息从人体传送到中枢神经系统。传出轴突将运动信息从中枢神经系统传送至人体。

目标 3.13 比较自主神经系统交感神经和副交感神经的功能和位置。

交感神经系统支配着身体的许多区域，并起到协调能量消耗的作用，尤其是对压力源的反应。同样，副交感神经系统也支配着身体的许多区域，但起到增加身体能量的供应、并使系统在由交感神经系统激活后恢复到静息状态的作用。

## 思考题

Maya 遭受了痛苦的袭击，她感到口干舌燥，心率和呼吸变得非常快。她很害怕自己会心脏病发作。经历过发作，她感到焦虑，并一直害怕同样的事情会再次发生。她开始与心理学家一起练习渐进式放松的技巧，以减缓她的呼吸和心率，并减轻焦虑。自主神经系统的哪些部分对惊恐发作时和渐进式放松时所经历的这些变化负责？这些行为变化是从哪里来的？（提示：要了解更多关于恐慌发作的信息，请参阅第 17 章）

## 本章回顾问题

1. 解释用于表示神经系统各部分的方向和平面的术语。
2. 描述脑脊液是如何产生，以及如何在大脑里流动的。
3. 概述中枢神经系统的发育和人类大脑的发育。
4. 描述前脑的两种主要结构之一：端脑。
5. 描述间脑的两种主要结构。
6. 描述中脑的两种主要结构、后脑的两种主要结构和脊髓。
7. 描述外周神经系统，包括自主神经系统的两个部分。

# 第 4 章

# 精神药理学

## 本章概要

**精神药理学原理** 093
精神药理学概述 093
药代动力学 094
药物的有效性 096
重复给药的效果 098
安慰剂效应 099
**药物的作用位点** 100
对神经递质生成的影响 101
对神经递质储存和释放的影响 101
对受体的影响 103
对神经递质再摄取或破坏的影响 104
**神经递质和神经调质** 104
氨基酸 106
乙酰胆碱 109
单胺 112
肽类 119
脂质 120

## 学习目标

目标 4.1 区分以下三个术语：药物、药效和作用位点。

目标 4.2 描述药代动力学的四个步骤是如何相互关联的。

目标 4.3 确定如何衡量药物的有效性，并列举药物疗效差异的两个原因。

目标 4.4 区分重复使用药物后的耐受性、敏化作用和戒断反应。

目标 4.5 描述安慰剂和安慰剂效应。

目标 4.6 概述药物分子如何增加或减少神经递质的合成。

目标 4.7 区分兴奋剂和拮抗剂对神经递质储存和释放的影响。

目标 4.8 对比兴奋剂和拮抗剂对受体的影响。

目标 4.9 描述兴奋剂对神经递质再摄取和分解的影响。

目标 4.10 比较不同氨基酸神经递质系统的特征。

目标 4.11 概述乙酰胆碱系统的特征。

目标 4.12 概述单胺体系的关键特征。

目标 4.13 对比肽类神经递质和其他经典神经递质的特征。

目标 4.14 概述脂质神经递质系统的特征。

2011 年某个周六的晚上，一位医生收到一位名叫卢卡斯的病人的短信，短信的内容很让人困惑。短信里附上了一张在前廊拍摄的空旷夜景的照片。由于卢卡斯并没有在这条短信中表明自己的身份，所以医生并没有在意，就当这条短信是发错人了。第二天一早，医生又从这个号码收到一条足以引起他担心的短信。随后医生打了电话给卢卡斯，并就最近收到的短信和其进行了一个小时的电话交谈。

卢卡斯告诉他的医生，他在三周前开始使用从当地商店购买的浴盐。他购买了浴盐并开始以吸食可卡因的方法吸食它们。他觉得这种浴盐的效果和气味都与可卡因相似。

通常情况下，浴盐会含有几种和卡塔叶(khat)类似的兴奋剂药物。卡塔叶来自一种叫阿拉伯茶(Catha edulis)的植物。浴盐通过增加某些神经递质在突触处的活性(包括多巴胺和 5-羟色胺)来产生类似于兴奋剂的效果。常见的被滥用的兴奋剂药物包括可卡因和甲基苯丙胺。

接下来的三周内，卢卡斯每天都会吸食浴盐。他开始感到烦躁不安，体重减轻，并经常与家人争论。他形容他的脑海里像是在进行一场比赛一样无法平息，故而造成失眠。他还出现了包括人们在院子和房子周围走动的幻觉。卢卡斯之所以在自己的前门廊拍摄了那些照片，就是试图拍下这些人。

在与医生交谈后，卢卡斯被带到当地的急诊室。由于担心他的幻觉和其他症状，卢卡斯随后被送入医院并接受隔夜监测。约 30 小时后，他停止吸食浴盐，卢卡斯的症状和精神状态(包括思想内容)已恢复正常，随后他出院了(Gunderson et al., 2013)。

从这个案例中，我们可以了解到几个我们将在本章中探讨的精神药理学的基本概念：药物作用，作用位点和给药途径。这个案例还描述了增加单胺神经递质系统活性后会产生何种效果。本章将介绍行为神经科学的另一个重要领域，这个领域致力于理解药物如何与神经系统相互作用，从而影响行为、身体、情绪和心理健康。

在阅读本章时，请记住受到本章所描述的药物所影响的人的数量，这同时包括将药物用于治疗和消遣的目的。本章从精神药理学的基本原则开始，随后，第二部分将讨论药物的作用位点。本章的最后部分总结了特定的神经递质和神经调质。下图展示了本章中我们将特别关注到的几个大脑区域。

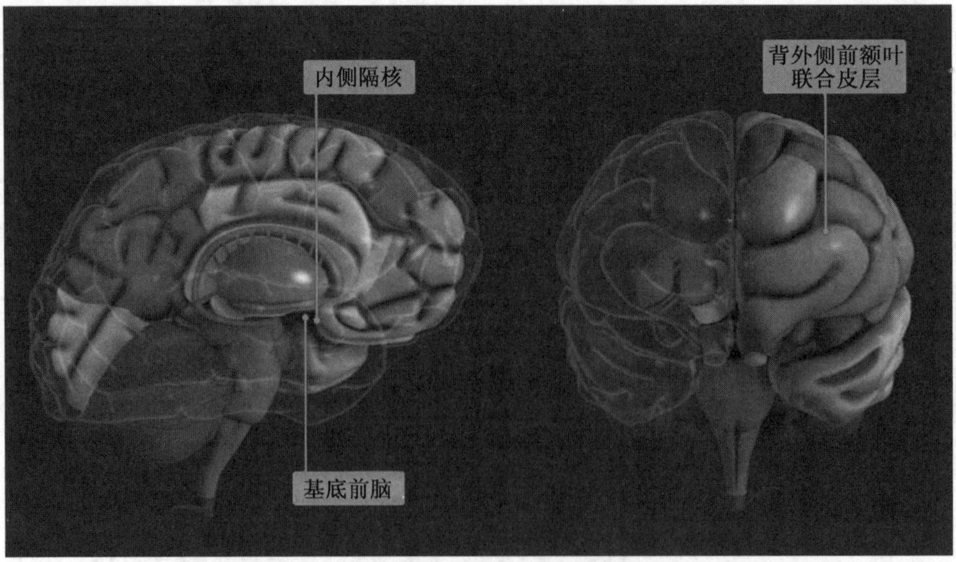

## 精神药理学原理

你在第 2 章中了解了神经系统的细胞，在第 3 章中学习了神经系统的基本结构。以此为基础，我们即将在本章节引入**精神药理学**的相关信息。精神药理学研究药物对神经系统和行为的影响。本小节将对精神药理学领域进行概述，然后介绍药代动力学、药物有效性、安慰剂以及重复服用药物的结果。

### 精神药理学概述

目标 4.1 区分以下三个术语：药物、药效和作用位点。

什么是药物？像许多词一样，这个词有几个不同的含义。在某些情况下，它指的是我们从药剂师处获得的药物，是对疾病或其症状具有治疗效果的化学物质。而在另一种情况下，这个词指的是人们可能滥用的化学物质，如海洛因或可卡因（见图 4.1）。

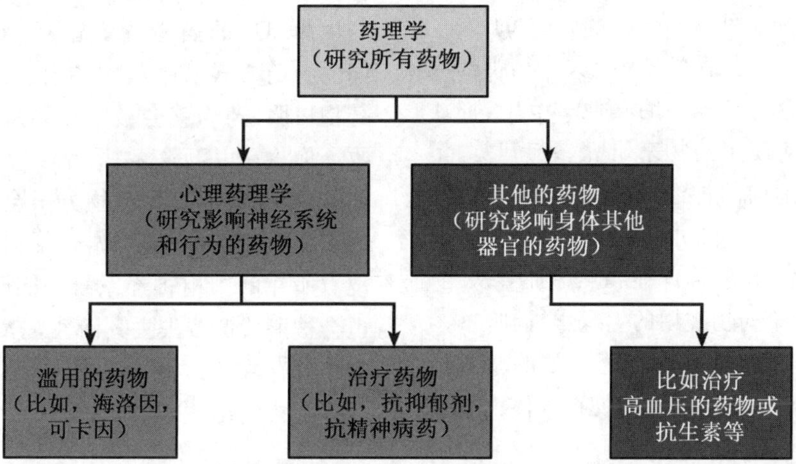


**图 4.1 精神药理学：研究药物对神经系统和行为的影响**

精神药理学是药理学领域的一门子学科。精神药理学家研究两种影响神经系统和行为的药物：治疗药物和滥用药物。

本书中所用药物的定义是："一种外源性化学物质，当以相对较低的剂量服用时，可以显著改变身体某些细胞的功能。然而这种化学物质对于正常的细胞功能并非必要。"这个定义也被多数药理学家广泛接受。因为本章的主题是精神药理学，所以我们只关心改变神经系统细胞功能的化学物质。

**外源性**这个词是我们理解药物这个概念的关键。在这种情况下，外源性指的是在身体之外产生，因此排除了身体自身产生的化学信使，如神经递质、神经调质或激素。所以，身体自身产生的化学信使并不是药物。这种对药物的定义也排除了必需的营养素，如蛋白质、脂肪、碳水化合物、矿物质和维生素。因为这些都是健康饮食的必需成分。最后，这个定义特别指出药物在低剂量下的有效性。这种鉴定非常重要，因为对于任何化学物质，甚至是常见的物质（如食盐），如果摄入量过大，都会改变细胞的功能。

正如我们将在本章中所看到的那样，药物具有其特定的**效应**和**作用位点**。**药物效应**是个体的生理过程和行为中可以被观察到的变化。例如，可待因、吗啡和其他阿片制剂的效应包括降低对疼痛的敏感性、降低消化系统速度、镇静、肌肉松弛、瞳孔缩小以及在高剂量条件下的欣快感。药物的**作用位点**是药物分子与位于身体细胞上或细胞内的分子相互作用的地点，这种相互作用会影响这些细胞的某些生物化学过程。比如，阿片剂的作用位点位于一些神经元膜上的特定受体。当阿片剂分子附着并激活这些受体时，药物就会改变这些神经元的活性并产生作用。本章会对药物的效用及其作用位点进行介绍。

精神药理学是神经科学的一个重要领域。它一直负责开发用于治疗心理和行为障碍的心理治疗药物。它还为其他研究人员提供了一种工具，使他们能够研究神经系统细胞的功能，以及特定神经回路是如何控制行为的。

本章并没有囊括本书所有关于精神药理学主题的内容。在本书的其他章节中，你还将学习到如何使用药物来研究参与知觉、记忆和行为控制中的神经回路的性质。此外，第 16 章和第 17 章将讨论如何使用药物来研究和治疗精神分裂、抑郁症和焦虑症等疾病。第 18 章将讨论药物滥用的生理学机制。

首先，本章将描述精神药理学的基本原理：药物的给药途径，以及药物在人体内会经历哪些过程。第二部分将讨论药物的作用位点。最后一节将会讨论特定的神经递质和神经调质，以及与之相互作用的特定药物的生理和行为效应。

## 药代动力学

目标 4.2　描述药代动力学的四个步骤是如何相互关联的。

**药代动力学**包括药物的(1)吸收、(2)在体内的扩散、(3)代谢、(4)排泄这四个步骤。你可以将这些步骤想象成对药物分子在体内的生命周期的描述。首先，药物分子根据不同的给药方式被吸收到体内。比如，如果将药物口服，药物就会被消化系统的内层所吸收。你将在以下段落中了解到更多不同的给药方式。被吸收后，药物分子会通过循环系统中的血液扩散至全身，包括诸多药物作用位点所在的中枢神经系统。同时，药物分子也会被酶代谢或失去其活性。大多数药物代谢酶都存在于肝脏中。最后，药物分子通常由肾脏排泄出体外(见图 4.2)。

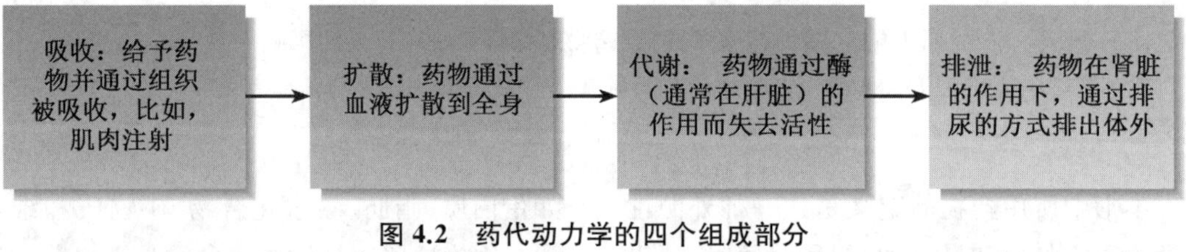


**图 4.2　药代动力学的四个组成部分**

**吸收：给药途径**　首先，我们来了解一些不同的给药途径。对于实验室动物，最常见的途径是注射。药物溶解或悬浮在液体中，并通过皮下注射针注射入动物体内。最快的途径是**静脉注射**，也就是将药物注射入静脉里。这种注射方式会让药物被立即吸收并扩散，几秒钟内就可以到达大脑。静脉注射的缺点是，与大多数其他注射方式相比，静脉注射需要更高的技能和更多的护理，确保将整个剂量一次性地注射到血液中去。此外，如果一个人对某种被注射的药物特别敏感，一旦药物被注射进体内，就没有多少时间来用另一种药物来抵消其作用。

**腹腔注射**速度也快，但不如静脉注射快。药物从腹壁注射进入**腹腔**——一个包含胃、肠、肝脏和其他腹部器官的空间。腹腔注射通常用于小型实验动物的给药。**肌内注射**将药物直接注入诸如上臂、大腿或臀部的大肌肉中。药物通过给肌肉供血的毛细血管被吸收到血流中。此外，还可以通过**皮下注射**的方式将药物注射入皮肤下方的空间中去。

**口服给药**是人类药物治疗最常见的给药

方式。一些药物无法口服给药,因为它们会被胃酸或消化酶所破坏,或者它们无法被消化系统所吸收然后扩散到血液中。比如,胰岛素——一种肽激素,必须通过注射来给药。此外,**舌下给药**通过将药物置于舌下来完成。药物会被口腔黏膜供血的毛细血管所吸收,从而扩散到血液中去。用于治疗偏头痛的一些药物就是以这种方式给药的,这种方法不但可以达到更快的治疗效果,并可以降低药物刺激肠胃的风险。

此外,还有一种给药途径由肺部参与:**吸入**。尼古丁、游离盐基可卡因(freebase cocaine)和大麻都是以吸烟的方式被吸入肺部的。另外,许多全身麻醉剂都是通过吸入气体的方式给药的。从肺到大脑的途径非常短,以这种方式给药的药物会有非常迅速的效果。

除此之外,有些药物可以通过皮肤直接吸收,所以可以通过**局部给药**的方式给药。天然或人工的类固醇激素就可以以这种方式施用,尼古丁也可以通过局部给药的方式给药(通常作为一种戒烟的方法)。鼻道上的黏膜也提供了局部给药的途径。通常被滥用的药物,如可卡因和浴盐,就经常会被吸入到鼻道,从而与鼻黏膜接触。这种给药途径会将药物迅速传递给大脑。这种方法的真正叫法是**吹入法**,但是这种叫法很少被使用。请注意,嗅吸与吸入不一样。当粉状药物被嗅吸时,它们通过鼻腔的黏膜而不是肺进入体内循环。

最后,药物也可以被直接注射入大脑。正如我们在第2章中所看到的那样,血脑屏障阻止了某些化学物质离开毛细血管并进入大脑。有些药物无法穿过血脑屏障。如果这些药物要到达大脑,那它们必须被直接注入大脑或脑室系统的脑脊液中。为了研究药物在大脑特定区域(例如下丘脑的特定区域)的作用,研究人员会将极少量的药物直接注入大脑。这个过程称为**脑内给药**,我们会在第5章中对此进行更详细的介绍。有时,为了让药物能在大脑中广泛地扩散,研究人员会越过血脑屏障,将药物直接注射到脑室内。然后,药物会被吸收到大脑的组织中,在那里发挥其作用。这种**侧脑室给药**的方式在人体中很少被使用,其主要使用情境是将抗生素直接输送到大脑以治疗某些类型的感染。

图4.3描绘了一种常见的被滥用的药物,可卡因,通过静脉注射、吸入、口服和嗅吸后,在血液中的浓度变化的时间过程。尽管摄入的剂量不同,但该图仍然可以显示药物到达血液的相对速度。

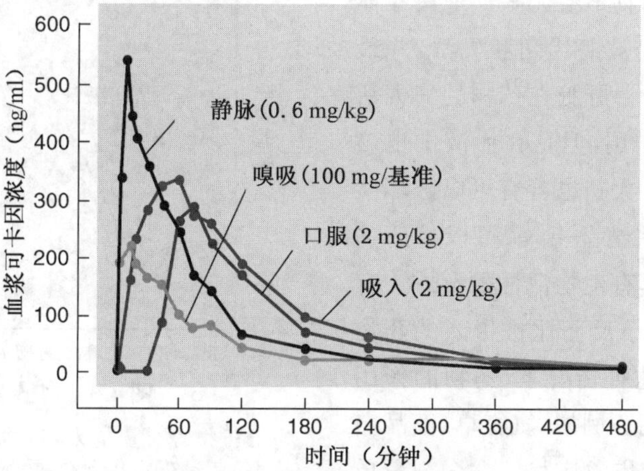


**图 4.3　血浆中的可卡因**

该图显示了静脉注射、吸入、口服和嗅吸后血浆中可卡因的浓度。

资料来源:Feldman, R.S., Meyer, J.S., Quenzer, L.F., *Principles of Neuropsychopharmacology*, Sunderland, MA: Sinauer Associates, 1997; Jones, R.T., *NIDA Research Monographs*, 1990, 99, 30—41。

**扩散:药物进入大脑** 药物只有在到达其作用位点时才会发挥作用。在影响行为的药物中,大多数作用位点都位于中枢神经系统细胞的表面或内部。上一节中,我们了解了药物的不同给药途径。除了脑内或侧脑室给药之外,其他各种给药途径的差别仅仅在于药物进入体内循环系统的速率不同。那么,下一步是什么呢?接下来,药物分子必须到达神经系统的作用位点,从而导致行为和心理过程的变化。

决定药物到达脑部作用位点速度的最重要因素是**类脂溶解度**——脂肪基分子穿过细胞膜的能力(见第2章)。血脑屏障只是水溶性分子的屏障。而可溶于脂质的分子可以穿过中枢神经系统中毛细血管的细胞,并迅速扩散至整个大脑。比如,海洛因(二乙酰吗啡)是一种比吗啡更易溶于脂质的药物。因此,通过静脉注射的海洛因可以比静脉注射吗啡起效更快。尽管这两种药物的分子在到达大脑的作用位点时效果相当,但海洛因分子到达的速度更快,意味着它们会产生更强烈的"上头"感,这就解释了为什么海洛因比吗啡更容易被滥用。

**代谢和排泄** 药物不会无限期地留在体内。许多药物最终会被酶代谢和失活,并最终由肾脏排泄出体外。肝脏在药物的酶失活中起着特别活跃的作用,但是在血液中也可以发现一些失活酶。大脑也含有可以破坏某些药物的酶。在一些情况下,酶可以将药物分子转化为其他的具有生物活性的形式。有时,被转化的药物分子反而比被摄入的药物分子更为活跃。在这种情况下,药物的作用可能会持续很长时间。例如,氯氮卓(商品名Librium)被用于治疗焦虑症状。一个剂量单位的氯氮卓之所以能够持续效果长达24小时以上,其部分原因是因为一些代谢分子在体内保持活性的时间比最初的药物分子更长(Greenblatt et al., 1981)。

## 药物的有效性

目标4.3 确定如何衡量药物的有效性,并列举药物疗效差异的两个原因。

不同种类药物的有效性差别很大。小剂量相对有效的药物的作用可以等于或超过大剂量的相对无效药物。衡量药物有效性的最佳方法是绘制**剂量-反应曲线**。为此,某种药物会以不同剂量被不同的个体摄入,摄入量通常被定义为多少毫克的药物被给予到每千克的体重(mg/kg),由此,就可以将摄入量和药物的作用一起绘制曲线。由于大多数药物的分子可以扩散到血液中,然后扩散到身体所有的部位,因此较重的个体(人类或实验室动物)将需要更大量的药物以达到相同的浓度,而较小的剂量则会产生较小的效果。药物的剂量越大,药物引起的影响也会越来越大,直到药物达到效果的极值。此时,再增加药物的剂量也不会产生更大的效果(见图4.4)。

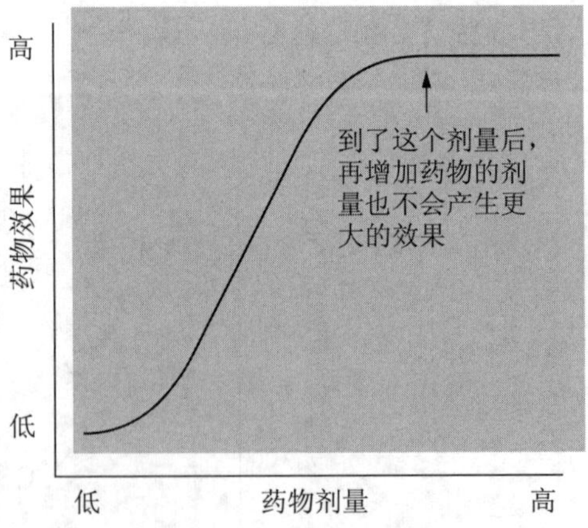


**图4.4 剂量-反应曲线**

药物的剂量越大,药物引起的影响也会越来越大,直到药物达到效果的极值。此时,再增加药物的剂量也不会产生更大的效果。但是,不良副作用的风险则增加。

大多数药物都具有不止一种效应。吗

啡、可待因或羟考酮等阿片制剂可产生镇痛作用(降低对疼痛的敏感性),但它们也会抑制延髓中控制心率和呼吸的神经元的活动。医生开具阿片制剂的处方以减轻患者的疼痛时,医生会保证足够的剂量以产生镇痛效果,但是这个剂量又不会产生足以致命的抑制心率和呼吸的效果。图4.5显示了两条剂量—反应曲线,一条显示了吗啡的镇痛效果,另一条显示了吗啡抑制呼吸的效果。这些曲线之间的差异彰显了药物的安全范围。理想的药物都具有很大的安全范围。

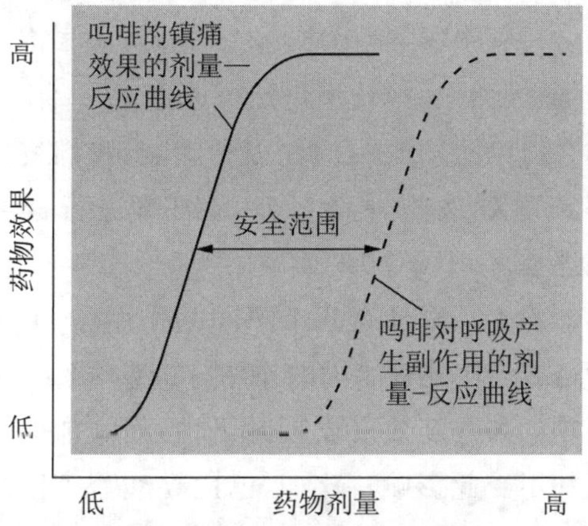


**图4.5　吗啡的剂量—反应曲线**

左侧的剂量—反应曲线显示吗啡的镇痛效果,右侧的曲线显示吗啡的不良副作用之一——对呼吸的抑制作用。药物的安全范围在其治疗效果的剂量—反应曲线与其不良副作用曲线之间。

衡量药物安全范围的一个重要指标是其**治疗指数**。该数据可以通过向一组实验动物或人类志愿者施用不同剂量的药物而获得的。由此我们可以得到两个数字:在50%的个体中产生期望效应的剂量、在50%的个体中产生毒性效应的剂量。治疗指数是这两个数字的比率。例如,如果毒性剂量是有效剂量的五倍,则治疗指数为5.0。治疗指数越低,在开具这种药物的处方时就必须更加小心。比如,巴比妥类药物是曾经被用于治疗焦虑的药物,治疗指数相对较低,仅有2或3。相反,苯二氮䓬类如地西泮(安定)则更安全,治疗指数远超过100。所以,意外过量使用巴比妥类药物造成的后果会比过量使用苯二氮䓬类药物的后果更为悲惨。

那么,为什么一种药物会产生几种不同的效果呢?有两个原因:作用位点、药物与其作用位点的亲和力。

第一,不同的药物,即使可以产生相同的行为效应,仍然可能具有不同的作用位点。例如,羟考酮和阿司匹林都具有镇痛作用,但是羟考酮抑制了脊髓和大脑中参与疼痛感知的神经元的活性,而阿司匹林则减少了将信息从受损组织传递到对疼痛敏感的神经元所需的化学物质。因为这些药物起效的原理非常不同,给定剂量的羟考酮可以比同等剂量的阿司匹林产生更多的镇痛作用。

药物疗效差异的第二个原因与药物与其作用位点的亲和力有关。精神药理学家感兴趣的大多数药物通过和中枢神经系统中的作用位点结合而发挥其作用,比如和突触前或突触后受体结合、和转运蛋白分子结合、或与参与神经递质产生或失活的酶相互作用。药物在和其作用位点的亲和力方面的差异很大。**亲和力**可以被定义为两个分子被连接在一起的容易程度。具有高亲和力的药物能够在相对较低的浓度下产生效果,而具有低亲和力的药物则必须以较高剂量施用。因此,即使是两种具有相同作用位点的药物,如果它们对于结合位点的亲和力不同,它们的效力也会有很大的差异。此外,由于大多数药物会产生多种作用,所以同一种药物对某些作用位点的亲和力会比较高,而对其他作用位点的亲和力较低。最理想的药物对产生治疗效果的作用位点具有高亲和力,而对产生毒性副作用的作用位点的亲和力较低。制药公司进行研究的目标之一就是找到具有这种效应模式的化学品。

## 重复给药的效果

目标 4.4　区分重复使用药物后的耐受性、敏化作用和戒断反应。

通常情况下，当药物被反复给药时，其效应不会保持稳定不变。在多数情况下，它的影响将会减弱。这种现象被称为**耐受性**。在其他情况下，药物会变得越来越有效。这种现象被称为**敏化作用**。

我们首先讨论耐受性。在许多药物滥用的案例中，我们都可以观察到药物的耐受性。比如，经常使用海洛因的人必须服用越来越大剂量的药物才能获得原先的效果。一旦一个经常服用海洛因的人对海洛因产生了耐受性，那么如果此人突然停止服用该药物，就可能会出现**戒断症状**。戒断症状主要与药物本身的作用相反。例如，海洛因产生欣快感，所以其相应的戒断症状会产生**心境恶劣**。海洛因也可以让服用者感到放松，所以其相应的戒断症状就是烦乱。

戒断症状和由药物引起耐受性的相同机制造成的。耐受性是人体试图抵消药物影响的结果。也就是说，人体内的大部分系统，包括那些由大脑控制的系统，都会受此调节，以便它们保持最佳的状态。当药物的长时间作用改变了这些系统的运行时，补偿机制开始产生相反的效果，试图部分抵消由药物所造成的系统对其最佳状态的偏离。这种机制导致了这样的现象：如果要达到之前相同程度的药效，个体就必须使用越来越多的药物。然后，当个体停止服用药物时，补偿机制就会产生戒断症状，导致和药效相反的效果。当一个人重复使用某种药物、并在停止用药后产生戒断症状时，我们就认定这个人对这种药物产生了**生理依赖**。躯体依赖是导致药物滥用的一个重要方面，将在第 18 章中详细探讨。

研究表明，随着药物被重复使用，会产生几种不同类型的补偿机制。正如我们将看到的那样，许多影响大脑的药物都是通过结合并激活受体来实现其药效的。第一种补偿机制可以降低此类结合的有效性。这种机制导致受体对药物敏感性降低，受体对药物的亲和力下降，或受体数量减少。第二种补偿机制会影响受体的结合过程，包括受体和膜离子通道的结合，以及受体和第二信使的产生的过程的结合。在对受体的长时间刺激后，结合过程中的某一个或多个步骤的效果都会变弱（当然，这些效果仍然可以产生）。第 18 章会讨论药物滥用的原因和影响，我们将在那一章对这些补偿机制的细节进行详细描述。

不少药物具有几个不同的作用位点，从而可以产生几种不同的作用。这意味着这种药物的某些药效会出现耐受性，而其他的药效却不受此影响。比如，巴比妥酸盐可以起到镇静的作用，并抑制控制呼吸的神经元。镇静作用会受到耐受性的影响，但抑制呼吸的效应却不受其影响。这就意味着，如果一个人为了达到相同的镇静作用而服用越来越大剂量的巴比妥，那这个人就要承受由于大量服药而导致呼吸衰竭的风险。

敏化作用与耐受性相反。敏化作用指的是相同剂量的药物可以产生更大的作用。敏化作用不如耐受性普遍。一种药物的某些药效可能会出现敏化作用，而另一些药效则会产生耐受性。比如，反复注射可卡因会导致运动障碍和癫痫发作出现得更为频繁，而药物的欣快效果则不受这样的敏化作用影响，反而会受到耐受性的影响（见图 4.6）。

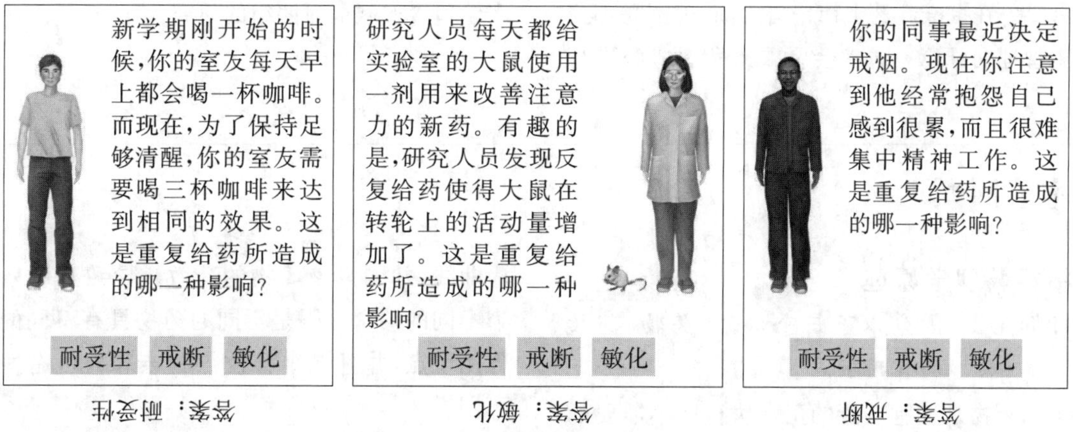


**图 4.6 重复给药的影响**

确定哪些情景代表耐受性、戒断或敏化。

## 安慰剂效应

目标 4.5 描述安慰剂和安慰剂效应。

**安慰剂**是一种非活性物质。尽管安慰剂不含活性药物分子，但也不能说它们没有效果。如果一个人期望安慰剂可以产生生理或心理的影响，那么安慰剂的使用就可能产生这些实际效果。安慰剂反应可能是动机、期望或学习形式（比如经典条件反射）的变化所造成的结果（Price et al.，2008）。

安慰剂效应的影响因素众多。有些是外部因素，比如仅仅看到安慰剂的注射就可缓解术后疼痛（Price et al.，2008）。告诉一个人其所使用的安慰剂是兴奋剂，就会导致这个人心率和血压升高，而如果告诉一个人这种安慰剂是抑制剂的话，则会导致这个人生理反应程度的降低（Blackwell et al.，1972；Kirsch，1997）。服用两颗安慰剂胶囊会比服用一颗安慰剂胶囊产生更大的反应，而改变胶囊的颜色则会对这种安慰剂的效果产生影响（Blackwell et al.，1972）。

研究表明，一些安慰剂的止痛效果可能是通过阿片系统（中枢神经系统中的一种内源性的疼痛缓解机制）起作用的。比如，服用止痛安慰剂会增加阿片系统的活性，而此时如果使用阿片阻滞类的药物则可以降低此安慰剂的镇痛作用（Price et al.，2008）。

当研究者研究药物对人类行为的影响时，他们的研究中必须包括一个使用安慰剂的对照组，否则他们就无法确定他们观察到的行为效果是否真正由药物所引起。在动物试验中，我们一般不认为动物也存在对药物效果的“信念”。然而，尽管如此，动物实验的研究也必须使用安慰剂对照组。想一下我们给动物使用药物有哪些步骤。如果曾经需要给生病的猫、狗或其他宠物使用药物，你就知道这是一种非常特别的挑战！在给药的过程中，动物通常会非常害怕，所以即使给予动物的药物是无害的，给药的过程也会激活动物的自主神经系统，引起应激激素的分泌，从而产生其他的生理效应。如果我们想知道某种药物对行为的影响是什么，我们必须将使用药物的个体（人或动物）的行为与使用安慰剂的个体的行为进行比较，后者使用安慰剂的方式必须和前者使用药物的方式完全相同。只有这样，研究人员才能确定某种药物是否具有显著的行为效果，这种效果必须超过任何非活性物质所产生的效果。药物研究人员通常会报告某种药物相对于安慰剂的效果。实际上，安慰剂对照组的数据对确定药物的作用面非常重要。在批准新药上市销售之前，美国联邦药物管理局(FDA)通常会要求药品制造商进行多轮包含安慰剂对照组的研究。

## 本节回顾

### 精神药理学原理

目标 4.1 区分以下三个术语：药物、药效和作用位点。

药物是细胞功能的正常执行所不需要的外源性化学物质。当以相对低的剂量服用药物时，身体某些细胞的功能会发生显著的改变。药效是个体生理过程和行为中可观察到的变化。药物的作用位点是药物分子与位于身体细胞或细胞内的分子相互作用的点，这种相互作用会影响细胞的一些生物化学过程。

目标 4.2 描述药代动力学的四个步骤是如何相互关联的。

首先，药物分子被吸收。给药途径的变化会改变药物被吸收的速度。药物的快速吸收可以产生更大的药效，并且起效更快。然后，药物分子被扩散。药物在体内的扩散受多种因素影响，比如脂溶性。接下来，药物会被代谢。代谢受酶的影响。最后，药物被排出体外。排泄受肾脏功能的影响。

目标 4.3 确定如何衡量药物的有效性，并列举药物疗效差异的两个原因。

在纵轴上标记药物的作用，在横轴上标记药物的剂量，就可以绘制出药物的剂量-反应曲线，并测量该药物的药效。导致药物效力不同的两个原因是不同的药物具有不同的作用位点，并且在结合位点的亲和力也有所不同。

目标 4.4 区分重复使用药物后的耐受性、敏化作用和戒断反应。

重复给药后，药物可产生耐受性(同样的剂量，但是效应减弱)、敏化作用(同样的剂量，但是效应增强)和戒断作用(产生和药物本身相反的作用，可以作为躯体依赖的一个指标)。

目标 4.5 描述安慰剂和安慰剂效应。

安慰剂是一种非活性物质，可以产生生理或心理的效应。安慰剂效应是这样发生的：一个人希望安慰剂可以产生生理或心理效应，而安慰剂随后产生了这些效应。

## 思考题

最近，阿姆斯特丹卫生部门的负责人宣布，糖是一种药物，并敦促人们不要过度使用它。基于我们广泛认同的“药物”的定义和对药理学原理的新认识，起草一封发给朋友的电子邮件，解释糖是否应该被视为药物。

## 药物的作用位点

纵观我们物种的历史，人们发现一些植物、动物和真菌具有对神经系统产生影响的化学物质。其中一些化学物质被用于获得令人愉悦的体验，而其他一些化学物质则被用于治疗疾病、减轻疼痛或毒害其他动物(或敌人)。最近，科学家们已经学会了生产完全人工的药物，被称为合成药物，其中一些合成药物的效力远远高于天然药物。

除了传统用途之外，今天的药物还被用于研究神经系统的运作。大多数影响行为的药物都是通过影响突触传递来实现的。影响突触传递的药物分为两大类。那些阻断或抑制突触后效应的被称为**拮抗剂**，而那些起到促进作用的被称为**兴奋剂**。

本节将介绍药物对突触活动的基本影响。我们在第 2 章中了解到，突触活动的顺序如下：神经递质合成并储存在突触小泡中；突触小泡前往突触前膜，并在那里对接；当轴突发射时，突触前膜上的依赖于电压的钙通道打开，允许钙离子进入；钙离子与对接蛋白相互作用并引发神经递质释放到突触间隙中；神经递质的分子与突触后受体结合，导致特定的离子通道打开，产生兴奋性或抑制性突触后电位；神经递质的作用相对短暂，它们要么转运蛋白分子在突触前膜中再摄取，要么被酶所破坏；此外，对终扣上的突触前自体受体的刺激可以调节神经递质的合成和释放。在本节中，我们即将讨论的药物的作用会遵循与此相同的基本顺序。图 4.7 总结了本节中涉及的药物的效果，而这些药效的其他细节将在后面的图中显示。我们在此提醒你，其中的一些概念是非常复杂的，所以请仔细阅读相应的内容。

## 对神经递质生成的影响

目标 4.6　概述药物分子如何增加或减少神经递质的合成。

在被释放到突触之前，神经递质由突触前神经元产生（或合成）。一些精神药物通过改变神经递质的产生来起到药效。比如，大多数神经递质由被称为前体的分子所产生。一些药物会通过扮演前体的角色来增加细胞合成并释放到突触中的神经递质的量，从而产生药效（参见图 4.7 中的步骤 1）。前体药物被认为是兴奋剂，因为使用前体药物会增加神经递质系统的活性。例如，帕金森病的症状是由于黑质中多巴胺释放细胞的死亡而造成的。使用左旋多巴（L-DOPA）是对这种疾病的一种治疗方法。L-DOPA 是多巴胺的前体。还未死亡的多巴胺释放细胞使用 L-DOPA 合成额外的多巴胺，替代那些已经死亡的多巴胺释放细胞所释放的神经递质，从而减轻疾病的症状。在第 15 章，你会看到更多关于这种治疗策略的信息。

请记住另一个重要的知识点：神经递质合成也受酶的控制。因此，如果药物能使这些酶中的一种失去活性，那么这种药物就会阻止神经递质的产生。这种药物可以作为拮抗剂（见图 4.7 中的步骤 2）。例如，对氯苯丙氨酸可以对合成 5-羟色胺所必需的酶产生抑制作用（Dringenberg et al.，1995）。所以，在那些试图更好地理解 5-羟色胺系统的功能的研究中，对氯苯丙氨酸会经常被作为研究药物使用。

## 对神经递质储存和释放的影响

目标 4.7　区分兴奋剂和拮抗剂对神经递质储存和释放的影响。

在被生产或回收后，神经递质会被储存在突触小泡中，直到它们被运送到突触前膜并在动作电位后释放其包含的物质。通过位于突触囊泡膜中的囊泡转运蛋白分子，囊泡会被神经递质填满。**囊泡转运蛋白**将神经递质的分子泵过囊泡膜，并将囊泡填充满。值得注意的是，囊泡转运蛋白与终端膜上的转运蛋白不同。尽管它们都可以移动神经递质分子，但终端膜转运蛋白将分子从突触移动到突触前细胞的细胞质中，而囊泡转运蛋白随后将这些分子移入囊泡。

一些药物可以通过与转运蛋白上的特定位点结合，并使其失去活性，从而阻断囊泡转运蛋白。这些药物可用作拮抗剂（参见图 4.7 中的步骤 3）。因为这些突触囊泡始终是空的，所以当囊泡最终释放它们所包含的物质的时候，并没有任何物质进入突触。举例来说，利血平是一种阻断单胺类神经递质系统的囊泡转运蛋白的药物。由于不良的副作用，这种药物通常只被用于研究。然而，它有时可用于降低血压。你将在本章介绍单胺的部分看到更多关于利血平的内容。

此外，一些药物可以通过阻止神经递质从终扣释放，从而充当拮抗剂。有些蛋白质负责让已对接的突触小泡与突触前膜融合，从而将突触囊泡内的物质排入突触间隙。而为了实现阻碍神经递质释放的目的，有些药物会让这些蛋白质失去活性（参见图 4.7 中的步骤 5）。比如，肉毒杆菌毒素就是一个此类药物的例子。乙酰胆碱是外周神经系统中负责传递信号使肌肉收缩的神经递质，而肉毒杆菌毒素可以阻止乙酰胆碱的释放。其他药物具有相反的作用，它们通过与这些蛋白结合并直接触发神经递质的释放而起到兴奋剂的作用（参见图 4.7 中的步骤 4）。

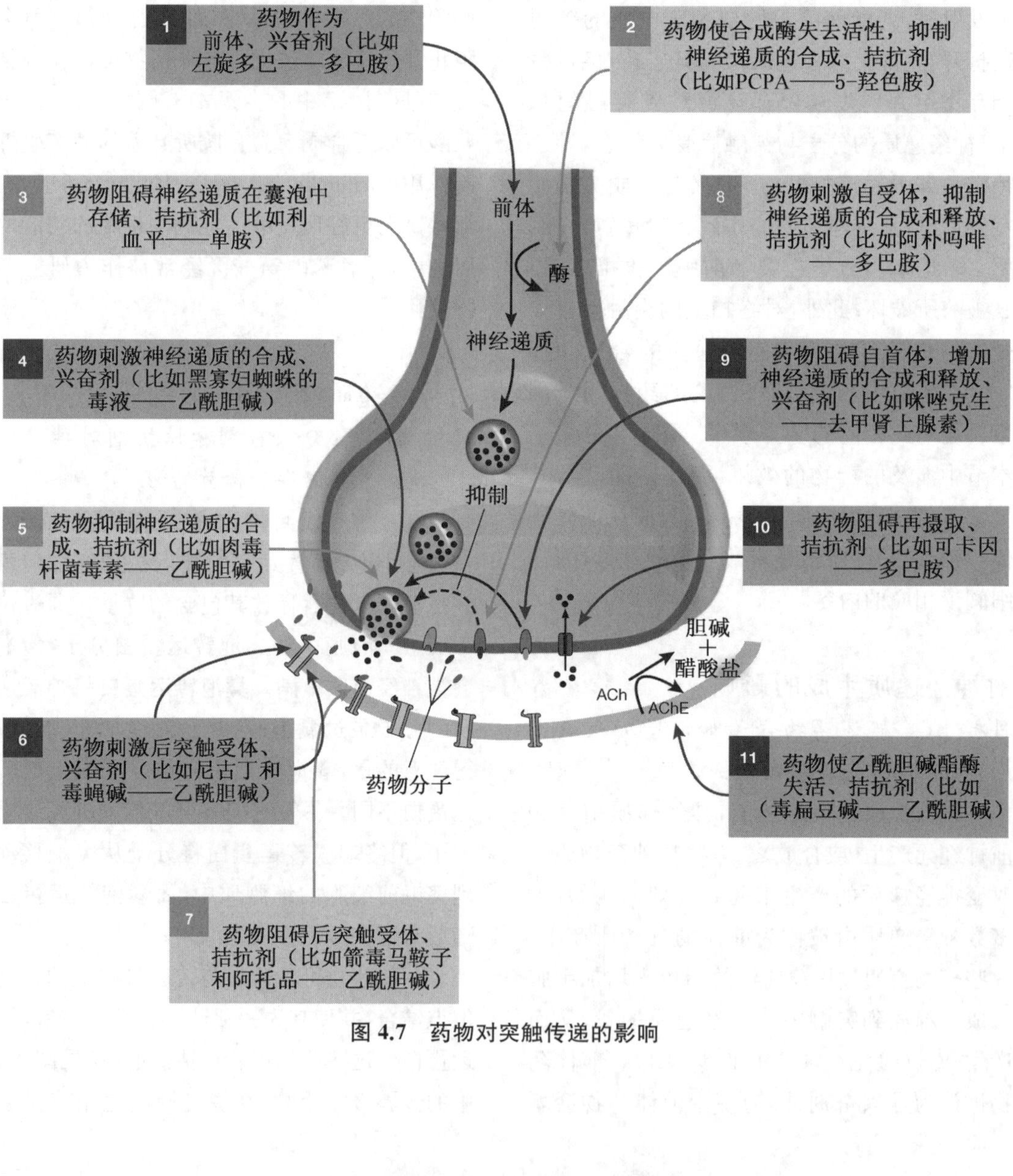


**图 4.7　药物对突触传递的影响**

## 对受体的影响

目标 4.8 对比兴奋剂和拮抗剂对受体的影响。

与特定类型受体结合的特定药物的药效可能是非常复杂的。药效取决于受体位于何处，其正常的作用是什么，以及药物是否激活了受体或阻断了其作用。

药物在神经系统中最重要和复杂的作用位点是受体，包括突触前和突触后受体。让我们先来看一下突触后受体（这里请开始仔细阅读）。一旦神经递质被释放，它必须刺激突触后受体。一些药物可以像神经递质那样与这些受体结合。一旦这些药物与受体结合后，就可以作为兴奋剂或拮抗剂（见图 4.7 中的步骤 6 和 7）。

模仿神经递质作用的药物可以作为**直接兴奋剂**而起作用。药物分子在神经递质正常附着的结合位点处附和。这种结合使得受体以与神经递质存在时相同的方式作出反应。例如，尼古丁与烟碱型乙酰胆碱受体结合，模拟乙酰胆碱的作用并引起此药物所产生的兴奋作用。

与突触后受体结合的药物也可以用作拮抗剂。这些药物的分子与受体结合，但**阻碍**它们被激活。因为它们占据了受体的结合位点，所以它们阻止了受体被神经递质激活。这些药物被称为**受体阻断剂**或**直接拮抗剂**。这种类型的药物可以起到治疗疾病的效果，如多巴胺拮抗剂氯丙嗪可以减少精神分裂症的某些症状。

某些受体具有多个结合位点，以供不同配体附着。神经递质的分子与一个位点结合，其他物质（如神经调质和各种药物）与其他位点结合。分子与这些其他位点的结合被称为**非竞争性结合**，因为该分子并不与神经递质分子竞争相同的结合位点。如果药物附着于这些替代位点之一并阻止离子通道开放，则该药物被认为是**间接拮抗剂**（见图 4.8）。PCP 和氯胺酮就是两种以这样的方式工作的药物的例子。这些药物作为 NMDA 谷氨酸受体拮抗剂与非竞争性位点结合。间接拮抗剂的最终效果与直接拮抗剂相似，但其作用位点不同。如果药物附着在其中一个替代位点并促进离子通道的开放，那它就是**间接兴奋剂**。地西泮（安定）可以用于治疗焦虑症状，是间接兴奋剂，需要和 GABA 同时结合以产生其抗焦虑作用。

正如我们在第 2 章中所看到的那样，一些神经元的突触前膜包含负责调节神经递质释放量的自体受体。由于这些受体的刺激导致释放神经递质的减少，选择性激活突触前受体的药物可以充当拮抗剂。阻断突触前自身受体的药物则具有相反的作用，它们会增加神经递质的释放，起到兴奋剂的作用（参见图 4.7 中的步骤 8 和 9）。

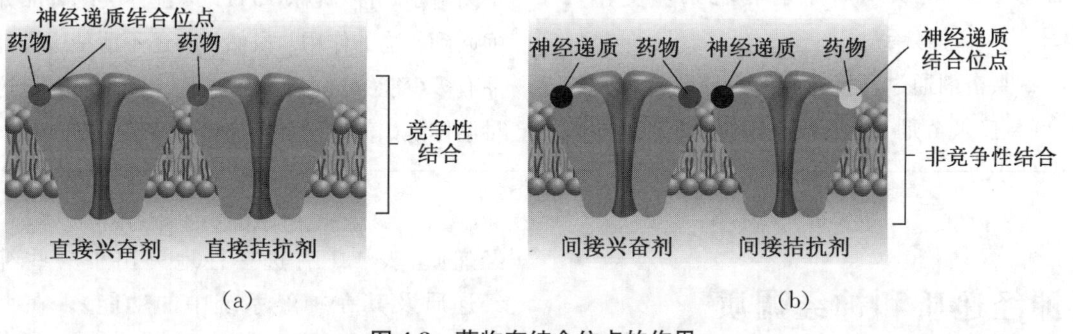


**图 4.8 药物在结合位点的作用**

(a)竞争性结合：直接兴奋剂和拮抗剂直接作用于神经递质的结合位点。(b)非竞争性结合：间接兴奋剂和拮抗剂作用于其他的结合位点，并改变神经递质对离子通道开放的作用。

### 对神经递质再摄取或破坏的影响

目标 4.9 描述兴奋剂对神经递质再摄取和分解的影响。

在神经递质被突触前细胞释放后不久，神经递质就会从突触中被移除，为接收新的化学信号扫清了道路。正如你在第 2 章中所看到的那样，从突触中去除神经递质需要两个过程：神经递质的分子通过再摄取被带回到突触前细胞的终扣，或者被酶失活破坏。请记住，终端膜转运蛋白不同于囊泡转运蛋白。药物可以干扰这些过程。

一些药物的分子，例如可卡因，可以附着于负责重新摄取神经递质并使其失活的终端膜转运蛋白分子，从而阻断再摄取的过程。其他药物分子可以与通常破坏神经递质的酶结合，从而并阻止这些酶起作用。因为这两种药物都能延长神经递质分子在突触间隙中的存在（在此这些分子可以刺激突触后受体），它们可以作为兴奋剂（参见图 4.7 中的步骤 10 和 11）。

---

## 本节回顾

### 药物的作用位点

目标 4.6 概述药物分子如何增加或减少神经递质的合成。

一些兴奋剂药物通过扮演前体的角色来增加细胞合成并释放到突触中的神经递质的量，从而产生药效。而其他的拮抗剂药物通过使神经递质合成酶失活，以阻止神经递质的产生。

目标 4.7 区分兴奋剂和拮抗剂对神经递质储存和释放的影响。

兴奋剂可以直接刺激囊泡释放神经递质。拮抗剂可阻断囊泡转运蛋白或使负责囊泡对接和释放的细胞机制失活，从而以减少突触中可用的神经递质的量。

目标 4.8 对比兴奋剂和拮抗剂对受体的影响。

兴奋剂通过直接在神经递质结合位点结合（直接兴奋剂）或在另一些位点结合（间接兴奋剂）来激活受体。拮抗剂则通过直接或间接在受体位点结合来阻断受体。

目标 4.9 描述兴奋剂对神经递质再摄取和分解的影响。

兴奋剂阻断神经递质的再摄取或失活，从而在突触中保留更多可用于与受体结合的神经递质。

## 思考题

一些商店和健康食品店在出售一种食品，用来补充 5-HTP。5-HTP 是神经递质 5-羟色胺的前体。请给一位有好奇心的商店经理起草一封电子邮件，解释 5-HTP 等前体类的补品如何起到药物的作用。虽然目前还不清楚这种补品有多少能穿过血脑屏障，但请向经理解释这种前体是如何改变神经递质的活性的。

---

## 神经递质和神经调质

总共存在至少十几种不同种类型的神经递质（表 4.1 有选择性地列出了一些神经递质及其在神经系统中的功能）。在大脑中，大多数的突触通信都是由两种氨基酸神经递质完成：一种具有兴奋作用（谷氨酸),另一种具有抑制作用(γ-氨基丁酸或GABA)。在脊髓和下脑干中,还存在一种次级抑制性氨基酸神经递质——甘氨酸。这些化学物质负责将大部分信息从大脑内的一处传递到另一处,神经元局部回路的大部分活动都涉及这些化学物质的兴奋性和抑制性作用的平衡情况。事实上,大脑中可能根本不存在一种既不接受来自分泌谷氨酸的终扣的兴奋输入,也不接受分泌GABA或甘氨酸的神经元的抑制性输入的神经元。除了检测痛觉刺激的神经元(它们分泌一种不同的肽),所有感觉器官都通过轴突的终端释放的谷氨酸来将信息传递到大脑。

**表4.1 神经递质系统**

| 神经递质 | 中枢神经系统功能列举 | 外周神经系统功能列举 |
| --- | --- | --- |
| 谷氨酸 | 兴奋性的;和其他神经递质系统互动 | 不存在 |
| γ-氨基丁酸(GABA) | 抑制性的;和其他神经递质系统互动 | 不存在 |
| 乙酰胆碱(ACh) | 学习,记忆,快速眼动睡眠 | 肌肉收缩 |
| 多巴胺 | 自主运动,注意,学习,强化,计划,问题解决 | 不存在 |
| 去甲肾上腺素/肾上腺素 | 警觉 | 自主神经系统调节(调节心率,血压等) |
| 5-羟色胺 | 情绪调节,进食,睡眠,做梦,唤醒,冲动的控制 | 作用于肠道内的神经系统(消化道等) |
| 组　胺 | 觉醒 | 免疫反应 |
| 阿　片 | 强化,痛感调节 | 痛感调节 |
| 内源性大麻素 | 食欲调节 | 免疫反应 |

尽管GABA和谷氨酸可以被位于整个大脑中任何地方的细胞释放,但大多数其他神经递质系统都将其细胞组织成特殊的传播路径,这些细胞的细胞体会从大脑的一个(或多个)区域投射到大脑的另一个(或多个)区域。请关注本章关于神经递质传播路径的模式的内容。

其他神经递质会起到什么作用呢?一般来说,它们具有调节效应而非信息传递效应。也就是说,除了谷氨酸、GABA和甘氨酸以外的神经递质的释放往往会激活或抑制整个神经元回路,这些回路可以涉及行为和心理过程有关的特定大脑功能。由于特定的药物可以有选择性地影响神经元分泌特定的神经递质,这些药物可以对行为产生特定的影响。

本节将会介绍一些最为重要的神经递质,讨论它们的一些行为功能,并描述与它们相互作用的药物。正如我们在本章前面部分所看到的那样,药物有许多不同的作用位点。幸运的是,考虑到你的信息处理能力(或者说,为了不让你发疯),并非每一种类型的神经元都会受到所有类型药物的影响。正如你将会看到的那样,本章中仍然会提到很多药物的名称,有些药物比其他药物更重要。那些我们详细描述的药物比其他我们一笔带过的药物更重要。

## 氨基酸

目标 4.10 比较不同氨基酸神经递质系统的特征。

一些神经元分泌简单的氨基酸作为神经递质。由于大脑中所有的细胞都利用氨基酸来进行蛋白质合成，因此很难确定哪些氨基酸是神经递质。然而，研究人员认为，至少有八种氨基酸可以在哺乳动物的中枢神经系统中起到神经递质的作用。两种特定的氨基酸尤其重要，因为它们是中枢神经系统中最常见的神经递质：谷氨酸和 GABA。

### 谷氨酸

*神经递质的产生、储存和释放* 正如你在本节的介绍中所看到的那样，**谷氨酸**是脑和脊髓中主要的兴奋性神经递质。谷氨酸是由前体（**谷氨酰胺**）通过酶（**谷氨酰胺酶**）一步合成的。合成后，谷氨酸盐储存在囊泡中。**囊泡谷氨酸转运蛋白**将谷氨酸包囊成泡囊。在动作电位产生之后，谷氨酸从突触前神经元释放。

*受体* 专门研究受体的研究人员发现了四种主要类型的谷氨酸受体。其中三种受体是离子型受体：**NMDA 受体**、**AMPA 受体**和 **kainite 受体**。另一种谷氨酸受体——**代谢型谷氨酸受体**——显然是代谢型的。在其他功能中，一些代谢型谷氨酸受体被用作突触前的自身受体。

大多数影响谷氨酸传递的药物都是通过与谷氨酸受体相互作用来实现的。NMDA、AMPA 和 kainite 都是化学物质的名称，这些化学物质可以作为以它们命名的受体的直接兴奋剂。另外，最常见的药物之一——酒精——可用作 NMDA 受体的拮抗剂。正如我们将在第 18 章中所看到的那样，那些长期大量饮酒的人如果突然停止饮酒，就会引起癫痫发作。这就是由上述 NMDA 受体对于酒精的效应所导致的。

现在我们着重来看一下离子型谷氨酸受体。AMPA 受体是最常见的谷氨酸受体。它控制钠通道，所以当谷氨酸与结合位点结合时，它会产生兴奋性突触后电位。kainite 受体具有相似的作用。NMDA 受体具有一些既特殊又很重要的特征。它包含至少六个不同的结合位点：四个位于受体的外部，而另两个则位于离子通道的深处。当通道打开时，受 NMDA 受体控制的离子通道就会允许钠和钙离子进入细胞。这两种离子的流入必然会引起细胞的去极化，但钙离子的进入尤其重要。钙作为第二信使，可以和细胞内的各种酶结合，并将其激活。这些酶对细胞的生物化学特性和结构特性具有深远的影响。正如我们将看到的那样，钙离子所产生的一个重要的效应就是它改变了突触的特征，为新记忆的形成提供了基础。这些由 NMDA 受体所产生的效应将在第 13 章中更详细地讨论，你将了解它们在记忆形成中所起到的作用。

图 4.9 上标明了 NMDA 受体及其结合位点。显然，谷氨酸会与这些位点其中的一个结合，不然我们也不会将它们称为谷氨酸

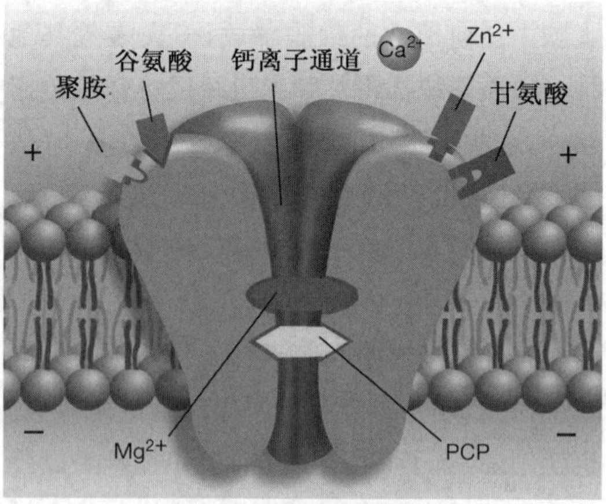


**图 4.9 NMDA 受体**

本图是 NMDA 受体的示意图，并显示了其结合位点。

受体了。然而,谷氨酸本身并不能打开钙通道。要打开钙通道,必须将甘氨酸分子连接到位于受体外部的甘氨酸结合位点(我们知道甘氨酸在中枢神经系统中的某些地方会作为抑制性神经递质存在,然而我们还不知道为什么钙通道的打开需要甘氨酸的参与)。被称为**AP5(2-氨基-5-膦酰基戊酸酯)**的药物可以阻断谷氨酸结合位点对NMDA受体的影响,并损害突触可塑性和某些形式的学习过程。

另一个打开钙通道所必须的因素是,镁离子不能附着在位于通道深处的镁结合位点。在正常情况下,当突触后膜处于静息电位时,镁离子会被吸引到镁结合位点,并阻断钙通道。如果一个谷氨酸分子附着到了其结合位点,那么通道就会变宽,但镁离子仍然会阻断它,所以钙离子就无法进入突触后神经元。然而,如果突触后膜部分去极化,则镁离子就会从其结合位点被排斥。所以,只有谷氨酸的存在和突触后膜的去极化,才能使NMDA受体开放。所以,NMDA受体不但依赖于电压的离子通道,同时也依赖于神经递质的离子通道。

PCP位点位于镁通道深处,靠近镁结合位点。PCP位点可以与致幻药物**PCP(苯环己哌啶)**结合。作为一种间接拮抗剂,当PCP附着到其结合位点时,钙离子就无法通过离子通道。还有一种药物也具有相似的作用,并且也被认为可以与这个位点结合,这种药物就是**氯胺酮**。氯胺酮和PCP最初是被作为麻醉剂而研发的,然而它们制造幻觉的效应使得它们在很大程度上不适合人类使用。除了娱乐用途之外,氯胺酮还被兽医当作麻醉剂来使用。最新临床试验发现了氯胺酮的一个新的用途,就是它可以用来治疗那些对治疗有阻抗的抑郁症患者。

*再摄取和破坏* 谷氨酸从突触中被**兴奋性氨基酸转运蛋白**移除,并被**谷氨酰胺合成酶**分解为它的结构单元前体——谷氨酰胺。如果谷氨酸盐没有被完全从突触中去除,就可能会产生负面的影响。如果突触中存在过多的谷氨酸刺激,就会导致其长时间的过度兴奋,从而产生**谷氨酸兴奋性中毒**,并损伤神经元。正如你将在第15章中所看到的那样,谷氨酸兴奋性中毒被认为和脑中风和肌萎缩侧索硬化(ALS)有关。尽管增强再摄取或破坏残余的谷氨酸的药物仍有待开发,但利鲁唑可以被用于ALS的治疗,并可以通过减少与突触前膜的谷氨酸囊泡的对接来减少谷氨酸的信号传导。如果你是一个想开发一种新药来预防或减少谷氨酸兴奋毒性的研究人员,那么你觉得新药应该是怎样的呢?你如何通过调节神经递质的再摄取和破坏来减少谷氨酸过度兴奋所引起的神经元损伤?如果这种药物可以减少谷氨酸盐信号的产生,那么它会有哪些副作用呢?

### GABA

*神经递质的产生、储存和释放* **GABA(γ-氨基丁酸)** 是一种抑制性神经递质,似乎在整个大脑和脊髓中有着广泛的分布。GABA由前体(**谷氨酸**)通过酶(**谷氨酸脱羧酶**或GAD)的作用产生。一种叫做**烯丙基甘氨酸**的药物可以使GAD失活并因此阻止GABA的合成(图4.7的步骤2)。烯丙基甘氨酸通常在研究中被使用,以帮助我们研究并理解GABA体系的药物。烯丙基甘氨酸几乎没有治疗用途,因为GABA的减少会增加癫痫发作的可能性。GABA通过**囊泡GABA转运蛋白**被包裹入并一直在囊泡里储存着,直到动作电位的产生后才被释放。

如你所知道的那样,大脑中的神经元是相互关联的。如果没有抑制性突触的活动,这些相互连接的神经元会使大脑不稳定。也就是说,通过兴奋性突触,被激活的神经元(比如神经元A)会同时激活和它们相邻的神经元(比如神经元B),而这些被激活的神经元(神经元B)也会激活和它们相邻的神经元(其中也包含最初激活神经元B的神经元A),以此往复,所以,最终大脑中多数的神经元都会几乎不受控制地发射信号。事实上,这种事件有时会发生,我们称之为**癫痫发作**。通常情况下,抑制性影响由分泌GABA的神经元提供,这种神经元在大脑中大量存在。一些研究者认为,引起癫痫发作的原因之一是分泌GABA的神经元生物化学异常,或GABA受体异常。

受体　到目前为止,研究人员已经发现了几种GABA受体。具体来说,许多药物都和$GABA_A$受体相互作用,我们将在此讨论药物对GABA系统的影响。$GABA_A$受体是离子型受体,并且控制着氯通道的开启和关闭。

像NMDA受体一样,$GABA_A$受体很复杂,包含至少五个不同的结合位点。主要结合位点是GABA位点。药物**蝇蕈醇**是该位点的直接兴奋剂。另一种药物,荷包**牡丹碱**则可以阻断这个GABA结合位点,作为直接拮抗剂。$GABA_A$受体的第二个位点与一类称为**苯二氮卓类**的药物结合。这些药物包括**地西泮**和**阿普唑仑**,用于减轻焦虑症状,减少癫痫发作并可以导致肌肉松弛。第三个作用位点与巴比妥类药物结合,这是一类比较古老的镇静剂和抗焦虑药物。酒精与GABAA受体上结合位点尚不知道。另一个位点与各种类固醇相结合,包括一些用于产生全身麻醉效果的类固醇。$GABA_A$受体还包括其他几个结合位点,但是,它们超出了这里的讨论范围(参见图4.10)。

苯二氮卓类和巴比妥类药物可以促进$GABA_A$受体的活性,因此,这些药物可以作为间接兴奋剂。苯二氮卓类药物是非常有效的抗焦虑药,或"溶解"焦虑的药物。它们被用来治疗焦虑症的症状。巴比妥类药物具有相似作用,但是很早就被使用了。但由于其镇静作用存在潜在的风险,所以在治疗的第一线,它并不是首要的选项。另一些药物,比如**唑吡坦**和**艾司佐匹克隆**是和苯二氮卓类药物相关的,并且是有效的睡眠药物。苦味毒的作用与苯二氮卓类药物和巴比妥类药物相反,它可以抑制GABAA受体的活性,因此可以作为间接拮抗剂。在足够高的剂量下,该药可以引起癫痫发作。

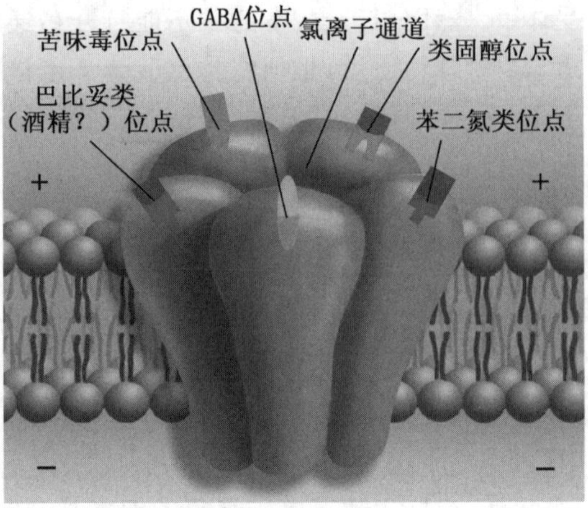


**图4.10　GABA受体**

本图标明了$GABA_A$受体的结合位点。

我们的体内通常可以产生各种类固醇激素。一些和孕酮(一种主要的妊娠激素)相关的激素可以作用于$GABA_A$受体的类固醇结合位点,产生放松、抗焦虑和镇静的作用。但是,大脑不会自己产生安定类、巴比妥类或苦味毒类的药物。这些结合位点的天然配体尚未被发现。

再摄取和破坏　**GABA转运蛋白**从突触中去除GABA。**噻加宾**是一种GABA转运体拮抗剂,可以增加GABA的可用性,并减少癫痫发作的可能性。GABA被GABA氨基转移酶分解。**氨己烯酸**可以阻断GABA氨基转移酶的活性,从而增加突触中可用的GABA的量。氨己烯酸也可以用作癫痫的治疗药物。表4.2总结了可以对谷氨酸和GABA系统起作用的一些重要药物。

**表 4.2 对谷氨酸和 GABA 系统起作用的药物**

| 药 物 | 机 制 | 效 果 |
|---|---|---|
| **谷氨酸** | | |
| PCP | 间接 NMDA 受体拮抗剂 | 学习障碍 |
| AP5 | NMDA 受体拮抗剂 | 学习障碍 |
| NMDA | NMDA 受体兴奋剂 | 在研究中被使用,用来研究其受体 |
| AMPA | AMPA 受体兴奋剂 | 在研究中被使用,用来研究其受体 |
| Kainate | Kainate 受体兴奋剂 | 在研究中被使用,用来研究其受体 |
| **GABA** | | |
| 烯丙基甘氨酸 | 抑制 GABA 合成 | 癫痫 |
| 蝇蕈醇 | GABA 受体兴奋剂 | 镇静 |
| 比枯枯灵碱 | GABA 受体拮抗剂 | 癫痫 |
| 苯二氮平类 | 间接 GABA 受体兴奋剂 | 抗焦虑、镇静、记忆障碍、肌肉松弛 |
| 巴比妥类 | 间接 GABA 受体兴奋剂 | 镇静、记忆障碍、肌肉松弛 |
| 酒 精 | 间接 GABA 受体兴奋剂(还具有其他很多机制) | 镇静、记忆障碍、肌肉松弛 |

## 乙酰胆碱

目标 4.11 概述乙酰胆碱系统的特征。

接下来我们介绍的几个神经递质系统与氨基酸神经递质系统稍有不同。为了有助于了解不同的神经递质系统,请在阅读以下部分时考虑它们的相似性和差异性。

**通路** 和遍布于整个大脑中并可以释放氨基酸神经递质的神经元不同,大多数释放乙酰胆碱的神经元位于中枢神经系统的特定位置和通路中。其中的三条通路受到了神经科学家的最大关注:源于背外侧脑桥的通路、基底前脑(或基底核)通路和内侧隔核的通路。乙酰胆碱(ACh)在脑中的释放通常可以起到促进作用。位于背外侧脑桥的乙酰胆碱能神经元在快速眼动睡眠(涉及做梦的睡眠阶段)中扮演了重要角色。位于基底前脑的乙酰胆碱能神经元激活大脑皮层并促进学习,尤其是感知学习。位于中隔内侧的乙酰胆碱能神经元控制海马的电节律并调节其功能,包括特定种类记忆的形成(见图 4.11)。

由于其在中枢和外周神经系统中的功能,ACh 是一种独特而重要的神经递质。它是外周神经系统的轴突所分泌的主要神经递质,这些轴突连接质肌肉细胞,并控制肌肉收缩。由于 ACh 是在中枢神经系统以外的一个很易于研究的地方被发现的,所以,这种神经递质是最早被发现的。

**神经递质的产生、储存和释放** 乙酰胆碱由两种前体组成:**胆碱**和**乙酰辅酶 A**。**胆碱乙酰转移酶**(choline acety/transferase, ChAT)是从前体生成乙酰胆碱所必需的(见图 4.12)。迄今为止,仍然没有研发出可与 ChAT 相互作用并增加或减少 ACh 产生的药物。那为什么人们会想要开发一种 ChAT 拮抗剂(或兴奋剂)呢?

ACh 通过**囊泡 ACh 转运蛋白**装载到囊泡中,ACh 在那里被储存,直到从突触前细胞

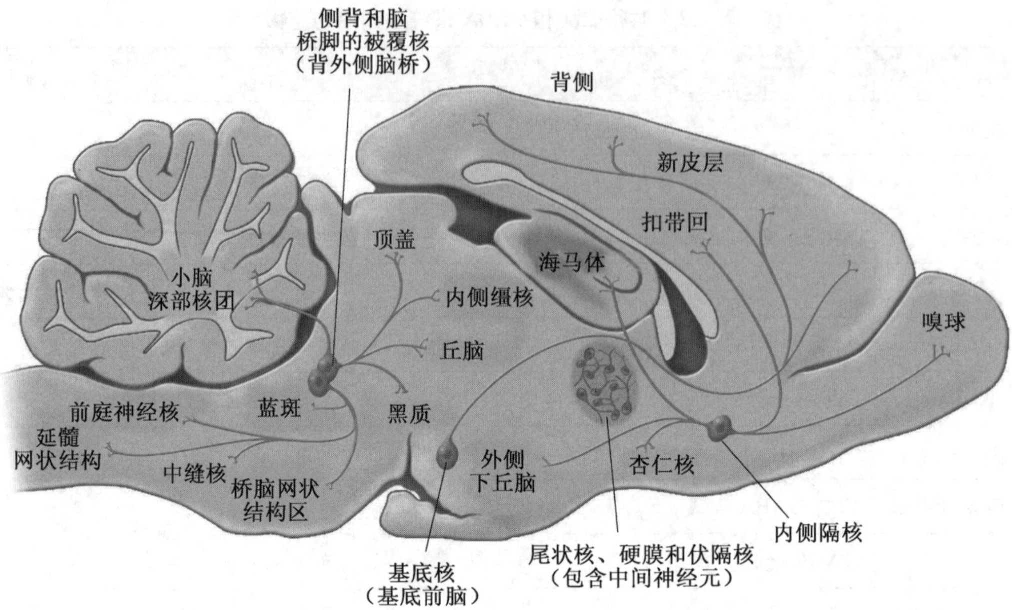


**图 4.11　大鼠脑中的乙酰胆碱能通路**

该图显示了最重要的乙酰胆碱能神经元组的位置，以及它们的轴突和终扣的分布。

资料来源：Woolf，N. J.，Cholinergic systems in mammalian brain and spinal cord，*Progress in Neurobiology*，1991，37，475—524。

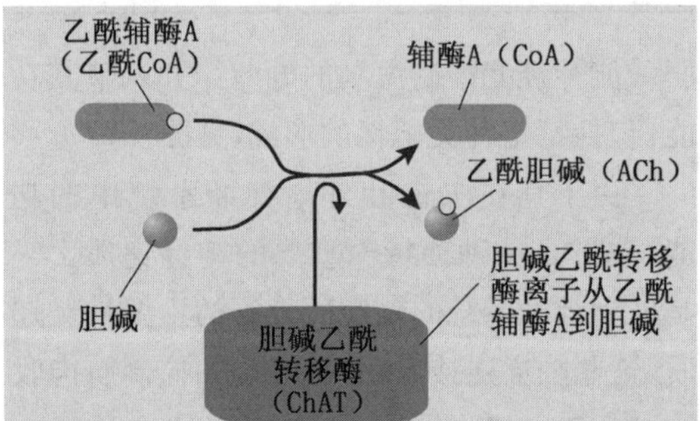


**图 4.12　乙酰胆碱的合成**

被释放。**肉毒杆菌毒素**和黑寡妇蜘蛛的毒液这两种药物会影响 ACh 的释放。肉毒杆菌毒素（又称为 Botox）由**肉毒杆菌**产生，这种细菌可以在没有恰当罐装的罐头食品中生长。这种药物可以防止 ACh 的释放。肉毒杆菌毒素是一种非常有效的毒药，因为它可能导致麻痹并导致窒息。当局部用作肌肉注射（而不是摄入并分配到整个身体）时，肉毒杆菌毒素可以实现一些人们期望的效果。当人们使用肉毒杆菌毒素治疗时，非常稀释的肉毒毒素溶液会被注射到面部肌肉中，从而阻止引起皮肤皱纹的肌肉收缩。虽然人们对肉毒杆菌的多数兴趣源于美容目的，但是肉毒杆菌毒素也可以用于治疗偏头痛和严重的肌肉收缩。由于突触前神经元的补偿作用，这些注射是暂时的，并且效果最终会消退。

相比之下，**黑寡妇蜘蛛毒液**则会产生相反的效果。它会刺激 ACh 的释放。虽然黑寡妇蜘蛛毒液的效果有时是致命的，但其毒液的毒性要比肉毒杆菌毒素低得多。事实上，对于大多数健康的成年人来说，除非被黑寡妇蜘蛛咬了好几口，不然不会出现生命危险。然而，婴儿或有并发症的人则更容易受到毒液的伤害。

**受体**　ACh 受体有两种类型：一种是离子型的，另一种是代谢型的。离子型 ACh 受体受**尼古丁**——烟草叶中发现的一种药物——刺激。代谢型 ACh 受体则可以被**毒蝇碱**——一种在**鹅膏菌毒蕈**中发现的药物——所刺激。因此，这两种 ACh 受体分别被称为**烟碱受体**和**毒蕈碱受体**。

由于外周神经系统中的肌肉纤维必须能够快速收缩，它们含有快速作用的离子型烟碱受体。由于毒蝇碱受体本质上是代谢型受体，所以它们是通过产生第二信使来控制离子通道的。故而，它们的作用比烟碱受体的作用更慢并且耗时更久。中枢神经系统中有两种 ACh 受体，但毒蕈碱受体占据了主导的地位。一些烟碱受体存在于大脑中的轴突突触处，并在那里产生了突触前促进作用。这些受体的激活可以部分解释尼古丁的强化作用。

就好像两种不同的药物可以刺激两类 ACh 受体一样，两种不同的药物也可以阻断两类 ACh 受体。第一种叫做**阿托品**的药物可以阻断毒蕈碱受体。阿托品的一个作用是减少唾液产生。这种药物有时在手术中被使用，目的是减少患者没有意识时所分泌的唾液阻塞气道的可能性。另一种叫做**箭毒**的药物可以阻断烟碱受体。因为这些受体存在于肌肉上，所以，和肉毒杆菌毒素类似，箭毒也会导致瘫痪。然而，箭毒的起效要快得多。

**再摄取和破坏** 我们在第 2 章中曾看到，ACh 从终扣被释放后，存在于突触后膜中的**乙酰胆碱酯酶**会使其失活（见图 4.13）。乙酰胆碱酯酶会将一个 ACh 分子分解成两个前体。使 AChE 失活的药物可以有多种用途。AChE 抑制剂可以用于治疗称为**重症肌无力**（myasthenia gravis）的遗传性疾病的症状。重症肌无力是由一个人的免疫系统对位于骨骼肌的 ACh 受体进行攻击所引起的。随着肌肉对神经递质的反应减弱，人的身体也会变得越来越弱。如果患者接受 AChE 抑制剂治疗，比如**新斯的明**，则该患者可以恢复一些力量，那是因为被释放的 ACh 对其余受体的作用时间延长了。

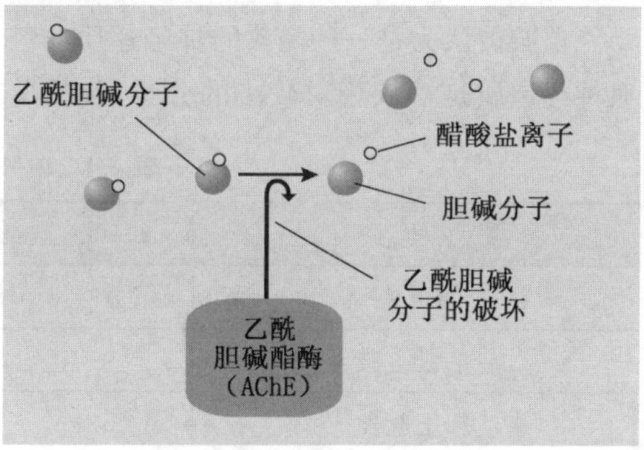


**图 4.13 乙酰胆碱酯酶对乙酰胆碱的破坏**

当乙酰胆碱被分解后，胆碱能细胞只能回收胆碱。胆碱能突触中的突触前神经元具有用于再摄取 ACh 前体的胆碱转运蛋白。**密胆碱-3** 是一种阻断胆碱转运蛋白的药物，被用作科研用途。这种药物的作用是降低 ACh 产生的速率。表 4.3 总结了对 ACh 系统起作用的一些重要药物。

**表 4.3 对乙酰胆碱系统起作用的药物**

| 药 物 | 机 制 | 效 果 |
|---|---|---|
| 肉毒杆菌毒素 | 阻止 ACh 在外周神经系统中分泌 | 阻止肌肉收缩 |
| 黑寡妇蜘蛛毒液 | 刺激 ACh 在外周神经系统中分泌 | 刺激肌肉收缩 |
| 新斯的明 | 抑制乙酰胆碱酯酶 | 增加 Ach 在受体处的效应，被用来治疗重症肌无力 |
| 尼古丁 | 离子型受体的兴奋型 | 增加注意力，强化效应 |
| 毒蝇碱 | 代谢型受体的兴奋剂 | 有毒，可以引起幻觉 |
| 箭毒 | 离子型受体的拮抗型 | 阻止肌肉收缩 |
| 阿托品 | 代谢型受体的拮抗剂 | 阻断瞳孔收缩，产生唾液 |

## 单胺

目标 4.12　概述单胺体系的关键特征。

单胺神经递质由大脑中的多个神经元系统产生。大部分这类系统由位于脑干中的数量相对较少的细胞体组成，其轴突反复分支，并产生分布于大脑许多区域的大量终扣。因此，单胺能神经元可以通过增加或减少特定脑功能的活动，来调节广泛大脑区域的功能。

单胺被认为是一种经典的神经递质。经典神经递质是一族相对较小的分子，包括单胺和乙酰胆碱。与经典神经递质相比，肽神经递质是较大的分子，并有着不同的合成过程。你将在下一部分读到更多有关肽类神经递质的内容。

**单胺**家族包括多巴胺、去甲肾上腺素、肾上腺素、血清素和组胺这五种化学物质。由于这些神经递质的分子结构相似，一些药物在一定程度上影响所有系统的活性。前三种神经递质——多巴胺、去甲肾上腺素和肾上腺素——属于一种称为**儿茶酚胺**的单胺。请你认真学习表 4.4 中的术语，因为它们将在本书的其余部分中提到。

**表 4.4　单胺神经递质的分类**

| 儿茶酚胺 | 吲哚胺 | 乙　胺 |
|---|---|---|
| 多巴胺 | 血清素 | 组　胺 |
| 去甲肾上腺素 | | |
| 肾上腺素 | | |

**多巴胺**　表 4.4 中的第一种儿茶酚胺，**多巴胺**(dopamine, DA)，根据其突触后受体的性质，可以产生兴奋性和抑制性的突触后电位。多巴胺与多种重要的功能有关，包括运动、注意力、学习以及人们倾向于滥用的药物的强化效应。第 8、9、13、16 和 18 章都有涉及多巴胺。

通路　大脑含有若干多巴胺能神经元系统，这些神经元排列在通路中，与和 ACh 相关的神经元组织类似。三种最重要的多巴胺通路位于中脑结构：黑质和腹侧被盖区。**黑质纹状体系统**的神经细胞体位于黑质中，它们的轴突投射到尾状核和壳核所在的新纹状体。新纹状体是参与运动控制的基底神经节的重要组成部分。**中脑边缘系统**神经元的细胞体位于腹侧被盖区，其轴突投影到边缘系统的几个部分，包括伏隔核、杏仁核和海马。伏隔核在某些类别的刺激(包括那些滥用药物的刺激)增强(奖励)效应中起着重要作用。**中皮层系统**的神经元细胞体也位于腹侧被盖区。它们的轴突投射到前额皮层。这些神经元对额叶皮层有兴奋作用，并影响短期记忆的形成、规划和解决问题的策略准备等功能(见图 4.14)。

当连接黑质和尾状核的多巴胺能神经元发生病变时，就会引起**帕金森病**(Parkinson's disease)。这是一种以颤抖为特征的运动障碍，症状包括四肢僵硬、平衡差、难以开始运动等。这些神经元的细胞体位于称为**黑质**的大脑区域。这个区域通常被黑色素(使皮肤变色的物质)染成黑色。这种化合物是由多巴胺的分解产生的。造成帕金森病的脑损伤最初是由病理学家发现的，他们观察到患有这种疾病的死者的黑质是苍白的而不是黑色的。

神经递质的产生、储存和释放　儿茶酚胺的合成有些复杂，但每一步都很简单。前体分子被逐步修饰，直到它最终成型。每个

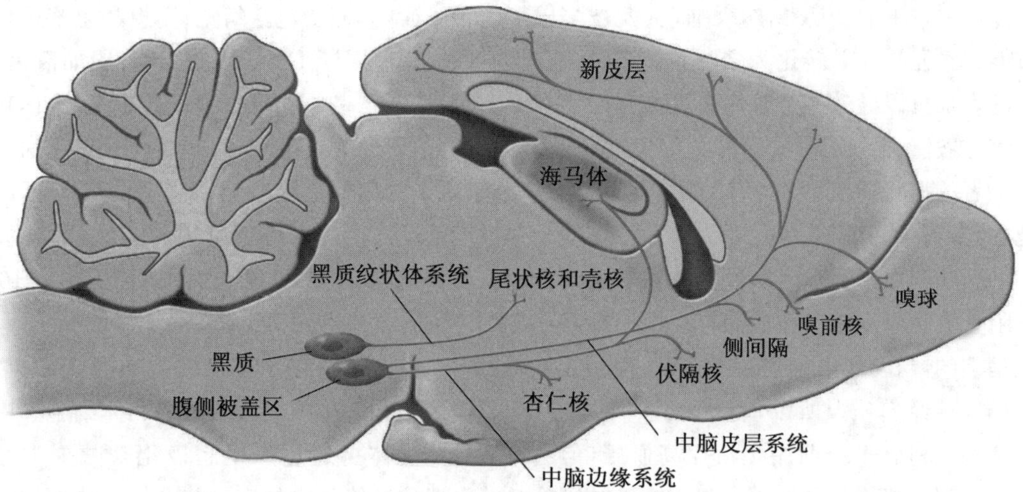


**图 4.14 大鼠脑中的多巴胺能通路**

本图显示了最重要的多巴胺能神经元组的位置以及它们的轴突和终扣的分布。

资料来源：Fuxe, K., Agnati, L.F., Kalia, M., et al., Dopaminergic systems in the brain and pituitary, in *Basic and Clinical Aspects of Neuroscience*: *The Dopaminergic System*, edited by E. Fluckinger, E.E. Muller, and M.O. Thomas, Berlin: Springer-Verlag, 1985。

步骤都由一种不同的酶所控制，这就会导致一小部分的前体分子被添加或取消。两种主要的儿茶酚胺神经递质（多巴胺和去甲肾上腺素）的前体是**酪氨酸**。酪氨酸是一种不可或缺的氨基酸，我们必须从饮食中获得。酪氨酸被**酪氨酸羟化酶**修饰并变成 **L-DOPA**（L-3, 4-dihydroxyphenylalanine）。然后，L-DOPA 通过 **DOPA 脱羧酶**的活性修饰变成多巴胺。最后，**多巴胺 β-羟化酶**将多巴胺转化为去甲肾上腺素。只有释放去甲肾上腺素的神经元含有多巴胺 β-羟化酶。然而，多巴胺和去甲肾上腺素释放神经元都含有酪氨酸羟化酶。这些反应如图 4.15 所示。

药物 **AMPT**（α-methyl-p-tyrosine）可以灭活酪氨酸羟化酶，酪氨酸羟化酶可以将酪氨酸转化为 L-DOPA。由于这种药物会干扰多巴胺（以及去甲肾上腺素）的合成，因此它可以作为儿茶酚胺拮抗剂。该药通常不用于医学，但它会被用作实验室中动物研究的一种工具。

帕金森病患者会服用 L-DOPA 药物。虽然多巴胺不能穿过血脑屏障，但是 L-DOPA

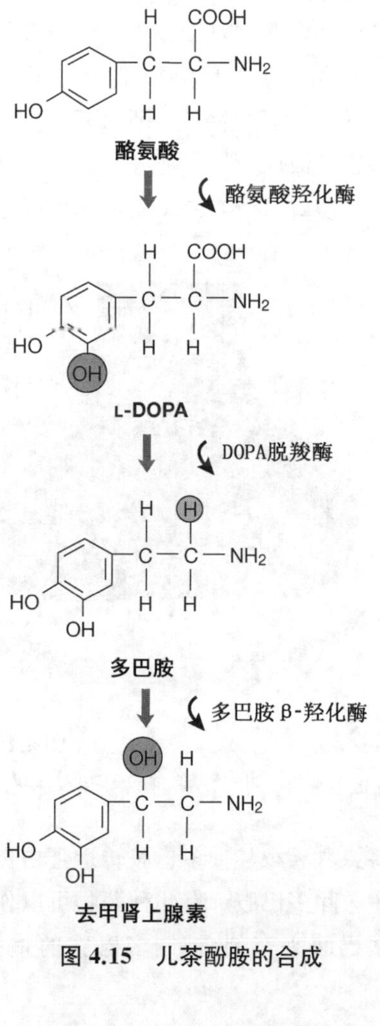


**图 4.15 儿茶酚胺的合成**

可以。一旦 L-DOPA 到达大脑,它就被多巴胺能神经元吸收并转化为多巴胺。多巴胺合成的增加可以导致帕金森病患者大脑中幸存的多巴胺能神经元释放更多的多巴胺,从而使患者的症状得到缓解(有关帕金森病的其他内容,请参阅第 15 章)。

药物**利血平**通过阻断**囊泡单胺转运蛋白**来阻止突触囊泡中单胺的储存。由于突触小泡是空的,当动作电位到达终扣时,神经元不会释放神经递质。所以,利血平是一种单胺拮抗剂。利血平以前用于治疗高血压,但会产生抑郁和镇静的副作用。现在它已被副作用较少的其他药物所取代。

受体　几种药物可以刺激或阻断特定类型的多巴胺受体。五种代谢型多巴胺受体已被鉴定并命名为 D1 D2 D3 D4 和 D5 受体。D1 和 D2 受体是最常见的。D1 和 D5 受体的刺激增加了第二信使环 AMP 的产生,而 D2、D3 和 D4 受体的刺激则降低了环 AMP 的产生。

多巴胺被认为是一种可能涉及精神分裂症的神经递质。精神分裂症是一种严重的精神障碍,其症状包括幻觉、妄想和思维过程中断。一些阻断 D2 受体的药物,比如**氯丙嗪**,可以减轻一些精神分裂的症状,比如幻觉。因此,研究人员推测,这些精神分裂症的症状(所谓的**阳性症状**)是由多巴胺能神经元的过度活动产生的。最近发现的药物(**非典型抗精神病药**)具有更复杂的作用,将在第 16 章中进行详细介绍。

自受体存在于多巴胺能神经元的树突、体细胞和终扣中。激活树突和体细胞膜中的自体受体可通过产生超极化来减少神经放电。位于终扣中的突触前自体受体抑制酪氨酸羟化酶的活性,从而减少多巴胺的产生和释放。多巴胺自体受体类似于 D2 受体,但又有一些差异。例如,药物**阿扑吗啡**是 D2 兴奋剂,但它对突触前 D2 受体的亲和力比突触后 D2 受体的亲和力大。低剂量的阿扑吗啡可以作为拮抗剂,因为它刺激突触前受体并抑制多巴胺的产生和释放。较高剂量的阿扑吗啡可以刺激突触后 D2 受体,可以作为直接兴奋剂(见图 4.16)。

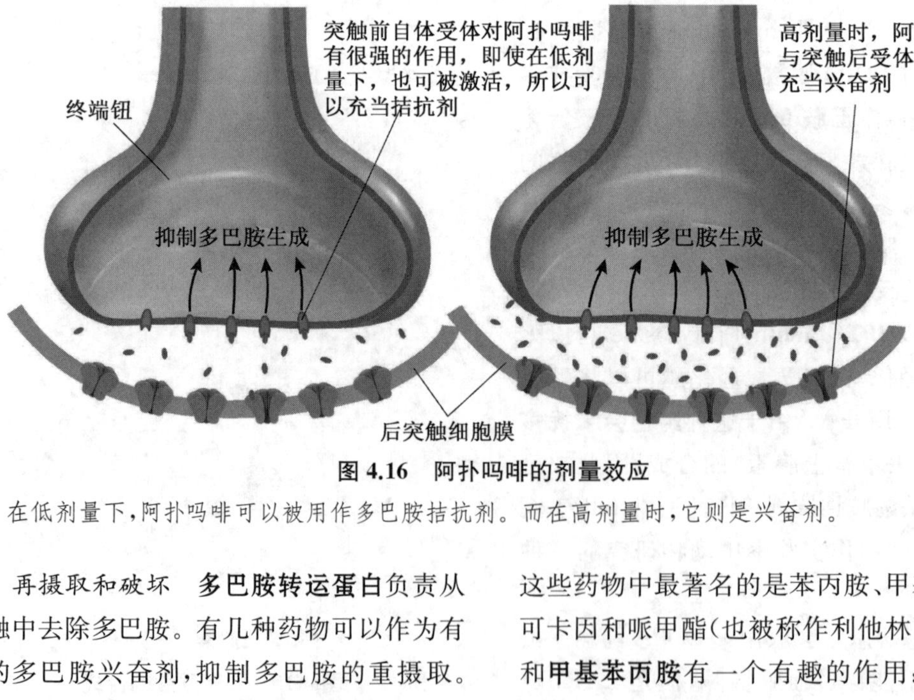


**图 4.16　阿扑吗啡的剂量效应**

在低剂量下,阿扑吗啡可以被用作多巴胺拮抗剂。而在高剂量时,它则是兴奋剂。

再摄取和破坏　**多巴胺转运蛋白**负责从突触中去除多巴胺。有几种药物可以作为有效的多巴胺兴奋剂,抑制多巴胺的重摄取。这些药物中最著名的是苯丙胺、甲基苯丙胺、可卡因和哌甲酯(也被称作利他林)。**苯丙胺**和**甲基苯丙胺**有一个有趣的作用:它们可以使神经递质的转运体反向运转，将多巴胺和去甲肾上腺素推入突触间隙而导致释放多巴胺和去甲肾上腺素。当然，这一行动也阻止这些神经递质的再摄取。**可卡因**和**哌甲酯**只是阻断多巴胺再摄取。由于可卡因也阻断电压依赖性钠通道，因此它有时用作局部麻醉剂，特别是用于眼科手术的滴眼液。哌甲酯则可以用于控制注意缺陷多动障碍(ADHD)的注意力和冲动的症状。

儿茶酚胺的破坏受到**单胺氧化酶**(monoamine oxidase，MAO)的调节。这种酶存在于单胺能的终扣中，可以破坏多余的神经递质。一种叫做**丙炔苯丙胺**的药物可以抑制存在于多巴胺能终扣中的特定形式的单胺氧化酶(MAO-B)。由于丙炔苯丙胺可防止多巴胺的破坏，所以在终扣中，更多的多巴胺可以被使用。因此，丙炔苯丙胺可用作多巴胺兴奋剂，用于治疗帕金森病的症状(见图4.17)。

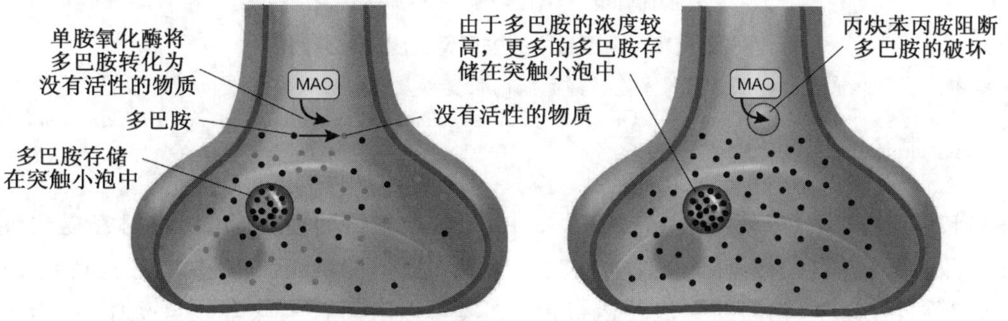


**图4.17 单胺氧化酶的作用**

本图显示了单胺氧化酶(MAO)在多巴胺能终扣中的作用，以及丙炔苯丙胺的作用。

### 去甲肾上腺素

通路 与ACh一样，**去甲肾上腺素**(norepinephrine，NE)也存在于中枢神经系统和外周神经系统中。请注意，adrenaline和**epinephrine**都是肾上腺素的意思，而noradrenaline和norepinephrine则都是去甲肾上腺素的意思。

几乎每个大脑区域都接受去甲肾上腺素能神经元的输入。大多数这些神经元的细胞体位于脑桥和延髓的七个区域和丘脑的一个区域中。最重要的去甲肾上腺素能系统细胞体位于**蓝斑**——蓝斑是背脑桥里的一个神经核。这些神经元的轴突投射到图4.18所示的区域。正如我们后面将会看到的那样，这些神经元激活的主要作用是提高警惕，从而使人可以注意环境中正在发生的事件。

神经递质的产生、储存和释放 正如图4.15中所说明的去甲肾上腺素合成途径那样，去甲肾上腺素由多巴胺β-羟化酶合成。阻断多巴胺或去甲肾上腺素合成途径中的任意步骤都会减少神经元所产生的去甲肾上腺素。阻止酪氨酸转化为L-DOPA的药物AMPT阻断了去甲肾上腺素和多巴胺的产生。

大多数经典神经递质在终扣的细胞质中合成，然后储存在新形成的突触小泡中。然而，对于去甲肾上腺素，合成的最后一步发生在囊泡本身内部。囊泡首先被多巴胺所填充，然后通过位于囊泡内的多巴胺β-羟化酶的作用将多巴胺转化为去甲肾上腺素。**镰孢菌酸**可以抑制多巴胺β-羟化酶的活性，从而阻断去甲肾上腺素的产生而不影响多巴胺的产生。镰孢菌酸有时被用于在不影响多巴胺系统的条件下研究去甲肾上腺素系统。

去甲肾上腺素可以在囊泡内或在再循环的过程中被合成。去甲肾上腺素可以通过囊

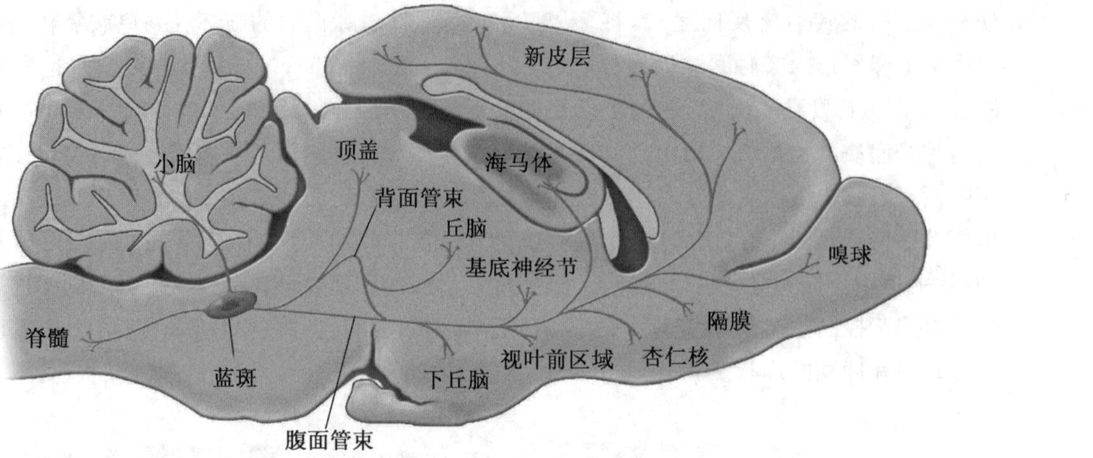


**图 4.18 大鼠脑中的去甲肾上腺素能通路**

本图显示了最重要的去甲肾上腺素能神经元组的位置以及它们的轴突和终扣的分布。

资料来源：Cotman，C.W. and McGaugh，J.L.，*Behavioral Neuroscience：An Introduction*，New York：Academic Press，1980。

泡单胺转运蛋白被装载到囊泡中。在本章关于多巴胺的部分中我们已经提到过了囊泡单胺转运蛋白，在这里，相同的囊泡转运蛋白可以被用于所有单胺系统中囊泡的填充。请记住，利血平是一种用于阻断囊泡单胺转运蛋白的药物。大多数释放去甲肾上腺素的神经元不能通过轴突分支末端的终扣来实现。相反，这些神经元通常通过**轴突膨大**轴突分支的珠状肿胀来释放它们。这些静脉曲张使儿茶酚胺能神经元的轴突分支呈现珠状链。

受体　有四种类型的**肾上腺素能**受体，**α1** 和 **α2 肾上腺素能受体**，以及 **β1** 和 **β2 肾上腺素能受体**。它们对去甲肾上腺素和肾上腺素都敏感。所有肾上腺素能受体都是代谢型的，与控制第二信使产生的 G 蛋白偶联。中枢神经系统中的神经元含有所有四种受体。所有四种受体也存在于身体的各种器官中，并且在外周神经系统为肾上腺素和去甲肾上腺素这两种激素服务。一种在研究中所使用的药物，**咪唑克生**可以阻断 α2 自受体，因此可以起到兴奋剂的作用。该药被用于研究去甲肾上腺素系统的作用。

在本章的前半部分，我们曾提到过两种对肾上腺素能受体起作用的药物。育亨宾可以阻断肾上腺素能自受体，从而导致焦虑，提高心率和血压。相反，可乐定在去甲肾上腺素自受体中起到兴奋剂的作用，降低该系统的活性并降低心率和血压。在大脑中，所有肾上腺素能自受体似乎都是 α2 型的。

再摄取和破坏　**去甲肾上腺素转运蛋白**负责从突触中去除过量的去甲肾上腺素。单胺氧化酶 A(MAO-A)使去甲肾上腺素失活。药物**吗氯贝胺**专门阻断 MAO-A，从而起到去甲肾上腺素能兴奋剂的作用。莫克贝胺和其他 MAO 抑制剂有时被用于治疗抑郁症的症状，但它们可能导致副作用。较新的单胺增强药物，如选择性 5-羟色胺、去甲肾上腺素和多巴胺再摄取抑制剂则可阻断转运蛋白，并在抑郁症治疗中替代大部分的 MAO 抑制剂。

**5-羟色胺**

通路　第三种单胺类神经递质 **5-羟色胺**(5-HT 或 5-hydroxytryptamine)也受到了很多实验的关注。其行为效应很复杂。5-羟色胺可以在情绪调节中起到作用，也可以控制进食、睡眠和唤醒，并可以调节疼痛感。5-羟色胺能神经元也参与了对梦境的控制。

5-羟色胺能神经元的细胞体存在于九个集群中，其中大多数位于中脑、脑桥和髓质的中缝核中。和去甲肾上腺素一样，5-HT不在终扣释放，而是通过轴突膨大来释放。两个最重要的5-羟色胺能细胞体簇位于背中和中缝中核，我们接下来的讨论将围绕这两个集群展开。**中缝**(raphe)一词的意思是"接缝"或"折痕"，意味着大部分中缝核位于脑干中线"接缝"附近。背侧和正中中缝核的轴突都投射到大脑皮层。此外，背侧中缝神经元可以支配基底神经节，而正中中缝神经则支配齿状回——海马体结构内的一部分(见图4.19)。

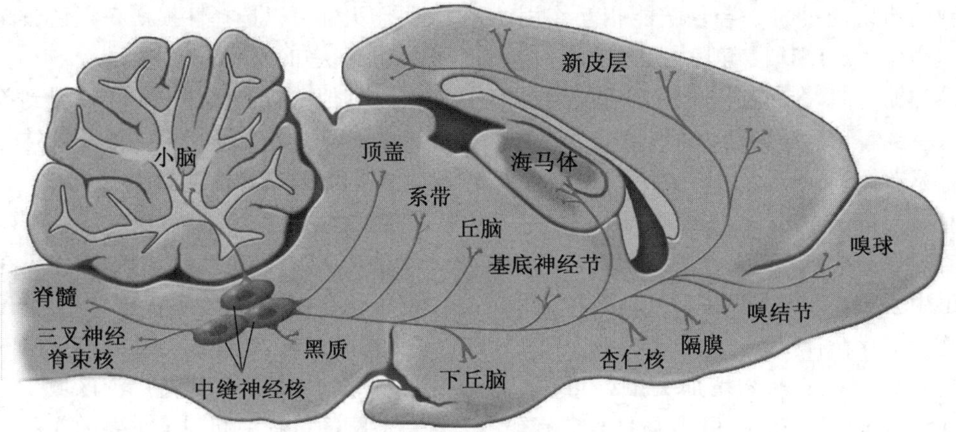


**图4.19 大鼠脑中的5-羟色胺能通路**

本图显示了最重要的5-羟色胺能神经元组的位置以及它们的轴突和终扣的分布。

资料来源：Consolazione, A. and Cuello, A.C., CNS serotonin pathways, pp.29—61, in *Biology of Serotonergic Transmission*, edited by N.N.Osborne, Chichester: England: Wiley & Sons, 1982。

*神经递质的生产、储存和释放*　5-羟色胺的前体是氨基酸**色氨酸**。酶**色氨酸羟化酶**作用于色氨酸，产生5-羟色氨酸(5-HTP)。**5-HTP脱羧酶**将5-HTP转化为5-羟色胺(见图4.20)。药物**PCPA**(对氯苯丙氨酸)可以阻断色氨酸羟化酶的活性，从而起到5-羟色胺能拮抗剂的作用。与本章描述的其他单胺类似，5-羟色胺通过囊泡单胺转运蛋白加载到囊泡中并在动作电位后被释放。

*受体*　研究人员已经确定了至少9种不同类型的血清素受体：5-$HT_{1A\text{-}1B}$，5-$HT_{1D\text{-}1F}$，5-$HT_{2A\text{-}2C}$和5-$HT_3$。其中，5-$HT_{1B}$和5-$HT_{1D}$受体作为突触前自受体。在背侧和中间中缝核中，5-$HT_{1A}$受体作为树突和胞体膜中的自受体。除了5-$HT_3$受体是离子型的以外，所

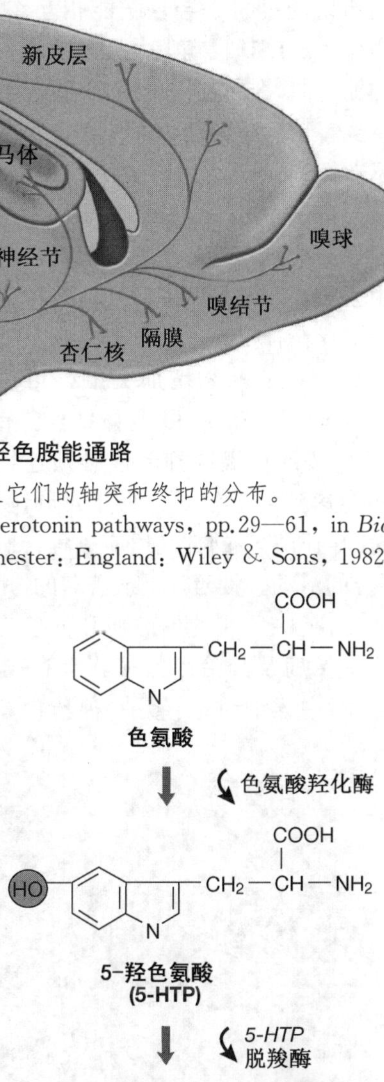


**图4.20 5-羟色胺的合成**

有其他的 5-HT 受体都是代谢型的。$5\text{-HT}_3$ 受体控制氯通道，这意味着它产生抑制性突触后电位。这些受体似乎在恶心和呕吐中起到作用，因为诸如**昂丹司琼**的 $5\text{-HT}_3$ 拮抗剂可用于减少化疗和放疗在癌症治疗中产生的副作用。

有些药物可以选择性地与其他 5-HT 受体结合。例如，**丁螺环酮**是一种 $5\text{-HT}_{1A}$ 的部分兴奋剂，可以被用于治疗焦虑和抑郁症状。几种致幻药物通过与 5-羟色胺能相互作用，从而产生作用。**LSD**（麦角酰二乙胺）会引起视觉感知的扭曲，令有些人着迷，但也会使另一些人感到害怕。这种药物即使在极小的剂量下都是有效的，是前脑中突触后 $5\text{-HT}_{2A}$ 受体的直接兴奋剂。

*再摄取和破坏* **5-羟色胺转运蛋白**负责从突触中去除 5-HT。抑制 5-羟色胺再摄取的药物在治疗精神疾病方面已经占据了非常重要的地位。这些药物增加突触处可用的 5-羟色胺，从而可以和 5-HT 受体结合。有趣的是，5-羟色胺的再摄取抑制剂必须连续几周给药才能达到治疗效果。研究人员认为，在这段时间内所发生的神经适应过程会影响 5-HT 系统的活动。**氟西汀**是最著名的，用于治疗抑郁症、某些形式的焦虑症和强迫症的药物。这些疾病及其治疗方法将会在第 16 章和第 17 章中详细讨论。另一种药物**氟苯丙胺**可以导致 5-羟色胺释放并抑制其再摄取，曾经被当作用食欲抑制剂来治疗肥胖症。在第 12 章中我们将具体讨论肥胖及其如何通过药物对其进行治疗。

**MDMA**（methylenedioxymethamphetamine，亚甲二氧基甲基苯丙胺，或称摇头丸）可以与去甲肾上腺素和 5-HT 转运蛋白结合，导致它们逆向运动，释放这些神经递质并抑制它们的再摄取，导致兴奋性和致幻效应。研究表明摇头丸可以选择性损伤 5-羟色胺能神经元并引起认知缺陷。

与其他单胺类似，5-HT 可以受到单胺氧化酶的破坏。正如你已经看到的那样，单胺氧化酶抑制剂具有抗抑郁作用。

**组胺**

*通路* 组胺能神经元的细胞体仅在大脑中的一处存在：**结节乳头状核**，位于下丘脑后部（见图 4.21）。组胺能神经元将它们的轴突延伸到大脑皮层和脑干的广泛区域。**组胺**在保持清醒的过程中起到了重要的作用。事实上，组胺能神经元的活动与睡眠和觉醒状态密切相关，而阻断组胺受体（也称为**抗组胺药**）的药物可以引起嗜睡。如果你曾服用含有普通抗组胺药苯海拉明的非处方睡眠药物来治疗过敏或失眠症状的话，那你可能已经体验过这种效果了。

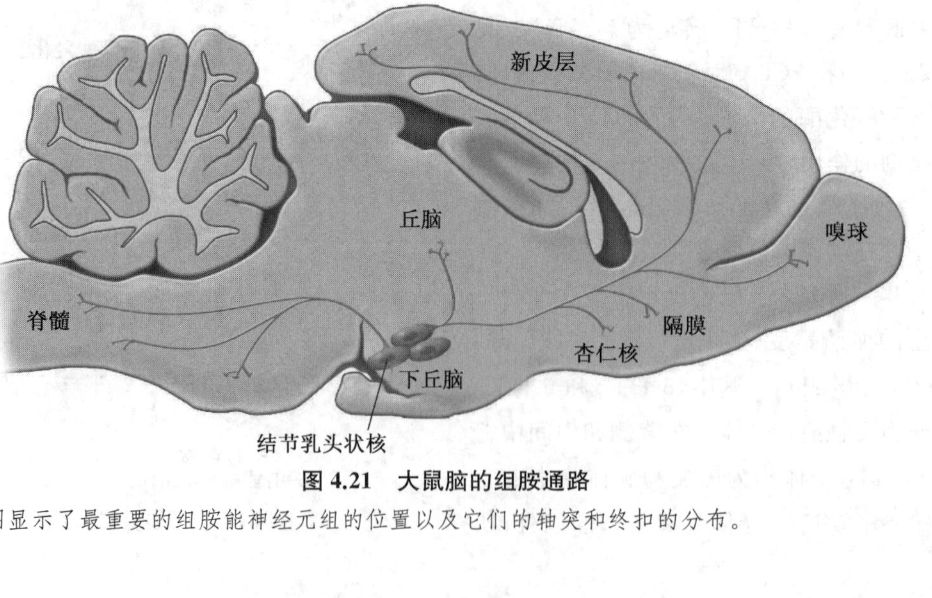


**图 4.21 大鼠脑的组胺通路**

本图显示了最重要的组胺能神经元组的位置以及它们的轴突和终扣的分布。

**神经递质的产生、储存和释放** 组氨是通过**组氨酸脱羧酶**的作用从氨基酸前体**组氨酸**产生的。像其他单胺一样，它储存在囊泡中并在动作电位后被释放。

**受体** 中枢神经系统中含有H1、H2、H3和H4受体。新型治疗过敏的药物的抗组胺剂不能穿过血脑屏障，因此它们对大脑没有直接影响。相反，许多非处方的安眠药则含有**苯海拉明**，目的是穿越血脑屏障从而产生困倦感。在第9章中，我们将详细介绍组胺系统及其在睡眠中的作用。表4.5总结了一些对单胺系统起作用的重要药物。

**表4.5 采用单胺系统的药物**

| 药 物 | 机 制 | 效 果 |
|---|---|---|
| **多巴胺** | | |
| L-Dopa | 多巴胺前体 | 增强多巴胺的效应，治疗帕金森病的症状 |
| AMPT | 阻断酪氨酸羟化酶 | 在研究中使用 |
| 阿扑吗啡 | D2拮抗剂 | 在研究中使用 |
| 哌甲酯 | 阻断多巴胺再摄取 | 刺激物，治疗多动缺陷和注意障碍 |
| 可卡因 | 阻断多巴胺再摄取 | 刺激物，强化作用 |
| 氯丙嗪 | D2受体拮抗剂 | 治疗精神分裂症的阳性症状 |
| **去甲肾上腺素** | | |
| 咪唑克生 | α2自受体拮抗剂 | 在研究中使用，可以治疗抑郁症 |
| **5-羟色胺** | | |
| PCPA | 阻断酪氨酸羟化酶 | 在研究中使用 |
| 氟西汀 | 阻断5-羟色胺再摄取 | 治疗抑郁症的症状 |
| 氟苯丙胺 | 阻断5-羟色胺再摄取，引起5-羟色胺被释放 | 食欲抑制剂，现在医生已经不再开具这种处方了 |
| MDMA | 阻断5-羟色胺再摄取，引起5-羟色胺被释放 | 被滥用的药物 |
| **组 胺** | | |
| 苯海拉明 | 阻断组胺受体 | 镇静 |
| **多系统** | | |
| 利血平 | 阻断单胺在囊泡中的存储 | 镇静，导致抑郁 |
| AMPT | 阻断酪氨酸羟化酶 | 在研究中使用 |
| 吗氯贝胺 | MAO抑制剂 | 治疗抑郁症状 |
| 丙炔苯丙胺 | MAO抑制剂 | 治疗帕金森病 |

## 肽类

目标4.13 对比肽类神经递质和其他经典神经递质的特征。

除了氨基酸和经典神经递质之外，中枢神经系统的神经元还会释放大量肽类神经递质。与经典神经递质相反，肽类神经递质由两个或更多的氨基酸通过肽键连接在一起组成。

**神经递质生成、储存和释放** 到目前为止，已经被研究过的所有肽类神经递质都是由前体分子产生的。这些前体是由大分子多肽通过特殊的酶分解成的较小的神经递质分子。神经元制造多肽神经递质，并在正确的位置生成可以将它们分开的酶。多肽神经递质的某些部分被保留，而其余部分则被破坏。因为肽的合成发生在体细胞中，所以含有这些化学物质的囊泡必须通过轴浆运输递送到终扣。

正如我们在第 2 章中所看到的那样，许多终扣都包含两种不同类型的突触小泡，每种突触小泡都可以被不同的物质所填充。这些终扣会同时释放经典神经递质和多肽神经递质。同时释放这两种不同的神经递质的一个原因在于，这样可以调节突触前或突触后受体对神经递质的敏感性。大脑中所产生的许多肽类神经递质具有有趣的行为效应，这将在随后的章节中讨论。

肽可以从终扣的各个位置被释放，而不仅仅是从活动区被释放。所以，只有一部分的神经递质分子被释放到突触间隙中。其余的可能会作用于属于附近其他细胞的受体。一旦被释放，肽就会被酶所破坏。与迄今为止提到过的其他神经递质不同，肽类神经递质没有再摄取和再循环的机制。

神经元可以释放几种不同的肽类神经递质。尽管大多数肽似乎可以充当神经调质，但也有不少可以起到神经递质的作用。最有名的肽类神经递质之一是**内源性阿片**。研究表明，阿片类药物(**阿片**、**吗啡**、**海洛因**和**羟考酮**等药物)可以减轻疼痛，因为它们对大脑有直接影响。

**受体**　虽然诸如阿片之类的阿片类药物已经被使用了几个世纪，但阿片类药物的受体直到 20 世纪 70 年代才被发现。当时并没有人知道何为内源性阿片。在发现阿片受体后不久，其他神经科学家发现了这些受体的天然配体，**脑啡肽**。我们现在知道，脑啡肽仅仅是内源性阿片样物质家族的两个成员，所有这些配体都是由三种作为前体的大肽类神经递质中的一种所合成的。另外，我们还知道至少有三种不同类型的阿片受体：$\mu$、$\delta$ 和 $\kappa$。

当阿片受体被刺激时，几种不同的神经系统会被激活。一种效应就是镇痛作用。另一种效应则是抑制物种所特定的防御反应，如逃避和隐藏。此外，有一种效果是刺激参与强化作用(“奖励”)的神经系统。最后一个效应解释了为什么阿片制剂经常被滥用。导致神经元分泌内源性阿片的原因将在第 7 章中讨论。第 18 章将会讨论阿片类药物成瘾的脑机制。

到目前为止，药理学家仅仅开发出两种通过阿片类药物来影响神经传导的药物：直接兴奋剂和拮抗剂。许多合成阿片制剂，包括海洛因、**美沙酮**和羟考酮已经被开发了出来，其中有些在临床上被用作镇痛剂。此外，几种阿片受体的拮抗剂也被开发了出来。比如**烯丙羟吗啡酮**(naloxone 或 Narcan)，在临床上被用于逆转阿片剂中毒或过量。这种药物拯救了许多本来会死于阿片剂过量的人的生命。

## 脂质

目标 4.14　概述脂质神经递质系统的特征。

衍生自脂质的各种物质可被用于在细胞内或细胞之间传递信息。其中最有名也可能是最重要的一种就是**内源性大麻素**，它是大麻中活性成分生理效应受体的天然配体。Matsuda 等(1990)发现 **THC**(四氢大麻酚，大麻的活性成分)可以刺激位于大脑特定区域的大麻素受体。

THC 可以产生镇痛和镇静作用，刺激食欲，减少用于治疗癌症的药物引起的恶心，缓解哮喘发作，降低青光眼患者眼内压力，并减少某些运动障碍症状。但另一方面，THC 也可以干扰注意力的集中和记忆、改变视觉和听觉、并扭曲对时间流逝的感觉。THC可以从自然中被生产(由大麻植物产生),也可以通过合成制造(例如街头药物Spice或K2,或**屈大麻酚**作为处方药)。

Devane等人(1992)发现了THC受体的第一个天然配体。它是一种脂质样物质,被命名为**大麻素**(anandamide)。这个词来自梵语ananda(极乐)。在发现大麻素几年之后,Mechoulam等(1995)发现了另一种内源性大麻素,花生酰基甘油(2-arachidonyl glycerol, 2-AG)。

**神经递质生成、储存和释放** 脂质神经递质,如大麻素,似乎是按需合成的。也就是说,它们根据需要生产和释放,但并不储存在突触囊泡中。你知道为什么基于脂质的囊泡膜内很难被脂质神经递质所填充么?

**受体** 至今为止,科学家已经发现了两种大麻素的受体,$CB_1$和$CB_2$。这两种类型的大麻素受体都是代谢型的。除THC外,科学家还发现了几种影响内源性大麻素作用的药物。例如,$CB_1$受体可以被药物**利莫那班**阻断。

$CB_1$受体存在于谷氨酸能、GABA能、乙酰胆碱能、去甲肾上腺素能、多巴胺能和5-羟色胺能神经元的终扣上,它们可以作为突触前的异源受体从而调节神经递质的释放(Iversen, 2003)。被激活时,受体可以打开终扣中的钾通道,缩短动作电位的持续时间,并减少神经递质的释放量。当神经元释放大麻素时,化学物质向各个方向扩散大约20 $\mu m$的距离,其效果可以持续数十秒。使用大麻所导致的短期记忆障碍似乎是由THC对海马体$CB_1$受体的作用所引起的。内源性大麻素似乎在阿片类物质的强化作用中发挥重要作用。这种强化作用是一种靶向的突变,可以阻断$CB_1$受体,从而可以消除吗啡的强化作用,但并不能抑制可卡因、苯丙胺或尼古丁的强化效应(Cossu et al., 2001)。大麻素的这些影响将在第18章中进一步讨论。Agarwal等人(2007)发现THC可以通过刺激外周神经系统中的$CB_1$受体,从而发挥其镇痛作用。此外,常用的非处方止痛剂对乙酰氨基酚,在许多国家称为扑热息痛)也作用于这些受体。一旦进入血液后,对乙酰氨基酚就会被转化为另一种化合物,然后与花生四烯酸(大麻素的前体)相结合。该化合物与外周$CB_1$受体结合并激活它们,从而减轻疼痛感。由于该化合物无法通过血脑屏障,因此不会产生类似于THC的效果。$CB_1$拮抗剂的给药则可以完全阻断对乙酰氨基酚的镇痛作用(Bertolini et al., 2006)。

**再摄取和破坏** 大麻素可以被脂肪酸酰胺水解酶(fatty acid amide hydrolase, FAAH)所失活,脂肪酸酰胺水解酶存在于分泌二酰胺的神经元中。因为这种酶在那里被发现,所以大麻素的分子还必须被转运回这些神经元中,这是由大麻素的转运蛋白完成的。另一种药物MAFP则可以抑制脂肪酸酰胺水解酶作为大麻素兴奋剂。另外,大麻素的再摄取可以受到药物AM1172的抑制。

总之,我们仅仅回顾了迄今为止发现的许多神经递质系统中的一部分。这些系统与你在本书其余部分中遇到的许多行为最为相关。除了这些系统之外,还有核苷(如腺苷),可用作神经调质。你将在第9章中阅读到更多有关腺苷的内容。最近,研究人员发现神经元至少使用了两种简单的可溶性气体(一氧化氮和一氧化碳)来相互沟通。正如你将在第13章中看到的那样,一氧化氮可能在建立由学习产生的神经变化中发挥作用。表4.6总结了对肽和脂质神经递质系统起作用的一些重要药物。

表 4.6 作用于肽和脂质神经递质系统的药物

| 药　物 | 机　制 | 效　果 |
|---|---|---|
| **肽　类** | | |
| 阿　片 | 阿片受体兴奋剂 | 止痛、镇静、强化 |
| 烯丙羟吗啡酮 | 阿片拮抗剂 | 治疗阿片过量 |
| **脂质类** | | |
| THC | 大麻成分受体的兴奋剂 | 增强食欲、止痛、认知效应 |
| 利莫那班 | 大麻成分受体的拮抗剂 | 抑制食欲、用于戒烟 |
| MAFP | 抑制 FAAH | 研究中使用。增加大麻成分的活性 |
| AM1172 | 阻断大麻成分的再摄取 | 研究中使用。增加大麻成分的活性 |

# 本节回顾

## 神经递质和神经调质

目标 4.10　比较不同氨基酸神经递质系统的特征。

谷氨酸通过囊泡谷氨酸转运蛋白被包装成囊泡，可以和 AMPA、NMDA、Kainate 和代谢型谷氨酸受体相结合，被谷氨酰胺合成酶代谢，并通过兴奋性氨基酸转运蛋白转运入突触前细胞。GABA 可以通过囊泡 GABA 转运蛋白被包装成囊泡，结合多种 GABA 受体(包括 $GABA_A$ 受体)，被 GABA 氨基转移酶代谢，并被 GABA 转运蛋白转运到突触前细胞。

目标 4.11　概述乙酰胆碱系统的特征。

乙酰胆碱神经元在大脑中存在三条通路。乙酰胆碱由胆碱乙酰转移酶合成。它通过囊泡 ACh 转运蛋白包装成囊泡，与烟碱和毒蕈碱受体结合，被乙酰胆碱酯酶代谢，其前体通过胆碱转运蛋白转运到突触前细胞中。

目标 4.12　概述单胺体系的关键特征。

单胺是经典的神经递质，包括多巴胺、去甲肾上腺素、肾上腺素、5-羟色胺和组胺。每个系统中的神经元都可以组织成中枢神经系统的特定通路。单胺由氨基酸前体合成，通过囊泡单胺转运蛋白装载到囊泡中，并在动作电位后被释放。单胺与各种离子和代谢型受体结合。单胺被单胺氧化酶之类的酶所代谢。诸如多巴胺转运蛋白、去甲肾上腺素转运蛋白和 5-羟色胺转运蛋白之类的再摄取转运蛋白则可从突触中去除单胺。

目标 4.13　对比肽类神经递质和其他经典神经递质的特征。

虽然经典神经递质是由相对较小的氨基酸前体合成的，但肽神经递质由大分子多肽合成。肽和经典神经递质均储存在囊泡中，并可在动作电位后被共同释放。肽类神经递质可以用作神经递质或神经调质来调节受体对共同释放的经典神经递质的敏感性。

目标 4.14　概述脂质神经递质系统的特征。

脂质神经递质根据需要合成，所以并不储存在囊泡中。内源性大麻素可以与 $CB_1$ 和 $CB_2$ 受体结合。大麻素在突触前神经元内被 FAAH 酶失活，大麻素转运蛋白负责将大麻素再摄取至突触前细胞。

## 思考题

疾病控制和预防中心(CDC)一直在追踪阿片类药物过量的案例。最近报告显示女性使用阿片过量的人数大幅增加。CDC 目前正在调查导致这种变化的因素。急性阿片类药物过量的有效治疗是施用纳洛酮,一种有效的阿片类拮抗剂。为你的校园健康中心写一份简短的备忘录,说明纳洛酮如何发挥作用,从而扭转阿片类药物的作用,并就该药物是否应该储存在药店或你的校园健康中心,给出你的建议。

## 本章回顾问题

1. 描述给药途径和药物在体内的分布。
2. 描述药物有效性、重复给药的效果和安慰剂效应。
3. 描述药物对神经递质和突触前和突触后受体的影响。
4. 回顾神经递质和神经调质的一般作用。
5. 回顾可以释放氨基酸神经递质的神经元的作用,并描述影响这些神经元的药物。
6. 描述大脑中的乙酰胆碱能通路和影响这些神经元的药物。
7. 描述大脑中的单胺能通路和影响这些神经元的药物。
8. 描述肽和脂质神经递质的作用。

# 第 5 章

# 研究方法与研究策略

## 本章概要

**实验消融** 126
评估脑损伤的行为效应 126
制造脑损伤 127
立体定向手术 128
组织学方法 130
跟踪神经连接 132
研究活体人脑的结构 137
**记录和刺激神经活动** 141
记录神经活动 141
记录大脑的新陈代谢和突触活动 143
刺激神经活动 146
**神经化学方法** 149
寻找产生特定神经化学物质的神经元 149
特异性受体定位 151
测量大脑中分泌的化学物质 152
**遗传方法** 154
双胞胎研究 154
领养研究 154
基因组研究 155
靶突变 155
反义寡核苷酸 156

## 学习目标

目标 5.1 解释研究人员可以从涉及脑损伤的研究中学到什么。
目标 5.2 比较产生脑损伤的各种方法。
目标 5.3 描述立体定向手术的过程。
目标 5.4 总结组织学方法的一般步骤。
目标 5.5 区分跟踪传出和传入轴突的技术。
目标 5.6 对比研究活体人脑结构的方法。
目标 5.7 使用微电极、大电极和脑磁图比较记录神经活动。
目标 5.8 比较放射自显影、即刻早期基因染色、正电子发射断层扫描和功能性磁共振成像可以揭示的代谢和突触活动的类型。
目标 5.9 比较电刺激和化学神经刺激、光遗传学方法和经颅磁刺激。
目标 5.10 描述研究人员如何识别产生特定神经化学物质的神经元。
目标 5.11 比较放射自显影和免疫细胞化学

定位的特定受体。

目标5.12 回顾使用微透析测量大脑化学物质的步骤。

目标5.13 描述双胞胎一致率如何被用来评估遗传因素对行为的影响。

目标5.14 评估收养研究在调查遗传因素对行为的影响中的作用。

目标5.15 识别利用人类基因组知识来理解行为的技术的例子。

目标5.16 总结靶突变如何被用来揭示遗传因素对行为的影响。

目标5.17 描述反义寡核苷酸如何改变行为。

书籍和纪录片记录了一个经典案例——1982年夏天，在加利福尼亚州北部的神经病学诊所一些年轻人开始出现严重症状(Langston et al., 1983)。受影响最严重的患者几乎完全瘫痪。他们无法说话，不停地流口水，眼睛瞪得大大的。其他受影响不那么严重的人，走得很慢，很慢，而且非常困难。这些症状看起来像帕金森病的症状，但这种紊乱有一个非常缓慢的开始。此外，它很少发生在中年晚期之前，病人都是二十多岁或三十出头。

连接这些患者的共同因素是静脉注射毒品；他们都使用了合成阿片制剂。一些侦查工作表明这种非法药物被MPTP污染，MPTP是一种有毒化学物质，可以破坏多巴胺能神经元并引起患者的神经症状。因为与帕金森病相似，所以患者被给予一种多巴胺前体药物L-DOPA治疗，并且症状都有了明显改善。不幸的是，改善是暂时的；之后，这种药物失去了效力。

两名MPTP患者前往瑞典接受含有多巴胺分泌神经元的胎儿组织移植。该组织被移植到尾状核和壳核中，希望来自该组织的新神经元能够存活下来，并产生多巴胺，减少患者正在经历的帕金森病样症状。

在移植手术前，一名患者接受了放射性L-DOPA注射。一小时后，他被推进一个放着一台PET扫描仪小房间里面。他的头被放置在扫描仪中，接下来的几分钟，机器从他大脑里的L-DOPA破裂后所释放出的亚原子粒子中收集数据。这些数据揭示了多巴胺系统受损的程度和部位。

几周后，患者被送往医院接受手术。技术人员从几个胎儿大脑的黑质中取出多巴胺能神经元，准备植入患者的大脑。患者被麻醉，外科医生在他的头皮上开了口，露出部分头骨。外科医生将立体定向装置的框架连接到患者的头骨上，进行了一些测量，然后钻了几个孔。他使用立体定向装置指导胎儿神经元注射到患者的尾状核和壳核中。注射完成后，外科医生取下立体定位框并缝合他在头皮上制作的切口。

手术非常成功；病人恢复了大部分的运动控制。一年多后，他再次注射了放射性L-DOPA，而他的头部又被放置在PET扫描仪中。第二次扫描的结果显示他的恢复意味着：移植的细胞存活了下来，并分泌多巴胺。你可以在本章的图5.27中查看他的PET扫描结果。

尽管意外给药给这组患者造成了破坏性影响，但MPTP现在被认为是帕金森病研究中的重要研究工具。其神经毒性使MPTP成为制造多巴胺系统选择性化学损伤和制造帕金森病症状的理想候选。研究人员现在依靠实验动物的MPTP模型来测试新治疗方法的有效性。

本案例重点介绍了本章探讨的几个重要的方法论概念。化学损伤、PET扫描成像和立体定向手术都是研究人员使用的重要方法

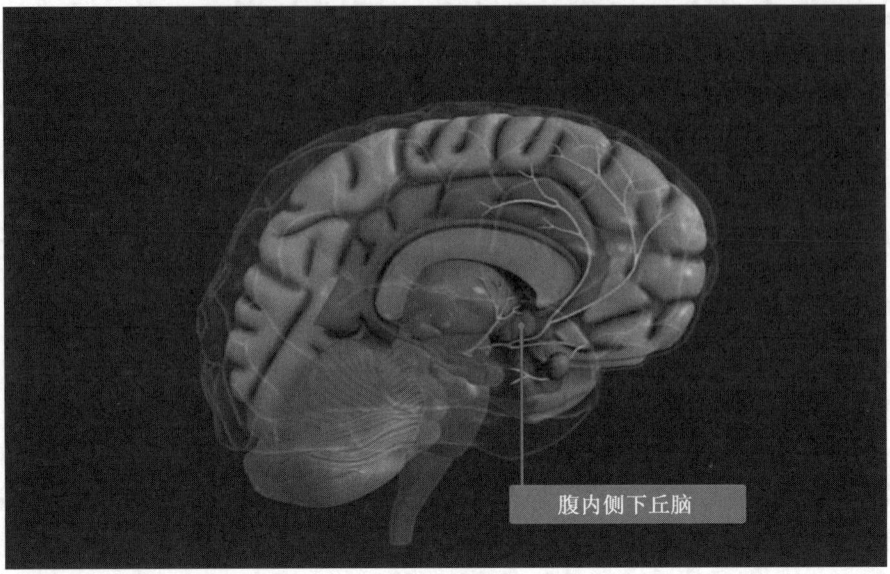


此图展示了腹内侧下丘脑。借助本章将介绍的诸多技术，研究者已揭示了重要的传入和传出神经通路，它们连接起产生行为所必要的大脑结构。

工具，因为他们试图更好地了解神经系统的结构和功能，并开发有效的疾病治疗方法。

行为神经科学研究涉及许多学科科学家的努力，包括生理学、神经解剖学、生物化学、心理学、内分泌学和组织学。开展行为神经科学的研究项目需要许多实验技术的能力。由于不同的程序可能会产生相互矛盾的结果，调查人员必须熟悉所使用方法的优点和局限性。研究人员经常会得到一个令人费解的答案，后来他们才意识到，他们提出的并不是他们自以为在问的问题。正如我们将要看到的，关于行为神经科学的最佳结论不是通过任何一个实验得出的，而是通过一系列研究项目得出的，这些研究项目使我们能够用不同的方法比较研究结果。

行为神经科学的研究人员可以使用大量的研究方法，这些方法可能会让人感到困惑。如果这些方法列在一长串列表中，读者可能会迷失或失去兴趣。相反，我们将介绍一些最重要和最常用的程序，按共性排列。这样，读者就可以更容易地看到各种研究方法提供的信息类型，并了解它们的优缺点。它也将允许我们描述研究人员在通过设计和执行另一个实验来跟踪一个实验结果时所采用的策略。

本章的第一部分以各种实验消融方法开始。第二部分研究了研究人员如何刺激和记录神经活动。然后第三和第四部分分别检查神经化学和遗传方法。

## 实验消融

研究大脑功能的一种重要研究方法是破坏大脑的一部分，并评估动物随后的行为。这种方法称为**实验消融**。在大多数情况下，实验消融并不涉及切除脑组织；相反，研究人员会破坏一些组织，破坏其功能，并将其留在原位。实验消融是神经科学中最古老的方法。

### 评估脑损伤的行为效应

目标 5.1　解释研究人员可以从涉及脑损伤的研究中学到什么。

**病变**是伤口或损伤，破坏大脑部分的研究人员通常将损伤称为**脑损伤**。其中部分大脑受损并且随后观察到个体行为的实验称为

**损伤研究**。目的性脑损伤在动物模型中进行；然而，自然发生的病变的行为结果，例如由意外伤害或中风引起的病变，也可以在人类研究参与者中进行研究。病变研究的基本原理是，大脑区域的功能可以从个体在该区域受损后不再能够执行的行为中推断出来。例如，如果在部分大脑被摧毁后，动物不能再执行需要视力的任务，我们可以得出结论，动物无法看见，并且受损区域在视觉中起一定作用。

我们可以从病变研究中学到什么？目标是发现大脑不同区域执行的功能，然后了解这些功能如何组合以完成特定行为。大脑功能和行为之间的区别是重要的。大脑内的神经回路执行功能，而不是行为。没有一个大脑区域或神经回路对行为负责；每个区域执行一个有助于执行行为的功能（或一组功能）。例如，阅读行为涉及控制眼球运动，聚焦眼睛的晶状体，感知和识别单词和字母，理解单词的含义等所需的功能。其中一些功能也参与其他行为；例如，任何涉及观看的任务都需要控制眼球运动和聚焦，并且用于理解单词含义的大脑机制也参与理解语音。研究人员的任务是了解执行特定行为所需的功能，并确定大脑中哪些神经回路负责这些功能。

由于大脑的所有区域都是相互关联的，所以病变研究的解释变得复杂。假设我们对执行特定行为所需的功能有很好的理解。我们发现损坏一种特定脑结构会损害特定的行为。我们是否必须得出结论，这种行为必不可少的功能是由位于这一特定结构中的神经回路执行的？不幸的是，我们做不到。我们感兴趣的功能实际上可以由位于大脑其他地方的神经回路执行。一个结构的损坏可能仅干扰不同结构中的神经回路的正常操作。

## 制造脑损伤

目标 5.2　比较产生脑损伤的各种方法。

如何通过实验产生脑损伤？通常情况下，研究人员会想要阻止隐藏在大脑深处的区域的活动。大脑皮层下区域（位于皮层下的区域）的损伤通常是电流通入一根除了顶端以外都被绝缘层覆盖的不锈钢线产生的。然后用精确坐标引导导线到达大脑中精确位置的目的地。研究人员启动一个损伤制造装置，产生射频电流——一种非常高频率的交流电。电流通过脑组织时会产生热量，杀死电极顶端周围区域的细胞。

通过这些手段产生的损伤会破坏电极尖端附近的一切，包括神经细胞体和穿过该区域的神经元轴突。产生脑损伤的更具选择性的方法是使用兴奋性氨基酸，例如**红藻氨酸**，通过刺激神经元使其死亡来杀死它们。以这种方式产生的损伤被称为**兴奋毒性损伤**。当一个兴奋性氨基酸通过套管（一个小金属管）注入大脑区域时，该化学物质会破坏附近的神经细胞体，但会使属于不同神经元的轴突遗留在附近（见图 5.1）。这种选择性使研究人员能够确定，破坏大脑结构的行为效应是由位于那里的神经元的死亡还是由于附近通过的轴突的破坏引起的。例如，一些研究人员发现脑干特定区域的射频病变消除了快速眼动睡眠；因此，他们认为这个区域参与了这个睡眠阶段的产生（快速眼动睡眠是产生梦境的睡眠阶段。你将在第 9 章了解更多有关这个主题的内容）。但后来的研究表明，当使用红藻氨酸破坏位于那里的神经元时，动物的睡眠不会受到影响。因此，射频损伤必须通过破坏穿过该区域的轴突来改变睡眠。

甚至有更具体的方法来锁定和杀死特定类型的神经元。例如，分子生物学家已经设计了将皂草素（一种有毒蛋白质）和抗体结合在一起的方法，这种抗体与仅在大脑某些类型的中性粒子上发现的特定蛋白质结合。抗体靶向这些蛋白质，并且皂草素杀死蛋白质附着的细胞。

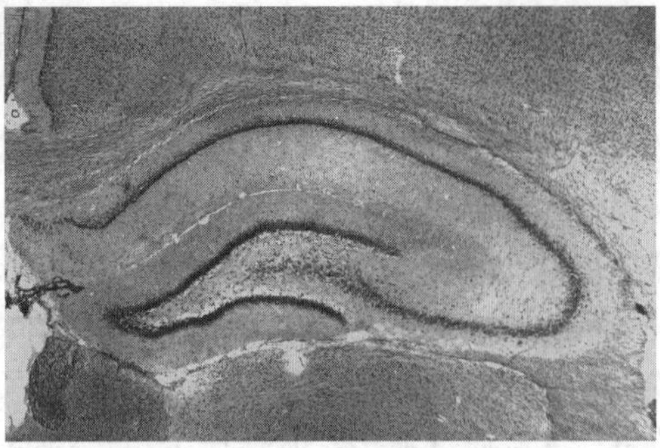

(a)

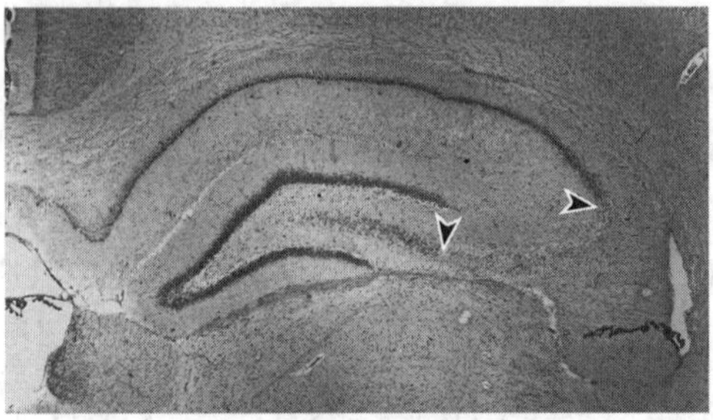

(b)

**图 5.1 兴奋性毒性病变**

(a)大鼠大脑海马体的完整切片。(b)海马体兴奋性氨基酸输注引起的损伤。箭头表示神经元被破坏的区域的两端。

资料来源：Benno Roozendaal，University of California，Irvine。

值得注意的是，当使用射频电流通过电极或通过套管注入化学物质而产生皮层下损伤时，总会对脑造成额外的损伤。当电极或套管穿过大脑到达目的地时，即使在打开病变制造工具或开始输注之前，也不可避免地造成少量损伤。因此，我们不能简单地比较脑损伤动物的行为与未接受操作的对照组动物的行为；病变上方大脑区域的偶然损伤可能才是我们看到的一些行为缺陷的原因。

为了控制这一点，研究人员通常在病变研究中使用另外一组动物并产生假性病变。为此，研究人员麻醉每只动物，插入电极或插管，并将其降低到适当的深度。换句话说，除了制造真的病变或开始输液外，他们会尽一切努力来产生病变。这组动物作为对照组；如果具有脑损伤的动物的行为与假手术对照组动物的行为不同，我们可以得出结论，损伤导致行为缺陷（假性病变的作用与安慰剂在药理学研究中的作用相同）。

大多数时候，研究者会制造永久性脑损伤，但有时候暂时破坏大脑特定区域的活动是有利的。最简单的方法是将局部麻醉剂或一种名为蝇蕈醇的药物注入适当的部位。麻醉剂阻断轴突进入或离开该区域的动作电位，从而有效地产生暂时性病变（通常称为可逆性脑损伤）。蝇蕈醇是一种刺激 GABA 受体的药物，通过抑制位于那里的神经元使大脑区域失活（你也许还记得 GABA 是大脑中一种重要的抑制性神经递质）。另一种技术，光遗传，也可用于暂时抑制或在某些情况下刺激大脑区域。你将在本章后面阅读有关此主题的更多信息。

## 立体定向手术

目标 5.3 描述立体定向手术的过程。

研究人员如何将电极或插管放到动物大脑深处的精确位置？答案是**立体定向手术**。立体定向是指在空间中定位物体的能力。立体定向装置包括一个保持动物头部在标准位置的支架和一个在所有三个空间轴上通过测量距离移动电极或套管的臂。然而，要进行立体定向手术，首先必须研究立体定向图谱。

**立体定向图谱** **立体定向图谱**是包含对应于在前囟喙端和尾端的不同距离处拍摄的大脑额叶部分的图像的书籍、网站或软件。头骨由几块骨头组成，这些骨头一起生长并形成缝线（接缝）。婴儿的头部在称为囟门的额状和矢状缝线的交界处有一个柔软的点。一旦这个裂缝闭合以后，这个交界处被称为**前囟**，来自希腊语，意思是“头部前方”。没有两个特定物种的动物大脑是完全相同的，但是个体之间有足够的相似性来预测特定脑结构相对于头部外部特征的位置。我们也可以在大鼠的头骨上找到前囟，并且以它为方便的参考点。例如，图 5.2 中显示的页面是一个大脑切片的图，其中包含我们感兴趣的大脑结构(以红色显示)。如果我们想将线的尖端放在这个结构中(一束)被称为穹窿的轴突，我们将不得不在其上方的头骨上钻一个洞。立体定位图谱的每个图像根据前囟喙端或尾端的距离进行标记。每幅图像上的网格表示脑结构在颅骨顶部和中线侧面的距离。为了将导线的尖端放置在穹窿中，研究人员将在目标上方钻一个孔，然后通过孔放下电极，直到尖端处于相对于前囟头骨高度的正确深度。因此，通过在立体定位图谱的一个图像上找到神经结构(从头骨外部看不到)，研究人员可以确定结构相对于前囟的位置(可以从头骨外部看到)。请注意，由于不同品系和动物年龄的变种，图谱只给出了一个大致的位置。研究人员可能需要尝试一组新的坐标，使用组织学方法验证病变位置，必要时更正数字，然后再次尝试(组织学方法包括切片和染色组织，稍后描述)。

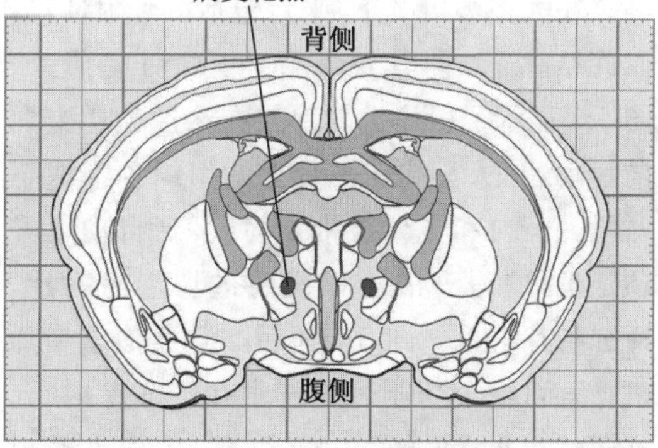


**图 5.2　立体定位图谱**

这张来自大鼠大脑立体定位图谱的样本页显示了红色的目标(穹窿)。为了清楚起见，标签已经被去掉了。

资料来源：Swanson，L. W.，*Brain Maps：Stucture of the Rat Brain*，NewYork：Elsevier，1992。

**立体定位器**　**立体定位器**是一种装置，包括头部固定装置，使动物的颅骨保持在正确的方向，电极或套管的固定装置，和一个校准的机构，使电极/套管固定装置沿三个轴的测量距离移动：前后，背腹和侧向。图 5.3 为小动物设计的立体定位器。立体定位器的大小可以按比例放大或缩小，以用于不同的物种。

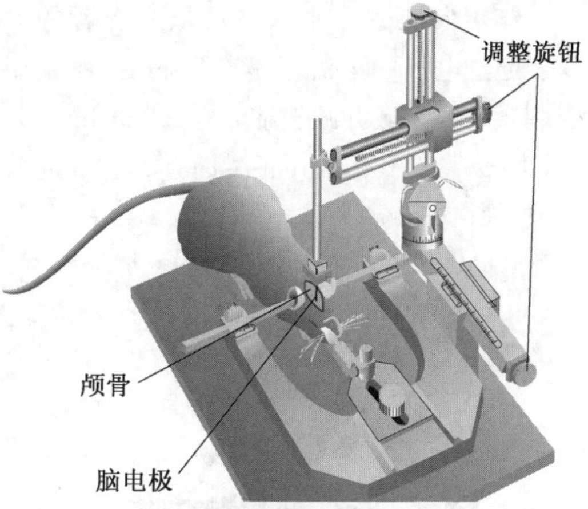


**图 5.3　用于大鼠的脑部手术的立体定向装置**

一旦研究人员从立体定位图谱中获得坐标，他就会麻醉动物，将其置于仪器中，并将头皮切开。研究人员将找到前囟，在立体定位装置上拨上适当的数字，在头骨上钻一个洞，然后将装置下降到大脑中正确的数量。现在，插管或电极的尖端是研究人员想要的位置，并且他准备好产生病变。

立体定向手术可用于除病变产生之外的目的。放置在大脑中的电线可用于刺激神经元并摧毁神经元，并可注射刺激神经元或阻断特定受体的药物。研究人员可以按照本章稍后将介绍的程序永久性地连接插管或导线。在所有情况下，一旦手术完成，将头皮切口缝合在一起，并将动物从立体定位装置中取出并使其从麻醉剂中恢复。

顺便说一下，也有为人类制造的立体定位装置。有时神经外科医生会制造皮质下病变——例如，为了减轻帕金森病的症状，这是

第15章中你将会了解到的一种治疗方法。通常，外科医生使用多个标志并确认插入其中的导线(或其他装置)的位置。在造成脑损伤之前进行脑部扫描或记录该区域中神经元的活动来进行脑部检查。**深部脑刺激**是另一种需要使用立体定向装置的手术。深部脑刺激用于治疗慢性疼痛、运动障碍(包括帕金森病)、癫痫、抑郁症和强迫症。深部脑刺激利用立体定向装置将永久电极植入患者的大脑。通过电极的电流不是产生病变，而是用于刺激大脑区域并减轻症状(Holtzheimer & Mayberg, 2011a; Sarem-Aslani & Mullett, 2011)。(见图5.4)

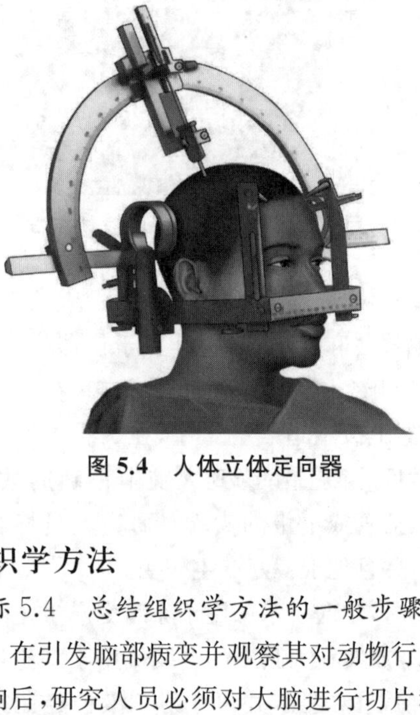

**图 5.4 人体立体定向器**

## 组织学方法

目标 5.4 总结组织学方法的一般步骤。

在引发脑部病变并观察其对动物行为的影响后，研究人员必须对大脑进行切片和染色，以便他们可以在显微镜下观察病变的位置。脑部病变可能会错过标记，因此研究人员必须在测试动物行为后验证脑损伤的准确位置。要做到这一点，组织学家(这些技术的专家)必须修复、切片、染色和检查大脑。这些程序一起被称为**组织学方法**(histological method，前缀“histo-”指身体组织)。

**固定和切片** 为了研究脑组织，必须将其从自溶酶中保存下来(自溶性意味着“自我溶解”)，否则会破坏组织，使其无法被研究。还必须保存组织以防止细菌或霉菌分解。为了实现这两个目标，将神经组织置于**固定剂**中。最常用的固定剂是**福尔马林**——甲醛水溶液。福尔马林交联蛋白质，强化非常柔软和脆弱的脑组织，并杀死任何可能破坏它的微生物。

大脑在固定之前(即，放入固定液)通常是被灌注了的。组织**灌注**需要去除血液并用另一种液体替代。动物的大脑会被灌注，因为当组织中没有血液时，可以获得更好的组织学反应。用过量的全身麻醉剂对大脑被用于研究的动物进行人道安乐死。从血管中取出血液并用稀盐溶液代替。最后，将稀释的固定剂溶液泵送通过组织，将脑从颅骨中取出并置于填充有固定剂的容器中。一旦大脑被固定，就必须将其切成薄片并染色各种细胞结构，以便看到解剖细节。用切片机或低温恒温器进行切片。

**切片机**包含三个部分：刀，在其上安装组织的平台，以及在每个切片之后使刀(或平台)前进正确量的机构，以便可以切割另一部分。在大多数情况下，平台包括一个附件，可以冻结大脑，使其足够硬，可以切成薄片。图5.5显示了切片机。刀架在涂油轨道上向前滑动，并从安装在平台上的组织顶部取下一段。当刀和支架被推回时，平台自动上升预定量，使得刀的下一次前进切下另一片。**冷冻切片机**也如图5.5所示。它类似于切片机；然而，整个切割过程发生在冷冻箱内，允许切片在非常低的温度下切割。在某些情况下，研究人员可能需要使用未固定的组织快速工作；在那种情况下，低温恒温器可能是首选工具。切割组织后，将切片连接到玻璃显微镜载玻片上。然后，研究人员可以通过将整个载玻片放入各种化学溶液中来染色组织。最后，用少量透明液体覆盖染色的部分，称为

**封固剂**，并放置上非常薄的玻璃盖玻片。安装介质将盖玻片保持在适当位置。

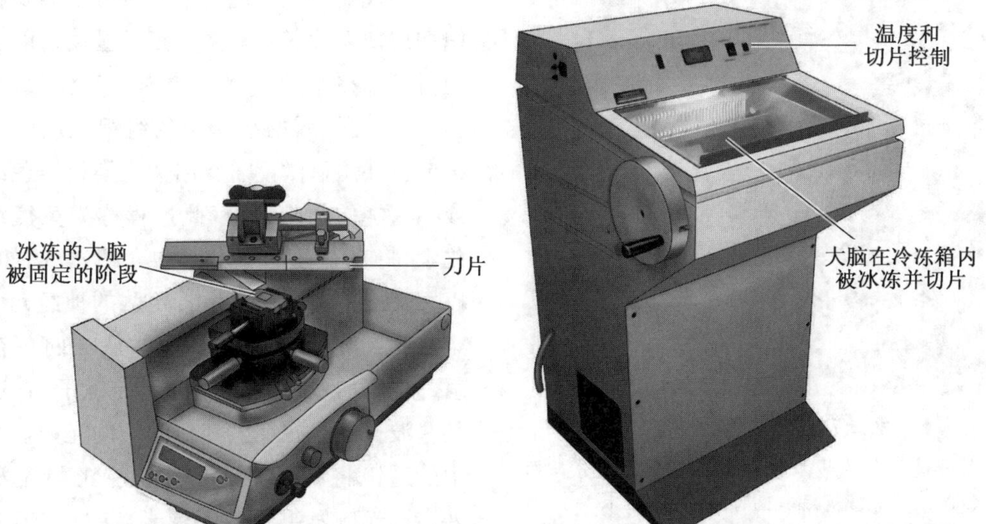


切片机　　冷冻切片机

**图 5.5　切片机和低温恒温器**

**染色**　如果你在光学显微镜下观察未染色的脑组织部分，你将能够看到一些大细胞团的轮廓和更突出的纤维束。但是，没有显示出任何细节。因此，微观神经解剖学的研究需要特殊的组织学染色。研究人员开发了许多不同的染色剂来识别细胞内外的特定物质。为了验证脑部病变的位置，许多研究人员使用最简单的染色剂之一是细胞体染色剂。

**亚甲蓝**和**甲酚紫**是两种染色脑组织细胞体的染色剂。在细胞内吸收染色剂的物质，称为尼氏体，由位于细胞核中的 RNA、DNA 和相关蛋白组成，并以颗粒形式散布在细胞质中。图 5.6 显示了用甲酚紫染色的大脑的正面部分。请注意，你可以通过较浅的外观观察纤维束；它们不会吸收染色剂。染色剂对神经细胞体没有选择性；所有细胞都被染色，神经元和胶质细胞都一样。由研究者决定哪种细胞类型的大小、形状和位置。

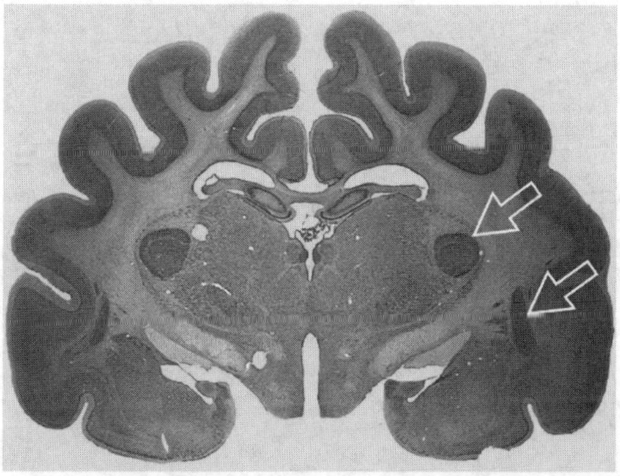

**图 5.6　甲酚紫染色正面切片**

这部分被甲酚紫染色，这是一种细胞体染色。箭头指向细胞核或一组细胞体。

资料来源：Mary Carlson。

**电子显微镜**　虽然许多研究人员使用光学显微镜来检查染色组织，但光学显微镜在显示极小细节方面的能力有限。为了看清非常小的解剖结构如突触小泡和细胞器细节，研究人员必须使用**透射电子显微镜**。一束电子通过待检查组织的薄切片，电子束在荧光屏上投射组织的阴影，可以将其拍摄或扫描到计算机中。以这种方式产生的电子显微照片可以提供几十纳米量级的结构细节的信息（见图 5.7）。

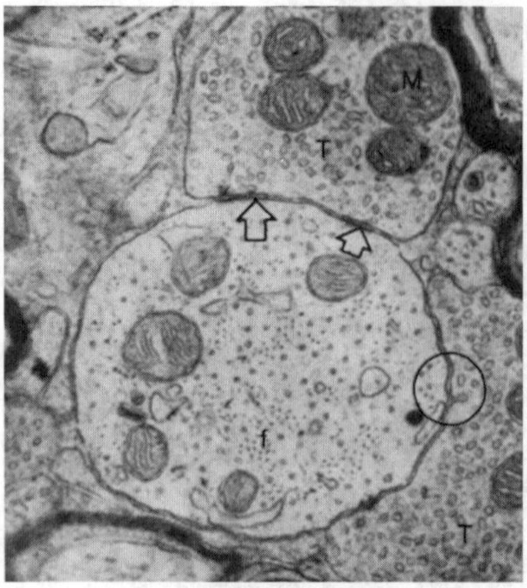


**图 5.7 电子显微照片**

电子显微照片显示了轴树突突触的部分。两个突触区域用箭头表示，圆圈表示相邻末端按钮的胞饮区，推测代表囊膜的循环。T=终扣；f=微丝；M=线粒体。

资料来源：Rockel, A. J. and Jones, E. G., Observations on the fine structure of the central nucleus of the inferior colliculus of the cat, *Journal of Comparative Neurology*, 1973, 147, 61—92。经许可转载。

**扫描电子显微镜**的放大率比标准透射电子显微镜小些，将电子束透射通过组织。但是，它以三维方式显示对象。显微镜用移动的电子束扫描组织。来自光束反射的信息由检测器接收，计算机生成非常详细的三维视图(见图 5.8)。

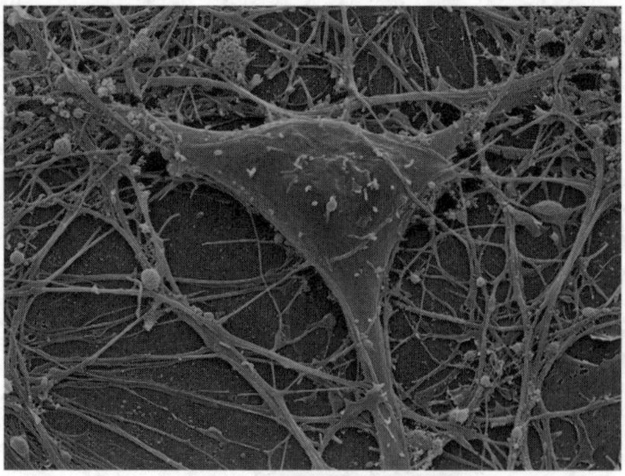

**图 5.8 扫描电子显微镜图像**

这是扫描电子显微镜下神经元和神经胶质的图像。

**共焦激光扫描显微镜**

常规显微镜或透射电子显微镜需要将组织切成薄切片。**共焦激光扫描显微镜**的出现使得可以在组织的厚部分内，甚至在组织培养物中、在暴露的活脑中的组织上层中看到细节。共焦显微镜需要用荧光染料染色细胞或感兴趣的细胞部分(此过程称为**免疫细胞化学**，将在本章的下一节中介绍)。例如，可以用荧光染料标记产生特定肽的神经元。特定波长的光束由激光产生并从二向色镜反射——二向色镜是一种特殊的镜子，它透射某些波长的光并反射其他波长的光。显微镜中的透镜将激光聚焦在组织中的特定深度处。该光触发组织中的荧光，穿过透镜并通过二向色镜传输到针孔。这个光圈阻挡了外来光线。通过光圈的光由探测器测量。两个移动的镜子使激光扫描组织，这为计算机提供了样品内位于特定深度内的一片组织的图像信息。如果在移动孔的位置的同时进行多次扫描，则可以获得一系列的组织切片图像，还可以用于活组织。

图 5.9 说明使用共焦显微镜检查大鼠下丘脑中的两个细胞群。已经使用分子遗传方法将基因插入动物的 DNA 中，该基因在下丘脑的某些神经元中产生荧光蛋白染料。

## 跟踪神经连接

目标 5.5 区分跟踪传出和传入轴突的技术。

让我们假设我们对负责生殖行为的神经机制感兴趣。首先，我们想研究雌性大鼠性行为的生理学。我们通过阅读科学期刊上发表的其他研究人员的实验报告得到一些提示，对两组雌鼠进行了立体定向手术。我们对实验组大鼠下丘脑腹内侧核(VMH)做了损伤手术，并对对照组的大鼠进行了假手术。在几天的恢复和发情周期的接受日之后，我们将雌鼠与雄鼠放在一起。对照组的雌鼠接

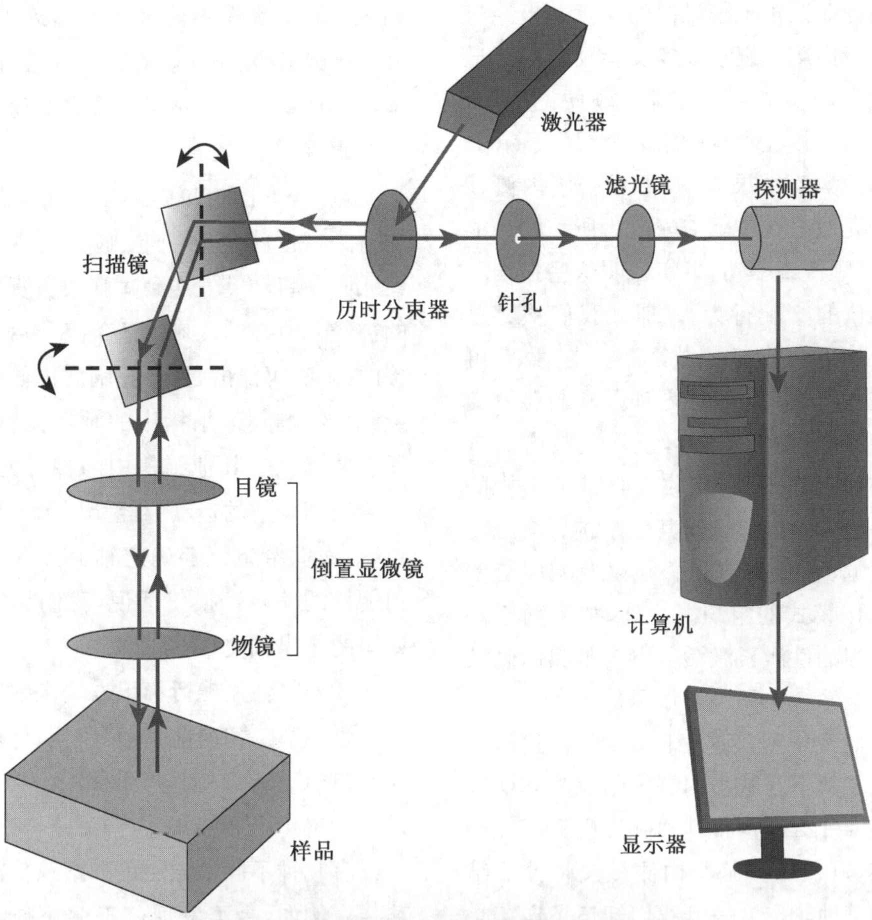


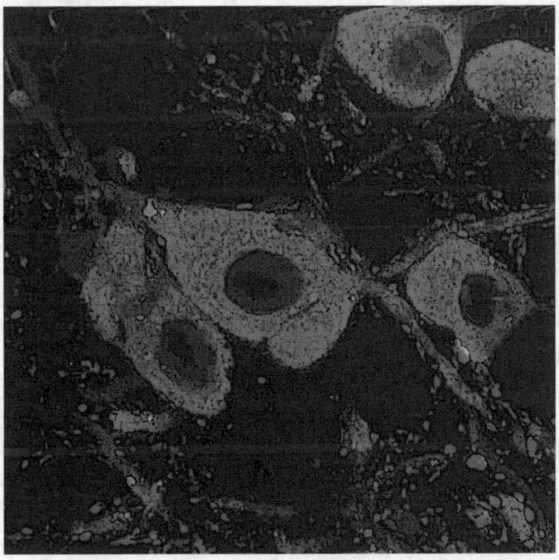

**图 5.9　共焦显微镜与图像**

(a)这张简化的示意图显示了激光扫描共聚焦显微镜。(b)大鼠下丘脑神经递质 GABA(红色)染色终扣和神经递质催产素(绿色)染色细胞体共焦显微镜图像。

资料来源:Dr. William E. Armstrong。

受雄鼠求爱，然后交配。然而，有下丘脑腹内侧核损伤的雌鼠拒绝了雄鼠的注意并拒绝与之交配。我们用组织学证实实验动物的下丘脑腹内侧核确实遭到了破坏。顺便说一句，下丘脑腹内侧核在本章的第一个图中显示。

我们的实验结果表明，下丘脑腹内侧核中的神经元似乎在雌鼠交配行为所需的功能中起作用(顺便说一句，事实证明这些损伤不会影响雄鼠的交配行为)。那么我们从哪里开始呢？你下一步怎么做？事实上，我们可以探寻许多问题。一个问题涉及参与雌鼠交配行为的大脑结构。当然，下丘脑腹内侧核并不是单独运作的；它接收来自其他结构的输入并将信号输出发送给其他结构。交配需要整合视觉、触觉和嗅觉感知以及响应交配对象的动作模式的组织。此外，整个网络需要通过适当的性激素激活。下丘脑腹内侧核在这个复杂系统中的确切作用是什么？

在我们希望回答这个问题之前，我们必须更多地了解下丘脑腹内侧核与大脑其他部分的联系。什么结构将其轴突发送到下丘脑腹内侧核，以及下丘脑腹内侧核又将什么结构发送到其他轴突？一旦我们知道了连接是什么，我们就可以研究这些结构的作用以及它们相互作用的性质(见图 5.10)。

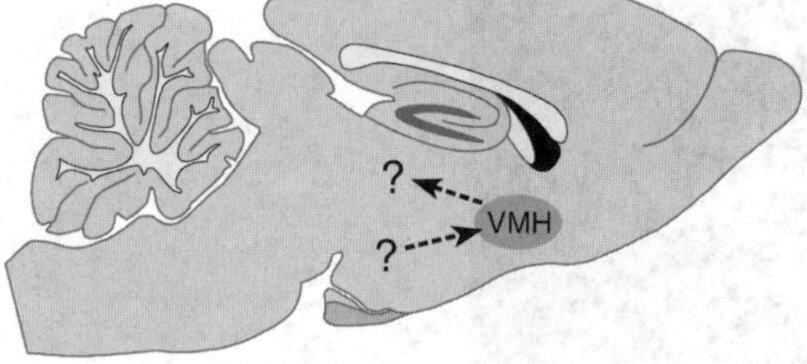


**图 5.10 跟踪神经回路**

一旦我们知道一个特定的大脑区域涉及一个特定的功能，我们可能会问什么样的结构为该区域提供输入，什么样的结构从该区域接收输出。

我们如何研究下丘脑腹内侧核的连接？这个问题无法通过染色所有神经元的组织学程序来解决，例如细胞体染色。如果我们仔细观察通过这些方法制备的大脑，我们会看到该区域有大量神经元。但是近年来，研究人员已经开发出非常精确的方法，使特定的神经元从所有其他神经元中脱颖而出。

**跟踪传出轴突**

最终，下丘脑腹内侧核一定会影响人们的行为。也就是说，下丘脑腹内侧核中的神经元必须将轴突发送到大脑中负责肌肉运动的神经元所在的区域。这条路径可能不是直接的；更有可能的是，下丘脑腹内侧核中的神经元会影响其他结构中的神经元，这些神经元会持续影响其他结构中的神经元，直到最终刺激到合适的运动神经元。为了发现这个系统，我们希望能够确定轴突离开下丘脑腹内侧核的路径。换句话说，我们想跟踪这个结构的传出轴突(图 5.10)。

我们将使用**顺行标记**方法来跟踪这些轴突(顺行意味着“向前移动”)。顺行标记方法使用被树突或细胞体吸收的化学物质，然后通过轴突传递到终扣。

有几种不同的方法可以跟踪传出轴突的路径。例如，为了发现位于下丘脑腹内侧核内的神经元的传出轴突的目的地，可以使用立体定向装置将微量的 **PHA-L**(在芸豆中发现的蛋白质)注入下丘脑腹内侧核中。PHA-L 的分子由树突吸收并通过体细胞运输到轴突，在那里它们通过快速轴浆运输到终扣。最终细胞充满 PHA-L。图 5.14 说明了这个过程。在对动物实施安乐死，切片并将切片安装在显微镜载玻片上后，使用特殊的**免疫细胞化学方法**(如下所述)使 PHA-L 分子可见，并在显微镜下检查载玻片。图 5.11 显示了 PHA-L 进入下丘脑腹内侧核如何用于识别投射到导水管周围灰质(PAG)的传出轴突。PAG 包含一些标记的轴突和终扣(金色)，这证明了一些下丘脑腹内侧核的传出轴突终止于 PAG。

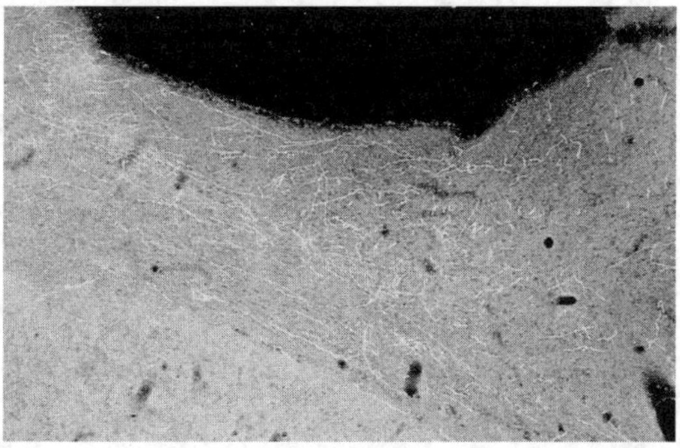

**图 5.11 顺行跟踪方法**

PHA-L 被注射到下丘脑腹内侧核，在那里树突携带并通过细胞的轴突到达它们的终扣。该部分显示了在导水管周围灰质标记轴突和终扣。

资料来源：Kirsten Nielsen Ricciardi and Jeffrey Blaustein，University of Massachusetts Amherst。

**免疫细胞化学方法**利用免疫反应。身体的免疫系统能够产生针对抗原的抗体。**抗原**是蛋白质（或肽），例如在细菌或病毒表面上发现的蛋白质。**抗体**也是蛋白质，由白细胞产生以破坏入侵的微生物。抗体由白细胞分泌或位于其表面，就像神经递质受体位于神经元表面一样。当存在于入侵微生物表面上的抗原与识别它们的抗体接触时，抗体引发白细胞对入侵者的攻击。

分子生物学家已经开发出产生任何肽或蛋白质抗体的方法。抗体分子附着在各种类型的染料分子上。这些染料中的一些与其他化学物质反应并使组织染成棕色。其他则是荧光染料，它们在暴露于特定波长的光时发光。为了确定肽或蛋白质（抗原）在大脑中的位置，研究人员将新鲜的脑组织切片放入含有抗体/染料分子的溶液中。抗体将自身附着在抗原上。当研究人员用显微镜（使用荧光染料的情况需在特定波长的光照下）检查切片时，可以看到大脑的哪个部分甚至哪个神经元包含抗原。例如，研究人员可以使用参与 GABA 生成的蛋白酶的抗体来鉴定 GABA 能细胞，或 GABA 受体的蛋白质组分，以鉴定接受 GABA 能信息的细胞。

免疫细胞化学方法是用于帮助回答我们关于下丘脑腹内侧核实例中的神经回路问题的重要技术。为了继续我们研究下丘脑腹内侧核在女性性行为中的作用，我们会发现从下丘脑腹内侧核中的神经元（例如 PAG）接收信息的结构，并看看当它们中的每一个受损时会发生什么。让我们假设对这些结构中的某些结构的损害也会损害女性的性行为。然后我们可以用 PHA-L 注射这些结构，看看它们的轴突在哪里。最终，我们将发现从下丘脑腹内侧核到运动神经元的相关路径，其活动是交配行为所必需的。（事实上，研究人员已经这样做了，他们的一些结果在第 10 章中有提及）。

**跟踪传入轴突**

追踪丘脑下部的腹内侧核的传出轴突只会告诉我们关于女性性行为的神经回路的一部分：下丘脑的腹内侧核和运动神经元之间的部分。那么下丘脑的腹内侧核之前的回路呢？下丘脑的腹内侧核是否以某种方式参与了对感官信息的分析（如男性的视觉、气味或触觉信息）？或者下丘脑的腹内侧核会通过神经元的轴突形成突触来处理雌性激素对其行为的激活作用？为了发现大脑中“上游神经回路的组成部分”，我们需要找到下丘脑的腹内侧核的输入，即传入连接。为此，我们将采用**逆行标记法**。

逆行意味着“向后移动”。逆行标记方法使用通过终扣吸收并由轴突向细胞体逆向运送的化学物质。用于识别对大脑的特定区域的传入输入的方法类似于用于识别其传出输出的方法。首先，我们向下丘脑的腹内侧核注入少量一种称为**荧光金**的逆行化学物质样本。化学物质被终扣吸收，并通过逆行轴浆运输向后输送到细胞体以填充传入神经元。类似于研究传出轴突的过程，对动物实施安乐死，切片大脑，将切片安装在显微镜载玻片上，并使用免疫细胞化学方法后，在适当波长的光下检查脑组织。荧光金分子在这种光下发荧光。通过这个过程，我们发现内侧杏仁核是为下丘脑的腹内侧核提供输入的区域之一(见图 5.12)。

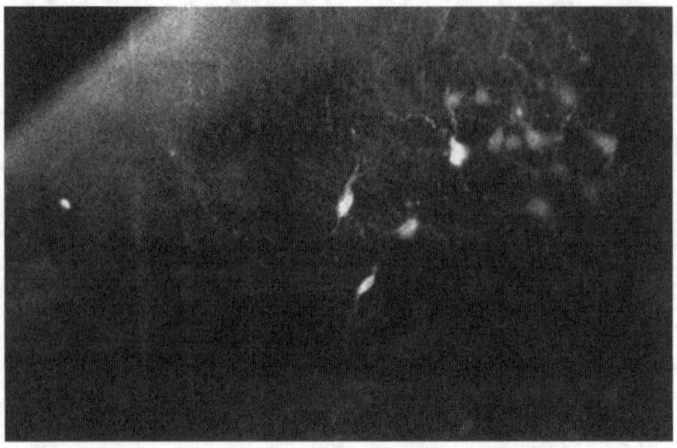

**图 5.12 逆行追踪方法**

荧光金被注射到下丘脑的腹内侧核，在那里它被终扣吸收并通过轴突回到细胞体。这张照片显示了这些位于杏仁核内侧的细胞体。

资料来源：Yvon Delville, University of Massachusetts Medical School。

顺行和逆行标记方法一起使我们能够发现相互连接的神经回路。因此，这些方法有助于为我们提供大脑的"接线图"(参见图 5.13)。使用到的其他研究方法(包括一些研究方法)本章稍后将介绍，我们可以尝试发现该回路各个组件的功能。

我们描述的顺行和逆行标记方法确定了神经链中的单个链接，其轴突进入或离开特定的大脑区域。神经元跟踪方法识别形成串联突触连接的一系列两个、三个或更多神经元。最有效的逆行跨神经元跟踪方法使用**伪狂犬病毒**——一种最初作为疫苗开发的猪疱疹病毒的弱化形式。对于顺行跨神经元跟踪，使用各种**单纯疱疹病毒**，类似于引起唇疱疹的病毒。病毒被直接注射到大脑区域，被那里的神经元吸收，并感染它们。病毒在受感染的神经元中传播，并最终通过终扣释放，将感染传递给与其形成突触连接的其他神经元。

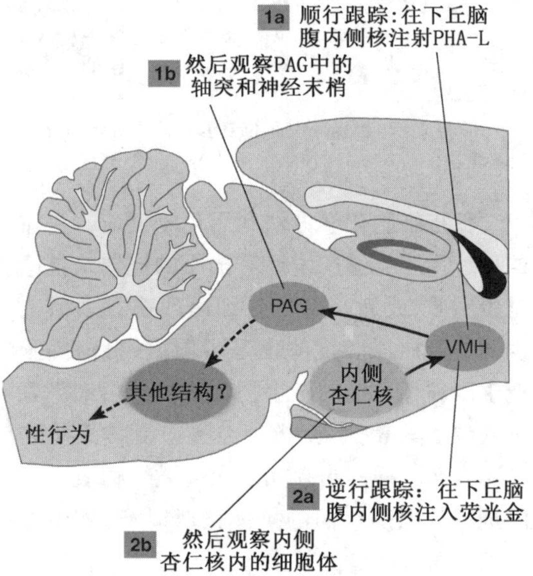


**图 5.13 跟踪方法结果**

图中显示了下丘脑的腹内侧核的一个输入和一个输出，通过顺行和逆行标记方法显示。

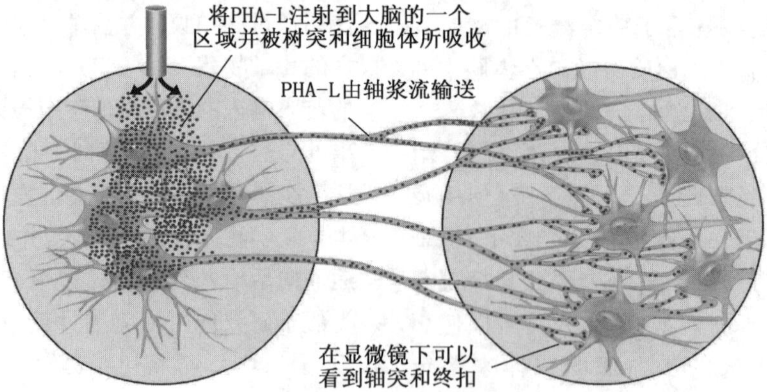


**图 5.14 标记传出轴突**

在对动物实施安乐死并切割脑后，使用免疫细胞化学方法定位由病毒产生的蛋白质。例如，Daniels 等人(1999)在负责雌性大鼠交配姿势的肌肉中注射伪狂犬病毒。几天后，对大鼠实施安乐死，检查其大脑的病毒感染迹象。该研究表明，病毒通过脊髓，到髓质的网状结构，然后到导水管周围的灰质，最后到下丘脑的腹内侧核，由运动神经传递至运动神经元。这些结果证实了刚刚描述的顺行和逆行标记方法结果。

## 研究活体人脑的结构

目标 5.6　对比研究活体人脑结构的方法。

研究除人类以外的动物大脑的功能有很多充分的理由。例如，我们可以比较不同物种的研究结果，以便对神经系统的进化做出一些推论。即使我们的主要兴趣在于人类大脑的功能，我们也不能不道德地要求人们为了研究目的服从脑外科手术。但疾病和事故偶尔会对人类大脑造成伤害，如果我们知道损害发生在哪里，我们就可以研究人们的行为，并试图由实验室动物身上有意产生的脑部病变做出相同的推断。问题是，病变在哪里？

在过去，研究人员可能已经研究过脑损伤患者的行为，并且从未发现病变的确切位置。唯一可靠的方法是在患者死亡时获取患者的大脑并在显微镜下检查其切片。但通常不可能这样做。有时患者比研究人员寿命长。有时患者搬出了城镇。有时(很可能通常)家人拒绝接受尸检。因为这些实际问题，对人脑特定部位受损造成的行为影响的研究进展相当缓慢。

X 射线技术和计算机的进步已经促使研究人员开发了几种用于研究活脑解剖学的非侵入性方法。这些进步使研究人员能够在患者仍然活着的同时研究脑损伤的位置和程度。开发的第一种方法称为**计算机断层扫描**(CT)。该过程通常称为 CT 扫描，其工作原理如下：患者的头部放置在一个大的环中。该环包含 X 射线管，并且与 X 射线检测器直接相对(在患者头部的另一侧)。X 射线束穿过患者的头部，探测器测量通过它的放射性量。光束从各个角度扫描头部，计算机将从探测器接收的信息转换成头骨及其内容的图像(见图 5.15)。

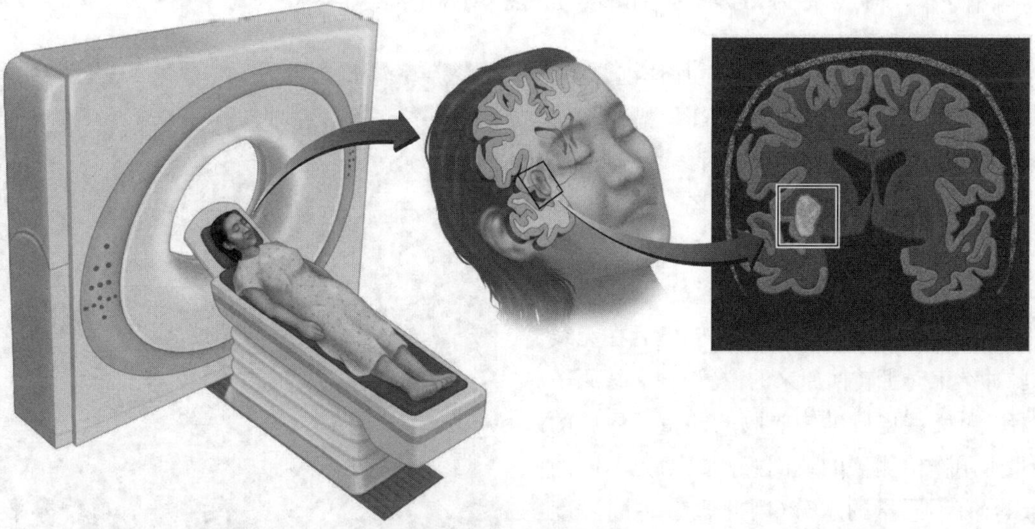

**图 5.15　电脑断层扫描**

在 CT 扫描仪内，一束 X 射线被用来对身体组织(包括大脑和颅骨)的连续“切片”进行成像。在 CT 扫描中可以看到结构或组织类型的差异，如肿瘤或出血。

图 5.16 显示了患有中风的患者头部进行的一系列 CT 扫描结果。中风损害了涉及身体意识和空间感知的大脑部分。患者失去了对她身体左侧和左侧物品的认识。你可以在图 5.16(e)的左下角看到损伤为白点。

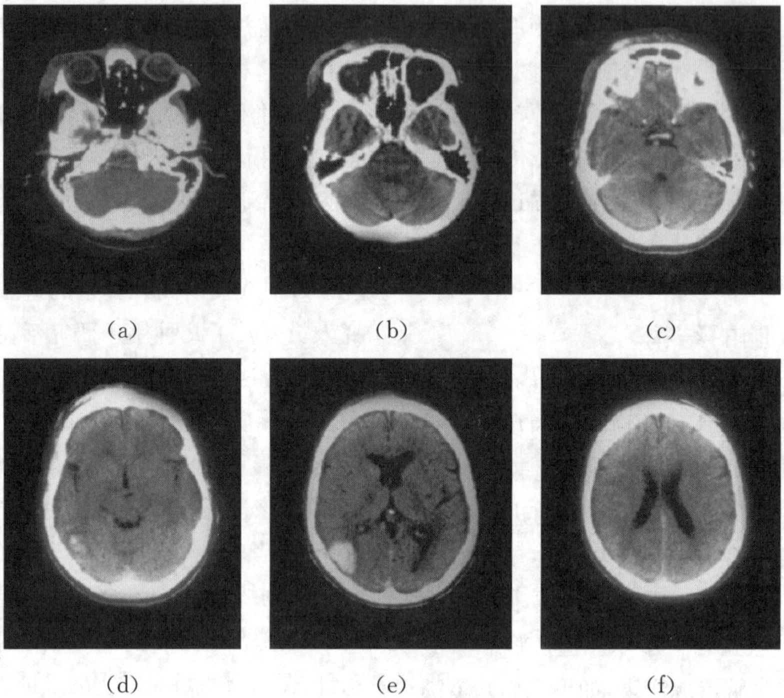


**图 5.16 CT 脑部扫描**

患者右侧枕顶区有病变[图(e)],病变呈白色,伴有出血;血液比周围的脑组织吸收更多的辐射。上方喙端,下方尾端;左右颠倒。图(a)展示了通过眼睛和大脑底部的断层图。

资料来源:J.McA. Jones, Good Samaritan Hospital, Portland, Oregon。

**磁共振成像**(MRI)提供了更加详细、高分辨率的人体头部内部图像。MRI 扫描仪类似于 CT 扫描仪,但它不使用 X 射线。相反,它通过使患者头部穿过极强的磁场。当人的头部置于这个强磁场中时,旋转的氢原子核与磁场对齐。当射频波的脉冲然后通过大脑时,这些原子核与磁场成一定角度翻转,然后在无线电脉冲结束时翻转回原来的位置。此时,原子核释放从无线电脉冲中吸收的能量。释放的能量由用作检测器的线圈感测。因为不同的组织含有不同量的水分(因此含有不同浓度的氢原子),它们会释放出不同的能量。与 MRI 扫描仪相关联的计算机分析信号并准备大脑断层的图像。(见图 5.17)

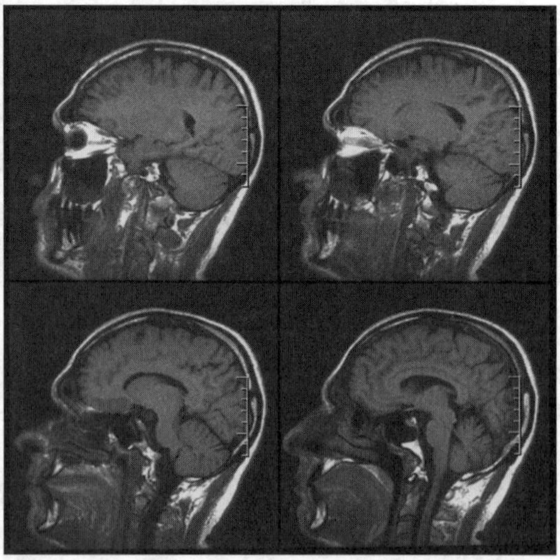

**图 5.17 人脑 MRI 扫描**

如图 5.17 所示,MRI 扫描区分灰质和白质区域,因此可以看到主要的纤维束(如胼胝体)。但是,在这些扫描中看不到小纤维束。MRI 扫描仪的特殊改进版甚至能够可视化小纤维束和跟踪纤维束。在绝对零度以上,由于热扰动,所有分子在随机方向上移动:温度越高,随机运动越快。**扩散张量成像**(DTI)利用了以下事实:水分子在白质束中的运动不是随机的,而是倾向于在与构成束的轴突平行的方向上运动。MRI 扫描仪使用水分子运动有关的信息,以确定白质中轴突束的位置和方向。图 5.18 显示了 DTI 揭示的一些轴突的矢状图,这些轴突从丘脑向人脑中的大脑皮层投射。本节中描述的研究方法总结在表 5.1 中。

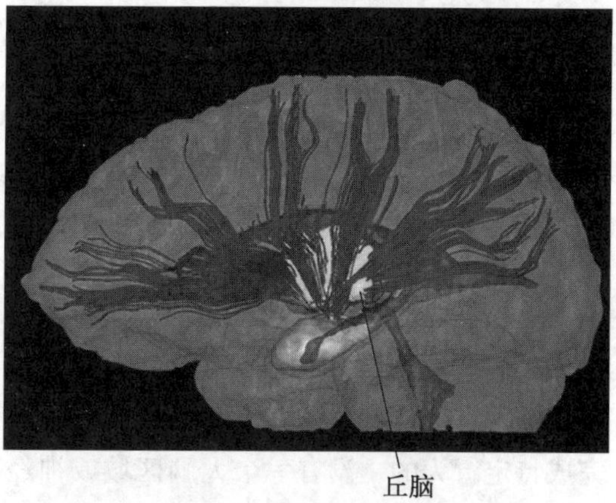


**图 5.18 扩散张量成像**

这张图片显示了一些轴突的矢状视图,这些轴突从丘脑投射到人脑的大脑皮层,通过弥散张量成像显示出来。

资料来源:Wakana, S., Jiang, H., Nagae-Poetscher, L.M., van Zijl, P.C., and Mori, S., Fiber tract-based atlas of human white matter anatomy, *Radiology*, 2004, 230, 77—87.经许可复制。

**表 5.1 研究方法:第一部分**

| 方法目标 | 方　　法 | 评　　价 |
|---|---|---|
| 破坏或灭活特定脑区 | 射频损伤<br>剧毒损害<br>使用兴奋性氨基酸,如红藻氨酸<br>注射局部麻醉剂或产生局部神经抑制的药物 | 与抗体结合的皂苷<br>破坏电极尖端附近的所有脑组织<br>只摧毁套管尖端附近的细胞体;备用轴突穿过该区域<br>暂时使特定的大脑区域失活;动物可以控制自己<br>破坏含有抗体的神经元;制造非常精确的脑损伤 |
| 在大脑特定区域放置电极或套管 | 立体定向手术 | 参考立体定向脑图获取坐标 |
| 发现病变部位 | 灌注脑;固定脑;切片脑;染色切片 | |
| 识别离开特定区域的轴突和这些轴突的终扣 | 顺行跟踪法,如 PHA-L | |
| 识别轴突终止于特定区域的神经元的位置 | 逆行跟踪法,如荧光金法 | |
| 发现活体人脑病变部位 | 计算机断层扫描(CT 扫描仪)<br>磁共振成像(MRI 扫描仪) | 显示大脑"切片";使用 X 射线<br>显示大脑"切片";比 CT 扫描更详细;使用磁场和无线电波 |
| 在活体人脑中寻找纤维束的位置 | 扩散张量成像(DTI) | 显示有髓轴突束;使用 MRI 扫描仪 |
| 观察可见厚组织切片中的细胞细节 | 共聚焦激光扫描 | 可用于观察活脑组织的"切片";要求组织中存在荧光分子 |

## 本节回顾

目标 5.1　解释研究人员可以从涉及脑损伤的研究中学到什么。

通过损伤神经系统的一部分，研究人员观察行为变化，以确定该部分神经系统的功能。我们的目标是发现大脑不同区域所执行的功能，然后理解这些功能是如何组合起来完成特定行为的。没有一个大脑区域或神经回路单独负责一个行为；每个区域执行一个（或一组）影响行为表现的功能。

目标 5.2　比较产生脑损伤的各种方法。

通过电线传递电流，或将兴奋性氨基酸、选择性抗体或局麻药注射到特定的大脑区域，可以产生脑损伤。利用电流、兴奋性氨基酸或选择性抗体产生永久性损伤。局部麻醉会造成暂时性的损害。使用电流会产生非选择性损伤。另一种方法是根据损伤剂选择性结合的神经元类型产生损伤。

目标 5.3　描述立体定向手术的过程。

立体定向手术包括使用立体定向脑图来确定大脑中的特定位置。一旦确定了位置，研究人员将头部放置在立体定向器中，并将插管放置在头部的正确位置上。研究人员在被麻醉的动物（或人类）的头皮上切开一个切口，在头盖骨上钻一个洞，然后将插管放回原位。研究人员制造病灶（或在某些情况下植入电极或移植组织），移除插管，动物（或人类）从麻醉中恢复。

目标 5.4　总结组织学方法的一般步骤。

灌注脑组织并从头骨中取出。然后，将待检查的组织置于固定剂中。一旦大脑被固定，就会在冷冻切片机或显微切片机上切成薄片。将切片置于显微镜载玻片上并盖上盖玻片。必须对脑组织进行染色以揭示细胞和细胞内结构。可以使用染料或特殊标记的抗体对细胞体、细胞核或特定蛋白质染色。取决于细胞的特征或感兴趣的细胞内结构，可以使用光学显微镜、透射电子显微镜、扫描电子显微镜或共焦激光扫描显微镜来研究组织样品。

目标 5.5　区分跟踪传出和传入轴突的技术。

跟踪传出轴突使研究人员能够了解神经元组的目标位置。使用顺行标记方法，将化学物质注入含有细胞体的区域，细胞吸收，并输送到终端。免疫细胞化学方法使用抗体来鉴定从细胞体接收输入的结构。跟踪传入轴突使研究人员能够了解为感兴趣区域提供输入的神经元。使用逆行标记方法，将化学物质注入目标区域并由终扣吸收。然后化学物质传播到神经元的细胞体。免疫细胞化学方法使用抗体来鉴定将输入发送至目标靶区域的结构。

目标 5.6　对比研究活体人脑结构的方法。

计算机断层扫描（CT）使用 X 射线成像活体人脑的结构。磁共振成像（MRI）使用磁场对活体大脑进行成像并区分不同的组织类型。扩散张量成像（DTI）使用有关水分子运动的信息来显示 MRI 扫描中不可见的小纤维束。

## 思考题

亨利·莫莱森（Henry Molaison，H.M.）接受颞叶切除组织手术以减少癫痫发作后，成为心理学和神经科学领域的知名人物。手术于 1957 年进行，H.M.的大脑和行为由医生和研究人员记录，直到 2008 年去世。在他去世后，加州大学圣地亚哥分校（UCSD）的研究人员对他的大脑进行了精心保存、切片和染色以了解更多信息。描述这些研究人员在 H.M.去世后要用来检查其大脑的技术。

## 记录和刺激神经活动

本章的第一部分涉及大脑的解剖学和特定区域的损伤效应。本节考虑一种不同的方法:通过记录或刺激特定区域的活动来研究大脑。脑功能涉及神经元回路的活动;因此,不同的感知和行为反应涉及大脑中不同的活动模式。研究人员已经设计出记录这些活动模式或人工产生活动的方法。

### 记录神经活动

目标 5.7 使用微电极、大电极和脑磁图比较记录神经活动。

轴突产生动作电位,终扣在细胞膜中引发突触后电位,它们与细胞膜形成突触。可以记录这些电事件(如我们在第 2 章中所见),并且可以使用特定区域的电活动的变化来确定该区域是否在各种行为中起作用。例如,可以在刺激呈现、决策或运动活动期间进行记录。

记录可以在动物从手术中恢复后的较长时间内长期进行,或者在动物被麻醉的相对短的时间内进行。在动物麻醉时进行的短时记录通常仅限于感觉通路的研究。短时记录很少涉及行为观察,因为麻醉动物的行为能力有限。

**用微电极记录** 影响 5-羟色胺能和去甲肾上腺素能神经元的药物也会影响快速眼动睡眠。假设知道这个事实,我们想知道在不同的睡眠阶段,5-羟色胺能和去甲肾上腺素能神经元的活动是否会发生变化。为了找到答案,我们将用微电极记录这些神经元的活动。**微电极**通常由细线制成,具有非常精细的尖端,小到足以记录单个神经元的电活动。这种技术通常称为**单细胞记录**(指单个神经元)。

因为我们想要在未经麻醉的动物中长时间记录单个神经元的活动,我们需要更耐用的电极。我们可以购买非常精细的电线阵列,这些电线被绑在一起,可以同时记录许多不同神经元的活动。电线是绝缘的,只有它们的尖端是裸露的。

我们通过立体定位手术将电极植入动物的大脑中,并使用最初为牙科专业开发的塑料将它们黏合到动物的头骨上。然后,在动物从手术中恢复后,可以激活记录系统。然后我们可以观察动物在快速眼动睡眠期间的行为以及由植入的微电极记录的 5-羟色胺能和去甲肾上腺素能神经元的相应活性。(见图 5.19)

微电极检测到的电信号非常小,必须放大。用于此目的的放大器就像立体声系统中的放大器一样,将记录的弱信号转换为更强的信号。这些信号可以显示并保存在计算机上。

我们的 5-羟色胺能和去甲肾上腺素神经元记录结果怎么样?正如你将在第 9 章中学到的,如果我们在睡眠的各个阶段记录这些神经元的活动,我们会发现在快速眼动睡眠期间它们的发射率几乎降至零。该观察结果表明这些神经元对快速眼动睡眠具有抑制作用。也就是说,直到这些神经元停止发射才会发生快速眼动睡眠。

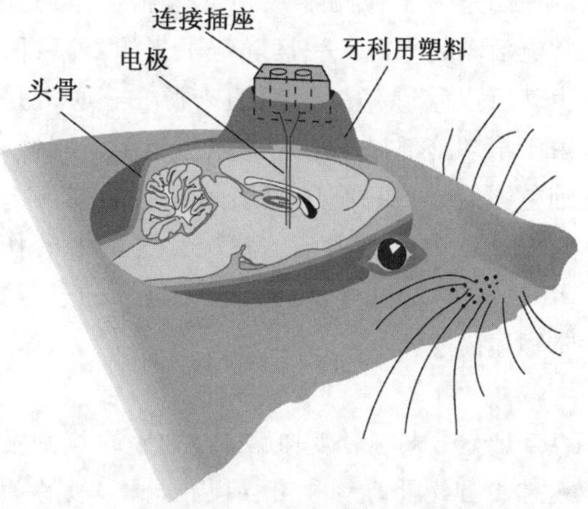


**图 5.19 电极植入**

这幅图显示了大鼠大脑中的一组电极。

**用大电极记录** 有时，我们想要记录整个大脑区域的活动，而不是单个神经元的活动。为了做到这一点，我们将使用大电极。大电极不能检测单个神经元的活性；相反，这些设备获得的记录代表了电极区域成千上万或百万细胞的突触后电位。这些电极有时会被植入大脑或大脑表面，但许多电极会暂时附着在人类头皮上，用一种特殊的膏状物来导电。尤其是从头皮上采集的记录代表了大量神经元的活动，这些神经元的电信号在到达电极之前通过脑膜、颅骨和头皮。

通过大电极记录的人脑的电活动在测谎仪上显示出来。测谎仪在记录过程中沿着时间轴绘制电极检测到的电压变化。测谎仪显示在电脑屏幕上。图 5.20 展示了连接到头皮不同位置的大电极的电活动记录。这样的记录被称为**脑电图**(EEGs)，或"来自大脑的电流记录"。它们可以用于诊断癫痫，或者研究睡眠和觉醒的阶段，这些阶段与电活动的特征模式有关。

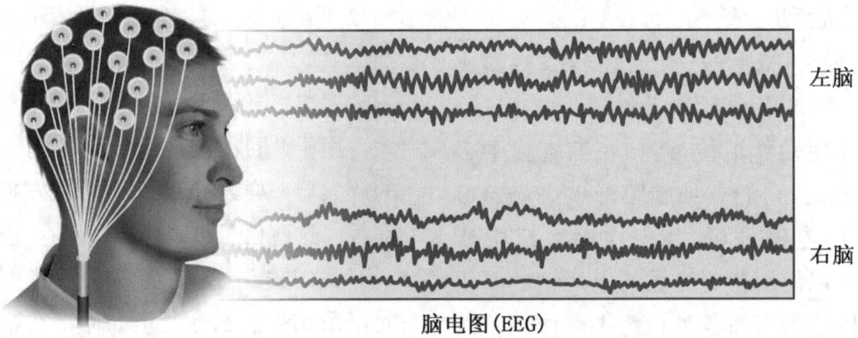


**图 5.20 用大电极记录大脑活动**

大电极记录了许多神经元的电活动总和。在这个例子中，制作脑电图显示头皮电极记录的突触后电位的变化。

除了在研究中使用之外，临床医生还使用 MAC 电极帮助治疗病人。偶尔，神经外科医生会将大电极直接植入人脑。这样做的原因是为了检测导致频繁癫痫发作的异常电活动的来源。一旦确定了来源，外科医生就可以移除病变组织的来源——通常是由于早期脑部损伤造成的疤痕组织。同样，脑电图的另一种临床应用是在可能损害大脑的过程中监测大脑的状况。这本书的作者之一(N.C.)几年前就目睹了这样的过程。本程序描述如下。

F 女士患有轻度心脏病，随后的检查显示有相当数量的动脉粥样硬化，通常被称为"动脉硬化"。她的许多动脉因富含胆固醇的动脉粥样硬化斑块而变窄。在她的冠状动脉的一个特别狭窄的部分形成了一个凝块，这导致了她的心脏病发作。在心脏病发作后的几个月里，F 女士经历了几次短暂的缺血发作，出现短暂的神经学症状，这些症状似乎是由血块形成并溶解在脑血管中造成的。在这种情况下，它们造成她的右臂麻木和说话困难。她的医生让她去看神经科医生，医生给她做了血管造影(记录心脏活动)。这个手术显示她的左侧颈动脉几乎完全阻塞。神经学家把 F 女士介绍给了一位神经外科医生，医生敦促她做一个手术，去除左侧颈动脉的斑块，增加流向左侧大脑的血流量。

这种手术被称为颈动脉内膜切除术。会议结束后，我正在和 F 女士的神经外科医生聊天，他碰巧提到他将在那天早上晚些时候做手术。我问他我能不能观摩这次手术，他同意了。当我走进手术室，擦了擦衣服，发现F女士已经被麻醉了，手术护士已经准备好了左侧颈部的切口。此外，她的头皮上还接上了几个脑电图电极。一位专攻临床神经生理学的神经学家坐在他的脑电图机前。

外科医生在F女士身上开了一个口子，在颈总动脉处暴露颈动脉——从心脏出发，分叉到颈外动脉和颈内动脉。他在颈总动脉周围放置了一个塑料带，并将其夹紧，阻止血液流动。“它看起来怎么样?”他问L博士：“不好，我觉得有些减速，你最好分流”。

外科医生迅速把收缩带取出来，让护士协助他做个分流术，这是一段比动脉细一点的短塑料管。他在动脉中做了两个小切口，分别位于斑块所在区域的上方和下方，然后插入分流管。现在他可以在不停止血液流向大脑的情况下研究动脉了。他在动脉上做了一个纵向的切口，露出了一个黄色的肿块，他将其切开并取出。他缝合了切口，切除了分流管，缝合了他做的用来放置分流管的小伤口。“一切都还好吗？他问L博士：“是的，她的脑电图没问题。”

大多数神经外科医生更倾向于做动脉内切除术，在手术过程中暂时关闭动脉。工作进行得更快，并发症也更少。由于大脑两个半球的血液供应是相互连接的（与特殊的交通动脉相连），通常可以在不造成任何损害的情况下关闭一条颈动脉几分钟。然而，有时从大脑的一侧流向另一侧的血液不足以让另一侧的大脑保持足够的血液和氧气。外科医生知道的唯一方法就是监测病人的脑电图。如果大脑没有得到足够的血液供应，脑电图就会显示出特有的“慢波”。这就是当F女士病发时发生的事情。她的动脉被堵住了，这就是外科医生不得不使用分流管的原因。如果没有它，这个手术可能会导致中风，而不是预防中风。

顺便说一下，F女士恢复得很好。

**脑磁图** 当电流流过导体时，会产生磁场。这意味着当动作电位向下传递至轴突，或突触后电位穿过树突或扫过神经元的体细胞膜时，也会产生磁场。这些磁场非常小，但工程师们已经开发出了能够探测微小磁场的超导探测器（称为SQUIDs，或“超导量子干涉装置”）。

**脑磁图**是用神经磁力计进行的，神经磁力计是一种包含数种SQUID阵列的装置，它的定位使计算机能够检查这些SQUIDs的输出，并计算出大脑中特定信号的来源。这些设备可以临床使用——例如，找到癫痫的来源，以便通过手术将其移除。它们还可以用于实验，测量伴随各种刺激的感觉、各种行为或认知任务表现的区域大脑活动。

脑磁图的一个重要优点是它的时间分辨率。在这一章中你会读到的另一项技术，功能性核磁共振成像（fMRI）提供了大脑区域活动的空间分辨率，但是这个过程很慢，并且提供了相对较差的时间分辨率。也就是说，该图像可以准确地测量大脑中紧密间隔区域的活动差异，但是，与大脑中信息的快速流动相比，fMRI图像的获取需要相当长的时间。通过脑磁图生成的图像不像fMRI图像那样详细，但可以更快地获得，从而可以揭示快速变化的事件。

## 记录大脑的新陈代谢和突触活动

目标5.8 比较放射自显影、即刻早期基因染色、正电子发射断层扫描和功能性磁共振成像可以揭示的代谢和突触活动的类型。

电磁信号不是神经活动的唯一标志。如果大脑某一特定区域的神经活动增加，该区域的代谢率也会增加，这在很大程度上是由于细胞膜上离子转运蛋白工作增加，这就需要增加细胞能量的使用。这种增加的代谢率可以测量。实验者将放射性的**2-脱氧葡萄糖**(2-DG)注射到动物的血液中。因为这种化学物质与葡萄糖(大脑的主要食物)非常相似,所以会被带入细胞。因此,最活跃的细胞以最高的速率使用葡萄糖,将吸收最高浓度的放射性 2-DG。但与正常葡萄糖不同的是,2-DG 不能被代谢,所以它留在细胞中。在注射了 2-DG 后,实验者对动物实施安乐死,取出它的大脑,切片,并为放射自显影做准备。

**放射自显影**可以大致理解为"用自己的辐射书写"。含有放射性 2-DG 的大脑切片被安装在显微镜载玻片上。然后,这些载玻片被带到暗室,在那里它们被涂上感光乳剂(照相胶片上发现的物质)。几个星期后,这些载玻片,连同它们的乳剂涂层一起被研制出来,就像照相胶片一样。放射性的 2-DG 分子在研制的乳化液中以银颗粒的形式出现,因为放射性会像 X 光或光一样曝光乳化液。大脑中最活跃的区域含有最多的放射性物质,显示这种放射性物质以暗点的形式出现在研制的乳液中。

另一种识别大脑活跃区域的方法是利用这样一个事实:当神经元被激活时(例如,通过与它们形成突触的终扣),核中被称为**即刻早期基因**的特定基因被打开,特定的蛋白质被产生。然后这些蛋白质与细胞核中的染色体结合。这些核蛋白的存在表明神经元刚刚被激活。

神经激活过程中产生的一种核蛋白叫做**低聚果糖**(Fos)。你应该还记得,在这一章的前面,我们开始了一个关于雌性大鼠性行为的神经回路的假想研究项目。假设我们想在这个项目中使用 Fos 方法来观察雌性大鼠的性活动中哪些神经元被激活。我们把雌鼠和雄鼠放在一起,让它们交配。在对动物实施安乐死后,我们取出大鼠的大脑,将其切片,并按照染色 Fos 蛋白的程序进行。图 5.21 展示了结果:刚交配的雌性大鼠内侧杏仁核的神经元显示存在黑斑,表明有 Fos 蛋白存在。因此,这些神经元似乎是由交配活动激活的——也许是由随后发生的生殖器的物理刺激激活的。你会记得,当我们向下丘脑腹内侧核注射逆行示踪剂(荧光金)时,我们发现这个区域接收来自内侧杏仁核的输入。

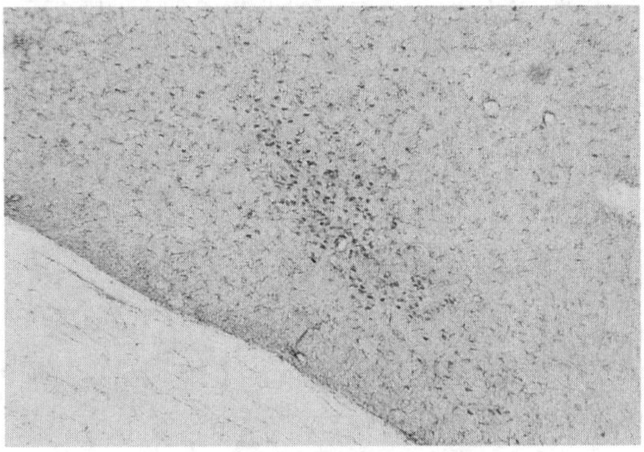

**图 5.21 Fos 蛋白定位**

这张显微照片显示的是一只雌性大鼠的大脑额叶,穿过杏仁核内侧。黑斑表明有 Fos 蛋白存在,由免疫细胞化学法定位。通过允许动物进行交配行为来刺激 Fos 蛋白的合成。(由 Marc Tetel 提供,Skidmore College。)

在活的动物体内,特定大脑区域的代谢活动可以通过**功能成像**(一种检测大脑内代谢或化学变化的计算机化方法)进行非侵入性的测量。首先要发展的功能成像方法是**正电子发射断层扫描**(PET)。首先,一个人(或其他动物)接受放射性 2-DG 注射(这种化学物质很快就会分解并离开细胞。所给的剂量是无害的,随着时间的推移逐渐离开细胞)。这个人的头部被放置在一台类似于 CT 扫描仪的机器中。当 2-DG 的放射性分子衰变时,它们释放出被称为正电子的亚原子粒子,与附近的电子相遇。这些粒子相互湮灭并发射出两个光子,而这两个光子正以相反的路径行进。在人的头部周围排列的传感器会检测到这些光子，扫描仪会绘制出这些光子发射的位置。从这些信息中，计算机产生了一张大脑切片的图片，显示了该切片中各个区域的活动水平(参见图5.22)。

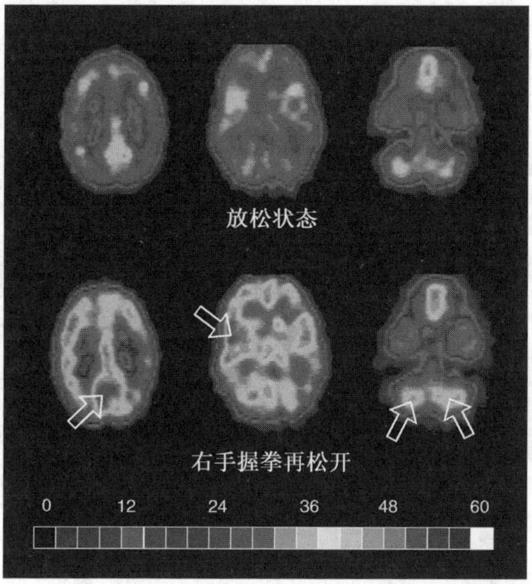


**图5.22 PET扫描**

最上面一行显示了一个人在休息时进行的三次水平扫描，最下面一行显示的是同一个人当他正在握紧右拳时的三张扫描图。扫描显示，大脑中负责运动控制的区域吸收了更多的2-DG，这表明这些区域的代谢率增加了。不同的计算机生成的颜色表示2-DG的摄取速率不同，如图底部刻度所示。

资料来源：Brookhaven National Laboratory and the State University of New York，Stony Brook。

PET扫描仪的缺点之一是操作成本高。出于安全考虑，所使用的放射性化学品的半衰期非常短；也就是说，它们衰变并很快失去放射性。例如，放射性2-DG的半衰期为110分钟；放射性水(也用于PET扫描)的半衰期只有2分钟。由于这些化学物质的衰变速度非常快，它们必须在一个叫做回旋加速器的原子粒子加速器的现场生产。因此，PET扫描仪的成本必须加上回旋加速器的成本和操作人员的工资。

PET扫描的另一个缺点是相对较差的空间分辨率(模糊)的图像。时间分辨率也相对较差。从大脑发出的正电子必须被取样相当长一段时间，这意味着大脑中快速、短暂的事件很可能被忽略。这些缺点在功能性核磁共振成像中是看不到的，在下一段中描述。然而，PET扫描仪可以做一些功能性MRI扫描仪不能做的事情：测量大脑不同部位特定化学物质的浓度。我们将在本章后面描述这个过程。

目前，空间分辨率最好的脑成像方法是**功能性磁共振成像**(fMRI)。工程师们对现有的核磁共振扫描仪及其软件进行了修改，使其能够获得显示区域新陈代谢的图像。通过检测大脑血管中的氧气水平，可以间接测量大脑活动。大脑区域活动的增加会刺激血液流向该区域，从而增加局部血氧水平。这种成像的正式名称是粗体的：血氧水平依赖信号。功能性磁共振扫描比PET扫描有更高的分辨率，因此能够揭示关于特定大脑区域活动的更详细的信息。在这本书的后续章节中，你会读到许多使用fMRI扫描的功能成像研究。

**功能性磁共振扫描** 这些对人类大脑的扫描显示，在判断成对的文字是否押韵时，男性(左)和女性(右)的神经活动在所标示的局部平均增加。

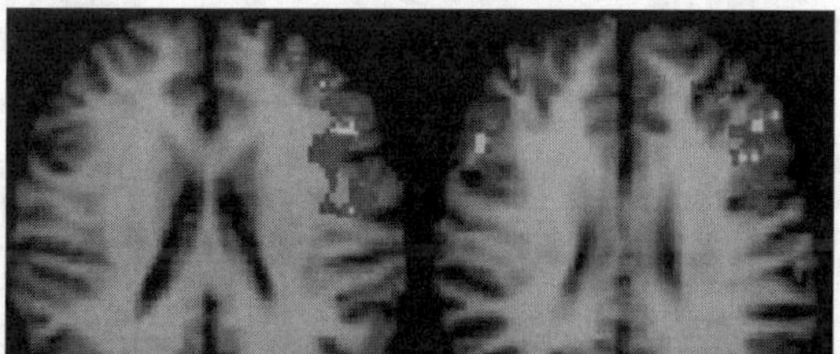

资料来源：Shaywitz，B.A.，et al.，Sex differences in the functional organization of the brain for language，*Nature*，1995，373，607—609。经许可转载。

## 刺激神经活动

目标 5.9 比较电刺激和化学神经刺激、光遗传学方法和经颅磁刺激。

到目前为止，本部分一直关注测量大脑特定区域活动的研究方法。但有时我们可能想人为地改变这些区域的活动来观察这些变化对行为的影响。例如，只有在某些雌激素存在的情况下，雌鼠才会与雄鼠交配。如果我们切除大鼠的卵巢，这些激素的丧失将会消除大鼠的性行为。我们在早期的研究中发现，下丘脑腹内侧核损伤破坏了这种行为。也许，如果我们激活下丘脑腹内侧核，弥补了缺乏的雌激素，大鼠将再次交配。

**电和化学刺激** 我们如何激活神经元？我们可以通过电刺激或化学刺激来做到这一点。电刺激包括用立体定向手术将电流通过插入大脑的电线来刺激神经元。化学刺激通常通过向大脑注入少量兴奋性氨基酸来完成，比如苯甲酸或谷氨酸。正如你在第 4 章学到的，大脑中主要的兴奋性神经递质是谷氨酸，这两种物质都刺激谷氨酸受体，从而激活这些受体所在的神经元。

将化学物质注入大脑可以通过固定在头骨上的装置来完成，这样动物的行为就能被观察到好几次。研究人员可以通过立体定向手术将金属套管(引导套管)置入动物的大脑，并将其顶部固定在头骨上。一根带度量的小导管可以放在引导导管内，用来向大脑注射化学物质。因为动物可以自由活动，所以可以观察注射对其行为的影响(参见图 5.23)。

化学刺激的主要缺点是它比电刺激稍微复杂一点；化学刺激需要套管、导管、特殊泵或注射器，以及兴奋性氨基酸的无菌溶液。然而，与电刺激相比，它有一个明显的优势：它激活的是细胞体，而不是轴突。因为只有细胞体(以及它们的树突)含有谷氨酸受体，所以我们可以肯定的是，向大脑的某个特定区域注射兴奋性氨基酸会刺激那里的细胞，而不会刺激碰巧穿过该区域的其他神经元的轴突。因此，化学刺激的影响比电刺激的影响更为局部。

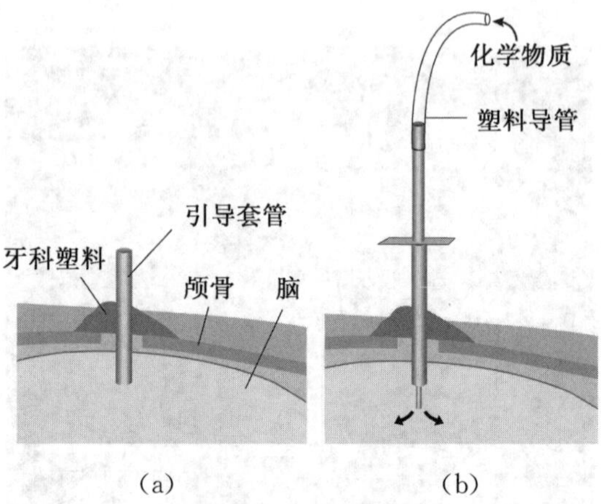


**图 5.23 颅内插管**

(a)引导套管固定在颅骨上。(b)过一段时间后，可以通过引导套管将较薄的导管插入大脑。化学物质可以通过这个装置注入大脑。

你可能已经注意到我们刚刚说过，我们之前描述为一种神经毒素的红藻氨酸，它可以用来刺激神经元。这两种用法其实并不矛盾。红藻氨酸通过刺激神经元死亡而产生兴奋性毒性病变。大剂量的浓缩溶液会杀死神经元，而小剂量的稀溶液只会刺激神经元。

化学物质通过套管注入大脑时，化学物质分子的扩散区域包括许多不同类型的神经元：兴奋性神经元，抑制神经元，参与局部神经回路的中间神经元，与大脑的不同区域联系的投射神经元，释放或应对多种神经递质和神经调节剂的神经元。用电流或兴奋性化学物质刺激特定的大脑区域会影响所有这些神经元，其结果不太可能类似于正常的大脑活动，这涉及协调激活和抑制许多不同的神经元。理想情况下，我们希望能够刺激或抑制某一特定脑区的特定神经元群。

我们假设的实验结果怎么样？事实上

(我们将在第10章看到),下丘脑腹内侧核刺激确实替代了雌激素。也许,雌激素在这个细胞核中发挥作用。我们将在本章的最后一节看到如何检验这个假设。

**经颅磁刺激** 正如我们在本章前面看到的,神经活动诱导磁场,可以通过磁感测图检测。同样,磁场可以通过诱导脑组织中的电流来刺激神经元。**经颅磁刺激**(TMS)使用一圈线圈,通常以数字8的形状排列,以非侵入性刺激大脑皮层的神经元。刺激线圈被放置在颅骨的顶部,这样"8"中间的交叉点就位于被刺激区域的正上方。电脉冲发出的磁场可以激活大脑皮层的神经元。图5.24显示了用于经颅磁刺激的电磁线圈及其在人头上的位置。

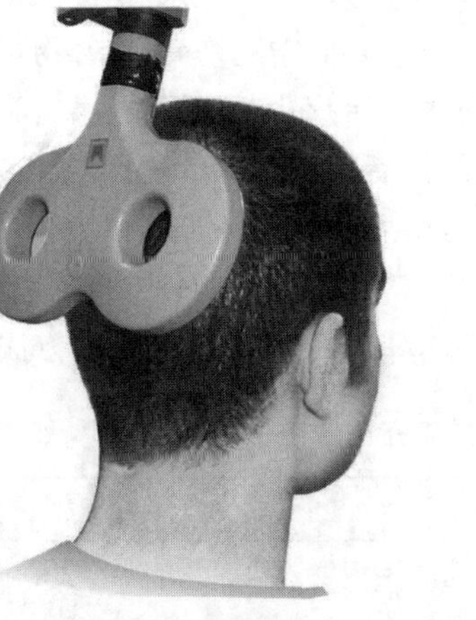

**图5.24 经颅磁刺激**

通过线圈的电脉冲产生磁场,刺激"8"中间交叉点下的大脑皮层区域。

资料来源:Kastner Lab, Princeton University, Princeton, New Jersey。

经颅磁刺激的效果与直接刺激暴露的大脑非常相似。例如,我们将在第6章中看到,刺激视觉联合皮层的某个特定区域会破坏一个人在视觉刺激中察觉动作的能力。此外,正如我们将在第15章和第16章看到的,TMS已经被用来治疗神经和精神疾病的症状。根据刺激的强度和模式,经颅磁刺激可以激活大脑线圈所在的区域或干扰其功能。

**光遗传学方法** 近年来的发展不仅为观察和控制单个神经元的激活提供了手段:**光遗传学方法**可以用于刺激或抑制特定大脑区域的特定类型的神经元(Boyden et al., 2005; F.Zhang et al., 2007; Baker, 2011)。光敏蛋白已经在许多生物体中得到进化——甚至是像藻类和细菌这样的单细胞生物。研究人员发现,在绿藻中发现的一种名为通道视紫红蛋白-2(ChR2)的蛋白质,控制着离子通道,当离子通道打开时,就允许钠、钾和钙离子的流动。当蓝光照射到ChR2离子通道时,通道就会打开,带正电荷的钠离子和钙离子的冲击会使膜去极化,引起兴奋。另一种光敏蛋白,法老碱单胞菌(NpHR),在一种细菌中被发现。这种蛋白质控制着一种转运蛋白,当黄色光激活时,这种转运蛋白会将氯化物转移到细胞中。这种带负电荷的离子流入会使膜发生超极化,从而产生抑制作用。当适当波长(蓝色或黄色)的光开启或关闭时,这两种感光蛋白的作用开始和结束都非常快。

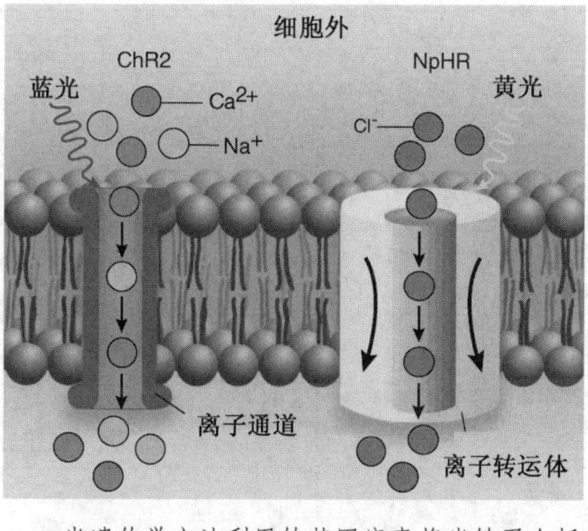


光遗传学方法利用转基因病毒将光敏蛋白插入神经膜。蓝光使CHR2离子通道去极化膜,黄光使NpHR离子转运体去极化膜。

资料来源:Hausser, M. and Smith, S.L., *Nature*, 2007, 446, 617—619。

ChR2 和 NpHR 可以通过将编码它们的基因连接到无害病毒的遗传物质的方式被引入神经元。然后病毒被注入大脑，在那里它们感染神经元并开始表达蛋白质，这些蛋白质被插入细胞膜中。基因可以被修改，使蛋白质只在特定类型的神经元中表达。通过这种方式，研究人员可以观察在大脑特定区域中开启或关闭特定类型的神经元的效果。

由于 ChR2 和 NpHR 是由光激活的，研究人员必须能够将光引入大脑。如果表达这些感光蛋白的神经元位于大脑皮层，就要在颅骨上钻出一个小洞，发光二极管(LED)就可以直接附着在洞的上方。为了激活大脑深处神经元膜中的光敏蛋白，光纤可以通过立体定向手术植入，就像电极或导管一样，光线可以通过这些纤维传输。例如 Tsai 等(2009)利用光遗传学方法将 CHR2 离子通道插入大鼠腹侧被盖区多巴胺能神经元膜(其他研究表明，这些神经元在行为强化中扮演着重要角色)。研究人员发现，如果这些神经元在实验装置的两个室中受到刺激，动物们更喜欢在室中待上一段时间。

光遗传学程序的发展在神经科学家中引起了极大的兴奋，因为这给出了研究大脑中特定神经回路功能的方法。一些研究者也在探索光敏蛋白的临床应用。例如，色素性视网膜炎是一种导致人类失明的遗传性疾病。患有这种疾病的人天生视力正常，但随着视网膜中的光感受器细胞退化，他们逐渐失明。视网膜包含两大类光感受器：负责夜视的视杆细胞和负责白天视觉的视锥细胞。患有色素性视网膜炎的人的视杆细胞会死亡，尽管视锥细胞失去了对光线的敏感性，但它们的细胞却存活了下来。Busskamp 等人(2010)使用了一种光遗传学方法，试图通过使小鼠获得色素性视网膜炎的基因改造来重建小鼠的视力。研究人员用 NpHR 瞄准了这些动物的视锥细胞(因为光感受器的薄膜通常在光下是超极化的，所以他们选择使用这种蛋白)。电子记录和行为研究发现，这种治疗至少部分地恢复了动物的视力。此外，同样的治疗也恢复了从患有色素性视网膜炎的死者眼中移除的视网膜组织的光敏感性。这些发现为进一步的研究可能开发出一种治疗这种形式的失明的方法提供了希望。

表 5.2 总结了本节的研究方法。

**表 5.2 研究方法：第二部分**

| 方法目标 | 方　　法 | 评　　价 |
|---|---|---|
| 单个神经元电活动记录 | 微电极 | 微电极可以永久植入，以记录动物活动时的神经活动 |
| 脑区电活动记录 | 大电极 | 在人类中，通常用特殊的糊状物附着在头皮上 |
| 由神经活动引起的磁场记录 | 脑磁图：使用神经磁力计，它包含一组 SQUID | 可以确定一组神经元同步放电的位置 |
| 脑区代谢活动记录 | 2-DG 放射自显影法<br>测定 Fos 蛋白<br>2-DG PET 扫描<br>功能性磁共振成像(fMRI)扫描 | 局部葡萄糖利用率测定最近刺激的神经元<br>测定人脑区域代谢活动<br>测定活体、未麻醉脑的区域代谢活性 |
| 测量人脑中的神经化学物质 | PET 扫描 | 可以定位在人脑中摄取的任何放射性物质 |
| 刺激神经活动 | 电刺激<br>兴奋性氨基酸的化学刺激<br>磁刺激 | 刺激电极尖端和轴突穿过区域的神经元<br>刺激仅在套管尖端附近的神经元，而不是穿过区域的轴突<br>在头部放置电磁铁刺激大脑皮层神经元 |

## 本节回顾

### 记录和刺激神经活动

目标5.7 使用微电极、大电极和脑磁图比较记录神经活动。

微电极可以用来记录单个神经元的电活动，并且必须放置在单个神经元中。大电极用于记录电极附近许多神经元的电活动总和。大电极可以放置在大脑或颅骨或头皮表面。脑磁图测量神经元磁场的变化，并用于检测同步激活的神经元群。

目标5.8 比较放射自显影、即刻早期基因染色、正电子发射断层扫描和功能性磁共振成像可以揭示的代谢和突触活动的类型。

放射自显像是一种尸检技术，涉及测量细胞在组织采集前代谢活跃时吸收的放射性2-DG。直接早期基因染色显示了在组织收集前最近被激活的神经元。正电子发射断层扫描（PET）可以观察到活跃的大脑区域的活动（它也使用放射性的2-DG）。功能性磁共振成像（fMRI）可以观察大脑中活跃的区域，这些区域增加了血液流动和局部血氧水平。

目标5.9 比较电刺激和化学神经刺激、光遗传学方法和经颅磁刺激。

神经元的电刺激和化学刺激是通过电流或通过导管将化学物质注入特定的大脑区域来完成的。光发生方法被用来刺激或抑制特定大脑区域的特定类型的神经元。这些神经元通过基因改造来表达对波长敏感的蛋白质。研究人员将发光二极管植入大脑，使其能发出相应波长的光。打开和关闭灯光可以让研究人员控制对光敏感的神经元的活动。经颅磁刺激（TMS）使用磁信号刺激或抑制TMS装置下的神经元。与其他刺激神经活动的方法不同，TMS是无创的。

## 思考题

你听说过大脑训练程序或手机应用程序可以激活你的大脑吗？你是否想知道这些说法是否准确，或者它们是如何被检验的？给一个朋友写封电子邮件，他对用大脑训练程序来测量大脑活动背后的研究感到好奇。在你的邮件中，描述你预测研究人员用来测量参与者大脑活动的技术。解释为什么这种技术是合适的。

# 神经化学方法

有时我们感兴趣的不是大脑特定区域的一般代谢活动，而是拥有特定类型受体或产生特定类型神经递质或神经调质的神经元的位置。我们可能还想测量在特定环境下特定大脑区域的神经元分泌的这些化学物质的量。

### 寻找产生特定神经化学物质的神经元

目标5.10 描述研究人员如何识别产生特定神经化学物质的神经元。

假设我们知道一种特定的药物会影响行为。我们如何去发现对药物作用负责的神经回路呢？为了回答这个问题，让我们举一个具体的例子。几年前，内科医生发现，接触过某种杀虫剂（有机磷酸酯）的农场工人做过特别强烈和奇怪的梦，甚至在醒着的时候出现幻觉。对这些症状的一种合理解释是，这种药物刺激了控制 REM 睡眠(做梦发生的睡眠阶段)的神经回路(毕竟,梦是我们睡觉时的幻觉)。

要问的第一个问题是关于有机磷酸酯杀虫剂的工作原理。药理学家给出了答案:这些药物是乙酰胆碱酯酶抑制剂。正如你在第 4 章学到的,乙酰胆碱酯酶抑制剂是有效的乙酰胆碱激动剂。通过抑制 AChE,药物可以防止乙酰胆碱能突触后乙酰胆碱的快速破坏,从而延长乙酰胆碱能突触后电位。

现在我们了解了杀虫剂的作用,我们知道这些药物作用于乙酰胆碱能突触。我们应该使用何种神经化学方法来发现药物在大脑中的作用部位?首先,让我们考虑我们可以定位特定的神经化学物质的方法,如神经递质和神经调质(我们对乙酰胆碱感兴趣)。至少有两种基本的方法来定位大脑中的神经化学物质:定位化学物质本身或者定位产生它们的酶。

肽(或蛋白质)的化学物质可以通过免疫细胞化学方法直接定位,本章前面已经描述过。脑组织切片暴露于肽抗体并与染料(通常是荧光染料)连接。然后用特定波长的光在显微镜下观察切片。例如,图 5.25a 显示了前脑轴突中包含加压素的位置,加压素是一种肽神经递质。如图所示有两组轴突。其中一组在大脑底部的第三脑室周围形成一簇,呈现出生锈的颜色。另一组,分散在侧隔,看起来像金纤维。(正如你所看到的,经过适当染色的大脑切片可能很漂亮。)

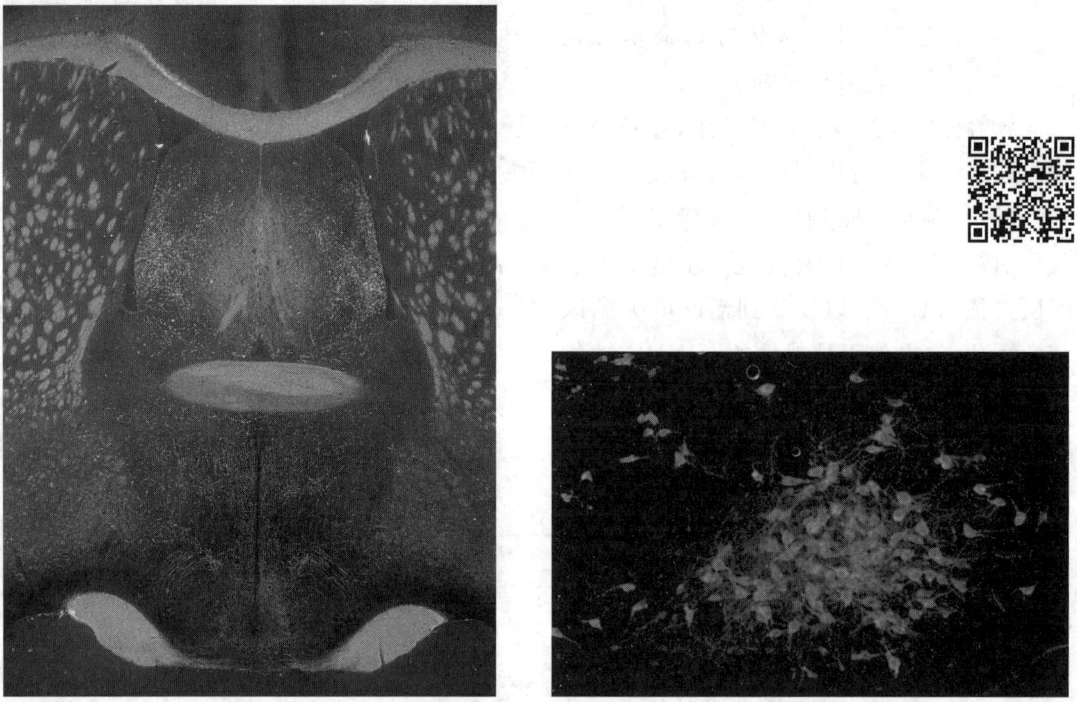

(a) (b)

**图 5.25 肽和酶的定位**

(a) 肽是通过免疫细胞化学揭示的。显微照片显示了通过大鼠前脑的额叶部分。金黄色和锈色的纤维是轴突和终扣,其中含有加压素,一种肽神经递质。(由 Geert DeVries, University of Massachusetts Amherst 提供。)

(b) 免疫细胞化学揭示了一种负责神经递质合成的酶。显微照片显示了穿过脑桥的部分。橙色神经元含有胆碱乙酰转移酶,这意味着它们产生(因而分泌)乙酰胆碱。

资料来源:David A.Morilak and Roland Ciaranello, Nancy Pritzker Laboratory of Developmental and Molecular Neurobiology, Department of Psychiatry and Behavioral Sciences, Stanford University School of Medicine。

研究人员如何定位非多肽的化学物质?在我们的例子中,我们有兴趣研究乙酰胆碱,但它不是一种肽。因此,我们不能用免疫细胞化学方法直接找到这种神经递质。然而,我们可以使用这些方法来定位产生它的酶。因为酶是多肽,所以我们可以使用免疫细胞化学方法来定位它们。乙酰胆碱是由胆碱乙酰转移酶(ChAT)合成的。因此,含有这种酶的神经元几乎肯定会分泌乙酰胆碱。图5.25b显示了经免疫细胞化学鉴定的脑桥内乙酰胆碱能神经元;脑组织被暴露在一种附着在荧光染料上的抗体中。事实上,使用本章描述的许多方法进行的研究表明,这些神经元在控制REM睡眠中发挥作用。

回到我们列举的农药暴露后产生幻觉的例子,如果我们要进行一个实验来证实连续有机磷暴露对ACh系统的影响,我们可能会考虑比较暴露于有机磷酸酯的大鼠与对照组即未暴露组的脑变化。然后我们可以在这两种条件下检查动物的大脑,以评估有机磷暴露对ACh系统的影响。用免疫细胞化学技术研究ChAT可能揭示有机磷酸酯暴露导致神经元中ChAT减少,这支持我们的假设,即杀虫剂对ACh系统有影响。为了证实一种行为效应,我们也可以用本章中另一项技术——脑电图来观察处于REM睡眠阶段的动物。

## 特异性受体定位

目标5.11 比较放射自显影和免疫细胞化学定位的特定受体。

正如我们在第2章中所看到的,神经递质、神经调质和激素通过与细胞上或细胞内的受体结合来向目标细胞传递信息。这些受体的位置可以通过两个不同的过程来确定。

第一个确定受体位置的步骤是使用放射自显影法。本章前面介绍了放射自显影技术中用于确定代谢活性细胞(通过消耗放射性2-DG)位置的基本步骤。在类似的程序中,为了确定受体的位置,放射自显影术要求我们将脑组织切片暴露于含有特定受体的放射性锂的溶液中,而不是用于识别任何代谢活性细胞的放射性2-DG。接下来,我们冲洗切片,以便它们中唯一剩下的放射性来自与受体结合的放射性配体的分子。最后,将幻灯片带入暗室,涂上显影乳剂,显影以定位放射性配体,从而定位受体。

让我们将这种定位受体的方法应用到我们在这一章中讨论的第一项研究中:下丘脑腹内侧核(VMH)在雌性大鼠性行为中的作用。到目前为止,我们已经发现VMH的病变可以消除这种行为。我们还发现,如果大鼠的卵巢被切除,这种行为不会发生,但这种行为可以通过电或兴奋性氨基酸刺激VMH而被激活。这些结果表明卵巢产生的性激素作用于VMH的神经元。我们下一步可以用放射自显影来寻找性激素的受体。我们将大鼠的大脑切片暴露在放射性激素下,冲洗干净,并进行放射自显影。如果我们这样做了,我们就会在VMH中发现放射性物质。(如果我们比较雌鼠和雄鼠的大脑切片,我们会发现雌鼠大脑中有更多激素受体的证据。)

在大脑中定位受体的第二个过程使用了另一种你已经在这一章中遇到的技术:免疫细胞化学。受体是蛋白质;因此,我们可以产生针对它们的抗体。我们将脑组织切片暴露在适当的抗体(用荧光染料标记)下,然后在特定波长的光线下用显微镜观察这些切片。

我们可以利用这项技术来了解更多关于性激素在VMH中的作用以及它们在女性性行为中的作用。我们可以用抗体代替雌激素受体,而不是用放射自显影来确定性激素受体的位置。这将允许我们使用免疫细胞化学,将染料分子附着在抗体上,并在显微镜下观察标记的受体。虽然这种方法将产生与使用放射自显影定位特定受体相同的结果,但其优点是不需要获得放射性配体,并且能够在显微镜下观察单独标记的细胞。

## 测量大脑中分泌的化学物质

目标 5.12 回顾使用微透析测量大脑化学物质的步骤。

虽然我们可以使用放射自显影和免疫细胞化学来测量雌性大鼠性行为的特定受体，但这些信息只告诉我们突触后细胞的结构。假设我们也对了解 VMH 中突触前细胞分泌的化学物质感兴趣。为了测量大脑特定区域的神经传递素释放量，我们使用了一种叫做**微透析**的方法。

**透析**是一种通过人工膜分离物质的过程，人工膜对某些分子具有渗透性，但对其他分子没有渗透性。微透析探针由一根小金属管组成，该金属管将溶液引入透析管的一段——一段圆柱形的人工膜，密封在底部。另一根小金属管在溶液通过袋内循环后将溶液引开。这种探头的示意图如图 5.26 所示。

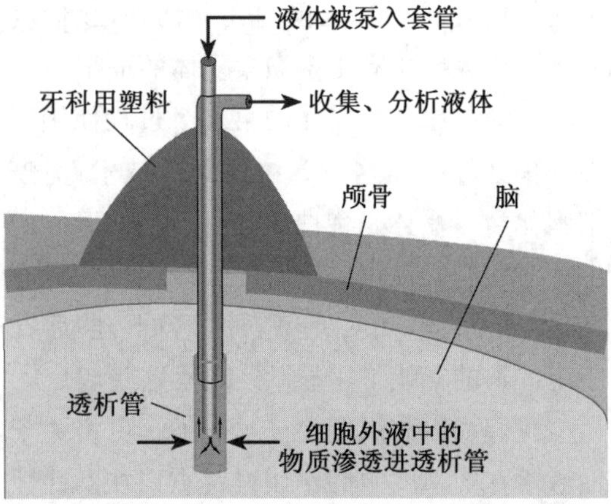


**图 5.26 微透析**

稀释的盐溶液被缓慢地注入到微透析管中，在那里它吸收了从细胞外液中扩散进来的分子，然后分析液体的含量。

我们可以使用立体定向手术在大鼠的大脑中放置一个微透析探针，这样探针的尖端就位于我们感兴趣的区域(VMH)。我们将少量类似细胞外液的溶液通过一个小金属管泵入透析管。液体通过透析管循环，通过第二根金属管，然后从第二根金属管中取出进行分析。当液体通过透析管时，它从大脑的细胞外液中收集分子，这些分子被扩散力推入膜。

我们用一种非常灵敏的分析方法分析通过透析管的液体的含量。这种方法非常灵敏，它可以检测到神经递质(以及它们的分解产物)，这些神经递质是由终扣释放出来的，从突触间隙逃到细胞外液的其他部分。我们发现 VMH 的细胞释放出许多不同的神经递质，包括去甲肾上腺素。微透析发现，当女性服用性激素后出现性行为时，去甲肾上腺素的释放会增加，而当行为不出现时，去甲肾上腺素的释放不会增加(Vathy and Etgen, 1989)。

在少数特殊情况下(例如，在监测颅内出血或头部外伤患者的脑化学物质方面)，微透析程序已被应用于对人类大脑的研究，但出于伦理原因，不能用于研究目的。幸运的是，有一种非侵入性的方法可以测量人脑中的神经化学物质。虽然 PET 扫描仪是昂贵的机器，它们也是通用的。它们可以用来定位任何放射正电子的放射性物质。

图 5.27 显示了对帕金森病患者大脑的 PET 扫描，这些患者在使用合成阿片制剂后出现类似帕金森病的症状。利用立体定向仪将胎儿多巴胺分泌神经元移植到基底节区。正如你读到的，在患者手术前和手术后一年多的时间里对其大脑进行 PET 扫描。在每次扫描前一小时，患者被注射了放射性左旋多巴。正如你在第 4 章学到的，左旋多巴被多巴胺能神经元的末端占据，在那里它被转化成多巴胺；因此，扫描显示的放射性表明基底神经节存在多巴胺分泌终端。扫描显示患者接受移植手术前后的放射性水平。如你所见，基底神经节在手术后含有大量的

多巴胺。

我们希望可以这样说，胎儿移植手术已经治愈了帕金森病患者和那些被污染药物损害了大脑的人。不幸的是，正如我们将在第 15 章看到的，移植的治疗效果通常是暂时的，随着时间的推移，严重的副作用经常出现。

表 5.3 总结了本节的研究方法。

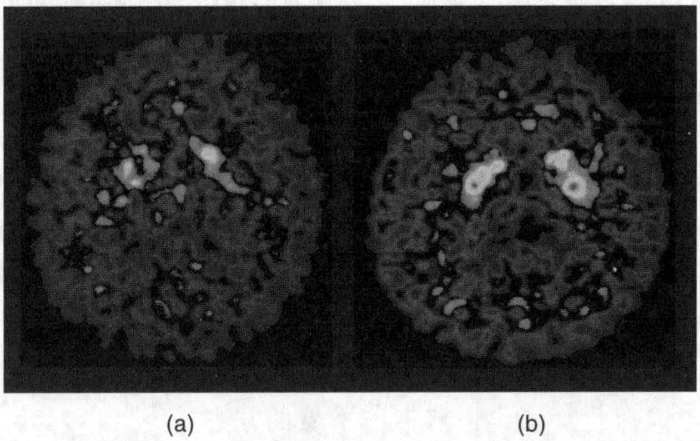


**图 5.27 帕金森病样症状患者 PET 扫描**

扫描显示，在接受胎儿多巴胺能神经元移植前后，帕金森病样症状患者基底节区吸收了左旋多巴。(a)术前扫描。(b)术后 13 个月扫描。左旋多巴摄取增加表明移植的是分泌多巴胺神经元。

资料来源：Widner，H.，Tetrud，J.，Rehncrona，S.，et al.，Bilateral fetal mesencephalic grafting in two patients with Parkinsonism induced by 1-methyl-4-phenyl-L，2，3，6-tetrahydropyridine（MPTP），*New England Journal of Medicine*，1992，327，1556—1563）。经许可转载。

**表 5.3 研究方法：第三部分**

| 方法目标 | 方　法 | 评　价 |
|---|---|---|
| 测定神经元释放的神经递质和神经调质 | 微透析 | 可以分析各种各样的物质 |
| 识别产生特定神经递质或神经调质的神经元 | 肽或蛋白质免疫细胞化学定位<br>负责合成物质的酶的免疫细胞化学定位 | 需要特异性抗体<br>物质不是肽或蛋白质时有用 |
| 识别含有特定类型受体的神经元 | 放射配体免疫放射化学定位的放射自显影定位 | 需要特异性抗体 |

# 本节回顾

## 神经化学方法

目标 5.10　描述研究人员如何识别产生特定神经化学物质的神经元。

使用免疫细胞化学方法，研究人员可以在特定的神经元中定位化学物质本身或定位产生感兴趣的神经化学物质的酶。

目标 5.11　比较放射自显影和免疫细胞化学定位的特定受体。

为了识别特定的受体，需要将脑组织浸入含有放射性配体的溶液中。然后制成组织切片，以暴露配体受体的位置。特定受体的免疫细胞化学涉及将脑组织暴露于对感兴趣的受体上的蛋白质具有选择性的抗体中。

目标 5.12 回顾使用微透析测量大脑化学物质的步骤。

首先，使用立体定向术将微透析探针放置到感兴趣的大脑区域。少量类似于细胞外液的溶液通过一个小金属管被泵入大脑，进入透析管。液体通过透析管循环，通过第二根金属管，然后从第二根金属管中取出液体进行分析。当流体通过透析管时，它从大脑的细胞外液中收集分子，这些分子被扩散力推过膜。然后，研究人员可以用一种极其灵敏的分析方法分析通过透析管的液体的脑化学成分。

## 思考题

在这一章中，你会读到一系列的研究，旨在了解雌性大鼠性行为的神经机制。许多不同的方法，包括一些神经化学方法，被用来收集信息和增进对决定这种行为的神经回路的理解。假设你被要求提交一份关于重要行为的神经化学基础研究的资助提案。写一份你的提案摘要，注明：

A. 重要的行为（你可以选择任何与人类或其他动物相关的行为）；

B. 潜在的神经化学物质（可能是神经递质或激蒙，真实的或虚构的）；

C. 一种可以用来识别产生这种化学物质的神经元的方法；

D. 一种可以用来识别化学物质受体位置的方法。

# 遗传方法

所有的行为都是由个体的大脑与其所处环境的相互作用决定的。许多行为特征（比如天赋、个性变量和心理障碍）似乎都是家族遗传的。这一事实表明，遗传因素可能在生理差异的发展中发挥作用，而生理差异最终导致了这些特征。在某些情况下，遗传联系非常明显：缺陷基因干扰大脑发育，神经异常导致行为缺陷。在其他情况下，遗传和行为之间的联系要微妙得多，必须使用特殊的遗传方法来揭示它们。

## 双胞胎研究

目标 5.13 描述双胞胎一致率如何被用来评估遗传因素对行为的影响。

一种估计遗传对特定性状影响的有效方法是在一对单卵双胞胎和双卵双胞胎中比较该性状的一致率。同卵双胞胎有相同的基因型，也就是说，他们的染色体和基因都是相同的。相比之下，异卵双胞胎的遗传相似性平均为 50%。研究人员通过研究记录来确定双胞胎中至少有一人有这种特征——例如，诊断出一种特定的精神障碍。如果这对双胞胎都被诊断出患有这种疾病，他们就被认为是一致的。如果只有一个人被诊断出患有这种疾病，那么这对双胞胎就被认为是不一致的。因此，如果一种疾病有很强的遗传基础，诊断一致的同卵双胞胎的比例将高于异卵双胞胎。例如，正如我们将在第 16 章看到的，双胞胎的精神分裂症发病一致率同卵双胞胎至少是异卵双胞胎的四倍，这一发现为精神分裂症的发展提供了强有力的证据。双胞胎研究发现，许多个人特征，包括个性特征、肥胖的流行、酗酒的发生率以及各种各样的精神障碍，都受到遗传因素的影响。

## 领养研究

目标 5.14 评估收养研究在调查遗传因素对行为的影响中的作用。

另一种估计某一特定行为特征的遗传性

的方法是将早年被收养的人与其生物学上的家庭成员和收养的家庭成员进行比较。所有的行为特征在一定程度上都受到遗传因素、环境因素以及这些因素之间的相互作用的影响。环境因素在本质上是物理的、社会的和生物的。例如，母亲怀孕期间的健康、营养和吸毒行为是产前环境因素，孩子的饮食、医疗和社会环境(家庭内外)是产后环境因素。如果孩子在出生后不久就被领养，遗传因素将与生身父母相关，产前环境因素将与生身母亲相关，大部分出生后环境因素将与养父母相关。

领养研究要求研究人员知道被研究对象的父母的身份，并能够衡量生身父母和养父母的行为特征。如果被研究的人与他们的生身父母非常相似，我们得出的结论是，这种特征可能受到遗传因素的影响。可以肯定的是，研究人员需要排除领养儿童的产前环境可能存在的差异。如果人们更像他们的养父母，我们就会得出这样的结论：这种性格受环境因素的影响。(要确定这些环境因素可能是什么，还需要进一步研究。)记住，遗传和环境因素都涉及特定行为的表达，被研究的人在某种程度上与他们的生身父母和养父母相似。

## 基因组研究

目标 5.15　识别利用人类基因组知识来理解行为的技术的例子。

人类**基因组**由编码我们基因信息的 DNA 组成。由于过去几代人的突变积累，除了同卵双胞胎外，没有两个人拥有相同的遗传信息。单个基因的特殊形式被称为**等位基因**。例如，负责眼部虹膜色素产生的基因的不同等位基因会产生不同颜色的色素。基因组研究试图确定负责各种生理和行为特征的基因在基因组中的位置。

**连锁研究**确定了家庭成员在某一特定特征上的差异——例如，是否存在某一特定遗传疾病。各种各样的标记，即位置已知的 DNA 序列，与个体特征的性质相比较。例如，导致亨廷顿氏舞蹈症的基因被发现位于 4 号染色体上一个已知的标记物附近。研究人员对委内瑞拉一个大家庭中的人进行了研究，这个大家庭中有很多人都患有亨廷顿氏舞蹈症，研究人员发现，这种疾病的存在与否与该标记物的存在与否相关。

同样地，**全基因组关联研究**也因获得全人类基因组 DNA 序列的方法的发展而成为可能。这些研究允许研究人员比较不同个体的全部或部分基因组，以确定人类基因组的差异是否与疾病(或其他特征)的存在或缺失相关。正如我们将在第 16 章看到的，这些研究开始揭示基因的位置，这些基因控制着导致各种精神障碍发展的特征。

## 靶突变

目标 5.16　总结靶突变如何被用来揭示遗传因素对行为的影响。

分子生物学家开发的一种遗传方法已经把一种强大的工具交到神经科学家手中。**靶突变**是在实验室中产生并插入到小鼠染色体中的突变基因。在某些情况下，基因(也被称为敲除基因)是有缺陷的：这些基因不能产生功能蛋白。在许多情况下，突变的靶是一种控制特定化学反应的酶。在其他情况下，这些基因(也被称为敲入基因)会产生一种新的功能蛋白来取代缺失的蛋白，或者产生更多的蛋白质。例如，我们将在第 13 章看到缺乏特定的酶会干扰学习。这一结果表明，这种酶在一定程度上对学习发生所需的突触结构的变化负有责任。在其他情况下，突变的靶是一种本身在细胞中起作用的蛋白质。例如，我们将在第 18 章看到一种特定类型的大麻素受体参与阿片类药物的增强和镇痛作用。研究人员甚至可以产生条件敲除，给予特定的药物，使动物的基因停止表达特定的基因。这使得靶基因在动物发育过程中能够正常表达自己，然后在稍后的时间被敲除(灭活)。研究人员还可以使用基因工程的方法将新基因插入小鼠的DNA中。这些基因可以增加宿主物种中通常存在的蛋白质的产量，或者它们可以产生全新的蛋白质。

## 反义寡核苷酸

目标 5.17　描述反义寡核苷酸如何改变行为。

另一种遗传方法是通过注入**反义寡核苷酸**来阻止特定基因编码的蛋白质的产生。最常见的反义寡核苷酸类型是经过修饰的RNA或DNA链，它们会与信使RNA的特定分子结合，阻止它们产生蛋白质。一旦mRNA的分子以这种方式被捕获，它们就会被细胞中的酶破坏（参见图5.28）。反义是指合成的寡核苷酸包含一系列的碱基，这些碱基与特定基因或mRNA分子所包含的碱基是互补的。

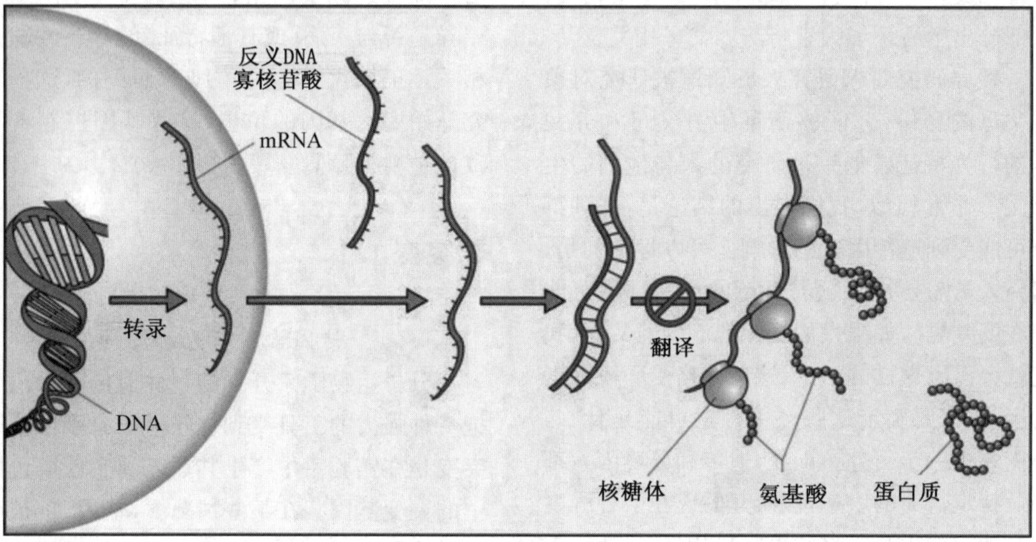


**图 5.28　反义寡核苷酸**

反义寡核苷酸阻碍由特定基因编码的蛋白质的产生。

这种方法在帮助我们理解行为方面有什么作用？以这种方式破坏蛋白质会导致行为的改变，突出了细胞内蛋白质在行为中的重要性。例如，注射反义寡核苷酸破坏雌性大鼠下丘脑腹内侧核中性激素受体抑制雌性性行为（Pollio et al.，1993；Mani et al.，1994）。该方法可用于证实et al.下丘脑腹内侧核中性激素对雌性大鼠性行为的影响。使用这种技术所得到的结果与使用本章强调的其他方法所得到的结果相补充。

表5.4总结了本节中描述的研究技术。

**表 5.4　研究方法：第四部分**

| 方法目标 | 方　　法 | 评　　价 |
|---|---|---|
| 遗传方法 | 双胞胎研究 | 由同卵双胞胎和异卵双胞胎的一致率比较估计性状的遗传力 |
| | 收养研究 | 由后代与养父母和生物学父母的相似性估计性状的遗传力 |
| | 靶突变 | 基因的失活、插入或表达增加 |
| | 反义寡核苷酸 | 与信使RNA结合；阻止蛋白质合成 |

## 本节回顾

### 遗传方法

目标 5.13 描述了双胞胎一致率如何被用来评估遗传因素对行为的影响。

一致率有助于研究人员了解遗传差异对行为变异的影响。例如,如果一种疾病有很强的遗传基础,诊断一致的同卵双胞胎的比例将高于异卵双胞胎。

目标 5.14 评估收养研究在调查遗传因素对行为的影响中的作用。

领养研究帮助研究人员了解基因和环境对行为的影响。

目标 5.15 识别利用人类基因组知识来理解行为的技术的例子。

连锁研究确定了家庭成员在某一特定特征上的差异——例如,是否存在某一特定遗传疾病。全基因组关联研究允许研究人员比较不同个体的全部或部分基因组,以确定人类基因组的差异是否与疾病(或其他特征)的存在或缺失相关。

目标 5.16 总结靶突变如何被用来揭示遗传因素对行为的影响。

靶突变用于改变特定蛋白质的产生。由此导致的行为变化可能与突变的蛋白质有关。

目标 5.17 描述反义寡核苷酸如何改变行为。

反义寡核苷酸可以用来阻止特定蛋白质的产生,揭示其在行为中的作用。

## 思考题

人类在品尝化学物质苯硫脲(PTC)时有多种行为反应。大多数人(约 75%)认为这种无害的化学物质尝起来很苦,并以回避和负面的面部反应来应对。少数人认为 PTC 无味,没有行为反应。PTC 味觉受体的基因在 2003 年被发现。使用本节中的一个或多个方法,描述一项研究,以调查决定 PTC 品尝和行为的遗传基础。

## 本章回顾问题

1. 探讨实验消融的研究方法:脑损伤的理论基础、脑损伤行为效应的评价以及脑损伤的产生。
2. 描述立体定位手术。
3. 描述保存、切片和染色大脑以及研究其部分和相互连接的研究方法。
4. 描述追踪传出和传入轴突的研究方法。
5. 描述研究活体人脑的研究方法。
6. 描述如何测量和记录大脑的神经活动,包括电的和化学的。
7. 描述大脑的神经活动是如何受到化学刺激和电刺激的,以及大脑刺激的行为效果。
8. 讨论确定可能影响行为的遗传因素的研究技术。

# 第 6 章

# 视　觉

## 本章概要


**眠睛**　161

感觉、知觉的简介　161

刺激:光　161

眼的解剖结构　162

光感受器　163

转导　164

中央视觉和周围视觉　166

视神经　167

视觉通路概述　168

**与视觉加工有关的大脑区域**　170

外侧膝状体核　170

纹状皮层　170

纹外皮层　172

**颜色知觉**　174

视网膜神经节细胞对光/暗环境的感知作用　174

视网膜对色觉感知的作用　176

纹状皮层的作用　180

纹外皮层的作用　180

**形状知觉**　184

纹状皮层的作用　184

纹外皮层的作用　185

**空间位置知觉**　192

视网膜的作用　192

纹状皮层的作用　192

纹外皮层的作用　192

**方向和运动知觉**　194

纹状皮层的作用　194

纹外皮层的作用　195


## 学习目标

目标 6.1　区分感觉和知觉。

目标 6.2　描述感知光时包含的可见光、色调、饱和度和亮度等概念。

目标 6.3　识别眼和眼的结构,描述它们在视觉加工中的功能。

目标 6.4　对比视杆细胞和视锥细胞的位置和功能。

目标 6.5　描述视觉刺激的转导过程,包括光敏色素和双极细胞的作用。

目标 6.6　比较中央和周围的视觉特性,包括感受野和眼球运动。

目标 6.7 解释刺激是如何通过视神经传递给大脑的。

目标 6.8 描述视觉通路中信息加工的过程，包括纹状和纹外皮层的作用。

目标 6.9 描述视网膜神经节细胞输入的模式和外侧膝状体核的层次。

目标 6.10 了解纹状皮层在视觉加工中的作用，包括视野映射、细胞色素氧化酶斑块和模块化组织的功能。

目标 6.11 了解在视觉加工中纹外皮层的作用，包括背侧流和腹侧流。

目标 6.12 比较视网膜神经节细胞对光线的 ON、OFF 和 ON/OFF 反应。

目标 6.13 区分三色和拮抗颜色系统理论。

目标 6.14 列出小细胞系统和尘细胞系统对纹状皮层颜色感知的作用。

目标 6.15 以人类和动物的研究为例，描述纹外皮层在色觉和全色盲中的作用。

目标 6.16 考察分析纹状皮层空间频率的神经回路的作用。

目标 6.17 利用研究文献中的实例来验证腹侧流和梭状回面孔区在形状感知中的作用。

目标 6.18 识别视网膜对空间位置感知的作用。

目标 6.19 描述视差、背腹侧流对空间位置视觉感知的影响。

目标 6.20 讨论研究文献中支持纹外皮层在空间位置感知中的作用的例子。

目标 6.21 解释纹状皮层的细胞如何识别方向和充当运动探测器的功能。

目标 6.22 描述 V5 区、MSTd 区和纹外体在运动知觉中的作用。

R 太太经历了一次并未损害她说话或移动能力的中风，但这影响了她的视觉。她描述了自己的视觉体验："我似乎无法识别事物。当我在厨房工作时，只要没有人来动这些东西，我就知道这一切都是什么。有几次我的丈夫试图通过把东西拿走来帮助我，我好像再也看不到它们了。"她笑了。"好吧，我能看到它们，但我说不出它们是什么。"

一名神经心理学家对 R 太太进行检查，她将一些物品从纸袋中取出并放在 R 太太面前的桌子上。医生要求 R 太太在不接触的前提下识别物体。

R 太太专注地凝视着这些物体。

医生指着其中的一块手表。"告诉我你在这儿看到了什么，"她说。

"我看到圆形的东西，它上面有两个东西，一个在顶部，一个在底部。我认为，圆圈里面有一些东西，但我无法弄清楚它们是什么。"

在医生让她把这个物体拿起来后，R 太太说："哦。这是一块手表。"应医生的要求，她一个接一个地拾取剩下的物体，并正确识别每一个物体。

后来 R 太太说她难以区分人。

"当我还在医院的时候，我的丈夫和儿子都进来看我，直到我丈夫说了什么我才知道说话的是谁——然后我就可以知道他的声音来自哪个方向。现在我训练自己去认识我的丈夫。我通常可以看到他的眼镜和他的秃头，但很吃力。而且我被愚弄了几次。"她再次笑了起来。"我们的一个邻居也是秃头、戴着眼镜，有一天，当他和他的妻子来我们这里时，我以为他是我的丈夫，所以我叫他'亲爱的'。"

起初有点尴尬，但每个人都理解我。"脸对你来说是什么样的？"医生问道。

"嗯，我知道这是一张脸，因为我通常可以看到眼睛，它在身体的顶部。我可以通过身体移动来很好地看清这个身体。我有时可以通过某人的身体行动方式来认出这个人是谁。你知道，你经常可以通过走路的方式认出你的朋友，即使他们离你很远。我现在仍然可以这样做。这很有趣，不是吗？我不能很好地看出人们的脸，但我能认出他们的行走方式。”

医生用手做了一些动作。“你能告诉我，我在假装做什么吗？”她问道。

“是的，你正在混合一些东西——像一些蛋糕面糊。”

她模仿了转动钥匙、书写和打出纸牌的姿势，而R太太毫无困难地认出了这些动作。

“你读书有什么困难吗？”她问道。

“嗯，有点，但不是特别糟糕。”

医生给R太太递了一本杂志，她开始大声地朗读这篇文章——有些犹豫但准确。“为什么会这样，”她问道，“我可以准确地认出这些话，但是对于事物和人们的脸有这么大的困难？”

R太太被诊断出患有视觉失认症。失认症（agnosia，“不能认识”）是指患者即使能够觉察出刺激物的细节并保持着相对典型的智力的情况下，却不能感知或识别出刺激物的症状。在这种情况下，失认症是特定于R夫人的视觉。她还患有面孔失认症，一种特定于面孔的失认症。她的失认是由中风后视皮层受损所致的。

这个研究案例阐明了本章中的几个重要观点，包括眼睛和各大脑区域在视觉中的作用以及失明的类型，如物体失认症和面孔失认症。正如我们在第3章中所看到的，大脑执行的两个主要功能：它控制肌肉的运动以产生有意义的行为，调节身体的内部环境。为了完成这两个任务，大脑必须被告知在外部环境和身体以内所发生的变化信息，而这样的信息是由感觉系统接收的。

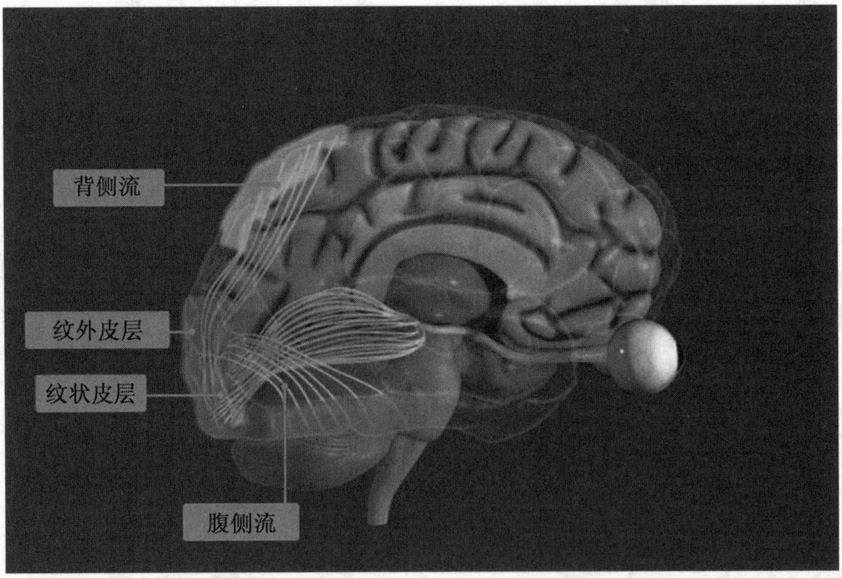


该图显示了对视觉至关重要的大脑区域：纹状皮层、纹外皮层、背侧流和腹侧流。

下一章将讨论听觉、前庭感觉、体感、味觉和嗅觉的感觉模式。而本章会专门讨论视觉，这种感觉模式受到神经科学家、心理学家、解剖学家和生理学家的极大关注。这种关注一方面是来源于视觉器官的复杂性，另一方面用于分析视觉信息的部分占据了人类大脑中相当大的比例。人类大脑皮层的大部分在分析视觉信息中起着直接的作用(Wandell et al., 2007)。

本章第一部分用来介绍眼睛的结构和功能,第二部分考察涉及视觉功能的脑区,最后聚焦色彩、形状、空间定位、动态等视知觉。

# 眼睛

在这一节中,我们将探讨眼睛在视觉中的作用。本节首先介绍感觉和知觉,这与本章和下一章都有关。接下来的部分讨论眼睛检测到的刺激:光。然后,我们将探讨眼球的解剖构造和光感受器在转导过程中的作用,以及中央和周边视觉。最后以讲述视神经的作用和视觉通路的一般概述作为本章的结束部分,视觉通路的内容将在本章的剩余部分进行更深入的研究。

## 感觉、知觉的简介

目标 6.1 区分感觉和知觉。

常言道,人有五感:视觉、听觉、嗅觉、味觉和触觉。事实上,我们有超过五种感觉,但即使是专家也无法在区分各个类别之间的界限上达成共识。我们可以把控制空间运动和平衡的前庭觉加到感觉列表中;内耳除了提供听觉信息外,还提供关于头部方向和运动的信息。而且,触觉(或者,更准确地说,体感)检测压力、温暖、寒冷、振动、肢体位置的变化,以及损伤组织(即产生疼痛)的几种不同事件。每个人都同意我们可以检测出所有的这些刺激,问题在于我们是否应该说,它们是由不同的感官检测出来的。

请仔细观察图 6.1。你看到了什么?你看到彩色图像了吗?在昏暗明亮的灯光下看起来是一样的吗?你看到图像中的形状了吗?你看到图像的三个部分吗?你能识别图中是什么以及它在空间中的位置吗?图像是静止的还是移动的?你的神经系统的哪些部分让你能从颜色、形状和维度这些元素来理解图片?

**图 6.1 视觉错觉的例子:你在图中看到了什么?**

视觉体验既需要感觉又需要知觉。**感觉**涉及神经系统的细胞,这些细胞专职检测来自环境的刺激。这些刺激以特定形式的能量(如光、声或热)出现,检测这种能量的神经元将其转换为经由神经系统传送的动作电位。**知觉**是感官对信息有意识的体验和解释,其过程涉及中枢神经系统的神经元的参与。

本章和下一章会有一些感觉和知觉的具体例子。为了更容易看到不同感觉之间的相似性(及其知觉),这些章节的内容会以非常相似的组织结构展开讲述。对于每一种感觉,我们将从讨论适当的刺激(在本章中是光)和检测它的物理器官(在本章中是眼睛)开始。接下来是关于处理感觉信息的大脑区域的内容。最后,我们将讨论神经系统是如何感知感官信息的(例如,明暗、颜色、形状、空间位置、方向和视觉刺激的运动)。

## 刺激:光

目标 6.2 描述感知光时包含的可见光、色调、饱和度和亮度等概念。

眼睛中存在的感光器是为了检测光刺激。对人类来说可见光是电磁辐射频谱的一个窄带。我们可见的光是波长在 380 纳米到

760 纳米(一纳米是十亿分之一米)之间的电磁辐射(见图 6.2)。其他动物可以检测不同范围的电磁辐射。例如,我们人类看到的白色花朵,蜜蜂可以检测到它们紫外线辐射的差异。我们称之为光的波长范围只是我们人类可以探测到的电磁频谱连续的一部分。

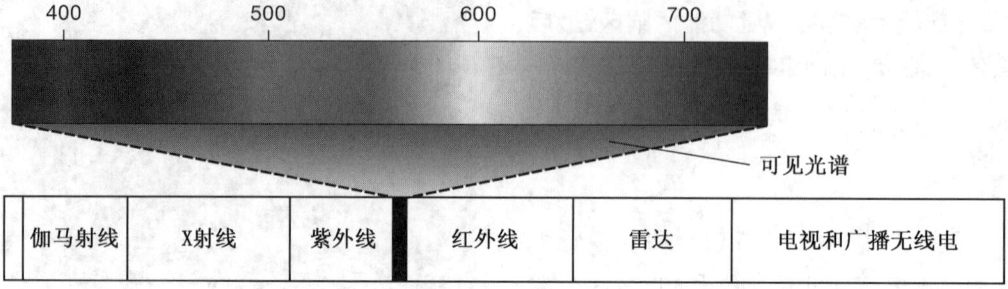


**图 6.2　电磁频谱**

三个维度决定了光被感知为什么颜色:色调、饱和度和亮度。光以每秒约 300 000 千米(186 000 英里)的恒定速度传播。因此,如果波的振荡频率变化,波峰之间的距离将发生相似的变化,但变化的方式相反。较慢的振荡导致较长的波长,较快的振荡导致较短的波长。波长决定光的三个感知维度中的第一个:**色调**。可见光谱显示出了我们眼睛能检测到的色调范围。

光也可以在强度上变化,这对应于光的第二感知维度:**亮度**。如果电磁辐射强度增加,亮度也增加。第三维度,**饱和度**,是指被感知的光的相对纯度。如果所有的辐射都是一个波长,则感知的颜色是纯的或完全饱和的。相反,如果辐射包含所有可见波长,它就不会让人产生色调的感觉,看起来就是白色的。具有中等饱和度的颜色由不同波长的光混合而成。

## 眼的解剖结构

目标 6.3　识别眼和眼的结构,描述它们在视觉加工中的功能。

我们从**感受器**接收环境信息,感受器是一种能够觉察出各种不同物理事件的特定神经元。不要把感受器与神经递质、神经调质和激素的**受体**混淆。感受器是特异化的**神经元**,其他类型的受体是与某些分子结合的特异化的**蛋白质**。刺激被感觉接受器检测出来,并通过某些过程改变细胞的膜电位。这个过程被称为**感觉转导**,因为感觉事件被转导("转化")成细胞膜电位。这些电位变化称为**感受器电位**。与许多其他类型的神经元不同,大多数感受器缺乏轴突,其体膜的一部分与其他神经元的树突形成突触。感受器电位影响神经递质的释放,并能改变这些细胞与神经元之间形成突触的方式。

对于一个人来说,一个图像必须聚焦在**视网膜**上,也就是眼睛的内层。这幅图像导致视网膜上数百万个感觉接收器的电活动发生改变,使信息通过视神经传递到大脑的其他部位。视网膜是大脑的一部分,它和视神经位于中枢神经系统,而不是周围神经系统。

眼睛周围的骨骼和肌肉有助于将图像聚焦在视网膜上。了解骨骼、肌肉和眼睛的物理结构对理解刺激是如何被接收并转化为神经信号很重要。眼睛悬在**眼窝**里——头骨前部的骨凹陷里。眼睛被固定在原位,并由附着在眼球外皮上的六块眼外肌移动,眼球外部的白而坚硬的结构就是"巩膜"。通常,我们无法看到眼球的后面,看到这些肌肉,因为透明的结膜附在眼睛上。这些黏膜排列在眼皮上,然后折叠起来附在眼睛上(从而防止晶状体从角膜上滑落"脱落"到眼球后面)。图6.3展示了眼睛的解剖结构。

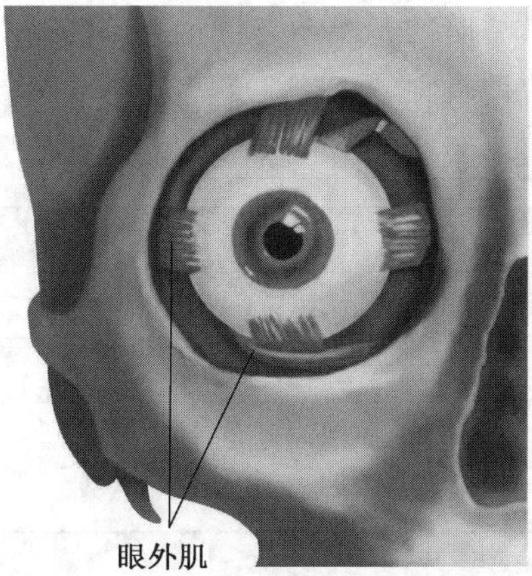


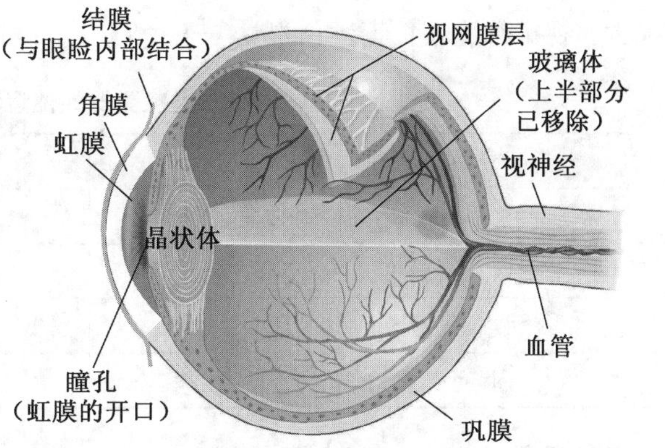


**图 6.3 眼**

(a)眼外肌使眼球转动。(b)眼球的解剖构造

眼睛外层的白色部分——巩膜,不透明且不透光。然而,位于眼睛最前面的在外层的角膜是透明的。进入眼睛的光量是由瞳孔的大小决定的。瞳孔是虹膜的一个开口,是眼角膜后的肌肉色素环。晶状体位于虹膜后面,由一系列透明的组织组成,像洋葱圈层一样。晶状体的形状可以通过"睫状肌"的收缩来改变。这些形状的改变使眼睛能够将远近距离的物体的图像聚焦在视网膜上,这样的过程被称为**调节**。

光线穿过晶状体,再穿过眼睛的主体部分,这里被一个清晰的、凝胶状的物质——玻璃体填满。经过玻璃体后,光线落在视网膜上。其受体细胞被称为**视杆细胞**和**视锥细胞**(因其形状而得名),它们统称为**光感受器**,位于视网膜上。

人类视网膜包含三个主要的细胞层:光感受层,双极细胞层,神经节细胞层。请注意,光感受器位于视网膜的后部,光线必须通过覆盖层才能到达光感受器。幸运的是,这些细胞层都是透明的。双极细胞层和神经节细胞层中细胞的作用将在本节后面陈述(见图6.4)。

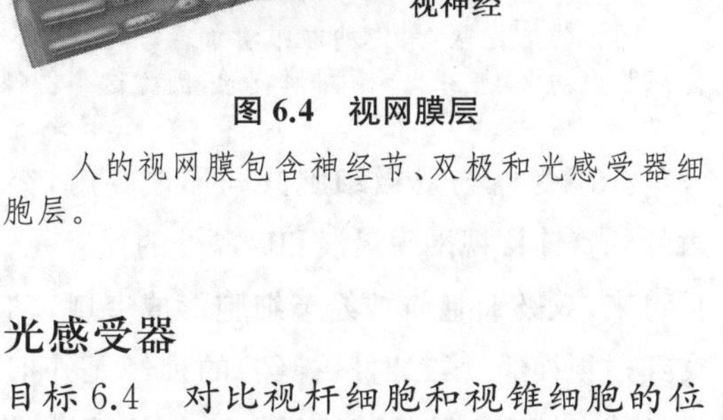


**图 6.4 视网膜层**

人的视网膜包含神经节、双极和光感受器细胞层。

## 光感受器

目标 6.4　对比视杆细胞和视锥细胞的位置和功能。

人类的视网膜大约有1.2亿个视杆细胞和600万个视锥细胞。虽然视杆细胞在数量上大大超过视锥细胞,却是视锥细胞为我们提供了关于环境的大部分视觉信息，特别是白天时的视觉。它们为我们提供了环境中细小的特征信息，因此是最高清晰度的视觉或视敏度的来源。只包含视锥细胞的视网膜**中央凹**，或视网膜中央区域，调解了我们最敏锐的视觉。视锥细胞还负责颜色视觉——我们辨别不同波长光线的能力。虽然视杆细胞不能检测不同的颜色，并提供了较差的视觉，但视杆细胞显然对光线更敏感。在一个非常昏暗的环境中，我们会使用到视杆细胞；因此，在非常昏暗的光线下，我们是色盲的并且缺乏中央凹视觉(见表 6.1)。

**表 6.1　光感受器的位置和反应特性**

| 视锥细胞 | 视杆细胞 |
|---|---|
| 最常见于中央视网膜；在中央凹里发现的 | 最常见于周围视网膜；中央凹里没有 |
| 对中等到高强度光线感到敏感 | 对低强度光线敏感 |
| 提供关于色彩的信息 | 只提供单色信息 |
| 提供优质的敏锐度 | 提供贫乏的敏锐度 |

**视神经乳头**(也称视盘)位于眼球的后部，传递视觉信息的轴突都聚集在这里，视觉信息通过视神经离开眼球传递出去。视盘产生盲点，因为那里没有受体。我们通常不会察觉自己的盲点，但它们被证明是存在的。如果你还没有找到你的盲点，你可能想要尝试做一下图 6.5 描述的练习。

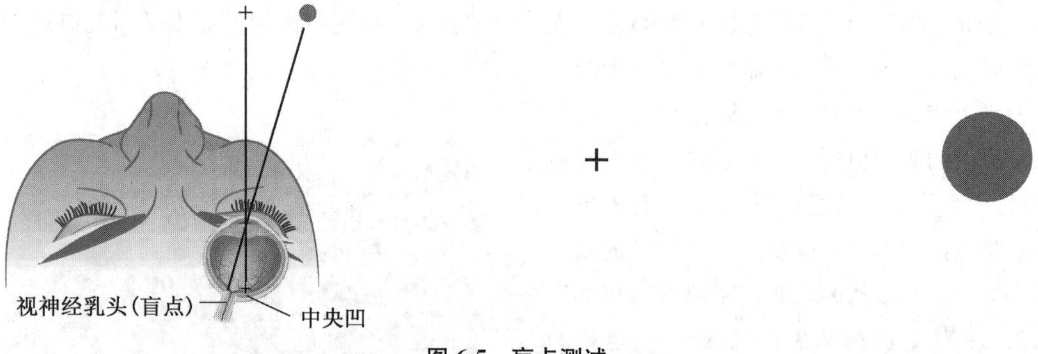


**图 6.5　盲点测试**

闭上你的左眼，用你的右眼看加号，移动这张纸，把这页纸移近一点再移远，来回移动。当这页纸离你的脸大约 20 厘米时，圆圈消失了，因为这个图像刚好落在你右眼的盲点上。

光感受器与**双极细胞**共同形成突触，突触的两臂连接视网膜最浅和最深处的神经元。反过来，双极细胞与**神经节细胞**形成突触，轴突穿过视神经(第二对脑神经)的神经元并把视觉信息带到大脑的其他部分。此外，视网膜含有**水平细胞**和**无长突细胞**，它们两者都以平行于视网膜表面的方向传送信息，因此结合了来自邻近光感受器的信息(见图 6.6)。

## 转导

目标 6.5　描述视觉刺激的转导过程，包括光敏色素和双极细胞的作用。

在形成视觉感知的一系列步骤中，第一步涉及一种叫做光色素的特殊化学物质。**光敏色素**镶嵌在细胞薄片上；膜状薄片构成了光感受器的外在部分。每一个光感受器都由

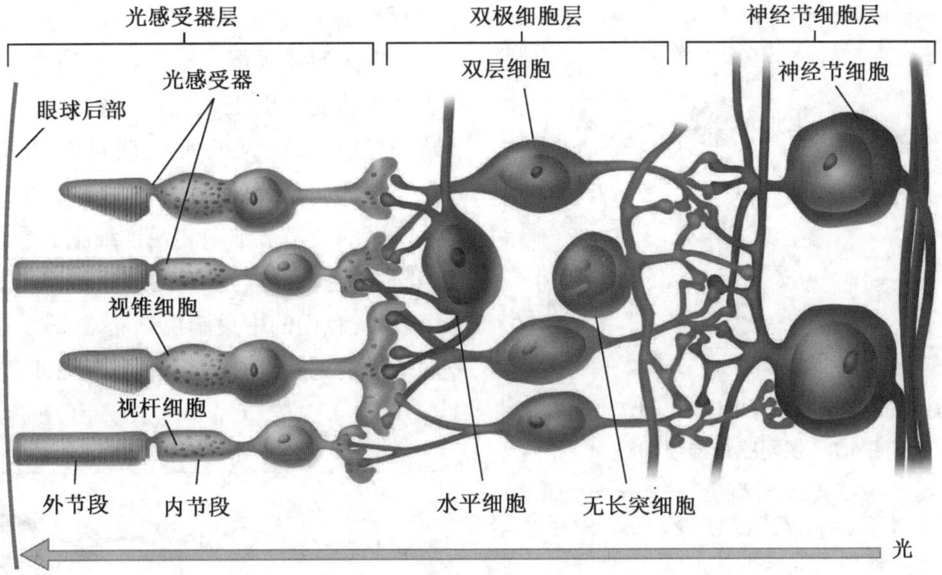


**图 6.6 视网膜神经回路的细节**

资料来源:Dowling, J.E., and Boycott, B.B., Organization of the primate retina: Electron microscopy, *Proceedings of the Royal Society of London*, B, 1966, 166, 80—111。

一个由纤毛连接到包含细胞核的内节的外节组成。

一个独立的视杆细胞包含着大约1 000万个光敏色素分子。这些分子由两部分组成:**视蛋白**(一种蛋白质)和**视网膜**(一种脂质)。视蛋白有几种形式,如:人类视杆细胞的光敏色素**视紫质**构成了视杆蛋白和视网膜。视网膜是由维生素 A 合成的,这就解释了为什么人们常说多吃富含维生素 A 的胡萝卜对你的视觉有好处。

**转导**是一个过程的名称,通过这个过程,来自环境的能量(例如:光)被转换为神经元细胞膜电位的变化。它是一个将外部刺激(如光、声或热)转换为内部刺激(光、声或热探测神经元产生的动作电位)的过程。记住,膜电位的变化可以是兴奋性的(去极化的)或抑制性的(超极化的)。光敏色素负责将光能转换成膜电位的变化。当一个视紫质分子暴露在光下时,它会分解成两种成分:视杆蛋白和视网膜。在脊椎动物中,分裂的光敏色素引发了一系列的细胞内事件,使光感受器膜超极化。

大多数其他类型的感觉感受器(如耳朵中用于听觉的毛细胞)在刺激下变得去极化。另一种理解视觉系统转导的方法是把光感受器看作"黑暗探测器"。当感受器感受到黑暗时,它们会产生去极化反应。当感受到光亮时,它们的反应是超极化。有关超极化和去极化的综述,请参阅第 2 章。

在脊椎动物的视网膜中,光感受器为双极细胞和水平细胞提供输入通道。光感受器和双极细胞不产生动作电位。相反,它们的神经递质(谷氨酸)的释放是由它们的膜电位调节的;去极化增加了神经递质的释放,而超极化减少了神经递质的释放。在黑暗的环境中,光感受器产生去极化并不断释放谷氨酸进入双极细胞的突触。在光照条件下,光感受器是超极化的,少量谷氨酸被释放到双极细胞的突触中(参见图 6.7)。

双极细胞对谷氨酸有两种不同的反应。在中心的双极细胞是由谷氨酸过极化的,而远离中心的双极细胞是去极化的。在中心和

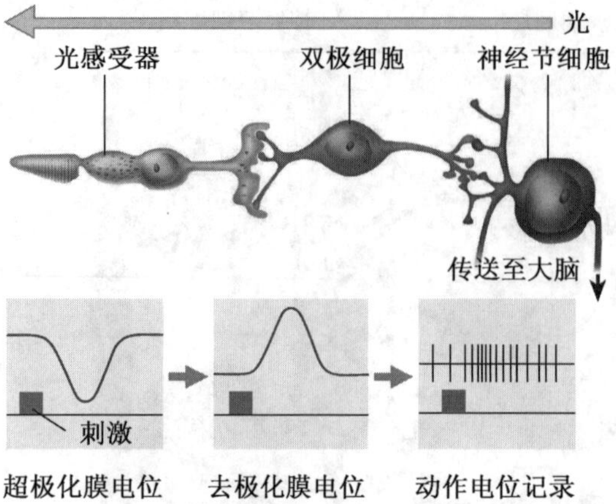


**图 6.7 视网膜的神经回路**

因为光线照射到光感受器会产生超极化，所以光感受器释放的神经递质更少。由于神经递质通常会使双极细胞的膜超极化，这种还原反应会导致去极化。这种去极化导致双极细胞释放更多的神经递质，从而刺激神经节细胞。

资料来源：J. E.，in The Neurosciences: Fourth Study Program，edited by F. O. Schmitt and F.G. Worden. Cambridge，Mass.：MIT Press，1979。

远离中心的双极细胞与神经节细胞结合后，将影响其放电速率。这样，当被转导的信息开始从视网膜进入大脑并进行额外的视觉处理，光照射在光感受器上便可以产生来自双极和神经节细胞的各种反应。位于中心和远离中心这两种通路在感知光和暗方面起着重要的作用，这将在本章后面详细讨论。

## 中央视觉和周围视觉

目标 6.6 比较中央和周围的视觉特性，包括感受野和眼球运动。

视觉系统中神经元的**感受野**是单个神经元“看到”的视野的一部分——是视觉刺激必须处于的位置以使神经元产生反应。特定神经元的感受野位置取决于提供视觉信息的光感受器的位置。如果一个神经元从位于中央凹的光感受器接收信息，它的感受野将在注视点——眼睛的注视点。如果神经元从位于视网膜边缘区的光感受器接收信息，它的感受野将位于一侧。

**中央凹和周围** 在视网膜的边缘区，许多个体的受体会汇聚在一个神经节细胞上，从一个相对较大的视网膜区域中获取信息——因此视野的面积相对较大。然而，中央凹中的神经节细胞和视锥细胞的数量大致相同。这些受体与轴突的关系解释了这样一个事实：我们的中央凹视觉非常敏锐，但我们的周围视觉远没有那么精确(见图 6.8)。

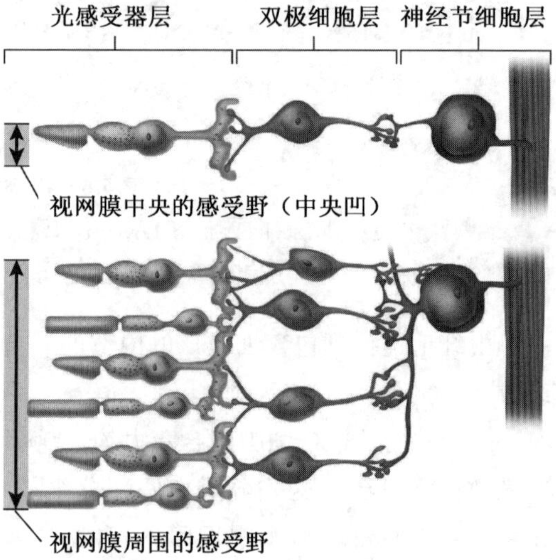


**图 6.8 中央凹与周围的敏锐度**

中央凹的神经节细胞接收到的光感受器输入信号比周围的要少，因此提供了更敏锐的视觉信息。

**眼动的类型** 为了使外界环境的刺激能投射到视网膜上，特别是中央凹上，眼睛会做三种动作：眼球固视运动，眼球扫视运动，眼球追视运动。眼球**固视运动**(VM)是保持双眼注视同一目标的合作运动——或者更准确地说，使目标物体的图像保持在两个视网膜的相应部分。如果你在自己面前举起一根手指，盯着它，然后把你的手指靠近你的脸，你的眼睛会向你的鼻子移动。如果你观察房间另一边的物体，你的眼睛会向外转动，你会看到你手指的两个模糊图像。

当你扫描你面前的场景，你的目光不会

在它的特征之间缓慢而稳定地移动。相反，你的眼球会做剧烈的**扫视运动**——即把目光从一点快速地移到另一点。当你阅读到这本书中的其中一行时，你的眼睛会停下来好几次，在每次停顿之间移动得很快。你难以有意识地控制目光停顿之间的移动速度；在每一次扫视中，眼睛都在以最快的速度移动。只有通过**追视运动**——比方说，当你移动手指时，看着你的手指——你才能让你的眼睛移动得更慢。

在第九章中，你会读到在快速眼动睡眠中发生的快速眼动。这些动作是做梦时出现的扫视运动，与梦中醒觉者的自我报告的视觉表象是相一致的（Roffwarg et al., 1962）。其他研究人员认为，快速眼动睡眠中的扫视可能会触发梦境（Ogawa et al., 2005）。

## 视神经

目标 6.7 解释刺激是如何通过视神经传递给大脑的。

在每个眼球的后部，都会有视网膜神经节细胞的轴突连接在一起形成**视神经**。视神经将信息从视网膜传递到丘脑的一个部位——**外侧膝状体核**（LGN）。视神经在大脑底部连接在一起，形成了X形**视神经交叉**。在那里，来自神经节细胞的轴突服务于视网膜的内半部分（鼻侧），穿过视交叉并向上传到大脑另一侧的外侧膝状体核。来自视网膜外侧（颞侧）的轴突位于大脑的同一侧。晶状体会将投射在视网膜上的影像倒置（同样也会将左右颠倒）。因此，因为来自视网膜鼻侧的轴突穿过大脑的另一侧，每个大脑半球从视觉场景的对侧处接收到信息。也就是说，如果一个人直视前方，大脑的右半球从大脑左半球接收信息，左半球从右侧接收信息。说每个大脑半球仅从对侧眼睛接收视觉信息是不正确的（见图6.9）。

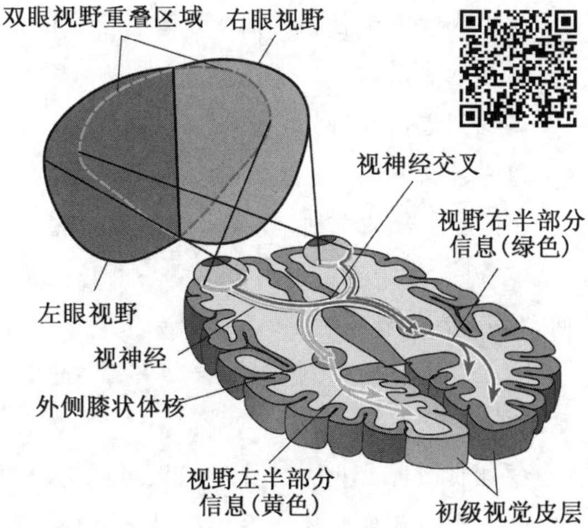


**图6.9 视野**

来自视网膜的纤维也有其他一些非图像形成途径。比如说，下丘脑的一条通路能使动物的活动周期与昼夜交替的24小时达到节律同步（我们将会在第9章学习到这个系统）。其他通路可以协调眼球的运动，控制虹膜的肌肉（从而控制瞳孔的大小）和睫状肌（控制晶状体），并帮助我们将注意力导向视野以外的突发移动。**盲视**是一种大脑皮层区域参与视觉刺激的意识知觉受损的现象，但是其他不涉及意识知觉的视觉通路是完整的。J先生的病例说明了盲视的症状。

J先生拄着拐杖走着，M医生帮助J先生找到椅子坐下。J先生把拐杖递给孙女。“我可以借用一下吗？”M博士向孙女问道。

娜塔莉点点头，把拐杖递给M博士。

“我正在研究的现象叫做盲视，”他说。“让我看看能不能让你看到那是什么，先生。”

“请往前看。继续朝那个方向看，不要动你的眼睛或者转动你的头。我知道你可以看到前面一点点，我不想让你用这种眼光来看我让你做的事情。好的。现在，我想让你伸出你的右手，指着我手里拿着的东西。”

"但我看不到任何东西，我是瞎子!"J先生说，显然他很恼火。

"我知道，但无论如何请试试看。"

J先生耸耸肩，指指点点。当他的手指碰到M博士拿着的手杖末端时，他吓了一跳。

"爷爷，你是怎么做到的?"娜塔莉惊讶地问，"我以为你看不见。"

"我是看不见!"他十分肯定地说。"这只是运气罢了。"

"让我们再试几次，J先生。"医生说。

"一直向前看。"他把拐杖反过来，把手指向J先生。"现在我要你抓住拐杖。"

J先生伸手抓住手杖。

"好。现在请把手放下。"M博士然后转动了90度的拐杖，这样把手就转到了垂直于地面的方向。"现在再来一次。"

J先生这样做了。当他伸出手臂，转动手腕，使其与把手的方向相匹配，他又抓住了他的手杖。

"好，谢谢，你可以把手放下了。"M医生转向娜塔莉。"我现在想测试一下你爷爷，但我希望稍后跟你谈谈。"

正如M博士后来向娜塔莉解释的那样，人脑中包含不止一种，而是几种视觉机制。视觉知觉的皮层结构系统负责我们对周围世界的感知。至少有一个单独的非图像形成途径主要致力于控制眼球运动，并将我们的注意力集中到发生在我们视野一侧的突然运动上。

J先生的中风损害了大脑皮层的视觉系统。他的案例表明，在这个系统被损伤后，人们可以使用非图像形成通路来引导手向一个物体移动，即使他们看不到要寻找的目标物。

## 视觉通路概述

目标6.8 描述视觉通路中信息加工的过程，包括纹状和纹外皮层的作用。

视觉信息从眼睛发送到大脑进行另外的处理。从视网膜上的光探测到复杂视觉场景信息的过程是沿着**视觉通路**进行的(见图6.9)。

如前文所述，视觉通路开始于视网膜的光感受器，它是由双极细胞突触和视网膜神经节细胞突触构成的。视网膜神经节细胞的轴突通过视神经传递到丘脑的外侧膝状体核，从而将视觉信息传送到大脑的其他部分。外侧膝状体核中的神经元通过轴突将视放射线传递给位于枕叶的**初级视皮层**，即V1(第一个视觉皮层区)。初级视觉皮层也被称为**纹状皮层**，因为它包含了一层暗染色层(纹状)的细胞。

视觉信息从初级视皮层发送到**视觉联合皮层**(visual association cortex或V2)的许多区域。V2(视觉处理的第二个皮层区)也被称为**纹外皮层**，因为该区域包围着纹状皮层。关于更复杂的视觉处理方面的信息也可以传递到其他区域，例如V4或V5。从眼睛到丘脑再到皮层的这条总的传导通路为本章中的其他内容提供了框架(图6.10)。

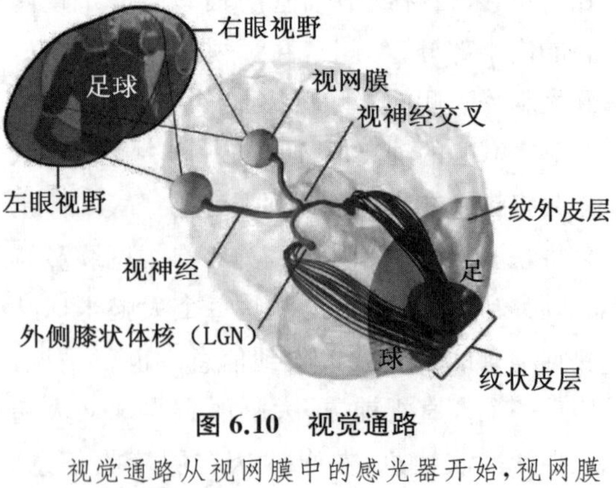


**图6.10 视觉通路**

视觉通路从视网膜中的感光器开始，视网膜通过视神经向外侧膝状体核发送信息，最后传达到视觉皮层。

## 本节回顾

### 眼睛

目标 6.1 区分感觉和知觉。

感觉涉及神经系统的细胞，专门用于检测来自环境的刺激。感知是感官对信息的有意识体验和解释，涉及中枢神经系统的神经元。

目标 6.2 描述感知光时包含的可见光、色调、饱和度和亮度等概念。

可见光是生物体的感光器检测到的光谱的一部分。色调是由光的波长决定的。亮度是由强度决定的。饱和度是由被感知的光的相对纯度(包含一个或多个不同波长)决定的。

目标 6.3 识别眼和眼的结构，描述它们在视觉加工中的功能。

眼睛周围的骨骼和肌肉有助于将图像聚焦在视网膜上。瞳孔调节进入眼睛的光的量。晶状体负责调节。眼睛的视网膜包含光感受器(视杆细胞和视锥细胞)，它们检测光并将其转换成感受器电位。

目标 6.4 对比视杆细胞和视锥细胞的位置和功能。

除了视网膜中央凹外，视杆细胞位于整个视网膜。它们对低强度光敏感，但无法识别颜色或高强度的光。视锥细胞在中央视网膜中普遍存在，包括黄斑中央凹，负责识别颜色和高强度的光。人的视网膜中视杆细胞多于视锥细胞。

目标 6.5 描述视觉刺激的转导过程，包括光敏色素和双极细胞的作用。

光转换成膜电位的变化发生在光感受器的感光过程中。当光敏色素分子暴露在光下时，它就会分解成两个部分。在脊椎动物中，光敏色素分解触发一系列细胞内事件，使光感受器膜超极化。在黑暗中，光感受器被去极化，并不断释放谷氨酸到双极细胞突触中。在光中，光感受器是超极化的，较少的谷氨酸被释放到双极细胞的突触中。双极细胞继而将这些信息传递到神经节细胞，最终进入大脑。

目标 6.6 比较中央和周围的视觉特性，包括感受野和眼球运动。

视觉系统中神经元的接受域是单个神经元“看到”的视野的一部分。在视网膜的边缘，许多个体受体聚集在一个神经节细胞上，从视网膜和视野的一个相对较大的区域获得信息。在视网膜中央凹中，神经节细胞和视锥细胞的数量大致相当。这些受体与轴突的关系解释了这样一个事实：我们的中央视觉非常敏锐，但我们的周围视觉却远没有那么精确。为了防止外界刺激投射到视网膜，尤其是视网膜中央凹，眼睛会做出三种运动：固视运动、扫视运动和追视运动。

目标 6.7 解释刺激是如何通过视神经传递给大脑的。

来自视网膜内半部(鼻侧)的神经节细胞的轴突，通过视交叉，连接在一起形成每个眼睛的视神经，然后向上延伸到大脑相对侧的外侧膝状体核(LGN)，然后延伸到纹状皮层。视网膜外侧(颞侧)的刺激信息通过视神经和外侧膝状体核到达纹状皮层，保留在大脑的同一侧。

目标 6.8 描述视觉通路中信息加工的过程，包括纹状和纹外皮层的作用。

视觉通路开始于视网膜的光感受器，它是由双极细胞突触和视网膜神经节细胞突触构成的。视网膜神经节细胞的轴突通过视神经传递到丘脑的外侧膝状体核，从而将视觉信息传送到大脑的其他部分。外侧膝状体核中的神经元通过轴突将视放射线传递给纹状皮层，然后再传递给纹外皮层。

## 思考题

人们在夜晚试图看到微弱的、遥远的灯光或星星时，通常被建议只看他们希望看到的灯光所在位置的一侧。这是个好建议吗？解释为什么这个建议有帮助(或者没有帮助)的理由。

# 与视觉加工有关的大脑区域

视觉信息离开眼睛后，被几个大脑区域依次处理，从丘脑的外侧膝状体核开始，接着是纹状皮层，最后是纹外皮层。以下部分将更详细地描述外侧膝状体核、纹状皮层和纹外皮层的结构和功能。

## 外侧膝状体核

目标 6.9　描述视网膜神经节细胞输入的模式和外侧膝状体核的层次。

外侧膝状体核(LGN)包含六层神经元。每一层以半交替方式接收来自仅一只眼睛的视神经视网膜神经节细胞的信息。第 1、4 和 6 层接收来自对侧(或相对)眼的输入，而第 2、3 和 5 层接收来自同侧眼的输入(见图 6.11)。

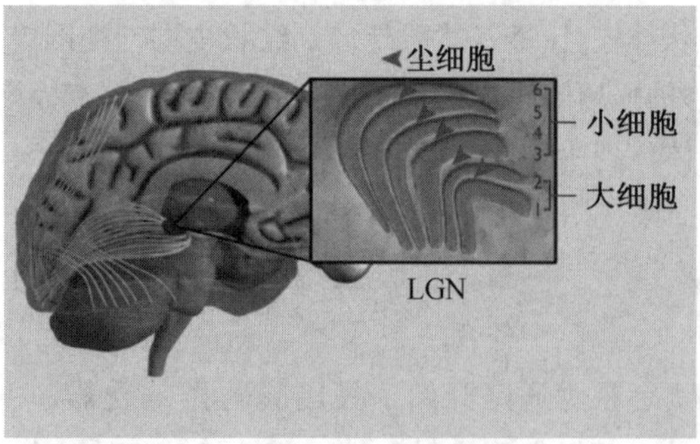


**图 6.11　外侧膝状体核(LGN)**

LGN 由六层细胞组成。

LGN 两个内层中的神经元有着比外部四层更大的细胞体。所以内两层称为**大细胞层**，而外四层包含较小的细胞体，称为**小细胞层**。每个大细胞层和小细胞层的下方都有**尘细胞亚层**内的第三组神经元。我们将在后面看到，这三组层属于不同的系统，它们负责分析不同类型的视觉信息。

## 纹状皮层

目标 6.10　了解纹状皮层在视觉加工中的作用，包括视野映射、细胞色素氧化酶斑块和模块化组织的功能。

20 世纪 60 年代，哈佛大学诺贝尔奖获得者戴维·赫贝尔和托尔斯滕·威塞尔的开创性研究开启了视觉感知生理学研究的一场革命(Hubel and Wiesel, 1977, 1979)。赫贝尔和威塞尔发现，视觉皮层中的神经元不仅仅对光斑做出反应，它们还选择性地对视觉世界的特定特征(或轮廓)做出反应。也就是说，视觉皮层内的神经回路组合来自多个来源(例如来自轴突通过外侧膝状体核从几个不同的神经节细胞接收到的信息)的信息，用以检测比外侧膝状体核中的单个神经节细胞或细胞视野域大的特征。纹状皮层(V1)接收来自 LGN 的输入，并且是第一个涉及从多个来源结合视觉信息的皮层区域。

视网膜神经节细胞编码落在它们感受野的中央和周围的大量光的信息，并且在许多情况下，是该光的波长的信息。纹状皮层对这些信息进行额外的处理，然后将其传递到纹外皮层。

如果我们把大脑半球的纹状皮层看作一个整体——也就是说，如果我们想象我们把它移开，并展开在一个平坦的表面——我们会发现它包含了对侧(或相反侧)一半视野的脑图像。(请记住,大脑的每一面看到的都是视野的另一面。)然而,脑图像的比例是失调的;纹状皮层的大部分(约25%)用于分析来自中央凹的信息,而中央凹只对应于视野中很小一部分(中央所见的视野面积差不多就像一臂远处的大葡萄那么大)。

纹状皮层是一种高度有序的结构。它包含以层排列的神经元细胞,被称为细胞色素氧化酶的群组和模块。下文将介绍这些组织划分。

**层次** 与LGN相似,纹状皮层是由六层平行于表面的带状层排列组成。第四层细分为子层4A、4B、4Cα和4Cβ。这些层包含细胞体的细胞核和树突树,这些树突树在细胞体染色的组织切片中显示为亮带或暗带。

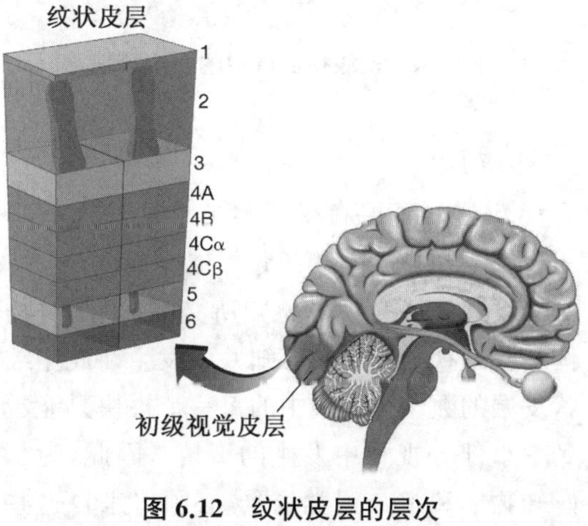


**图6.12 纹状皮层的层次**

**细胞色素氧化酶** 斑块在纹状皮层,来自颜色敏感神经节细胞的信息通过LGN的小细胞和细胞膜层,传递到聚集在**细胞色素氧化酶斑块**中的特殊细胞。细胞色素氧化酶斑块存在于纹状皮层的第2、3、5、6层,但在5、6层比较模糊(Horton and Hubel,1980;Humphrey and Hendrickson,1980)。

图6.13展示了猕猴的纹状皮层和邻近区域纹外皮层的切片显微照片。你可以看到纹状皮层(V1)内的细胞色素氧化酶斑块,它也存在于纹外皮层中。分布在纹外皮层中富含细胞色素氧化酶的神经元由三种条纹组成:粗条纹、细条纹和细条纹。

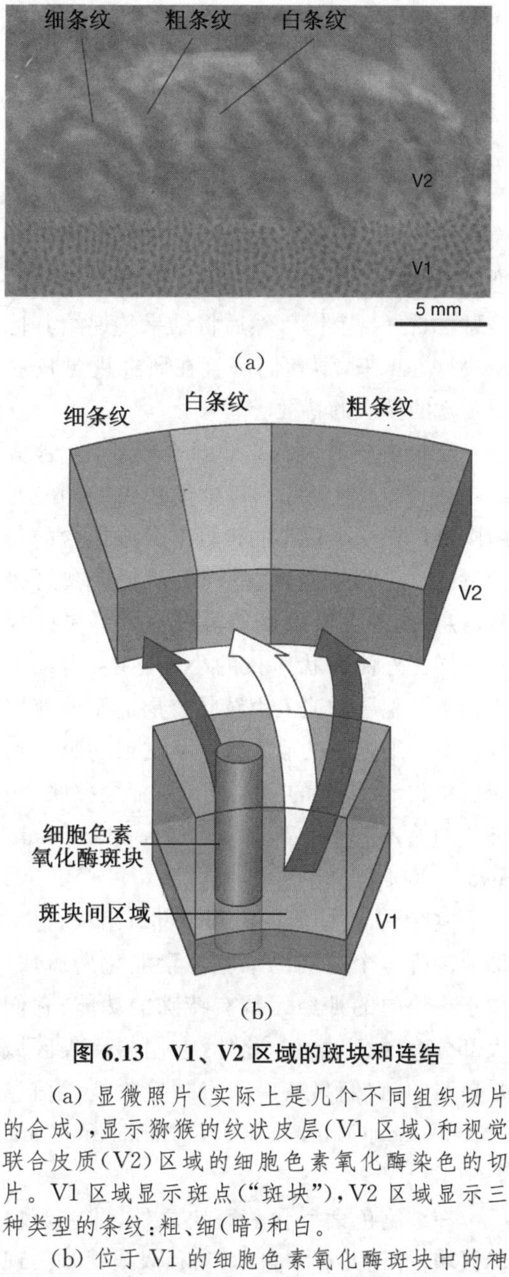


**图6.13 V1、V2区域的斑块和连结**

(a)显微照片(实际上是几个不同组织切片的合成),显示猕猴的纹状皮层(V1区域)和视觉联合皮质(V2)区域的细胞色素氧化酶染色的切片。V1区域显示斑点(“斑块”),V2区域显示三种类型的条纹:粗、细(暗)和白。

(b)位于V1的细胞色素氧化酶斑块中的神经元在V2中呈细条纹状。位于V1的细胞色素氧化酶斑块区间中的神经元在V2中呈苍白和厚条纹。

资料来源:Sincich,L.C.,and Horton,J.C.,The circuitry of V1 and V2:Integration of color,form,and motion,Annual Review of Neuroscience,Volume 28 © 2005,303—326,by Annual Reviews www.annualreviews.org。

纹状皮层细胞色素氧化酶斑块中的神经元对应细条纹，斑块外的神经元（在斑块间区）对应粗条纹和细条纹外皮层（Sincich et al.，2010）。细条纹部分的神经元接收有关颜色的信息，而粗条纹和细条纹部分的神经元接收有关方向、空间频率、运动和视网膜视差的信息。

**模块** 大多数研究者认为大脑皮层是由模块组成的，其大小可能从十万到数百万个神经元不等。每个模块接收来自其他模块的信息，执行一些计算，然后将结果传递给其他模块。近年来，学者们一直在研究视觉皮层中发现的模块的特征。

纹状皮层有大约 2 500 个模块，包含大约 150 000 个神经元。每个模块中的神经元用以分析在一个很小的视野部分中包含的各种特征。总的来说，这些模块从整个视野接收信息，而各个模块就像马赛克壁画中的瓷砖一样。外侧膝状体核的小细胞层、尘细胞层和大细胞层的输入由纹状皮层的不同亚层接收。尘细胞层的输入被纹状皮层的第 2、3 亚层接收，大细胞的输入被 4Cα 亚层接收，小细胞的输入被 4Cβ 亚层接收（Nassi and Callaway，2009）。

实际上，这些模块由两个部分组成，每个部分围绕一个共同的细胞色素氧化酶斑块。位于斑块内的神经元具有特殊的功能：它们大部分对颜色敏感。此外，它们的接收区域是单眼的，它们只从一个眼睛接收视觉信息（Kaas and Collins，2001；Landisman and Ts'o，2002）。

在细胞色素氧化酶斑块之外，即在**斑块间区域**，神经元对方向、运动和双眼视差表现出敏感性，但大多数无法识别颜色（Born and Tootell，1991；Edwards et al.，1995；Livingstone and Hubel，1984）。模块的每一半只接收来自一只眼睛的输入，但是模块内的神经整合来自两只眼睛的信息，这意味着大多数神经元接收双眼的信息（见图 6.14）。

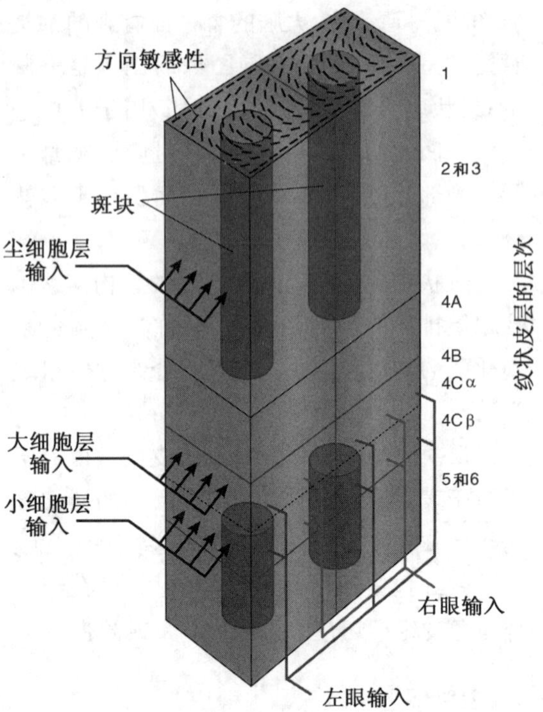


图 6.14 初级视皮层中的一个模块

## 纹外皮层

目标 6.11 了解在视觉加工中纹外皮层的作用，包括背侧流和腹侧流。

纹状皮层为视觉感知所必需，但是对物体和整个视觉场景的感知并不发生在此。纹状皮层的数千个模块中的每一个模块只能看到一小部分视野中发生的事情。因此，为了感知物体和整个视觉场景，必须将来自这些单独模块的信息组合起来。而这种组合发生在纹外皮层。

**纹外皮层的结构** 从纹状皮层接收的视觉信息在纹外皮层中被进一步分析，纹外皮层是环绕纹状皮层的视觉联合皮层的区域。灵长类动物的纹外皮层由另外几个区域（称为 V2—V5）组成，每个区域包含一个或多个视野的独立图像。

每个区域都是特殊化的，里面有对视觉信息的特定特征做出反应的神经元，如方向、运动、空间频率、视网膜差异或颜色。到目前为止，研究人员已经发现了恒河猴的超过 20

个不同区域和亚区的视觉皮层。这些区域是从纹状皮层开始分层排列的(Grill-Spector and Malach, 2004; Wandell et al., 2007)。每个区域从位于它下方的区域(靠近纹状皮层)接收信息、分析信息、并将结果传递到“更高”的区域(远离纹状皮层)以进行进一步的分析。一些信息也以相反的方向传输,但是下降层次结构的轴突比那些提升层次的轴突要少得多。

**纹外皮层的通路** 纹外皮层对视觉的处理分为两种方式:**背侧流**和**腹侧流**。这些流在 V2 区域后分散开。腹侧流开始于 V2 区白和薄条纹中的神经元,延伸到 V4 区,然后连接到**颞下皮层**的各种亚区。背侧流从 V2 区粗条纹中的神经元开始,并上行到**后顶叶皮层**的区域。一些轴突传递来自大细胞系统旁路 V2 区信息:从 V1 区直接投射到 V5 区(也称为中颞区 MT),这是背侧流的区域,用于分析运动(见图 6.15)。

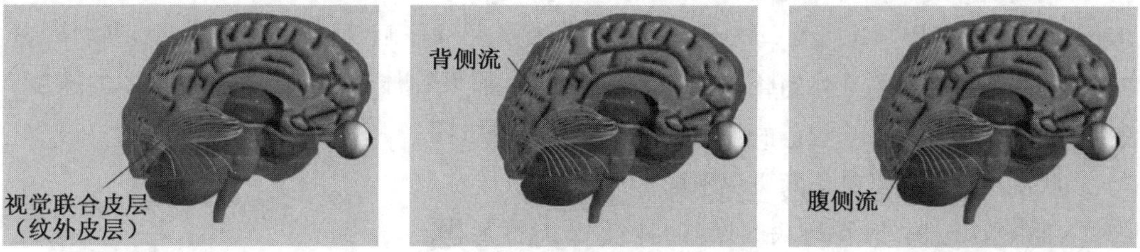


(a) (b) (c)

**图 6.15 纹外皮层的结构和通路**

背侧流终止于后顶叶,并传达“在何处”的信息。腹侧流结束于颞下区域并传达“是什么”信息。

视觉联合皮层的背侧流和腹侧流在视觉处理中扮演着明显不同的角色。背侧流的主要行为功能是提供引导航向和指向对象的熟练运动的视觉信息,而腹侧流的主要行为功能是提供关于对象的大小、形状、颜色和纹理(包括我们要介绍的人)的视觉信息。腹侧流识别物体是什么和它有什么颜色;背侧流识别物体的位置,如果物体在移动,则识别物体的速度和移动方向。

一项针对幼儿的有趣研究证明了视觉系统背侧流和腹侧流两者在形式感知中沟通的重要性(DeLoache et al., 2004)。实验者让孩子们玩大玩具:一个他们可以爬上去滑下来的室内滑梯,一个可以坐的椅子,以及一个他们可以进入的玩具车。孩子们在大玩具上玩耍之后被带出房间,大玩具被换成相同的微型玩具,然后孩子们被带回房间。当孩子们玩迷你玩具时,他们表现得像玩耍大玩具一样:他们试图爬上滑梯,爬上汽车,坐在椅子上。一个孩子说:“进去!”几次又转向妈妈,显然是要她帮他。笔者认为这个孩子的行为反映了背侧和腹侧流之间连接的不完全成熟。腹侧流识别物体的身份,背侧流识别物体的大小,对于还在发育中的大脑中,这两个系统之间信息没有充分共享。

## 本节回顾

### 与视觉加工有关的大脑区域

目标 6.9 描述视网膜神经节细胞输入的模式和外侧膝状体核的层次。

在外侧膝状体核中的六个细胞层中,第 1、4 和 6 层接受来自对侧眼的视网膜神经节细胞的输入,而第 2、3 和 5 层接受来自同侧眼的输入。外侧膝状体核的两个内层是大细胞层,四个外层是小细胞层。在六个层中的每一个层下面都发现了尘细胞亚层。

目标 6.10 了解纹状皮层在视觉加工中的作用，包括视野映射、细胞色素氧化酶斑块和模块化组织的功能。

纹状皮质是第一个整合来自多个来源的视觉信息的视觉皮层。它从外侧膝状体核接收视觉输入并执行该信息的附加处理，然后将其传输到纹外皮层。纹状皮层有六层。第4层又包含四个子层(4A、4B、4Cα 和 4Cβ)。细胞色素氧化酶斑块是从外侧膝状体核的小细胞和尘细胞层接收关于颜色的信息的细胞群。纹状皮层细胞色素氧化酶斑块中的神经元对应细条纹，斑块外(在斑块间区)的神经元对应粗条纹和细条纹。细条纹中的神经元接收关于颜色的信息，而粗条纹和白条纹中的神经元接收关于方向、空间频率、运动和视网膜视差的信息。纹状皮层被分成许多模块，每个模块包含数千个神经元，用于分析一部分视野中的特定特征。

目标 6.11 了解在视觉加工中纹外皮层的作用，包括背侧流和腹侧流。

纹外皮层负责整合来自纹状皮层的各个模块的信息，以使个体能够感知物体和整个视觉场景。纹外皮层的每个区域都是特殊化的，包含对视觉信息的特定特征做出反应的神经元，例如方向、运动、空间频率、视网膜差异或颜色。腹侧流终止于颞下皮质，负责处理物体是什么和它有什么颜色。背侧流终止于后顶叶皮质，负责识别物体的位置，如果物体在移动，则识别物体的速度和移动方向。

## 思考题

花点时间看看眼前的场景，想象一下它的特征是如何被纹状皮层的神经元编码的。描述当前视觉场景的一个对象或部分，并总结这些信息在纹外皮层中的处理位置。

---

# 颜色知觉

有了对视觉系统结构的基本理解，我们现在将注意力转向理解这些结构在更具体的视觉功能中的作用。并非所有视觉系统的组件在参与不同视觉功能的过程中发挥同样的作用。例如，视网膜高度参与基本功能，如区分明暗；而视网膜和皮层加工对于更复杂的视觉是必需的，如识别面部。我们首先探讨视网膜在感知光和颜色方面的作用。随后的章节将探讨视网膜、外侧膝状体核、纹状皮层和纹外皮层在颜色、形状、空间位置、方向和运动的感知方面的作用。

## 视网膜神经节细胞对光/暗环境的感知作用

目标 6.12 比较视网膜神经节细胞对光线的 ON、OFF 和 ON/OFF 反应。

我们环境中的物体有选择地吸收一些波长的光并反射其他波长的光，这些被反射的波长的光在我们眼睛里为物体赋予了不同的颜色。人类的视网膜和许多非人类的灵长类动物的视网膜包含三种不同类型的视锥细胞，给它们(和我们)提供了色彩视觉(Hunt et al., 1998; Jacobs, 1996)。

70 多年前，Hartline(1938)发现蛙的视网膜含有三种神经节细胞。当视网膜被照射时，ON 细胞以兴奋性的动作电位爆发做出反应;当灯被关掉时,OFF 细胞做出反应;当灯打开时,ON/OFF 细胞做出短暂反应;当灯熄灭时,ON/OFF 细胞再次做出反应。Kuffler(1952, 1953)研究猫的视网膜中的神经节细胞,发现它们的感受野由类似圆形的中心组成,周围环绕着一个环。刺激中心场或边缘场则产生相反的效果:ON 细胞被落入中心场(中心)的光激发,被落入边缘场(周围)的光抑制,而 OFF 细胞则以相反的方式反应。当打开或关闭光时,ON/OFF 神经节细胞被短暂地激发。在灵长类动物中,大多数 ON/OFF 细胞主要投射到上丘,上丘主要参与对移动或突然出现的刺激做出反应的视觉反射(Schiller and Malpeli, 1977);因此,这些细胞在形状感知上似乎没有发挥直接的作用(见图 6.16)。

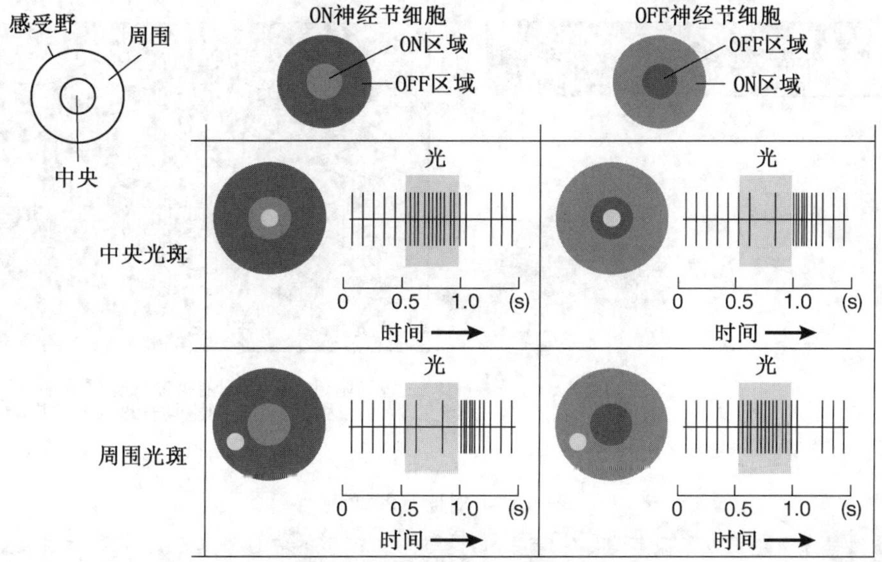


**图 6.16 ON 和 OFF 神经节细胞**

这个图显示了神经节细胞在接受中央或周围的刺激时的反应。

资料来源:Kuffler, S.W., Neurons in the retina: Organization, inhibition and excitation problems, *Cold Spring Harbor Symposium for Quantitative Biology*, 1952, 17, 281—292。

图 6.16 还显示了当灯再次关闭时发生的反弹效应。当灯关闭时,原本放电被抑制的神经元将显示短暂的爆发。相反,放电增加的神经元在灯关闭时会显示短暂的抑制期。

两大类神经节细胞(ON 和 OFF)和它们的感受野组合成相反的中央和周围,为视觉系统的其余部分提供有用的信息。让我们先讨论这两类细胞。神经节细胞通常以相对较低的速率产生动作电位。然后,当感受野中央的照明水平增加或减少时(例如,当物体移动或眼睛进行扫视时),神经节细胞发出照明变化的信号。在光照条件下,ON 细胞信号增加,OFF 细胞信号减少,但两者都通过提高的激发动作电位速率传递光照变化的信息。

一些研究已经证实,ON 细胞和 OFF 细胞发出不同种类的光和暗信息。当猴子服用选择性阻断 ON 双极细胞中突触传递的药物时,它们很难侦察出比背景明亮的斑点,但仍然可以识别出比背景稍暗的斑点(Schiller et al., 1986)。服用这种药物完全破坏了非常微弱的光线下的视觉,而这种视觉通常是由视杆细胞负责的。因此,视杆双极细胞必须全部为 ON 型(如果你仔细想想,就会明白这样的安排是有道理的;在昏暗的灯光下我们更有可能看到深色背景前的明亮物体,而不是明亮背景前的深色物体)。

视网膜神经节细胞感受野的中心环绕组织增强了我们探测物体轮廓的能力,即使物体和背景之间的对比度很低。图 6.17 说明了这种现象。这个图显示了六个亮度均匀增加的灰色正方形。尽管每个正方形都是一样的灰色,但是每个正方形的右边看起来都更亮,而左边看起来更暗,这使正方形之间的边界更加突出。因为视网膜神经节细胞感受野的中央-周围组织的作用,我们把它们分得很清楚。

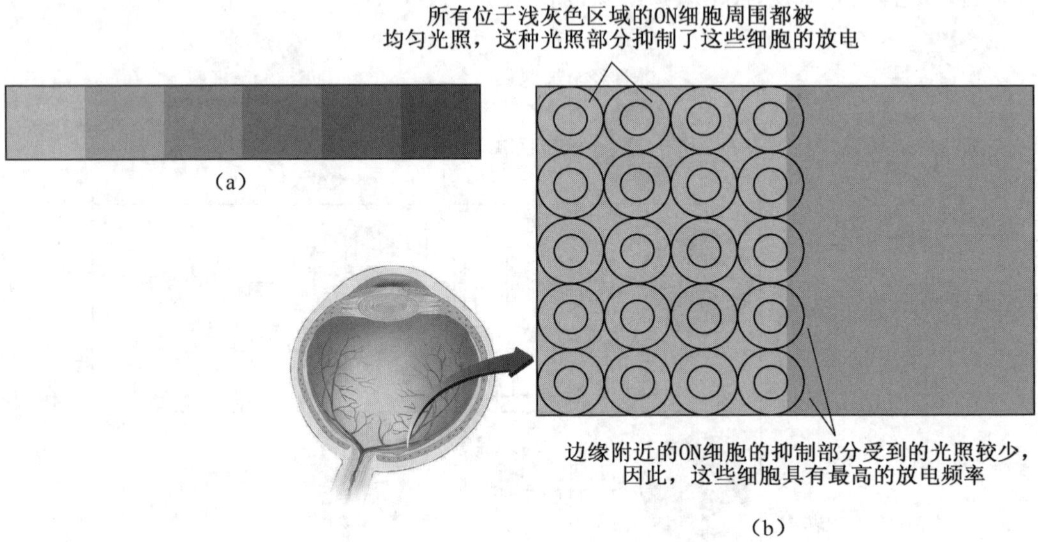


**图 6.17　对比度的增强**

(a) 虽然每个灰色正方形都有均匀的暗度,但是每个正方形的右边看起来比较亮,而左边看起来比较暗。这种效应似乎是由视网膜神经节细胞的感受野的对立的中央-周围排列引起的。

(b) 该图对图 a 中所示现象进行了详细的解释。仅展示 ON 细胞;OFF 细胞负责较暗正方形左侧的较暗区域的呈现。我们看到了一些神经节细胞的感受野的中央和周围(实际上,这些感受野是重叠的,但简化的呈现更容易理解。为了简单起见,这个例子也仅包括 ON 细胞)。较亮和较暗区域之间的过渡的图像落在一些感受野上。中央位于较亮区域其周围有部分位于较暗区域的细胞具有最高的放电率。

## 视网膜对色觉感知的作用

目标 6.13　区分三色和拮抗颜色系统理论。

很多年前,人们就提出了各种各样的色觉理论,直到可以用生理学理论来反驳或证明这些理论。三色理论产生于 1802 年,并提出眼睛检测不同的颜色,因为它包含三种类型的受体,每种受体对单一色调敏感。另一种解释,拮抗颜色系统理论(opponent-color system theory)认为,颜色在视觉系统中可能表现为对立颜色:红色对绿色,黄色对蓝色。

许多人把黄色、蓝色、红色和绿色视为原色,因为它们看起来很独特,看起来不是其他颜色的混合色(黑色和白色也是原色,但我们认为它们是无色的)。所有其他颜色都可以解释为这些原色的混合色。三色系统不能解释为什么黄色被包含在其中——为什么它被认为是一种纯色。此外,一些颜色似乎是混合色,而其他颜色则不。

例如,有的颜色可以说是蓝绿色或黄绿色,橙色看起来既红又黄。紫色中既有红色也有蓝色。但是试着想象一下一片红绿色或蓝黄色。这是不可能的，组成它们的颜色是相对立的。这些并不是三色理论能解释的。所以下面的部分中将讲述，视觉系统使用三色和拮抗系统来编码与颜色有关的信息。

**感光器：三色编码** 高等灵长类视网膜光感受器的生理学研究支持三色理论：三种不同类型的光感受器（三种不同类型的视锥细胞）负责色觉。图 6.18 显示了蓝色、绿色和红色光敏感视锥细胞对光的吸收。研究人员研究了单个光感受器的吸收特性，确定了不同波长的光被光敏色素吸收的量。这些特性受感光体所含的特定视蛋白控制，不同的视蛋白更容易吸收特定的波长。

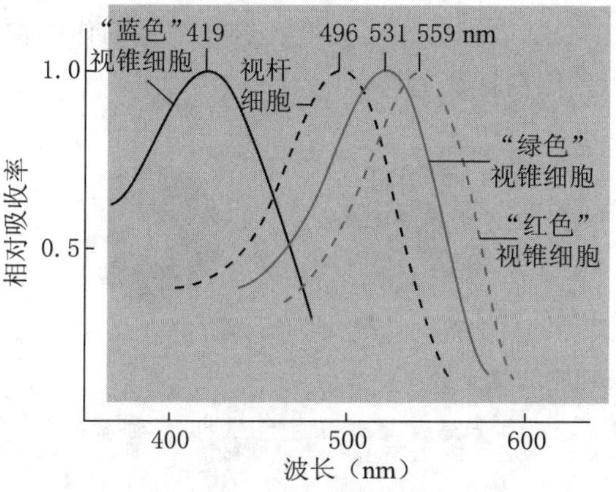


**图 6.18 视杆细胞和视锥细胞对光的吸收**

该图显示了视杆细胞和三种不同的视锥细胞对不同波长的光的相对吸收率。

色觉遗传缺陷是由三种视锥细胞中的一种或多种异常引起的（Wissinger and Sharpe, 1998；Nathans, 1999）。下面描述的两种色觉缺陷是由于 X 染色体上的基因发生病变；因为男性只有一个 X 染色体，所以他们更有可能患有这种疾病。（女性可能在两条 X 染色体中有一条有着正常的基因，这就补偿了有缺陷的染色体。）**色盲**（protanopia，即"第一色觉缺陷"）的人混淆红色和绿色。他们看到世界的颜色是由黄色和蓝色构成的，红色和绿色看起来都是黄色的。他们的视力是正常的，这表明他们的视网膜不缺少"红色"或"绿色"的视锥细胞。这个现象和他们对不同波长的光的敏感性表明它们的"红色"视锥细胞里充满了"绿色"视锥蛋白。患有绿色盲（deuteranopia，即"第二色觉缺陷"）的人也会混淆红色和绿色，并具有正常的视力。他们的"绿色"视锥细胞充满了"红色"视锥蛋白。（换句话说，他们的视觉是二色性的，或者是"两色的"，就像我们祖先和现在大多数哺乳动物一样。）

Mancuso 等人（2009）对缺乏红色视锥色素的成年松鼠猴进行基因疗法。虽然大多数雌性松鼠猴具有三色视觉，但是雄性松鼠猴只有二色视觉，不能区分红色和绿色。曼库索和她的同事使用一种转基因病毒将人类红色视锥色素的基因插入雄猴的视网膜中。手术前后的彩色视觉测试证实基因插入的疗法使猴子从二色视觉转变为三色视觉：它们现在可以区分红色和绿色。

**蓝色盲**（tritanopia，即"第三色觉缺陷"）很罕见，发病率在 10 000 人中不足 1 人。这种紊乱不是由于 X 染色体上的基因有缺陷。因此，它在男性和女性中的发病率是相同的。患有第三色盲的人很难识别短波长的色调，看到的世界是绿色和红色的。对他们来说，晴朗的蓝天是明亮的绿色，黄色看起来是粉红色的。它们的视网膜缺少"蓝色"视锥细胞。因为视网膜中"蓝色"视锥是非常非常少的，所以它们的缺失对视觉没有明显的影响。

最后，有些人有一种非常罕见的遗传状态，视网膜完全没有视锥细胞。这些人具有单色视觉，看到的是黑白的视觉世界和灰色的阴影。下面是一个评估色盲的测验，见图 6.19。

**神经视网膜细胞：拮抗加工编码** 与视锥细胞不同的是，视网膜神经节细胞使用拮抗颜色系统。这些神经元对一对原色有特异性反应，其中红色对绿色，蓝色对黄色（Daw,

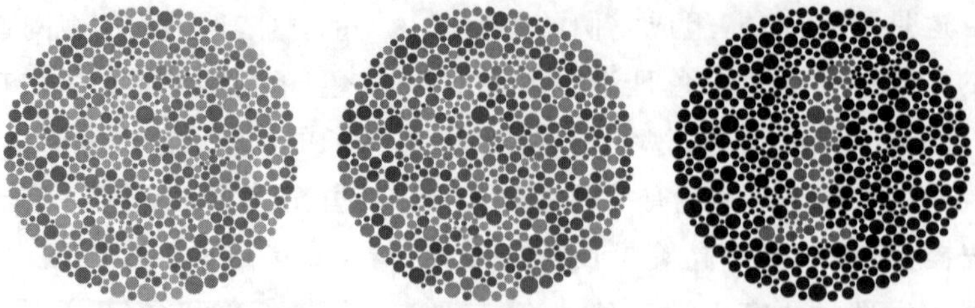


**图 6.19　色觉测验**

用来测验色盲、绿色盲和蓝色盲的测验。测试者向受测者展示测试图片，然后询问他们圆圈里的数字。对于色盲者，他们很难看到红色，因为他们的"红色"视锥中充满了"绿色"视锥蛋白。对于绿色盲者，他们很难看到绿色，因为他们的"绿色"视锥似乎充满了"红色"视锥蛋白。对于蓝色盲者，他们很难看到蓝色，因为他们的视网膜缺乏"蓝色"视锥。

1968；Gouras，1968）。因此，视网膜神经节细胞对两对颜色敏感：红和绿，蓝和黄。一些对颜色敏感的神经节细胞以中心—周围的方式做出反应。例如，细胞可能在其感受野的中心被红色激发并且被绿色抑制，同时在周围做出相反的反应（见图 6.20）。其他接受来自视锥细胞的输入的神经节细胞对不同波长的光的反应没有差别，它们只是简单地编码中心和周围的相对亮度。这些细胞的作用像是"黑白探测器"。

**图 6.20　色觉神经节细胞的感受野**

当有色光照射一部分感受野时，细胞的放电速率增加。当部分感受野以互补色照明时，细胞的放电速率降低。

视网膜神经节细胞对不同波长的光的反应特性由连接三种视锥细胞和两种神经节细胞的特定神经回路决定。

图 6.21 解释了"红色""绿色"和"蓝色"视锥细胞检测色调，并转化为红绿色和黄蓝色神经节细胞的兴奋或抑制的过程。该图没有显示连接视锥细胞和神经节细胞的视网膜神经元实际的神经回路。图 6.21 中的箭头是指光线落在视网膜上的效果。

纯红色、绿色或蓝色光的检测和编码是最容易理解的。例如，"红色"视锥细胞识别红色，引起红绿色神经节细胞的兴奋（见图 6.21a）。"绿色"视锥细胞识别绿色，从而抑制红绿色细胞[见图 6.21(b)]。但是要考虑黄光的影响。因为产生黄色感觉的波长是产生红色和绿色的波长之间的中间波长，所以它会均匀地刺激"红色"和"绿色"视锥细胞。黄蓝神经节细胞同时接受黄色和蓝色视锥细胞的刺激，所以它们的放电速度增加了。红绿神经节细胞被红色激发，被绿色抑制，其放电速率没有改变。大脑从黄蓝神经节细胞的轴突中检测到发射率上升，将它解释为黄色[见图 6.21(c)]。蓝光抑制黄蓝神经节细胞的活性[见图 6.21(d)]。

神经节细胞的拮抗系统理论解释了为什么我们无法感知到红绿色或蓝黄色：发出红色或绿色（或黄色或蓝色）信号的轴突可以增加或减少其放电速率；它不能同时做到这两

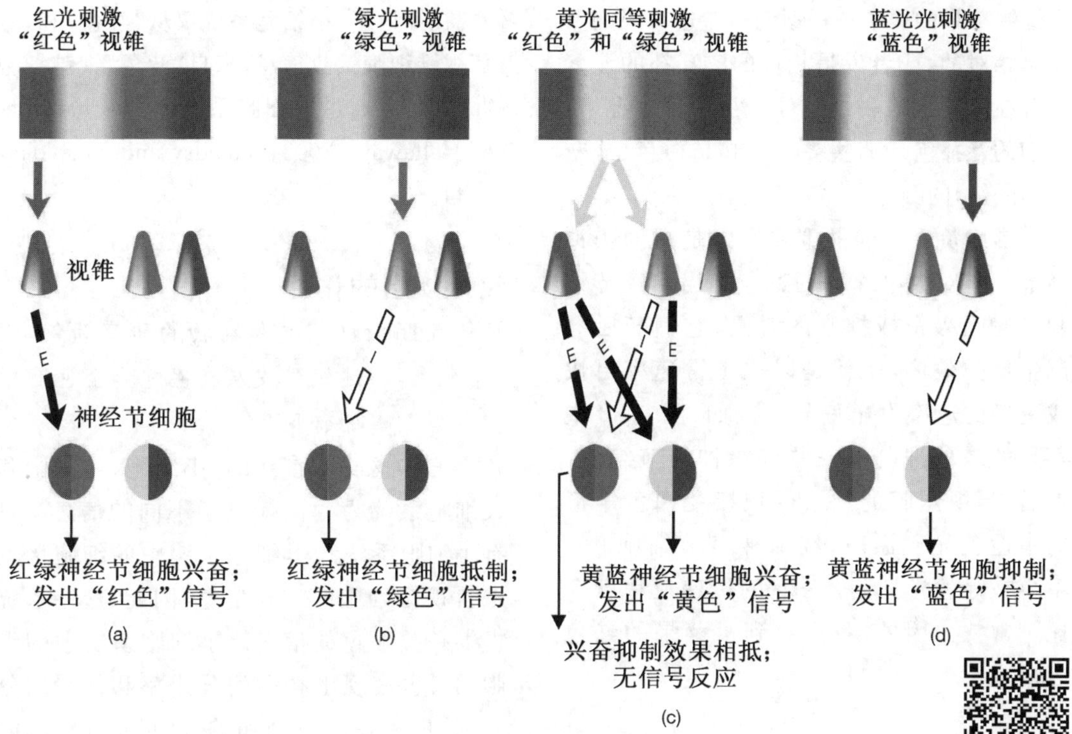


**图 6.21 视网膜上的颜色编码**

(a)红光刺激“红色”视锥，引起红绿色神经节细胞的激发。(b)绿光刺激“绿色”视锥，其引起红绿色神经节细胞的抑制。(c)黄光同等刺激“红色”和“绿色”视锥但不影响“蓝色”视锥。“红色”和“绿色”视锥的激发引起黄蓝色神经节细胞的兴奋。(d)蓝光刺激“蓝色”视锥，引起黄蓝色神经节细胞的抑制。标记为 E 和 I 的箭头表示视网膜内的神经回路，其将视锥的激发转化为神经节细胞的兴奋或抑制。为清楚起见，本图仅列举了一些回路。

点。偏红的绿色必须要求神经节细胞同时发出缓慢而快速的信号，这显然是不可能的。

图 6.22 展示了视觉系统的一个有趣的特性：**负后像**的形成。凝视左边图像中的十字架，持续大约 30 秒。然后快速地看右边白色矩形中的十字架。你会在右边瞬间看到一

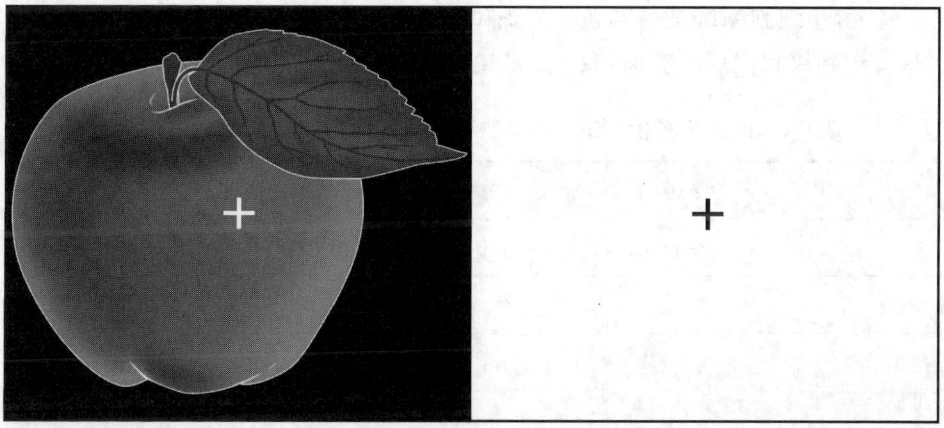

**图 6.22 负后像例子**

凝视左图中心的加号大约 30 秒，然后快速转移而注视右图中心的加号。你会看到与原图相反颜色的苹果。

个红绿苹果的样子——颜色和左边苹果的颜色是相对的，或者说是相反的。互补的元素组合在一起构成一个整体。在这种情况下，它们的**互补色**是那些叠在一起是白色(或灰色的阴影)的颜色。

形成负后像的最重要原因是视网膜神经节细胞对放电速率的适应。当神经节细胞长时间兴奋或抑制的时候，它们随后会产生反弹效应，也就是以比正常速率更快或更慢的速率发出信号。例如，图 6.22 中苹果的绿色抑制了一些红绿神经节细胞。然后，当视网膜的这个区域接受白色矩形的中性色光刺激时，红绿神经节细胞——不再被绿色光抑制——它的传递速率就会比正常快。因此，我们看到了苹果的红色后像。

## 纹状皮层的作用

目标 6.14　列出小细胞系统和尘细胞系统对纹状皮层颜色感知的作用。

视网膜神经节细胞编码落在它们感受野的中心和周围的大量光的信息，并且在许多情况下，是该光的波长的信息。如前文所述，这个信息被传递到外侧膝状体核，然后再到纹状皮层。纹状皮层对这些信息进行额外的处理，然后将其传输到纹外皮层。

以前的研究认为，小细胞系统把与颜色有关的所有信息传送到纹状皮层。然而，我们现在知道了，小细胞系统仅从“红色”和“绿色”视锥细胞接收信息；来自“蓝色”视锥细胞的附加信息通过尘细胞系统传输(Chatterjee and Callaway, 2003; Hendry and Yoshioka, 1994)。

## 纹外皮层的作用

目标 6.15　以人类和动物的研究为例，描述纹外皮层在色觉和全色盲中的作用。

正如我们所看到的，小细胞、尘细胞和大细胞系统为我们提供了不同的信息。只有小细胞系统和尘细胞系统中的细胞接收来自视锥细胞的波长信息，因此，这些系统提供有关颜色的信息。小细胞系统中的细胞同时也表现出高空间分辨率和低瞬间分辨率，也就是说，它们能够检测非常精细的细节，但是它们的回应是缓慢和长期的。尘细胞系统只从“蓝色”视锥接收信息，因为“蓝色”视锥细胞数量远远少于“红色”和“绿色”视锥细胞，所以它不能提供非常精确的信息。与之相对，大细胞系统无法感知颜色。它们探测不到细微的细节，但它们能检测到光明和黑暗之间的较小变化。它们对运动也特别敏感(见表 6.2)。背侧流主要接收大细胞输入，而腹侧流接收来自大细胞系统和小细胞/尘小球细胞系统数量大致相当的输入(见图 6.23)。

**表 6.2　视觉系统中大细胞、小细胞和尘细胞的特性比较**

| 特　性 | 大细胞层 | 小细胞层 | 尘细胞层 |
| --- | --- | --- | --- |
| 颜　色 | 无 | 是(来源于“红”“绿”视锥) | 是(来源于“蓝色”视锥) |
| 对比敏感性 | 高 | 低 | 低 |
| 空间分辨率<br>(检测精细细节的能力) | 低 | 高 | 低 |
| 瞬间分辨率 | 快(瞬时反应) | 慢(持久反应) | 慢(持久反应) |

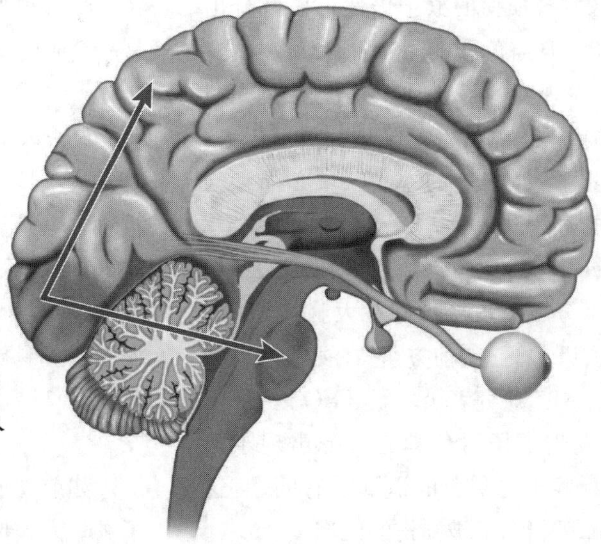


**图 6.23 通过小细胞和尘细胞系统进行颜色处理**

纹状皮层细胞色素氧化酶斑块中的神经元对颜色有不同的反应。就像视网膜上的神经节细胞(以及外膝体背核的小细胞和尘细胞神经元)一样,这些神经元以相对的方式做出反应。这些颜色信息由腹侧流的一部分的纹外皮层进行分析(参见图 6.15 以查看背侧流和腹侧流)。无论是在人造光下、阴天、还是在晴天的中午,观察物体的颜色,其外观都保持不变。这种现象被称为**颜色恒常性**。我们的视觉系统并不仅仅根据物体在视野的各个部分反射的光的波长做出反应,而是对光源进行补偿。这种补偿是通过同时比较视野中每个点的颜色组成与整个场景的平均颜色来进行的。如果场景中包含特别高水平的长波长光(就像物体被落日光照射一样),那么场景中每个点的感知会“减去”一些长波长光。这种补偿有助于我们看到事物实际上是什么。

**实验室动物研究** 在猴脑中,纹状体皮层细胞色素氧化酶斑块中对颜色敏感的神经元将有关颜色信息发送到 V2 的细条纹区域。V2 中的神经元将信息传送到纹外皮层的邻近区域,这块区域我们称为 V4。Zeki(1980)发现该区域的神经元对颜色有选择地做出反应,但是它们的反应特性比 V1 或 V2 神经元的复杂得多。

Schein 和 Desimone(1990)对猴子的纹外皮层 V4 区神经元的反应特性进行了细致的研究,这部分区域接收来自 V2 的白条纹区域的输入。他们发现这些神经元对特定的颜色有反应。一些还对特定方向的彩色条有反应;因此, V4 参与对形状和颜色的分析。色觉神经元有一个非比寻常的次级感受野:一个围绕着初级区域的大区域。当刺激在次级感受野中出现时,神经元不做出反应。然而,发生在这里的刺激可以抑制神经元对初级区域中刺激的反应。例如,如果一个细胞会在初级区域中出现红点时放电,那么当在周围的次级感受野中出现另外的红点刺激时,它将以较慢的速率(或者根本不会)发射。换言之,这些细胞对特定波长的光做出反应,但降低了存在于初级区域中的波长量。正如沙因和德西蒙提出的,这种反应可以作为颜色恒常性的理论基础。

Walsh 等人(1993)验证了这种假设; V4 区的损伤会扰乱颜色恒常性。研究者发现,尽管V4区域被损伤的猴子仍然可以区分出不同的颜色，但当色彩的整体照明发生改变时，它们的表现变差了。但事实上，在恒光照射下，这些猴子仍然可以完成颜色辨别任务，这意味着除了V4之外的一些区域必须参与颜色视觉的过程。

Heywood等人(1995)的一项研究表明，猴子的一部分颞下皮层恰好在大脑的V4区(通常称为TEO区)的前方，它在视觉辨别中起着关键作用。研究者破坏了TEO区，保留了V4区，发现猴子对色彩的区分出现了严重的障碍。猴子对灰色的识别没有问题，这就将这种障碍指向了被损伤的区域。

Conway等人(2007)对猴子的视觉联合皮层区域的神经元的反应性进行了细致分析，包括区域V4和TEO区。利用功能性磁共振成像，研究者们识别出颜色"热点"——由视觉颜色变化信息强烈刺激的小而分散的区域。接下来，他们记录了这些点内外的神经元的反应特性，他们称之为"球体"(很可能术语"斑块"和"球体"的相似性是有意为之的)。他们发现球神经元对颜色有敏感，对形状有微弱的敏感性。相反，球间神经元(位于球体外)对颜色没有反应，但对形状有强烈的选择性。因此，在视觉联合皮层的很大区域内，神经元块对形状或颜色敏感，但无法对两者同时敏感。对颜色敏感的球神经元广泛存在于视觉联合皮层的事实能够解释为何只有相当大面积的脑病变才能引起颜色感知的严重损伤。

**人类研究** 人类有限的纹外皮层区域的损伤可能导致色觉的丧失而不影响视力。有些病人把他们的视觉描述成黑白电影。此外，他们可能无法想象颜色或记住他们在脑损伤发生之前看到的物体的颜色(Damasio et al., 1980; Heywood and Kentridge, 2003)。这种情况被称为**皮质性色盲**(cerebral achromatopsia)。如果脑损伤是单侧的，人们只会在一半的视野中失去色觉。D夫人的案例就是一个独特的皮质性色盲的例子。

D夫人74岁，业余爱好是画油画。她患过两次中风，每个半球的大脑皮层都有一处损伤。中风后的检查显示她的视野是完整的，但D夫人说她的视野是灰色的。几个月后，D夫人说她看到的世界是红褐色的阴影，偶尔会看到明亮、饱和的颜色(Bartolomeo et al., 1997)。

如前文所述，Heywood等人(1995)发现了猴子大脑颞下皮层的一个区域，这个区域的损伤会破坏辨别颜色的能力。人类的相似区域也在颜色感知中起着关键的作用。Hadjikhani等人(1998)进行的一项fMRI研究发现，在猴子大脑皮层的一个与TEO区域相对应的位置，里面有舌回和梭形回的颜色敏感区域，他们称之为V8区域。Bouvier和

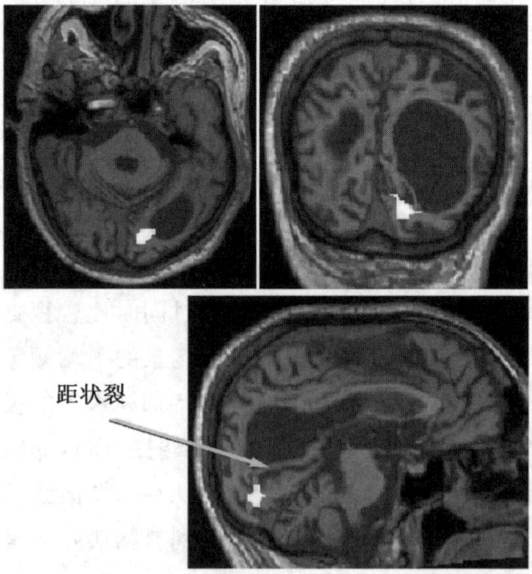


**图6.24 纹状皮层的损伤导致对形状的感知丧失，而不是颜色、知觉的案例**

患者P.B.的纹外皮层被损坏。来自患者P.B.结构性和功能性MRI数据显示正确识别颜色时区域V1(MRI扫描中的白色区域)被激活，尽管他不能感知刺激的形式或形状。

资料来源：ZeKi et al., 1999。

Engel(2006)经过对92例无色盲患者的分析证实,该区域的损伤(与梭形面部区域相邻,部分重叠,本章稍后讨论)会破坏颜色视觉。

我们感知不同颜色的脑功能是帮助我们感知环境中的不同物体。因此,为了感知和理解我们面前物体是什么,我们必须把关于颜色的信息与其他形式的信息结合起来。有些脑损伤的人失去感知形状的能力,但仍能感知颜色。

例如,泽克等人描述了一个能识别颜色但又眼盲的病人。患者P.B.因触电导致心脏和呼吸停止。他活了下来,但缺氧期给他的纹外皮层造成了广泛的损害。结果,他失去了所有的形状知觉。然而,即使他不能识别在视频监视器上呈现的物体,他仍然可以识别它们的颜色(见图6.24)。

## 本节回顾

### 颜色知觉

目标6.12 比较视网膜神经节细胞对光线的ON、OFF和ON/OFF反应。

ON、OFF和ON/OF视网膜神经节细胞包含感受野的中心和边缘部分。在ON细胞中,光刺激感受野的中心(而不是边缘)部分导致动作电位的发生。在OFF细胞中,光刺激感受野的边缘(而不是中心)部分导致动作电位的发生。ON/OFF细胞在光重新亮起时响应,当它熄灭时再次响应。这些细胞主要投射到上丘,上丘参与对运动或突然出现的刺激做出反应的视觉反射。

目标6.13 区分三色和拮抗颜色系统理论。

三色理论提出,眼睛检测不同的颜色,因为它包含三种受体,每种受体对单一色调(蓝色、绿色或红色)敏感。拮抗颜色系统理论的解释是,颜色在视觉系统中表现为对立的颜色:红色对绿色,黄色对蓝色。研究表明,视锥细胞对蓝色、绿色和红色光敏感,这支持了三色理论,视网膜神经节细胞对相对的颜色有特异的反应,红色对绿色,蓝色对黄色,这支持了拮抗系统理论。

目标6.14 列出小细胞系统和尘细胞系统对纹状皮层颜色感知的作用。

小细胞系统仅从"红色"和"绿色"视锥细胞接收信息;来自"蓝色"视锥细胞的附加信息通过尘细胞系统传输。

目标6.15 以人类和动物的研究为例,描述纹外皮层在色觉和全色盲中的作用。

猴子的纹外皮层V4区的神经元对各种波长、方向和颜色恒常性敏感,这增加了开始于纹状皮层的颜色处理过程的复杂性,也说明V4区参与形状和颜色的分析。其他研究显示,灵长类纹外皮层的TEO区域负责额外的颜色和形状感知。人类志愿者的研究揭示了类似于TEO的V8区域的颜色感知,这个区域的损伤会导致色盲。

## 思考题

想象一下,你被要求绘制一个能够产生负后像的图片。描述你将如何构造图像以产生负后像,以及你将从什么方向给观众呈现以帮助他们体验负后像。如需帮助,请参阅图6.22。

# 形状知觉

对视觉信息的分析产生对形状的感知的过程，该过程始于纹状皮层中对空间频率敏感的神经元。这些神经元向V2区传递信息，再传递到纹外皮层的腹侧流。让我们更详细地看看这个过程。

## 纹状皮层的作用

目标6.16 考察分析纹状皮层空间频率的神经回路的作用。

Hubel和Wiesel的早期研究表明，初级视觉皮层的神经元检测到线条和边缘，后续的研究发现，纹状皮层的细胞对正弦波光栅的反应最强(De Valois et al., 1978)。图6.25比较了正波光栅和方波光栅。方波光栅是由一组不同亮度的简单矩形光栅组成的；沿垂直方向亮度逐步(方波)变化[见图6.25(a)]。**正弦波光栅**看起来像一串模糊的、没有聚焦的双杠。沿着与光栅长轴垂直的任何直线，亮度会随着正弦波函数的变化而变化[参见图6.25(b)]。

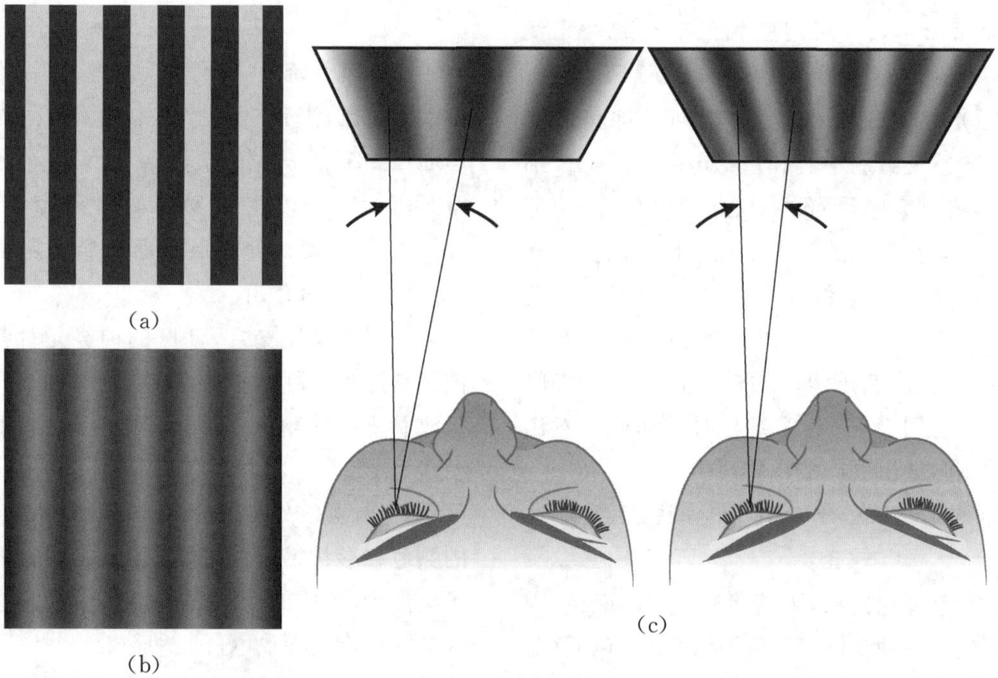

**图6.25 空间频率**

这张图片对比了两种类型的光栅：(a)方波光栅及(b)正弦波光栅。(c)角是画在正弦波之间，而顶点在实验参与者的眼睛上。当波更密集时，在相邻的正弦波上的视角更小。

正弦波光栅是由其空间频率确定的。频率(例如，声波或无线电波的频率)通常用时间或距离表示(例如每秒周期或每米周期的波长)。但是，由于视网膜上的刺激物影像的大小因其离眼睛的距离而异，所以使用的是视角，而不是相邻周期之间的实际距离。因此，正弦波光栅的**空间频率**是其亮度的变化，以每度视角的周期来衡量。

当一个特定空间频率的正弦波光栅被放置在视野的适当部分时，纹状皮层的大多数神经元反应最好。不同的神经元检测到不同的空间频率。

神经回路分析空间频率有什么意义？要回答这个问题，可以考虑高频率和低频率空间提供的信息类型。小物体，大物体的内部细节，以及边缘尖锐的大物体提供了丰富的高频信息，而大范围的光和暗则用低频信息来表示。缺乏高频信息的图像看起来模糊且失焦，就像没有佩戴矫正镜片的近视眼所看到的图像一样。不过这幅图像仍然提供了很多关于环境中的形状和物体的信息；因此，最重要的视觉信息包含在低频空间信息中。除去低频信息后，图像的形状很难被察觉。（进化较早的大细胞系统提供低频信息。）

许多实验都证实了空间频率分析的概念在视觉感知中起着核心作用，数学模型表明，如果首先用空间频率对场景中的信息进行编码，那么场景中的信息就可以非常有效地表达出来。因此，大脑可能以类似的方式来表达信息。在这里，将会用一个例子来帮助我们证明这个概念是有效的。请看图 6.26 中的两张图片。你会觉得是右边的图片而不是左边的看起来更像亚伯拉罕·林肯的脸。然而，这两张图片包含了同样的信息。照片的创作者哈蒙和朱尔斯（Harmon and Julesz, 1973）构建了左边这个图像，这个图形由一系列方块组成，每个方块代表林肯照片的平均亮度。右边这个图像只是第一张图像的简单转换（移除了高频信息）。锐利边缘包含了高空间频率，因此转换消除了这些高空间频率。在左边的图片中，这些频率与原始图片中的信息无关；因此，它们可以被看作是视觉上的"噪声"。过滤过程消除了这些噪点，使图像在人类视觉系统上的呈现更清晰。据推测，左边方块的边缘产生的高频刺激了纹状皮层的神经元，这些神经元被调到了高空间频率。当视觉联合皮层接收到这些嘈杂的信息时，它就很难感知到它暗含的形状。

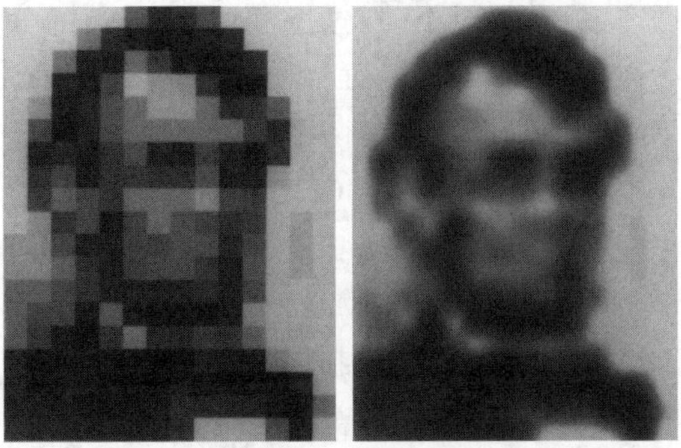

**图 6.26 空间滤波**

这两张图片含有相同数量的低频信息，但是从右边的图片中过滤出了无关的高频信息。如果你从房间的另一头看这些照片，它们看起来一模一样。

资料来源：Harmon, L. D., and Julesz, B., Masking in visual recognition: Effects of two-dimensional filtered noise, *Science*, 1973, 180, 1191—1197. Copyright 1973 by the American Association for the Advancement of Science。经许可转载。

如果你想观察过滤无关高频噪声后的效果，你可以试试下面的演示。从房间的另一头看图 6.26。产生的距离"擦去"了高频，因为它们超过了眼睛的分辨率，所以两张图片看起来是一样的。现在向图片走去，聚焦在左边的图形上。当你靠近时，更高的频率重新出现，这张图会看起来越来越不像林肯的脸。

## 纹外皮层的作用

目标 6.17 利用研究文献中的实例来验证腹侧流和梭状回面孔区在形状感知中的作用。

我们对纹外皮层在形态感知中作用的理解大部分来自对人类和其他动物的研究。下面的章节将说明纹外皮层在识别物体、形态以及类别方面的作用的研究。

**实验室动物研究** 在灵长类动物中，视觉模式的识别和对特定物体的识别发生在位于在颞叶腹侧的颞下皮层。视觉联合皮层位于腹侧流的末端。在这里,形体和颜色的分析被放在了一起,三维物体和背景的感知被实现。下颞叶皮层由两个主要区域组成:后视区(TEO)和前视区(TE)。对这些区域的损害会造成严重的视觉辨别缺陷(Dean, 1976; Gross, 1973; Mishkin, 1966)。(请参阅图 6.15 查看背侧流和腹侧流。)

正如我们前面所看到的,视觉信息的分析是分层的:V1 区域主要分析视野中很小范围的基本信息,后续区域(V2 等)分析更复杂的特征。接受区的大小也会随着层级的提升而增长。与 V4 区相比,在 TEO 区域的神经元接受区大于 V4 区的,而在 TE 区的神经元接受区最大,常常包围了整个视野的对侧(Boussaoud et al., 1991)。一般来说,这些神经元对三维物体(或三维物体的照片)反应最好。它们对点、线或正弦波光栅等简单刺激的反应很差。即使当复杂的刺激物被移到不同的位置、大小被改变、放置在不同的背景下、或被其他物体部分遮挡时,这些神经元中的大多数仍会继续反应(Kovács et al., 1995; Rolls and Baylis, 1986)。因此,它们似乎参与了对物体的识别,而不是具体特征的分析。

事实上,灵长类动物的颞下皮层神经元能对非常复杂的形状做出特定的反应,这表明了负责察觉神经回路的区域的发育必须要经过学习。这的确如此。例如有几项研究发现,灵长类动物的颞下皮层神经元会对猴子见过很多次的物体做出特定反应,但对不熟悉的物体却没有反应(Baker et al., 2002; Kobatake et al., 1992; Logothetis et al., 1995)。颞下皮层在学习中的作用将在第 13 章中详细讨论。

**人类研究** 有关大脑纹外皮层遭受损伤的人群的研究提供了很多关于人类视觉系统是怎么组织的信息。近年有关功能成像的研究大大扩展了我们的认识。

视觉失认症 损害人类纹外皮层会导致一种被称为**视觉失认症**的视觉缺陷。R 夫人的病例在这一章开头就被描述过,她的视觉失认症是由她纹外皮层的腹侧流损伤引起的。正如我们所见的那样,她不能用视觉辨认出一般的物体,即使她拥有相对正常的视力。然而,她仍然可以阅读,即使是很小的字,这表明了阅读过程比起物体感知过程涉及更多不同的脑部区域(第 14 章将会讨论与字母和单词的视觉识别有关的大脑区域的研究)。当你让她拿着一个她无法通过视觉辨认的物体,她能够通过触摸很快地告诉你这个物体是什么,这说明她没有失去对物体的记忆以及她不只是简单地忘记了物体的名字。

识别类别 视觉失认症是由构成腹侧流的纹外皮层部分受损引起的。Karnath 等人(2009)的病例报告生动地说明了这一点。

病人 J.S.中风时,腹侧流严重受损,但背侧流却完好无损。他无法辨认物体或面孔,也无法再阅读。他不能识别视觉刺激的形状或方向(腹侧流的功能)。然而,他伸手去拿东西的能力被保留了下来,如果他事先知道这些东西是什么,那他就能适当地处理它们(背侧流的功能)。例如,如果他知道他的衣服在哪里,他可以自己拿起来穿。当别人向他伸出手时,他会握手。他可以在附近走走,走进一家商店,然后递给店员一份购买清单。

随着功能成像技术的出现,研究人员已经研究了典型人脑的反应,并发现了腹侧流的几个区域,这些区域是由特定类别的视觉刺激激活的。例如,研究人员已经确定了颞下和枕侧皮层的这些区域是由动物、工具、汽车、花朵、字母和字母串、面孔、身体和场景等特定类别激活的(Grill-Spector, Malach, 2004; Tootell, et al., 2003)。然而,并不是所有这些发现都得到了重复验证,因为通用区域还包含了能够学习识别一些不属于这些类别的形状的回路。**枕外侧复合区**(LOC)是视觉联合皮层腹侧流的一个相对较大的区域,似乎对各种各样的物体和形状有反应。

Downing 等人(2006)的一项功能成像研究表明,用于分析特定刺激类别的纹外皮层很少。研究人员向对照组展示了 19 个不同类别的物体的图像,发现只有三个区域对特定类别视觉的表现最活跃:面孔,身体和场景区域。贝尔等人(Bell et al., 2009)发现在人类和猴子的大脑中,对脸和身体部位做出反应的区域是相邻的,对物体和场景做出反应的区域也是如此(参见图 6.27)。

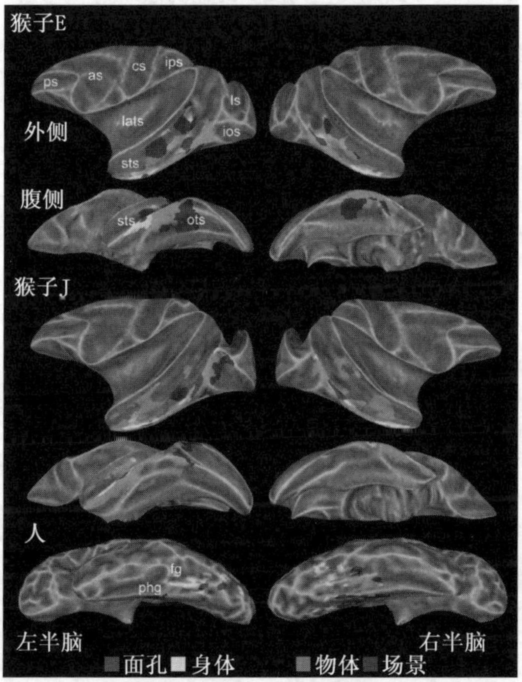


**图 6.27 猴子和人的类别选择区域**

猴子 E 和猴子 J 的颞叶视图,以及人类组的数据集显示了整个大脑的类别选择区域。像素的颜色是根据他们对四个测试类别之一的偏好而定的。

资料来源:Bell et al., 2009。

*面部识别* 视觉失认症的一个常见症状是面孔失认症(prosopagnosia),即无法辨认特定的面孔(*prosopon* 在希腊语中是"脸"的意思)。也就是说,患有这种疾病的病人能够识别出他们看到的是一张脸,但是他们不能说出这是谁的脸——即使这张脸是亲戚或密友的。他们能看到眼睛、耳朵、鼻子和嘴巴,但无法识别出这些特征的特定构造,而这些特征恰恰是识别一张独特人脸的关键信息。他们仍然记得这些人是谁,当他们听到这个人的声音时,通常会认出对方。就像一个病人说的那样,"我很难通过面部识别出他们。我看着他们的发色,听着他们的声音……我用衣服、声音和头发来辨别他们。我试图以这样或那样的方式把某物与某人联系起来……他们穿什么,发型是怎样的"(Buxbaum et al., 1999, p.43)。

对经历过脑损伤患者的研究以及功能成像研究同时表明,这些特殊的面部识别回路存在于**梭状回面孔区**(FFA),该区域位于颞叶底部梭状回。例如,Grill-Spector 等人(2004)在研究中获得了对人们的大脑功能性磁共振成像扫描,发现这些人在观看人脸和其他几种类别物体的图片时梭状皮质区域在观看人脸时被选择性激活。

也许对于一个特定面部识别区域最不寻常的证据来自 Moscovitch 等人(1997)的一份报告,他研究了一个患有视觉失认症的人对物体的识别而不是对面孔的识别。例如,他认出了图 6.28 所示的脸,但他没有认出构成这张脸的花、水果和蔬菜。据推测,是因为他的视觉联合皮层的某些区域受到了损伤,而梭状回面部区域并没有受损导致的。

有些人患有先天性面孔失认症,即在不对 FFA 造成明显损害的情况下仍然无法识别人脸。这些人经常说到,他们无法认出自己见过几次面的人,这被其他人视为一种侮辱。Behrman 等人(2007)发现先天面孔失认症患者的前梭状回较小,Thomas 等人(2009)发现,先天面孔失认症患者的枕颞皮层内的连接性较差。

**图 6.28 无人面失认症的视觉物体失认症**

病人能认出这幅画中的脸，但不能认出构成这幅画的花、水果和蔬菜。

资料来源：Giuseppe Arcimboldo. 1527—1593. *Vertumnus*. Erich Lessing/Art Resource, New York。

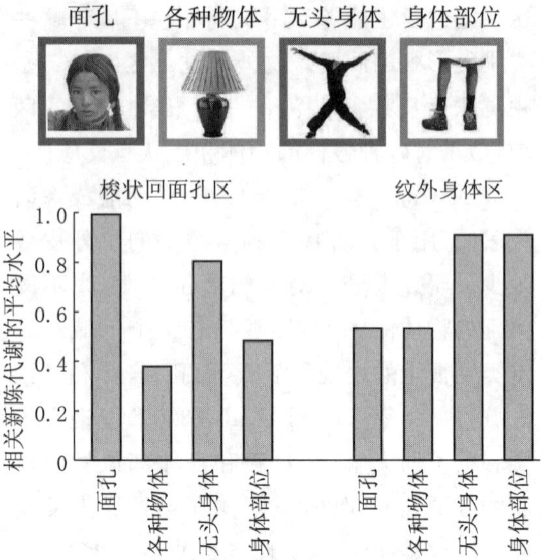


**图 6.29 对脸和身体的感知**

梭状回面孔区(FFA)和纹外身体区(EBA)是由脸、无头身体、身体部位和各种物体的图像激活的。

资料来源：Schwarzlose, R.F., Baker, C.I., and Kanwisher, N., Separate face and body selectivity on the fusiform gyrus, *Journal of Neuroscience*, 2005, 23, 11055—11059。

腹侧流的另一个有趣的区域是**纹外身体区**(EBA)，它位于 FFA 的后部，两者部分重叠。Downing 等人(2001)发现，这个区域是由照片、剪影、人体或身体部位的简笔画特别激活的，而不是通过刺激控制来激活的，如工具的照片或素描、打乱的剪影或人体简笔画等。图 6.29 显示了 FFA 和 EBA 非重叠区域对几种刺激的 fMRI 反应的大小(Schwarzlose et al., 2005)。如你所见，FFA 对人脸的反应比其他任何类别都要多，EBA 对无头的身体和身体部位的反应最大。

Urgesi 等人(2004)使用经颅磁刺激(TMS)暂时干扰 EBA 的正常神经活动(正如我们在第 5 章中看到的，TMS 程序通过把电流流过放置在头皮上的线圈，向大脑施加强烈的局部磁场)。调查人员发现，这种干扰暂时削弱了人们识别人体部位照片的能力，但并未削弱识别脸部或摩托车的能力。我们将在第 13 章看到，海马体和内侧颞叶皮层附近区域与空间知觉和记忆有关。几项研究已经确定了位于边缘皮层与腹侧颞叶交界区域的**海马旁区**(PPA)，是由场景和背景激活的。例如，Steeves 等人(2004)研究了一名患者——D.F，她是一名 47 岁的女性，14 年前因意外一氧化碳中毒而导致脑部受损。她的外侧枕叶皮层(腹侧流的重要部分)的双侧受损导致了严重的物体视觉失认症。然而，她依然能够识别自然和人为的场景(海滩、森林、沙漠、城市、市场和房间)。功能成像显示她完好的 PPA 被激活了。这些结果表明场景识别并不依赖于对场景中发现的特定物体的识别，因为 D.F. 无法识别这些物体。图 6.30显示了她和对照组的大脑活动。

识别专长　正如我们刚才看到的，通过视觉识别人脸的能力取决于梭状回的一个特定区域。但是，我们是否必须得出这样的结

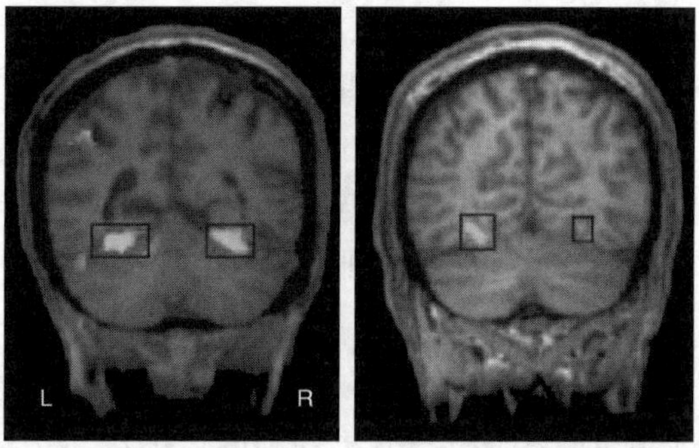


(a) (b)

**图 6.30 海马旁区域**

扫描仪显示病人 D.F.(一个对物体有严重视觉失认症的女性)的海马旁皮层被激活,对观看场景的反应(a)和对照对象的类似反应(b)。

资料来源:Steeves, J.K.E., Humphrey, G.K., Culham, J.C., et al., Behavioral and neuro-imaging evidence for a contribution of color and texture information to scene classification in a patient with visual form agnosia, *Journal of Cognitive Neuroscience*, 2004, 16, 955—965。经许可转载。

论:这一区域的发展是自然选择的结果,而FFA预置了专门用于面部分析的神经回路?有几种证据表明答案是否定的——面孔识别回路的发育是我们看到人们面孔的经验的结果。由于我们有广泛的观察面孔的经验,所以我们可以成为辨认面孔的专家。

对特定复杂刺激的专长识别似乎也被导致面孔失认症的病变所破坏:一个农民无法认出自己养的牛,一个鸟类专家无法识别出不同种类鸟,一个司机如果不读车牌便无法认出自己的车(Bornstein et al., 1969; Damasio et al., 1982)。两项功能成像研究发现,当鸟类或汽车专家看到鸟类或汽车的图片时,梭状回面部区被激活(Gauthier et al., 2000; Xu, 2005)。另一项研究发现,当人们花了很长时间熟悉电脑创造的物体——"虚构人像"时,观看虚构人像时梭状回面部区被激活(Gauthier et al., 1999)。Tarr和Gauthier(2000)建议将FFA重新命名为灵活的梭形区域。

一项功能成像研究发现,当人们看到自己种族(非裔美国人或欧洲裔美国人)的照片时,梭状回面部区的激活程度更高(Golby et al., 2001)。参与这项研究的人比其他种族的人更能准确地辨认出自己种族的人的面孔。据推测,这一差异可能反映了这样一个事实:参与研究的人看到自己种族的人的经验更丰富,这表明专长在面部识别中确实扮演了一个角色。

毫无疑问,梭状回的一个区域在分析特定面孔的过程中起着至关重要的作用。事实上,猴子大脑中的面部反应区域与此相似,该区域包含了对猴子和人类面部都有反应的神经元(Tsao et al., 2006)。对FFA感兴趣的调查人员仍在争论两个问题。首先,面部分析是这个区域唯一的功能吗?还是在参与对只有专家才能辨别的非常相似刺激物类别的视觉分析时,它真的是一个"灵活的梭形区域"?虚构人像专长的大脑中的FFA被激活的研究表明:FFA是一个专门领域,而不是一个专门的面部区域。然而,也许一个更重要的问题是:基因编程和经验在与面部感知密切相关的脑区发育中各有其作用。

*认知的发展方面* FFA功能成像研究表明,尽管LOC(对除了脸和身体以外的对象发生反应)的相对大小对儿童和成人来说是相同的,但左FFA直到成年也没有达到最终的大小,而识别面孔的能力与FFA的扩张直接相关(Golarai et al., 2007)。这些发现与这样一种观点相一致,即识别人脸的能力是一种随经验增长的学习技能。图6.31显示了一个8岁儿童和一个成年人左右梭状回皮层的区域。你可以看到与年龄有关的大小差异以及左右半球这个区域的大小差异。

有证据表明,新生婴儿更喜欢看类似人脸的刺激物,这表明人类大脑中存在一种预先连接的回路,这种回路使婴儿倾向于观察人脸,从而学会识别它们。Farroni等人

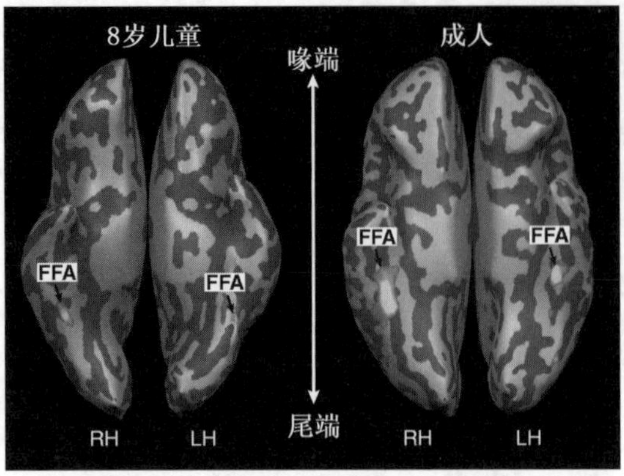


**图 6.31 梭状回对面孔的反应**

这张由 Golarai 等人(2007)研究的 8 岁儿童和成人大脑的"膨胀"腹侧视图显示了梭状回对面孔的反应区域。成人的 FFA 区域要比儿童大得多。

资料来源：Golijeh Golarai, Department of Psychology, Stanford University。

(2005)给出生 13 至 168 小时的新生儿提供了成对的刺激,研究发现他们更喜欢看那些与正常直立方向的人脸最相似的东西,而光线通常来自上方。图 6.32 展示了 Farroni 和她的同事使用的刺激。刺激物上方的星号表示婴儿花在观察上面的时间比观察另一组成员的时间要多。如果两种刺激都没有标上星号,那就意味着婴儿没有表示出偏好——正如你所看到的,这组未标星号的刺激和从上方打光的脸最不相似。

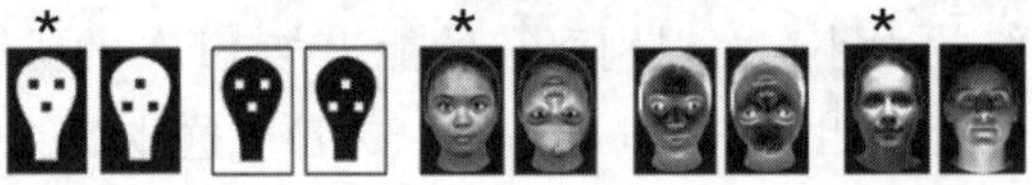


**图 6.32 新生儿对于观看类似人脸的刺激偏好**

刺激上方的星号表示比同组另一个刺激,婴儿愿意花更多的时间看标有星号的。若两种刺激都没有星号标记,则表示婴儿在此刺激上不存在偏好。

资料来源：Farroni, T., Johnson, M.H., Menon, E., Zulian, L., Faraguna, D., and Csibra, G., Newborns' preference for face-relevant stimuli: effects of contrast polarity, *Proceedings of the National Academy of Sciences*, USA, 2005, 102, 17245—17250。

Johnson(2005)的文献回顾表明,婴儿对面孔的偏好是由新生儿脑中存在的快速、低空间频率的皮层下通路控制的。大脑皮层受损导致的面孔失认症仍然存在于许多成年人中,尽管他们无法识别它,甚至能够识别快乐、恐惧或愤怒等面部表情,但他们能够意识到自己在看一张脸(这一现象在第 11 章中关于情绪的内容将会有更详细的讨论)。皮层下通路保证婴儿会看脸,这增加了与其他人的社会联系,也促进了大脑皮层中面部敏感回路的发育。

Le Grand 等人(2001)的一项研究发现,在生命早期看到面孔的经历,对于发展日后识别面孔所必需的技能至关重要。研究人员测试了 9—21 岁先天白内障患者识别两张脸细微差别的能力。这些人只能看到光明和黑暗,直到他们在出生 62—187 天接受了眼科手术,使正常的视觉成为可能。与对照组相比,早期的视觉剥夺造成了在识别面部差异方面的严重缺陷。

Le Grand 等人的一项后续研究(2003)对出生时只有一只眼睛患有白内障的人进行了测试。由于新生儿的大脑发育不成熟,单眼接收到的视觉信息仅传递到对侧视觉皮层。(你可能还记得,我们在本章前面提到过,不能说每个半球只从对侧眼睛接收视觉信息。然而,这并不适用于新生儿。)这意味着,左眼白内障患者的右半球在摘除白内障之前不会接收到有图案的视觉信息。Le Grand 和他的同事们预测,因为右脑梭状回对面部识别至关重要,出生就患有白内障的人左眼将出现面孔识别缺陷,但出生后右眼白内障的人会显示出正常的辨识力,这正是他们的研究发现。

我们将在第 17 章看到,自闭症谱系障碍(ASD)患者很难与他人建立典型的社会关系。Grelotti 等人(2002)发现 ASD 人群在识别面孔的能力方面表现出了缺陷,在看着面孔时并不能激活梭状回(参见图 6.33)。研究人员推测,由于自闭症谱系障碍是由大脑异常引起的,缺乏对他人的兴趣是由于缺乏辨识动机,而这种动机通常会促进儿童在成长过程中获得识别面孔的专业技能。第 17 章更详细地讨论了自闭症谱系障碍。

威廉姆斯综合征是由 7 号染色体突变引起的一种遗传疾病。患有这种障碍的人通常表现出智力缺陷和对音乐的强烈兴趣。他们通常非常善于交际,迷人且善良。他们对别人表现出极大的兴趣,花大量的时间仔细观察别人的脸。他们通常比没有这种症状的人更善于识别面孔。Golarai 等人(2010)的一项功能成像研究发现,威廉姆斯综合征患者梭状回面孔区面积增大,而 FFA 的大小与一个人识别面孔的能力呈正相关。

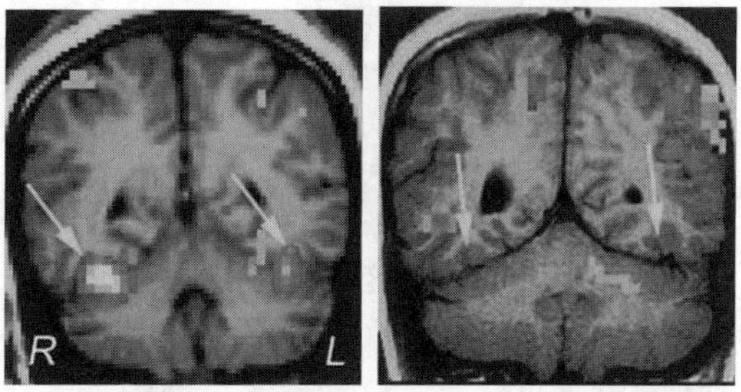


(a) (b)

**图 6.33 面部识别时大脑功能性磁共振成像(fMRI)**

面部感知时大脑功能性磁共振成像图。梭状回对面部的激活以红色/黄色显示,并在典型发育的年轻人(a)中通过箭头识别。相比之下,患有自闭症的年轻人表现出缺乏活动(b)。

资料来源:Grelotti, D.J., Gauthier, I., & Schultz, R.T., Social interest and the development of cortical face specialization: What autism teaches us about face processing, *Developmental Psychobiology*, 2002, 40(3), 213—225。

## 本节回顾

### 知觉的形式

目标 6.16 考察分析纹状皮层空间频率的神经回路的作用。

小物体,大物体内部的细节,以及边缘锋利的大物体提供了一个高频丰富的信号,而大区域的光和暗是用低频表示的。拥有能够区分这些类型刺激的神经回路,有助于从视觉刺激中过滤噪点,使图像在人类视觉系统中更加清晰,并允许个人感知潜在的形状。

目标 6.17 利用研究文献中的例子来验证腹侧流和梭状回面孔区在形状感知中的作用。

灵长类动物的颞下皮层(腹流的一部分)负责视觉模式的识别和特定物体的识别。正是在这里,形状和颜色的分析被放在一起,三维物体和背景的感知被实现。例如,研究发现,下颞皮层的神经元会对多次看到的物体做出特定的反应,而不是对不熟悉的物体做出反应。对人类纹外皮层的损伤会导致一种称为视觉失认症的缺陷,即无法识别熟悉的物体或物体类别,包括面孔。梭状回面孔区专门用于面部识别。这一区域的发展可能是观察脸的丰富经验的结果;对其他复杂刺激物(如虚构人像)的专门知识也会导致专门用于感知这些刺激物的回路的发展。自闭症谱系障碍患者梭状回面孔区的发育会发生改变,这可能是因为他们没有足够的动机成为识别他人面孔的专家。

## 思考题

一个同学在记忆背侧和腹侧视觉处理流的位置和功能方面有困难。为了帮助你的同伴,设计一个策略来记住这些重要的路径,它们涉及的大脑区域,以及它们的功能。

## 空间位置知觉

对空间位置的感知需要视网膜、纹状体和纹外皮层的参与。这些结构共同作用于深度知觉，知觉和记忆物体的位置，以及控制眼睛和四肢的运动。

### 视网膜的作用

目标 6.18　识别视网膜对空间位置感知的作用。

我们通过许多方式感知深度，其中大多数都涉及单凭一只眼睛就能探测到的线索。例如，透视、视像相对大小、大气雾霾造成的细节丢失以及我们头部移动时视像的相对视运动都有助于深度感知，而不需要双目视觉。然而，双眼视觉通过*立体视觉*（stereopsis）的过程提供了对深度的生动感知。如果你看过三维电影，你就知道我们的意思了。立体视觉在手部和手指精细运动的视觉指导中尤为重要。

### 纹状皮层的作用

目标 6.19　描述视差和背腹侧流对空间位置视觉感知的影响。

纹状皮层的大多数神经元是双眼并用的——也就是说，它们对任何一只眼睛的视觉刺激都有反应。许多双眼细胞，尤其是那些在从大细胞系统接收信息的层中发现的细胞，其反应模式似乎有助于深度感知（Poggio and Poggio，1984）。在大多数情况下，当每只眼睛在稍微不同的位置看到刺激时，细胞反应最强烈（通过激发动作电位）。也就是说，神经元会对**视差**（retinal disparity）做出反应，这种差异是一种刺激，会在每只眼睛的视网膜上略有不同的部位产生图像。这正是立体视觉所需要的信息：每只眼睛所看到的三维场景略有不同，视网膜视差的存在表明物体与观察者之间的距离存在差异。

几乎所有视觉皮层区域的许多神经元都对双眼视差有反应，正如我们前面看到的，双眼视差是立体深度知觉的基础（Parker，2007；Roe et al.，2007）。在背侧流中发现的与空间感知有关的差别敏感神经元对大的、延伸的视觉表面做出反应，而在腹侧流中发现的与物体感知有关的差别敏感神经元对三维物体的轮廓做出反应。

### 纹外皮层的作用

目标 6.20　讨论研究文献中支持纹外皮层在空间位置感知中的作用的例子。

顶叶参与空间和体感知觉，它接收视觉、听觉、体感和前庭信息来完成这些任务。顶叶受损会影响完成各种任务的能力，而这些任务需要感知和记忆物体的位置，以及控制眼睛和四肢的运动。视觉联合皮层的背侧流终止于顶叶后皮层。

后顶叶皮层解剖如图 6.34 所示。我们看到了人脑左半球的“膨胀”背视图。我们感兴趣的是顶内沟（intraparietal sulcus，IPS）的 5 个区域：AIP、LIP、VIP、CIP 和 MIP（前、外、腹、尾和内 IPS）。

对猴子的单细胞记录研究和对人的功能成像研究表明，IPS 的神经元参与视觉注意和控制眼跳眼球运动（LIP 和 VIP），视觉延伸和指向（VIP 和 MIP），视觉捕捉和操纵手的动作（AIP）和通过主体视觉感知深度（CIP）（Astafiev et al.，2003；Culham and Kanwisher，2001；Frey et al.，2005；Snyder et al.，2000；Tsao et al.，2003）。

Goodale 及其同事（Goodale and Milner，1992；Goodale and Westwood，2004；Goodale et al.，1994）认为视觉皮层背侧流的主要功能是引导行为的发生，而不仅仅是感

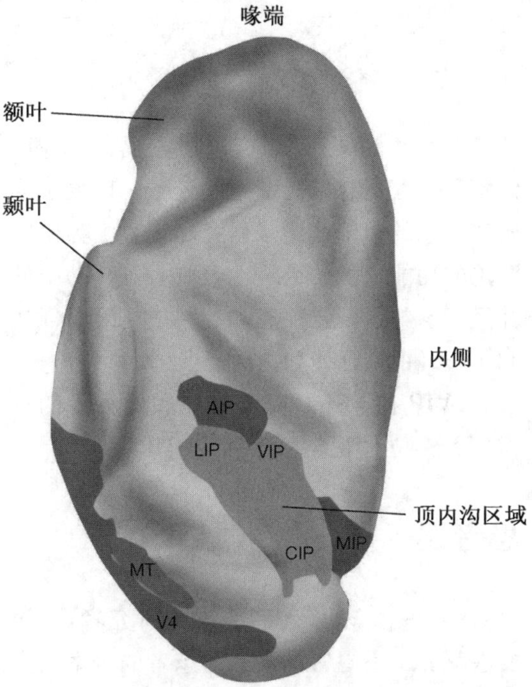


**图 6.34 后顶叶皮层**

人类大脑左半球放大的背视图显示了后顶叶皮层的解剖结构。

资料来源:Astafiev, S.V., Shulman, G.L., Stanley, C.M., et al., Functional organization of human intraparietal and frontal cortex for attending, looking, and pointing, *Journal of Neuroscience*, 2003, 23, 4689—4699。

知空间位置。正如 Ungerleider 和 Mishkin (1982)最初所说,腹侧流和背侧流告诉我们"是什么"和"在哪里"。Goodale 和他的同事认为,更好的术语是"是什么"和"怎么样"。首先,他们注意到后顶叶皮层的视觉皮层与额叶的区域有着广泛的联系,额叶参与眼球运动的控制、肢体运动以及手和手指的抓握运动。其次,他们注意到背侧流的损伤会造成视觉引导运动的缺陷(第 8 章更详细地讨论了后顶叶皮层在运动控制中的作用)。他们引用了一位背侧流受损的妇女的案例,她在识别线条图方面没有困难(即她的腹侧流是完整的),但在拾取物体方面却有困难(Jakobson et al., 1991)。患者可以很容易地看到前面摆放的木块大小的差异,但是她无法根据她即将拿起的木块的大小调整拇指和食指之间的距离。而对于因腹侧流损伤而引起的严重视觉失认症患者,虽然不能区分大小不同的木块,但可以在拿起木块时调整拇指与食指的距离。她通过视觉进行了这种调整,然后才真正触碰它们(Goodale et al., 1994; Milner et al., 1991)。该患者的一项功能成像研究(James et al., 2003)显示,在她拿起物体时,其背侧流活动正常,尤其是涉及操纵和抓取的前顶内沟(AIP)。

Goodale 和他的同事们的建议似乎是合理的。当然,背侧流涉及对物体空间位置的感知,但是,如果它的主要作用是指导运动,那么它就必须涉及这些物体的位置,否则它怎么能指导运动呢?此外,它必须包含关于物体大小和形状的信息,否则它如何控制拇指和食指之间的距离?

两项功能成像研究提供了进一步的证据,证明背侧流参与了运动的视觉控制。Valyear 等人(2006)展示了两组拉长刺激的照片,一组接一组,并注意到大脑的哪些区域对这两种刺激之间的差异做出了反应。他们发现腹侧流的某一区域能区分不同形状(例如,叉子和单簧管)但没有区分不同方向的相同的对象(例如,一个向右倾斜 45 度,另一个向左倾斜 45 度)。相反的是,背侧流的一个区域区分不同的方向,但忽略了两个物体的变化。第二年发表的一项后续研究(Rice et al., 2007)向志愿者展示了两种不同类型的物体的照片:可拿的,如叉子和锤子;不可拿的,如拖拉机和家具。研究人员发现,和以前一样,背侧流区域忽略了物体的变化,但区分了方向。然而,这一区域只能区分一个人可以把握的刺激的方向。这一区域并没有区分那些无法识别的刺激物照片的方向,例如拖拉机和家具碎片。

## 本节回顾

### 空间位置知觉

目标 6.18 识别视网膜对空间位置感知的作用。

视网膜有助于透视、视像相对大小、由于大气雾霾的影响而导致的细节丢失，以及当我们移动头部时，视像的相对明显运动，这些都是单眼视觉特征，有助于感知深度和空间位置。双眼视觉通过立体视觉提供了一个灵活生动的深度知觉，涉及来自两个视网膜的信息。

目标 6.19 描述视差和背腹侧流对空间位置视觉感知的影响。

纹状皮层的大部分神经元是双眼的，通过视网膜视差来促进深度感知。在参与空间感知的背侧流中发现的视差敏感神经元对较大的、扩展的视觉表面作出反应，而在腹侧流中发现的那些参与物体感知的神经元则对三维物体的轮廓作出反应。

目标 6.20 讨论研究文献中支持纹外皮层在空间位置感知中的作用的例子。

纹外皮层的背侧流终止于顶叶皮层。顶叶参与空间和体感知觉，它接收视觉、听觉、体感和前庭信息来完成这些任务。以猴子为研究对象的单细胞记录研究和以人类为研究对象的功能成像研究表明，顶内沟(IPS)中的神经元参与了视觉注意和控制扫视眼动(LIP和 VIP)，视觉延伸和指向。

(VIP 和 MIP)，视觉捕捉和操纵手的动作(AIP)，立体视觉深度感知(CIP)。

## 思考题

作为一个未来著名的视觉研究者，你被要求就一个不寻常的失认症患者的个案研究提供咨询。这名女性患者被诊断为特纳综合征(Turner syndrome)，这是一种遗传性疾病，女性只有一个 X 染色体的功能性副本。与其他许多特纳综合征患者一样，该患者有形状失明(无法感知几何形状)和空间感知缺陷，但视力正常。提示大脑中可能与这些视觉失认症有关的区域。

## 方向和运动知觉

我们不仅要知道事物是什么，还要知道它们在哪里，要去哪里。没有感知物体运动方向和速度的能力，我们就无法预测它们会在哪里。我们将无法捕获这些对象(或避免让它们捕获我们)。本节将叙述运动知觉。

### 纹状皮层的作用

目标 6.21 解释纹状皮层的细胞如何识别方向和充当运动探测器的功能。

纹状体皮层的大部分神经元对方向敏感。也就是说，如果一条线或一条边缘(光明和黑暗区域的边界)被定位在细胞的感受野中，并围绕着它的中心旋转，那么细胞只有在直线处于特定位置时(一个特定的方向)才会做出反应。有些神经元对垂直线反应最好，有些神经元对水平线反应最好，有些神经元对介于两个方向之间的线反应最好。图 6.35 显示了在不同方向出现线条时，纹状皮层中神经元的反应。正如你所看到的，当一条垂直线出现在它的感受野时，神经元的反应最好。

## 纹外皮层的作用

目标 6.22 描述 V5 区、MSTd 区和纹外体在运动知觉中的作用。

对人类和其他动物的研究有助于揭示纹外皮层在视觉定位和运动知觉中的作用。我们将在本节讨论这两个研究领域。

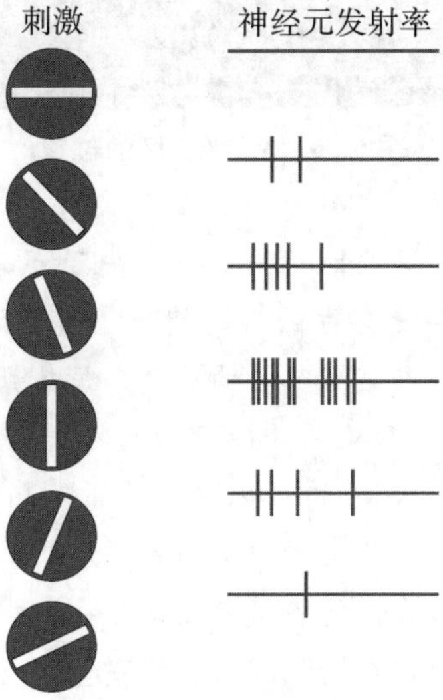


**图 6.35 方位敏感度**

只有当特定方向的线出现在感受野中时，纹状皮层中的方位敏感神经元才会变得活跃。例如，图中描述的神经元对垂直方向的条形响应最好。

资料来源：Hubel, D.H., and Wiesel, T.N., Receptive fields of single neurones in the cat's striate cortex, *Journal of Physiology* [*London*], 1959, 148, 574—591。

**实验室动物研究** 纹外皮层 V5 区——也被称为 MT 区(MT 代表内侧颞叶)包含对运动有反应的神经元。这一区域的损伤严重破坏了猴子感知运动刺激的能力(Siegel and Andersen, 1986)。V5 区直接接收来自纹状皮层和其他几个区域的输入。它还接受来自上丘的输入，上丘参与视觉反射，包括对眼球运动的反射性控制。

准确确定物体的运动速度和方向是一项重要的能力。这个移动的物体可能是试图逃跑的猎物，试图捉住你的捕食者，也可能是你试图捕捉(或阻止击中你)的投掷物。如果我们要准确跟踪移动对象，V5 收到的信息必须是最新的。事实上，从大细胞系统传递信息的轴突是厚且有髓鞘的，这增加了它们进行动作电位的速度。Petersen 等人(1988)记录 V4 区和 V5 区神经元的反应，发现视觉信息到达 V5 区的速度比 V4 区的快，V4 区的神经元参与形状和颜色的分析。

上丘的输入在某种程度上有助于 V5 区神经元的运动敏感性。Rodman 等(1989, 1990)发现，单单破坏纹状皮层或上丘并不能消除 V5 神经元的运动敏感性，但同时破坏这两个区域却可以。这两个输入来源所起的作用尚不清楚。显然，这两种输入都提供了有用的信息；Seagraves 等人(1987)发现猴子在纹状皮层损伤后仍能检测到运动，但难以估计其运动速率。

邻近 V5 区、MST 区(内侧颞上区)的区域从 V5 接收有关运动的信息，并进行进一步的分析。MST 神经元对复杂的运动模式作出反应，包括径向、圆形和螺旋运动(Vaina, 1998)。这一区域的一个重要功能——尤其是背外侧 MST，或 MSTd——似乎是对**视觉流**的分析。当我们在环境中或我们所在环境中的物体相对于我们移动时，我们视网膜上的环境特征的大小、形状和位置都会发生变化。想象一下，当你沿着一条街走的时候摄像机看到的图像，镜头正对着你面前的视野。假设你左手边将经过一个邮箱。邮箱的视像会慢慢变大。最后，当你通过邮箱时，它的视像将向左倾斜并消失。人行道上的点会向下移动，你经过的树枝会向上移动。分析你所处环境中视觉元素的相对运动——视觉流——会告诉你前进的方向，你以多快的速度接近你面前的不同物体，以及你是否会向左或向右(或向下或向上)经过这些物体。

我们移动的点不会移动，但是视觉场景中的所有其他点都会远离它。因此，这一点被称为膨胀中心。如果我们继续朝同样的方向移动，我们最终会撞上一个位于膨胀中心的物体。我们也可以用视觉流来确定接近我们的物体是会撞到我们，还是会从我们身边经过。

Bradley 等人(1996)从猴子 MSTD 中的单细胞记录，发现特定神经元对位于特定视野区域的膨胀中心有选择性的反应。这些特定神经元补偿了眼睛的运动，这意味着它们的活动确定了动物在环境中移动的位置。Britten 和 Van Wezel 发现(1998)，对 MSTd 的电刺激明显破坏了猴子感知它们运动朝向的方向的能力；因此，这些神经元在从视觉流中得出的方位判断中确实发挥着至关重要的作用。

**人类研究** 对人类参与者的研究对于提高对纹外皮层在运动、视觉流、运动形式、生物运动和眼球运动补偿中的作用的认识具有重要意义。

运动知觉 功能成像研究表明，运动敏感区 V5 位于人脑颞下沟内(Dukelow et al., 2001)。然而，最近的一项研究表明，该区域位于枕外侧沟和枕下沟之间的外侧枕叶皮层(Annese et al., 2005)。Annese 和他的同事检查了死者大脑中有髓鞘存在的部分。正如我们刚才所看到的，V5 区接收厚厚的有髓轴突的密集投射，髓鞘染色显示了这个区域的位置(见图 6.36)。

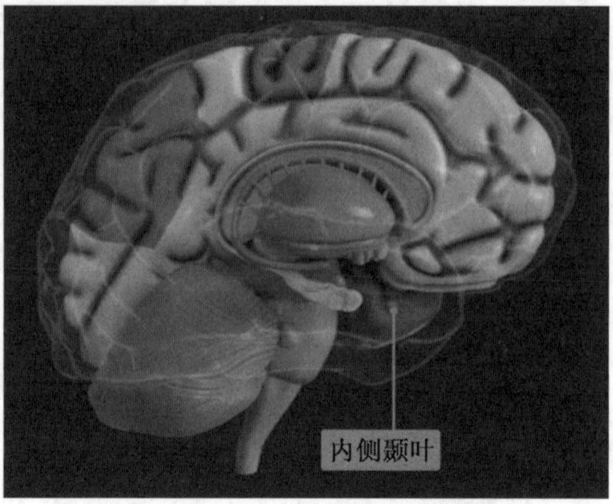


**图 6.36 V5 视觉区的位置**

包括 V5 区在内的对人类大脑双侧的损伤导致无法感知运动——**运动视盲**。比起在他们的环境中顺利地进行运动，患有运动视盲的人体验到的是一系列的静止图像，这些图像似乎是周期性地刷新的。例如，Zihl 等人(1991)报告了一名妇女(L.M.)的个案——有双侧枕叶皮层及 V5 区病变。

病人 L.M. 几乎完全丧失了运动知觉。她不能在没有红绿灯的情况下过马路，因为她不能判断汽车行驶的速度。虽然她能感知运动，但她很难看清楚运动的物体。例如，当她和一个人谈话时，她避免看那个人的嘴，因为她觉得嘴的动作非常令人不安。当研究人员要求她在实验室里尝试探测一个视觉目标的运动时，她说，"首先，目标完全静止。"(Zihl et al., 1991, pp.22—44)她能看到目标在不断地改变它的位置，但她没有任何运动的感觉。

Walsh 等人(1998)在对照组志愿者中使用 TMS 对 V5 区进行了短暂的抑制。研究人员发现，在 TMS 抑制的过程中，人们无法检测出电脑屏幕上显示的几个物体中哪个在移动。当电流停止时，志愿者们可以毫不费力地探测到物体的运动。电流对志愿者检测各种形式刺激的能力没有影响。

视觉流 正如我们在前面的章节中所看到的，猴子大脑中的 MSTd 区的神经元对视觉流有反应，这是有关动物视觉方向的重要信息来源。Peuskens 等人(2001)的一项功能成像研究发现，当人们在观看显示视觉流的显示器，判断他们的前进方向时，V5 区即变得活跃起来。Vaina 和她的同事(Jornales et al., 1997; Vaina, 1998)发现，这一区域病变的人能够感觉到运动,但不能从视觉流中感知前进方向。

**运动形状** 对运动的感知甚至可以帮助我们感知三维形状——一种从运动中感知形状的现象。Johansson(1973)证明了我们从运动中获得了多少信息。他给演员穿上黑色衣服,并在他们身体上的几个点,如手腕、肘部、肩膀、臀部、膝盖和脚上加上小灯光。他拍的是演员们在黑暗的房间里表演各种行为的影片,比如走路、跑步、跳跃、跛行、俯卧撑、和一个也装了灯的舞伴跳舞。尽管观看这些电影的观察者只能在黑暗的背景下看到一种移动的灯光模式,但他们可以很容易地感觉到这种模式属于一个移动的人类,并能识别出这位演员正在表演的行为。随后的研究(Barclyet al., 1978; Kozlowski and Cut, 1977)表明,人们甚至可以合理地准确地判断戴着灯的演员的性别。这些线索似乎是由人走路时肩部和臀部的相对运动量提供的。

McCleod 等人(1996)指出,从运动中感知形状的能力不涉及 V5 区域。他们报告说,病人 L.M.(Zihl et al., 1991)能够识别仅由移动的光点描绘的人,即使她无法感知到运动本身。Vaina 和她的同事(Zihl et al., 1991)描述了一位右枕叶内侧病变的病人,他显示了相反的缺陷:病人 R.A.可以感知运动,甚至是复杂的径向和圆形视觉流,但不能从运动中感知形状。因此,运动知觉和形状的感知涉及视觉联合皮层的不同区域。

Grossman 等人(2000)的一项功能成像研究发现,当人们观看从运动中表现出运动形状的视频时,颞上沟后端腹侧的一个小区域变得活跃起来。无论图像呈现在左视野还是右视野,右半球的活动更多。Grossman 和 Blake(2001)发现,即使人们想象他们正在观看代表运动形式的光点时,这个区域也变得活跃起来(参见图 6.37)。Grossman 等人(2005)发现 TMS 对这一区域的抑制破坏了从运动中对形状的感知能力。

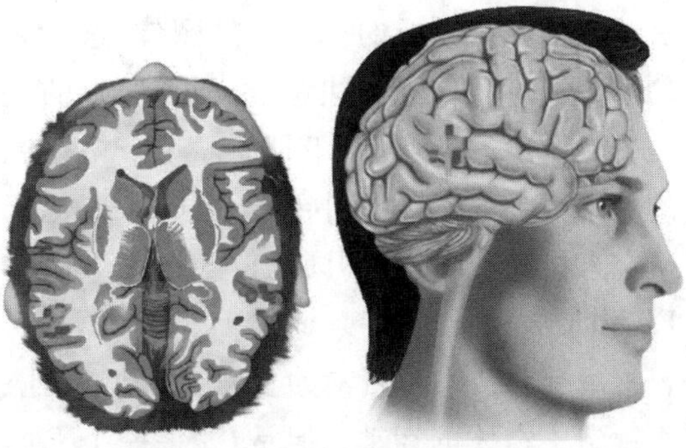

**图 6.37 观察运动形状的反应**

本图显示了在观看生物运动视频时发生的神经活动的水平和侧视图。最大活动量出现在颞上沟后部腹侧的一个小区域,主要在右半球。

资料来源:Grossman, E.D., and Blake, R., Brain activity evoked by inverted and imagined biological motion, *Vision Research*, 2001, 41, 1475—1482。

在实验室之外,从运动中感知形状似乎并不是一种重要的现象。然而,这种现象确实是在自然环境下发生的,而且它似乎涉及不同于那些涉及正常物体知觉的大脑机制。例如,正如我们在这一章的前言中看到的,视觉失认症患者即使不能通过视觉来识别物体,也常常能够感知动作(例如,有人假装在碗里搅拌东西,就像本章开篇案例研究中描述的那样);他们可以通过走路的方式认出朋友,即使他们不能认出朋友的脸。

Lê et al.,(2002)报告了患者 S.B.的病例:一名 30 岁男子,在他 3 岁时,他的腹侧流因感染而被大面积地破坏。结果,他无法识别物体、面孔、纹理或颜色。然而,他能感知运动,甚至能接住扔给他的球。此外,他还能识别出其他人的胳膊和手的动作,这些动作模仿了一些常见的活动,比如用刀切东西或刷牙,他还能通过走路的姿势识别出他认识的人。

**生物运动** 正如我们在本章早些时候看到的,纹外身体区(EBA)的神经元被身体各部分的视觉刺激所激活。Pelphrey等人(2005)进行了一项功能成像研究,向参与者展示了计算机生成的一个人的图像,这个人的手、眼和嘴会动(请注意,参与者感知的是一个人做出的动作,而不是前面小节中描述的从单个光点的运动中形成的形态变化)。研究人员发现,身体不同部位的运动激活了EBA前的不同位置。

眼动补偿　到目前为止,这种讨论仅限于视野中物体的运动。但是,如果一个人的眼睛、头部或全身在移动,视网膜上的图像就会移动,即使这个人的视野内的一切都保持稳定。当然,这两种运动通常会同时发生。视觉系统的问题是确定这些图像中哪些是由环境中的物体运动产生的,哪些是由人自己的眼睛、头部和身体运动产生的。

为了说明这个问题,请思考一下当你阅读一段文字时,它是什么样子的。如果我们能记录下你的一个视网膜,我们就会看到投射在那里的文字图像在不断地移动,因为你的眼睛在一条直线上做了几次扫视,然后回到下一行的开始。然而,在你看来,这段文字是完全静止的。另一方面,如果你看一个点(比如句子末尾的一个句点),然后用你的眼睛跟随这个句点移动,你会觉得文字在移动,尽管你视网膜上的图像相对稳定。(试试看。)然后想象你视网膜上的图像,当你在繁忙的交通中开车时,不断地移动你的眼睛,以跟踪你自己的位置和其他汽车在不同的方向以不同的速度移动。你不仅能感知物体的简单运动,还能感知光的流动,这有助于你追踪物体相对于彼此和你自己的轨迹。

Haarmeier等人(1997)报告了一例患者的双侧纹状皮质受损,无法补偿由头部和眼睛运动引起的图像运动。当病人的眼睛移动时,他觉得世界在向相反的方向移动。由于没有能力补偿头部和眼睛的移动,视像的任何运动都被认为是环境的运动。根据来自EEG和MEG(脑磁图)对人类参与者的研究和猴子的单细胞记录的证据,Thier等人(2001)认为,这种补偿涉及位于颞叶和顶叶交界处的纹外皮层,该区域与前庭系统的信号分析有关。事实上,研究人员注意到,当这个区域受损的病人移动他们的眼睛时,对这些动作缺乏补偿会让他们感到头晕。

前几节探讨了视觉系统的结构和功能,与颜色、形状、空间位置、方向和运动感知有着莫大的联系。虽然这些部分包含了很多信息,但你可能已经注意到了主题。例如,每一种知觉都涉及纹状皮层、纹外皮层以及背侧和腹侧流的区域。表6.3概述了这方面的许多资料。检查此表,以确保你了解这些结构在视觉处理的各个方面中的角色。

**表6.3　人类视觉皮层的区域及其功能**

| 人类视觉皮层区域 | 区域名称(如有不同称法) | 功　能 |
|---|---|---|
| V1 | 纹状皮层 | 分析方向、运动、空间频率、视网膜视差和颜色的小模块 |
| V2 | | 进一步分析来自V1的信息 |
| **腹侧流** | | |
| V3+VP | | 进一步分析V2中的信息 |
| V3A | | 对侧眼全视野视觉信息的处理 |
| V4d/V4v | V4背侧/腹侧 | 形态分析;颜色恒常性处理;<br>V4d=较低的视野,V4v=较高的视野 |

（续表）

| 人类视觉皮层区域 | 区域名称（如有不同称法） | 功　能 |
| --- | --- | --- |
| V8 | | 色彩知觉 |
| LO | 枕外侧复合区 | 物体识别 |
| FFA | 梭状回面孔区 | 人脸识别、专门目标识别（“灵活的梭状区”） |
| PPA | 海马旁区 | 对特定地点的认知 |
| EBA | 纹外区 | 对面部以外部位的感知 |
| **背侧流** | | |
| V7 | | 视觉注意；眼动控制 |
| MT/MST | 内侧颞区/内侧颞上区（猴脑相应位置） | 运动知觉；对特定次区域生物运动和视觉流的感知 |
| LIP | 外侧顶内沟区 | 视觉注意；控制眼睑运动 |
| VIP | 腹侧顶内沟区 | 控制对特定位置视觉注意；控制眼动；指向的视觉控制 |
| AIP | 前顶内沟区 | 手动作的视觉控制：抓取、操纵 |
| MIP | 中顶内沟区；顶叶到达区（猴） | 控制视觉延伸 |
| CIP | 尾顶内沟；尾顶叶视差区 | 立体视觉对深度的感知 |

## 本节回顾

### 对方向和运动的知觉

目标 6.21　解释纹状皮层的细胞如何识别方向和充当运动探测器的功能。

纹状皮层中的大多数神经元对方向敏感，当一条线处于其感受野的特定位置时，它们通过增加放电动作电位的速率来作出反应。

目标 6.22　描述 V5 区、MSTd 区和纹外体在运动知觉中的作用。

纹外皮层（MT 区）的 V5 区包含对运动反应的神经元。包括 V5 区在内的人脑的双侧损伤会产生运动视盲。MST 神经元从 V5 接收信息，并响应复杂的运动模式，包括径向、圆形和螺旋运动。更具体地说，MSTd 神经元分析视觉流。不同部位的运动激活了纹外体的细胞。

## 思考题

描述背侧流中的神经元是如何对运动和位置作出反应的，并讨论脑损伤对这些特征的感知的影响。

## 本章回顾问题

1. 描述光和颜色的特征，概述眼睛的解剖结构及其与大脑的联系，并描述视觉信息的传递。
2. 描述光感受器和视网膜神经节细胞对视觉信息的编码。
3. 讨论纹状皮层及其神经元对方向和运动、空间频率和纹理的反应。
4. 讨论纹状皮层神经元如何对视网膜视差和颜色作出反应，并描述条纹皮层的模块化组织。
5. 描述纹外皮层的解剖结构，并讨论在那里进行的两种视觉分析的位置和功能。
6. 讨论腹侧流神经元对颜色的感知。
7. 描述腹侧流在面部、身体、物体和场景感知中的作用。
8. 描述背侧流中的神经元是如何对运动和位置作出反应的，并讨论脑损伤对这些特征的感知的影响。

# 第 7 章

# 听觉、躯体感觉和化学感觉

## 本章概要


**听觉** 203

刺激 203

耳的解剖学 204

听觉毛细胞和听觉信息的传递 206

听觉通路 207

音高的感知 210

响度的感知 211

音色的感知 211

空间位置感知 212

复杂声音感知 215

音乐感知 217

**前庭神经系统** 220

前庭器官的解剖学 220

前庭神经通路 222

**体觉** 223

刺激 224

皮肤及其感受器官的解剖学 224

皮肤刺激知觉 224

躯体感觉通路 228

痛觉 229

**味觉** 235

刺激 236

味蕾和味觉细胞的解剖学 236

味觉信息的感知 237

味觉通路 238

**嗅觉** 240

嗅觉器官的刺激和解剖学 240

嗅觉信息的转导 242

对特定气味的感知 242


## 学习目标

目标 7.1 描述人类感知的声音特征。

目标 7.2 区分外耳、中耳和内耳的结构。

目标 7.3 比较有助于听觉信息传递的毛细胞的结构、功能和位置。

目标 7.4 描述听觉通路中的皮层、耳蜗神经、皮层下结构的结构和功能。

目标 7.5 对比音高的位置和速率编码。

目标 7.6 比较听觉系统如何使用动作电位表示高频和低频声音的响度。

目标 7.7 识别必须通过听觉处理来区分的音色的各个方面。

目标 7.8 比较到达时间、相位差、强度差和音色在空间位置感知中的作用。

目标 7.9 描述听觉皮层的两个处理流在复杂声音感知中的作用。

目标 7.10 总结感知音乐的生物学基础。

目标 7.11 识别前庭器官的结构和功能。

目标 7.12 概述前庭神经通路。

目标 7.13 举例激活躯体感觉感受器的刺激。

目标 7.14 描述皮肤的解剖结构和躯体感受器。

目标 7.15 描述涉及触觉、温度、疼痛感、瘙痒感的感受器。

目标 7.16 描述从神经到皮层下和皮层结构的体感处理通路。

目标 7.17 描述为什么会经历疼痛，疼痛的知觉和行为效果，及如何改变疼痛的知觉。

目标 7.18 列举六种味觉刺激的特征。

目标 7.19 识别味蕾和味觉受体细胞的位置和结构。

目标 7.20 概述感知咸、酸、苦、甜和鲜味的传导过程。

目标 7.21 描述从神经到皮层下和皮质结构的味觉处理通路。

目标 7.22 识别嗅觉刺激并描述嗅觉器官的结构和功能。

目标 7.23 总结从气味分子中传导信号用于嗅觉感知的过程。

目标 7.24 解释为什么相对少量的受体可以检测到多种气味。

13岁的阿什琳正在厨房里搅拌拉面，勺子从她手中滑落，掉进了烧开的水里。她想都没想就伸出右手去拿勺子，然后把手从水里探出来，站在那里看着它，面无表情。她走到水池边，用冷水浇了浇她的手，还有以前事故留下的许多褪色的白色伤疤。然后她叫来母亲，母亲拿着冰块冲到女儿身边，把冰块压在女儿的手上，因为烧伤没有更严重，她松了一口气。

阿什琳在整个童年里，被她的同学和朋友问了许多问题。如：她是超人吗？她脸上挨了一拳，会感到痛吗？她能像走在草地上一样走过燃烧的煤炭吗？如果她的胳膊被刺伤会痛吗？答案是不是、不会、能、不会。她能感觉到压力和质地，她能感觉到拥抱和握手，但她感觉不到疼痛（Heckert，2012）。

阿什琳天生对疼痛不敏感。由于基因突变，她的神经系统在没有功能性痛觉感受器的情况下发育；疼痛刺激激活的特殊神经元。在本章的躯体感觉部分你会读到更多关于痛觉感收器和痛觉通路的内容。阿什琳的个案研究引出这一章介绍了几个重要的概念，包括专门的躯体感觉接收器的作用和感觉指导我们行为的重要性。

本章共分为五个部分：听觉、前庭系统、躯体感觉、味觉和嗅觉。所有这些都对我们如何感知和驾驭周围的世界至关重要。这张图展示了感觉联合皮层，它们在本章描述的感觉中都扮演着重要的角色。

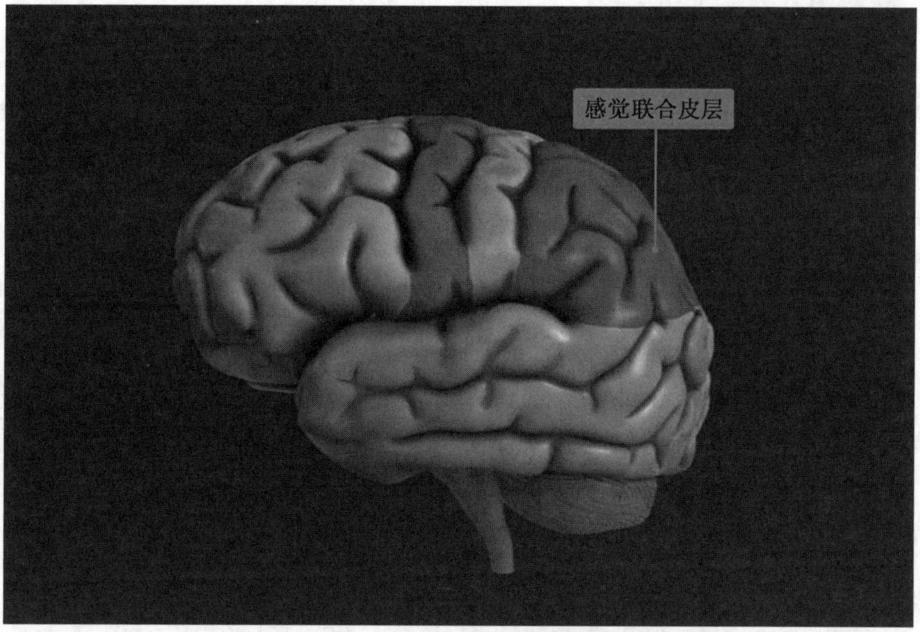


# 听觉

听觉，有三个主要功能：探测声音，确定其来源的位置，识别这些来源，从而确定它们的意义和与我们的相关性（Heffner and Heffner，1990；Yost，1991）。听觉系统在分析到达我们耳朵的振动这方面做了了不起的工作。例如，我们可以理解语言，从一个人的声音识别出他/她的情绪；欣赏音乐、察觉车辆或另一个人的接近；识别动物的叫声。我们不仅能识别声音的来源是什么，而且还能识别声音的位置。本节描述刺激的性质、感受器、负责听觉的大脑机制，以及听觉知觉生理学的一些细节。

## 刺激

目标 7.1　描述人类感知的声音特征。

我们听到声音，这些声音是由物体振动并使空气分子运动而产生的。当一个对象振动，它的运动导致周围的空气分子在压缩和膨胀之间交替，产生的波以大约每小时 1 200 千米的速度离开物体。如果振动频率在每秒 30 到 2 万次之间，这些波就会刺激人耳中的感受器细胞，并被感知为声音（参见图 7.1）。

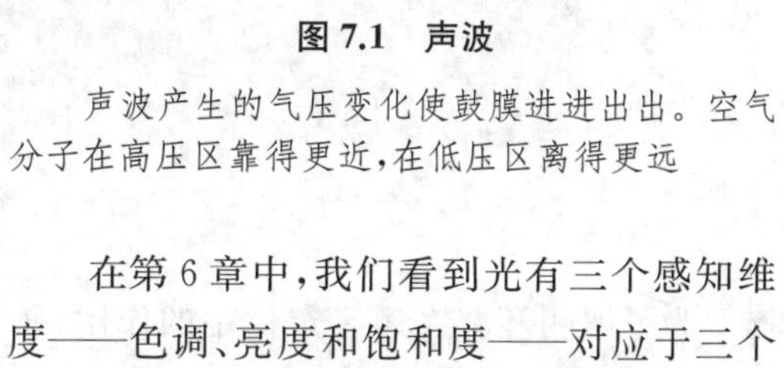


**图 7.1　声波**

声波产生的气压变化使鼓膜进进出出。空气分子在高压区靠得更近，在低压区离得更远

在第 6 章中，我们看到光有三个感知维度——色调、亮度和饱和度——对应于三个物理维度。同样，声音在音高、响度和音色上也各不相同。听觉刺激的感知**音高**（pitch）是由振动频率决定的，振动频率以**赫兹**（Hz）为单位，即每秒的周期数。**响度**（loudness）是强度的函数——空气的压缩和膨胀的程度不同。物体振动越剧烈，产生的声波就越强烈，因此声音也就越大。**音色**（Timbre）提供有关

特定声音性质的信息——例如，双簧管或火车汽笛的声音。大多数自然声刺激是复杂的，由几种不同频率的振动组成。这种特殊的混合物决定了声音的音色(参见图 7.2)。

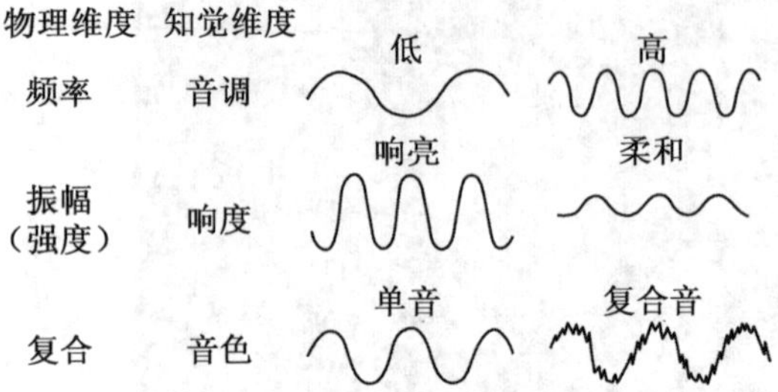


**图 7.2　声波的物理和感知维度**

声音有三个感知维度：音高、响度和音色。

## 耳的解剖学

目标 7.2　区分外耳、中耳和内耳的结构。

耳朵的解剖结构有助于将声波导向听觉感受器。耳朵的结构可以根据它们在外耳、中耳和内耳中的位置来组织。图 7.3 为外耳和听道的解剖图，说明了中耳和内耳的许多结构。

**外耳**　声音经耳郭(外耳)通过耳道进入**鼓膜**(耳鼓)，鼓膜随声音振动。当鼓膜受到创伤、感染或自身免疫攻击时，听力受损，尤其是低频声音(Mehta et al., 2006)。

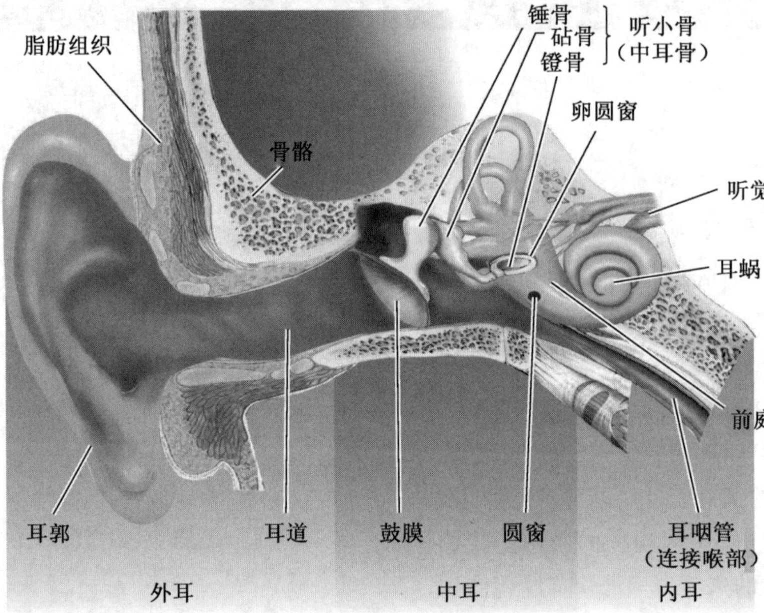


**图 7.3　耳的解剖结构**

为了证明耳郭在声音定位中的作用，研究人员制作了改变耳郭形状的耳塞，并要求志愿者将耳塞戴在一只耳朵上长达六周。志愿者定位各种声音来源的能力在一开始就被严重破坏了。然而，几天后，听觉适应发生了，志愿者能够准确地确定声音的位置(Hofman et al., 1998)。

**中耳**　中耳由鼓膜后面的一个小的中空区域组成。它包含中耳的骨头，称为**听小骨**，由鼓膜引起振动。**槌**与鼓膜相连，通过**砧骨**和**镫骨**将振动传递到耳蜗(包含感受器的结构)。镫骨的底部压在**卵圆窗**后的膜上，这是耳蜗周围骨的开口(请再次查看图 7.3)。

**内耳**　耳蜗是内耳的一部分。它充满了液体，通过空气传播的声音必须被传送到它的液体介质中。这个过程通常效率很低——

如果空气直接撞击耳蜗的卵圆窗，空气中99.9%的声音能量会被反射出去。然而，小骨链是一种有效的能量传递方式。这些骨头提供了一种机械上的优势，镫骨的底板对卵圆窗的偏移比鼓膜对锤骨的偏移小，但更有力。

耳蜗的名字来自希腊语 kokhlos，意为“陆地蜗牛”。它确实是蜗牛形状的，由一个逐渐变细的圆柱体绕 2 又 3/4 圈组成，长 35 毫米。耳蜗纵向分为三个部分，分别为耳蜗前庭道（“入口阶梯”）、中耳道（“中部阶梯”）和鼓阶（“鼓室阶”），如图 7.4 所示。接受器，被称为**柯蒂氏器官**，由基底膜、毛细胞和盖膜构成。

听觉感受器细胞被称为**毛细胞**，它们通过棒状的**戴特细胞**固定在**基底膜**上。毛细胞的纤毛穿过网状膜，其中一些纤毛的末端附着在相当坚硬的**盖膜**上，就像一个架子一样悬在头顶上。声波使基底膜相对于盖膜移动，从而使毛细胞纤毛弯曲。这种弯曲产生受体反射。

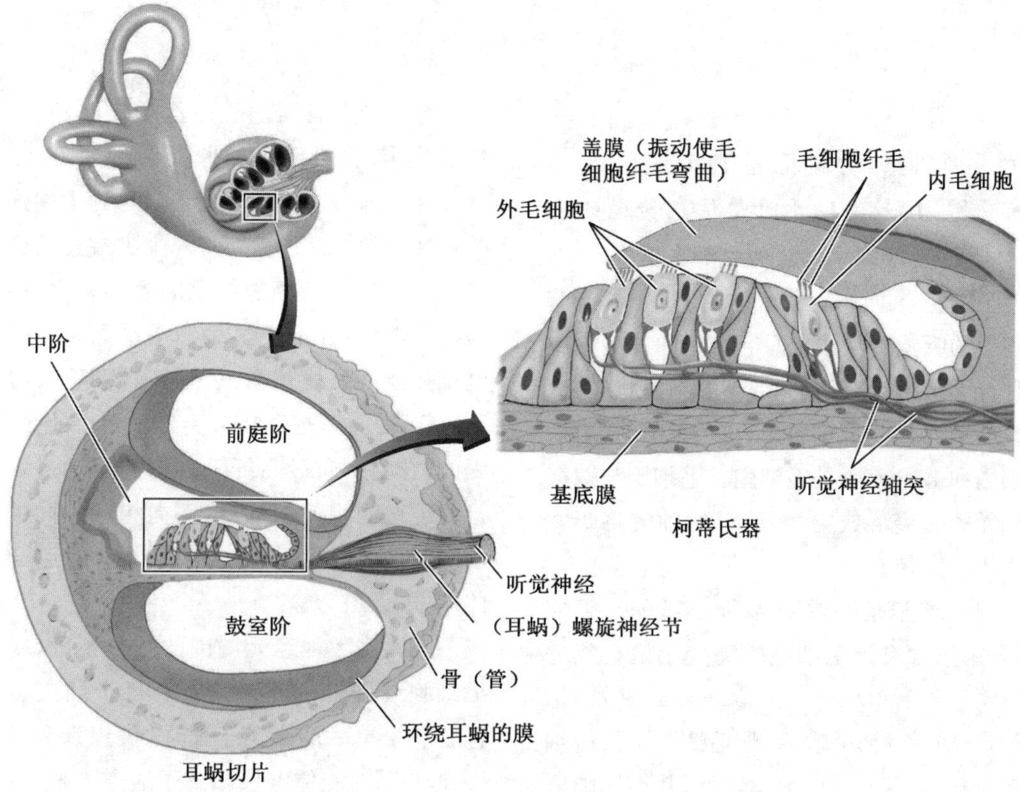


**图 7.4　柯蒂氏器**

此耳蜗剖面图展示了柯蒂氏器的构造。

施加在卵圆窗上的振动能使基底膜弯曲。最容易弯曲的基底膜部分是由声音的频率决定的：高频声音会导致薄膜的底部（最靠近卵圆窗的一端）弯曲。耳蜗有一个弹性的薄膜覆盖的开口，也就是圆窗，可以让耳蜗内的液体来回流动。镫骨的底部在卵圆窗后的膜上振动，将高频或低频声波引入耳蜗。振动导致基底膜的一部分来回弯曲。基底膜下流体的压力变化被传递到圆窗膜上。当镫骨的底部向内推进时，圆窗后面的膜就会凸出来。我们将在后面的小节中看到，不同频率的声音振动会导致基底膜的不同部分发生弯曲（参见图 7.5）。

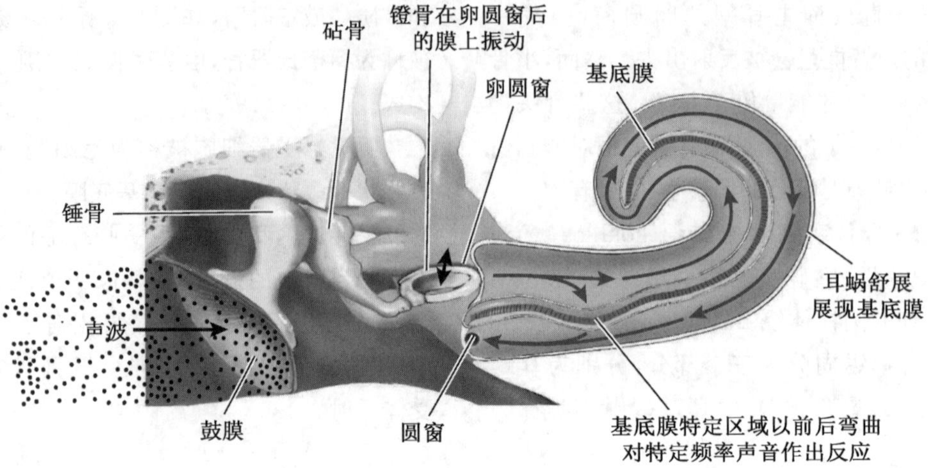


图 7.5 对声波的响应

## 听觉毛细胞和听觉信息的传递

目标 7.3 比较有助于听觉信息传递的毛细胞的结构、功能和位置。

毛细胞有助于听觉信息的传递。位于基底膜上的听觉感受器有内毛细胞和外毛细胞两种。毛细胞含有**纤毛**，细小的毛发状突起，按高度排列。人类耳蜗大约含有 3 500 个内毛细胞和 12 000 个外毛细胞。毛细胞与双极神经元的树突形成突触，后者的轴突将听觉信息传入大脑。

内毛细胞是正常听力所必需的。事实上，耳蜗只含有外毛细胞的突变小鼠显然完全听不到声音(Deol and Gluecksohn-Waelsch, 1979)。随后的研究表明，外毛细胞是效应细胞，参与改变基底膜的力学特性，从而影响声音振动对内毛细胞的影响。我们将在音高位置编码部分讨论外毛细胞的作用。

纤毛的基底附着在基底膜上，外毛细胞纤毛的尖端附着在上面的盖膜上。声波使基底膜和盖膜上下弯曲。这些运动使毛细胞的纤毛向一个方向或另一个方向弯曲。毛细胞内部的纤毛不会碰到覆盖在上面的盖膜，但这两层膜的相对运动会导致耳蜗内的液体流过它们，使它们前后弯曲。

纤毛中含有肌动蛋白丝的核心，肌凝蛋白丝包围着纤毛，这些蛋白使纤毛变硬(Flock, 1977)。相邻纤毛通过称为**尖端连丝**的弹性细丝相互连接。每一个尖端连接到一个纤毛的末端和相邻纤毛的侧面。附着点，即**插入斑块**，在电子显微镜下呈黑色。受体电位在插入斑块被激发。通常情况下，尖端连丝轻微拉伸，这意味着受到一个小的张力。因此，纤毛束向最高纤毛方向的运动进一步拉伸了这些相连的纤维，而向相反方向的运动则放松了这些纤维。纤毛束的弯曲引起受体电位(见图 7.6)。

与大多数神经元周围的液体不同，听觉毛细胞周围的液体富含钾。每个插入斑块包含一个单一的阳离子通道，被识别为 TRPA1，是瞬时受体电位阳离子通道的成员，亚家族 A，1 型(Corey et al., 2004)。(我们提到受体的 TRP 家族，是因为这个家族包含了感知触觉、温度和味觉的受体，稍后你将在本章再次遇到它们。)当纤毛束呈直线时，单个离子通道打开的概率约为 10%。这意味着少量的阳离子(钾离子和钙离子)扩散至纤毛。当束向最高纤毛移动时，尖端连丝上增加的张力打开了所有的离子通道，进入纤毛的阳离子流增加，细胞膜去极化。结果，毛细

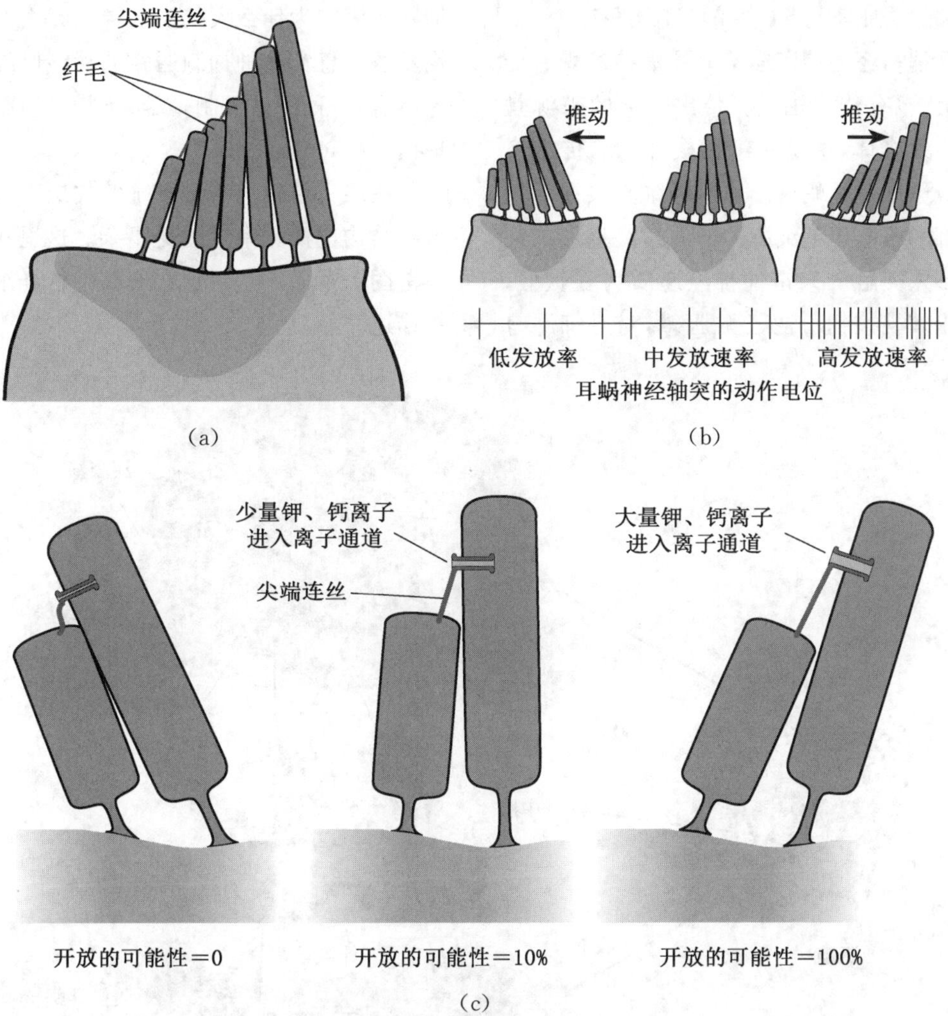


**图 7.6　内耳毛细胞的转导**

(a)图显示了听觉毛细胞纤毛的外观。(b)纤毛束向最长的纤毛束移动会增加附着在毛细胞上的耳蜗神经轴突的放电速率，而远离最高纤毛束的纤毛束移动会降低耳蜗神经轴突的放电速率。(c)向最长纤毛移动会增加尖端连丝的张力，从而打开离子通道和增加钾、钙离子的流入。向最短纤毛移动可以消除尖端连丝的张力，从而使离子通道关闭，阻止阳离子流入。

胞释放的神经递质增加。当束向相反的方向移动，向最短的纤毛移动时，尖端连丝的松弛使打开的离子通道关闭。阳离子流入停止，膜超极化，神经递质释放减少。

## 听觉通路

目标 7.4　描述听觉通路中的皮层、耳蜗神经、皮层下结构的结构和功能。

听觉通路由耳、耳蜗神经、皮层下结构和听觉皮层组成。

**耳蜗神经的传入连接**　柯蒂氏器官通过**耳蜗神经**把听觉信息传送到大脑。耳蜗神经是一束双极神经元轴突，将听觉信息传送到大脑。这些双极神经元的细胞体位于**耳蜗神经节**。这些独特的神经元有轴突，从细胞体的两端突出，可以传递动作电位。轴突的一端起着树突的作用，当听觉毛细胞释放出神经递质时，轴突就会产生兴奋性突触后电位。兴奋性突触后电位触发听觉神经轴突的动作电位，与延髓的质神经元形成突触(参阅图 7.4)。

**耳蜗神经的传出连接** 耳蜗神经既有传入轴突,也有传出轴突。传出轴突的来源是上橄榄复合体,这是一组髓核;因此,传出纤维构成了**橄榄耳蜗束**。这些纤维直接在毛细胞外部和服务于毛细胞内部的树突上形成突触。传入突触的兴奋性神经递质为谷氨酸,而传出末梢按钮分泌乙酰胆碱,对毛细胞有抑制作用。为什么大脑中的神经元需要向耳蜗发送信息?这种抑制通路的功能已经被提出,包括一种保护机制,以防止噪声引起的耳蜗损伤(Ciuman, 2010)。

**皮层下结构** 听觉系统的皮层下成分的解剖结构比视觉系统的更复杂。这里我们将参考图 7.7,而不是对这些通路进行详细的口头描述。

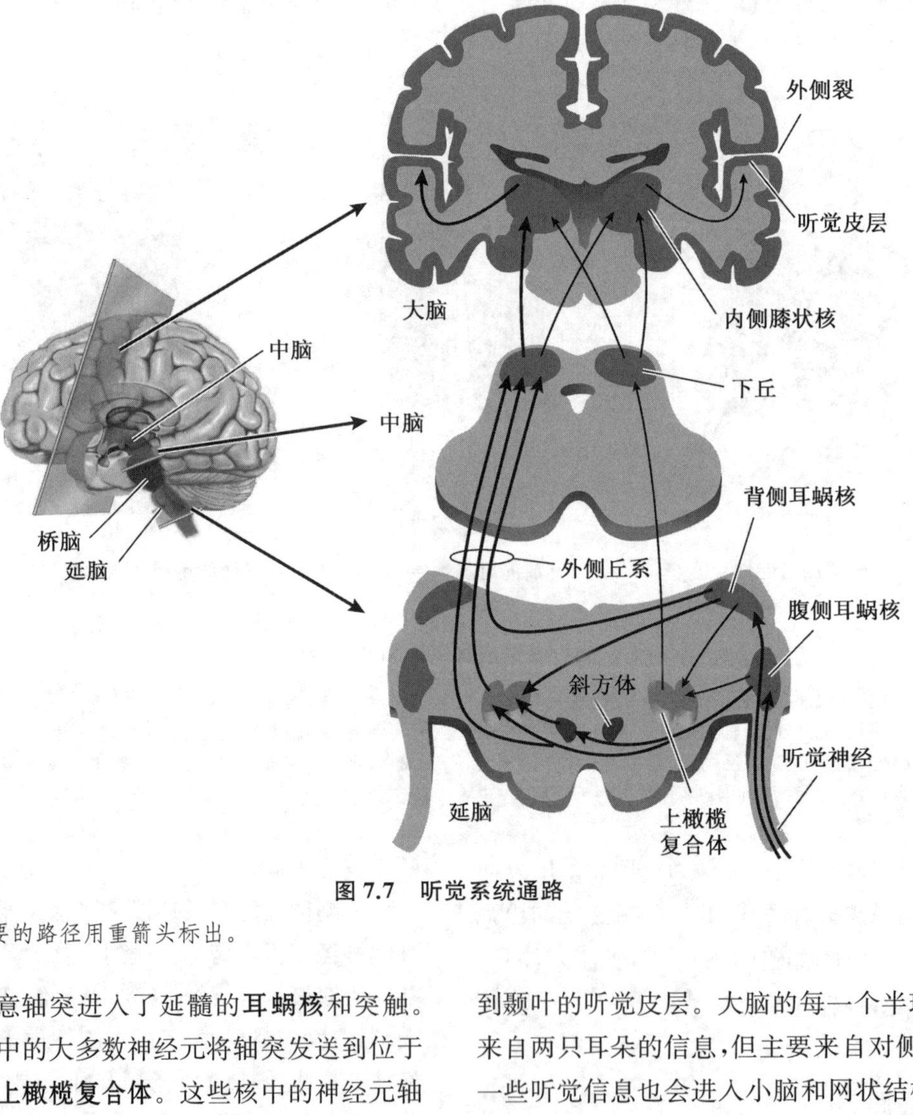


**图 7.7 听觉系统通路**

主要的路径用重箭头标出。

注意轴突进入了延髓的**耳蜗核**和突触。耳蜗核中的大多数神经元将轴突发送到位于延髓的**上橄榄复合体**。这些核中的神经元轴突通过称为**外侧丘系**的大纤维束到达位于中脑背侧的下丘面。那里的神经元将轴突发送到丘脑内侧膝状核,内侧膝状核将轴突发送到颞叶的听觉皮层。大脑的每一个半球接收来自两只耳朵的信息,但主要来自对侧耳朵。一些听觉信息也会进入小脑和网状结构。总的来说,皮层下的听觉处理需要许多神经元和突触组成复杂的网络,这些网络跨越大脑的多个区域。

**听觉皮层** 让我们来仔细看看听觉通路的最终目的地:听觉皮层。听觉皮层与耳蜗基底膜有着独特的关系。基底膜的频率图通过皮层下结构的处理保存下来,并映射到初级听觉皮层(参见图7.8)。基底膜的基部末端(朝向卵圆窗的那一端,对最高频率有反应)在听觉皮层中部表现得最明显,而顶端末端(离卵圆窗较远的那一端,对最低频率有反应)在听觉皮层后部表现得最明显。因为,正如我们将看到的,基底膜的不同部分对不同频率的声音反应最好,皮层和基底膜之间的这种关系被称为**音高定位表征**(tonotopic一词中,tono表示"音调",topo表示"位置")。

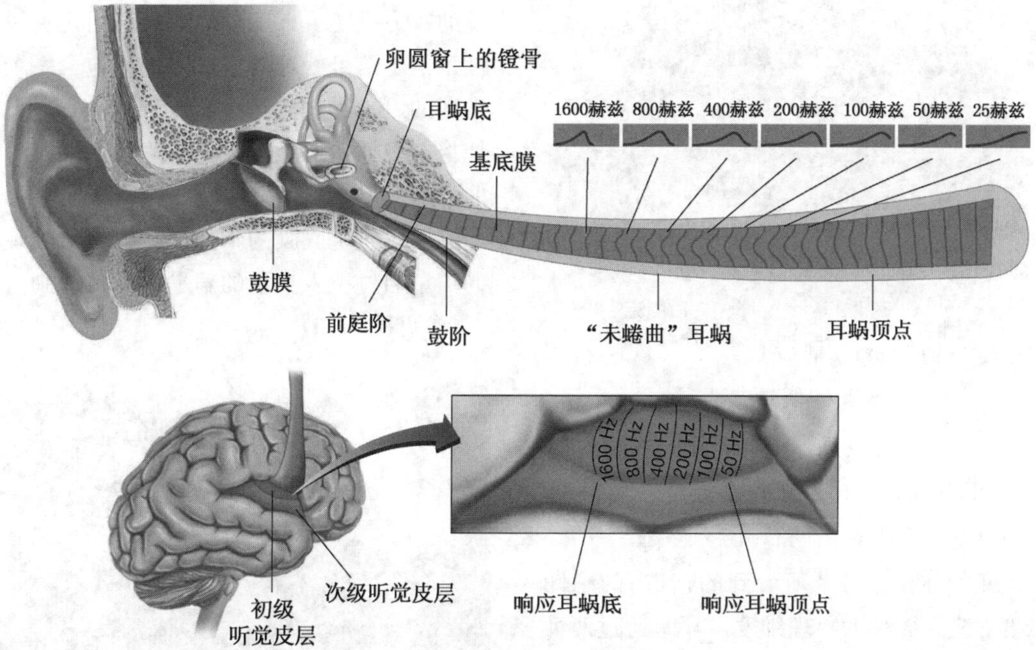


**图7.8 耳蜗和听觉皮层的拓扑映射**

基底膜的频率图通过皮层下结构的处理映射在初级听觉皮层中。

*听觉皮层的层次结构* 正如我们在第6章看到的,视觉皮层是按层次排列的。模块在纹状皮层(初级视觉皮层)分析视觉信息的功能,并将分析结果传递给纹状皮层(视觉联合区)周围纹外皮层执行进一步的分析,再将信息传递给其他脑区,并在最复杂的顶叶和下颞叶进行视觉处理。

听觉皮层似乎也是如此。初级听觉皮层位于外侧裂的上侧。核心区域包含初级听觉皮层,实际上由三个区域组成,每个区域从内侧膝状核的腹侧裂接收一个单独的听觉信息音高定位图。听觉联合皮层的第一层,即**带状区**,围绕着初级听觉皮层,就像纹外皮层围绕着初级视觉(条纹)皮层一样。带状区由至少七个分区组成,接收来自初级听觉皮层和内侧膝状核(皮层下听觉处理区)的背侧和内侧信息。最高层的听觉联合皮层,是位于外侧带状旁区腹侧的带状旁区,接收来自带状区和同样投射到带状区的内侧膝状核裂的信息。(参见图7.9)。

*听觉皮层的两条处理流* 我们在第6章已经看到,纹外皮层分为背侧和腹侧两部分。止于顶叶皮层的背侧流参与位置感知("在哪里"),止于下颞叶皮层的腹侧流参与形状感

知（“什么”）。听觉联合皮层类似地排列在两条神经通路流中。前侧流起源于前带状旁区，参与复杂声音的分析。后侧流始于后带状旁区，与声音定位有关（Rauschecker and Scott，2009；Rauschecker and Tian，2000）（参见图 7.9）。

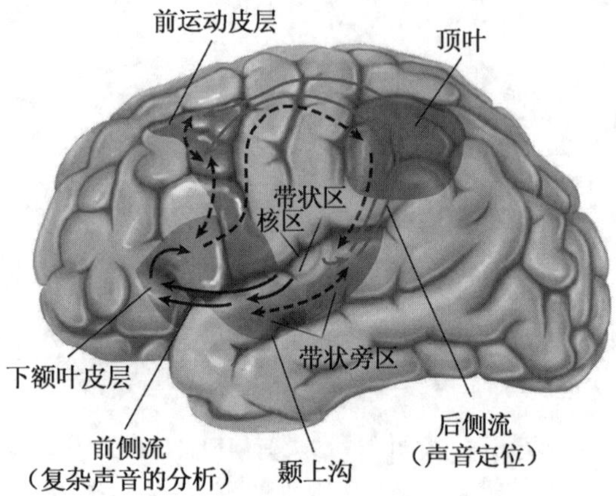


**图 7.9　听觉皮层**

## 音高的感知

目标 7.5　对比音高的位置和速率编码。

正如你在上一节所看到的，音高的感知维度对应于频率的物理维度。耳蜗通过两种方法检测频率：位置编码检测中高频，速率编码检测低频。下面将描述这两种类型的编码。

### 位置编码

由于耳蜗和基底膜的物理构造，不同频率的声刺激导致基底膜不同部位前后弯曲。这表明，至少某些频率的声波是通过**位置编码**检测到的。例如，如果基底膜一端的神经元受到高频的刺激，而另一端的神经元受到低频的刺激，我们可以说，声音的频率是由特定的活跃神经元编码的。反过来，耳蜗神经中特定轴突的放电告诉大脑特定频率声音的存在。

音高位置编码的证据有几个来源。大剂量的抗生素药物会使听觉毛细胞发生损伤。损伤从耳蜗的基底端开始，向耳尖方向发展。由抗生素引起的毛细胞的渐进性死亡与渐进性听力丧失非常相似：先丧失最高频率后丧失最低频率。高频听力损失也可能是由于对高音量声音的忽视而造成的。

人工耳蜗　人工耳蜗的有效性为人类耳蜗音高的位置编码提供了很好的证据。**人工耳蜗**是一种用于修复因毛细胞受损而导致耳聋的听力设备。人工耳蜗的外部由麦克风和微型电子信号处理器组成。内部包含一个非常薄的、灵活的电极阵列，外科医生小心翼翼地将电极插入耳蜗，使其遵循蜗牛一样的卷曲，最终沿着整个基底膜排列。阵列中的每个电极刺激基底膜的不同部分。信号处理器的信息通过植入皮下的扁平线圈传递到电极上（参见图 7.10）。

**图 7.10　人工耳蜗**

一个麦克风和处理器戴在耳朵上，耳机包含一个线圈，将信号传送给植入物。

耳蜗植入对两类人群最有用：成年后失聪的人和非常年幼的儿童（Moore and Shannon，2009）。人工耳蜗的主要目的是恢复一个人理解语言的能力。由于语音中大部分重要的声学信息都包含在频率中，频率太高，无法用速率编码准确地表示，因此开发了多通道电极，试图复制基音在基底膜上的位置编码（Copeland and Pillsbury，2004）。当基底膜的不同区域受到刺激时，人会感知到不同音高的声音。外部设备的信号处理器对微电极检测到的声音进行分析，并将单独的信号发送到基底膜相应的位置。

聋人文化　和其他与他们的文化有密切联系的人一样，聋人社区的成员对共同的文化遗产和语言感到自豪。一些聋人说，如果给他们听的机会，他们会拒绝，或者会因为孩子也是聋人而感到欣慰，因为他们将成为自己聋人文化的一部分。聋人认为自己与众不同，但并非完全有缺陷。

**速率编码**　上一节描述了如何通过位置编码来检测声音的频率。然而，最低频率似乎并没有以这种方式被解释。较低的频率是由神经元检测到的，其发射与基底膜顶端的运动同步。用**速率编码**的方法对低频进行反转换。

最令人信服的音高编码速率的证据也来自对人工耳蜗的研究。Pijl 和 Schwarz(1995a, 1995b)发现用电脉冲刺激单个电极会产生与刺激频率成正比的音高敏感度。事实上，被试甚至可以通过调节脉冲频率来识别熟悉的曲调。(这些被试在后来的生活中变得耳聋，因为他们已经学会了识别曲调。)正如我们所预料的那样，当基底膜的尖端受到刺激时，被试的知觉是最好的，只有低的摩擦才能通过这种方法区分出来。

## 响度的感知

目标 7.6　比较听觉系统如何使用动作电位表示高频和低频声音的响度。

耳蜗是一个极其敏感的器官。在非常安静的环境中，健康的耳朵探测空气中声音的能力是有限的，因为它掩盖了血液流经脑血管的声音，而不是听觉系统本身的敏感性。

耳蜗神经轴突似乎通过改变其激发动作电位的速率来通知大脑刺激的响度。声音越大，耳鼓和听小骨的振动就越强烈，从而对听觉毛细胞的纤毛产生更大的剪切力。结果，这些细胞释放更多的神经递质，耳蜗神经轴突产生更高的放电率。这种解释似乎对涉及音高位置编码的轴突来说很简单；在这种情况下，神经元发出的信号是音高，神经元发出的信号是响度。然而，基底膜顶端的神经元发出的信号频率最低，这是由它们的放电速率决定的。如果它们发射得更频繁，就发出更高音高的信号。因此，大多数研究人员认为，低频声音的响度是由这些神经元在给定时间内放电的轴突数量表示的(见表 7.1)。

**表 7.1　高、中、低频声音的音高和响度感知表**

本表总结了耳蜗毛细胞活动如何表征音高和响度。

| | 音高的感知 | 响度的感知 |
|---|---|---|
| 高频声 | 位置编码；毛细胞在基底膜活跃的位置产生放电 | 由毛细胞的动作电位速率决定 |
| 中频声 | 位置编码；毛细胞在基底膜活跃的位置产生放电 | 由毛细胞的动作电位速率决定 |
| 低频声 | 频率编码；基底膜顶端毛细胞的放电与声波的频率是同步的 | 由活跃毛细胞的数量决定 |

## 音色的感知

目标 7.7　识别必须通过听觉处理来区分的音色的各个方面。

虽然实验室对听觉系统的研究经常使用单频声音刺激，但这些声音很少在实验室外遇到。相反，我们听到的声音具有丰富的混合频率——复杂音色的声音。例如，考虑单簧管演奏一个特定音符的声音。如果我们听到它，我们可以识别它是单簧管，而不是长笛或小提琴。我们之所以能这样做，是因为这三种乐器发出的声音音色不同，而我们的听觉系统能够分辨出来。

单簧管音具有一个**基本频率**，该频率与所感知到的音高相对应。这个音符也有许多**泛音**，即为基频若干倍的复杂频率。不同的乐器产生不同强度的泛音。电子合成器通过产生一系列适当张力的泛音，将它们混合并通过扬声器传递，来模拟真实音高。

当基底膜被单簧管的声音刺激时，不同的部分会对每个泛音做出反应。这种反应在耳蜗神经中产生一种独特的解剖学编码的活动模式，随后由听觉联合皮层中的回路识别出来。

事实上，复杂声音的识别并没那么简单。上述解释仅适用于单簧管持续声音的分析。大多数声音是动态的；也就是说，它们的开始、中间和结束是不同的。以单簧管演奏的音符的开头（攻击）包含在几毫秒内出现和消失的频率。在音符的末尾（衰减），一些频率在其他频率之前消失。如果我们要识别不同的声音，听觉皮层必须分析出现、变化和消失的多个频率的复杂序列。当你考虑到我们可以听管弦乐队演奏并识别同时演奏的几种乐器时，你就能体会到听觉系统分析的复杂性。

## 空间位置感知

目标 7.8　比较到达时间、相位差、强度差和音色在空间位置感知中的作用。

到目前为止，我们仅讨论了音调、响度和音色的编码（最后一个实际上是一个复杂的频率分析过程）。听觉系统也响应声学刺激的其他品质。例如，我们的耳朵非常善于确定声音源是否在我们的右侧或左侧。三种生理机制检测声源的位置：我们使用低频（小于约 3 000 Hz）的相位差和高频的强度差；此外，我们还使用音色分析来确定声源的高度，并识别它是在我们面前还是在我们身后。

**利用到达时间和相位差定位**　即使没有视觉信息，我们仍然可以非常准确地确定发出咔嗒声的刺激的位置。我们在判断方位角时是最准确的，即声音源相对于我们身体中线的水平（左或右）角度。我们的听觉系统中的神经元选择性地响应左耳和右耳声波的不同到达时间。如果咔哒声的来源位于中线的右侧或左侧，则声波将更快到达一只耳朵并首先启动动作电位。只有当刺激直线前进时，才能同时刺激双耳。听觉系统中的许多神经元响应任何一只耳朵的声音。这些神经元中的一些，特别是在髓质的上橄榄复合体中的神经元，根据双耳呈现的咔嗒声产生的声波的到达时间差异来响应。它们的响应率反映的时间差只有几分之一毫秒。

当然，当我们听到连续的声音和点击，我们也可以感知它们的来源位置。我们通过相位差来检测连续低音调声音的来源。**相位差**是指在每个耳朵处同时到达振荡声波的不同部分（相位）。例如，如果我们假设声音以大约 1 200 千米/小时的速度在空中传播，则 1 000 赫兹音调的相邻周期大约相隔 30 厘米。因此，如果声音源位于头部的一侧，则一耳鼓膜被拉出而另一耳鼓膜被推入。耳膜的运动将反转，或者相位相差 180°。如果声源直接位于头部前方，则将以完全相同的相位运动（即 0°相位差，见图 7.11）。因为一些听觉神经元仅在耳膜（以及因此基底膜的弯曲）至少有些相位差时才响应，所以大脑中的上橄榄复合体中的神经元能够使用它们提供的信息来检测连续的声音的来源。

神经元接收来自两只耳朵的两组轴突的信息。每个神经元用作重合检测器；只有当它同时从属于两组轴突的突触中接收到信号时，它才会响应。如果信号同时到达两只耳朵，排在中间的神经元将会发射。然而，如果信号在另一只耳朵之前到达一只耳朵，则会激发离信号“早先到”的耳朵远的神经元（Jeffress，1948；见图 7.12）。

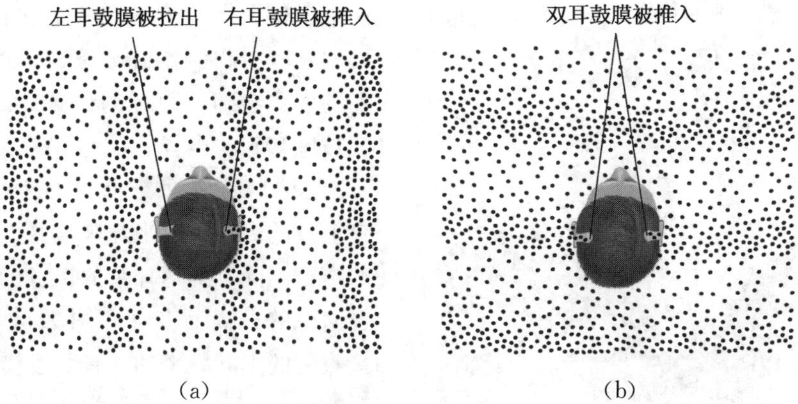


**图 7.11　声音定位**

该方法通过相位差定位低频和中频声源。(a)向右发出 1 000 赫兹音调的来源。双耳耳膜压力波反相位；一耳鼓膜被推入，另一耳鼓膜被拉出。(b)声音的直接来源。鼓膜的振动是相位同步的。

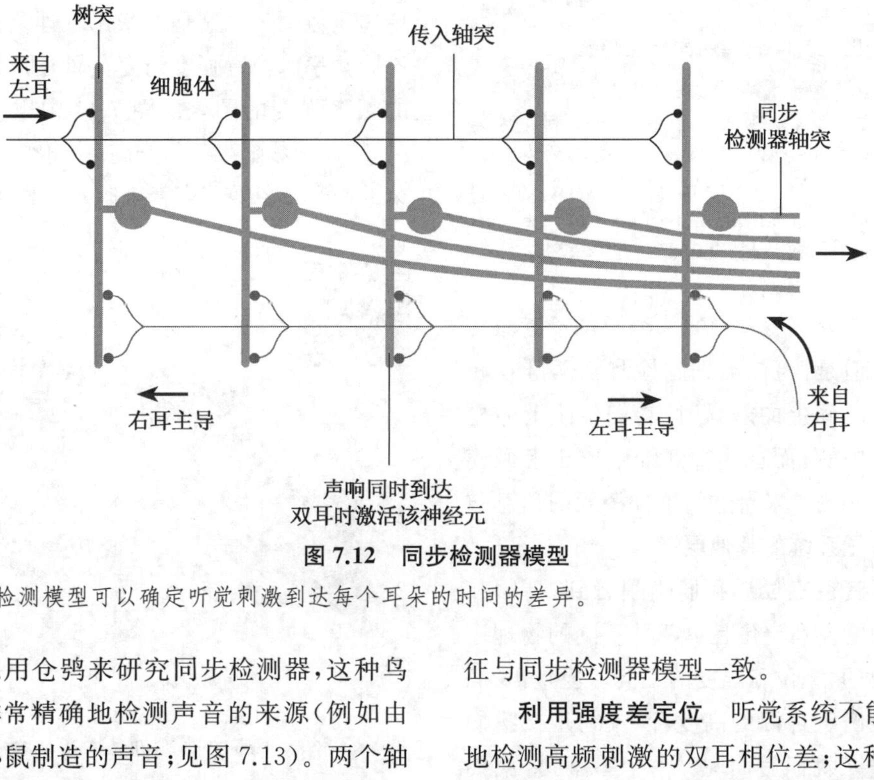


**图 7.12　同步检测器模型**

这个检测模型可以确定听觉刺激到达每个耳朵的时间的差异。

可以用仓鸮来研究同步检测器，这种鸟类可以非常精确地检测声音的来源(例如由不幸的小鼠制造的声音；见图 7.13)。两个轴突的分支，每个耳朵有一个，突出到细胞核，即哺乳动物内侧上橄榄复合体的仓鸮类似物。来自同侧和对侧耳朵的轴突从相反方向进入细胞核；因此，核心中背侧定位的神经元受到首先到达对侧耳朵的声音的刺激。Carr 和 Konishi(1989，1990)从细胞核内的单细胞电位记录，发现位于那里的神经元的响应特征与同步检测器模型一致。

**利用强度差定位**　听觉系统不能很容易地检测高频刺激的双耳相位差；这种快速正弦波的相位差异太短，神经元无法测量。然而，中线左右的高频刺激对耳朵的刺激并不均衡。头部吸收高频，产生“声影”，所以最靠近声源的耳朵受到最强烈的刺激。听觉系统中的一些神经元对双耳不同强度的刺激有不同的反应，这意味着它们提供了可以用来检测高频音调来源的信息。

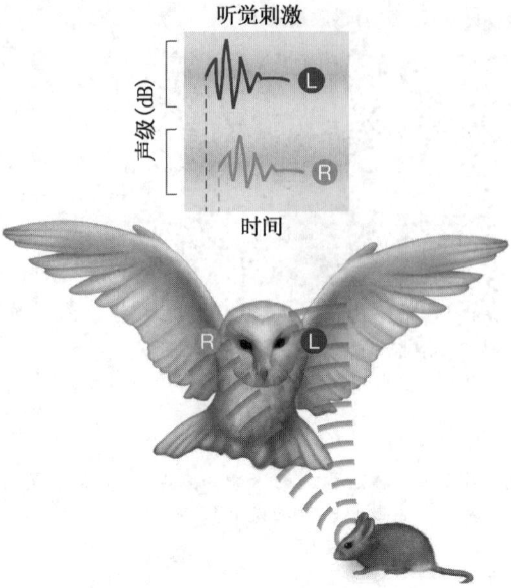


**图 7.13 仓鸮的同步检测器**

同步检测神经元在猫头鹰的层状核比较声音到达的左右耳朵，以确定小鼠的位置。到达左耳的听觉刺激首先表明声音的来源在头部的左侧。

资料来源：Knudsen, E.I., Instructed learning in the auditory localization pathway of the barn owl. *Nature*, 2002, 417(6886), 322—328。

发现双耳响度差异的神经元位于上橄榄复合体。但是，当神经细胞检测到两耳在相位或到达时间上的差异时，它们位于上橄榄复合体的内侧，而这些神经细胞位于上橄榄复合体的外侧。来自这两组神经元的信息被发送到听觉系统的其他层级。

**利用音色定位** 我们刚刚看到，高频和低频声源的左右定位是由两种不同的物理运动来完成的：相位和强度的不同。但是，我们怎样才能确定声源的高度，以及它是在我们前面还是在我们后面呢？一个答案是，我们可以转头，倾斜我们的头，从而把前后变成一个左右的决定。但是我们有另一种方法可以确定高度并区分前后：音色分析。

这种方法涉及听觉系统的另一部分，对于该部分我们没有说太多：外耳(耳郭)。人的外耳有几个褶和脊。我们听到的大多数声波在进入耳道之前会从耳郭的褶和脊上反弹回来。根据声波撞击这些褶和脊的角度，不同的频率将得到增强或衰减。换句话说，反射的模式会随着声源的位置而改变，这将改变被感知到的声音的音色。来自脑后的声音听起来与来自头顶或前方的声音不同，而来自上方的声音听起来与来自我们耳朵水平面的声音不同。到达耳朵的声音的音色随着声音来源的升高而变化。图 7.14 显示了耳朵接收到的不同频率的声音强度受声源仰角的影响(Oertel and Young, 2004)。实验人员把一个小麦克风放在一只猫的耳朵里，然后记录下听觉刺激物在相对于猫的头部不同高度所发出的声音。他们用计算机绘制了耳朵的传递函数图——这是一张比较耳朵接收到的不同频率的声音强度与麦克风在户外接收到的频率强度的图表。图 7.14 中重要的一点是，传递函数随声源的升高而变化。到达猫耳朵的声音音色随着声音来源的升高而变化。

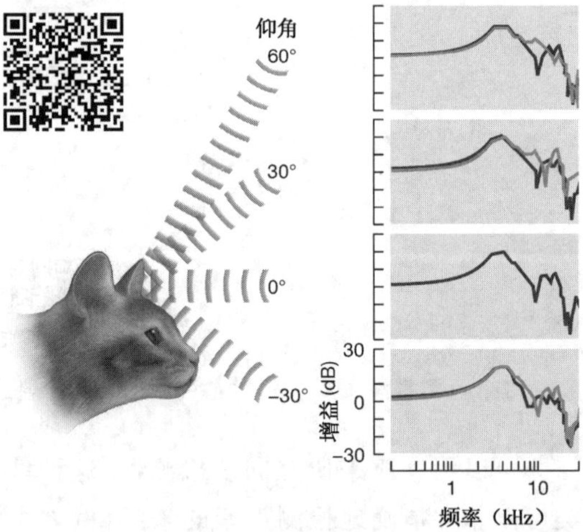


**图 7.14 音色随仰角变化的变化**

这些是传递函数图，将耳朵接收到的不同频率声音的强度与麦克风在户外接收到的这些频率的强度进行比较。为便于比较，0°传递函数曲线(绿色)分别叠加在 60°(红色)、30°(橙色)和 −30°(蓝色)传递函数曲线上。不同仰角的传递函数的差异提供了有助于感知声源位置的线索。

资料来源：Oertel, D., and Young, E.D., What's a cerebellar cicruit doing in the auditory system? *Trends in Neuroscience*, 2004, 27, 104—110。

人的耳朵形状不同;因此,来自不同地方的声音音色的变化也会因人而异。此外,随着孩子的成长,耳朵的大小也会发生变化。因此,每个人都必须学会识别声音音色的细微变化,这些变化来自头部前面、后面、上面或下面的位置。完成这一任务的神经回路并不是遗传编程的;它们必须从经验中获得。

Zwiers 等人(2001)的一项实验发现了经验在校准听觉系统对高度变化的敏感性方面的作用的证据。他们发现,与有视力的人相比,失明的人更难判断声音的高度,尤其是在有噪声的情况下。据推测,视力提高的人反映了这样一个事实:他们有机会校准由他们能看到的声源高度变化引起的声音音色变化。与此相反,盲人感知声音来源水平位置的能力与正常人相当。盲人有丰富的导航经验,可以导航到位于地面的声源(以及反射声音的物体,例如敲击手杖的声音),并在声源周围导航。这些感知可以通过与这些物体的物理接触来加以调整。

Kumpik 等人(2010)进一步证明了学习在识别声源位置的能力中所起的作用。他们发现,当一只耳朵部分被堵住时,人们很难定位声音。然而,如果他们在被堵住一只耳朵的情况下练习几天,他们就能准确地定位声音。

## 复杂声音感知

目标 7.9　描述听觉皮层的两个处理流在复杂声音感知中的作用。

正如我们在本节开始时所说,听觉有三个主要功能:探测声音,确定声音来源的位置,识别这些来源的身份,从而识别它们的意义和与我们的相关性。现在让我们考虑第三个功能:识别声源的身份。

现在,也许你能听到人们谈话的声音,电视的背景声,在另一个房间里播放的低沉的音乐,或者你在一个非常安静、遥远的地方,断断续续只听到电脑里的冷却风扇的声音。你如何识别这些来源?你的耳蜗神经轴突包含了一个不断变化的活动模式,与不断变化的撞击耳膜的频率组合相对应。不知怎的,你大脑的听觉系统会识别出属于特定来源的特定模式,而你将它们视为一个独立的实体。

**环境声感知及其定位**　听觉系统识别声源的任务是一种模式识别。听觉系统必须识别来自不同声源的不断变化的粒子活动模式。正如我们看到的,很少有模式是固定频率的简单混合。例如,不同音高的音符在我们的耳蜗神经中产生不同的活动模式,但我们却能识别出每个音符属于单簧管。此外,以单簧管演奏的音符有特有的起音和衰减。再考虑一下环境中出现的声音的复杂性:汽车鸣笛、鸟儿啁啾、人们咳嗽、门砰地关上,等等。(我们将在第 14 章讨论语音识别——一个更复杂的任务。)也许不出意料,我们还远远没有理解这种复杂声音的模式识别是如何工作的。

对复杂声音的感知似乎是由听觉皮层中的神经回路完成的。不管这些声音如何被识别,很明显,执行分析的回路必须接收到准确的信息。对复杂声音的识别需要声音成分随时间的变化全程经过听觉皮层处理。事实上,将信息传递到听觉皮层的神经元具有特殊的特征,使得它们能够快速准确地传递信息(Trussell, 1999)。它们的轴突含有特殊的低阈值电压门控钾通道,产生非常短的动作电位。它们的终端扣很大,释放大量谷氨酸,突触后膜中含有神经递质依赖的离子通道,其作用异常迅速;因此,这些突触产生非常强的兴奋性突触后电位。终端扣与突触后神经元的体细胞膜形成突触,使突触与轴突之间的距离和信息传递到突触后神经元轴突的延迟最小化。

正如我们在本章前面提到的,听觉皮层和视觉皮层一样,被组织成两股流:一股前流，参与复杂声音的感知；和一个后流，参与形式的知觉。Rauschecker 和 Tian(2000)在对猴子进行的单神经元活动记录研究中发现，“是什么”系统中的神经元区分不同猴子的叫声，而“在哪里”系统中的神经元区分呈现这些叫声的扬声器的不同位置。

图 7.15 比较了猴大脑中处理视觉信息和奥迪-托利信息的区域。正如你所看到的，视觉和听觉的“在哪里”流在顶叶重叠。这种重叠无疑与猴子(和人类)能够利用视觉和声音的汇聚来识别环境中几个物体中哪个在制造噪声有关。此外，我们可以学习一个物体的视觉外观和它发出的声音之间的联系。来自视觉和听觉系统的信息也被投射到额叶的特定区域——同样是两个系统重叠的区域。额叶在学习和记忆中的作用将在第 13 章中讨论。

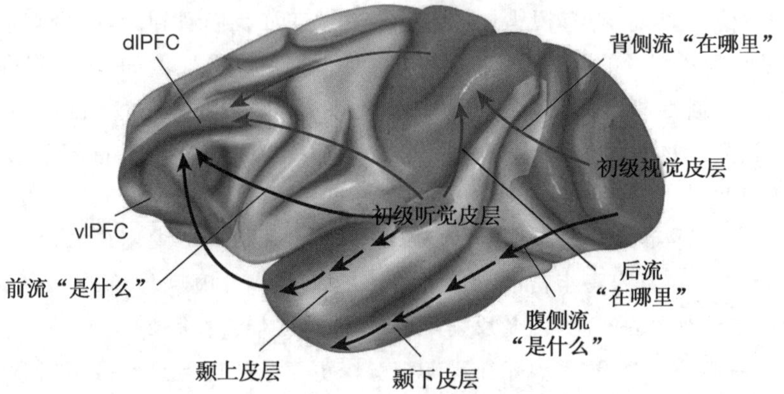


**图 7.15 处理视觉和听觉信息**

猴大脑中负责处理视觉和听觉信息的区域。vIPFC＝腹外侧前额叶皮层，dIPFC＝背外侧前额叶皮层。

**听觉皮层损伤损害对复杂声音的感知** 在第 6 章中我们看到，视觉联合皮层的损伤会选择性地损害视觉感知的各方面。对腹侧流的损伤会产生视觉失认症——即使视觉敏锐度良好(“是什么”)，也无法识别物体——而背侧流的损伤会破坏在各种需要感知和记忆物体位置(“在哪里”)的任务中的表现。类似地，听觉联合皮层的损伤会对听觉知觉造成各方面的损害，即使这些人不是聋人。

一项针对 38 项人类被试的功能成像研究的综述(Arnott et al., 2004)报告了一个一致的结果：对声音身份的感知激活了听觉皮层的“是什么”流，而对声音位置的感知激活了“在哪里”流。Alain 等人(2008)的一项功能磁共振成像(fMRI)研究支持了这一结论。调查人员以三种方位向人们展示了发出声音的动物、人和乐器(例如，狗的吠叫，咳嗽，长笛的声音)：90°向左，向右直走，或 90°。在一些实验中，参与者被要求在听到来自同一地点的两种声音时按下按钮。在其他几组实验中，他们被要求指出他们连续两次听到同样的声音，而不限地方。如图 7.16 所示，对位置的判断激活了背区(“在哪里”)，以及对声音性质的判断激活腹区(“是什么”)。

这些通路中的结构受到抑制，会导致对听觉刺激的“是什么”和“在哪里”的感知出现特定缺陷。Lomber 和 Malhotra(2008)在猫的大脑皮层中植入了一种循环冷却液体的螺旋管。循环液体暂时使线圈下的皮层区域失去活性。“是什么”通路区域的失活破坏了猫识别听觉刺激的能力，而“在哪里”通路区域的失活破坏了猫识别其位置的能力。

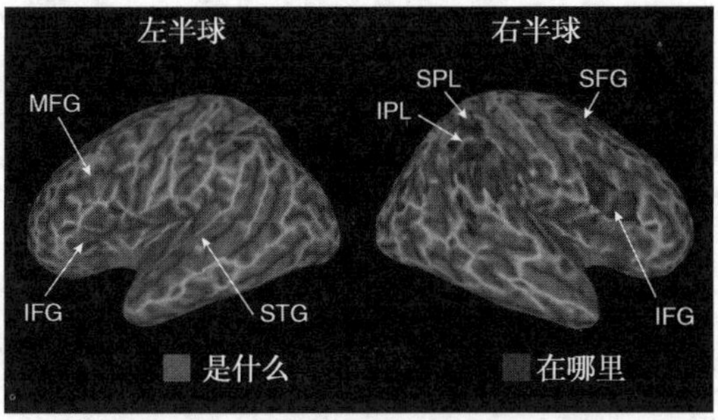


**图 7.16 "在哪里"与"是什么"**

图中显示了大脑区域对声音类别(蓝色)和位置(红色)的判断反应。IFG=额下回,IPL=下顶叶,MFG=额中回,SFG=额上回,SPL=上顶叶,STG=颞上回。

资料来源:Alain, C., He, Y., and Grady, C., The contribution of the inferior parietal lobe to auditory spatial working memory, *Journal of Cognitive Neuroscience*, 2008, 20, 285—295。复制经许可。

虽然损伤会损害对复杂声音的感知,但听觉处理路径也具有可塑性。例如,盲人优越的听觉能力早已被认识到:失明似乎会增加听觉系统的敏感度。Klinge 等人(2010)的一项功能成像研究发现,盲人和正常人的听觉皮层输入是相同的,但听觉皮层和视觉皮层之间的神经连接不同。盲人的更强壮。此外,视觉皮层对听觉刺激的反应增强。这些发现表明,对听觉刺激的分析可以扩展到盲人的视觉皮层。

Clarke 等人(2000)报道了 3 例影响听觉皮层不同部分的脑损伤患者。研究人员测试了患者识别环境声音的能力,识别声音来源的位置,以及检测声音来源何时移动的能力。患者 F.D.在识别环境声音方面有困难,但能够识别声音的位置或运动。患者 C.Z.可以识别环境声音,但不能识别声音的位置和运动。最后,尽管这位耐心的 M.A.并不是聋子,但她在所有三项任务中都表现出了缺陷:识别、定位和运动知觉。虽然这些患者的病变太大,无法确定负责感知环境声音的大脑区域的确切位置及其来源的位置,但我们可以肯定地得出结论,听觉皮层的不同区域参与了对是什么和在哪里的感知。

## 音乐感知

目标 7.10 总结感知音乐的生物学基础。

音乐知觉是听觉知觉的一种特殊形式。音乐由不同音高和音色的声音组成,以特定的顺序演奏,具有潜在的节奏。同时演奏的特定的音符组合被认为是和谐或不和谐,愉快或不愉快。音阶之间的音程有特定的规律,不同文化的音乐可能会有不同的规律。在西方音乐中,使用一组规则(大调)演奏的旋律通常听起来很快乐,而使用另一组规则(小调)演奏的旋律通常听起来很悲伤。此外,旋律是由音符之间的相对音程来识别的,而不是由它们的绝对值来识别的。旋律即使是在不同的音调下演奏,也被认为是不稳定的,也就是说,所有音符的音高都是升高或降低的,而不改变它们之间的相对音程。因此,音乐感知需要对音符序列的识别,对音符所遵循的规则的识别,对音符的和谐组合和节奏结构的识别。因为音乐片段的持续时间是几秒到几分钟,所以音乐感知涉及大量的记忆容量。物理知觉所需要的神经机制是复杂的。

对猴和人类的研究发现,初级听觉皮层对不同频率的纯音调做出反应,但对复杂声音音调的识别只有听觉联合皮层才能完成(Bendor and Wang, 2006)。人类的功能成像研究表明,音调辨别发生在前颞上回和初级听觉皮层外侧的一个区域,在"是什么"流的一个区域(参见图 7.17)。

大脑的不同区域涉及音乐感知的不同方面(Peretz and Zatorre, 2005)。例如,前额皮层似乎参与识别和声——右听觉皮层似乎参与感知音乐的节拍,左听觉皮层参与感知叠加在节拍上的节奏模式。(想象一个鼓手,他

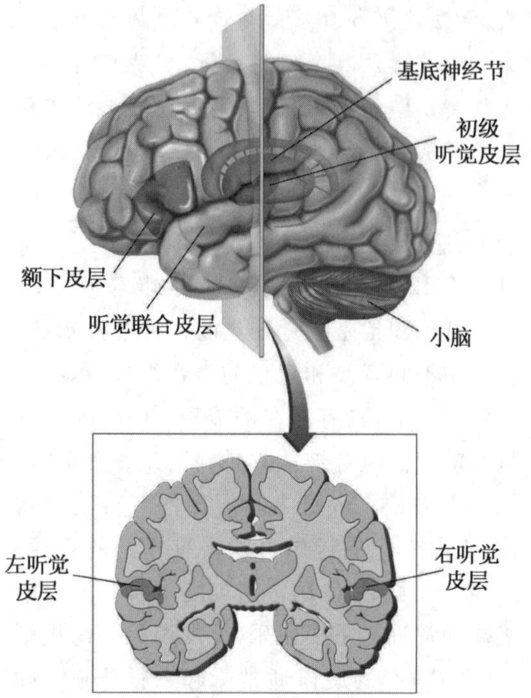


**图 7.17　大脑中与音乐感知有关的区域**

在控制低音鼓的脚踏板，用鼓槌在更小的鼓上叠加一种更复杂的节奏模式，以此来指示节奏节拍。）此外，小脑和基底神经节与音乐节奏的时间有关，就像它们与动作的时间有关一样。

每个人都会学习一门语言，但只有一些人是未来的音乐家。音乐训练明显地改变了大脑，改变了与唱歌或演奏乐器有关的运动系统，改变了与识别音乐结构的不和谐、节奏和其他特征的微妙复杂性有关的听觉系统。在这里，我们将考虑与听觉有关的音乐专业知识。

音乐训练的一些效果可以从大脑听觉系统部分结构或活动的变化中看出来。例如，Schneider 等人（2002）的一项研究发现，音乐家的初级听觉皮层体积比非音乐家大 130%，而这一区域对音乐音调的神经反应在音乐家中要多 102%。此外，这两种测量方法都与一个人的音乐天赋呈正相关。

证据表明，用于处理音乐的神经回路已经存在于新生儿中。Perani 等人（2010）的一项功能性成像研究发现，当听到音乐时，1 至 3 天大的婴儿的大脑活动（主要在右半球）发生了变化（参见图 7.18）。当婴儿听到不和谐的音乐时，他们的大脑活动也会受到影响，而成人会觉得不愉快。

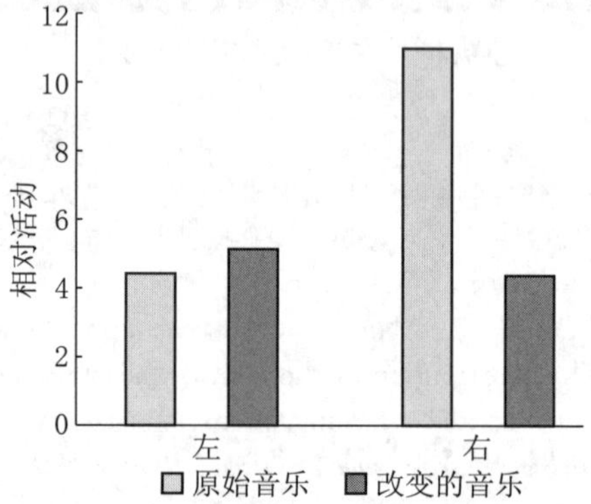


**图 7.18　新生儿对和谐与不和谐音乐的反应**

病人 I.R.是一名 40 岁左右的右撇子妇女，她在接受手术治疗时大脑双侧受损。位于大脑中动脉的动脉瘤。动脉瘤（详见第 15 章）是血管上的气球样肿胀，有时会破裂，造成致命后果。手术成功地切除了动脉瘤，但对大部分左颞上回及与侧裂接壤的部分额叶和顶叶下部造成了损伤。右半球损伤较轻，但包括颞上回前三分之一及右额下回和额中回。

手术 10 年后，I.R.恢复了正常的听力，能听懂和交谈，还能识别周围的声音，但她表现出一种近乎完全的**失歌症**——丧失了感知或产生音乐旋律或节奏方面的能力。她是在音乐环境中长大的；她的祖母和哥哥都是职业音乐家。手术后，她失去了识别以前熟悉的旋律的能力，包括像《生日快乐》这样的简单乐曲。她再也不能唱歌了（Peretz et al., 1998）。

值得注意的是，她坚持说她仍然喜欢听音乐，而且 I.R.仍然能够识别音乐的情感方面。虽然她不能识别特定的音乐片段，但她能识别出音乐听起来是快乐还是悲伤。她还能从一个人的语调中识别出快乐、悲伤、恐惧、愤怒、惊讶和厌恶。在音乐中识别情感的能力与她在音乐中识别不和谐的能力形成鲜明对比——听众通常会觉得这种能力非常不愉快。Peretz 和她的同事(2001)发现 I.R.对刺激正常听众的音乐变化完全不敏感。甚至4个月大的婴儿也更喜欢和谐的音乐而不是不和谐的音乐,这表明对不和谐音的识别在生命的早期就开始了(Zentner and Kagan, 1998)。

大约有4%的人表现出早期明显的先天性失歌症。失歌症患者不能识别或区分曲调,他们甚至试图避免涉及音乐的社交场合。

音乐能力一般与先天性失歌症的发生有遗传基础。Drayna 等人(2001)让一对双胞胎听一些简单的流行旋律,并判断哪些旋律包含错误和不正确的音符。他们发现,同卵双胞胎得分之间的相关性为0.67,而异卵双胞胎的得分之间的相关性仅为0.44。这些结果表明,这种音乐能力的遗传指数约为0.75(0—1.0)。Peretz 等(2007)发现,失歌症患者的一级亲属(兄弟姐妹、父母或子女)中有39%也患有失歌症,而对照组患者的一级亲属(兄弟姐妹、父母或子女)中只有3%患有失歌症。

## 本节回顾

### 听觉

目标 7.1 描述人类感知的声音特征。

听觉刺激的感知音高由振动频率决定,振动频率以赫兹(Hz)表示。响度是强度的函数——空气的压缩和膨胀的程度不同。音色提供有关特定声音性质的信息——例如,双簧管或火车汽笛的声音。

目标 7.2 区分外耳、中耳和内耳的结构。

外耳包括耳郭、耳道、鼓膜。中耳包含听骨(锤骨、砧骨和镫骨)。内耳包括耳蜗、耳体器官(包括基底膜、毛细胞、盖膜、网状膜)和圆窗。

目标 7.3 比较有助于听觉信息传递的毛细胞的结构、功能和位置。

内耳毛细胞和外耳毛细胞位于基底膜上。毛细胞含有成排的纤毛和突触,与双极神经元的树突相连,后者的轴突将听觉信息传送到大脑。基底膜的运动导致纤毛移动,前后弯曲。纤毛呈束状排列,弯曲纤毛束可引起受体电位。内部的毛细胞是正常听力所必需的。外毛细胞参与改变基底膜的力学特性,影响声音振动对内毛细胞的影响。

目标 7.4 描述听觉通路中的皮层、耳蜗神经、皮层下结构的结构和功能。

柯尔蒂的器官通过耳蜗神经向大脑发送听觉信息。听觉信息从耳蜗神经传递到上橄榄核,再到下丘、内膝状核,最后到听觉皮层。听觉皮层对听觉刺激具有音高定位表征,分为初级区和联想区。听觉皮层的处理过程从核心区域(初级皮层)发展到带状区域,然后是带旁区(联合皮层)。皮层听觉处理由两部分组成。前侧流起源于前带状旁区,参与复杂声音的分析。后侧流开始于后带状旁区,与声音定位有关。

目标 7.5 对比音高的位置和速率编码。

耳蜗通过两种方法检测频率:位置编码检测中高频,速率编码检测低频。位置编码的发生是因为不同频率的声音刺激导致基底膜的不同部分来回伸缩,从而触发这些位置的神经元放电。速率编码的发生是因为频率较低的神经元被检测到,这些神经元与基底膜顶端的运动同步发射。

目标 7.6 比较听觉系统如何使用动作电位表示高频和低频声音的响度。

高频声音的响度表现为听觉毛细胞动作电位的增加。低频细胞的响度由基底膜顶端的低频探测神经元在给定的时间内产生的轴突数目来表示。

目标 7.7 识别必须通过听觉处理来区分的音色的各个方面。

音色包括识别基本频率和泛音，以及识别声音的开头、中间和结尾。

目标 7.8 比较到达时间、相位差、强度差和音色在空间位置感知中的作用。

我们听觉系统中的神经元会选择性地对左右耳不同的声波到达时间做出反应，以确定之间的声音的水平位置。相位差包括声波的不同部分（相位）同时到达每个耳朵，以探测连续声音的水平位置。同步检测细胞比较双耳输入和帮助确定位置。听觉系统中的一些神经元对双耳不同强度的刺激有不同的反应，这意味着它们提供的信息可以用来检测高频音调的来源。音色的不同用来确定声音的垂直位置。

目标 7.9 描述听觉皮层的两个处理流在复杂声音感知中的作用。

描述听觉皮层的两个处理流在复杂声音感知中的作用。

前侧流参与复杂声音的感知（“是什么”），后侧流参与位置感知（“在哪里”）。对这些神经通路的损害会导致听觉感知各方面的损害，即使这些人不是聋人。抑制这些通路中的结构会导致对听觉刺激的“是什么”和“在哪里”感知出现特定缺陷。

目标 7.10 总结感知音乐的生物学基础。

大脑的不同区域涉及音乐感知的不同方面。初级听觉皮层对不同频率的纯音调做出反应，复杂声音的音高识别由听觉联合皮层完成。额下皮层负责对和声的识别，右耳听觉皮层负责对音乐中潜在节拍的感知，而左耳听觉皮层负责对叠加在节拍上的节奏模式的感知。听觉皮层受损会导致失歌症。音乐能力与先天性失歌症的发生似乎有遗传基础。

## 思考题

作为一名在实验室学习听觉处理的学生，你被要求提出一项新的研究来增强听力。在你的建议中，选择听觉处理通路的一个区域，并描述一种可能的干预，通过针对这个区域的干预来增强听觉感知。

# 前庭神经系统

前庭系统的功能包括平衡、保持头部直立、调节眼球运动以补偿头部运动。前庭刺激不会产生任何容易消除的感觉；然而，某些低频刺激前庭小囊可引起恶心，而刺激半规管可引起头晕和眼球节律性运动（眼球震颤）。通常，我们并不直接知道从这些结构收到的信息。本节描述大脑前庭器官和前庭通路。

## 前庭器官的解剖学

目标 7.11 识别前庭器官的结构和功能。

前庭系统由两个部分组成：前庭囊和半规管。它们代表内耳迷路的第二和第三部分。（我们刚刚研究了耳蜗的第一个组成部分。）**前庭囊**对重力作出反应，并告知大脑头部的方向。**半规管**对角加速度（头部旋转的变化）有反应，但对稳定旋转没有反应。它们对位置变化或线性加速度也有反应（但相当微弱）。

图7.19所示内耳迷路，内耳迷路包括耳蜗、半规管和两个前庭囊：**椭圆囊**和**球囊**。半规管接近头部的三个主要平面：矢状面、横向面和水平面。各通道的感受器对一个平面的角加速度响应最大。半规管由漂浮在骨性半规管内的膜孔管组成；膜质耳道含有一种称为内淋巴的液体。一种叫做**壶腹**的膨大物含有包含感受器的器官。这些听觉感受器是纤毛，类似于耳蜗中的毛细胞。纤毛嵌在一种叫做**壶腹帽**的胶状物质中，为壶腹的一部分。

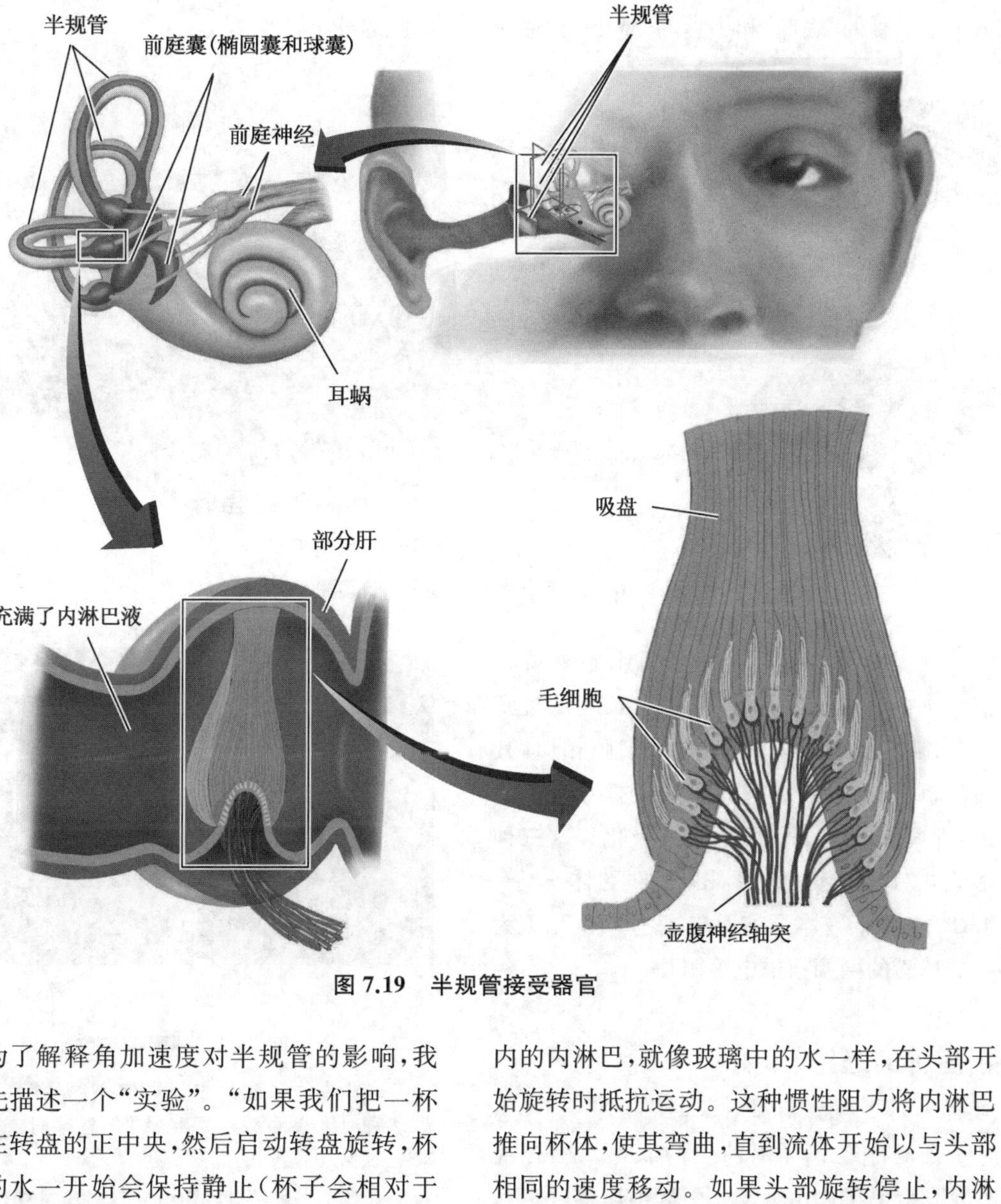


**图7.19　半规管接受器官**

为了解释角加速度对半规管的影响，我们首先描述一个“实验”。“如果我们把一杯水放在转盘的正中央，然后启动转盘旋转，杯子里的水一开始会保持静止（杯子会相对于它所含的水移动）。”然而，最终水会随着容器开始旋转。如果我们停止转盘，水会继续旋转一段时间，因为它的惯性。

半规管的工作原理是相同的。这些耳道内的内淋巴，就像玻璃中的水一样，在头部开始旋转时抵抗运动。这种惯性阻力将内淋巴推向杯体，使其弯曲，直到流体开始以与头部相同的速度移动。如果头部旋转停止，内淋巴仍在管道中循环，就会把壶腹推向另一个方向。角加速度因此被转换成杯的弯曲，它对毛细胞的纤毛施加剪力。（当然，与例子中的水杯不同，我们通常不会旋转成圆圈；半规管测量的是头部非常轻微和非常短暂的旋转。考虑到这一解释，在一个人停止旋转后，是什么导致了对运动的感知？

前庭囊(椭圆囊和圆囊)的工作方式非常不同。这些器官大致是圆形的，每个器官都有一小块接受组织。当头部直立时，接受组织位于小囊的“底部”和小囊的“壁上”。感受器传导组织，如半规管和耳蜗组织，含有毛细胞。这些受体的纤毛嵌在一层凝胶状物质中，其中含有一些非同寻常的物质：耳石，这是碳酸钙的小晶体(参见图 7.20)。当头部的位置发生改变时，晶体的重量会导致凝胶状物质的位置发生改变。因此，运动对接受毛细胞的纤毛产生剪力。

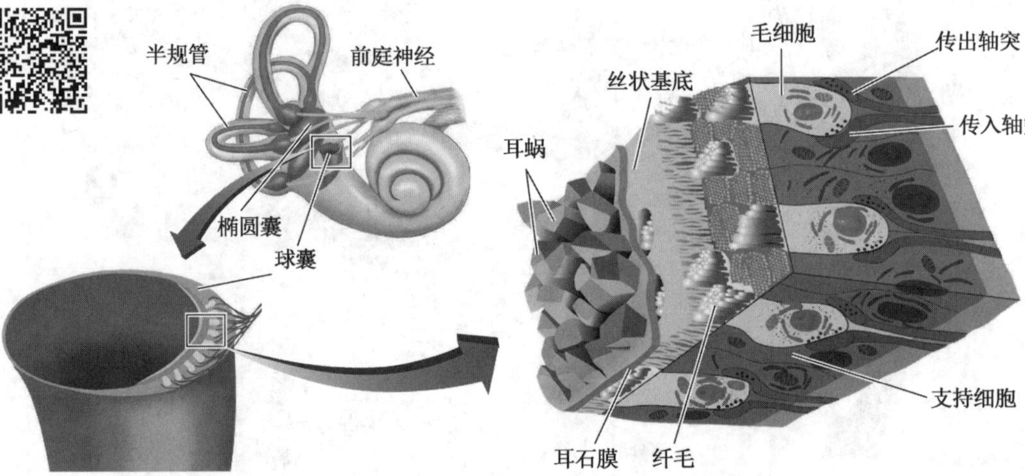


**图 7.20　前庭小囊接受组织：椭圆囊和球囊**

半规管毛细胞与前庭囊毛细胞外观相似。每个毛细胞含有若干纤毛，长度从短到长。这些毛细胞与耳蜗听觉毛细胞相似，其转导机制也相似：纤毛的剪切力打开离子通道，钾离子的进入使纤毛膜去极化。这三种形式的毛细胞都使用相同的受体分子：TRPA1，我们在本章前面描述过。图 7.21 为牛蛙球囊的两幅扫描电镜照片。

(a)　　(b)

**图 7.21　球囊毛细胞**

这些牛蛙球囊的扫描电镜视图显示(a)正常前庭毛细胞束的斜视图和(b)分离时间最长的一束毛细胞束的俯视图。

资料来源：Hudspeth, A. J., and Jacobs, R., Stereocilla mediate transduction in vertebrate hair cells, *Proceedings of the National Academy of Sciences*, USA, 1979, 76。复制经许可。

## 前庭神经通路

目标 7.12　概述前庭神经通路。

前庭神经和耳蜗神经构成第八脑神经(听觉神经)的两个分支。引起前庭神经传入轴突(第八脑神经的一个分支)的双极细胞体在**前庭神经节**中缺失，它表现为前庭神经上的结节。

前庭神经突触的大部分轴突位于髓质前庭核内，但也有一些轴突直接到达小脑。前庭核的神经元将轴突发送到小脑、脊髓、髓质和脑桥。颞叶皮层似乎也有前庭性刺激，但具体的途径尚未确定。大多数研究者认为，大脑皮层的投射是头晕的原因；投射到脑干下部的活动会导致恶心和呕吐，这是与晕车相伴的症状。控制颈部肌肉的脑干核投射显然与保持头部直立位置有关。

也许最有趣的连接是那些控制眼部肌肉的颅神经核（第三、第四、第六）。当我们走路或（尤其是）跑步时，头会发出刺耳的声音。前庭系统直接控制眼球运动，以补偿头部的突然运动。这个过程称为前庭-眼反射，保持相当稳定的梯状图像。自己测试一下这种反射：看着一个遥远的物体，（轻轻地）打自己的头。请注意，你对世界的印象有一点跳跃，但不是太大。患有前庭损伤和缺乏前庭视觉反射的人在走路或跑步时很难看到任何东西。一切都变得模糊不清。

## 本节回顾

### 前庭神经系统

目标 7.11　识别前庭器官的结构和功能。

前庭器官包括前庭囊（椭圆囊和球囊）和半规管。前庭囊对重力做出反应，并告知大脑头部的方向。半规管对角加速度和位置或直线加速度的变化作出反应。

目标 7.12　概述前庭神经通路。

来自毛细胞的前庭信息通过前庭神经和耳蜗神经传递到大脑。前庭神经投射到髓质，髓质向小脑、脊髓、脑桥和髓质的其他区域发送信息。颅神经将信息传递到眼部肌肉，以补偿头部的突然运动。颞叶皮层似乎也有前庭投射，但具体的路径尚未确定。

### 思考题

持续头晕的时间在一生中大约占 25%，也是老年人跌倒的一个重要危险因素。选择一个与前庭感知有关的结构，并解释该结构中的损伤或负功能如何造成头晕体验（尽管具体的通路尚不清楚）。

## 体觉

这一章从阿什琳的案例开始，阿什琳先天缺乏功能性疼痛感受器。这个案例突出了躯体感觉在影响我们行为中的重要作用。躯体感觉提供关于我们身体表面和内部发生的事情的信息。**皮肤感觉**是研究最多的躯体感觉，包括几个通常称为触觉的亚感觉。**本体感觉**和**运动觉**提供有关身体位置和运动的信息。我们将在这一节描述皮肤中的感受器对这些感知系统的贡献。本节和第 8 章讨论肌肉受体及其在肢体位置和运动反馈中的作用。**器官感觉**来自内部及周围器官的受体（见表 7.2）。

**表 7.2　躯体感觉**

| 躯体感觉 | 功　能 |
|---|---|
| 皮肤感觉 | 从身体表面提供信息 |
| 本体感觉 | 提供身体空间位置的信息 |
| 动　觉 | 提供身体在空间中的运动信息 |
| 器官感觉 | 提供来自内部和外部器官的信息 |

## 刺激

目标 7.13　举例激活躯体感觉感受器的刺激。

皮肤的感官对几种不同类型的刺激做出反应，如压力、振动、加热、冷却，以及导致组织损伤（进而引起疼痛）的事件。压力的感觉是由皮肤的物理变形引起的。当我们用手指划过粗糙的脸时，就会产生振动。因此，我们使用振动灵敏度来判断一个物体的粗糙度。温暖和凉爽的感觉是由提高或降低皮肤温度的物体产生的。疼痛的感觉可以由许多不同类型的刺激引起，但似乎大多数刺激至少会导致一些组织损伤。

运动感觉的一个来源是骨骼肌中的伸展感受器，它向中枢神经系统报告肌肉长度的变化。相邻骨之间关节内的受体对肢体运动的大小和方向作出反应。然而，最重要的运动反馈来源——感觉反馈似乎来自对关节或肌肉自身运动过程中皮肤拉伸的变化做出反应的受体，比如面部肌肉的拉伸（Johansson and Flanagan，2009）。肌肉长度传感器，位于肌肉内，不会引起有意识的感觉；它们的信息被用来控制运动。这些受体将在第 8 章单独讨论。

我们知道一些信息是通过器官感觉接收到的，这些感官可以给我们带来不愉快的感觉，比如胃痛或胆囊痛，或者是愉快的感觉，比如在寒冷的冬天喝一杯热饮。我们不知道一些信息，例如来自消化系统、肾脏、肝脏、心脏和血管的对营养和矿物质敏感的受体的信息。这一信息在代谢、水分和微量平衡的控制中起着重要作用，在第 12 章中作描述。

## 皮肤及其感受器官的解剖学

目标 7.14　描述皮肤的解剖结构和躯体感受器。

我们普遍认同，皮肤是人体一个复杂而重要的器官。没有它，我们将无法生存。大面积的皮肤烧伤是致命的。我们的细胞必须沐浴在温暖的液体中，通过皮肤的外层保护我们免受恶劣环境的伤害。皮肤通过产生汗液参与体温的调节，从而使身体降温；或者通过限制血液循环，从而保存热量。它的外观在全身范围内变化很大，从黏膜到多毛的皮肤，再到如光滑、无毛的手掌和脚底皮肤的**无毛皮肤**。皮肤由皮下组织、真皮和表皮组成，并包含分布在这些层的各种受体。无毛皮肤含有密集复杂的感受器混合物，这反映了我们用手掌和手指内侧积极探索环境的情况：我们主动用手和手指来握住和触摸物体。相反，我们身体的其他部分经常是被动地接触环境。

图 7.22 为游离神经末梢及四种被囊感受器（**梅克尔盘**、**鲁菲尼小体**、**触觉小体**、**帕西尼小体**）的外观。这些受体的位置和功能见表 7.3。

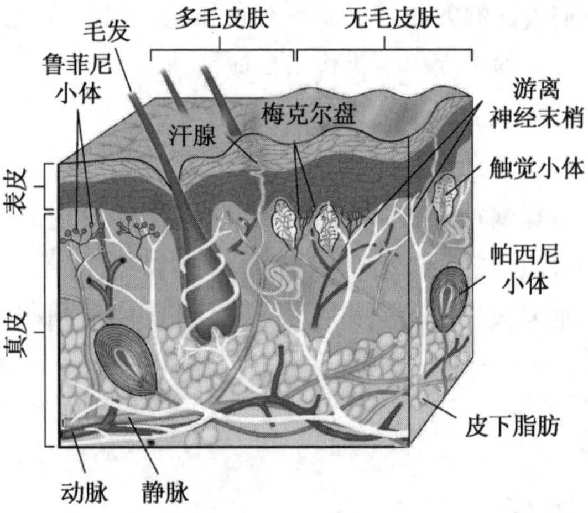


**图 7.22　皮肤感受器**

## 皮肤刺激知觉

目标 7.15　描述涉及触觉、温度、疼痛感、瘙痒感的感受器。

皮肤刺激的三个最重要的特质分别为触觉、温度和疼痛感。这些特质以及瘙痒感将会在接下去的章节中进行具体描述。

**触觉**　刺激引起皮肤内部的振动或压力

**表 7.3 皮肤感受器分类**

| 感受范围的大小和性质 | 受体的名称 | 感受器的位置 | 感受器的功能 |
|---|---|---|---|
| 小、锋利的边界 | 梅克尔盘 | 多毛、无毛皮肤 | 用指尖检测形状和粗糙度 |
| 大、发散边界 | 鲁菲尼小体 | 多毛、无毛皮肤 | 皮肤静力检测；皮肤伸展；本体感受 |
| 小、锋利的边界 | 触觉小体 | 无毛皮肤 | 边缘轮廓检测；盲文式刺激，尤其是指尖刺激 |
| 大、发散边界 | 帕西尼小体 | 多毛、无毛皮肤 | 振动检测；从被保持的拉长的物体的末端的信息，如工具 |
| | 毛囊末梢 | 毛囊基部 | 头发运动的检测 |
| | 游离神经末梢 | 多毛、无毛皮肤 | 热刺激(冷或热)、伤害性刺激(痛)、瘙痒的检测 |
| | 游离神经末梢 | 多毛的皮肤 | 从温柔的抚摸中发现愉悦的感觉 |

变化(触觉刺激)被机械刺激感受器察觉到——如图7.22所示的被包在荚膜内的感受器和某些类型的游离神经末梢。大多数研究者认为，包裹的神经末梢只会被位于它们内部的树突转换的物理刺激而改变。但是传导机制是什么呢？触觉感应器的树突如何产生膜电位的变化？看来是运动导致离子通道打开，而离子流入或流出树突导致膜电位的变化。你会记得TRPA1，受体蛋白(瞬态受体电位)家族的成员，负责听觉和前庭毛细胞中机械信息的转导。

大多数关于触觉刺激的信息都是非常局部的，即我们可以感知皮肤上被触摸的位置。然而，Olausson等人的个案研究(2002)发现了一种新的触觉感觉类型。阅读下面的案例研究，对一个独特的皮肤刺激案例作更多了解。

病人G.L.，一位54岁的女性，经历了体感中传入神经元的永久性丢失。她失去了感知挠痒的能力，但保留了感知温度、疼痛和瘙痒的能力(Olausson et al., 2002, pp. 902—903)。

当她前臂或手背上毛茸茸的皮肤被柔软的刷子触摸时，她说有一种微弱的愉快感。然而，她不能确定抚摸的方向或确切的位置。功能性磁共振成像分析显示，这种刺激激活了岛叶皮层，这是一个已知的与内部器官的情绪反应和感觉有关的区域。躯体感觉皮层没有被激活。当对照组的多毛皮肤区域被这样刺激时，功能磁共振成像显示了初级和次级躯体感觉皮层以及岛叶皮层的激活，因为刺激激活了大轴突和小轴突。手掌上无毛的皮肤只由大直径的有髓轴突提供，当这个区域被刷子触摸时，G.L.报告说没有任何感觉，大概是因为没有小的、没有髓鞘的轴突。研究人员得出的结论是，除了传递有害和热刺激信息外，小直径无髓轴突还构成了一种"边缘接触系统，它可能是个体间亲密接触的情感、激素和从属反应的基础"(Olausson et al., 2002, p. 900)。而且，正如我们所看到的，G.L.再也感觉不到瘙痒了。先前被认为是由这些小轴突传播的挠痒感觉，显然是由病人G.L.被破坏的大的有髓轴突传播的。

Olausson和他的同事们(Loken et al., 2009)注意到，感觉末梢能探测到愉快的抚摸只在多毛的皮肤中发现，而无毛皮肤的抚摸不能提供这些感觉。然而，我们可以想象通过手掌和手指的无毛皮肤可以体验到的愉快的触觉刺激——例如，通过抚摸温暖的毛茸茸的动物或触摸所爱的人所提供的刺激。当我们毛茸茸的皮肤接触到另一个人的皮肤时，很可能那个人正在触摸我们。相反，当我们的无毛皮肤接触到另一个人的皮肤时，我们更有可能接触到他们。因此，当有人抚摸我们的时候，我们可能会期待多毛皮肤上的感受器提供愉悦的感觉；但当我们抚摸别人的时候，我们会期待无毛皮肤上的感受器提供愉悦的感觉。

我们的皮肤感觉经常被用来分析与皮肤表面相对运动的刺激物体的形状和纹理。有时，是物体本身在运动，但更多的时候，是我们自己在运动。如果一个物体放在你的手掌里，而你被要求保持你的手不动，那你将很难通过触摸来识别这个物体，如果你可以移动你的手，你将会操纵这个物体，让它的表面滑过你的手掌和你的手指。你将能够描述物体的三维形状、硬度、质地、滑溜程度等。为了描述它，你的运动系统必须配合，你需要肌肉和关节的动觉，以及皮肤的信息。如果你挤压这个物体，感受到很大的局部压力，那它就是坚硬的；如果你感受到的是一种不那么强烈、更分散的压力，那么它就是柔软的；如果它在你指背上移动时产生振动，那就是粗糙的；如果把物体压在你的皮肤上，不需要费多大力气就能移动它，那么它就是很滑的；如果它在你的皮肤上移动时不会产生振动，而是以一种不稳定的方式移动，而且如果它需要你用一些力气才能把手指从它的表面移开，那它就是有粘性的。因此，我们的躯体感觉与运动系统动态地相互工作，提供与我们皮肤接触的物体的性质有关的有用信息。

对需要特别精确地使用指尖的人进行的研究显示，从身体这一部分接收信息的体感皮层区域发生了变化。例如，小提琴手必须做出非常精确的动作——用左手的四个手指，通过将琴弦按在指板上来弹奏音符。触觉反馈和本体感受反馈对于准确地移动和定位这些手指是非常重要的，这样才能产生合适的音高。相比之下，拇指就不那么重要了，拇指只是沿着小提琴颈部的底部滑动。在一项小提琴演奏者的研究中，Elbert 等人(1995)发现，相对于左侧躯体感觉皮层的相应部分，他们从左手的四个手指接收信息的右侧躯体感觉皮层部分变大了。从拇指接收信息的躯体感觉皮层面积并没有增加。(右手拿着弓，小提琴手用手臂和手腕做出精确的动作，但这只手手指的触觉信息就不那么重要了。)

**温度** 除了极端情况下，温暖和凉爽的感觉是相对的，而不是绝对的。有一种温度水平，对于特定的皮肤区域，会产生一种温度中性的感觉——既不温暖也不凉爽。这个中性点不是绝对值，而是取决于该区域先前的热刺激历史。如果某个区域的皮肤温度升高几摄氏度，最初的温暖感觉就会被中性的感觉所取代。如果皮肤温度降低到初始值，就会感觉很凉爽。因此，温度的升高降低了热感受器的敏感性，提高了冷感受器的敏感性。反之，皮肤温度下降。将一只手放在一桶温水中，另一只手放在一桶冷水中，直到发生某种程度的适应，就可以很容易地证明这种对温度的适应。如果你在室温下将双手同时浸入水中，一只手会感到温暖，另一只手会感到凉爽。

有两类游离神经末梢热感受器：一种是对温暖的反应，另一种是对凉爽的反应。皮肤中的冷感受器位于表皮之下，而热感受器则位于皮肤更深处。我们可以在非常广泛的温度范围内探测到热刺激，从少于 8 摄氏度(极冷)到超过 52 摄氏度(极热)。长期以来，研究人员一直认为，没有一种单一的感受器能够探测到这样的温度范围，最近的研究表明，这种看法是正确的。目前我们知道有 6 种哺乳动物的温度感受器，它们都是 TRP 家族的成员(Bandell et al., 2007; Romanovsky, 2007)。表 7.4 列出了上述热感受器。

表 7.4 哺乳动物热感受器的分类

| 感受器 | 刺激类型 | 温度范围 |
|---|---|---|
| TRPV2 | 极高温 | 52 ℃以上 |
| TRPV1，辣椒素 | 高温 | 43 ℃以上 |
| TRPV3 | 温暖 | 31 ℃以上 |
| TRPV4 | 温暖 | 25 ℃以上 |
| TRPM8，薄荷醇 | 寒冷 | 28 ℃以下 |

一些热感受器对特定的化学物质和温度的变化都有反应。例如，TRPM8 中的 M 代表薄荷醇，薄荷科很多成员的叶子中都含有这种化合物。薄荷在口中尝起来很凉，在一些香烟中加入薄荷醇香精，会使烟吸起来感觉更凉爽，并且也许不会那么刺鼻，对肺部的影响也更小些。薄荷醇提供了一种冷却的感觉，因为它与 TRPM8 受体结合并刺激，产生神经活动，大脑将其解释为凉爽。

化学物质也能产生热的感觉。在这一章的后面，你将会从辣椒素中了解到更多关于“热”的感觉，辣椒素是一种化学物质，在你吃辣椒的时候会产生灼烧感。这种热量的体验是由痛觉感受器激活引起的。

**疼痛** 疼痛的情况与温度和压力大不相同，疼痛是一种复杂得多的感觉。我们对疼痛的意识和我们对疼痛的情绪反应是由大脑内部的机制控制的。产生疼痛的刺激往往也会引发物种典型的逃避和退缩反应。主观上，这些刺激是有害的，我们努力避免或逃避它们。然而，有时我们最好忽略痛苦，继续做重要的事情。事实上，我们的大脑拥有减轻疼痛的机制，部分是通过内源性阿片类物质的作用。这些机制将在本章后面的章节中详细描述。

痛觉，就像热感受一样，是由皮肤上的游离神经末梢网络完成的。似乎至少有三种类型的疼痛感受器（通常被称为伤害感受器，或“有害刺激探测器”）。高阈值机械感受器是对强大压力做出反应的游离神经末梢，这种压力可能是由某些东西撞击、拉伸或挤压皮肤引起的。第二类游离神经末梢似乎会对高温、酸和辣椒中活性成分辣椒素的存在做出反应（注意，我们说辣椒使食物尝起来“辣”）。这种纤维含有 TRPV1 受体（Kress and Zeilhofer, 1999）。其中，V 代表香草醛——辣椒素是其中一种化学物质。Caterina 等人（2000）发现，敲除 TRPV1 受体基因的小鼠对痛苦的高温刺激表现出较低的敏感性，并且会饮用添加了辣椒素的水。小鼠通常会对有毒的机械刺激做出反应。据推测，TRPV1 感受器负责引起皮肤灼烧产生的疼痛和皮肤内酸/碱平衡的变化。这些受体负责化学物质如氨对鼻黏膜的刺激作用（Dhaka et al., 2009）。TRPV1 受体似乎也在调节体温中发挥作用。此外，Ghilardi 等人（2005）发现一种阻断 TRPV1 受体的药物可以减轻骨癌患者的疼痛，这种疼痛显然是由肿瘤产生的酸引起的。

另一种类型的痛感纤维含有 TRPA1 受体，正如我们在本章前面看到的，TRPA1 受体存在于听觉和前庭毛细胞的纤毛中。TRPA1 受体对芥子油、冬青油、辣根和大蒜中的刺激性物质敏感，也对各种环境刺激物敏感，包括汽车尾气和催泪瓦斯中的刺激物（Bautista et al., 2006; Nilius et al., 2007）。这种受体的主要功能似乎是提供有关导致炎症的化学物质存在的信息。

**瘙痒** 另一种有害的感觉，痒（或者更正式地称之为瘙痒）是由皮肤刺激引起的。瘙痒被一位 17 世纪的德国医生定义为“引起欲望或反射的令人不快的感觉”（Ikoma et al., 2006, p.535）。如果一个成年人看到一个孩子正在抓挠被昆虫叮咬过的地方或是其他形式的皮肤刺激，成人很有可能会说：“停下来！这只会让情况更糟！”抓挠可能确实会加重刺激，但其即时性的影响能够减少瘙痒感。

Davidson 等人（2009）发现，抓挠抑制了猴脊髓丘脑束神经细胞的活动,这些神经细胞会将瘙痒的感觉传递到大脑。据推测,对产生瘙痒刺激的抓挠反应有助于去除皮肤上的刺激性碎片或寄生虫(Davidson and Giesler, 2010)。挠痒可以减轻瘙痒,因为疼痛会抑制瘙痒(但讽刺的是,瘙痒可以减轻疼痛)。由皮肤刺激和过敏反应释放的组胺和其他化学物质是瘙痒的重要来源。实验表明,疼痛刺激,如热刺激和电击刺激,可以减少因向皮肤注射组胺而产生的瘙痒感,即使是在刺激部位 10 厘米外施加疼痛刺激(Nilsson et al., 1997; Ward et al., 1996)。另一方面,在脊髓周围硬膜外注射阿片剂也可以减轻疼痛,但通常会产生瘙痒这一不受欢迎的副作用(Chaney, 1995)。纳洛酮是一种能阻断阿片类受体的药物,已经被用来减少胆汁淤积性瘙痒,有时伴随着怀孕这种瘙痒会出现(Bergasa, 2005)。

人们对于负责瘙痒感的受体知之甚少,但了解到至少有两种不同类型的神经元将瘙痒相关的信息传递给中枢神经系统。Johanek 等人(2007 年)在志愿者身上制造出了瘙痒感——通过皮下注射组胺和牛黄针刺(一种微小的针状植物纤维,含有一种分解皮肤蛋白质的酶)这两种疗法都会引起强烈的瘙痒,但只有组胺会引起血管扩张。局部抗组胺剂的预处理可以防止组胺在那个部位产生瘙痒,但对牛乳产生的瘙痒没有影响。相比之下,用辣椒素预处理一小块皮肤可以防止牛黄引起的瘙痒,但不能预防组胺引起的瘙痒。

## 躯体感觉通路

目标 7.16　描述从神经到皮层下和皮层结构的体感处理通路。

躯体感觉通路将有关躯体感觉的信息从受体、皮层下结构传递到初级和次级躯体感觉皮层,从而实现了躯体感觉知觉。

**神经和皮层下处理**　来自皮肤、肌肉或内脏的躯体感觉轴突通过脊髓神经进入中枢神经系统。面部和头部的神经主要通过三叉神经(第五脑神经)进入。单极神经元的胞体位于背根神经节和颅神经神经节。轴突能够准确地传递局部信息,比如精细的触摸,通过脊髓白质的背柱提升到髓质的髓质。从那里,轴突穿过大脑,通过内侧丘系上升到丘脑腹后核,这是躯体感觉的中继核。轴突从丘脑投射到初级躯体感觉皮层,而初级躯体感觉皮层又将轴突发送到次级躯体感觉皮层。相对的,轴突传递的局部信息很不精确,比如疼痛或温度,一旦进入脊髓,就会与其他神经元形成突触。这些神经元的轴突穿过脊髓的另一侧并通过脊髓丘脑束上升到丘脑的腹后核(参见图 7.23)。

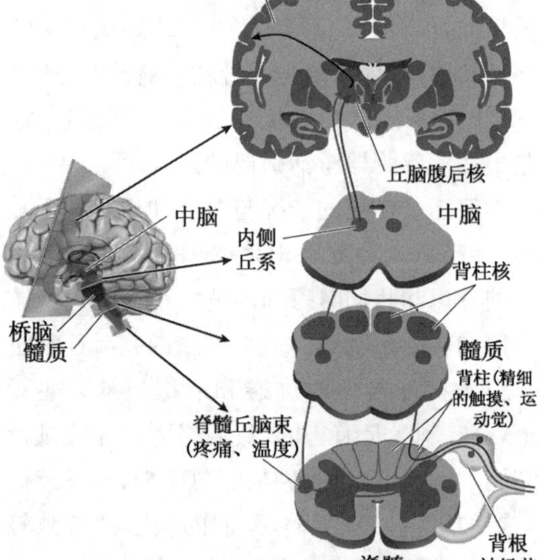


**图 7.23　躯体感觉通路**

图中显示了从脊髓到体感皮层的体感通路。注意,精确定位的信息(如精细的触摸)和非精确定位的信息(如疼痛和温度)是通过不同的路径传播的。

**躯体感觉皮层**　躯体感觉皮层的主要和次要区域排列成列,并被分成多个身体表面的地图。

柱状组织 回顾第 6 章提到的，初级视觉皮层包含了一系列的细胞，每一个细胞都对特定特征做出反应，比如方向、视觉优势或者空间频率。在这些列中包含了对特定颜色做出反应的单元格。体感皮层也呈柱状排列；而事实上，在视觉和听觉皮层被发现之前就已经在躯体感觉皮层发现柱状组织了(Mountcastle, 1957)。在一个柱列中，神经元对施加在身体特定部位的特定刺激(例如，温度或压力)做出反应。

地图组织 Dykes(1983)回顾了一项研究，该研究表明初级和次级躯体感觉皮层区域被划分为至少 5 个(可能多达 10 个)不同的体表地图。在每个图谱中，细胞对体感感受器的一种特定亚形态作出反应。皮肤感受器、检测肌肉长度变化的感受器、位于关节处的感受器和帕西尼小体的作用区域已经被确定。

我们在第 6 章看到的，视觉联合皮层的损伤会导致视觉失认症；我们在本章前面部分提到的，听觉联合皮层的损伤会导致听觉失认症。因此，也就不会惊讶，对躯体感觉联合皮层的损害会导致触觉失认症。患者 E.C.，一名左顶叶受损的女性，无法通过触摸识别常见物体。比如，她会把松果当作是刷子，把丝带当作橡皮筋，把蜗牛壳当作瓶盖。这种缺陷不是简单地由于触觉敏感性丧失造成的；病人仍然对轻触和冷暖物体保持敏感，她可以很容易地根据物体的大小、重量和粗糙度来辨别物体(Reed et al., 1996)。

Nakamura 等人(1998)描述了病人 M.T.，他患有一种不同类型的触觉失认症。M.T.有双侧角回的病变，角回位于侧裂尾端周围的顶叶区域。他像 E.C.一样有正常的触觉灵敏度，但他也不能通过触摸识别物体。然而，和 E.C.不同的是，他能画出他接触过的物体，尽管他认不出它们是什么(参见图 7.24)。他能画出物体的事实意味着他通过触摸感知三维物体的能力一定是完整的，然而，大脑损伤阻止了躯体感觉联合皮层分析的信息传递到大脑中负责语言控制和意识的部分。

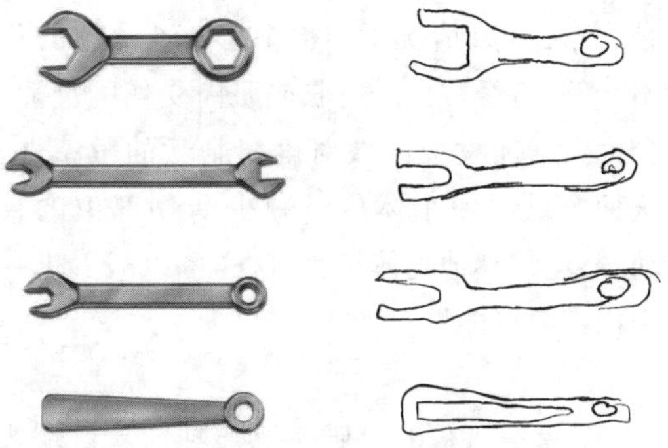

(a)

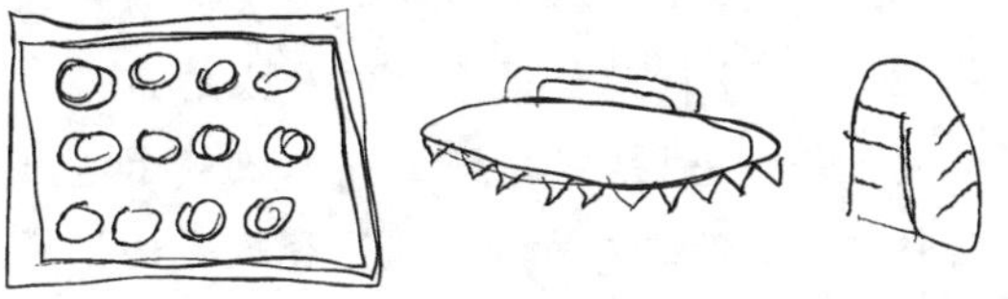


(b)

**图 7.24 触觉失认症**

(a) 扳手的图纸，虽然病人 M.T.认不出是扳手，但却能准确地画出来。

(b) 患者 E.C.无法通过触摸识别物体，也不能准确地画出物体。

资料来源：Nakamura, J., Endo, K., Sumida, T., and Hasegawa, T., Bilateral tactile agnosia: A case report, *Cortex*, 1998, 34, 375—388; and Reed, C. L., Caselli, R. J., and Farah, M. J., Tactile agnosia. Underlying impairment and implications for normal tactile object vecognition, *Brain*, 1996, 119, 875—888。复制经许可。

## 痛觉

目标 7.17 描述为什么会经历疼痛，疼痛的知觉和行为效果，及如何改变疼痛的知觉。

疼痛是一种奇怪的现象。它不仅仅是一

种感觉;它只能通过某种程度的反应或者人类的语言报告来定义。疼痛可以通过阿片剂、催眠、安慰剂、情绪,甚至其他形式的刺激,如针灸来缓解。最近的研究工作在发现这些现象的生理基础方面取得了显著进展。

**为什么我们会经历疼痛?** 我们也许会合情合理地问我们会什么要经历疼痛,答案是,在大多数情况下,疼痛起着建设性的作用。例如,经常伴随皮肤或肌肉受伤的炎症,会大大增加发炎区域对疼痛刺激的敏感性,这种效果促使个体尽量减少受伤部位的移动,避免与其他物体接触,这样可以减少进一步伤害的可能性。

Cox 等人(2006)研究了来自巴基斯坦北部的三个家庭,他们的成员包括几个完全没有痛觉的人,并发现了导致这种疾病的基因的位置,该基因是位于染色体 2 上的常染色体隐性等位基因,它编码了一个依赖于电压的钠通道。让这些家庭引起研究人员的注意的是一个 10 岁的男孩,他表演了一个"街头剧场",在表演中他会用刀刺穿自己的胳膊,在燃烧的煤块上行走而不会感到任何疼痛,他在 14 岁生日之前从屋顶上跳下身亡。这三个家庭中所有六个受影响的人的嘴唇或舌头都受到了自己造成的伤害。他们都有淤青和割伤,许多人骨折,直到他们的活动能力受损,他们才注意到这些。尽管他们完全没有任何类型的伤害性刺激带来的疼痛,但他们有正常的触觉、温暖感、凉爽感、本体感觉、能感受到痒和压力。

一些环境事件也会减少人们对疼痛的感知。例如,Beecher(1959)指出,第二次世界大战期间,许多从意大利安齐奥战场归来的受伤美军士兵报告说,他们感觉不到伤口疼痛,甚至不需要药物治疗。似乎他们对疼痛的感知被他们从如此痛苦的折磨中解脱出来的感觉所削弱了。还有一些其他的例子,人们会报告疼痛的感觉,但不会被它所困扰。一些镇静剂就有这种效果,对大脑部分的损伤也有这种效果。

**疼痛的知觉和行为效应** 疼痛似乎有三种不同的知觉和行为效应(Price, 2000)。第一个是感觉组件——对疼痛刺激强度的纯粹感知;第二个组成部分是疼痛带来的直接情感后果——个人被痛苦的刺激所困扰的不愉快感或程度;第三个组成部分是慢性疼痛的长期情感影响——这种疼痛对一个人未来的舒适和幸福造成一定的威胁。

疼痛的这三个组成部分涉及不同的大脑机制,疼痛的纯粹感知通过这样一条通路,从脊髓到丘脑腹后外侧到初级和次级躯体感觉皮层;疼痛的即时情绪成分是由到达前扣带皮层(ACC)和岛叶皮层的通路介导的;长期的情绪影响成分似乎是由到达前额皮层的通路介导的(参见图 7.25)。

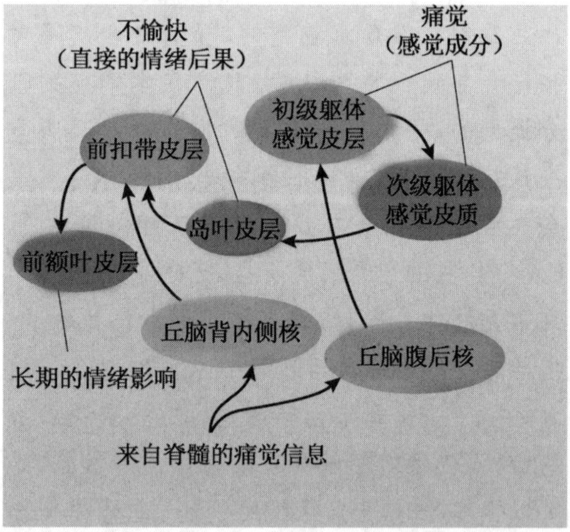


**图 7.25 疼痛的三个组成部分**

简化的示意图,显示了大脑在疼痛的三个组成部分中所涉及的机制:感觉部分、即时情绪部分和长期情绪部分。(资料来源:Price, D. B. *Science*, 2000, 288, 1769—1772。)

让我们来看一些涉及对疼痛的短期和长期情绪反应的大脑机制的证据。一些研究发

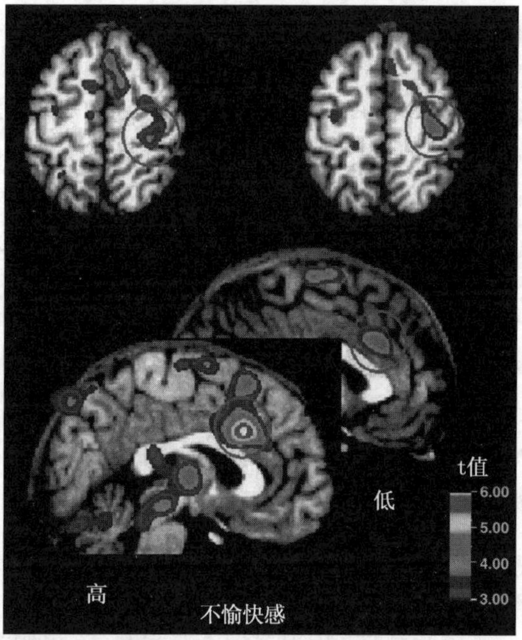


**图 7.26 疼痛的感觉和情感成分**

PET 扫描显示大脑中对疼痛有反应的区域。

上图:大脑的背视图。疼痛刺激对初级躯体感觉皮层(红色圈)的激活并不受催眠暗示的疼痛刺激的不愉快感减少的影响,这表明该区域对疼痛的感觉成分作出了反应。

下图:大脑矢状面中部。当催眠暗示减少痛苦刺激的不愉快感时,前扣带皮层(红色圈)表现出更少的激活。

资料来源:Rainville, P., Duncan, G. H., Price, D. D., Carrier, B., and Bushnell, M. C., Pain affect encoded in human anterior cingulate but not somatosensory cortex, *Science*, 1997, 277, 968—971. Copyright © American Association for the Advancement of Science。复制经许可。

现,疼痛刺激会激活岛叶皮层和前扣带皮层。此外,Ostrowsky 等人(2002)发现,对岛叶皮层的电刺激会导致疼痛的灼烧和刺痛的感觉,对这一区域的破坏减少了人们对疼痛的情绪反应:他们继续感受到疼痛,但似乎没有意识到疼痛是有害的(beret al., 1988),他们不会从痛苦或痛苦的威胁中退缩。

Rainville 等人(1997)让被试将手臂放在冰水中产生疼痛感,在一种情况下,研究人员使用催眠来减轻疼痛带来的不适。催眠起到了一定的作用,被试认为即使疼痛感仍然存在,但其不愉快感减弱了,与此同时,研究人员使用 PET 扫描仪来测量大脑的区域活动。他们发现疼痛刺激增加了初级躯体感觉皮质和前扣带皮层的活动。当被试被催眠后发现疼痛减轻时,扣带皮层的活动减少,但初级躯体感觉皮层的活动仍然很高。据推测,初级躯体感觉皮层参与了对疼痛的感知,而扣带皮层参与了其直接的情感影响——它的不愉快感(参见图 7.26)。

在同一实验室的另一项研究中,Hofbauer 等人(2001)产生了相反的效果。他们向被试展示了一种痛苦的刺激,并使用催眠的暗示来减少其对疼痛的感觉强度。他们发现,这一建议降低了参与者对疼痛的评分,也降低了躯体感觉皮层的激活程度。因此,感知到的疼痛强度变化反映在躯体感觉皮层激活水平的变化上,而感知到的疼痛不愉快的变化反映在前扣带皮层的变化上。

几项功能成像研究表明,在一定条件下,即使没有施加实际的疼痛刺激,与疼痛相关的刺激也可以激活 ACC。Osaka 等人(2004)发现,当被试听到生动地表示各种疼痛的日语单词(比如绞痛、剧烈的头痛、或是因为被刺产生的疼痛)时,ACC 就会被激活。Singer 等人(2004)在一项涉及恋爱的夫妻测试中发现,当女性在手背受到痛苦的电击时,她们的 ACC、前岛叶皮层、丘脑和躯体感觉皮层会变得活跃起来。当他们看到自己的伴侣受到痛苦的电击而自己没有遭受时,同样的区域(除了躯体感觉皮层)变得活跃起来。因此,疼痛的情感部分,在这一情况下,是一种间接的疼痛体验,是由对所爱之人的感觉的同理心引起的——在大脑中引起的反应与实际疼痛所引起的反应相似,正如我们在 Rainville 等人(1997)的研究中看到的那样,躯体感觉皮层只被一个实际的有害刺激激活。

疼痛的最后一个组成部分——慢性疼痛

的情感后果——似乎涉及前额叶皮层。正如我们将在第11章中看到的，前额皮质的损伤影响了人们为未来制订计划的能力及对他们所处情境中个人重要性的认识。除了缺乏对未来的洞察力，前额受损的人往往不关心慢性疾病包括慢性疼痛对他们未来的影响(见表7.5)。

**表7.5 大脑中涉及疼痛知觉和行为效应的区域**

| 疼痛的影响 | 所涉及脑区 |
|---|---|
| 感　觉 | 从脊髓到丘脑到初级/次级躯体感觉皮层的通路 |
| 直接情感后果 | 岛叶皮层、ACC、初级躯体感觉皮层 |
| 长期情感影响 | 前额叶皮层 |

有一种特别有意思的疼痛感觉会发生在截肢后。在截肢后，多达70%的截肢者说，他们感觉失去的肢体仍然存在，而且经常感到疼痛，这种现象被称为幻肢现象(Melzak, 1992; Ramachandran and Hirstein, 1998年)。患有幻肢症的人说，他们的肢体感觉非常真实，他们经常说，如果试着去触摸那些肢体，仿佛会有回应。有时，他们察觉到肢体好像是伸出来的，他们可能会觉得有必要避免使它撞到门框的侧面，或者需要睡在一个能让它可以在他们和床垫之间伸展的位置，人们对幻肢有各种各样的感觉，包括疼痛、压力、温暖、寒冷、潮湿、瘙痒、出汗和刺痛。

对幻肢的经典解释是，属于被截肢的肢体的感觉轴突的活动，据推测，神经系统将这种活动解释为来自缺失的肢体。当神经被切断，无法在近端和远端重建连接时，近端部分的切断端形成被称为神经瘤的结节。治疗幻肢痛的方法是切断这些神经瘤上方的神经，切断将这些神经传入脊髓的背根，或在脊髓、丘脑或大脑皮层的体感通路制造一些损伤，有时这些过程会持续一段时间，疼痛经常会复发。

Melzak(1992)认为幻肢感觉是顶叶皮层组织固有的，顶叶皮层参与了我们对自己身体的认识。事实上，患有顶叶病变(尤其是右半球病变)的人会把自己的腿从床上推下来，因为他们认为那是别人的腿。Melzak报告说，有些生来就肢体残缺的人仍然会有幻肢感觉，这可能意味着我们的大脑天生就有让四肢都有所知觉的能力。

有一种独特的治疗方法可以用来治疗幻肢带来的疼痛或不适。人们进一步认为幻肢疼痛可能是由于视觉反馈与本体感受反馈之间的冲突引起的。镜像盒疗法要求患者通过反射完整肢体的镜像来替代失去肢体的视觉反馈，镜盒疗法的临床试验支持这种干预的效用，镜像被用来代表所移动和拉伸的幻肢，以减少幻肢造成的疼痛(Chan et al., 2007; 参见图7.27)。

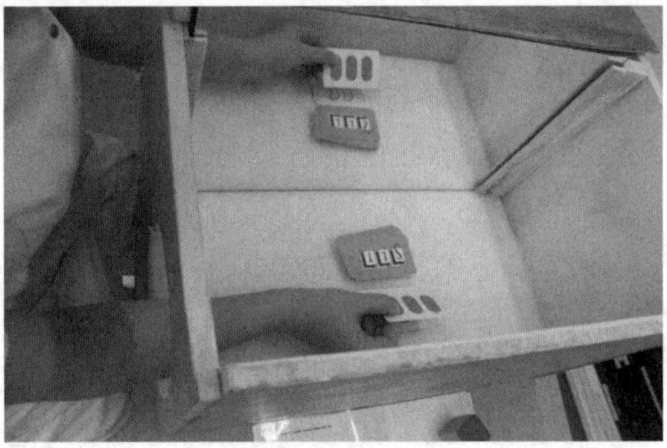

**图7.27 镜像盒治疗**

幻肢疼痛的镜盒治疗需要患者通过反射完整肢体的镜像来代替视觉反馈。

**疼痛敏感性的内源调节** 多年来，研究者们已经了解到对疼痛的感知可以通过环境刺激来改变。20世纪70年代开始的一些最新研究揭示了神经回路的存在，其活动可以产生镇痛作用，各种环境刺激可以激活这些产生镇痛的回路。这些刺激中的大部分会导致内源性阿片类物质的释放，这在第4章中有提到。

对大脑特定位置的电刺激可镇痛，这甚至可以作为大鼠手术的麻醉剂(Reynolds, 1969)。最有效的位置似乎是在导水管周围灰质和鼻腹髓质，比如，电刺激导水管周围灰质产生的镇痛作用相当于每公斤体重至少10毫克吗啡的镇痛作用，这是一个大剂量(Mayer and Liebeskind，1974)。这项技术甚至在减轻人类严重的慢性疼痛方面也得到了应用：外科手术将细导线植入中枢神经系统的某些部位，并连接到一个无线电控制装置上，以便病人在必要时进行电刺激(Kumar et al.，1990)。

镇痛性脑刺激主要是通过释放内源性阿片类物质，显然地触发了减轻疼痛的神经机制。Basbaum和Fields(1978，1984)提出了一种调节阿片类药物镇痛的神经回路，观点基本如下：内源性阿片类物质(由环境刺激释放或作为药物使用)刺激了导水管周围灰质神经元上的阿片类受体。因此，阿片类药物会激活这些神经元间突触的神经元。

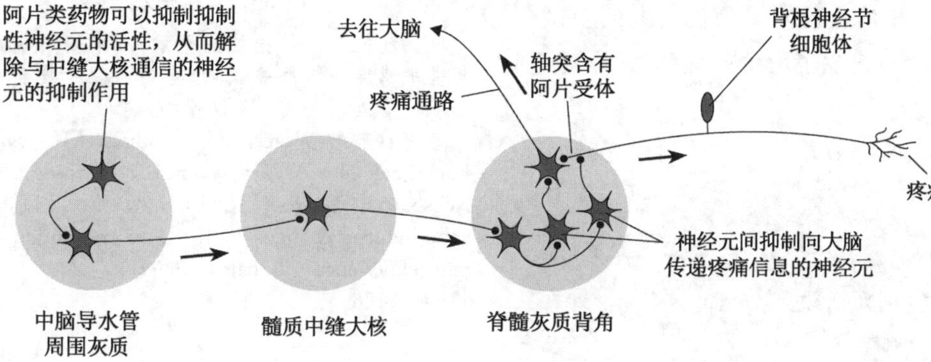


该示意图显示了由Basbaum和Fields(1978)假设的介导阿片类镇痛的神经回路。

脑导水管周围灰质的神经元将轴突发送到位于髓质的**中缝大核**上，细胞核中的神经元将轴突发送到脊髓灰质的背角；这些轴突的破坏消除了注射吗啡引起的镇痛。这些神经元的抑制作用显然涉及脊髓中的一到两个中间神经元。

疼痛敏感性可以通过直接的神经连接来调节，也可以通过分泌内源性阿片类物质来调节。导水管周围灰质接收来自额叶皮质、杏仁核和下丘脑的输入(Beitz，1982；Mantyh，1983)。即使没有阿片类物质的分泌，这些输入也允许学习和情感反应来影响动物对疼痛的反应。

**安慰剂止痛** 至少对某些人来说，通过使用药物惰性安慰剂可以减轻疼痛，当一些人服用一种他们认为可以减轻疼痛的药物时，就会触发内源性阿片类物质的释放，事实上也确实如此。但是如果给这些人注射纳洛酮，这种效应就会消失(Eippert et al.，2009)。因此，对一些人来说，安慰剂在药理上不是惰性的——它具有生理作用。安慰剂效应可能是通过额叶皮层和导水管周围灰质的连接介导的，Zubieta等人(2005)的功能成像研究发现，安慰剂诱导的镇痛确实导致了内源性阿片类物质的释放。他们用PET扫描仪来检测那些对安慰剂效应有所反应的人大脑中出现的阿片类神经传输。如图7.28所示，大脑的几个区域，包括前扣带皮层和岛叶皮层，都显示出内源性阿片活性增加的迹象。

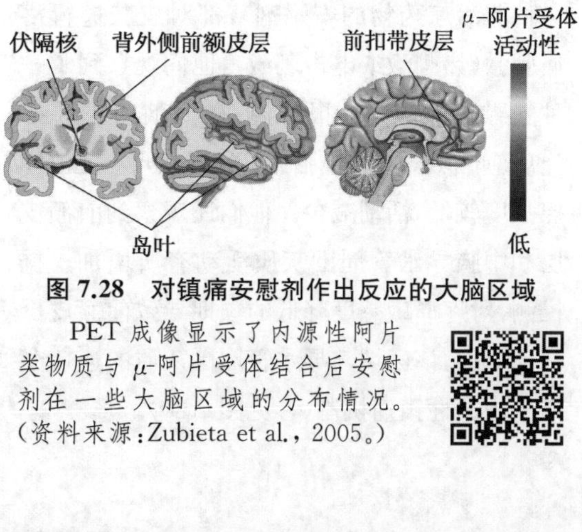


**图7.28 对镇痛安慰剂作出反应的大脑区域**

PET成像显示了内源性阿片类物质与μ-阿片受体结合后安慰剂在一些大脑区域的分布情况。(资料来源：Zubieta et al.，2005。)

Waber 等人(2008)进行的一项有趣的研究发现,安慰剂的功效与价值感知直接相关。志愿者们服用了一种据说可以减轻痛苦的安慰剂药丸,一些人被告知这种药片的售价一般是 2.5 美元,而另一些人则被告知其价格已经降至每片 10 美分。在服用药丸前后,被试在手腕处分别受到电击,并对电击所产生的疼痛程度进行评估。如图 7.29 所示,那些相信自己吃了昂贵药丸的被试,比那些认为自己吃了廉价药丸的被试,疼痛感减轻更多。

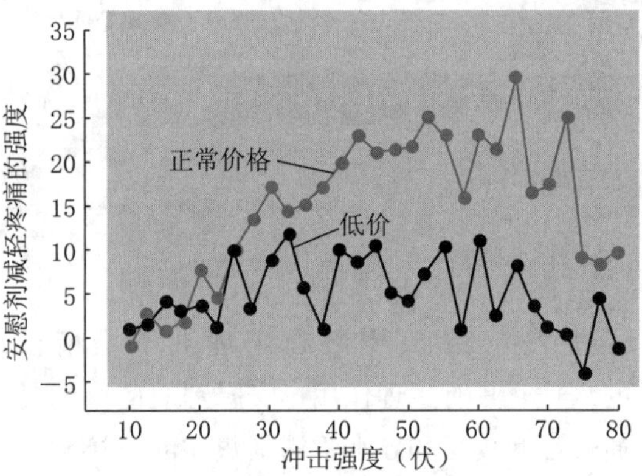


**图 7.29　价格感知对安慰剂镇痛的影响**

该图显示,当被试认为安慰剂为打折价格(价格变低)时,安慰剂减少的疼痛更少。

Wager 等人(2004)的一项功能成像研究支持了前额皮层在安慰剂镇痛中起作用的说法。无论是否使用了"止痛"护肤霜(实际上是一种非治疗药物的安慰剂),都对皮肤进行疼痛刺激(热刺激或电击刺激),他们观察到了一种安慰剂效应——报告说,在大脑的主要疼痛反应区域,包括丘脑、ACC 和岛叶皮层,疼痛强度较低,活动减少。他们还观察到前额皮层和中脑导水管周围灰质活动有所增加。据推测,对疼痛敏感度降低的预期导致前额皮层活动增加,该区域与导水管周围灰质的连接激活了内源性镇痛机制(参见图 7.30)。

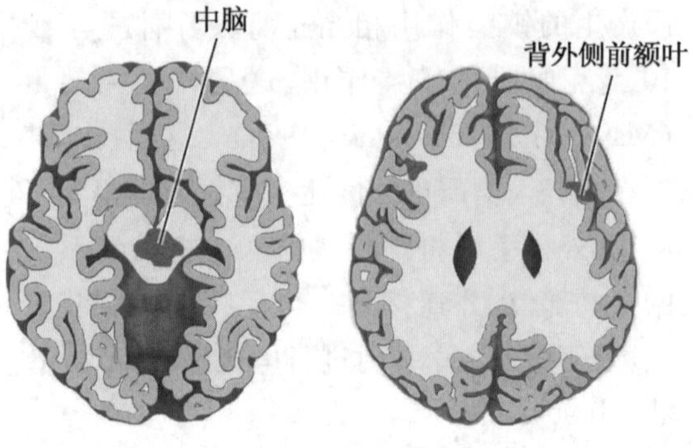


**图 7.30　安慰剂效应**

功能性核磁共振扫描显示,服用安慰剂后对疼痛敏感度降低的被试,背外侧前额叶皮层和中脑导水管周围灰质的活动增加。

资料来源:Wager, T.D., Rilling, J.K., Smith, E.E., Sokolik, A., Casey, K.L., Davidson, R.J., Kosslyn, S.M., Rose, R.M., and Cohen, J.D., Placebo-induced changes in fMRI in the anticipation and experience of pain, *Science*, 2004, 303, 1162—1166。

似乎相当多的神经回路都被用来降低疼痛强度,这些回路的功能是什么?当动物遇到有害的刺激时,通常会停止它正在做的事情,并撤退或逃跑,显然,这些反应是相当恰当的。然而它们有时也会适得其反,比如在交配期,雄性为了获得雌性而战,如果疼痛引起的反应会干扰战斗,那么它们的基因就无法传递下去。而事实上,打斗和性活动都能刺激大脑的镇痛机制。

Komisaruk 和 Larsson(1971)发现,对大鼠阴道的触觉刺激会产生镇痛作用,这种刺激还增加了导水管周围灰质神经元的活性,降低了腹外侧丘脑对疼痛刺激的反应性(Komisaruk and Steinman, 1987)。这种现象也同样发生在人类身上,Whipple 和 Komisaruk(1988)发现,自行实施的阴道刺激会降低对疼痛刺激的敏感性,而对中性触觉刺激则不会。据推测性交触发了止痛机制。这种现象的适应性意义是显而易见的,即在性交过程中遇到的痛苦刺激不太可能导致行为被打断,因此,怀孕的概率增加了。

## 本节回顾

目标 7.13 举例激活躯体感觉感受器的刺激。

皮肤的机械变形激活压力感受器。温度的变化激活温度感受器。疼痛的感觉可以由许多不同类型的刺激引起，但是大多数引起组织损伤并激活伤害感受器。骨骼肌伸展和肢体运动激活动觉感受器。

目标 7.14 描述皮肤的解剖结构和躯体感受器。

皮肤由皮下组织、真皮和表皮组成。皮肤含有游离神经末梢和被囊感受器。

目标 7.15 描述涉及触觉、温度、疼痛感、瘙痒感的感受器。

机械感受器被振动激活。振动运动导致离子通道打开，改变膜电位以传输信号。热感受器是由温度的相对变化激活的自由神经末梢。疼痛感受器是由高压、高温和化学刺激物刺激的游离神经末梢，而我们对于负责瘙痒感的受体知之甚少。

目标 7.16 描述从神经到皮层下和皮层结构的体感处理通路。

躯体感觉轴突通过脊髓和颅神经进入中枢神经系统，来自神经的信息通过髓质、中脑的内侧神经鞘、丘脑腹后核、初级躯体感觉皮层，最后是次级(联合)躯体感觉皮层。感觉皮层包括按刺激类型分类的柱状组织和体表的多个映射，每个映射对应不同类型的体感信息。

目标 7.17 描述为什么会经历疼痛，疼痛的知觉和行为效果，及如何改变疼痛的知觉。

疼痛起着建设性的作用：疼痛可以减少进一步受伤的可能性。疼痛包括三个感知和行为效应：对疼痛刺激强度的纯粹感知、即时的情感后果及慢性疼痛的长期情感影响。痛觉可以通过激活镇痛回路、释放内源性阿片类药物或通过外源性阿片类药物来改善。

## 思考题

所有的安慰剂对减轻疼痛都有相同的效果吗？设计一个实验来测试安慰剂的各种特性对疼痛缓解的影响。考虑安慰剂的哪些方面可能使它更有效(例如，在前一节中已经提到过的价格)，以及如何使用安慰剂，或者它对哪种疼痛最有效。

# 味觉

一位75岁的妇女在厨房做饭时突然中风。中风6个月后，这位妇女恢复了许多受损的功能(包括她右侧身体的瘫痪)。然而，她发现自己减轻了6.35公斤(约14磅)，并且对最喜欢的食物失去了兴趣。她说她对于所吃的每一样食物都没有食欲，虽然她能够区分不同的口味，但她依然认为食物有不寻常的、不像食物的味道。这种体验导致患者吃得更少，体重减轻，并感到孤独，因为她不喜欢和朋友或家人一起吃饭或在餐馆吃饭。CT扫描中风后的病人的大脑，发现的病变位于左侧岛叶皮层(Dutta et al., 2013)。

到目前为止我们所遇到的刺激是通过传递物理能量来产生受体电位的：热的，光的(与光有关的)，动力的。然而，我们所研究的最后两种感官所接收的刺激——味觉和嗅觉——

与它们的受体发生的是化学反应。本节讨论第一部分:味觉。如上例所示,味觉对于维持充足的营养和生活质量是很重要的。和其他感官一样,大脑皮层的区域负责感知味觉,这些区域受损会导致感官知觉的丧失。

## 刺激

目标 7.18　列举六种味觉刺激的特征。

味觉明显与饮食有关,这种感觉方式能帮我们确定所吃的东西的性质。要品尝一种食物,它的分子必须溶解在唾液中,刺激舌头上的味觉感受器。不同物质的味道各不相同,尽管比我们通常意识到的要少得多,一共只有六种:苦、酸、甜、咸、鲜味和脂肪。

味道,相对于口味,是嗅觉和味觉的混合物。食物的味道很大程度上取决于它的气味,嗅觉缺失症患者或鼻孔被堵住的患者仅凭味觉很难区分不同的食物。

大多数脊椎动物都有味觉系统,对六种味觉都有反应。(猫科动物是个例外,狮子、老虎、豹子和家猫都感觉不到甜味。)甜味感受器是食物探测器,大多数甜味的食物,如水果和一些蔬菜,吃起来是安全的(Ramirez, 1990)。咸味感受器可以检测到氯化钠的存在,在某些环境中,很难从普通食物中获得足够数量的矿物质,所以氯化钠探测器帮助动物检测到它的存在。造成出血的损伤会迅速耗尽机体的钠供应,因此迅速找到盐的能力至关重要。近年来,研究人员发现了第五种口味的存在:鲜味。**鲜味**(umami)是一个日语单词,意思是"好味道",指的是味精(MSG)的味道——一种在亚洲烹饪中经常被用作增味剂的物质(Kurihara, 1987; Scott and Plata-Salaman, 1991)。鲜味感受器检测到谷氨酸的存在,是一种构成蛋白质的氨基酸。据推测,鲜味受体提供了品尝一种重要的营养物质——蛋白质的能力。

大多数动物都比较容易摄取甜的或有些咸味的物质,同样的,它们也会被富含氨基酸的食物所吸引,这也解释了味精是一种增味剂。然而,他们会倾向于避开那些有酸味或苦味的物质。由于细菌活动,许多食物在变质时会变成酸性,此外,大多数未成熟的水果都是酸的。酸尝起来是很酸的,会造成人们对它的回避(但是,我们也已经学会了制作比例得当的甜酸混合物,比如柠檬水)。对于苦味几乎普遍都是避免的,并且它也不能简单地通过加一些甜味物质得以改善。许多植物会产生有毒的生物碱,以保护自身不被动物吃掉,而生物碱是苦的;因此,苦味感受器无疑是在警告动物远离这些化学物质。

多年来,研究人员已经知道许多动物(包括我们自己)对高脂肪食物有着明显的偏好。由于没有一种独特的味道与脂肪的存在有关,大多数研究者得出结论是,我们通过脂肪的气味和质地("口感")来检测到它。然而,Fukuwatari 等人(2003)发现,嗅觉被破坏的大鼠继续表现出对含有长链脂肪酸的液体食物的偏爱,而长链脂肪酸是脂肪分解产物之一。当脂肪到达舌头时,一些分子被一种叫做舌脂酶的酶分解成脂肪酸,这种酶在味蕾附近被发现。舌脂肪酶的活性保证了含脂肪的食物进入口腔时脂肪酸探测器可以受到刺激。Cartoni 等人(2010)发现了两个 G 蛋白偶联受体,它们负责检测口腔中是否存在脂肪酸。研究人员发现,对小鼠负责产生这些受体的基因实施靶向突变后,小鼠对脂肪酸的偏好降低,味觉神经对脂肪酸的反应也有所减少。

## 味蕾和味觉细胞的解剖学

目标 7.19　识别味蕾和味觉受体细胞的位置和结构。

舌头、上颚、咽部和喉部大约有 10 000 个味蕾。这些感受器官大部分排列在乳头状突起及舌头上的小突起周围，真菌状的舌乳头位于舌头的前三分之二，包括多达8个味蕾，以及压力、触觉和温度的感受器。叶状的乳头在舌背的每边都有多达8道平行的褶皱，大约1 300个味蕾位于这些褶皱中。舌后三分之一的舌状乳头呈倒V状排列，内含约250个味蕾。它们的形状像小高原，四周是护城河状的凹陷。味蕾由20到50个受体细胞组成，这些特殊的神经元排列得有点像橙子。纤毛位于每个细胞的末端，通过打开味蕾(小孔)进入覆盖舌头的唾液中，相邻味觉细胞之间的紧密连接防止唾液中的物质自由扩散到味蕾本身。图7.31为外周舌乳头的外观；穿过周围凹陷的横截面包含了一个味蕾。

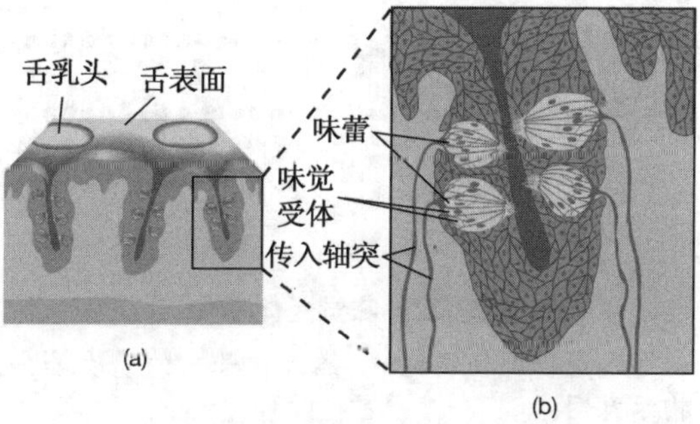


**图7.31 舌**

(a)舌乳头体、舌表面。(b)味蕾。

味觉受体细胞与双极神经元的树突形成突触，其轴突通过第七、第九和第十脑神经向大脑传递味觉信息。受体细胞释放的神经递质是三磷酸腺苷(ATP)，这是线粒体产生的一种分子，在细胞中储存能量(Finger et al., 2005)。这种受体细胞的寿命只有10天，由于直接暴露在相当恶劣的环境中，它们很快就会损耗。当它们退化时，就被新发育的细胞所取代，双极神经元的树突被传递给新细胞(Beidler, 1970)。

## 味觉信息的感知

目标7.20 概述感知咸、酸、苦、甜和鲜味的传导过程。

味觉的传导类似于发生在突触间的化学传递：尝过的分子与受体结合，并产生细胞膜的渗透性变化，从而引起受体电位。不同的物质与不同的受体结合，产生不同的味觉感受。在这一节中，我们将描述我们所了解的具有特殊口味的分子的性质及探测它们存在的受体。

**咸** 想要尝出咸味，必须电离出一种物质，虽然对咸味感受器最好的刺激是氯化钠(NaCl)，但含有金属阳离子(如$Na^+$、$K^+$和$Li^+$)和少量阴离子(如$Cl^-$、$Br^-$、$SO_4^{2-}$或$NO_3^-$)的各种盐尝起来都是咸的。咸味的受体似乎是一个简单的钠通道，当钠存在于唾液中时，钠进入味觉细胞并去极化，触发动作电位使细胞释放神经递质(Avenet and Lindemann, 1989; Kinnamon and Cummings, 1992)。证明钠通道参与其中的最好证据是阿米洛利，一种已知的阻断钠通道的药物，阻止氯化钠激活味觉细胞，减少咸的感觉。然而，这种药物并不能完全阻断人类的这些感觉，因此大多数研究人员认为有不止一种的受体参与其中(Ossebaard et al., 1997; Schiffman et al., 1983)。

**酸** 酸性感受器似乎对酸性溶液中的氢离子有反应，然而，由于某一种特定酸的酸度不仅仅是氢离子浓度的函数，阴离子对其也一定有影响，而产生这种阴离子效应的原因尚不清楚。

**苦、甜、鲜味** 酸味刺激(酸的存在)是显而易见的，然而，苦的和甜的物质相比之下更难描述。典型的苦味刺激是植物生物碱，比如奎宁；甜味刺激是一种糖，如葡萄糖或果糖。一些分子引起两种感觉的事实，让早期的研究人员认为，苦味和甜味的受体可能是相似的。例如，苦橙皮含有一种非常苦的糖苷(复合糖)，而在分子中加入氢离子使其尝起来非常甜(Horowitz and Gentili, 1974)。有一些氨基酸尝起来很甜，事实上，商业化的甜味剂阿斯巴甜只含有两种氨基酸：天冬氨酸和苯丙氨酸。

对苦味和甜味敏感的受体与一种以味蛋白而被人熟知的G蛋白有关，这种蛋白质在结构上同与视网膜光信息转导有关的G蛋白非常相似。对鲜味敏感的受体既与味蛋白有关，也与转导蛋白有关(He et al., 2004; McLaughlin et al., 1993; Wong et al., 1996)。当苦味分子与受体结合时，G蛋白激活一种酶，这种酶开始一个化学反应周期，导致ATP的释放，ATP是味觉受体细胞的神经递质。

最近的证据已经发现了两个负责检测甜味、苦味和鲜味的受体家族(参见Scott, 2004)。第一家族T1R，有三个成员：T1R1、T1R2和T1R3，分别由三个不同的基因产生。甜味受体由两部分组成：T1R2＋T1R3，鲜味受体由T1R1＋T1R3组成。味觉受体细胞可能对甜味或者鲜味敏感，但不是同时对两者都敏感。苦化合物由第二家族受体T2R检测，其中有30个成员(Matsunami et al., 2000)。对苦味敏感的味觉受体细胞含有多种不同的T2R，这表明每个细胞都能检测到许多不同苦味分子的存在。正如我们所看到的，自然界中许多尝起来苦的化合物都是有毒的。进化的过程使我们能够探测到各种不同分子形状的化合物，而不是将这些化合物检测到单个受体上(参见图7.32)。

我们之前提到过，猫对甜味不敏感。Li等人(2005)发现了其甜味觉缺失的原因：猫的DNA中缺乏产生T1R2蛋白的功能性基因，而T1R2蛋白质正是甜味受体的组成部分(再看一遍图7.32)。研究人员认为，这种突变可能是猫的食肉行为进化过程中的一个重要事件。

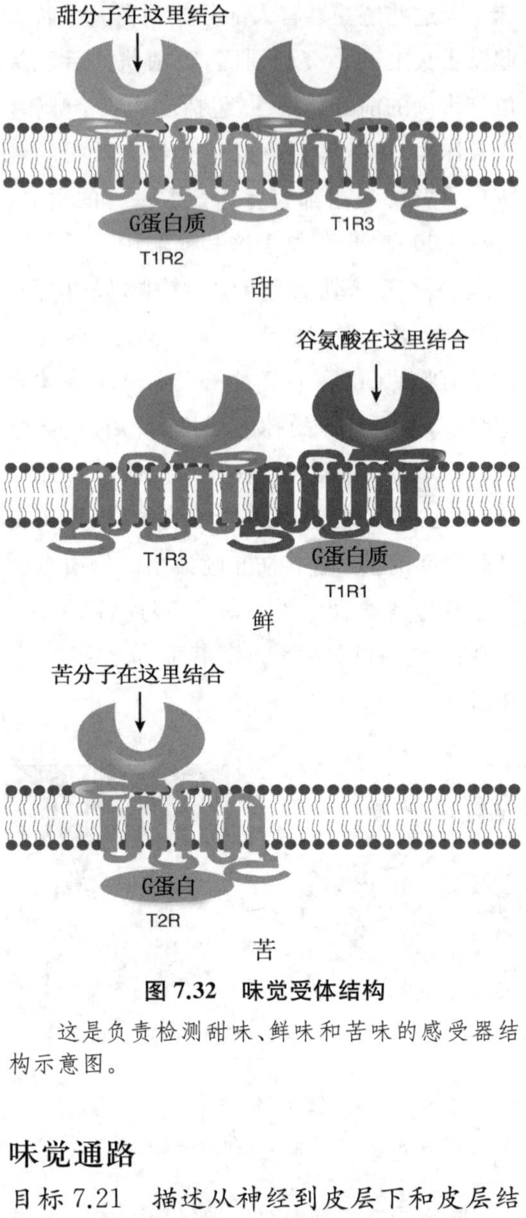


**图 7.32　味觉受体结构**

这是负责检测甜味、鲜味和苦味的感受器结构示意图。

## 味觉通路

目标7.21　描述从神经到皮层下和皮层结构的味觉处理通路。

味觉信息通过第七、第九、第十对颅神经传导。来自舌头前部的信息通过**鼓索**传播，鼓索是第七脑神经(面神经)的分支；舌头后部的味觉感受器通过第九脑神经(舌咽神经)的舌分支传递信息；第十脑神经(迷走神经)携带来自上颚和会厌的受体的信息。鼓索得名于它穿过中耳，恰好就在鼓膜下面。

味觉的第一个中转站是位于髓质中的**孤束核**。在灵长类动物中，这个核的味觉敏感神经元将轴突发送到腹后内侧丘脑核，也接收来自三叉神经的体感信息（Beckstead et al.，1980）。丘脑味觉敏感神经元将轴突发送到位于额叶皮层基部和岛叶皮层的初级味觉皮层（Pritchard et al.，1986），该区域的神经元投射到位于尾外侧眶额皮层的次级味觉皮层（Rolls et al.，1990）。味觉在大脑中是同侧对应的，也就是说，舌头的右半部分延伸到大脑的右半部分，左半部分延伸到大脑的左边部分（参见图 7.33）。

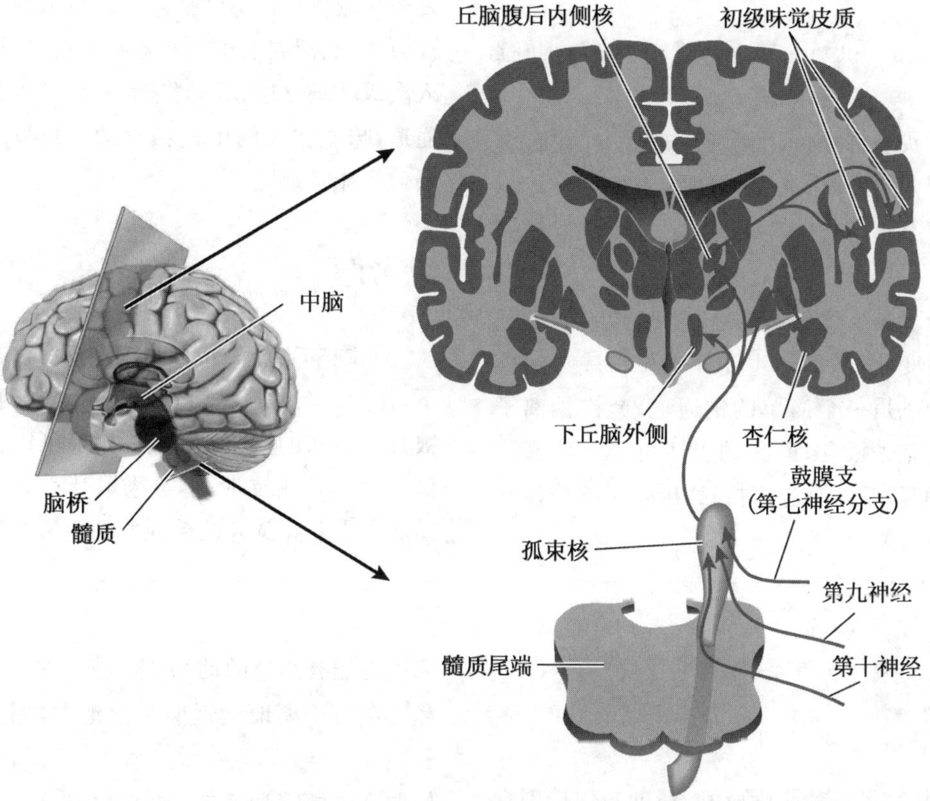


图 7.33 味觉系统的神经通路

除了从味觉受体接收信息外，味觉皮层还接收热刺激、机械刺激、内脏刺激和伤害性刺激（疼痛），这些刺激无疑在决定食物的适口性方面起到了重要的作用（Carleton et al.，2010）。味觉信息也会到达杏仁核和下丘脑以及邻近的基底前脑（Nauta，1964；Russchen et al.，1986）。许多研究者认为下丘脑通路在调节甜味、鲜味和微咸味道的强化作用中发挥了作用，而事实上，只有当动物饥饿时，下丘脑中的一些神经元才会对甜刺激做出反应（Rolls et al.，1986）。

**味觉皮层的映射组织** 在一项功能成像研究中，Schoenfeld 等人（2004）让人们喝带有甜味、酸味、苦味和鲜味的水。研究人员发现，品尝每种味道会激活岛叶皮层初级味觉区域的不同区域，尽管味觉敏感区域的位置因人而异，但在不同的场合下对某一特定个体进行测试时，会出现同样的模式。因此，味觉皮层对味觉的表征是特殊而稳定的。

## 本节回顾

### 味觉

目标 7.18 列举六种味觉刺激的特征。

味觉的六种特质是苦、酸、甜、咸、鲜味和脂肪。

目标 7.19 识别味蕾和味觉受体细胞的位置和结构。

舌头上有味蕾，大多数味蕾排列在舌乳头周围，并含有味觉受体细胞群。

目标 7.20 概述感知咸、酸、苦、甜和鲜味的传导过程。

分子与受体细胞结合，使细胞膜的渗透性发生变化，从而产生受体电位。咸味的感受器似乎是一个简单的钠通道，允许钠离子进入细胞去极化；酸味的受体可能与氢和阴离子相互作用；对苦、甜和鲜味敏感的受体与G蛋白有关。

目标 7.21 描述从神经到皮层下和皮质结构的味觉处理通路。

舌头上的味觉感受器通过颅神经向大脑发送味觉信息。味觉信息首先进入髓质中的孤束核，然后是丘脑、初级味觉皮层，最后进入次级味觉皮层。不同于大多数其他的感觉通道，味觉在大脑中是独立的。初级味觉皮层包含味觉地图。

## 思考题

回顾本节开头介绍的案例研究。想象一下，作为一名临床医生，在新技术或干预措施被开发出来的当下或未来，如果可以为你提供任何工具或技术，你会采取什么方法来帮助病人重获味觉并改善他们的生活质量？

# 嗅觉

嗅觉，另一种化学感觉，帮助我们识别食物并且避免食用那些变质的不适合食用的食物。它也帮助许多物种中的成员跟踪猎物或发现捕食者，识别朋友、敌人和接受配偶。虽然许多哺乳动物，比如狗，比人类有更灵敏的嗅觉系统，但我们也不应该低估自己的嗅觉系统，我们的嗅觉系统在感觉受体细胞数量上仅次于视觉系统，大约有 1 000 万个细胞。我们能嗅出某些物质的浓度比最灵敏的实验室仪器所能探测到的低。

最近的研究开始表明，与人类相比，其他哺乳动物嗅觉更灵敏的原因是：它们把鼻子放在气味最强的地方——恰好贴在地面上。例如，狗跟随气味的踪迹在地面上嗅来嗅去，那里可能有路过的动物的气味。如果猎犬的鼻子在位于离地面近两米的地方，那么就跟普通人一样，不会那么灵敏了。而如果当人们像狗一样嗅地面时，他们的嗅觉系统就会运作得更好。Porter 等人(2007)准备了一种气味线索——将一根浸有巧克力精油的绳子，放在草地上。被试被蒙住眼睛，戴上耳套、护膝和手套，这使得他们除了用鼻子以外，不能使用任何东西来跟踪气味的痕迹。他们做得很好，采用了和狗一样的 Z 字形迂回策略。

### 嗅觉器官的刺激和解剖学

目标 7.22 识别嗅觉刺激并描述嗅觉器官的结构和功能。

气味刺激(正式名称为气味剂)由分子量

约为15—300的挥发性物质组成。几乎所有的气味化合物都是脂溶性的，都是有机的。然而，许多符合这些标准的物质根本没有气味，所以我们对于气味的本质还有很多需要了解。

我们的600万个嗅觉受体细胞位于两片黏膜（**嗅上皮**）内，每一块都有大约1平方英寸的面积，嗅上皮位于鼻腔顶部，如图7.34所示。进入鼻孔的空气只有不到10%进入嗅上皮，故用鼻吸气的动作是必要的，它把空气向上扫进鼻腔，以便到达嗅觉感受器。

**嗅觉受体** 图7.34展示了一组嗅觉受体细胞及其支持细胞。嗅觉感受器细胞是双极神经元，它们的细胞位于排列在筛状板上的嗅黏膜内，筛状板是大脑喙部底部的骨头。新的嗅觉受体细胞会不断产生，但它们的寿命比味觉受体细胞要长得多，支持细胞含有破坏气味分子的酶，从而阻止它们破坏嗅觉受体细胞。

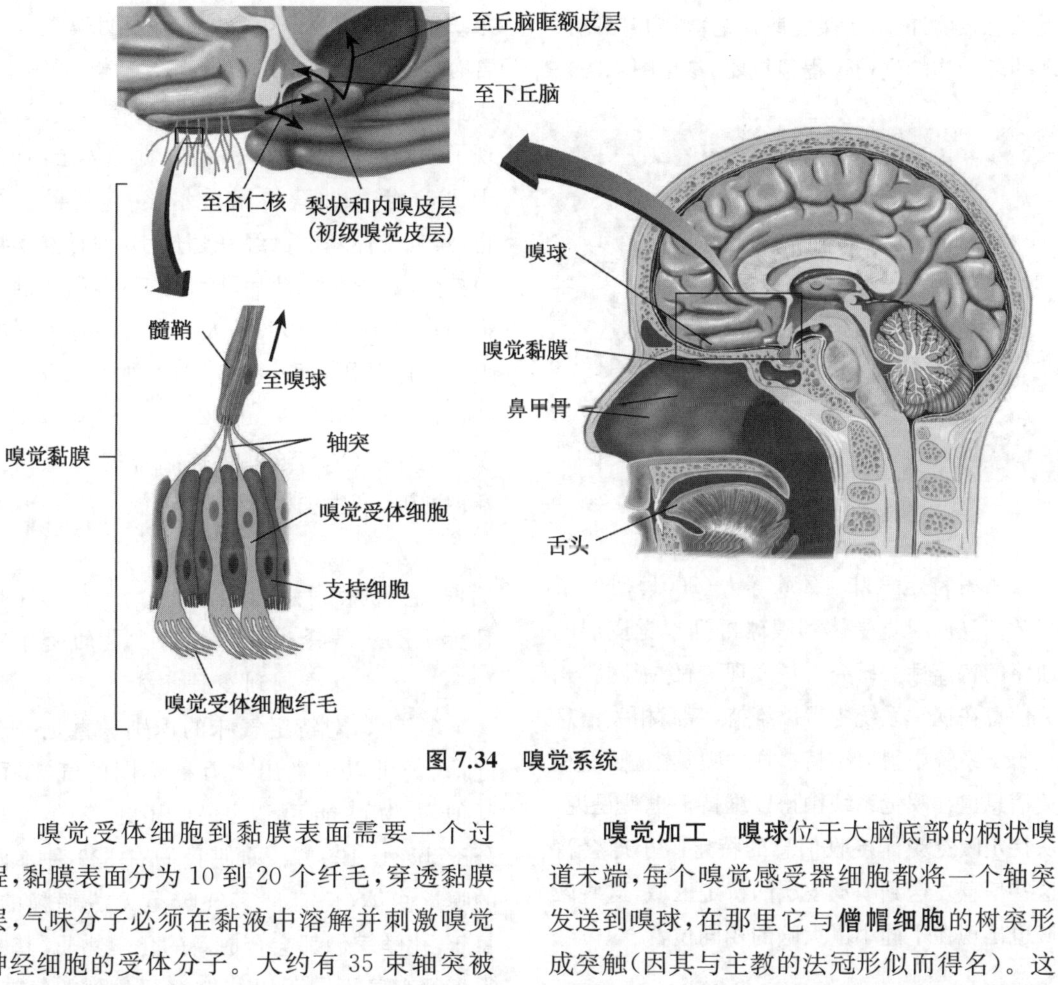


图7.34 嗅觉系统

嗅觉受体细胞到黏膜表面需要一个过程，黏膜表面分为10到20个纤毛，穿透黏膜层，气味分子必须在黏液中溶解并刺激嗅觉神经细胞的受体分子。大约有35束轴突被胶质细胞包裹，通过筛状板上的小孔进入颅骨。嗅黏膜还含有三叉神经轴突的游离神经末梢，这些神经末梢可能是通过嗅闻一些刺激性化学物质（如氨）来产生疼痛的感觉。

**嗅觉加工** **嗅球**位于大脑底部的柄状嗅道末端，每个嗅觉感受器细胞都将一个轴突发送到嗅球，在那里它与**僧帽细胞**的树突形成突触（因其与主教的法冠形似而得名）。这些突触发生在被称为嗅小球的复杂轴突和树突分枝中。大约有10 000个嗅小球，每个嗅小球都接受大约2 000个轴突束的输入，僧帽细胞的轴突通过嗅觉传导到大脑的其他部位，其中一些轴突终止于同侧前脑的其他区域；另一些穿过大脑，终止于对侧嗅球。

嗅觉轴突直接投射到杏仁核和边缘皮层的两个区域：梨状皮层（初级嗅觉皮层）和内嗅皮层（再看一遍图 7.34）。杏仁核将嗅觉信息发送到下丘脑，内嗅皮层将其发送到海马体，梨状皮层通过丘脑的背中核将其发送到下丘脑和眶额叶皮层（Buck, 1996; Shipley and Ennis, 1996）。你可能还记得，眶额皮层也接收味觉信息，因此，它可能涉及将味觉和嗅觉结合成味道。下丘脑也接收到大量的嗅觉信息，这可能对于接受或拒绝食物和控制许多哺乳动物的生殖过程很重要（参见图 7.35）。

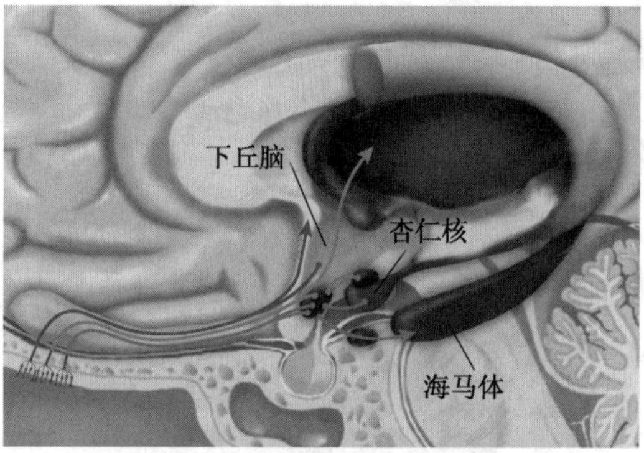


**图 7.35　嗅觉通路**

**映射特定气味**　Zou 等人（2001）研究了嗅觉信息从嗅觉受体到嗅球再到嗅觉皮层的通路的特异性。研究人员发现，就像视网膜相关信息在视觉系统中得以维持，音高相关信息在听觉系统中得以维持一样，“嗅觉主题”的相关信息也在嗅觉系统中得以维持。也就是说，从特定嗅觉受体接收信息的特定嗅小球会将这些信息发送到嗅觉皮层的特定区域，这些区域也出现在不同小鼠大脑的相同位置。

## 嗅觉信息的转导

目标 7.23　总结从气味分子中传导信号用于嗅觉感知的过程。

多年来，研究人员已经认识到嗅觉纤毛中含有由气味分子刺激的受体，但这些受体的性质尚不清楚。Jones 和 Reed（1989）发现了一种特殊的 G 蛋白，他们称之为 $G_{olf}$，这种蛋白能够激活催化环状 AMP 合成的酶，而环状 AMP 反过来又能打开钠通道并去极化嗅觉细胞的膜（Firestein et al., 1991; Menco et al., 1992; Nakamura and Gold, 1987）。

正如我们在第 2 章中看到的，G 蛋白充当了代谢受体和离子通道之间的连接：当配体与代谢受体结合时，G 蛋白要么直接打开离子通道，要么间接打开离子通道，从而触发第二信使的产生。$G_{olf}$ 的发现表明嗅觉纤毛含有与 G 蛋白质有关的气味受体，事实上，Buck 和 Axel（1991）使用分子遗传学技术，发现了一组基因，编码了一组嗅觉受体蛋白（并于 2004 年因此获得诺贝尔奖）。到目前为止，嗅觉受体基因已经在超过 12 种脊椎动物中被分离出来，包括哺乳动物、鸟类和两栖动物（Mombaerts, 1999），人类有 339 种不同的嗅觉受体基因，而小鼠有 913 种（Godfrey et al., 2004; Malnic et al., 2004）。气味分子与嗅觉受体结合，与这些受体结合的 G 蛋白打开钠通道，产生去极化受体电位。

## 对特定气味的感知

目标 7.24　解释为什么相对少量的受体可以检测到多种气味。

多年来，对特定气味的识别一直是一个谜，人类可以识别出上万种不同的气味，而其他动物可能可以识别出更多的气味（Shepherd, 1994）。即使我们有 339 种不同的嗅觉受体，仍有许多气味是无法解释的。每年，化学家们都会合成新的化学物质，其中很多都有着不同于以往能够察觉到的气味。我们怎么能用相对较少的受体来检测这么多不同的气味呢？

在回答这个问题之前，我们应该更仔细地研究受体、嗅觉神经元和这些神经元轴突投射到的嗅小球之间的关系。首先，每个嗅觉神经元的纤毛只包含一种受体（Nef et al.，1992；Vassar et al.，1993），正如我们所见，每个嗅小球从大约 2 000 个嗅觉受体细胞接收信息，Ressler 等人（1994）发现，这 2 000 个细胞中的每一个都含有相同类型的受体分子，因此，嗅小球的种类和受体分子的种类一样多。此外，特定类型嗅小球的位置（由向它们发送信息的受体的类型定义）在每个动物的嗅球中似乎都是相同的，甚至在物种之间也是相同的（参见图 7.36）。

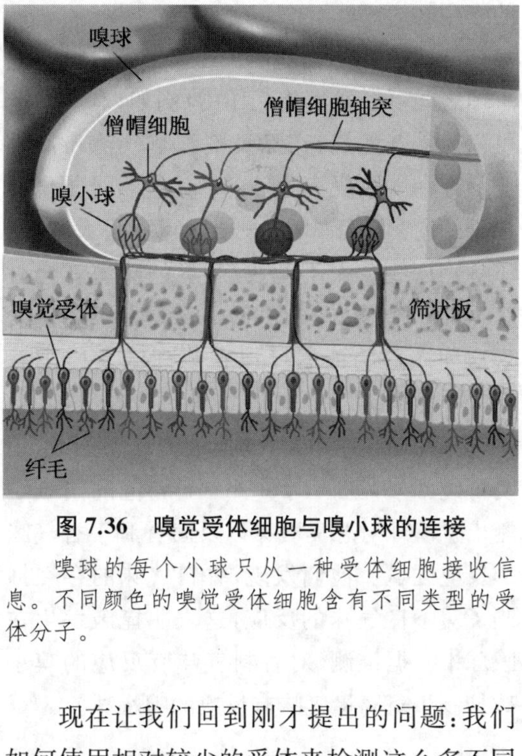


**图 7.36　嗅觉受体细胞与嗅小球的连接**

嗅球的每个小球只从一种受体细胞接收信息。不同颜色的嗅觉受体细胞含有不同类型的受体分子。

现在让我们回到刚才提出的问题：我们如何使用相对较少的受体来检测这么多不同的气味？答案是：一种特殊的气味与多个受体结合。因此，由于一个给定的嗅小球只接收一种受体的信息，不同的气味在不同的嗅小球中产生不同的活性模式。识别一种特定的气味，也就是识别嗅小球中特定的活动模式，将化学识别任务转化为空间识别任务。

图 7.37 说明了这个过程。图的左侧显示了 8 种假想气味的形状，右边是 4 个假想的气味受体分子。如果气味分子的一部分符合受体分子的结合位点，它就会激活它并刺激嗅觉神经元。正如你所见，每一种气味分子都至少符合其中一种受体的结合位点，而且在大多数情况下都符合其中一种以上的受体。还要注意的是，这 8 种气味的受体的激活模式是不同的，这意味着如果我们知道哪一种受体被激活，我们就知道有哪一种气味的存在。即使一种特殊的气味可能与几种不同类型的受体分子结合，但它与每种受体分子的结合可能不尽相同，例如，它可能和一个受体分子结合得很好，和另一个分子结合得比较好，和另一个分子结合得很弱，等等。"嗅觉映射"信息的空间模式在嗅觉皮层中仍存在。

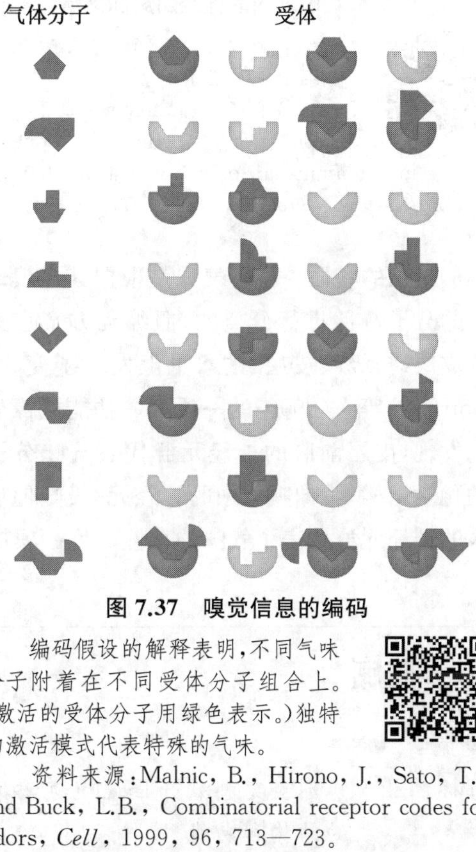


**图 7.37　嗅觉信息的编码**

编码假设的解释表明，不同气味分子附着在不同受体分子组合上。（激活的受体分子用绿色表示。）独特的激活模式代表特殊的气味。

资料来源：Malnic，B.，Hirono，J.，Sato，T.，and Buck，L.B.，Combinatorial receptor codes for odors，*Cell*，1999，96，713—723。

Johnson 和 Leon（2007）向大鼠展示了各种气味，并记录了暴露的嗅球表面的激活区域。他们发现不同种类的分子激活嗅球的不同区域，图 7.38 显示了这一活动的模式。气味分子的特征通过嗅球中特定的活动模式表现出来。

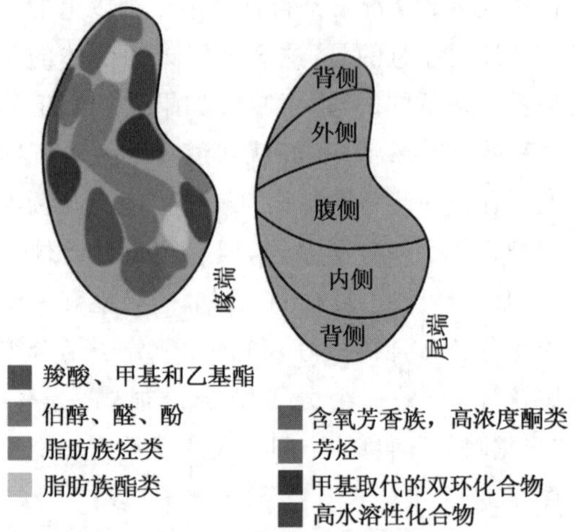


**图 7.38 嗅球内的神经团簇和区域**

嗅球的特定区域对气味分子的特征或特性作出反应。

资料来源：Johnson，B.A.，and Leon，M.，Chemotopic odorant coding in a mammalian olfactory system，*Journal of Comparative Neurology*，2007，503，1—34。

**气味的特质** 尽管气味是根据其在嗅球内的分子特性进行分类的，但编码方案在梨状皮层（初级嗅皮层）的水平上发生了变化。Gottfried 等人（2006）的一项人体功能成像研究发现，皮层前区的神经元群代表气味分子的化学结构，就像嗅球中的神经元一样，但后区的神经元群代表了气味的特性。另一项功能成像研究（Howard et al.，2009）发现，气味通常与一些特定的物体（像人们认为是薄荷味、木质味或柠檬味）相关联，无论气味的化学结构如何，都会在梨状后皮层产生特定的活动模式。研究人员向被试展示了三种不同的薄荷香味、三种不同的木质香味和三种不同的柠檬香味，这三种中的每一种都有差异非常大的化学结构。然而，梨状后皮层的活动模式只是与气味类型相关，而非分子结构。

我们还不知道如何将嗅球内的化学结构映射组合在一起，形成梨状后皮层的知觉质量图。据推测，学习在这个过程中起着一定的作用。

**气味掩盖** 一些研究发现，嗅球内的嗅小球之间可能发生相互作用，例如，有些气味可以掩盖其他气味（除臭剂和空气清新剂行业的存在就取决于这个事实）。不同文化背景下的厨师们都知道，只要味道不是太浓，变质食物那些令人不愉快、酸臭的味道就会被茴香和丁香掩盖。Takahashi 等人（2004）发现这种掩盖的证据可以在嗅球的反应中看到。在显微镜下对大鼠嗅球的检查显示，当不同气味出现时，局部的血液流动增加，这表明神经活动增加。Takahashi 和他的同事绘制出了嗅球对恶臭气味以及茴香和丁香气味的反应区域。他们发现，香料气味的存在抑制了对不良气味的反应，这表明掩蔽发生在嗅球中。据推测，对香料气味有反应的嗅小球抑制了对腐臭气味有反应的嗅小球。

## 本节回顾

### 嗅觉

目标 7.22 识别嗅觉刺激并描述嗅觉器官的结构和功能。

嗅觉的刺激是典型的脂溶性和有机化学分子。嗅觉受体细胞是双极神经元，它们的细胞位于排列在筛状板上的嗅觉黏膜内，这些神经元通过嗅觉束向嗅球和大脑传递信息，有一些信息进入边缘系统并与味觉信息相结合。嗅觉信息在嗅觉皮层被处理，嗅皮层区域包含嗅觉映射图。

目标7.23 总结从气味分子中传导信号用于嗅觉感知的过程。

气味分子与嗅觉受体结合，与这些受体结合的G蛋白打开钠通道，产生去极化受体电位。

目标7.24 解释为什么相对少量的受体可以检测到多种气味。

一种特定的气味与不止一种受体结合，不同的气味会在不同的嗅小球中产生不同的活动模式，识别一种特定的气味需要识别嗅小球中特定的活动模式。初级嗅觉皮层包含一个嗅觉映射图，它似乎是基于气味分子的化学结构。

## 思考题

你是否曾经遇到过一种你熟悉的气味，但你却不能确切地说出为什么觉得熟悉？你能想出任何解释吗？这种现象可能与嗅觉在人类进化史早期就发展起来的事实有关吗？

## 本章回顾问题

1. 描述耳朵和听觉通路的组成部分。
2. 描述音调、响度和音色。
3. 讨论空间位置感知、对复杂声音的感知和对音乐感知。
4. 描述前庭系统的结构和功能。
5. 描述皮肤感受器及其对触摸、温度和疼痛的反应。
6. 描述躯体感觉通路和疼痛的感觉。
7. 描述味道的特质、味蕾的解剖结构，它们如何检测味道，以及味觉的神经通路和编码。
8. 描述嗅觉系统的主要结构，解释气味如何被检测，并描述这些刺激产生的神经活动的模式。

# 第 8 章

# 运动控制

## 本章概要


**骨骼肌** 248
解剖学特征 248
肌肉收缩的生理基础 249
来自肌肉的感觉反馈 250
**脊髓的运动控制** 252
单突触牵张反射 252
γ-运动系统 254
多突触反射 254
**大脑的运动控制** 256
皮层结构 256
运动的大脑皮层控制:下行通路 257
计划和发起运动:运动联合皮层的作用 259
皮质下结构 263
**复杂运动行为** 270
模仿和理解动作:镜像神经元系统的作用 270
抓握控制:顶叶皮层的作用 272
**熟练动作缺陷:失用症** 274
肢体失用症 274
结构性失用症 275


## 学习目标

目标 8.1 描述骨骼肌的结构。
目标 8.2 列举导致肌纤维痉挛的神经肌肉接头处神经传递步骤。
目标 8.3 对比由肌梭传入轴突与高尔基肌腱器监控的信息。
目标 8.4 解释单突触牵张反射的功能。
目标 8.5 解释 γ-运动系统的功能及它在调节肌肉长度上的作用。
目标 8.6 对比多突触反射与单突触反射的结构和功能。
目标 8.7 描述控制运动行为的皮层区的通路和功能。
目标 8.8 描述下行通路的组成和功能。
目标 8.9 解释运动联合皮层(包括辅助运动区和前运动皮层)在计划和发起运动中的功能。
目标 8.10 描述控制运动行为的皮层下区域的功能。

目标 8.11 解释镜像神经元系统的位置、组成和功能。

目标 8.12 总结顶叶皮层在够取和抓握行为中的作用。

目标 8.13 介绍脑损伤如何引起肢体失用症。

目标 8.14 介绍脑损伤如何引起结构性失用症。

尽管48岁的摄影师J先生刚刚得过一场严重的脑中风，使其左侧顶叶受到损伤，但他仍然很快乐、高兴。当他的神经治疗医生R博士首次将他介绍给我们时，他对我们招手打招呼。

“J先生，请问现在你可以向我们展示下如何招手打招呼吗？”R博士问道。

J先生用他的右手做了一个笨拙的动作，抱歉地笑了笑。很显然他在展示做手势方面有些困难。

“举起你的食指，就像这样，”R博士指着天花板说道。

J先生举起手，抿着嘴唇，脸上透露着一种坚定的表情，攥起拳头，继而又松开拳头。他努力尝试着用食指去指天花板，但是不动其他手指的话，他根本无法移动食指。

R博士对我们说，“你们可以看到，J先生的失用症十分严重。但现在请看看这个。”说着他转向J先生说：“请问你可以摘掉眼镜吗？”

J先生伸手碰到他的眼镜，拿住耳架，顺利地取下了它们。

“很好，现在请把眼镜戴上。”J先生照做了。

然后R博士问道：“你知道锤子吗？”

“当然了。”J先生回答。

“好，现在你能向我们展示下如果手里有个锤子你会如何让使用吗？”

J先生看着他的手，然后开始几乎不受控制地使劲用手拍打大腿。

“好的，您可以停下了。”费了好大劲，J先生终于停止了动作。R博士说：“现在让我们来试试这个。”他在J先生前面的桌子上放了一块木头，然后给他真正的锤子和钉子，问他：“你能把这个钉子订进木头里吗？”

J先生用左手指扶正钉子，用右手握住锤子，熟练地把钉子钉进了木头。

待J先生离开后，R博士说：“J先生能完成熟练的动作，但当我们指示他完成时，他却无法做到。他能摘戴眼镜，会使用锤子，但当他脱离真正的情境时，他甚至连最简单的随意动作都无法完成。你们有没有注意到，当我向你们介绍他时，他向你们招手打招呼，但当我要求他向我们展示如何招手打招呼时，他却完成不了。这是他很早就学会了的自发动作，当遇到其他人时，动作就会被激发出来。大脑左顶叶参与运动控制，尤其是序列运动，它不受情境的影响。因为J先生大脑的这个区域被脑中风损伤过，所以他几乎无法根据言语指令去做出随意动作。”

这个案例说明了神经系统运动控制的复杂性。在这一章节你将会学习更多关于大脑和脊髓在反射和随意运动行为中的作用。到目前为止，我们已经探索了神经通信的特征，神经系统的基本结构以及感觉知觉的生理机能。现在，是时候来思考一下神经系统的最终功能——行为控制。大脑作为一种使肌肉运动的器官，能使我们的身体进行运动。

本章描述了肌肉收缩的原理、脊髓中的一些反射回路，以及大脑发起行为的途径。第一部分我们从骨骼肌开始讨论。接下来第二和第三部分聚焦于脊髓和大脑是如何控制我们运动的。第四部分关注复杂运动动作，最后一部分描述运动中的缺陷。下图概览了对运动控制至关重要的大脑区域。

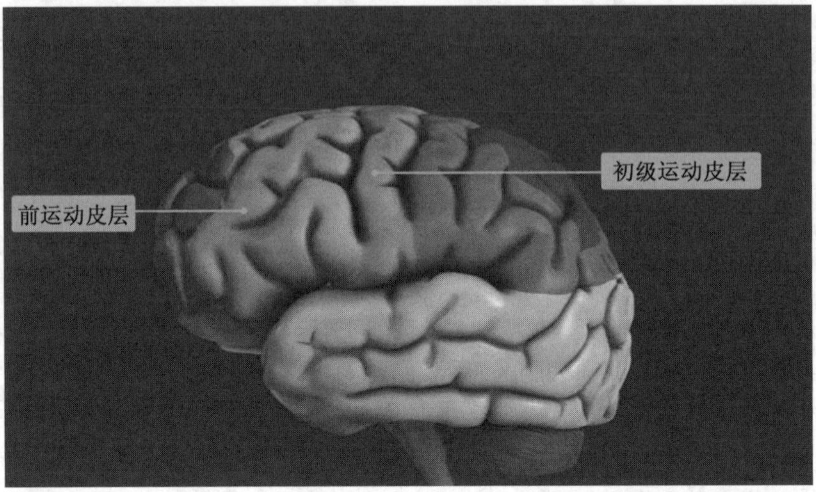


## 骨骼肌

**骨骼肌**是指能使我们到处活动的肌肉，负责我们行为的发生。大多数骨骼肌都附着在骨头的两端，当它们收缩时使骨头活动(有一些例外，比如眼肌以及一些腹肌，它们仅附着在骨头的一端)。肌肉通过*肌腱*即一种坚韧的结缔组织束固着在骨头上。骨骼肌可以完成几种不同类别的运动，但是本章我们主要涉及其中的两种：*屈曲运动*和*伸展运动*。

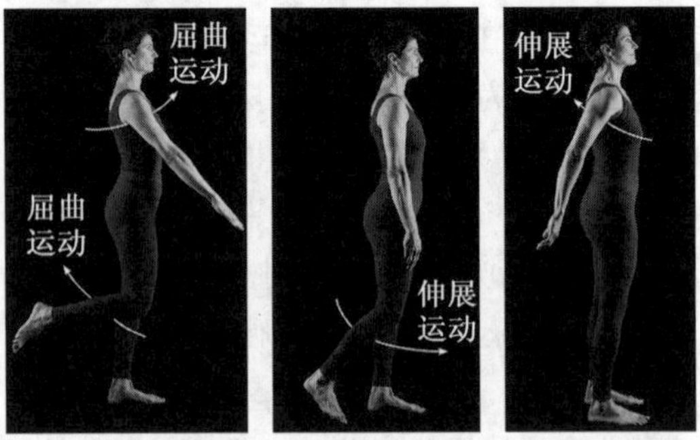


**图 8.1　屈曲运动和伸展运动**

屈肌的收缩导致了**屈曲运动**，使肢体向身体移动。而**伸展运动**，是一种相反的动作，它是由伸肌收缩导致的，它使肢体离开身体运动。伸肌就是我们所谓的*重力拮抗肌*，它们使我们能够站起来。有时，人们会说他们弯曲了肌肉。这说法是不正确的。肌肉收缩，肢体屈曲。健身爱好者们就是通过同时收缩屈肌和伸肌来炫耀他们的胳膊肌肉。

### 解剖学特征

目标 8.1　描述骨骼肌的结构。

图 8.2 展示了一块骨骼肌的详细结构。如图，它包括两种肌肉纤维。**肌外纤维**由 **α-运动神经元**的轴突支配。肌外纤维的收缩为肌肉的活动提供动力。**肌内纤维**是特别化的感觉器官，受感觉和运动两种轴突支配。这些感觉器官由于形状也被称作*肌梭*。事实上，拉丁语 fusus，意思就是梭。因此，肌内纤维存在于肌梭内，肌外纤维存在于肌梭外。

肌内纤维的中央区域(小囊)含有感觉末梢，它们对肌纤维的伸展格外敏感。事实上，肌内纤维有两种类型，但为了简单起见，这里只展示一种。**γ-运动神经元**的传出轴突导致了肌内纤维的收缩；然而，这种收缩产生的力量不大。正如我们所看到的，这种收缩的功

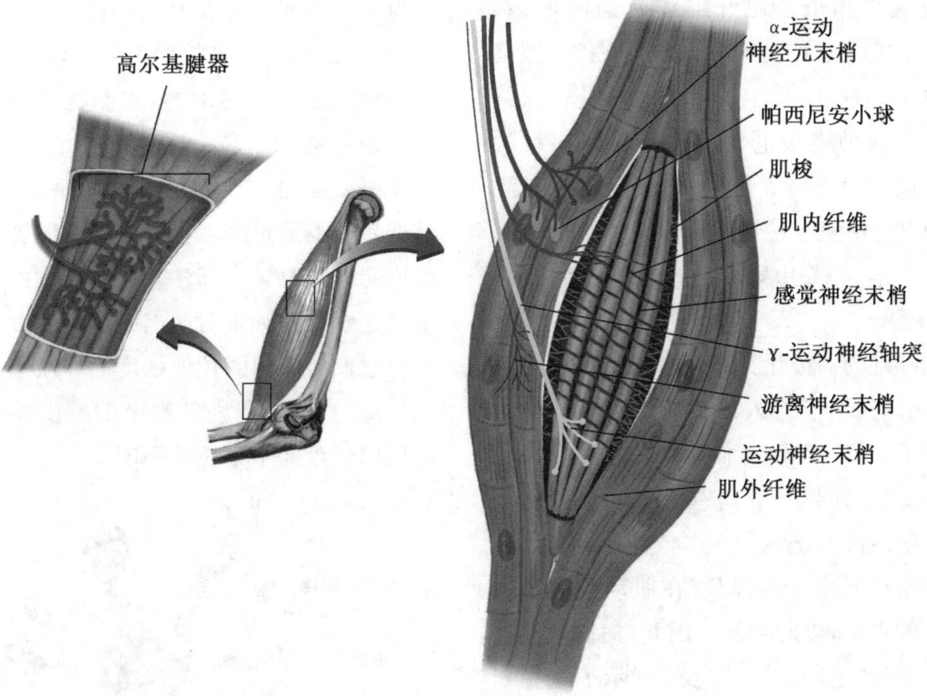


图 8.2 骨骼肌的解剖特征

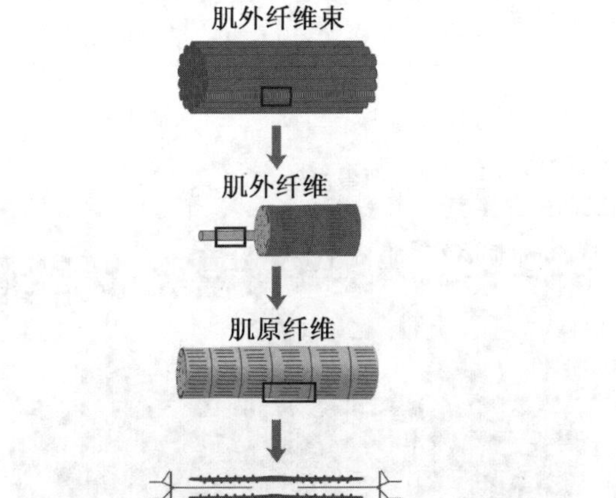


图 8.3 肌细胞解剖特征

能是修正肌纤维传入神经末梢对牵张的敏感性。

α-运动神经元的单髓轴突支配数根肌外纤维。在灵长目动物中，由一根轴突支配的肌纤维数量差异较大，这取决于肌肉控制的精细度。在控制手指或眼睛运动的肌肉中，肌纤维与支配它们的轴突数量之比可能会小于10，在控制腿部运动的肌肉中，该比例达到几百。一个 α-运动神经元，它的轴突以及相关的肌外纤维组成了一个**运动单位**。

一根肌纤维包含一束**肌原纤维**，每一根肌原纤维上都包含彼此重叠的**肌动蛋白**和**肌球蛋白**。注意肌球蛋白丝上的小突起；这些结构是一些能与肌动蛋白丝相互作用产生肌肉收缩的能动成分，称为肌球蛋白跨桥。肌动蛋白丝和肌球蛋白丝重叠的区域称为暗带或者横纹；因此，骨骼肌通常被称为**横纹肌**。

## 肌肉收缩的生理基础

目标 8.2 列举导致肌纤维痉挛的神经肌肉接头处神经传递步骤。

传出神经元终扣和肌纤维膜之间的突触被称为**神经肌肉接头**。**运动终板**上的神经元突触终扣位于肌纤维表面的凹槽内。当一个轴突发起冲动时，乙酰胆碱就会被终扣释放出来，产生突出后膜的去极化——**终板电位**。这种终板电位比神经元间突触的兴奋性突触后电位大得多；终板电位总是激发肌纤维，并使电位在肌纤维上传播开来。这种动作电位就引发了肌纤维的收缩或者痉挛。

肌纤维的去极化打开了电压依赖性的钙通道，允许钙离子进入细胞质。钙离子作为辅助因子，允许肌原纤维获得细胞质内三磷酸腺苷提供的能量。肌球蛋白跨桥交替附着在肌动蛋白链上，朝一个方向弯曲继而分开，再反向扭转回来，再次附着在肌动蛋白链一个稍远的点上，以此类推。因此，横桥就沿着肌动蛋白丝“划动”了。图 8.4 展示了这种划动序列，并说明了这种序列是如何使肌纤维缩短的。

运动神经元的单个冲动引起肌纤维的一次收缩。由于肌肉弹性以及排出细胞中的钙所需时间的缘故，这种收缩的生理效应的持续时间要比动作电位的持续时间长得多(比如钠离子，钙离子通过细胞膜上的泵主动排出细胞)。

正如你从自己经验中了解到的，肌肉收缩不是一个全有或全无的现象，肌纤维的收缩也是如此。肌肉收缩的强度与不同运动单元神经冲动的平均发射频率有关。如果在某个特定时刻，许多运动单元同时发射，那么肌肉收缩就会很强烈。如果很少的运动单元发射，那肌肉收缩就会减弱。

## 来自肌肉的感觉反馈

目标 8.3　对比由肌梭传入轴突与高尔基肌腱器监控的信息。

正如我们所看到的，肌内纤维含有对牵张敏感的感觉末梢。肌内纤维与肌外纤维平行排列。当肌肉伸长时，肌内纤维伸展；当肌肉缩短时，肌内纤维放松。因此，即使这些传入神经元是牵张感受器，它们也能充当肌肉长度检测器的角色。这种区分是很重要的。牵张感受器也位于肌腱的**高尔基肌腱器**中。这些感受器通过附着在骨头上的肌腱来监测肌肉牵张的总量。高尔基肌腱器中的牵张感受器通过发射频率对肌肉的牵张程度进行编码。它们对肌肉的拉伸强度而非肌肉长度做出反应。相反，肌内纤维上的感受器负责监测肌肉长度而不是拉伸强度。

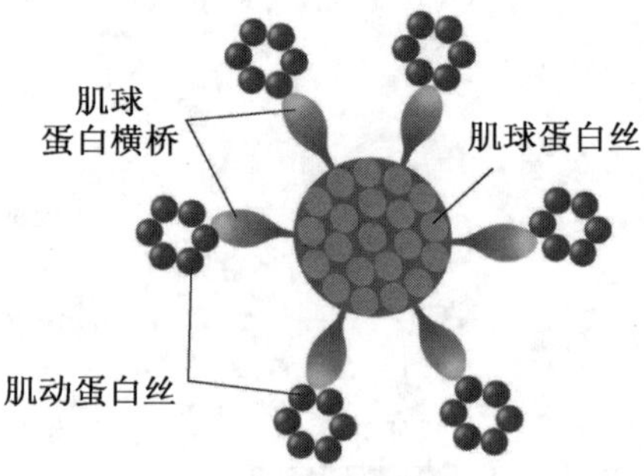


(a)

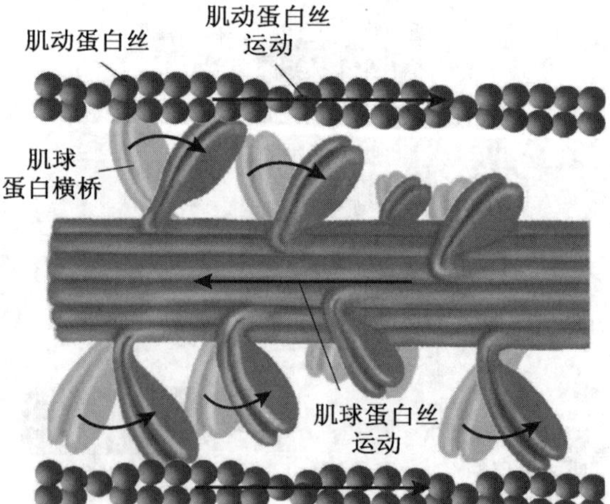


(b)

**图 8.4　肌肉收缩的机制**

(a)肌球蛋白丝及其周围的肌动蛋白丝的横截面。(b)肌球蛋白横桥的“划行”动作使肌动蛋白丝和肌球蛋白丝相对运动。为清晰起见，图中只展示两条肌动蛋白丝。

图 8.5 展示了肌梭和高尔基肌腱器传入神经轴突对不同类型运动的反应。图 8.5(a)展示了肌肉被动伸长的效应,也就是你的前臂保持一种完全放松的状态,在别人的支撑下缓缓地放下时所发生的动作。肌梭的传入神经元(MS1)的发射频率就会增加,而高尔基肌腱器的传入活动保持不变。图 8.5(b)展示了当胳膊快速下沉时的结果;注意观察这次第二类肌梭传入神经元(MS2)产生了快速爆发的神经冲动。于是,该纤维就产生了有关肌肉长度快速变化的信号。图 8.5(c)显示了当你的前臂和地面保持平行时,如果一个重量突然落到你手上会发生的情况。MS1 和 MS2 神经元(尤其是对肌肉长度快速变化有反应的 MS2 神经元)会短暂放电,因为你的手臂短暂降低然后回到原位。监测肌肉收缩强度的高尔基肌腱器发射频率与肌肉的紧张程度成正比,所以一旦手里加上重量,它的发射频率就会增加。

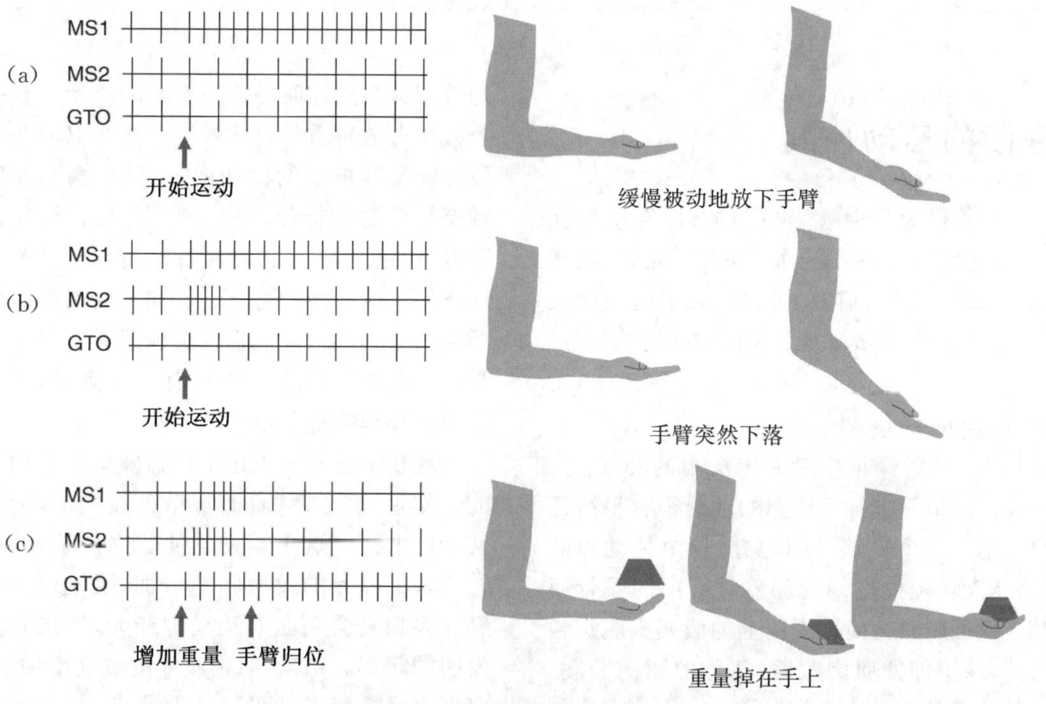


**图 8.5　肌肉和肌腱感受器的反应**

此图展示了手臂动作对肌肉和肌腱传入神经轴突发射的影响:(a)手臂缓慢地被动伸展;(b)手臂快速伸展;(c)重量附加在水平放置的手臂上。MS1 和 MS2 是肌梭传入神经元的两种类型;GTO 是一种来自高尔基肌腱器的传入神经纤维。

# 本节回顾

## 骨骼肌

目标 8.1　描述骨骼肌的结构。

骨骼肌包含为肌肉收缩提供动力的肌外纤维。$\alpha$-运动神经元与肌外纤维形成突触并控制它们的收缩。骨骼肌也包含能监测肌肉长度变化的肌内纤维。肌内纤维的长度以及对肌肉长度增加的敏感性由 $\gamma$-神经元控制。肌肉的牵张感受器除了存在于肌内纤维,也存在于位于肌肉两端的高尔基肌腱器内。

目标 8.2 列举导致肌纤维痉挛的神经肌肉接头处神经传递步骤。

当一个神经元在神经肌肉接头处的肌肉纤维上产生突触，这个神经元会释放乙酰胆碱进入突触。乙酰胆碱与肌纤维上的牵张感受器结合，产生终板电位。肌纤维的去极化打开了电压依赖性的钙离子通道，允许钙离子进入细胞质。这触发了收缩过程——钙离子允许肌肉细胞使用 ATP 使肌球蛋白横桥“划动”，产生收缩。

目标 8.3 对比由肌梭传入轴突与高尔基肌腱器监控的信息。

肌内纤维包含对伸展敏感的感觉末梢。肌内纤维上的感受器监测肌肉长度。高尔基肌腱器官包括肌腱的拉伸受体。

## 思考题

举重运动员如果用局部麻醉剂使高尔基肌腱器失活，就能举起更重的重量。考虑到这些器官的正常功能，为什么这些注射是不明智的？

---

# 脊髓的运动控制

尽管行为是由大脑控制的，但脊髓也拥有一定程度的自主性。特定的躯体感觉刺激可以通过位于脊髓内的神经连接引起快速反应。这些反射构成了最简单层次的运动整合。

## 单突触牵张反射

目标 8.4 解释单突触牵张反射的功能。

体内最简单神经通路的功能很容易被证明。坐在一个足够高的地方，自由晃动你的腿，让人轻轻拍打你的膝盖骨下面的髌骨肌腱。这种刺激会使你大腿上的股四头肌短暂拉伸，该拉伸使肌肉收缩，使你的腿向前踢。这是单突触牵张反射的例子。

肌腱敲击和腿开始踢的时间间隔大约是 50 毫秒。这个间隔太短了以至于不能让大脑介入。感觉信息传递到大脑，运动信息再传回所需要的时间会长很多。比如，假设让一个人在被碰到膝盖后尽快移动腿。这种反应不是反射性的，而是涉及大脑的感觉和运动机制。在这种情况下，刺激与反应开始的时间间隔会比膝跳反射所需要的时间多数倍。

膝跳反射本身不十分有用。对于那些在肌腱被敲打时踢腿的个体来说没有优势。然而如果施加一个更加自然的刺激，这一机制的效用就会更加明显。图 8.6(b)展示了在一个人手上放置重量时的效应。图 8.6(a)是一段脊髓及其根部的横切面，来展示构成**单突触牵张反射**的神经环路。首先，沿着神经回路，从肌梭开始，传入神经冲动传导到脊髓灰质终扣。这些终扣与支配着同一肌肉的肌外纤维的 α-运动神经元形成突触联系。在从感受器到效应器的途径中只有一个突触，因此术语称作**单突触**(monosynaptic)。

现在来思考一下这个反射发挥的有用功能。如果一个人拿着的重量突然增加，前臂就开始下落。这个运动就使肌肉拉长，使肌梭传入神经元的发射频率增加，肌梭传入神经元终扣又会刺激 α-运动神经元，增加它们发射的频率。结果，肌肉收缩的强度增加，手臂把重量抬起来[见图 8.6(b)]。

单突触牵张反射所扮演的另一个重要角色是控制姿势。我们要想站起来，就必须把身体重心放在双脚以上，否则我们会跌倒。当我们站立的时候，我们倾向于前后左右摆动。我们的前庭囊和视觉系统在维持姿势方面起着重要的作用。然而，这些系统还需要单突触牵张反射的活动来辅助。例如，想象一下当一个人开始向前倾斜会发生什么。他大块的小腿肌(腓肠肌)被拉伸，拉展引发了促使脚趾向下的代偿性肌肉收缩，从而恢复直立姿势[见图 8.6(c)]。

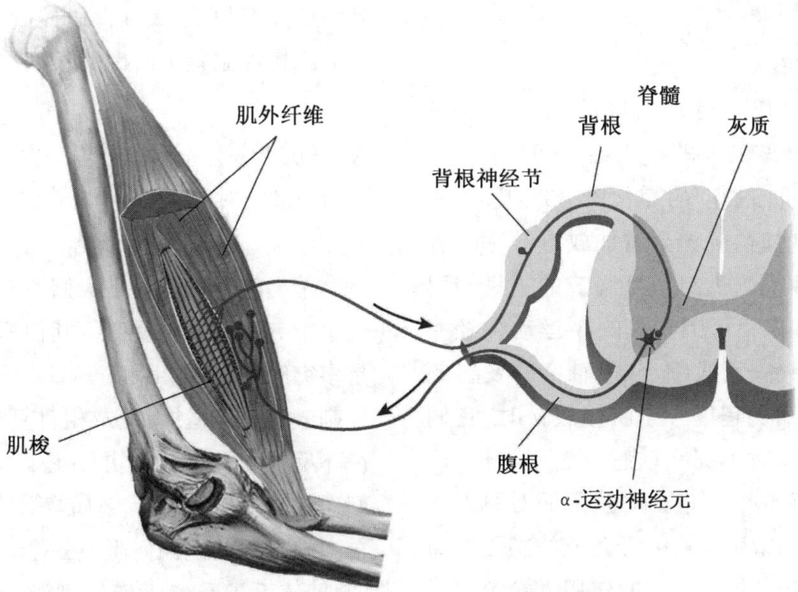


(a)

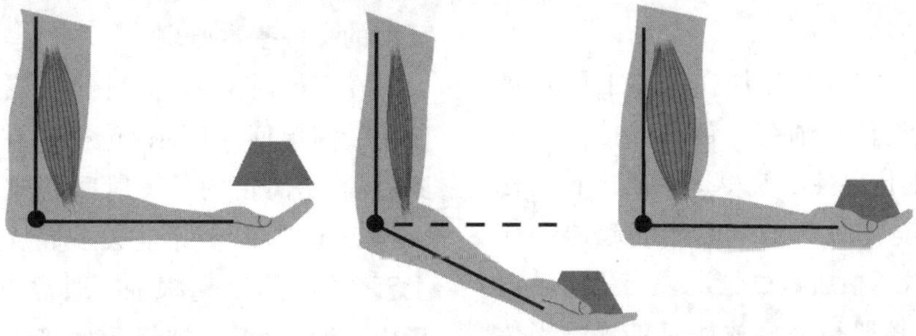

(b)

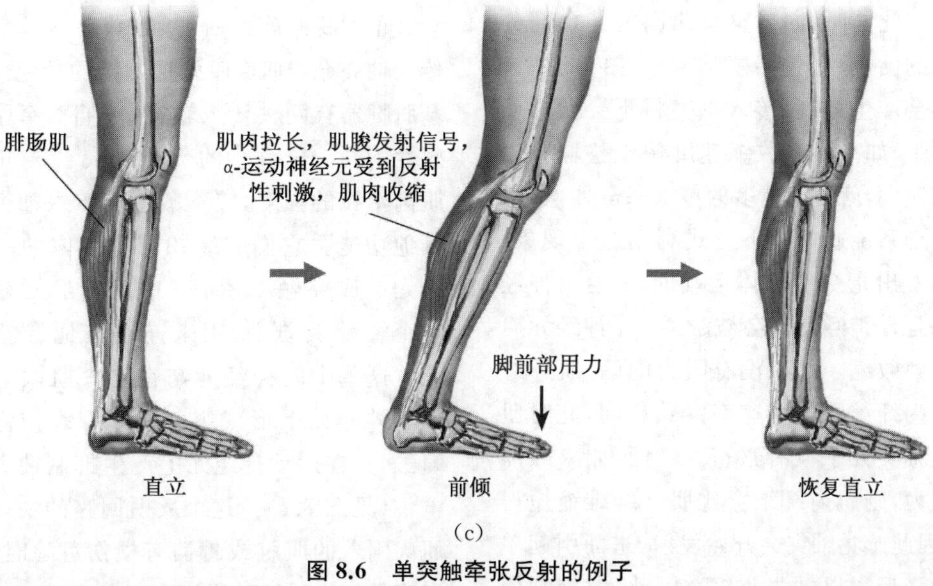


(c)

**图 8.6 单突触牵张反射的例子**

(a)神经回路；(b)有用的功能；(c)姿势控制中的单突触牵张反射。

## γ-运动系统

目标 8.5 解释γ-运动系统的功能及它在调节肌肉长度上的作用。

肌梭对肌肉长度的变化十分敏感，当肌肉被拉长一些时，肌梭会增加放电频率。有趣的是，这种检测机制是可调节的。我们记得，肌内纤维末梢可因相关的γ-运动神经元传出轴突的兴奋而收缩，传出轴突的发射频率决定了收缩的程度。当肌梭放松时，它们对肌肉拉伸相对不那么敏感。然而，当γ-运动神经元活跃时，它们会缩短，因而对肌肉长度的变化更加敏感。这种可调节的感受性简化了大脑在运动控制方面的作用。脊髓对运动的控制越多，传入和传出大脑的必要信息就越少。

我们已经看到，当施加在肢体上的重量改变时，肌梭的传入轴突会帮助保持肢体的位置。肌梭的传出控制使得这些肌肉长度检测器在肢体位置的变化中也能够起协助作用。来看一看单根肌梭的情况。当传出轴突完全静止时，该肌梭完全放松且伸展。当传出轴突的发射频率增加时，肌梭会变得越来越短。与此同时，如果整块肌肉的其余部分也缩短的话，那么包括感觉末梢在内的中央区将不会产生伸展，传入轴突将不会做出反应。但是，如果肌梭收缩速度快于整块肌肉的收缩速率，就会有更多的传入兴奋。

运动系统通过以下方式利用这个现象：当大脑发出指令使肢体运动时，α-运动神经元和γ-运动神经元都会被激活。α-神经元启动了肌肉收缩。如果没有阻力的话，肌外纤维和肌内纤维的收缩速率大致相同，此时肌梭传入轴突几乎没有兴奋。然而，如果肢体遇到阻力，则肌内纤维会比肌外纤维缩短得更多，因此感觉轴突会开始发射，进而引起单突触牵张反射以加强收缩。因此，大脑利用γ-运动系统来使四肢运动。通过确定γ-运动系统的发射频率，大脑得以控制肌梭的长度，从而间接控制整个肌肉的长度。

## 多突触反射

目标 8.6 对比多突触反射与单突触反射的结构和功能。

单突触牵张反射是我们所知的唯一只涉及单个突触的脊髓反射。其他所有的反射都是多突触的。有相对简单的例子，如对伤害性刺激的肢体退缩，以及相对复杂的例子，如惊吓反射。脊髓反射并不是孤立存在的，它们通常由大脑控制。例如，第2章描述了来自大脑的抑制是如何阻止一个人摔下热杯子的，即使手指受到疼痛的刺激会造成手指的反射性伸展。本节我们将会描述多突触脊髓反射的一些基本原理。

在开始讨论之前，我们应该注意到这里使用的简单回路图示（包括你在图8.6刚看到过的）是简化的。反射回路典型表现为单个神经元链，但实际上大多数反射涉及成千上万个神经元。每根轴突通常与许多神经元形成突触，而每个神经元也接收来自不同轴突的突触联系。

正如我们前面所看到的，高尔基肌腱器传入轴突充当肌肉牵张探测器的角色。高尔基肌腱器有两种传入轴突，它们对牵张的敏感性不同。较敏感的传入轴突会告知大脑肌肉牵拉的强度，较不敏感的传入轴突具有其他功能。它们的终扣与脊髓内的中间神经元形成突触联系——中间神经元存在于整个脊髓灰质中，用来连接其他脊髓神经元。这些中间神经元与在同一肌肉上的α-运动神经元上形成突触联系。终扣释放甘氨酸，并在运动神经元上产生抑制性突触后电位（见图8.7）。这个反射回路的功能是当肌肉附着的肌腱或骨骼有损伤危险时，它可以降低肌肉收缩的强度。

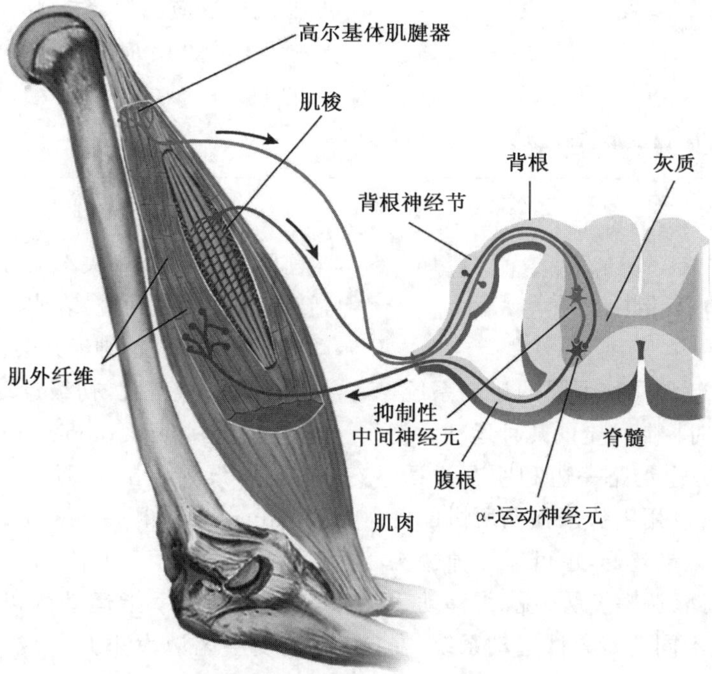


**图 8.7 多突触抑制性反射**

高尔基体肌腱器官的输入信息可导致 α-运动神经元产生抑制性突触后电位。

抑制性高尔基腱器反射的发现为神经抑制提供了第一个真实证据，这远早于突触机制被了解之前。被切除脑干的**去脑**猫显现出一种被称作**去脑强直**的现象。猫的背部呈拱形，四肢僵硬伸直。这种强直是由网状结构尾部的兴奋引起的，它是脑干的一个区域，极大地促进了所有牵张反射，特别是通过增强 γ-运动系统的活动，加强伸肌的收缩。脑干横断面的头侧是网状结构抑制区，通常用来平衡兴奋性。横断脑干消除了抑制性影响，只留下兴奋性的影响。如果你试图弯曲一只去脑猫僵直的腿，你会遇到越来越大的阻力，而阻力突然会消失，四肢可以弯曲。它几乎类似于你合上折叠小刀的感觉——由此就有了**折刀反射**。这种阻力的突然释放是由高尔基肌腱器反射的激活所导致的。

## 本节回顾

### 脊髓的运动控制

目标 8.4 解释单突触牵张反射的功能。

单突触牵张反射在重量突然被施加或移除时发挥作用，来控制肢体运动以及维持肢体的直立姿势。

目标 8.5 解释 γ-运动系统的功能及它在调节肌肉长度上的作用。

γ-运动系统能帮助调节整个肌肉的长度，大脑利用这个反馈来帮助协调肢体运动。

目标 8.6 对比多突触反射与单突触反射的结构和功能。

单突触反射包括一个单突触参与的简单反射，如髌骨反射。多突触反射包括多突触参与的更复杂的反射行为，如抑制戒断反射。多突触反射在感觉神经元和运动神经元之间至少包括一个中间神经元。

## 思考题

一些个体在脊髓受伤后经历了超反射或低反射反应。解释一下脊神经或脊髓受伤后反射性反应是如何被增强或是减弱的。

---

# 大脑的运动控制

大脑和脊髓包含几种不同的运动系统，每个系统都能同时控制特定的几种运动。例如，一个人可以一边走路一边和朋友说话。与此同时，他也可以用手势来强调所讲的观点，可以抓痒，可以赶苍蝇，也可以擦掉额头上的汗水等。走路、调整姿势、说话、移动手臂或手指都涉及不同的特异性运动系统，在这一小节中我们会更加具体地讨论。

运动可以通过几种方式发起，例如，肌肉的快速牵张会触发单突触牵张反射，绊倒触发翻正反射，物体快速接近面部会引起惊跳反射；一个复杂的反射包括几组肌肉的运动。其他刺激会启动我们之前习得的运动序列。例如，食物的存在会引起进食；看到心爱的人，就会引发拥抱和亲吻。因为没有单一的行为原因，我们在探索控制运动的神经机制时无法找到一个单一的起点。

在本节中，我们将探讨大脑在控制运动中的作用，我们将通过突出强调大脑皮层和皮层下结构中某些特定运动区域的作用来实现这一点。

## 皮层结构

目标 8.7　描述控制运动行为的皮层区的通路和功能。

参与运动的皮层结构包括初级运动皮层、补充运动区和前运动皮层。这些区域及其对运动控制的贡献将在下面的章节中描述。

**初级运动皮层**　初级运动皮层位于中央沟前回，正好位于中央沟前方。刺激研究（包括对清醒被试的研究）表明，激活位于初级运动皮层特定部位的神经元会引起身体特定部位的运动。换言之，初级运动皮层展示了**躯体定位组构**（somatotopic organization，soma 指“躯体”，tops 指“位置”）。图 8.8 显示了根据 Penfield 和 Rasmussen（1950）的观察结果所描述的运动侏儒图。值得注意的是，专门负责手指运动的以及言语肌肉运动的皮层区域大小并不成比例。如图 8.8 所示的人像上不成比例的大嘴巴所代表的那样。

重要的是要认识到初级运动皮层是根据身体特定部位的特定运动来组织的。每个运动是通过一些肌肉的收缩来实现的。例如，当胳膊朝一个特定的方向伸展时，许多肩部、上臂和前臂的肌肉必然会收缩。这一事实意味着复杂的神经回路位于初级运动皮层中的单个神经元和脊髓中的运动神经元之间，从而导致运动单位收缩。运动皮层中的运动指令是由基底节区和小脑区来辅助和调节的。

Graziano 和 Aflalo（2007）的研究发现尽管短暂刺激猴子的初级运动皮层特定区域造成了身体不同部分短暂的运动，但是延长的刺激会产生更多复杂运动。例如，一个区域的刺激使手握住，然后靠近嘴巴，嘴张开。另一个区域的刺激导致面部斜视，头部迅速转向一侧，手臂向上举起，好像是为了保护脸不受即将撞到的东西的伤害。不同运动皮层区域的刺激导致不同种类的行为。这些类别在动物之间是一致的（见图 8.9）。

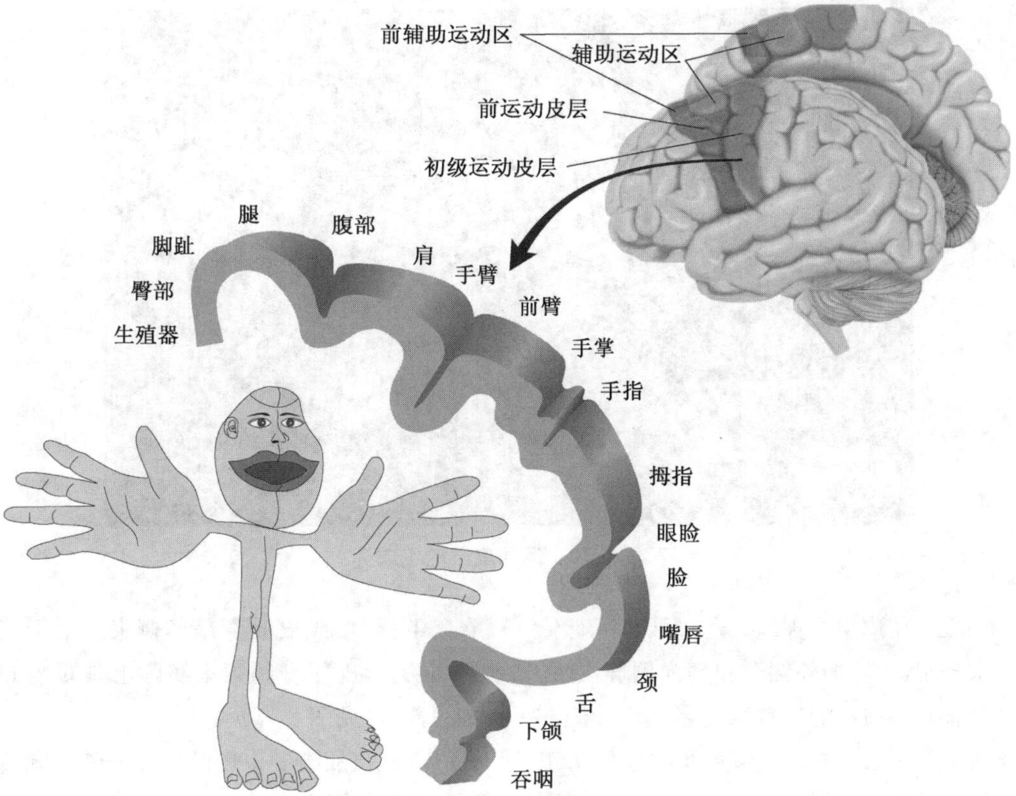


**图 8.8 运动皮层和运动"侏儒"**

初级运动皮层不同区域的刺激导致身体不同部位肌肉的运动。

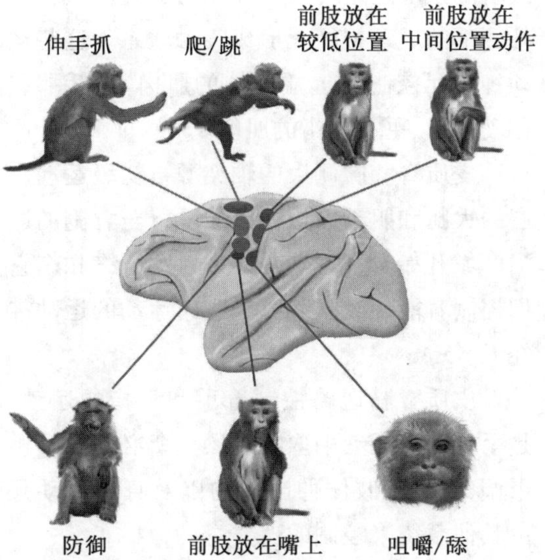


**图 8.9 运动皮层的刺激**

猴运动皮层区特定区域的延长刺激会产生的各种不同的运动。

资料来源：Graziano，M.S.A.，and Aflalo，T. N.，Mapping behavioral repertoire onto the cortex，*Neuron*，2007，56，239—251。

**辅助运动区和运动前皮层** 紧邻初级运动皮层的两个区域——辅助运动区和前运动皮层在运动控制中尤为重要。这两个区域都接收来自顶叶和颞叶的感觉信息，并且都将传出神经轴突发送到初级运动皮层。**辅助运动区**(SMA)位于大脑的内侧表面，正好位于初级运动皮层的侧面。**前运动皮层**主要位于大脑的外侧表面，也正好位于初级运动皮层的侧面。图 8.10 展示了初级运动皮层、辅助运动区和前运动皮层的位置。这些区域在运动控制中所扮演的角色将在本章的后面讨论。

## 运动的大脑皮层控制：下行通路

目标 8.8 描述下行通路的组成和功能。

接下来，我们将研究从负责信息交流的大脑到身体肌肉的这个通路。

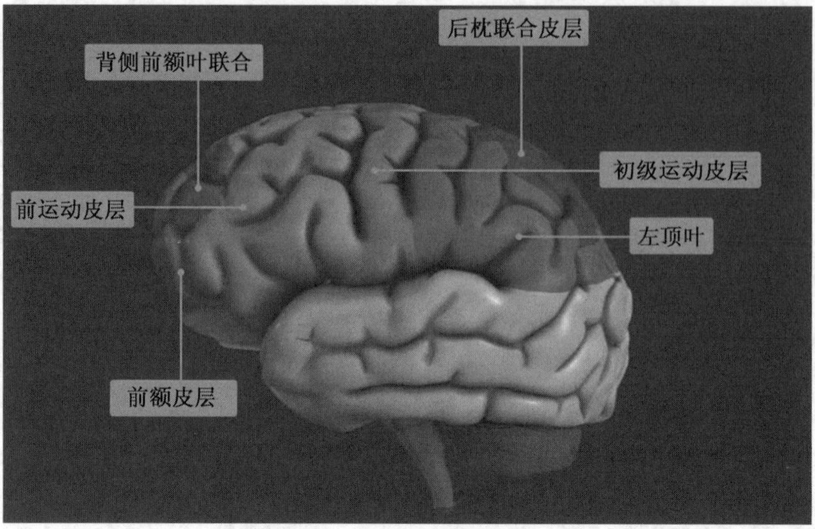


**图 8.10　运动皮层的组成**

初级运动皮层的神经元通过两组下行传导束来控制运动，即**外侧群**和**腹内侧群**，这是以其在脊髓白质中的位置来命名的。外侧群由皮质脊髓束、皮质延髓束和红核脊髓束组成。这个系统主要涉及独立肢体运动，特别是手和手指的运动。独立肢体运动是指两侧肢体可以做不同的动作或者一侧静止一侧运动。这些运动与协调的肢体运动有所不同，例如那些与位置移动有关的运动。腹内侧群包括前庭脊髓束、顶盖脊髓束、网状脊髓束和皮质脊髓腹束。这些神经束控制着更为自主的运动：比如躯干肌肉群的大致运动，以及与姿势和位置移动有关的相互协调的躯干和肢体运动。

**外侧群**　首先来看一下下行传导束的外侧群。**皮质脊髓束**由终止于脊髓灰质的皮层神经元轴突组成。负责这些轴突的细胞体大量集中在初级运动皮层，但顶叶和颞叶的神经元也通过皮质脊髓通路发送轴突。轴突离开皮层后，穿过皮层下的白质到达中脑腹侧部，在此进入大脑脚。它们出延髓大脑脚后，形成以其形状来命名的**锥体束**。在延髓尾端水平，大部分纤维横跨中线在对侧脊髓下行，形成**外侧皮质脊髓束**。其余的纤维通过同侧脊髓下行，形成**皮质脊髓腹侧束**。由于其位置和功能，皮质脊髓腹束实际上是腹内侧群的一部分（见图 8.11）。

外侧皮质脊髓束中的大部分轴突源自控制远端肢体的初级运动皮层和辅助运动区：手臂、手、手指以及小腿、脚和脚趾。它们直接或间接地通过中间神经元与脊髓灰质腹角外侧部的运动神经元形成突触联系。这些运动神经元控制着远端肢体的肌肉，包括那些移动手臂、手和手指的肌肉。

皮质脊髓腹侧束的轴突源自初级运动皮层的大腿和躯干区域。它们下行至脊髓的适当区域开始分离，向灰质两侧发送终扣。它们控制着能使大腿和躯干肌肉运动的运动神经元。

皮质脊髓通路控制着手和手指的运动，是手指独立运动来取物和操作所必需的。躯干调整姿势、肢体伸出取物以及身体移动是由其他系统来控制的。

下行通路外侧群的第二部分即**皮质延髓束**投射到延髓。该通路与皮质脊髓通路相似，只是它终止于第五、第七、第九、第十一和第十二对颅神经（三叉神经、面部神经、舌咽神经、迷走神经、脊副神经和舌下神经）的运

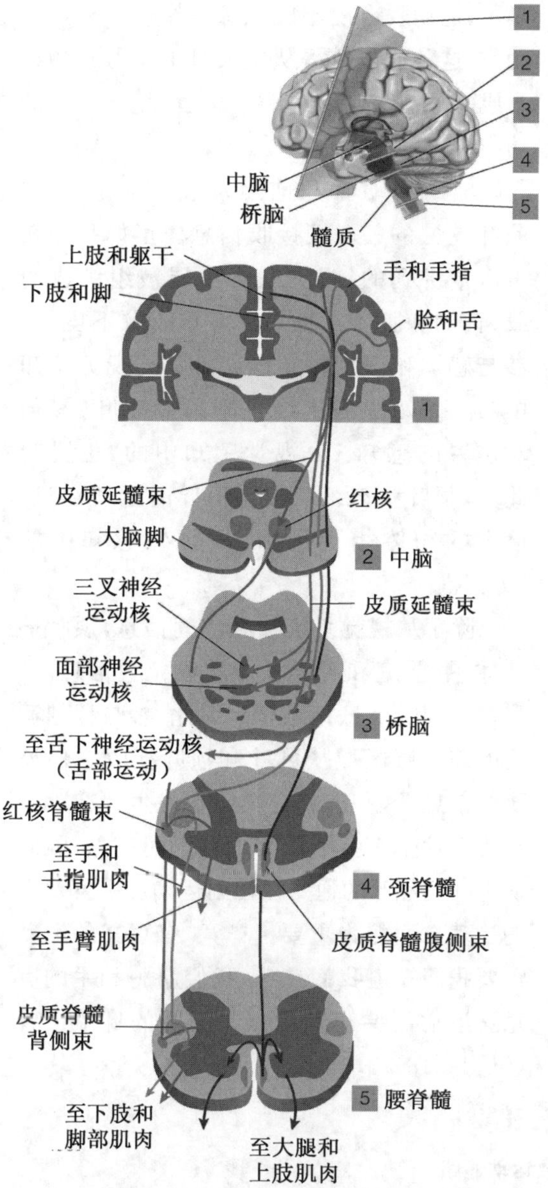


**图 8.11　下行运动束的外侧群**

图中展示了外侧皮质脊髓束（浅蓝线）、皮质延髓束（绿线）和红核脊髓束（红线）。皮质脊髓束（深蓝线）是腹内侧群的一部分。

动核团。这些神经控制着面部、颈部、舌头和部分眼外肌肉的运动。

外侧群的第三个部分是**红核脊髓束**。它源自中脑的**红核**。红核通过**皮质红核束**从运动皮层和小脑（后文将会介绍）接收最重要的传入信息。红核脊髓束的轴突终止于脊髓运动神经元，这些神经元控制着前肢和手的独立运动，也就是独立于躯干运动的运动（它们不控制使手指活动的肌肉）。

**腹内侧群**　现在我们来看一下始于脑干的第二组通路：腹内侧群。该通路包括**前庭脊髓束**、**顶盖脊髓束**、**网状脊髓束**以及皮质脊髓腹束（前面已描述过）。这些神经束控制脊髓灰质腹内侧部的运动神经元。所有这些神经束的神经元都接收初级运动皮层中控制躯干和近轴肌肉（即靠近躯干的肢体部位的肌肉）的脑区输入。此外，网状结构从前运动皮层及包括杏仁核、下丘脑和基底神经节在内的一些皮层下区域接受大量输入。

前庭脊髓束神经元的胞体位于前庭神经核。如你所料，该系统在控制姿势方面起着重要作用。顶盖脊髓束神经元的胞体位于上丘，参与协调头部和躯干运动与眼运动。网状脊髓束神经元的胞体位于脑干和中脑网状结构的许多神经核团。这些神经元控制着一些自主功能，如肌肉紧张、呼吸、咳嗽和打喷嚏；但它们也参与了由新皮层直接控制的行为，如行走（见图 8.12）。

表 8.1 总结了这些通路的名字、位置以及它们控制的肌肉群。

## 计划和发起运动：运动联合皮层的作用

目标 8.9　解释运动联合皮层（包括辅助运动区和前运动皮层）在计划和发起运动中的作用。

运动联合皮层区包括辅助运动区和前运动皮层。辅助运动区和前运动皮层参与计划运动，它们通过和主要运动皮层的联系执行这些计划。功能成像研究显示，当人们执行动作序列甚至是想象时，这些区域会被激活（Roth et al., 1996）。更多最近的证据

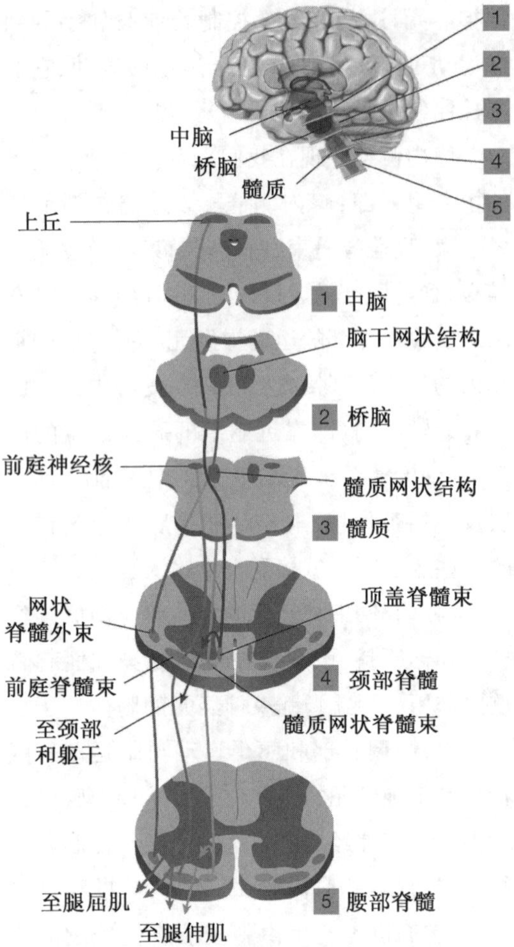


**图 8.12 下行运动通路的腹内侧群**

该图展示了顶盖脊髓束(蓝线)、网状脊髓外束(紫线),网状脊髓内束(橙色线)以及前庭脊髓束(绿线)。

显示,运动联合皮层区也参与模仿其他人的动作(这种能力使得从别人身上学习新的行为成为可能),甚至参与理解他人行为的功能。

辅助运动区和前运动皮层从顶叶和颞叶皮层的关联区接收信息。正如我们在第六章讲到的,视觉联合皮层被组织成两股:背侧和腹侧。腹侧流终止于颞下皮层,参与感知和识别特定的物体——视觉感知中"什么"。背侧流终止于顶叶后叶,参与对位置的感知——视觉感知中的"位置"。此外,顶叶参与组织视觉引导的运动,与环境中的物体相互作用——视觉感知中的"方式"。

除了从视觉系统接收空间信息,顶叶还从体感、前庭和听觉系统接收位置信息,并将其与视觉信息相融合。因此,参与计划运动的前皮层区域从颞叶和顶叶接收它们需要的信息,这些信息有关正在发生什么以及在哪里发生。由于顶叶含有空间信息,因此从顶叶到额叶的通路在控制运动和手臂及手的运动方面尤为重要。毕竟,有意义的运动需要我们知道我们在哪,我们胳膊和手的有意义运动需要知道物体在空间的哪个位置(见图 8.13)。

**表 8.1 主要运动通路**

| 组 | 束 | 肌 肉 群 | 功 能 |
|---|---|---|---|
| 外侧群 | 皮质脊髓侧束 | 手指、手和胳膊 | 抓取或操纵物体 |
| | 红核脊髓束 | 手(非手指)、小臂、脚、小腿 | 独立于躯干的小臂和手部运动 |
| | 皮质延髓束 | 面部、舌头 | 面部和舌头运动 |
| 腹内侧群 | 前庭脊髓束 | 躯干、腿 | 姿势 |
| | 顶盖脊髓束 | 脖子、躯干 | 眼部、躯干和头的协同运动 |
| | 网状脊髓外束 | 腿屈肌 | 走路 |
| | 网状脊髓内束 | 腿伸肌 | 走路 |
| | 皮质脊髓腹侧束 | 手(非手指)、小臂、脚、小腿 | 运动和姿势 |

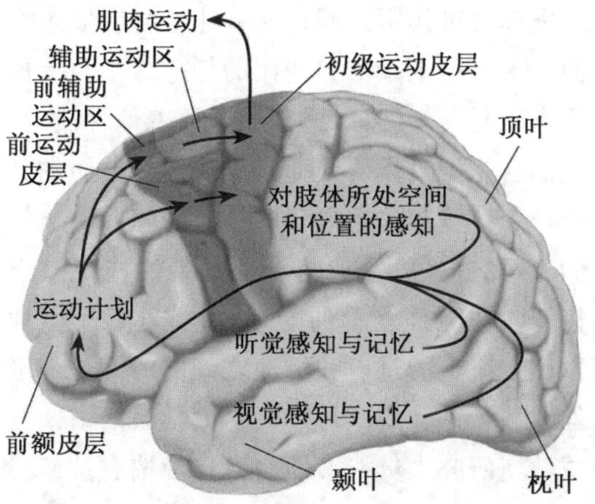


**图 8.13 运动的皮层控制**

后联合皮层区涉及感知与记忆，而额叶联合皮层涉及计划与运动。

让我们来详细看看辅助运动区和前运动皮层的功能。总体来说，辅助运动皮层参与包括一系列运动在内的学习和表演行为。前运动皮层参与学习和执行反应，这些反应是由任意刺激的存在所引发的。作为镜像神经元的组成部分，前运动皮层也参与模仿其他人的反应以及理解和预测这些行为。本章接下来可能会介绍更多有关镜像神经元系统的内容。

**辅助运动区域** 辅助运动区域在动作序列方面扮演着关键作用。这一区域的损伤会破坏执行良好学习的一系列反应的能力，在这一系列的反应中，前一反应的表现是接下来反应产生的信号。

*对非人类灵长类动物的研究* Chen 等人(1995)发现猴辅助运动区域的损伤严重损害了其完成一个简单序列的两个反应的能力：把一个杠杆推进去，然后把它转到左边，每次反应后都会收到一颗花生。Shima 和 Tanji(1998)通过注射使猴子的 SMA 暂时性失活，这种药物能刺激 GABA 受体，从而抑制神经活动。他们发现，在这一区域失活后，猴子仍然可以拿到物体或根据视觉暗示做出特定动作，但不能连续地进行它们以前学过的动作。一项单细胞记录的研究得出了类似结论。Mushiake 等人训练猴子进行一系列记忆反应，按下特定顺序的三个按钮中的每一个。当猴子执行这项任务时，SMA 中超过一半的神经元被激活。然而，当顺序由视觉刺激来提示时——猴子只需按下被照亮的按钮——这些神经元几乎没有活动。在另一项研究中，Shima 和 Tanji(2000)教给猴子三个运动反应的序列，比如先推、后拉、再转。他们记录了 SMA 上的神经元，发现神经元的活动似乎编码这些序列的元素。例如，一些神经元刚好在三种运动的特定序列发生之前做出反应；一些神经元在两种特定反应之间做出反应；有些神经元在猴子准备最后一次反应时做出反应。想必，这些神经元是回路的成员，这些回路编码了执行这六个序列所需要的信息。

*对人类的研究* 已经证实以人为被试的研究结论与猴的研究结果相似。例如，Hikosaka 等人(1996)的功能成像研究观察到，在进行一个已经习得的按钮按压序列中，后 SMA 的活动增加。Gerloff 等人(1997)教人们在电钢琴上做出一系列 16 种手指按压运动。当实验人员用经颅磁刺激干扰 SMA 的活性时，人对序列的表现就会受到干扰。然而，这种干扰不是即时的：被试继续这个序列大约一秒钟的时间，然后停止，说“他们不知道接下来要按压的琴键序列”。显然，SMA 在运动序列中参与计划未来的元素。真正的运动执行似乎被其他脑区控制——很可能被初级运动皮层控制。

一旦我们用一只手学习了一系列动作，我们就可以很容易地用另一只手来执行这个序列。据推测，这种学习是在控制第一次执行这个序列的手的大脑半球中进行的。Perez 等人(2008)训练人们用右手的四根手指来进行 12 项手指动作。当他们在学这项任务时，实验人员向被试的左侧 SMA 提供了一系列脉冲，这些脉冲暂时干扰了该区域的活动。如果干扰刺激发生在每次反应发生之前，被试用右手学习这项任务，但在随后用左手进行测试时表现不佳。如果刺激发生在每个手指的运动中，那么转移到左手是正常的。佩雷斯和她的同事们注意到，左右辅助运动区域有着很强的相互联系，认为在学习序列的过程中，关于先前反应的信息从左辅助运动区域传到右辅助运动区域。干扰的 TMS 扰乱了这一转移。

哪个神经回路实际上负责决定行动？Sirigu 等人（2004）注意到病变的前额皮层（甚至比前 SMA 更早）扰乱了人们的自愿行动计划。有前额叶病变的人会对事件做出反应但会表现出起始行为的缺陷，也许前额叶皮层是这些决定的重要来源。后路顶叶皮层可能参与监测自己的皮层计划和意图，而不是直接形成这些意图。

Soon 等人（2008）的功能成像研究发现了前额叶皮层区域的证据——额极皮层，位于大脑的尖端半球——可能在决定运动反应时发挥关键作用。调查人员让参与者展示类似于 Lau 等人（2004）使用的任务。参与者被要求观看一个屏幕，屏幕上播放着信件流，当他们喜欢的时候可以随时按下两个按钮的其中一个。按钮的选择和反应的时间取决于他们。每次按过后，参与者说出他们决定按下按钮时在屏幕上看到的那封信，这显示了他们产生决定的意识和行动之间的时间——平均约一秒钟。测试每个人的大脑激活模式的试验使研究人员能够预测参与者按右按钮或左按钮的决定。大约反应的 10 秒前，可以通过在额极皮层中的特定的激活模式准确预测哪个按钮会被按下。这个决定很快可以由发生在后顶叶皮层的激活模式和随后 SMA 中的活动预测到。最后，初级运动皮层被激活，使手指移动。这些结果表明，前额皮层在研究人员研究的决策类型中起关键作用。后顶叶皮层似乎参与储存有关决定的信息并将其传送给 SMA，然后执行响应的过程开始（见表 8.2）。

**表 8.2　SMA 及其相关区域在人体研究中的作用**

| 脑　区 | 角　　色 | 结　　果 |
|---|---|---|
| 后 SMA | 执行一系列学习到的动作 | 在按下一系列按钮时活动增强 |
| SMA | 计划的要素在一系列动作中出现 | TMS 打乱了一系列按钮活动的操作性能 |
| 左 SMA | 将学习运动序列转移到右半球 | 阻断了学习序列向另一侧的转移 |
| 前 SMA | 自发运动区域的控制 | 刺激会引起运动的冲动或预期 |
| 前 SMA | 自发运动区域的控制 | 在自发运动之前区域被激活 |
| 顶叶后皮层 | 决定运动 | 病变破坏了对移动意图的意识 |
| 额极皮层 | 决定运动 | 先于运动决定之前激活区域 |

**前运动皮层**　前运动皮层参与了由感觉信息引发的学习和复杂行动的执行。几项研究结果表明前运动皮层参与了用任意刺激表明应该进行什么运动。例如，为了够取我们看到的位于特定位置的物体涉及的非任意空间信息；也就是对象位置的视觉信息引导我们应该把够取目标锁定在那里。

但我们也有能力学习由任意信息产生的动作——信息与它发出的运动没有直接关系。本章开头的案例描述了根据任意信息进行运动（向对自己招手的人招手，去回应看到的新朋友）。例如，当某人说出一个物体的名字时，一个人可以指向一个特定的物体，或者当编舞者要求这样做一个特定动作时，舞者可以表现出来。不同的语言使用不同的声音表示对象的名称，不同的编舞者可以为其中使用的动作创造不同的名称舞蹈。或者可以告诉一个人："当你听到嗡嗡声挥动你的左手，当听到铃声触摸你的鼻子。"这些刺激和指定动作之间的联系是任意的而且是必须掌握的。

对灵长类动物的研究　Kurata 和 Hoffman（1994）在非人灵长类动物的研究中，训练猴子将前掌向右或向左移动以响应空间或非空间信号。空间信号要求动物沿由位于前掌右侧和左侧的信号灯指示的方向移动。非空间信号由一对灯，一个红色和一个绿色组成，位于显示器的中间。红灯表示向左移动，绿灯表示向右移动。研究人员通过向猴子注射蝇蕈醇暂时使前运动皮层失活。当这个区域失效时，猴子仍然可以将前掌移向位于左侧或右侧的信号灯（非任意信号），但当红色或绿色信号灯点亮时，它们无法再进行适当的移动（任意信号）。

对人类的研究　对前运动皮层损伤人群的研究可以看到类似的结果。Halsband 和 Freund（1990）发现，患有这些病变的患者可以学会根据空间线索进行 6 种不同的运动，但不能学习任意的视觉线索。也就是说，他们可以学会指向他们刚看到视觉刺激的 6 个位置中的一个，但是他们无法学会使用一组视觉、听觉和触觉提示来进行特定的动作。

Nowak 等人（2009）发现了进一步的证据，即前运动皮层在学习控制运动以响应任意刺激方面发挥作用。研究人员训练参与者抓住并抬起位于右手（优势手）拇指和食指之间的物体。参与者观看电脑屏幕；当一个蓝点出现时，他们立即抓住物体并将其抬起。有时点是浅蓝色，有时是深蓝色。浅蓝色圆点表示物体重 350 克，深蓝色圆点表示重 550 克。因此，通过任意信号指示抓握和提升物体所需的力。当深蓝色点（重信号）出现时，参与者学会更有力地抓住物体，表明物体会很重。接下来，将 20 秒的重复 TMS 应用于参与者的左背侧前运动皮层，抑制该大脑区域约 30 分钟。当参与者再次对任务进行测试时，他们没有调整抓力；相反，无论蓝点的亮度如何，它们都使用了更有力的抓力。

## 皮层下结构

目标 8.10　描述控制运动行为的皮层下区域的功能。

除了皮层区域和脊髓，运动行为的控制也涉及几个皮层下结构、包括网状结构、小脑和基底神经节。这些结构包含中脑和后脑中的核组，涉及控制自主和非自主运动行为、姿势、移动和肢体运动。它们从运动皮层区域接收信息，并帮助将其传递到脊髓和神经（见图 8.14）。

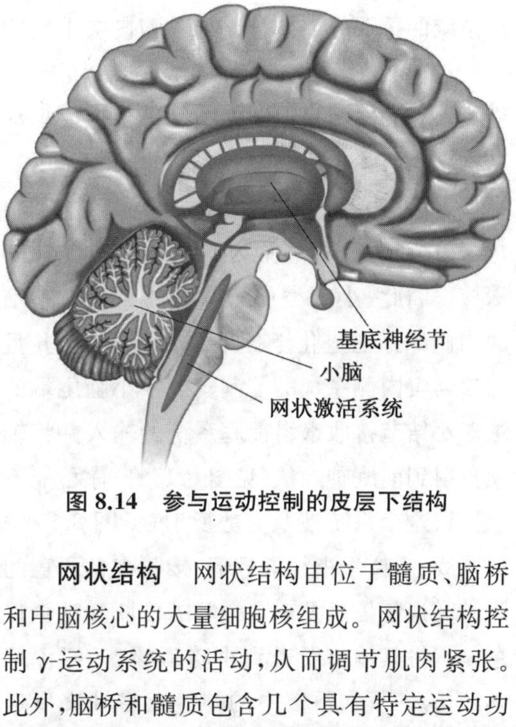


**图 8.14　参与运动控制的皮层下结构**

**网状结构**　网状结构由位于髓质、脑桥和中脑核心的大量细胞核组成。网状结构控制 $\gamma$-运动系统的活动，从而调节肌肉紧张。此外，脑桥和髓质包含几个具有特定运动功能的细胞核。例如，髓质中的不同位置控制自动或半自动反应，例如呼吸、打喷嚏、咳嗽和呕吐。正如我们所看到的，腹内侧组的通路起源于上丘、前庭核和网状结构。因此，网状结构在姿势控制中起作用。

网状结构也在运动中起作用。位于下丘腹侧的**中脑运动区**的刺激导致猫进行踱步运动(Shik and Orlo vsky, 1976)。中脑运动区不直接向脊髓发送纤维,但显然控制网状脊髓神经细胞的活动。

网状结构似乎也可以控制一些非常特殊的行为。例如,Siegel 和 McGinty(1977)记录了 35 只无麻醉、自由活动的猫的在网状结构中的单神经元。这些神经元中有 32 个在头部、舌头、面部肌肉、耳朵、前爪或肩部的特定运动过程中起反应。这种关系的特殊性质表明神经元在控制运动中起一定作用。例如,当舌头向外并向左移动时,一个神经元响应。这些神经元的功能和它们控制的运动范围尚不清楚。

**小脑** 第二部分皮层下结构,小脑,是运动系统的重要组成部分。与大脑皮层中大约 220 亿个神经元相比,它包含大约 500 亿个神经元。它的输出投射到大脑的每个主要运动结构。当它受损时,人们的动作变得不平稳、不稳定、不协调。小脑由两个半球组成,其中包含位于皱褶和折叠的小脑皮层下方的几个深核。因此,小脑类似于微型的大脑。小脑的内侧部分在进化上比外侧部分更老,并且它参与腹内侧系统的控制。位于小脑尾端的**绒球小结节**接收来自前庭系统的输入并将轴突投射到前庭神经核(见图 8.15)。你可能不会惊讶这个系统涉及姿势反射(见图 8.16 中的绿线)。位于中线的**蚓部**,接收来自顶盖的听觉和视觉信息及来自脊髓的皮肤和动觉信息。它将其输出发送到**小脑顶核**(一组深部小脑核)。小脑顶核中的神经元将轴突发送到前庭核和网状结构中的运动核。因此,这些神经元通过前庭和网状脊髓束,即三个腹内侧通路中的两个来影响行为(见图 8.16 中的蓝线)。

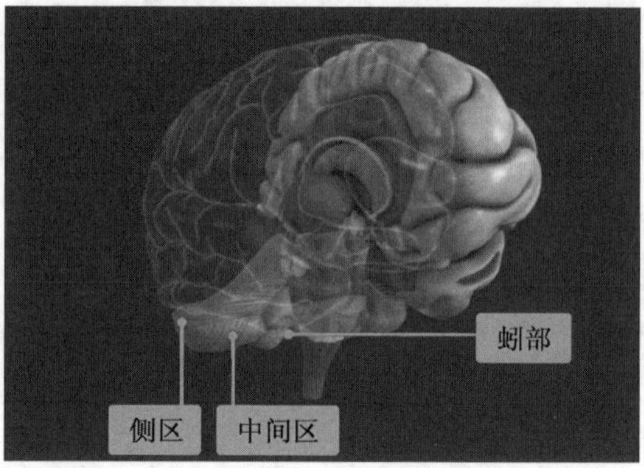


**图 8.15 蚓部和侧区**

其余的小脑皮层接受大部分来自大脑皮层的输入,包括初级运动皮层和关联皮层。该输入通过脑桥线状网状核传递到小脑皮层。小脑皮层的中间区域投射到**间置核**,进而投射到红核。因此,中间区域影响红核脊髓束系统对手臂和腿部运动的控制。投射的细胞核也向腹外侧丘脑核发送输出,再投射到运动皮层(见图 8.16 中的红线)。

小脑外侧区域参与控制独立的肢体运动,特别是快速、熟练的运动。这种运动是由额叶联合皮层的神经元发起的,该神经元控制着初级运动皮层的神经元。但是,尽管额叶皮层可以计划和启动运动,但它不包含计算复杂的、精确定时的肌肉收缩序列所需的神经回路,而这些序列是快速、熟练的运动所必需的。这项任务落在小脑的外侧区域。

额叶联合皮层和初级运动皮层都通过**桥脑核**向小脑外侧区域发送有关预期动作的信息。外侧区域还接收来自体感系统的信息,该系统将肢体的当前位置和移动速度告知外侧区域,这是计算运动细节所必需的信息。当小脑接收到运动皮层已经开始运动的信息时,它就会计算出不同肌肉为了完成运动而必须做出的贡献。计算结果被发送到**齿状核**,另一个小脑深部核。齿状核中的神经元将信息传递到腹外侧丘脑,腹外侧丘脑投射到初级运动皮层。从腹外侧丘脑向初级运动

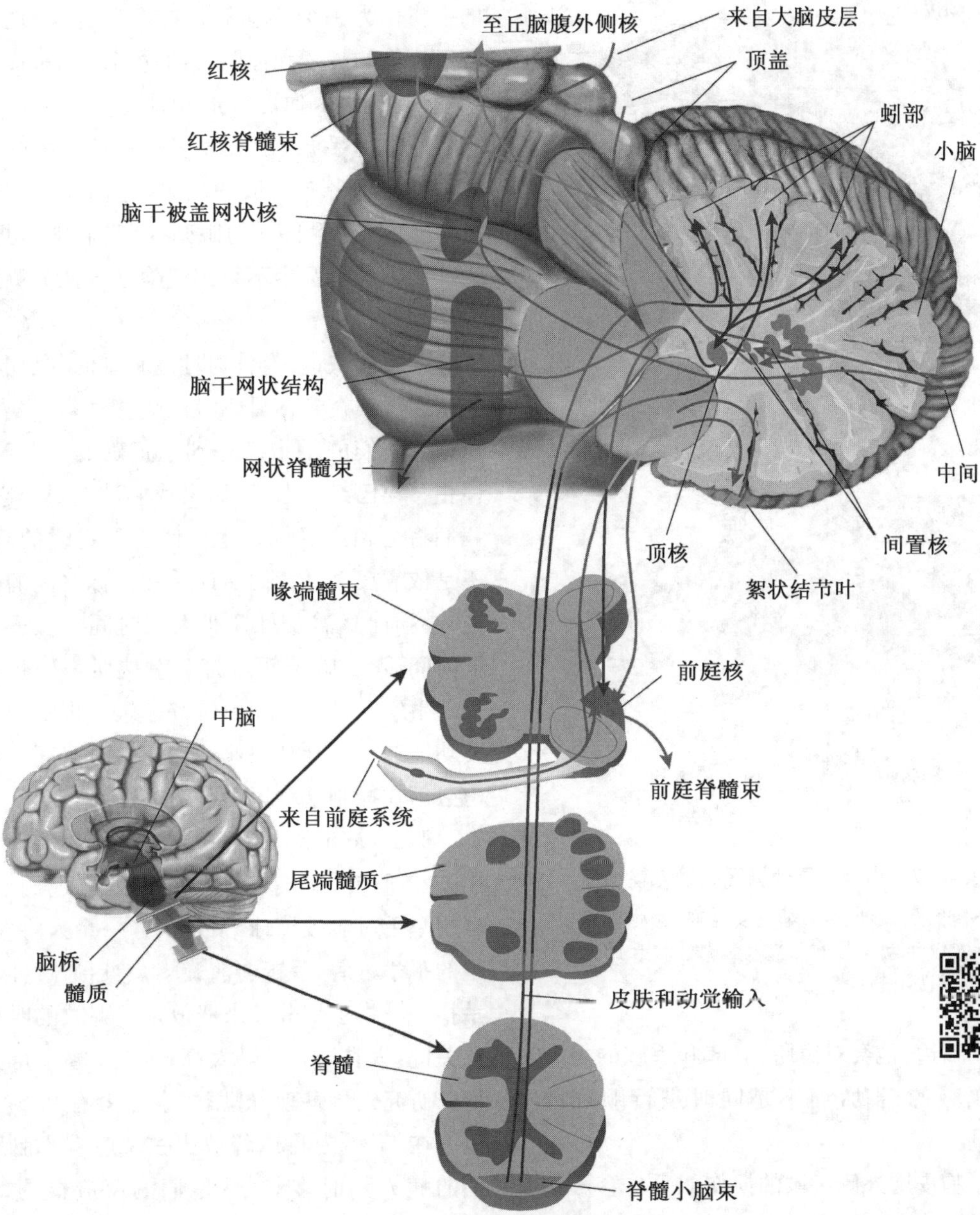


**图 8.16 小脑的输入输出**

图中显示了三个系统的输入和输出：絮状结节叶（绿色线）、蚓部（蓝色线）和小脑皮层中间区（红色线）。

皮层的投影使小脑能够修改由额叶皮层发起的正在进行的运动。小脑外侧区域也向红核（同样通过齿状核）发送传出；因此，它也有助于通过这个系统来控制独立的肢体运动（参见图 8.17）。

在人类中，小脑不同区域的病变会产生不同的症状。小脑小叶或蚓部的损伤会对姿势和平衡造成干扰。对中间区域的损伤造成了由红核脊髓束系统控制的运动缺陷；这种损伤的主要症状是肢体僵硬。

对侧向区域的破坏导致运动减弱和分解。例如，一个有这种损伤的人，如果他想把

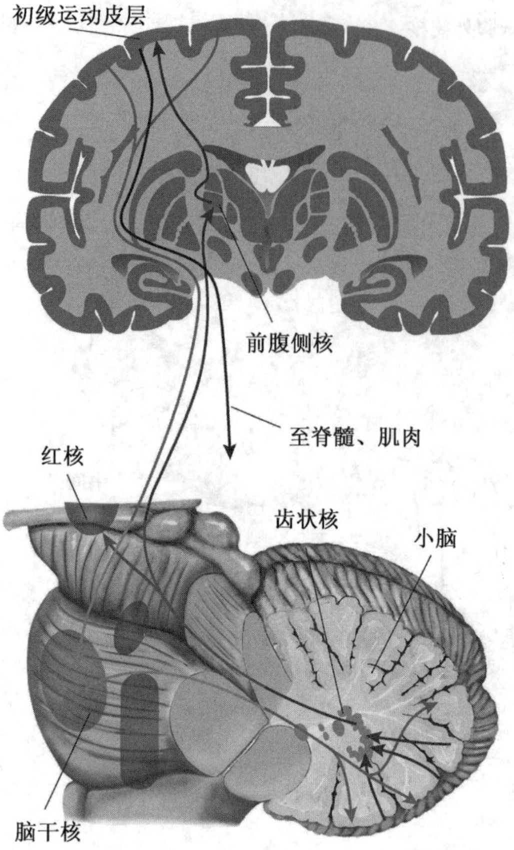


**图 8.17 小脑皮层外侧区的输入输出**

外侧区从额叶接收即将发生的运动信息，并通过与初级运动皮层和红核（齿状核和丘脑腹侧）的连接，帮助顺畅和整合运动。

手带到嘴边，他会对肩膀、肘部和手腕的关节进行单独的运动，而不是同时进行顺利的运动。

小脑皮层外侧区域的损伤似乎也会影响快速弹跳的时间。弹跳（ballistic，字面意思是“投掷”）的动作发生得太快，无法通过反馈进行修正。然后，肌肉运动的顺序必须预先设定好，各个肌肉必须在适当的时间被激活。

外侧区从额叶接收即将发生的运动的信息，通过与初级运动皮层和红核的连接，由齿状核和丘脑腹侧帮助稳定和整合运动。

你可能想试试这个常见的神经测试：让朋友把他/她的手指放在你面前，大约四分之三的手臂距离。当你的朋友慢慢移动他/她的手指作为一个移动的目标，尽可能快地交替触摸你的鼻子和你朋友的手指。如果你的小脑功能正常，你可以成功地击中你的鼻子和你朋友的手指，没有太多的麻烦。小脑外侧损伤的患者有很大的困难；他们往往会错过考官的手，戳自己的眼睛。（我们常常想，为什么神经科医生不采用危险性较低的测试方法。）

当我们快速、有针对性地移动时，我们不能依靠反馈在到达目标时停止移动。当我们意识到我们的手指已经到达正确的位置时，停止移动已经太迟了，如果我们试图阻止它，我们将会超过目标。运动似乎是定时的，而不是依靠反馈。我们估计手和目标之间的距离，小脑计算需要打开肌肉的时间。在适当的时间后，小脑短暂地打开对抗肌来停止运动。事实上，Kornhuber（1974）认为小脑的主要功能之一是计算快速运动的持续时间。学习必须在控制这种运动中发挥作用。

Timmann 等人（1999）报道了一个关于小脑在肌肉收缩时序中的作用的有趣例子。当用举手过肩投掷球给目标时，一个人将他/她的手举过肩，手臂向前旋转，然后通过伸展手指——将手指分开来释放球。释放的时机很关键：太快，球飞得太高；太迟，球飞得太低。研究人员发现，健康的参与者有 95%的概率在 11 秒内将球释放出去。患有小脑病变的病人用时多 5 倍：他们的反应窗为 55 毫秒。

小脑似乎也整合了一系列连续的动作，这些动作必须一个接一个地进行。例如，一位小脑损伤的病人描述自己的动作时说：“我左臂的动作是下意识的，但我必须思考右臂的每一个动作。我在转弯时停了下来，不得不在重新开始前进行思考”（Holmes，1939）。齿状核（接收小脑皮层外侧区域的输入）中的许多神经元显示出的响应模式能够预测一个序列中的下一个动作，而不是当前正在发生的动作(Thach, 1978)。据推测,由于小脑损伤影响了患者的右臂,因此有必要对动作进行精心策划。

P先生的病例说明了小脑在调节运动方面的独特作用。正如你将会读到的,大脑的其他区域(和感觉反馈)可以帮助弥补小脑对运动的控制缺失,但没有那么有效。

S博士,这位医学院的神经学教授站在礼堂的讲台上,向一群医生和学生展示了一个病例。他讨论了小脑—脑干变性症状和可能的原因。当一组MRI扫描出现在屏幕上时,他说:“现在我要介绍P先生。如你们所见,P先生的小脑出现了实质性的退化,但我们看不出脑干有任何损伤的迹象。”

S博士离开讲台又返回,推着坐在轮椅上的P先生上台。

“P先生,你今天感觉怎么样?”

“我很好,”他回答。“当然,如果我能自己走出去的话,我会感觉更好。”

“当然。”

S博士与P先生聊了几分钟,让他多说几句,这样我们就可以看到他的精神状态是清醒的,没有明显的语言或记忆问题。

他对P先生说:“好吧,先生。我想让你做些动作。请伸出你的手,像这样握住他们。”S博士突然从身体两侧抬起双臂笔直地伸到面前,掌心朝下,手指向前。

P先生没有立即回应。他看上去好像在考虑该怎么办。突然,他的胳膊伸直,从轮椅的扶手上抬起。它们没有停下来,而是继续向上。P先生咕哝了一声,胳膊开始四处乱晃——上、下、左、右,直到他终于把胳膊伸到面前。他气喘吁吁地想把它们停住。

“谢谢你,P先生。请再次放下胳膊。现在试试这个。”S博士慢慢地从侧边抬起手臂,直到手臂笔直地伸到前面。P先生做同样的事情,这次没有超过位置。

做了几次演示之后,S博士感谢了P先生,把他推下舞台。当他回来时,他回顾了我们所看到的情况。

“当P先生试图快速举起他的手臂时,他的初级运动皮层向适当的肌肉发送信息,他的手臂伸直并开始上抬。通常情况下,小脑被告知这个动作,并通过它与运动皮层的连接,在适当的时候开始收缩对抗肌,使手臂以预定的姿势休息。P先生可以很好地开始这个动作,但是小脑的损伤消除了这个结构对快速动作的帮助,他无法及时停止手臂的活动。当他试图缓慢移动时,他可以利用视觉和动觉反馈来控制移动。”

**基底神经节** 另一组皮层下核,基底神经节,是运动系统的重要组成部分。我们知道它们很重要,因为疾病或损伤造成的损伤会导致严重的运动缺陷。基底节区的运动核包括尾状核、壳核和苍白球。基底神经节的大部分输入来自大脑皮层(尤其是初级运动皮层和初级躯体感觉皮层)和黑质。基底节区的主要输出目标如下:初级运动皮层、补充运动皮层、前运动皮层(通过丘脑)和脑干中负责腹侧通路的运动核。通过这些连接,基底节区在初级运动皮层的控制下影响运动,并对腹内侧系统施加一些直接的控制。

图8.18展示了基底神经节的组成:**尾状核**、**壳核**和**苍白球**。它也显示了一些与基底神经节相关的核:丘脑**腹前核**和**腹外侧核**,**丘脑下核**和腹侧中脑黑质。

图中显示了基底神经节的一些更重要的连接,有助于解释这些结构在运动控制中的作用。为了清晰起见,该图省略了许多连接,包括从基底神经节和其他结构输入到黑质。在接下来的章节中,我们将更仔细地研究(1)基底神经节和皮层之间的联系,以及(2)当基底神经节被神经退行性疾病破坏时,运动行为受到的影响。

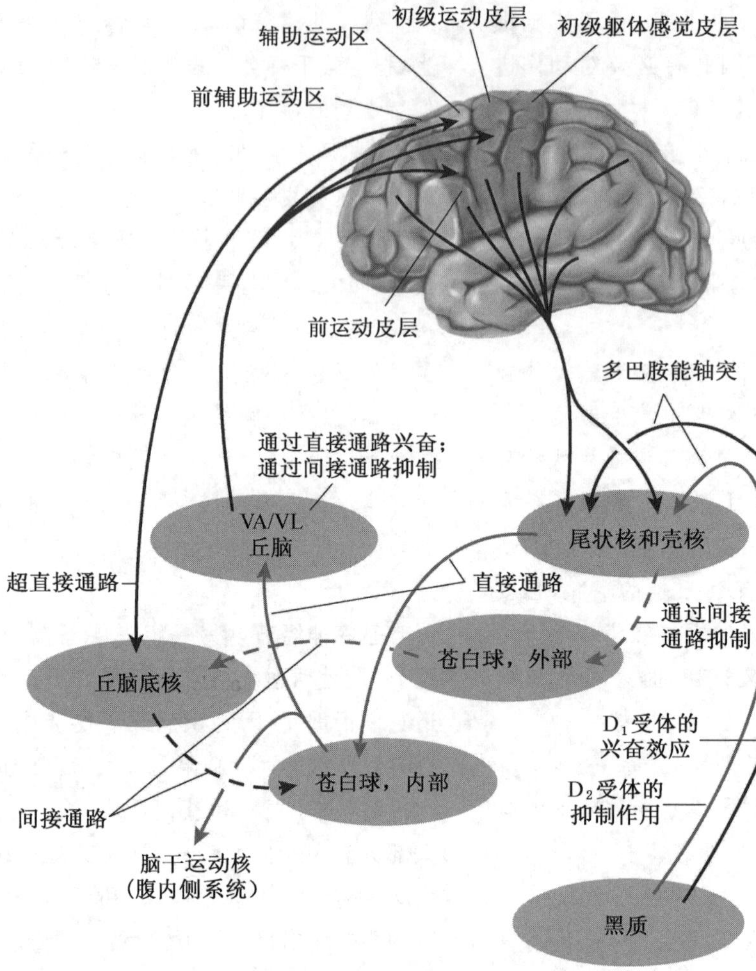


**图 8.18　基底核**

基底节区和相关结构的主要连接。兴奋性连接显示为黑线；抑制连接以红线表示。直接通路用实线箭头表示。间接通路用带折线的箭头表示。超直接通路用虚线箭头表示。许多连接，例如黑质的输入，为了清晰起见被省略了。

与大脑皮层的联系　首先，我们来看看基底神经节和大脑皮层之间的联系。额叶、顶叶和颞叶皮层将轴突发送到尾状核和壳核，壳核与苍白球相连，形成一个环状。苍白球通过丘脑腹前核和腹外侧核将信息发送回运动皮层，完成循环。因此，基底节区可以监测躯体感觉信息，并被告知运动皮层计划和执行的运动。利用这些信息（以及从大脑其他部位获得的其他信息），就可以影响由运动皮层控制的运动。在整个回路中，信息以身体动作的方式表示。也就是说，运动皮层神经元的投射导致身体特定部位运动，同样投射到壳核的特定部位，这种投射分离一直保持到运动皮层（见图 8.18）。

现在让我们来考虑一下皮层—基底神经节循环的一些复杂性。回路中的连接由兴奋性（谷氨酸分泌）神经元和抑制性（伽马氨基丁酸分泌）神经元组成。尾状核和壳核接受大脑皮层的兴奋性输入。它们将抑制轴突发送到苍白球的外部和内部分裂（分别为锚定蛋白和甘油磷酰乙醇胺）。丘脑下核也接收来自大脑皮层的兴奋性输入，并将兴奋性输入发送给甘油磷酰乙醇胺。在图8.18中,包含甘油磷酰乙醇胺的实线所示的通路称为**直接通路**。甘油磷酰乙醇胺中的神经元将抑制轴突发送到腹前侧和腹外侧丘脑(VA/VL丘脑),将兴奋性投射发送到运动皮层。

通路的净效应是兴奋性的,因为它包含两个抑制环节。每个抑制链接(红色箭头)反转输入链接的符号。因此,尾状核和壳核的兴奋性输入导致这些结构抑制锚定蛋白中的神经元。这种抑制会删除锚定蛋白连接对VA/VL丘脑的抑制作用,换句话说,VA/VL丘脑中的神经元变得更加兴奋。这种兴奋被传递到运动皮层,促进运动(见图8.18)。

虚线所示的通路,包括甘油磷酰乙醇胺(GPe),称为**间接通路**。甘油磷酰乙醇胺中的神经元向丘脑底核发送抑制输入,丘脑底核向锚定蛋白($GP_i$)发送兴奋输入。从那以后,通路就和我们刚才审视的通路一样了——除了这个通路对丘脑和额叶皮层最终具有抑制作用的。苍白球也会将轴突发送到脑干运动核腹侧系统的不同地方。该通路的作用是抑制运动皮层(见图8.18)。

图8.18所示的第三个通路称为**超直接通路**。前SMA的神经元将兴奋性输入发送到丘脑底核,而丘脑底核将兴奋性输入发送到$GP_i$。正如我们刚才看到的,$GP_i$对运动皮层有抑制作用,所以超直接通路抑制运动。直接和间接通路的一般功能早已被人们所理解。然而,超直接通路是最近才被发现的(Gerfen, 2000; Nambu et al., 2002)。这一通路绕过尾状核和壳核,因此能够以比间接通路短得多的延迟抑制运动。

大多数研究人员认为,这条通路在阻止或迅速阻止直接通路启动的运动方面起着作用(Nachev et al., 2008; Nambu, 2008)。例如,假设你正在城市街道上慢跑。当接近十字路口时,你看到了红灯,所以你停止了跑步。间接通路对你的慢跑有抑制作用。(可能不完全是这样——也许你在原地慢跑,等待灯发生变化。)灯变绿了,这个走的信号通过你的直接通路的增加活动被投射。你向前倾,抬起一只脚重新开始慢跑。突然,你听到左边有一辆飞驰的汽车的声音。你迅速停下来,在你转过头去寻找噪声源之前,一辆刚刚闯过红灯的汽车从你面前驶过。你的超直接通道里的活动已经拯救了你的生命。

基底神经节的另一个重要输入来自中脑的黑质。我们在第4章看到黑纹状体束的变性,从黑质到尾状核和壳核(新纹状体)的多巴胺能通路,导致帕金森病,我们将在下一小节更详细地讨论(见8.18)。

*基底神经节的神经发生障碍* 现在我们已经探索了基底神经节和运动皮层之间的联系,可以开始了解影响这些大脑区域的两种重要神经紊乱的症状和治疗方法:帕金森病和亨廷顿病。每一种都是一种进行性的,以运动缺陷为特征的神经退行性疾病。这些疾病在第15章有更详细的描述。

一般来说,帕金森病的特征是在开始运动时出现障碍,尤其是以前自动进行的动作,比如被撞后恢复平衡或从一个点走到另一个点。帕金森病的症状是由黑质多巴胺分泌细胞的退化和随后进入尾核和壳核的传入通路的中断引起的。与此相反,亨廷顿氏舞蹈病的特征是无法控制的运动和停止运动的能力受损。亨廷顿病的症状是由尾状核和壳核中氨基丁酸能和乙酰胆碱能神经元变性引起的。这些氨基丁酸分泌神经元抑制功能的丧失增加了GPe的活性,进而抑制了丘脑底核。因此,GPe的活动水平降低,出现过度运动。

## 本节回顾

### 大脑的运动控制

目标 8.7 描述控制运动行为的皮层区的通路和功能。

辅助运动区和前运动皮层从顶叶接收信息，并通过与初级运动皮层的连接帮助启动运动，初级运动皮层负责引起身体特定部位的运动。

目标 8.8 描述下行通路的组成和功能。

下行通路通过外侧和腹内侧组将运动信息从皮质传递到身体肌肉。外侧组由皮层脊髓束、皮层延脊束和红核脊髓束组成，参与控制独立的肢体运动，特别是手和手指的运动。腹内侧组由前庭脊髓束、顶叶脊髓束、网状脊髓束和腹侧皮层脊髓束组成，它们控制着姿态和运动中躯干和肢体的自发运动。

目标 8.9 解释运动联合皮层(包括辅助运动区和前运动皮层)在计划和发起运动中的作用。

辅助运动区域涉及良好的行为序列学习。那里的神经元在行为序列的特定点发射，破坏或损害会削弱执行这些序列的能力。预知性涉及我们做出自发运动的决定。前运动皮层参与学习和执行复杂的动作，这些动作是由任意的感觉信息(如语言指令)引导的。

目标 8.10 描述控制运动行为的皮层下区域的功能。

网状结构调节肌肉张力，参与某些特定身体部位的无意识行为和运动。小脑控制重复的动作，需要精确的瞄准和时间，平稳地引导动作，在正确的时间/位置停止动作，并整合动作序列。基底神经节接收运动皮层区域的输入，并将其输出到这些区域和腹侧通路。基底节区也控制了对不想要的运动的抑制。通过这些连接，基底节区在初级运动皮层的控制下影响运动，并对腹内侧系统施加一些直接的控制。

## 思考题

灵长类动物的大脑包括许多完全或部分用于运动控制的不同大脑结构。识别其中一个或多个区域，并描述该区域的病变如何影响运动控制。

## 复杂运动行为

现在你已经熟悉了与运动控制有关的中枢神经系统的基本结构，我们将把注意力转向研究这些结构是如何相互作用去产生一些复杂的运动行为。本章的这一部分将着重于计划和开始动作，模仿和理解动作，以及触摸和抓取的控制。

### 模仿和理解动作：镜像神经元系统的作用

目标 8.11 解释镜像神经元系统的位置、组成和功能。

Rizzolatti 和他的同事(Gallese et al., 1996; Rizzolatti et al., 2001; Rizzolatti and Sinigaglia, 2010)做了一些有趣的观察，改变了我们对模仿和理解他人行为的思维方式。

调查人员发现，当猴子看到人或其他猴子表现各种各样的抓握、拿起或其他操纵物体行为或当他们自己执行这些动作时，猴子大脑中延髓腹侧前运动皮层的一部分神经元(称为 F5 区)变得活跃。因此，神经元对特定动作的视觉或执行做出反应。研究人员将这些细胞命名为镜像神经元。这些位于腹侧前运动皮层的神经元与后顶叶皮层的神经元相互连接，进一步研究发现该区域也包含镜像神经元。考虑到镜像神经元的特性，我们可能会认为它们在猴子模仿其他猴子动作的能力中扮演了一定的角色——Rizzolatti 和他的同事发现这一推断是正确的。

几项功能成像研究表明，在顶叶下侧(顶叶后叶皮层的一个区域)和腹前运动区，也包含有镜像神经元回路。例如，在一项功能成像研究中，Buccino 等人(2004)让非音乐家观看并模仿一名专业吉他手将手指放在吉他颈部弹奏和弦的视频片段。观察和模仿吉他手的动作都激活了镜像神经元回路。(见图 8.19)。

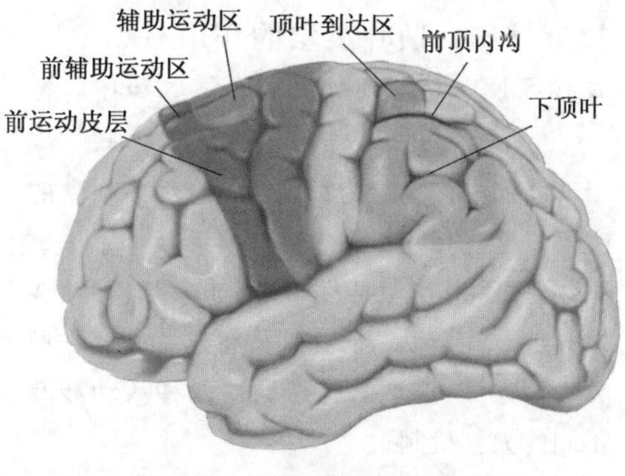


**图 8.19 人脑的重要运动区域**

在人脑中，下顶叶和腹前运动皮层构成主要的镜像神经元回路。顶叶到达区起够取作用，前顶内沟起抓握作用。

一些研究发现，当一个人观察到自己已经有能力完成行为时，镜像神经元系统被激活得最强烈。例如，CalvoMerino 等人(2006)让专业的芭蕾舞演员观看男性或女性表演芭蕾舞动作的视频。有些动作是由男性表演，有些是由女性表演，有些是由男性和女性共同表演，但是所有的动作都被男女芭蕾舞者多次看到。研究人员发现，当女性观看女性动作或男性观看男性动作时，镜像神经元系统被强烈激活。然而，当女性观看男性的动作或男性观看女性的动作时，这一通路的活动要少得多。因此，镜像神经元回路能够对人实际表现的动作景象产生敏感性，而不仅仅是人所看到的动作。一旦这种灵敏度发展，通路就会被观察另一个人的动作所激活。

镜像神经元不仅被一个动作的表现或看到其他人执行这个动作的情景所激活，而且还被表示一个熟悉动作发生的声音所激活。例如，Kohler 等人(2002)发现，当猴子听到它们能识别的声音时，例如花生碎了、一张纸被撕碎了、或者一根棍子掉了，猴子腹侧前额叶皮层的镜像神经元就会变得活跃起来。个体神经元——研究人员称它们为视听神经元，它们对特定动作的声音和正在进行的动作的视觉刺激做出反应。据推测，这些熟悉的声音激活了这些神经元，提醒动物这些声音所代表的行为。

Haslinger 等人(2005)发现听觉和视觉之间的交互作用也在另一个方面起作用。调查人员向专业钢琴家展示了一些无声视频，视频中有一只手在弹钢琴，或者手指在钢琴键盘上方无意义地移动。功能成像显示，当参与者观看真实的钢琴演奏时，镜像神经元系统和视觉皮层被激活，这是意料之中的，但听觉皮层也被激活。据推测，音乐家们想象出有意义的手部和手指动作，这激活了镜像神经元系统，但他们也想象了按下琴键时钢琴发出的声音，这激活了听觉皮层。

Rizzolatti 等人(2001)认为镜像神经元回路有助于我们理解他人的行为:

[A]当对它的观测引起观察者的运动系统"共振"时,动作就被理解了。因此,当我们观察到一只手抓着苹果时,在观察者的运动区域中,控制抓握动作执行的同样数量的神经元变得活跃起来……换句话说,我们理解一个动作是因为这个动作的运动表象在我们的大脑中被激活。(p.661)

Rizzolatti 等人所说的"共振"是指,当我们看到别人开始执行某一特定动作时,甚至当我们听到该动作产生的特定声音时,负责执行该特定动作的神经回路就会被激活。来自这些回路激活的反馈产生了对动作的识别。

下一次,当你专心观看某人表演一项技艺精湛的动作时——比如投球、踢足球、表演高难度的舞步或拉小提琴——看看你是否发现自己在表演这个动作时会使用到的肌肉会紧张起来。镜像神经元通路的激活可能是造成这种效应的原因。正如我们将在第 11 章看到的,我们也倾向于模仿他人情绪的面部表情,而这样做的反馈往往会在我们身上唤起类似的情绪状态。

Iacoboni 等人(2005)的一项功能成像研究表明,镜像神经元系统有助于我们理解他人的意图。研究人员向参与者展示了胳膊和手伸向并握住杯子的视频片段。这些动作在孤立的环境中,或者是在为茶会而摆放的物品的背景下(杯子、茶壶、牛奶罐、糖碗、密封果酱罐、饼干盘等),或是茶会结束后的相同物品(杯子、牛奶罐翻倒、盘子里的饼干丢失、果酱罐打开等)。第一个情境暗示这个动作的意图是进食,第二个情境暗示这个动作的意图是清理。研究人员发现,观看触碰动作可以激活腹侧前运动皮层的镜像神经元系统,但当触碰动作发生在两种不同的情境中时,激活程度有所不同。(仅仅通过观察前后情景,激活效果没有差异。)作者的结论是镜像神经元系统不仅编码了一个动作,而且还编码了这个动作的意图(见图 8.20)。

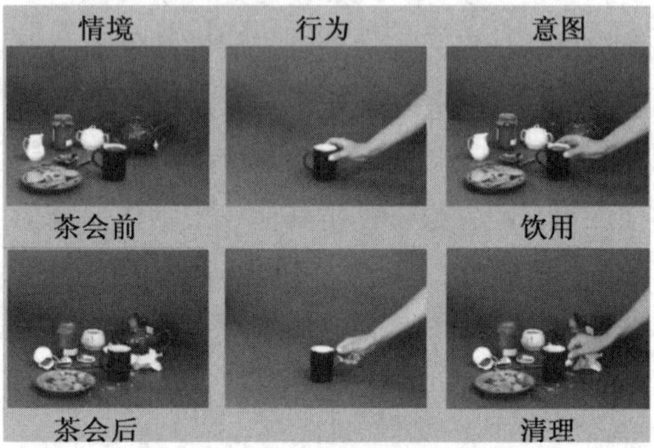


**图 8.20 理解意图**

这些照片展示了 Iacoboni 等人(2005)在实验中向参与者展示的行为和前后情景。

资料来源:Iacoboni, M., Molnar-Szakacs, I., Gallese, V., Buccino, G., Mazziotta, J.C., Rizzolatti, G., Grasping the intentions of others with one's own mirror neuron system, *PLoS Biology*, 2005, 3, e79。

## 抓握控制:顶叶皮层的作用

目标 8.12 总结顶叶皮层在够取和抓取行为中的作用。

我们的许多行为都涉及与环境中对象的交互。这些相互作用中有许多涉及伸手去拿某物,然后用它做某件事,例如拿起、移动或以其他方式操纵。研究人员将这些相互作用分为两大类:够取和抓取。这两种活动涉及不同的大脑机制。

**够取行为** 大多数行为是由视觉控制的。正如我们在第 6 章看到的,视觉系统的背侧流关系到物体位置的确定,如果它们在移动,则关系到它们移动的方向和速度。如果你知道顶叶(视觉联合皮层背侧流的终点)和额叶之间的联系在够到目标物时起着关键作用，你可能不会感到惊讶。

正如我们在第 6 章中看到的，视觉联合皮层的几个区域是以我们感知到的特定类型的物体命名的，例如梭状面区、腹外体区和海马旁区。后顶叶内侧皮层的一个区域被称为**顶叶到达区**。Connolly 等人（2003）发现，当人们要指向或到达某个特定地点时，这个区域就变得活跃起来。据推测，顶叶皮层决定了目标的位置，并向额叶皮层的运动机制提供有关这个位置的信息（见图 8.21 并参考图 8.19）。

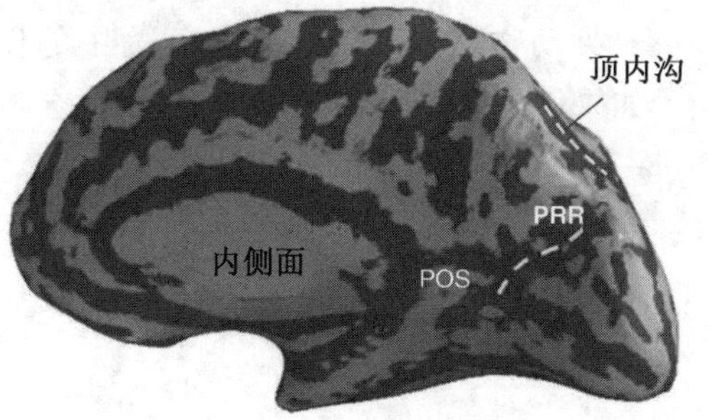


**图 8.21 顶叶到达区**

一个立体的左脑半球示意图显示了功能性磁共振成像（fMRI）在人们准备做一个指向或到达运动时，顶叶到达区（PRR）的激活情况。POS=顶枕沟。

资料来源：Connolly, J. D., Andersen, R. A., and Goodale, M. A., fMRI evidence for a parietal reach region in the human brain, *Experimental Brain Research*, 2003, 153, 140—145。复制经许可。

**抓取行为** 后顶叶皮层的另一个区域，即前顶内沟（aIPS），负责控制手和手指在抓取目标物体时的运动。Frey 等人（2005）进行了一项功能成像研究，让人们接触不同形状的物体，这需要他们做出各种各样的手和手指动作来抓住物体。与抓取动作直接相关的大脑活动是通过从接触和抓取物体产生的活动中减去抓取和简单接触物体产生的活动来确定的。抓取活动激活了 aIPS（见图 8.22）。

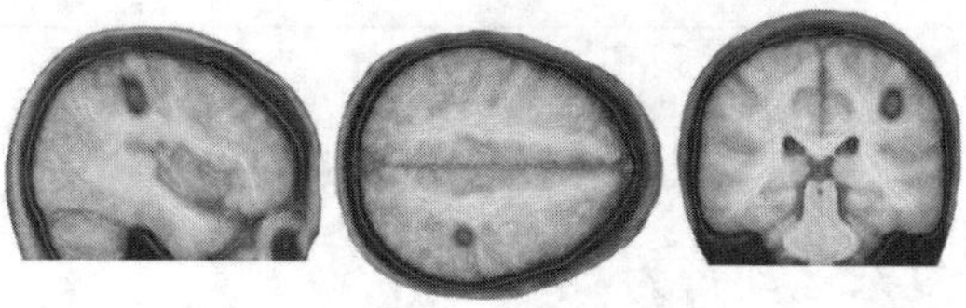

**图 8.22 前顶内沟的激活**

这种激活是通过抓取不同形状物体时所做的动作产生的。

从触摸和抓取所产生的活动中减去接触和触碰物体的活动，只剩下功能性核磁共振成像激活的抓取部分。

资料来源：Frey, S. H., Vinton, D., Norlund, R., and Grafton, S.T. *Cognitive Brain Research*, 2005, 23, 397—405。

Tunik 等人（2005）的一项实验证实了 aIPS 对抓取的重要性。研究人员让参与者伸手去抓一个长方形的物体，这个物体的长边是垂直或水平的。在一些实验（"扰动实验"）中，被试接触物体的过程中物体突然旋转，这就要求被试在接触物体之前调整他们的手或手指的位置。在一些干扰试验中，研究人员应用经颅磁刺激（TMS）来干扰 aIPS 的活动。当干扰刺激在物体旋转后不久发生时，被试准确改变握姿的能力就会受到干扰。对初级运动皮层或顶叶其他部分的手部区域的刺激没有效果。

aIPS 的视觉输入来自视觉系统的背侧流。在 Shmuelof 和 Zohary（2005）的一项功能性成像研究中，被试观看了一只手伸出来抓住各种物体的简短视频。有时手出现在左视野，物体出现在右视野；有时手和物体的位置是相反的。（被试将注意力集中在手和物体之间的注视点上。）这一过程意味着，在一个特定的试验中，关于物体的视觉信息被传递到大脑的一边，而关于用来抓住物体的手的视觉信息被传递到大脑的另一边。对大脑活动的分析表明，关于物体性质的信息激活了视觉系统的腹侧流（"什么"），而关于手的形状的信息激活了 aIPS，它是背侧流（"哪里"）的一部分。结果表明，抓握动作的识别过程与抓握动作的执行过程有关。

## 本节回顾

### 复杂运动行为

目标 8.11 解释镜像神经元系统的位置、组成和功能。

镜像神经元系统位于腹前运动皮层。镜像神经元系统的神经元在个体从事某种行为及观察(或听到)某种行为时是活跃的。另一镜像神经元回路位于后顶叶。镜像神经元系统的功能是帮助个体理解他人的行为。

目标 8.12 总结顶叶皮层在够取和抓握行为中的作用。

视觉联合皮层的背侧流向顶叶到达区提供空间信息,顶叶到达区计算必须做出的够取运动,并将这些信息传递给运动联合皮层。在够取运动过程中,位于前顶内沟的皮层向运动联合皮层发送信息,运动联合皮层移动手和手指以准备抓住物体。

## 思考题

本节描述了许多不同的研究,研究大脑在灵长类动物(包括人类)复杂行为中的作用。如果你是这个领域的研究人员,你会考虑进一步研究哪些复杂行为,为什么?

## 熟练动作缺陷:失用症

大脑左侧额叶或顶叶皮层损伤会导致一种叫做**失用症**的运动障碍。从字面上看,apraxia这个词的意思是“没有行动”,但失用症不同于瘫痪或虚弱,后者发生在中枢前回、基底神经节、脑干或脊髓等运动结构受损时。失用症(Apraxia)是指不能模仿动作,或不能根据口头指示做出动作,或不能演示使用熟悉的工具或器具可能做出的动作(Leiguarda and Marsden, 2000)。对失用症患者的神经心理学研究提供了有关技能动作的组织和启动方式的信息。

失用症有四种主要类型,我们将在本章中讨论其中两种。肢体失用症是指手臂、手和手指的运动出现问题。结构性失用症是指绘画或建构物体有困难。口头失用症是指说话时肌肉运动出现问题。失写症是指一种特殊类型的书写障碍。由于它们与语言有关,我们将在第14章中描述口头失用症和各种形式的失写症。

### 肢体失用症

目标 8.13 介绍脑损伤如何引起肢体失用症。

肢体失用症的特征是肢体的错误部位运动,而正确部位不正确地运动,或者正确的动作但是顺序不正确。它是通过要求病人做动作来评估的——例如,模仿检查者的手势。最困难的动作是在没有常见的动作对象在场的情况下,去模仿特定动作。例如,考官可能会对病人说:“假设你手里有一把钥匙,然后用它开门。”作为回应,肢体失用症患者可能前后摆动手腕,而不是转动手腕,或者先转动手腕,然后假装插入钥匙。如果让病人假装在刷牙,她可能会把手指当作牙刷来用,而不是假装手里拿着牙刷。

要在没有真实对象可操纵的情况下运用言语命令进行行为,就必须理解命令,能够想象所缺的物品,并做出适当的动作;因此,这些要求是最难执行的。比较简单的任务是模仿实验者的行为。有时，不能模仿使用钥匙的病人可以模仿检查者的手部动作。最简单的任务是对象的实际使用。例如，考官可能会给病人一把门钥匙，让他/她演示一下它的用法。如果大脑病变使患者无法理解语言，那么考官就无法评估患者在语言指令下执行行为的能力。在这种情况下，检查人员只能测量病人模仿动作或使用实际物体的能力(见 Heilman, Rothi, et al., 1983, for a review)。

为什么左顶叶(通常不是右脑)受损会导致双手失用症？答案似乎是，右半球与体外空间有关，而左半球与身体有关。Chaminade 等人(2005)的一项功能性成像研究支持了这一解释。研究人员让参与者观看另一个人的手和手臂的动作，然后要么模仿这些动作，要么用同一只胳膊或另一只胳膊做出不同的动作。基于 fMRI 扫描所观察到的活动，研究人员得出结论，右半球的后区跟踪模型在空间中的运动，而左顶叶组织将作出反应的运动。

虽然额叶和顶叶都参与了模仿他人手势的过程，但额叶皮层在识别这些手势的意义方面似乎扮演着更为重要的角色。Pazzaglia 等人(2008)对左额叶或顶叶损伤引起的肢体失用症患者进行了测试。他们让病人观看一段视频片段，让他们正确或错误地做出手势，以此测试他们对手势的识别能力。例如，错误的手势包括像弹吉他一样弹扫帚，或者假装搭便车，伸出小指而不是拇指。额下回有损伤而对顶叶皮层没有损伤的失用症患者在理解手势方面表现出缺陷。

## 结构性失用症

目标 8.14 介绍脑损伤如何引起结构性失用症

**结构性失用症**是由右脑半球特别是右脑顶叶病变引起的。患有这种障碍的人在用胳膊和手做大多数类型的熟练动作时都没有困难。他们在正确使用物体、模仿它们的使用或假装使用它们方面没有问题。然而，他们在绘制图片或用玩具积木等元素组装对象方面有困难。

结构性失用症的主要缺陷似乎与感知和想象几何关系的能力有关。例如，由于这个缺陷，一个人不能画立方体，因为他/她不能想象一个立方体的棱和角是什么样子，而不是因为他/她的手臂和手的运动控制困难(见图 8.23 和图 8.24)。除了不能准确地画图外，一个有结构性失用症的病人在其他涉及空间知觉的任务上有困难，比如跟着地图走。

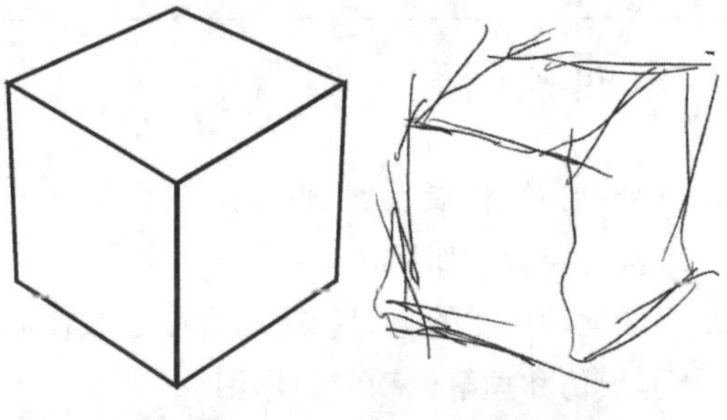


**图 8.23 结构性失用症**

由右顶叶病变引起的结构性失用症患者试图临摹一个立方体。

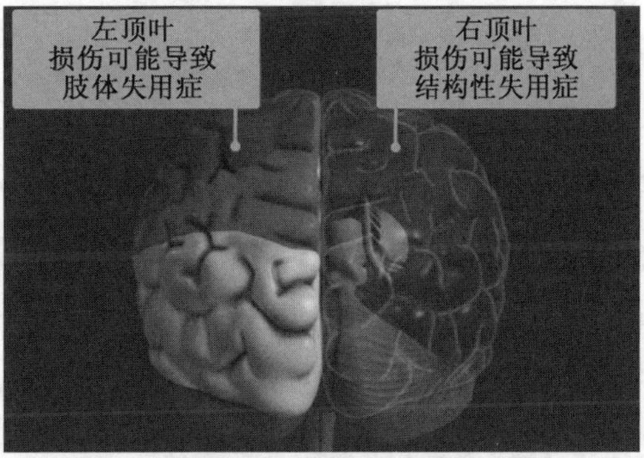


**图 8.24 顶叶和失用症**

额叶或顶叶受损可引起失用症。图中显示了顶叶中有关肢体和结构性失用症的位置。

## 本节回顾

### 熟练动作缺陷：失用症

目标 8.13　介绍脑损伤如何引起肢体失用症。

大多数肢体失用症是由左额叶或顶叶皮层病变引起的。左顶叶皮层通过激活左初级运动皮层的神经元，直接控制右下肢的运动；通过向右额叶联合皮层发送信息，间接控制左下肢的运动。

目标 8.14　介绍脑损伤如何引起结构性失用症。

结构性失用症是由右脑半球特别是右顶叶病变引起的。患有这种障碍的人在绘画或用玩具积木等元素组装物体方面有困难。

## 思考题

失用症患者可能会因为症状导致生活质量下降。请建议一种或多种方法，帮助患者调整他们的行为，以弥补由于肢体或结构造成的运动缺陷失用症。

## 本章回顾问题

1. 解释单突触伸展反射、伽马运动系统和高尔基腱器官的作用。
2. 解释运动皮层的组织和运动皮层区域在启动、模仿和理解运动中的作用。
3. 解释四个主要的运动束和它们控制的运动。
4. 讨论小脑和网状结构在运动控制中的作用。
5. 探讨基底神经节的解剖结构、功能及其在帕金森病和亨廷顿病中的作用。
6. 解释肢体失用症和结构性失用症的症状和原因。

# 第 9 章

# 睡眠与生物节律

## 本章概要


**什么是睡眠?** 279
睡眠阶段 279
睡眠中的大脑活动 283
**我们为什么要睡觉?** 285
慢波睡眠的功能 285
快速眼动睡眠的功能 288
睡眠与学习 288
**睡眠与觉醒的生理机制** 291
睡眠神经调控 291
觉醒神经调控 292
睡眠/觉醒转换神经调控 297
快速眼动睡眠转换神经调控 299
**睡眠障碍** 303
失眠 303
发作性睡病 304
REM 睡眠行为障碍 305
慢波睡眠相关问题 306
**生物钟** 307
昼夜节律与授时因子 307
视交叉上核 309
季节性节律调控:松果腺和褪黑激素 312
昼夜节律变化:轮班工作与时差 313


## 学习目标

目标 9.1 描述睡眠阶段的过程、行为和脑电图特征。

目标 9.2 解释 REM 和慢波睡眠期间大脑的活动模式。

目标 9.3 解释慢波睡眠的潜在功能。

目标 9.4 发现 REM 睡眠的潜在功能。

目标 9.5 比较慢波睡眠和 REM 睡眠在学习中的作用。

目标 9.6 解释腺苷如何有助于调节睡眠。

目标 9.7 解释乙酰胆碱、去甲肾上腺素、血清素、组胺和食欲素如何有助于调节觉醒。

目标 9.8 总结稳态/非稳态/昼夜节律因素、脑区、触发回路和神经递质系统在调节睡眠/觉醒转换中的作用。

目标 9.9 描述触发回路在神经调控向 REM 转换中的作用。

目标 9.10 描述失眠的症状、治疗和生物学基础。

目标 9.11 描述发作性睡病的症状、治疗和生物学基础。

目标 9.12 描述 REM 睡眠行为障碍的症状、治疗和生物学基础。

目标 9.13 描述尿床、梦游和夜惊的症状、治疗和生物学基础。

目标 9.14 列出昼夜节律和授时因子的例子。

目标 9.15 确定视交叉上核在调节昼夜节律中的作用，并解释生物钟机制如何发挥作用。

目标 9.16 描述松果腺和褪黑激素之间的关系。

目标 9.17 指出为什么轮班工作和时差会导致昼夜节律变化。

最近，米格尔因为一些不愉快的经历而对上床睡觉感到焦虑。在过去的几个月里，他好几次睡前躺在床上等待睡意，感觉自己似乎瘫痪了。这是一种奇怪的感觉：是自己真的瘫痪了？还是只是没有努力移动？他总是在做决定之前就睡着了。有几次他在闹钟响之前就醒了，觉得无法动弹。然后闹钟响了，他很快就会关掉它。这意味着他没有真的瘫痪，不是吗？

他的梦变得越来越强烈，令人不安。一次最糟糕的经历是在一个夜晚，当米格尔睡着的时候，他又觉得自己好像瘫痪了。然后他看到他的前室友进了他的卧室。但那是不可能的！自从他大学毕业起，他就一个人住，总是锁上门。他想说点什么，但说不出来。他的室友拿着一把锤子，走到米格尔床边，突然举起锤子，好像要砸在他的额头上。当米格尔醒来，想起这件事，他不禁打了个寒战。一切是如此真实！那一定是一场梦，但他并不认为自己睡着了。

那天在办公室里，他很难集中精力工作。他强迫自己检查笔记，因为他必须向董事会提交一个新项目。这是一个大好的机会，如果这个项目被接受，他将成为项目领导，这意味着晋升和大幅加薪。面对这么多利害攸关的事情，他在走进会议室时开始感到紧张。老板介绍了米格尔并示意他开始汇报，米格尔瞥了一眼他的笔记，然后开口说话。突然，他感到膝盖弯曲了。他所有的力气似乎都在溜走。他重重地摔倒在地板上。他能听见人们跑来问发生了什么事，但他除了眼睛，什么也动不了。老板问："米格尔，你没事吧？"米格尔看着他的老板，试图回答，但他什么也说不出来。几秒钟后，他感到自己的体力恢复了。他张开嘴说："我没事。"他挣扎着起身，然后坐在椅子上，感到虚弱和害怕。

"你有一种被称为发作性睡病的症状。"米格尔在董事会结束后去了医院，医生这样说。"这是一个与大脑控制睡眠方式有关的问题。我会让你在睡眠诊所待一晚上，并做一些记录来证实这个诊断。你说你最近白天会睡个短觉，这些小睡是什么样的？你是不是突然有了想睡觉的冲动？"米格尔点点头，说："尽管担心老板会看到，但我不得不把头靠在桌子上，而且我觉得我睡的时间不超过五分钟。""你醒来时还觉得困吗？""没有，"他回答，"我感觉好些了。"医生点点头。"你描述的所有症状——睡眠发作、睡觉前和醒来后的麻痹、你今天经历的魔咒——它们合而为一。幸运的是，我们通常可以通过药物控制嗜睡症。事实上，现在已经有了更新的药物，所以你没有必要停止工作。有必要的话，我也可以和你的老板谈谈，让她放心。"

米格尔的故事阐述了睡眠的几个方面，我们将在接下来的章节中更深入地探讨。睡眠是一种复杂的行为，涉及大脑的许多区域。睡眠和觉醒周期的调节是神经回路的活动、激素的作用和环境因素之间的复杂平衡。阅读本章时，思考米格尔案例中睡眠的不同方面，从强烈的动机到睡眠，视觉幻觉，再到肌肉麻痹。事实上，米格尔的经历引出一个非常基本的问题：我们为什么要睡觉？为什么我们一生中至少有三分之一的时间都在做一些只能给我们提供短暂记忆的事情呢？

我们将尝试以多种方式回答这个问题。在本章的前两节中，我们将描述有关睡眠的现象以及我们为什么会这样。在第三节中，我们将描述探究控制睡眠和觉醒的化学物质和神经回路的过程。在第四部分，我们将讨论睡眠障碍，包括失眠、发作性睡病、梦游等。在本章的最后一节，我们将讨论大脑的生物钟——控制每日睡眠和觉醒节奏的机制。图中显示的是视交叉上核和松果体，在睡眠和生物节律研究中，我们将特别关注这两个区域。

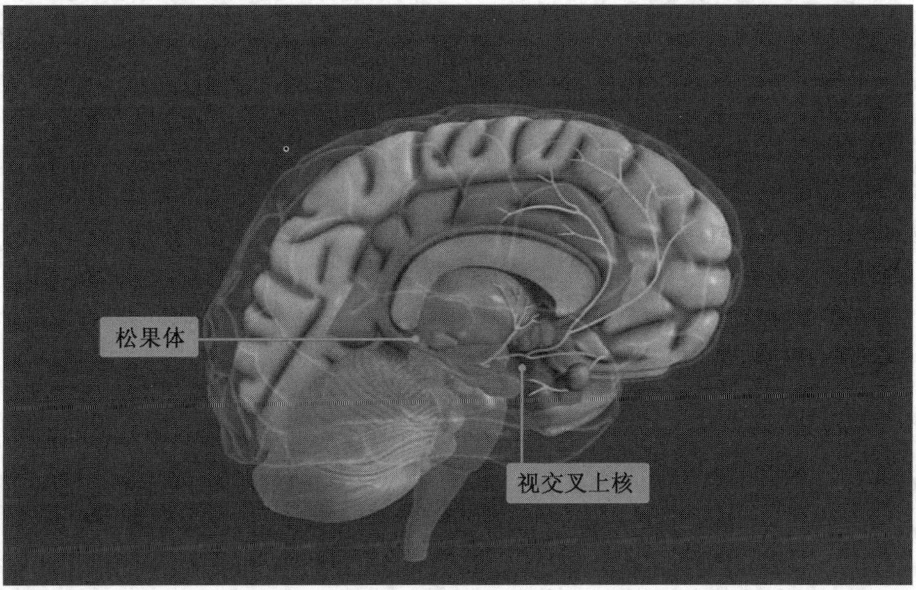


图中显示了视交叉上核和松果体的位置

## 什么是睡眠？

睡眠是一种行为。这种说法可能听起来很奇怪，因为我们通常认为行为是涉及动作的活动，比如走路或说话。除了伴随某一特定阶段的快速眼球运动外，睡眠并不是由运动来区分的。睡眠的特征是持续的嗜睡冲动（一种动机）迫使我们寻找一个安静、温暖、舒适的地方，躺下，并在那里停留几个小时（一种行为）。因为我们很少记得睡觉时发生的事情，所以我们倾向于把睡眠看成是意识的改变，而不是行为。意识的改变是不可否认的，但它不应该阻止我们注意到行为的变化。

### 睡眠阶段

目标 9.1 描述睡眠阶段的过程、行为和脑电图特征。

关于人类睡眠的最佳研究是在睡眠实验室进行的。睡眠实验室，通常位于大学或医学中心，由一间或几间小卧室组成，毗邻一个观察室，实验者在那里过夜（试图保持清醒）。

实验者将电极连接到被试头皮上，用脑电图(EEG)监测大脑活动，然后将电极连接到面部，用**肌电图**(EMG)记录肌肉活动。附着在眼睛周围的电极监测眼球运动，记录**眼电图**(EOG)。此外，其他电极和转导装置可用于监测心率、呼吸和皮肤传导能力的变化等自主措施(见图 9.1)。

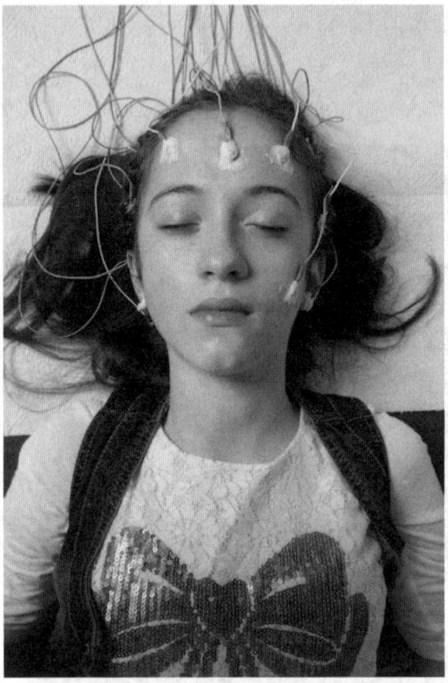

**图 9.1　睡眠研究的被试**

通过电极，研究人员可以测量大脑、面部和眼睛周围肌肉的电生理活动。

在清醒状态下，正常人的脑电图显示两种基本的活动模式：α 活动和 β 活动。**α 活动**由规则的、中等频率的 8—12 赫兹的频率波(赫兹/秒)组成。当一个人安静地休息时，大脑会产生这种活动，这种活动不是刻意发起或兴奋的，也不参与剧烈的脑力活动(如解决问题)。尽管有时 α 波在人一睁眼时就会产生，但更多发生在闭眼时。另一种清醒脑电图模式——**β 活动**主要是由不规则的，13—30 赫兹的低振幅波组成。

β 活动显示不同步，它反映了大脑中许多不同的神经回路在积极地处理信息。当一个人警惕并关注环境中的事件或正在积极思考时，就会发生不同步活动。

脑电图电极可以同时记录许多神经元，报告它们的电活动的总和。如果这些细胞在同一时间活跃，它们的电信号就会同步，并在脑电图数据中显示为一个大而清晰的波。如果它们是随机激活的，它们的电信号就会不同步，并且在脑电图数据中呈现出小而混乱的波形，没有清晰的模式。想象一下，特定皮层区域的所有神经元都是游泳池中的游泳者。这些游泳者用手推水来制造波浪。当游泳者同步并且所有人一起推动他们各自的波浪时，他们的波浪结合在一起，使一个大波浪穿过水池。当游泳者不同步时，每个人都会随机产生自己的波浪。一些小波相互碰撞，抵消了其他波的进展。水池里充满了许多小而混乱的单个波，它们向各个方向移动，类似于记录 β 活动时活跃的神经元的电活动总和(见图 9.2)。

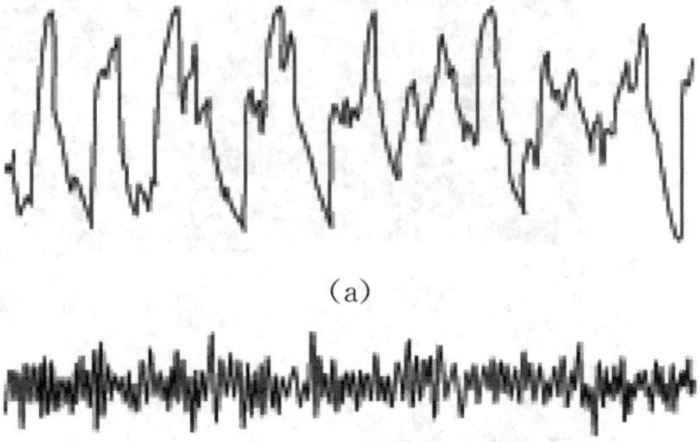


**图 9.2　同步和不同步脑电波活动**

(a)如果细胞几乎同时处于活动状态，它们的电信息就会同步，并在脑电图数据中以一个大而清晰的波的形式出现。这是一个同步增量 δ 活动的例子。(b)如果神经元是随机激活的，则它们的电信息不同步，在脑电图数据中以小而混乱的波形出现。这是一个非同步 β 活动的例子。

研究者和医生们仔细研究了睡眠者的脑电图记录，识别出了特定的波形活动与睡眠的不同时期或阶段相对应。第一个关于睡眠阶段的生理描述发表于 1957 年。到 1968 年，Rechtschaffen 和 Kales 出版了一本标准化睡眠阶段评分方法手册，称为 R & K 法(Dement and Kleitman, 1957; Rechtschaffen and Kales, 1968)。除了清醒之外，最初的评分指南包括非快速眼动睡眠的四个阶段(阶段 1—4)和一个快速眼动睡眠阶段，由不同频率和振幅的脑电图波形组成。自 21 世纪初以来，美国睡眠医学学会(AASM)提出了一种新的评分系统。新系统识别了觉醒阶段(W 阶段)、三个非快速眼动睡眠阶段(NREM 1、2 和 3)和一个快速眼动睡眠阶段(R 阶段)(Berry et al., 2012; Silber et al., 2007)(见表 9.1)。

**表 9.1 睡眠阶段**

| 睡眠阶段 | 具体描述 | 脑电数据 |
|---|---|---|
| 觉醒 | α 活动(8—12 Hz)和 β 活动(13—30 Hz) | 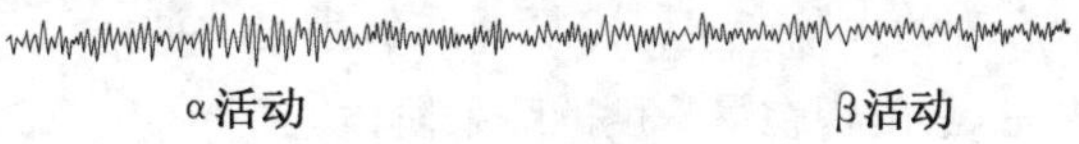  |
| 第一阶段 | NREM，包括 θ 活动(3.5—7.5 Hz) | 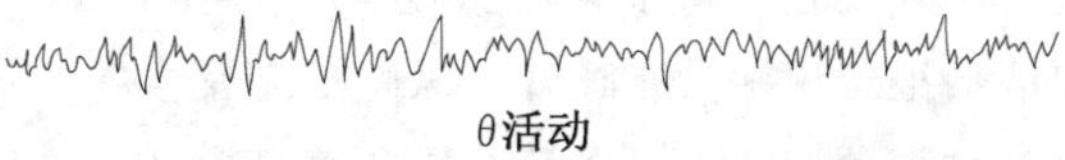  |
| 第二阶段 | NREM，包括睡眠纺锤波与 K 复合波 | 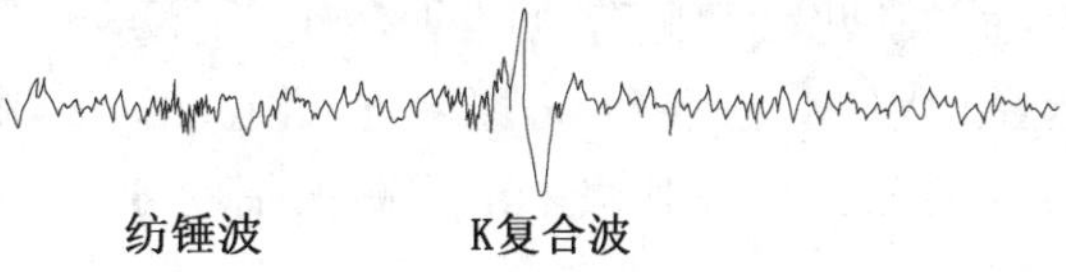  |
| 第三阶段 | 慢波睡眠，包括 δ 活动(<3.5 Hz) | 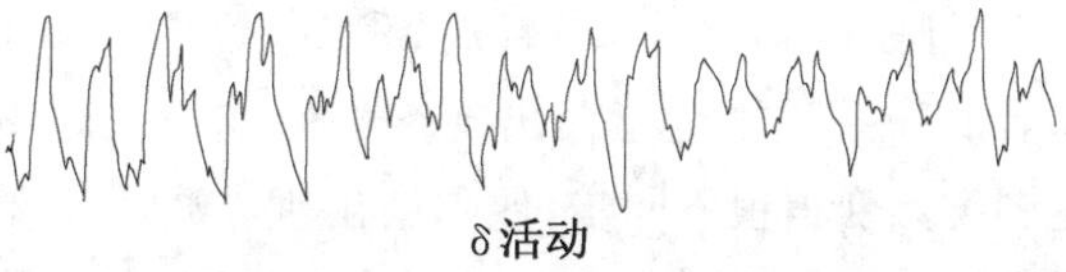  |
| 快速眼动睡眠 | REM，包括 θ 活动和 β 活动 |   |

注：REM＝快速眼动；NREM＝非快速眼动。
资料来源：Silber et al., 2007 and Horne, J.A. Why we sleep: The functions of sleep in humans and other mammals. Oxford, England: Oxford University Press, 1988。

让我们使用新的睡眠阶段评分准则，来看看睡眠室中一个女大学生的典型睡眠。(会从男性身上得到类似的结果，但有一个例外，稍后会提到。)实验者连接电极，关掉灯，然后关上门。我们的志愿者变得昏昏欲睡，很快进入第一阶段的睡眠，标志是出现了 **θ 活动**(3.5—7.5 Hz)，这表明大脑皮层中神经元的放电正变得越来越同步。这个阶段实际上是睡眠和清醒之间的过渡，如果我们观察志愿者的眼睑，我们会不时看到它们慢慢地展开和闭合，她的眼球上下滚动(再看表 9.1)。在此期间，睡眠者可能会经历睡眠性痉挛，肌肉收缩，再放松。很多人还会同时伴有跌落的感觉。大约 10 分钟后，她进入第二阶段睡眠。这个阶段的脑电图通常是不规则的，包含 θ 活动、睡眠纺锤波和 K 复合波的周期。睡眠纺锤波是一组 12—14 赫兹的短脉冲，以每分钟 2—5 次的速率发生在睡眠的第一到第三阶段。这些波在巩固记忆方面发挥了一定的作用，睡眠纺锤波数量的增加与智力测试分数的提高有关(Fogel and Smith, 2011)(本章后面将讨论睡眠在记忆中的作用)。与睡眠纺锤波不同,K 复合波(K complexes)是一种突然而尖锐的波形,通常只在第二阶段睡眠时出现。它们以大约每分钟 1 次的速度自发发生,但通常由噪声引发,尤其是意外的噪声。Cash 等人记录了人类大脑皮层中单个神经元在睡眠期间的活动,并发现 K 复合波由独立的神经抑制期组成(Cash et al, 2009)。(记录通过评估接受神经外科手术患者的大脑产生。)K 复合波似乎是 δ 波的先兆,常出现在最深度的睡眠阶段。

这个人现在睡得很香,但如果将其唤醒,她可能会报告说她没有睡着。医院护士常会提到这种现象,她们在深夜叫醒高声打鼾的患者,而这些患者却坚持他们只是躺下了没有睡着。大约 15 分钟后,志愿者进入慢波睡眠,因为在第三阶段睡眠中出现高振幅的 **δ 活动**(小于 3.5 Hz)(参见表 9.1)。

在睡眠开始大约 90 分钟后,我们注意到志愿者的一系列生理指标出现突然的变化。脑电图突然变得很不同步,偶尔会出现 θ 波,和第一阶段睡眠时的记录非常相似(参见表 9.1)。我们还注意到她的眼球在紧闭的眼睑下快速地来回移动。我们可以从附着在她眼睛周围皮肤上的电极记录下来的眼电图中看到这种活动,或者我们可以直接通过角膜在眼睑上产生一个凸起观察眼球运动。我们还看到肌电图变得静默,肌张力几乎完全丧失。事实上,生理学上有研究表明,除了偶尔的抽搐,一个人在快速眼动睡眠中会瘫痪。这种特殊的睡眠阶段与我们先前看到的安静睡眠阶段截然不同。它通常被称为**快速眼动睡眠**(REM 睡眠,得名于眼球快速运动的特征)。

根据大多数标准,第三阶段是睡眠最深阶段;只有很大的噪声才会使人醒来,而当被唤醒时,这个人就会表现得昏昏沉沉、不知所措。相反,在 REM 睡眠中,一个人可能对大多数噪音都没有反应,但他/她很容易被有意义的刺激唤醒,比如他/她的名字。同时,当一个人从 REM 睡眠中醒来时,他会显得警觉和专注。

如果我们在 REM 睡眠期叫醒志愿者,问她发生了什么,她一定会说她在做梦。REM 睡眠的梦倾向于以叙事的形式出现,以故事般的情节发展。另一方面,如果我们在她慢波睡眠时叫醒她,问她:"你在做梦吗?"她很可能会说:"不。"然而,如果我们更深入地问她,她可能会重新出现一个想法、一个形象或某种情绪。

整个夜里,志愿者的睡眠在 REM 睡眠和 NREM 睡眠期之间交替。每个周期大约 90 分钟,包括 20 到 30 分钟的 REM 睡眠。因此,8 小时的睡眠将包含 4 或 5 个 REM 睡眠周期。图 9.3 显示了一个典型的夜间睡眠曲线图。纵轴表示正在记录的脑电图活动;因此,REM 睡眠和第一阶段睡眠被放在同一条线上,因为在这段时间出现了类似的脑电图活动模式。注意,大多数慢波睡眠发生在前半个晚上。随后的 NREM 睡眠阶段包含越来越多的第二阶段睡眠,而 REM 睡眠阶段(水平条显示)变得更长。

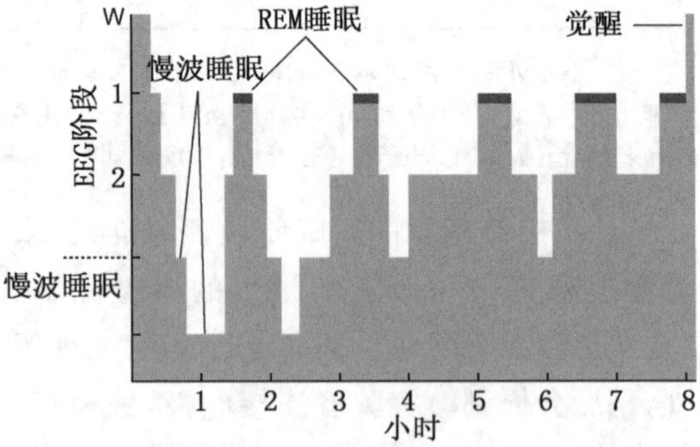


**图 9.3　一个晚上睡眠阶段的典型模式**

图中深色阴影表示 REM 睡眠

正如我们所见,在 REM 睡眠期间我们会变得瘫痪,大部分脊髓和颅运动神经元都受到强烈抑制。(控制呼吸和眼球运动的细胞不会受到抑制。)同时大脑非常活跃,脑血流量和耗氧量加快。此外,在REM睡眠的大部分时间里,男性的阴茎和女性的阴蒂至少会部分勃起,女性的阴道分泌物会增加(Schmidt and Schmidt, 2004)。然而,Fisher等人(Fisher et al., 1965)发现,对于男性,生殖器的变化并不意味着这个人正在经历一个带有性内容的梦。(人们可以做带有性内容的梦。在男性中,一些梦的高潮是"射精",也就是所谓的"梦遗"。女性也会在睡眠中体验高潮。)

阴茎勃起发生在REM睡眠期间,与性唤起无关,这一事实已被临床用于评估阳痿的原因(Karacan et al., 1978; Singer and Weiner, 1996)。被试睡在实验室,他的阴茎上绑着一个测量阴茎周长的装置。如果在REM睡眠中发生阴茎增大,那么他在性交尝试中未能勃起就不是由诸如神经损伤或循环障碍等生理问题引起的。

REM睡眠和慢波睡眠之间的重要区别列于表9.2中。

**表9.2 REM睡眠和慢波睡眠的主要特征**

| REM睡眠 | 慢波睡眠 |
|---|---|
| 脑电图失调(快速,不规则电波) | 脑电图同步(慢波) |
| 肌肉紧张 | 适度肌肉紧张 |
| 快速眼动 | 眼球运动迟缓或消失 |
| 阴茎勃起或阴道分泌物 | 生殖器缺乏活动 |
| 做梦 | |

## 睡眠中的大脑活动

目标9.2 解释REM和慢波睡眠期间大脑的活动模式。

虽然我们在睡觉时对周围环境反应不多,但并不代表是无意识的。清晨醒来我们常常忘记在睡觉中经历的事情,所以回想时认为我们是无意识的。然而,当实验者唤醒睡眠志愿者时,志愿者的报告清楚表明他们是有意识的。事实上,大脑在睡眠中非常活跃。接下来,我们将探讨大脑在REM睡眠和慢波睡眠中的活动。

**快速眼动期和做梦时的大脑活动** 研究人员发现,在REM睡眠期间,脑血流速率在纹外皮层(视觉联合皮层)中较高,但在纹状体(初级)视觉皮层和前额皮层中较低(Braun et al., 1998; Madsen et al., 1991)。纹状皮层缺乏活动说明眼睛没有接受视觉输入,而纹外皮层的高水平活动可能反映出做梦时出现了视觉幻觉。正如我们将在第13章中看到的,前额叶皮层参与制订计划,及时跟踪事件的组织及区分幻觉和现实。正如一些研究者指出的,梦的特征是具有良好的视觉图像,但在时间上却缺乏条理,例如,过去、现在和将来常常是互换的(Hobson, 1988)。正如Melges所说,"做梦者往往没有为长期目标奋斗的感觉,而更像是被流动的时间和以不可预知的方式突然出现的情境推着向前。"(Melges, 1982)这句话也可以用来描述那些前额皮层受损患者的日常生活(参见图9.4)。

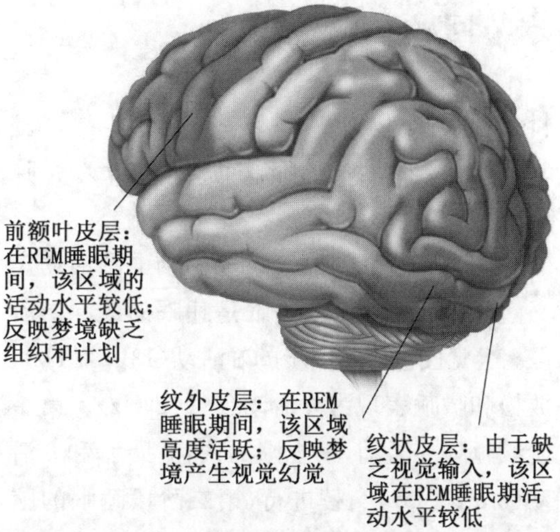


**图9.4 REM睡眠中纹状、纹外和前额叶皮层的活动**

有的人会经历清醒梦，或是能意识到他们在做梦而不是醒着。一些研究人员推测，在 REM 睡眠期间，正常非活跃的前额皮层可能与清醒梦的体验有关。清醒梦也可能发生在 NREM 睡眠中。

Stumbryset 等人(2013)设计了一个有趣的实验来测试前额皮层活动在清醒梦中的作用。研究人员让志愿者在睡眠实验室度过三个夜晚。第一天晚上，让志愿者适应实验室。在第二和第三个夜晚，研究者将使用经颅直流电刺激(transcranial direct current stimulation, tDCS)技术，通过向志愿者的头皮施加微弱电流在一个晚上激活背外侧前额皮层。另一个晚上，志愿者将收到一个假信号。被试将在每一次 REM 后被唤醒，并要求他们报告自己的梦境。志愿者报告了更多的清醒梦，以响应 tDCS 与假刺激。尽管这只是初步的研究，但它表明至少一个大脑区域在 REM 清醒梦中的作用。

一些研究人员认为，在 REM 睡眠期间的眼球运动与我们做梦时的视觉图像有关。Roffwarg 等人(1962)记录了被试在 REM 睡眠期的眼球运动，然后叫醒被试，让他们描述在梦中发生的事情。他们发现，如果被试真的在观察这些事件，他们的眼球运动与预期的就很相似。另外，有证据表明，在梦境中激活的特定的大脑机制正是梦中事件真实发生时活跃的部分。例如，在一个包含运动的梦境中，皮层和皮层下运动机制变得活跃起来，就好像这个人真的在移动(McCarley and Hobson, 1979)。此外，如果一个梦涉及谈话和倾听，做梦者大脑中涉及说和听的区域会变得特别活跃(Hong et al., 1996)(语言交流的大脑机制将在第 14 章中讨论。)

**慢波睡眠时的大脑活动** 尽管叙事、故事般的梦境和与之相关的大脑活动最常发生在 REM 睡眠中，但大脑活动的变化也可能发生在慢波睡眠中，产生梦幻意象。与清醒相比，慢波睡眠期间的局部脑血流量通常在整个脑中减少。然而，一些研究人员发现慢波睡眠中视觉和听觉皮层的血流量局部增加，这被假定为慢波睡眠中产生梦境的神经基础。在慢波睡眠中，流向丘脑和小脑的血液减少(Hofle et al., 1997)。

---

## 本节回顾

### 什么是睡眠?

目标 9.1 描述睡眠阶段的过程、行为和脑电图特征。

NREM睡眠的前三阶段由脑电图活动定义。第三阶段的慢波睡眠是睡眠的最深层阶段。警觉性包含不同步的 β 活动(13—30 Hz)，放松和嗜睡表现为 α 活动(8—12 Hz)。第一阶段睡眠 α 活动，不规则的快速活动，和 θ 活动(3.5—7 Hz)交替进行；第二阶段睡眠的脑电图没有 α 活动，但是包含睡眠纺锤波(12—14 Hz 的短期活动)以及偶尔的 K 复合波；第三阶段的睡眠主要由 δ 活动组成。在睡眠开始大约 90 分钟后，人们进入 REM 睡眠。此后，REM 睡眠和 NREM 睡眠的周期约为 90 分钟。肌肉张力在整个睡眠过程中都会降低，导致深度放松和 REM 睡眠中的肌肉麻痹。

目标 9.2 解释 REM 和慢波睡眠期间大脑的活动模式。

在 REM 睡眠期间，大脑血液流动的速率较高，但在纹状皮层和前额叶皮层较低。这种活动反映为在 REM(纹状皮层很少或根本没有激活)中缺乏视觉作用,但在梦境中出现了活跃的视觉幻觉(大脑外皮层被激活)。缺乏前额皮层活动可能反映了梦中缺乏组织和计划。慢波睡眠时大脑的局部血流量通常比清醒时少。然而,一些研究人员发现视觉和听觉皮层的血流量局部增长,这被假设为在慢波睡眠中经历的类似梦的图像的神经基础。在慢波睡眠中,流向丘脑和小脑的血液减少。

## 思考题

有人说,他们能"控制"自己的梦境——觉得自己可以决定接下来要做什么,而不是被动地随波逐流。你有过这样的经历吗?你是否做过"清醒梦",在梦中你能意识到自己在做梦吗?在清醒梦中寻找大脑活动变化的证据。

## 我们为什么要睡觉?

从过去的经验来看,你可能知道想睡觉的冲动是多么强烈,当我们不得不抗拒它、保持清醒时,它会有多么不舒服。除了剧烈疼痛和需要呼吸的后果之外,困倦可能是我们能够经历的最顽固的动力。人们可以通过拒绝进食或喝水来自杀,但即使是最坚忍的人也不能无限期地抗拒睡眠的欲望。不管一个人多么努力地保持清醒,睡眠迟早会到来。

在前面的章节中,我们提出了一个问题:"我们为什么要睡觉?"研究人员试图以多种方式回答这个问题。虽然这个问题尚未解决,但大多数研究人员认为,慢波睡眠的主要功能是让大脑休息。此外,慢波睡眠和REM睡眠能促进不同类型的学习,而REM睡眠促进大脑发育。

### 慢波睡眠的功能

目标 9.3 解释慢波睡眠的潜在功能。

睡眠是脊椎动物的普遍现象。据我们所知,所有的哺乳动物和鸟类都睡觉(Durie, 1981)。爬行动物也会睡觉,鱼类、两栖动物甚至昆虫都会进入类似睡眠的静止期。然而,只有温血脊椎动物(哺乳动物和鸟类)表现出明显的REM睡眠,并伴有肌肉麻痹、脑电图不同步以及快速眼动。像火烈鸟这样的鸟类,倚靠一条腿站着睡觉,在站立时所使用的肌肉不会失去张力。此外,像鼹鼠这样的动物,在醒着的时候几乎不动眼睛,在睡着时也几乎没有眼动的迹象。REM睡眠的功能将在后面的部分单独讨论。

睡眠似乎对生存至关重要。这种说法有事实证明:睡眠存在于一部分哺乳动物中,而似乎没有睡眠它们的生活会更好。例如,一些海洋哺乳动物已经形成了一种不同寻常的睡眠模式:大脑半球轮流睡觉,大概是因为这种策略总是允许至少一个半球保持警惕,防止动物溺水。此外,活动半球的对侧眼睛仍然睁开。一些鸟类(如,野鸭)也能只用一个半球睡觉,另一只眼睛睁着观察捕食者(Rattenborg et al., 1999)。宽吻海豚和鼠海豚都是每次只有一个半球睡觉(Mukhametov, 1984)。图9.5显示了海豚两个半球的脑电图记录,注意,它们慢波睡眠分别发生在左右半球。

**睡眠不足的影响** 当我们被迫失去一个晚上的睡眠,我们会变得非常困。困倦感如此强烈的事实表明睡眠是我们生活的必需品。如果这样的话,就可以通过剥夺人类或实验动物的睡眠,观察哪些功能被破坏,然后推断出睡眠的功能。然而,睡眠剥夺研究的

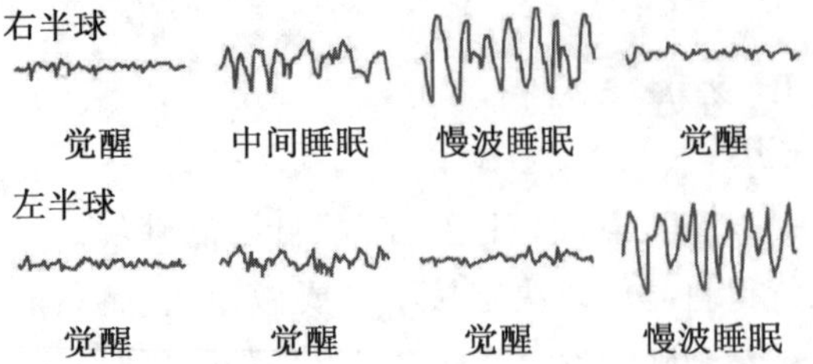


**图 9.5 海豚的睡眠**

这两个半球独立睡眠，大概是为了让动物保持行为上的警觉。

资料来源：Mukhametov, L.M., Sleep in marine mammals, in *Sleep Mechanisms*, edited by A.A. Borbély and J.L. Valatx. Munich: Springer-Verlag, 1984。

结果并未如预期那样完全揭示出睡眠的功能。接下来的部分我们就来分析这些睡眠剥夺研究的结果。

对人类的研究 对人类被试的睡眠剥夺研究并没有得到足够的证据证明睡眠是保持身体正常运转的必要条件。Horne (1978)回顾了超过 50 个剥夺睡眠实验，报告显示，大部分研究中的被试并不会因睡眠不足而影响其体育能力。此外，研究没有发现任何证据表明睡眠不足会引起生理压力。因此，睡眠的主要作用似乎并不是身体的休息和恢复。然而，睡眠不足会使人们的认知能力受到影响，一些被试报告感觉到知觉扭曲甚至出现幻觉，并且难以集中精力完成脑力工作。即使只有一个晚上的睡眠剥夺，人们识别情感面部表情的能力也会受损(van der Helm et al., 2010)。也许睡眠是在为大脑提供休息的机会。

睡眠不足的人在被允许再次睡觉后会怎么样？大多数人在接下来的一两个晚上会睡得更久，但他们永远也无法恢复失去的睡眠。在一个引人注目的案例中，一个 17 岁的男孩为了能在吉尼斯世界纪录中占有一席之地而保持清醒 264 个小时(Gulevich et al., 1966)。经过此次考验，男孩睡了不到 15 个小时后醒来感觉很好。第二晚他睡了 10 个多小时，第三晚只睡了不到 9 个小时。几乎 67 个小时的睡眠不足都没有得到弥补。然而，在所有阶段的睡眠中，恢复的百分比并不相同。在第一阶段和第二阶段只恢复了 7%，而慢波和 REM 睡眠分别恢复了 68%和 53%。其他研究也发现了类似的结果，表明慢波和 REM 睡眠比其他阶段更重要(Kales et al., 1970)。

我们对慢波睡眠的潜在功能了解多少？在慢波睡眠中发生了什么使之如此重要？虽然人脑只占人体总重量的 2%，但在安静的清醒状态下，它消耗人体 20%的能量。在慢波睡眠中，大脑代谢率和脑血流量均下降，下降至清醒水平的 75%左右(Buchsbaum et al., 1989; Maquet, 1995; Sakai et al., 1979)。特别的是，在清醒时活动水平最高的区域，在慢波睡眠时显示最大幅度的 δ 波和最低水平的代谢活动。因此，在大脑的某个特定区域出现慢波活动，似乎表明该区域正在休息。从行为观察中我们知道，在慢波睡眠中，除了强烈的刺激外，人们对所有的刺激都没有反应，如果被唤醒，就会表现得昏昏沉沉、不知所措，就好像他们的大脑皮层已经被关闭，还没有恢复功能。这些观察结果表明，在慢波睡眠期间，大脑确实在休息。

现有证据表明，大脑需要周期性地休息，以从清醒活动的负面影响中恢复过来。但这些不良反应的本质是什么？Siegel(2005)指出，与清醒大脑相关的高代谢率活动产生的废物中，含有至少一种未配对电子的化学物质——自由基。自由基是高度活性的氧化剂；它们可以与其他分子的电子结合，破坏它们所在的细胞，这一过程被称为氧化应激。长时间的睡眠不足会增加大鼠大脑中的自由基，导致氧化应激(Ramanathan et al., 2002)。在慢波睡眠中，新陈代谢率降低使细胞中的恢复机制能够摧毁自由基并防止其破坏作用。

一种被称为**致死性家族性失眠症**的遗传

性神经障碍会导致丘脑部分受损(Gallassi et al., 1996; Montagna et al., 2003; Sforza et al., 1995)。这种疾病的症状与克雅氏病和牛海绵状脑病(俗称"疯牛病",详见第15章)有关,包括注意力和记忆力不足,然后是一个梦幻般的、混乱的状态,自主神经系统和内分泌系统失控,体温升高和失眠。睡眠障碍的最初迹象是睡眠纺锤波和K复合波减少。随着病情的发展,慢波睡眠完全消失,只剩下短暂的REM睡眠(没有伴随肌肉麻痹)。顾名思义,这种疾病是致命的。目前还不清楚由大脑损伤引起的失眠是否会导致其他症状并导致患者死亡。

Schenkein(2006a)和Montagna(2006b)描述了一个被诊断为患有一种致死性家族性失眠症的人,而一般患此病的人通常会在12个月内死亡。因为已有几个亲戚死于这种疾病,这个人知道接下来会发生什么,于是他请了几位医生来给他开一些药物和治疗,尝试帮助他睡眠。几个月的治疗确实帮助他入睡,这个人比预期多活了一年,在此期间,他的生活质量提高了。但仍需要进一步的研究来确定他生存时间的增加是否是睡眠增加的直接结果。

*对实验室动物的研究* Rechtschaffen和他的同事设计了一种程序来阻止大鼠在强迫性持续运动后入睡(对照组动物的运动量与实验组一样多,但它们的睡眠时间可以达到正常水平)(Rechtschaffen and Bergmann, 1995, 2002; Rechtschaffen et al., 1983, 1989)。

睡眠不足有严重的影响。对照组的动物保持着完美的健康状态。然而,实验组动物看起来很不舒服,并停止梳理毛发。它们变得虚弱和动作不协调,失去了调节体温的能力。尽管它们开始吃比平时多的食物,但它们的新陈代谢率也变得很高,以至于它们的体重在持续减少。最终,大鼠死亡。死亡原因仍不清楚。大鼠的大脑似乎是正常的,没有明显的炎症或其他内脏器官受损的迹象。这些大鼠的应激激素水平没有异常升高,所以死亡不能简单地归咎于压力。而如果给大鼠提供高热量的饮食来补偿它们增加的代谢率,大鼠就会活得更长,但最终还是会死亡(Everson and Wehr, 1993)。正如我们将在本章后面看到的,前脑基底部的损伤会导致失眠,如果动物不能从失眠中恢复过来,它们就会死亡。

正如我们刚刚看到的,致死性家族性失眠症的神经退行性紊乱症状就类似于被强迫剥夺睡眠的大鼠。Budka等人(1998)报告了另一个相似之处,研究人员研究了5名致死性家庭性失眠症患者,除了失眠,他们出现了记忆力减退和自主神经功能障碍,还表现出显著的体重减轻。

**运动对慢波睡眠的影响** 对人类进行的睡眠剥夺研究表明,大脑可能需要慢波睡眠才能从一天的体力活动中恢复过来。另一种判断是否需要睡眠来恢复生理功能的方法是观察白天活动对夜间睡眠的影响。如果睡眠的功能是修复清醒时身体活动对身体的影响,那么我们应该认为睡眠和锻炼是相关的。一天的剧烈运动后,我们应该比一天安静地坐在书桌前或看电视后睡得更多。

令人惊讶的是,睡眠和运动之间的关系似乎并没有那么强。事实上,那些在床上休息6周的健康被试的慢波或快速眼动睡眠没有变化(Ryback and Lewis, 1971)。如果睡眠能修复身体损耗,我们希望这些人睡得更少。研究脊髓损伤的严重瘫痪患者的睡眠情况发现,与未受伤的人相比,他们的慢波睡眠仅略有减少(Adey et al., 1968)。因此,虽然睡眠确实为身体提供了休息,但它的主要功能似乎另有其他。

**认知活动对慢波睡眠的影响** 如果慢波睡眠的主要功能是让大脑从日常活动中得到休息和恢复,那么我们可能会认为一个人在一天剧烈的大脑活动之后会花更多时间在慢波睡眠中。需要注意力和脑力活动的任务确实会增加大脑中的葡萄糖代谢(Roland, 1984)。最显著的增加出现在额叶,那里的慢波活动在NREM睡眠时最强。在一项支持这种解释的实验中,Huberet等人(2004)让人们在睡前执行一项运动学习任务。这项任务要求被试做手势,手势的方向由视觉显示器指示。在睡眠过程中,被试在执行任务时大脑皮层的慢波活动增加。据推测,这些大脑皮层神经元的活动增加,在接下来的睡眠中需要更多的休息。Huber等人(2006)的一项后续研究发现,将一只手臂固定12小时会产生相反的结果:在睡眠期间,接收来自控制手臂运动及体感信息的大脑皮层区域表现出较少的慢波活动。

Horne和Minard(1985)在一项别出心裁的研究中,发现了一种既不影响身体活动又不造成压力的方式来增加精神活动。研究人员让被试参加一个实验,在这个实验中,他们应该参加一些旨在测试阅读能力的测试。然而,当被试到达时,他们被告知计划已经改变。他们被邀请出去玩一天,但实验者提供的报酬却很高。(毫不奇怪,被试愿意接受。)他们花了一天的时间参观一个艺术展,一个购物中心,一个博物馆,一个游乐园,一个动物园和一个有趣的大厦。驾车在乡间观光之后,他们在当地一家电影院看了一场电影。他们被驱使从一个地方赶到另一个地方,并没有被身体运动所累或感到疲劳。看完电影后,他们回到睡眠实验室。他们说他们累了,很快就睡着了。他们的睡眠时间是正常的,醒来时感觉神清气爽。然而,他们的慢波睡眠增加了。在所有的脑力锻炼之后,大脑似乎需要比平时更多的休息。

## 快速眼动睡眠的功能

目标9.4 发现REM睡眠的潜在功能。

快速眼动睡眠是一种剧烈的生理活动,眼球快速转动,心跳突然加速和减速,呼吸变得不规律,大脑变得更加活跃。认为REM睡眠和慢波睡眠具有同样的功能是不合理的。一份关于REM睡眠剥夺影响的早期报告(Demen, 1960)指出,随着REM睡眠剥夺实验的推进,被试必须更频繁地从REM睡眠中醒来,进入REM睡眠的"压力"越来越大。此外,经过几天的快速眼动睡眠剥夺后,被试在正常睡眠时出现了**反弹现象**,在REM睡眠的恢复期,他们花了很多的时间。这种反弹表明有必要进行一定数量的REM睡眠——REM睡眠是由一种调节机制控制的。如果选择性剥夺导致REM睡眠不足,那么在不间断睡眠的情况下,这种缺陷就会被弥补。

长期以来,研究人员一直认为,在大脑发育最活跃的阶段,REM睡眠的比例最高。因此,REM睡眠可能在这一过程中起作用(Siegel, 2005)。出生时大脑发育不成熟的物种(如雪貂或人类)比出生时大脑发育良好的物种(如豚鼠或牛)在REM睡眠中花的时间要多得多(Jouvet-Mounier et al., 1970; Roffwarg et al., 1966)。但如果REM睡眠的功能是促进大脑发育,为什么成年人会有REM睡眠?一种可能性是,REM睡眠促进了大脑在发育过程中发生的激烈变化,也促进了一些在整个生命周期中负责学习的较为温和的变化。在下一节中我们会看到,有证据表明REM睡眠和慢波睡眠都有利于学习。

## 睡眠与学习

目标9.5 比较慢波睡眠和REM睡眠在学习中的作用。

对人类和实验室动物的研究表明,睡眠不仅仅能让大脑休息:它还有助于巩固长期记忆(Marshall and Born, 2007)。慢波睡眠和快速眼动睡眠在记忆巩固中扮演不同的角色。

正如我们将在第13章看到的，长期记忆有两大类：一是陈述性记忆，也叫外显记忆；二是非陈述性记忆，也叫内隐记忆。陈述性记忆包括那些人们可以谈论的记忆，比如对他们生活中过去事件的记忆。它们还包括刺激或事件之间关系的记忆，比如允许我们在环境中进行导航的地标之间的空间关系。非陈述性记忆包括那些通过经验和实践获得的记忆，而这些记忆并不一定需要"记住"信息，比如学习开车、投球和接球，或者识别一个人的脸。研究发现，慢波睡眠和快速眼动睡眠对陈述性记忆和非陈述性记忆的巩固起着不同的作用。

让我们从两个研究的证据来看，午睡对记忆巩固的影响。Mednick 等人(2003)让被试在上午9点学习一项非陈述性的视觉辨别任务。10小时后，也就是晚上7点，测试被试执行任务的能力。部分(但不是全部)被试在训练和测试之间白天午睡了90分钟。研究人员记录了睡眠被试的脑电图，以确定哪些人参与了REM睡眠，哪些没有。(所有这些人都在进行慢波睡眠，因为这一阶段的睡眠在健康人中总是排在第一位。)研究人员发现，不午睡的被试的表现比训练结束时更糟糕。那些只进行慢波睡眠的被试在测试期间的表现与他们在训练结束时的表现大致相同。然而，参与快速眼动睡眠的被试表现得明显更好。因此，REM睡眠在促进非陈述性记忆的巩固上有很大作用(参见图9.6)。

在第二项研究中，Tucker 等人(2006)对被试进行了两项任务的训练：一项是陈述性任务(学习一组成对的单词)，另一项是非陈述性任务(学习在镜子里看着纸和铅笔的设计)。之后，一些被试被允许小睡1小时左右。他们的脑电图被记录下来，在进入快速眼动睡眠之前就被唤醒。在最初的训练6小时后，测试被试在这两项任务上的表现。研究人员发现，与那些保持清醒状态的被试相比，只有慢波睡眠的午睡能提高被试在陈述性任务上的表现，但对非陈述性任务的表现没有影响(参见图9.7)。所以这两个实验(以及我们没有描述的其他实验)表明快速眼动睡眠促进非陈述性记忆的巩固，而慢波睡眠促进陈述性记忆的巩固。

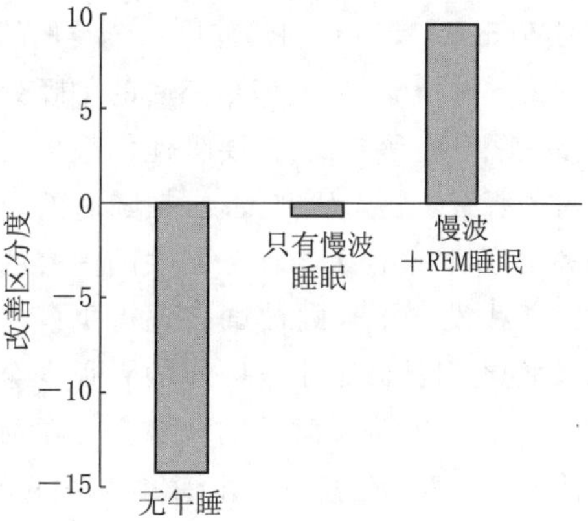


**图 9.6 REM 睡眠和学习**

只有经过90分钟的午睡(包括慢波睡眠和REM睡眠)，被试在非陈述性视觉辨别任务中的表现才有所改善。

资料来源：Mednick et al., 2003。

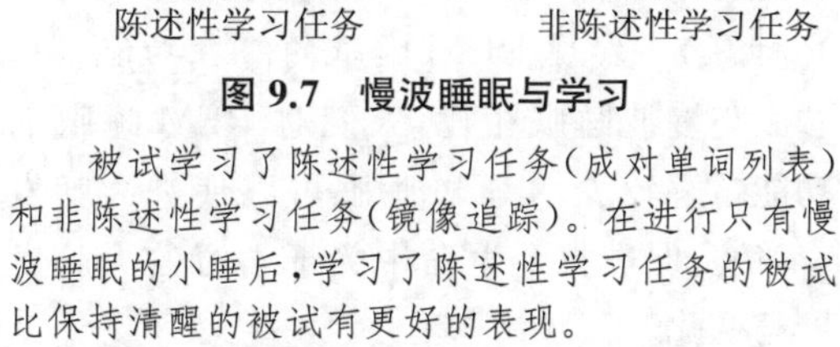


**图 9.7 慢波睡眠与学习**

被试学习了陈述性学习任务(成对单词列表)和非陈述性学习任务(镜像追踪)。在进行只有慢波睡眠的小睡后，学习了陈述性学习任务的被试比保持清醒的被试有更好的表现。

资料来源：Mednick et al., 2003。

Peigneux 等人(2004)让被试在一个计算机虚拟现实城镇中学习。这个任务和人们在一个真实的城镇中学习时所做的事情非常相似。他们必须了解连接他们的地标和街道的相对位置，这样当实验者将他们"放置"在不同的起点时，他们就能找到特定的位置。我们将在第13章看到，海马体在学习这类知识中扮演着重要的角色。Peigneux和他的同事使用功能性大脑成像来测量区域脑活动，发现在路线学习期间和慢波睡眠期间，海马体的相同区域被激活。这些模式在REM睡眠中是看不到的。

Wamsley等人(2010)使用一个类似的虚拟现实导航任务，在训练结束后的午睡处于慢波睡眠时唤醒被试，并要求他们报告正在思考的所有事情。研究发现，在随后的导航任务中，那些报告了与任务相关的内容的被试比那些没有报告的被试表现得更好。因此，尽管在慢波睡眠中被唤醒的人很少会报告叙事性梦境，但睡眠中的大脑会对在前一段清醒期获得的信息进行排练(参见图9.8)。

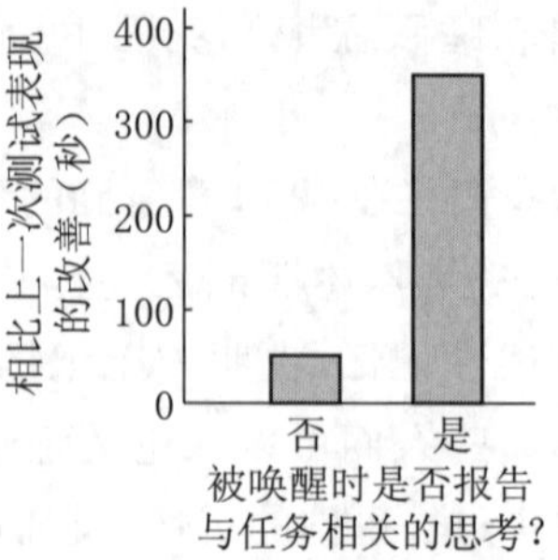


**图9.8 睡眠中回想过去的经历**

该图表显示，在任务上有卓越表现的被试被唤醒时能报告出对前一天学习的虚拟现实导航任务的思考。

资料来源：Wamsley et al.，2010。

许多关于实验室动物的研究直接记录了动物大脑中单个神经元的活动。这些研究也表明，大脑似乎会在慢波睡眠时排演新学习的信息(O'Neill et al.，2010)。第13章回顾了这一证据，并描述了有关大脑机制的研究。

## 本节回顾

### 我们为什么要睡觉?

目标9.3 解释慢波睡眠的潜在功能。

慢波睡眠的一个重要功能似乎是降低大脑的新陈代谢，让它休息。为了支持这一假设，研究表明，慢波睡眠会降低大脑的代谢率，而大脑活动的增加(这是一项令人惊讶的娱乐实验)会导致第二天晚上慢波睡眠的增加。

目标9.4 发现REM睡眠的潜在功能。

与慢波睡眠相比，人们对REM睡眠的功能了解较少。REM睡眠可以促进大脑发育，负责促进整个生命中关于学习的大脑发展与变化。

目标9.5 比较慢波睡眠和REM睡眠在学习中的作用。

快速眼动睡眠和慢波睡眠都促进学习：REM睡眠促进非陈述性学习，慢波睡眠促进陈述性学习。

## 思考题

在本节中，你已了解慢波睡眠和快速眼动睡眠在陈述性和非陈述性记忆任务中的作用。列出生活中需要使用陈述性记忆和非陈述性记忆的任务。想象一下，你刚刚教会别人如何完成这些任务。利用本节的信息，建议你的"学生"如何利用午睡来完成你教给他们的任务。他们应该睡多久？他们该什么时候醒来？他们应该努力达到什么样的睡眠阶段才能在工作中表现出色？

# 睡眠与觉醒的生理机制

到目前为止，我们已经讨论了睡眠的本质及其功能。现在是时候研究一下研究者发现的负责睡眠行为的睡眠生理机制和对应的觉醒机制。

## 睡眠神经调控

目标 9.6 解释腺苷如何有助于调节睡眠。

正如我们所见，睡眠是有规律的，也就是说，在允许的情况下，被剥夺了慢波睡眠或 REM 睡眠的生物体至少会弥补部分睡眠不足。此外，一个人在白天小睡期间获得的慢波睡眠量从他/她在第二天晚上获得的慢波睡眠量中扣除（Karacan et al.，1970）。这些事实表明，一些生理机制可以监控一个生物体所需的睡眠量，换句话说，就是记录我们在清醒状态下所欠下的“睡眠债”。这个机制是什么？

一种可能的解释是，身体产生了一种促进睡眠的物质，这种物质在觉醒时积累，在睡眠时被破坏。一个人醒的时间越长，他/她为了使这种物质失去活性而不得不睡觉的时间就越长。由于缺乏 REM 睡眠会产生一种独立的 REM 睡眠债，可能会有两种物质，每一种都对应一个睡眠阶段。这些物质从哪里产生？它们似乎不存在于人体的总循环中。正如我们之前看到的，宽吻海豚的大脑半球在不同的时间睡觉（Mukhametov，1984）。如果睡眠是由血液中的化学物质控制的，那么大脑半球应该同时睡觉。这一观察结果表明，如果睡眠是由化学物质控制的，这些化学物质就会在大脑中产生并在大脑中起作用。为了支持这一观点，Oleksenko（1992）获得的证据表明，大脑的每个半球都有自己的睡眠债。研究人员剥夺了一条海豚一个半球的睡眠。当他们让动物正常睡眠时，他们看到的慢波睡眠只在缺乏睡眠的大脑半球出现反弹。

Benington（1995）认为**腺苷**可能在控制睡眠中起主要作用，腺苷是一种核苷神经调节因子。而随后的研究也支持了这一观点。星形胶质细胞以糖原的形式维持着少量的营养，糖原是一种不溶性的碳水化合物，也在肝脏和肌肉中储存。当大脑活动增加时，糖原转化为神经元的燃料；因此，长时间的清醒状态会导致大脑中的糖原水平下降（Kong et al.，2002）。糖原水平下降导致细胞外腺苷水平升高，腺苷对神经活动有抑制作用，腺苷的积累起到促进睡眠的作用。慢波睡眠时，大脑神经元休息，星形胶质细胞更新其糖原储备（Basheer et al.，2004；Wigren et al.，2007）。如果清醒时间延长，则会有更多腺苷积累，从而抑制神经活动，产生睡眠不足时所见的认知情感效应（正如我们在第 4 章看到的，咖啡因阻断腺苷受体，以减少困倦）。Halassa 等人（2009）在小鼠大脑中制备了一种靶向突变，干扰星形胶质细胞释放腺苷。结果显示，这些动物慢波睡眠的时间比正常动物少（参见图 9.9）。

众所周知，人们对睡眠的需求各不相同。有证据表明，遗传因素会影响个体典型的慢波睡眠时间。Retey 等人（2005）发现了遗传因素之一——编码腺苷脱氨酶的基因变异，腺苷脱氨酶参与腺苷分解。研究人员发现，拥有这种基因的 G/A 等位基因的人在慢波睡眠中比拥有更常见的 G/G 等位基因的人多花了大约 30 分钟的时间。在慢波睡眠中，G/A 等位基因的人的腺苷水平下降得更慢，因此这些人的慢波睡眠被延长。

腺苷作为促进睡眠因素的作用将在本章后面的一节中详细讨论，这一节将专门讨论睡眠/觉醒过渡的调节。

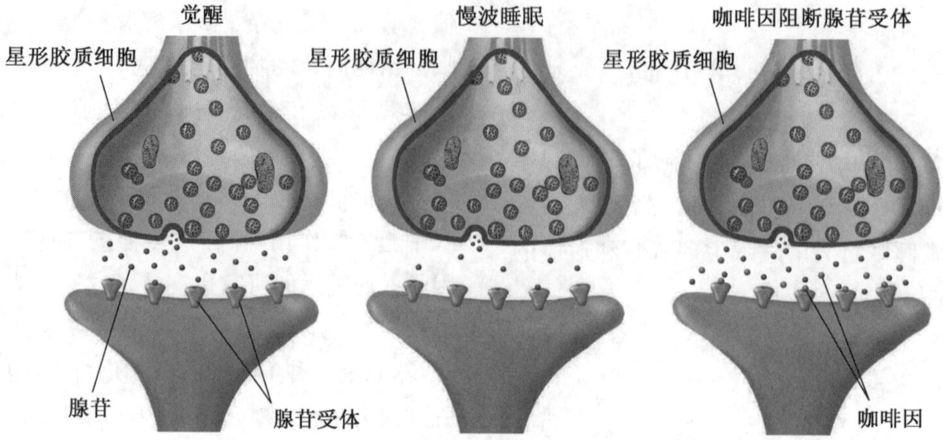


**图 9.9　腺苷在睡眠/觉醒周期中的运输**

腺苷在清醒时积累，在慢波睡眠时减少。咖啡因阻断腺苷受体，阻止对神经活动的抑制作用，减少睡眠剥夺的影响。

## 觉醒神经调控

目标 9.7　解释乙酰胆碱、去甲肾上腺素、血清素、组胺和食欲肽如何有助于调节觉醒。

正如我们所见，睡眠不是由单一条件控制的，而是由几个具有不同特征的阶段组成。觉醒状态也是不统一的，有时我们警觉而专注，有时我们不能注意到周围发生的事情。困倦感会影响觉醒，如果我们挣扎着保持清醒，这种挣扎可能会削弱我们专注于其他事情的能力。但日常观察表明，即使我们不犯困，我们的警觉性也会有变化。例如，当我们观察到一些非常有趣的东西(或是令人害怕，或仅仅是令人惊讶)时，我们就会对周围的环境更加警觉和敏感。至少有五种不同的神经递质的神经回路在动物的警觉和清醒的某些方面起着一定的作用——通常被称为唤醒：乙酰胆碱、去甲肾上腺素、血清素、组胺和奥西林。

**乙酰胆碱**　乙酰胆碱(ACh)是参与唤醒(尤其是大脑皮层)最重要的神经递质之一，两组乙酰胆碱神经细胞，一组在脑桥，一组位于基底前脑，当它们受到刺激时产生激活和皮层去同步(Jones, 1990; Steriade, 1996)。第三组乙酰胆碱能神经元位于中隔，控制海马的活动(见图 9.11)。

研究人员早就知道乙酰胆碱能激动剂增加了大脑皮层兴奋的脑电图信号，而乙酰胆碱能拮抗剂减少了这些信号(Vanderwolf, 1992)。Marrosu 等人(1995)使用微透析探针测量海马和新皮层中乙酰胆碱的释放，这两个区域的活动与动物的警觉性和行为唤醒密切相关。他们发现，在觉醒和 REM 睡眠期间，这些区域的乙酰胆碱含量都很高；而在慢波睡眠期间，这些区域的乙酰胆碱含量却很低(参见图 9.10)。

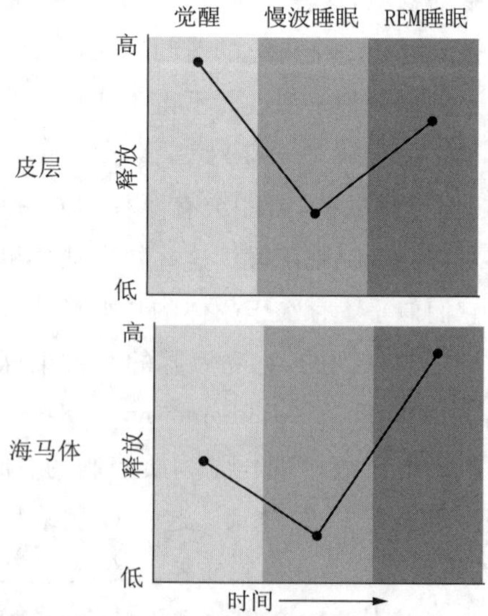


**图 9.10　乙酰胆碱在睡眠/觉醒周期中的释放**

乙酰胆碱从皮层和海马体释放。
数据来源：Marrosu et al., 1995。

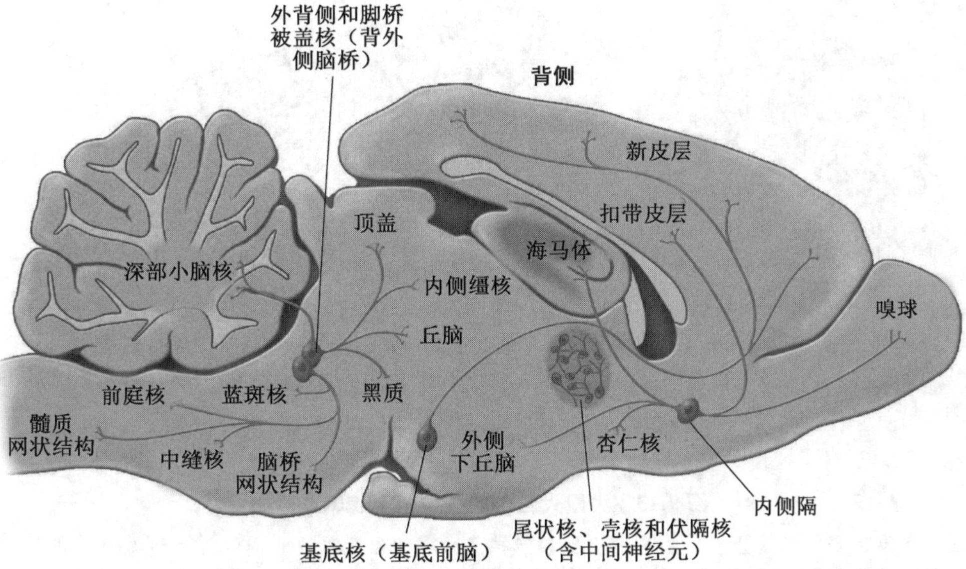


**图 9.11　大鼠大脑中的乙酰胆碱通路**

这张示意图显示了最重要的乙酰胆碱能神经元群的位置及其轴突和终扣的分布。
资料来源：Woolf，N.J.Progress in Neurobiology，1991，37，475—524。

Rasmusson 等人(1994)通过电刺激大脑后脑桥的一个区域，发现这种刺激激活了大脑皮层，并将乙酰胆碱的释放增加了 350%(通过微透析探针测量)。位于基底前脑的一组乙酰胆碱能神经元构成了这一效应的重要组成部分。如果这些神经元通过注射局部麻醉剂或阻断突触传递的药物而失去活性，脑桥刺激的激活效应就会被消除。与此相反，Cape 和 Jones(2000)发现激活这些神经元的药物会引起觉醒。Lee 等人(2004)发现，在清醒和 REM 睡眠中，基底前脑的大部分神经元都表现出较高的放电率，而在慢波睡眠中则表现出较低的放电率(见图 9.10，觉醒和 REM 时皮层和海马体的乙酰胆碱释放模式)。

**去甲肾上腺素**　研究者们早就知道像安非他命这样的儿茶酚胺剂会引起觉醒和失眠。这些影响主要是由位于脑桥后部的**蓝斑核**的去甲肾上腺素能系统介导的。蓝斑神经元能产生广泛的轴突，释放去甲肾上腺素(来自轴索静脉曲张)遍及新皮层、海马体、丘脑、小脑皮层、脑桥和髓质；因此，它们可能广泛影响大脑的重要区域(见图 9.13)。

Aston-Jones 和 Bloom(1981)记录了大鼠睡眠/觉醒周期内 LC 的去甲肾上腺素能神经元的活动。他们发现，这种活动与行为唤醒密切相关：这些神经元在清醒状态下的放电率高，在慢波睡眠时放电率低，在 REM 睡眠时几乎为零。在觉醒的几秒钟内，放电的速率急剧上升(参见图 9.12)。

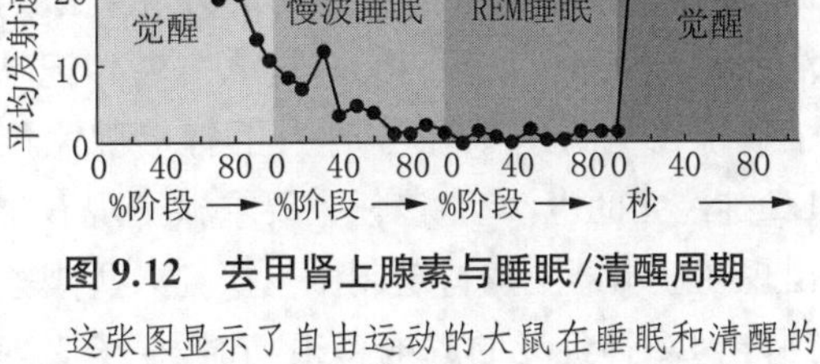


**图 9.12　去甲肾上腺素与睡眠/清醒周期**

这张图显示了自由运动的大鼠在睡眠和清醒的不同阶段蓝斑核中去甲肾上腺素能神经元的活动。

资料来源：Aston-Jones，G.，and Bloom，F. E.，Activity of norepinephrine-containinglocus coeruleus neurons in behaving rats anticipates fluctuations in the sleep-waking cycle，*The Journal of Neuroscience*，1981，1，876—886. Copyright 1981，The Society for Neuroscience.

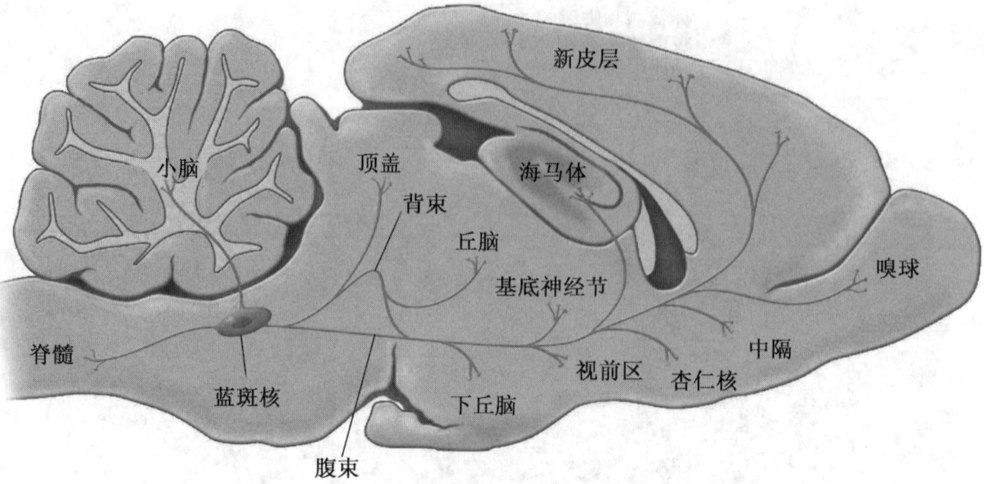


**图 9.13　大鼠大脑中的去甲肾上腺素能通路**

这张示意图显示了最重要的去甲肾上腺素能神经元群的位置以及它们的轴突和终扣的分布。

资料来源：Cotman, C.W. and McGaugh, J.L. Behavioral Neuroscience: An Introduction. New York Academic.

Carter 等人(2010)利用病毒载体将两种光敏蛋白 ChR2 和 NpHR 的基因插入蓝斑位点的去甲肾上腺素能细胞。正如我们在第 5 章的光遗传学章节中看到的，当 ChR2 暴露在蓝光下会激活神经元，而 NpHR 暴露在黄光下会抑制神经元。先前的实验使用电刺激或化学刺激，激活了蓝斑位点及周围的许多神经元，从而产生了对去甲肾上腺素能神经元非特异的效应。卡特和他的同事们发现，对神经元的刺激会导致立即醒来，而这种抑制会降低清醒度，增加慢波睡眠。

大多数研究人员认为，去甲肾上腺素能 LC 神经元的活动增强了动物对外界刺激的注意力。例如，Aston-Jones 等人(1994)记录了猴子在执行一项任务时去甲肾上腺素能 LC 神经元的电活动，该任务要求猴子观看将出现在显示器上的特定刺激。研究人员观察到，当 LC 神经元的放电率很高时，猴子表现最好。在猴子长时间工作之后，神经元的放电速率降低了，猴子的表现也下降了。这一结果说明 LC 神经元的激活及去甲肾上腺素的释放能提高警觉性。

**5-羟色胺**　第三种神经递质 5-羟色胺(5-HT)似乎也在激活行为中起作用。大脑中 5-羟色胺能神经元几乎全部存在于中缝核中，**中缝核**位于髓质的网状结构和桥状区。这些神经元的轴突投射到大脑的许多部位，包括丘脑、下丘脑、基底神经节、海马和新皮层。中缝核的刺激引起运动和皮质兴奋(通过脑电图测量)，而对氯苯丙氨酸(para-chlorophenylalanine, PCPA)，一种阻止 5-羟色胺合成的药物，能减少皮层兴奋(Peck and Vanderwolf, 1991；参见图 9.15)。

Jacobs 和 Fornal(1999)认为 5-羟色胺能神经元对激活的一个特定贡献是促进连续的、自动的运动，如踱步、咀嚼和梳理毛发。另一方面，当动物对新刺激产生定向反应时，5-羟色胺能神经元的活动减少。也许是 5-羟色胺能神经元参与了正在进行的活动并抑制感官信息的处理，从而阻碍了可能影响正在进行的活动的反应。

图 9.14 展示了由 Trulson 和 Jacobs (1979)记录的 5-羟色胺能神经元的活动。正如所看到的，这些神经元类似 Aston-Jones 和 Bloom(1981)研究的去甲肾上腺素能神经元，在觉醒时最活跃。在慢波睡眠中，它们的发

射率下降，在 REM 睡眠中几乎为零。然而，一旦 REM 睡眠期结束，神经元又会暂时变得非常活跃。

**组胺** 第四种涉及控制睡眠和觉醒神经递质是**组胺**，一种由组氨酸合成的化合物。你可能已经意识到用于治疗过敏的抗组胺药会导致嗜睡。它们通过阻断大脑中的组胺 H2 受体来实现。更现代的抗组胺药不能穿过血脑屏障，所以它们不会引起嗜睡。

组胺能神经元的细胞体位于**下丘脑结节乳头体核**（TMN），位于大脑的底部，就在乳状突起的乳头体（mammillary）上。这些神经元的轴突主要投射到大脑皮层、丘脑、基底神经节、基底前脑及下丘脑的其他区域。对大脑皮层的投射直接增加了大脑皮层的激活和觉醒，而对基底前脑和背脑桥的乙酰胆碱能神经元的投射则是通过增加大脑皮层中乙酰胆碱的释放而间接增加的（Brown et al., 2001; Khateb et al., 1995）。组胺能神经元的活性在清醒时高，在慢波睡眠和 REM 睡眠时低（Steininger et al., 1996）。此外，注射阻止组胺合成或阻断组胺 H1 受体的药物会减少觉醒而增加睡眠（Lin et al., 1998）。此外，向大鼠基底前脑区注入组胺会导致觉醒时间增加，NREM 睡眠时间减少（Ramesh et al., 2004）。

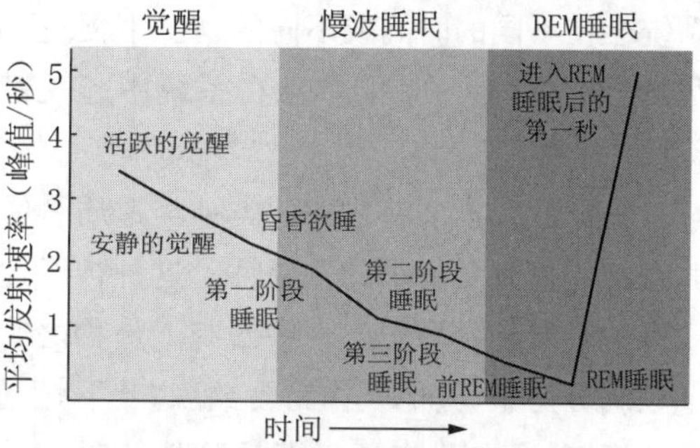


**图 9.14 5-羟色胺和睡眠/清醒周期**

图中显示了在不同的睡眠和清醒阶段自由移动的猫的背中缝核中 5-羟色胺能神经元的活动

资料来源：Trulson, M.E., and Jacobs, B.L. Brain Research, 1979, 163, 135—150。

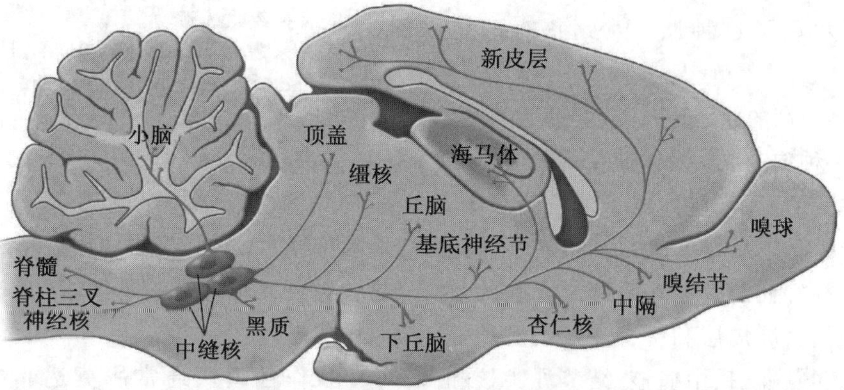


**图 9.15 大鼠脑中的 5-羟色胺能通路**

该图显示了最重要的 5-羟色胺能神经元的位置及它们的轴突和终扣的分布。

尽管组胺在睡醒和唤醒中扮演重要角色，但有证据表明，其对觉醒的控制是与本节中讨论的其他神经递质共同作用的。例如，Parmentier 等人（2002）发现，阻断组胺合成的靶向突变小鼠，表现出正常水平的自发觉醒状态。然而，动物对环境刺激的唤醒反应较小。例如，在新环境中正常的小鼠保持清醒 2—3 小时，而缺乏组胺的小鼠在几分钟内就睡着了。同样，Takahashi 等人（2006）发现，组胺能神经元不会对环境刺激做出反应，除非环境刺激引起明显的注意状态。Gerashchenko 等人（2004）提出，大脑的唤醒系统会在不同的时间或不同的情况下促进觉醒，但这些没有一个能单独在系统中起关键作用。

**食欲肽** 本节将描述肽类神经递质食欲肽在神经控制觉醒中的重要性。这种神经递质有一个有趣的历史。一些研究人员称之为下丘脑分泌素，其他人称为食欲肽。“下丘脑分泌素”这个名称来源于下丘脑外侧包含分泌该肽的所有神经元的细胞体。“食欲肽”这个名称来源于这种肽在控制饮食和代谢方面的作用，第12章将对此进行更详细的讨论。第18章将讨论，食欲肽在某些药物的生理和行为影响中也起着至关重要的作用。两个实验室独立发现了这种肽；因此它有两个名字。

发作性睡病的原因是人类食欲肽能神经元退化和一种狗食欲肽受体遗传性缺失。分泌食欲肽的神经元细胞体位于下丘脑外侧。虽然人脑中只有大约7 000个食欲肽神经元，但这些神经元的轴突几乎遍及大脑的每个部位，包括大脑皮层和所有涉及唤醒和觉醒的区域，包括蓝斑、中缝核、结节乳头核和背侧脑桥和基底前脑中的乙酰胆碱能神经元(Sakurai，2007)。食欲肽在所有这些区域都有兴奋作用。

Mileykovskiy等人(2005)记录了未麻醉大鼠的单个食欲肽能神经元的活动，发现神经元在警报或主动清醒期间以高速率发射，在安静清醒、慢波睡眠和REM睡眠期间以低速率发射。当大鼠参与探索活动时，观察到最高的射击率(见图9.16)。

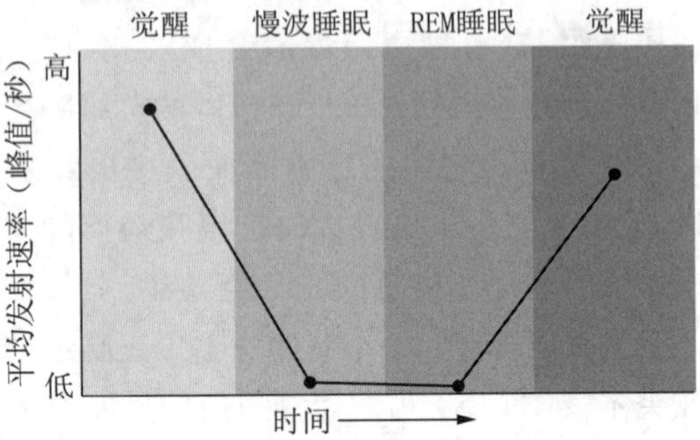


**图9.16 食欲肽和睡眠/觉醒周期**

该图显示了在睡眠和清醒的各个阶段期间单个食欲肽神经元的活动。

资料来源：Mileykovskiy，B. Y.，Kiyashchenko，L. I.，and Siegel，J. M. Neuron，2005，46，787—798。

Adamantidis等(2010)使用遗传转移技术将ChR2蛋白插入小鼠外侧下丘脑的食欲肽能神经元。他们发现使用蓝光光遗传激活这些神经元可使动物从REM或非REM睡眠中醒来。

发作性睡病通常用莫达非尼(一种药物)治疗。这可以抑制与这种疾病相关的困倦。Ishizuka等人(2010)发现莫达非尼的警觉效果是通过刺激TMN中的食欲肽释放而发挥作用的，其激活位于组胺能神经元(参见表9.3)。

**表9.3 涉及调节睡眠/觉醒周期的神经化学水平的总结**

| 化学物质 | 含有细胞体的脑区 | 醒来水平 | SWS级别 | REM水平 |
|---|---|---|---|---|
| 腺苷 | — | 随着醒来时间增长而增加 | 降低 | — |
| 乙酰胆碱 | 脑桥，基底前脑，内侧隔膜 | 高 | 低 | 高 |
| 去甲肾上腺素 | 蓝斑 | 高 | 低 | 低 |
| 5-羟色胺 | 中缝核 | 高 | 降低 | 低 |
| 组胺 | 结节乳头核 | 高 | 低 | 低 |
| 食欲肽 | 下丘脑外侧 | 高 | 低 | 低 |

## 睡眠/觉醒转换神经调控

目标9.8 总结稳态/非稳态/昼夜节律因素、脑区、触发回路和神经递质系统在调节睡眠/觉醒转换中的作用。

以下部分将探讨稳态、非稳态和昼夜节律因素，及视前区、腺苷和食欲肽在控制睡眠/觉醒转换中的作用。

**稳态、非稳态和昼夜节律的因素** 如果我们长时间不睡觉，我们最终会变得困倦，一旦我们睡觉，我们很可能会比平常睡得更久，至少弥补我们的一些睡眠债。这种对睡眠的控制本质上是稳态的，并遵循规范我们饮食的原则，这在第12章中有描述。但在某些情况下，保持清醒是很重要的——例如，当我们受到威胁时或当我们遇到脱水的危险情况并试图寻找饮用水。这种对睡眠的控制本质上是全能性的，这个术语指的是对环境中的压力事件(危险，缺水等)的反应，有助于超越稳态控制。最后，昼夜节律因素或时间因素倾向于将我们的睡眠时间限制在昼/夜循环的特定部分(本章最后一节将介绍睡眠周期的昼夜控制)。

正如我们在本章前面所述，主要的控制睡眠稳态的因素是腺苷，腺苷是一种在清醒过程中积聚在大脑中的化学物质，在慢波睡眠期间会被破坏。非稳态主要由激素和压力情境下神经反应(描述于第11章)及参与饥饿和口渴的神经肽(如食欲肽)控制。

本节描述了控制睡眠和觉醒转换的神经回路及腺苷发挥其稳态作用的方法。当我们清醒和警觉时，我们大脑中的大多数神经元(尤其是前脑神经元)都是活跃的，这使我们能够关注感觉信息并处理这些信息，加工我们感知的内容，提取和思考我们的记忆，并参与我们被要求在白天执行的各种行为。大脑活动水平在很大程度上受前一节中描述的五组唤醒神经元的控制。这些神经元的高水平活动让我们保持清醒，低水平让我们入睡。

**视前区** 但是什么控制着活动唤醒神经元？是什么导致这项活动下降，从而让我们入睡？第一个提示是在20世纪初提出的。维也纳神经学家Constantin von Economo仔细观察后注意到，欧洲和北美地区受新型脑炎折磨的患者在睡眠和醒来时表现出受到严重的干扰(Triarhou，2006)。大多数患者睡得过多，只是为了吃喝而醒来。(我们现在说他们被异常因素唤醒了。)根据von Economo的说法，这些患者在脑干和前脑交界处有脑损伤，位于会破坏进入前脑的觉醒神经元的轴突。然而，一些患者表现出相反的症状：他们每天只睡几个小时。尽管很累，但他们很难入睡，并且很快就会被唤醒。Von Economo报告显示失眠的患者下丘脑前部区域有损伤。我们现在知道这个区域，通常被称为视前区，是最能控制睡眠的区域。视前区包含与大脑觉醒神经元形成抑制性突触联系的神经元轴突。当我们的视前神经元(暂称之为睡眠神经元)变得活跃时，它们会抑制我们的觉醒神经元的活动，我们就睡着了(Saper et al.，2005)。

Nauta(1946)发现破坏视前区使大鼠完全失眠。随后动物陷入昏迷并死亡；平均生存时间只有3天。电刺激视前区的影响恰好相反：它引起嗜睡和睡眠(Sterman and Clemente，1962a，1962b)。

大多数睡眠神经元都位于**腹外侧视前区**(vlPOA)。另外，有些位于附近的中位视前核(MnPN)。对vlPOA神经元的损伤抑制睡眠(Lu et al.，2000)，并且这些神经元的活性(通过它们的Fos蛋白水平测量)在睡眠期间增加。实验表明，睡眠神经元分泌抑制性神经递质γ-氨基丁酸，并且将轴突发送到前一节中描述的涉及唤醒的五个脑区(Gvilia et al.，2006；Sherin et al.，1998；Suntsova et al.，2007)。正如我们所看到的，这五个区域的神经元活动导致皮层激活和行为唤醒。因此,抑制这些区域是睡眠的必要条件。

*睡眠/觉醒转换的触发回路* 视前区的睡眠神经元接受来自它们抑制的一些相同区域的抑制性输入,包括结节乳头核、中缝核和蓝斑(Chou et al., 2002);因此,它们被组胺、5-羟色胺和去甲肾上腺素抑制。正如 Saper 和他的同事(Saper et al., 2001; Saper et al., 2010)所指出的那样,这种相互抑制可能为建立睡眠和醒来的时期提供基础。他们指出,相互抑制也是一种被称为触发器的电子电路的特征。触发器可以采用两种状态中的一种,通常应用于计算机,称为开/关或 0/1。因此,睡眠神经元活跃并抑制觉醒神经元,或者觉醒神经元活跃并抑制睡眠神经元。因为这些区域是相互抑制的,所以两组区域中的神经元不可能同时活跃。实际上,vlPOA 中的睡眠神经元是静默的,直到动物表现出从醒来到睡眠的转变(Takahashi et al., 2009; 见图 9.17)。

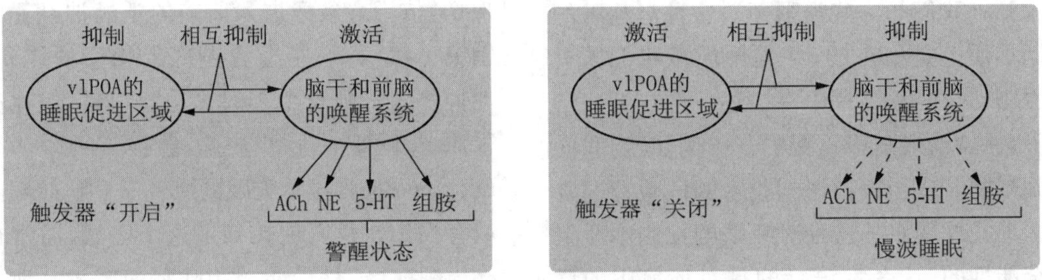


**图 9.17 睡眠/觉醒触发器**

根据 Saper 等人(2001),主要的睡眠促进区域(vlPOA)和主要的觉醒促进区域(包含乙酰胆碱能神经元的基底前脑和脑桥区域;包含去甲肾上腺素能神经元的蓝斑;含有 5-羟色胺能神经元的中缝核;及含有组胺能神经元的下丘脑结节乳头核)通过抑制性 γ-氨基丁酸能神经元相互连接。(a)当触发器处于“觉醒”状态时,觉醒系统处于活动状态并且 vlPOA 被禁止,动物处于清醒状态。(b)当触发器处于“睡眠”状态时,vlPOA 处于活动状态并且觉醒系统被禁止,动物处于睡眠状态。

*触发器回路的稳定性* 触发器有一个重要的优点:当它从一种状态切换到另一种状态时,能很快完成。显然,最有可能发生的是睡着或醒着;一个同时具有睡眠和觉醒特征的状态将是适应不良的。然而,触发器存在一个问题:它们可能不稳定。事实上,发作性睡病患者和食欲肽能系统神经元受损的动物表现出这种特征。当没有感兴趣的事情发生时,他们很难保持清醒,并且他们难以在很长一段时间内保持睡眠状态。(他们还表示会在不适当的时间进入快速眼动睡眠。我们将在下一节讨论这种现象。)

Saper 等人(2001, 2010)认为食欲肽能神经元的一个重要功能是,通过与控制觉醒的神经元形成兴奋性连接,帮助稳定睡眠/觉醒触发回路。这个系统的神经元活动触发回路向觉醒状态转换,从而促进觉醒和抑制睡眠。也许你在无聊的讲座中成功保持清醒取决于食欲肽神经元保持高速发射,这将使触发器保持清醒状态(参见图 9.18)。Rempe 等人(2010)构建的睡眠/觉醒触发器的数学模型证实了促食欲神经元在稳定回路中的作用。

Mochizuki 等人(2004)发现食欲肽基因靶向突变的小鼠显示出正常量的睡眠和醒来,但它们的清醒和慢波睡眠非常短暂,在睡眠和醒来之间显示出更多的过渡。这些结果进一步支持了食欲肽神经元有助于稳定睡眠/觉醒触发器的假设。

**腺苷在睡眠/觉醒过程中的作用** 正如

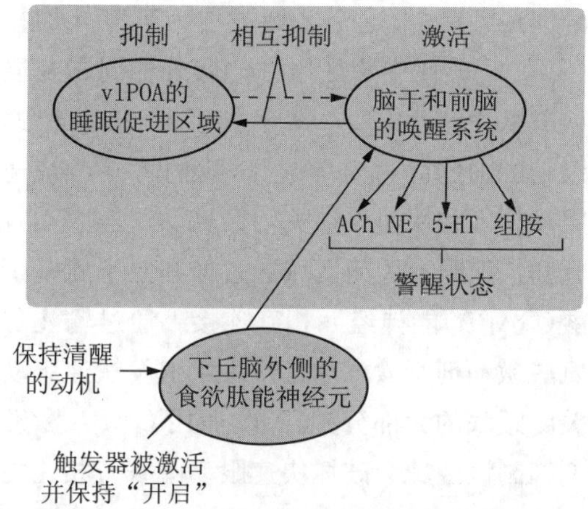


**图 9.18 食欲肽神经元在睡眠中的作用**

该示意图显示了下丘脑外侧神经元的食欲肽能系统对睡眠/觉醒触发器的激活作用。保持清醒的动机或干扰睡眠的事件激活了食欲肽神经元。

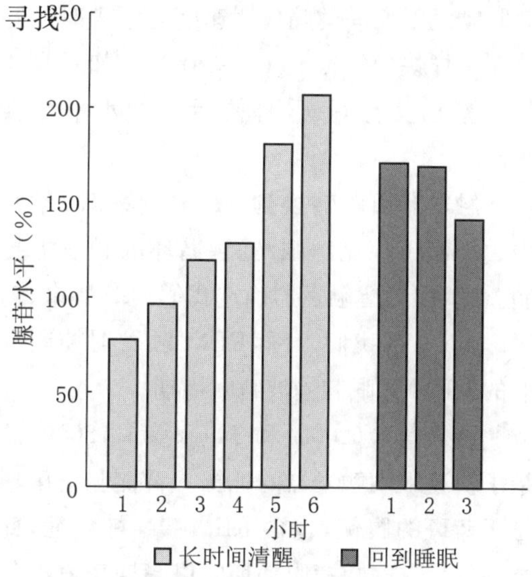


**图 9.19 腺苷和睡眠**

通过微透析测量，长时间清醒 6 小时和 3 小时回到睡眠期间猫基底前脑区域中的细胞外腺苷水平。

资料来源：From Porkka-Heiskanen, T., Strecker, R.E., Thakkar, M., et al., Adenosine: a mediator of the sleep-inducing effects of prolonged wakefulness, *Science*, 1997, 276, 1265—1268. Copyright 1997 by the American Association for the Advancement of Science.

我们在本章前面所见，当神经元具有代谢活性时，腺苷被星形胶质细胞释放，腺苷的积累会产生嗜睡和睡眠。Porkka-Heiskanen 等人(2000)使用微透析来测量脑中几个区域的腺苷水平。他们发现，在清醒期间腺苷水平增加，在睡眠期间缓慢下降，基底前脑体现得尤为明显(见图 9.19)。

Scammell 等人(2001)发现将腺苷激动剂输注到 vlPOA 激活的神经元中，降低了结节乳头核的组胺能神经元的活性，增加了慢波睡眠。然而，在很多脑区的神经元中发现了腺苷受体，包括下丘脑外侧的食欲肽神经元(Thakkar et al., 2002)。因此，腺苷的睡眠促进作用不太可能涉及 vlPOA 神经元。

**食欲肽在睡眠/觉醒转换中的作用** 食欲肽神经元有助于保持睡眠/觉醒触发器处于清醒状态，一个重要的问题是，什么因素控制着食欲肽神经元的活动？在昼夜循环的清醒期间，食欲肽神经元接收来自生物钟的兴奋信号，控制睡眠和醒来的节奏。这些神经元也接收来自大脑，监测动物营养状态的信号：饥饿相关信号激活食欲肽神经元，饱腹感相关的信号则抑制它们。因此，在动物应该食物的时候，食欲肽神经元保持唤醒。事实上，如果给予正常小鼠(非有食欲肽受体靶向突变的小鼠)的食物少于它们通常吃的食物，则它们每天保持清醒(Yamanaka et al., 2003; Sakurai, 2007)。最后，食欲肽神经元接受来自 vlPOA 的抑制性输入，这意味着由腺苷积累产生的睡眠信号最终可以克服对食欲肽神经元的兴奋性输入，睡眠可以发生。因此，涉及食欲肽神经元控制睡眠和觉醒的所有三个因素：稳态、非稳态和昼夜节律。

## 快速眼动睡眠转换神经调控

目标 9.9 描述触发回路在神经调控向 REM 转换中的作用。

正如我们在本章前面所见，快速眼动睡眠(REM)由同步化的脑电活动组成，包括肌肉麻痹、眼球迅速运动、生殖器活动增加。快速眼动睡眠期间的脑代谢速度与醒来时的脑代谢一样快(Maquet et al., 1990),如果身体的骨骼肌没有瘫痪,身体活动的水平也会很高。

**触发器回路转换到 REM** 快速眼动睡眠由类似于控制睡眠/觉醒循环的触发器控制。睡眠/觉醒触发器确定我们何时醒来、何时睡觉;一旦我们入睡,REM 触发器控制我们的 REM 睡眠和慢波睡眠周期。

Fort 等人(2009)和 Saper 等人(2010)总结了快速眼动触发器的证据。背侧脑桥区域位于蓝斑的腹侧,包含 REM-ON 神经元,此类神经元仅在快速眼动期间以高速率发射信号。在大鼠中,这个区域被称为**下背外侧核**(SLD)。背侧中脑区域中的**腹外侧周围灰质**(vlPAG)包含 REM-OFF 神经元,抑制快速眼动的细胞。为简单起见,我们将参考快速眼动打开和快速眼动关闭区域。快速眼动打开和快速眼动关闭区域通过抑制性 γ-氨基丁酸(GABA)能神经元相互连接。通过输注谷氨酸激动剂刺激眼动打开区域引发快速眼动关闭睡眠的大部分神经元,而用 GABA 激动剂抑制该区域会破坏快速眼动睡眠。相比之下,快速眼动关闭区域的刺激抑制快速眼动睡眠,损伤该区域或输注 GABA 激动剂会大大增加快速眼动睡眠(见图 9.20)。

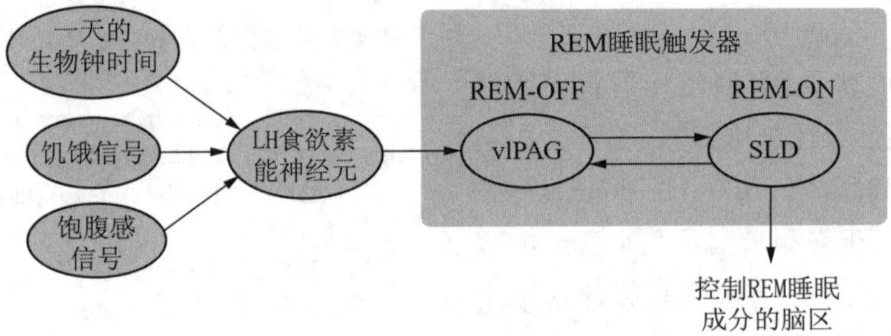


**图 9.20 REM 睡眠触发器**

这两个区域的相互抑制意味着它们的功能类似于触发器:只有一个区域在任何给定的时间处于活动状态。在醒来期间,REM-OFF 区域接收来自下丘脑外侧的食欲肽神经元的兴奋性输入,并且该激活使 REM 触发器进入关闭状态。(来自 REM-OFF 区域的额外兴奋性输入来自两组唤醒神经元:蓝斑的去甲肾上腺素能神经元和中缝核的 5-羟色胺能神经元。)当睡眠/觉醒触发器切换到睡眠阶段时,慢波睡眠开始了。REM-OFF 区兴奋性食欲肽、去甲肾上腺素能和 5-羟色胺能输入的活性开始减少。最终,REM 睡眠触发器切换到开启状态,REM 睡眠开始。图 9.21 显示了睡眠/觉醒触发器对 REM 睡眠触发器的控制。

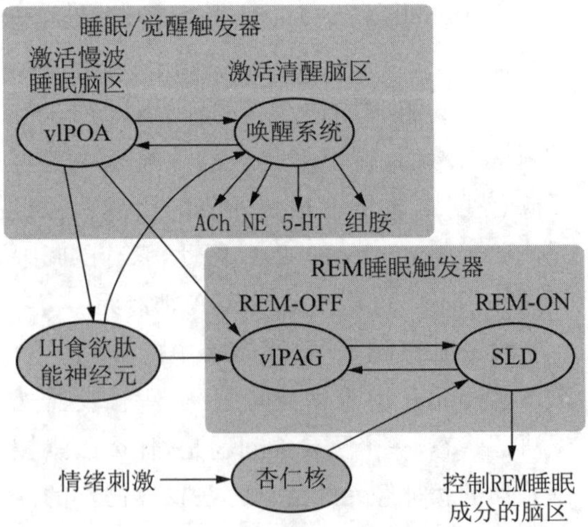


**图 9.21 整合触发器回路**

该图将负责 REM 调节的触发器回路与负责睡眠/觉醒转换的触发器回路整合在一起。

一旦睡眠开始,食欲素能神经元的活动

停止，这消除了 REM-OFF 区域的一个兴奋性输入源。正如我们在图 9.12 和 9.14 中所见，随着睡眠的进展，去甲肾上腺素能和 5-羟色胺能神经元的活性逐渐降低。结果，REM-OFF 区域的更多兴奋输入被移除。REM 触发器提示开启状态，REM 睡眠开始。

*嗜睡症的触发器回路损伤* 我们现在可以看到为什么食欲肽能神经元的退化导致发作性睡病。白天嗜睡和睡眠碎片化发生是因为没有食欲肽的影响，睡眠/觉醒触发器变得不稳定。REM-OFF 区域中食欲肽的释放通常使 REM 触发器保持在关闭状态。随着食欲肽神经元的丧失，激活杏仁核的情绪刺激，如大笑或愤怒，使 REM 触发器进入开启状态（即使在醒来时）结果是猝倒发作（再看看图 9.21）。事实上，Schwartz 等人的一项功能成像研究（2008）发现，猝倒患者观看幽默的照片序列时，相比控制组，他们的下丘脑被更少激活，而杏仁核被更多激活。研究者认为，食欲肽能神经元减少消除了下丘脑对杏仁核的抑制作用。杏仁核活动增加可能至少部分地导致 REM-ON 神经元活动增加，这在猝倒患者醒来时也会发生（见图 9.22）。

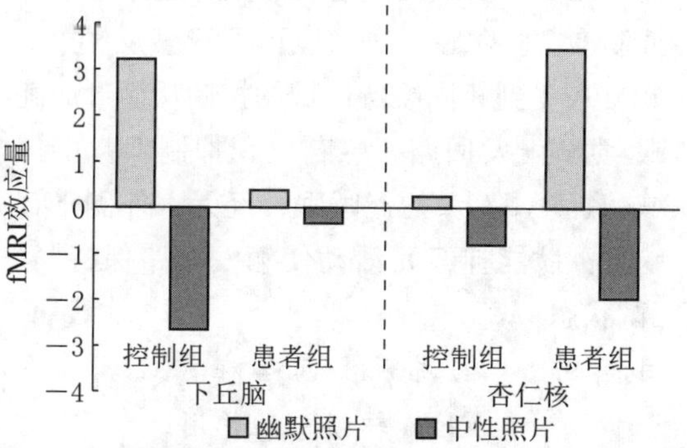


**图 9.22 幽默和发作性睡病**

该图显示了健康被试和发作性睡病患者观看中性和幽默的照片序列时，下丘脑和杏仁核的激活情况。

资料来源：Schwartz, S., Ponz, A., Poryazova, R., et al., Abnormal activity in hypothalamus and amygdala during humour processing in human narcolepsy with cataplexy, *Brain*, 2008, 131, 514—522。复制经许可。

**触发器回路控制 REM 肌肉麻痹** 正如我们之前看到的，REM 睡眠有几种行为成分，包括快速眼动、生殖器活动和肌肉麻痹。最后一种现象，即肌肉麻痹，特别有趣。正如你将在下一节中看到的那样，REM 睡眠行为障碍患者在 REM 睡眠期间肌肉未能瘫痪，因此做出梦中的行为。当中脑的特定区域即造成 REM 睡眠期间肌肉麻痹的区域产生病变时，出现同样的情况（Jouvet, 1972）。在睡着的时候，猫会动，似乎在和看不见的鼠玩耍。受损的神经元位于我们现在知道属于 REM-ON 区域的腹侧区（Lai et al., 2010）。离开该区域的一些轴突抵达脊髓，在那里它们激发抑制性中间神经元，其轴突与运动神经元形成突触。这意味着当 REM 触发器处在开启状态时，脊髓中的运动神经元受到抑制，在做梦的过程中不能响应由运动皮层产生的信号。损伤 REM-ON 区域则会消除这种抑制，并且该人（或 Jouvet 的一只猫）实现了他/她梦中想做的动作（见图 9.23）。

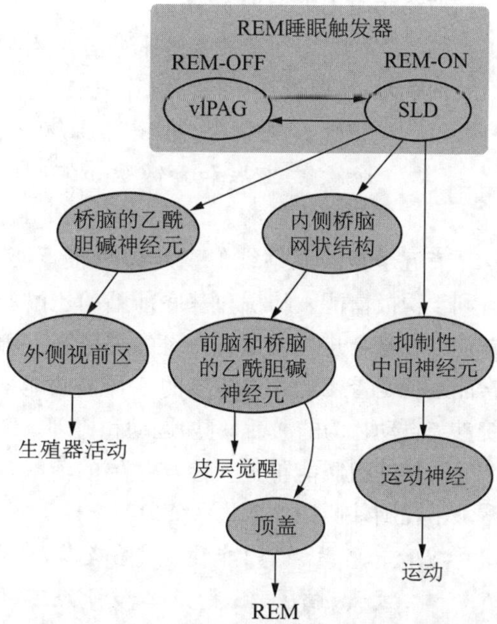


**图 9.23 REM-ON 区域对 REM 睡眠成分的控制**

我们的大脑包含精心设计的机制。它的

唯一功能是让我们在梦中瘫痪——也就是说，阻止我们表现出我们梦中的行为——这表明梦的运动成分与感官成分一样重要。也许我们的运动系统在REM睡眠期间得到的练习有助于改善我们当天学到的行为表现。脊髓中的神经元抑制了实际的运动发生，除了手和脚的一些无害的抽搐。

*REM中皮层唤醒、快速眼动和生殖器活动的触发器回路* REM-ON区域中的神经元还将轴突发送到参与控制皮层觉醒的丘脑区域，这可能至少部分地解释了能在REM睡眠期间观察到的EEG激活。此外，这些神经元将轴突发送到脑桥内侧网状结构中的谷氨酸能神经元，这反过来又将轴突发送到基底前脑的乙酰胆碱能神经元。激活这些前脑神经元产生唤醒和皮层不同步现象。快速眼动的控制似乎是通过脑桥背侧到顶盖的乙酰胆碱能神经元的投射来实现的(Webster and Jones 1988)。

对于REM睡眠期间发生的生殖器活动的功能或引起这些活动的神经机制，我们知之甚少。Schmidt等人(2000)的一项研究发现，大鼠侧视前区的病变抑制了REM睡眠期间的阴茎勃起，但对醒来时的勃起没有影响。Salas等人(2007)发现阴茎勃起可以通过电刺激在REM睡眠期间变得活跃的脑桥中的乙酰胆碱能神经元来触发。研究人员指出，有证据表明这些脑桥神经元可能与侧视前区的神经元直接相关，因此可能是勃起的原因(再看一下图9.23)。

## 本节回顾

### 睡眠与觉醒的生理机制

目标9.6 解释腺苷如何有助于调节睡眠。

神经元使用糖原时会释放腺苷，这联系了大脑新陈代谢增加和需要睡眠两者。当神经元活跃时，糖原被耗尽并且腺苷积聚。

目标9.7 解释乙酰胆碱、去甲肾上腺素、血清素、组胺和食欲肽如何有助于调节觉醒。

有五个神经元系统似乎对警觉很重要，有利于积极清醒。脑桥和基底前脑的乙酰胆碱能系统参与皮层激活。蓝斑的去甲肾上腺素能系统是警惕的。中缝核的5-羟色胺能系统参与自动行为的激活，例如运动和梳理。结节乳头核的组胺能神经元参与主要的清醒觉醒。下丘脑外侧的食欲肽系统参与维持觉醒。

目标9.8 总结稳态/非稳态/昼夜节律因素、脑区、触发回路和神经递质系统在调节睡眠/觉醒转换中的作用。

睡眠的稳态控制保持在睡眠/觉醒平衡的最佳水平。睡觉也受非稳态调节，非稳态对环境压力源作出反应，以便在必要时越过稳态控制。昼夜节律因素将睡眠限定在明/暗循环的特定部分。当腹外侧视前区(vlPOA)的神经元变得活跃发生慢波睡眠。这些神经元抑制促进觉醒的神经元系统。反过来，vlPOA受到相同唤醒区域的抑制从而形成睡眠/觉醒触发回路。腺苷累积抑制促觉醒区域，激活vlPOA的促睡眠神经元。外侧下丘脑食欲肽能神经元活动使触发回路保持“觉醒”状态。

目标9.9 描述触发回路在神经调控向REM转换中的作用。

REM睡眠由另一个触发器控制。该下背外侧核(SLD)为REM-ON区域，腹外侧导水管周围灰质区域(vlPAG)为REM-OFF区域。该触发器由睡眠/觉醒触发器控制；只有当睡眠/觉醒触发器处于“睡眠”状态时，REM触发器才能切换到“REM”状态。阻止我们作出梦中行为的肌肉麻痹是由SLD中的神经元连接产生的，这些连接激发脊髓的抑制性中间神经元。

## 思考题

你有没有体验过躺在床上，几乎睡着时你突然想到了一些曾忘记的重要的东西。你突然变得完全清醒和警觉？如果是这样，你大脑中唤醒系统的神经元可能变得活跃，从而唤醒大脑皮层。你认为这种激活的来源是什么？是什么激活了唤醒系统？你会怎么回答这个问题？第 5 章中描述的哪些研究方法会有所帮助？

---

## 睡眠障碍

我们大约三分之一的时间都在睡觉，故而睡眠障碍会对我们的生活质量产生重大影响，还会影响我们清醒时的感受。

### 失眠

目标 9.10 描述失眠的症状、治疗和生物学基础。

据说，25%的人口偶尔有失眠问题，9%的人口存在定期的失眠问题（Ancoli-Israel and Roth，1999）。原发性失眠症的特点是睡觉时或者在夜间醒来之后难以入睡。继发性失眠是由于精神或身体状况而无法入睡，例如疼痛、药物滥用、心理或神经疾病。

识别失眠的一个重要问题是自我报告的不可靠性。大多数患者的睡眠药物处方都是医生根据患者对自己症状的描述而开具的。患者会告诉他们的医生，他们晚上睡得很少，医生则根据他们的描述来给药。只有很少的失眠患者的夜间睡眠在睡眠实验室中被观察过，因此，失眠是为数不多的医生在没有直接临床的证据情况下进行治疗的医学问题。关于人们睡眠的研究表明，抱怨失眠的人中的大多数都低估了他们实际入睡的时间。Rosa 和 Bonnet(2000)在睡眠实验室中评估了抱怨失眠的人的睡眠时间和没有失眠的人的睡眠时间，发现两组之间没有差异。然而，他们的确发现了这两组被试之间的人格差异，这可能是抱怨的原因。

许多人睡眠不足的状态并非由于他们患有失眠症，而是因为他们日常安排的要求导致他们不得不熬夜或早起（或两者兼而有之），从而导致睡眠不足。慢性睡眠剥夺可导致严重的健康问题，包括肥胖、糖尿病和心血管疾病的风险增加（Orzel and Gryglewska，2010）。

**治疗** 药理学和非药理学干预措施可有效治疗失眠症。非药物干预包括认知行为疗法(CBT)，渐进式放松技术和睡眠卫生的变化。睡眠卫生建议包括保持一致的睡眠时间表（例如，每天在同一时间醒来和睡觉），保持卧室黑暗、安静和凉爽。药理干预包括一类称为催眠药的药物。这些药物包括唑吡坦(Ambien)和扎来普隆(Sonata)，它们是 γ-氨基丁酸受体的兴奋剂。苯二氮䓬类和非处方抗组胺药如苯海拉明也可以用于治疗失眠症（Benca，2014）。这些药物会产生副作用，例如困倦或第二天难以集中注意力。长期使用促进睡眠的药物会在结束使用这些药物后导致药物耐受和反弹性失眠（失眠的恢复和增加）。

**睡眠呼吸暂停** 失眠的一种特殊形式是由于无法同时睡眠和呼吸引起的。**睡眠呼吸暂停**症患者会睡着，然后停止呼吸。几乎所有人，特别是打鼾的人，偶尔都会出现睡眠呼吸暂停，但不会影响睡眠。在睡眠呼吸暂停期间，血液中的二氧化碳水平刺激化学感受器（检测某些化学物质存在的神经元），人会醒来，并且喘粗气。血液中的氧气水平恢复正常，人入睡，整个周期再次开始。由于睡眠中断，患有这种疾病的人通常会在白天感到困倦和昏昏沉沉。幸运的是，许多睡眠呼吸暂停病例是由气道阻塞造成的，这种阻塞可通过外科手术矫正或通过附着在睡眠者脸上的装置缓解，并提供加压空气以保持睡眠时呼吸道畅通（Piccirillo et al.，2000；Sher，1990）。

## 发作性睡病

目标 9.11 描述发作性睡病的症状、治疗和生物学基础。

**发作性睡病**是一种以在不适当的时间睡眠（或其某些组成部分）为特征的神经系统疾病（Nishino，2007）。其症状可以用我们对睡眠现象的了解来描述。

**睡眠发作** 发作性睡病的主要症状是**睡眠发作**。在发作性睡病中，睡眠发作是一种过度的睡眠冲动，可能随时发生，但是最常发生在单调、无聊的情况下。睡眠（看起来完全正常）通常持续2—5分钟。患者醒来时通常感觉神清气爽。

**猝倒** 嗜睡症的另一个症状是**猝倒**，也许是最引人注目的症状。在一次猝倒发作中，一个人会承受不同程度的肌肉无力。在某些情况下，这个人会完全瘫痪并瘫倒在地上。这个人会完全清醒地躺在那里几秒钟到几分钟。显然，这是REM睡眠（会产生肌肉麻痹的现象）在不适当的时间发生。这种肌张力的丧失是由脊髓中运动神经元的大量抑制引起的。当在清醒时发生这种情况时，患者就会失去对肌肉的控制。患者可以继续呼吸并且能够控制眼睛运动，就像在REM睡眠中一样。

猝倒与睡眠发作有很大不同；猝倒通常是由强烈的情绪反应或突然的物理刺激引起的，尤其当这些刺激是在病人不知不觉中产生的。笑、愤怒或努力抓住一个突然抛出的物体都可能引发一场灾难性的发作。事实上，正如Guilleminault等人（1974）指出的那样，即使是没有猝倒的人，也会在一阵强烈的笑声后失去肌肉力量。本章开篇中描述的名叫米格尔的男子在向他所在公司的董事会致辞时遭遇了他的第一次发作。Wise（2004）指出，患有发作性睡病的患者经常试图避免可能引起强烈情绪的想法和情况，因为他们知道这些情绪可能会引发灾难性的发作。

**睡眠瘫痪** 有时，REM睡眠瘫痪会发生在没有任何身体危险的清醒时间，比如正常睡眠之前或之后，当一个人已经躺下时。发作性睡病的这种症状被称为**睡眠瘫痪**，表现为在睡眠开始前或在早晨醒来时无法移动。一个人可以通过被触摸或听到有人叫他的名字而从睡眠瘫痪中解脱出来。有时，REM睡眠的精神成分也会出现在睡眠瘫痪中；也就是说，患者会在清醒的时候，躺着瘫痪着做梦。这些被称为**催眠幻觉**的事件往往令人震惊甚至可怕。在本章开头的案例研究中，米格尔经历了一种催眠幻觉，并认为他的前室友试图用锤子攻击他。

**发作性睡病的生理学基础** 幸运的是，人类的发作性睡病相对罕见，发病率约为每2 000人中会有1人。这种遗传性疾病似乎和6号染色体上的基因有关，但它也受未知环境因素影响（Mahowald and Schenck，2005；Mignot，1998；Nishino，2007）。多年前，研究人员开始实施一项计划，维持患有嗜睡症的狗的血统，希望以此发现犬嗜睡症的病因，由此进一步了解人类发作性睡病的原因。最终，这项研究得到了回报。Lin等人（1999）发现特定基因的突变是导致犬嗜睡症的原因。该基因的产物是食欲素受体。食欲素有两种受体：A和B。Lin和他的同事发现导致犬嗜睡症的突变涉及食欲素-B受体。

Chemelli等人(1999)针对食欲素基因用小鼠中制备了靶向突变,并发现这些动物表现出发作性睡病的症状。像患有发作性睡病的人类患者一样,它们在醒来后直接进入快速眼动睡眠状态,并在清醒时表现出猝倒症状。Gerashchenko等人(2001, 2003)制备了一种毒素,它只攻击食欲素神经元并将其给予大鼠。食欲素系统的破坏引起了发作性睡病的症状。

大多数人类的发作性睡病也是由食欲素神经元的丧失所导致的。Nishino等(2000)对健康的被试和嗜睡症患者的脑脊液进行了分析。他们发现9名患有发作性睡病的患者中有7名患者的脑脊液中完全没有食欲素。他们假设这7名患者的发作性睡病的病因是遗传性疾病,导致免疫系统攻击并破坏分泌食欲素的神经元。大多数嗜睡症患者出生时有食欲素神经元,但在青春期免疫系统攻击了这些神经元,从而开始出现发作性睡病的症状(Fontana et al., 2010)。另2名食欲素水平高的患者的发作性睡病可能是由导致食欲素-B受体产生的基因突变引起的,这种突变也引起犬发作性睡病。Peyron等人(2002)报道了一个患有早发性发作性睡病(2岁前)的患者的案例,这名患者存在不同的遗传缺陷:负责食欲素产生的基因的突变。

发作性睡病的症状可以用药物治疗。发作性睡病可以通过兴奋剂如哌甲酯(利他林),儿茶酚胺激动剂来减轻(Vgontzas and Kales, 1999)。REM抑制药物可缓解REM睡眠现象(猝倒、睡眠麻痹和催眠幻觉),这有助于促进5-羟色胺能和去甲肾上腺素能被激活(Hublin, 1996; Mivtler, 1994)。正如我们将在第16章中看到的那样,在抑郁症患者中可以看到REM睡眠模式的异常。减轻抑郁症的药物也能抑制REM睡眠现象的事实可能并非巧合。

目前,一种叫莫达非尼(modafinil)的兴奋剂药物被广泛用于治疗发作性睡病,然而其精确的作用位点尚不得而知(Fry, 1998; Nishino, 2007)(在本章开始的时候提到的名叫米格尔的男人就服用这个药物)。Scammell等(2000)发现给药莫达非尼增加了食欲素神经元Fos蛋白的表达,表明神经元已被激活。但是,药物必须作用于其他标靶,因为该药物可以治疗发作性睡病患者的症状,这些患者的大脑缺乏这些神经元。本章稍后将讨论食欲能神经元与大脑中其他与睡眠和清醒有关的区域之间的联系。

## REM睡眠行为障碍

目标9.12 描述REM睡眠行为障碍的症状、治疗和生物学基础。

如你所知,REM睡眠通常伴有肌肉麻痹。虽然运动皮层和皮层下运动系统中的神经元在REM睡眠期间非常活跃(McCarley and Hobson, 1979),但此时人们无法移动(在REM睡眠期间偶尔出现的抽搐显然是运动神经元强烈活动的迹象,并未完全被抑制)。人们在梦中瘫痪的事实表明,如果不是因为瘫痪,他们会将梦行动出来。在**REM睡眠行为障碍**中,患有这种障碍的人的行为与他们在REM中的梦的内容相对应。考虑以下情况:

我是一名美式橄榄球的中卫,四分卫从中锋接到球之后,他将球横向移到我身边,我应该绕过去并通过紧急折返来避开对方拦截——这非常逼真——因为我通过紧急折返来避开对方拦截后就会遇到一个280磅重的球员来拦截我,所以根据规则,我要把他的肩膀甩开,然后把他弹开……当我来到我的梳妆台前时,我已经从床上起身跑了起来,并把灯具、镜子和梳妆台上的所有东西撞了下来,把头靠在墙上，膝盖靠在梳妆台上。(Schenck et al.，1986，p.294)。

和嗜睡症类似，REM 睡眠行为障碍似乎至少有一种神经退行性疾病的遗传成分(Schenck et al.，1993)，通常和另一种神经退行性疾病，帕金森病，有关(Boeve et al.，2007)。这些疾病被称为 α-突触核蛋白病，因为它们涉及退化神经元中包含的 α-突触核蛋白。此外，REM 睡眠行为障碍可能是由在某些情况下脑干中控制 REM 睡眠现象的神经回路损伤引起的(Culebras and Moore，1989)。REM 睡眠行为障碍的症状与猝倒的症状相反。REM 睡眠行为障碍患者在 REM 睡眠期间未表现出瘫痪，而不是在 REM 睡眠之外出现瘫痪。正如你所料，药物治疗猝倒会使 REM 睡眠行为障碍的症状恶化(Schenck and Mahowald，1992)。REM 睡眠行为障碍通常用氯硝西泮(一种苯二氮草类药物)治疗(Aurora et al.，2010；Frenette，2010)。

## 慢波睡眠相关问题

目标 9.13　描述尿床、梦游和夜惊的症状、治疗和生物学基础。

一些适应不良行为会发生在慢波睡眠期间。这些行为包括尿床、梦游和夜惊。这三个事件最常发生在儿童身上。通常可以通过训练方法来治愈尿床，例如使用特殊的电子电路，当在床单中检测到最初几滴尿液时(通常出现在随后的大量尿液之前)响铃。夜惊包括痛苦的尖叫、颤抖、快速的脉搏，但通常个体对产生这些恐惧反应的原因没有任何记忆。夜惊和梦游症通常会随着孩子长大而自行治愈。这些现象都与 REM 睡眠无关；一个梦游的人并没有把梦行动出来。特别是当它发生在成年期时，梦游似乎具有遗传成分(Hublin et al.，1997)。

有时，人们可以参与复杂的梦游行为。考虑以下情况：

一天晚上，埃德·韦伯从沙发上小睡起床，吃光了半加仑的巧克力冰淇淋，然后再次打瞌睡。一小时后他醒来，去寻找冰淇淋，召唤他的妻子到厨房，他妻子惊讶地发现他坚持认为肯定是其他人吃掉了冰淇淋。

电视脱口秀主持人蒙泰尔·威廉姆斯告诉观众他已经从冰箱里取出了生食，因为“我早上醒来，发现冰箱里有一包鸡肉被咬掉了一口。我可以吃一大堆火腿或红肠……然后在早上醒来后，却没有意识到我曾经[吃过]并且问‘谁吃了我的午餐肉?’”(Boodman，2004，p.HE01)。

Schenck 等人(1991)报道了 19 例有夜晚睡着时进食的病史的患者，他们称之为**与睡眠相关的进食障碍**。几乎一半的患者因夜间饮食而变得超重。一旦患者意识到他们在睡觉时，会试图打开冰箱进食，他们经常采用的策略有：将食物锁住，或者设置一个冰箱门打开就会将患者唤醒的警报。

与睡眠相关的进食障碍通常对多巴胺能兴奋剂或托吡酯(一种抗癫痫药物)反应良好，并且可能由唑吡坦(一种用于治疗失眠的苯二氮草类兴奋剂)引起(Howell and Schenck，2009)。患者的家庭成员夜间进食的发生率也较高，表明遗传可能发挥了作用(De Ocampo et al.，2002)。

在几起凶杀案件中，睡眠行走已被用作辩护的理由，在这些案件中，被告声称在慢波睡眠中行走时实施暴力行为。如果你对相关案例研究感兴趣，请参见 Cartwright(2004)。

## 本节回顾

### 睡眠障碍

目标 9.10　描述失眠的症状、治疗和生物学基础。

原发性失眠的特征是睡觉时或夜间醒来后难以入睡。继发性失眠是由于精神或身体状况而无法入睡，例如疼痛、物质使用、心理或神经疾病。失眠症治疗包括认知行为疗法(CBT)、渐进式放松技术、睡眠卫生的变化，以及催眠药，如苯二氮䓬类和抗组胺药。研究发现，失眠和无失眠的人的睡眠时间没有差异。失眠可能是由睡眠呼吸暂停引起的，可以通过手术或医疗设备进行治疗，以保持呼吸道畅通。

目标 9.11　描述发作性睡病的症状、治疗和生物学基础。

发作性睡病的特征是在不适当的时间睡眠(或其某些成分)。发作性睡病的症状包括睡眠发作、猝倒、睡眠麻痹和催眠幻觉。发作性睡病与6号染色体上的食欲素受体基因突变或缺乏食欲素有关。一些患者在食欲素神经元受自身免疫攻击后发展为发作性睡病。发作性睡病用兴奋剂、抗抑郁药或莫达非尼治疗。

目标 9.12　描述 REM 睡眠行为障碍的症状、治疗和生物学基础。

REM 睡眠行为障碍是由神经退行性疾病引起的，该疾病损害在 REM 睡眠期间产生麻痹的脑机制。结果，患者把梦行动出来。可以用苯二氮䓬治疗 REM 行为障碍。

目标 9.13　描述尿床、梦游和夜惊的症状、治疗和生物学基础。

在慢波睡眠期间，一些人会经历尿床、梦游或夜惊。这些问题在儿童中最常见，通常长大后症状就会好转。与睡眠相关的进食障碍患者在梦游时会寻找并食用食物。治疗方法包括尿床训练，多巴胺激动剂或托吡酯治疗睡眠。许多孩子的夜惊最终都会自愈。

## 思考题

假设你在朋友家里过夜，在夜间听到一声奇怪的声音，起床后发现你的朋友四处走动，并且是睡着的。你怎么知道你的朋友是梦游还是 REM 睡眠行为障碍？

## 生物钟

我们大多数的行为都遵循规律的节奏。例如，我们的睡眠是按照 REM 和慢波睡眠的90分钟周期进行组织的。我们每天的睡眠和醒来是以24小时来循环的。最后，许多动物表现出季节性节律，其中生殖行为和激素水平以年度为单位波动。近年来，研究人员已经了解导致这些节律的神经机制。

### 昼夜节律与授时因子

目标 9.14　列出昼夜节律和授时因子的例子。

在整个植物和动物世界中都存在行为和生理过程的每日节律。这些周期通常称为**昼夜节律**(circadian rhythms，circa 表示“约”，而 dies 表示“day”；因此，昼夜节律是一个周期约为24小时的节奏)。其中一些节奏是对照明变化的被动反应。然而，其他节律由生物体内的机制（"内部时钟"）来控制。例如，图 9.24 显示了在各种照明条件下大鼠的活动。每条水平线代表 24 小时。黑线表示大鼠在清醒时度过的时间。记住，鼠是夜行动物，通常在夜间活动。现实中来自鼠的记录会显示出更多的变异性，在白天存在一些短时间的清醒状态，并且可能会在夜间小憩。该图的上部显示了在正常的日/夜循环期间大鼠的活动，其中 12 小时的光照和黑暗交替。

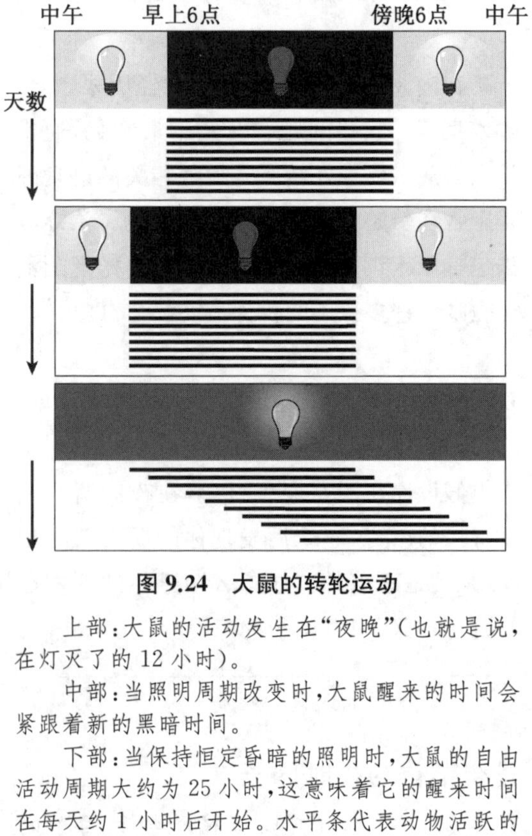


**图 9.24 大鼠的转轮运动**

上部：大鼠的活动发生在"夜晚"（也就是说，在灯灭了的 12 小时）。

中部：当照明周期改变时，大鼠醒来的时间会紧跟着新的黑暗时间。

下部：当保持恒定昏暗的照明时，大鼠的自由活动周期大约为 25 小时，这意味着它的醒来时间在每天约 1 小时后开始。水平条代表动物活跃的光/暗循环的部分。

接下来，亮/暗的循环被改变了，周期性的黑暗现在提前 4 小时就开始了。动物的活动周期很快随之发生变化（见图 9.24 的中间部分）。最后，当昏暗的灯光持续不断地亮着时，大鼠活动的周期性模式仍然存在。由于此时在大鼠的环境中没有光明和黑暗的循环，节奏的来源必须肯定位于大鼠的体内；也就是说，动物肯定拥有一个内部生物钟。你可以看到大鼠的时钟没有精确到 24 小时；当照度保持不变时，时钟会变慢，大鼠每天的活动会在大约 1 小时后才开始（参见图 9.24 的底部）。

图 9.24 所示的现象是在许多物种中都存在的典型昼夜节律。一个周期大约为 25 小时的自由运行的时钟，控制一些生物功能，比如睡眠和清醒。照明水平（即阳光和黑暗）的日常变化通常会将时钟调整为 24 小时。光作为授时因子（zeitgeber，德语，意思为"时间给予者"），会和内在的节奏同步。对许多物种的研究表明，如果它们保持在恒定的黑暗中（或恒定的昏暗光线），短暂的强光将重置其内部时钟，根据闪光发生的时间推进或减慢（Aschoff，1979）。例如，如果动物在黄昏后不久就暴露在强光下，那么生物钟就会恢复到更早的时间——好像黄昏尚未到来。另一方面，如果光线在深夜发生，则生物钟就会被提前一段时间——好像黎明已经到来。使用时钟或其他时间线索等授时因子，盲人或生活在极端光照或黑暗的极地地区的人很容易适应 24 小时的环境。

像其他动物一样，人类也表现出昼夜节律。我们正常的不活动时间在昼/夜循环的黑暗部分开始几小时后开始，并持续不同的时间，直到进入有光照的部分。如果没有现代文明带来的好处，我们可能会提前入睡并更早起床。但我们使用人造灯来延迟我们的入睡时间，使用窗帘来延长我们的睡眠时间。在恒定照明下，我们的生物钟会像变快或者变慢的手表一样自由运行，其节律也会变慢或者变快。不同的人有不同的周期长度，但在这种情况下的大多数人将开始约 25 小时"一天"的生活。这样的节律很好，因为晨光可以作为授时因子来重置时钟。

## 视交叉上核

目标 9.15 确定视交叉上核在调节昼夜节律中的作用，并解释生物钟机制如何发挥作用。

哪些大脑区域可能参与维持昼夜节律？下丘脑的一个特定区域，称为视交叉上核，会从环境中接收光信息，并利用它将行为带入24小时明/暗的循环。

**在昼夜节律中的作用** 两个独立工作的实验室的研究人员（Moore and Eichler，1972；Stephan and Zucker，1972）同时发现大鼠的主要生物钟位于下丘脑视交叉上核（SCN）。研究人员在确认了其维持昼夜节律的作用后发现，SCN病变会破坏大鼠的转轮运动、喝水和激素分泌的日常模式（Moore and Eichler，1972；Stephan and Zucker，1972）。SCN还提供对睡眠周期时间的主要控制。大鼠是夜行动物，它们白天睡觉，晚上觅食和进食。SCN病变废除了这种模式，使得睡眠在白天和黑夜随机而分散地发生（Ibuka and Kawamura，1975；Stephan and Nuñez，1977）。然而，患有SCN病变的大鼠仍然获得与正常动物相同的睡眠量。病变破坏了睡眠的昼夜控制，但不影响其稳态控制。

图9.25显示了穿过小鼠下丘脑横切面上的视交叉上核；它们是存在于大脑底部的两组深色染色神经元，就在视交叉上方。大鼠的视交叉上核由大约8 600个小神经元组成，紧密地填充到0.036立方毫米的体积中（Moore et al.，2002）。

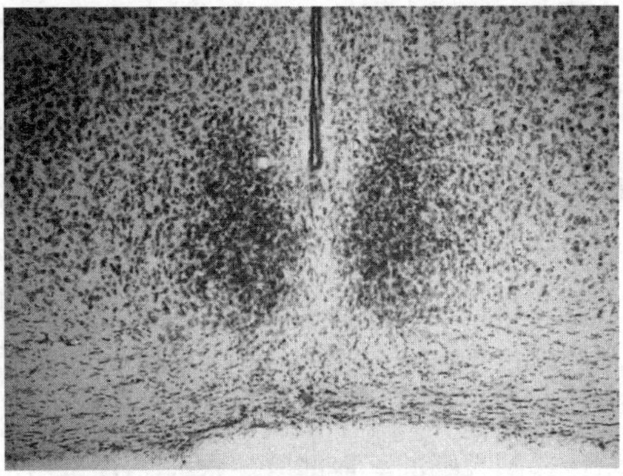

**图 9.25 视交叉上核**

这里显示了大鼠视交叉上核的位置和外观。使用甲酚紫染色剂给大鼠脑的这个横截面中的细胞核着色。

资料来源：Geert DeVries，University of Massachusetts。

因为光是大多数哺乳动物活动周期的主要授时因子，我们认为SCN接收来自视觉系统的输入。实际上，解剖学研究揭示了从视网膜到SCN的直接投射：视网膜下丘脑通路（Aronson et al.，1993；Hendrickson et al.，1972；见图9.26）。

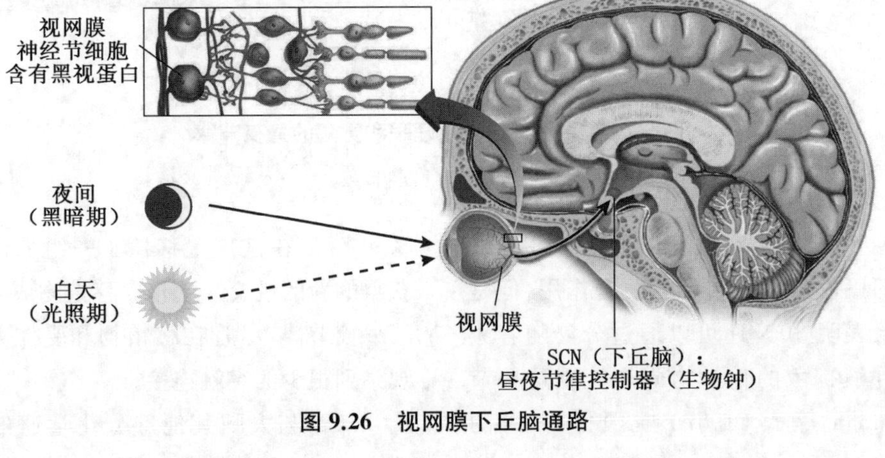


**图 9.26 视网膜下丘脑通路**

视网膜中向 SCN 提供光信息的光感受器不是为我们提供用于视觉感知信息的视杆或者视锥细胞。Freedman 等人(1999)发现针对产生视杆和视锥所必需的基因的靶向突变不会破坏光的同步效应。然而,当他们移除小鼠的眼球时,这些效应就被打乱了。这些结果表明,有一种特殊的光感受器可以提供有关环境光线水平的信息来同步昼夜节律。Provencio 等人(2000)发现了负责这种效应的光化学物,他们将其命名为黑视蛋白。

和在视杆细胞和视锥细胞中发现的其他视网膜色素沉着不同,黑视蛋白细胞存在于神经节细胞中——神经元的轴突将信息从眼睛传递到大脑的其他部分。含有黑视蛋白的神经节细胞对光敏感,其轴突终止于 SCN。它们也终止于中脑区域,控制瞳孔对光照水平变化的反应(Berson et al., 2002; Gooley et al., 2003; Hattar et al., 2002)。显然,含有黑视蛋白的神经节细胞,而不是视杆和视锥细胞,参与瞳孔对光的反应。

因为光对 SCN 的同步作用是由专门的神经节细胞介导而不是通过视杆和视锥细胞,所以失去这些光感受器而失明的人仍然可以表现出正常的昼夜节律。尽管他们看不到,但视网膜中含有黑视蛋白的神经节细胞仍能检测到光照水平的变化并使其 SCN 活动同步。

**视交叉上核对睡眠和觉醒的控制** SCN 如何控制睡眠和醒来的周期?负责组织睡眠和醒来循环的 SCN 传出轴突终止于脑室下区(SPZ),即 SCN 背侧区域(Deurveilher and Semba, 2005)。Lu 等人(2001)发现 SPZ 腹侧部分的兴奋毒性损伤可以破坏睡眠和觉醒的昼夜节律。腹侧 SPZ 向下丘脑的背内侧核(DMH)投射,后者又投射到几个大脑区域,包括两个在控制睡眠和清醒中发挥关键作用的区域:vlPOA 和下丘脑外侧的食欲素神经元。对 vlPOA 的投射是抑制性的,因此抑制睡眠,而对食欲能神经元的投射是兴奋性的,因此促进觉醒(Saper et al., 2005)。这些连接的活动水平在白天/夜晚循环中变化。在昼夜动物(例如我们自己)中,这些连接的活动水平在白天很高而在夜间很低(见图 9.27)。

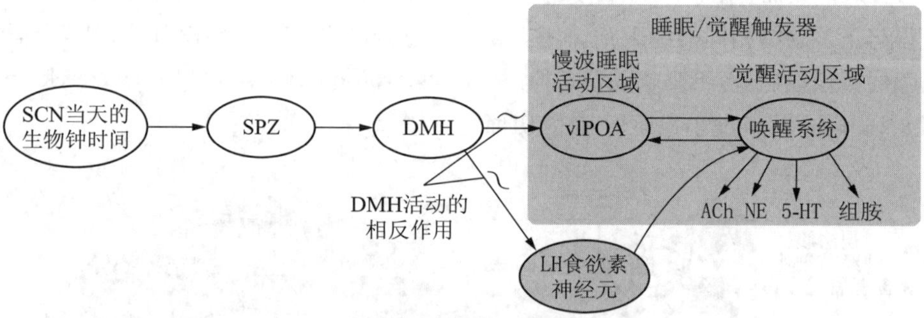


**图 9.27 通过 SCN 控制睡眠和觉醒的昼夜节律**

在白天周期中,DMH 抑制 vlPOA 并激发脑干和前脑唤醒系统,从而激发清醒。

尽管 SCN 神经元与 SPZ 的连接在睡眠和觉醒的昼夜节律控制中起关键作用,但是一些实验表明 SCN 还可以通过分泌随着大脑细胞外液扩散的化学物质来控制这些节律。Lehman 等人(1987)摧毁了动物的 SCN,然后在其位置移植了一组从供体动物获得的新的视交叉上核。移植物成功地重建了昼夜节律,尽管在移植物和受体大脑之间观察到很少的突触连接。

SCN 与大脑其他部分化学通信的最有

说服力的证据来自 Silver 等人的移植研究(1996)。Silver 和她的同事们首先在一群仓鼠的大脑中摧毁了 SCN,废除了它们的昼夜节律。然后,几周后,他们从供体动物身上取下 SCN 组织并将其放入微小的半透性胶囊中,然后将它们植入仓鼠的第三脑室。营养素和其他化学物质可以通过胶囊壁,保持 SCN 组织存活,但胶囊内的神经元不能与周围组织建立突触连接。然而,移植物重新建立了受体动物的昼夜节律。有证据表明,前动力蛋白 2(PK2),一种包含在 SCN 神经元亚群中的蛋白质,可能是这种效应中的化学信号(Zhang et al., 2009)。据推测,SCN 中细胞分泌的化学物质通过扩散到 SPZ 并与位于那里的神经元上的受体结合影响睡眠和醒来的节律。实际上,Hu 等人(2007)发现具有针对 PK2 基因的靶向突变的小鼠显示出昼夜节律的中断。

**生物钟的本质** 所有时钟都必须有时间基准,比如机械钟使用飞轮或摆锤,而电子钟则使用石英晶体。SCN 也必须包含一个生理机制将时间分解为特定的单位。经过多年的研究,研究人员终于开始发现 SCN 中生物钟的本质。

一些研究已经证明了 SCN 的日常活动节律,这表明生物钟确实位于那里。Schwartz 和 Gainer(1977)的一项研究很好地证明了 SCN 活动的日/夜波动。研究人员在白天给一些大鼠注射放射性 2-DG,晚上给其他大鼠注射。然后施以安乐死,并制备脑横切面放射自显影图(2-DG 放射自显影在第 5 章中有描述)。放射自显影显示了白天施用 2-DG 的大鼠的 SCN 存在放射性(因此代谢率高),而夜间施用 2-DG 的 SCN 则不存在放射性。

SCN 内生物钟的“滴答”来源于各个神经元自身内部的活动。一些研究成功地让个体 SCN 神经元在培养基中的存活。Welsh 等人(1995)从大鼠 SCN 中取出组织并用木瓜蛋白酶溶解细胞之间的连接,木瓜蛋白酶有时用作肉嫩化剂。将细胞置于微电极阵列的顶部,以便测量它们的电活性。与完整 SCN 中的神经元不同,其节律是同步的,培养的神经元在活动中显示出独立的昼夜节律。

**基因产物** 是什么导致细胞内的“滴答”?随着蛋白质产量在细胞中上升到一定水平,SCN 就会产生昼夜节律。当达到这个最大水平时,细胞中高浓度的蛋白质通过负反馈回路关闭其自身的产生(见第 12 章,负反馈和体内平衡的回顾)。结果,蛋白质的水平开始下降,消除抑制,再次开始生产循环。

这种机制最初是在果蝇中发现的,随后对哺乳动物的研究也揭示了一个类似的系统(参见 Gomlobek and Rosenstein, 2010)。该系统涉及至少 7 个基因及其蛋白质和 2 个互锁的反馈循环。当第一个循环产生的蛋白质之一达到足够的水平时,第二个循环开始,最终抑制了第一个循环中蛋白质的产生,从而使得第一个循环再次开始。因此,细胞内的“滴答”作用是通过产生和降解一组蛋白质所花费的时间来调节的。

Yan 和 Silver(2004)发现,如果饲养在黑暗中的动物被暴露在短暂的强光照射下,这些蛋白质的水平就会发生变化。此外,在动物昼夜节律的不同阶段呈现光脉冲会对这些蛋白质的产生起不同的影响。正如我们之前看到的那样,在一天的不同时间接触光线会对动物的行为产生不同的影响,会将它们的生物钟向前或向后调节(Aschoff, 1979)。

遗传研究发现了人类 SCN 与实验动物相似的证据。Toh 等人(2001)发现,我们在本小节前面提到的反馈回路中涉及的一种蛋白质的基因 2 号染色体上的突变(per2)是**睡眠相位前移综合征**的原因。这种综合征导致睡眠/觉醒循环节奏提前 4 小时。患有这种综合征的人会在晚上 7:30 左右睡着，并在凌晨 4:30 左右醒来。这个突变似乎改变了晨光的授时因子和 SCN 细胞中运行的生物钟的相位的关系。Ebisawa 等人(2001)的研究证据表明，一种和睡眠相位前移综合征相反的疾病，**睡眠相位后移综合征**，可能是由染色体 1 上发现的另一个基因 per3 基因的突变引起的。这种综合征包括睡眠/觉醒循环节律 4 小时的延迟。患者通常在凌晨 2 点之前无法入睡，并且在中午前很难醒来。Allebrandt 等人(2010)发现了另一组影响人们睡眠持续时间(在生物钟基因中)的基因变异。

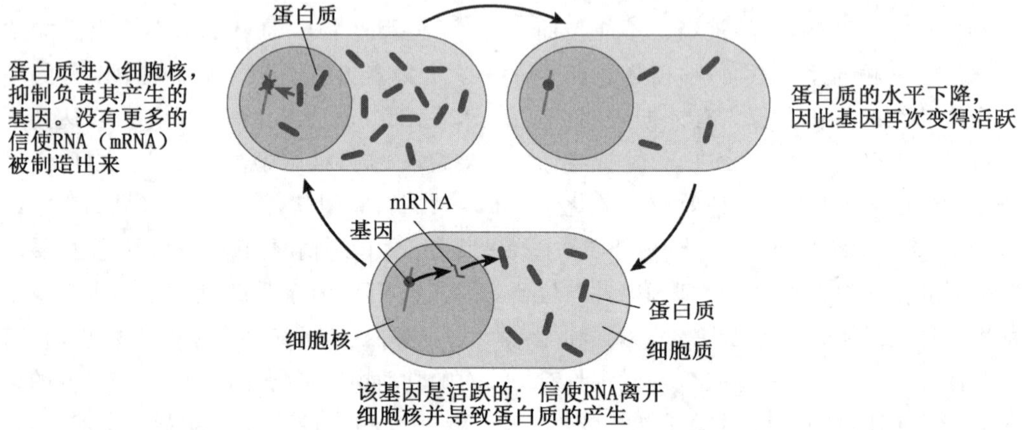


**SCN 的昼夜节律** 该示意图简要解释了 SCN 的神经元的日常“滴答”节律的分子控制。

## 季节性节律调控：松果腺和褪黑激素

目标 9.16 描述松果腺和褪黑激素之间的关系。

尽管 SCN 具有大约 24 小时的内在节律控制，但它也在更长的节律控制中起作用(我们可以说它涉及生物日历和生物钟)。

**松果腺** 大脑的另一部分——**松果腺**——参与到季节性节律的控制(Bartness et al., 1993)。这种结构位于中脑顶部，小脑前方(见图 9.28)。松果腺分泌一种叫做**褪黑激素**的激素，之所以这么命名，是因为它能够使某些动物(主要是鱼类、爬行动物和两栖动物)暂时变黑(深色是由一种叫做黑色素的化学物质产生的)。在哺乳动物中，褪黑激素控制季节性节律。SCN 中的神经元与下丘脑室旁核(PVN)中的神经元间接连接。这些神经元的轴突一直投射到脊髓，在那里它们与交感神经系统的神经节前神经元形成突触。神经节后神经元支配松果腺并控制褪黑激素的分泌。

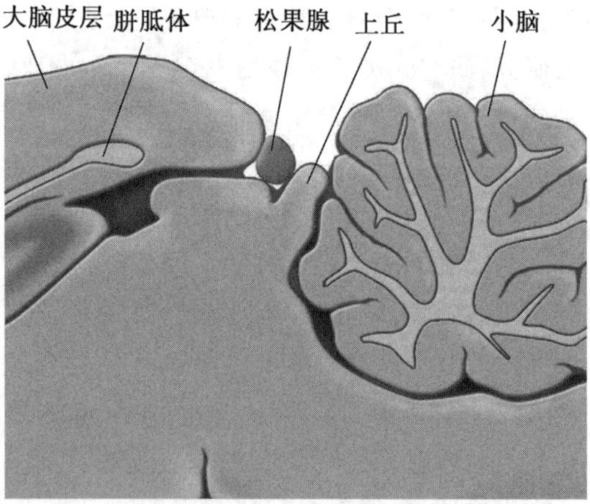


**图 9.28 松果腺**

资料来源：Paxinos, G., and Watson, C., *The Rat Brain in Stereotaxic Coordinates*, Sydney: Academic Press, 1982. Redrawn with permission。

**褪黑激素** 响应来自 SCN 的输入，松果腺在夜间分泌褪黑激素。这种褪黑激素可以作用于大脑的各结构（包括 SCN，其细胞含有褪黑激素受体），并控制激素、生理过程和表现出随季节变化的行为。在漫长的夜晚，松果腺分泌大量的褪黑激素，动物进入其年度周期的冬季阶段。SCN、PVN 或松果腺的病变破坏了由白天长度控制的季节性节律——将 SCN 和 PVN 之间的神经连接切断的实验也表明，SCN 的这一功能通过与另一种结构的神经连接来调节。此外，虽然胎儿期视交叉上核的移植将恢复具有 SCN 病变的动物的昼夜节律，但不能恢复季节性节律，因为移植的组织不与 PVN 建立神经连接（Ralph and Lehman，1991；见图 9.29）。

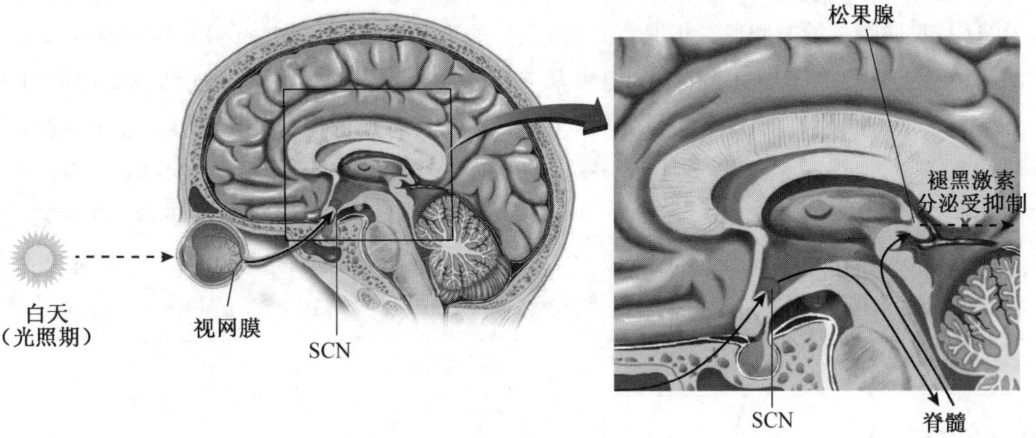


**图 9.29　SCN 和松果腺**

褪黑激素在黑暗期由松果腺释放。从视网膜传递到 SCN 和 PVN 的光信息抑制松果腺释放褪黑激素。破坏这条通路会干扰由白天时长控制的季节性节律。

## 昼夜节律变化：轮班工作与时差

目标 9.17　指出为什么轮班工作和时差会导致昼夜节律变化。

当人们突然改变日常活动节奏时，由 SCN 控制的内部昼夜节律与外部环境的昼夜节律会失去同步。例如，如果通常在白班工作的人开始夜班工作，或者如果有人向东部或西部穿越几个时区旅行，在工作班次的时段内（或坐飞机的旅行行程中）他的 SCN 将向大脑的其余部分发出信号，表示是时候睡觉了。内部节律与外部环境之间的这种差异导致睡眠障碍和情绪变化，并且干扰人们在醒着的时间内的能力。溃疡、抑郁和与嗜睡有关的事故等问题在工作时间表经常变化的人群中更为常见（Drake et al.，2004）。

时差是一种暂时现象；几天之后，跨越多个时区的人们发现在适当的时间更容易入睡，他们的白天警觉性也得到改善。当人们被要求经常改变班次时，班次工作会带来更持久的问题。解决时差和换班工作引起的问题的方案是尽可能快地使内部时钟与外部环境同步。一种方法是尝试在适当的时候提供强大的授时因子。如果一个人在每日体温节律的低点（通常在人醒来之前一两个小时发生）之前暴露在强光下，则该人的昼夜节律被延迟。如果在低点之后发生强光照射，昼夜节律就会提前（Dijk et al.，1995）。事实上，一些研究表明，在适当的时间暴露在强光下有助于缓解向新的昼夜节律模式的过渡（Boulos et al.，1995）。同样，如果人工照明在工作场所保持较亮的水平，并且卧室尽可能保持黑暗，那么人们就会更快地适应轮班工作（Horowitz et al.，2001）。

正如我们在前一小节中所看到的，褪黑激素在季节性节律中的作用已经确定。近年来的研究表明，褪黑激素也可能参与昼夜节律。正如我们所看到的，褪黑激素在夜间被分泌出来，对于像我们这样的昼夜哺乳动物来说，这是我们睡觉的时间段。但是，虽然我们的物种缺乏强烈的季节性节律，但褪黑素分泌的日常节律仍然存在。因此，除了调节季节性节律外，褪黑激素还必须具有一些其他的功能。

研究发现，作用于SCN受体的褪黑激素可以影响SCN神经元对授时因子的敏感性，并且本身可以改变昼夜节律（Gillette and McArthur，1995；Starkey et al.，1995）。研究人员尚未确切了解褪黑激素在控制昼夜节律中的作用，但他们已经发现了褪黑激素的实际应用。褪黑激素的分泌通常在睡眠时间的早晨达到最高水平。研究人员发现，在适当的时间（大多数情况下，就在睡觉前）给予褪黑激素可以显著减少时差和工作时间变化的不利影响（Arendt et al.，1995；Deacon and Arendt，1996）。失明或视网膜受损的盲人，包括含有黑视蛋白的视网膜神经节细胞以及视杆和视锥细胞，将显示出不同步、自由运行的昼夜节律。在这种情况下，睡前褪黑激素可以被用来同步昼夜节律，改善睡眠周期（Skene et al.，1999）。

## 本节回顾

### 生物钟

目标 9.14　列出昼夜节律和授时因子的例子。

昼夜节律的实例包括睡眠/觉醒周期、身体活动周期和体温。授时因子的例子包括照明的存在、时钟或其他时间线索。

目标 9.15　确定视交叉上核在调节昼夜节律中的作用，并解释生物钟机制如何发挥作用。

SCN负责睡眠的昼夜调节，但不负责稳态调节。在从眼睛接收到光信息之后，来自SCN的信息通过下丘脑的脑室下区和背内侧核传递到涉及睡眠和觉醒的大脑区域。单个神经元，而不是神经元的回路，负责“滴答”。每次大约24小时的“滴答”过程，包括两个互相锁定的反馈循环中的一系列蛋白质的产生和分解，这些循环可以作用于对自身负责的基因的生产。

目标 9.16　描述松果腺和褪黑激素之间的关系。

SCN和松果腺控制年度节律。在夜间，SCN发出松果腺信号来分泌褪黑激素。在冬季发生的长时间的褪黑激素分泌导致动物进入其年度周期的冬季阶段。褪黑激素似乎也参与了昼夜节律的同步：激素可以帮助人们适应轮班工作或时差的影响，甚至可以同步盲人的日常节奏，因为在这些情境下，光线不能作为授时因子。

目标 9.17　指出为什么轮班工作和时差会导致昼夜节律变化。

轮班工作和时差导致昼夜节律的变化，因为SCN和外部环境中的授时因子不同步。

## 思考题

直到最近（就我们物种的进化而言），我

们的祖先往往在太阳落山时入睡,并在太阳升起时醒来。一旦我们的祖先学会了如何控制火,他们无疑会稍稍熬夜,坐在火炉前。但只有随着廉价而有效的照明的发展,我们物种的许多成员才养成了熬夜和日出后几个小时醒来的习惯。考虑到我们的生物钟和它控制的神经机制很久以前就已经发展形成了,你认为我们日常节奏的变化会损害我们的身体和智力能力吗?

## 本章回顾问题

1. 描述一夜睡眠的过程:它的阶段和特征。
2. 讨论失眠、睡眠药物和睡眠呼吸暂停。
3. 讨论与 REM 和慢波睡眠相关发作性睡病和问题。
4. 通过讨论睡眠剥夺、锻炼和心理活动,回顾睡眠作为恢复期的假设,并解释 REM 睡眠的功能。
5. 评估睡眠的起始和数量是化学控制的证据,并描述神经控制唤醒。
6. 讨论慢波和 REM 睡眠的神经控制。
7. 描述昼夜节律,并讨论关于视交叉上核在控制这些节律中的作用的研究。
8. 讨论生物钟的时间基础,季节性节律的控制,以及工作时间表和旅行引起的昼夜节律的变化

# 第10章

# 生殖行为

## 本章概要


**性发育** 318

配子的产生和受精 318

性器官的发育 319

性成熟 322

**性行为的激素控制** 325

女性生殖周期的激素控制 325

实验室动物性行为的激素控制 325

雄激素对行为的组织作用:雄性化和去雌化 328

人类性行为 329

信息素作用 331

**性行为的神经控制** 335

男性 335

女性 338

配偶关系的形成 339

**性取向** 341

激素的激活和组织作用 342

雄激素的作用 342

泄殖腔外翻 343

大脑性别二态性 343

产前环境对性取向的作用 345

遗传与性取向 345

**亲职行为** 347

啮齿动物的母性行为 347

母性行为的激素控制 349

母性行为的神经控制 350

父性行为的神经控制 352


## 学习目标

目标 10.1 描述配子产生和受精的过程。

目标 10.2 解释性腺、内外生殖器是如何发育的。

目标 10.3 比较激素对第一性征的组织作用和对第二性征的激活作用。

目标 10.4 综述激素在月经周期中的作用。

目标 10.5 比较激素在雄性和雌性啮齿动物性行为中的作用。

目标 10.6 对比啮齿动物行为雄性化与去雌化。

目标 10.7 比较激素对男性和女性性行为的激活作用。

目标 10.8 描述信息素在人类和其他动物生殖行为中的作用。
目标 10.9 明确脊髓和大脑机制在男性性行为中的作用。
目标 10.10 明确大脑机制在女性性行为中的作用。
目标 10.11 比较催产素和血管加压素在配偶关系中的作用。
目标 10.12 比较激素的激活和组织作用对性取向的作用。
目标 10.13 解释由先天性肾上腺皮质增生与雄激素不敏感可以了解到的，出生前雄激素暴露对性取向的作用。
目标 10.14 解释从泄殖腔外翻中可以了解到的生物因子对性取向的作用。
目标 10.15 比较男性和女性大脑性别二态性特征，解释从中可以了解到的性取向的大脑基础。
目标 10.16 总结产前环境因素与性取向的关系。
目标 10.17 总结目前已知的遗传对性取向的作用。
目标 10.18 描述啮齿动物母性行为的例子。
目标 10.19 举例解释激素对母性行为的作用。
目标 10.20 识别母性行为涉及的脑区和神经通路。
目标 10.21 识别父性行为涉及的脑区和神经通路。

起初一场悲惨的手术事故似乎表明人们的性别认同和性取向不受生物因素的强烈控制，这些特征可以通过养育孩子的方式来塑造(Money and Ehrhardt, 1972)。一对双胞胎男孩被以同样的方式养育，直到他们七个月时，一个男孩的阴茎在割礼时被意外切除。烧灼器(一种通过电流切割组织的装置)档位调得太高，不仅仅切除了包皮，电流也烧掉了整个阴茎。在经历了一段痛苦的犹豫不决之后，父母决定把孩子抚养成一个女孩。约翰成了琼。

琼的父母开始给她穿上女孩的衣服，像对待一个小女孩一样对待她。外科医生做了变性手术，切除了睾丸，创造了阴道。起初，研究琼的心理学家报告说，她是一个典型的发育中的快乐女孩，并得出结论，是孩子的养育方式决定了他/她的性别认同。许多人认为这是社会化对生物学的胜利。

不幸的是，这一结论为时尚早(Diamond and Sigmundson, 1997)。事实证明，虽然琼不知道她出生时的生理性别是男性，但她对女性的性别认同并不满意。她觉得自己的性别是一个男孩的性别，甚至试图站着小便。作为一个不幸的青少年，当她威胁要自杀时，她的家人和医生同意她变性。她接受的雌激素治疗被终止了，她开始服用雄激素，同时做了乳房切除术，外科医生开始为她制造一个阴茎。琼又变成了约翰。最终，他的父亲告诉他，他是个男孩，这使约翰得到了极大的安慰。约翰后来结了婚，并收养了他妻子的孩子。

如今我们知道了这个人的真名：他由布鲁斯变成了布伦达，在恢复男性性别之后，他选择了大卫这个名字。一本书上讲了大卫的故事(Colapinto, 2000)，2002年的一部电视纪录片《新星的性别：未知》采访了大卫、他的母亲、与家人一起工作的心理学家以及参与这一不幸事件的其他人。令人遗憾的是，大卫随后失去了工作，他和妻子分居，2004年5月，38岁的他自杀了。

生殖行为是社会行为的一个重要范畴，

因为没有生殖行为，大多数物种就无法生存。这些行为（包括求偶、交配、亲职行为和大多数形式的攻击行为）是最引人注目的**性别二态性行为**类别，即男女不同的行为。正如你所看到的，无论是在出生前还是出生后，激素在发育和控制性别二态性行为以及性取向方面都起着非常特殊的作用。

本章首先讨论男性和女性的性发育。然后，我们研究激素和神经对性行为和性取向以及性别认同的影响。在最后一节中，我们将重点关注激素和神经控制如何影响父母的行为。图中显示的是脑垂体和下丘脑，这是大脑中涉及生殖行为的两个区域，我们将在本章中予以特别关注。

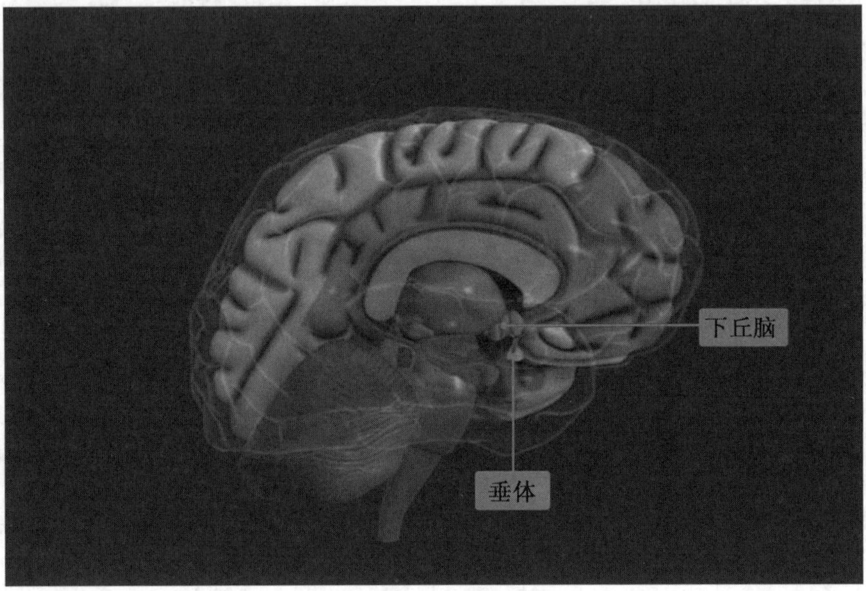


**垂体和下丘脑**

# 性发育

一个人的染色体性别是在受精时决定的。然而，这只是一系列步骤中的第一步，这些步骤最终发展了男性、女性和间性个体的生物性别和性别认同。"性"一词通常指男性和女性的遗传或生理特征，而"性别"一词通常指的是个人受社会影响的身份、角色和/或行为。"间性"一词是一个广义的术语，用来描述生物上的男性和女性特征的各种组合，例如具有外部女性生殖器和内部男性性器官的个体。本节讨论性发育的主要特征，从配子的产生到内部性器官和外部生殖器的发育。

## 配子的产生和受精

目标 10.1 描述配子产生和受精的过程。

人体的所有细胞（精子或卵子除外）都含有 23 对染色体。人类发育的基因信息包含在构成这些染色体的 DNA 中。我们为自己能够将硅芯片上的计算机电路小型化而感到自豪，但当我们认为人类的蓝图太小以至于肉眼无法看到时，这一成就似乎才刚刚开始。

**配子**（卵子和精子）的产生需要一种特殊的细胞分裂，称为减数分裂。这个过程产生的细胞包含每对染色体的一组。人类的发育始于受精时，当单个精子和卵子结合在一起时，它们共有 23 条染色体来重建这 23 对染色体。

一个人的**遗传性别**是由父亲的精子在卵子受精时决定的。23 对染色体中的 22 条决定了生物体的生理发育，与其性别无关。最后一对由两条**性染色体**组成，其中含有决定后代是从基因上来说是雄性还是雌性的基因。

性染色体有两种类型：X 染色体和 Y 染色体。基因雌性有两个 X 染色体（XX）；因此，一个女人生产的所有卵子都包含一个 X 染色体。基因雄性有 X 染色体和 Y 染色体（XY）。当男人的性染色体分裂时，一半的精子含有 X 染色体，另一半的精子含有 Y 染色体。一个携带 Y 的精子产生一个 XY 受精卵，因此是一个基因雄性；一个携带 X 的精子产生一个 XX 受精卵，因此是一个基因雌性（见图 10.1）。

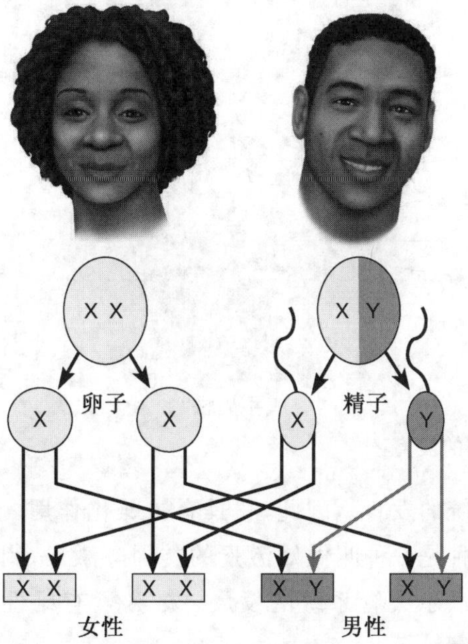


**图 10.1　遗传性别测定**

后代的遗传性别取决于受精卵的精子细胞携带 X 染色体还是 Y 染色体。

## 性器官的发育

目标 10.2　解释性腺、内外生殖器是如何发育的。

男性和女性在许多方面不同：他们的身体不同，大脑的部分不同，生殖行为也不同。所有这些差异都是直接编码在 Y 染色体上的吗？Y 染色体是区分基因雄性和雌性的唯一遗传物质？答案是否定的。在雄性和雌性细胞中发现的 X 染色体和 22 条非性染色体包含了发育任何一种性别的身体所需的所有信息。接触性激素，无论是在出生前还是出生后，都是导致我们的性别二态的原因。Y 染色体控制的是分泌雄性性激素的腺体的发育。

**性腺**　性器官有三大类：性腺、内生殖器和外生殖器。**性腺**（睾丸或卵巢）是最先发育的。性腺具有双重功能：它们产生卵子或精子，并分泌激素。经过六周的产前发育，男性和女性胎儿是相同的。两性都有一对完全相同的未分化性腺，有可能发育成睾丸或卵巢。控制它们发育的因素似乎是 Y 染色体上的一个单一基因，称为 **SRY**（染色体上的性别决定区 Y）。这个基因会产生一种蛋白质，它能结合在未分化性腺的细胞 DNA 上，使它们变成睾丸。如果 SRY 基因不存在，未分化的性腺就会变成卵巢。有一些 XX 男性的案例已经被报道。在父亲的精子产生过程中，当 SRY 基因从 Y 染色体转到 X 染色体时，就会发生这种情况。虽然 SRY 基因开始了性腺分化的过程，但至少还需要另外两个基因来完成这一过程。

一旦性腺发育，另外一系列事件便会开始发生，决定个人的性发展。这些事件都是由激素决定的，激素通过两种方式影响性发育。在产前发育过程中，这些激素具有组织作用，影响一个人的生殖器和大脑的发育。这些影响是永久性的，而且贯穿于人的一生。性激素的第二个作用是激活作用。这些影响发生在生命后期，在生殖器发育之后。例如，激素会激活精子的产生，使勃起和射精成为可能，同时也会导致排卵。由于成年男性和女性的身体组织不同，性激素在两种性别中都会产生不同的激活作用。

**内生殖器** 胚胎发育初期，内生殖器为双性的，即所有胚胎都含有雌雄生殖器的前驱物。然而，在怀孕的第三个月，只有其中一个前体发育。雌性内生殖器的前身，发育成绒毛和输卵管，子宫和阴道的内部三分之二，被称为**苗勒管系统**。发育成附睾、输精管和精囊的男性内生殖器的前体称为**沃尔夫管系统**（这些系统是以发现者 Müller 和 Wolff 的名字命名的。见图 10.2）。

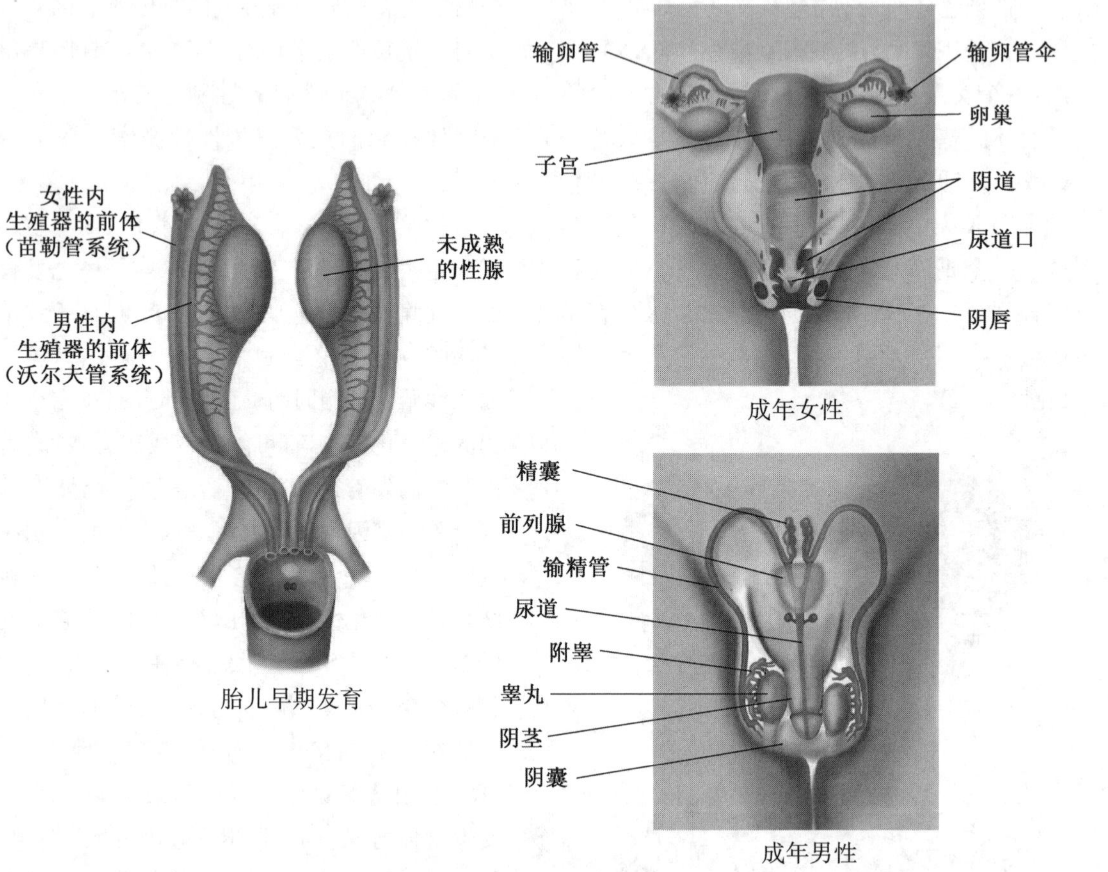


**图 10.2 内生殖器的发育**

胎儿内生殖器的发育取决于睾丸分泌的激素的存在与否。如果这些激素存在，苗勒管系统就会发展。如果不是的话，苗勒管系统就会发展起来。苗勒管（雌性）系统不需要性腺分泌额外的激素激活发展（特纳综合征是一种性发育障碍，将在本章后面讨论，这为这一过程提供了证据）。相比之下，沃尔夫管（雄性）系统的细胞不发育，除非它们受到激素的刺激。因此，睾丸分泌两种激素。第一种是一种名为**抗苗勒管激素**的肽激素，它的作用就像它的名字：它阻止了苗勒管（雌性）系统的发育。因此，它具有**去雌化作用**。第二种是一种叫做**雄激素**的类固醇激素，刺激了沃尔夫管系统的发展。雄激素有雄性化作用。

有两种不同的雄激素会导致雄性化。一种是**睾酮**，由睾丸分泌，因分泌腺得名。一种叫做 5α 还原酶的酶将睾酮转化成另一种雄激素，**二氢睾酮**。

在第二章中，你已经读到激素会通过刺激合适的激素受体对靶细胞发挥作用。因此，男性内生殖器的前体（沃尔夫管系统）含有雄激素受体，这些受体与促进生长和分裂的细胞机制相耦合。当雄激素分子与这些受体结合时，附睾、输精管和精囊发育和生长。相比之下，苗勒管系统的细胞含有抑制生长和分裂的抗苗勒管激素的受体。因此，抗苗勒管激素的存在阻止了女性内生殖器的发育。

人类胚胎内生殖器是双性的，可能发育为男性或女性，这一事实由两种遗传病（雄激素不敏感综合征和苗勒管永存综合征）生动地说明了这一事实。有些人对雄激素不敏感；他们患有**雄激素不敏感综合征**（MacLean et al.，1995；Money and Ehrhardt，1972）。雄激素不敏感综合征的原因是基因突变，阻止了正常雄激素受体的形成。（雄激素受体的基因位于X染色体上。）具有雄激素不敏感综合征基因的雄性胎儿的原始性腺变成睾丸，同时分泌抗苗勒管激素和雄激素。雄激素受体的缺乏阻止了雄激素的雄性化作用；因此，附睾、输精管、精囊和前列腺不发育。然而，抗苗勒管激素仍有去雌化作用，阻碍了女性内生殖器的发育。子宫、绒毛和输卵管也不发育，阴道很浅。外生殖器是女性，在青春期发育成女性身体。没有子宫和卵巢，无法生育。

第二种遗传病，**苗勒管永存综合征**，有两个原因：要么是不能产生抗苗勒管激素，要么是缺乏这种激素的受体（Warne and Zajac，1998）。当这种综合征发生在遗传男性身上，雄激素有雄性化作用，但没有发生去雌化。因此，该人出生时具有男女两套内生殖器。额外的女性生殖器通常会干扰男性生殖器的功能。

一项基于SRY分子探针的测试的目的是确保1996年亚特兰大奥运会女子夏季奥运会的潜在竞争者没有SRY基因，因此是为了测试出试图与女性竞争的男性。然而，这一有争议的测试可能会错误地认定XY女性是患有雄激素不敏感综合征的男性。鉴于雄激素不能刺激细胞对这些激素不敏感的人的肌肉发育，SRY基因的存在并不表明个体是试图与女性竞争的男性。雄激素不敏感综合征的妇女有女性的身体，具有典型的女性肌肉力量。然而，科学和常识占上风，这种形式的测试在2000年夏季奥运会时被淘汰了。

到目前为止，你已经读过关于男性性激素的文章。那女性的产前性发育呢？雌性生殖器产生的激素并不是苗勒管系统发育所必需的。**特纳综合征**患者只有一条性染色体：X染色体。（因此，她们没有XX细胞，而是X0细胞——表明缺少性染色体。）在大多数情况下，现有的X染色体来自母亲，这意味着疾病的原因在于有缺陷的精子（Knebelmann et al.，1991年）。因为Y染色体不存在，所以睾丸不发育。此外，由于形成卵巢需要两条X染色体，这些腺体也不会形成。但是，尽管特纳综合征患者根本没有性腺，但她们的生物发育是女性的，具有典型的女性内生殖器——这证明胎儿不需要卵巢或它们产生的激素才能作为女性发育。特纳综合征患者需要补充雌激素来诱导青春期和性成熟，但如果没有卵巢，她们就无法产生卵子。

**外生殖器**　外生殖器是可见的性器官，包括男性的阴茎和阴囊，女性的阴唇、阴蒂和外阴（见图10.3）。正如我们刚才看到的，外生殖器不需要受到女性性激素的刺激才能变成女性。在二氢睾酮的存在下，外生殖器将变成男性。因此，一个人的外生殖器的发育取决于雄激素的存在与否，这就解释了为什么特纳综合征患者有女性外生殖器，尽管她们没有卵巢。雄激素不敏感综合征患者也有女性外生殖器，因为没有雄激素受体，他们的细胞就无法对睾丸产生的雄激素作出反应。

图10.4总结了控制性腺、内外生殖器发育的因素。

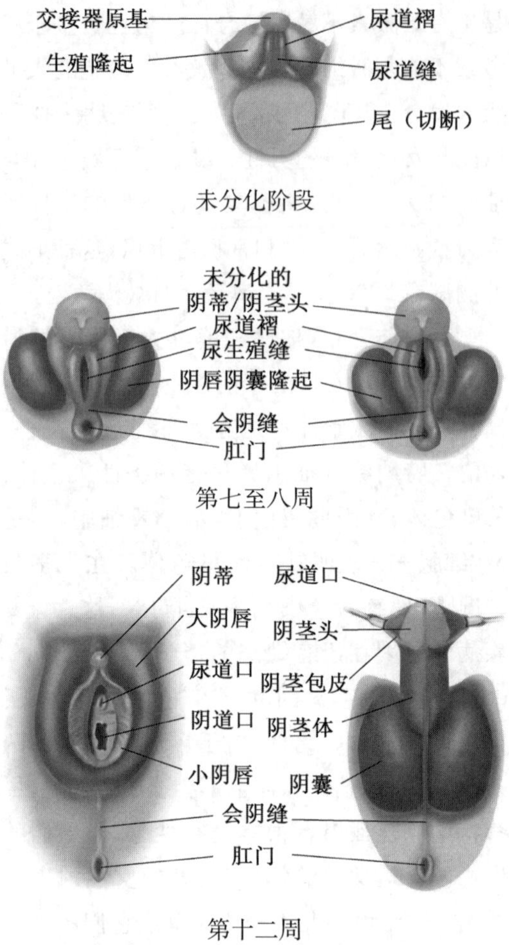


**图 10.3　外生殖器的发育**

资料来源：Spaulding，M.H.，The development of the external genitalia in the human embryo，in G. L. Streeter (ed.)，*Contributions to Embryology*，Vol.13，p.67—88. Washington，DC：Carnegie Institute of Washington，1921。

## 性成熟

目标 10.3　比较激素对第一性征的组织作用和对第二性征的激活作用。

第一性征受激素组织的影响，包括性腺、内外生殖器。这些结构在人出生时就存在。

这些结构在出生时就存在。第二性征，如胸部变大和臀部增宽，或胡须和低沉的声音，受激素的激活作用影响，青春期才出现。在青春期，性腺被刺激产生激素，这些激素使人性成熟。青春期时，下丘脑细胞分泌**促性腺激素释放激素**(GnRH)，刺激垂体前叶分泌和释放两种**促性腺激素**。促性腺激素刺激性腺产生激素，最终导致性成熟(见图 10.5)。

这两种促性腺激素分别是**卵泡刺激素**(FSH)和**促黄体生成素**(LH)，这是以它们在女性身上产生的效果命名的(卵泡的产生及其随后的黄体化，将在本章的下一节中描述)。然而，同样的激素在雄性体内产生，它们刺激睾丸产生精子和分泌睾酮。如果雄性和雌性垂体在大鼠体内被交换，卵巢和睾丸对新腺体分泌的激素就会有很好的反应(Harris and Jacobsohn，1951—1952)。

GnRH 的分泌促使促性腺激素的产生，

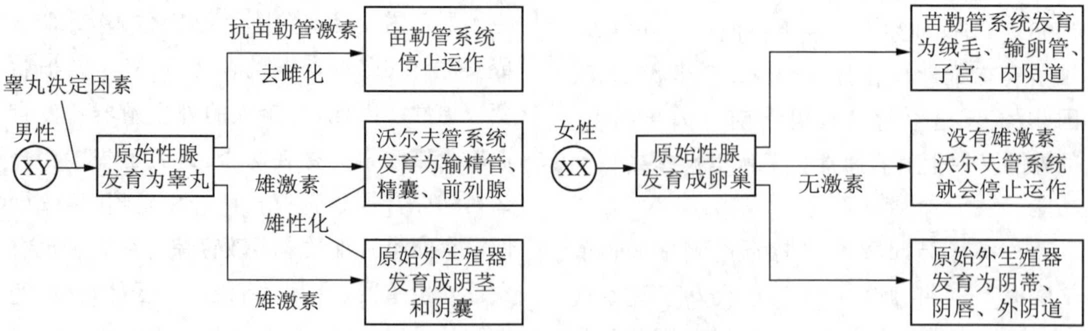


**图 10.4　性器官发育的激素调控**

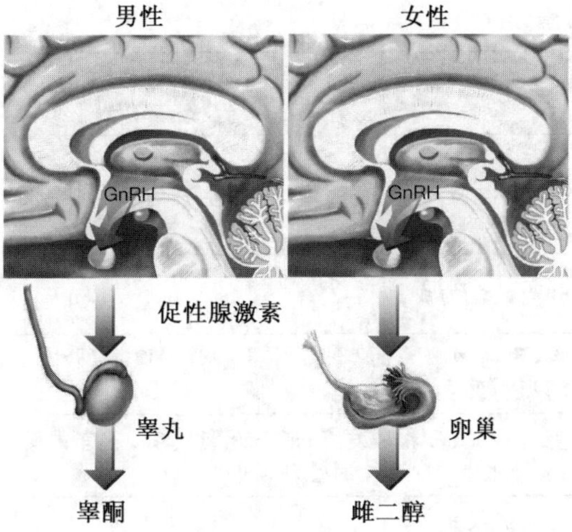


**图 10.5　性成熟**

青春期由下丘脑分泌促性腺激素释放激素开始,促性腺激素通过垂体前叶激活促性腺激素的分泌来释放激素。

而促性腺激素反过来又刺激青春期和性腺分泌的性激素的产生。GnRH 的分泌受到另一种肽的控制:**亲吻素**(kisspeptin)。(这种肽的不寻常名称是指宾夕法尼亚州的赫希镇,也就是实验室发现该肽编码基因的地点。这座城市也是生产巧克力糖果好时 KISSES 的公司的总部。)亲吻素由下丘脑弓状核神经元产生,这对青春期的开启和男女生殖能力的维持至关重要(Millar et al., 2010)。

一个多世纪以来,发达国家儿童(特别是女孩)达到青春期的年龄一直在变小,这大概是因为营养得到改善(Foster and Nagatani, 1999)。通过运动和饮食保持异常苗条的女孩往往更晚进入青春期,而肥胖女孩往往更早进入青春期(Frisch, 1990)。正如我们将在第 12 章中看到的那样,瘦素是一种由营养良好的脂肪细胞分泌的肽激素,它向大脑提供了一个重要的信号,这涉及体内脂肪组织的数量。如果身体脂肪增加,血液中瘦素的水平就会增加,并提示大脑抑制食欲。这种激素还在决定女性青春期开始的过程中发挥作用:它会作用于弓状核内亲吻素分泌神经元上的瘦素受体(Smith et al., 2006)。

性腺会分泌类固醇性激素,作为对促性腺激素(通常称为 gonadotropins)的反应。卵巢产生**雌二醇**,这是一种被称为**雌激素**的荷尔蒙。睾丸产生一种名为睾酮的雄激素。这两种类型的腺体也会产生另一性别的少量初级激素。性腺类固醇会影响身体的许多部分。雌二醇和雄激素都会导致骨骼生长的部分闭合,从而停止骨骼的生长。在女性中,雌二醇也会导致乳房发育,子宫内膜的生长,体脂沉积的变化,以及女性生殖器的成熟。在男性中,雄激素刺激面部、腋下和阴毛的生长;降低声音;改变头部的发际线(通常会导致以后的秃顶);刺激肌肉的发育;并导致生殖器官的生长。这种描述忽略了女性的两个次要特征:腋毛和阴毛。这些特性不是由雌二醇产生的,而是由肾上腺皮质分泌的雄激素产生的。即使是在青春期前被阉割(睾丸被切除)的男性,也会在自己的肾上腺雄激素刺激下长出腋毛和阴毛。表 10.1 列出了主要性激素及其影响的例子。请注意,本章后面将讨论这些影响中的一些。

一些第二性特征的两性分化潜能会终生存在。如果一个男人接受雌激素治疗(例如,为了控制雄激素依赖性肿瘤),他会长出乳房,他的面部毛发会变得更细更柔软。然而,他的声音将保持偏低,因为喉的扩大是永久性的。相反,接受高水平雄激素(通常来自分泌雄激素的肿瘤)的女性会长胡子,她的声音会变低。

表 10.1 性激素分类

| 种 类 | 人体内的主要激素（产生位置） | 效果举例 |
| --- | --- | --- |
| 雄激素 | 睾酮（睾丸） | 沃尔夫管系统的发展；精子的产生；面部、耻骨和腋毛的生长；肌肉的发育；喉的增大；骨生长的抑制；男性（和女性?）的性冲动 |
| | 二氢睾酮（由 5α 还原酶作用产生的睾酮） | 男性外生殖器的成熟 |
| | 雄烯二酮（肾上腺） | 对女性，阴毛和腋毛的生长；对男性则不像睾酮和二氢睾酮那么重要。 |
| 雌激素 | 雌二醇（卵巢） | 女性生殖器成熟；乳房发育；脂肪沉积改变；子宫内膜生长；骨生长抑制；女性的性冲动（?） |
| 促孕激素 | 孕酮（卵巢） | 子宫内膜的维护 |
| 下丘脑激素 | 促性腺激素释放激素（下丘脑） | 分泌促性腺激素 |
| 促性腺激素 | 促卵泡激素（垂体前叶） | 卵巢卵泡发育 |
| | 黄体生成素（垂体前叶） | 排卵；黄体发育 |
| 其他激素 | 催乳素（垂体前叶） | 产乳量；男性不应期（?） |
| | 催产素（垂体后叶） | 排乳；性高潮；配对结合（尤其是女性）；与婴儿相关 |
| | 加压素（垂体后叶） | 配对结合（尤其是男性） |

## 本节回顾

### 性发育

目标 10.1 描述配子产生和受精的过程。

配子是通过减数分裂产生的。减数分裂是一种细胞分裂过程，导致细胞包含每对染色体中的一个。人类的发育始于受精时，当单个精子和卵子结合在一起时，它们共有 23 条染色体来重建这 23 对染色体。

目标 10.2 解释性腺、内外生殖器是如何发育的。

SRY 基因控制未分化性腺发育成睾丸。如果没有这个基因，卵巢就会发育。激素的组织作用控制着内生殖器的发育。Y 染色体控制着产生雄性激素的腺体的发育，这导致了沃尔夫管系统的发育。如果不接触这些激素，苗勒管系统就会发育。在双氢睾酮存在的情况下，男性外生殖器发育。如果不接触这种激素，女性生殖器就会发育。

目标 10.3 比较激素对第一性征的组织作用和对第二性征的激活作用。

雄性化和去雄化被称为激素的组织作用；激活作用发生在发育完成后。组织作用会影响到性器官和生殖器的最初发育（出生时存在的主要性别特征）。性激素的成熟会在青春期产生激活作用。

## 思考题

假设人们可以通过让准父母之一在怀孕前通过服用药物来确定孩子的生理性别，那么后果会是什么？

## 性行为的激素控制

激素在身体及器官结构的性别二态性发育中起作用。激素对内外生殖器和第二性征有组织和激活作用。所有这些影响都会影响一个人的行为。但是激素不仅仅能给男性或女性的身体带来影响，它们还通过直接与神经系统相互作用来影响行为。胎儿发育过程中存在的雄激素会影响神经系统的发育。此外，男性和女性性激素对成人神经系统都有激活作用，会影响生理过程和行为。本节讨论这些激素如何影响雌性生殖周期、实验动物的性行为、雄激素的组织作用以及人类的性行为。本节还讨论了一个与之密切相关的话题——信息素。

### 女性生殖周期的激素控制

目标 10.4　综述激素在月经周期中的作用。

雌性灵长类动物的生殖周期被称为**月经周期**。其他哺乳动物的雌性也有生殖周期，称为**发情周期**。区分月经周期和发情周期的主要特征是子宫内膜每月的生长和脱落。其他特征大致相同，只是其他哺乳动物的发情周期可能更短。例如，大鼠的发情周期需要四天。另外，其他有发情周期的雌性哺乳动物的性行为与排卵有关，而大多数雌性灵长类动物在月经周期的任何时候都可以交配。

月经周期和发情周期由垂体和卵巢分泌的激素控制的一系列事件所组成。这些腺体相互作用，一个腺体的分泌物影响另一个腺体的分泌。一个周期从垂体前叶分泌促性腺激素开始。这些激素（特别是 FSH）会刺激**卵巢滤泡**的生长，即每个卵子周围上皮细胞的小球体。妇女通常每月产生一个卵巢卵泡；如果产生两个卵泡并受精，双卵（异卵）双胞胎就会发育。同卵双胞胎由相同的卵子和卵泡发育而成。当卵巢卵泡成熟时，它们会分泌雌二醇，这会导致子宫内膜的生长，为卵巢的植入做准备，如果卵子被精子受精的话。来自雌二醇水平增加的反馈最终会触发垂体前叶释放 LH。图 10.6 显示子宫变化如何与激素变化相对应。

LH 系统引起排卵：使得卵巢卵泡破裂，释放卵子。在 LH 的持续影响下，破裂的卵泡变成**黄体**，产生雌二醇和**黄体酮**（见图 10.6）。后一种激素促进怀孕（妊娠）。它能维护子宫内膜，并抑制卵巢产生另一个卵泡。同时，卵子进入其中一个输卵管，并开始向子宫前进。如果它在通过输卵管的过程中遇到精子细胞并受精，它就会开始分裂，几天后它会自行植入子宫壁。

如果卵子不受精，或者受精完成太晚，到子宫时不能充分发育，黄体就会停止产生雌二醇和黄体酮，然后子宫内壁就会脱落。此时，月经就开始了。

### 实验室动物性行为的激素控制

目标 10.5　比较激素在雄性和雌性啮齿动物性行为中的作用。

性激素和人脑之间的相互作用很难研究。通常，我们必须求助于两个信息来源：动物实验和人类发育障碍。我们将首先考虑从实验室动物研究中收集到的证据。

**雄性**　雄性的性行为各不相同，尽管包括大鼠和小鼠在内的所有雄性哺乳动物的基本特征是：插入（阴茎进入雌性阴道）、盆腔抽插（后躯有节奏地运动、引起生殖器摩擦）和射精（精液排出）。

对大鼠性行为的研究比任何其他实验动物都多（Hull and Dominguez，2007）。雄性大鼠在 45 至 75 天内达到性成熟。当一只成年雄鼠遇到一只善于接受的雌鼠时，他会花一些时间抚摸她，嗅她的脸和生殖器，爬到她身上，并进行几次快速而浅浅的盆腔抽插。如果他发现了她的阴道，他会做一次更深的

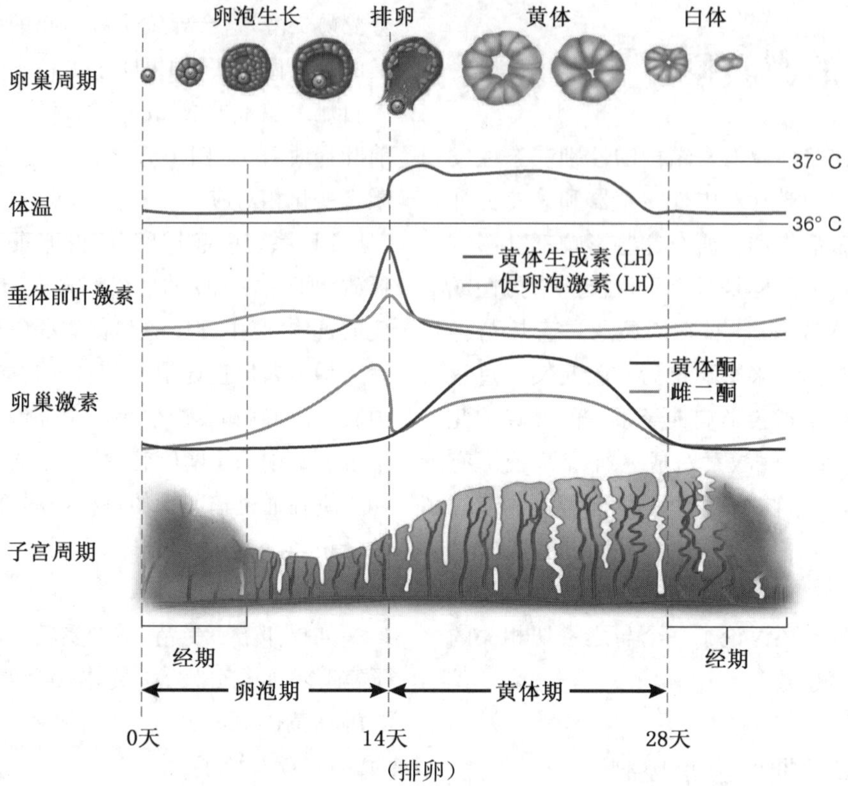


图 10.6 月经周期的神经内分泌控制

推送,以实现插入,然后下来。他会在她身上爬好几次,在大部分的情况下他都会完成插入。在 8 至 15 次插入后,雄鼠会射精,间隔约 1 分钟(每一次只持续 1 秒钟左右)。

射精后,雄鼠在一段时间内不会进行性活动(对于大鼠为几分钟)。大多数哺乳动物会再次交配几次,最后出现一个更长的停顿,称为**不应期**。在一些哺乳动物中,如果一只雄性在不应期碰见一个新的雌性,他就会开始迅速地做出反应——通常就像他最初与第一只雌性动物接触时那样快。引进新雌性可以维持这种行为。这一现象对该物种是很重要的,这样一来同一个雄性可以给一个群体中所有的雌性受精。在数量大致相等且繁殖活跃的物种中则不太可能出现这种行为。这种引入新雌性的效果被称为**柯立芝效应**。

雄性啮齿动物的性行为依赖于睾酮,这一事实早已被人们所认识(Bermant and Davidson, 1974)。如果雄鼠被阉割(也就是说,他的睾丸被切除),他的性活动最终会停止。然而,这种行为可以通过注射睾酮来恢复。这种激活作用的神经基础将在本章后面描述。

其他激素也在男性性行为中起作用。**催产素**是由垂体后叶分泌的一种激素,它收缩乳管,从而导致哺乳期女性的乳汁排出。它也在雄性身上产生,对于雄性不会导致乳汁分泌。催产素在男性和女性性高潮时释放,它似乎有助于男性射精系统平滑肌以及阴道和子宫的收缩(Carmichael et al., 1987; Carter, 1992)。这种激素释放的影响可以在哺乳期妇女身上看到,她们可能在性高潮时释放一些乳汁。催产素在配对结合的建立中起着重要作用,这一现象将在本章后面讨论。

**雌性** 和雄性一样,雌性哺乳动物也表现出各种各样的性行为。在一些啮齿类动物中,如仓鼠,雌性在发情期的接受期向雄性摆出暴露其生殖器的姿势，称为**发情**。这种行为被称为**脊柱前凸**反应。雌性也会把尾巴移开(如果她有尾巴的话)，站得足够稳，足以支撑雄性的体重。雌性啮齿动物在交配过程中的行为非常活跃。如果雄性试图与一只不接受交配的雌性交配，雌鼠要么会主动逃跑，要么会拒绝。当雌性处于接受状态时，它通常会接近雄性，用鼻子抚摸它，嗅它的生殖器，并表现出其物种特有的行为。例如，一只接受能力强的雌鼠会表现出快速、短小、跳跃的动作和快速的耳朵摆动，这是大多数雄鼠所无法抗拒的(McClintock and Adler, 1978)。

雌性啮齿动物的性行为取决于发情期间分泌的性腺激素：雌二醇和黄体酮。在大鼠中，雌二醇在雌性接受前约 40 小时增加；在接受发生之前，黄体开始分泌大量黄体酮(Feder, 1981)。去卵巢的大鼠(卵巢被切除的大鼠)不具有性接受能力。虽然大剂量雌二醇可以在去卵巢的啮齿动物体内产生性感受性，但最有效的治疗方法是重复正常的激素序列：少量雌二醇，其次是黄体酮。黄体酮本身是无效的；因此，雌二醇是黄体酮发挥有效性的"东风"。注射雌二醇大约需要 16—24 小时，注射黄体酮后一小时内就会产生接受行为(Takahashi, 1990)。对这些效应负责的神经机制将在本章后面进行描述。图 10.7 显示了大鼠发情周期的四个阶段及其相应的激素水平。

有靶向变异的研究证实了雌二醇和黄体酮对雌性啮齿动物性行为的重要性。Rissman 等人(1997)发现，即使接受雌二醇和黄体酮治疗，没有雌激素受体的雌性小鼠也不能接受雄性小鼠。Lydon 等人(1995)在没有黄体酮受体的雌性小鼠身上也能观察到类似的作用。

雌二醇与黄体酮的产生顺序对雌性大鼠有三种影响：黄体酮能提高雌性大鼠的接受性、感知性和吸引性。接受性指的是当一个雄性试图爬到雌性身上时，其交配的能力和意愿。感知性指的是雌性对交配的兴趣，如寻找雄性和从事倾向于增加其性兴趣的行为。吸引性是指雌性对雄性产生影响的生理和行为变化。雄性大鼠(和其他许多雄性哺乳动物)对处于发情期("处于热状态")的雌性最有反应。雄性会忽略卵巢被切除的雌性，但是注射雌二醇和黄体酮会恢复她的吸引力(同时也会改变她对雄性的行为)。增加雄鼠性兴趣的刺激包括它的气味和行为。在某些物种中，可见的变化，如雌猴生殖器区域的皮肤肿胀，也会影响性吸引力。

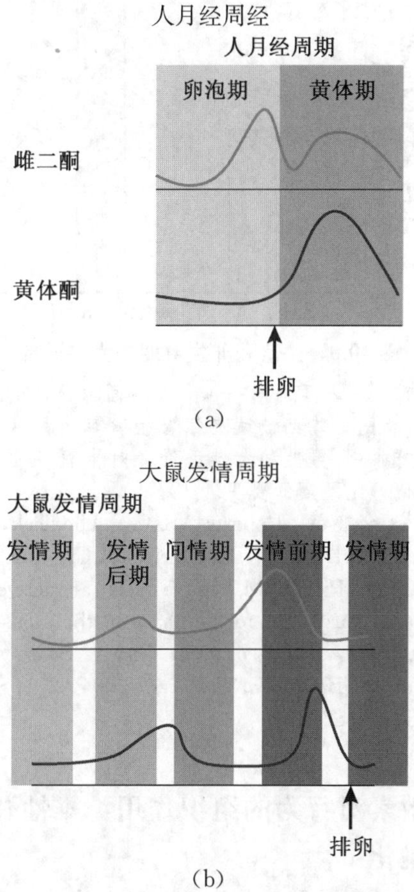


**图 10.7 人月经周期与大鼠发情周期的比较**

(a)人月经周期分为两个阶段(卵泡期和黄体期)，每个周期约 14 天。排卵发生在周期的中点。(b)大鼠发情周期分为四个阶段(发情后期、间情期、发情前期和发情期)，每一阶段的发情时间约为一天。排卵发生在发情期。请注意，图中显示了两次发情阶段，以演示各阶段的循环模式。

女性在月经周期中的生育期并没有表现出明显的生理变化，但确实发生了一些微妙的变化。Roberts 等人(2004)在月经期的生育期和非生育期拍摄了妇女的面部照片，发现男性和女性都认为在生育期拍摄的照片比在非生育期拍摄的照片更有吸引力(拍摄照片的女性直到后来才被告知研究对象，以防止她们在不知不觉中改变面部表情，以免影响结果。见图 10.8)。

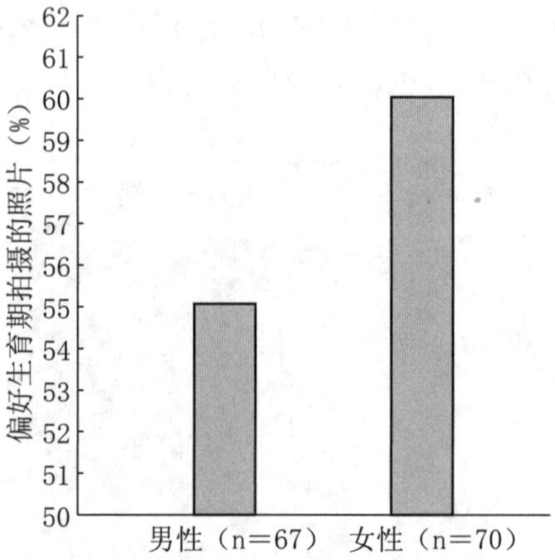


**图 10.8 生育和非生育期的女性面部**

该图显示了对同一位女性的面部照片的平均偏好，相比黄体期被试更偏好生育期的照片。在这个样本中，男性和女性评价者对生育期面部照片的偏好比预期的要多。

资料来源：Roberts, S. C., Havlicek, J., Flegr, J., Hruskova, M., Little, A.C., Jones, B. C., ... and Petrie, M.Female facial attractiveness increases during the fertile phase of the menstrual cycle. *Proceedings of the Royal Society of London B: Biological Sciences*, 2004, 271(Suppl 5), S270—S272。

## 雄激素对行为的组织作用：雄性化和去雌化

目标 10.6 对比啮齿动物行为雄性化与去雌化。

如果啮齿动物的大脑在发育的关键时期没有接触到雄激素，动物成年后就会发生雌性行为(如果随后给予雌二醇和孕酮)。对于大鼠和其他几种在相当不成熟的条件下出生的啮齿类动物来说，这个关键时刻发生在出生后不久。因此，如果一只雄性大鼠在出生后立即被阉割，被允许生长到成年，然后注射雌二醇和孕酮，它将对另一只雄性大鼠的出现作出反应，表现出类似雌性的行为和脊柱前凸(Blaustein and Olster, 1989)。

相比之下，如果啮齿动物的大脑在发育过程中暴露于雄激素中，就会出现两种现象：去雌化行为和雄性化行为。去雌化行为是指雄激素的组织作用，它能阻止动物在成年后表现出雌性的性行为。正如我们稍后将看到的，这一效果是通过抑制控制雌性性行为的神经回路的发展来实现的。例如，如果一只雌性啮齿动物在出生后立即被切除卵巢并注射睾酮，当她成年后被注射雌二醇和孕酮时，她将不会对雄性大鼠产生反应。雄性化行为是指雄激素的组织作用，使动物在成年后能够从事雄性行为。这种效果是通过刺激控制雄性行为的神经回路的发展来实现的。例如，如果上一例中的雌性啮齿动物在成年期被给予睾酮而不是雌二醇和孕酮，她将爬背并试图与一只善于接受的雌性进行交配(有关具体研究的参考资料，见 BreedLove, 1992 和 Carter, 1992；见图 10.9。)

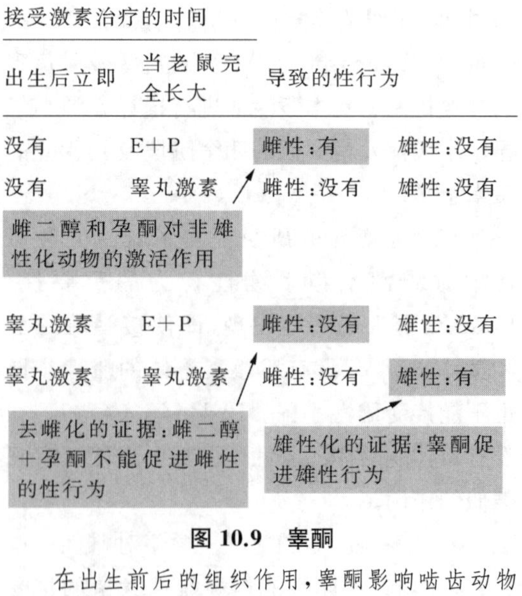


**图 10.9 睾酮**

在出生前后的组织作用，睾酮影响啮齿动物性行为的雄性化和去雌化。

## 人类性行为

目标10.7 比较激素对男性和女性性行为的激活作用。

人类的性行为，就像其他哺乳动物一样，受到性腺激素的激活作用的影响，几乎可以肯定，也受到组织作用的影响。

如果激素对人类的性行为有组织性影响，它们必须通过改变大脑的发育来发挥作用。虽然有很好的证据表明产前接触雄激素会影响人脑的发育，但是这种暴露的后果还没有完全被了解。有关这些问题的证据稍后将在关于性取向的一节中讨论。

**女性性激素的激活作用** 正如我们所看到的，除了高等灵长类以外，大多数雌性哺乳动物的性行为都是由卵巢激素雌二醇和孕酮控制的(对于一些物种，如猫和兔子，只有雌二醇是必需的。)正如Wallen(1990)所指出的，卵巢激素不仅控制着发情期雌性的交配兴趣，还控制着她的交配能力。雄鼠不能与不处于发情状态的雌鼠交配。雌鼠的脊柱前凸反应不发生，雄鼠则无法完成插入。因此，大鼠的进化过程似乎选择了只在雌性能够怀孕的时候交配。在高等灵长类动物(包括我们人类)中，交配能力不受卵巢激素的控制。在月经周期的任何时间，对性交都没有生理障碍。

虽然卵巢激素不能控制妇女的性活动，但它们仍可能对妇女的性兴趣产生影响。早期研究报告说，卵巢激素水平的波动对妇女的性兴趣影响很小(Adams et al., 1978; Morris et al., 1987)。然而，早期的研究几乎都涉及与丈夫生活在一起的已婚妇女，在这种关系中，任何一方都可以发起性活动(Wallen, 1990)。即使女性在某一天对性行为不感兴趣，她们也可能出于其他原因而参与这种行为，比如她们对伴侣的感情。因此，性兴趣和性唤起能力的变化可能并不总是反映在性行为的变化中。

一项对女同性恋者(其月经周期和卵巢激素的波动可能是同步的)的研究发现，女性生理周期中期的性兴趣和活动显著增加(Matteo and Rissman, 1984)，这表明卵巢激素确实会影响女性的性兴趣。Van Goozen等人对异性伴侣的研究(1997)支持了这一建议。研究人员发现，男性和女性发起的性活动与女性的月经周期(与她的卵巢激素水平)有着非常不同的关系。男子在整个女性周期内以大约相同的速度开展性活动，而女性发起的性活动在排卵前后出现明显的高峰，当时雌二醇水平最高(见图10.10)。Bullivant等人(2004)发现，女性更有可能在刺激排卵的黄体生成素激增之前和期间发起性活动和进行性幻想。

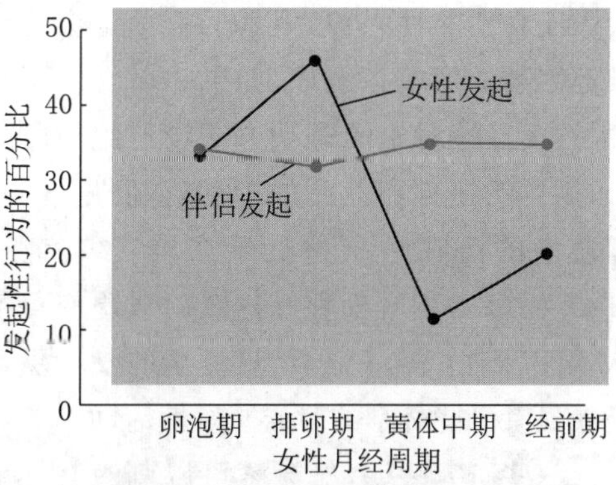


**图10.10 异性伴侣的性活动**

这一图表显示了男女性在女性月经周期期间发起的性行为的分布情况。

资料来源：Wallen, 2001。

Gangestad和Thornhill(2008)的一篇综述表明，女性的性行为在月经周期中会有特定的变化。女性在生育期对性接触不感兴趣，这种情况发生在排卵前后。反之，因为她们更有可能怀孕，如果她们在当时进行不受保护的性行为，她们会更有选择性地进行配偶选择。特别是，她们更多地被男性特征所吸引，这些特征可能表明高遗传质量(或者在我们物种的进化中也是如此)。例如,Gangestad 和 Thornhill 指出,研究表明,在中期,女性对面部和身体阳刚之气、男性行为表现、男性发声品质、雄激素相关气味和身体对称性的偏好增加,这与遗传健康相关。(当然,这些变化与一夫一妻制关系中的女性无关。毕竟,她们已经选择了伴侣。或者是那些使用避孕药等激素避孕药的女性,因为避孕药可以稳定周期内的激素水平。)

这种趋势在雌性黑猩猩中表现得更为强烈(Stumpf and Boesch, 2005)。雌性黑猩猩在非生育期与其群体中的许多雄性黑猩猩发生性行为。然而,在生育高峰时期,它们变得更有选择性,并且倾向于与同样少数的雄性交配——大概是那些最有希望为后代提供良好基因的雄性。

Wallen(2001)指出,虽然卵巢激素可能会影响女性的性兴趣,但她的行为也会受到其他因素的影响。例如,如果一名女性不想怀孕,而且她对她的避孕方法没有绝对的信心,她可能在排卵前后的中期避免性交——即使她的潜在性兴趣处于高峰。事实上,Havey(1987)发现女性在这个时候更有可能从事性活动。另一方面,想怀孕的女性更可能在最有可能怀孕的时候开始性活动。

一些研究表明,雄激素可以刺激女性的性兴趣。女性体内有两种主要的雄激素来源:卵巢和肾上腺。原发性卵巢性类固醇有雌二醇和孕酮,但这些腺体也产生睾酮。肾上腺产生另一种雄激素,雄烯二酮,以及其他肾上腺皮质类固醇。然而,现有的证据表明,雄激素本身(在没有雌二醇的情况下)并不直接刺激妇女的性兴趣,而是似乎放大了雌二醇的作用。例如,Shifren 等人(2000)研究了 31 至 56 岁接受雌激素替代疗法的去卵巢妇女。这些女性除了服用雌激素外,还服用安慰剂或睾酮,这些通过透皮贴片提供。虽然雌激素安慰剂产生了积极的效果,但睾酮的加入使性活动和性高潮率增加得更多:有性幻想、手淫和性交的女性比例比基线水平高出 2 至 3 倍,而这些女性报告的幸福水平更高。

**男性性激素的激活作用** 尽管处在发情周期的女性和哺乳动物对性激素的行为反应不同,但男性在对睾酮的行为反应上与其他哺乳动物相似。如果没有睾酮,精子的产生和性欲就会停止。在一项双盲研究中,Bagatell 等人(1994)给年轻男性志愿者服用安慰剂或促性腺激素释放激素(GnRH)拮抗剂,以抑制睾丸雄激素的分泌。在两周内,接受 GnRH 拮抗剂的参与者报告性兴趣、性幻想和性交减少。接受替代剂量睾酮和拮抗剂的男性则没有显示出这些变化。

去势后性活动的下降是可变的。正如 Money 和 Ehrhardt(1972)所报道的,一些男人会立即减少性活动,而另一些人则表现出几年来缓慢而逐渐下降的趋势。Wallen 和他的同事(Wallen et al., 1991; Wallen, 2001)向 7 只成年雄性恒河猴注射了 GnRH 拮抗剂,这些猴子属于较大的一组。注射抑制睾酮分泌,一周后性行为下降。然而,这种下降与这种动物的社会等级和性经历有关:性经验更丰富、地位较高的雄性会继续交配。事实上,高地位的雄性继续以和以前一样的速度交配和射精,尽管他的睾酮分泌被抑制了将近 8 周。最低地位猴子的爬背行为完全停止,直到抗 GnRH 治疗后睾酮分泌恢复。

睾丸素不仅会影响性活动,还会反过来受到影响——甚至只是想到性活动。一位驻扎在偏远岛屿上的科学家(无名氏,1970)每天用电动剃须刀剃下胡须并称重。就在他去大陆旅游之前(还有一位女伴),他的胡子长得更快了。由于胡子的生长速度与雄激素水平有关,这一效应表明他对性活动的预期刺激了睾酮的产生。

女性在预期性活动时,睾酮水平也会出现类似的变化。Hamilton 和 Meston(2010)

研究了处于长距离恋爱关系中的女性，她们只是断断续续地看到了自己的浪漫伴侣。调查人员发现，女性唾液中的睾酮水平在她们重新加入伴侣的前一天有所上升——大概是因为她们的重逢。这些发现支持了前一小节的结论，即睾酮和雌二醇在妇女的性兴趣和活动中起着作用。在另一项研究中，Goldey 和 van Anders(2011)发现，想象与一个有吸引力的人发生正面的性接触会提高女性的睾酮水平，但只发生在那些没有服用激素避孕药的女性身上(见图 10.11)。

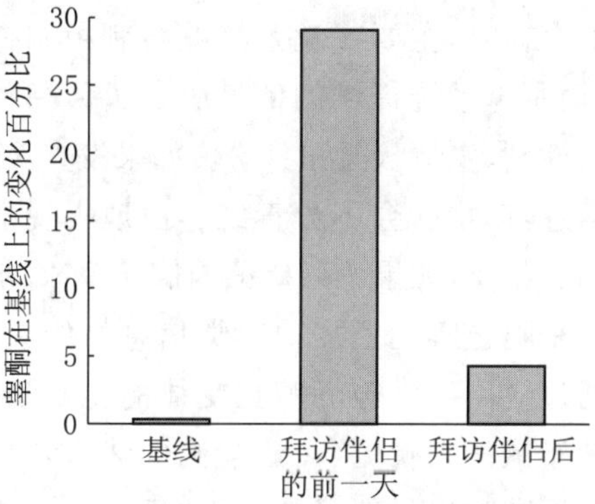


**图 10.11 女性的远距离亲密关系和睾酮水平**

预期与伴侣发生性行为的女性睾酮水平会增加。

资料来源：Hamilton, L.D., & Meston, C.M. The effects of partner togetherness on salivary testosterone in women in long distance relationships. *Hormones and Behavior*, 2010, 57 (2), 198—202。

## 信息素作用

目标 10.8 描述信息素在人类和其他动物生殖行为中的作用。

激素从身体的一个部位(分泌腺)向另一个部位(目标组织)传递信息。另一类化学物质，叫做**信息素**，把信息从一种动物传递到另一种动物。其中一些化学物质，如激素，会影响生殖行为。信息素由一种动物释放，直接影响另一种动物的生理或行为。在哺乳动物物种中，大多数信息素是通过特殊的受体检测到的，这些受体可以检测到信息素分子的存在，类似于嗅觉。

正如你在第 7 章中了解到的，气味的检测是由嗅球完成的，它构成了主要的嗅觉系统。然而，信息素对生殖周期的许多影响是由另一个感觉器官——**犁鼻器**(VNO)——介导的，该器官由一小群感受器组成，这些感受器围绕着一个由导管连接到鼻腔通道的小袋。除鲸目动物(鲸鱼和海豚)外，所有哺乳动物都有 VNO，它投射到紧靠嗅球后面的**副嗅球**(Wysocki, 1979；见图 10.12)。VNO 含有 200 多个 G 蛋白偶联受体，能检测到许多作为信息素的化学物质(Dulac and Axel, 1995; Ryba and Tirindelli, 1997; Stowers and Marton, 2005)。这些受体分子仅与嗅觉上皮中存在的分子有远亲关系。

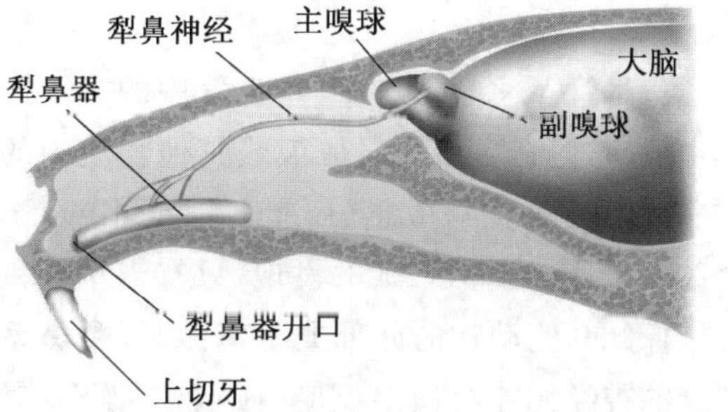


**图 10.12 啮齿类附件嗅觉**

资料来源：Wysocki, C.J., Neurobehavioral evidence for the involvement of the vomeronasal system in mammalian reproduction, *Neuroscience & Biobehavioral Reviews*, 1979, 3, 301—341。

副嗅球向**杏仁核内侧**发出轴突，杏仁核依次投射到视前区、下丘脑前部和下丘脑腹内侧核(正如你在第 7 章中学到的，主要的嗅球也是如此)。因此，负责信息素作用的神经回路似乎涉及这些区域。可见，视前区、杏仁内侧核、下丘脑腹内侧核、视前内侧区在生殖行为中均起重要作用(见图 10.13)。

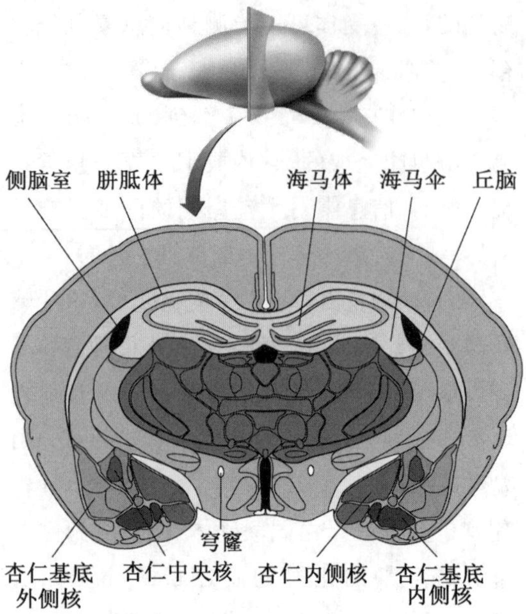


**图 10.13 大鼠的杏仁核**

这张横截面图显示了大鼠大脑杏仁核的位置。

资料来源：Swanson, L.W. *Brain Maps: Structure of the Rat Brain*. New York: Elsevier, 1992。

尽管 VNO 可以对一些空气中的分子产生反应，但它主要是对尿液或其他物质中的非挥发性化合物敏感(Brennan and Kevine, 2004)。Luo 等人(2003)发现，只有当小鼠积极探知其他动物的面部或生殖区时，犁鼻系统的神经元才会做出反应。此外，神经元对不同品系的小鼠以及雄性和雌性小鼠作出选择性反应。

**动物实例** He 等人(2008 年)对小鼠 VNO 细胞进行了研究，并报告说，虽然许多神经元被小鼠尿液激活，但只有 2 或 3 个神经元对雄鼠尿液有独特的反应，约有 8 个神经元对雌鼠尿液有独特的反应。因此，似乎有一小部分受体专门调节雄性或雌性分泌的化学物质。不同个体的尿液产生了不同的神经元活性模式，这无疑反映了动物尿液中大量化学物质的不同浓度的存在。

VNO 对于啮齿动物识别另一个体的性别至关重要。如果该过程所需的基因(TRPC 2)被敲除，阻止了 VNO 中化学信息的传递，那么小鼠就不能再区分雄性和雌性(Stowers et al., 2002)。正常情况下，当一只雄鼠闻到另一只鼠的气味时，它会靠近并嗅闻另一只鼠的脸和生殖器官。在哺乳动物中，信息素存在于尿液、阴道分泌物、唾液和眼泪中。这种调查行为允许动物发现其他动物分泌的非挥发性化学物质。如果另一种动物是处于发情状态的雌性，则雄性与其交配。如果它是一个陌生的雄性，雄性则会攻击它。如果它是一个熟悉的雄性(例如，它的同窝)，雄性通常会容忍它的存在。因此，当检测到另一只鼠的存在时，主要嗅觉系统就会刺激调查行为，而犁鼻系统提供的信息决定了另一种动物的性别、发情状况和身份。如果没有 VNO 的信息，动物就会不分青红皂白地表现出性行为。相反，如果一只雄鼠因摘除嗅球、基因敲除来阻止嗅觉上皮中嗅觉信息的传递，或者通过应用一种破坏嗅觉受体的化学物质，而使雄鼠失去嗅觉(无法检测气味)，它就不会接近和嗅出另一只鼠，因此不会攻击或试图与之交配(Mandiyan et al., 2005; Wang et al., 2006)。

一些物种的雄性产生的性吸引信息素，会影响雌性的行为。例如，公猪唾液中的信息素会引起母猪的性行为。这种反应即使在母猪的 VNO 被破坏后仍然存在，这表明主要的嗅觉系统能够检测到信息素并引发这种行为(Dorriesb et al., 1997)。其他吸引雌性的雄性信息素也会被嗅觉系统检测到。例如，Mak 等人(2007 年)发现，从雄鼠笼中提取的脏窝气味激活雌性小鼠主要嗅觉系统和海马体的神经元。这种气味甚至刺激神经发生(产生新的神经元)。Mak 等人在嗅球和海马体中发现了新的神经元。此外，优势地位雄鼠笼中的窝对神经发生的促进作用比从属地位雄性的窝更有效。

信息素可以影响生殖生理或行为。首

先，让我们考虑一下它在生殖生理学上的影响。当一群雌鼠被安置在一起时，它们的发情周期会减慢并最终停止。这种现象被称为**李—波特效应**（van der Lee and Boot，1955）。如果一群雌性动物暴露在雄性（或他的尿液）的信息素中，发情周期又开始循环，它们的周期趋于同步。这一现象被称为**惠特效应**（Whitten，1959）。**凡登堡效应**（Vandenbergh et al.，1975）是由雄性信息素引起的雌性啮齿动物青春期的加速。惠特效应和凡登堡效应都是由一组只存在于完整成年雄性尿液中的化合物引起的（Ma et al.，1999；Novotny et al.，1999）；未成年或阉割雄性的尿液则没有影响。因此，雄性信息素的产生需要睾酮的存在。

**布鲁斯效应**（Bruce，1960 a）发生在一只近期受孕的雌鼠遇到与之交配的雄鼠以外的雄性时，怀孕遭到流产。这种影响也是由完整的雄性分泌的尿液中的一种物质引起的——而不是被阉割的雄性。因此，一只雄鼠如果遇到怀孕的雌鼠，就能阻止携带另一只雄性基因的后代出生，从而使雌性受孕自己的后代。从雌性（和新雄性）的角度来看，这种现象可能是有利的。事实上，新的雄性已经成功地接管了老雄性的领地，这表明它很可能更健康；因此，他的基因将对更有可能存活的后代作出贡献（见表 10.2）。

**表 10.2　信息素和行为**

| 信息素效应 | 描　述 |
|---|---|
| 李—波特效应 | 一群雌性啮齿动物生活在一起时，发情周期停止 |
| 惠顿效应 | 一群没有发情周期循环的雌性啮齿动物暴露在雄性尿液中时，其周期开始同步循环 |
| 凡登堡效应 | 雄性气味对雌性啮齿动物青春期发育的加速作用 |
| 布鲁斯效应 | 新雄性尿液暴露导致新受孕雌性妊娠失败 |

**人体实例**　似乎至少有一些与信息素有关的现象发生在人类身上。McClintock（1971）研究了当女性进入女性大学时的月经周期。她发现，花大量时间在一起的女性往往有同步的周期：她们的月经周期是在一天或两天内开始的。此外，经常在男性在场的情况下度过一段时间的女性往往比那些很少与男性待在一起的女性周期更短（不会被闻出来?）。

Russell 等人（1980）获得了信息素能够同步女性月经周期的直接证据。调查人员每天采集一名女性腋下汗液的样本。他们将样本溶于酒精中，每周按最初服用的顺序在一组女性的上唇上擦三次。接受提取液的女性（但不包括用纯酒精擦拭嘴唇的对照参与者）的周期开始与气味供体周期同步。Stern 和 McClintock（1998）的一项类似研究证实了这些结果，他们发现，在排卵前后服用的女性腋部的化合物会延长其他女性的月经周期，而在周期后期服用的化合物会缩短这些周期。Preti 等人（2003）做了一个类似的实验，但让女性接触从男性身上提取出来的汗液。他们发现，萃取物（而不是安慰剂）促进了女性 LH 开始增加分泌，使她们减少了紧张，增加了放松。

一些研究发现，人类汗液中的化合物对男性和女性有不同的影响。Singh 和 Bronstad（2001）让男人闻女性已经穿了好几天的 T 恤。据男性报告，女性在月经周期的生育阶段穿的衬衫比非生育期穿的衬衫闻起来更令人愉悦、更性感。

Jacob 和 McClintock（2000）发现，男性汗液中发现的雄烯二酮（AND）能提高女性的警觉性和积极情绪，同时降低男性的积极情绪。Wyart 等人（2007）发现，那些嗅出 AND 并表现出更高水平皮质醇（一种参与各种情绪行为的肾上腺激素）的女性，表现出更积极的情绪和更多的性唤起。Saxton 等人（2008）

在妇女上唇涂上一种含有AND或安慰剂的溶液，然后让她们参加一家私营机构在当地一家酒吧举办的“闪电配对”活动。活动期间，妇女们与几名男子会面和交谈，每次一人，每次三分钟。之后，女性被要求对男性的吸引力进行打分。大多数接触到AND的女性发现，她们遇到的男人会更有吸引力。

男性对女性尿液中的一种化学物质会表现出脑部反应。Savic等人(2001)的一项功能成像研究发现，雌激素化学战略素(EST)激活了男性的室旁核和背内侧下丘脑，但在女性中没有激活。

什么感觉器官能够检测到人类信息素的存在？虽然人类的鼻中隔(鼻孔之间的组织桥)有一个小的VNO，距离鼻孔的开口约2厘米(Garcia-Velasco and Mondragon, 1991)，但人类的VNO被认为是一个残存的、无功能的器官。VNO中的神经元非常稀少，研究人员还没有发现从这个器官到大脑的任何神经联系(Doty, 2001)。证据清楚地表明，人类的生殖生理受到信息素的影响，但这些化学信号似乎是由“标准”嗅觉系统(嗅觉上皮中的受体细胞)而不是VNO中的细胞检测出来的。为支持这一结论，Savic等人(2009)发现，雌甾四烯(EST)气味激活了嗅觉系统完整的男性的大脑，但不激活嗅觉上皮被鼻息肉破坏但VNO完好无损的男性。

无论信息素在人类的性吸引力中是否起着重要作用，性伴侣熟悉的气味可能对性唤起有积极的影响——就像看到性伴侣或声音一样。我们通常并不会意识到这一事实，但我们可以根据嗅觉线索来识别其他人。例如，Rusell(1976)的一项研究发现，人们能够根据气味区分他们穿的T恤衫和以前穿的T恤衫。他们还能分辨出不明身份的T恤主人是男性还是女性。因此，男人和女人很可能学会被伴侣特有的气味所吸引，就像他们能学会被他们的声音所吸引一样。在这种情况下，气味只是作为感官线索，而不是信息素。

## 本节回顾

### 性行为的激素控制

目标10.4　综述激素在月经周期中的作用。

月经周期开始于一个或多个卵巢卵泡的成熟，这是由于垂体前叶分泌FSH而发生的。随着卵巢卵泡的成熟，它会分泌雌二醇，导致子宫内膜的发育。当雌二醇达到临界水平时，它会导致垂体分泌LH激增，从而触发排卵。在LH的持续影响下，空卵泡变为黄体，分泌雌二醇和孕酮。如果没有怀孕，黄体死亡，停止产生激素，月经开始。

目标10.5　比较激素在雄性和雌性啮齿动物性行为中的作用。

雄性啮齿动物的性行为依赖于睾酮。雌性啮齿动物的性行为依赖于雌二醇和孕酮。在大鼠服用雌二醇后，孕酮水平在接受期开始前升高。雌二醇和孕酮在动情期均较低，动情期先适度升高，后在动情期再次下降。这两种激素在发情前期增加更多，最终以排卵结束。两种激素的水平在排卵后下降，并恢复到发情水平。催产素是在雄性和雌性性高潮时释放的，似乎有助于收缩雄性射精系统的平滑肌和雌性的阴道及子宫。

目标10.6　对比啮齿动物行为雄性化与去雌化。

作为对产前雄激素暴露的反应，去雌化行为是为了防止成年雌性表现出性行为，而雄性化行为则使个体能够在成年期从事雄性行为。

目标 10.7 比较激素对男性和女性性行为的激活作用。

睾酮对男性的性行为有激活作用。女性不需要雌二醇或孕酮来体验性兴趣或从事性行为。一些研究表明,感知性可能与卵巢激素有关,甚至在高等灵长类动物中也是如此。对女性的研究表明,月经周期中卵巢激素水平的变化会影响性兴趣,但其他因素(如伴侣开始性活动,避免或获得怀孕的愿望)也会影响性行为。雄激素的存在可能会促进雌二醇对女性性兴趣的影响。

目标 10.8 描述信息素在人类和其他动物生殖行为中的作用。

信息素可以影响性生理和行为。雌鼠尿液中的气味会影响它们的发情周期,延长并最终阻止(李—波特效应)。雄鼠尿液中的气味可以消除这些影响,并使雌性的周期同步(惠顿效应)。(类似于李—波特效应和惠顿效应的现象也发生在女性身上。)气味也能加速女性青春期的开始(凡登堡效应)。此外,雄鼠的尿液气味,而不是让雌鼠受孕的尿液气味,会导致雌鼠流产(布鲁斯效应)。嗅觉系统和杏仁核之间的联系似乎对刺激雄性的性行为很重要。主要嗅觉系统检测易挥发的化学物质,这些化学物质发出另一种动物存在的信号,而 VNO 则决定另一种动物的性别、发情状况和身份。

男性和女性腋下汗液中存在的信息素会影响女性的月经周期,而男性汗液中的物质能改善女性的情绪。由于人类的 VNO 似乎没有感官功能,这些影响必须由主要的嗅球介导。在人类中寻找性吸引剂信息素尚未产生明确的结果,但雄烯二酮(由男性产生的)和雌甾四烯(由女性产生)的气味对大脑活动和人的吸引力等级的变化有影响。研究还表明,我们可以通过性伴侣的气味来识别他们。

## 思考题

想象一下,你已经接受了一个在研究人类信息素的实验室工作的职位。你最感兴趣的研究问题是什么?为什么?

# 性行为的神经控制

性行为的神经控制(至少对于实验室动物)在男性和女性身上都涉及了不同的神经机制。这一节将描述这些神经机制。

## 男性

目标 10.9 明确脊髓和大脑机制在男性性行为中的作用。

脊髓和大脑机制对于男性性行为的神经控制来说都很重要,这些机制协调控制男性的性姿势、勃起和射精。

**脊髓机制** 一些性反应是由脊髓内的神经回路控制的。因受伤而导致完全脊髓截断的男性,可以通过机械刺激获得精液,使他们的妻子能够人工受孕,从而这些男性也能成为父亲(Hart, 1978)。Brackett 等人(1998)研究发现,在大多数脊髓截断在第十胸节之上的男性中,振动刺激阴茎可以成功地诱发射精,这表明脊髓中控制射精反应的回路位于该区域之下。因为脊柱损伤阻止感觉信息到达大脑,这些人无法感受刺激,也无法体验性高潮。

射精是在对勃起的阴茎进行足够量的触觉刺激导致脊髓射精发生器激活之后发生的。Coolen 和她的同事(Coolen, 2005;

Coolen et al., 2004）在大鼠脊髓的腰部发现了一组神经元，这些神经元似乎构成了脊髓射精发生器的关键部分。这些神经元投射到脊髓中控制交感神经和副交感神经机制的相邻神经元，这些机制导致精液的释放和射精。它们还投射到后丘脑板内特定部位的细胞核，因此研究者称之为腰棘丘脑（LSt）细胞。这种投射可能为大脑构成愉悦高潮感觉的部分提供输入。在大鼠中，射精但没有达到高潮或是插入但没有射精，激活了这些神经元。用毒素特异性破坏这些神经元可以完全消除射精，但不会损害动物产生勃起、与发情雌性动物交配和实现插入的能力。

**大脑机制** 正如我们刚刚所说的，勃起和射精受脊髓中神经元回路的控制。然而，大脑机制对这些回路既有兴奋性又有抑制性的控制。尽管对男性生殖器的触觉刺激可以刺激勃起和射精，但是这些反应可以被环境抑制。例如，当医生正在进行身体检查时，或者当他的伴侣躺在床上触摸他的时候，对男人阴茎的触觉刺激会有不同的结果。此外，男人的阴茎在见到他的伴侣或者有性欲的时候会变得勃起，即使他的阴茎没有被触碰。因此，一定存在能够激活或抑制脊髓的大脑神经机制来控制生殖器反射。

**内侧视前区**（MPA）位于下丘脑的喙下，是男性性行为最关键的前脑区域。（正如我们将在本章后面看到的，这对于其他性别二态性行为，包括女性性行为也是至关重要的。）对这个区域进行电刺激会引起雄性的交配行为（Malsbury, 1971），并且性行为会增加 MPA 中单个神经元的放电率（Shimura et al., 1994; Mas, 1995）。除此以外，交配动作会激活 MPA 中的神经元（Oaknin et al., 1989; Robertson et al., 1991; Wood and Newman, 1993）。Dominguez 等人（2006）发现交配增加了 MPA 中谷氨酸的释放，而且将谷氨酸注入 MPA 能增加射精频率。最后，MPA 的破坏则会消除男性的性行为。

雄激素的组织作用负责大脑结构的性别二态性。Gorski 等人（1978）在大鼠的 MPA 中发现了一个细胞核，雄性比雌性大 3 至 7 倍。这个区域被称作（足够适当）视前区的**性别二态性神经核**（SDN）（这个大脑区域，在人类中称为钩状核，在我们物种中也具有性别二态性，并且涉及性别认同。）这个细胞核的大小是由胎儿发育过程中存在的雄激素的数量来控制的。Rhees 等人（1990a, 1990b）认为，SDN 雄性化的关键期似乎从妊娠的第 18 天开始，到动物出生后 5 天大的时候结束。（通常，大鼠在怀孕的第 22 天出生。）De Jonge 等人（1989）发现 SDN 的病变会减少男性的性行为（见图 10.14）。雄激素还对 MPA 和相关脑区的神经元起激活作用。如果一只雄性啮齿动物在成年时被阉割，它的性行为就会停止。然而，通过将少量睾酮直接植入 MPA 或其轴突投射到 MPA 中的两个区域：中央被盖区和杏仁内侧核，可以恢复这种行为。

正如我们在本章前面看到的，初级和辅助嗅觉系统在生殖行为中起着重要作用。这两个系统都把轴突送到杏仁内侧核，而杏仁内侧核又把轴突送到 MPA。几项研究（例如 Heeb and Yahr, 2000; Lehman and Winans, 1982）已经发现杏仁内侧核的损伤消除了雄性啮齿动物的性行为，可能是因为这些损伤破坏了信息素对 MPA 的激活作用。杏仁内侧核，像 MPA 一样，具有性别二态性：这种结构中的一个区域（它含有特别高浓度的雄激素受体）在雄性大鼠中比在雌性大鼠中大 85%（Hines et al., 1992），MPA 还通过与中脑中央被盖区和杏仁内侧核的连接从生殖器接收体感信息。交配行为激活这两个区域中的神经元（Gréco et al., 1998）。

正如我们在前一小节中看到的，脊髓的腰部区域包含一组在射精中起关键作用的神

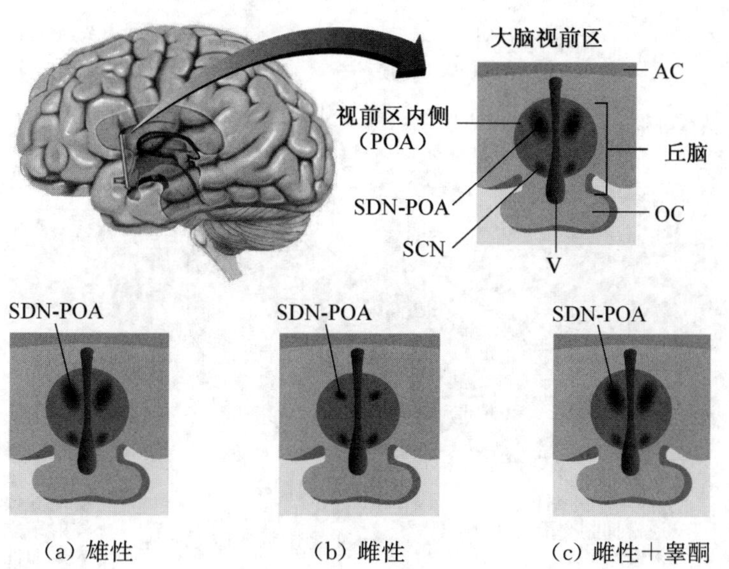


**图 10.14　大鼠的视前区**

该图显示了(a)典型的雄性,(b)典型的雌性,(c)雄性化的雌性(出生后不久在大鼠大脑的视前区注射睾酮)。

SDN-POA＝视前区外性别二态性核;OC＝视交叉;V＝第三脑室;SCN＝视交叉上核;AC＝前连合。

资料来源:Gorski，R.A.，In Neuroendocrine Perspectives，Vol.2，edited by E.E.Müller and R.M. MacLeod. Amsterdam：Elsevler-North Holland，1983。

经元(Coolen et al.，2004)。解剖学追踪研究表明,MPA 与脊髓射精发生器之间最重要的连接是通过**导水管周围灰质**(PAG)和**旁巨细胞外侧核**(nPGi)实现的(Marson and McKenna，1996；Normandin and Murphy，2008)。nPGi 通常抑制脊髓性反射,因此起源于 MPA 的通路的任务之一是阻止这种抑制。MPA 通过抑制信息传递直接抑制 nPGi,并且通过抑制 PAG 的活性间接抑制 nPGi，PAG 通常激发 nPGi。

nPGi 神经元和脊髓射精发生器神经元之间的抑制性连接是 5-羟色胺能的。正如 Marson 和 McKenna(1992)研究所显示的,5-羟色胺(5-HT)在脊髓上的应用抑制了射精。这种联系可以解释众所周知的特异性 5-羟色胺再摄取抑制剂(SSRIs)的副作用。服用 SSRIs 治疗抑郁症的男性经常报告他们勃起没有困难,但射精困难。据推测,该药物在脊髓中的 5-羟色胺能突触中作为兴奋剂的作用增加了 nPGi 对脊髓射精发生器的抑制作用。

图 10.15 总结了这章目前为止在男性性行为神经控制中涉及的大脑区域的证据。Holstege 等人(2003b)进行的功能成像研究检查了男性射精过程中大脑激活的模式,该模式是由男性的女性伴侣通过手动刺激引起的。射精伴随着许多大脑区域的神经活动,包括中脑和间脑之间的连接,包括腹侧被盖区(可能涉及愉悦的、增强性高潮的作用)、其他中脑区域、几个丘脑核,外侧壳核(基底神经节的一部分)和小脑。

杏仁核和附近嗅皮质的活动减少。正如我们将在第 11 章中看到的,杏仁核参与防御行为和负面情绪,如恐惧和焦虑,这些情绪肯定会干扰勃起和射精。当深爱的人看到他们所爱的人的照片时,这种结构中的激活也减少了(Bartels and Zeki，2000，2004)。

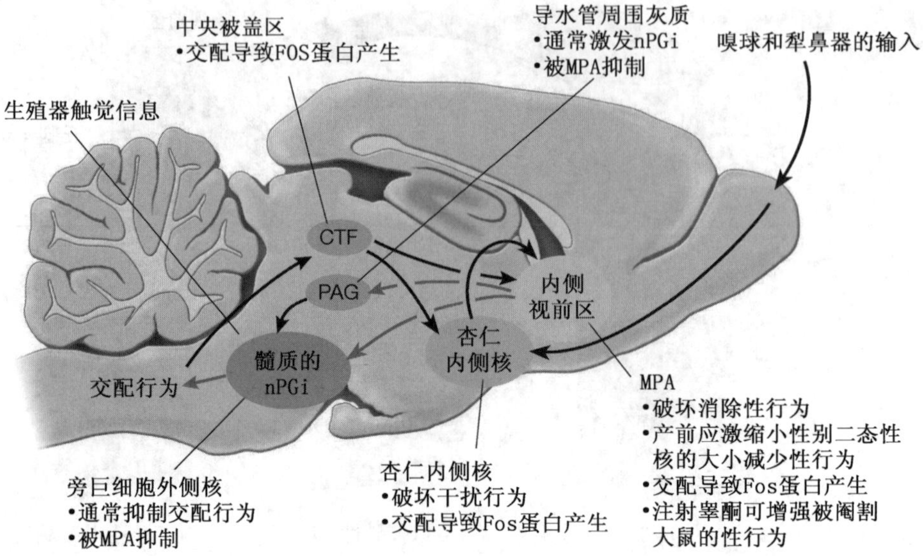


**图 10.15　男性性行为**

这个示意图显示了一种关于信息素的相互作用兴奋效应,生殖器刺激和睾酮对男性性行为的作用的可能解释。黑箭头代表兴奋的路径。红色箭头表示抑制途径。

## 女性

目标 10.10　明确大脑机制在女性性行为中的作用。

正如 MPA 在男性性行为中起着重要作用一样,前脑腹侧的另一个区域在女性性行为中起着类似的作用:**下丘脑腹内侧核**(VMH)。雌性大鼠双侧腹内侧核病变,即使使用雌二醇和孕酮治疗,也不会显示生理前凸。相反,电刺激腹内侧核可促进女性的性行为(Pfaff and Sakuma, 1979)。

如前一章节所述,雄性杏仁内侧核接受来自犁鼻系统的化学感受信息和来自生殖器的体感信息,并将传出轴突发送到内侧视前区。这些连接也出现在雌性身上。此外,内侧杏仁核中的神经元也向 VMH 传出轴突。事实上,雌性大鼠的生殖器或体侧的交配或机械刺激增加了杏仁内侧核和 VMH 神经元的激活(Pfaus et al., 1993; Tetel et al., 1993)。

正如我们之前看到的,雌性大鼠的性行为被起始剂量的雌二醇激活,随后是孕酮。可以说,雌激素决定了生育阶段,孕酮刺激了性行为。将这些激素直接注射到 VMH 中会刺激性行为,即使是在卵巢切除的女性身上也适用(Pleim and Barfield, 1988;Rubin and Barfield, 1980)。如果将一种会阻断孕酮受体产生的化学物质注射到 VMH 中,动物的性行为就会受到破坏(Ogawa et al., 1994)。因此,雌二醇和孕酮通过激活该核内的神经元,对女性的性行为产生影响。

Rose(1990)记录自由活动的雌性仓鼠下丘脑腹内侧的单个神经元,发现注射孕酮(在雌二醇预处理之后)提高了这些神经元的活性水平,特别是当动物显示出生理前凸时。Tetel 等人(1994)发现 VMH 和杏仁内侧核的神经元也含有雌激素受体,当刺激动物的生殖器时,这些神经元显示 Fos 蛋白产生的增加。因此,雌二醇的刺激作用和生殖器刺激作用聚集在相同的神经元上。

雌二醇如何影响女性对孕酮的敏感性?雌二醇增加孕酮受体的产生,这大大提高了孕酮的有效性。Blaustein 和 Feder(1979)给除去卵巢的豚鼠注射雌二醇,发现下丘脑中孕酮受体的数量增加了150%。据此推测，雌二醇激活了负责孕酮受体产生的细胞核的遗传机制。

腹内侧核神经元向导水管周围灰质投射轴突。这一区域也与雌性性行为有关；Sakuma和Pfaff(1979a，1979b)发现，电刺激PAG有助于雌性大鼠的生理前凸，并且PAG的病变会破坏生理前凸。此外，Hennessey等人(1990)发现VMH和PAG分离的病变可以消除女性的性行为。最后，Sakuma和Pfaff(1980a，1980b)发现雌二醇治疗或电刺激腹内侧核可增加PAG神经元的放电率(PAG同时含有雌激素和孕酮受体)。

Daniels等人(1999)在负责雌性大鼠前凸反应的肌肉中注射了跨神经元逆行示踪剂假狂犬病毒。他们发现支配这些肌肉的通路与先前的研究所预测的一样，沿VMH→PAG→nPGi→腰段脊髓腹角的运动神经元。

正如我们在前面章节看到的，控制男性生殖器反射的大脑区域包括MPA、PAG和nPGi。解剖追踪研究(Marson，1995；Marson and Murphy，2006)将假狂犬病毒注射到雌性大鼠的阴蒂和阴道中，并在这三种脑结构(及一些其他结构)中发现了逆行标记。因此，阴茎和阴蒂的勃起似乎受类似的大脑机制控制。这一发现并不奇怪，因为这些器官来自同一胚胎组织。

图10.16总结了这章目前为止提出的与女性性行为的神经控制有关的大脑区域的证据。

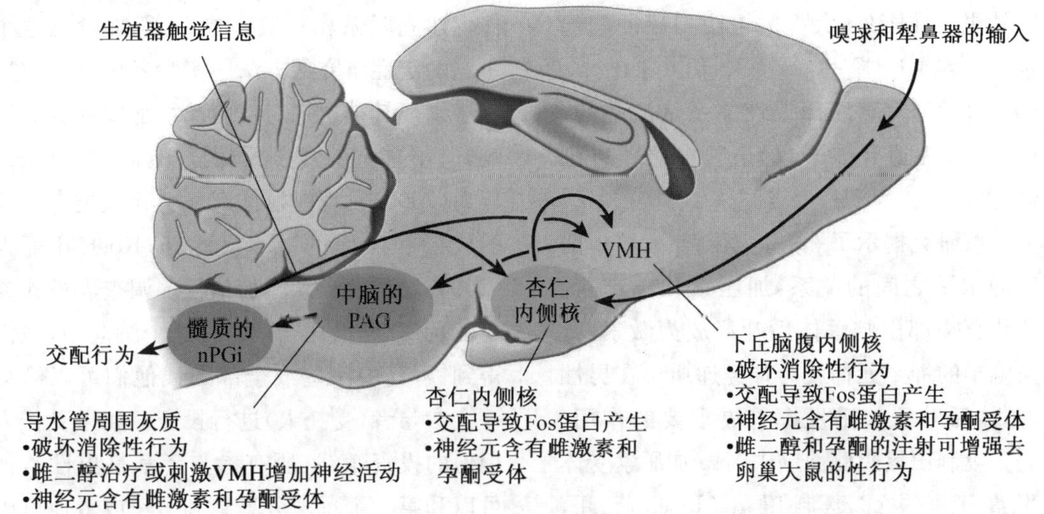


**图10.16 女性性行为**

这个示意图展示了一种关于信息素激活作用、生殖刺激、雌二醇和孕酮对女性性行为作用的可能解释。所有的通路都是兴奋性的。

Holstege等人(2003a)的一项功能成像研究调查了伴随女性性高潮的神经激活，由女性的男性伴侣提供的手动阴蒂刺激引起。他们观察到中脑和间脑、壳核外侧和小脑间的连接处的激活，正如在男性身上观察到的(Holstege et al.，2003b)。他们还看到了PAG的激活，PAG是影响雌性实验动物交配行为的关键区域。

## 配偶关系的形成

目标10.11 比较催产素和血管加压素在配偶关系中的作用。

在大约5%的哺乳动物物种中，雄性和雌性形成一夫一妻制的、持久的纽带。在人类中，这样的纽带也形成于男女同性恋和双性恋伴侣之间。正如自然学家和人类学家所指出的，一夫一妻制并不总是排外的：在包括人类在内的许多动物物种中，个体有时会欺骗伴侣。此外，有些人表现出连续一段时间的一夫一妻制的强烈关系，这种关系会被与新伙伴的类似关系替代。一些文化背景下的成员实行一夫多妻制。但毫无疑问，在某些物种中，包括我们人类自己，会形成配偶关系。

几个实验室已经研究了一些与田鼠密切相关的(经常被误认为是老鼠的小啮齿动物)物种间的配偶结合。不同的物种看起来几乎是一样的；然而，它们表现出非常不同的行为模式。橙腹田鼠是一夫一妻制的，雄性和雌性在交配后形成配偶关系，父亲帮助照顾幼崽。在野外，大多数橙腹田鼠的配偶永远不会再选择另一个伴侣(Getz and Carter, 1996)。草原田鼠性关系是混乱的；交配后，雄性遗弃孩子，母亲独自照顾自己的幼崽。

一些研究揭示了一夫一妻制与大脑中两种肽的水平之间的关系：加压素和催产素。这些化合物都由脑垂体后叶释放为激素，并且由脑中的神经元释放为神经递质。在男性中，垂体后叶素似乎发挥着更重要的作用。一夫一妻制田鼠腹侧前脑中V1a加压素受体水平高于一夫多妻制田鼠(Insel et al., 1994)。这种差异似乎是一夫一妻制存在或不存在的原因。Lim 和 Young(2004)发现交配诱导雄性橙腹田鼠的前脑腹侧产生 Fos 蛋白，向该区域注射阻断 V1a 受体的药物会破坏配偶关系的形成。Lim 等人(2004)进行了更具说服力的实验。他们把一种含有 V1a 受体基因的转基因病毒注射进正常多配偶雄性草原田鼠的腹侧前脑。这一操作增加了 V1a 受体在这个脑区的合成，并将动物从一夫多妻制转变为一夫一妻制。不像橙腹田鼠(交配后花很多时间与配偶进行身体接触)，草原田鼠通常很少花时间与配偶进行身体接触。Lim 等研究发现，人工增加 V1a 受体水平的雄性草原田鼠与配偶并肩依偎的时间要长得多。

在雌性田鼠中，催产素似乎在配偶关系形成中起主要作用。交配刺激催产素的释放，外周注射催产素或脑室内注射催产素促进雌性草原田鼠配偶结合(Williams et al., 1994)。相反的是，阻断催产素受体的药物会破坏配偶的形成(Cho et al., 1999)。

许多研究者认为，催产素和血管加压素可能在人类配偶的形成中起作用。例如，在性交后，当血液中催产素水平增加时，人们会报告自己有平静和幸福的感觉，这肯定与和伴侣建立联系相一致。然而，很难设想这个主题的定性研究的方法。实验者可以研究这些激素或其拮抗剂对实验动物配偶形成的影响，但不能对人类这样做。然而，Heinrichs 等人(2003)发现注射催产素引起人类参与者的放松和焦虑的减少。此外，Kosfeld 等人(2005)发现催产素增加信任。调查人员让参与者玩一个“信任”游戏，在这个游戏中，他们得到钱，其中一些或全部的钱他们可以给另一个参与者(受托人)进行投资。如果受托人用他的投资赚钱(所有参与者都是男性)，他可以和第一个玩家分享赢利——或者他可以自私地自己留下所有的钱。游戏开始前 50 分钟，参与者接受含催产素或安慰剂的鼻腔喷雾剂。催产素似乎增加了人们对他人的信任：接受催产素的参与者给受托人的钱多了18%，而且他们给受托人投资全部钱的可能性是未接受催产素的参与者的 2 倍。第二次研究发现催产素不仅仅使参与者感到更自信。他们不太可能把钱投入到不涉及其他人的投资游戏中。

## 本节回顾

### 性行为的神经控制

目标 10.9 明确脊髓和大脑机制在男性性行为中的作用。

性反射，例如性姿势、勃起和射精在脊髓中得到组织。只要损伤部位在第十节脊椎以上，振动刺激阴茎可以诱发脊髓完全截断的男性射精。LSt 细胞是大鼠脊髓腰部区域的一组神经元，在触发射精中起着关键作用。大脑机制对负责勃起和射精的回路有兴奋和抑制性控制。激发 MPA 产生交配行为，破坏它则永久地消除这种行为。在实验动物中破坏 SDN(MPA 的一部分)损害交配行为。男性射精伴随着大脑强化机制、丘脑核、外侧壳核和小脑的行为增加。

目标 10.10 明确大脑机制在女性性行为中的作用。

女性性行为最重要的前脑区域是下丘脑腹内侧核(VMH)。破坏它消除了交配行为，刺激它则促进了这种行为。雌二醇和孕酮作用于这一区域对女性性行为都有促进作用，研究证实那里存在孕酮和雌激素受体。雌二醇的启动效应是由 VMH 中孕酮受体的增加引起的。VMH 的类固醇敏感神经元将轴突送至导水管周围灰质(PAG)，这些神经元通过与髓质网状结构的连接控制构成女性性行为的特定反应。伴随女性性高潮激活的脑区与男性射精过程中激活的大脑区域相似，此外，导水管周围灰质活动也增加。

目标 10.11 比较催产素和血管加压素在配偶关系中的作用。

血管加压素和催产素，一种在大脑中作为激素和神经递质的肽，似乎有助于配偶形成。在多配偶雄性田鼠的基底前脑中插入加压素受体基因可诱导一夫一妻制行为。加压素在男性中扮演着最重要的角色，而催产素在女性中扮演着最重要的角色。在人类中，催产素似乎增加了对其他人的信任。

## 思考题

设想一下，一个正在为濒临灭绝的啮齿动物物种进行育种计划的组织找到你。该组织对你关于增加动物繁殖行为的建议很感兴趣。濒危啮齿动物的大脑结构和内分泌功能与已经研究的实验鼠非常相似(图 10.15 和 10.16 总结了实验室大鼠与生殖行为有关的大脑区域的许多研究结果)。利用本章提供的信息，向该组织提出几条建议，介绍可用于增加雄性和雌性生殖行为的干预措施或策略。设想一下，与该组织合作的专家可以获得任何可行的干预措施(如脑刺激、激素暴露或信息素暴露)。

## 性取向

什么控制着一个人的性取向？研究人员曾经认为，性取向是由儿童时期的经历决定的，尤其是父母和孩子之间的互动。Bell 等人(1981)进行的一项大规模研究得出结论，没有证据支持这种说法。相反，他们的发现与性取向的生物学作用是一致的。自这项研究以来，30 年来的研究积累继续支持性取向的生物学基础。

以下章节将会描述先天性肾上腺增生、

雄激素不敏感和泄殖腔外翻个体的例子，以支持性取向生物学作用的研究。其他研究确认了特定的大脑结构、兄弟生育顺序和母亲免疫敏感性的发展是确定性取向的因素。遗传可能性和双胞胎研究的结果进一步支持了性取向的生物学基础。许多生物学证据指向激素的组织作用，正如你将在本节中看到的，大多数研究表明性取向是在出生前决定的（参见 Bogaert and Skoska，2011；Burri et al.，2011；Hines，2011；Rahman，2005）。

## 激素的激活和组织作用

目标 10.12　比较激素的激活和组织作用对性取向的作用。

性激素在性取向中扮演什么角色？性激素的产前、组织作用或更晚的激活作用对于性取向的作用时什么？性取向似乎与成年期性激素水平的变化没有强相关性，排除了性激素暴露的激活作用。许多研究检测了男同性恋和异性恋男性的睾酮水平，发现这些群体之间没有差异。类似地，大多数研究发现异性恋女性和同性恋女性的性激素水平没有差异。一些研究表明一些女同性恋者睾酮水平升高，但仍低于男性（Meyer-Bahlburg，1984，Hines，2011）。成年期睾酮减少的男性不会改变他们的性取向，而因医疗原因接受性激素治疗的男女性不会改变他们的性取向，进一步表明成年期暴露于激素不是性取向发展的一个因素（Hines，2011）。

一个涉及性取向差异的更可能的生物学因素，是出生前暴露于雄激素水平差异引起的大脑结构的细微差异。产前暴露于性激素会产生永久性的组织作用（参见“性器官发育回顾”一节）。以下各节描述来自先天性肾上腺增生、雄激素不敏感、泄殖腔外翻、遗传性和产前因素研究的证据，这些研究表明，产前性激素暴露永久地影响大脑发育和结构，导致后来与性取向相关的行为。

## 雄激素的作用

目标 10.13　解释由先天性肾上腺皮质增生与雄激素不敏感可以了解到的，关于出生前雄激素暴露对性取向的作用。

有证据表明，产前暴露于雄激素可以影响人类社会行为和性取向，在解剖学也是这样。在称为**先天性肾上腺皮质增生**（CAH）的疾病中，肾上腺分泌异常量的雄激素。雄激素的分泌在出生前开始；因此，该综合征导致产前男性化。出生时伴有 CAH 的男孩能够正常发育；额外的雄激素似乎并没有显著的影响。然而，一个患有 CAH 的女孩出生时阴蒂会增大，她的阴唇可能部分融合在一起。（阴囊和阴唇由胎儿的同一组织发育而来。）如果生殖器明显男性化，有时会进行手术来矫正它们。一旦确诊为该综合征，患者将被给予一种抑制雄激素过度分泌的合成激素。大约三分之一患有 CAH 的女性形容自己是双性恋或同性恋（Cohen Bendahan et al.，2005b）。

CAH 女性中同性恋或双性恋性取向发生率增加的一个合理的解释是，雄激素影响大脑的发育。雄激素也影响生殖器；也许生殖器的变化在塑造女孩的性取向发展方面起了作用。然而，Meyer-Bahlberg 等人（2008）研究了患有一种更温和的称为非典型 CAH（NCAH）疾病的女性。NCAH 女孩出生时表现出典型的女性生殖器，直到儿童晚期或青春期才表现出雄激素水平增加的迹象。当时，女孩接受药物治疗以抑制雄激素分泌。Meyer-Bahlberg 等人发现，患有 NCAH 的女性就像那些患有 CAH 的女性，更可能被认定为同性恋或双性恋。研究人员认为，NCAH 的存在导致早期产前发育过程中雄激素分泌的轻度增加，改变了大脑发育，但没有使女孩的生殖器男性化。

在雄激素对性取向的作用的另一个例子中，遗传雄激素不敏感综合征的男性会发展出女性外部生殖器，但内部保留睾丸，不发育子宫或输卵管。如果患有这种综合征的人从小被当成女孩抚养，他们的睾丸通常会被切除，因为睾丸经常会发展成癌症；但如果不切除，由于睾丸产生的少量雌二醇的影响，身体会在青春期发育成熟为女性的身体。（如果睾丸被切除，患者可以服用雌二醇，并获得相同的结果。）成年后，患者将作为女性产生性功能，尽管他们可能需要手术延长阴道。患有这种综合征的个体报告了平均的性冲动，包括性交中性高潮的正常频率，并且经常，尽管并不总是，他们会被男性伴侣吸引（Wisniewski et al.，2000）。

## 泄殖腔外翻

目标 10.14　解释从泄殖腔外翻中可以了解到的生物因子对性取向的作用。

本章开篇（Bruce/Brenda/David）提出的案例表明，人们的性身份和性取向受到生物因素的强烈影响，并且不容易通过抚养孩子（环境因素）的方式改变。据推测，布鲁斯的大脑在产前和生命的头几个月中暴露于雄激素，影响了他的神经发育，促成了男性的性别认同，并吸引女性成为浪漫和性伴侣。幸运的是，阴茎切除的病例很少。

一种被称为泄殖腔外翻的发育异常常导致雌雄间性个体的出生，该个体是基因雄性，睾丸完全发育，但泌尿生殖系统异常，通常包括缺少阴茎。在过去，许多遗传上患有这种疾病的男性个体被培养成女性，主要是因为通过外科手术构建阴道相对容易，而这种阴道在性交中可以发挥功能，但很难构建出有功能的阴茎。然而，研究显示，大约 50%的泄殖腔外翻的间性患者后来对外科性别分配表示不满，开始以男性身份生活，经常接受性别改变手术（Gooren，2006；Meyer-Bahlberg，2005；Reiner，2005）。泄殖腔外翻的个体通常被女性性吸引。如果我们考虑一下那些从小被当成女性抚养实际是男性的人遇到的社会压力，50%是很大的数字。Meyer-Bahlberg（2005）报道了一例被当成女性抚养的泄殖腔外翻患者，在父母双亡后，他在 52 岁时接受了性别改变术。据推测，害怕父母不同意妨碍了这个人更早地做出改变。

## 大脑性别二态性

目标 10.15　比较男性和女性大脑性别二态性特征，解释从中可以了解到的性取向的大脑基础。

人脑是性别二态性器官。甚至在解剖学和功能成像研究证实之前，这一事实就受到长期的怀疑。例如，神经学家发现女性大脑的两个半球似乎比男性大脑共享更多的功能。如果一个男人中风后大脑左侧受损，他比同样受损的女人更可能出现语言障碍。据推测，女性的右半球与左半球具有共同的语言功能，因此一个半球受损对女性语言功能的破坏比男性少。而且，平均来说，男人的大脑有些大，因为男人的身体通常比女人大。此外，端脑和间脑的某些特定区域的大小在男性和女性之间是不同的，胼胝体的形状也可能具有性别二态性（对于特定的参考文献，参见 Breedlove，1994；Goldstein et al.，2001；Swaab et al.，1995）。

大多数研究人员认为，人类大脑的性别二态性是由于出生前和出生后早期不同程度地暴露于雄激素造成的。当青春期发生雄激素时，会发生另外的变化。人类大脑中的性别二态性现象也可能是男女社会环境差异的结果。我们不能像在实验室动物身上那样控制人类出生前和出生后的激素水平，所以可能还需要很长时间才能收集到足够的证据来让我们做出明确的结论。

几项尸检研究对男同性恋和异性恋男性的大脑进行了检查。到目前为止，这些研究已经发现大脑三个不同亚区域的大小存在差异：视交叉上核(SCN)、下丘脑的性别二态性核和前连合(Allen and Gorski，1992；Bao and Swaab，2011；LeVay，1991；Swaab and Hofman，1990)。在第 9 章，你已经熟悉了 SCN。前连合是连接左右颞叶各部分的纤维束。然而，从我们对大脑功能的了解来看，没有理由期望 SCN 或胼胝体的差异会在性取向中起作用。此外，一项后续研究证实了下丘脑存在性别二态性核，但未能发现其大小与男性性取向之间的关系(Byne et al.，2001；见图 10.17)。

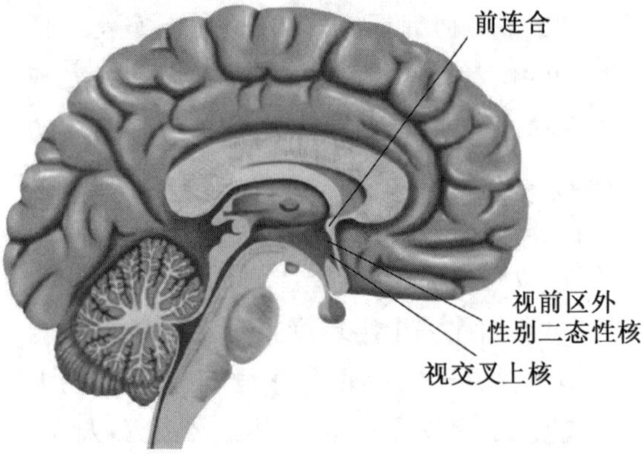


**图 10.17　大脑的性别二态性**

大约 8%的家养公羊(雄性绵羊)显示的性取向为雄性。这些动物没有表现出典型的雌性行为；它们表现出典型的雄性爬背行为，并将这种行为指向其他雄性而不是雌性(Price et al.，1988)。Roselli 等人(2004)的一项研究发现，在视前/下丘脑前内侧区域，性别二态性核在雄性中显著大于雌性。他们还发现性取向为雌性的公羊的这个核是性取向为雄性的公羊的两倍。(见图 10.18)

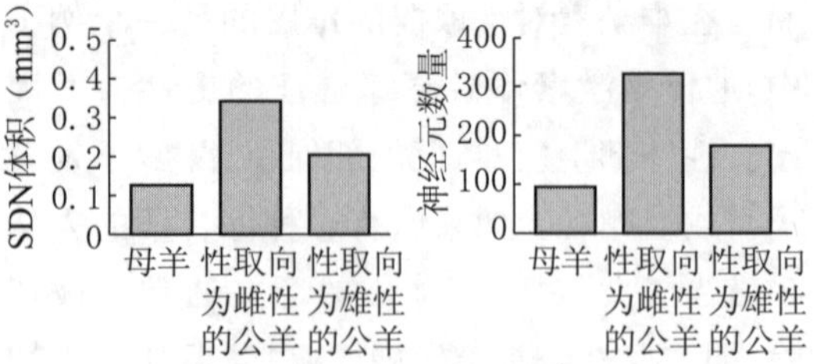


**图 10.18　性取向 SDN**

绵羊的 SDN 神经元体积和数量与性取向的关系。(数据来源：Roselli et al.，2004)

功能成像研究发现，男女同性恋者的大脑对 AND 和 EST 的气味有不同的反应，这两种化学物质可能作为人类信息素。Savic 等人(2005)发现男同性恋者大脑区域对 AND 和 EST 的反应与女性异性恋者的相似。Berglund 等人(2006)发现女同性恋者的大脑区域对这些物质的反应与男性异性恋者的相似。这些研究表明，一个人的性取向会影响(或受)他/她对这些潜在性信息素的反应模式。

虽然本节一直在考虑性取向(从性和浪漫上吸引个体的对象的性别)另一种性别特征与大脑结构上的差异有关。Zhou 等人(1995)在对死后大脑的研究中发现，前脑特定区域的大小，即终纹床核(BNST)的中央隔，男性大于女性。他们还发现，在变性女性中，核的大小与遗传上属于女性的女性个体一致。无论男性性取向如何，该核的大小都是相同的。因此，它的大小与性别身份有关，而不是性取向。Kruijver 等人(2000)重现了这些结果，并发现变性男性中这一区域的大小在所有男性中都处于可见的大小范围内(见图 10.19)。

Garcia-Falgueras 和 Swaab(2008)发现了人类大脑的另一个性别二态性区域：下丘脑钩状核。他们发现，这种核是啮齿动物视前内侧核的人类版本，男性大约是女性的两倍。在跨性别女性中，该核的大小与所有女性一致。研究人员还提供了钩状核神经元向终纹床核中央隔发送轴突的证据，其大小与性别认同有关。他们认为这两个结构是影响一个人性别认同的神经回路的一部分。

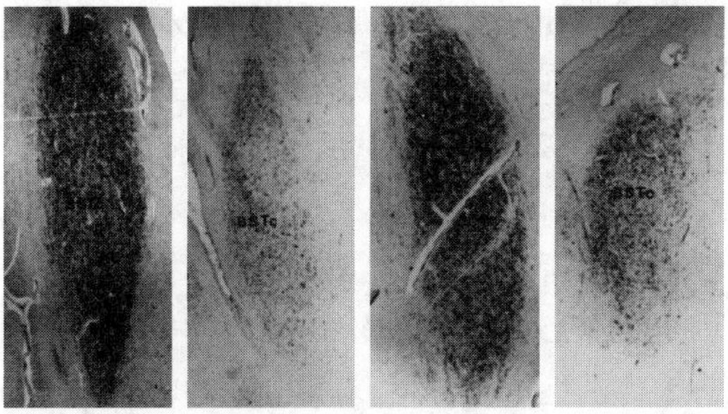

异性恋男性 异性恋女性 同性恋男性 变性女性

**图 10.19 人类的 BNST**

这些人脑切片的显微照片包含终纹床核(BNST)的中央隔。

资料来源:Zhou, J.-N., Hofman, M. A., Gooren, L.J.G., and Swaab, D.F., A sex difference in the human brain and its relation to transsexuality, *Nature*, 1995, 378, 68—70。复制经许可。

## 产前环境对性取向的作用

目标 10.16 总结产前环境因素与性取向的关系。

如果性取向确实受到发育中的大脑暴露于雄激素差异的影响,那么怎样的产前环境因素可能导致这种暴露发生变化?据推测,一定有某种东西能降低男同性恋者的产前雄激素水平,提高女同性恋者的水平。正如我们所看到的,先天性肾上腺增生使发育中的胎儿暴露于雄激素水平升高的环境,但大多数女同性恋妇女没有 CAH。到目前为止,还没有提出其他高水平的产前雄激素的合理来源。

Blanchard(2001)和 Bogaert(2006)的研究发现,男同性恋者往往有更多的哥哥,但不会有更多的姐姐、弟弟或妹妹。相比之下,任何性取向的妇女的兄弟姐妹(年轻或年长)的数量没有差别,母亲或父亲的年龄或出生间隔也没有差别。兄弟姐妹的存在对女性的性取向没有影响。Blanchard 获得的数据表明,有哥哥的男性被认定为同性恋的概率增加了大约 3.3%。因此,即使在一个有几个男孩的家庭里,男孩被认定为同性恋的可能性仍然很大。

当母亲接触到几个男性胎儿时,她的免疫系统可能对只有男性拥有的蛋白质(如 Y 连锁蛋白)敏感。因此,母亲免疫系统的反应可能影响后期男性胎儿性别二态性结构的产前大脑发育。大多数拥有几个哥哥的男性都是异性恋,所以即使这个假设是正确的,似乎只有一些女性对由其男性胎儿产生的蛋白质敏感。此外,这种关系似乎主要适用于右撇子个体(用手习惯也是先天决定的),并且已经在不同的样本中得到证实(Bogaert and Skoska, 2011)。这些影响产前环境的因素可能与产前雄激素暴露的变化有关。

## 遗传与性取向

目标 10.17 总结目前已知的遗传对性取向的作用。

另一个可能在性取向中起作用的因素是遗传。双胞胎研究利用了同卵双胞胎具有相同基因的事实,而异卵双胞胎之间的遗传相似性平均为 50%。Bailey 和 Pillard(1991)发现,双胞胎兄弟中非异性恋性取向的一致率为同卵双胞胎的 52%,而异卵双胞胎仅为 22%,相差 30%。其他研究显示差异高达 60%(Gooren,2006),表明基因成分在男性的性取向中起作用。

遗传因素也会影响女性性取向。Bailey 等人(1993)发现女性同卵双胞胎对非异性性取向的一致性为 48%,而异卵双胞胎的一致性为 16%。Pattatucci 和 Hamer(1995)的另一项研究发现,女同性恋者的姐妹女儿、侄女和堂兄弟姐妹(叔叔伯伯的孩子)中的同性恋和双性恋性取向发生率增加。

几年来,研究者一直为一个明显的悖论感到困惑。平均而言,有同性恋性取向的男性比异性恋性取向的男性孩子少大约 80%(Bell and Weinberg, 1978)。这种减少的生育能力应该对任何涉及同性恋性取向的基因施加强烈的选择性压力。一些调查人员提出,同性恋性取向的男性可能在其家庭中发挥重要的支持作用，从而增加其亲属的生育能力，这些亲属共享他们的一些基因(Wilson, 1975)。然而，最近的一些研究(Bobrow and Bailey, 2001; Rahman and Hull, 2005)已经发现，同性恋者没有给他们的兄弟姐妹提供更多的经济或情感支持。Camperio Ciani 等人的研究(2004)提出了一种可能的解释。他们发现，同性恋性取向男性的母系亲属(例如，阿姨和祖母)有更高的生育率。父系亲属中的女性无明显差异。因为男性可能与女性母系亲属共享 X 染色体，但不与女性父系亲属共享，所以研究人员建议，X 染色体上涉及男性同性恋性取向的基因也会增加女性的生育力。

综上所述，证据表明两个重要的生物学因素——产前激素暴露和遗传——可能影响一个人的性取向(另见表 10.3)。我们希望对性取向的生物学起源的研究能够减少偏见和误解，帮助人们更好地理解存在的各种性取向和性别认同。

**表 10.3 可能导致性取向的因素的概要**

| 因　素 | 描　　述 |
|---|---|
| 遗传学/遗传 | 双胞胎研究表明，遗传可能在男性和女性的性取向中起作用 |
| 激素暴露 | |
| 　　组织作用 | 来自出生前雄性化女孩、雄激素不敏感和泄殖腔外翻的证据提示出生前雄激素暴露对性取向的作用 |
| 　　激活作用 | 几乎没有证据表明激素对性取向的激活作用 |
| 环境 | |
| 　　产前环境 | 有更多哥哥的男孩更容易被认定为同性恋。据推测，接触多个男性胎儿会改变母亲的免疫系统，影响随后男性后代的产前环境 |
| 出生后环境 | 几乎没有证据表明出生后环境对性取向有作用 |

# 本节回顾

## 性取向

目标 10.12　比较激素的激活和组织作用对性取向的作用。

很少有证据支持激素对性取向的激活作用。就性取向而言，激素的组织作用有更强的证据。

目标 10.13　解释由先天性肾上腺皮质增生与雄激素不敏感可以了解到的，出生前雄激素暴露对性取向的作用。

对先天雄性化的女孩的研究表明，雄激素的组织作用影响着性取向的发展；雄性化似乎增加了性取向为女性的可能性。如果雄激素不能起作用(在雄激素不敏感综合征的情况下，雄激素不能起作用)，人的解剖结构和行为就会女性化。

目标 10.14　解释从泄殖腔外翻中可以了解到的生物因子对性取向的作用。

对遗传泄殖腔外翻并且出生时没有阴茎的男性的研究支持这样的结论，即出生前暴露于雄激素会促进男性的性别认同和对女性的性取向。

目标 10.15　比较男性和女性大脑性别二态性特征，解释从中可以了解到的性取向的大脑基础。

端脑和间脑的某些特定区域的大小在男性和女性之间是不同的，胼胝体的形状也可能具有性别二态性。几项尸检对同性恋男性和异性恋男性的大脑进行了研究。到目前为止，这些研究已经发现大脑三个不同亚区域的大小不同：视交叉上核（SCN）、下丘脑的性别二态性核和前连合。

目标 10.16　总结产前环境因素与性取向的关系。

男同性恋者往往有更多的哥哥。当母亲暴露于几个男性胎儿时，她们的免疫系统可能对只有男性拥有的蛋白质变得敏感，这可能导致随后的男性胎儿产前环境改变。

目标 10.17　总结目前已知的遗传对性取向的作用。

双胞胎研究表明，遗传可能对男性和女性的性取向起作用。

## 思考题

无论生物和环境因素扮演的相对角色是什么，大多数研究者都同意一个人的性取向不是一个选择的问题。有什么大脑或内分泌证据支持这一主张？

# 亲职行为

在大多数哺乳动物中，生殖行为发生在受孕时及后代出生后。本节研究激素对亲职行为的启动和维持的作用及负责其表达的神经回路的作用。大多数研究涉及啮齿动物，目前我们对灵长类动物亲职行为的神经和内分泌基础知之甚少。

虽然大多数关于亲职行为的生理学研究都集中在母性行为上，但有研究者对一些啮齿类动物的雄性所表现出的父性行为进行了研究。人类的亲职行为对于我们这个物种的后代是非常重要的，但是这种行为的生理基础还不是很清楚。

## 啮齿动物的母性行为

目标 10.18　描述啮齿动物母性行为的例子。

对动物基因适应性的最终测试是其存活到性成熟年龄的后代数量。正如自然选择过程有利于有繁殖能力的动物，如果它们的幼崽需要照顾，自然选择过程也同样有利于那些充分照顾幼崽的亲代。大鼠和小鼠幼崽当然是这样的，没有母亲就无法生存。

出生时，大鼠和小鼠类似胎儿。幼崽是失明的（它们的眼睛是闭着的），它们只能无奈地扭动。它们是变温的（“冷血的”）；它们的大脑尚未发育到足以调节体温的程度。它们甚至缺乏自发排泄尿液和粪便的能力，必须由母鼠帮助它们这样做。正如我们将很快看到的，这种现象实际上起到了有益的作用。

筑巢为母性行为提供了一个重要的例子。妊娠期间，雌性大鼠和小鼠筑巢。这种结构的形式取决于其构造所用的材料。在实验室里，动物通常被给予纸条、一段绳索或麻线。如图 10.20 所示，这是一个良好的巢穴。这个巢是用麻绳做的，在巢下有一条绳子。小鼠费力地将绳子撕成碎片，然后编织一个封闭的巢穴，由一个小洞进入内部。

在分娩（生育后代）时，雌性开始梳理并舔舐阴道周围的区域。当幼崽开始生出来时，她用牙齿咬住并拖出小崽来帮助子宫收缩。然后，她吃掉胎盘和脐带，清理幼崽的胎膜，这是一个非常精细的手术。（一只新生的鼠崽看起来好像被非常薄的膜裹住了。）所有的鼠崽出生并清理完毕后，母鼠很可能会喂养它们。乳汁通常存在于乳腺中，其产生非常接近出生的时间。

**图 10.20　小鼠的育儿巢**

巢的旁边是小鼠用来建造它的一段绳子。

母鼠定期舔舐幼崽的肛门及生殖器区域，刺激它们反射性地排尿和排便。Friedman 和 Bruno(1976)已经证明了这一机制的实用性。他们指出，哺乳期的雌鼠在哺乳的第 10 天产生大约 48 克奶。这种鼠奶含有大约 35 毫升的水。实验者给一些幼崽注射了氚（放射性）水，随后在母体及产仔体内发现了放射性。他们计算出，正常情况下，哺乳期母鼠会消耗幼鼠尿液中 21 毫升的水，从而将给予幼鼠的母乳中大约三分之二的水循环利用。水在母婴之间来回交换，是乳汁中含有的脂肪、蛋白质和糖等营养物质的载体。因为哺乳期大鼠每天的产奶量大约是体重的 14%（对于体重 120 磅的人来说大约 2 加仑），所以循环利用是非常有用的，尤其是当水的供应出现问题时。

除了清洁、护理和帮助后代排尿和排便之外，雌性啮齿动物在幼崽离开或从巢中离开时还会衔回幼崽。如果原始育儿巢条件变得不利（例如，当不体贴的实验者把一盏热灯放在上面时），母鼠甚至会在新址建造另一个巢穴，并将窝移到那里。雌性啮齿动物抱起幼崽的方式是一贯的：她小心翼翼地衔住它，设法不用她非常锋利的牙齿伤害它。（我们可以亲自证明小鼠牙齿的锋利以及下巴肌肉的力量。）然后，她带着幼崽跳跃式行走，昂首挺胸（见图 10.21）。幼崽被带回巢穴并留在那里。然后雌性再次离开巢穴寻找另一只幼崽。她继续寻找幼崽，直到她再也找不到；她不会数幼崽个数，当她找到所有幼崽时停止寻找。一只大鼠或小鼠通常会接受所有的幼崽，如果它足够年轻的话。我们曾经观察到两只哺乳期雌鼠，它们的巢在同一个笼子的角落，对角线相对。打乱它们的巢穴引发了长时间的寻找，在这期间，每位母亲都从对方的巢穴里“偷走”了幼崽。母亲们互相交换了很长时间，在笼子间互相传递。

**图 10.21　一只运送幼崽的雌鼠**

在正常情况下，促使雌鼠开始照顾幼鼠的刺激之一是分娩。雌性啮齿动物一出生就开始照顾幼崽。这种影响有些是由产前激素引起的，但是幼崽通过产道也会刺激母体的行为：在未怀孕的母体中人工扩张产道会刺激母体的行为，而切断支配产道的感觉神经则减少母性行为的出现（Graber and Kristal，1977；Yeo and Keverne，1986）。

## 母性行为的激素控制

目标 10.19 举例解释激素对母性行为的作用。

正如我们在本章早些时候看到的，大多数性别二态性行为是由性激素的组织和激活作用控制的。母性行为在这方面有些不同。首先，没有证据表明激素的组织作用在父母行为中起作用。在正确的条件下，雄性会照顾婴儿。第二，虽然母亲的行为受激素的影响，但并不是由它们控制的。大多数未性成熟雌鼠在把幼崽放在它们身边几天后，会开始找回并照顾它们（Wiesner and Sheard，1933）。一旦雌鼠被激活，它们就会在遇到幼鼠时立即照顾它们；激活作用会持续一生。

虽然激素对激活母性行为并不重要，但是激素可以促进母性行为的许多方面。孕酮是怀孕的主要激素，促进筑巢行为（Lisk et al.，1969）。分娩后，雌性继续维持巢穴，如果需要的话，她们会建造新的巢穴，即使那时她们的血液孕酮水平非常低。

虽然怀孕的雌鼠不会立即照顾怀孕期间喂养的幼崽，但是一旦它们自己的幼崽出生，它们就会这么做。影响雌性啮齿动物对其后代的反应激素是在分娩前不久出现的激素。图 10.22 显示了孕酮、雌二醇和**催乳素**三种与母性行为有关的激素的水平。注意在分娩前雌二醇水平开始上升，然后孕酮水平急剧下降，接着催乳素急剧上升，催乳素是由负责产奶的垂体前叶产生的激素。如果摘去卵巢的未成年雌性大鼠以重复该序列的模式给予孕酮、雌二醇和催乳素，则雌鼠对母性行为敏感的时间显著缩短（Bridges et al.，1985）。

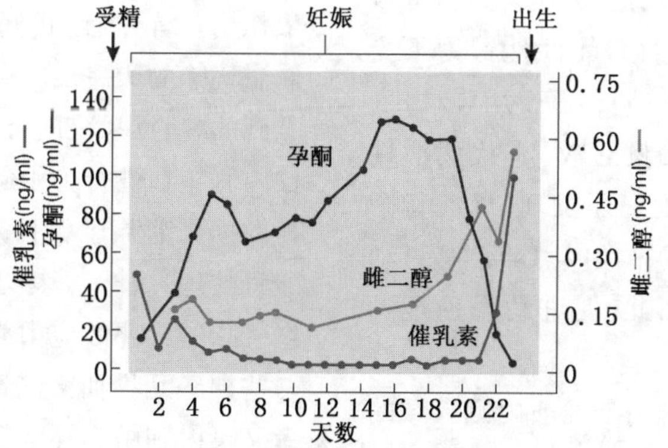


**图 10.22 怀孕大鼠的激素水平**

本图表显示了怀孕大鼠血液中孕酮、雌二醇和催乳素的水平

资料来源：Rosenblatt，J.S.，Siegel，H.I.，and Mayer，A.D.，Progress in the study of maternal behavior in the rat：hormonal，nonhormonal，sensory，and developmental aspects，Advances in the Study of Behavior，1979，10，225—310。复制经许可。

正如我们在前一节中看到的，配对结合涉及升压素和催产素。在至少一些物种中，催产素似乎也参与了母子之间结合的形成。在大鼠中，催产素的施用促进了母性行为的建立（Insel，1997）。Van Leengoed 等人（1987）在大鼠开始分娩时就给脑室注射催产素拮抗剂。母鼠一产下幼崽，实验人员就把笼子里的幼崽赶走。当幼崽在40分钟后回到母鼠身边时，母鼠不理睬它们。给对照组大鼠服用安慰剂后，大鼠一回到幼鼠身边，就开始照顾幼鼠(见表10.4)。

**表10.4 母性行为的激素控制**

| 激　素 | 对母性行为的影响 |
|---|---|
| 孕酮 | 促进筑巢行为 |
| 孕酮+雌二醇+催乳素(按照怀孕期间发生的序列) | 对幼崽的母性看护 |
| 催产素 | 促进母亲和后代之间的黏合，产生母性行为 |

## 母性行为的神经控制

目标10.20 识别母性行为涉及的脑区和神经通路。

内侧视前区是在男性性行为中起着最关键作用的区域，在母性行为中起着同样重要的作用。Numan(1974)发现MPA的病变破坏了啮齿动物的筑巢和幼崽护理行为。母鼠忽略了他们的后代。然而，雌性性行为不受这些病变的影响。Del Cerro等人(1995)发现通过2-DG自显影测量的MPA代谢活性在分娩后立即增加。他们还发现，母性行为因暴露于幼鼠而激活的未性成熟雌性啮齿动物MPA活性增加。因此，促进幼崽护理的刺激激活MPA。

催乳素似乎通过作用于视前内侧区域的受体对母性行为产生刺激作用。Bridges等人(1997, 2001)发现，将催乳素输注到用雌二醇和孕酮启动的未成年雌性大鼠的MPA中会刺激母性行为，而将催乳素拮抗剂输注到MPA中则会延迟母性行为的发生。

嗅觉在大鼠母性行为中起重要作用。未性成熟雌鼠通常不会接近幼崽；事实上，当她遇到一只幼崽时，她会从幼崽身边离开。Fleming和Rosenblatt(1974)证实了回避是基于嗅觉的。他们用硫酸锌冲洗了未性成熟雌性大鼠的嗅觉黏膜，这暂时消除了嗅觉敏感。治疗消除了动物对幼崽的厌恶，并且它们开始照顾幼崽的时间比对照组大鼠早。因此，激活涉及克服对幼崽气味的自然厌恶。

但是，对母性行为的激活不仅仅包括克服对幼崽的厌恶，还包括使幼崽及其气味吸引雌鼠的生理过程。怀孕的最后一天，雌鼠抱着第一窝幼崽，花更多的时间在窝里与幼鼠接触(Kinsley and Bridges, 1990)。Lee等人(2000)还发现，产后雌性大鼠，但不是怀孕大鼠，将学会按杠杆以接近幼崽。

Numan(2007)回顾了他在实验室进行的研究，这些研究追踪了幼崽引发雌鼠母性行为两种形式的激活的神经通路：抑制对幼崽气味厌恶的回路和激活负责照顾幼崽的回路。结果表明，MPA参与了这两种形式的致敏作用。首先，让我们考虑未性成熟雌性对幼崽气味的厌恶反应。正如我们在本章前面看到的，嗅觉系统向杏仁内侧核提供输入，杏仁内侧核在性行为中起重要作用。杏仁内侧核的损伤消除了雌性对幼崽的厌恶，就像硫酸锌处理一样，这表明杏仁内侧核在介导幼崽气味的厌恶效应中起作用。杏仁内侧核的一些神经元将轴突送到下丘脑前部(AH)，后者又投射到中脑导水管周围灰质(PAG)。研究表明AH和PAG之间的连接在防御行为和回避反应中起作用，Numan(2007)建议MPA在适应幼崽气味中的作用可能是抑制AH—PAG回路的活性(见图10.23)。

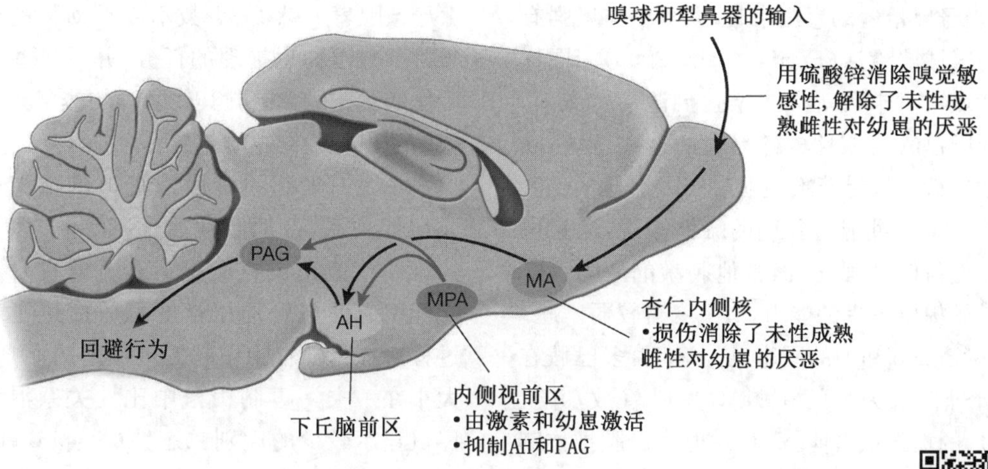


(a)

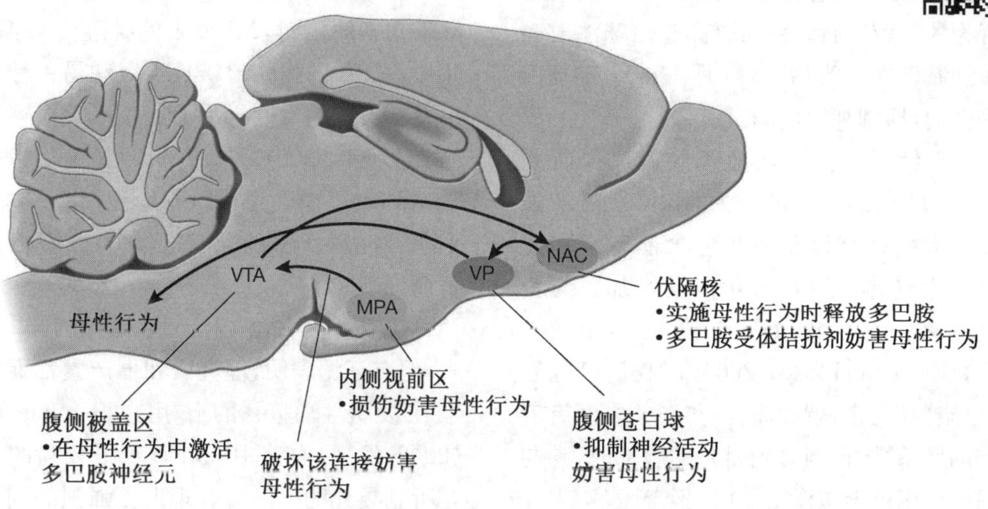


(b)

**图 10.23　激素和神经通路**

(a) 该示意图显示了对幼崽气味的厌恶作用的习惯化通路。根据 Numan(2007)的说法，哺乳期雌性激素状态或未性成熟雌性对幼崽的长期暴露激活了内侧视前区，从而抑制了下丘脑前部(AH)和导水管周围灰质(PAG)。

(b) 根据 Numan(2007)的说法，该示意图显示了哺乳期雌性或对幼崽敏感的未性成熟雌性在母性行为中所涉及的神经回路。DA＝多巴胺。黑箭头代表兴奋的通路。红色箭头表示抑制通路。

负责照顾幼崽的系统的神经回路稍微复杂一些。正如你之前了解到的，在讨论男性性行为的神经基础时，MPA 将轴突发送到中脑和下脑干。Numan 和 Numan(1997)发现被母性行为激活的 MPA 神经元将轴突送至腹侧被盖区(VTA)。反过来，VTA 中的多巴胺能神经元向伏隔核(NAC)发送轴突。正如我们将在第 13 章和第 18 章中看到的，VTA-NAC 系统与激励和加强密切相关。例如，当饥饿的动物接收食物，口渴的动物接收水，动物有机会进行性活动，或者敏感或哺乳的雌性遇到幼崽时，这个系统被激活。事实上，一项对大鼠的 fMRI 研究(是的，它们的小脑袋真的被放进一个特殊的 fMRI 扫描仪中)发现，当母鼠带着幼崽出来时，大脑中与增强有关的区域被激活（Ferris et al., 2005）。同样的区域由可卡因等人工增强剂激活。然而，可卡因仅激活未性成熟雌性的这些区域；哺乳期雌性在接受药物注射时实际上显示出激活的减少。对于哺乳期的雌性来说，幼崽的出现变得极其强化，而其他刺激的效力可能分散她提供护理的能力，似乎变得较弱。

Numan和他的同事已经表明，多巴胺在实行母性行为期间在NAC中被释放，并且NAC的损伤或者向NAC注射多巴胺拮抗剂会破坏母性行为（Numan, 2007）。最后，从NAC投射到腹侧苍白球（基底节参与控制动机行为的区域）的轴突，向腹侧苍白球注射蝇蕈醇抑制母性行为（蝇蕈醇是一种γ-氨基丁酸兴奋剂，抑制神经活动。）

一项针对人类的功能磁共振成像研究发现，当母亲们看婴儿的照片时，参与增强作用的大脑区域以及那些包含催产素和血管加压素受体的区域显示活动增加。与负面情绪有关的区域，如杏仁核，显示出活动减少（Bartels and Zeki, 2004）。我们已经知道，母亲（及父亲，就此而言）与婴儿之间有着紧密的联系，因此当看到婴儿的脸部时，参与增强的地区就会被激活，这并不奇怪。

## 父性行为的神经控制

目标 10.21　识别父性行为涉及的脑区和神经通路。

大多数哺乳动物的新生儿由母亲照顾，由母亲喂养。然而，少数啮齿类动物的雄性与雌亲分担幼崽护理的任务，并且这些养育后代的父亲的大脑与其他物种的非父亲的大脑表现出一些有趣的差异。

一夫一妻制的雄性橙腹田鼠与配偶形成配偶关系，帮助照顾后代；而一夫多妻制的雄性草原田鼠在交配后离开雌性。通过交配引起的血管加压素的释放促进了这一过程。在母性行为中起关键作用的MPA的大小在一夫一妻制田鼠中比性关系混乱的田鼠显示较少的性别二态性（Shapiro et al., 1991）。

Kirkpatrick等人（1994）发现雄性橙腹田鼠暴露于幼鼠时，MPA中的神经元被激活。此外，MPA的损伤对雄性大鼠和另一种一夫一妻制田鼠的父性行为上造成严重损害（Lee and Brown, 2007; Rosenblatt et al., 1996; Sturgis and Bridges, 1997）。因此，MPA似乎在男性和女性的父母行为中扮演相似的角色。

关于人类父性行为的大脑机制知之甚少，但有证据表明，催乳素和催产素都促进父亲在婴儿护理中的作用。Fleming等人（2002）发现，血液中催乳素水平较高的父亲在听到婴儿的哭声时表现出更强烈的同情和激活的感觉。Gordon等人（2010）发现高水平的催乳素与更多的探索性玩具操纵游戏行为有关，高水平的催产素与父亲和婴儿之间的同步、协调的情绪行为有关。

---

# 本节回顾

## 亲职行为

目标 10.18　描述啮齿动物母性行为的例子。

啮齿动物的母性行为包括筑巢、分娩幼崽、清洁幼崽、保持幼崽温暖、喂养幼崽，及如果幼崽被移出巢穴，取回幼崽。母鼠甚至必须诱导幼崽排尿和排便，而母鼠摄取尿液则使水循环利用，这通常是稀缺资源。

目标 10.19　举例解释激素对母性行为的作用。

孕酮是妊娠的主要激素，促进筑巢行为。

注射孕酮、雌二醇和催乳素可以复制怀孕期间发生的序列，从而促进母性行为。催产素有助于母性行为的发生。

目标 10.20 识别母性行为涉及的脑区和神经通路。

注射孕酮、雌二醇和催乳素可以复制怀孕期间发生的序列，从而促进母性行为。激素似乎在内侧视前区（MPA）中起作用。MPA 与杏仁内侧核之间的连接负责抑制幼崽气味的厌恶效应，并且从 MPA 开始的不同回路参与建立幼崽对母性行为的强化效应并增强亲代照顾它们的动机：MPA-VTA-NAC-腹侧苍白球。催产素促进雌性啮齿动物成对结合，也参与母鼠和幼鼠之间形成结合。一项针对大鼠的 fMRI 研究显示，当母鼠与幼鼠在一起时，增强的脑机制被激活。观察婴儿图片的女性在相似的大脑区域显示出活动增加。

目标 10.21 识别父性行为涉及的脑区和神经通路。

父性行为在哺乳动物物种中相对罕见，但研究表明，在一夫一妻制的雄性田鼠中，MPA 的性二型性较不明显，但在性关系混乱的物种中则非如此。MPA 的损伤消除雄性大鼠的父性行为。父母照顾的某些方面可能与人类父亲的血液催乳素和催产素水平有关。

## 思考题

正如你看到的，男性性行为和母性行为都受到视前内侧区域的病变的干扰，因此，MPA 执行两种行为所必需的一些功能。你认为这些功能常见吗？

这两种行为，或者你认为不同的功能是什么？如果你认为前者是真的，那么这些功能又是什么呢？你能想到男性性行为和母性行为的共同特征吗？

## 本章回顾问题

1. 描述哺乳动物的性发育，并解释其控制因素。
2. 描述女性生殖周期和男女性行为的激素控制。
3. 描述信息素在生殖和性行为中的作用。
4. 探讨性腺激素对女性和男性性行为的激活作用。
5. 讨论影响男女性取向和性别认同的生理变量。
6. 探讨男性性行为的神经调控。
7. 探讨女性性行为的神经控制和配偶关系的形成。
8. 描述啮齿动物的母性行为，包括如何诱导和维持这种行为，并解释控制母性行为的激素和神经机制以及父性行为的神经控制。

# 第 11 章

# 情　绪

## 本章概要

**恐惧**　355
情绪反应的组成　355
动物为被试的实验室研究　356
人为被试的研究　360
**攻击性**　362
动物为被试的实验室研究　363
人为被试的研究　364
激素控制攻击行为　365
**冲动控制**　370
腹内侧前额皮层的作用　371
大脑发展与冲动控制　372
犯罪与冲动控制　373
血清素与冲动控制　373
道德决策　374
**情绪交流**　377
情绪的面部表情:先天反应　377
情绪交流的神经基础:识别　378
情绪交流的神经基础:表情　385
**情绪感受**　388
詹姆斯-兰格理论　389
情绪表情的反馈　390

## 学习目标

目标 11.1　描述情绪反应的三种组成。

目标 11.2　根据实验室动物的研究结果,解释杏仁核和腹内侧前额叶皮层在恐惧、恐惧条件作用和消退中的作用。

目标 11.3　描述杏仁核和腹内侧前额皮层在人类的情绪条件作用、消退和情绪记忆方面的作用。

目标 11.4　描述实验室动物血清素研究中所发现的攻击和捕食神经回路。

目标 11.5　评估遗传和血清素在人类攻击行为中的作用。

目标 11.6　根据对人类和其他动物研究的结果,总结激素对攻击性的控制作用。

目标 11.7　举例腹内侧前额皮层在冲动控制中的作用。

目标 11.8　佐证冲动控制的发展性因素。

目标 11.9 比较被判定有罪或被诊断为反社会型人格障碍者与典型发展的成年人的大脑在冲动控制方面的不同。

目标 11.10 解释血清素在冲动控制调节中的作用。

目标 11.11 描述道德决策的情感方面涉及的脑区,并引用研究文献中的证据。

目标 11.12 论述情绪表达作为先天反应的证据。

目标 11.13 通过论证注视、模仿和厌恶的偏侧性,概述涉及情绪识别的大脑结构。

目标 11.14 论述偏侧性、大笑和幽默,回顾涉及情绪表达的大脑结构。

目标 11.15 概述支持和反对詹姆斯-兰格情绪理论的证据。

目标 11.16 解释来自内心情绪表情和自主神经系统活动的反馈的作用。

萨曼莎患有一种罕见的会导致神经组织丧失的神经疾病——脂蛋白沉积症病。这种疾病已经影响到她的颞叶,导致双侧杏仁核受损。萨曼莎在注意力、认知、记忆、视觉、语言和执行功能(如计划和决策)的表现都受到影响。她是一个有三个儿子的单身母亲,被采访者描述为"和蔼可亲、善于思考、善于思考"(Tranel et al. 2006, p.224)。她具有同理心,在她的生活中经历了很多挫折,包括艰苦的童年,年轻时便痛失父母,只拥有有限的经济和社会资源。

萨曼莎的杏仁核受损导致的影响目前还不明显。与这种结构相关的功能仅有负面情绪。萨曼莎的危机感和对他人的不信任感有所减弱。在大多数情况下,她的经历和表现都没有恐惧和愤怒,也无法识别他人的这些情绪。例如,她在观看《沉默的羔羊》等电影的片断时,没有报告说自己感到恐惧。

通过这个案例研究,我们可以开始理解大脑区域对特定情绪的作用。情绪这个词指的是对特定情况的积极或消极反应。不存在所谓的中性情绪。例如,受到不公平的对待使我们生气,看到别人受苦使我们悲伤,和所爱的人亲近使我们快乐。情绪是由生理变化的模式和伴随而来的行为组成的——或者在东方,是由执行这些行为的冲动组成的。这些反应伴随着感觉。事实上,我们大多数人用"情感"这个词来指代感觉,而不是行为。但对生存和繁殖产生影响的是行为,而不是个人经历。因此,情绪行为所服务的有用目的是引导我们大脑的进化。

本章的前两节讨论构成恐惧和愤怒等负面情绪的行为和生理反应模式。第三部分描述了情绪在冲动控制、道德判断和社会行为中的作用。第四部分描述了情感的交流——情感的表达和识别。最后一部分探讨伴随情绪而来的感觉的本质。图中显示的是杏仁核、下丘脑和腹内侧前额皮层,它们都参与了我们对情绪的处理。

# 恐惧

恐惧是大脑中由杏仁核协调的一种适应性情感反应。在以实验室动物和人类志愿者为被试的实验中,有大量针对恐惧的神经学基础的研究。

## 情绪反应的组成

目标 11.1 描述情绪反应的三种组成。

情绪反应由三种成分组成:行为、自主和激素。行为组成部分由肌肉运动组成,这些运动与引发运动的情境相适应。例如,一只保护自己领地不受入侵者攻击的狗首先采取

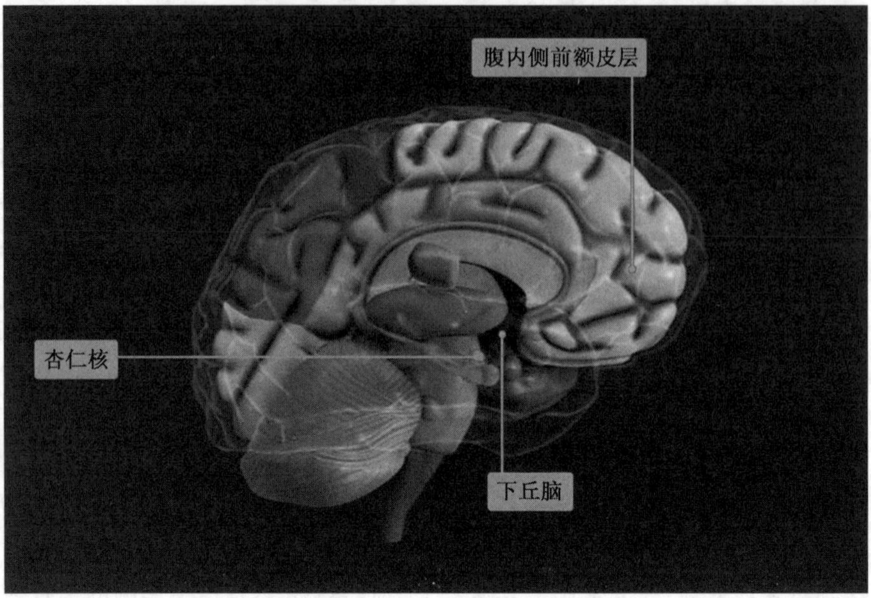


攻击性的姿态:咆哮,露出牙齿。如果入侵者没有离开,防御者就会跑去攻击它。自主反应促进行为,为剧烈运动提供能量的快速动员。在这个例子中,交感神经分支的活动增加而副交感神经分支的活动减少。结果,狗的心率增加,血管大小的改变将血液从消化器官分流到肌肉。激素反应增强自主反应。肾上腺髓质分泌的激素——肾上腺素和去甲肾上腺素——进一步增加流向肌肉的血液流量,使储存在肌肉中的营养物质转化为葡萄糖。此外,肾上腺皮质分泌类固醇激素,也有助于供应肌肉葡萄糖(见图 11.1)。

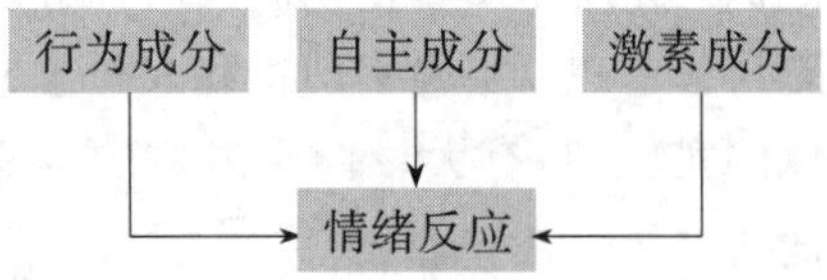


**图 11.1　情绪反应的组成部分**

本节讨论控制外显情绪行为以及伴随它们的自主和激素反应的研究。这一章的第二部分讨论了一些特殊的行为,这些行为是用来向其他动物传达情感状态的,比如实际攻击前的威胁手势,人类的微笑和皱眉。正如你将看到的,负面情绪比正面情绪得到更多的关注。大多数关于情绪生理学的研究都局限于恐惧和愤怒——与我们可能保护自己或所爱之人的情况相关的情绪。与积极情绪相关的行为——比如与做爱、照顾后代、享受一顿美餐或一杯凉水(或酒精饮料)相关的行为——的生理学在其他章节中描述,但没有在特定的情绪情境中描述。第 18 章讨论引起负面情绪的情况的后果:压力。

正如我们所见,情绪反应包括行为、自主和激素三种成分。这些成分由独立的神经系统控制。恐惧成分的整合似乎是由杏仁核控制的。

## 动物为被试的实验室研究

目标 11.2　根据实验室动物的研究结果,解释杏仁核和腹内侧前额叶皮层在恐惧、恐惧条件作用和消退中的作用。

对具有生物学意义的物体和情境的生理和行为反应中,杏仁核发挥着特殊的作用,例如那些警告会疼痛或产生其他不愉快后果的物体或情境,或表示这里存在食物、水、盐、潜在的伴侣或竞争对手，需要照顾的婴儿。几个不同实验室的研究人员已经证明，当与情绪相关的刺激出现时，杏仁核不同细胞核中的单个神经元会变得活跃。例如，用设备给予刺激引起这些神经元兴奋，这些刺激包括喷射不好吃的或甜的食物进动物的嘴，另一种动物的声音，实验室门打开的声音，烟的气味，或者看到另一个动物的脸（Jacobs and McGinty, 1972; Leonard et al., 1985; O'Keefe and Bouma, 1969; Rolls, 1982）。正如我们在第10章看到的，杏仁核参与了嗅觉刺激对生殖生理和行为的影响。本节描述有关杏仁核在组织由厌恶刺激产生的情绪反应中的作用的研究。

杏仁核（更准确地说，杏仁核复合体）位于颞叶，它由几组核团组成，每个神经核具有不同的输入和输出，具有不同的功能（Amaral et al., 1992; Pitkänen et al., 1997; Stefanacci and Amaral, 2000）。杏仁核被细分为大约12个区域，每个区域包含几个分区。然而，我们只关注三个主要区域：外侧核、基底核和中央核。

**外侧核**接收来自新皮层所有区域的信息，包括腹内侧前额皮层、丘脑和海马结构。外侧核将信息发送到**基底核**和大脑的其他部位，包括腹侧纹状体（腹侧纹状体是大脑中参与强化刺激对学习的影响的区域）和丘脑的背中核（丘脑的投影区域是前额皮层）。外侧核和基底核将信息发送到腹侧前额皮层和**中央核**，中央核投射到下丘脑、中脑、脑桥和髓质区域，这些区域负责表达情绪反应的各个组成部分。正如我们将要看到的，中央核的激活会引起各种情绪反应：行为反应、自主反应和激素反应（见图11.2）。

杏仁核是大脑中最重要的部分，负责表达由厌恶刺激引起的情绪反应。当受到威胁刺激时，中央核中的神经元就会被激活（Campeau et al. 1991; Pascoe and Kapp, 1985）。对

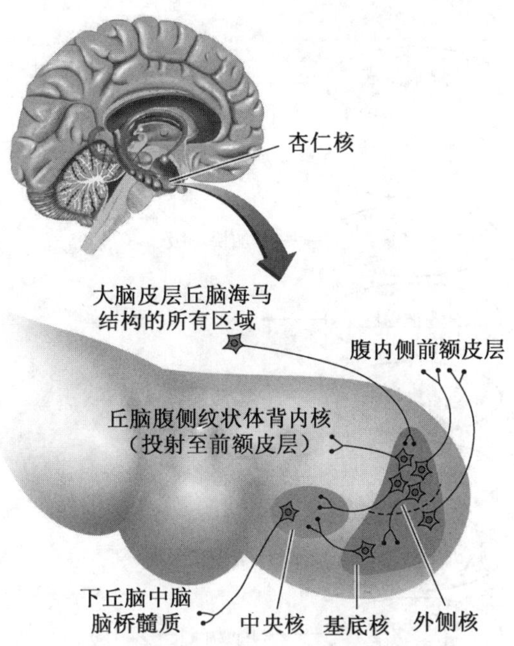


**图 11.2 杏仁核的投射**

这张图非常清楚地显示了杏仁核在情绪中起作用的主要分支和连接。

中央核（或为其提供感官信息的核）的损害减少或消除了广泛的情感行为和生理反应。当中央核被破坏后，动物在面对与厌恶事件相伴的刺激时不再表现出恐惧的迹象。当人类接触它们时，它们的行为也更温顺，它们的血液中压力激素水平更低，而且不太可能发展成溃疡或其他形式的由压力引起的疾病（Coover et al., 1992; Davis, 1992; LeDoux, 1992）。猴在看到蛇的时候通常会表现出恐惧的迹象，但是那些杏仁核受损的猴却没有这样的反应（Amaral, 2003）。相反，当中央杏仁核被电刺激时，通过注射兴奋性氨基酸，动物表现出恐惧和焦虑的生理和行为特征（Davis, 1992）；长期刺激中央核产生应激性疾病，如胃溃疡（Henke, 1982）。这些观察结果表明，由中央核控制的自主和内分泌反应是造成长期压力的有害影响的原因之一，这将在第18章中讨论。图11.3总结了从杏仁核接收信息的区域及其控制的反应。

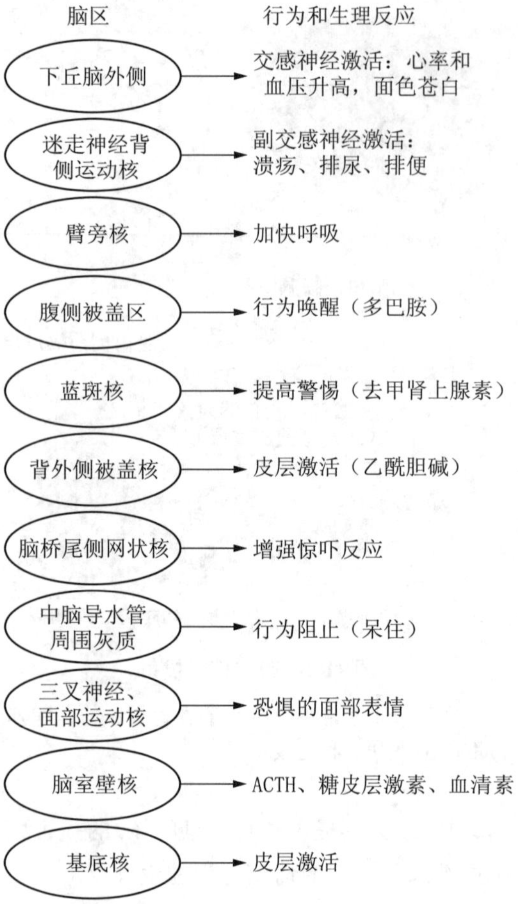


**图 11.3　杏仁核中央核的输出**

这里显示的是一些重要的大脑区域，它们接收来自杏仁核中心的输入，以及由这些区域控制的情绪反应。

资料来源：Davis，M.，Trends in Pharmacological Sciences，1992，13，35—41。

**情绪条件作用**　一些刺激可以自动激活杏仁中央核，产生恐惧反应——如，未预期到的巨响、大型动物靠近、高度、特定声音或气味（对一些物种而言）。然而，更重要的是学习某一特定刺激或情境是危险或威胁的能力。一旦学习完成，这种刺激或情境就会引发恐惧：心率和血压升高，肌肉变得更紧张，肾上腺分泌肾上腺素，动物小心翼翼地前进，警觉起来，随时准备做出反应。

情绪学习最基本的形式是**条件性情绪反应**，它是由一个中性的刺激和一个产生情绪的刺激一起产生的。条件这个词指的是经典条件作用的过程，在第 13 章有更详细的描述。简单地说，经典条件作用发生在一个中性的刺激之后，接着是一个自动引起反应的刺激。例如，狗看到食物会流口水，如果一只狗经常在它得到一些食物前听到铃声，一段时间后，一旦听到铃声它就开始流口水。

一些实验室已经研究了杏仁核在经典条件下的情绪反应发展中的作用。例如，这些反应可以在大鼠身上产生。在听觉刺激（如声音）后通过动物站立的地板给予脚短暂的电击（见图 11.4）。电击本身会产生非条件的情绪反应：动物会跳起来，心跳加速，血压升高，呼吸加快，肾上腺分泌儿茶酚胺和类固醇应激激素。经过几次重复实验后，通常会建立经典条件反射。

第二天实验中，如果这种声音是单独出现的，没有随后的电击，生理学监测显示动物表现出与训练中受到电击时同样的生理反应。此外，它们还会表现出一种典型的被称为"僵直"（freezing）的防御反应。换句话说，动物们的行为就好像他们期待着被电击一样。声音变成了一种条件刺激（CS），产生了条件反应（CR）。

研究表明，负责条件情绪反应的经典条件反射的生理变化发生在杏仁核的外侧核（Pare et al.，2004）。外侧核的神经元与中央核的神经元相互传递信息，而中央核又与下丘脑区域相互传递信息，中脑、脑桥和髓质负责行为、自主和激素组成的条件情绪反应。最近的研究表明，负责经典条件反射过程的神经回路实际上比这更复杂（Ciocchi et al.，2010；Duvarci et al，2011；Haubensak et al.）。这个过程的细节将在第 13 章详细说明，第 13 章讨论学习和记忆的生理学。

**消退**　负责经典条件下的情绪反应的神经机制进化了，因为它们在动物的生存中扮演

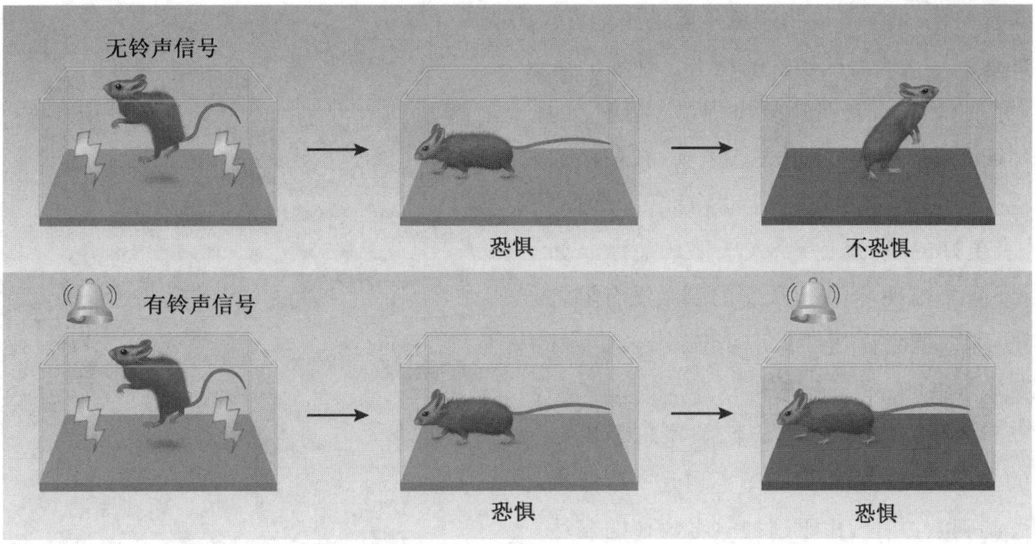


**图 11.4 条件情绪反应的例子**

这个例子中,一只大鼠在一个蓝色地板的笼子里经历了一次电击。在有条件的情况下,铃声作为条件与震动同时出现。大鼠在蓝色的地板上体验恐惧,产生发抖行为。然后把它放在一个紫色地板的围栏里。没有铃声的情况下,大鼠不会经历恐惧,这可以通过大鼠站起来和进行探索行为来证明。在有铃声的情况下,即使是在这个紫色的新环境中大鼠听到铃声时也会感到恐惧和发抖。即在这种新环境下,铃声也已成为一种条件刺激。

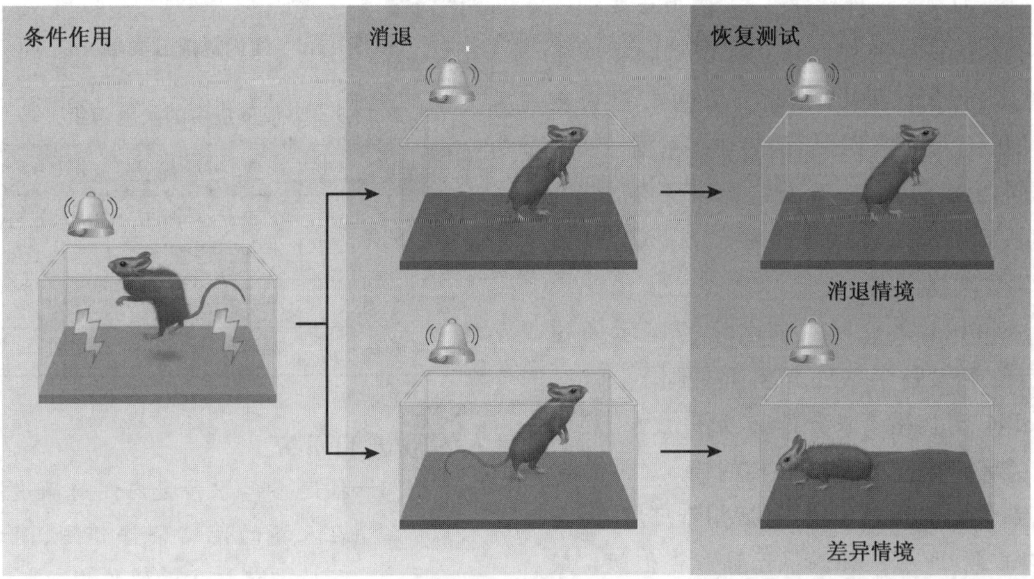


**图 11.5 消退条件作用**

在这个例子中,大鼠经历了恐惧条件反射,将铃声和电击配对。在紫色或绿色地板的新围栏中,有一半的大鼠经历了条件作用消退(重复听到铃声而没有电击),这可以通过站起来进行探索行为来证明。当动物群体在消退条件作用后接受测试时,这些动物会在同一个围栏中表现出对铃声不做反应(即条件反应消退)。条件反应消退依赖于情境。在本例中,当某一环境或环境(绿色地板)发生消退时,它不会迁移到新的环境(紫色地板),在那里大鼠将仍会产生恐惧反应。

着重要角色，增加了动物避免危险的可能性，比如遇到令人厌恶的事件的地方。在实验室里，如果CS声音自身反复出现，先前建立的CR(条件反应)最终会消失。毕竟，有条件的情感反应的价值在于，它让动物准备好面对(或者更好的是，避免)令人厌恶的刺激。如果CS重复出现，但令人厌恶的刺激没有随之出现，那么就会让情绪反应消失——这本身就是破坏性的、令人不快的。

行为研究表明，消退记忆和遗忘是不一样的。相反，动物学习到CS不再是一个令人厌恶的刺激，并且，由于这种学习，CR的表达被抑制；CS和厌恶刺激之间联系的记忆不会被抹去(参见图11.5)。这种抑制由**腹内侧前额皮层**(vmPFC)产生(Amano et al., 2010; Sotres-Bayon and Quirk, 2010)。例如，vmPFC的损伤削弱了消退反应，对这一区域的刺激抑制了条件情绪反应，消退反应训练将会激活这里的神经元。vmPFC除了在条件情绪反应消退中扮演重要角色外，还能在不同的环境中调节恐惧的表达。根据情况的不同，前额皮层的一个分区可以变得活跃并抑制条件恐惧反应，而另一个分区可以变得活跃并增强反应。

vmPFC就位于它的名字所暗示的位置，位于大脑半球底部前部(见图11.6)。vmPFC直接接收来自丘脑、颞叶皮层、腹侧被盖区、嗅觉系统和杏仁核的输入。它的输出到大脑的几个区域，包括扣带皮层、海马结构、颞叶皮层、外侧下丘脑和杏仁核。最后，它与前额皮层的其他区域进行交流。因此，输入为它提供了关于环境中正在发生的事情和大脑额叶其他部分正在制订的计划的信息，输出允许它影响各种各样的行为和生理反应，包括杏仁核组织的情绪反应(见表11.1)。

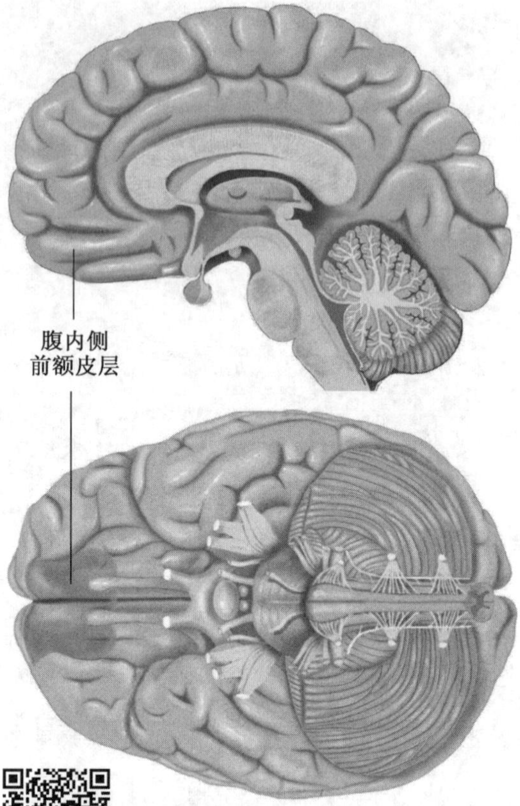


**图 11.6 腹内侧前额皮层**

**表 11.1 恐惧反应中的大脑组织**

| 核 | 功能 |
|---|---|
| 杏仁中央核 | 促进产生恐惧相关行为；减少阻止恐惧相关行为的产生 |
| 杏仁外侧核 | 参与产生情绪反应行为 |
| 腹内侧前额皮层 | 参与消退情绪反应行为 |

## 人为被试的研究

目标 11.3 描述杏仁核和腹内侧前额皮层在人类的情绪条件作用、消退和情绪记忆方面的作用。

我们人类也有条件情绪反应，让我们用一个例子来说明这一点。假设你和一个朋友一起学习，决定吃点点心。你把一些食物放进微波炉加热。微波炉发出不寻常的声音，你打开它检查你的食物。打开门，你会感到一阵痛苦的电击。你的第一反应会是一种防御反射：你会放开门，这会结束你的痛苦。这种反应是具体的：它旨在终止痛苦的刺激。此外，疼痛刺激会引起由你的自主神经系统控制的非特异性反应：例如，你的瞳孔会扩张，你的心率和血压会升高，你的呼吸频率加快。痛苦的刺激还会引发一些与压力有关的激素分泌，这是另一种非特异性反应。

假设过了一会儿你又去拜访你的朋友，准备用微波炉做爆米花。你的朋友告诉你微波炉已经修好了，是绝对安全的。一看到微波炉并且又要再使用它，你就会有点紧张，但你相信朋友的保证，打开门，把爆米花放在里面。就在这时，微波炉发出了和之前一样不寻常的声音。你的反应是什么？几乎可以肯定的是，你会马上放开那扇门，即使它不会电击你使你痛苦。你的瞳孔也会扩张，你的心率和血压会升高，你的内分泌腺会分泌一些与压力相关的激素。这种不寻常的声音会引发一种条件性的情绪反应。

**情绪条件作用** 有证据表明，杏仁核与人类的情绪反应有关。最早的一项研究观察了接受外科手术切除部分大脑以治疗严重癫痫的病人的反应。这些研究发现，对大脑特定部分（例如下丘脑）的刺激会产生本能反应，这种反应通常与恐惧和焦虑有关，但只有当杏仁核受到刺激时，人们才会报告说他们确实感到恐惧（Gloor et al.，1982；Halgren et al.，1978；White，1940）。

许多研究表明，杏仁核损伤会降低人的情绪反应。例如，Bechara 等人（1995）和 LaBar(1995)发现，杏仁核受损的人与大鼠一样，对条件情绪反应的习得能力降低。

大多数人类的恐惧可能是通过社交习得的，而不是通过痛苦刺激的直接经验习得（Olsson et al.，2007）。例如，孩子不必被狗攻击就会产生对狗的恐惧：他/她可以通过观察另一个人被攻击，或者（更常见的情况是）看到另一个人在遇到狗时表现出恐惧的迹象而产生这种恐惧。人们也可以通过指导习得条件恐惧反应。例如，假设有人被告知（并且相信），如果警示灯亮了，他/她应该立即离开房间，因为警示灯连接着一个传感器，可以探测到危险的一氧化碳气体。如果灯真的亮了，这个人就会离开房间，并且在这样做的时候很可能会产生恐惧反应。

**消退** 我们发现实验室动物研究表明 vmPFC 在条件情绪反应的消退中起着关键作用。人类也是如此。Phelps(2004)通过将正方形视觉刺激的出现与手腕上的电击配对，直接建立了被试的条件情绪反应，然后在没有任何电击的情况下单独展示正方形来消退反应。腹内侧前额皮层活动的增加与条件反应的消退有关。

**情绪记忆** 杏仁核的损伤会干扰对情绪记忆的影响。通常情况下，当人们遇到引发强烈情绪反应的事件时，他们更有可能记住这些事件。Cahill(1995)研究了一名杏仁核双侧变性的患者。调查人员讲述了一个小男孩和他母亲在她去上班的路上散步的故事。为了配合这个故事，他们放映了一系列的幻灯片。在故事的一部分中，男孩在一次交通事故中受伤，可怕的幻灯片显示了他的伤势。当这张幻灯片展示给健康的志愿者时，他们会记得故事中充满情感的部分的更多细节。然而，一个杏仁核受损的病人没有表现出这样的记忆增加。在另一项研究中（Mori et al.，1999)，研究人员询问了那些目睹了 1995 年日本神户毁灭性地震的老年痴呆症患者。他们发现，对这一可怕事件的记忆与杏仁核受损呈反比关系。患者的杏仁核越退化，就越不可能记得地震。

正如我们在第 7 章看到的，一个叫 I.R. 的女病人（Peretz et al.，2001)分不清愉快的和不愉快的音乐的区别。然而，她仍然能够识别出音乐传达的情绪。Gosselin(2005)发现杏仁核受损的患者表现出相反的症状：他们对音乐的感知没有问题，但无法识别恐怖的音乐。他们仍然能分辨出快乐和悲伤的音乐。因此，杏仁核损伤损害了对通常与恐惧有关的音乐风格的识别。

## 本节回顾

### 恐惧

目标 11.1　描述情绪反应的三种组成。

行为部分是由肌肉运动组成的，这些运动与引发它们的情境相适应；自主反应促进行为，为剧烈运动提供能量的；激素反应加强自主反应。

目标 11.2　根据实验室动物的研究结果，解释杏仁核和腹内侧前额皮层在恐惧、恐惧条件作用和消退中的作用。

杏仁核组织对各种情况的行为、自主和激素反应，包括产生恐惧、愤怒或厌恶的情况。此外，它还涉及气味和激素对性和母性行为的影响。它接收来自嗅觉系统、颞叶联合皮层、额叶皮层和边缘系统其余部分的输入。它的输出传递到额叶皮层、下丘脑、海马结构和脑干核，控制自主功能和一些物种典型行为。杏仁核中单个神经元的电记录表明，当动物感知到具有情感意义的特定刺激时，其中一些神经元会做出反应。对杏仁核的刺激会导致情绪反应，而它的损伤会破坏情绪反应。将中性刺激与引发情绪反应的刺激配对，会导致典型的条件性情绪反应。对这些反应的学习主要发生在杏仁核。条件情绪反应的消退涉及 vmPFC 对杏仁核活动的抑制控制。

目标 11.3　描述杏仁核和腹内侧前额皮层在人类的情绪条件作用、消退和情绪记忆方面的作用。

对杏仁核病变患者的研究及对人类的功能成像研究表明，杏仁核也参与人类的情绪反应。然而，我们的许多条件情绪反应都是通过观察他人的反应甚至通过口头教育而习得的。对杏仁核损伤患者的研究和功能成像研究表明，杏仁核参与情感对学习和记忆的影响。vmPFC 在条件情绪反应的消退中起着重要作用。

## 思考题

恐惧症可以被看作是条件性情绪反应的重要例子。这些反应甚至会“传染”：我们可以在没有直接经验的情况下，通过厌恶的刺激习得它们。例如，一个看到父母在狗面前表现出恐惧的孩子可能会对狗产生恐惧反应。你认为还有哪些情况也可以通过这种方式学习？

# 攻击性

几乎所有的动物都有攻击行为，这包括威胁的姿势或对另一动物的实际攻击。攻击行为是物种典型行为；也就是说，动作的模式（例如，姿势、咬、打或发出嘶嘶声）是由神经回路组织的，而神经回路的发育在很大程度上是由动物的基因决定的。许多攻击行为与繁殖有关，例如：为获得交配机会的攻击行为，为吸引配偶而保护领地，或者为筑巢提供场所，为了保护后代不受入侵者侵害，这些都可以被视为繁殖行为。其他攻击行为与自卫有关，比如受到捕食者或同类入侵者威胁的动物。

攻击行为可以是实际的攻击，也可以仅仅是威胁行为，包括警告对手离开的姿势或手势，否则它会成为攻击的目标。受到威胁的动物可能会表现出防御性行为——威胁行为或对正在威胁它的动物的实际攻击，或者表现出顺从行为——表明它接受失败而不会挑战其他动物的行为。在自然环境中，大多数动物表现出的威胁远比实际的攻击多。在有组织的动物群体中，威胁行为有助于强化社会等级，或警告入侵者远离动物的领地。其优点是不涉及实际攻击，因为实际攻击可能伤害参与攻击对方的动物。

通常为了食物，捕食中也存在一个物种的成员攻击另一个物种的成员。在攻击同一物种的成员或保护自己免受攻击时，动物表现为极度兴奋，其自主神经系统交感神经分支的活动非常活跃。相比之下，掠食性攻击缺乏高度的交感激活。捕食者不会对它的猎物生气；攻击猎物只是达到目的的一种手段。

## 动物为被试的实验室研究

目标 11.4 描述实验室动物血清素研究中所发现的攻击和捕食神经回路。

动物在攻击过程中表现出来的行为是由脑干中的神经回路控制的。动物是否受到攻击取决于许多因素，包括环境中引发刺激的性质和动物以往的经验。脑干回路的活动似乎是由下丘脑和杏仁核控制的，杏仁核也会影响许多其他典型行为。边缘系统的活动是由感知系统控制的，感知系统可以探测环境的状态，包括其他动物的存在。

**神经回路** Gregg 和 Siegel(2001)及他们的同事进行了一系列的研究，通过记录猫的大脑，研究了攻击性行为和捕食的神经回路。他们发现，通过刺激中脑导水管周围灰质(PAG)的不同部位，可以引发攻击和捕食。此外，下丘脑和杏仁核通过与 PAG 的兴奋和抑制连接影响攻击和捕食行为。杏仁核的三个主要区域和下丘脑的两个区域影响防御性愤怒和捕食，这两个区域似乎都是由 PAG 组织的。下丘脑外侧与腹侧 PAG 之间的可能联系尚未得到证实。图 11.7 总结了一些与捕食和防御行为有关的神经连接。

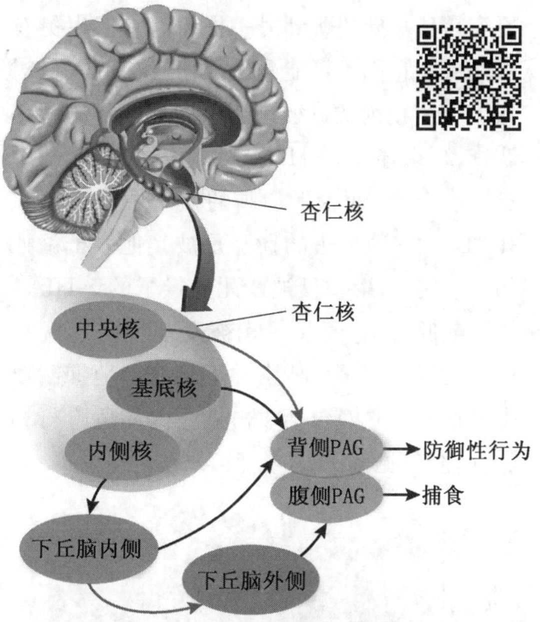


**图 11.7 防御行为和捕食的神经回路**

根据 Gregg 和 Siegel 及他们的同事的研究，这张图显示了杏仁核、下丘脑和导水管周围灰质(PAG)之间的相互联系，及它们对猫的防御行为和捕食的影响。黑色箭头表示兴奋；红色箭头表示抑制。

**血清素的作用** 许多研究的累积结果表明血清素能突触的活动抑制攻击性(Audero, 2013)。相比之下，前脑血清素能轴突的破坏(Vergnes, 1988)或减少 5-羟色胺合成的靶向突变(Mosienko, 2012)可能通过消除抑制作用促进攻击行为。

一组研究人员研究了自由活动的恒河猴群体血清素能活性和攻击性之间的关系(Howell et al., 2007)。他们通过捕捉猴子，取出脑脊液样本，分析 5-HIAA(血清素的代谢物)来评估血清素的活动。当5-HT释放时,大部分神经递质通过再摄取的方式被带回到终扣,但是有一些分解为5-HIAA,进入脑脊液。脑脊液中5-HIAA含量高表明血清素能增加。研究人员发现,5-HIAA水平最低的年轻雄猴表现出一种冒险行为模式,包括对比自己大得多的年长动物的高度攻击性。这些小猴在7米(27.6英尺)以上的高度更容易从一棵树跳到另一棵树。它们也更有可能挑起它们不可能赢的战争。研究人员对49只青春期前的雄猴进行了为期4年的跟踪调查,结果显示,5-HIAA水平最低的猴子中有46%死亡,而水平最高的猴子中没有一只死亡。大多数死去的猴子是被其他猴子杀死的。事实上,第一只被杀死的猴子的5-HIAA水平最低,在它死前一晚被发现攻击了两只成年雄猴。似乎血清素并不是简单地抑制攻击性;相反,它对包括攻击性在内的危险行为施加控制(见图11.8)。

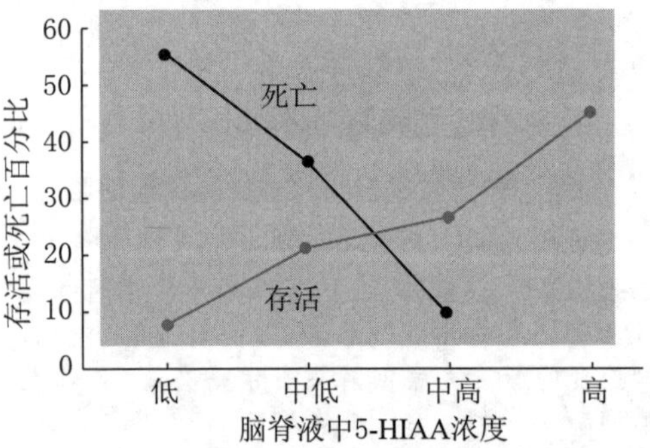


**图11.8 血清素与冒险行为**

血清素和冒险行为曲线图显示了4年时间里,脑脊液5-HIAA浓度不同的年轻雄猴的存活或死亡百分比。

资料来源:Higley et al.,1996。

对其他物种的基因研究证实了血清素对攻击性有抑制作用的结论。例如,对大鼠和银狐的选择性繁殖产生了对人类接触表现出温顺和友好反应的动物。这些动物显示出大脑血清素和5-HIAA水平的增加(Popova,2006)。

## 人为被试的研究

目标11.5 评估遗传和血清素在人类攻击行为中的作用。

人类的暴力和攻击是严重的社会问题。考虑以下案例:

史蒂夫还是个蹒跚学步的孩子时,就非常活跃、易怒、不听话。4岁辍学后,史蒂夫花了十几年的时间打架、偷窃、吸毒、殴打女友,学校心理咨询、缓刑监督官和儿童保护服务处的会议都没能阻止灾难的发生:19岁时,在与研究人员的最后一次面试几周后,史蒂夫拜访了一位女友,她最近刚刚甩了他,后来他发现她和另一个男人在一起,他开枪打死了那个男人。同一天,他试图自杀。现在他正在服无期徒刑,不得假释。

当约书亚2岁的时候,他会冲出房子,闯祸。他朝亲戚朋友踢来踢去。他用铅笔捅家里的仓鼠,想把它勒死。他经常大发脾气,还会搞一些玩具游戏。"有一次他弄伤了自己——用头撞墙,掐自己",更不用说从冰箱上跳下来了。他妈妈说用爱浇灌约书亚,但影响不大:3岁时,他的行为让他被幼儿园开除了。(Holden,2000,p.581)

史蒂夫和约书亚的案例说明了早期攻击行为的出现。这些案例也显示了一些人的攻击性行为的普遍模式。神经科学研究已经开始揭示遗传和血清素系统活动对人类攻击性行为的重要性。

**遗传的作用** 早期经验肯定会影响攻击行为的发展,但研究表明遗传起着重要的作用。例如,Viding(2008)研究一群7岁和9岁的同性双胞胎,发现同卵双胞胎间在反社会行为和冷酷无情、无动于衷的行为间的相关性高于异卵双胞胎,这表明遗传因素影响这些特征的发展,没有证据表明环境起了作用。

**血清素的作用** 一些(但不是全部)研究发现血清素能通过神经元对人类攻击行为起抑制作用(Duke et al., 2013)。血清素释放减少(脑脊液中 5-HIAA 含量下降)与攻击性和其他形式的反社会行为有关,包括攻击、纵火、谋杀和虐待儿童(Lidberg et al., 1984, 1985; Virkkunen, 1989)。在具有攻击行为史的男性中,血清素能活性最低的人的近亲最有可能具有类似问题行为史(Coccaro, 1994)。另一方面,最近更多的研究报道了血清素和攻击性之间非常弱的反比关系,这表明还需要更多的研究(Duke et al., 2013)。

如果低水平的血清素释放有助于减少攻击行为,那么作为血清素激动剂的药物可能有助于减少攻击行为。研究发现氟西汀(百忧解)是一种血清素激动剂,通过心理测量发现可以降低易怒和攻击性(Coccaro and Kavoussi, 1997)。在这一小节的前言中描述的小男孩约书亚,在一位精神病学家的照顾下,他接受了单胺能激动剂处方,并开始了一段行为治疗的课程,这些减少了约书亚的暴力行为和冒险行为。(见图 11.9)

## 激素控制攻击行为

目标 11.6 根据对人类和其他动物研究的结果,总结激素对攻击性的控制作用。

许多攻击行为与繁殖有关。例如,一些物种的雄性在繁殖季节建立了吸引雌性的领地。为了做到这一点,它们必须保护领地不受其他雄性的入侵。即使在繁殖不依赖于建立领地的物种中,雄性也可能为了接近雌性而竞争,这种竞争也包括攻击行为。雌性动物也经常与其他雌性争夺空间,以便筑巢或在巢里养育后代,它们还会保护自己的后代免受其他动物的侵扰。正如你们在第10章学到的,大多数生殖行为是由激素的组织和激活作用控制的;因此,许多形式的攻击行为,像交配一样,受激素的影响是有道理的。

**雌性的攻击性** 两只成年雌性啮齿类动物在中立区域相遇,它们打架的可能性比雄性小。但雌性间的攻击性,就像雄性间的攻

人脑血清素突触活动

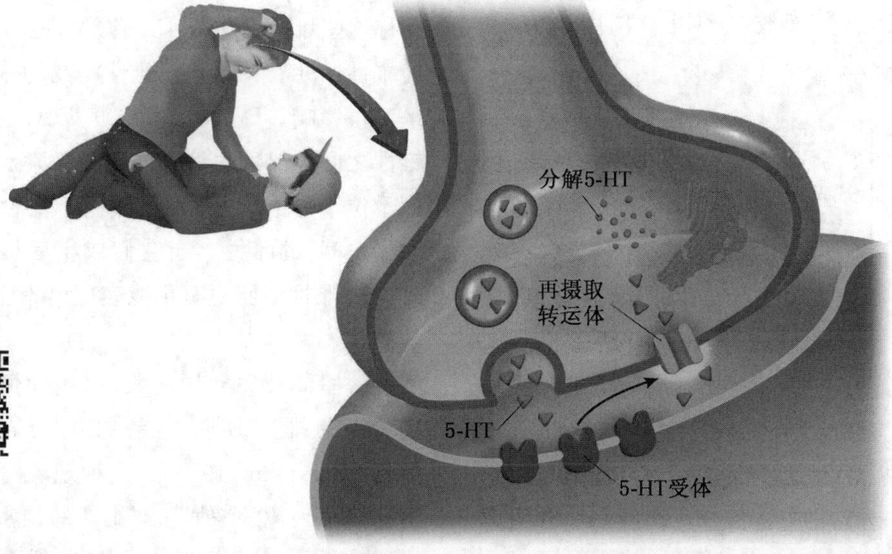


(a)

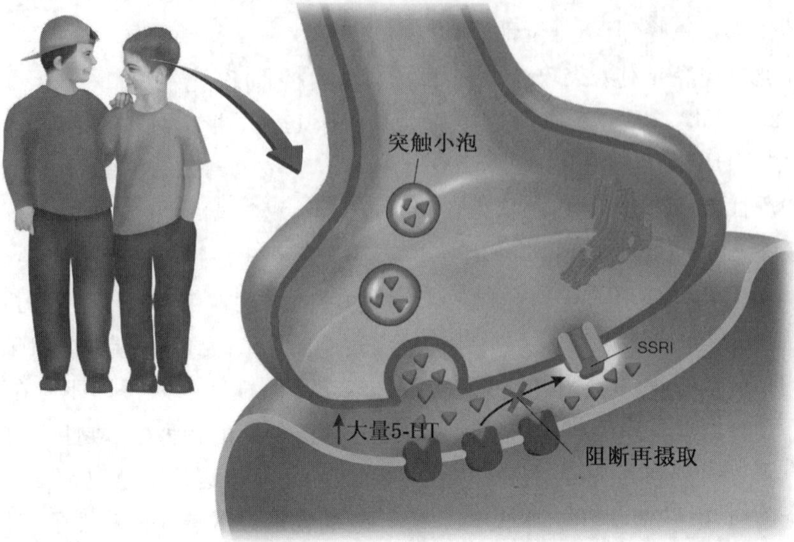


(b)

**图 11.9 血清素活性与攻击性**

(a) 一些研究发现，血清素能神经元在人类攻击性中起抑制作用。

(b) 选择性血清素再摄取抑制剂(SSRIs)阻断血清素转运体(图中绿色部分)，防止突触前细胞对血清素的再摄取。SSRIs 的使用会增加突触中 5-羟色胺与受体的结合，与攻击性行为减少有关。

击性一样，似乎是由睾丸激素促进的。研究中对雌性大鼠进行卵巢切除手术，然后每天注射睾丸素、雌二醇或安慰剂 14 天。然后，将这些动物放在一个测试笼子里，一个陌生的雌性动物被引入。如图 11.10 所示，睾酮增加了攻击性，而雌二醇没有作用(Van de Poll, 1988)。

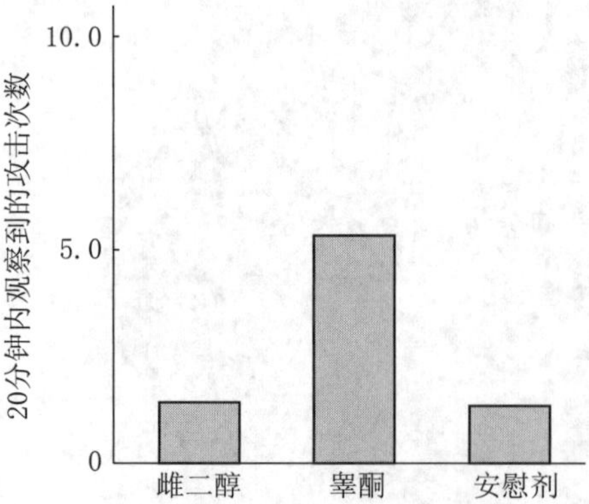


**图 11.10 雌二醇和睾酮给药 14 天对雌鼠攻击性的影响**

资料来源：van de Poll et al., 1988。

雄激素对雌性的攻击性有组织作用，并且在产前会自然出现一定数量的雄性化。大多数啮齿动物的胎儿与兄弟姐妹共用子宫，像豆荚里的豌豆一样排成一排。一只雌鼠身边可能有 0 个、1 个或 2 个兄弟。研究人员分别称这些雌性为 0M、1M 或 2M(见图 11.11)。与雄性胎儿在一起会对雌性胎儿的雄激素水平产生影响。Bronson(1980)发现，位于两个雄性之间的雌性血液中的睾丸激素水平明显高于位于两个雌性之间(或位于雌性和子宫末端之间)的雌性。当它们成年后接受测试时，2M 雌性海豚更有可能表现出雌性间的攻击性。

一些灵长类动物的雌性(例如恒河猴和狒狒)在排卵期更容易打架(Carpenter, 1942; Saayman, 1971)。这种现象可能是由于它们性兴趣的增加和与雄性的亲密接触造成的。另一段战斗发生在月经前(Mallow, 1979; Sassenrath et al., 1973)。在此期间，

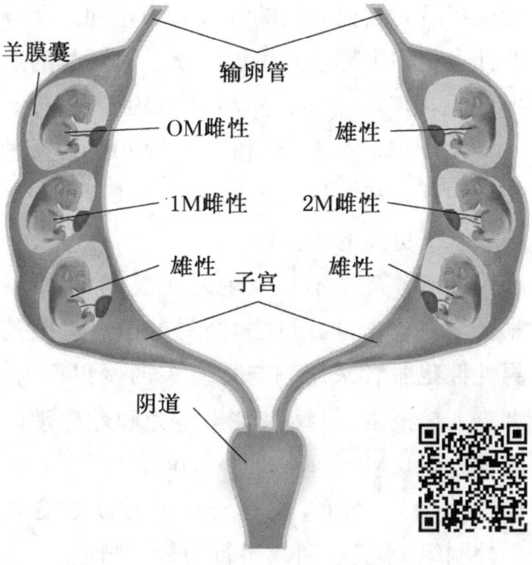


**图 11.11 0M、1M 和 2M 雌性小鼠胎儿**

资料来源：vom Saal，F. S.，in Hormones and Aggressive Behavior，edited by B. B. Svare. New York：Plenum Press，1983。

雌性会攻击其他雌性。在人类中，黄体期（月经前）的黄体酮水平似乎与女性的攻击性有关。黄体期黄体酮低浓度与自我报告的高攻击性和易怒有关（Ziomkiewicz，2012）。

**雄性的攻击性** 许多物种的成年雄性为争夺领地或接近雌性而战。在实验室的啮齿类动物中，雄激素的分泌发生在胎儿期，先减少，然后在青春期再次增加。雄性间的攻击性也开始于青春期，这表明这种行为是由雄激素刺激的神经回路控制的。人们早就知道阉割会减少攻击性，而注射睾丸激素会恢复攻击性（Beeman，1947）。

在第 10 章我们看到早期的雄性化具有组织作用。发育早期雄激素的分泌改变了发育中的大脑，使控制雄性性行为的神经回路对睾丸激素的反应更灵敏。同样，早期雄性化具有一种组织作用，刺激睾丸素敏感神经回路的发育，这种神经回路在青春期激活激素后促进雄性间的攻击。

雄激素对雄性间攻击性的组织作用（攻击性的表现或同一物种两个雄性之间的实际战斗）是重要的，但它不是一种全或无的现象。即使是刚出生就被阉割的啮齿类动物，长期服用睾酮最终也会引起雄性间的攻击。在生命早期接触雄激素会减少后期激活攻击性行为所必需的接触量（vom Saal，1983）。因此，早期雄性化对神经回路敏感：越早雄性化越有效（见图 11.12）。

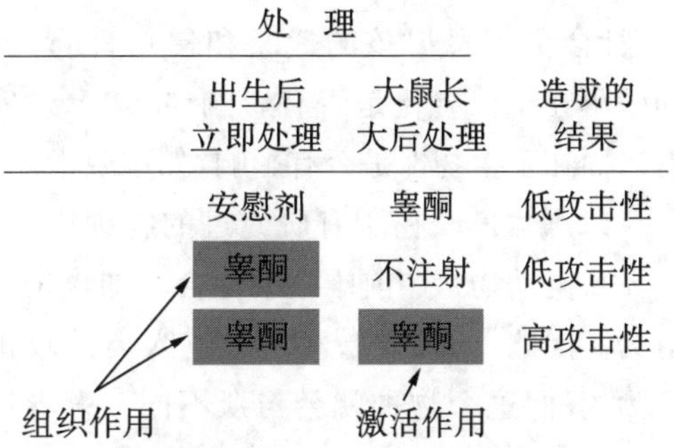


**图 11.12 睾酮对社会攻击性的组织和激活作用**

在第 10 章中，我们还看到雄激素通过与位于视前内侧区（MPA）的神经元中的雄激素受体相互作用来刺激雄性性行为。在雄激素对雄性间攻击的影响中，这一区域似乎也很重要。在 MPA 中植入睾酮可恢复去势雄性大鼠的雄性间攻击（Bean；Conner，1978）。推测起来，睾丸激素通过刺激位于那里的雄激素敏感神经元而直接激活这种行为。MPA 似乎涉及与生殖有关的几种行为：雄性性行为、母性行为和雄性间攻击。

大多数物种的雄性更容易攻击其他雄性，但通常不会攻击雌性。它们辨别入侵者性别的能力似乎是基于特定信息素的存在。在小鼠中，雄性间的攻击性通过切断犁鼻神经而被消除，这剥夺了大脑从犁鼻器输入信息的能力（Bean，1982）。如果将雌鼠的尿液涂在雄鼠身上，再将这只雄鼠引入另一只雄鼠的笼子里，就不会受到攻击（Dixon，1973；Dixon and Mackintosh，1971）。对雄鼠实施针对蛋白质的靶向突变，这种蛋白质是通过犁鼻器检测信息素所必需的，它破坏了雄鼠区分雄性和雌性的能力。因为此时雄性入侵者不被它认为是竞争对手，所以它们不会受到攻击。事实上，具有靶向突变的小鼠试图与入侵者交配（Prince et al.，2013；Stowers et al.，2002）。

**雄激素对人类攻击行为的影响** 男孩通常比女孩更具攻击性。男孩和女孩的社会化在人类攻击性的性别差异中起着重要的作用，社会更容忍男孩的武断和侵略性行为。问题不在于社会化是否有影响（事实上确实有），而在于生物性是否有影响，如雄激素。

组织作用 在所有研究过的物种中（包括灵长类动物），产前雄激素化会增加攻击性行为。因此，如果雄激素不影响人类的攻击行为，我们这个物种就会与众不同。青春期后，雄激素也开始有激活作用。男孩的睾丸激素水平在青少年早期开始上升，这时攻击行为和男性间的争斗也会增加（Mazur，1983）。男孩的社会地位在青春期会发生变化，睾酮会影响他们的肌肉和大脑，但我们不能确定这种影响是激素产生的还是由大脑调节的。

正如我们在本章前面看到的，2M 雌性啮齿动物在出生前接触少量雄激素，对攻击行为有可衡量的组织影响。Cohan-Bendahan（2005）比较了与兄弟（1M 女性）和与姐妹（1F 女性）共用子宫的 13 岁女性异卵双胞胎攻击性倾向。他们发现，1M 名女孩的攻击性略有上升，但在统计学上显著。1M 和 1F 女孩的睾丸激素水平没有差异，所以攻击性的增加可能是由于产前接触雄激素增加的结果。不可能排除和同龄兄弟一起长大也会对女孩的攻击性产生影响的可能性。

正如我们在第 10 章中看到的，先天性肾上腺增生（CAH）的女孩在产前发育过程中雄激素水平异常高——由她们自己的肾上腺产生。这导致的影响包括偏向选择男孩作为玩伴，对男孩通常喜欢的玩具和游戏感兴趣，及成年后对其他女性的性吸引力增加。父母的社会化和生理差异也影响孩子对玩具的选择，但不影响空间能力等其他特征（Wong et al. 2012）。Berenbaum 和 Resnick（1997）通过父母的评分和测试结果发现患有 CAH 的女性表现出更高的攻击性。

激活作用 不难发现人在成年后，雄激素会增强攻击性。过去，当局试图通过阉割男性性犯罪者来压制与性有关的侵犯行为。调查人员报告说，结果攻击行为和性冲动同时消失（Hawke，1951；Laschet，1973；Sturup，1961）。然而，这些研究通常缺乏合适的控制组，不直接对攻击行为进行测量。

具有攻击性尤其是性侵犯的病例，可以通过合成类固醇治疗。这种类固醇可以抑制睾丸产生雄激素。药物治疗方法比阉割更可取，因为药物的作用是可逆的。然而，抗雄激素治疗的疗效尚未得到肯定。根据 Walker 和 Meyer（1981）的研究，这些药物可以减少与性有关的攻击性，但对其他形式的攻击性没有作用。一项研究发现，其中一种药物使雄猴减少了性活动和对雌性的攻击性，实际上却增加了雄性间的攻击性（Zumpe，1991）。

检验雄激素是否影响人类攻击性的另一种方法是检测表现出不同程度攻击行为的人的睾丸激素水平。虽然这种方法带来的伦理问题较少，但它却呈现出方法论上的问题。文献综述总结出大多数研究发现男性睾丸激素水平与他们的攻击性水平之间存在正相关关系（Archer，1994）。例如，Dabbs 和 Morris（1990）对 4 462 名美国退伍军人进行研究，发现睾丸激素水平越高的男性有更多反社会活动的记录，包括攻击其他成年人，在青春期与父母、老师和同学发生更多矛盾。社会经济地位较低的男性受到雄激素的影响最大。

Mazur 和 Booth（1998）认为雄激素的主要社会效应不是对攻击性的影响，而是对支配性的影响。雄激素增强了支配他人的动机，进而导致攻击性，但并非所有情况都是如此。例如，一个人可能会努力以其他方式（通过体育竞赛或获得地位）打败他人，而不是通过直接攻击。

环境作用　相关性不一定表明因果关系。环境会影响一个人的睾丸激素水平。例如，在竞争中失败会导致血液睾酮水平下降（Elias，1981；Mazur and Lamb，1980）。即使是在心理实验室进行的一场碰运气的游戏中获胜或失败，也会影响参与者的睾丸激素水平：胜利者在比赛结束后感觉更好，睾丸激素水平也更高（McCaul et al.，1992）。Bernhardt（1998）发现，如果球队获胜，篮球和足球球迷的睾丸激素水平会上升；如果球队失败，球迷的睾丸激素水平会下降。经常表现出开放、富有表现力的姿势（被称为“力量姿势”）的人睾丸素水平和力量感会有所提高，但不一定具有攻击性（Carney et al.，2010）。因此，在相关研究中，我们不能确定高睾丸激素水平会否导致人们变得具有统治力或攻击性。也许他们处于支配地位，相对于他们所支配的人，他们的睾丸激素水平有所提高。

合成代谢类固醇　新闻报道的一些运动员服用合成代谢类固醇，是为了增加肌肉质量和力量来增强竞争力。合成代谢类固醇包括自然雄激素和具有雄激素作用的合成激素。因此，我们可能会认为这些激素会增加攻击性。在瑞典、澳大利亚和美国，合成代谢类固醇的使用约占人口的1%或更少（Dunn，2015）。Yates（1992）等人发现，服用合成代谢类固醇的男性举重运动员比不服用的男性举重运动员更具攻击性和敌意。然而，大约40%的合成代谢类固醇使用者报告攻击性增强，这意味着大约60%的人攻击性没有增强（Dunn，2015）。合成代谢类固醇在攻击性中的作用尚不清楚，我们不能确定类固醇的使用是否会增加攻击性。这可能是因为那些本来就更具竞争力和攻击性的男性更有可能选择服用类固醇（Dunn，2015；Yates et al.，1992）。

酒精　灵长类动物的一组有趣实验可能与人类的攻击性有关。有证据表明，酒精可能与雄激素相互作用。Winslow 和 Miczek（1985，1988）发现，在雄性占统治地位的松鼠猴中，只有在交配季节，酒精会增加雄性间的攻击性。这时它们血液中的睾丸激素水平比非交配季节高出两到三倍。这些研究表明，酒精与社会地位和睾丸激素相互作用（见图 11.13）。Winslow 等人（1988）也证实了这一观点，他们在非交配季节对猴子进行了测试。他们发现，如果给猴子注射睾丸激素，酒精会增加占统治地位的猴子的攻击行为，但并不会增加下级猴子的攻击性，这些猴子可能已经习惯了不具攻击性。接下来将进一步找出这些相互作用的神经机制。

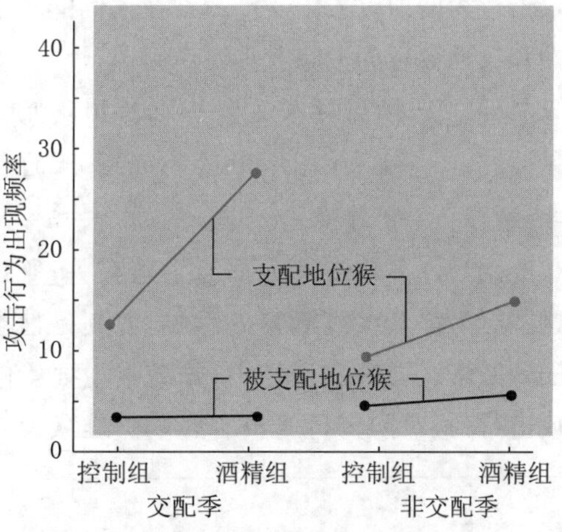


**图 11.13　酒精对猴攻击行为的作用**

该图显示了在交配季节和非交配季节，酒精摄入量对占支配地位和被支配地位的雄性松鼠猴攻击行为频率的影响。

资料来源：Winslow and Miczek，1988。

## 本节回顾

### 攻击性

目标 11.4 描述实验室动物血清素研究中所发现的攻击和捕食神经回路。

不同物种的攻击行为有所差异，但多数情况下起着有益的作用。中脑导水管周围灰质可能与防御行为和捕食有关。这些机制是由下丘脑和杏仁核调节的。5-羟色胺能神经元能抑制冒险行为，包括攻击性。前脑血清素能轴突的破坏会增强攻击性，而给药则会促进血清素传递来降低攻击性。CSF 中 5-HIAA（5-HIAA 是血清素的代谢物）水平降低后，猴子的冒险和攻击行为增加。大鼠和银狐大脑中高水平的血清素和 5-HIAA 与攻击性降低有关。

目标 11.5 评估遗传和血清素在人类攻击行为中的作用。

脑脊液 5-HIAA 水平下降与人类冒险和攻击行为增加有关。遗传因素在人们的攻击性和反社会行为中起着重要作用。

目标 11.6 根据对人类和其他动物研究的结果，总结激素对攻击性的控制作用。

因为许多攻击行为都与生殖有关，所以这些行为都会受到激素的影响，尤其是性类固醇激素。男性和女性中，雄激素主要影响攻击行为，对防御行为没有影响。雄激素对男性攻击行为具有和对男性性行为一样的组织和激活作用。雄激素对雄性间攻击的影响可能是由下丘脑内侧视前区来传导的。雌性啮齿动物在边界相遇时会打架，但次数比雄性少。雌性啮齿类动物（2M 雌性）被轻度雄性化后更容易攻击其他雌性。雌性灵长类动物最有可能在排卵期前后发生争斗，这可能是因为它们性欲的增强使它们更接近雄性。雄激素显然会促进人类的攻击行为，但这很难对人类进行研究。先天性肾上腺增生的女孩和同卵双胞胎的证据表明，胎儿期雄激素增多会增加攻击行为。研究表明雄激素的主要作用可能是增强获得支配地位的动机，增强攻击性是次要的作用。目前尚不清楚雄激素水平升高导致追求支配性，或具有支配性是否会提高雄激素水平。对猴子的研究表明，睾丸激素和酒精具有协同作用，尤其是在占优势地位的动物身上。

## 思考题

从进化的观点来看，攻击行为和确立支配地位的倾向都是有利的。尤其是它们增加了健康和活跃的动物繁殖的可能性。你能举出一些有利和有害影响的例子吗？在人类中，这些倾向是什么？

## 冲动控制

许多研究者认为，冲动暴力是一种错误的情绪调节。对多数人而言，挫折可能会激发一种冲动，促使我们做出情绪化的反应。但我们通常会设法让自己平静下来，抑制这些冲动。腹内侧前额皮层——包括眶内前额皮层和膝下前扣带回皮层——在调节我们对这种情况的反应中起着重要作用。

## 腹内侧前额皮层的作用

目标 11.7 举例腹内侧前额皮层在冲动控制中的作用。

腹内侧前额皮层(vmPFC)在情绪行为控制中的重要性体现在该区域的损伤效应上。19 世纪中期有一个著名的案例。菲尼亚斯·盖奇是一名铁路施工队的工头,他当时正在用一根钢棒把炸药塞进坚硬岩石上的一个钻洞。突然,炸药爆炸了,把棒子打进他的脸颊,穿过他的大脑,从他的头顶射出(见图 11.14)。虽然他活了下来,但许多人说他变成了另一个人。在受伤之前,盖奇被描述为一个严肃、勤奋、精力充沛的人。后来,他被描述为幼稚、不负责任、不为别人着想、不能制定或执行计划、行为反复无常的人。最初认为,这次事故在很大程度上破坏了他双侧 vmPFC (Damasio et al., 1994);然而,一些研究人员认为仅损伤了左 vmPFC (Ratiu and IonFlorin, 2004)。此外,对历史证据的重新检查表明,盖奇在事故发生后可能已经有了实质性的恢复,他的情绪和冲动控制受到的损害比最初认为的要小,这与一半 vmPFC 造成的损害一致(Macmillan and Lena, 2010)。

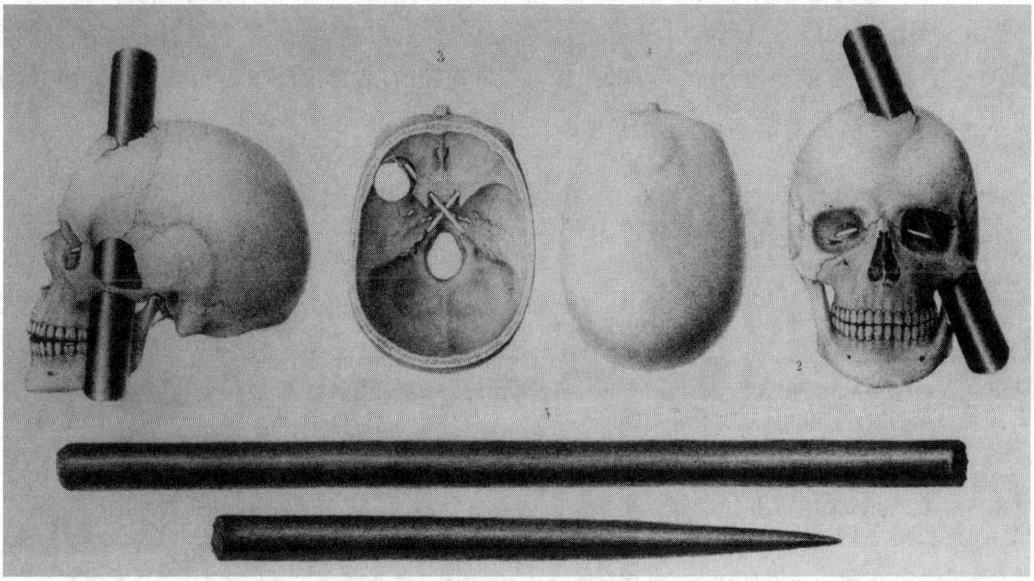

**图 11.14 菲尼亚斯·盖奇的事故**

一根铁棒扎进了他的左脸颊,从头顶穿了出去。
资料来源:Everett Collection Historical/Alamy。

理论上说,在疾病或事故中 vmPFC 受损的人仍然能够准确评估特定情况的重要性,例如,病人 E. R.经历了良性肿瘤对 vmPFC 的双侧损伤后被成功切除病灶(Eslinger and Damasio, 1985)。E. R.表现出了出色的社会判断力。当他面对涉及道德、伦理或实际困境的假设情景,被问及当事人应该做什么时,他总是给出合理的答案,并能用推理逻辑为其辩护。然而,他自己的生活却是另一番景象,尽管 E. R.在大脑损伤前已经学会并使用了正常的社会行为模式,而且能回忆起这样的模式。他花光了一生的积蓄,接连丢工作,分不清琐碎的决定和重要的决定,他的妻子向他提出了离婚诉讼。

有证据表明，vmPFC 是参与自动情绪反应（包括习得和未习得）的大脑机制与控制复杂行为的大脑机制之间的接口。这个角色包括利用我们的情绪反应来指导我们的行为，及在各种社会情境中控制情绪反应的发生。

对 vmPFC 的破坏会导致行为控制和决策能力的严重损害，这些障碍似乎是情绪失调的结果。Anderson(2006)从患者亲属那里获得了 vmPFC 病变患者的情绪行为评分，如挫折耐受性、情绪不稳定、焦虑、易怒等。他们还从患者亲属和临床医生那里获得了患者现实世界能力的评分，如判断能力、计划能力、社会不适当性、经济和职业地位。他们发现，情绪障碍与现实世界能力的损伤之间存在显著相关性。认知能力与真实世界的能力之间没有明显的关系。说明情绪问题是 vmPFC 损伤患者在现实生活中遇到困难的根源。

Nili 等人(2010)的一项有趣的功能成像研究表明，vmPFC 在大脑的勇敢机制中发挥作用。尼利和他的同事们扫描了那些不怕蛇的人的大脑。当人们在扫描仪里时，传送带会把一条活蛇带向他们或带离他们，他们可以按下控制传送带动作的按钮。不怕蛇的人控制把蛇送往自己，没有表现出恐惧的迹象。然而，当蛇靠近时，害怕蛇的人确实表现出害怕的迹象。一些恐惧的人按下了把蛇从他们身边挪开的按钮。但其他人选择把蛇留在他们身边，尽管他们很害怕，但他们表现出了勇气，克服了恐惧。勇气的表现伴随着 vmPFC 区域的激活，即膝下前扣带皮层。那些表现出恐惧的参与者（也就是选择把蛇挪开的参与者）没有表现出膝下前扣带皮层的激活（见图 11.15）。

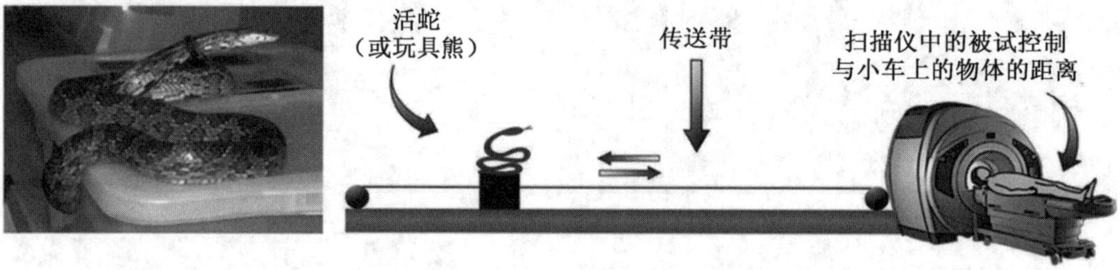


**图 11.15 vmPFC 的作用**

资料来源：Nili, U., Goldberg, H., Weizman, A., and Dudai, Y., Fear thou not: Activity of frontal and temporal circuits in moments of real-life courage, Neuron, 2010, 66(6), 949—962。

参与者的任务是，在接受核磁共振脑部扫描时，通过反复选择是将物体拉近还是移开，使其尽可能接近一条活蛇。勇气的展现伴随着 vmPFC 区域的激活，即膝下前扣带皮层。

## 大脑发展与冲动控制

目标 11.8 佐证冲动控制的发展性因素。

很多研究者认为冲动性暴力是情绪调节错误导致的结果。杏仁核在激起愤怒和暴力的情绪反应中起到了重要的作用，而前额皮层通过让我们意识到这些消极的结果，在抑制这些行为中起到了重要作用。杏仁核在发展中成熟较早，但前额皮层成熟较晚，一般在童年晚期和成年早期（见图 11.16）。随着前额皮层的发展成熟，青少年的一些能力发展速度增快，包括认知加工、抽象推理能力、将注意力从一个话题转移到另一个的能力和抑制不恰当反应的能力等（Yurgelun-Todd, 2007）。事实上，Whittle(2008)等人的一项结构成像研究发现，青春期亲子互动中的攻击行为与杏仁核的数量呈正相关，而与右内侧前额皮层的相对数量呈负相关。

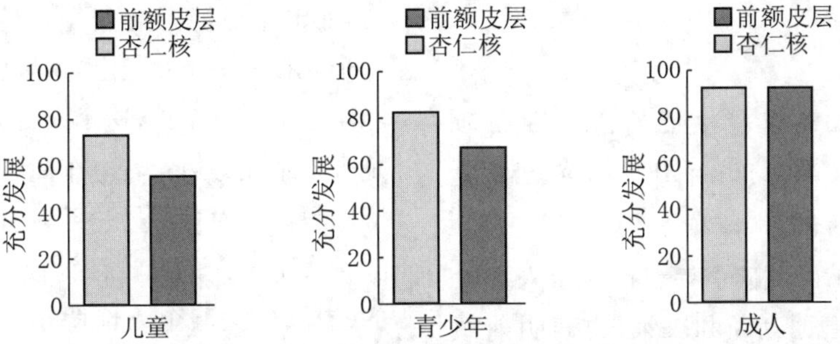


**图 11.16 杏仁核在生命周期中的发展**

## 犯罪与冲动控制

目标 11.9 比较被判定有罪或被诊断为反社会型人格障碍者与典型发展的成年人的大脑在冲动控制方面的不同。

Raine(1998)等人发现犯罪凶手大脑中前额活动减弱而皮层下活动(包括杏仁核)增强的证据。这些变化主要表现在易冲动的、情绪化的凶手身上。冷血的、精于算计的、掠夺性的凶手，他们的犯罪行为没有伴随着满腔怒气，而是显示出大脑活动更典型的模式。据推测，杏仁核活动的增强反映了一系列消极情感增加的趋势，而前额皮层活动的减弱反映了因抑制杏仁核活动情感控制能力下降。Raine(2002)等人发现反社会型人格障碍者表现出前额皮层灰质的数量减少了 11%。

## 血清素与冲动控制

目标 11.10 解释血清素在冲动控制调节中的作用。

在这章前面部分我们了解到血清素能神经元活动的减弱与攻击、暴力、风险性行为等有关系。正如我们所了解的，前额皮层活动的减弱也与反社会行为有关。这两个事实似乎是有联系的。前额皮层接收了血清素能轴突发出的一个主要投射。研究表明对前额皮层含血清素的输入触发了这个区域。例如，Mann(1996)等人进行的功能成像研究发现，氟苯丙胺是一种刺激血清素(5-HT)释放的药物，它增强了前额皮层的活动，可能抑制了杏仁核的活动和攻击行为。Crockett(2010)等人发现单次高剂量的 5-HT 激动剂降低了被试在道德两难情境中做出可能产生危害的决定的可能性。因此，有可能是异常低水平的血清素释放导致前额皮层活动的减弱，增加了功利主义判断(下一部分包含更多关于功利主义判断的内容)或者极端反社会行为的可能性。

几项研究已发现与冲动行为有关的前额皮层(PFC)的血清素能神经支配不足的证据。New(2002)等人发现，对于健康的、非暴力的被试，释放血清素的药物增强了他们眶额皮层的活动，但对于曾有冲动性攻击行为的被试没有作用。一项功能成像研究发现了伴随冲动性攻击行为的人的内侧前额皮层的血清素转运体水平更低的证据(Frankle et al., 2005)。因为在血清素能终扣的膜中发现了血清素转运体，这项研究表明这些人的内侧前额皮层含有的血清素输入减弱。

正如我们之前所了解的，特效的血清素再摄取抑制剂如氟西汀能成功治疗冲动性攻击行为。New(2004)等人的一项功能成像研究测量了有过冲动性攻击行为的人们在接受氟西汀治疗 12 周前后的局部脑活动。他们发现该药物增强了人们前额皮层的活动，减少了攻击性。

## 道德决策

目标 11.11 描述道德决策的情感方面涉及的脑区,并引用研究文献中的证据。

证据表明情感反应引导着包含个人风险和回报在内的道德判断和决策,也表明前额皮层在这些判断中起到了一定作用。在早几年,道德判断被认为是有意识的理性决策的结果。然而,最近有关情感神经机制作用的研究表明情感在道德判断的形成中扮演着重要的角色,或许是最重要的角色。

思考如下的道德困境(Thomson, 1986):你看见一辆失控的电车正要冲下轨道驶向悬崖。有五个人在轨道上。如果没有你的干预这些人将会失去生命。然而,你站在一个开关的旁边,这个开关能使电车转向另一条轨道,而电车也能因此安全地停下来。但是有一个人在另一条轨道上,如果你扳动开关去救原轨道上的五个人,这个人将会失去生命。你是应该站在旁边看着电车撞向这五个人,还是应该救他们而牺牲另一条轨道上的那个人呢?

大部分人的结论认为扳动开关会是更好的选择;拯救五个人证明了一个人的牺牲是正确的。这个决定是基于一个规则的、有意识的逻辑运用,即杀一个人好于杀五个人。但是思考一下这个困境的变化。像之前一样,电车将要驶向悬崖,但是手边没有开关使它转向另一条轨道。相反,你站在一个横跨轨道的桥上。一位非常壮的人也站在那里,如果你推他,他将会掉在轨道上而使电车停下。(在这个情境中,你非常瘦小而不能阻止电车停下,所以你无法通过牺牲自己来救那五个人。)你会怎样做?(见图 11.17)

(a) (b)

**图 11.17 道德决策的情境:电车的案例**

在情境(a)中,这个人必须决定是否扳动开关来救五个人或者一个人。在情境(b)中,这个人必须决定是否将那个人推下桥来救五个人。

大部分人对于将那个人推下桥的想法感到抵触，并且拒绝这样做的想法，即使结果会和第一种困境中的一样：牺牲一个人，拯救五个人。无论我们牺牲一个人是通过使电车转轨还是通过将他推下桥掉到迎面驶来电车的轨道上，当电车撞向他，他都会死。但是不知怎么地，想象你推一个人的身体而造成他的死亡似乎比扳动开关改变失控电车的方向更加地情感扭曲。因此，道德判断似乎由情感反应所引导，而不仅仅是理性的、逻辑的决策过程的结果。

在一项功能成像研究中(Greene et al., 2001)，格林等人给人们呈现道德选择的困境，比如我们刚才所描述的那种，他们发现人们思考时触发了几个有关情感反应的脑区，包括腹内侧前额皮层(vmPFC)。而做一些诸如是否乘公交或火车去某些地方这样无关紧要的决定不会触发这些脑区。或许，当我们考虑将某人推向死亡这个行为时，我们的不情愿是由我们感到的不愉快的情感反应所引导的。

让我们重新思考通过扳动开关来拯救五条生命和将某人推到轨道上来达到相同目的这两种决定的差异。对第一种困境的考虑比第二种所引发的情感反应会小很多，并且只有对第二种困境的考虑会强烈地触发vmPFC。我们可能认为vmPFC损伤即有情感反应障碍的人们可能会在第二种困境中选择将人推向轨道。事实上，这也正是他们会做的。Koenigs 等人(2007)给 vmPFC 损伤者、不包括这个区域在内的大脑损伤者和控制机能正常者呈现了三种情境，包括与道德无关的、非个人道德的、个人道德的三种情境。下表列出了研究者呈现给被试者的情境的例子(见表 11.2)。

**表 11.2 Koenigs 等人(2007)的研究中涉及与道德无关的、非个人道德和个人道德判断的三种情境的例子**

| |
|---|
| **果仁巧克力饼(无关道德的情境)**<br>你已经决定要自己做一些果仁巧克力饼。你翻开食谱并找到了制作果仁巧克力饼的配方。食材需要一杯切碎的胡桃仁。你不喜欢胡桃仁，但你很喜欢夏威夷果。当这件事发生的时候，两种坚果你都能用。<br>你会为了避免吃到胡桃仁而用夏威夷果替换它吗？ |
| **快艇(非个人道德的情境)**<br>你在一座遥远的岛上度假，你正在一个海滨码头上钓鱼。你看到一组游客划着一艘小船前往附近的岛屿。他们离开后不久你便听见收音机里反复播着那里即将来临猛烈的暴风雨，这风暴一定会阻拦他们前行。你能确保他们安全的唯一方法是通过借一艘附近的快艇去提醒他们。快艇属于一个吝啬的大亨，他不会友好地将他的财产借给你。<br>你会为了提醒游客有暴风雨而去借快艇吗？ |
| **救生艇(个人道德的情境)**<br>你在一艘大型游轮上，它起火了，必须舍弃它。而救生艇承载的人数超过了额定载客量。你所在的救生艇在水里的位置低了几英尺，很危险，它将沉下去。而海浪开始变得汹涌了，救生艇开始渗水。如果什么都不做，在营救船到达之前救生艇会沉下去，船上的所有人都会死。然而，船上有一位伤员，无论怎样他都活不了。如果你将那个人丢下船，船会保持浮在水面，其余的乘客将会得救。<br>你会为了救其余的乘客而将那个人丢下船吗？ |

Koenigs 和他的同事们预测 vmPFC 损伤者应该和另外两组的参与者在与道德无关的和个人道德判断方面做出相同的决定，因为这些决定通常是理性的、没有强烈的情感成分。只是需要考虑这种选择的结果或者效果。然而，前额损坏者情感的缺失被预测即

使在涉及个人道德判断的情境中也会导致功利的判断，那也恰恰是我们所看到的。面对情境最后提出的问题，vmPFC 损伤者更有可能回答“是”。

即使将某人推向死亡的这个行为能拯救其他人的生命，人们也不愿意这样做，可能是由它好像是在犯罪并且看着那人走向死亡的这种不愉快的想法所导致的。如果真的是这样，那么或许 vmPFC 损伤的人们会说他们愿意将那个人推下桥是因为这样做的想法不会激起不愉快的情感反应。事实上，Moretto 等人(2009)发现脑部正常的人们考虑将人推下桥时会显示出不愉快情感反应的生理特征，并且说不会那样做。而 vmPFC 损伤的人们不会显示出这种情感反应的特征，并且说会那样做。

## 本节回顾

### 冲动控制

目标 11.7　举例腹内侧前额皮层在冲动控制中的作用。

腹内侧前额皮层(vmPFC)在情感反应中起到了重要的作用。这个区域与背侧丘脑、颞皮层、腹侧被盖区、嗅觉系统、杏仁核、扣带回皮层、外侧下丘脑及包括背外侧前额皮层在内的前额皮层其他区域相联系。vmPFC 损伤的人们表现出冲动行为并常常爆发不恰当的愤怒。他们能够理解复杂社会情境背后的含义，但当他们身处这些情境中时常常表现出不恰当的回应。当人们表现出勇敢的行为(冲动控制)，比如即使他们害怕蛇但允许蛇接近自己，vmPFC 的活动会增强。

目标 11.8　佐证冲动控制的发展性因素。

杏仁核是产生愤怒和冲突的原因，成熟期早于前额皮层，而前额皮层能抑制暴力行为。研究发现，青春期的挑衅行为与杏仁核的数量呈正相关，而与右内侧前额皮层的相对数量呈负相关。

目标 11.9　比较被判定有罪或被诊断为反社会型人格障碍者与典型发展的成年人的大脑在冲动控制方面的不同。

前额叶活动减弱和皮层下活动增强与冲动的暴力行为相关联。具有反社会型人格障碍的人前额皮层中的脑灰质数量减少。

目标 11.10　解释血清素在冲动控制调节中的作用。

前额皮层含血清素能的输入抑制了杏仁核和挑衅的冲动行为。血清素能活动增强减少了冲动行为。伴随冲动挑衅行为的人们的 vmPFC 含有的血清素输入相对较少。

目标 11.11　描述道德决策的情感方面涉及的脑区，并引用研究文献中的证据。

vmPFC 影响道德判断。当人们在功利的判断和个人道德判断之间做互相冲突的选择时，vmPFC 被激活。vmPFC 损伤的人表现出功利的道德判断。

## 思考题

理解道德行为和决策的神经基础有意义吗？这些信息怎样才能被临床医生、警察、法官、陪审团成员或者教育者所利用？

## 情绪交流

如这章之前所描述的，情绪是反应的集合（由行为的、主观的和生理的成分组成），这些反应使动物能够应对环境中存在的情景，比如对该有机体造成威胁的活动。对于我们最早的祖先，可能一切都归于情绪。但是随着时间的推移，其他有新功能的反应进化了。很多物种（包括我们自身）通过姿势的改变、面部表情和非言语（如手势、呻吟和狺狺声）的方式与他人交流情感。这些表达服务于有效的社会功能：它们告诉其他个体我们的感受，更重要的是我们可能会做什么。例如，它们提醒对手我们生气了，或者告诉朋友我们伤心了，想要一些安慰和安心。它们也能表明现在可能有危险或者一些有趣的事情似乎会发生。这部分考察此类表达和情绪交流。

### 情绪的面部表情：先天反应

目标 11.12　论述情绪表达作为先天反应的证据。

查尔斯·达尔文（1872/1965）提出人类的情绪表达已经从与其他动物相似的表达中进化了。他说情绪表达先天的、非习得的反应，由一系列复杂的活动组成，主要是面部肌肉。因此，一个人讥笑的表情和一只狼的龇牙低吼是由生物学决定的反应模式，都受到先天大脑机制的控制，就像咳嗽和打喷嚏一样。其中的一些活动与行为本身相类似，也可能已经从中进化。例如，咆哮展示了某个人的牙齿并且能作为咬的预测而被看见。

达尔文通过观察他自己的孩子并且与世界上生活于各种隔离的文化背景中的人们通信，来获取证据证明情绪表达是先天的这个结论。他推论如果全世界的人们无论怎样相隔离，都会在情感上表现出相同的面部表情，那么这些表情一定是遗传获得而不是后天习得的。逻辑争论如此发展：当一群人们被隔离了很多年，他们会形成不同的语言。因此，人们使用的单词是随意的；使用特殊的单词代表特殊的含义不存在生物学基础。然而，如果面部表情是遗传获得的，那么不管是否相隔离，来自各种文化背景的人们应该有大致相同的形式。达尔文确实发现了不同文化背景的人们使用相同的面部肌肉运动模式来表达某个特定的情绪状态。

由 Ekman 和他的同事们（Ekman and Friesen，1971；Ekman，1980）进行的经典研究倾向于证实达尔文的假设，即情绪的面部表情使用了先天的、物种特有的面部肌肉运动的全部本领（Darwin，1872/1965）。例如，

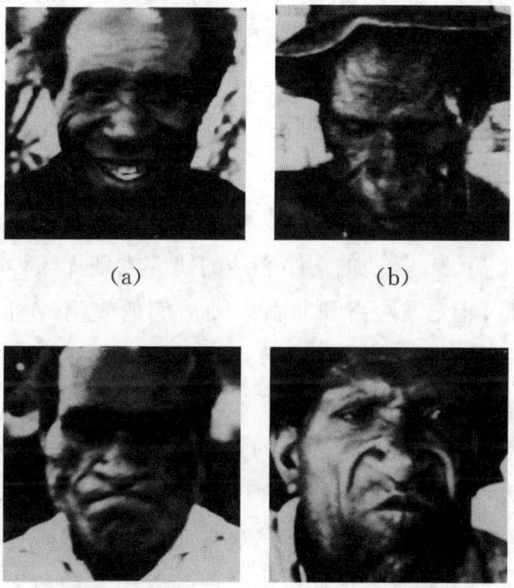


(c)　(d)

**图 11.18　新几内亚部落成员的面部表情**

当部落成员听到以下故事做出了这些表情：(a)“你的朋友来了你很开心。”(b)“你的孩子死了。”(c)“你生气了准备打架。”(d)“你看见一个躺在那儿很久的死猪。”

资料来源：Ekman，P.，The Face of Man：Expressions of Universal Emotions in a New Guinea Village，New York：Garland STPM Press，1980。复制经许可。

埃克曼和弗里森(1971)研究了新几内亚的一个隔离部族的人们识别西方人表现出的情绪面部表情的能力。他们完全可以做到，并且西方人也能轻易识别他们表现出的面部表情。图11.18展示了来自这个部族的一个人的录像带的四张截图，是对一些激起快乐、悲伤、生气和厌恶四种面部表情的故事的反应。

因为从未接触过的人们使用相同的面部表情，埃克曼和弗里森得出结论即面部表情是非习得的行为模式。相比之下，不同文化使用不同词语来表达特定的含义；这里词语的产生不涉及先天反应但一定是后天习得的。

其他研究者比较了盲人和非盲人的面部表情。他们推论如果两个群体的面部表情相似，那么说明面部表情是我们物种天生的并且不需要通过模仿来习得。事实上，盲童和非盲童的面部表情是非常相似的(Izard, 1971; Woodworth and Schlosberg, 1954)。除此之外，一项关于残奥会运动项目中人们比赛(赢或输)的情绪表达的研究发现先天性盲、非先天性盲和非盲运动员们的表情没有差别(Matsumoto and Willingham, 2009)。因此，跨文化的研究和对盲人的探索都证实了这些情绪面部表情的先天性。

Sauter等人的研究(2010)得出了相似的结论。研究者们执行了埃克曼和弗里森研究的声音版本。他们给讲英语的欧洲人和与之隔离的纳米比亚北方乡村的居民呈现一些情境中的非言语发声的声音记录，这些情境能产生生气、厌恶、恐惧、悲伤、惊讶和感兴趣这样的情绪。给参与者们讲一个故事，然后会听到两种不同的发声(手势，呻吟，笑声等)，其中一种是与这个故事所产生的情绪相符的。两种文化背景的人能正确选择他们组和另一组人的发声。

## 情绪交流的神经基础：识别

目标11.13 通过论证注视、模仿和厌恶的偏侧性，概述涉及情绪识别的大脑结构。

有效沟通是一个双向的过程。也就是说，通过表达的变化来呈现某人情绪状态的能力只有在他人能识别它们时才是有用的。Kraut和Johnston(1979)细致地观察了处于可能使人愉快的场合下的人们。他们发现当人们独处时，愉快的情形(比如投球击中了，看见主队得分了或者度过了美好的一天)只产生了微小的快乐迹象。然而，当人们和他人社会互动时，他们非常可能露出笑容。例如，保龄球手在全中时通常不会笑，但是当他们转身面对他们的伙伴时常常就笑了。Jones等人(1991)发现当有一个观众在时，甚至十个月大的孩子也表现出这种表达情绪的倾向性。

情绪面部表情的识别通常是自动的、快速的和准确的。Tracy和Robbins(2008)发现观察者们快速地识别了一系列情绪的简单表情。如果给他们更多的时间来思考他们看到的表情，参与者没有表现出明显的进步。快速的评估有时被研究者们称为"薄片"判断。包含情绪(比如欺骗或交流)的情境和行为的薄片判断在接触情绪少于30秒和接触300秒时被发现同样准确。在这些例子中给情绪含义的判断增加额外的时间并没有提高准确性(Ambady and Rosenthal, 1992)。在音乐方面类似的研究报道了在歌曲仅仅呈现了300到400毫秒后，情绪含义就能被准确地判断(Krumhansl, 2010)。

**情绪识别的偏侧性** 我们通过视觉和听觉来辨别人们的感受，即看他们的面部表情、听他们的语调及词语的选择。很多研究已发现大脑右半球比左半球在情绪理解方面起到了更重要的作用。例如，Bowers 等人(1991)发现大脑右半球损伤的病人在产生或描述情绪面部表情的心理意象方面存在困难。

几项功能成像研究已经证实了这些结果。比如，George 等人(1996)让参与者听一些句子并且识别它们的情绪含义。在一种条件下，参与者听到了一些单词的含义并说出它们是否描述了某人可能开心、伤心、生气或情绪中性。在另一种条件下，参与者从语调中判断情绪状态。研究者们发现从词语含义中理解情绪增强了大脑两侧前额皮层的活动，左半球强于右半球。而从语调理解情绪只增强了右侧前额皮层的活动(见图 11.19)。

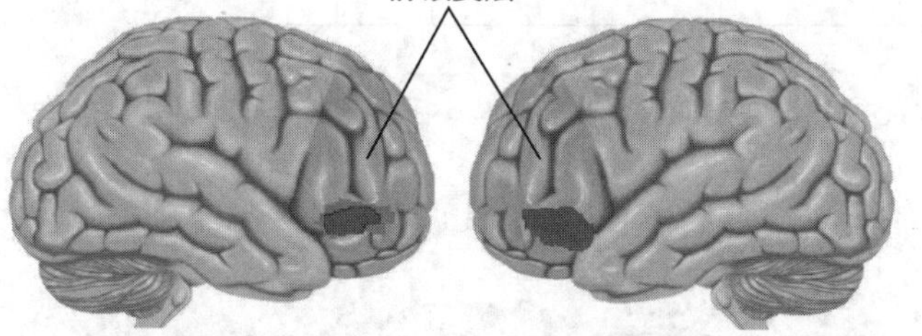


**图 11.19 情绪感知**

PET 扫描显示了通过听词义(红)或语调(绿)表达的情绪而活跃的脑部区域。
资料来源：Tracings of brain activity from George et al., 1996。

Heilman 等人(1983)记录了一位障碍人士非常有趣的事例，这种障碍叫作纯词聋，是由左颞叶皮层损伤导致的(这种症状在第 14 章有所描述)。这个人不能理解语言的含义，但在用语调表达的情绪识别方面没有困难。这个案例，像 George 等人(1996)的功能成像研究一样，表明了词语理解和语调识别是相互独立的功能。

**杏仁核和前额皮层的作用** 正如我们在前面部分看到的，杏仁核在情绪反应中充当了特殊的角色。它在情绪识别中也同样如此。例如，几项研究已经发现杏仁核损伤(退化性疾病或治疗严重疾病的外科手术的结果)削弱了一个人识别情绪面部表情的能力，尤其是对于恐惧的表情(Adolphs et al., 1994, 1995, 1999; Calder et al., 1996; Young et al., 1995)。此外，功能成像研究(Morris et al., 1996; Whalen et al., 1998)已经发现当人们浏览表达恐惧表情的照片时，杏仁核活动大幅增强；当他们看高兴表情的照片时，杏仁核活动仅仅增强了一点(或者甚至减弱)。尽管杏仁核损伤削弱了情绪面部表情的视觉识别能力，几项研究已发现它们不会影响人们从语调中识别情绪的能力(Adolphs and Tranel, 1999; Anderson and Phelps, 1998)。

几项研究表明杏仁核接收我们用以识别情绪面部表情的视觉信息输入直接来自丘脑而不是视觉皮层。Adolphs(2002)解释杏仁核接收信息有两种来源：皮层下的和皮层的。皮层下输入(来自上丘和丘脑枕——后丘脑中的一个大神经核)似乎为这项任务提供了最重要的信息。事实上，一些视觉皮层损伤致盲的人能识别情绪的面部表情，即使他们没有看人脸的自觉意识，这种现象被称为**情感盲视**(Anders et al., 2004; de Gelder et al., 1999)。Tamietto 等人(2009)证实了即使没有自觉意识，"情绪传染"也能发生。他们给单侧视觉皮层损伤的看得见和看不见的人们呈现了一组表达高兴或恐惧表情的照片。尽管他们没有报告说看见他们盲区中的情绪表达(或者甚至一张脸),他们能自觉做出与图片中这些脸相符的表情。图 11.20 展示了在这些条件下“微笑肌”和“皱眉肌”的收缩。注意当开心的或恐惧的面部被呈现给看得见的区域(“看得见刺激”)和盲区(“看不见刺激”)时,相对应的肌肉收缩了。

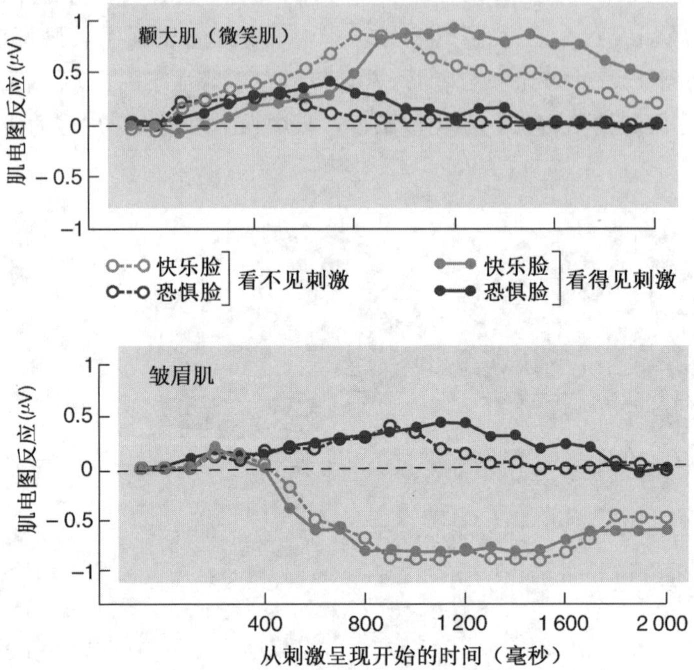


**图 11.20 情绪面部表情的无意识模仿**

请单侧视觉皮层损伤的病人观看开心或恐惧的面部照片,当把照片呈现给他们看得见的或看不见的区域,他们微笑或皱眉,这表明与情绪表情有关的视觉信息在没有自觉意识的情况下也能发生。

资料来源:Tamietto et al., 2009。

人们能通过他们的身体语言表达情绪,也能通过他们面部的肌肉运动来表达(de Gelder, 2006)。例如,紧握的拳头可能伴随着一个生气的面部表情,然后一个害怕的人可能就会逃走。看到表达害怕的身体姿势的照片刺激了杏仁核,就像看到恐惧表情一样(Hadjikhani and de Gelder, 2003)。Meeren 等人(2005)准备了一组电脑加工的人们表现情绪面部表情的图片,这些表情与人的身体姿势相对应(比如,一个表现恐惧的表情和一个表现恐惧的身体姿势)或不对应(比如,一个表现生气的表情和一个表现恐惧的身体姿势)。研究者们让人们识别图片中展现的面部表情,发现当面部和身体表达相一致的时候,人们判断更快更准确。换句话说,当我们注视他人的脸时,我们对他人情绪的感知受到他们身体姿势和面部表情的影响。

正如我们在第 6 章所看到的,视觉皮层接收来源于两个神经元系统的信息输入。大细胞系统先于我们眼睛提供关于运动、洞察力和场景亮度的微小差异的信息。这个系统出现于哺乳动物大脑进化早期,并为哺乳动物(比如狗和猫)提供对于世界的单色的有些模糊的图像。小细胞系统仅被在一些灵长目动物身上发现,包括人类。这个系统为我们提供彩色视觉和精细细节的觉察力。进行面部识别的视觉皮层的某部分,即梭状回面孔区,接收信息主要来源于小细胞系统。杏仁核接收的来自上丘和丘脑枕的信息有它的根源,存在于更原始的大细胞系统(见图 11.21)。

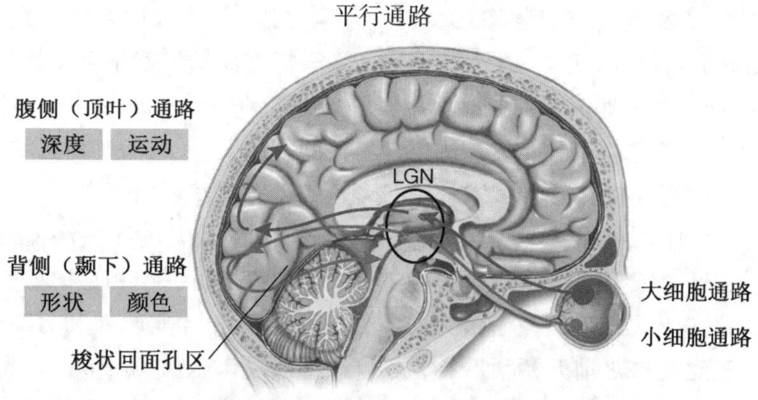


**图 11.21 表现从杏仁核到两种视觉通路的输入的脑通路**

大细胞通路传递有关深度和运动的单频信息。它投射信息到杏仁核并利用低的空间频率信息来快速识别情绪信息。小细胞通路传递有关颜色和细节的信息。它投射到梭状回面孔区，并且利用高空间频率的信息。

Vuilleumier 等人(2003)的一项巧妙的功能成像研究给人们呈现表达中性表情和恐惧表情的人脸照片。其中一些照片是正常的，一些则被一个电脑程序细节过滤，以便仅仅展现高空间频率，还有一些被过滤仅仅展现低空间频率（第 6 章概述了空间频率的概念）。如图 11.22 所示，高空间频率的照片显示了亮与暗之间转换的精细细节，低空间频率的照片显示了模糊的图像。这些图片分别刺激大细胞系统和小细胞系统。

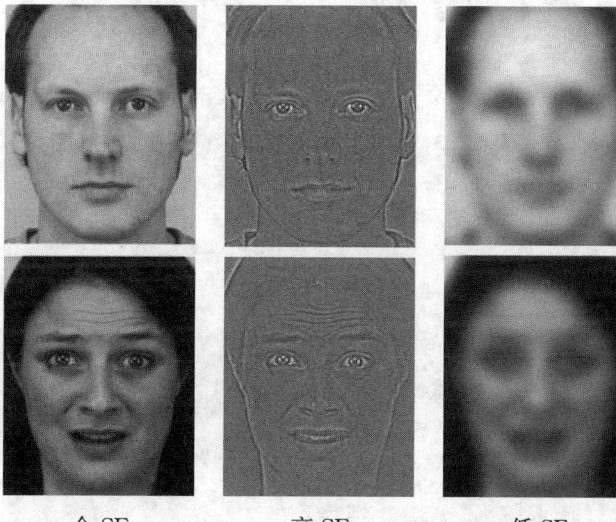


**图 11.22 大细胞和小细胞系统在情绪感知中的参与**

该图展示了 Vuilleumier 等人(2003)使用的刺激物。偏原始的大细胞系统对低空间频率(SF)敏感，偏新进化的小细胞系统对高空间频率敏感。

资料来源：Vuilleumier, P., Armony, J. L., Driver, J., and Dolan, R. J., Distinct spatial frequency sensitivities for processing faces and emotional expressions, Nature Neuroscience, 2003, 6, 624—631。

Vuilleumier(2003)和他的同事们发现梭状回面孔区更能较好地识别个体的面部并主要利用高空间频率（小细胞）信息。相反，杏仁核（上丘和丘脑枕，为它提供视觉信息）能够识别恐惧表情，是基于低空间频率（大细胞）信息而不是高空间频率信息。

Krolak-Salmon 等人（2004）通过插入人体的电极记录了来自杏仁核和视觉皮层的电势，这些被试者当时正在接受外科手术评估以减缓癫痫发作。他们给这些人呈现了表达中性表情或恐惧、开心或厌恶情绪的人脸图片。他们发现恐惧表情的人脸产生了最大的反应，杏仁核在视觉皮层之前开始活跃。这种快速的反应支持了该结论，即杏仁核接收视觉信息来自能使它识别恐惧表情的小细胞系统（处理信息非常迅速）。

至此，证据表明杏仁核在识别恐惧的面部表情方面扮演着不可或缺的角色。然而，Adolphs 等人（2005）的一项研究表明，在合适的条件下，大脑的其他区域也能执行这项任务。他们发现两侧杏仁核损伤的 S.M.女士观察人脸照片时无法注视眼睛。Spezio 等人（2007）做了一个相似的研究，但是这项研究测量了 S.M.实际在和另一个人交谈时的眼部活动。就像 Adolphs 等人的研究一样，这项研究发现 S.M.不能直接注视他人的眼睛。相反，她大量时间都在注视别人的嘴（见图 11.23）。

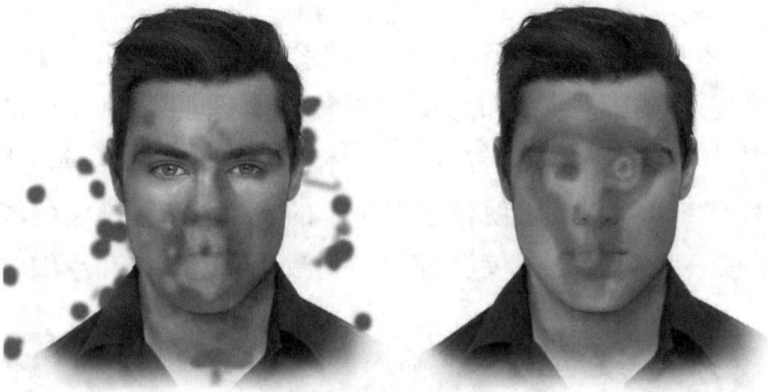

病人 S.M.　　没有杏仁核损伤的参与者

**图 11.23　杏仁核损伤后的眼睛注视点**

该图显示了一个人脸部的注视点数量，来自双侧杏仁核损伤的病人和对照组参与者。暖色表明注视点增加的数量。注意该病人无法注视他人的眼睛。

资料来源：Spezio, M. L., Huang, P.-Y. S., Castelli, F., and Adolphs, R. Journal of Neuroscience, 2007, 27, 3994—3997. Copyright 2007, The Society for Neuroscience。

眼睛自身能够传递一些恐惧的表情。Whalen 等人（2004）的一项功能成像研究发现，观察图 11.24 中恐惧表情的眼睛激活了腹侧杏仁核，这片区域接收大量皮层和皮层下的对杏仁核的输入。因此 S.M.无法注视眼睛这个事实表明了她仅仅不能察觉这个情绪的一个原因。事实上，当 Adolphs 等人（2005）让 S.M.去注视她正在做测试的人脸的眼睛时，她能够识别恐惧的表情。然而，除非她被提醒这样做，否则她马上会停止注视眼睛，并且识别恐惧表情的能力又消失了。

恐惧　　开心

**图 11.24　眼白在情绪反应中的角色**

Whalen 等人（2004）研究中的刺激物表明眼白单独也能传递恐惧表情的感觉。

资料来源：Whalen, P. J., Kagan, J., Cook, R. G., Davis, F. C., Kim, H,, Polis, S., ... and Johnstone, T., Human amygdala responsivity to masked fearful eye whites, *Science*, 2004, 306, 2061. Copyright 2004 American Association for the Advancement of Science。

**注视方向的知觉** Perrett 和他的同事们(1992)发现了一个有趣的大脑功能,它可能与情绪表达的识别有关。他们发现猴子颞上沟(STS)的神经元与识别另一只猴子甚至是人的注视方向有关。他们发现当猴子注视另一猴脸或人脸照片时,这个区域中的一些神经元产生反应,但仅仅是当照片中的脸注视某个特定方向时。例如,图 11.25 显示了当向上注视一张人脸时神经元反应的活动水平。

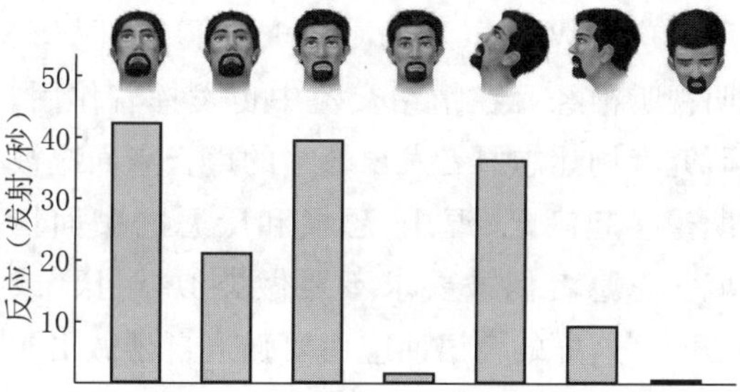


**图 11.25 一个注视方向的神经元**

该图显示了位于一只猴子大脑颞上沟皮层的单个神经元的反应。当给猴子呈现向上注视的脸的照片时,神经元反应最剧烈。

资料来源:Perrett, D. I., Harries, M. H., Mistlin, A. J., et al. *International Journal of Comparative Psychology*, 1992, 4, 25—55。

为什么注视在情绪识别中很重要?首先,知道一个情绪表达是直接面向你还是面向其他人是重要的。例如,一个直接面向你生气的表情代表的意思和面向他人的类似的表情是非常不同的。而且,如果其他人表现出恐惧的迹象,这个表情可以作为一个有用的提醒,但前提是你明白这个人在注视什么。事实上,Adams 和 Kleck(2005)发现,如果观察者直接注视另一人的眼睛则更容易识别生气,如果直接注视其他地方则更容易识别恐惧。正如 Blair(2008)指出的,一个直接面向观察者的生气的表情表示他人想要观察者停止他/她正在做的事情。

沿 STS 的新皮层似乎提供了此类信息。它的损伤破坏了猴子辨别另一个动物的注视方向的能力,但是没有损害猴子识别其他动物面部的能力(Campbell et al., 1990; Heywood and Cowey, 1992)。如我们在第 6 章所看到的,后顶叶皮层——视觉分析的背侧流端点,与感知空间物体的位置有关。Pelphrey 等人(2003)的一项功能成像研究让人们观察一张鲜活的卡通脸。当注视的方向改变了,右侧 STS 和后顶叶皮层的活动也增强了。也许,STS 和后顶叶皮层神经元之间的联系能够使另一个人注视的方向对准空间某个特定位置的方向。

**模仿在识别情绪表达中的作用:镜像神经系统** Adolphs 等人(2000)发现了躯体感觉和情绪识别之间的一个可能联系。他们编译了大脑不同部位损伤的 108 位病人有关脑损伤位置的信息,并且使这个信息与病人识别和鉴定情绪面部表情的能力相联系。他们发现这项能力最严重的损伤是由大脑右半球的躯体感觉皮层受损导致的(见图 11.26)。他们指出当我们看到一个情绪的面部表情时,我们会无意识地想象做出该表情——实际上我们会模仿我们所看到的。Adolphs 等人认为想要做出感知表达的体感表现提供了

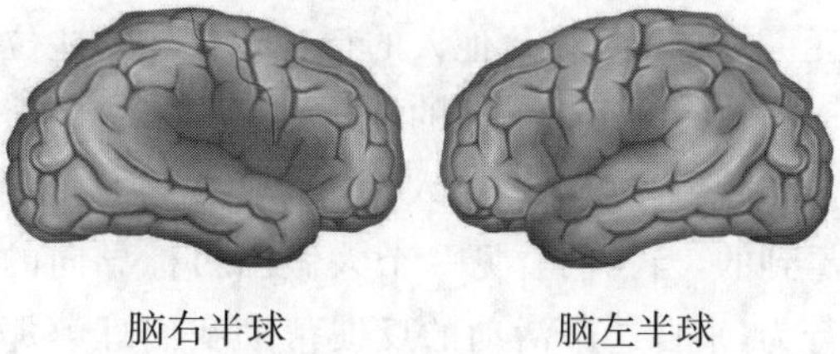


**图 11.26 大脑受损和情绪面部表情的识别**

这组电脑制作的图像显示了大脑不同部位受损的参与者在情绪面部表情识别方面的情况。有颜色的区域描绘了受损部位。识别结果良好者的损伤显示于蓝色区域;结果不好者的损伤显示于红色和黄色区域。

资料来源:Adolphs, R., Damasio, H., Tranel, D., Cooper, G., and Damasio, A. R. *The Journal of Neuroscience*, 2000, 20, 2683—2690。

暗示，我们用它识别我们所观察的脸部正在表达的情绪。为了支持这个假设，他指出，右半球受损的病人识别情绪面部表情的能力与他们感知躯体感觉刺激的能力相关联。也就是说，躯体感觉受损（由右半球损伤导致）的病人在情绪识别方面也存在问题。

Hussey 和 Safford（2009）回顾了大量支持这个假设（所谓的模拟家假设）的证据。例如，神经影像学研究表明，因观察特定的情绪表情而活跃的大脑区域也会在这些表情被模仿时而变得活跃。此外，Pitcher 等人（2008）的一项研究利用经颅磁刺激来破坏涉及脸部视觉感知和来自自己脸部的躯体感觉反馈的脑部区域的正常活动。他们发现上述任一区域的受损都会损害人们识别情绪面部表情的能力。最后，Oberman 等人（2007）的一项研究让人们用牙齿夹住一支笔以妨碍微笑。当他们这样做时，他们在识别快乐的面部表情上出现了困难，而不是厌恶、恐惧和悲伤，这些相比微笑更多地涉及上半张脸。

我们开始了解提供这种反馈模式的神经回路。在第 8 章里，你阅读到关于镜像神经元在运动控制中的角色。当一个动物做出某个特定行为或看到另一个动物做出那种行为时，镜像神经元被激活。据此推测，这些神经元可能与学习模仿他人的行为有关。这些位于额叶腹侧运动前区的神经元接收来自颞上沟和后顶叶皮层的输入。如我们在第 8 章中看到的，当我们看见一个人做出目标导向的行为，来自这个活动的反馈帮助我们理解那个人想要完成，这时回路就被激活了。Carr 等人（2003）指出，当我们观察他人的面部运动时，镜像神经元系统被激活，它提供反馈以帮助我们理解别人的感受。换句话说，镜像神经元系统可能与我们感受他人情绪的能力有关。

一种被称作莫比乌斯综合征的神经障碍为这个假设提供了进一步支持。莫比乌斯综合征是一种先天性疾病，它包括第六（外展神经）和第七（面部）脑神经的发育不良，导致面瘫也不能进行侧眼运动。基于这个假设，那么患有莫比乌斯综合征的人无法做出情绪的面部表情。此外，他们在识别他人的情绪表情方面也存在困难（Cole，2001）。或许是因为他们无法做出情绪表情，他们才不能模仿他人的表情，而从运动系统到躯体感觉皮层的内部反馈的缺乏可能使识别任务变得更加困难。

在第 8 章你阅读了有关视听神经元的研究，这种神经元对特定行为的声音和画面有所反应。Warren 等人（2006）获得了证据证明视听神经元在情绪交流中也发挥着作用。研究者们让志愿者发出情绪的声音来回应被期望唤起满足、逗乐、恐惧和厌恶的书面情境。志愿者们被要求不要做类似“讨厌”或“开心”这样的言语回应而要强迫自己做出非言语的声音回应。当志愿者们接受功能磁共振成像（fMRI）扫描时，给他们呈现这些声音。扫描显示听到这些情绪声音而激活的大脑区域与看到这些情绪面部表情激活的区域相同。当我们听到他人发出非言语的情绪声音时，我们的镜像神经元系统被激活，来自这个激活的反馈可能有助于我们识别这些声音表达的情绪。

**察觉厌恶** 几项研究已经发现岛叶皮层和基底节的损伤会损害人们识别一种非常明确的情绪面部表情的能力：厌恶（Calder et al.，2000；Sprengelmeyer et al.，1996，1997）。此外，Wicker 等人（2003）的一项功能成像研究发现，闻到恶心的气味和看到一个人表现出厌恶表情都会刺激岛叶皮层。厌恶是这样一种情绪，它被一些尝起来或闻起来很糟糕的东西或者一些我们认为不好的行为所激起。厌恶表现出一种非常有特点的面部表情。如我们在第 7 章中所看到的，脑岛包含了主要的味觉皮层，因此，这个区域与“不良体验”的识别有关也许不是一种巧合。

Thielscher 和 Pessoa(2007)的一项功能成像研究让参与者按下两个杠杆中的一个来表明他们看到的面部表情是否是厌恶或恐惧中的一种。表情有不同的强烈程度,其中的一种实际上是中性的,表示既不厌恶也不恐惧。尽管如此,参与者被要求在每次试验中都按下杠杆以表明厌恶或恐惧。当参与者看到脸上表现出厌恶时,岛叶皮层和部分基底节被激活了。特别有趣的是,甚至当参与者看到一个中性的表情,如果他们按下"厌恶"杠杆,大脑的"厌恶"区域也被激活。

BBC 科学网的一项在线调查的结果表明厌恶的情绪起源于避免疾病。该调查呈现了几组照片并要求人们指出哪些照片更令人厌恶。做出反应的人们指出似乎存在一种潜在疾病威胁的照片更令人厌恶。例如,一种浸泡绵纸的黄色液体比蓝色液体看起来更像体液(见图 11.27)。

## 情绪交流的神经基础:表情

**目标 11.14** 论述偏侧性、大笑和幽默,回顾涉及情绪表达的大脑结构。

我们在前面部分看到杏仁核与情绪面部表情的识别有关。研究表明它与情绪表情无关。Anderson 和 Phelps(2000)报道了 S.P.的案例,她是一位 54 岁的女性,她的右侧杏仁核被切除以治疗严重的癫痫。由于左侧杏仁核之前已受损,外科手术的结果是切除双侧杏仁核。在手术之后,S.P.失去了识别恐惧表情的能力,但是她能识别个体的面部,她能轻易识别男性和女性的面部并准确判断他们的年龄。特别有趣的是,杏仁核受损没有损害 S.P.表现她自己恐惧表情的能力。她在准确地表达恐惧、生气、快乐、悲伤、厌恶和惊讶等方面没有困难。然而,当她看到她自己表现出恐惧的照片时,她不能判断她脸部所表达的情绪。

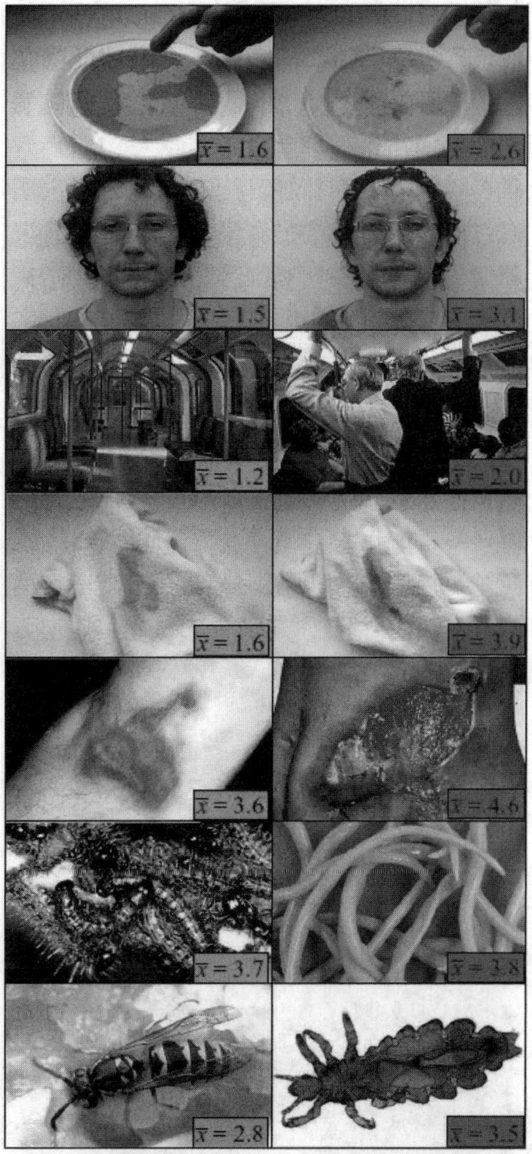


**图 11.27 疾病和厌恶**

该图展示了 BBC 科学网在线调查使用的几组与疾病威胁有高低相关性的照片。红色或绿色的数字代表完成调查的人们给出的平均等级(范围 1—5)。

资料来源:Curtis, V., Aunger, R., and Rabie, T., Evidence that disgust evolved to protect from risk of disease, *Biology Letters*, 2004, 271, S131—S133。

情绪的面部表情是自动的、不由自主产生的(尽管,如我们看到的,通过提出的规则,它们可以被调整)。当我们没有真正感受到情绪时,产生真实的情绪面部表情是很不容易的。事实上,Ekman 和 Davidson 证实了 19 世纪 Guillaume-Benjamin Duchenne de Boulogne 的一项早期观察,相对于人们在问候他人时表现出的假笑或社交微笑,真诚的快乐笑容涉及眼睛附近肌肉的收缩,眼轮匝肌的侧部——现在有时被称为杜氏肌(Ekman, 1992; Ekman and Davidson, 1993;见图 11.28)。如他指出的,"第一[颧大肌]服从感受但第二[眼匝轮肌]仅仅被内心好的情绪所刺激……虚假的快乐、假笑不能引起后者肌肉的收缩"(Duchenne, 1862/1990, p.72)。演员在有意识地表现出令人信服的情绪面部表情方面的困难是促使斯坦尼拉夫斯基形成他的表演方法系统的原因之一,演员用这套方法试图想

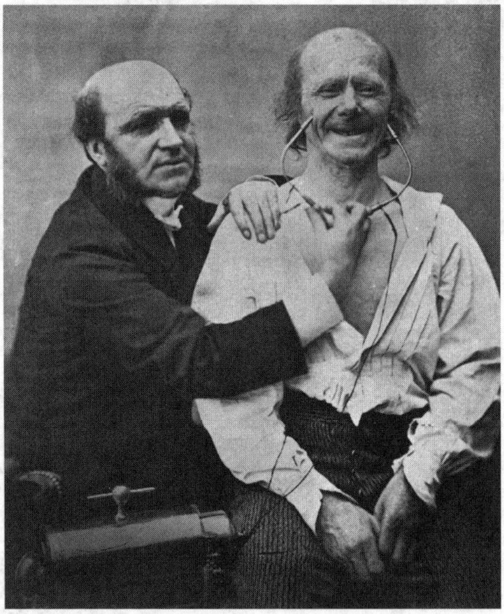

**图 11.28　一种假笑**

图片展示了 Duchenne 博士用电刺激一位志愿者的面部肌肉,引起在微笑中活跃的嘴部周围肌肉的收缩。如他所发现的,一个真正的笑容还应涉及眼部周围的肌肉。

资料来源:Curtis, V., Aunger, R., and Rabie, T., Biology Letters, 2004, 271, S131—S133; Royal Society of London. Permission by Copyright Clearance Center.

象自己身处一种能引起想要表达的情绪的情境中。一旦情绪被唤起,面部表情也随之自然地出现(Stanislavsky, 1936)。

情绪伴随着面部表情的这项观察被有互补症状的两种神经障碍所证实(Hopf et al., 1992; Michel et al., 2008; Topper et al., 1995; Urban et al., 1998)。首先,**意志性面瘫**是由初级运动皮层面部区域的损伤或连接这个区域与面部运动中枢的纤维损伤所导致的,这部分控制着引起面部肌肉运动的肌肉。关于意志性面瘫的有趣现象是,病人不能有意识地活动面部肌肉,但也会用这些肌肉表达真实的情感。例如,当被指令要求微笑时病人做不到,但当他们感受到幽默的事情时能自发地露出笑容。相比之下,**情绪性面瘫**的原因包括前额皮层岛叶区域损伤、额叶白质受损或部分丘脑损伤。这个系统连接负责骨髓和尾侧脑桥中面部肌肉自主运动的系统。伴随这种障碍的人们可以有意识地活动他们的脸部肌肉,但在面部受影响的侧面无法表达情绪。这两种综合征清晰地表明不同的大脑机制负责有意识的面部肌肉运动和相同肌肉自动的、不由自主的情绪表情。

**情绪表达的偏侧性**　如我们在前面小节中看到的,右半球在对他人的声音或面部表情的情绪识别中起到了更重要的作用,尤其是对消极情绪。相同的,大脑半球偏侧优势对于表达情绪似乎也是这样。当人们用他们的面部肌肉表达情绪时,左侧脸部通常会表现出更强烈的表达。例如,研究者们为正在表达情绪的人们拍摄了照片,将它们分为右半边和左半边,准备它们的镜像图片,并粘在一起,形成所谓的虚构脸(Indersmitten and Gur, 2003; Sackeim and Gur, 1978)。他们发现左半边脸比右半边脸更富有情绪性,并且参与者认为左半边脸比右半边的表情更重要更强烈。因为运动控制是对侧的,所以结果表明右半球比左半球更具表达性。

Moscovitch 和 Olds(1982)对餐厅和公园里的人们做了更自然的观察,发现他们的左边脸似乎会产生更强烈的情绪表情。他们在实验室里通过分析人们判断悲伤或幽默故事的录像带证实了这些结果。Borod 等人(1998)的一篇文献综述发现其他的 48 项研究获得了类似的结果。

大脑左半球损伤通常不会影响情绪的声音表达。例如,患有威尔尼克失语症(第 14 章有所描述)的人通常根据心情调节他们的声音,即使他们说的话没有任何意义。相反,大脑右半球受损确实会损害情绪表达,无论是面部还是语音。

通过使用虚构脸技术,Hauser(1993)发现猕猴像人类一样左边脸表达情绪更为强烈。对录像带的分析进一步显示左边脸的情绪表情出现得更快。这些发现表明,对于情绪表达,脑半球偏侧优势出现在我们物种出现之前。

**大笑和幽默** 一些研究已经探究了涉及大笑的大脑机制,它是一种比微笑更强烈的情绪。Arroyo 等人(1993)报道了一位患有癫痫伴随冷笑的病人案例,也就是说,该病人能笑但不是高兴的或满足的笑。深度电极的记录显示癫痫开始于左扣带回前部。周围非癌性肿瘤的切除终结了癫痫和冷笑。研究者认为前扣带回皮层可能与产生大笑的肌肉运动有关。反过来,对患者下丘脑核的大脑深度刺激可以治疗由帕金森病引起的冷笑(Krack et al., 2001)。

Shammi 和 Stuss(1999)发现右侧 vmPFC 受损削弱了人们理解笑话和被逗笑的能力。例如,思考如下笑话:

史密斯先生的邻居走进他并问:"你今天下午要用你的剪草机吗?""是的,我要用。"史密斯先生回答道。

下面的哪个选项可以完成笑话?

a. "哎呀!"他踩上耙子,整个打在脸上。

b. "没事,那么你用不着你的高尔夫球杆——我要借。"

c. "噢好的,那么等你用完我能借用一下吗?"

d. "鸟儿一直在吃我的绿草种。"

这个例子中有趣的选择是(b)。但是腹内侧前额受损的人们通常选择(a),或许是因为它的闹剧方面使他们想起曾经看到过的幽默情形。

Goel 和 Dolan(2001)的一项功能成像研究发现不同类型的笑话激活大脑不同的区域,但是所有笑话都激活了一个区域:右侧 vmPFC。两位作者(Goel and Dolan, 2007)的另一项功能成像研究给参与者们呈现了适

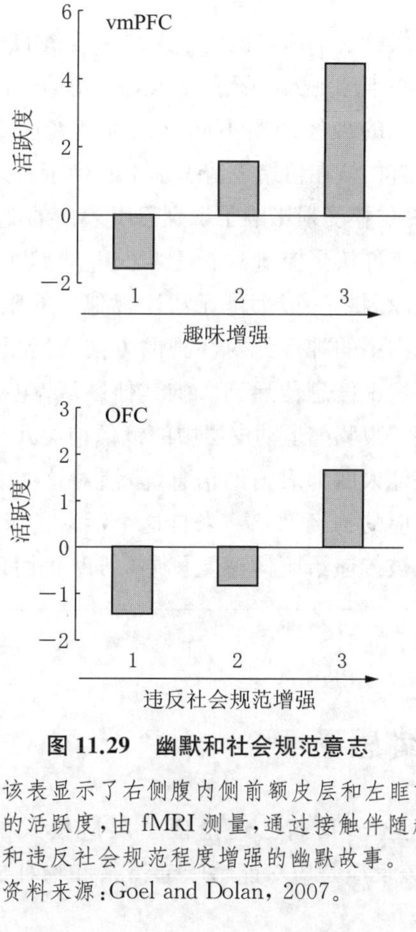


**图 11.29 幽默和社会规范意志**

该表显示了右侧腹内侧前额皮层和左眶前额皮层的活跃度,由 fMRI 测量,通过接触伴随趣味增强和违反社会规范程度增强的幽默故事。

资料来源:Goel and Dolan, 2007。

合社交和不适合社交的卡通故事。研究者们发现越有趣的笑话使不同区域的活动越强烈，包括伏隔核（涉及强化和奖励的一个区域）和右侧 vmPFC，而社会规范违反程度增强的笑话使另几个区域的活动增强，包括右杏仁核和眶前额皮层（见图 11.29）。

## 本节回顾

### 情绪交流

目标 11.12　论述情绪表达作为先天反应的证据。

达尔文认为此类情绪表情是先天的，这些肌肉运动是遗传获得的行为模式。埃克曼和他的同事进行了新几内亚隔离部落成员的跨文化研究。他们的结果支持了达尔文的假设。盲童和看得见的儿童的面部表情非常相似。

目标 11.13　通过论证注视、模仿和厌恶的偏侧性，概述涉及情绪识别的大脑结构。

大脑右半球与识别他人情绪表情的相关性比左半球更大。研究显示对特定面部的识别涉及的神经回路不同于识别情绪面部表情。杏仁核在情绪表情识别中起到了一定作用；杏仁核受损影响了识别恐惧表情的能力。双侧杏仁核受损削弱了识别恐惧情绪表情能力的原因之一似乎是无法注视他人的眼睛。颞上沟中的神经元对注视的方向有所反应，并将这个信息传递到大脑其他区域，包括杏仁核。腹侧前运动皮层中的镜像神经元接收有关他人面部表情的信息，激活对这些表情起反应的神经回路。来自这个活动的反馈，可能被传递给躯体感觉皮层，帮助我们理解他人的情绪意图。基底节和岛叶皮层损伤削弱了对厌恶情绪表情的识别，功能成像研究显示，当人们闻到恶心的气味或看到表现出厌恶的面部时，岛叶皮层（包含主要的味觉皮层）的活动增强。右侧躯体感觉皮层受损导致面部情绪识别能力的削弱，并被认为是导致模仿情绪的能力受损的原因。

目标 11.14　论述偏侧性、大笑和幽默，回顾涉及情绪表达的大脑结构。

扣带回前部似乎在欢笑的运动方面起到了一定作用，而对幽默的理解似乎涉及右侧 vmPFC。真实的情绪表情受到特殊神经回路的控制。这个观点最好的证据来源于情绪性面瘫和意志性面瘫的互补症状。患有情绪性面瘫的人可以有意识地活动面部肌肉，但这不是对一个情绪的反应；而患有意志性面瘫的人表现出相反的症状。此外，人类和猴子的左半边脸比右半边脸更具表达性。

## 思考题

你认为能够识别他人情绪重要吗？为什么？假设你再也不能识别他人的情绪表情，这将会给你带来什么结果？

# 情绪感受

至此，我们已经论证了反应模式的组织，该反应是应对能够唤起情绪和物种成员之间情绪交流的情境。这章要论证有关情绪的最后一个方面是情绪感受。在这部分，你将会看到有关情境如何唤起情绪感受和来自情绪感受的反馈如何改变神经系统的活动。

## 詹姆斯-兰格理论

目标 11.15 概述支持和反对詹姆斯-兰格情绪理论的证据。

威廉·詹姆斯(William James，1842—1910)是一位美国心理学家，卡尔·兰格(Carl Lange，1834—1900)是一位丹麦心理学家，各自独立提出了关于情绪的相似的解释，即大部分人共同认为的**詹姆斯-兰格理论**(James，1884；Lange，1887)。总的来说，该理论认为产生情绪的情境会引起一系列恰当的生理反应，比如发抖、出汗和心率的上升。情境也会引发一些行为，比如握紧拳头和打架。大脑接收来自产生这些反应的肌肉和器官的感觉反馈，正是这些反馈构成我们的情绪感受。

詹姆斯说我们自己的情绪感受是基于我们发现自己在做什么和我们从我们肌肉和内脏的活动中接收的感觉反馈。例如，当我们发现自己在发抖或感到恶心，我们体验了恐惧。情绪感受被发现时，我们是自我观察者。因此，在这章前两节提到的两个情绪方面(情绪反应模式和情绪表达)引出了第三方面：感受(见图 11.30)。

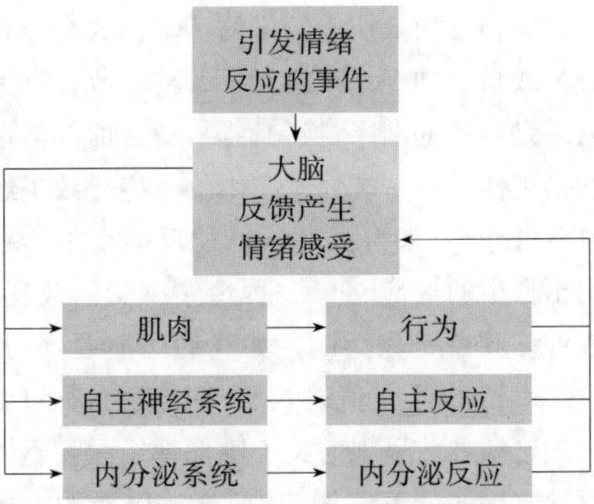


**图 11.30 詹姆斯-兰格情绪理论**

环境中的一个事物触发了行为的、自主的和内分泌的反应。来自这些反应的反馈产生了情绪感受。

詹姆斯关于情绪过程的描述可能让你认为与你自己的经历不一致。很多人认为他们经历情绪是直接发自内心的。他们把情绪的外在表现当作第二项活动。但是你是否曾发现自己与他人处于一种不愉快的对抗并且你在发抖，即使你认为这个遭遇并没特别烦扰到你？或者你曾发现你对有关你的公开评论感到脸红。或者你曾发现当你观看一个你认为没有感动你的电影时涌出眼泪。你会怎么总结像这些情境里你的情绪状态？你会忽略来自你心理反应的证据吗？

一位著名的心理学家怀特·坎农(Walter Cannon)批判了詹姆斯的理论。他说内脏是相对不敏感的，它们不可能反应得这么快，因此来自它们的反馈不能解释我们的情绪感受。此外，他发现切断提供从内脏到大脑的反馈的神经不会改变情绪行为(Cannon，1927)。然而，后续的研究表明坎农的批判是不相关的。例如，尽管内脏对某些类别的刺激不敏感，比如切和烧，但它们提供的反馈比坎农怀疑的要好得多。而且，内脏中的许多改变能迅速完全地发生，它们可能就是产生情绪感受的原因。

坎农引用了这个事实，即切断实验室动物的内脏和中枢神经系统之间的感觉神经并没有消除情绪行为。然而，这项观察没有抓到重点。它没有证明情绪感受在这个手术后依然存在，只是证明情绪行为还存在。我们不知道动物的感受；我们只知道它们如果受到威胁会咆哮并试图撕咬。在任何情况下，詹姆斯没有将所有的情绪感受都归结于内脏；他也说来自肌肉的反馈是重要的。威胁可能会使动物咆哮或撕咬，来自面部和颈部的反馈可能构成一种生气的“感受”，即使来自内脏的反馈被切断了。但是我们无法询问动物是如何感觉的。

詹姆斯的理论难以用实验证明，因为它试图解释情绪感受而不是情绪反应的原因，而感受是私人活动。一些轶事证据支持了这个理论。例如，Sweet(1966)报道了一个案例，此人身体一侧的交感神经被切断以治疗一种心血管疾病。他是一位音乐爱好者，他说听音乐时感受到的颤抖感现在仅仅出现在没有动过手术的那一侧身体。他依然喜欢听音乐，但手术改变了他的情绪反应。

在詹姆斯理论的几项测试中，Hohman(1966)收集了来自脊髓损伤者的数据。他询问这些人关于情绪感受的强度。如果反馈是重要的，我们会期望如果损伤更严重(也就是说，接近大脑)，情绪感受的强度会更弱，因为非常严重的脊髓损伤会使人对身体的大部分变得不敏感。事实上，这个结果正是Hohman所发现的内容：损伤越严重，感受强度越弱。如一位被试所说：

> 我坐下来在心里构想一些东西，并且我担心很多事，但这并不要紧而是思想的力量。某天我一个人在家里的床上，烟掉在了我够不到的地方。我到处够并将它扔出去。我本可能把那烧了的，但有趣的是我没有对此感到震惊。正如你所想的，我一点儿也没感到害怕。(Hohman, 1966, p.150)

另一位被试表示生气行为(一种情绪反应)似乎不依赖于情绪感受。相反，该行为会被情境(和被人们对它的评估)唤起，即使脊髓受损已经削弱了人们情绪感受的强度：

> 现在我感受不到躯体活力，它是一种冷怒。有时当我看到不公平现象时我非常生气。我会大喊大叫，因为如果你不这样做，我了解到人们就会占你便宜，但是它没有曾经的热度了。这是一种心理层面的生气。(Hohman, 1966, p.151)

## 情绪表情的反馈

**目标 11.16　解释来自内心情绪表情和自主神经系统活动的反馈的作用。**

詹姆斯强调了情绪反应的两个方面的重要性：情绪行为和自主反应。如我们在这章前面部分看到的，脸部一系列特定的肌肉帮助我们与他人交流我们的情绪状态。几项实验表明，来自面部肌肉收缩的反馈能影响人们的心情，甚至改变自主神经系统的活动。

正如你之前读到的，人们可以被直接引导来活动特定的面部肌肉去刺激恐惧、生气、惊讶、悲伤、厌恶和快乐的情绪表情。Ekman、Levenson和他们的同事们(Ekman et al., 1983; Levenson et al., 1990)让参与者们跟随一系列指令做出面部表情。当参与者们做出面部表情，研究者们监测了由自主神经系统控制的几种心理反应。

假装的表情确实改变了自主神经系统的活动。事实上，不同的面部表情产生了有点不同的活动模式。例如，生气增加了心率和表皮温度，恐惧增加了心率但降低了表皮温度，快乐降低了心率而没有改变表皮温度。

为什么面部肌肉特定的活动模式会导致心情或自主神经系统活动的改变？或许该种联系是经验的结果；换句话说，特定面部活动的出现伴随自主神经系统内的改变导致了经典条件作用，来自面部活动的反馈变得能够引出自主的反应——一种情绪感受的改变。或许该联系是先天的。如我们之前看到的，情绪表情的适应值是与他人交流感受和意图。这章之前呈现的关于镜像神经元和躯体感觉皮层的研究表明，我们交流感受的方式之一是通过无意识模仿。

Lewis和Bowler(2009)的一项研究发现，干预与特定情绪有关的肌肉运动削弱了人们体验那种情绪的能力。将非常稀释的肉毒杆菌毒素溶液注射入面部肌肉能减少由面部肌肉的长期收缩导致的皮肤起皱。Lewis 和 Bowler 研究了皱眉肌被注射肉毒杆菌的人们，皱眉的大部分面部表情是由皱眉肌的收缩引起的，通常与消极情绪有关。他们发现相比于那些接受其他形式美容治疗的人，这些人表现出更少的消极心情。像这部分之前描述的那样，这些结果表明来自一个人面部情绪的反馈能影响他/她的心情。

Damasio 等人（2000）的一项功能成像研究要求人们回忆并尝试重新体验过去来自他们生活中的情节，这些曾经唤起了悲伤、幸福、愤怒和恐惧的感受。研究者们发现回忆这些情绪激活了参与者们的躯体感觉皮层和上脑干核，上脑干核涉及内脏控制和检测来自内脏的感觉。这些反应确定与詹姆斯的理论相一致。正如 Damasio 等人所说，

情绪是神经机制的一部分，通过肌肉骨骼系统执行特定动作来调节生物体当前状态的结构从面部和姿势表情到复杂的行为，通过产生针对内部环境、内脏和脑神经回路的化学和神经反应。这种反应的结果表现在两个皮层下调节结构中……和大脑皮层……以及这些表征构成了神经基础的关键方面。(p.1049)

模仿他人情绪表情的倾向性似乎是先天的。Field 等人（1982）让成年人在婴儿面前做出面部表情。这些婴儿自己的面部表情被录了下来，然后由那些不知道大人展示什么表情的人进行判断。Field 和他的同事们发现，甚至是刚出生的婴儿（平均年龄 36 个月）倾向于模仿他们看到的面部表情。学习效果在生活中出现也较早。图 11.31 展示了成年人表情和他们引发的婴儿表情的照片。

**图 11.31　婴儿的模仿**

这些照片显示了一个成年人所摆出的开心、悲伤和惊讶的脸以及婴儿的反应。

或许模仿提供了个体交流情感和唤起同理心的一种渠道。例如，如果我们看到某个人看起来伤心，我们倾向于呈现我们自己伤心的表情。来自我们自己表情的反馈帮助我们体会他人的情况并使我们更可能回应安慰或帮助。也许我们从让别人微笑中得到快乐的原因之一是他们的微笑使我们微笑并感到快乐。事实上，Pfeifer 等人（2008）的一项功能成像研究发现，当 10 岁的孩子观看并模仿情绪时，额镜像神经元系统的活动增强。此外，测量发现神经激活水平与儿童移情行为及人际交往能力呈正相关。

## 本节回顾

### 情绪感受

目标 11.15 概述支持和反对詹姆斯-兰格情绪理论的证据。

自古以来,人们就认识到情绪伴随着似乎来自体内的感觉,这或许为发展情绪的生理学理论提供动力。詹姆斯和兰格认为情绪主要是对情况的反应。生理反应和行为反应对情绪产生情境作出反馈产生情绪感受;因此,感受是情绪反应的结果,而不是原因。霍曼对于脊髓损伤者的研究支持了詹姆斯-兰格的理论;再也无法感受身体大部分反应的人说自己再也无法体验强烈的情绪状态。坎农提出躯体不能充分快速地反应所以不能解释反馈和情绪感受,然而这个理论不受后续研究的支持。

目标 11.16 解释来自内心情绪表情和自主神经系统活动的反馈的作用。

埃克曼和他的同事已经表明,即使模拟情绪表达也会引起自主神经系统活动的变化。也许这些变化的反馈解释了为什么情绪可以"传染":我们看见某人高兴地微笑,我们自己模仿微笑,内部反馈会让我们感觉到至少有点幸福。模仿他人面部表情的倾向似乎是大脑镜像神经元系统活动的结果。

## 思考题

人类婴儿能够模仿成人面部的情绪表达这一事实的进化优势是什么?

## 本章回顾问题

1. 讨论情绪反应的行为、自主和激素成分以及杏仁核在控制这些成分中的作用。
2. 讨论攻击行为的本质、功能和神经控制。
3. 讨论前额皮层在社会情境中的角色和这个区域受损后的影响。
4. 讨论攻击行为在男性和女性中的激素控制。
5. 讨论雄激素在人类攻击行为方面的效果。
6. 讨论在情绪的表达和理解方面的跨文化研究。
7. 描述在健康个体和脑损伤个体中识别情绪表情的神经控制。
8. 探讨詹姆士-兰格的情感理论,并评价相关研究。

# 第12章

# 摄食行为

## 本章概要


**饮水** 395
生理调节机制 395
两种类型的口渴 396
渴的神经机制 399
**进食:什么是新陈代谢** 401
短期储备 402
长期储备 403
禁食阶段 403
吸收阶段 404
**进食:开始用餐的信号** 405
消化系统信号 406
新陈代谢信号 407
**进食:停止用餐的信号** 409
短期饱腹信号 409
环境因素信号 410
感觉因素信号 411
胃因素信号 411
肠道因素信号 411
肝脏因素信号 412
胰岛素信号 413
长期饱腹感:脂肪组织信号 413
**大脑机制** 415
脑干 415
下丘脑 416
**肥胖** 421
可能的原因 422
治疗 425
**进食障碍** 430
可能的原因 431
治疗 434


## 学习目标

目标 12.1 解释生理调节机制的特征。
目标 12.2 比较渗透性渴和容积性渴。
目标 12.3 确定穹窿下器和正中视前核在调节口渴中的作用。
目标 12.4 描述短期储备的功能、位置和内容。
目标 12.5 描述长期储备的功能、位置和内容。
目标 12.6 比较禁食阶段大脑和身体使用葡萄糖、脂肪和氨基酸的途径。

目标 12.7 比较吸收阶段大脑和身体使用葡萄糖、脂肪和氨基酸的途径。

目标 12.8 描述作为一种饥饿信号的胃饥饿素，包括它的来源和与肥胖、禁食和吸收阶段的关系。

目标 12.9 描述代谢信号如何在开始一餐中起作用。

目标 12.10 描述短期饱腹信号的一般功能。

目标 12.11 举出有助于饱腹感的环境因素。

目标 12.12 举出有助于饱腹感的感觉因素。

目标 12.13 解释胃如何提供饱腹信号。

目标 12.14 解释肠道如何提供饱腹信号。

目标 12.15 解释肝脏如何提供晚期饱腹信号。

目标 12.16 解释胰岛素如何作为饱腹信号。

目标 12.17 对比脂肪组织的饱腹信号与短期饱腹信号的作用。

目标 12.18 举出脑干参与饮食调节的功能。

目标 12.19 描述下丘脑的细胞核和神经化学系统在饥饿和饱腹感中的作用。

目标 12.20 讨论环境、体育活动和遗传对肥胖发展的作用。

目标 12.21 评估在治疗肥胖症方面，强化、压力、手术、药理学和行为干预的作用。

目标 12.22 讨论大脑变化、饥饿、过度运动和遗传因素对进食障碍的影响。

目标 12.23 列出进食障碍干预使用的策略。

吉安娜曾是一个脆弱的婴儿，肌肉无力，行动迟缓。她吃得很少，显然是因为她太脆弱了。有好几年她体重不足。她的运动发育和认知发育比同龄人慢得多，她似乎经常呼吸困难，手脚特别小。最终，她的食欲似乎得以改善。她体重开始增加，很快就超过了其他同龄孩子。以前，她是被动而矜持的，但现在她开始发脾气了。她还表现出了强迫性的行为——撕扯她的皮肤，收集和排列物品，当她的父母试图收拾东西时，她表现出强烈的抗议。

不过，最大的变化是她的胃口。她吃了她能吃的所有东西，但似乎从不满足。起初，她的父母很高兴看到吉安娜终于长胖了，所以每当她要食物时，他们就给她。但过了一段时间，她明显变得肥胖了。一位专家诊断了她的病情，告诉她的父母，他们必须严格限制吉安娜的食物摄入量，并开出抑制食欲的药物。由于她的肌肉薄弱，代谢率低，她每天只需要 1 200 卡的热量来维持正常的体重。但是吉安娜一直在寻找食物。她会把食物从冰箱里拿出来，直到她的父母给它装上一把锁，他们把食物放在橱柜上。他们必须小心处理剩下的食物，因为吉安娜会把它们从垃圾里拿出来吃掉。

当吉安娜上学时，她又开始长胖了。她会很快吃完她的午餐盘上的所有东西，然后吃完她的同学没有吃完的所有东西。如果有人把食物掉在她身边的地板上，她就会捡起来吃掉。由于吉安娜的特殊需要，学校指派了一名助手来监控她的食物摄入量，以确保她只吃了她应该吃的低热量食物。

吉安娜患有普拉德-威利综合征（隐睾-侏儒-肥胖-低智能综合征），这是由于 15 号染色体的一部分基因缺失引起的。这一区域似乎参与了对下丘脑正常功能至关重要的蛋白质的产生，下丘脑有助于整合饥饿和饱腹感的信号。普拉德-威利综合征的大多数病例似乎是由父亲的精子产生过程中发生的随机事故引起的。该病患病率约为 1/10 000—3/10 000（Cassidy et al.，2011）。在这一章中，你会学到，在我们理解控制食欲和调节体重的神经和激素机制方面已经取得了很大进展。毫无疑问，我们很快就会知道哪一种机制在普拉德-威利综合征中被破坏了。

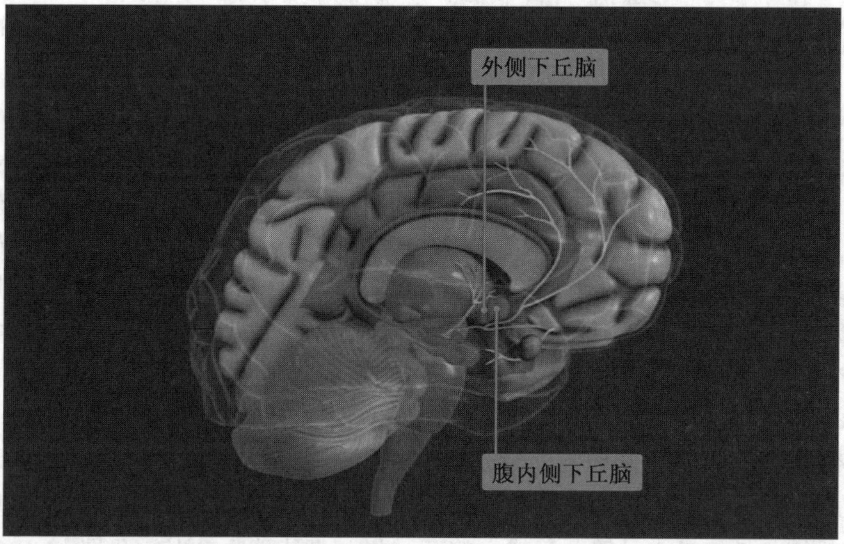


为了帮助我们调节对食物和水的需求，消化系统、呼吸系统、循环系统和排泄系统已经进化。为了发现和摄入食物及水我们也有必要的行为。对浸润细胞的体液的调节是一种被称为**体内平衡**的过程（“相似状态”）的一部分。本章讨论了哺乳动物通过**摄食行为**（食物、水和矿物质如钠的摄入）实现平衡控制细胞外液的重要特性的方法。首先，我们将考察监管机制的一般性质。然后，我们会考虑饮水和饮食及导致这些行为的神经机制。最后，我们将探讨一些关于饮食失调的研究。这里的图显示的是外侧和腹内侧下丘脑，大脑中涉及摄食行为的区域我们将在这一章中特别关注。

# 饮水

为了了解任何摄食行为，如饮水和进食，我们必须了解一般的生理调节机制，它们在面对外界变化时维持机体某些内部特性的稳定——例如，保持体温恒定，尽管环境温度发生变化。

## 生理调节机制

目标 12.1 解释生理调节机制的特征。

一个调控机制包含 4 个本质特征：**系统变量**（被调节的特征），一个**设定值**（系统变量的最优值），监控系统变量的值的**探测器**以及将系统变量恢复到设定值的**校正机制**。系统的活动是由负反馈调节的，**负反馈**是指一个动作产生的效果用来减少或终止动作的过程。

调节系统的一个例子是由恒温控制加热器调节温度的房间（参见图 12.1）。系统变量是房间的空气温度，这个变量的探测器是恒温器。该装置可调整，当温度低于预设值（设定值）时，开关触点可关闭。接触器的闭合开启了校正装置——加热器的线圈。如果房间温度低于恒温器的设定值，恒温器就会打开加热器，加热器就会使房间变暖。室温升高导致恒温器关闭加热器。由于调节机构（热量产生）的活动反馈给恒温器并使其关闭加热器，这个过程称为负反馈。负反馈是所有监管系统的基本特征。

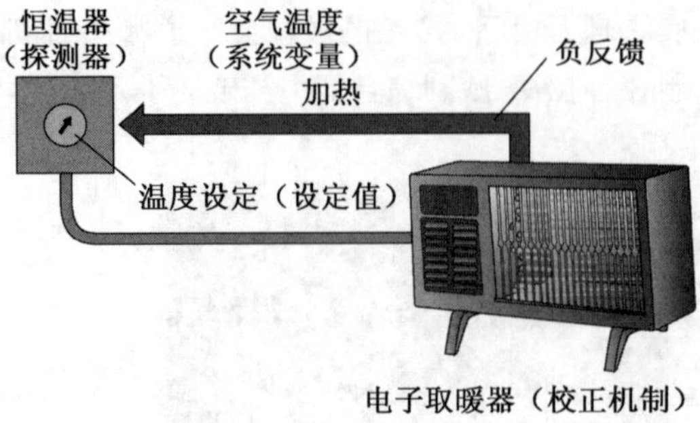


**图 12.1 调节系统的一例**

本章讨论的是涉及摄食行为的调节系统：饮水和进食。这些行为是校正机制，补充身体耗尽的水分或营养。由于摄入和补充耗尽的储存之间的延迟，摄食行为受到饱足机制和监测系统变量的探测器的控制。饱足机制是一种基于大脑的机制，它能减少饥饿或口渴，这种机制与导致摄入足够营养或水的行为有关。饱足机制是必需的，因为我们的消化系统基于生理学。例如，假设你在一个炎热干燥的环境中待了一段时间，然后失去了身体水分。水的流失导致内部探测器启动了校正机制：饮水。你很快地喝了一两杯水，然后停下来。什么阻止了你的摄食行为？水还在你的消化系统里，还没有进入你细胞周围的液体，那里需要它。因此，虽然饮水是由测量人体对水的需求的探测器开始的，但它却被其他方法阻止了。必须有一种饱足的机制，有效地说，“停止——当这些水被消化系统吸收到血液中时，最终会补充身体的需要。”饱足机制监测的是校正机制的活动（在这种情况下是饮水），而不是系统变量本身。当有足够的饮水量时，饱足机制就会停止进一步的饮水，以期待稍后的补充（见图 12.2）。

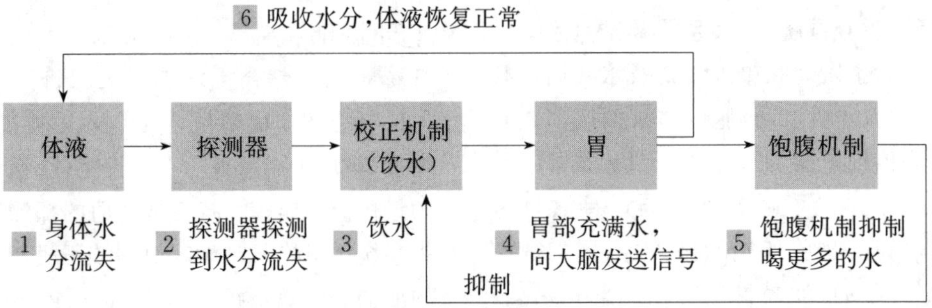


**图 12.2 控制饮水行为的系统图**

为了使我们的内部环境保持在最佳状态，我们必须饮水。本节的其余部分将研究这种摄食行为的控制。

## 两种类型的口渴

目标 12.2 比较渗透性渴和容积性渴。

人体大约三分之二的水分存在于**细胞内液**，即细胞质的液体部分。其余的是**细胞外液**，包括**血管内液**（血浆）、脑脊液和**间质液**（浸润细胞的液体）。身体两大体液的量必须得到精确控制：细胞内液和血管内液。细胞内水分的流失剥夺了细胞进行许多化学反应的能力，而水分的增加会导致细胞膜破裂。由于心脏手术的机制，血管液的体积必须严格控制。如果血容量过低，心脏不能再有效地泵血；如果血容量得不到恢复，就会导致心力衰竭。这种情况称为**低血容量**。人体的血管系统可以通过收缩较小的静脉和动脉来调节血容量的损失，从而使血液的充盈空间更小，但这种调节机制有一定的限制。

因此，为了使我们的身体正常运转，必须调节细胞内液和血管内液的容量。细胞内和血管内液体由两组不同的受体监测。一组单一的受体是不会起作用的，因为有可能在不影响另一组的情况下改变其中的一个。例如,失血减少了血管内液体的体积,但对细胞内液体的体积没有影响。另一方面,高盐餐食可以使细胞脱水,减少细胞内液体的体积,但不会引起低血容量。因此,人体需要两组受体,一组测量血容量,另一组测量细胞容量。大多数时候,我们摄取的水比我们需要的多,肾脏排泄多余的水分。然而,如果水位下降得太低,校正机制——饮水行为就会被激活。

由于细胞内或血管内液体的水分流失会刺激饮水,研究人员采用了渗透性渴和容积性渴的术语来描述它们。容积是指测量血浆的体积。下一节将更详细地解释渗透测量这个术语,但通常它指的是细胞脱水时细胞内液体渗透压的增加。"口渴"这个词通常指的是人们在脱水时的一种感觉,但由于我们不知道其他动物的感受,口渴仅仅意味着一种寻找水并将其吞下的倾向。

我们的身体不断地流失水分,主要是通过蒸发。每次呼吸都将呼吸系统潮湿的内表面暴露在空气中;因此,每次呼吸都会导致少量的水分流失。另外,我们的皮肤不是完全防水的;一些水通过皮肤,从表面蒸发。蒸发损失的水分是纯水(参见图 12.3)。身体也会因为出汗而失水;但是因为和水一起失去的还有盐分,出汗产生了对钠和水的需求。

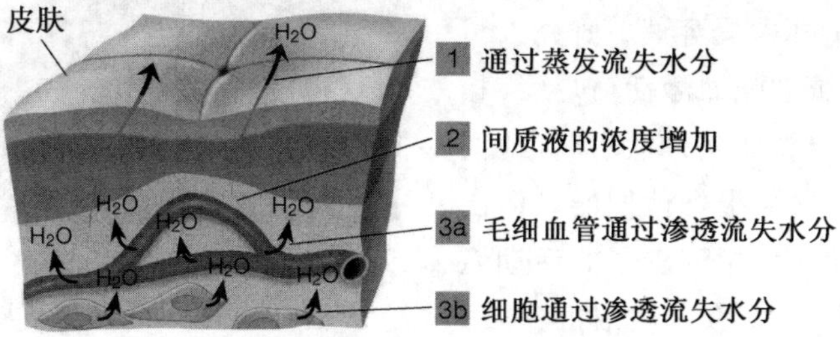


**图 12.3 通过蒸发流失水分**

**渗透性渴** 当组织液的溶质浓度增加时,就会出现**渗透性渴**。溶质是溶解在溶液中的物质,如盐。间质溶质浓度的增加将水从细胞中抽走,使其体积缩小。术语"渗透性"指的是探测器细胞实际上对周围组织液浓度的变化做出反应。渗透作用是水通过半渗透膜从溶液浓度低的一侧向溶液浓度高的一侧运动。

对间质液溶质浓度变化作出反应的神经元的存在最早是由 Verney(1947)提出的假设。Verney 认为这些探测器是神经元,他称之为**渗透压感受器**,它们的放电速率受水合作用的影响。也就是说,如果周围的组织液变得更集中,它们就会通过渗透作用失去水分。这种收缩会导致神经元改变发射速度,从而向大脑的其他部位发送信号。Zhang 等人(2007)发现,渗透压感受器是一种特殊的机械感受器,它能将细胞体积的变化转化为膜电位的变化,进而转化为神经放电速率的变化(见图 12.4)。

当我们吃咸食时,我们会产生一种纯粹的渗透性渴。盐从消化系统吸收到血浆中。高盐血液从组织液中吸收水分,从而导致水分离开细胞。负责测量口渴的渗透压感受器位于大脑的一个区域,即终板。终板包含两个特化的室周器官:终板血管器(OVLT)和穹窿下器(SFO)(见图 12.6)。

**终板血管器**(OVLT)和**穹窿下器**(SFO)位于血脑屏障之外。这意味着溶解在血液中的物质很容易进入这些器官的间质。有证据表明,大多数负责渗透性口渴的渗透压感受器位于 OVLT 中,但也有一些位于 SFO

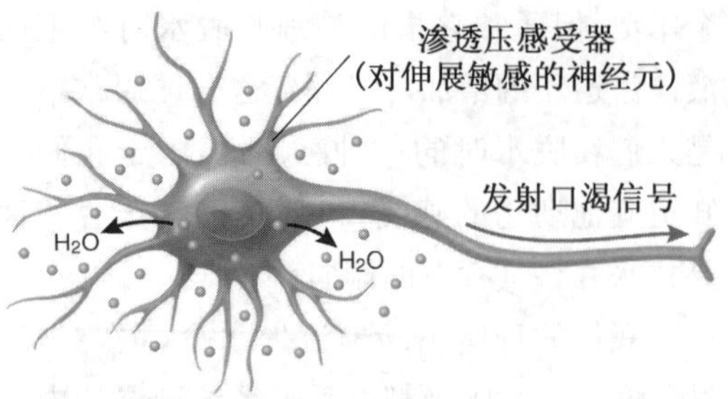


随着间质液溶质浓度的增加，水离开细胞，细胞体积减小。细胞体积的减少会引起放电速率的变化，这是口渴的信号。

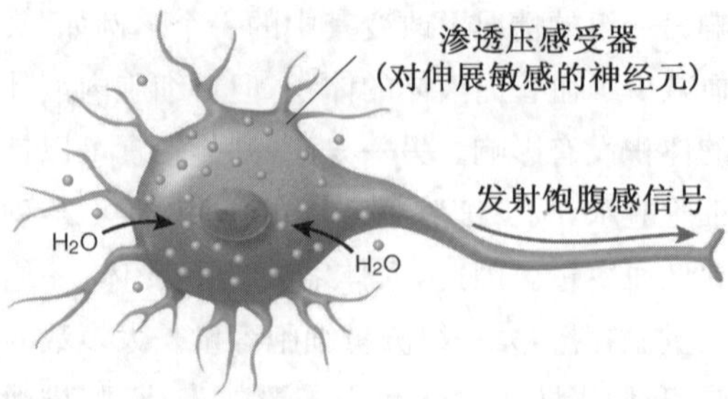


随着间质液溶质浓度的降低，水进入细胞，细胞体积增大。细胞体积的增加会引起激发率的变化，这是饱腹感的信号。

**图 12.4　渗透压感受器**

(McKinley et al., 2004)。

在 Egan 等人(2003)的一项功能成像研究中，研究人员在志愿者被试接受大脑扫描时，给他们注射了一种含盐溶液。研究人员观察到几个大脑区域被强烈激活，包括终板和**前扣带皮层**。当被试被允许饮水时，他们这样做了，并且几乎立即报告他们的口渴已经得到了满足。同时，前扣带皮层的活动恢复到基线值。然而，终板的活性依旧很高。这些结果表明，前扣带皮层的活动反映了被试的口渴，而饮水立即缓解了口渴。(正如我们在第 7 章看到的，这个区域的活动与人们对疼痛刺激带来的不愉快感的感知有关。)相反，终板的持续活动反映了血浆中仍然含有高浓度的溶质。毕竟，一杯水被吸收到普通循环中需要大约 20 分钟。在图 12.2 的讨论中我们看到，饱腹感是一种预期机制，由饮水行为引发。前扣带皮层活动的下降似乎反映了这种饱足机制的激活(见图 12.5)。

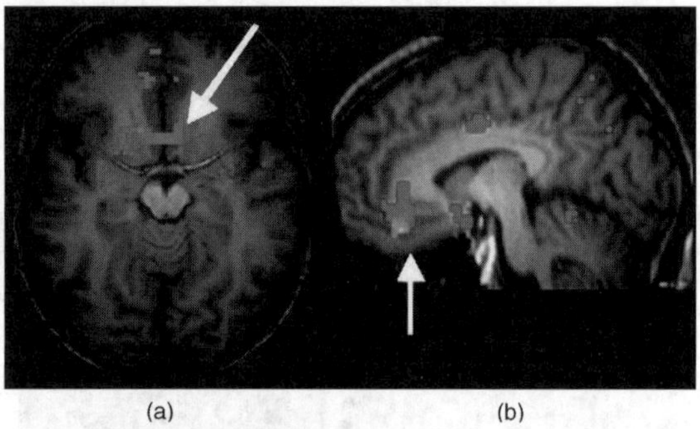


**图 12.5　人类由于渗透压导致的口渴**

功能性核磁共振扫描显示，大脑活动是由渗透性渴引起的。(a)前扣带皮层和下丘脑的激活，对应于口渴的感觉。(b)终板的活化，这是大脑渗透压感受器的位置。

资料来源：Egan, G., Silk, T., Zamarripa, F., et al., Neural correlates of the emergence of consciousness of thirst, *Proceedings of the National Academy of Science*, USA, 2003, 100, 15241—15246。

另外两项功能成像研究(Farrell et al., 2006; Xiao et al., 2006)证实口渴激活前扣带皮层。Hollis 等人(2008)的一项解剖跟踪研究发现，在大鼠中，OVLT 中的渗透压感受器和扣带皮层之间的通路可能是功能性成像研究中所看到的激活的原因。

**容积性渴**　当血浆的体积(血管内体积)减少时，就会出现**容积性渴**。正如我们前面所看到的，当我们通过蒸发失去水分时，我们会从所有三种体液中失去水分：细胞内，间质和血管内。因此，蒸发既产生容积性渴，也产生渗透性渴。此外，失血、呕吐和腹泻都会导致血容量减少(低血容量)，而不会耗尽细胞内的液体。

失血是纯粹的容积性口渴最明显的原因。从有记载的最早的历史来看，关于战争的报道显示，受伤的幸存者需要水。另外，血容量减少包括钠元素的减少和水的减少(也就是说，液体中所含的钠流失了)，大量的口渴导致对盐的食欲。

当血管内液体不足时，心脏和肾脏中的检测细胞会监测血容量并产生容积性渴。肾脏的细胞可以检测血液流动的减少。在对低血容量的反应中，肾脏在一系列生化事件后分泌激素血管紧张素。血管紧张素引起对水和盐的食欲，使肾脏保存水分和盐，并增加血压。因此，流向肾脏的血液减少导致水和盐被保留，鼓励动物寻找和吸收水和盐，并允许机体补偿减少的血容量，直到体液平衡恢复。

第二组容积性渴感受器位于心脏心房。这些压力感受器细胞对拉伸很敏感，当心脏的血容量下降时就会被检测出来。流向心脏的血液减少会增加饮水，切断通往心房压力感受器的神经会减少饮水，这表明了这些受体细胞的重要作用（Fitzsimmons and Moore-Gillon, 1980; Quillen et al., 1990）。

## 渴的神经机制

目标 12.3 确定穹窿下器和正中视前核在调节口渴中的作用。

正如你已经知道的，开始饮水的嗅觉感受器位于终板的终板血管器（OVLT）和穹窿下器（SFO）。终板似乎是大脑的一部分，在这里，嗅觉和体积信号被整合到一起来控制饮水。容量渴的信号由血管紧张素提供。由于这种肽不能穿过血脑屏障，所以它不能直接影响大脑中的神经元，除非是位于血脑屏障之外的神经元，比如 OVLT 和 SFO。事实上，研究表明 SFO 是血管紧张素产生口渴的部位（再次参考图 12.6）。

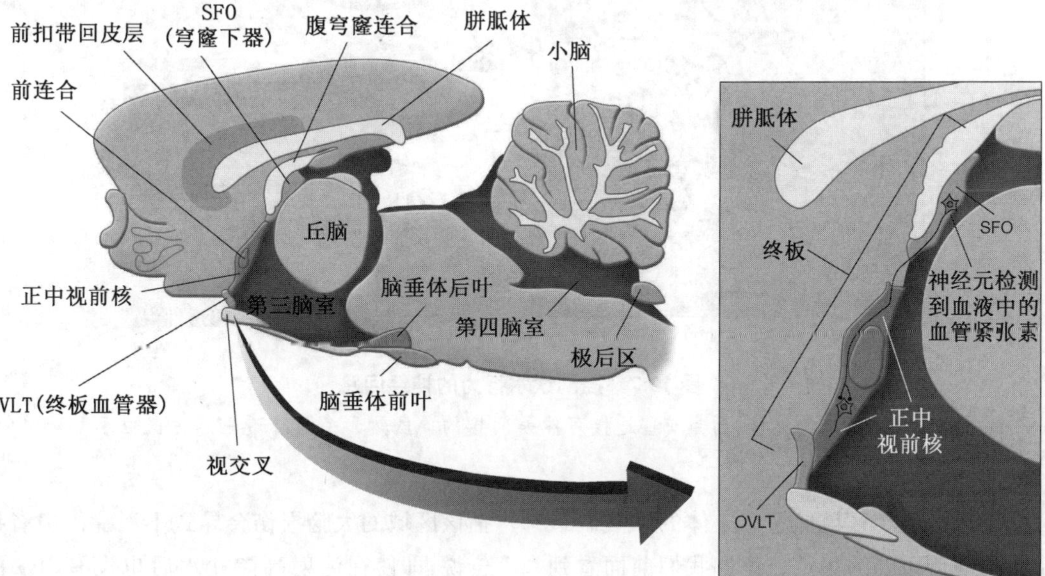


**图 12.6 室旁器官**

大鼠脑的矢状切面显示了室旁器官的位置。放大图：连接穹窿下器与中位视前核的假想回路。

**穹窿下器** Simpson 等人（1978）发现，直接向 SFO 注射非常低剂量的血管紧张素会导致饮水，而 SFO 的破坏或向 SFO 注射血管紧张素受体阻滞剂，会使正常情况下注射血管紧张素造成的饮水消失。此外，Phillips 和 Felix（1976）发现，在 SFO 中注射微量的血管紧张素可以提高位于 SFO 的单个神经元的发射率；显然，这些神经元含有血管紧张素受体。

**正中视前核** SFO 中的神经元将轴突发送到终板的另一部分：**正中视前核**[median preoptic nucleus，不要和内侧视前核（medial preoptic nucleus）混淆]，一个包裹在前连合前部的小核，连接杏仁核和前颞叶的纤维束（见图 12.6）。

基于这些发现，Thrasher 和他的同事（Thrasher, 1989）提出正中前核作为一个综合系统，对大多数或所有的渗透性和容积性渴刺激起作用。正如你刚刚读到的，正中视前核接收来自 SFO 中血管紧张素敏感神经元的信息。此外，这个核接收来自 OVLT（包含阻滞剂）和来自孤束核（接收来自心房压力感受器的信息）的信息。正中视前核兴奋性毒素损伤破坏了细胞体，但保留了通过结构的轴突，导致了容积性渴的严重缺陷（Cunningham et al., 1992）。据 Thrasher 和他的同事说，正中视前核整合了它接收到的信息，并通过它与大脑其他部分的输出连接来控制饮水（参见图 12.7）。

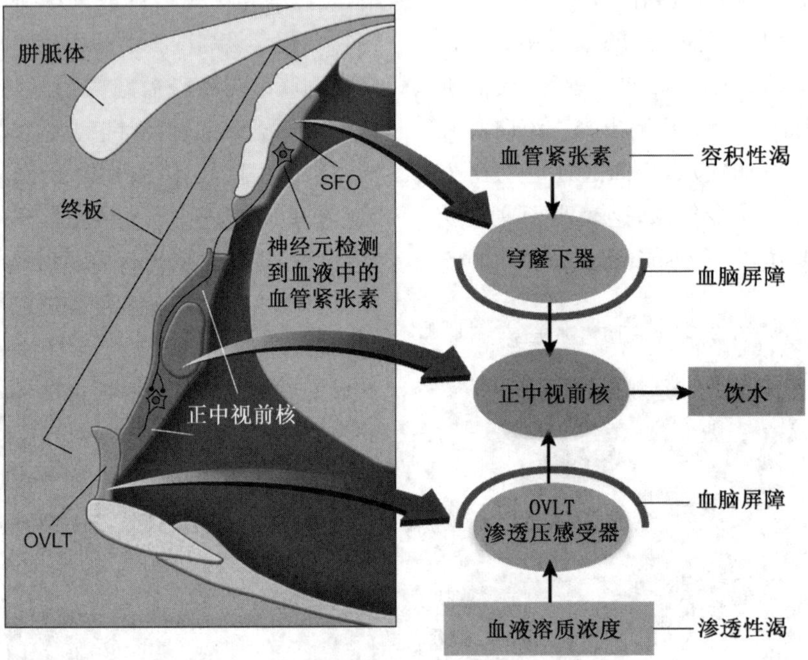


**图 12.7　控制饮水行为的神经回路**

图中并未展示所有的连接，因为有些连接可能是间接的。虽然大多数渗透压感受器位于 OVLT（终板血管器），但也有一些位于穹窿下器。

终板的这个区域似乎在人体的体液调节中也扮演着重要的角色。正如我们前面看到的，功能成像表明渗透性渴增加了这一区域的活动。另外，McIver 等人（1991）报道了包括该区域的大脑损伤会导致不渴症。患者报告说，即使在注射高渗盐水后也没有口渴的感觉。为了生存，他们必须每天有规律地喝水，即使他们觉得没有必要这样做。

## 本节回顾

### 饮水

目标 12.1　解释生理调节机制的特征。

一个调节系统包含四个特征：系统变量（被调节的变量），设定值（系统变量的最优值），用来测量系统变量的探测器，以及用来改变它的校正机制。生理调节系统，如体液和营养的控制，需要一种饱足机制来预测校正机制的效果，因为饮食所带来的变化只会在相当长的一段时间后发生。

目标 12.2 比较渗透性渴和容积性渴。

当组织液将水从细胞中抽出时，就会出现渗透性渴。这种情况可能是由于体内水分蒸发或食用了咸食而引起的，终板血管器(OVLT)是位于终板的一种侧脑室器官，其上的渗透压感受器可检测到这种情况。这些渗透压感受器的激活会刺激饮水。人类的口渴感似乎与前扣带皮层有关。

当身体通过蒸发失去水分时，就会出现容积性渴和渗透性渴。单纯的容积性渴是由失血、呕吐和腹泻引起的。流向肾脏和心脏的血液减少是导致口渴的主要原因。这一事件触发了血管紧张素的形成，血管紧张素作用于穹窿下器(SFO)中的神经元并刺激口渴。这种激素还能提高血压，刺激垂体和肾上腺激素的分泌，这些激素抑制肾脏的水和钠的分泌，引起对钠的食欲。(钠可以帮助恢复血浆的容量。)

目标 12.3 确定穹窿下器和正中视前核在调节口渴中的作用。

位于终板的核正中视前核，接收和整合测量和体积信息。血管紧张素传递的低血容量信息直接从 SFO 到达正中视前核。渗透压信息通过 OVLT 和 SFO 中的阻滞剂到达细胞核。正中视前核的神经元通过与大脑其他部位的连接来刺激饮水。前扣带皮层也通过丘脑的背中线核接收 OVLT 的信息，该区域可能参与口渴的感觉。

## 思考题

虽然很多人都同意少喝水会导致健康问题，但是你能预测一个人多喝水会发生什么吗？给你的校园健康促进办公室写一份备忘录，建议在体育馆或大学校园的娱乐或体育设施中开展运动，告诉用户在健康范围内保持液体平衡的重要性，及大脑是如何参与其中的。

# 进食：什么是新陈代谢

吃是我们做的最重要的事情之一，也是最令人愉快的事情之一。动物为了获得食物而努力学习去做很多事情；因此，吃的需求无疑塑造了我们人类的进化发展。控制进食甚至比控制饮水更为复杂。我们可以通过摄入两种成分来达到水的平衡：水和氯化钠。当我们吃东西的时候，我们必须获得足够的碳水化合物、脂肪、氨基酸、维生素和钠以外的矿物质。因此，我们的摄食行为更复杂，控制它们的生理机制也更复杂。

这一章的其余部分描述了进食控制的研究：新陈代谢，体重调节，开始和结束一顿饭的环境和生理因素，以及监测我们身体营养状态和控制我们的摄食行为的神经机制。本章还描述了几种严重的进食障碍。尽管在理解摄食行为的生理学方面做了很多努力，这些疾病仍然很难治疗。我们找到有效治疗方法的最大希望是更好地理解新陈代谢和摄食行为的生理学。

正如你在关于饮水生理学的讨论中看到的那样，你必须了解身体的体液区和肾脏的功能，才能了解饮水生理学。因此，你不会惊讶本章的这一部分将以新陈代谢的讨论开始。你的第一个倾向可能是跳过这一部分，但是如果这样做，你将发现无法理解后面描述的实验。例如，导致动物寻找食物并吃掉它的系统变量与动物的新陈代谢有关。本节将只讨论这个主题，因为你需要了解这些实验。

当我们吃东西的时候，曾经是其他生物

的一部分的分子会被整合到我们的身体里。我们摄取这些分子有两个原因：构造和维持我们自己的器官，为肌肉运动和保持身体温暖获取能量。换句话说，我们既需要积木又需要燃料。虽然用于构建模块的食物是必不可少的，但我们将只讨论用于燃料的食物，因为我们吃的大多数分子被“燃烧”以提供运动和加热的能量。

为了生存，我们必须供给细胞燃料和氧气。燃料来自消化道，而它的存在是进食的结果。但是消化道有时是空的；事实上，我们大多数人早上醒来的时候都是这种状态。因此，必须有一个储存营养物质的储藏库，以便在肠道空空如也时保持身体细胞的营养。事实上，有两个储备库：一个是短期的，另一个是长期的。短期储存的是碳水化合物，长期储存的是脂肪。当消化道空空如也时，我们就进入了禁食阶段。当消化道充满时，我们处于吸收阶段。这些阶段将在后面的章节中更详细地描述。表 12.1 提供了一个例子，说明了神经系统如何在一天的活动中使用储备库和经过这些阶段的。

**表 12.1　神经系统对营养储备的使用**

| 时间 | 活动 | 阶段 | 神经系统使用的营养储备 |
|---|---|---|---|
| 第一天 0:00 | 睡觉 | 禁食 | 短期储备 |
| 6:00 | 吃早餐 | 进食 | 无 |
| 10:00 | 工作 | 禁食 | 短期储备 |
| 12:00 | 吃午餐 | 进食 | 无 |
| 18:00 | 锻炼 | 禁食 | 短期储备 |
| 20:00 | 没吃晚餐 | 禁食 | 短期储备 |
| 第二天 0:00 | 睡觉 | 禁食 | 长期储备(当长时间禁食导致短期储备耗尽时，长期储备被投入使用) |
| 6:00 | 吃早餐 | 进食 | 无 |

## 短期储备

目标 12.4　描述短期储备的功能、位置和内容。

短期储备可以在两餐之间维持我们的燃料需求几个小时。它位于肝脏和肌肉的细胞中，充满了称为**糖原**的复杂的不溶性碳水化合物。为简单起见，我们将只关注肝脏。肝脏中的细胞将葡萄糖(一种简单的可溶性碳水化合物)转化为糖原并储存。它们受**胰岛素**(胰腺产生的肽激素)的激发。因此，当血液中存在葡萄糖和胰岛素时，一些葡萄糖被用作燃料，另一些作为糖原储存。后来，当所有食物都从消化道吸收时，血液中的葡萄糖水平开始下降。

葡萄糖水平下降可以被胰腺和大脑中的细胞检测到。胰腺阻止其胰岛素分泌，并开始分泌不同的肽激素：**胰高血糖素**来做出反应。胰高血糖素的作用与胰岛素相反：它刺激糖原(储存在肝脏中)转化为葡萄糖[不幸的是，葡萄糖(glucose)、糖原(glycogen)和胰高血糖素(glucagon)这几个词很相似，很容易混淆它们。更糟糕的是，你很快会遇到另一个：甘油(glycerol)。参见图 12.8]。肝脏吸收并储存多余的葡萄糖。当有足够的葡萄糖时，它可以作为糖原，当消化道变空并且血液中的葡萄糖水平开始下降时，它会从其储备中释放葡萄糖。

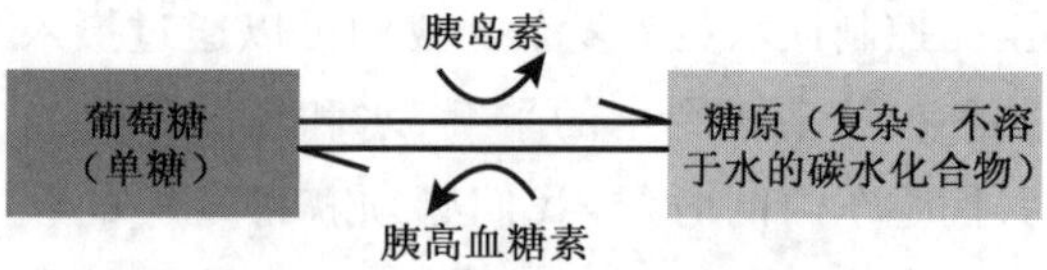


**图 12.8　胰岛素和胰高血糖素对葡萄糖和糖原的影响**

肝脏中的碳水化合物储备主要用于中枢神经系统(CNS)。当你早上醒来时，你的大脑正在由你的肝脏提供养分，肝脏正在将糖原转化为葡萄糖并将其释放到血液中。葡萄糖到达CNS,在那里它被神经元和神经胶质细胞吸收和代谢。这个过程可以持续几个小时,直到肝脏中的所有碳水化合物储备用完为止(肝脏平均含有大约300卡路里的碳水化合物)。通常,在储备耗尽之前我们会吃一些食物,这样我们就可以补充它。但是如果我们不吃东西,中枢神经系统(以及身体的其他部分)必须开始依赖长期储存的产品。

## 长期储备

目标12.5 描述长期储备的功能、位置和内容。

我们的长期储备由脂肪组织组成。这种储备充满了脂肪,或者更准确地说,充满了**甘油三酯**。甘油三酯是含有**丙三醇**(一种可溶性碳水化合物,也称为丙三醇)和三种**脂肪酸**(硬脂酸、油酸和棕榈酸)的复杂分子。脂肪组织存在于皮下和腹腔中的不同位置。它由能够从血液中吸收养分,将其转化为甘油三酯并储存它们的细胞组成。这些细胞的大小可以扩大;事实上,肥胖者与不肥胖者之间的主要身体差异是其脂肪细胞的大小。脂肪细胞的大小由这些细胞含有的甘油三酯的量决定。

长期的脂肪储备是让我们在禁食时保持活力的原因。当我们开始使用我们的短期碳水化合物储备时,脂肪细胞开始将甘油三酯转化为细胞可以使用的燃料并将这些燃料释放到血液中。正如我们刚刚看到的,当我们早上醒来消化道空空时,我们的大脑(事实上,所有的中枢神经系统)依靠肝脏释放的葡萄糖生存。但是身体的其他细胞怎么样?他们依靠脂肪生存,为大脑保留葡萄糖。正如你将从第3章回忆的那样,交感神经系统主要涉及储存营养素的分解和利用。当消化系统为空时,支配脂肪组织、胰腺和肾上腺髓质的交感神经轴突的活性增加。所有三种效应(直接神经刺激,胰高血糖素的分泌和儿茶酚胺的分泌)导致长期脂肪储备中的甘油三酯被分解成甘油和脂肪酸。脂肪酸可以被除了需要葡萄糖的大脑以外的所有身体细胞直接代谢。这留下了甘油。肝脏吸收甘油并将其转化为葡萄糖。这种葡萄糖也可供大脑使用。

你可能会问,为什么身体其他部位的细胞如此善待大脑,允许它消耗肝脏几乎全部的碳水化合物储备和由甘油转化而来的葡萄糖。答案是:除了使葡萄糖转化为糖原外,胰岛素还具有其他几种功能。这些功能之一是控制葡萄糖进入细胞。葡萄糖很容易溶于水,但不溶于脂肪。细胞膜由脂质(脂肪状物质)制成;因此,葡萄糖不能直接穿过它们。为了进入细胞,葡萄糖必须通过葡萄糖转运蛋白——位于膜中的蛋白质分子在那里运输,类似于神经递质再摄取。葡萄糖转运蛋白含有胰岛素受体,可控制其活性;只有当胰岛素与这些受体结合时,才能将葡萄糖转运到细胞中。但是神经系统的细胞是这个规则的一个例外。它们的葡萄糖转运蛋白不含胰岛素受体,即使不存在胰岛素,这些细胞也能吸收葡萄糖。

## 禁食阶段

目标12.6 比较禁食阶段大脑和身体使用葡萄糖、脂肪和氨基酸的途径。

图12.9回顾了我们迄今为止所说的关于消化道排空时所发生的新陈代谢,生理学家称之为新陈代谢的**禁食阶段**。血糖水平下降导致胰腺停止分泌胰岛素并开始分泌胰高血糖素。缺乏胰岛素意味着身体的大多数细胞不能再使用葡萄糖;因此,血液中存在的所有葡萄糖都保留给CNS。胰高血糖素的存在和胰岛素的缺乏指示肝脏开始吸收短期碳水化合物储备——将糖原转化为葡萄糖。胰高血糖素的存在和胰岛素的缺乏,以及交感神

经系统活动的增加，也促使脂肪细胞开始吸收长期脂肪储备——将甘油三酯分解成脂肪酸和甘油。大部分身体依赖于脂肪酸，甘油被肝脏转化为葡萄糖，被大脑使用。如果空腹时间延长，蛋白质(尤其是肌肉中的蛋白质)将被分解为氨基酸，除了中枢神经系统外，它们可以被所有身体细胞代谢。

## 吸收阶段

目标 12.7 比较吸收阶段大脑和身体使用葡萄糖、脂肪和氨基酸的途径。

当食物存在于消化道中时所发生的新陈代谢阶段称为吸收阶段。由于现在你已了解禁食阶段，吸收阶段就很容易理解。假设我们吃了均衡的碳水化合物、蛋白质和脂肪。碳水化合物被分解成葡萄糖，蛋白质被分解成氨基酸。脂肪基本上仍然是脂肪。接下来我们分别说说这三种营养素中的每一种：

1. 葡萄糖：当我们开始吸收营养素时，血液中的葡萄糖水平升高。这种上升是由大脑中的细胞检测到的，这导致交感神经系统的活动减少并且副交感神经系统的活动增加。这种变化告诉胰腺停止分泌胰高血糖素并开始分泌胰岛素。胰岛素允许身体的所有细胞使用葡萄糖作为燃料。额外的葡萄糖转化为糖原，填充短期碳水化合物储备。如果留下一些葡萄糖，它会转化为脂肪并被脂肪细胞吸收。

2. 氨基酸：从消化道接收的一小部分氨基酸被用作构建蛋白质和肽的构件；其余的转化为脂肪并储存在脂肪组织中。

3. 脂肪：此时脂肪不用作燃料；它只是储存在脂肪组织中(见图 12.9)。

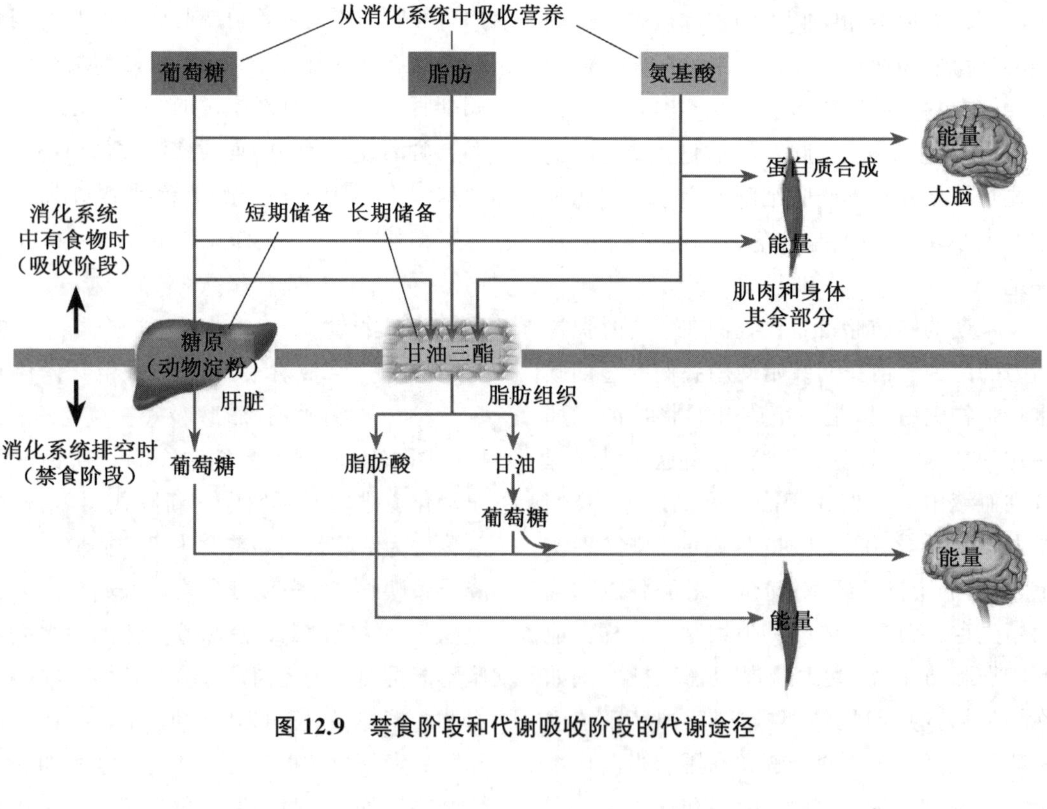


图 12.9 禁食阶段和代谢吸收阶段的代谢途径

## 本节回顾

### 进食：什么是新陈代谢

目标 12.4 描述短期储备的功能、位置和内容。

在短暂的禁食期间(两餐之间)，短期储备为大脑提供营养。它位于肝脏中，能量储存在糖原分子中直至需要利用它们。

目标 12.5 描述长期储备的功能、位置和内容。

在长期禁食期间，长期储备为大脑和身体提供营养。它位于脂肪组织中，其中能量存储在甘油三酯分子中直至需要利用它们。

目标 12.6 比较禁食阶段大脑和身体使用葡萄糖、脂肪和氨基酸的途径。

未使用的葡萄糖、脂肪和氨基酸储存在肝脏和脂肪组织中，以便在禁食期间使用。在禁食期间，副交感神经系统的活动下降，交感神经系统的活动增加。作为回应，胰岛素水平下降，胰高血糖素和肾上腺儿茶酚胺水平升高。这些事件导致肝糖原转化为葡萄糖和甘油三酯，分解成甘油和脂肪酸。在没有胰岛素的情况下，只有中枢神经系统可以使用血液中可用的葡萄糖；身体的其余部分依赖脂肪酸。甘油通过肝脏转化为葡萄糖，大脑代谢葡萄糖。

目标 12.7 比较吸收阶段大脑和身体使用葡萄糖、脂肪和氨基酸的途径。

在吸收阶段，我们从肠道吸收葡萄糖、氨基酸和脂肪。胰岛素的血液水平很高，这允许所有细胞代谢葡萄糖。此外，肝脏和肌肉将葡萄糖转化为糖原，这补充了短期储备。过量的碳水化合物和氨基酸转化为脂肪，脂肪被放入脂肪组织的长期储备中。

## 思考题

在你看来，我们人类物种的远古祖先有哪些环境特征有利于两种营养储备的演化，以及演化出两者相互转化的能力？这对我们远古祖先的饮食有何意义？

## 进食：开始用餐的信号

如果你面临图 12.10 中所示的那种膳食，你决定吃什么、吃多少以及何时开始进食可能会涉及哪些因素？我们的饮食行为涉及许多不同的因素。例如，环境在我们吃东西、吃多少以及何时开始进食时起着重要作用。内部流程也是如此。本节将重点介绍迫使我们进食的内部机制，首先查看来自消化系统的信号，然后再寻找对食物需求的代谢反应。

**图 12.10 开始用餐**

你会选择哪种食物？你会吃多少？在这种情况下，哪些因素会影响你的行为？

## 消化系统信号

目标 12.8 描述作为一种饥饿信号的胃饥饿素，包括它的来源和与肥胖、禁食和吸收阶段的关系。

排空的胃和上肠道向大脑提供重要的内分泌信号——是时候开始考虑寻找食物了。当个体处于禁食阶段且消化系统排空时，称为**胃饥饿素**的肽激素从胃肠系统（特别是胃）释放（Kojima et al.，1999）。然后胃饥饿素与下丘脑中的受体结合以帮助刺激进食行为（见图 12.11）。

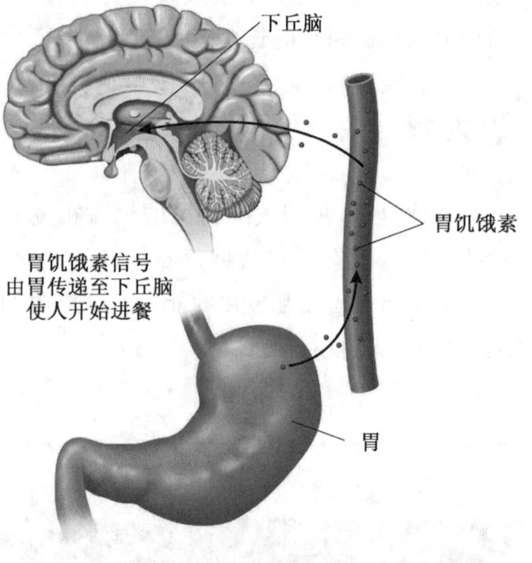


**图 12.11 胃饥饿素信号**

胃饥饿素将来自胃和消化道的信号传递给下丘脑。

血浆胃饥饿素浓度随禁食而增加，并在饭后减少。阻断胃饥饿素信号可抑制进食，增加胃饥饿素可通过增加食物摄入和减少脂肪代谢来增加体重。每餐前不久，血浆胃饥饿素浓度增加，这表明该肽参与了膳食的开始（Cummings，2006）。图 12.12 显示了一天内血浆胃饥饿素浓度与食物摄入量之间的关系。

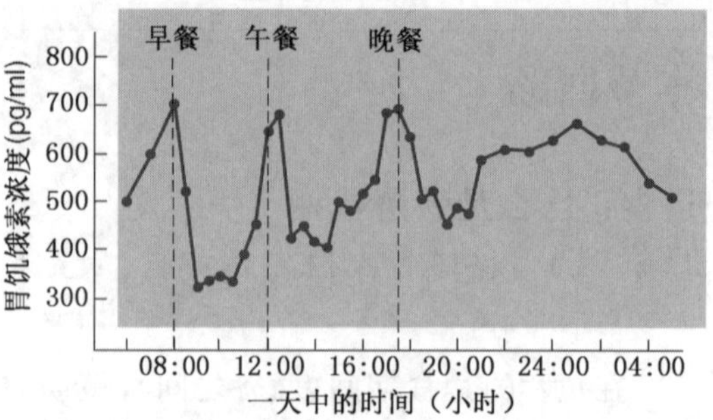


**图 12.12 人血浆中胃饥饿素的浓度**

在每餐之前，该肽水平升高。
数据来源：Cummings et al.，2001。

胃饥饿素是一种有效的食物摄入刺激物，它甚至刺激了对食物的想法。Schmid 等人（2005）发现，单次静脉注射胃饥饿素不仅可以提高典型参与者的食欲；它还引出了参与者喜欢吃的食物的生动图像。正如我们在本章开头的案例中所看到的，普拉德—威利综合征的一个症状是由几乎连续进食引起的肥胖。暴饮暴食的可能原因是血浆胃饥饿素浓度慢性升高——即使在餐后也保持高水平（DelParigi et al.，2002）。你将在本章后面阅读到更多关于减少胃饥饿素的肥胖干预措施。

虽然胃饥饿素是一个重要的短期饥饿信号，但它显然不可能是唯一的一个。例如，经过成功胃旁路手术的人血浆胃饥饿素浓度非常低。虽然他们吃得少，变瘦，但他们不会停止进食。此外，具有针对胃饥饿素基因或胃饥饿素受体的靶向突变的小鼠具有正常的食物摄入和体重（Sun et al.，2003；Sunet al.，2004）。然而，Zigman 等人（2005）发现，这种突变可以保护小鼠免于因暴饮暴食而增加体重，当他们以美味高脂的饮食喂养正常小鼠，会诱使它们肥胖。因此，替代机制可以刺激进食，鉴于食物的重要性，这并不令人惊讶。事实上，使摄入行为研究复杂化的因素之一是冗余系统的存在（但是，由于这些复杂因素，我们无疑会更好）。

## 新陈代谢信号

目标12.9 描述代谢信号如何在开始一餐中起作用。

大多数时候,我们在前一餐后几个小时开始用餐,所以我们的营养储备很少需要补充。但是,如果我们跳过几餐,我们会感到越来越饿,大概是因为生理信号表明我们已经从长期储备中提取养分。饭后随着时间的流逝,我们体内的营养水平会发生什么变化?正如你在本章前面所了解的那样,在新陈代谢的吸收阶段,我们靠从消化道吸收的食物存活。之后,我们开始利用我们的营养储备:大脑靠葡萄糖生存,身体的其余部分依赖脂肪酸。虽然身体细胞的代谢需求得到满足,但我们正在从长期储备而不是堆积的食物中获取能量。现在是时候开始考虑下一顿饭了。

**葡萄糖和脂质** 血糖水平下降(一种称为低血糖的疾病)是一种有效的饥饿刺激因素。低血糖可以通过给动物大量注射胰岛素来实验性地产生,导致肝脏、肌肉和脂肪组织中的细胞摄取葡萄糖并将其储存起来。我们还可以通过给动物注射2-脱氧葡萄糖(2-DG)来剥夺细胞的葡萄糖。你已经熟悉了这种化学物质,因为前几章的几个实验对其进行了描述,这些实验使用放射性2-DG与PET扫描仪或放射自显影相结合来研究大脑不同部位的代谢率。当以大剂量给予(非放射性)2-DG时,它通过与葡萄糖竞争来干扰葡萄糖代谢,以通过细胞膜转运葡萄糖并获取代谢葡萄糖的酶。低血糖症和2-DG都会导致**葡萄糖缺乏**;也就是说,它们会剥夺细胞的葡萄糖。无论其原因如何,葡萄糖蛋白酶都会刺激进食。

饥饿也可以因**脂质缺乏**而产生剥夺细胞的脂质。更确切地说,它们被剥夺了通过注射诸如巯基乙酸盐的药物来代谢脂肪酸的能力。

**探测器** 监测代谢燃料水平的探测器的性质是什么,它们位于何处?到目前为止收集的证据表明有两组探测器:一组位于大脑中,另一组位于肝脏中。大脑中的探测器监测血脑屏障侧的营养物质,肝脏中的探测器监测身体其他部分可用的营养物质。由于大脑只能使用葡萄糖,因此其检测器对葡萄糖蛋白酶敏感;由于身体的其他部分可以同时使用葡萄糖和脂肪酸,因此肝脏中的检测器对葡萄糖蛋白酶和脂肪分泌都敏感。

肝脏探测器 让我们回顾一下肝脏中葡萄糖和脂质探测器的证据。Novin等人(1973)的一项研究表明,肝脏中的受体可以激发葡萄糖缺乏引起的饥饿感。研究人员将2-DG注入肝脏静脉。输注2-DG导致立即进食。当研究人员切断连接肝脏和大脑的迷走神经时,输液不再刺激进食。因此,大脑通过迷走神经从肝脏接收葡萄糖蛋白饥饿信号。

脂肪族饥饿似乎也受到肝脏受体的刺激。Ritter和Taylor(1990)在研究中引发了脂肪族饥饿,发现切割迷走神经消除了这种饥饿感。因此,肝脏似乎含有检测葡萄糖或脂肪酸(葡萄糖蛋白酶抑制或脂质过氧化)低可用性的受体,并通过迷走神经将这些信息传递给大脑(Friedman et al.,2005;见图12.13)。

大脑探测器 现在让我们看看一些证明大脑有自己的营养探测器的证据。因为大脑只能使用葡萄糖,所以这些探测器对葡萄糖蛋白的反应是有道理的——事实上,它们确实如此。Ritter等人(2000)发现,在后脑的两个区域——背内侧和腹外侧区延髓注射产生葡萄糖缺乏的药物诱发进食。这些区域在控制食物摄入和新陈代谢中的作用将在本章后面讨论。总结:大脑含有探测器,监测血脑屏障内葡萄糖(其唯一的燃料)的可用性;肝脏含有探测器,监测血脑屏障外的营养物质(葡萄糖和脂肪酸)的可用性。

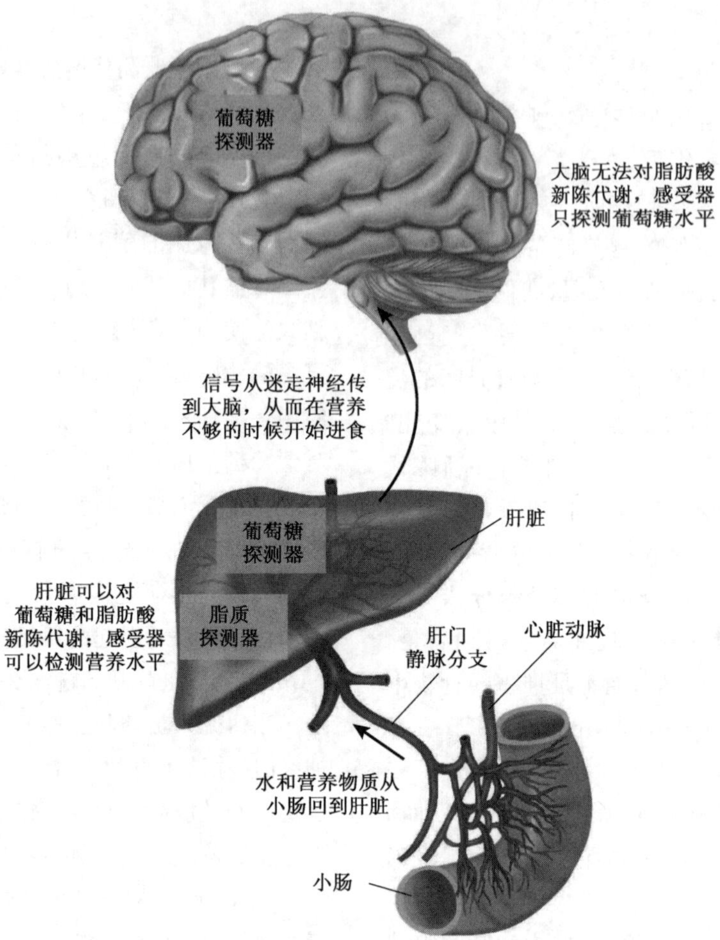


**图 12.13　肝脏中葡萄糖和脂质的营养感受器**

葡萄糖和脂质的感受器位于肝脏中，通过迷走神经向大脑传递关于葡萄糖和脂肪酸的信号。这些感受器位于血脑屏障之外。葡萄糖感受器也位于血脑屏障内的大脑中。

重要的是，没有一组受体单独负责大脑用来控制饮食的信息。例如，敲除胃饥饿素基因的小鼠几乎正常进食。此外，Tordoff 等人(1982)发现切割迷走神经的肝支，可防止源自肝脏的饥饿信号到达大脑，对动物的日常进食几乎没有影响。最后，消除葡萄糖缺乏和脂质缺乏信号的髓质损伤不会导致进食控制的长期紊乱(Ritter et al., 1992)。显然，控制新陈代谢和摄入行为对于保障个体生理机制来说太重要了。

## 本节回顾

### 进食：开始用餐的信号

目标 12.8　描述作为一种饥饿信号的胃饥饿素，包括它的来源和与肥胖、禁食和吸收阶段的关系。

胃饥饿素是一种肽，它在胃和上肠道排空时由胃释放出来，是一种有效的食物摄入刺激物。在吸收阶段，胃饥饿素水平较低，在餐前增加。胃旁路手术降低了胃饥饿素水平，并与体重减轻有关。

目标 12.9　描述代谢信号如何在开始一餐中起作用。

对葡萄糖和脂肪酸代谢抑制剂的研究表明，这两种营养素的低水平都与饥饿有关；也就是说，动物会因葡萄糖和脂质缺乏而进食。这些信号通常仅在错过一餐之后才出现。肝脏中的感受器检测到葡萄糖和脂质缺乏，并通过迷走神经的感觉轴突将这些信息传递给大脑。通过干扰髓质中的葡萄糖代谢也可以刺激葡萄糖缺乏进食；因此，大脑有自己的葡萄糖敏感探测器。

## 思考题

在未来（当你成为一名成功的神经科学家时），动物学家会向你介绍一种濒临灭绝的灵长类物种，其神经系统与人类非常相似。这些动物不进食，动物学家很担心。假如你可以使用任何神经科学工具的话，你会建议用什么方法来帮助增加这些动物的摄食行为？

# 进食：停止用餐的信号

人们如何保持体重？如果人不保持体重，而使其大量增加或减少，会发生什么？调节体重需要在食物摄入和能量消耗之间取得平衡。如果我们摄入的卡路里比我们消耗的卡路里多，我们就会增加体重；碳水化合物和蛋白质含有约 4 千卡/克，脂肪含有约 9 千卡/克（你可能看到印在食品标签上的“卡路里”实际上是千卡，即 1 000 卡路里或足够将一升水的温度提高 1 摄氏度的能量）。鉴于全世界肥胖人数增加了一倍，1980 年，研究人员、临床医生和政策制定者有兴趣更多地了解与饱腹感相关的因素及有助于停止进餐的因素（WHO, 2015）。

假设我们的能量消耗是恒定的，我们需要两种机制来维持相对恒定的体重。如果我们的长期营养储备正在枯竭，一种机制必须增加我们的进食动力，如果我们开始摄入比我们需要的更多的卡路里，另一种机制必须限制我们的食物摄入量。不幸的是，第一种机制比第二种机制更有效。一般来说，饱和感信号有两个主要来源——停止进餐的信号：短期和长期饱腹感信号。短期饱腹感信号会使人停止进食。脂肪组织中出现长期饱腹感信号，其中含有长期营养物质。这些信号不能控制特定膳食的开始和结束，但从长远来看，它们通过调节大脑机制对其接收的饥饿和饱腹感信号的敏感性来控制卡路里的摄入。以下部分将研究各种短期和长期饱腹感信号的影响（见图 12.14）。

## 短期饱腹信号

目标 12.10　描述短期饱腹信号的一般功能。

除了身体的能量需求引起的因素外，考虑以下的案例研究描述，并考虑哪些额外的因素可能会影响短期饱腹感：

病人 B. R.是一名 59 岁的男性，他经历了急性脑炎发作，导致他的内侧颞叶包括海马和杏仁核的双侧损害。结果，他经历了严重的短期记忆损伤，没有意识到记忆问题，不熟悉他住了一年多的医院环境和房间。为了评估外显记忆在结束一顿饭中的作用，研究人员连续三天每天向 B. R.提供一顿午餐。在 10 到 30 分钟的休息之后，提供第三顿饭。B. R.吃完了提供的第一和第二餐。有一天，他也开始吃第三顿饭。

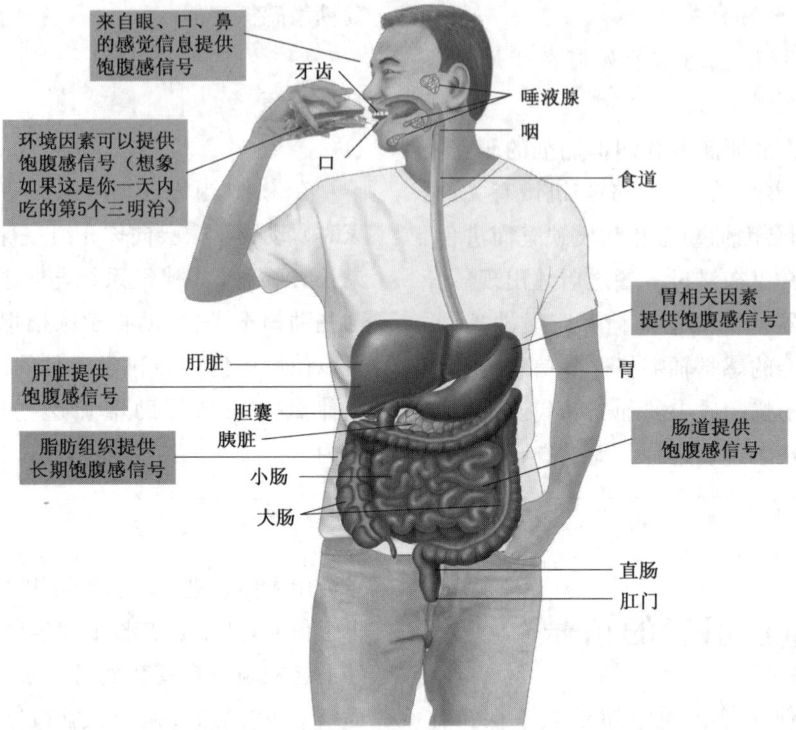


**图 12.14　饱腹感信号**

短期信号以蓝色显示；长期信号为红色。

研究人员得出的结论是："对近期饮食的记忆在人类进餐的开始和结束过程中扮演着重要的角色，但这一角色之前并未受到重视。"(Rozin et al.，1998，p. 394)除了将在下一节中讨论的信号外，对我们最近一顿饭的记忆也可能在停止一顿饭的过程中扮演重要角色。短期饱腹感信号来自眼前吃一顿饭的效果，在食物被消化之前很早就开始了。为了寻找这些信号，我们将沿着摄取食物的路径进行：眼、鼻和口，胃，小肠和肝脏。这些位置中的每一个都有可能向大脑提供一个信号，表明食物已经被摄入，并且正在朝着吸收的方向前进。我们将首先从更广泛的背景和环境因素的影响开始。

## 环境因素信号

目标 12.11　举出有助于饱腹感的环境因素。

因为饥饿的后果要比暴饮暴食的后果严重得多，自然选择的过程给了我们强大的开始进食机制，却给了我们较弱的停止进食机制。许多环境因素都能增加餐量，这说明对饮食的抑制控制相对较弱。如果食物摄入受到严格限制，那么要让一个人吃得超过正常量应该是很困难的。de Castro 和他的同事(de Castro，2004)发现，如果食物特别好吃，和其他人一起吃，分量更大，比平时晚开始吃，人们就会吃得更多。

Harrar 和 Spence(2013)展示了环境因素对饮食的影响，他们操纵了塑料餐具的视觉和触觉属性(重量、大小、颜色和形状)，并测量了参与者对不同餐具上相同食物的口味和喜欢程度的评分。研究人员发现，根据餐具和食物的特点，人们的口味和喜爱程度各不相同。综合起来，研究表明环境因素(例如，餐具的性质或一天中的时间)可能是短期饱腹感的重要调节因素。

## 感觉因素信号

目标 12.12 举出有助于饱腹感的感觉因素。

感觉因素包括食物的外观、气味、味道、质地和温度。这些因素在饱腹感中最重要的作用是，食物的味道和气味可以作为刺激，让动物了解不同食物的卡路里含量。例如，Cecil 等人(1998)发现，当人们吃一碗高脂汤时，会比当实验者用软管向他们的胃里注入等量的汤时更饱。很明显，品尝和吞咽汤的行为会让人产生饱腹感，而这种饱腹感是由胃里的汤引起的。

正如你在第 7 章读到的，化学感觉(味觉和嗅觉)相互作用，在进食体验中扮演重要角色。然而，与年龄相关的味觉和嗅觉的下降会导致老年人食欲下降和体重减轻。一些旨在维持这一人群体重和营养状况的干预措施包括提高食物的味道和气味，使其更可口(Schiffman，2000)。

## 胃因素信号

目标 12.13 解释胃如何提供饱腹信号。

很明显，胃里的受体可以检测到营养物质的存在。Davis 和 Campbell(1973 年)允许大鼠吃饱；此后不久，他们通过植入的管子从大鼠的胃里取出食物。当大鼠被允许再次进食时，它们吃下的食物数量几乎与被取出的食物数量完全相同。这一发现表明动物能够监控自己胃里的食物量。

Deutsch 和 Gonzalez(1980)证实并扩展了这些发现。他们发现，当从刚吃完的大鼠的胃里取出食物时，大鼠会立即吃下足够的食物来代替被取走的食物，即使实验者用非营养性的盐溶液代替食物。看来，这些大鼠并不是简单地测量它们胃里食物的量，因为它们并没有被盐水注射愚弄。当然，本研究仅表明胃中含有营养受体；这并不能证明肠道里没有检测器。

这些结果是否也适用于人类？很可能是这样。Steinert 等人(2012)将葡萄糖溶液注入健康志愿者的胃或肠。当葡萄糖溶液被注入胃而不是肠时，志愿者报告称饱腹感增加，饥饿感减少。如前所述，胃和消化道释放胃饥饿素。虽然胃饥饿素的含量在饭前会很高，但胃饥饿素的水平在饭后会下降，并提供了胃饱腹感的因素。

## 肠道因素信号

目标 12.14 解释肠道如何提供饱腹信号。

事实上，肠道中确实含有营养物质。对大鼠的研究表明，十二指肠的传入轴突对葡萄糖、氨基酸和脂肪酸的存在很敏感(Ritter et al.，1992)。事实上，在十二指肠中发现的一些化学感受器也存在于舌头中。这些轴突可以向大脑传递饱腹信号。

Feinle 等人(1997)的一项研究发现了人类肠道饱腹因素的证据。研究人员让人们吞下一个绑在软管末端的充气袋。当胃和十二指肠空空如也时，参与者报告说，当袋子膨胀时，他们只是觉得肚子胀了，填满了肚子。然而，当脂肪或碳水化合物被注入十二指肠时，当袋子膨胀时，人们报告说他们有饱腹感，就像吃完饭后的感觉一样。因此，胃和肠饱腹感因素可以相互作用。这并不奇怪，因为当我们吃完一顿正常的饭的时候，我们的胃已经饱了，十二指肠吸收了少量的营养。

食物到达胃后，会与盐酸和胃蛋白酶混合，胃蛋白酶是一种将蛋白质分解成氨基酸的酶。随着消化的进行，食物逐渐从胃进入十二指肠。在那里，食物与胆汁和胰脏酶混合，继续消化过程。十二指肠通过分泌一种叫做**胆囊收缩素**(CCK)的肽激素来控制胃排空的速度。这种激素得名于它导致胆囊收缩，将胆汁注入十二指肠。(胆汁将脂肪分解成小颗粒，以便从肠道中吸收。)CCK 是由于脂肪的存在而分泌的，脂肪被十二指肠壁上的感受器检测到。除了刺激胆囊收缩外，CCK还能使幽门收缩，抑制胃收缩，从而防止胃给十二指肠提供更多的食物。

CCK的血液含量必须与十二指肠从胃中吸收的营养物质（尤其是脂肪）有关。因此，这种激素可能向大脑提供饱腹感信号，告诉它十二指肠正在从胃里接收食物。许多研究确实发现注射CCK可以抑制进食（Moran，2009）。然而，负责CCK产生的基因靶向突变的小鼠吃了正常量的食物，没有变得肥胖。据推测，补偿机制可以防止动物过度进食。CCK不会直接作用于大脑；相反，它作用于位于胃和十二指肠交界处的感受器（Moran et al.，1989）。South和Ritter（1988）发现辣椒素应用于迷走神经时CCK抑制食欲的作用被消除。辣椒素是从辣椒中提取的一种药物，可以破坏迷走神经的感觉轴突。这一发现表明CCK受体的信号通过迷走神经传递到大脑。

正如我们在本章前面看到的，胃分泌胃饥饿素提供了一个信号，增加饥饿。一旦一顿饭开始，食物开始进入十二指肠，胃饥饿素的分泌被抑制。抑制饥饿信号可能是结束一顿饭的另一个因素。

研究人员在胃肠道中发现了一种由细胞产生的化学物质，它似乎是一种额外的饱腹信号。这种化学物质，**肽 $YY_{3\text{-}36}$**（我们姑且称其为PYY），在饭后由小肠释放，其数量与刚刚摄入的卡路里成正比（Pedersen-Bjergaard et al.，1996）。只有营养素会引起PYY的分泌；大量饮水不起作用。注射PYY明显减少了包括大鼠、瘦人和肥胖者在内的不同物种成员所吃食物量（Batterham et al.，2007；Schloegl et al.，2011）。此外，Stoeckel等人（2008）发现餐后释放的PYY量与人们对饱腹感的评价呈正相关（见图12.15）。

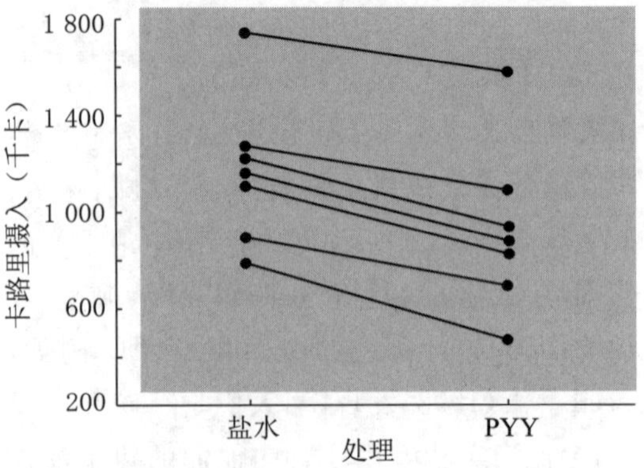


**图 12.15 PYY对饥饿的影响**

本图显示了人们接受90分钟静脉输注生理盐水或PYY，30分钟后在自助餐中食用的食物量（以千卡为单位）。每个人的数据点通过直线连接。

资料来源：Batterham，R.L.，ffytche，D.H.，Rosenthal，J.M.，et al.，PYY modulation of cortical and hypothalamic brain areas predicts feeding behaviour in humans，*Nature*，2007，450，106—109。

## 肝脏因素信号

目标12.15　解释肝脏如何提供晚期饱腹信号。

胃因素和十二指肠因素产生的饱腹感是可预期的；也就是说，这些因素预测消化系统中的食物在被吸收后，最终会恢复饥饿的系统变量。只有当营养物质从肠道中被吸收，它们才能被用来滋养身体细胞，补充身体的营养库。饱腹信号的最后一个阶段似乎来自肝脏，肝脏是第一个知道食物最终是从肠道获得的器官。

肝脏中的营养探测器在饱腹感中发挥作用的证据来自几个方面。例如，Tordoff和Friedman（1988）将少量的葡萄糖和果糖注入肝门静脉。他们使用的量与一顿饭被消化时产生的量相似。这两种输液都“愚弄”了肝脏；这两种营养都减少了大鼠的食物摄入量。果糖不能穿过血脑屏障，身体其他部位的细胞代谢能力很差，但肝脏很容易代谢它。因此，这种营养物质发出的信号一定来自肝脏。这些结果有力地表明，当肝脏从肠道中吸收营养时，它会向大脑发送一个产生饱腹感的信号。更准确地说，这个信号延续了由胃和上肠道发出开始有饱腹感的信号。

## 胰岛素信号

目标 12.16 解释胰岛素如何作为饱腹信号。

正如你之前读到的，新陈代谢的吸收阶段伴随着血液中胰岛素的增加。胰岛素允许大脑以外的器官代谢葡萄糖，并促进营养物质进入脂肪细胞，在脂肪细胞中转化为甘油三酯。记住大脑中的细胞不需要胰岛素来代谢葡萄糖。然而，大脑中含有胰岛素受体（Unger et al.，1989）。这些胰岛素受体的作用是什么？它们似乎能检测到血液中存在的胰岛素，这告诉大脑身体可能处于新陈代谢的吸收阶段。因此，除了其他作用，胰岛素还可能作为饱腹信号（Woods et al.，2006）。

胰岛素是一种肽，通常不会进入大脑。然而，一种运输机制使其通过血脑屏障，并到达下丘脑的神经元，而下丘脑与饥饿和饱腹感有关。向第三脑室注射胰岛素会抑制进食，导致体重下降（Woods et al.，1979）。此外，Bruning 等人（2000）在小鼠身上制备了一种靶向突变，这种突变可以阻止大脑中胰岛素受体的产生，而不会影响身体其他部位的胰岛素受体的产生。这些小鼠变得肥胖，特别是当它们被喂食美味的高脂肪食物时，如果没有饱腹感的因素，这是可以预料的。

葡萄糖和脂质受体位于肝脏，通过迷走神经向大脑传递葡萄糖和脂质形成的信号。这些受体位于血脑屏障之外。葡萄糖受体也位于大脑血脑屏障内。

## 长期饱腹感：脂肪组织信号

目标 12.17 对比脂肪组织的饱腹信号与短期饱腹信号的作用。

到目前为止，我们已经讨论了由一顿饭引起的短期饱腹感因素。但对大多数人来说，体重似乎是长期控制的。如果一只动物被强迫喂食，使它变得比正常体重更重，一旦它被允许选择吃多少，它就会减少食物的摄入量（Wilson et al.，1990；参见图 12.16）。类似的研究表明，如果给动物喂食高热量或低热量的食物，它们会适当调整食物摄入量。如果动物的饮食能够减轻体重，短期饱腹感的影响就会大大降低（Cabanac and Lafrance，1991）。因此，来自长期营养库的信号可能会改变大脑对饥饿信号或短期饱腹信号的敏感性。

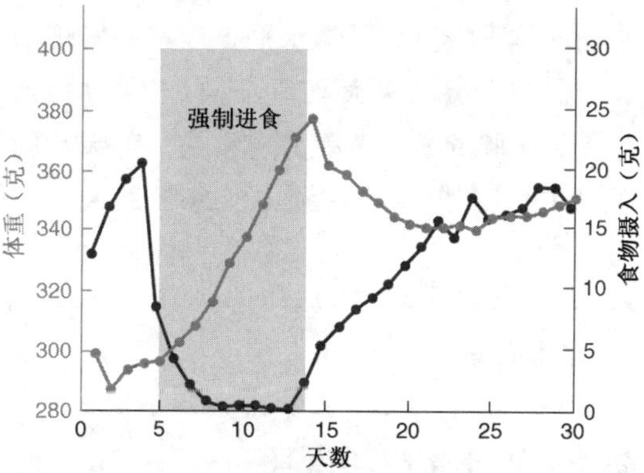


**图 12.16 强制进食的效应**

在给大鼠喂食过量的食物后，它们随后的食物摄入量下降，只有当体重恢复正常时才能恢复。

资料来源：Wilson et al.，1990。

究竟是什么系统变量使大多数生物体的体重保持相对稳定？很可能与体脂有关的某些变量是受调控的。肥胖人群和非肥胖人群的基本区别在于脂肪组织中储存的脂肪量。也许脂肪组织向大脑提供了一个信号，表明有多少脂肪存在。如果是这样的话，这个信号几乎可以肯定是某种化学物质，因为切断为动物体内脂肪组织服务的神经不会影响它体内的总脂肪。在对一种基因肥胖的小鼠进行了多年的研究之后，研究者在脂肪组织中发现了一种长期的饱足信号。**ob 小鼠**（正如其名）新陈代谢低，吃得过多，变得超重。它也会在成年后发展成糖尿病,就像很多肥胖的人一样(参见图 12.17)。几个实验室的研究人员报告了肥胖基因的发现(Campfield et al., 1995; Halaas et al., 1995; Pelleymounter et al., 1995)。一种叫做 OB 的特殊基因通常会产生一种被称为**瘦素**的肽激素。瘦素通常由营养丰富的脂肪细胞分泌。由于基因突变,ob 小鼠的脂肪细胞无法产生瘦素。

瘦素作为一种抗肥胖激素,对新陈代谢和饮食有着深远的影响。如果 ob 小鼠每天注射瘦素,它们的代谢率会增加,体温会升高,它们会变得更加活跃,吃得更少。结果,它们的体重恢复到平均水平。瘦素的发现引起了研究人员的极大兴趣,他们正在寻找治疗人类肥胖的方法。因为瘦素是一种天然的激素,它似乎提供了一种方法来帮助人们减肥,而不使用有潜在有害影响的药物。不幸的是,正如我们将在本章后面看到的,对于大多数人来说,瘦素并不是治疗肥胖的有效方法。

**图 12.17　瘦素对 ob 肥胖小鼠的影响**

左边的 ob 小鼠未经治疗;右边的每天注射瘦素。

资料来源 Dr. J. Sholtis, The Rockefeller Universityt. Copyright © 1995 Amgen, Inc。

## 本节回顾

### 进食:停止用餐的信号

目标 12.10　描述短期饱腹信号的一般功能。

短期饱腹感信号决定一顿饭的多少。短期饱腹感信号来自吃一顿饭的直接影响,这种影响在食物被消化之前就开始了。

目标 12.11　举出有助于饱腹感的环境因素。

如果食物特别好吃,和别人一起吃,分量更大,比平时晚开始,人们就会吃得更多。

目标 12.12　举出有助于饱腹感的感觉因素。

感觉因素包括食物的外观、气味、味道、质地和温度。与饱腹感相关的感觉因素包括来自口鼻的、关于食物营养价值的反馈。

目标 12.13　解释胃如何提供饱腹信号。

胃饱腹因素是通过食物进入胃而被激活的。胃里有能传递饱腹信号的营养探测器。正如本章前面提到的,胃和肠也会分泌胃饥饿素,胃饥饿素水平的下降会向大脑提供饱腹感信号。

目标 12.14　解释肠道如何提供饱腹信号。

肠道饱腹因素是通过食物从胃进入十二指肠激活的。肠里有能传递饱腹信号的营养探测器。另一种来自肠道的饱腹信号是由胆囊收缩素(CCK)提供的,当它从胃中获得富含脂肪的食物时,十二指肠会分泌出这种信号。有关 CCK 分泌的信息通过迷走神经传入轴突传递到大脑。肽 $YY_{3-36}$(PYY)是一种由肠道分泌的肽,也是饱腹信号。正如本章前面提到的,胃和肠都会分泌胃饥饿素,胃饥饿素水平的下降会向大脑提供饱腹感信号。

目标 12.15　解释肝脏如何提供晚期饱腹信号。

饱腹信号来自肝脏,它检测肠道通过肝

门静脉接收的营养物质。

目标 12.16 解释胰岛素如何作为饱腹信号。

虽然血液中高水平的胰岛素通过降低血糖水平而导致血糖升高，但与新陈代谢吸收阶段相关的中高水平的胰岛素向大脑提供了饱腹信号。

目标 12.17 对比脂肪组织的饱腹信号与短期饱腹信号的作用。

与调节食物摄入多少的短期饱腹信号不同，脂肪组织产生的信号会长期影响食物摄入，这显然是通过有效调节短期饥饿和饱腹信号而实现的。强制喂食会促进饱腹感，而饥饿会抑制饱腹感。对 ob 小鼠的研究导致了瘦素的发现，瘦素是一种由营养良好的脂肪组织分泌的肽激素，能提高动物的新陈代谢率并减少食物摄入量。

## 思考题

激素是如何参与饮食调节的？制作一个表格来组织激素在短期和长期饱腹感中的作用。首先，列出这一部分中所有的激素信号。对于每种激素，当一个人处于吸收或禁食阶段时，判断它是否可能存在。其中，一列为吸收期，另一列为空腹期。对于每种激素，说明在每个阶段它是存在(＋)还是不存在(－)。在制作完表格后，你认为开始或停止一顿饭涉及更多的激素信号吗？为什么会这样？

## 大脑机制

尽管许多饥饿与饱腹感的信号来源于消化系统和身体里的营养储备，但是这些信号指向大脑。这一部分探讨的是关于脑部机制控制食物摄取和新陈代谢的研究。

### 脑干

目标 12.18 举出脑干参与饮食调节的功能。

摄食行为在系统发生上是古老的。我们的祖先在吃喝方面或多或少由于脱水和饥饿导致过早死亡。我们应该期望于过去的大脑回路能程序化地规划咀嚼、吞咽等基本的摄食行为。事实上，研究表明这些行为在一些去脑的大鼠身上也被执行，它们的大脑在间脑和中脑之间传递(Flynnand Grill, 1983; Grill and Kaplan, 1990; Norgren and Grill, 1982)。**大脑切除术**切断与大脑半球神经回路相连的脑干和脊髓运动神经元(比如大脑皮层和基底神经节)。大脑中唯一可以显示的行为是那些直接由位于脑干内部的神经回路控制的行为(见图 12.18)。

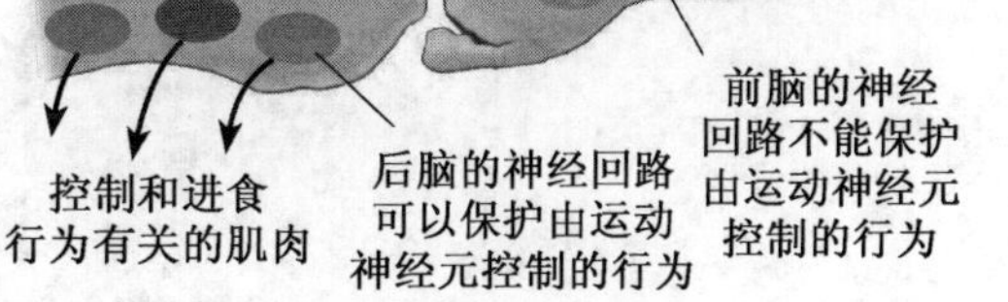


**图 12.18 大脑切除术**

该手术使前脑与后脑断开，使得涉及摄入行为的肌肉仅由后脑机制控制。

去脑鼠不能找到并吃下食物，因此实验必须采用流食喂进它们的嘴巴。去脑鼠可以区分两种不同的味道，它们喝甜的或略带咸味的液体，吐出苦的。它们甚至会对饥饿和饱腹感做出反应。在被剥夺了 24 小时的食物后，它们喝下更多的蔗糖，如果一些蔗糖直接被直接注射到它们的胃里，它们就会少喝一些。它们也会对葡萄糖酸缺乏作出进食反应。这些研究表明，脑干中包含的神经回路可以检测到饥饿和饱腹感信号，并至少控制食物摄入量的某些方面。

背侧髓质区域包括极后区和孤束核（称为 AP/NST）接收来自舌头的味觉信息和来自内部器官的各种感觉信息，包括来自胃、十二指肠和肝脏的探测器发出的信号。除此以外，我们发现此区域里有一系列对大脑自身的能量源葡萄糖敏感的探测器。所有的信息被传输到前脑区域，更直接地控制食物摄取和新陈代谢。有证据表明，饥饿事件的发生增加了 AP/NST 神经元的活动。与此同时，该区域的病变同时消除了葡萄糖和脂质缺乏引起的进食（Ritter et al.，1994；Ritter and Taylor，1990）。

## 下丘脑

目标 12.19　描述下丘脑的细胞核和神经化学系统在饥饿和饱腹感中的作用。

在 20 世纪 40 年代和 50 年代的发现引起了研究人员的注意，他们对下丘脑两个区域的摄食行为感兴趣：侧区和腹内侧区。多年来，研究人员认为这两个脑区分别控制了饥饿和饱腹感；一个区域起加速提升作用，另一个则起阻碍作用。有以下几项基本发现：下丘脑侧区受到破坏时，动物停止进食或饮水（Anand and Brobeck，1951；Teitelbaum and Stellar，1954）。在受伤的下丘脑区域实施电刺激时会产生进食、饮水或者两个行为都产生。相反地，腹内侧下丘脑的病变会产生过度进食导致肥胖，反之，电刺激会抑制进食（Hetherington and Ranson，1942；见图 12.19）。

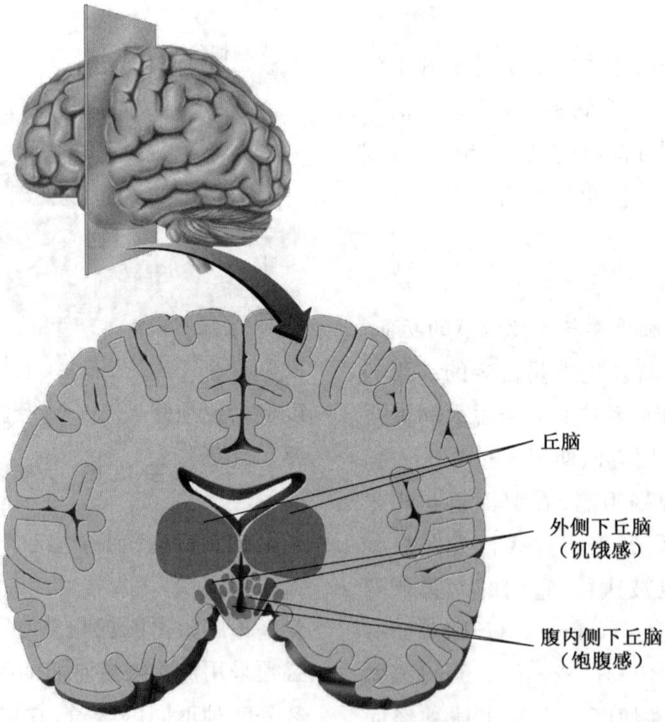


**图 12.19　下丘脑的作用**

下丘脑外侧调节饥饿感，下丘脑腹内侧调节饱腹感。

**饥饿感的作用**　下丘脑中的神经元产生的几种多肽在进食和新陈代谢的控制中起着特殊的作用(Arora and Anubhuti，2006)。

MCH 和食欲肽　黑色素聚集激素(MCH)和食欲肽这两种多肽由外侧下丘脑的神经元产生，刺激饥饿感并降低代谢率，从而增加和保护身体的能量储存。

研究人员将 MCH 和食欲肽(也称为下丘脑分泌素)称为“食欲诱导化学物质”。将这些肽中的任何一种注入侧脑室或大脑的各个区域能诱导进食。如果大鼠被剥夺了食物，在外侧下丘脑中产生的 MCH 和食欲肽会增加(Dube et al.，1999；Qu et al.，1996；Sakurai et al.，1998)。MCH 基因靶向突变的小鼠或接受 MCH 受体拮抗剂注射的小鼠比正常小鼠吃得少，因此体重过轻(Ito et al.，2010；Shimada et al.，1998)。除此以外，下丘脑 MCH 增加的转基因鼠会过度进食和增肥(Ludwig et al.，2001)。

除了在睡眠周期的调节中起作用(正如我们在第 9 章中看到的)，食欲肽同样也在进食和睡眠的关系中起着重要作用。Mieda 等人(2004)以基因突变对食欲肽基因的阻抗作用为目标研究小鼠。每天在同一时间吃一顿饭的健康鼠表现在饭点前增加运动活动。它们也显示了此时活跃的神经细胞的激活。据推测，在野外，这种预期的活动将会在饥饿引发的食物搜索中显现出来。Mieda 和他的同事们发现，对小鼠调整了食欲肽的摄入量，这样它们在一顿饭中就能得到足够的食物，但是在用餐之前它们并没有表现出更多的清醒或预期的活动。Yamanaka 等人(2003)认为在进食后分泌的神经细胞活动减少，这可能导致进食后经常感到的睡意。

MCH 和食欲肽神经元的轴突延伸到各种各样的大脑结构中，它们被认为与动机和运动有关，包括大脑新皮层、导水管周围灰质、网状结构、丘脑和蓝斑。这些神经元也与脊髓中的神经元有联系，控制着自主神经系统，这就解释了它们如何影响身体的代谢率(Nambu et al.，1999；Sawchenko，1998)。这些联系如图 12.20 所示。

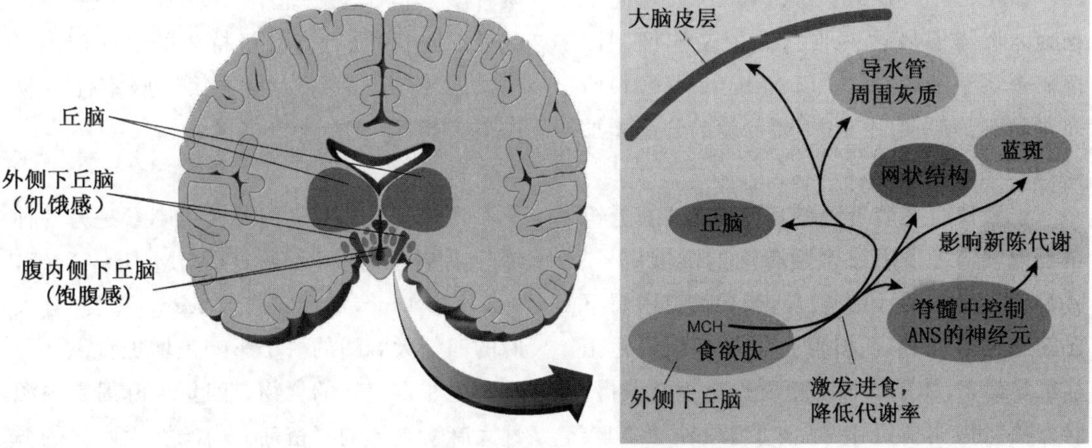


**图 12.20　大脑中的进食回路**

本图显示外侧下丘脑 MCH 神经元和食欲肽神经元的连接。

神经肽 Y　就像我们之前看到的，空腹时的饥饿信号或者是由腹腔和脑干的探测器引起的饥饿信号。这些信号如何激活侧下丘脑的 MCH 和食欲肽神经元？这一路径的一部分涉及一种非常有效的食物摄取刺激器神经元系统，它分泌一种叫做**神经肽 Y**(NPY)的神经递质(Clark et al.，1984)。将 NPY 注入下丘脑会产生贪婪，近乎疯狂的进食。大鼠在大脑注入这种肽的情况下会变得努力工作，为了每一口食物多次按压杠杆，它们会吃到加了奎宁变苦的食物，然后会继续喝牛奶，这么做意味着它们的舌头会接收到一个电刺激(Flood and Morley，1991；Jewett et al.，1992)。

Yang 等人(2009)发现，在下丘脑中增加 NPY 的基因操作增加了大鼠的食物摄入量。相反地，在一群大鼠中有选择地培育过度饮食导致肥胖，在下丘脑中减少 NPY 的基因操作减少了食物摄入量，也减少了肥胖和糖尿病。

大多数分泌 NPY 的神经元的细胞体都存在于位于第三脑室底部的下丘脑**弓形核**中。

分泌 NPY 的神经元受到饥饿和饱足信号的影响；Sahu 等人(1988)发现 NPY 的下丘脑水平通过剥夺食物和减少食物摄入来增加。除此之外，Myers 等人(1995)发现向下丘脑注入药物会阻止神经肽 Y 受体抑制因食物匮乏导致的进食。Li 和 Ritter(2004)研究发现，在一些神经元中，葡萄糖的分泌增加了 NPY 的产生。

正如我们之前看到的，胃里释放的胃饥饿素为大脑提供了一个强有力的饥饿信号。Shuto 等人(2002)研究发现，靶向突变阻碍下丘脑产生胃饥饿素受体的大鼠，其摄食比正常鼠慢得多，体重增加的速度也比正常鼠慢。研究数据指明胃饥饿素通过刺激位于 NPY 神经元上的受体影响食欲和新陈代谢。(Nakazato et al.，2001；Van den Top et al.，2004；Willesen et al.，1999)。因此，两个重要的饥饿感信号，葡萄糖缺乏和胃饥饿素，会激活神经细胞内的 NPY 神经元。

多巴胺　Abizaid 等人(2006)研究发现，胃饥饿素也激活中脑边缘动机和强化系统中的神经元。多巴胺能(DA)在腹侧被盖区(VTA)的神经元中包含了胃饥饿素受体，研究人员发现，在胃内注射胃饥饿素或在腹侧被盖区直接注入胃饥饿素会引起大鼠和小鼠的进食。VTA 多巴胺能神经元的主要目标是通过胃饥饿素的管理增加 DA 神经元的活动，触发伏隔核活动的释放。

刺鼠相关蛋白　弓状核的 NPY 神经元直接向外侧下丘脑的 MCH 和食欲肽神经元发送投射(Broberger et al.，1998；Elias et al.，1998b)。这些连接似乎主要是由 NPY 神经元激活引起的进食。此外，NPY 神经元将轴突投射到**室旁核**(PVN)，这是下丘脑的一个区域，在那里，NPY 的注入会影响代谢功能，包括胰岛素的分泌(Bai et al.，1985)。

下丘脑 NPY 神经元的终端除了神经肽 Y 与神经肽相关的蛋白质外，还会释放其他的肽激素。下丘脑 NPY 神经元终端释放的促进食欲的肽除了神经肽 Y 外，还有**刺鼠相关蛋白**，或称 AGRP(Hahn et al.，1998)。这两种激素似乎在一起作用。AGRP 像 NPY 一样，是一种强有力且极持久的治疗剂。将少量的 AGRP 注入大鼠的第三脑室使食物的摄入量增加的效果持续 6 天(Lu et al.，2001)。

内源性大麻素　内源性大麻素是另一种治疗剂混合物(Di Marzo and Matias，2005，and Bellocchio，2010，for reviews)。含有大麻的四氢大麻酚的一个影响是增加食欲——特别是非常美味的食物。四氢大麻酚是内源性大麻素受体的兴奋剂。内源性大麻素的循环路径被四氢大麻酚模仿，刺激饮食，明显通过增加 MCH 和食欲肽的释放来实现。(回想一下第 4 章，大麻素受体在终扣上被发现，在那里它们调节其他神经递质的释放。)内源性大麻素的最高值在禁食期间，最低值在吸收期间。一种基因突变扰乱了 FAAH 的生产，它们被释放后会破坏内源性大麻素的酶，造成过度饮食和肥胖。大麻素激动剂已经被用来增加癌症患者的食欲，大麻素拮抗剂被用来作为减轻体重的辅助手段，直到发现副作用。（在这一章的后面，你可以在关于肥胖的章节读到更多关于这个用途的内容。）

总而言之，外侧下丘脑的 MCH 和食欲肽神经元的活动增加了食物的摄入量并降低了代谢率。这些神经元是由弓形核的 NPY/AGRP 神经元激活的，这些神经元对胃饥饿素敏感，接收来自髓质神经细胞的兴奋性输入且对葡萄糖缺乏很敏感。弓状核的 NPY/AGRP 神经元也投射到室旁核，它在控制胰岛素分泌和新陈代谢方面起着重要作用。内源性大麻素通过增加 MCH 和食欲肽的释放来刺激食欲（见图 12.21）。

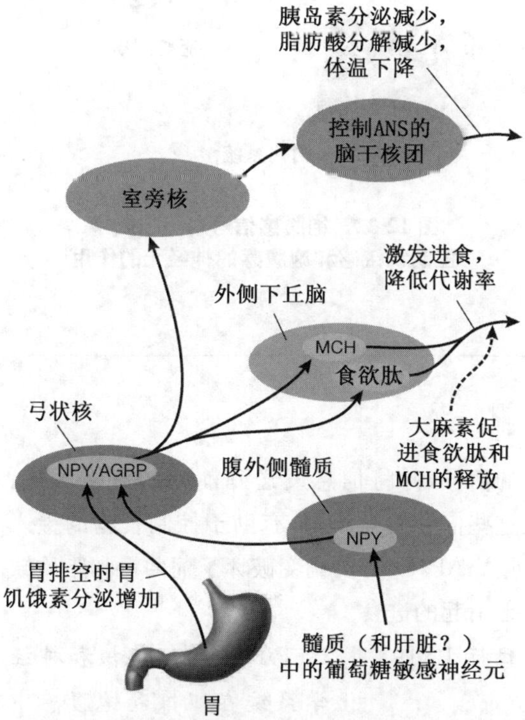


**图 12.21 饥饿信号在大脑进食回路中的作用**

本图显示了弓状核 NPY 神经元的连接。

**饱腹感的作用** 腹内侧下丘脑是一个重要的饱腹感调节器。在这里，不同饱腹感信号汇聚并抑制进食行为。几种激素，即食欲减退或抑制食欲的肽，在腹内侧下丘脑的作用下，起到了产生饱腹感的作用。

*瘦素* 正如我们在这一章中看到的，瘦素，一种由脂肪组织分泌的激素，抑制进食并提高动物的新陈代谢率。这种长期饱腹感信号与饥饿的神经回路之间的相互作用正在被发现。瘦素通过与大脑中的受体结合而产生行为和代谢效应——特别是分泌食欲肽的 NPY 和 AGRP 神经元。

因为 NPY/AGRP 神经元通常激活食欲肽和 MCH 神经元，所以在弓状核中存在瘦素减少了这些食欲肽的释放。瘦素似乎抑制了动物对与食物相关的嗅觉和味觉刺激的敏感性。Getchell 等人（2006）研究发现，缺乏瘦素基因的 ob 小鼠埋藏食物比正常小鼠要快得多。向突变小鼠注射瘦素增加了它们寻找食物的时间。Kawai 等人（2000）研究发现，瘦素降低了味觉甜味受体对蔗糖和糖精的敏感度。

*CART* 弓状核包含另一种神经系统，它分泌两种多肽。Douglass 等人（1995）发现了第一种肽，它现在被称为 **CART**（用于可卡因和苯丙胺调节转录肽）。当可卡因或安非他明被注射到动物体内时，这种肽的水平会增加，这可能与这些药物抑制食欲的问题有关。CART 神经元在饱腹感中似乎扮演着重要的角色。如果动物被剥夺了食物，CART 水平就会下降。进入脑室的 CART 会抑制进食，包括 NPY 刺激的进食。CART 抗体破坏 CART 分子，增加进食行为（Kristensen et al.，1998）。

CART 神经元的活动通过抑制 MCH 和食欲肽神经元来抑制进食，并通过这些神经元与室旁核中的神经元之间的连接来提高代谢率。CART 神经元包含激活作用的瘦素受体；因此，激活分泌细胞的神经元似乎至少对瘦素的饱腹作用有部分作用(Elias et al., 1998a)。

促黑激素 第二种抑食欲肽,即**α-促黑激素**(α-MSH),也由 CART 神经元释放。这种肽是一种**黑色素皮质素受体-4**(MC4R)激动剂;它与受体结合并抑制进食。你会记得 NPY 神经元释放也能刺激进食的 AGRP。α-MSH 和 AGRP 都与 MCAR 结合。然而,当 AGRP 与 MC4 受体结合并导致进食时(正如我们在前一节中看到的),α-MSH 与 MC4 受体结合并抑制进食。

总而言之,瘦素似乎至少发挥了一些饱腹作用,它在弓状核上与瘦素受体结合。瘦素抑制 NPY/AGRP 神经元,抑制了这些多肽刺激并阻止它们引发的代谢率降低。瘦素激活了 CART/α-MSH 神经元从而抑制了外侧下丘脑的 MCH 和促食素神经元,并阻止它们对食欲的激活作用。PYY 在一餐后由胃肠道释放,抑制了食欲肽生成的 NPY/AGRP 神经元(参见图 12.22)。

对食物的食欲是由促食欲和抑食欲因素之间的平衡控制的。我们发现胃饥饿素激发 NPY/AGRP 神经元,直接增加食欲。胃饥饿素同样也阻止了 CART/α-MSH 神经元,这就减少了这两种多肽的抑食欲作用(Cowley et al., 2003)。另一种刺激食欲的肽,食欲肽,也可以抑制 CART/α-MSH 神经元(Ma et al., 2007)。因此,两种重要的食欲肽抑制了抑食欲肽的活性。

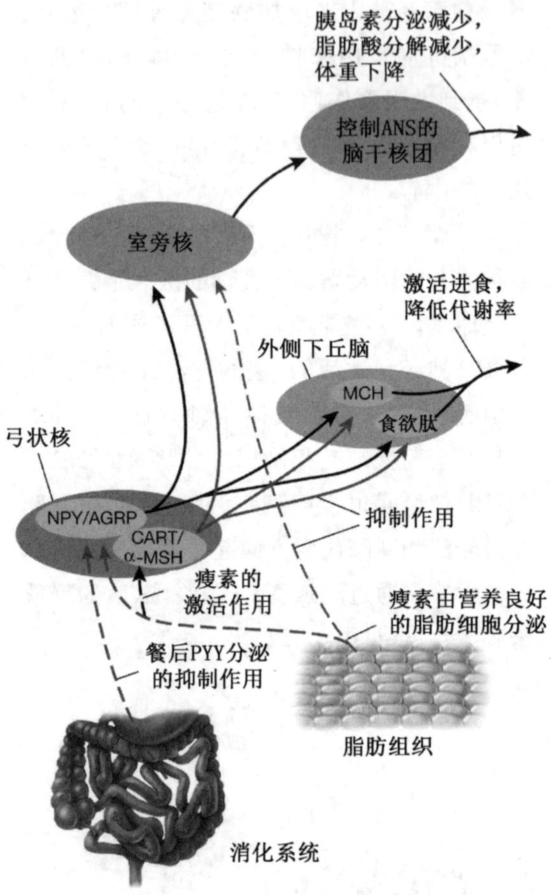


**图 12.22 饱腹感信号对下丘脑中控制饥饿感和饱腹感的神经元的作用**

## 本节回顾

### 大脑机制

目标 12.18 举出脑干参与饮食调节的功能。

脑干包含神经回路,能够控制对甜味或苦味食物的接受或排斥,甚至可以通过满足或生理饥饿信号来调节,比如葡萄糖代谢减少或消化系统中食物的存在。极后区和孤束核(AP/NST)接收来自舌头、胃、小肠和肝脏的信号,并将信息发送到前脑的许多区域。这些信号相互作用,有助于控制食物的摄入量。AP/NST 的病变破坏了葡萄糖和脂质缺乏引起的进食。

目标 12.19 描述下丘脑的细胞核和神经化学系统在饥饿和饱腹感中的作用。

外侧下丘脑参与进食,腹内侧下丘脑参

与调节饱腹感。外侧下丘脑包含两组神经元,神经元活动增加激发进食并降低代谢率。这些神经细胞分泌多肽食欲肽和 MCH(黑色素聚集激素)。食物匮乏会增加这些多肽的含量,而靶向突变鼠会对抗 MCH 导致过度进食。如果食物只能间歇性地摄入,那么在吃饭的时候,这些激素也可以防止动物在吃饭的时候睡觉。这些神经元的轴突投射到大脑中参与动机、运动和新陈代谢的区域。

神经肽 Y 在外侧下丘脑的释放引起了贪婪进食,这种效应是由分泌神经肽 Y(NPY)的神经元与食欲肽和 MCH 神经元之间的兴奋连接产生的。下丘脑中的 NPY 神经元接收来自葡萄糖敏感神经元的输入。NPY 神经元是下丘脑胃饥饿素的主要目标。胃饥饿素也通过刺激腹侧被盖区多巴胺能神经元激活中脑边缘强化系统,从而增加了多巴胺能的释放。当 NPY 被注入室内核中时,它会降低代谢率。当动物被剥夺食物时,NPY 的水平会增加,当动物吃东西时,它会再次下降。阻止 NPY 受体抑制进食。NPY 神经元也会释放一种叫做 AGRP 的肽。这种肽是 MC4 受体的拮抗剂,就像 NPY 一样,刺激进食。内源性大麻素也刺激进食,显然是通过增加 MCH 和食欲肽的释放。

瘦素使大脑对饥饿信号不敏感。它与下丘脑弓状核中的受体结合,在那里它可以抑制分泌 NPY 的神经元,提高代谢率和抑制进食。弓状核也含有分泌 CART 的神经元,一种抑制进食的肽。这些被瘦素激活的神经元与外侧下丘脑的 MCH 和食欲肽神经元形成抑制性连接。CART 还分泌一种叫做 α-MSH 的肽,它可以作为 MC4 受体的激动剂,抑制进食。胃饥饿素能激活 NPY/AGRP 神经元,刺激饥饿感,也抑制了 CART/α-MSH 神经元,抑制这些神经元分泌的多肽造成的饱腹感。由胃肠道系统释放的抑食欲肽 PYY,抑制 NPY 和 AGRP 的释放。

## 思考题

当地的犬类饲养者找到你,因为担心他们的狗吃得太多。这些狗的体重迅速增加,饲养员担心它们可能会出现诸如糖尿病和心血管疾病等负面的健康问题。饲养者想知道神经科学能做些什么来帮助他们。请给出两种可能有助于减少狗的食量的治疗方法或干预措施(目前可用于人类,可以在将来进行调整或开发),饲养者对你的建议感兴趣,所以不要忘记提供一种解释,说明干预如何影响神经系统。你可能还会认为,任何看似合理的干预都是可能的,即使一种技术、基于大脑的方法或药物还没有出现。

# 肥胖

随着家庭收入的增加,发达国家和发展中国家的肥胖率都在上升。例如,在 10 年的时间里,中国年轻城市儿童的肥胖发生率增加了 8 倍(Ogden et al., 2003; Zorrilla et al., 2006)。已知的肥胖健康风险包括心血管疾病、糖尿病、中风、关节炎和某些癌症。直到最近,在 40 岁之前,人们几乎从未见过 II 型糖尿病。然而,由于儿童肥胖发生率增加,这种疾病正变得越来越普遍,甚至在儿童中也是如此。评估身体重量和健康风险的一种方法是计算身体质量指数(BMI)。计算 BMI 的公式是:重量(kg)/[高度(m)]$^2$ 或重量(磅)/[高度(in.)]$^2$ × 703。BMI 分为 4 个基本类别，列在表 12.2 中。

表 12.2 BMI 分类

| 分　类 | BMI 分数(kg/m²) |
|---|---|
| 偏　瘦 | <18.5 |
| 正　常 | 18.5—25 |
| 偏　重 | >25 |
| 肥　胖 | >30 |

下面的例子是关于肥胖者减肥的一种方法。

A.J.是一位 17 岁的女性，她的 BMI 指数是 53。几年来，她参与了一项密集的减肥计划；她获得营养信息，定期进行体育锻炼，并得到了一位辅导员的支持。然而，这种干预被证明是无效的。作为另一种选择，A.J.决定进行胃部手术以减轻她的体重并改善健康。A.J.接受了袖状胃切除术。这个过程除去了大部分的胃袋，留下一个比原来的胃小得多的"袖状胃"。手术 6 个月后，她减去了 36.5 公斤(约 80 磅)。手术 12 个月后，她又减掉了 3.7 公斤(8 磅)，24 个月后，又增加了 11.4 公斤(25 磅)。她体重指数降至 35，同时内脏和皮下脂肪组织急剧减少(见图 12.23；Blüher et al., 2013)。这种减肥对 A.J.的术后健康有重要的影响，之前的肝酶升高(显示肝功能不佳)和胰岛素抵抗(II 型糖尿病的预测值)回到正常范围。

A.J.的案例研究强调了我们在克服肥胖方面所面临的挑战。尽管有许多不同的干预措施，但有效地治疗肥胖是很困难的。对一些人来说，严格控制饮食和严格的锻炼计划是有效的，但通常情况并非如此。对其他个体来说，胃部手术(比如 A.J.的袖状胃切除术是一种有效的治疗方法，但这些手术也不能保证有效。)是一种有效的治疗方法，你可以在后面的章节中读到。

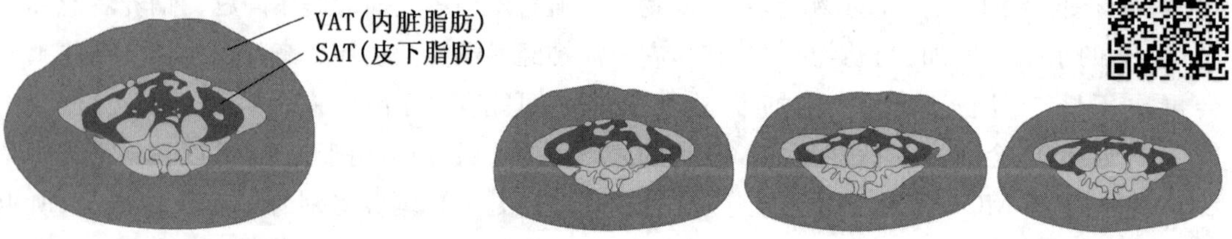


**图 12.23 胃部手术后 24 个月脂肪组织的减少**

A.J.腰部的横截面图显示，胃部手术前(Pre-OP)和术后 6 个月、12 个月、24 个月器官周围脂肪组织(红色)和皮下脂肪组织(蓝色)减少了。

资料来源：Blüher, S., Raschpichler, M., Hirsch, W., and Till, H., A case report and review of the literature of laparoscopic sleeve gastrectomy in morbidly obese adolescents: Beyond metabolic surgery and visceral fat reduction, *Metabolism*, 2013, 62[6], 761—767。

肥胖带来的挑战是复杂的，我们将更密切地关注导致肥胖的因素，这些因素也被证明可能可以有效对抗肥胖。例如，胃外科手术不仅改变了食物的摄入量，还会影响下丘脑的饥饿感和饱腹感。在一项研究中，患者报告说，在袖状胃切除术后，饥饿的感觉减少了，对食物的渴望也减少了(Rieber et al., 2013)，胃饥饿素和瘦素水平也得到下降(Yousseif et al., 2014)。

## 可能的原因

目标 12.20　讨论环境、体育活动和遗传对肥胖发展的作用。

是什么原因导致肥胖？遗传差异(及它

们对内分泌系统和控制食物摄入及新陈代谢的大脑机制的发展性影响)似乎是导致大多数极端肥胖病例的原因。但是,正如我们刚才看到的,肥胖问题近年来一直在增长。基因库的快速变化不太可能是这一增长的主要原因;相反,造成人们行为变化的环境因素是一个重要的因素。

**环境因素** 体重是两个因素之差的结果:摄入的热量和消耗的能量。如果我们摄入的卡路里比我们消耗的能量和工作要多,我们就会增加体重。如果我们消耗的比我们摄入的多,我们就会减轻体重。在现代工业化社会中,廉价、方便、美味、高热量的食物很容易获得,从而促进了摄入量的增加。在大多数地方,快餐店近在咫尺,停车方便(或者在有免下车窗口的餐馆没有停车的必要),而且近年来供应的分量也有所增加。人们外出就餐的次数比以往更多,而且大多数情况下,他们是在廉价的快餐店里吃的。

当然,快餐店并不是导致肥胖发病率上升的唯一环境因素。便利商店、自动售货机都能买到零食,自助餐厅提供高热量、高脂肪的食物和加糖的饮料,而且供应通常不限量,想吃多少就能吃多少。

正如 Bray 等人(2004)指出,食用高果糖玉米糖浆,包括软饮料、水果饮料、加工食品和烘焙食品,可能导致肥胖。果糖不像葡萄糖,不会刺激胰岛素分泌或促使瘦素的产生,所以这种形式的糖不太可能激活大脑的饱腹感机制(Teff et al., 2004)。

向大学生活的过渡往往与饮食和身体活动模式的变化有关。许多学生对"新生 5(或15)"的想法很熟悉。"在大学一年级的时候体重增加了 5 磅(或者更多)。"这一现象在加拿大大学生的样本中得到了部分证实。在这项研究中,70%的学生在大学 4 年中体重增加,平均增加了 3.5±4.7 千克(11.7±9.1 磅)。虽然这一体重增加与 18—20 岁的男性和女性的预期增长是一致的,但重要的是要注意,BMI 和体脂率在这一组中也有所增加。此外,样本中肥胖个体的百分比也从 4 年研究开始时的 18% 增长到最后的 31% (Gropper et al., 2012)。美国大学生的一项类似研究显示,女学生的体重增加了 1.8±2.9 千克(4.0±6.3 磅),而男学生的体重增加了 1.6±3.9 千克(3.5±8.5 磅)。这两组研究样本的体重指数都显著增加。这项研究中显著的体重增加都发生在大学的前 4 个月 (Holm-Denom et al., 2008)。

在对大学生进行 7 个学期的纵向研究中,Small 等人(2012)发现学生减少了他们对水果和蔬菜的摄入量,也减少了他们从大学第一年到第四年从事高强度运动的天数。住在校外的学生最不可能吃水果和蔬菜,并进行高强度运动。相比之下,随着时间的推移,学生们减少了含糖饮料的摄入量。

**体力活动的因素** 另一个导致肥胖流行的现代趋势是人们的能量消耗发生了变化。从事需要高强度体力活动的工作的人的比例大幅下降,这意味着平均而言,我们需要的食物比前几代人要少。我们的狩猎-采集祖先可能每天消耗约 3 000 千卡,在日常活动中消耗约 1 000 千卡。在今天的工业化社会中,久坐不动的人消耗的比他们的祖先少一点——大约是 2 400 千卡——但他们通过体力活动只消耗 300 千卡(Booth and Neufer, 2005)。

我们以两种基本的方式消耗能量:通过身体活动和热量的产生。并不是所有的体育活动都可以被归类为"锻炼"。Levine 等人(1999)研究发现,为非肥胖人群提供 8 周的饮食,包含超过他们所需要的 1 000 卡路里的能量。约 39%的卡路里被转化成脂肪组织,大约 26%的热量进入瘦肉组织,增加了静息代谢率,以及消化多余食物所需的能量。其余的约 33%的人,在非自愿的活动中增加了:肌肉张力,姿势改变和坐立不安。Levine和他的同事们将这种现象称为非锻炼活动热生成或NEAT。一个人获得的脂肪组织多少与他/她的NEAT程度成反比。Levine等人(2005)对一群采用久坐不动的生活方式者,包括瘦型和中度肥胖的人,测量了NEAT的水平。调查人员发现,超重的人仍然坐在座位上。

最近,一些研究人员提出,工作地点和环境可以被重新设计。以增加在跑步机上方便站立或行走,而不是坐在办公桌前。事实上,一项在办公室里开展的为期一年的试验,用跑步机办公桌取代了传统的椅子办公桌,这表明员工们参与了更多的活动(Keopp et al.,2013;参见图12.24)。

**图12.24 跑步机办公桌**

**遗传因素** 体重差异——可能反映了新陈代谢的生理差异、活动水平(包括NEAT)或食欲——具有很强的遗传基础。两项研究表明体脂变化有40%和70%是由于基因差异造成的。双胞胎研究还发现,当人们采用高热量或低热量饮食时,体重会相应增加或减少(Bouchard et al.,1990; Hainer et al.,2001)。因此,遗传似乎会影响人们的新陈代谢效率。然而,直到最近,只有两个基因的变异被发现会引起人类肥胖:MC4受体基因和FTO基因(脂肪量和肥胖相关基因),它们编码一种酶,这种酶在下丘脑能量平衡的相关区域起作用,比如PVN和弓状核(Olszewski et al.,2009; Wille et al.,2009)。一项针对145名作者的大规模研究(Willer et al.,2009年)发现了6个与体重指数相关的新基因位点。然而,这些基因是非常罕见的,所以它们都不能解释普通人群中肥胖的流行程度。肥胖的高遗传性必须解释为大量基因的附加效应,每一种基因对身体质量指数都有很小的影响。就像汽车燃油效率上的不同一样,生物也是如此,遗传因素也会影响效率的水平。人们在这种效率上有所不同。那些新陈代谢效率高的人在长期的营养储备中储存了能量,而这些能量以增加脂肪组织的形式积累起来。研究人员将这种情况称为"节俭表现型"。相反,新陈代谢效率低下的人("挥霍表现型")可以在不发胖的情况下吃大餐。高效的汽车是可取的,但是节能型的汽车会有变胖的风险——至少在食物便宜且充足的环境中是这样。

为什么在代谢效率方面存在遗传差异?正如我们在这一章中看到的,帮助我们的祖先避免饥饿的自然选择机制比帮助避免肥胖的自然选择机制更强大。也许个体在新陈代谢效率上的差异反映了他们祖先所经历的环境的本质。也许那些祖先生活在食物匮乏或遭受饥荒时期的人更有可能继承了高效的新陈代谢。这一假说得到了流行病学研究的支持。Ravussin等人(1994)研究了美洲土著居民:皮马人。皮马人生活在两个不同的地理位置:美国西南部和墨西哥西北部。这两个群体的成员有着相同的遗传背景,说着同样的语言,有着共同的历史传统。这两群人在700—1 000年前分离,现在生活在非常不同的环境条件下。美国西南部的皮马人吃高脂肪的美国人的饮食,综合男性和女性,平均体重为90公斤(198磅)。相比之下,生活在墨西哥的皮马人经过许多代人基本上没有改变。这些人从事自给农业,吃低脂肪的食物,平均体重为64公斤(141磅)。美国皮马人的平均胆固醇水平比墨西哥皮马人的平均胆固醇水平要高得多。美国皮马人的糖尿病发病率是其墨西哥皮马人的5倍多。这些发现表明,基因促进有效新陈代谢对日常生活中消耗许多卡路里而消费不高热量的食物的人有益,但相同的基因会给生活中体力消耗很低而高热量食物方便易得的人带来麻烦。

**瘦素** 正如我们之前看到的,对大鼠的研究导致了瘦素的发现,瘦素是由营养良好的脂肪组织分泌的激素。到目前为止,研究人员已经发现了几例家族性肥胖病例,这些病例是由产生瘦素或瘦素受体的基因突变引起的(Farooqi and O'Rahilly, 2005)。向瘦素缺乏者注射瘦素的治疗对体重有显著的影响(见图12.25)。不幸的是,瘦素对缺乏瘦素受体的人没有影响。在任何情况下,瘦素或瘦素受体基因的突变都是非常罕见的,所以它们不能解释绝大多数的肥胖病例。当瘦素被发现时,研究人员希望这种自然产生的肽能被广泛用于治疗肥胖。事实上,一家制药公司为开发这种化合物的权利支付了一大笔钱。然而,事实证明,大多数肥胖者已经有很高的瘦素水平,而通过注射肽来增加这一水平对他们的食物摄入量几乎没有影响。几位调查人员表示,瘦素水平的下降应该被视为饥饿信号。饥饿会降低瘦素的血液水平,这就消除了对NPY/AGRP神经元的抑制作用,及对CART/α-MSH神经元的兴奋性影响。也就是说,低水平的瘦素增加了食欲肽的释放,减少了抑食欲肽的释放。正如Flier(1998)所建议的那样,节俭型新陈代谢的人应该对高水平的瘦素表现出抵抗,这将使体重在食物充足的时候增加。那些新陈代谢过度的人不应该表现出瘦素的抵抗,当他们的瘦素水平上升时,他们应该吃得更少。

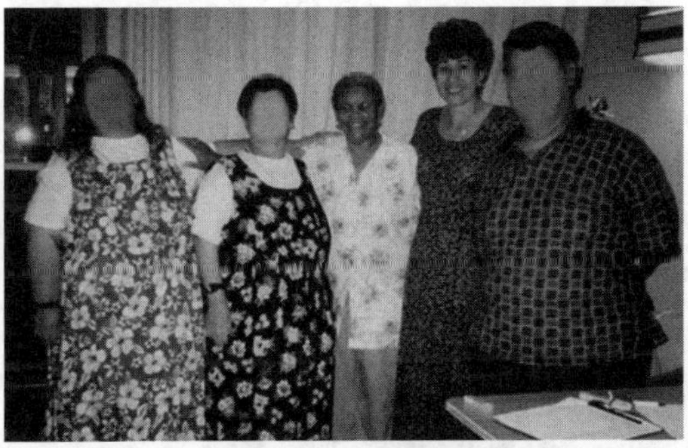

(a)

(b)

**图12.25 遗传性瘦素缺乏症**

这些照片展示了,在使用瘦素治疗18个月之前(a)和之后(b),三名患有遗传性瘦素缺乏症的患者。由于隐私,患者的脸部被遮挡了。

## 治疗

目标12.21 评估在治疗肥胖症方面,强化、压力、手术、药理学和行为干预的作用。

正如我们所讨论的,肥胖极难治疗;减肥书和减肥计划在经济上的巨大成功证明了人们在减肥方面的困难。更准确地说,许多项目最初帮助人们减了肥,但体重很快就恢复了。Kramer等人(1989)报告说,在参加了一个15周的行为减肥计划后的4—5年,只有不到3%的参与者保持了他们在项目中所取得的减肥效果。一些专家认为,考虑到长期成功率极低,也许我们应该停止治疗肥胖,直到我们的治疗更成功。也许有这么多不同的体重疗法给公众提供的事实表明，我们真的不知道如何帮助人们长期减轻体重。为了更好地理解减肥所带来的挑战，下面的章节将探讨强化、压力、手术、药理学和行为干预在治疗肥胖方面的作用。

**强化和压力作用** 有证据表明，使人们难以减少热量摄入的生理机制与使人们难以停止服用药物的机制有关。吃得过多与上瘾有许多共同之处。例如，尽管一些参加治疗项目的超重者成功地减少了饮食和减了肥，但很多人回到了以前的行为，重新回到他们原来的体重。同样，成功地停止使用药物的人往往会回到以前的行为，并再次使用药物。在这两种情况下，显然是通过类似的大脑机制，压力和焦虑都会导致进食或用药的恢复(Nair et al., 2009)。多巴胺在强化中起着重要的作用，而促肾上腺皮质激素释放激素(CRH)在压力中起着重要的作用，它在寻求食物和寻求药物的行为中都有促使复发的作用。Cottone 等人(2009)发现，那些已经习惯了美味、高热量饮食的大鼠，出现了戒断症状的迹象，伴随着 CRH 分泌的增加，以及当它们的饮食被限制时，杏仁中心核活动增加。事实上，在某些方面，改变与“食物上瘾”相关的行为比改变与药物成瘾有关的行为要困难得多。我们有可能完全停止服用药物，远离与获取和滥用药物有关的人和场所，但不可能完全停止进食。

持续一段时间(通常是一生)减少热量摄入的非凡困难导致了许多干预措施的发展。下面将描述一些外科手术、药理学和行为方法通过减少进食行为来减少体重。

**外科干预** 外科医生已经参与到帮助那些肥胖者减肥的过程中。他们开发的程序(称为减肥手术)是为了减少食物中可以吃的食物量，或者干扰从肠道吸收热量。减肥手术的目标是胃、小肠，或者两者都有。

有一种减肥手术是种特殊的胃旁路手术，叫做 Roux-en-Y 胃绕道手术，也就是 RYGB。类似于袖状胃切除术(本章开头的案例中有描述)，该手术会在胃的上部产生一个小袋。然而，在 RYGB 中，胃囊被附加到小肠较低的部分。这样做的效果是产生一个小胃，它的内容物进入空肠(小肠的第二部分)，绕过十二指肠(小肠的第一部分)。分泌到十二指肠的消化酶通过上肠，并与刚从胃囊里得到的食物相遇(见图 12.26)。

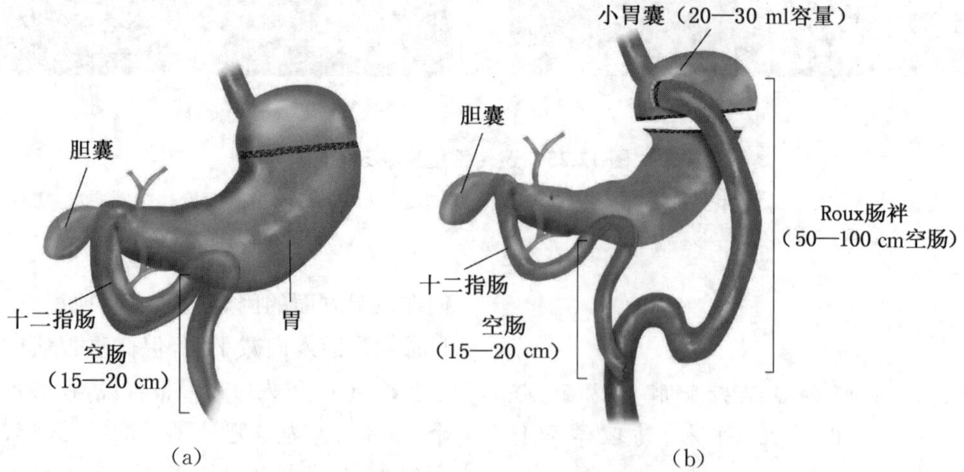


**图 12.26 Roux-en-Y 胃旁路手术(RYGB)**

这个过程几乎完全抑制胃饥饿素的分泌。(a)手术前的胃和小肠。(b)胃形成的小胃囊和小肠的 Roux 肠袢(小肠的第二部分，十二指肠的下游)相连接。这种手术可以缩小胃的尺寸，绕过十二指肠。

RYGB的手术效果很好，尽管它经常导致铁和维生素B12缺乏，这可以通过增加这些物质的摄入来控制。仅在美国，每年就有大约20万例减肥手术。Brolin（2002）报告说，在手术后，肥胖病人的平均减重约为其最初体重的35%。即使是那些体重减轻较小的病人也能改善健康状况，包括减少高血压和糖尿病。Maggard等人（2005）对147项研究进行的元分析报告称，术后1年病人平均体重减轻43.5公斤（约为95磅），术后3年平均减轻41.5公斤。尽管对饥饿的生物反应非常强烈——而且在那些肥胖和成功减肥的人身上也能看到——RYGB的手术并没有引起这些变化。相反，就像在本节开始时的A.J.的案例研究一样，手术后人们报告说他们感到不那么饥饿，他们的运动水平也提高了（Berthoud et al., 2011）。然而，就像其他形式的大手术一样，不良的结果（包括死亡）偶尔也会发生；手术经验最丰富的外科医生术后的并发症发生率最低（Smith et al., 2010）。

类似于A.J.的案例研究中描述的袖状胃切除术，RYGB成功的一个重要原因似乎是它扰乱了胃饥饿素的分泌。这个过程也会增加PYY的血液水平（Chan et al., 2006; Reinehr et al., 2007）。这两种变化都将减少食物的摄入量：胃饥饿素的减少应该能减少饥饿感，而增加PYY会增加饱腹感。对胃饥饿素分泌减少的合理解释可能是上肠道和胃之间的通信中断；你可能还记得，尽管胃饥饿素是由胃分泌的，但上肠道控制了这种分泌。据推测，由于手术降低了食物在小肠内移动的速度，更多的PYY被分泌出来。

**药理干预** 另一种治疗肥胖症的疗法——药物治疗——是制药行业积极研究的项目主题。药物可以帮助人们减肥的可能方法是抑制食欲，减少他们吃的食物量，或者防止他们吃的食物被消化。

**抑制食欲** 一些血清素激动剂抑制进食。然而，一种用于此目的的药物，芬氟拉明，被发现具有危险的副作用，包括肺动脉高压和对心脏瓣膜的损伤，所以药物退出了美国市场（Blundell and Halford, 1998）。芬氟拉明通过刺激5-HT的释放来发挥作用。另一种药物，西布曲明，对饮食有类似的影响，但一项对服用该药物的人的研究发现，心脏病发作和中风的发病率增加，因此这种药物也退出了市场（Li and Cheung, 2011）。

就像我们之前提到的，大麻经常会引起对美味食物的渴望，这一事实导致了一种发现，内源性大麻素具有抑食欲的作用。阻止CB1大麻素受体的药物利莫那班（rimonabant）被发现可以抑制食欲，产生显著的体重减轻，降低甘油三酯和胰岛素的血液水平，并增加高密度脂蛋白（“好”胆固醇）的血液水平，明显的副作用最小（Di Marzo and Matias, 2005）。然而，利莫那班的使用随后被发现与抑郁情绪障碍、焦虑和自杀风险增加有关，因此它不再是一种抗肥胖治疗的市场准入药（Christensen et al., 2007）。正如我们将在第18章中看到的，利莫那班也被证明可以帮助人们戒烟。尽管这种药物也没有得到批准，但它的功效表明，对尼古丁的渴望，就像对食物的渴望一样，涉及大脑中内源性大麻素的活动。

正如我们所看到的，食欲可以通过激活NPY、MCH、食欲肽和饥饿素受体来刺激，它可以被瘦素、CCK、CART和MC4受体的激活抑制。食欲也可以通过激活抑制性突触Y2自动受体PYY来抑制。大多数的促食欲或抑食欲的化学物质也会影响新陈代谢：化学物质会降低代谢率，而产生食欲的化学物质会倾向于增加代谢率。此外，非耦合蛋白会使营养物质转化为热能而不是脂肪组织。这些发现对肥胖症的治疗有任何希望吗？研究人员是否有可能找到刺激或阻断这些受体的药物，从而降低人们的食欲，提高他们消耗的速度，而不是储存卡路里？制药公司当然希望如此，他们正在努力开发能够做到这一点的药物。

**防止消化** 另一种药物，奥利司他，干扰小肠吸收脂肪的过程。因此，在人的饮食中，大约三分之一的脂肪经消化系统，通过粪便排出。不幸的是，这种药物会对15%—30%的使用者引起肠胃方面的副作用。Hill 等人进行的双盲、安慰剂对照研究(1999)发现，通过传统的减肥计划，奥利司他帮助人们保持减肥效果。接受安慰剂的人更有可能重回他们原来的体重。奥利司他的治疗也降低了II型糖尿病的发病率，并对糖尿病患者的血压、血脂和空腹血糖水平有有益的影响(Padwal and Majumdar, 2007)。

**行为干预** 还有一种治疗肥胖的方法——锻炼——有很大的好处。正如我们之前提到的，身体活动的减少是体重增加的一个重要因素。当然，运动消耗卡路里，但它似乎也对卡路代谢速率也有好处。Bunyard 等人(1998)发现，当中年男性参加有氧运动6个月，他们的体脂减少了，肥胖男性的日常能量需求增加了5%，而瘦人则增加了8%。Gutin 等人(1999)发现，一个锻炼计划帮助肥胖儿童减肥，并带来增加骨密度的好处。Hill 等人(2003)计算出，通过每天锻炼来增加100大卡能量消耗可以防止大多数人体重增加。大多数人所要付出的努力只是对行为进行相对小的改变——每天步行大约14分钟。其他对减肥的行为干预包括面对面或在线健康辅导计划、认知行为疗法和激励计划。

治疗师和外科医生为治疗肥胖而开发的各种方法——外科手术、药理学和行为疗法——证明了问题的顽固性。除了由有效的新陈代谢引起的基本困难之外，进食带来愉悦，饱腹感的信号很容易被忽视或推翻。通过更多地了解饥饿信号的生理机能、饱腹感信号和进食所带来的强化，许多人希望研究人员和临床医生能够开发出安全有效的干预措施，从而减弱鼓励我们进食的信号，加强那些鼓励我们停止进食的信号。

这一节和前一节介绍了几种神经肽和外围肽，它们在控制饮食和新陈代谢方面起着重要作用。表12.3总结了这些化合物的信息。

**表 12.3 神经肽和外周肽参与控制食物摄入和代谢**

| 名 称 | 细胞体位置 | 终端的位置 | 与其他肽相互作用 | 生理或行为影响 |
|---|---|---|---|---|
| 黑色素聚集激素(MCH) | 外侧下丘脑 | 新皮层、导水管周围灰质、网状结构、丘脑、蓝斑、脊髓中控制交感神经系统的神经元 | 被NPY/AGRP激活；被瘦素和CART/α-MSH抑制 | 进食，降低代谢率 |
| 食欲肽 | 外侧下丘脑 | 与MCH神经元相似 | 被NPY/AGRP激活；被瘦素和CART/α-MSH抑制 | 进食，降低代谢率 |
| 神经肽(NPY) | 下丘脑弓状核 | 下丘脑外侧室旁核、MCH和食欲素神经元 | 被胃饥饿素激活；被瘦素抑制 | 进食，降低代谢率 |
| 刺鼠基因相关蛋白(AGRP) | 下丘脑弓状核(与NPY) | 与NPY神经元相同的区域 | 被瘦素抑制 | 进食，降低代谢率；对MC4受体起颉颃作用 |
| 可卡因-苯丙胺调节转录肽(CART) | 下丘脑弓状核 | 室旁核、下丘脑外侧、导水管周围灰质、脊髓中控制交感神经系统的神经元 | 被瘦素激活 | 抑制进食，提高代谢率 |

（续表）

| 名 称 | 细胞体位置 | 终端的位置 | 与其他肽相互作用 | 生理或行为影响 |
|---|---|---|---|---|
| α-促黑素细胞激素（α-MSH） | 下丘脑弓状核（与CART） | 与CART神经元相同的区域 | 被瘦素激活 | 抑制进食，提高代谢率；对MC4受体起激动剂的作用 |
| 瘦素 | 脂肪组织 | 被NPY/AGRP神经元抑制；被CART/α-MSH神经元激活 | | 抑制进食，提高代谢率 |
| 胰岛素 | 胰腺 | 类似瘦素 | | 类似于瘦素 |
| 饥饿素 | 肠胃系统 | 被AGRP/NPY神经元激活 | | 进食 |
| 缩胆囊素（CCK） | 十二指肠 | 幽门神经细胞 | | 抑制进食 |
| 肽 $YY_{3\text{-}36}$（PYY组） | 消化系统 | 被NPY/AGRP神经元抑制 | | 抑制进食 |

## 本节回顾

### 肥胖

目标 12.20　讨论环境、体育活动和遗传对肥胖发展的作用。

环境因素会影响通过体育锻炼消耗的能量与高热量食物的摄入。在一些地方，便宜、方便、美味、高热量的食物很容易获得，这促进了摄入量的增加。减少身体活动会导致肥胖，同时减少非锻炼活动的热生成或NEAT。遗传和环境因素之间的相互作用通过在美洲生活的皮马人的例子来说明。美国皮马人因高比例的高脂肪饮食变胖，从而导致糖尿病。相比之下，生活在墨西哥的皮马人从事自给自足的农业，吃低脂肪的食物，仍然很瘦，而且肥胖的概率很低。

肥胖受到遗传的强烈影响。有些人继承了一种节约型新陈代谢，这使得他们很难减肥。节约代谢的一种表现是低水平的非运动活动热生成，或简称为NEAT。少数人的肥胖与瘦素或瘦素受体的遗传缺失有关。一般来说，肥胖者血液中的瘦素水平很高。然而，他们对这种肽的作用表现出了抵抗力，显然是因为瘦素通过血液的传输——大脑屏障被减少了。导致严重肥胖的最重要的简单遗传原因是MC4受体基因和FTO基因的突变。MC4受体对食欲肽和食欲过低的人有反应，FTO基因编码了一种酶，这种酶作用于能量平衡的下丘脑区域。此外，导致瘦素或瘦素受体产生的基因突变导致肥胖。

目标 12.21　评估在治疗肥胖症方面，强化、压力、手术、药理学和行为干预的作用。

压力和焦虑会导致进食或服用药物，两种行为显然有类似的大脑机制。多巴胺在强化中起着重要作用，而促肾上腺皮质激素释放激素（CRH）在压力中起着重要的作用，它与寻求食物和寻求药物的复发有关。研究人员已经评估了许多针对肥胖的行为、外科和药理学治疗，但还没有发现普遍成功的项目。RYGB手术是一种特殊的胃分流手术，是一种成功的减肥手术。这种手术有效可能主要是由于抑制胃饥饿素分泌和刺激 PYY 分泌。两种药物最初似乎在治疗肥胖方面表现出了一些希望。芬氟拉明(一种血清素激动剂)和利莫那班(一种大麻素拮抗剂)能够抑制食欲,但副作用却阻止了它们的使用。目前,许多制药公司正试图将本章所述的促食欲和抑食欲研究结果应用于抗肥胖药物的研发。另一种药物,奥利司他,阻止了脂肪吸收热量。

## 思考题

人们公开承认的最后一种偏见是对肥胖人群的厌恶。考虑到新陈代谢的遗传差异是导致肥胖的一个重要原因,这公平吗?

---

# 进食障碍

进食障碍包括神经性厌食、贪食症和暴食症。每一种疾病都包括饮食行为的极端变化。有进食障碍的个体死亡的风险会增加,特别是被诊断为神经性厌食障碍的人群(Arcelus et al., 2011)。当你阅读下面的 N.B.的案例时,考虑一下所描述的饮食行为的变化,以及任何可能的生物学关联。

N.B.是一名 17 岁的女性,她花了很多时间思考食物,通过节食控制体重,并比较营养标签。她坚持低热量饮食,并表示大部分时间都感到饥饿。她偶尔会吃东西,偷食物。14 岁时,她开始节食,以应对体重增加的时期,她采用了严格的饮食模式,并寻求心理健康专家的治疗。那时候,她开始在食物上撒谎,进行强迫性的体育锻炼,并在她的胸罩里放重物,以掩盖她的真实体重,因为她似乎一直在增加体重,尽管她继续限制进食行为和过度锻炼。16 岁时,她因体重过轻而住院。出院后,通过限制食物的摄入量来减轻体重。然后,她开始从同学那里偷食物,然后把食物和垃圾清理出去。她服用了一种药物,它是血清素和去甲肾上腺素受体的抑制剂;然而,这种治疗由于缺乏效果而终止。最后 N.B.开始了一种认知行为治疗干预,减少了她的暴饮暴食和限制进食的频率,她开始增加体重(Martín-Murcia et al., 2011)。

N.B.的案例研究强调了进食障碍的几个重要方面,将在接下来的章节中探讨。你会读到一些文献,是关于进食障碍女性患病率较高和几种进食障碍,包括许多 N.B.表现出的症状:限制饮食,过量运动,在短时间内吃大量的食物(暴食),从事运动或其他行为(如呕吐)以减少、消耗的卡路里(清除)。进食障碍是一种挑战,许多人为了减少症状而反复干预。许多进食障碍的干预措施成功率很低。虽然进食障碍的确切原因尚不清楚,但各种环境和遗传因素可能是造成进食障碍的因素。

美国精神病学协会《精神障碍诊断与统计手册》(DSM)第五版将几个相关的诊断归类为"喂食及进食障碍"。这些疾病的特征有几个不同的标准,包括持续的饮食行为模式,这些行为会损害身体健康或心理社会功能。由于涉及遗传、生理、行为和环境因素的研究,DSM 目前不认为肥胖是一种精神疾病。

大多数人如果有饮食问题,往往会吃得过饱。然而,有些人,特别是青春期女性,却有相反的问题:她们吃得太少,甚至到了饥饿的程度。这种疾病称为**神经性厌食**。另一种进食障碍,**神经性贪食**,其特征在于丧失对食物摄入的控制。神经性贪食患者会定期食用食物，尤其是甜点或零食，特别是在下午或晚上。这些暴食通常伴随着自我诱发的呕吐或使用泻药，以及抑郁和内疚的感觉。通过这种暴食和清除的结合，贪食患者的净营养摄入(由此，体重)也会有所不同，尽管很大比例的人吃的是正常的食物量并保持正常体重(Kaye et al.，2000；Weltzin et al.，1991)。一些神经性厌食的患者会出现暴食发作。第三种障碍，**暴食障碍**，其特点是在相对较短的时间内吃大量的食物(暴饮暴食)和丧失对饮食行为的控制。与神经性贪食不同的是，暴食障碍与补偿性的清除行为没有关系。暴食障碍的终生病史与肥胖有关。表12.4列出了诊断三种重要进食障碍的标准。这些标准是从《精神障碍诊断与统计手册》中总结出来的。

**表12.4 进食障碍的判定标准**

| 神经性厌食 | 神经性贪食 | 暴食障碍 |
| --- | --- | --- |
| 限制进食导致低体重 | 暴食发作 | 暴食发作 |
| 害怕体重增加 | 暴饮暴食后为防止体重增加采取补偿性行为 | 暴饮暴食带来痛苦 |
| 行为持续以防止体重增加 | 对体重或体形的批判性评价 | 不使用补偿行为 |
| 自我知觉障碍或未能察觉体重偏低的严重性 | | |

资料来源：American Psychiatric Association，2013。

神经性厌食的发生率估计为0.5%—2%；神经性贪食的比例是1%—3%；还有2%—7%的暴食障碍。女性患神经性厌食的概率是男性的10—20倍，患神经性贪食的可能性是男性的10倍(Klein and Walsh，2004)。男性和女性一生中暴食障碍的流行程度似乎并不相同(Hudson et al.，2007)。可悲的是，厌食患者的自杀率高于其他人群(Pompili et al.，2004)。

## 可能的原因

目标12.22 讨论大脑变化、饥饿、过度运动和遗传因素对进食障碍的影响。

厌食症这个词的字面意思是食欲不振，但患有这种疾病的人通常对食物感兴趣，甚至是全神贯注于食物。他们可能会喜欢为别人做饭，收集食谱，甚至囤积他们不吃的食物。尽管厌食症患者对食物非常感兴趣，但他们表达了对变胖的强烈恐惧，即使他们体重过轻变得非常危险。他们中的许多会采取骑自行车、跑步或几乎是持续的步行和散步等运动。

**大脑变化** 厌食症是一种严重的疾病。5%—17%厌食症患者死于自杀或并发症(Bergh et al.，2013)。许多厌食症患者有骨质疏松症，骨折很常见。当体重下降到一定程度时，厌食的女性就会停止月经。图12.27显示了一个与厌食症相关的大脑变化的例子。有研究(Artmann et al.，1985；Golden et al.，1996；Herholz，1996；Katzman et al.，2001；Kingston et al.，1996)指出，在厌食症患者的大脑中出现了扩大的脑室，脑沟变宽，这表明了脑组织的萎缩。一些研究表明，这种组织缺失可以通过成功治疗进食障碍(Golden et al.，1996)来逆转。

**饥饿** 许多研究人员和临床医生得出结论，神经性厌食和贪食是一种潜在的精神障碍症状。然而，有证据表明恰恰相反：进食障碍的症状实际上是饥饿的症状。一项著名的研究是由Ancel Keys及其同事在明尼苏达大学进行的(Key et al.，1950)，他们招募了36名身体和心理健康的年轻男性来观察半饥饿的影响。六个月来，这些人吃差不多他们之前吃的一半量食物，结果志愿者减掉了大约25%的体重。当志愿者体重减轻时，他们开始表现出令人不安的症状，包括对食物和进食的关注、仪式性饮食、不稳定的情绪、认

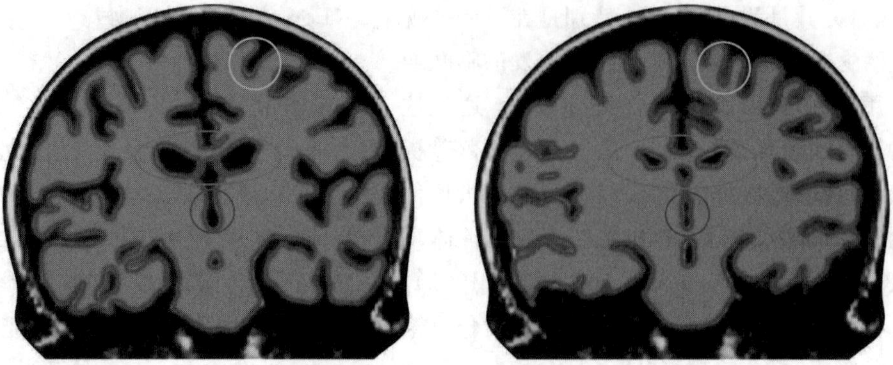

(a) (b)

**图 12.27 非厌者症患者与厌食症患者的脑对比图**

(a) 神经性厌食患者的大脑显示了脑沟变宽(黄色圆圈),第三脑室(红色圆圈)和侧脑室(绿色圆圈)变大。(b)对照组非厌食症患者在相同区域显示了典型的解剖结构。

资料来源:Golden, N. H., Ashtari, M., Kohn, M. R., Patel, M., Jacobson, M. S., Fletcher, A., and Shenker, I. R., Reversibility of cerebral ventricular enlargement in anorexia nervosa, demonstrated by quantitative magnetic resonance imaging, *Journal of Pediatrics*, 1996, 128[2], 296—301。

知能力受损、体温下降等生理变化。他们开始囤积食物和非食物物品,无法解释(甚至对他们自己)为什么他们会费心去积累那些他们没有用处的东西。起初,他们很合群,但随着时间的推移,他们变得孤僻和孤立。

这些人并没有被诊断出进食障碍,然而,一旦他们开始经历饥饿,他们就会表现出许多与进食障碍有关的症状。这被解释为支持这种说法,即进食障碍的症状是由饥饿而不是潜在的精神障碍引起的。对食物和减肥的痴迷以及神经性厌食患者的强迫仪式暗示了与强迫症的联系(第 17 章有更详细的描述)。然而,在明尼苏达大学的研究中发现了这些强迫思维和强迫行为的事实——这些人以前都没有表现出这些症状——这表明它们是进食障碍的结果,而不是原因。厌食症和半饥饿都有情绪波动、抑郁和失眠等症状。甚至在两种情况下都能看到脱发。虽然暴食是厌食症的症状,但吃得也很慢。厌食患者往往会在一顿饭上浪费时间,明尼苏达大学的志愿者也是如此。"在饥饿的最后,一些人会在一顿饭上浪费将近两个小时,而这顿饭在几分钟内就会消耗掉"(Keys et al., 1950, p.833)。

**过度锻炼** 正如我们所看到的,过度锻炼是厌食症的显著症状(Zandian et al., 2007)。事实上,Manley 等人(2008)报告说,许多健身教练认识到,他们的一些客户可能患有进食障碍,并对允许此类客户参与他们的课程或设施的道德或责任问题表示担忧。

对动物的研究表明,增加的活动实际上可能是禁食的结果。当大鼠被允许每天吃一小时的食物时,如果条件允许,它们会花费越来越多的时间在轮子上奔跑,它们将会减轻体重,最终会死于消瘦(Smith, 1989)。一种解释是,大鼠在半饥饿饮食下增加活动,反映了一种天生的倾向,当食物变得稀缺时,它就会寻找食物。通常情况下,饥饿大鼠会通过探索环境和寻找食物来扩展它们的活动,但是由于它们的限制,探索的倾向是通过轮子的奔跑来表达的。饥饿大鼠增加了它们的活动,这一事实表明,厌食症患者的过度活动可能是饥饿的症状,而不是减肥策略。

厌食症患者血液中 NPY 的水平升高。Nergrdh 等人(2007)发现,NPY 注入脑室,进一步增加了喂食时间受限制的大鼠的奔跑时间。通常情况下,NPY 刺激进食(就像在食物不受限制时的情况），但在饥饿的条件下，它会刺激跑轮子活动。对这种现象的可能解释是，如果食物不存在，NPY 会增加动物的活动水平，这通常会增加它们找到食物的可能性。NPY 水平提高也可能在对食物的痴迷中起到作用，这在厌食症患者中经常出现。

**遗传因素**　到目前为止，你可能想知道为什么厌食症会在一开始就出现。即使厌食症在很大程度上是饥饿的症状，是什么导致了导致饥饿的行为？简单的答案是，我们仍然不知道。一种可能性是这种行为的遗传倾向。有很好的证据证明，主要来自双胞胎研究，遗传因素在神经性厌食的发展中起着重要作用（Kortegaard et al.，2001；Russell and Treasure，1989；Walters and Kendler，1995）。事实上，有 58%—76%的厌食症发生的变化似乎是由遗传因素控制的（Klein and Walsh，2004）。此外，早产或在复杂分娩过程中遭受出生创伤的女孩患神经性厌食症的概率更高（Cnattingius et al.，1999），这表明与遗传无关的生物因素可能起作用。也许一些年轻女性（以及一小部分年轻男性）节食，让他们的体重更接近他们认为的理想状态。一旦他们开始了这项任务并开始减肥，生理和内分泌的变化就会带来之前所描述的饥饿症状，恶性循环就开始了。事实上，在明尼苏达半饥饿研究的最后，当志愿者们被允许再次正常进食时，Keys 和他的同事们发现一些志愿者表现出厌食症的症状，参与节食行为，并抱怨他们的腹部和大腿肥胖（Keys et al.，1950）。这一现象表明，严格限制食物的获取可能会导致人们（在该研究中为男性）患上厌食症。

神经性厌食主要出现在年轻女性身上，这一事实引发了生物和社会方面的解释。大多数心理学家倾向于后者，认为大多数现代工业化社会对苗条的重视——尤其是女性——是造成这种疾病的原因。另一个原因可能是伴随青春期而来的激素变化。不管原因是什么，年轻男女对哪怕是短暂的禁食都有不同的反应。Söderste 等人（2006）安排高中生们中午去他们的实验室，在那里他们会得到他们想要吃的所有食物。7 天之后，他们又回到了实验室。这一次，他们从前一天的午餐开始禁食。这些人吃的食物比他们第一次吃的多。然而，这些女性实际上吃的比以前少了（见图 12.28）。显然，至少在某些情况下，女性可能无法通过食用更多的食物来补偿一段时间的食物匮乏。

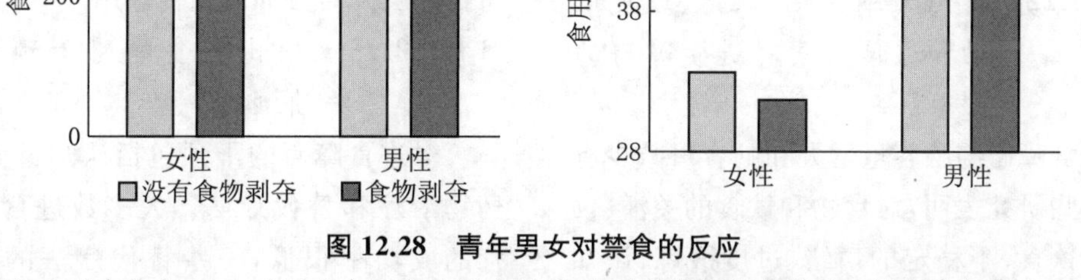


**图 12.28　青年男女对禁食的反应**

本图显示了在禁食 24 小时后或在正常时间吃饭后，自助餐期间的食物摄入量和进食率。

资料来源：Södersten，P.，Bergh，C.，and Zandian，M.，Understanding eating disorders，*Hormones and Behavior*，2006，50，572—578。

## 治疗

目标 12.23 列出进食障碍干预使用的策略。

进食障碍很难成功治疗。就像在N.B.的例子中所说明的那样。许多病人会接受反复治疗，包括住院治疗。进食障碍治疗策略包括各种认知行为疗法、药理学疗法，以及一些新颖的替代疗法。

**认知行为疗法** 认知行为疗法，被许多临床医生认为是最有效的方法，成功率低于50%，在一年的治疗期间复发率为22%（Pike et al., 2003）。不幸的是，Steinhausen（2002）的一个元分析表明，在过去的50年里，认知行为疗法治疗厌食症的成功率并没有提高。

**药理学** 研究人员试图用各种药物来治疗神经性厌食，这些药物会增加实验室动物或没有进食障碍的人的食欲——例如，抗精神病药物、α2-肾上腺素能受体激动剂、左旋多巴和THC（大麻的活性成分）。不幸的是，这些药物都没有被证明是有帮助的（Mitchell, 1989）。在任何情况下，厌食症患者通常都对食物着迷（并且显示出高水平的神经肽Y和胃饥饿素），表明这种紊乱不是由感受不到饥饿引起的。研究人员在治疗神经性贪食方面取得了更大的成功；几项研究表明，血清素激动剂如氟西汀（一种最广为人知的抗抑郁药）可能有助于治疗这种疾病（Advokat and Kutlesic, 1995; Kaye et al., 2001）。然而，氟西汀并不能帮助厌食症患者（Attia et al., 1998）。

**替代疗法** Bergh、Södersten和他们的同事（Court et al., 2008; Zandian et al., 2007）为厌食症设计了一个新颖且明显有效的治疗方案。这些病人被教导要吃得更快，把一盘食物放在一个电子秤上，电脑上显示了他们实际的和理想的吃完时间。餐后，病人待在温暖的房间里，这样可以减少他们的焦虑和活动水平。值得注意的是，这种治疗策略已经取得了75%的成功率，治疗后的复发率为10%，死亡率为0%。其余15%的病人由于各种原因没有完成治疗（例如，缺乏保险；Bergh et al., 2013）。对这一策略的进一步研究并复制这些结果可以为这种治疗进食障碍的方法提供强有力的证据。

进食障碍是一种严重的疾病；理解原因不仅仅是一个学术问题。我们希望对饮食和新陈代谢的生物和社会控制及强迫行为的产生原因的研究能够帮助我们理解这些令人困惑的危险疾病。

---

# 本节回顾

## 进食障碍

目标 12.22 讨论大脑变化、饥饿、过度运动和遗传因素对进食障碍的影响。

进食障碍与脑容量增大和脑容量减少有关。一些研究表明，对食物和饮食的关注、仪式性的饮食、不稳定的情绪、过度锻炼、认知能力的受损，以及身体温度下降等生理变化都是饥饿的症状，而不是厌食症的根本原因。出生并发症与进食障碍有关。双胞胎研究支持在进食障碍方面的遗传作用。

目标 12.23 列出进食障碍干预使用的策略。

对进食障碍的干预包括认知行为疗法、药物治疗和替代疗法。大多数进食障碍治疗的成功率很低，一些替代疗法的成功率更高。

## 思考题

厌食症既有环境因素，也有生理因素。读完这一章的最后一节，你认为导致这种疾病的性别差异的原因是什么（也就是说，为什么几乎所有的厌食症患者都是女性）？它是完全由社会因素（如社会对纤瘦的强调）、生物因素，或者两者共同起决定作用？

## 本章回顾问题

**1.** 解释生理调节机制的特点。
**2.** 描述身体的体液组成，并解释渗透性和容积性渴的控制。
**3.** 讨论口渴的神经控制。
**4.** 描述短期和长期储备的特点及代谢的吸收和禁食阶段。
**5.** 讨论社会和环境因素及饥饿信号对开始一顿饭的作用。
**6.** 讨论停止一顿饭的因素。
**7.** 描述关于脑干和下丘脑在饥饿中的作用的研究。
**8.** 描述下丘脑在饱腹感中的作用。
**9.** 讨论可能导致肥胖的因素。
**10.** 讨论一些关于肥胖的外科、药理学和行为疗法。
**11.** 讨论可能导致进食障碍的生理因素。

# 第 13 章

# 学习与记忆

## 本章概要

**学习和记忆概述** 438
学习的类型 439
记忆的类型 441
**刺激-反应学习** 444
经典条件反射 444
操作性条件反射 445
**动作学习** 452
大脑皮层的作用 452
基底核的作用 452
**知觉学习** 453
大脑皮层的作用 453
保持短时记忆中的知觉信息 455
**关系学习** 456
海马体的作用 457
大脑皮层的作用 462
**遗忘症** 462
海马体的作用 463
刺激-反应学习 465
运动学习 465
知觉学习 466
关系学习 467
**长时程增强** 472
长时程增强的诱导 473
NMDA 受体的作用 474
AMPA 受体的作用 475
突触变化的作用 477

## 学习目标

目标 13.1 比较四种学习类型的特征:刺激-反应学习、运动学习、知觉学习以及关系学习。

目标 13.2 对比三种记忆类型的特征:感觉记忆、短时记忆和长时记忆。

目标 13.3 描述经典条件反射中杏仁核、AMPA 和 NMDA 受体的作用。

目标 13.4 解释基底核、中脑边缘系统通道和中脑皮层通道以及前额皮层在与操作性条件反射相关的强化中的作用。

目标 13.5 列出不同皮层区域对动作学习的贡献。

目标 13.6 解释基底核在操作性条件反射的

动作学习中的作用。

目标 13.7 解释大脑皮层区域在学习识别和记忆刺激方面的作用。

目标 13.8 对比外纹皮层和前额皮层在短时记忆中保留知觉信息的作用。

目标 13.9 描述海马体在与关系学习和情景记忆相关的巩固、再巩固和神经发生中的作用。

目标 13.10 描述大脑皮层在语义记忆中的作用。

目标 13.11 比较海马体在巩固和恢复记忆中的作用。

目标 13.12 描述海马体损伤患者的刺激-反应学习能力。

目标 13.13 描述海马体损伤患者的运动学习能力。

目标 13.14 描述海马体损伤患者的知觉学习能力。

目标 13.15 引用人类和动物模型的研究，描述海马体在关系学习能力中的作用。

目标 13.16 确定 LTP 发生所需的事件。

目标 13.17 比较 LTP 中 NMDA 和 AMPA 受体之间的关系。

目标 13.18 描述 AMPA 受体如何促进 LTP。

目标 13.19 列举 LTP 伴随的突触前神经元、突触后神经元和蛋白质合成的变化。

患者 H.M.在手术后出现了令人惊讶的症状，他切除了部分颞叶，以控制严重的癫痫发作。他的智力和他的即时语言记忆显然是正常的。他可以顺着重复 7 个数字和倒着重复 5 个数字，他可以进行对话、改述句子、心算。他无法回忆起他脑部手术前几年发生的事情，却能很好地回忆起在这之前的记忆。手术后他没有表现出任何性格上的变化，他通常彬彬有礼，脾气也很好。

然而，在手术后，H.M.无法学习任何新的东西。他不知道自那次手术以来他见过的人的名字（手术在 1953 年，那时他 27 岁）。手术后，他的家搬到了一个新房子里，他一直没有学会如何在新社区里四处走动。他意识到自己的病情，经常这样说：每一天都是孤独的，无论我曾经有过什么样的快乐，有过什么样的悲伤。现在，我想知道，我有做错任何事或者说错任何话吗？你看，在这一刻，我一切都很清楚，但刚才发生了什么呢？这就是我担心的。这就像从梦中醒来，我只是不记得了。（Milner, 1970, p.37）

只要 H.M.没有分心，他就能记住少量的语言信息，不断复述可以将信息保存在他的瞬时记忆中很长一段时间。然而，复述似乎没有产生任何长期影响；如果他走神了一会儿，他会完全忘记他一直在复述的内容。

他可以很好地完成重复性的任务。因为他很快就忘记了以前发生的事情，所以他不太容易感到厌倦。他可以无休止地重读同一份杂志，或者因同样的笑话而发笑，每次都能发现新鲜感。他的时间通常花在填字游戏和看电视上。

2008 年 12 月 2 日，H.M.逝世，享年 82 岁，我们现在知道他叫亨利·莫莱森（Henry Molaison）。研究者有研究 H.M.一生的优先权。他们从 H.M.的经历中所学到的东西帮助我们理解记忆是如何形成的、记忆的类型及它们背后的大脑区域。H.M.对学习和记忆研究的贡献一直持续到了今天。你会在这一章的后面读到更多关于 H.M.对我们理解学习和记忆过程的持续贡献。

经历改变着我们，与环境的接触调节我们的神经系统从而改变我们的行为。正如许多研究人员所说，对学习和记忆生理学的理解是神经科学研究的根本性挑战。大脑是复杂的，学习和记忆也是如此。然而，尽管困难重重，多年的研究终于开始得到回报。新的方法已经从旧的方法进化而来，并且在理解学习和记忆的解剖学和生理学方面取得了真正的进步。

在这一章中，我们将探讨我们如何学习和记忆。第一部分从学习和记忆过程的概述开始。接下来的四个部分将分别关注四种类型的学习：刺激-反应学习、动作学习、知觉学习和关系学习。然后，我们将考虑学习和记忆的缺陷，最后再看一看长时程突触增强的作用。这里的图显示了对学习和记忆过程至关重要的两个脑区：杏仁核和海马体。

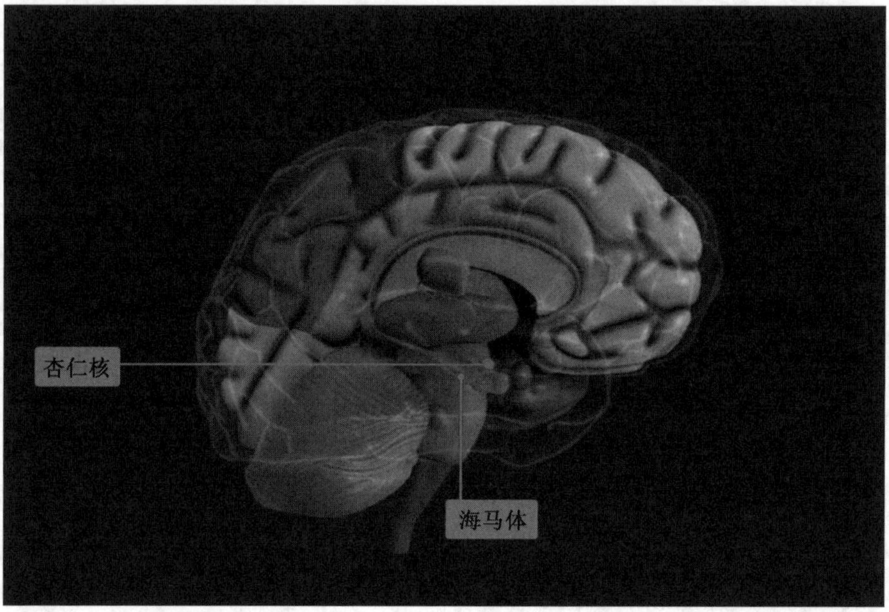

杏仁核和海马体，对学习和记忆至关重要两个脑区。

## 学习和记忆概述

学习使我们获得新的信息，涉及经历改变我们的神经系统和行为的过程。学习后神经系统的长期变化被称为记忆。记忆会随着时间的推移而持续，当你学到东西时就会形成。经验并不是作为记忆“储存”在大脑里的；相反，它们改变了我们感知、表现、思考、计划和行为的方式。学习新事物和创造记忆会在身体上改变我们神经系统的结构，改变参与感知、表现、思考、计划和行为的神经回路。

学习、记忆以及它们对行为的影响只有通过可塑性才能实现。正如你将在这一章中读到的，神经系统在学习和形成记忆的过程中展示了现有神经元的突触可塑性。令人兴奋的新研究也揭示了学习和记忆创造新的神经元（神经发生）的作用。在这一章的最后一部分中，你会学到更多关于突触可塑性的知识。

记忆的信息处理模型提供了将学习与记忆联系起来的基本步骤的总结。在这个模型中，学习通过对学到的新信息的编码来产生神经系统的变化。编码过程包括整合，它加强了与所学到的初始信息相关的变化，帮助对神经系统做出更持久的改变（例如一段回忆）。在被整合之后，记忆通过神经系统的这些持续变化储存起来。最后，提取是获取和使用存储在神经变化中的信息的过程，这些信息组成了记忆，参与到行为中（参见图 13.1）。

编码（学习）→ 整合（记忆）→ 储存（记忆）→ 提取（记忆）

**图 13.1　学习和记忆的步骤**

## 学习的类型

目标 13.1　比较四种学习类型的特征：刺激-反应学习、运动学习、知觉学习以及相关学习。

学习可以至少有四种基本形式：刺激-反应学习、动作学习、知觉学习和关系学习。我们将在本节中介绍这四种类型的学习，并在本章的后续部分中更详细地展开它们。

**刺激-反应学习**　刺激-反应学习是指当特定的刺激出现时，学习执行特定行为的能力。因此，它涉及在参与感知和参与运动的回路之间建立联系。这种行为可以是一种自动反应，比如防御性反射，也可以是一系列复杂的动作，比如演奏一段音乐。刺激-反应学习包括心理学家广泛研究的两大类学习：经典条件反射和操作性条件反射。“条件反射”这个词经常被用来指学习，它可能需要多次接触刺激才能产生持久的行为变化。

*经典条件反射*　经典条件反射是一种学习的形式，在这种学习中，不重要的刺激会获得重要的特性。它涉及两个刺激之间的联系。一种以前对行为没有什么影响的刺激，变成能唤起一种反射性的、特殊的行为。例如，眨眼反应可以习惯于一种音调。如果我们把一股空气吹向一只眼睛，眼睛就会自动眨一下。这种反应被称为无条件反应（UR），因为它在没有任何特殊训练的情况下发生。产生这股空气的刺激被称为无条件刺激（US）。现在我们开始训练。我们呈现一系列简短的音调（听觉刺激），每一个音调都很快地（500 毫秒后）跟上一股空气。经过几次试验后，即使在空气吹出之前，眼睛也会开始对音调做出反应。我们可以用连接到电脑的肌电仪（EMG）电极来测量眨眼反应。经典条件反射已经形成；现在条件刺激（CS——1 000 赫兹的音调）会引起条件反射（CR——眨眼）（参见图 13.2）。

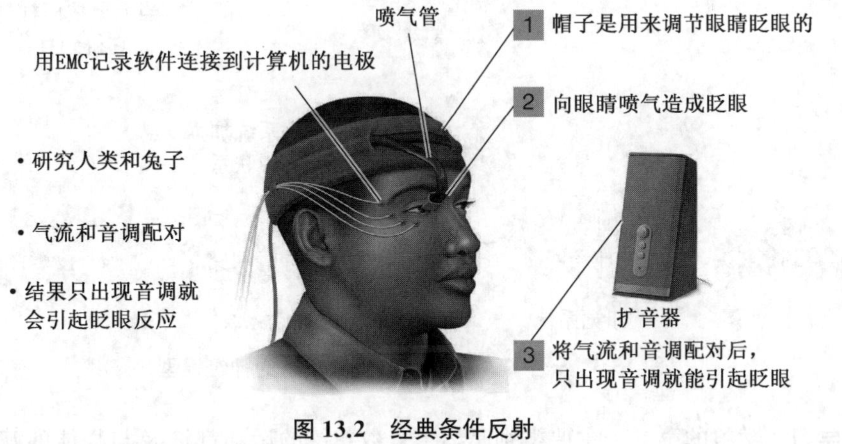


**图 13.2　经典条件反射**

在眨眼的条件下，一股空气（US）会使眼睛眨眼（UR）。在几次试验中，这股空气和一种音调（CS）进行多次配对。配对后，仅仅是音调就会引起眨眼（CR）。

*操作性条件反射*　刺激-反应学习的第二类是操作性条件反射（也称为工具性条件反射）。操作性条件反射的学习形式中，在特定情况下，特定的行为会跟随一个强化或惩

罚的结果。强化物增加了行为在未来再次发生的可能性,而惩罚则减少了行为在未来再次发生的可能性。

经典与操作性条件反射的区别　操作性条件反射和经典条件反射在几个重要方面有所不同。

1. 经典条件反射涉及自动反射而不需要学习。操作性条件反射涉及已经学过的全新的行为。

2. 经典条件反射涉及两个刺激之间的联系(例如,一种音调和一股空气)。操作性条件反射涉及刺激和反应之间的联系(如一种音调和压杠杆的行为)。记住这种差异的一个简单方法是,操作性条件反射涉及在环境中操作一些东西,比如按下一个杠杆。在经典条件反射下,没有什么可以“操作”的;有机体只是在进行一种反射性行为。

3. 操作性条件反射允许有机体根据行为的后果改变其行为。例如,当一个行为跟随一个有利的结果(一个强化的刺激)时,行为往往会更频繁地发生;当随之而来的是不利的后果(一种惩罚性的刺激)时,发生频率往往会更低。例如,一种能让饥饿的生物去找食物的反应会被强化,而引起疼痛的反应将受到惩罚。(心理学家经常把这些称为强化物和惩罚物。)

强化　让我们考虑一下强化的过程。简单地说,强化会引起动物神经系统的变化,从而增加特定刺激引发特定反应行为的可能性。例如,当一只饥饿的大鼠第一次被放进一个操作箱时,它不太可能按下墙上的杠杆。然而,如果它按下杠杆,并且立刻收到一块食物,它按压杠杆的可能性就会增加。换句话说,强化导致了一看到作为刺激的杠杆就引起按压杠杆的反应。简单地说一个特定的行为变得更加频繁是不准确的。如果没有杠杆,一只学会按压的大鼠就不会在空中挥舞它的爪子。一看到杠杆就需要产生反应。因此,强化过程加强了与知觉有关的神经回路(看到杠杆)和动作中涉及的神经回路(按压杠杆的行为)之间的联系。正如我们将在本章后面看到的,大脑包含控制这个过程的强化机制(见图 13.3)。

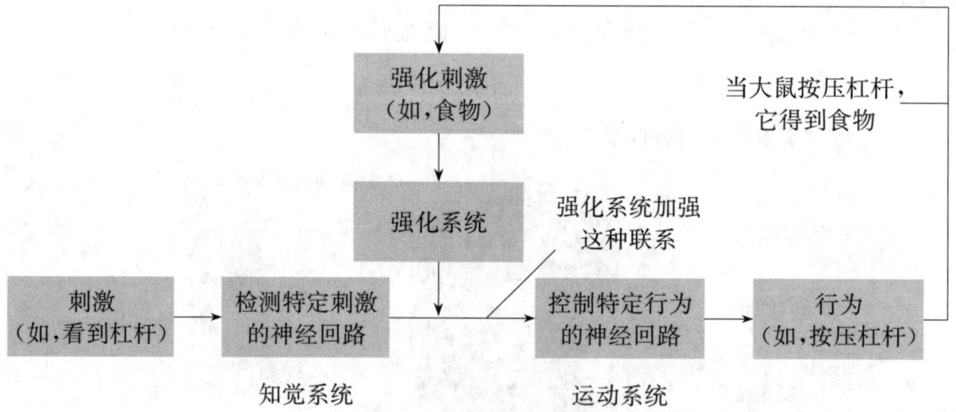


**图 13.3　一个简单的操作性条件反射的神经模型**

**运动学习**　学习的第二个主要类别是运动学习,实际上是刺激-反应学习的一个组成部分。运动学习是在刺激之后在运动系统中建立变化(反应)。如果没有来自环境的感官刺激,运动学习是不可能发生的。例如,大多数熟练的运动都涉及与物体的互动:比如自行车、视频游戏控制器、网球球拍、针织针和键盘。运动学习不同于其他形式的学习之处主要是在新形式的行为被学习的程度上。行为越新奇,大脑运动系统中的神经回路就越需要被修改。

**知觉学习** 知觉学习是一种学习识别之前感知到的刺激的能力。这种类型的学习的主要功能是识别和分类对象和情境的能力。除非我们已经学会了识别事物，否则我们就无法学会我们应该如何对待它。

我们的每个感觉系统都有感知学习的能力。例如，我们可以通过物体的视觉外观，它们发出的声音，它们的触感，或者气味来识别物体。我们可以通过人们的脸型、走路时的动作或声音来识别他们。当我们听到人们说话时，我们可以识别他们说的话，也许还有他们的情绪状态。正如我们将看到的，知觉学习似乎主要是通过感觉联合皮层的变化来完成的。也就是说，学习识别复杂的视觉刺激涉及视觉联合皮层的变化，学习识别复杂的听觉刺激涉及听觉联合皮层的变化，诸如此类。

一个特定的学习情境可能不同程序涉及我们目前所描述的所有三种类型的学习：知觉、刺激-反应和运动。例如，如果我们教某种动物做出一个新的反应，当我们呈现一个该动物从未见过的新刺激时，动物必须学会识别刺激（知觉学习），并做出反应（动作学习），以及必须在这两个新的记忆之间建立一个连接（刺激-反应学习）。如果我们教动物做出一种已经学会了的反应，那么当我们提出一个新的刺激时，只有知觉学习和刺激-反应学习会发生。

**关系学习** 到目前为止，我们所描述的三种学习方式主要包括感觉系统的变化，感觉系统和运动系统之间的变化，或运动系统中的变化（见图 13.4）。但学习通常比这更复杂。第四种学习形式包括学习个体刺激之间的关系。例如，一种更复杂的知觉学习形式涉及联合皮质不同区域之间的联系。当我们听到猫在黑暗中喵喵叫时，我们可以想象一只猫长什么样，如果我们触摸它的皮毛，会有什么感觉。因此，听觉联合皮层中识别猫叫的神经回路以某种方式与视觉联合皮层和躯体感觉联合皮层中的相应回路相连。这些相互联系也是学习的结果。

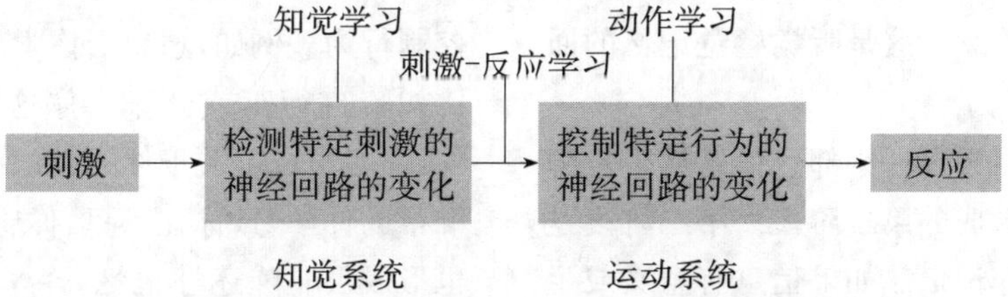


**图 13.4 知觉、刺激-反应和动作学习的概述**

对空间位置的感知——空间学习——也包括了解许多刺激之间的关系。例如，考虑我们必须学会什么才能熟悉房间的内容。首先，我们必须学会识别每一个物体。此外，我们必须了解物体相对于彼此的位置。因此，当我们发现自己在房间里的某个特定位置时，我们对这些物体的感知以及它们相对于我们的位置就会告诉我们自己所在的确切位置。

正如我们将在本章后面的部分中看到的，一个涉及海马体和相关结构的特殊系统似乎在执行许多类型的学习中所需要的协调功能，而不仅仅是简单的知觉、刺激-反应或动作学习。

## 记忆的类型

目标 13.2 对比三种记忆类型的特征：感觉记忆、短时记忆和长时记忆。

研究人员将形成记忆的过程描述为三个

一般阶段：感觉记忆阶段、短时记忆阶段和长时阶段(见图 13.5)。

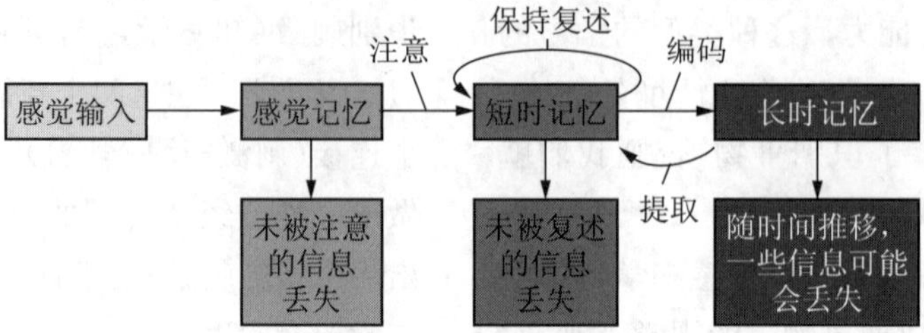


**图 13.5 学习过程**

**感觉记忆** 信息首先由感觉记忆处理。感觉记忆是指一段很短的时间内(从几分之一秒到几秒不等)，环境刺激的最初感觉被首先记忆。感觉记忆发生在每一种感觉中，并允许个体保留感觉的体验略长于最初的刺激。感觉记忆通常被认为是一个短暂的时期，在此期间，感觉经验可以通过重复或"回声"记住。例如，你是否有过这样的经历：当你在阅读或完全投入一项任务时，有人打断你问问题或告诉你某件事。马上，你会说"什么?"因为你太投入工作了，根本没听到他们说什么。几乎在你一说完"什么"这个词时，你就会感受到他们的声音的回声，并且知道你自己问题的答案。这是听觉感觉记忆的回声记忆的一个例子。

**短时记忆** 只有一小部分信息从感觉记忆传递到记忆形成的第二阶段。第二阶段是短时记忆或工作记忆。如果信息有意义或足够显著，可以从感觉记忆传递下去，转移到短时记忆阶段。这个阶段比感觉记忆要长，但仍然限于几秒或几分钟。短期记忆的记忆容量仅限于几个项目，如电话号码中的数字或姓名中的字母。短期记忆的长度可以通过复述来延长。例如，如果你不断重复一个电话号码，直到你把它输入到手机里，你对这个电话号码的记忆就会更持久。短时记忆的容量可以通过像组块这样的技术来扩展(将零碎信息分组到一起，比如社会保险号码或电话号码)。

**长时记忆** 记忆的第三阶段也是最后一个阶段是长时记忆。这个阶段相对持久，可以持续几分钟、几小时、几天或几十年。短时记忆中保留下来的信息会整合到长时记忆中。同样，并不是所有来自短时记忆的信息都能转化为长时记忆。长时记忆在人的一生中都可以被提取，并且随着提取的增加而增强。

非陈述性记忆 长时记忆有两大类：非陈述性记忆和陈述性记忆。非陈述性记忆或内隐记忆包括那些我们没有意识到的记忆。非陈述性记忆似乎是自动运作的。它们似乎不需要记忆或者包括事实或经验；相反，它们控制行为。例如，想想当你学习一项新技能，比如骑自行车或开车。你这样做是有意识的，并且形成了关于你的尝试的陈述性记忆：谁帮助你学习，你在哪里，你感觉如何。但你也形成了非陈述性记忆，你学会了骑车或开车，你学会了用你的手和身体进行自动调整。

获得特定的动作行为和技能可能是非陈述性记忆最重要的形式。开车、翻书、弹奏乐器、跳舞、扔球、接球、站起来时向后推椅子——所有这些技能都涉及我们从环境和移动自身身体部位接收到感官信息来进行动作的协调。我们不需要能够描述这些活动来执行它们。我们甚至可能意识不到我们在执行这些活动时所做的所有动作。

陈述性记忆 另一类记忆是陈述性记忆，也称外显记忆，是我们所想和所讲的事情或事实的记忆(Squire et al., 1989)。陈述性记忆不是简单的口头记忆。例如,想想你生活中的一些事情,比如你的上一个生日。想想你在哪里,什么时候发生的,还有什么人在场,发生了什么,等等。虽然你可以用语言来描述("陈述")这段经历,但记忆本身并不是语言。实际上,它可能更像一个在你脑海中运行的视频剪辑,它的起始点和停止点——快进和快退——你可以控制(见表13.1)。

**表13.1 陈述性和非陈述性记忆任务的示例**

| 陈述性记忆任务 |
| --- |
| 记忆过去的经验 |
| 在新环境中寻找出路 |
| **非陈述性记忆任务** |
| 学习辨认破损的图纸 |
| 学习识别图片和物体 |
| 学习识别面孔 |
| 学习识别旋律 |
| 经典性条件反射 |
| 操作性条件反射 |
| 学习按键顺序 |

有证据表明陈述性记忆包括不同形式的情景记忆和语义记忆。**情景记忆**涉及语境,它们包括关于某一事件发生的时间和条件以及事件发生顺序的信息。情景记忆是特定于特定的时间和地点的,因为给定的情景——其定义——只发生一次。**语义记忆**涉及事实,但不包括关于学习事实的语境的信息。换句话说,语义记忆不如情景记忆具体。例如,知道太阳是一颗恒星涉及的记忆不如能够记住你从何时、何地以及从谁那里得知这个事实的记忆具体。随着时间的推移,语义记忆可以逐渐获得。情景记忆必须一次学完(参见图13.6)。

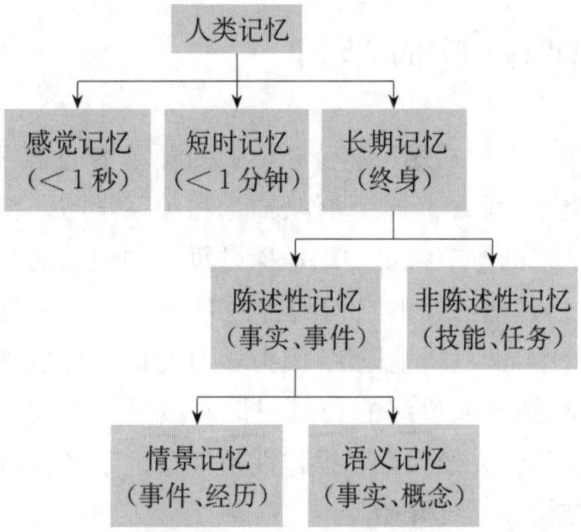


**图13.6 记忆的类型**

# 本节回顾

## 学习和记忆概述

目标13.1 比较四种学习类型的特征:刺激-反应学习、运动学习、知觉学习以及关系学习。

刺激-反应学习,包括经典性和操作性条件反射,是由感知系统和运动系统之间的联系组成的。经典性条件反射发生在中性刺激之后伴随能够自然引发无条件反应(UR)的无条件刺激(US)时。在这种配对形成后,中性刺激成为条件刺激(CS);现在它自己能够引发反应,我们称之为条件反应(CR)。操作性条件反射发生在当一个反应之后,紧接着是一个强化刺激时,比如给口渴的动物喝水。当做出反应的时候会唤起反应时,强化刺激增加了其他刺激出现的可能性。运动学习,虽然它可能主要涉及控制动作的神经回路的变化,但由感官刺激引导,因此,它实际上是一种刺激-反应学习。知觉学习主要由知觉系统的变化组成,这些变化使我们能够识别刺激,以便我们能适当地对它们作出反应。关系学习是最复杂的学习形式,它包括通过一种以上的感觉方式识别物体的能力,识别物体在环境中的相对位置的能力，以及记住事件发生顺序的能力。

目标 13.2 对比三种记忆类型的特征：感觉记忆、短时记忆和长时记忆。

感觉记忆是非常短暂的，涉及记忆最初的感觉。一小部分信息从感觉记忆传递到短时记忆，持续几秒钟或几分钟，而且仅限于少数几个项目。短时记忆容量可以通过复述或组块来扩展。长时记忆是相对持久的，记忆可以在一生中被提取，并且随着提取次数的增加而增强。长时记忆包括陈述性记忆和非陈述性记忆。

## 思考题

描述本节中描述的每种学习类别的具体例子。然后描述一个包含多种学习的例子。

---

# 刺激-反应学习

本章的第一部分介绍了四种基本的学习类型：刺激-反应、动作、知觉和关系学习。接下来的章节将更详细地探讨每一种类型的学习，包括已知的它们的神经基础。在每一部分中，学习产生记忆，因为学习的信息通过感觉、短时和最终的长时记忆阶段进行。我们将从研究经典性和操作性条件反射下的神经结构和系统开始。

## 经典条件反射

目标 13.3 描述经典条件反射中杏仁核、AMPA 和 NMDA 受体的作用。

神经科学家已经用许多模型研究了经典条件反射的解剖学和生理学，比如海洋无脊椎动物海兔的鳃反射和兔子的眨眼反射（Carew, 1989; Lavond et al., 1993）。在这里，我们将描述一个经典条件反射下的啮齿动物模型——条件情绪反应——以说明负责条件情绪反应的潜在神经活动。

**杏仁核的作用** 杏仁核在经典条件情绪反应中非常重要。一种令人厌恶的刺激，如痛苦的足底电击，会产生各种各样的行为的、自发的和激素的反应：不能动弹、血压升高、肾上腺应激激素分泌等。经典的条件情感反应是通过将中性刺激（如音调）与厌恶刺激（如短暂的足底电击）相结合而形成的。正如我们在第 11 章看到的，在这些刺激配对后，音调变成了条件刺激，当它单独出现时，它会引发与无条件刺激相同的反应。

在被听觉皮层处理后，有关条件刺激（音调）的信息到达杏仁核外侧核。这个核也接收来自体感系统的关于无条件刺激（足底电击）的信息。因此，这两种信息来源在外侧核集中，这意味着负责学习的突触改变可能发生在这个位置。

一个假想的神经回路如图 13.7 所示。杏仁核外侧核含有神经元，轴突向中央核突出。来自神经元的终扣将听觉和躯体感觉信息传输到外侧核，在这些神经元上形成树突棘的突触。当啮齿类动物遇到痛苦的刺激时，体感输入激活外侧核的强大突触。因此，这个核中的神经元开始放电，激活中央核中的神经元，引发一种未学会的（无条件的）情绪反应。如果音调与疼痛刺激同时出现，外侧杏仁核的神经突触就会加强。负责这种学习的突触改变发生在这个回路中。

**谷氨酸的作用** 来自许多研究的证据表明，负责获得条件情绪反应的外侧杏仁核的变化涉及一系列被称为长时程增强（LTP）的突触变化。本章最后一节详细描述了长时程增强。长时程增强涉及 NMDA 受体及其与

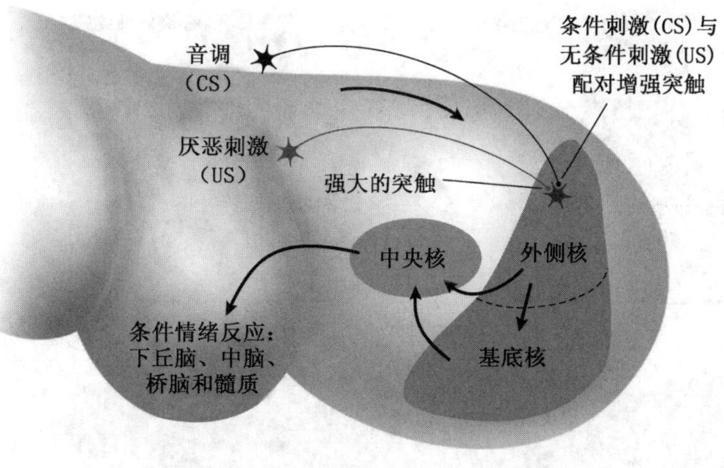


**图 13.7 条件情绪反应**

这张图显示了神经突触强度变化的可能位置，这种变化是由音调与足底电击配对产生的经典条件情绪反应引起的。

突触 AMPA 谷氨酸受体数量增加的关系。第 4 章描述了 NMDA 和 AMPA 促离子型谷氨酸受体。

暂时来说，长时程增强是通过激活 NMDA 受体和将额外的 AMPA 受体插入突触后膜来完成的。谷氨酸系统的这些突触改变有助于增加兴奋性突触后电位（EPSP）到突触后细胞。例如，Rumpel 等人（2005）用一种音调和电击配对，建立起一种条件情绪反应。他们发现，学习经验导致额外的 AMPA 受体被插入，以及外侧杏仁核神经元和提供听觉输入的轴突之间突触树突棘的兴奋性突触后电位增加。他们还发现，阻止 AMPA 受体插入树突棘的过程也阻止了条件恐惧反射的建立。此外，Migues 等人（2010）发现涉及外侧杏仁核长时程增强的阻塞步骤破坏了条件情绪反应的建立。事实上，缺陷的程度与突触后 AMPA 受体的减少直接相关，可能与兴奋性突触后电位的减少有关。这些研究的结果支持这样的结论，即外侧杏仁核谷氨酸突触间的长时程增强在条件情绪反应的建立中起着关键作用（参见图 13.8）。与长时程增强相关的突触改变的更多细节将在本章后面讨论。有关插入 AMPA 受体过程的更多细节，请参见图 13.34。

## 操作性条件反射

目标 13.4 解释基底核、中脑边缘系统通道和中脑皮层通道以及前额皮质在与操作性条件反射相关的强化中的作用。

操作性条件反射是我们（和其他动物）从与环境的互动中学习的一种手段。

如果在一个特定的情况下，我们做出了一个有良好结果的回应，我们会倾向于再次做出回应。这部分首先描述了操作条件反射所涉及的神经通路，然后讨论强化的神经基础。

**基底核的作用** 正如我们在本章第一部分所看到的，操作性条件反射需要加强检测特定刺激的神经回路与产生特定反应的神经回路之间的连接。负责操作条件反射的回路开始于感觉联合皮层的不同区域，感知即发生在这些区域，结束于额叶的运动联合皮层，额叶控制着运动。但是什么通路负责这些连接，负责学习的突触变化又发生在哪里？

在感觉联合皮层和动作联合皮层之间有两条主要的通路：直接跨皮质连接（从大脑皮

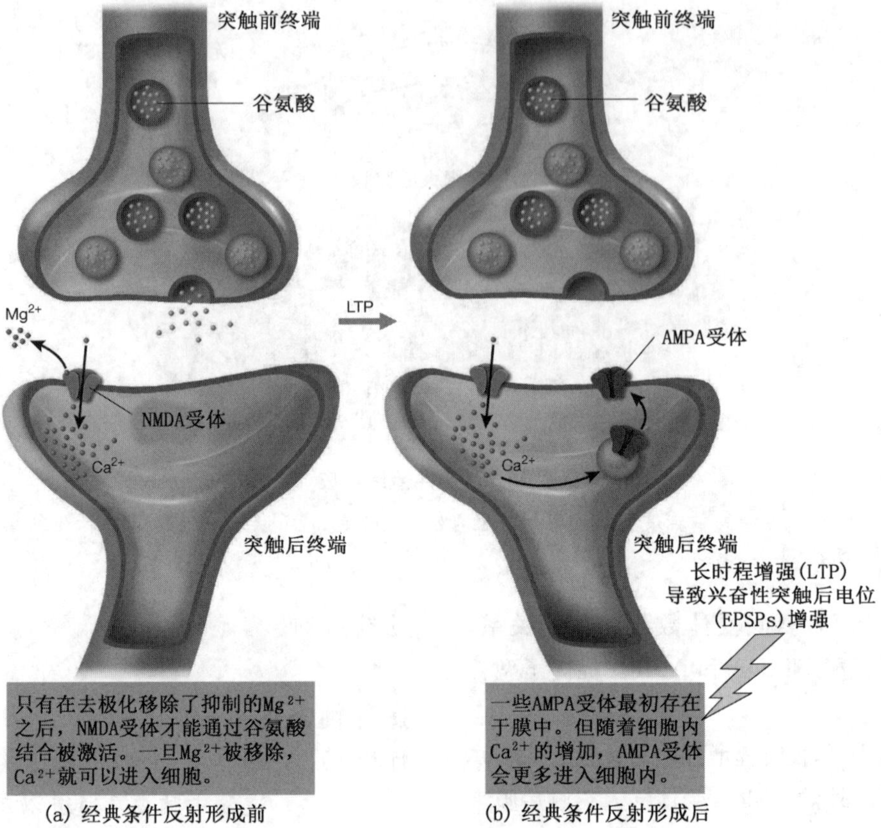


**图 13.8　长时程增强中与经典性条件反射相关的 NMDA 和 AMPA 受体的概述**

层的一个区域到另一个区域的连接)和通过基底核和丘脑的连接。(第三种途径,涉及小脑和丘脑,也存在连接,但这一通路在操作性条件反射中的作用直到最近才受到神经科学家的关注。)这两条通路似乎与操作性条件反射有关,但它们起着不同的作用(参见图 13.9)。

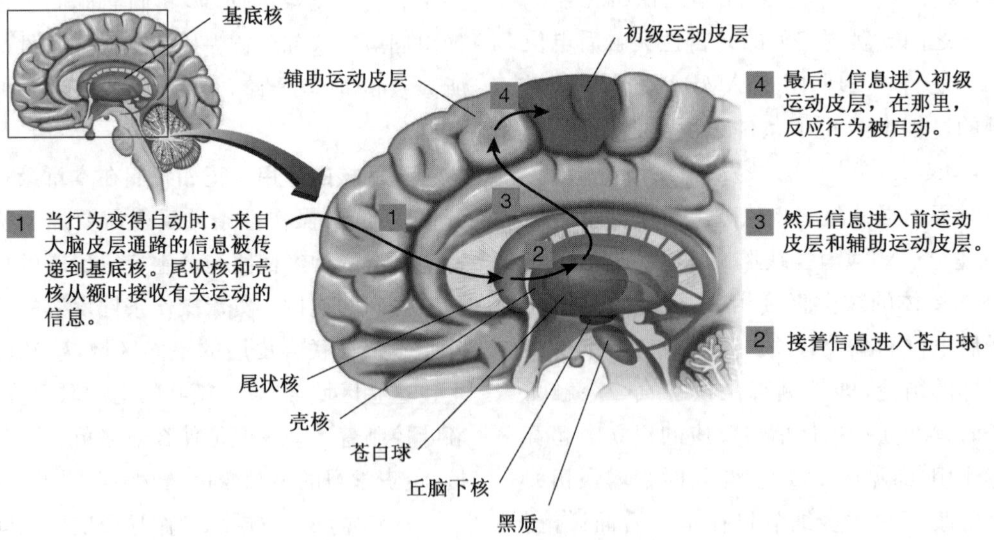


**图 13.9　刺激与反应通路**

*跨皮层通路*　与海马体的结构相结合，跨皮层连接涉及陈述性、情景性记忆的获得——我们经历或描述的一系列事件的复杂感知记忆。跨皮质连接也涉及复杂行为的习得，这些行为涉及思考或指导。例如，一个学习用手动挡开车的人可能会说，“让我们看看，踩离合器，把变速杆向左拉，然后推远——它已经准备好了——现在让离合器上来——哦！熄火了，我应该多给点汽油。让我看一下，踩离合器，转动钥匙……”一套熟记的规则（或者坐在我们旁边的老师）为我们提供了一个可以遵循的脚本。当然，这个过程并不一定要听得见，甚至不涉及言语肌肉的实际运动；一个人可以用具有神经活动的词语来思考，而不会导致明显的行为。

起初，通过观察或遵循一组规则来执行行为是缓慢而笨拙的。由于大脑中有太多的资源用于回忆这些规则并将其应用于我们的行为，我们无法对环境中的其他刺激做出反应——我们必须忽略那些可能分散我们注意力的事件。但是，随着练习，这种行为变得更加流畅。最终，我们不假思索地完成了它，并且可以很容易地同时做其他事情，比如开车同时与乘客交谈。

*基底核通路*　有证据表明，随着习得的行为变得自动化和常规化，它们会“转移”到基底核。这个过程似乎是这样的：当我们故意做出复杂的行为时，基底核接收到有关当前刺激和我们正在做出的反应的信息。最初基底核是情况的被动“观察者”，但随着这些行为一再重复，基底核开始学习该做什么。最终，它们接管了这个过程的大部分细节，让跨皮层回路自由地做其他事情。我们不需要再考虑我们在做什么。回到手动挡驾驶汽车的例子，随着驾驶员的练习，处理过程被转移到基底核，驾驶员不再需要刻意思考每一步。相反，驾驶员流畅地自动启动引擎、换挡以及驾驶汽车。

尾状核和壳核（基底核的两个部分）接收来自大脑皮层所有区域的感觉信息。它们还从额叶接收关于计划中的或正在进行中的动作的信息。（这意味着基底核拥有所有它们需要的信息来监控一个人学习开车的进度。）尾状核和壳核的信息输出后被发送到基底核的另一部分：苍白球（基底核第三部分）。这个结构的信息输出会被发送到额叶皮层：前运动皮层和辅助运动皮层，在那里制定运动计划，然后再到初级运动皮层来执行运动（参见图 13.10）。

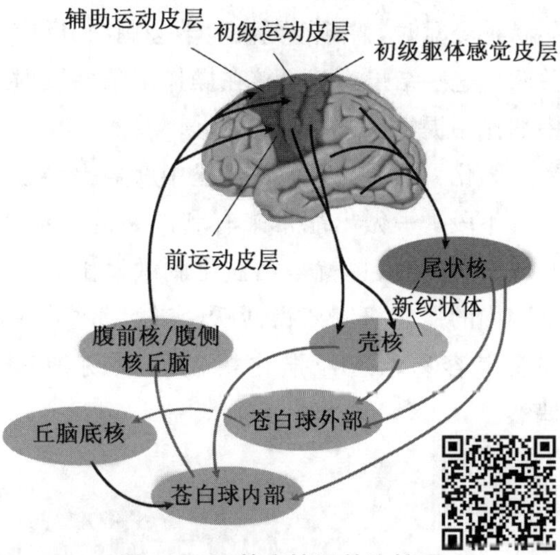


**图 13.10　基底核及其连接图**

可以在基底核观察到记忆从涉及行为序列获取的大脑系统转移到涉及自动程序存储的大脑系统。例如，对动物模型的研究表明，大鼠大脑中与人类和其他灵长类动物大脑中尾状核相对应的区域是前额皮层。大鼠大脑中与灵长类动物壳核相对应的区域是感觉和运动皮层。Yin 等人（2009）和 Thorn 等人（2010）发现，大鼠尾状核类似物参与了新技能的早期学习，但随着实践的不断进行，这种行为变得更加习惯性和自动化，壳核类似物开始控制动物的行为。

基底核的病变破坏了操作性条件反射，但不影响其他形式的学习。例如，Fernandez-

Ruiz 等人(2001)研究发现,猴子尾状核和壳核的损伤部分接受来自腹侧流的视觉信息。他们发现,这些损伤损害了猴子在视觉引导下做出操作性反应的能力,但并不影响其他形式的学习。

Williams 和 Eskandar(2006)训练猴子在看到特定的视觉刺激时,将操纵杆移动到特定的方向(左、右、向前或向后)。反应正确则用一小口果汁进行强化。当猴子们学习这项任务时,尾状核神经元的放电率增加了。尾状神经元的活动与动物的学习速度有关。当研究人员在强化期间通过电刺激进一步激活尾状神经元时,猴子能更快地学会刺激-反应关联。这些结果为基底核在操作性条件反射中的作用提供了进一步的证据。

**强化** 学习为我们从经验中获益提供了一种手段——做出能带来有利结果的反应。当好事发生时(也就是当强化刺激发生时),大脑中的强化机制变得活跃,突触变化的建立变得容易。这种强化机制的发现纯属偶然。

与强化有关的神经回路 1954 年,一名年轻的助理教授 James Olds 和一位研究生 Peter Milner 试图明确,对网状结构的电刺激是否会促进大鼠的迷宫学习。网状结构是介于脑干和中脑之间的一个大结构,包含许多不同的核和通路(回顾第 3 章)。Olds 和 Milner 计划,每当动物在迷宫中到达一个选择点时,就短暂地打开刺激器。当动物进入笼子的一个角落时,研究人员对网状结构周围的区域施加短暂的电流。这些动物在受到刺激后很快就回到了原来的位置。每次施加刺激后,它们会越来越快地回到原来的角落。Olds 和 Milner 意识到他们正在做一件大事,他们决定停止原来的实验,研究他们发现的现象。随后的研究发现,虽然有几种不同的强化机制,但多巴胺能神经元的活性在强化中起着尤为重要的作用。正如我们在第 4 章中看到的,多巴胺神经元的中脑边缘系统开始于**中脑腹侧被盖区**(VTA),并向包括杏仁核、海马和**伏隔核**(NAC)在内的几个前脑区域投射(参见图 13.11)。如我们刚才看到的,

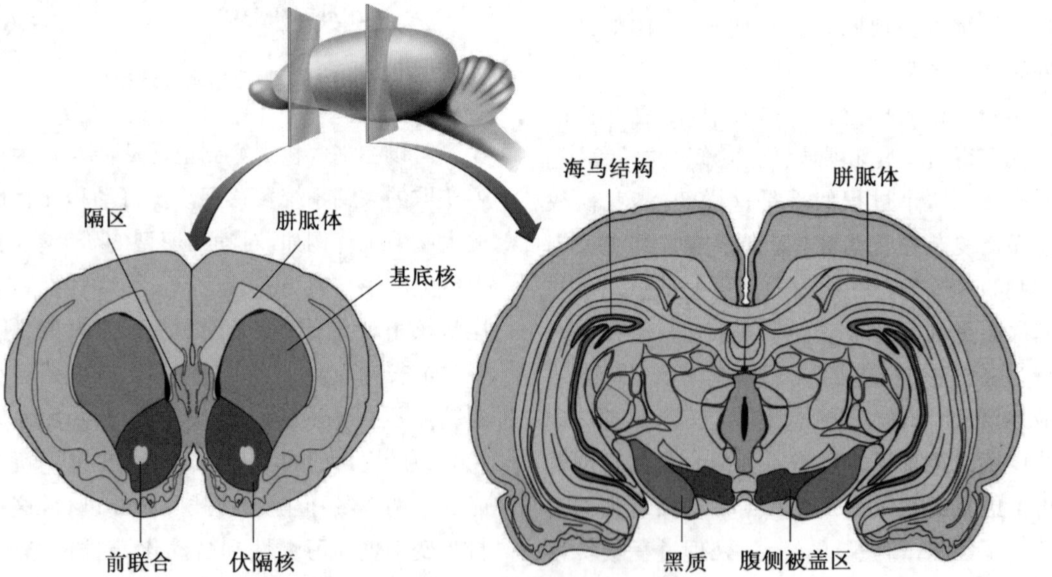


**图 13.11 腹侧被盖区和伏隔核**

通过大鼠大脑的切片图显示这些区域的位置。

资料来源:Swanson, L. W., *Brain maps: Structure of the rat brain*, New York: Elsevier, 1992。

投射到基底核腹侧的伏隔核中的神经元与学习有关。中脑皮层系统也起着强化作用。这个系统也开始于腹侧被盖区，但投射到前额皮层、边缘皮层和海马。由于对大脑几个区域的刺激是增强的，所以中脑边缘系统只是几种强化通路之一。在他们的研究中，Olds 和 Milner 在刺激网状通路时无意中激活了这些通路，导致动物在受到刺激时（在笼子的角落里）的行为得到强化，从而更有可能在未来发生。

*多巴胺在强化中的作用*　第 5 章描述了一种称为微透析的研究技术，它使研究者能够分析大脑特定区域内组织间液的含量。使用这种方法的研究人员已经证明，强化对**内侧前脑束**或腹侧被盖区的电刺激或者服用可卡因或安非他明会导致伏隔核释放多巴胺（Moghaddam and Bunney，1989；Nakahara et al.，1989；Phillips et al.，1992）。内侧前脑束连接腹侧被盖区和伏隔核（参见图 13.12）。微透析研究还发现天然强化物的存在，如水、食物或性伴侣，会刺激伏隔核中多巴胺的释放。因此，强化大脑刺激的效果似乎在许多方面与自然发生的强化物相似。

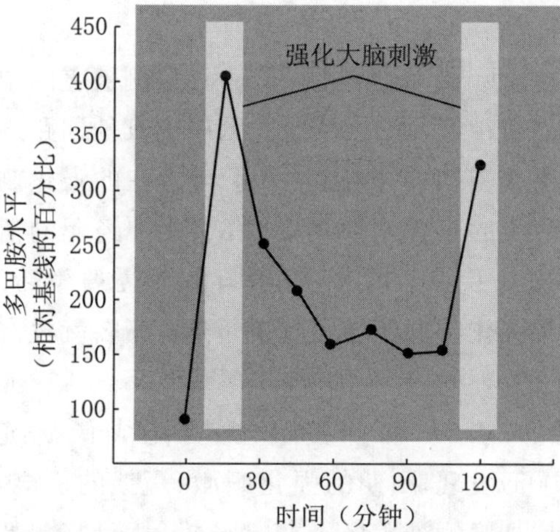


**图 13.12　多巴胺与强化**

通过微透析测量，当大鼠按压向腹侧被盖区传递电刺激的杠杆时，伏隔核就会释放多巴胺。

资料来源：Phillips et al.，1992。

功能成像研究表明，强化活动也会激活伏隔核。例如，Knutson 等人（2001）发现，当人们被给予暗示他们将会得到钱的刺激时，伏隔核变得更加活跃（故推测，多巴胺在那里被释放）。

与经典性条件反射一样，操作性条件反射也涉及刚刚活跃的神经元之间的突触增强。然而，操作性条件反射包括三个要素：辨别性刺激、反应和强化刺激。这三种元素的神经表现是如何结合在一起的，以及多巴胺起什么作用呢？

让我们假设一只饥饿的大鼠正在学习按下杠杆获取食物。在经典条件反射中，一个要素（辨别性刺激——在这种情况下是指看到杠杆）只会激活运动神经元上的弱突触，这些神经元负责导致杠杆按压的运动。第二个要素——促使动物按下杠杆的特定环境——激活强大的突触，使神经元放电。第三个要素只有在反应之后出现强化刺激时才会发挥作用。如果成立，强化机制就会触发神经递质或神经调质的分泌，这些物质遍布突触改变发生的区域。这种化学物质是第三种要素；只有当它存在时，弱突触才能得到加强。多巴胺起着这样的作用。几项研究表明，长时程增强对操作性条件反射是必不可少的，多巴胺是持续的长时程增强作用中必不可少的成分。

Knecht 等人（2004）教授人们一种人造词的词汇。学习是逐步进行的，每天五次。在双盲试验中，一些参与者在每次治疗前 90 分钟服用左旋多巴，另一些则服用安慰剂。左旋多巴是多巴胺的前体，所以给药会增加多巴胺在大脑中的释放。接受左旋多巴治疗的参与者学习人工词汇的速度比接受安慰剂治疗的参与者更快，记忆力也更好。同样，Tsai 等（2009）在小鼠身上使用光遗传学刺激特别激活腹侧被盖区中的多巴胺神经元，发现这种刺激增强了小鼠在操作任务中的表现。

强化系统的功能　强化系统必须执行两个功能：检测强化刺激的呈现（即认识到好的事情刚刚发生）以及加强检测辨别性刺激（比如看到杠杆）的神经元和产生操作性反应（按压杠杆）的神经元之间的连接（参见图 13.3）。

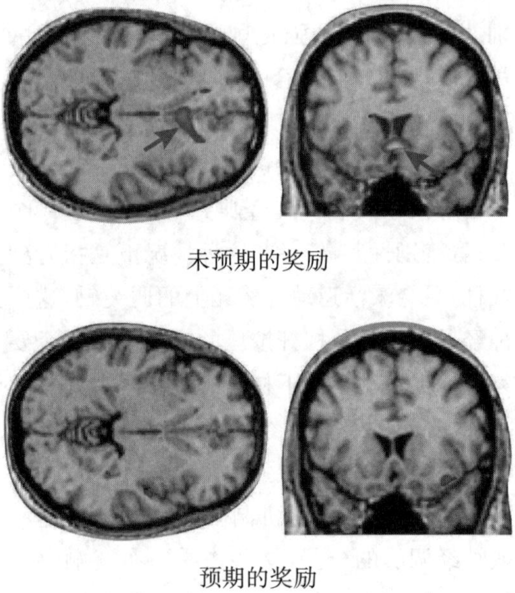


**图 13.13　预期和未预期的强化物**

功能性核磁共振扫描显示了预期和未预期的强化物（喝果汁）对人类伏隔核（箭头所示）活动的影响。

资料来源：Berns, G. S., McClure, S. M., Pagnoni, G., and Montague, P. R. Journal of Neuroscience, 2001, 21, 2793—2798。

假设这个提出的机制是正确的，那么还有几个问题存在：是什么激活了中脑的多巴胺神经元，并最终导致它们释放多巴胺？多巴胺的释放在加强突触连接中起什么作用？这些突触变化发生在哪里？研究显示的对这些问题的一些初步回答将在本节的其余部分进行讨论。

检测强化刺激　当神经回路检测到一种强化刺激并引起腹侧被盖区多巴胺神经元的激活时，就会发生强化。检测强化刺激不是一件简单的事情；在一种情况下作为强化物的刺激在另一种情况下可能不是。例如，食物的存在会增强饥饿动物的行为，但不会增强刚吃过东西的动物的行为。因此，当出现特定刺激时，强化系统不会自动激活；它的激活也取决于动物的状态或环境。

Schultz 和他的同事记录伏隔核中多巴胺神经元活动的研究发现，强化系统似乎会被意外的强化刺激激活。Mirenowicz 和 Schultz（1994, 1996）在研究中教猴子一项操作性任务，要求它们在听到听觉刺激时做出反应。在训练过程中，当强化刺激（一种美味的液体）被给予时，猴子的腹侧被盖区中的多巴胺神经元反应迅速。然而，一旦动物学会了这项任务，当听觉刺激出现时，腹侧被盖区神经元就会变得活跃，而当强化刺激出现时，腹侧被盖区神经元就不会活跃。此外，如果预期的强化刺激没有出现，多巴胺神经元的激活水平会突然下降（Day et al., 2007）。Berns 等人（2001）的一项功能成像研究在人类身上也发现了类似的结果。从图 13.13 可以看出，当少量美味的果汁不可预测地喷射到人的嘴里时伏隔核被激活，但当果汁的输送是可以预测的时候，伏隔核就没有发生这种活动。

Schultz 和他的同事认为，腹侧被盖区中多巴胺神经元的激活与大脑中的其他回路进行了交流，表明刚刚发生了与潜在的强化刺激有关的事件。换句话说，这些神经元的活动发出了一个信号，表明有东西需要学习。如果强化物的给予已经被预期，那么就没有什么需要学习的了。

Knutson 和 Adcock 的功能成像研究（2005）发现，预期的强化刺激（赢钱的机会）会增加腹侧被盖区及其部分投射区域（包括伏隔核）的激活。研究人员发现，当参与者在期待赢得一些钱的时候，他们更有可能记住他们看过的照片（见表 13.2）。

表 13.2 腹侧被盖区(VTA)神经元对强化物的反应活性

| 事件 | 预期或未预期的强化 | VTA 神经元激活或未激活 |
|---|---|---|
| 走过自动售货机时,你不小心碰到了它。一块糖掉了出来。 | 未预期 | 激活 |
| 你将密码输入电子邮件程序,然后你的电子邮件账户就会打开。 | 预期 | 未激活 |

**前额皮层的作用** 正如我们所见,前额皮质为腹侧被盖区提供了重要的输入。连接这两个区域的轴突的终扣会分泌谷氨酸(一种兴奋性神经递质),这些突触的活动使腹侧被盖区多巴胺神经元以爆发性模式放电,这大大增加了它们在伏隔核中分泌的多巴胺(Gariano and Groves, 1988)。前额叶皮层通常参与制定策略、制订计划、评估朝着目标所取得的进展以及判断一个人的行为是否恰当。也许当前额叶皮层确定正在进行的行为正在使机体更接近其目标,并且当前的策略正在起作用时,它就会启动强化机制。

## 本节回顾

### 刺激-反应学习

目标 13.3 描述经典条件反射中杏仁核、AMPA 和 NMDA 受体的作用。

当听觉刺激(条件刺激)与足部电击(无条件刺激)同时出现时,这两种信息在杏仁核外侧核集中。这个核直接通过基底核和副基底核与杏仁核的中心核相连,中心核与控制情绪反应各部分的人脑区域相连。这个回路的任何部位的损伤都会破坏反应。

杏仁核外侧核单个神经元的记录表明,经典条件作用改变了神经元对条件刺激的反应。该系统突触可塑性的机制似乎是 NMDA 介导的长时程增强。长时程增强是通过激活 NMDA 受体和将额外的 AMPA 受体插入突触后膜来实现的。注射阻碍长时程增强的药物到外侧核破坏了条件情绪反应的建立,阻碍外侧杏仁核中的长时程增强也会妨碍条件情绪反应的建立。

目标 13.4 解释基底核、中脑边缘系统通道和中脑皮层通道以及前额皮层在与操作性条件反射相关的强化中的作用。

操作性条件反射包括加强检测刺激的神经回路和产生反应的神经回路之间的联系。这些变化的位置之一似乎是基底核,尤其是负责学习自动化和日常行为的变化。基底核接受感官的信息以及关于新大脑皮层运动计划的信息。基底核的损伤或在基底核中注入阻断 NMDA 受体的药物会破坏操作性条件反射。在操作性条件反射中,中脑边缘和中脑皮层通路负责强化。前额皮层可能参与激活中脑边缘通路来实现目标。

## 思考题

你是否曾经尝试努力解决一个问题,然后突然想到了一个可能的解决方案?这个想法让你感到兴奋和快乐吗?如果我们在伏隔核中使用微透析探针我们会发现什么?为什么会有这个发现?

## 动作学习

动作学习通常包括在反复试验中学习一系列新的动作行为。小脑、丘脑、基底核和运动皮层参与许多不同任务的动作学习(Hardwick et al., 2013)。第 8 章更详细地描述了大脑中控制自主运动的区域,下一节将介绍动作学习中两个关键区域的作用:大脑皮层和基底核。

### 大脑皮层的作用

目标 13.5　列出不同皮层区域对动作学习的贡献。

初级运动皮层负责控制身体的运动,是按躯体投射来组织的。正如你在第 8 章中所读到的,大脑皮层的几个相邻区域在组织复杂的、学习的动作时起着关键作用。例如,辅助运动区域涉及执行以前学过的、自动的一系列行为。前运动皮层参与由感觉信息引导的运动学习和记忆。腹侧前运动皮层是镜像神经元的家园,这些神经元在观察另一个个体时可以促进动作学习。

动作学习通常包括一段快速学习的时期,在这段时间内,需要学习的动作在最初的试验中表现出快速的改善。这种动作行为的记忆在最初试验之后的一段时间内得到了改善,在这段时间内没有进行额外的练习,称为间歇学习。这种改进是通过对记忆的整合和重新合并实现的。睡眠后动作学习能力会有进一步的提高。在一些动作学习任务中,快速眼动睡眠和慢波睡眠与动作学习的增强有关,可能会促进长时程增强(Censor et al., 2012)。

### 基底核的作用

目标 13.6　解释基底核在操作性条件反射的动作学习中的作用。

哪些大脑区域负责获得非陈述性的动作记忆?正如我们在本章前面看到的,知觉记忆涉及大脑皮层的感觉区域。基底核在刺激-反应和动作学习中起着重要作用。一些实验表明,患有基底核疾病的人有一些缺陷,这些缺陷会导致学习自动反应的困难。例如,Owen 等人(1992)发现帕金森病患者在学习视觉提示的操作性条件反射任务上存在损伤,Willingham 和 Koroshetz(1993)发现亨廷顿氏病患者不能够学习按下一系列按键。帕金森病和亨廷顿氏病都涉及基底核的退化,这将在第 15 章详细描述。

---

## 本节回顾

### 动作学习

目标 13.5　列出不同皮层区域对动作学习的贡献。

初级运动皮层负责执行运动行为,信息从前运动区输入,辅助运动区则有助于改进动作学习。

目标 13.6　解释基底核在操作性条件反射的动作学习中的作用。

基底核负责学习自动化的动作行为,如刺激-反应的范式。

## 思考题

即使一个人没有积极地进行动作行为练习,动作学习为何也能提高?解释间歇学习和睡眠在动作学习和动作记忆中的作用。

## 知觉学习

学习使我们能够适应环境，并对环境的变化做出反应。特别是，它为我们提供了在适当情况下做出适当行为的能力。情况可以像对门铃响的声音做出反应一样简单，也可以像一群人的社交互动一样复杂。

知觉学习包括学习识别事物。知觉学习可以学习识别全新的刺激，也可以学习识别熟悉刺激中的变化。例如，如果一个朋友换了新发型或者用隐形眼镜代替了眼镜，我们对那个人的视觉记忆就会改变。我们还知道，特定的刺激是在特定的地点或环境中发现的，或者是在其他刺激存在的情况下发现的。我们甚至可以学习和记忆特定的情节：发生在特定时间和地点的一系列事件。更复杂的知觉学习形式将在本章后面一节中讨论，即专门讨论关系学习。本节将描述皮层在学习识别刺激中的作用以及这些刺激的记忆是如何形成的。

### 大脑皮层的作用

*目标13.7 解释大脑皮层区域在学习识别和记忆刺激方面的作用。*

我们将首先描述皮层在学习识别刺激中的作用，然后提供皮层活动在随后记忆刺激中的证据。最后，我们将在短期记忆中保留知觉信息的背景下讨论大脑皮层的作用。

**学习** 在大脑大而复杂的哺乳动物中，物体是通过外纹皮层中的神经元回路来进行视觉识别的。视觉学习可以非常迅速地进行，而且可以记住的项目数量是巨大的。事实上，Standing(1973)向人们展示了10 000张彩色幻灯片，结果发现几周后他们仍能认出其中的大部分。其他灵长类动物能够记住几秒钟内看到的东西，并且这种经历改变了它们的外纹皮层神经元的反应(Rolls, 1995)。

正如我们在第6章看到的，纹状皮层从丘脑外侧膝状核接收信息。在纹状皮层进行第一级分析后，信息被发送到外纹皮层。在分析了视觉场景的特定属性(如形状、颜色和运动)后，外纹皮层的子区域将它们的分析结果发送到视觉联合皮层的下一个层次，这个层次被分为两个“流”。腹侧流与物体识别有关，它继续向腹侧进入颞下皮层。背侧流与对物体位置的感知有关，它继续向背侧进入顶叶后皮层。大多数研究者认为，腹侧流与视觉知觉的内容有关，而背侧流则与视觉知觉的位置有关(参见图6.15)。

许多研究表明，颞下皮层(腹侧通路的末端)的病变破坏了辨别视觉刺激的能力。这些病变损害了感知(从而学会识别)特定类型的视觉信息的能力。正如我们在第6章中看到的，颞下皮层受损的人可能有很好的视力，但却无法识别熟悉的日常物品，如剪刀、手机或灯泡——以及亲朋好友的面孔。

**记忆** 知觉学习涉及外纹皮层突触连接的变化，这些突触连接建立了新的神经回路。过了一段时间，当同样的刺激再次出现，同样的活动模式被传递到大脑皮层时，这些回路再次活跃起来。这种活动构成了对刺激的识别——对视觉记忆的读出或回放。例如，Yang和Maunsell(2004)训练猴子在视觉刺激中发现微小的差异，这些差异的图像被投射到视网膜的特定区域。训练结束后，猴子们发现的差异要比刚开始训练时小得多。然而，当这些模式投射到视网膜的其他区域时，它们无法检测到这些差异。对外纹皮层单个神经元的记录显示，接受来自视网膜“训练过”的区域而非其他区域信息的神经元，其反应特性对刺激中的微小差异变得敏感。训练仅对该区域的神经回路进行了修正(参见图13.14)。

让我们来看看一些来自人类研究的证据，这些证据支持这样一个结论，即感觉联合皮层中神经回路的激活构成了感知记忆的回

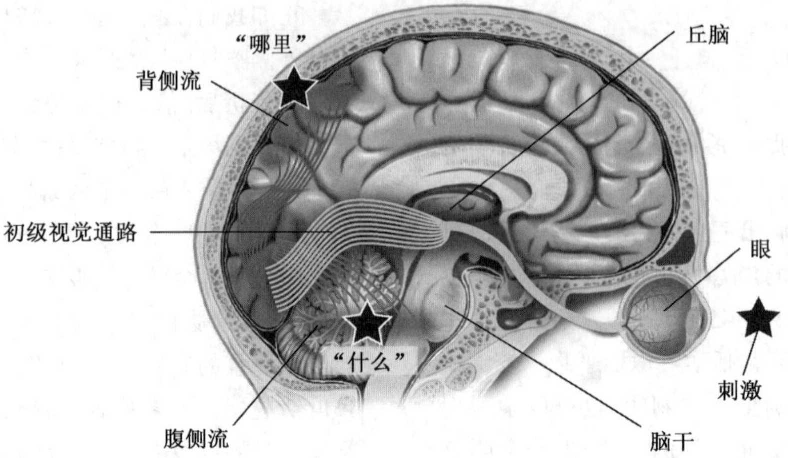


**图 13.14　外纹皮层在知觉学习中的作用**

感觉联合皮层神经回路的激活构成了感知记忆的"读出"。看到一个特定的视觉刺激会导致在外纹皮层产生一种独特的神经活动模式。同样的视觉刺激，如果以后再看到的话，会刺激外纹皮层产生同样的神经活动。

放。许多年前，Penfield 和 Perot(1963)发现，当他们在癫痫发作手术中刺激患者的外纹皮层和听觉联合皮层时，患者报告对图像或声音的记忆，例如熟悉街道的图像或患者母亲的声音。(你可以从第 3 章的开篇案例中回忆起，癫痫发作手术是在局部麻醉下进行的，这样医生就可以测试脑刺激对患者认知功能的影响。)

大脑中与视觉感知有关的区域受到损伤，不仅会损害对视觉刺激的识别能力，还会破坏人们对熟悉刺激的视觉特性的记忆。例如，Vandenbulcke 等(2006)发现患者 J.A.，她的右侧梭状回受损，在要求她描绘或描述各种动物、水果、蔬菜、工具、车辆或家具的视觉特征的任务中表现不佳。她的其他认知能力，包括描述物体非视觉属性的能力，都完好无损。此外，功能磁共振成像(fMRI)的一项研究发现，当健康的人被要求完成 J.A.表现不佳的视觉任务时，他们大脑中与 J.A.受损区域(右侧梭状回)相对应的区域会被激活。

Kourtzi 和 Kanwisher(2000)发现，特定种类的视觉信息可以激活特定的外纹皮层区域。正如我们在第 6 章中看到的，外纹皮层的一个区域，内侧颞叶/内侧颞上(MT/MST)区，在感知运动中起着重要作用。研究人员向参与者展示了暗示运动的照片，例如一名运动员准备扔球。他们发现，像这样的照片，而不是静止的人的照片，激活了 MT/MST 区。尽管照片没有移动，但参与者的记忆中可能包含了他们之前看过的运动信息(参见图 13.15)。

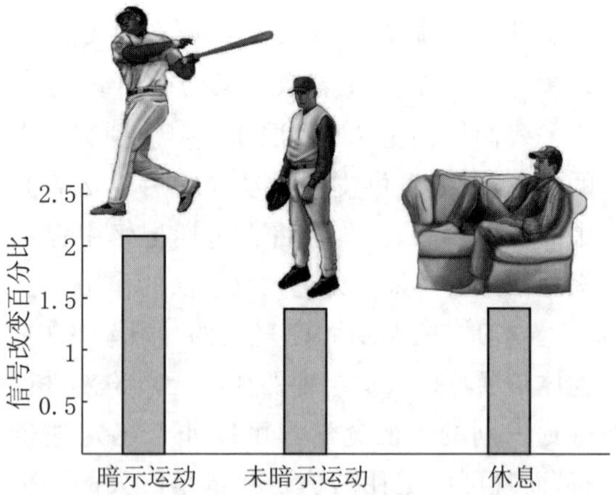


**图 13.15　运动视觉记忆提取的证据**

这些条形图代表了功能磁共振成像测量到的 MT/MST 区(视觉联合皮层中对运动有反应的区域)的激活水平。参与者观看静态场景的照片或者与这里展示的场景相似的暗示运动场景的照片。

资料来源：Kourtzi and Kanwisher，2000。

Goldberg 等人(2006)的一项功能成像研究向人们提出了涉及视觉、听觉、触觉和味觉信息的问题。研究人员发现,回答这些问题会激活与知觉相关感官信息有关的联合皮层区域。例如,关于味道的问题激活了味觉皮层,关于触觉信息的问题激活了躯体感觉皮层,关于视觉和听觉信息的问题激活了视觉和听觉联合皮层。

## 保持短时记忆中的知觉信息

目标 13.8　对比外纹皮层和前额皮层在短时记忆中保留知觉信息的作用。

到目前为止,我们提到的所有研究都涉及对刺激物的识别,无论是特定的物体还是它们的位置。通常,识别是所有一切的必要前提:我们看到一个刺激,然后立即做出适当的反应。但有时情况要求我们在一段时间后做出适当的反应,甚至是在刺激不再可见之后。

例如,假设我们开进了一个很大的停车场,因为我们要带一个很重的包裹,所以我们想把车停在离我们前面的商店入口尽可能近的地方。我们向左看,看到距离商店入口大约 100 英尺远的地方有一个空位。然后我们向右看,看到距离商店入口大约 50 英尺远的地方有一个空位。在心里比较一下距离,我们会向右转。因为我们不能同时向两个方向上看,所以我们必须用对第一个空位的距离的记忆与到第二个空位的距离进行比较。换句话说,我们必须将一种感知与我们刚刚感知到的其他事物的短期记忆进行比较。正如你在本章开头所读到的,短期记忆是一种对刺激或事件的记忆,它持续时间很短——通常只有几秒钟。

正如我们刚刚看到的,学习识别刺激涉及感觉联合皮层中适当区域的突触变化,这些区域建立了新的神经元回路。当感官输入激活这些已建立的神经回路时,就会产生对刺激的识别。刺激的短时记忆包括这些回路或由它们激活的其他回路的活动,这些活动甚至在刺激消失后还会继续。例如,学习识别朋友的面孔会使我们视觉联合皮层梭状回面孔区域的神经回路中的突触强度发生变化,认识到她的存在涉及这些变化所建立的回路的激活,即使我们看其他地方的时候,这些回路(或者其他与这些回路相连的回路)仍会持续活动,我们能记住她仍然在房间里。下面的部分将探讨外纹皮层和前额皮层区域在短时记忆中保留感知信息的作用。

**外纹皮层的作用**　功能成像研究表明,对特定类型的短期视觉记忆的保留涉及我们在第 6 章中遇到的外纹皮层特定区域的活动。梭状面孔区域是腹侧流的一个区域,涉及人脸识别,另一个区域,海马旁的位置区域(腹侧流的一部分),涉及位置的识别。Ranganath 等人(2004)的一项功能成像研究发现,对特定面孔和地点的短期记忆与视觉联合皮层腹侧流两个不同区域的神经活动有关。研究人员对人们进行了一项延迟样本匹配任务的训练,这项任务要求他们在短时间内记住特定的面孔或位置。在**延迟匹配样本任务**中,参与者会看到一个刺激(样本),然后,在刺激消失一段时间之后,参与者必须指出几个选项中哪个与样本匹配。Ranganath 和他的同事发现,对面孔的短时记忆会激活梭状回面部区域,而对位置的短时记忆激活海马旁位置区域。

正如我们在第 6 章看到的,经颅磁刺激(TMS)外纹皮层会干扰视觉感知。TMS 可以用来在大脑中诱导弱电流,从而干扰神经活动,进而干扰受刺激区域的正常功能。Oliveri等人(2001)对人们进行了一项延迟匹配样本任务的训练,要求他们记住抽象图形或视频屏幕上白色方块的位置。在一些试验中,研究人员在样本刺激消失的延迟间隔期间,将经颅磁刺激运用到腹侧通路或背侧通路区域。他们发现，正如预期的那样，刺激腹侧通路会干扰视觉模式的短时记忆，而刺激背侧通路则会干扰位置的短期记忆。

**前额皮层的作用**　虽然负责学习识别特定刺激的神经回路似乎位于感觉联合皮层，但感知短时记忆也涉及大脑的其他区域，尤其是前额皮层。Miyashita(2004)认为，前额皮层在短时记忆中的作用是操纵和组织待记忆信息，设计提取策略，并监控这些过程的结果(p.435)。

Baier 等(2010)注意到，在短时记忆中成功记忆近期呈现的信息需要两个过程：过滤无关信息和保持相关信息。研究人员向中风患者呈现短时记忆任务，这些任务要么要求他们忽略无关的信息，要么测试他们记住几条信息的能力。他们发现，左基底核受损的患者很难过滤掉不相关的信息，而右前额皮层受损的患者很难在短期记忆中保留多段信息。

## 本节回顾

### 知觉学习

*目标 13.7　解释大脑皮层区域在学习识别和记忆刺激方面的作用。*

视觉识别发生在背侧和腹侧通路中。知觉学习的发生是与感觉联合皮层相关的突触变化的结果。颞下皮层的损伤——腹侧通路的最高水平——破坏了视觉感知学习。对人类的功能成像研究表明，对图片、声音、运动或空间位置的记忆的提取激活了感觉联合皮层的适当区域。

*目标 13.8　对比外纹皮层和前额皮层在短时记忆中保留知觉信息的作用。*

知觉短时记忆涉及感觉联合皮层神经元的持续活动。功能性影像学研究表明，对特定类型的短时视觉记忆的保留涉及外纹皮层特定区域的活动。对于人体外纹皮层不同区域的经颅磁刺激会破坏短时知觉记忆。前额皮层也与短时记忆有关。这个区域编码与刺激物有关的必须被记住的信息，并参与在短时记忆中操纵和组织信息。在短时记忆中成功地保持信息需要过滤掉不相关的信息，这涉及左侧基底核，而维持相关信息则涉及右侧前额皮层。

## 思考题

你的大脑有多少感知记忆？你能识别多少图像、声音和气味？你能通过触摸识别多少物体和表面？从两种不同的感官中选择特定的感知记忆，描述大脑中与学习和记忆这些刺激有关的区域。

## 关系学习

到目前为止，这一章已经讨论了相对简单的学习形式，它可以被理解为检测特定刺激呈现的神经元回路的变化，也可以理解为分析感觉信息的神经元与产生反应的神经元之间的连接得到加强。但大多数学习形式更为复杂；对真实物体和事件的记忆大多与其他记忆有关。看一张老朋友的照片可能会让你想起那个人的名字的发音，以及你发音时要做的动作。你也可能会想起你和朋友一起做过的事情：你们去过的地方，你们的对话，你们共同的经历。这些记忆中的每一个都可以包含一系列事件，包括景象和声音，你将能够以正确的顺序回忆。外纹皮层中识别朋友面孔的神经回路与大脑其他许多部位的神经回路相连，这些神经回路还与其他许多部位相连。本节讨论海马体和大脑皮层在关系学习中的作用，包括建立和提取事件、片段和位置的记忆。

## 海马体的作用

目标 13.9 描述海马体在与关系学习和情景记忆相关的巩固、再巩固和神经发生中的作用。

海马结构由齿状回、海马体 CA 区和海马下托（及其亚区）组成（见图 13.29）。海马结构最重要的输入是内嗅皮层；那里的神经元有轴突终止于齿状回、CA3 和 CA1。内嗅皮层从杏仁核、边缘皮层的不同区域以及新皮层的所有联合区域接收输入，这些输入要么直接接收，要么通过两个相邻的边缘皮层区域接收：**嗅周皮层**和**海马旁皮层**。这三个区域共同构成内侧颞叶的边缘皮层。（参见图 13.16）。

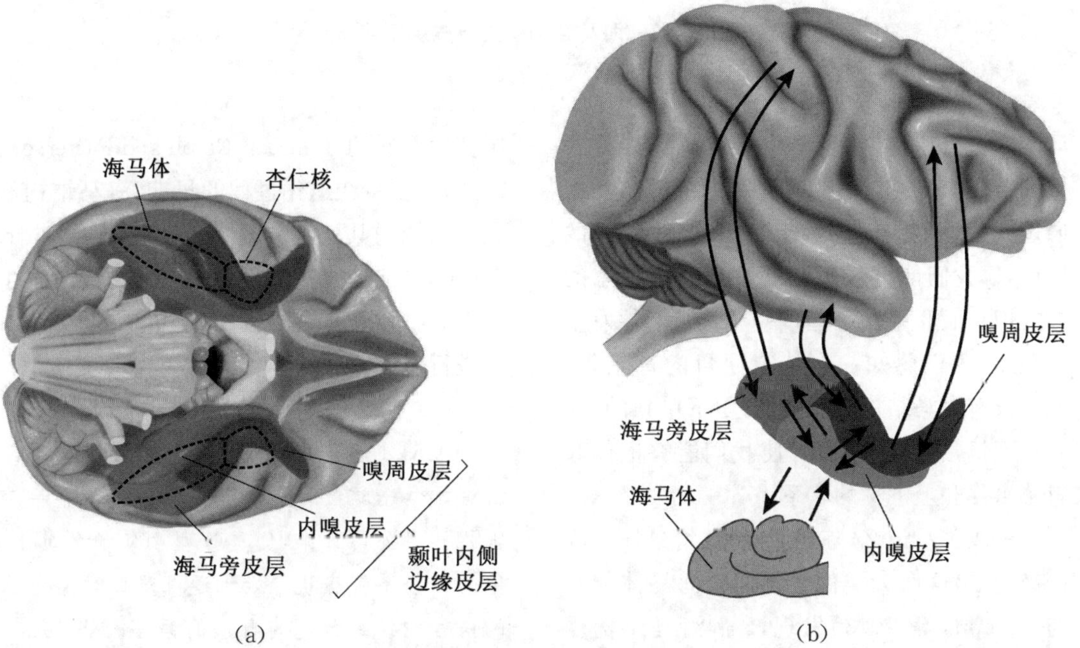


**图 13.16 海马结构的皮层连接**

(a) 猴大脑底部的视图。(b) 与大脑皮层的联系。

海马系统的输出主要来自 CA1 区域和下托。这些输出中的大部分通过内嗅皮层、嗅周皮层和海马旁皮层回传给提供输入的相同的联合皮层区域。

海马结构也通过穹窿接受亚皮层区域的输入。这些输入选择和调节海马结构的功能。穹窿携带腹侧被盖区多巴胺能轴突、蓝斑区去甲肾上腺素能轴突、中缝核区 5-羟色胺能轴突和中隔区乙酰胆碱能轴突。穹窿还连接海马结构和位于下丘脑后部的乳头体。科尔萨科夫综合征患者最明显的脑损伤——顺行性失忆症或者学习新信息困难的可能原因——是乳头体的退化（参见图 13.17）。本章后面将更详细地描述科尔萨科夫综合征的症状。

**记忆巩固** 海马结构在陈述性记忆形成的过程中起着重要作用。大多数研究人员相信这个过程是这样的：海马体接收来自感觉和

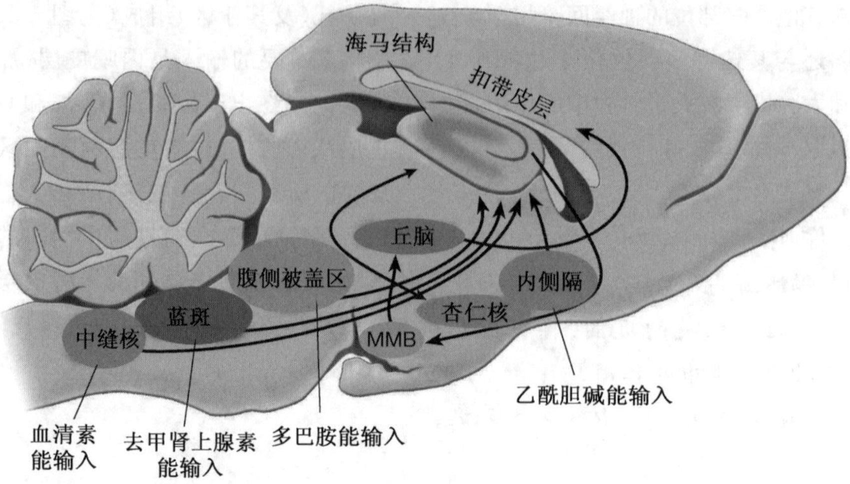


**图 13.17 海马结构的主要皮层下连接**

大鼠大脑正中矢状面显示了这些连接。MMB＝乳头体。

运动联合皮层以及一些亚皮层区域（如基底核和杏仁核）的信息。它处理这些信息，然后通过其与这些地区的传出连接，修改巩固的记忆，以我们能记住记忆要素之间的关系的方式把它们联系在一起，举个例子，事件发生的顺序，我们感知一个特定项目的背景等。如果没有海马结构，我们就会留下单独的、孤立的记忆，它们之间没有使我们能够记住和思考事件和上下文的联系。

形成关系记忆、陈述性记忆（情景记忆和语义记忆）这两大类似乎都需要海马体的参与。Manns 等（2003）发现，5 例海马结构受损的患者对语义信息和情景信息表现出顺行性遗忘。

正如我们在本章前面看到的，感知记忆似乎位于感觉联合皮层，即感知发生的区域。据推测，情景记忆也位于此，情景记忆由一系列完整的知觉记忆组成。那么语义记忆呢？——事实信息的记忆？知道太阳是一颗恒星涉及的记忆当然不同于知道太阳是什么样子。因此，语义记忆不仅仅是感知记忆。一种称为**语义性痴呆**的退行性神经障碍表明，颞叶皮层在存储语义信息方面扮演着重要角色。语义性痴呆是由前外侧颞叶的新皮层变性引起的（Lambon Ralph and Patterson，2008）。至少在退化过程的早期，海马结构和颞叶内侧的其他部分没有受到影响。Murre 等（2001）描述了患者 A.M.的情况。他出生于 1930 年，研究人员在 1994 年和 1997 年对其进行研究。

A.M.是一个活跃、聪明的人，他获得了工程学学士学位和科学硕士学位。他在一家国际知名公司工作，负责管理 450 多名员工。他的神经系统症状开始于逐渐难以理解他人的语言和找到合适的自己的语言。当 Murre 和他的同事们见到 A.M.的时候，他的演讲语法流利，但意义不大。

检查者：你能告诉我你住院的一次经历吗？

A.M.：最好的地方之一是这里的去年四月（哈哈），然后四月、五月、六月、七月、八月、九月，然后十月，再然后今天是四月。

检查者：你还记得去年四月吗？

A.M.：去年四月，那是第一次，嗯，比如说星期一，他们在检查。我所有的一切，那是第一次，当我的大脑，呃，被显示出来，你知道，你知道大脑的那个条（指示左边），不是那个，另一个是好的，但是那很糟糕，所以他们做了那个，然后做了所有的事情，像这样，可能比我刚才更好一点（通过移动他的手在他的头上来指示扫描）。（Murre et al.，2001，p.651）

患者 A.M.语义信息的丢失对他的日常活动产生了深远的影响。他似乎不明白普通物体的功能。例如，在暴雨中，他把一把闭合的伞水平举在头上，当妻子要梯子时，他给她带来了一把割草机。他把糖放入一杯葡萄酒中，把酸奶放在解冻的生鲑鱼排上，然后吃了它。然而，他表现出了一些令人惊讶的复杂行为。因为不放心他开车，他的妻子偷偷从他的钥匙圈上取下了车钥匙。他注意到钥匙不在，并没有向她抱怨（大概，他意识到这将是徒劳的），而是偷偷从她的钥匙圈上取下汽车钥匙，去找锁匠，并做了一套复制品。

虽然他的语义记忆严重受损，但情景记忆却出奇地好。调查人员报告说，即使他的痴呆症已经发展到在语义信息测试中随机得分的程度，他还是接了一个给他妻子的电话，她不在家。当她后来回来时，他记得告诉她那个电话。

**记忆再巩固** 随着时间的推移，对事件的记忆会发生什么变化？如果我们对某一特定主题有了新的认识，我们与该主题有关的记忆就必须以某种方式加以修正。例如，正如你在本章前面读到的，如果一个朋友换了新发型或者用隐形眼镜代替了眼镜，我们对那个人的视觉记忆也会随之改变。如果你对某些东西了解得更多——例如，一个以前不熟悉的街区的布局——你将获得越来越多相互关联的记忆。这些例子表明，已建立的记忆可以改变或连接到新的记忆。近年来，研究人员一直在研究一种被称为**再巩固**的现象，这种现象似乎涉及对长期记忆的修正。我们将在第 16 章看到，电休克疗法的副作用之一是逆行性失忆。治疗重度抑郁症的过程包括通过放置在人头皮上的电极施加电流。电流刺激了大脑中的许多神经元，导致癫痫发作。据推测，癫痫会抹去当时存在的短期记忆，从而阻止这些记忆的巩固。

Misanin 等人（1968）发现，长期记忆通常不受癫痫发作的影响，而很容易受到电休克（ECS）的干扰，如果将其作为人们最初的学习经历的“提醒”。研究人员发现，一次学习经历后立即给予 ECS 阻止了整合，但一天后给予 ECS 没有阻止整合。显然，训练后立即给予 ECS 干扰了由训练课引发的大脑活动，从而干扰了巩固。第二天给予 ECS 没有效果，因为记忆已经被整合了。然而，如果动物在训练后一天受到“提醒”刺激，这可能会重新激活记忆，那么在训练后第二天测试动物时，立即进行 ECS 治疗会导致任务失忆。记忆的重新激活使得它容易被破坏。

这些研究涉及刺激-反应学习。最近的研究发现，长期稳固的关系记忆也容易受到干扰。据推测，再巩固过程涉及的神经事件类似于初次巩固，使建立的记忆可能被改变或附加到新的信息（Nader，2003）。干扰巩固的事件也会干扰再巩固，甚至会抹去记忆，或者至少让记忆无法形成。例如，Debiec 等人（2010）对大鼠进行了两项恐惧调节任务的训练。他们将两种不同的音调（CSa 和 CSb）与电击配对，并将电击传递到身体的两个不同部位（CSa 和 CSb）。训练结束后，他们随机将其中一种电击（CSa 和 CSb）给予每只动物，然后向其杏仁核外侧注射茴香霉素（一种阻止蛋白质生成的物质）或安慰剂。蛋白质的产生是长时程增强和记忆形成的重要步骤。第二天，他们对这些动物进行了条件反射记忆测试。他们发现，这些动物在呈现与 US 配对的音调时，并没有被惊吓到。前一天，在注射了茴香霉素之前，音调刚刚与 US 配对。换句话说，呈现其中一种冲击“重新打开”了 CS-US 记忆，以便进行可能的再巩固，这使得记忆连接变得脆弱。阻止蛋白质合成阻碍了记忆回到最初的状态。

**海马神经发生在巩固中的作用** 正如我们在第 3 章看到的，新的神经元可以在成人大脑的海马和嗅球中产生。位于海马亚颗粒区的干细胞分裂，在大鼠体内每天产生 5 000—10 000 个粒细胞，这些细胞迁移到齿状回，沿着苔藓纤维束延伸轴突。新的神经元与齿状回中的其他神经元以及 CA3 区域的神经元形成连接（Kempermann et al., 2004; Shors, 2009）。（参见图 13.18）

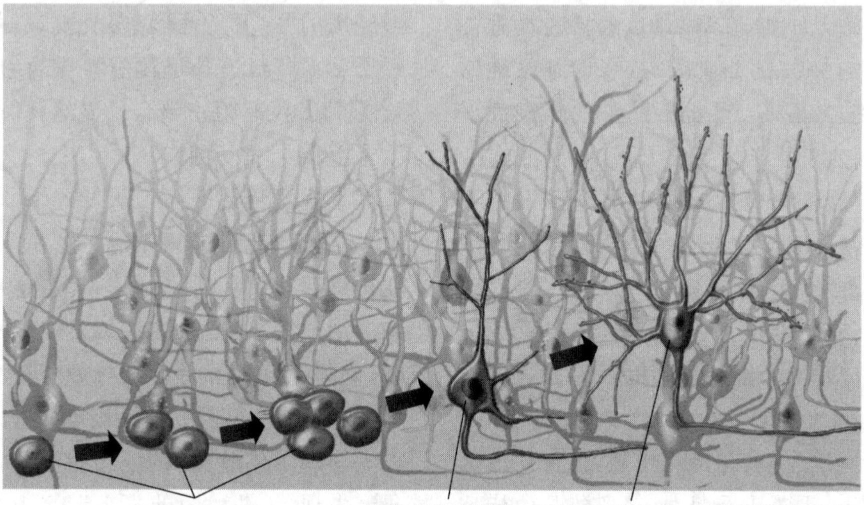


**图 13.18 成体神经发生**

海马亚颗粒区干细胞分裂产生粒细胞，粒细胞迁移至齿状回。

Morris 等人（1982）开发了一项任务，其他研究人员已经采用该任务作为啮齿动物空间能力的标准测试。这项任务要求大鼠仅仅通过外部视觉信号在空间中找到一个特定的位置。“迷宫”由一个直径 1.3 米的圆形水池组成，里面装满了水和一些能降低水透明度的东西，比如奶粉。水的混合物隐藏了一个小平台的位置，就在液体表面下。实验人员将大鼠放入水中，让它们游泳，直到它们遇到隐藏的平台并爬上平台。在每次试验中，他们将大鼠从一个新的位置放出来。经过几次试验，大鼠学会了从被释放的地方直接游到隐藏的平台。

Morris 的水迷宫需要关系学习；为了在迷宫中导航，动物们使用来自迷宫外的刺激物的相对位置的信息——家具、窗户、门等。但是迷宫也可以用于非关系型的刺激-反应学习。如果动物总是在同一个地方被释放，它们就会学会朝一个特定的方向前进——比如说，朝着迷宫墙壁上方它们能看到的一个特定地标前进（Eichenbaum et al., 1990）。

如果有海马损伤的大鼠总是从同一个地方被释放出来，它们就会像未受损伤的大鼠一样学习这种非关系型的、刺激反应的任务。然而，如果它们在每次试验中从一个新的位置被释放出来，它们就会以一种似乎漫无目的的方式游泳，直到它们最终遇到平台（参见图 13.19）。

Gould 等人（1999）用两种版本的 Morris 水迷宫训练大鼠：一种需要关系学习，另一种只需要刺激-反应学习。在涉及海马体的关系任务的训练中，齿状回新生神经元的数量翻了一番。在不涉及海马体的刺激-反应任务的训练中，对神经发生没有影响。大多数

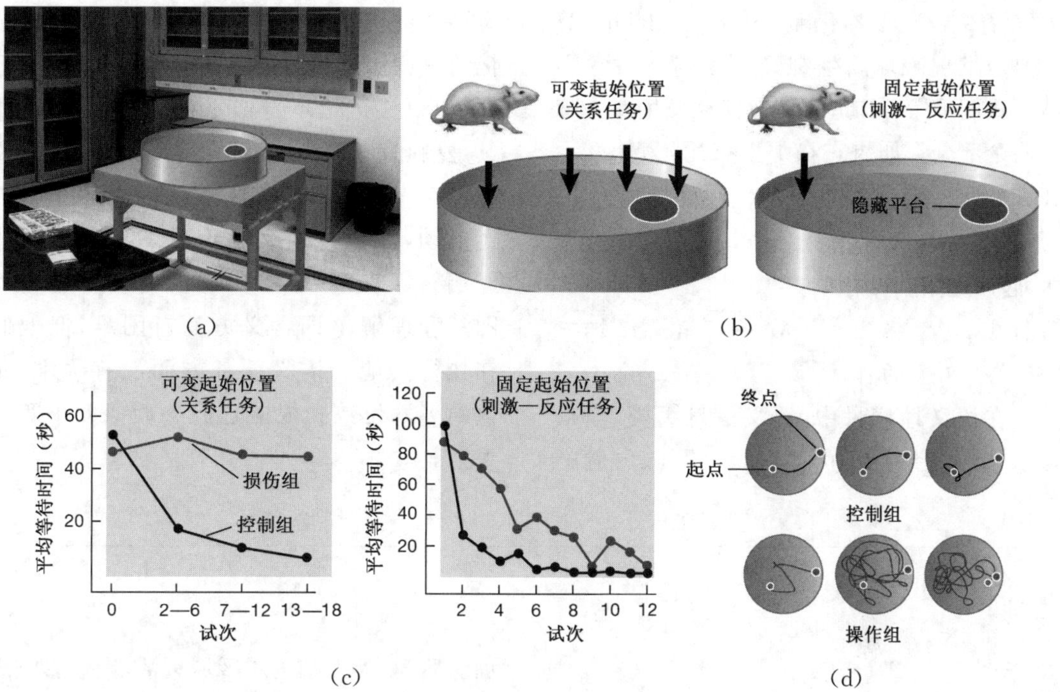


**图 13.19 莫里斯水迷宫**

(a) 房间内的环境线索提供了信息,使动物能够在空间中确定自己的方位。(b) 根据任务,起始位置是可变的或固定的。正常情况下,每次试验都会从不同的位置释放大鼠。如果每次都从相同的位置释放,大鼠就可以通过刺激-反应学习来寻找隐藏的平台。(c) 图中显示正常大鼠和海马损伤大鼠在不同或固定起始位置下的表现。海马损伤损害相关任务的习得。(d) 代表性样本显示正常大鼠和海马损伤大鼠在关系任务(可变起始位置)上的路径。

资料来源:Eichenbaum, H., A cortical-hippocampal system for declarative memory, *Nature Reviews: Neuroscience*, 2000, 1, 41—50. Data from Eichenbaum et al., 1990。

新生神经元会在几周内死亡,但如果动物学到了新的东西,许多神经元会存活下来。

有证据表明齿状回的新神经元参与了学习。Tronel 等人(2010)发现,在对动物进行空间学习任务训练时,新生神经元树突树的成熟和它们与海马神经回路的整合速度加快。他们还发现,将一种阻断 NMDA 受体(AP5)的药物输注到侧脑室并不影响神经发生的基础速率,但它会损害学习,阻止正常学习诱导的神经发生变化。这些结果表明,长时程增强在新生神经元并入存储新记忆的回路中起着重要作用。

神经发生率和新神经元的存活对生物体环境的变化有反应。在啮齿类动物中,接触跑步轮或暴露在富含玩具、隧道和其他物体的笼于环境中以探索会增加海马体中产生的新神经元的数量,从而提高莫里斯水迷宫任务的性能。当动物能够接触到一个转轮(并使用它)时,海马体中的 LTP 也会增加。海马体中产生的新神经元数量随着年龄的增长而减少,而在丰富的环境中,这些与年龄相关的减少会下降(Clemenson et al., 2015)。抗抑郁药增加海马体神经发生,而应激激素减少海马体神经发生。使用显示神经发生增加的转基因小鼠的研究证实,神经发生的增加减少了该模型中的焦虑和抑郁样行为(Hill et al., 2015)。

虽然对嗅球神经发生作用的研究较少,但有证据表明,嗅球神经发生也与学习有关。Nissant 等人(2009)发现新生嗅球神经元在到达嗅球后不久就可以诱导 LTP,但这种能力随着神经元老化而下降。Belnoue 等(2011)发现嗅球新生神经元参与了嗅觉学习。我们仍然不知道为什么神经发生在大脑的两个部分。如果它在那里有用,为什么不在大脑的其他地方发生?

### 大脑皮层的作用

目标 13.10　描述大脑皮层在语义记忆中的作用。

在语义性痴呆中,语义信息丢失,但最近事件的情景记忆可以保留。颞叶内侧的海马结构和边缘皮层似乎参与了陈述性记忆的巩固和检索,包括情景记忆和语义记忆,但语义记忆本身似乎存储在新皮层,尤其是颞叶前外侧。Pobric 等(2007)发现左侧颞叶前叶 TMS 破坏了该区域的正常神经活动,产生了语义性痴呆的症状。那些经历过左颞叶 TMS 的志愿者在命名物体图片和理解单词含义方面有困难,但他们在执行其他非语义任务方面没有困难,比如命名六位数和根据它们的近似大小匹配大数。

## 本节回顾

### 关系学习

目标 13.9　描述海马体在与关系学习和情景记忆相关的巩固、再巩固和神经发生中的作用。

海马体从感觉皮层和运动皮层以及一些皮层下区域(如基底神经节和杏仁核)接收关于发生了什么的信息。它处理这些信息,然后通过由这些区域发出的传出连接,修改巩固的记忆,以使我们记住的记忆元素之间的关系的方式连接,如事件发生的顺序,我们认为一个特定物体的情境,等等。如果没有海马结构,我们就只能拥有单个的、孤立的记忆,而没有能够让我们回忆和思考的事件和情境。

类似地,如果在动物学习莫里斯水迷宫任务的第二天,背侧海马体的失活就会阻止其巩固,但如果 30 天后发生失活,背侧海马体的失活就不会起作用。相比之下,如果在训练后 30 天大脑皮层区域失活,则会影响表现,但如果在训练后一天发生失活,则不会产生影响,这表明这些皮层区域参与了任务记忆的存储。齿状回是大脑中成年干细胞可以分裂并产生新神经元的两个地方之一。这些神经元与海马体中的神经元建立联系,并参与学习。证据表明这些神经元在新记忆的形成中起作用。

目标 13.10　描述大脑皮层在语义记忆中的作用。

语义记忆似乎存储在前外侧颞叶。

### 思考题

如何理解海马体中记忆的巩固和再巩固过程可以用于治疗?干扰记忆的巩固或以后的再巩固会有好处吗?

## 遗忘症

人脑损伤引起的最引人注目和最引人入胜的现象之一是顺行性遗忘症,乍一看,这似乎是无法学习新信息。然而,当我们更仔细地审视这一现象时,我们发现知觉学习、刺激-反应学习和运动学习的基本能力是完整的，但是复杂的关系学习不复存在。

正如我们前面讨论的，**顺行性遗忘**指的是学习新信息的困难。纯顺行性遗忘患者可以记住过去发生的事件，从脑损伤发生前开始，但不能记住脑损伤后所遇到的信息。相反，**逆行性遗忘**指的是无法记住大脑损伤发生前发生的事情(参见图 13.20)。我们会看到，纯粹的顺行性遗忘是罕见的；通常，在脑损伤发生前一段时间内发生的事件也会有逆行性遗忘。然而，一般来说，顺行性遗忘比逆行性遗忘更常见。

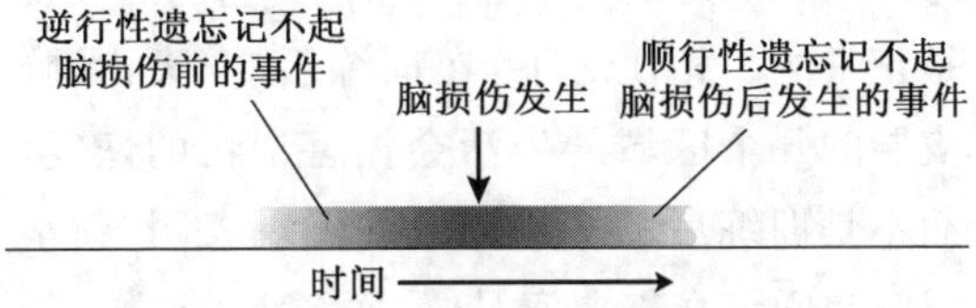


**图 13.20 逆行性遗忘和顺行性遗忘**

1889 年，俄罗斯医生 Sergei Korsakoff 首次描述了由大脑损伤引起的严重记忆障碍，这种障碍遂以他的名字命名。**科尔萨科夫综合征**最代表性的症状是严重的顺行性遗忘：患者似乎无法形成新的记忆，尽管他们仍然记得旧的记忆。他们可以正常交谈，并能记住早在大脑损伤发生之前发生的事件，但是他们不记得后来发生的事件。这些患者经历乳头体退化，乳头体通过穹窿与海马体相连。正如我们将在第 15 章中看到的，导致科尔萨科夫综合征的大脑损伤通常是(但不总是)慢性酒精滥用的结果。第 15 章还描述了另一种以记忆力丧失为特征的疾病：阿尔茨海默氏病。类似于科尔萨科夫综合征，阿尔茨海默氏病包括顺行性遗忘。

颞叶损伤也能导致顺行性遗忘，因为颞叶是海马体所在的脑区。Scoville 和 Milner (1957)报告，移除大脑双侧的内侧颞叶对病患造成记忆损伤，表现与科尔萨科夫综合征明显一致。本章开头个案中的 H.M.，为试图治疗严重癫痫而接受外科手术，连高剂量的抗惊厥药也没法控制其病情。显然，癫痫是他 9 岁时被自行车撞到造成的脑损伤所致(Corkin et al., 1997)。

手术成功治疗了 H.M.的癫痫症，但很明显，手术造成了严重的记忆障碍。进一步的调查显示，损伤的关键部位是海马体。一旦知道双侧颞叶内侧切除术(如 H.M.接受的手术)会导致顺行性遗忘，神经外科医生就停止了这一手术，现在只小心翼翼地在一个颞叶上进行手术。本章的剩余部分将研究海马体在遗忘症中的作用，以及顺行性遗忘中没有受损的记忆的一些方面。

## 海马体的作用

目标 13.11 比较海马体在巩固和恢复记忆中的作用。

在这一章的引言中描述了 H.M.的病史和记忆缺陷(Milner et al., 1968; Milner, 1970; Corkin et al., 1981)。由于他相对单纯的遗忘症，人们对他进行了广泛的研究。Milner 和她的同事基于他的记忆缺陷模式得出了以下结论：

1. 海马体不是长期记忆的位置；长期记忆的恢复也不是必须的。如果是的话，H.M.就不会记得早年发生的事情，也就不会知道如何说话。

2. 海马体不是短期记忆的场所。如果是的话，H.M.就不能继续谈话了，因为他记不起另一个人说了什么，也想不起回答。

3. 海马体参与将短期记忆转化为长期记忆。这个结论基于记忆功能的一个特殊假设：我们对事件的短期记忆被神经活动所保留，长期记忆由神经元中相对永久的生化或结构变化组成。这个结论似乎是一个合理的解释，因为当 H.M.收到新的信息时，他似乎理解并记住了它，只要他想到了它，但是从来没有对信息进行过永久的记录。

正如我们将看到的，这三个结论过于简

单。对顺行性遗忘患者的后续研究表明,事实比最初看起来更复杂也更有趣。但是为了理解最近研究结果的重要性,我们必须理解这三个结论并记住导致它们的事实。以下部分将通过对顺行性遗忘的巩固和恢复的研究,进一步探讨这三个结论。

**顺行性遗忘:巩固** 一些最清楚的证据表明,海马结构受损会导致顺行性遗忘,包括合并缺陷,这些证据来自 Zola-Morgan 等人研究的一个案例(1986)。病人 R.B.是一名有心脏病病史的 52 岁男子,遭遇心脏骤停。尽管他的心脏成功地重新跳动,但由于血流暂时停止而导致的缺氧期造成了脑损伤。这种脑损伤的主要症状是永久顺行性遗忘,Zola-Morgan 等人如此仔细记录。遗忘症发作五年后,他死于心力衰竭。他的家人允许对他的大脑进行组织学检查。

研究人员发现,海马结构中一个叫做 CA1 区的区域主要受到影响,神经元已经完全退化[参见图 13.29 图(a)]。随后的研究报告了其他由 CA1 损伤引起的顺行性遗忘患者(Kartsounis et al., 1995; Rempel-Clower et al., 1996; Victor and Agamanolis, 1990)。

为什么海马区 CA1 对缺氧如此敏感?答案似乎在于这个区域富含 NMDA 受体。由于某些原因,各种类型的代谢紊乱——包括癫痫发作、缺氧或低血糖——会导致谷氨酸能终扣释放异常高水平的谷氨酸。谷氨酸释放的效果是刺激 NMDA 受体,这允许钙进入。在几分钟内,过多的细胞内钙开始破坏神经元。如果动物使用阻断 NMDA 受体的药物进行预处理,一段缺氧期产生脑损伤的可能性要小得多(Rothman and Olney, 1987)。CA1 神经元中含有许多 NMDA 受体,因此可以迅速形成长期的电位增强。这种灵活性无疑有助于我们尽快学习。但它也使这些神经元特别容易受到代谢紊乱的损害。

除了来自案例研究的信息,如 R.B.,来自功能成像研究的证据表明,海马结构在巩固关系记忆及其向大脑皮层的转移方面发挥着关键作用。在实验室动物身上进行的研究支持了这一结论。例如,Maviel 等人(2004)在 Morris 水迷宫中训练大鼠,然后测试它们对平台位置的记忆。在测试动物的表现之前,研究人员向其脑内注射利多卡因(一种局部麻醉剂),暂时停用了这只动物大脑的特定区域。如果海马体在训练后的一天停止活动,大鼠就会对这项任务失去记忆。然而,如果海马体在训练后 30 天停止活动,它们的表现是正常的。相比之下,在训练后 30 天,大脑皮层的几个区域的失活会损害记忆的恢复,而不是训练后的一天。这些发现表明,新学习的空间信息需要海马体,而 30 天前学习的信息不需要海马体。研究结果还表明,在这 30 天的某个时候,大脑皮层在记忆这些信息方面发挥了作用。

再次回到 H.M 的案例,记住他的短期记忆是完整的,如果他能记得手术前的事件,那么问题一定是巩固没有发生。因此,海马结构在记忆中的作用是巩固——将短期记忆转化为长期记忆。

**逆行性遗忘:提取** 如我们所见,顺行性遗忘通常伴有逆行性遗忘——即无法记住在脑损伤发生前一段时间内发生的事件。下面的例子说明了一个患有严重顺行性遗忘的病人对早期记忆的恢复。

> 当被要求描述上学前一段时间的事件时,病人 E.P.做出了以下回应。
>
> 当我 5 岁的时候,我们从奥克兰搬到了乡下。我非常兴奋,期待着变化。我记得爸爸租的卡车。因为我们没有太多家具,所以它几乎没有满。当该离开的时候,妈妈上了车,跟在卡车后面。我和爸爸一起坐卡车。(Reed and Squire, 1998, p.3951)

病人 E.P. 也能在他成长的社区找到自己的路，但是在他失忆后完全迷失在他搬到的社区里(Teng and Squire, 1999)。

逆行性遗忘会持续一段有限的时间，这表明由海马结构控制的渐进过程会将记忆转化为永久记忆。在这种转变完成之前，海马结构是这些记忆恢复所必需的。后来，即使海马结构受损，这些记忆的恢复也可以完成。Bayley 等人(2006)向顺行遗忘患者和健康志愿者询问过去 30 年中发生的新闻事件。他们发现脑损伤患者对早前事件的逆行性遗忘越来越少。事实上，对超过 15 年的事件的回忆和对照组一样好。然而，对最近事件的记忆严重受损(见图 13.21)。

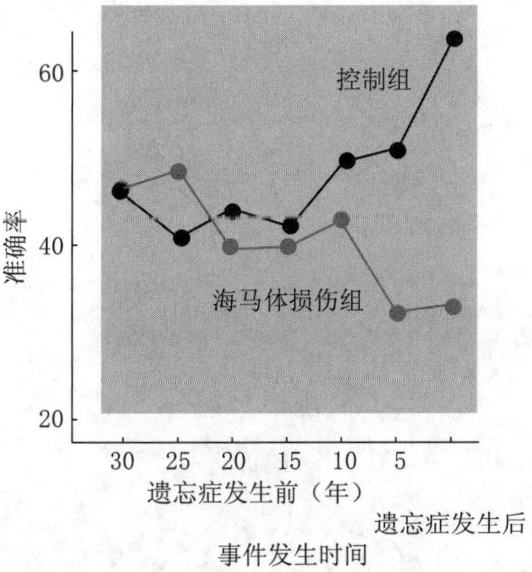


**图 13.21　海马体损伤患者的逆行性遗忘**

海马体损伤似乎破坏了长期记忆的逐渐存储。即使是逆行性遗忘患者，超过 15 年的记忆也相对完整，这表明记忆的储存过程需要 10—15 年才能完成。

数据来源：Bayley et al., 2006.

Smith 和 Squire(2009)的一项功能成像研究发现支持海马结构在近期记忆和老年记忆中的不同作用的证据。他们使用了 Bayley 等人使用的测试(2006)以唤起一群具有正常记忆的人对不同年龄记忆的检索。对最新记忆的提取导致海马体的最大激活，对最老记忆的提取导致最少激活。相反的效果出现在额叶皮层。这些结果与最初储存在海马体中的记忆逐渐转移到额叶皮层的说法一致。

H.M. 的记忆缺陷惊人地严重。然而，当他和其他顺行性遗忘患者被更仔细地研究时，显然遗忘症并不代表学习能力的完全丧失。当病人经过适当的训练和测试后，我们发现他们有能力学习本章前面描述的四种主要类型中的三种：感知学习、刺激-反应学习和运动学习。

## 刺激-反应学习

目标 13.12　描述海马体损伤患者的刺激-反应学习能力。

研究人员成功地证明了 H.M. 和其他遗忘症患者具有刺激-反应学习能力。例如，Woodruff-Pak(1993)发现 H.M. 和另一名顺行性遗忘患者可以获得经典条件作用下的眨眼反应。两年后，H.M. 甚至表现出了对这项任务的记忆：他再次获得了反应，而这只是之前需要的试验数量的十分之一。Sidman 等人(1968)成功地对病人 H.M. 进行了一项操作性条件反射任务的训练——一项视觉辨别任务，在这项任务中，只要做出正确的反应就给报酬。

## 运动学习

目标 13.13　描述海马体损伤患者的运动学习能力。

有几项研究表明，顺行性遗忘患者具有运动学习能力。例如，Reber 和 Squire(1998)发现患有顺行性遗忘的志愿者可以在序列反应时任务中学习一系列按键。他们坐在电脑屏幕前，看着一个星号出现在四个位置中的一个——显然是随机出现的。他们的任务是按下与星号位置相对应的四个按钮中的一个。

他们一这样做，星号就移动到一个新的位置，并要求再次按下相应的按钮(参见图 13.22)。

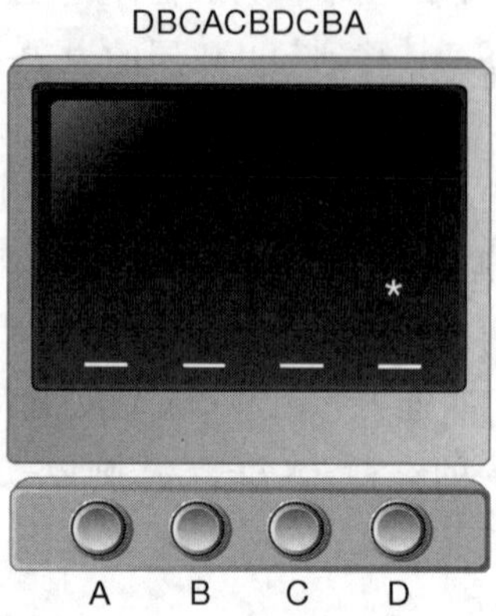


**图 13.22　序列反应时任务**

Reber 和 Squire(1998)的研究过程中，志愿者按下按钮的顺序由计算机屏幕上星号的移动表示。

虽然实验人员没有这样说，但按下按钮的顺序是由移动的星号指定的而不是随机的。例如，它可能是 DBCACBDCBA，一个连续重复的十项序列。通过练习，志愿者在这项任务中变得越来越快。研究人员知道他们的速度增加是因为他们已经学会了顺序，因为如果顺序改变了，他们的表现就会下降。患有遗忘症的人和健康志愿者一样，都学会了这项任务。

Cavaco 等人(2004)在一项研究中对遗忘症患者进行了一系列模拟真实世界活动的任务测试，如编织、追踪数字、操作控制视频显示的操纵杆以及将水倒入小罐子。遗忘症患者和健康志愿者一开始在这些任务上都表现不佳，但通过练习，他们的表现有所改善。因此，顺行性遗忘患者能够完成各种需要运动学习的任务。

## 知觉学习

目标 13.14　描述海马体损伤患者的知觉学习能力。

研究人员如何确定遗忘症患者能否保留感知学习能力？研究人员使用了如图 13.23 所示的任务，该任务显示了来自识别破损图形能力测试的两个样例项；注意图纸是如何依次更加完整的。在 20 幅不同的图画中，志愿者首先看到的是最不完整的一组图画。如果他们不认识一个数字(大多数人也不认识集合 I)，他们会看到更多完整的集合，直到他们认识它。一小时后，志愿者再次接受记忆测试，从第一组开始。当 H.M.接受这个测试并在一小时后再次接受测试时，他表现出了相当大的进步(Milner, 1970)。四个月后，当他再次接受测试时，他仍然表现出了这种进步。他的表现不如健康志愿者，但他表现出了长期记忆的确凿证据。

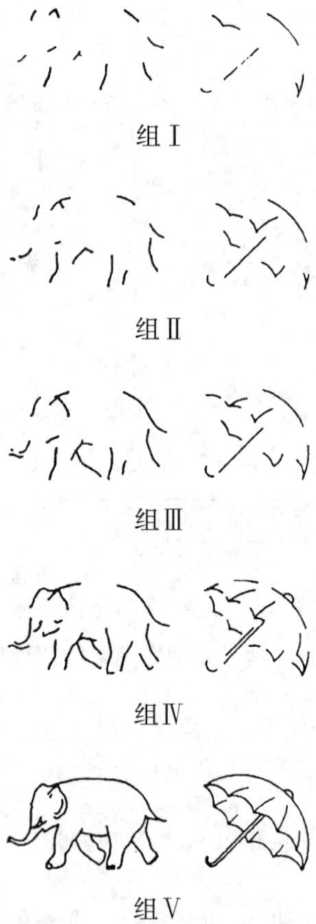


**图 13.23　破损图形样例**

资料来源：Gollin, E. S., Developmental studies of visual recognition of incomplete objects, Perceptual and Motor Skills, 1960, 11, 289—298。引用经作者及出版者许可。

顺行性遗忘患者保留了所有感官的感知学习和记忆。例如，Johnson 等人(1985)发现顺行性遗忘患者可以学会识别各种刺激，包括不同的面孔。研究人员给遗忘症患者播放了韩国歌曲中不熟悉的旋律，发现当他们稍后接受测试时，患者更喜欢这些旋律，而不是以前从未听过的。实验者还展示了两个人的照片以及他们的生活故事：一个人被认为不诚实、卑鄙、恶毒；另一个据说很好，可以请回家吃饭。(一半的病人听说其中一个人是坏人，另一半听说另一个人是坏人。)20 天后，遗忘症患者说他们更喜欢“好人”的照片，而不是“坏人”的照片。

## 关系学习

目标 13.15 引用人类和动物模型的研究，描述海马体在关系学习能力中的作用。

如果患有遗忘症的患者可以学习这些任务，你可能会问，为什么我们说他们患有遗忘症？答案是：尽管病人可以学会执行这些任务，但是他们不记得任何关于学习这些任务的事情。他们不记得实验者，训练发生的房间，使用的仪器，或者训练中发生的任何事件。虽然 H.M.学会了辨认这些破损的图画，但他否认自己以前见过它们。尽管 Johnson 等人研究中的遗忘症患者学着更喜欢一些韩国歌曲，他们不知道自己以前听过；他们也不记得看过这两个人的照片。虽然 H.M.成功地获得了经典条件下的眼球运动反应，但是他不记得那个实验者，那个装置，或者他戴的头带，那个头带把一股空气输送到他的眼睛里。

**陈述性和非陈述性记忆** 顺行性遗忘患者能够和不能学习的区别很重要，因为它反映了学习过程的基本组织。至少有两大类记忆。正如你在本章开头读到的，人们有意识地意识到陈述性记忆，包括可以谈论或描述的细节。人们无法描述他们的非陈述性记忆，包括一些刺激-反应和运动记忆。

在 Sidman 等人(1968)的实验中，尽管 H.M.学会了做出正确的反应(按下一个有圆圈图片的面板)，但他无法回忆起曾经这样做过。事实上，一旦 H.M.学会了这个任务，实验者就会打断他，让他数数(让他分心一会儿)，然后让他说他应该做什么。他似乎被这个问题难住了；他完全不知道。但当他们再次打开刺激时，他立即做出了正确的反应。虽然在 Reber 和 Squire(1998)的研究中，遗忘症患者学习了按键的顺序，但他们对这一经历也没有陈述性记忆；事实上，他们认为星号的运动是随机的。

E.P.(你在本章早些时候读到过他)患病毒性脑炎时得了顺行性遗忘，病毒性脑炎摧毁了他的大部分颞叶内侧。Bayley 等(2005)教授 E.P.从一系列八对对象中指出一个特定的成员。他最终学会了这样做，但他对哪些对象是正确的没有陈述性记忆。当被问及为什么选择某件物品时，他说，“看起来就是这件。它就在这里(指着头)，不知怎么的，那只手就伸向它了……我不能说记忆。我只是觉得这是一个……它正朝我跳出来。‘是我。是我。’”(Bayley et al., 2005, p.551)E.P.学习了一项非陈述性刺激-反应任务，但却没有获得任何关于所学内容的陈述性记忆。

**空间记忆** 海马体损伤导致人类空间记忆缺陷的发现激发了人们对这种结构在学习过程中所起的确切作用的兴趣。为了追求这一兴趣，研究人员研究了海马体受损的个体，并开发了需要关系学习的任务。像人类一样，患有海马体损伤的实验动物在这些任务上表现出记忆缺陷。

*对人类的研究* 你读到过，病人 H.M.从失忆前的家搬出来后，在周围的环境中找不到路。虽然空间信息不需要声明(我们可以通过成功地从一个地方到另一个地方来证明

我们的地形记忆)，但是患有顺行性遗忘症的人无法巩固关于房间、走廊、建筑物、道路和他们环境中其他重要物品位置的信息(参见图 13.24)。

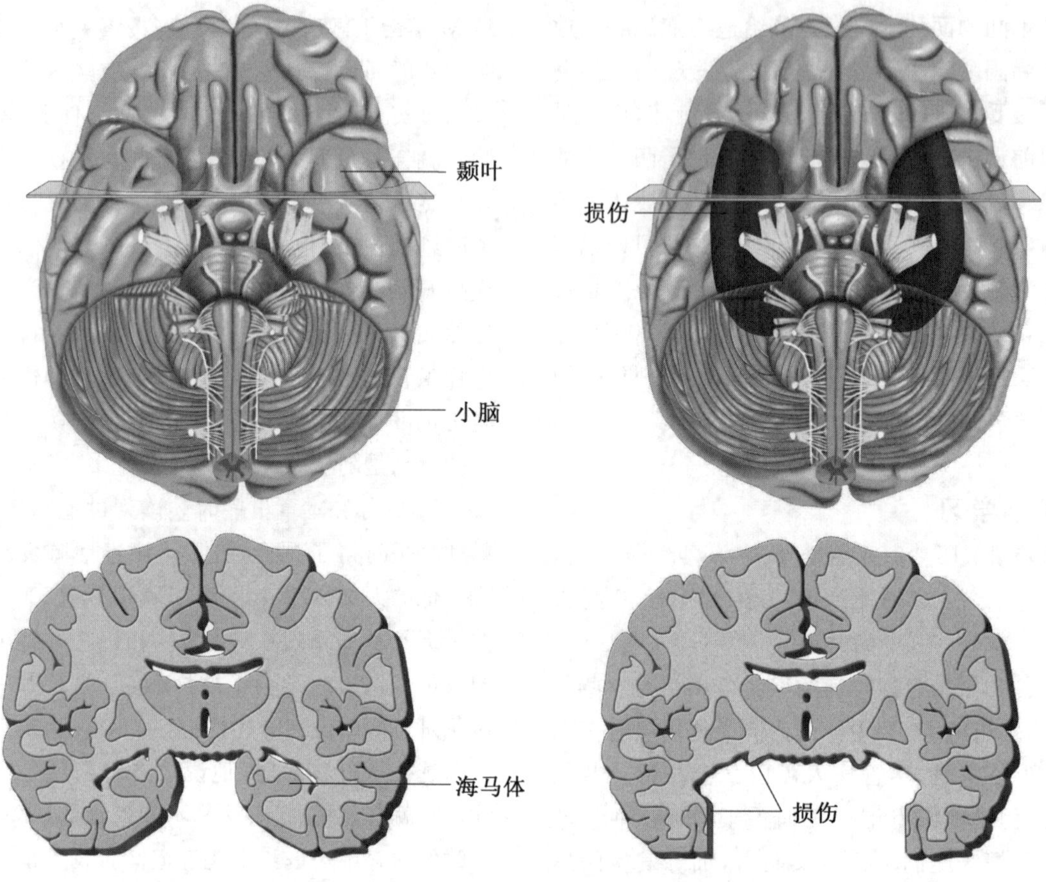


(a) 典型大脑　　(b) H.M.的大脑

**图 13.24　H.M.患者双侧杏仁核损伤**

注意，H.M.大脑颞叶和海马的损伤使之不同于典型的大脑。

双侧颞叶内侧病变对空间记忆的损害最为严重，但仅局限于右半球的损伤可能造成严重的缺陷。例如，Luzzi 等人(2000)报道了一例男子右侧海马旁回受损，失去了在新环境中寻找道路的能力。他能找到自己房间的唯一方法就是从大厅尽头数门，或者看到床头柜上放着一条红色餐巾。

功能成像研究表明，当一个人在回忆或执行导航任务时，右侧海马结构变得活跃。例如，Maguire 等人(1997)请伦敦出租车司机描述了他们从一个地方开车到另一个地方的路线。在描述路线期间进行的功能成像显示右侧海马结构的激活。伦敦出租车司机接受了广泛的培训，学习如何在这个城市有效地驾驶；事实上，这种培训大约需要两年时间，司机只有通过一系列严格的测试才能获得驾照。我们预计这种地形学习会在他们大脑的各个部分产生一些变化，包括他们的海马结构。事实上，Maguire 等人(2000)发现伦敦出租车司机的后海马体体积大于对照组。此外，出租车司机从业时间越长，右后海马体的体积就越大。

在后续研究中，Maguire 等人（2006）使用虚拟现实驾驶模拟器来评估患者 T. T. 的导航能力。他在晚年因脑炎而遭受双侧海马损伤。在他生病之前，他在伦敦当了将近 40 年的出租车司机。尽管有海马体损伤，T. T. 还是能够利用在海马体损伤发生前几十年就已经巩固的记忆在城市的主要街道上穿行。然而，他在小巷和非主干道上的导航能力却受到了损害。研究人员得出结论，海马体需要更详细的空间导航水平（Maguire et al.，2006）。正如我们将在本章后面看到的，大鼠的背海马（相当于人类的背海马）含有定位细胞——直接参与空间导航的神经元。在本节后面，你将阅读更多关于动物模型中定位细胞的内容。

Iaria 等（2003）训练志愿者在计算机虚拟现实迷宫中导航，该迷宫允许他们通过遥远的空间线索或一系列转弯来学习迷宫。大约一半的志愿者自发地使用空间线索，另一半自发地学会在特定地点进行一系列特定的转弯。功能成像显示，遵循空间策略的志愿者海马体被激活，遵循反应策略的志愿者尾状核被激活。此外，Bohbot 等人（2007）的一项结构 MRI 研究发现，在虚拟迷宫中倾向于遵循空间策略的人海马体大于平均水平，而倾向于遵循反应策略的人尾状核大于平均水平。（你应该记得尾状核，基底神经节的一部分，在刺激反应学习中起作用。）图 13.25 显示了只有使用反应策略才能执行的测验的表现之间的关系。正如你所看到的，一个人的尾状核越大（海马体越小），他犯的错误就越少。

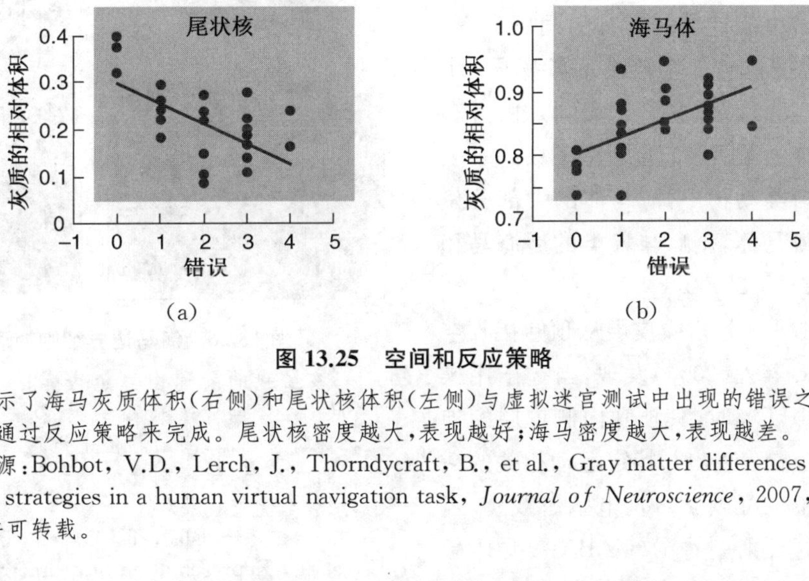


**图 13.25 空间和反应策略**

图中显示了海马灰质体积（右侧）和尾状核体积（左侧）与虚拟迷宫测试中出现的错误之间的关系，这些错误只能通过反应策略来完成。尾状核密度越大，表现越好；海马密度越大，表现越差。

资料来源：Bohbot，V.D.，Lerch，J.，Thorndycraft，B.，et al.，Gray matter differences correlate with spontaneous strategies in a human virtual navigation task，*Journal of Neuroscience*，2007，27，10078—10083。经许可转载。

对动物的研究　我们在实验动物身上看到，海马体损伤破坏了追踪和记忆空间位置的能力。例如，Luzzi 等（2002）描述了一个人的案例，他患有海马体损伤，无法在新的环境中导航，只能通过数门来找到路。实验动物在莫里斯水迷宫的导航中也出现了类似的问题。

许多不同类型的研究证实了海马体在空间学习中的重要性。例如，Gagliardo 等（1999）发现信鸽海马体损伤破坏了导航。这些损伤并没有破坏鸟类在一天中特定时间利用太阳位置作为指向其栖息地的指南针的能力。相反，在鸟类开始使用熟悉的地标来确定自己的位置时，这些损伤破坏了它们在接近飞行结束时追踪自己所处位置的能力。Sherry 等（1992）在一篇文献综述中指出，鸟类和啮齿类动物的海马结构比没有这种能力的动物的海马结构要大，这些鸟类和啮齿类动物通常将种子储存在隐蔽的贮藏处，然后再将种子取回(这些动物对空间位置有很好的记忆)。事实上，Roth 和 Pravosudov(2009)发现，需要储存更多种子以在恶劣环境中生存的鸟类，其海马区也相应变大。

O'Keefe 和 Dostrovsky(1971)证实了动物大脑中存在定位细胞，他们最初记录了动物在环境中移动时海马体中各个锥体细胞的活动。实验者发现，只有当大鼠在特定的位置时，一些神经元才会以很高的速度放电。不同的神经元有不同的空间感受野；也就是说，当动物在不同的地方时，它们会做出反应。当动物在某一特定位置时，一个特定的神经元可能每秒钟发射 20 次，但是当动物在其他位置时，每小时只发射几次。

海马结构中的神经元具有空间感受野，这一事实并不意味着每个神经元都编码一个特定的位置。相反，这些信息无疑是由海马结构中大量神经元回路的特定活动模式来表示的。在啮齿类动物中，海马体的大部分位置细胞位于海马体背侧，与人类的后海马相对应(Best et al., 2001)。

海马体似乎通过内嗅皮层从顶叶接收空间信息。Sato 等人(2006)发现，当猴子用操纵杆操纵虚拟环境时，其顶叶内侧皮层的神经元在特定位置表现出与特定运动相关的活动(是的，猴子也可以学习玩电脑游戏)。当研究人员通过注射麝香酚(GABA-A 受体激动剂)来抑制顶叶皮层的活动时，动物就会迷路。Quirk 等人(1992)发现，内嗅皮层神经元具有空间感受野，但这些区域远不如海马锥体细胞的区域清晰。内嗅皮层受损会破坏海马体细胞的空间感受野，并损害动物在空间任务中导航的能力(Miller and Best, 1980)。

自从发现定位细胞以来，研究人员发现海马区域也包含网格细胞、头部方向细胞和边界细胞，所有这些细胞都在内嗅皮层中发现。网格细胞显示了对动物所在的整个环境均匀分布的晶格状覆盖(Derdikman and Moser, 2010)。当动物靠近环境的一个或多个边界时，比如盒子的墙壁，边界细胞就会启动。图 13.26 显示了方形腔室和同一腔室中沿水平或垂直方向伸长的边界细胞的发射速率(Solstad et al., 2008)。正如你所看到的，这个细胞继续沿着右边的墙放电。

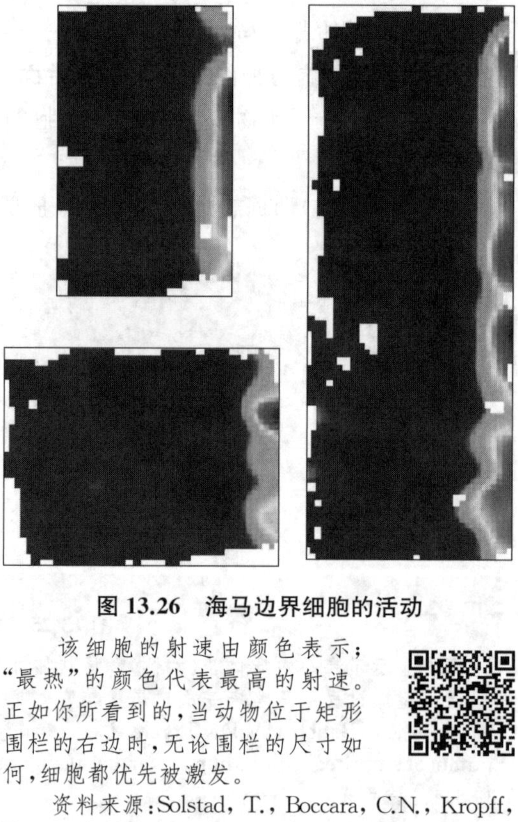

**图 13.26 海马边界细胞的活动**

该细胞的射速由颜色表示；“最热”的颜色代表最高的射速。正如你所看到的，当动物位于矩形围栏的右边时，无论围栏的尺寸如何，细胞都优先被激发。

资料来源：Solstad, T., Boccara, C.N., Kropff, E., et al., Representation of geometric borders in the entorhinal cortex, *Science*, 2008, 322, 1865—1868。经许可转载。

当动物的头部在特定的环境中面对一个特定的方向时，头部方向细胞就会简单地启动。当动物转动时，不同的细胞会根据动物注视的方向而放电。这些细胞不能反映动物在环境中的位置，只能反映其头部的方向。所有这些细胞所提供的信息反映了动物的位置和头部方向，这些信息可以被大脑的其他区域利用。事实上，研究人员可以在动物的大脑中植入多阵列微电极。一旦计算机在探索环境时将这些细胞的活动与动物的位置联系起来，它就可以利用神经元的活动绘制出动物的运动图。

海马定位细胞回路的活动提供了比空间更多的信息。Wood 等(2000)在 T 型迷宫中对大鼠进行空间交替任务的训练。这项任务要求老鼠在交替试验中分别进入左臂和右臂；当它们这样做的时候，它们在位于 T 形臂末端的目标盒里得到了一块食物。连接目标盒的走廊把它们带回了 T 形迷宫的顶端，那里是下一个试验开始的地方(参见图 13.27)。

Wood 等人利用多电极植入法从海马体 CA1 的神经元中记录下了这一过程，如预期的那样，他们发现当大鼠处于迷宫的不同部位时，不同的细胞会发出不同的信号。然而，在左转和右转实验中，三分之二的神经元在 T 的主干产生不同程度的放电。换句话说，这些细胞不仅对大鼠在迷宫中的位置进行编码，而且还会在大鼠到达选择点后发出向右转还是向左转的信号。因此，CA1 神经元的活动编码了当前位置和预期目的地。

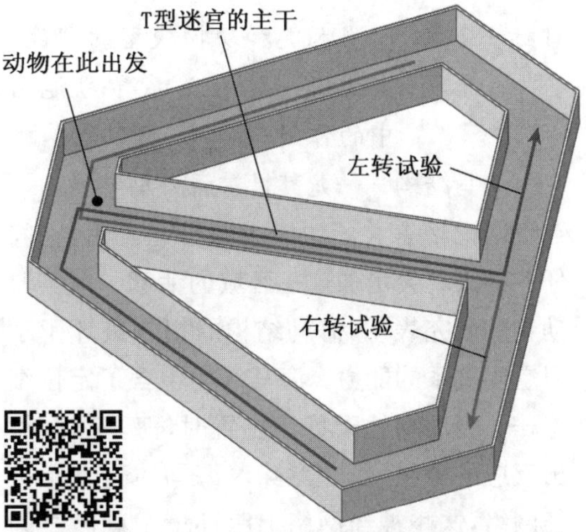


**图 13.27 Wood 等人使用的仪器**

在交替试验中，大鼠被训练在 T 型迷宫的主干末端向右和向左转弯。在动物向左或向右转向的试验中，迷宫主干中具有空间感受野的海马定位细胞的放电模式不同。

资料来源：Wood, E.R., Dudchenko, P.A., Robitsek, R.J., and Eichenbaum, H., Hippocampal neurons encode information about different types of memory episodes occurring in the same location, *Neuron*, 2000, 27, 623—633。

## 本节回顾

### 遗忘症

目标 13.11　比较海马体在巩固和恢复记忆中的作用。

海马结构接收来自大脑其他区域的信息，处理这些信息，然后通过其与这些区域的传出联接，修改整合在那里的记忆，将它们联系在一起，让我们记住记忆元素之间的关系。海马结构将记忆转移到大脑其他区域的永久存储器中。在这种转移完成之前，需要海马结构来恢复这些记忆。之后，即使海马结构受损，这些记忆的恢复也可以完成。

目标 13.12　描述海马体损伤患者的刺激-反应学习能力。

海马体损伤患者表现出刺激-反应学习，但不知道学习已经发生。刺激-反应学习不需要海马。

目标 13.13　描述海马体损伤患者的运动学习能力。

海马体损伤患者表现出运动学习。他们没有意识到学习已经发生。运动学习不需要海马体。

目标 13.14　描述海马体损伤患者的知觉学习能力。

海马体损伤患者表现出感知觉学习。他们没有意识到学习已经发生。海马体对于感知学习不是必需的。

目标 13.15 引用人类和动物模型的研究，描述海马体在关系学习能力中的作用。

海马结构——尤其是右后海马结构——与空间记忆有关。功能成像研究表明，空间任务的表现会增加这一区域的活动。对实验动物的研究表明，海马结构的损伤破坏了学习空间关系的能力。海马结构包含了定位细胞——当动物处于特定位置时，海马体会做出反应的神经元，这意味着海马体包含了神经网络，这些神经网络追踪环境中刺激之间的关系，这些刺激决定了动物的位置。海马结构中的神经元反映动物"思考"的地方。地形信息通过内嗅皮层从顶叶到达海马体 CA1 区。定位细胞所编码的信息多于空间信息；它们可以包含关于动物下一步将执行的反应的信息。海马区除了定位细胞外，还包括网格细胞、头部方向细胞和边界细胞，它们在空间感知和记忆中起着重要作用。

## 思考题

想象一下，你被要求评估一个经历了双侧中风的病人的记忆丧失，这种中风损害了两个颞叶。类似于 H.M.和 E.P.，这个病人正经历顺行性遗忘。为了评估受影响的记忆形式，你必须设计任务来揭示这个病人刺激-反应、运动、感知和关系记忆丧失的程度。首先，描述你将要使用的任务，并解释它们将评估记忆的哪些方面。接下来，解释哪些大脑区域负责你将要评估的记忆类型。最后，预测你的病人将如何完成任务，以及他们是否会报告认得任务或实验者。

---

# 长时程增强

在最后一节中，我们将研究构成简单学习形式基础的突触变化。长时程增强涉及谷氨酸能 NMDA 和 AMPA 受体，海马细胞(以及其他区域的细胞)突触的突触前和突触后变化。

回想一下本章开头描述的眨眼的例子。在这个例子中，眨眼与音调形成经典条件作用。当经典条件作用发生时，大脑会发生怎样的变化？在条件作用之前，处理听觉信息的神经元会被音调刺激激活，但这些神经元通常不会向参与眨眼反应的神经元发送强 EPSPs。音调不会引发眨眼的反应。处理感觉信息的神经元，比如一阵阵的空气，确实会向参与眨眼反应的神经元发送强烈的 EPSPs。一阵阵的空气会激活这些神经元，这些神经元与眨眼神经元形成突触。这是一种有益的反射，有助于在刮风或移动物体时保护眼睛。

在播放一个音调并快速跟随它吹几次气之后，音调神经元和吹气神经元同时变得活跃起来。**赫布规则**说，如果一个突触(在本例中，涉及音调神经元)在突触后神经元(眨眼神经元)发射的同时被反复激活，突触发生结构或化学变化，突触将得到加强，产生 EPSPs 的可能性也更大。另一种重述赫布规则的方法是"一起发射的神经元，连接在一起"。在这个例子中，经过几对音调和呼出的空气，音调神经元的活动变得足够强，可以在眨眼神经元上产生 EPSP，甚至在没有呼出神经元的帮助下，也会导致眨眼。由此学习发生。

赫布规则如何应用于我们的神经回路？如果首先出现 1 000 赫兹的音调，那么弱突触 T("音调")就会活跃起来。如果在这之后立即出现了喘息声，那么强大的突触 P 就会变得活跃，并使运动神经元兴奋起来。然后，放电的行为增强了刚刚激活的运动神经元的突触。这意味着，经过几次刺激配对和几次增强后，突触 T 变得足够强，足以引起运动神经元自身放电。学习发生(参见图 13.28)。

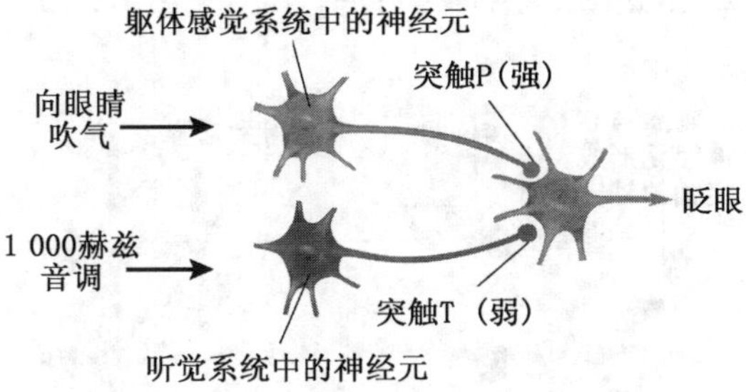


**图 13.28 经典条件作用的简单神经模型**

当 1 000 赫兹的音调出现在向眼睛吹气之前，突触 T 得到加强。

当赫布制定他的规则时，他无法确定这是真的还是假的。现在，终于，实验室技术已经取得了足够的进展，可以确定单个突触的强度，研究人员正在研究学习的生理基础。仅从理论上考虑，学习必须涉及突触可塑性：突触结构或生物化学的变化，这些变化会改变它们对突触后神经元的影响。近年来，关于这一主题的研究出现了爆炸式的增长，这主要是由于研究人员观察微观小结构中的结构和生化变化的方法的发展：突触的突触前和突触后成分。

## 长时程增强的诱导

目标 13.16 确定 LTP 发生所需的事件。

海马结构内回路的电刺激可能导致长时程突触变化，这似乎是学习发生的原因之一。Lømo(1966)发现，对从内嗅皮质通向齿状回的轴突的强烈电刺激增加(或加强)了突触后神经元兴奋性突触后电位的幅度；这种增加被称为**长时程增强**(LTP)。值得注意的是，EPSPs 的增加是相对长期的，一次持续数月(Bliss and Lømo，1973)。

海马结构的主要输入来自内嗅皮层。内嗅皮质神经元的轴突穿过穿质通路，与齿状回的粒细胞形成突触。为了实验性地研究这个路径，刺激电极被放置在穿质通路中，记录电极被放置在齿状回中，靠近粒细胞[见图 13.29(a)]。

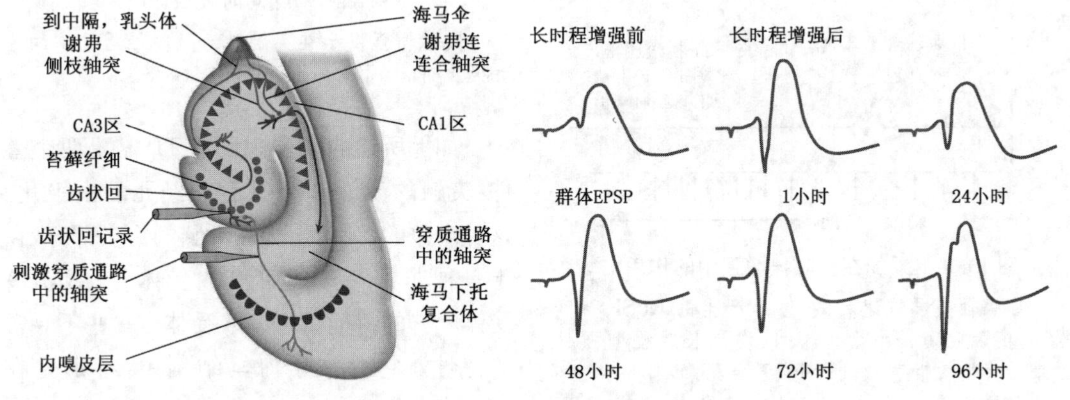


(a) (b)

**图 13.29 海马结构和长时程增强**

(a) 该示意图显示了海马结构各组成部分之间的联系以及产生长时程增强的过程。
(b) 在电刺激导致长时程增强之前和之后，从齿状回记录了群体 EPSPs。

资料来源：Berger, T. W., Long-term potentiation of hippocampal synaptic transmission affects rate of behavioral learning, *Science*, 1984, 224, 627—630. Copyright 1984 by the American Association for the Advancement of Science。经许可转载。

首先，一个单一的电刺激脉冲被传送到穿质通路，然后在齿状回中记录最终的群体EPSP。**群体EPSP**是穿质通路轴突与齿状粒细胞突触产生的EPSP的细胞外测量值。第一个群体EPSP的大小表明了长时程增强之前突触连接的强度。长时程增强可以通过用大约100个脉冲的电刺激，刺激穿质通路中的轴突来诱导，这些脉冲在几秒钟内被传送。长时程增强的证据是通过周期性地向穿质通路传送单个脉冲并记录齿状回的反应而获得的。如果反应大于脉冲爆发前，则出现了长时程增强（见图13.29）。

在一个脉冲串中以高速传输的一系列脉冲（即100 Hz刺激）将产生LTP，但是以低速传输的相同数量的脉冲不会产生LTP。快速的刺激会导致EPSP累加，因为每一个连续的EPSP都在前一个EPSP消失之前发生。这意味着快速刺激比慢速刺激更能使突触后膜去极化（见图13.30）。

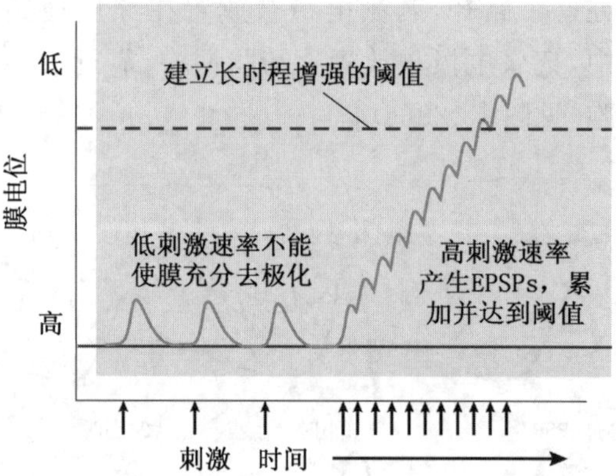


**图13.30 累加在长时程增强中的作用**

如果轴突被快速刺激，终扣产生的EPSPs将累加，突触后膜将去极化，足以发生长时程增强。如果轴突被缓慢刺激，EPSPs不会累加，也不会出现长时程增强。

## NMDA受体的作用

目标13.17 比较LTP中NMDA和AMPA受体之间的关系。

几项实验表明，当神经递质分子与已经去极化的树突棘上的突触后受体结合时，突触就会增强。Kelso等人（1986）发现，如果他们用微电极人工去极化CA1区的神经元，然后刺激与该神经元形成突触的轴突，突触就会变得更强。然而，如果突触的刺激和神经元的去极化发生在不同时间，则没有观察到影响；因此，这两个事件必须同时发生（见图13.31）。

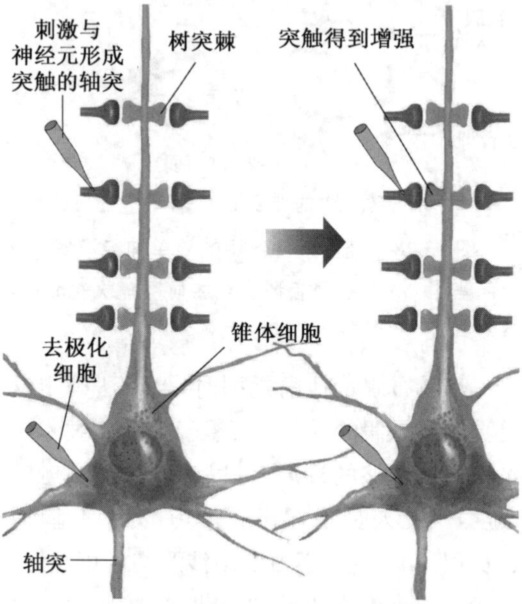


**图13.31 LTP发生在突触前和突触后细胞同时去极化时**

突触增强发生在突触激活且突触后细胞的膜去极化时。

如上所述的实验表明，LTP需要两个事件：突触的激活和突触后神经元的去极化。这种现象的解释，至少在大脑的许多部分，在于一种非常特殊的谷氨酸受体——NMDA受体——的特征。**NMDA受体**有一些不寻常的特性。它存在于海马结构中，特别是在CA1区。它的名字来源于一种专门激活它的药物：N-甲基-D-天冬氨酸。NMDA受体控制钙离子通道。这个通道通常被镁离子（$Mg^{2+}$）阻断，镁离子阻止钙离子进入细胞，即使受体受到谷氨酸的刺激。但如果突触后膜去极化，则$Mg^{2+}$从离子通道中喷射出来，离子通道可以自由接纳 $Ca^{2+}$ 离子。因此，只有当谷氨酸存在和突触后膜去极化时，钙离子才通过由 NMDA 受体控制的通道进入细胞。这意味着由 NMDA 受体控制的离子通道是一个依赖神经递质和电压的离子通道。(见图 13.32)。

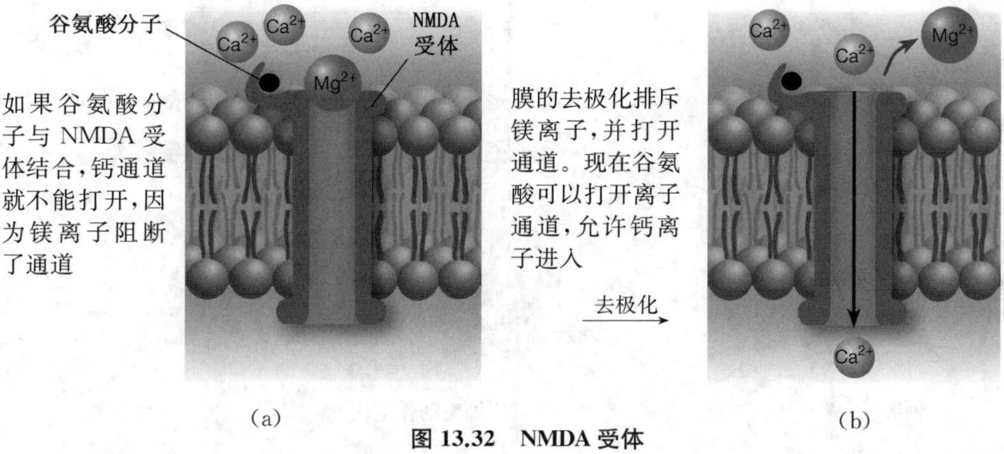


**图 13.32 NMDA 受体**

NMDA 受体是神经递质和电压依赖性离子通道。(a) 当突触后膜处于静息电位时，$Mg^{2+}$ 阻断离子通道，阻止 $Ca^{2+}$ 进入。(b) 当膜去极化时，镁离子被逐出。因此，谷氨酸与结合位点的结合导致离子通道打开，允许钙离子进入树突棘。

细胞生物学家发现钙离子被许多细胞用作激活各种酶并触发生化过程的第二信使。钙离子通过 NMDA 受体控制的离子通道进入是长时程增强的重要一步(Lynch et al., 1984)。**AP5**(2-氨基-5-磷酸戊酸酯)，一种阻断 NMDA 受体的药物，阻止钙离子进入树突棘，从而阻断 LTP 的建立(Brown et al., 1989)。这些结果表明，NMDA 受体的激活对于建立 LTP 事件过程的第一步是必要的：钙离子进入树突棘。

在第 2 章中，你了解到只有轴突能够产生动作电位。实际上，它们也可以出现在某些类型锥体细胞的树突中，包括海马结构 CA1 区的树突。**树突棘**的激发阈值(这些被称为动作电位)相当高。据我们所知，只有当锥体细胞的轴突触发动作电位时，它们才会发生。细胞体内去极化的反冲触发了树突棘，树突棘沿着树突主干向上传播。这意味着，每当锥体细胞的轴突激发时，其所有树突棘都会在短时间内去极化。如果树突棘被毒素(河豚毒素)阻断，LTP 就不会发生(Magee and Johnston, 1997)。

如果弱突触本身是活跃的，那么什么也不会发生，因为树突棘的膜没能充分去极化来使由 NMDA 受体控制的钙通道打开。(记住，要打开这些通道，突触后膜必须首先去极化并置换通常阻碍它们的镁离子。)然而，如果突触后细胞其他部位的强突触活动导致细胞激活，那么树突棘会使突触后膜去极化到足以将镁离子从树突棘的 NMDA 受体的钙通道中喷射出来。如果一些弱突触此时变得活跃，钙就会进入树突棘，导致突触增强。因此，NMDA 受体的特殊特性允许 LTP 发生(参见图 13.33)。

## AMPA 受体的作用

目标 13.18　描述 AMPA 受体如何促进 LTP。

长时程增强过程中突触强度增加的原因

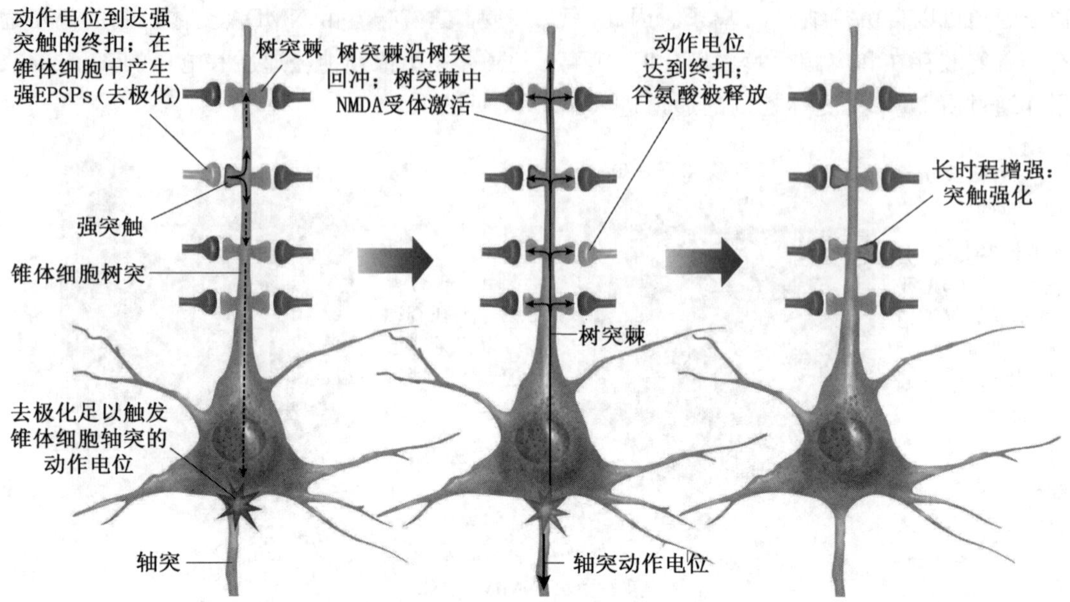


**图 13.33　联想长时程增强**

如果强突触的活性足以触发神经元的动作电位，树突棘将使树突棘膜去极化，启动 NMDA 受体，从而增强当时活跃的任何弱突触。

是什么？CA1 锥体细胞上的树突棘包含两种谷氨酸受体：NMDA 受体和 **AMPA 受体**。研究表明，单个突触的增强是通过将额外的 AMPA 受体插入树突棘的突触后膜来实现的(Shi et al., 1999)。AMPA 受体控制钠通道；因此，当它们被谷氨酸激活时，它们在树突棘的膜中产生 EPSPs。因此，随着更多 AMPA 受体的存在，突触前终扣释放谷氨酸会导致更高的兴奋性突触后电位。换句话说，突触变得更强。

这些新的 AMPA 受体来自哪里？Makino 和 Malinow(2009)使用双光子激光扫描显微镜观察海马体切片 CA1 锥体神经元树突中 AMPA 受体的运动。他们发现 LTP 的建立首先导致 AMPA 受体从树突的相邻非突触区域进入树突棘的突触后膜。几分钟后，AMPA 受体被从细胞内部运送到树突轴，在树突轴上，它们取代了插入棘突触后膜的 AMPA 受体(见图 13.34)。

钙离子进入树突棘是如何导致 AMPA 受体进入突触后膜的？这个过程似乎始于几种酶的激活，包括 **CaM-KII**(Ⅱ型钙调蛋白激

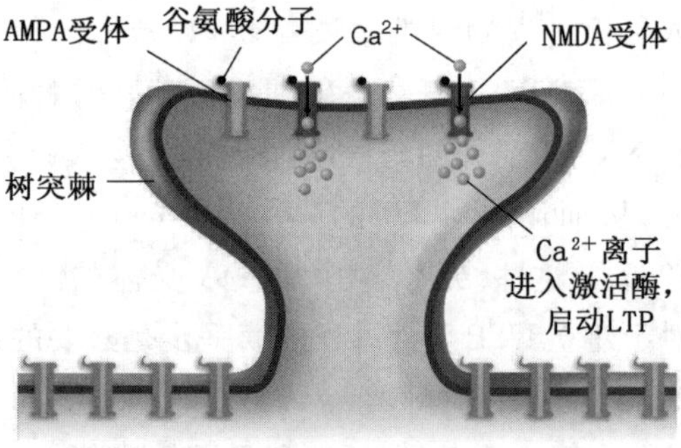


(a)

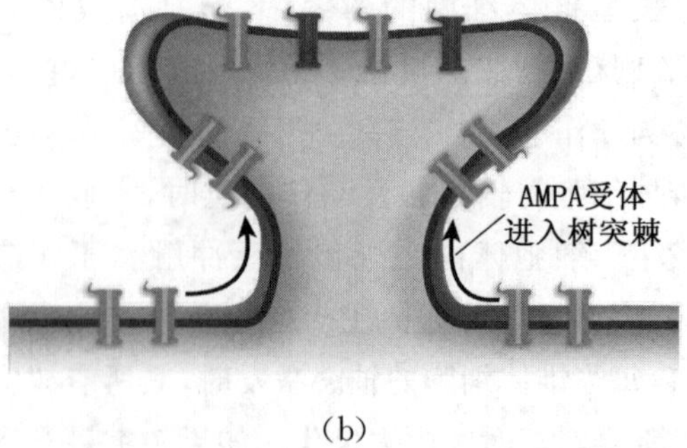


(b)

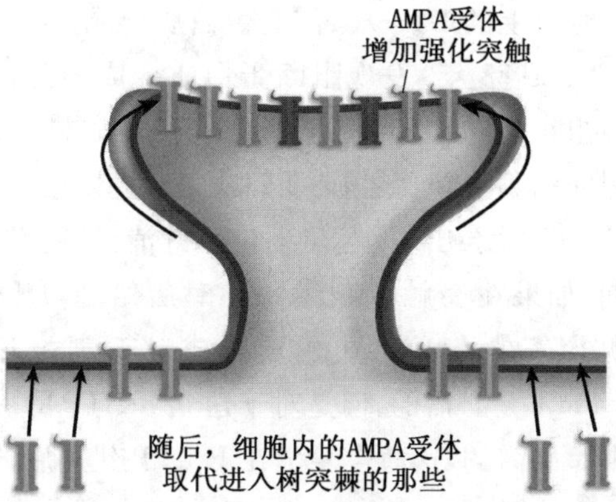


(c)

**图 13.34 突触强化**

(a) 当长时程增强产生条件满足时，$Ca^{2+}$ 离子通过 NMDA 受体进入树突棘。钙离子激活树突棘中的酶。(b) 活化酶使 AMPA 受体进入树突棘。(c) 突触后膜中 AMPA 受体数量增加，突触增强。

酶)，一种在树突棘中发现的酶。CaM-KII 是一种钙依赖性酶，在钙离子与它结合并激活它之前，它是不活跃的。许多研究表明 CaM-KII 在长时程增强中起着关键作用。例如，Silva 等人(1992 年)发现 LTP 不能在小鼠海马组织中建立，其靶向突变阻止了 CaM-KII 的产生。Shen 和 Meyer(1999)发现，在海马神经元中建立 LTP 后，CaM-KII 分子在树突棘的突触后密度中积累。Lledo 等人(1995 年)发现，将激活的 CaM-KII 直接注射到 CA1 锥体细胞中，可以增强这些细胞中的突触传递。

## 突触变化的作用

目标 13.19 列举 LTP 伴随的突触前神经元、突触后神经元和蛋白质合成的变化。

LTP 伴随的另外两个变化是突触结构的改变和新蛋白质的产生。

**突触后变化** 许多研究发现，LTP 的建立还包括树突棘大小和形状的改变。例如，Bourne 和 Harris(2007)认为 LTP 会导致细刺变粗，变成蘑菇状的粗刺。Nägerl 等(2007)发现 LTP 的建立甚至会导致新的树突棘的生长。大约 15—19 小时后，这些新的树突棘与附近轴突的末梢形成突触连接(见图 13.35)。

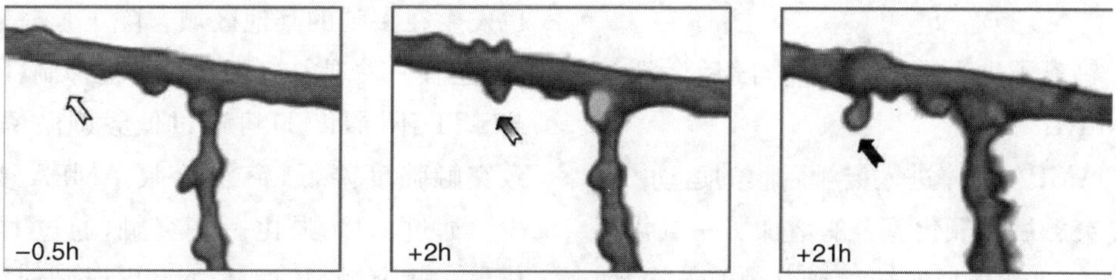


**图 13.35 LTP 后树突棘的生长**

双光子显微图像显示了建立长时程增强的电刺激前后 CA1 锥体神经元树突的一部分。每个方框中的数字表示刺激前后的时间。

资料来源：Nägerl, U.V., Köstinger, G., Anderson, J.C., Martin, K.A.C., and Bonhoeffer, T., Protracted synaptogenesis after activity-dependent spinogenesis in hippocampal neurons, *Journal of Neuroscience*, 2007, 27, 8149—8156。经许可转载。

**突触前变化** 研究人员认为，LTP 还可能涉及现有突触的突触前变化，如终扣释放谷氨酸的量增加。毕竟，突触的改变可能需要突触前和突触后元素的协调变化。但是一个从突触后树突棘开始的过程，是如何引起突触前改变的呢？一个可能的答案来自一项发现，一种气体神经递质，一氧化氮，可以通过逆行信使作用从一个细胞传递到另一个细胞。正如我们在第4章中看到的，一氧化氮(NO)是一种可溶性气体，由精氨酸通过**一氧化氮合酶**的活化产生。一旦生产出来，NO在被摧毁之前只能持续很短的时间。因此，如果它是在海马结构的树突棘中产生的，它只能扩散到附近的终扣，在那里它可能会产生与LTP诱导相关的变化。

几个实验表明NO在LTP的形成中起重要作用。Endoh等人(1994)发现钙激活的NO合酶存在于大脑的多个区域，包括齿状回和海马CA1和CA3区。虽然有很好的证据表明NO是树突棘与终扣沟通的信号之一，但大多数研究者认为突触后变化在LTP的建立中起着更重要的作用，肯定还有其他信号。

**蛋白质合成**　在被发现后的几年里，研究人员认为LTP只涉及一个过程。之后发现，LTP显然由几个阶段组成。早期LTP(E-LTP)涉及我们到目前为止描述的过程：

1. 突触前膜去极化
2. 谷氨酸的突触前释放
3. 配体和电压门控NMDA受体的突触后激活
4. 钙离子进入突触后细胞，随后激活酶如CaM-KII
5. AMPA受体进入突触后膜的运动
6. 突触后一氧化氮合酶增加了一氧化氮的释放，一氧化氮逆向转移到突触前末端，增加谷氨酸的释放

持久的LTP(L-LTP)——也就是持续几个小时以上的LTP——需要蛋白质合成。Frey等人(1988年)发现阻断蛋白质合成的药物也阻止了在CA1区建立L-LTP。如果在长时间的刺激释放之前、期间或之后立即给药，E-LTP就会出现，但几小时后就消失了。然而，如果在突触被刺激一小时后给药，LTP仍然存在。显然，蛋白质合成对于建立E-LTP不是必需的，但是对于建立L-LTP的后期是必需的，这通常发生在E-LTP建立后的一个小时内。

L-LTP的建立可能需要哪种(或哪些)蛋白质？几年来，研究人员已经认识到一种特殊的酶PKM-zeta在这个过程中起作用。PKM-zeta似乎有几个与LTP相关的重要角色。它有助于将AMPA受体转移到终膜，并通过一个正反馈回路使这种对LTP的贡献保持活性。PKM-zeta的持久活性可能是使记忆持续一生的关键组成部分(Migues et al., 2010; Sacktor, 2010; Westmark et al., 2010; Yao et al., 200.)。

在海马结构中发现了长时程增强作用，在这一区域的研究比在其他区域更多，但它也发生在大脑的其他区域。除了长时程增强外，还有一种现象被称为长时程抑制(LTD)。与LTP不同，LTD可通过低频刺激诱导，导致突触强度降低，突触后膜AMPA受体减少。通过LTP强化一些突触，通过LTD弱化另一些突触，从而建立起与记忆创造有关的神经回路。

## 本节回顾

### 长时程增强

目标13.16　确定LTP发生所需的事件。

穿质通路必须通过暴露于环境中的刺激或脉冲的释放来去极化。

目标13.17　比较LTP中NMDA和AMPA受体之间的关系。

NMDA和AMPA受体存在于突触后膜上，为建立LTP所需。NMDA和AMPA受

体都是对谷氨酸作出反应的离子性受体，它们位于海马区。NMDA 受体被静止的镁离子阻断，需要去极化才能除去 $Mg^{2+}$ 离子。AMPA 受体有助于局部去极化，从而促进 $Mg^{2+}$ 离子的去除。一旦打开，NMDA 受体允许 $Ca^{2+}$ 离子进入细胞，触发细胞内负责 LTP 和补充额外的 AMPA 受体到终端膜的事件。

目标 13.18　描述 AMPA 受体如何促进 LTP。

AMPA 受体是存在于突触后膜上的离子受体，通过控制钠离子通道帮助细胞去极化。LTP 也需要 AMPA 受体。当谷氨酸与 AMPA 受体结合时，由此产生的去极化将 $Mg^{2+}$ 离子从 NMDA 受体中移除，从而允许 $Ca^{2+}$ 进入细胞。钙信号传导的结果是在突触后膜中插入额外的 AMPA 受体，增强膜的去极化。这种增强的去极化作用促成 LTP 中涉及的突触强化。

目标 13.19　列举 LTP 伴随的突触前神经元、突触后神经元和蛋白质合成的变化。

LTP 可能涉及现有突触的突触前变化，如终扣释放谷氨酸的数量增加。突触前的变化可能是由突触后细胞通过逆行信使发出的信号。LTP 的建立包括突触后树突棘的大小和形状的变化，变成更粗的蘑菇状棘。建立 LTP 可以促进新的树突棘的生长。持久的 LTP 需要蛋白质合成。

## 思考题

你听说过响板训练吗？这是一种训练形式，将一种独特的声音（小噪声生成器发出的“咔嗒”声）与一种奖励或其他正强化物配对，用于训练动物。在与食物（一种主要的强化物）配对几次之后，“咔哒”本身最终会强化，它可以用来强化咔哒之前的行为。解释在动物的海马体中发生了什么，从而在将强化物与行为联系起来的回路中诱导 LTP。描述 LTP 的步骤并解释在这种学习形式中大脑是如何变化的。

## 本章回顾问题

1. 描述学习的四种基本形式：感知学习、刺激-反应学习、运动学习和关系学习。
2. 描述对视觉皮层在视觉感知学习中的作用的研究。
3. 描述对知觉短期记忆的研究。
4. 讨论厌恶性刺激的经典条件情绪反应的生理学。
5. 描述基底神经节在操作性条件反射中的作用。
6. 讨论强化系统如何检测强化刺激并加强突触联系。
7. 讨论海马结构在情景记忆、语义记忆和空间记忆中的作用，以及前额叶皮层在评估记忆准确性中的作用。
8. 讨论长时程增强的诱导以及 NMDA 和 AMPA 受体的作用。

# 第 14 章

# 人类交流

## 本章概要

**语言产生和理解:大脑机制** 482
偏侧优势 482
语言产生 484
语言理解 484
双语 485
韵律 486
识别他人声音 488
**语言产生和理解障碍** 489
语言产生障碍:布洛卡失语症 489
语言理解障碍:威尔尼克失语症 493
传导性失语症 499
听障人失语症 501
口吃 503
**读写障碍** 506
与失语症的关系 506
纯失读症 506
对阅读的理解 508
对书写的理解 514

## 学习目标

目标 14.1 比较大脑左右半球的语言相关功能,并讨论对侧半球的功能优势。

目标 14.2 列出一些与语言产生有关的因素,并找出相应的大脑区域。

目标 14.3 描述语言理解涉及的因素,并识别相应的大脑区域。

目标 14.4 描述双语语言加工中共同的和特定语言的大脑区域的证据。

目标 14.5 识别与韵律有关的大脑结构和功能。

目标 14.6 识别与识别他人声音有关的大脑区域。

目标 14.7 描述布洛卡失语症的症状和神经基础,包括语法缺陷、命名缺陷和发音困难。

目标 14.8 描述威尔尼克失语症的症状和神经基础,包括口语识别缺陷、理解缺陷和思想转换成言语缺陷。

目标 14.9 识别传导性失语症的症状,并叙述它们在帮助了解布洛卡区和威尔尼克区联系中所起的作用。

目标 14.10 解释涉及美国手语产生和理解

的大脑过程。

目标 14.11 描述口吃的生物学基础并确定治疗策略。

目标 14.12 比较失语症和读写障碍。

目标 14.13 指出纯失读症的症状,描述涉及的大脑结构。

目标 14.14 描述对获得性和发展性阅读障碍的研究如何帮助理解阅读中大脑的作用。

目标 14.15 解释听觉、视觉、记忆和运动控制研究如何帮助理解大脑在书写中的作用。

R.F.是一位39岁妇女。有一天,她开车去拜访一些朋友,在路上被一个由于醉酒忽视了停车标志的司机给撞伤了。R.F.的头骨左侧断裂,这对她的大脑造成了相当大的伤害。神经外科医生尽可能修复损伤,但是R.F.仍然昏迷了数周。在足够的治疗之后,虽然她醒了,但却难以记住他人的名字,哪怕是最常见的事物都记不住,而且她再也无法进行阅读。

虽然R.F.不能阅读,但是她可以将单词与图片进行匹配,这就意味着她仍然可以理解单词。我们可以从以下事件中轻松地得出这个结论:一天,她正在努力阅读我(N.C.)拼写的一些单词(尽管没有成功)。突然,她说:"嗨!这个单词拼写错了。"我发现这个单词确实是错的,而她说的是对的。但是有一个问题是,尽管她知道这个单词拼写是错误的,但是她仍然绞尽脑汁都无法读出来。那个下午,我编写了80组单词,每组两个单词,一个拼写正确,另一个拼写错误。第二天,我给她一支铅笔,要求她圈出错误的单词。她很快地浏览这些单词,并圈出了错误的,正确率高达95%,但是她仅仅能读出其中五个。

R.F.的这个案例揭示了几个大脑语言加工过程中的有趣方面。她能够理解和拼写单词,但是无法读出它们。反映了语言产生和理解是由不同的通道和大脑结构负责的,包括读和写。

语言和交流是人类社会行为中重要的两个方面。通过与其他人交流,分享和记录不同的想法,我们的文化才有可能发展。通过语言,我们积累一个又一个发现,将知识传递给下一代。

语言的基本功能在于它对他人的影响。当我们与某个人交流时,我们总是期望我们的信息能诱使这个人从事某种行为。有时候,与别人交流对我们本身是有好处的,比如当我们在完成一项工作时需要向他人寻求物体或者帮助。在其他时候,我们也要求进行社交交流:需要获得他人的注意或者可能希望与他人交谈。

尽管很多人用言语作为一种语言形式来交流,但是我们要记住语言也包括书写、象征和手势的交流形式。虽然本章中的很多例子来自对言语的研究,但是研究正在扩展,从而帮助我们更好地理解大脑也参与不同的交流形式。

为了了解人类的交流,本章的内容是对语言产生和理解的基本脑机制的介绍,这将使我们能够更好地理解后续关于语言产生和理解障碍、阅读障碍和书写障碍的部分。下图显示了布洛卡区、威尔尼克区和听觉皮层三个区域,我们在这个章节将重点讲解。

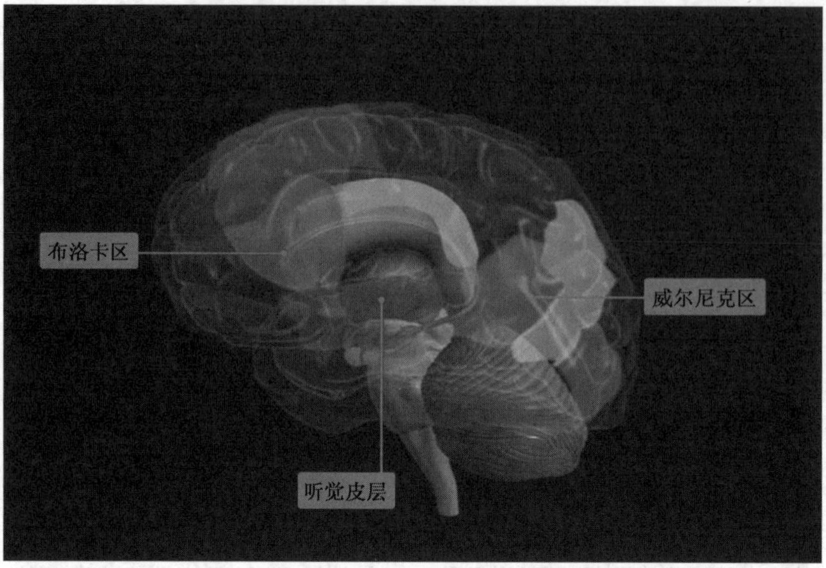

布洛卡区、威尔尼克区和听觉皮层在人类交流中起着至关重要的作用。

## 语言产生和理解：大脑机制

观察脑部病变对人们言语行为的影响，是语言生理学的一个信息来源。尽管已有研究者研究过那些经历过脑手术的人或者头部受伤、脑肿瘤、感染的人，但是大多数观察结果都是针对患有中风或**脑血管意外**的人。最常见的脑血管意外类型是由血管阻塞引起的。血流的中断剥夺了大脑的血液供应，导致该脑区的细胞死亡。第 15 章将会更详细地讨论脑血管意外。

语言生理学的另一个信息来源来自使用功能成像设备的研究。研究者用功能成像设备从健康志愿者那里收集有关语言加工的信息。总的来说，这些研究已经证实或者补充了我们通过研究脑损伤患者所学到的东西。

一类被广泛研究的语言障碍是**失语症**。失语症是由于脑损伤而造成的语言产生和理解障碍。并不是所有的语言障碍都是失语症。要诊断出失语症，患者必须难以理解、重复或者产生有意义的语言，并且这种困难不是由感觉或运动缺陷或动机缺乏造成。比如，由于耳聋或者瘫痪而无法说话不是失语症。此外，这种缺陷必须相对孤立；也就是说，个人必须意识到他/她的环境中正在发生的事情，并认识到其他人正试图沟通。

本章讨论的两个典型的失语症的例子是布洛卡失语症和威尔尼克失语症。布洛卡失语症是由左侧额叶布洛卡区域受损而引起的表达性失语症。患有布洛卡失语症的个体很难产生语言，特别是言语。在主要使用美国手语（ASL）进行交流的个体中，布洛卡区域损伤会导致与通过手势表达语言的个体类似的障碍。威尔尼克失语症是由左颞回威尔尼克区域受损引起的一种感受性失语症（见图 14.1）。这种失语症导致语言理解障碍。在主要使用 ASL 进行交流的个体中，对该区域的损害会导致理解符号的缺陷（Campbell et al., 2007）。

### 偏侧优势

目标 14.1　比较大脑左右半球的语言相关功能，并讨论对侧半球的功能优势。

我们对涉及语言的大脑区域的大部分知识都是从人类志愿者那里获得的。就语言而

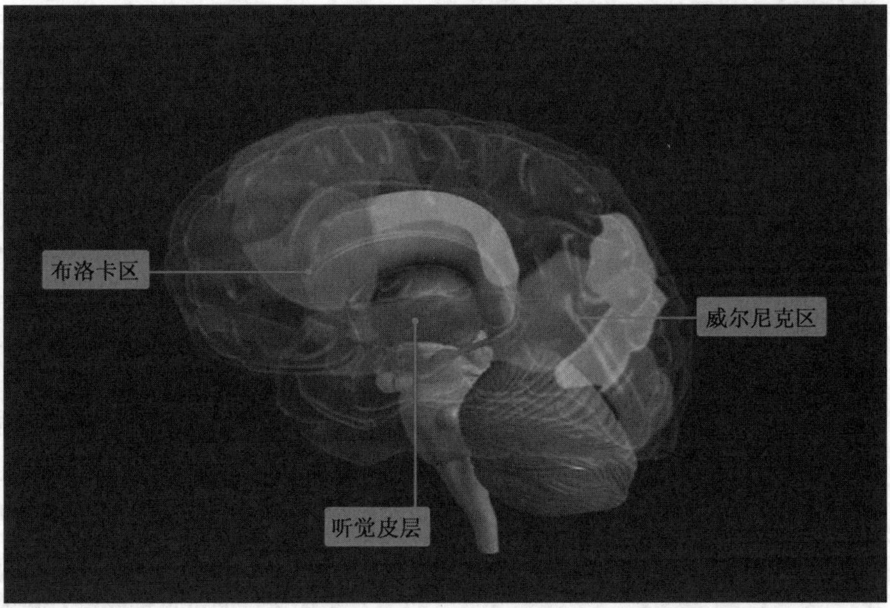


**图 14.1 语言区域**

这张图展示了大脑中主要的语言区域。

言，大脑区域基于功能而不是神经解剖学差异来区分。语言主要是一种大脑偏侧优势的功能。无论是左利手还是右利手，大多数语言障碍发生在大脑左侧受损后。Knecht 等人（2000）使用成像程序测量人们进行口头任务时脑血流量的变化，评估了没有任何已知脑损伤的人的语言机制的手性和偏侧优势之间的关系。他们发现，只有 4%右利手的人、15%双利手的人以及 27%左利手的人能证明右半球的言语优势。大约 90%的人的言语和语言功能由左半球主导，即证明了左半球的言语优势。

虽然主要涉及语言理解和产生的神经回路在一个脑半球（通常是左半球），但是对侧半球也在言语和语言中起作用。当我们听到并理解单词，当我们谈论或思考我们自己的感知或者记忆，除了左右半球外，我们还使用神经回路。因此，这些神经回路也在交流中起到了作用。比如，右半球损伤会使一个人难以看地图，感知空间关系，并识别复杂的几何形式。右半球损伤的人也很难谈论地图和复杂的几何图形，或者理解其他人对此有何看法。右半球似乎也参与组织叙事——选择和组合我们想说的内容（Gardner et al.，1983）。在第 11 章我们学习了，右半球参与语调中情绪的表达和识别。也正如我们将在本章了解到的，右半球也控制韵律——言语中的节奏和重音。因此，大脑的左右半球都有助于我们的语言能力。

对经过**裂脑手术**的患者的研究也揭示了大脑偏侧优势的重要性。该手术涉及切断胼胝体，主要隔离每个大脑半球。当脑部一侧的神经元变得不受控制时，裂脑手术有时被用于治疗非常严重的癫痫。过度活动通过胼胝体传递到大脑的另一侧。

在进行裂脑手术后，两个断开联系的半球独立工作；它们的感觉机制、记忆和运动系统就不能再交换信息。病人在手术后可能注意到的事情是他们的左手似乎有“自己的想法”。比如，他们可能发现自己放下了一本左手拿着的书，即使他们一直非常感兴趣地阅读这本书。之所以会发生这个冲突，是因为控制左手的右半球不能阅读，因此会觉得抱着这本书很无聊。在其他时候，病人在手术后可能惊奇地发现自己左手会做一些自己并没有打算做的动作。一个心理学家曾经报道过，一个做过裂脑手术的丈夫企图用一只手袭击妻子，却同时用另一只手保护她。

你可能会认为，断开两个半球的联系是毁灭性的，但是对于不经意的观察者来说，裂脑手术的效果并不是立即显而易见的。这是因为在很多情况下，刺激是同时传递到两个半球的。比如，直接用双眼看一个苹果的图片，通过左右视野传送视觉刺激，并且要求这个人识别此图片时，左半球能够正确回答"苹果"。对于大多数人来说，左半球控制语言产生和理解。如果信息没有到达左半球，那么这个人就不能正确说出"苹果"。一个裂脑人的右半球似乎能够合理地理解指令，但是它不能产生语言，因此，任何刺激，到达右半球的无法沟通，或者至少不通过语言沟通。比如，如果苹果的图片仅仅在左侧视野中呈现并仅传递到右半球，而右半球没有语言加工中心，那么这个人就无法口头识别出这张图片(或者用一个非语言的图像标志或者手势来识别它)。事实上，这个人甚至不会意识到刺激因素。然而，如果允许一个人从一个列表中选择一个匹配的项目或者用他们的左手绘制刺激图，他们将正确地识别出苹果。如果你问那个人为什么选择或者画苹果，他们没有有意识地选择它的理由(这个意义上的意识需要使用语言)。

切断胼胝体的作用强化了这样的结论：只有当有关胼胝体的信息能够到达大脑负责左半球语言的部分时，我们才会意识到它。如果信息没有到达大脑这些部分，那么这些信息就不会到达意识。我们对意识生理学仍然知之甚少，但是对经历过裂脑手术的人的研究已经开始为我们提供一些有用的见解。

## 语言产生

目标 14.2　列出一些与语言产生有关的因素，并找出相应的大脑区域。

产生有意义的语言需要几个因素。首先，这个人必须有一些可以交流的东西。让我们考虑一下这意味着什么。要用言语作为一种交流形式，我们可以谈论目前正在发生的事或者过去发生的事。当我们谈论目前正在发生的事时，我们会谈论我们感知到的东西：我们看到的、听到的、感觉到的或者闻到的，等等。当我们谈论过去发生的事时，我们会谈论我们的记忆。对当前事件的认识和对过去发生的事件的记忆都涉及大脑半球后部(枕叶、颞叶和顶叶)的脑机制。因此，这些脑区在很大程度上是我们有话要说的原因。

我们也会谈论一些没有发生过的事情。也就是说，我们可能运用我们的想象力去编造一个故事(或者是撒谎)。我们对负责想象的神经机制知之甚少，但它们似乎涉及负责感知和记忆的机制，因为当我们编造一个故事时，我们通常基于我们最初通过感知获得的并且保留在我们记忆中的知识。

正如我们在下面的章节中将看到的，感知、记忆和思想的转换会使用不同的大脑区域。我们将依次详细说明其中的每一项。

## 语言理解

目标 14.3　描述语言理解涉及的因素，并识别相应的大脑区域。

在思考涉及识别单词和理解它们的意义有关的大脑机制时，字典的概念起到了一个有用的类比作用(见图 14.2)。词典包含词条(单词)和定义(单词的含义)。在大脑中，我们至少有两种类型的条目：听觉和视觉。也就是说，我们可以根据单词的发音或外观(以书面形式)查找单词。让我们只考虑一种类型的条目:单词的声音。(本章稍后将讨论读和写。)例如,我们听到一个熟悉的词并理解它的含义。我们是怎样做到的呢?

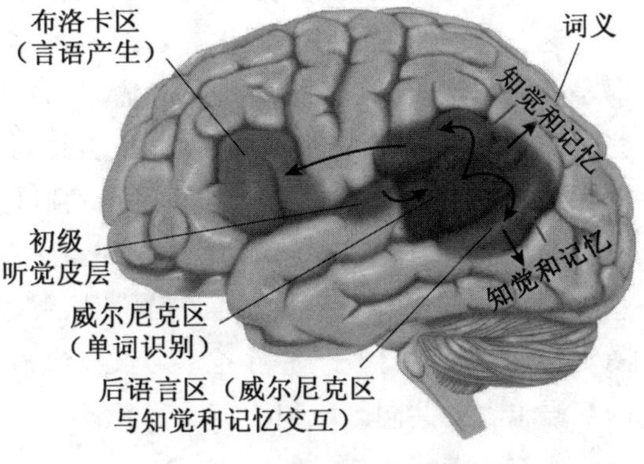


**图 14.2 大脑中的"词典"**

威尔尼克区包含单词的听觉词条;意义包含在感觉联合区的记忆中。黑色箭头表示对单词的理解——与单词的意义相对应的记忆的激活。红色箭头代表将思想或感觉转化为文字。

首先,我们必须识别构成单词的声音序列:我们在"字典"中找到单词的听觉条目。这些条目存储在左颞叶听觉联合皮层的威尔尼克区。正如你已经读过的,威尔尼克区是理解和产生有意义的语言所必需的。当威尔尼克区受损时,还是可以说话,但这种讲话对听者来说往往是没有意义的。接下来,与单词相关的记忆被激活。威尔尼克区通过后语言区连接到包含这些记忆的神经回路中。

语言传达的不仅仅是简单的表达事物或者行为的词语。它还传达了抽象的概念,其中有些相当微妙。对脑损伤患者的研究(Brownell et al., 1983, 1990)表明,对语言中更微妙、更形象的方面的理解尤其涉及右半球——例如,理解隐喻背后的含义,诸如"住在玻璃房子里的人不应该扔石头"类的谚语或道德故事。

功能成像研究证实了这些观察。Nichelli 等人(1995)发现,判断伊索寓言的寓意(相对于判断故事的表面方面)也激活了右半球的区域。Sotillo 等人(2005)发现,一项需要理解"城市绿肺"(即公园)等隐喻的任务激活了右侧颞上皮层(见图 14.3)。Pobric 等人(2008)发现通过 TMS 对右侧颞上皮层的暂时破坏损害了人们理解新隐喻的能力,比如"良心风暴"。其损伤对参与者理解常规隐喻的能力没有任何影响,比如他们显然已经听过的"甜美的声音",或者像"暴风雪"这样的字面表达。

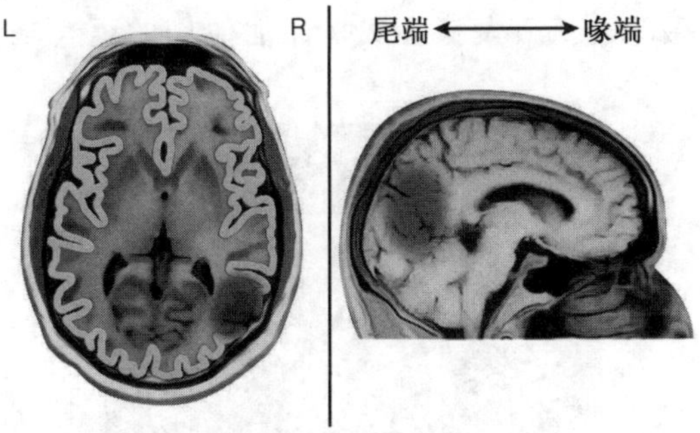


**图 14.3 评价隐喻**

这些神经活动的图像是通过评估隐喻的意义来产生的。

资料来源:Sotillo M, Carretié L, Hinojosa JA, Tapia M, Mercado F, López Martín S. & Albert J. Neuroscience Letters, 2005, 373, 5—9。

## 双语

**目标 14.4 描述双语语言加工中共同的和特定语言的大脑区域的证据。**

世界上大多数人都讲**双语**或多种语言。双语者的大脑是否与单语者不同?在第二语言(或第三、第四或第五语言)中涉及哪些大脑结构?一些研究人员认为,一个人使用的所有语言都是在大脑相同的共享区域进行加工的,而另一些研究人员则认为,每一种语言都是由不同的大脑区域或回路加工的。

对有病变的双语患者的观察发现,有时出现一种语言而不是另一种语言的失语症状,或影响(例如)一种语言的言语和另一种语言的写作的特定缺陷。这使得早期研究人员得出结论,不同的语言是由不同的大脑结构处理的。成像技术(如 fMRI 和 PET)的发展使研究人员能够更密切地检查双语(或多语种)个体参与交流的大脑区域。这些研究的积累表明,不同语言的交流涉及大脑中的一些共同区域和某些特定语言区域。

Giussani 等人(2007)对双语和多语言患者大脑皮层的七种不同电刺激研究进行了回顾。为了切除病变或肿瘤,这些研究中的每一个患者都接受脑部手术,并在手术前使用微电极刺激大脑区域来评估他们的语言功能。当刺激发生,患者要用第一语言或第二语言完成任务,如命名物体或阅读。如果病人在任务上的表现在刺激过程中被改变或中断,那么该语言的功能就分配到当前大脑区域。这一过程使神经外科医生能够绘制大脑语言功能图,避免在切除病变或肿瘤时对这些区域造成损害。电刺激研究发现了共同的和特定语言的区域。额叶和后颞叶/顶叶皮层有共同性和语言特异性区。此外,在一些皮层下结构中还发现了语言特异性区域。图 14.4 即为一个例子:一个会说英语、法语的双语患者的共同区域和特定语言区域。

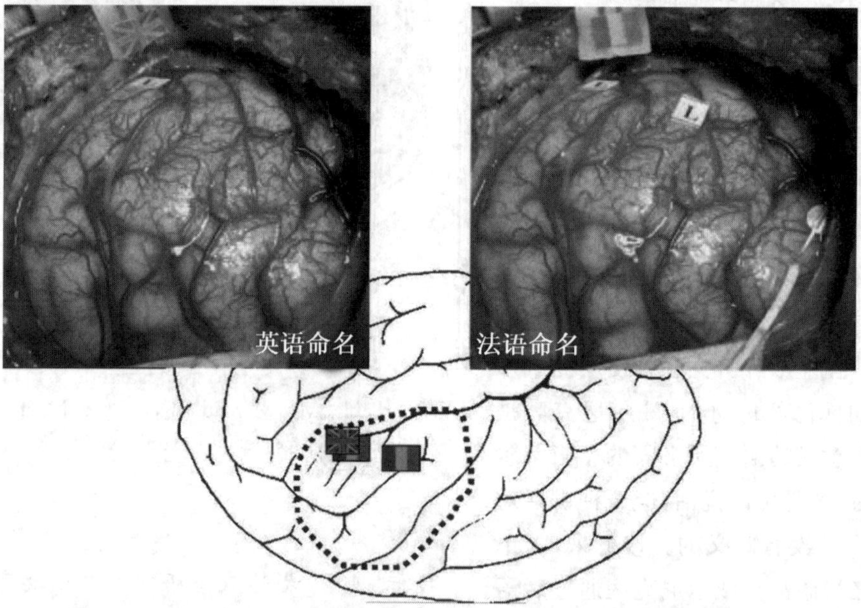


**图 14.4　绘制大脑皮层的共同区域和特定语言区域**

一名 31 岁的英法双语右利手病人,因位于左顶叶的重度神经胶质瘤而接受手术治疗。法语是他的母语。他 11 岁以后开始学英语。术前未发现语言问题。直接皮层电刺激显示出一个法语命名干扰位点(单一标志),而英语和法语中有一个公共位点(重叠标志)。

资料来源:Giussani et al., 2007。

在双语神经基础的其他研究中,Mechelli 等人(2004)发现,学习第二语言会使大脑皮层的结构发生变化。研究人员评估了灰质的密度,发现与单语个体相比,双语个体左侧顶叶皮质的密度增加了。在早期(5 岁之前)学习第二语言的人和精通第二语言的人的灰质密度变化更大。

## 韵律

目标 14.5　识别与韵律有关的大脑结构和功能。

当我们说话时,我们不只是吐字。话语

（和其他形式的交流，如比画）有规律的节奏和抑扬顿挫。说话者可以重读单词（例如，大声发音），并改变声音的音高以表示措辞，来区分主张和疑问。此外，说话者还通过讲话的停顿、语速的快慢和声音的高低传递他们的情绪状态。这些言语的停顿、语速的快慢、声音的高低和轻重被称为**韵律**。我们在写作时使用标点符号来表示韵律的停顿、快慢、轻重和高低，说明了在交流中这些方面的重要性。例如，逗号表示一个短的停顿；一个句号表示一个较长的停顿，并伴随着音调的下降；一个问号表示声音的停顿和音调的上升；感叹号表示着重强调这句话或某个单词。

由于后脑结构损伤引起的威尔尼克失语症患者的韵律是正常的。例如，他们的讲话是有节奏的，会在短语和句子后停顿，有抑扬顿挫。即使威尔尼克失语症的重度患者说话没有意义，但韵律也不受影响。相反，布洛卡失语症的轻度患者不仅语法结构受到损伤，韵律也会遭到严重破坏。布洛卡失语症患者发音困难，语言表达缓慢，病人几乎不能表现出任何有韵律的句子。韵律通常伴随着短语或句子的句法结构而变化。布洛卡失语症患者韵律受损，患者的重音或音高几乎没有变化。

尽管失语症会造成韵律损伤，但对正常人和右半球脑损伤患者的研究也表明，右脑半球在韵律中起着重要作用。例如，Weintraub等人（1981）为实验对象写了两个句子，并向他们提出了一个问题。两句话如下：

一名男子走到杂货店。

一名女子骑马到鞋店。

要求实验对象阅读其中一句后回答问题。你自己可以试一试。阅读下面的问题，然后大声朗读句子（上面）并回答问题。

谁走到杂货店，男人还是女人？

问题是有人走到杂货店，却问那个人是谁。在回答像这样的问题时，人们通常会强调所要求的信息；在这种情况下，他们会说，“这个人走到杂货店去了。”然而，Weintraub和她的同事发现，尽管右脑损伤患者选择了正确的句子，但他们要么没有重音，要么重读错了一个单词。因此，右半球在韵律的产生中起着重要的作用。

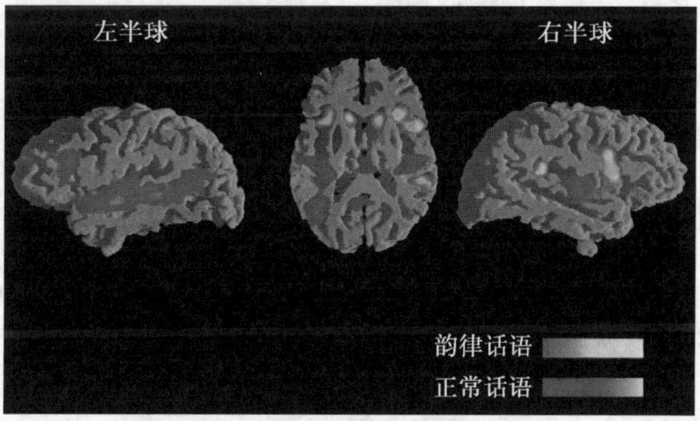


**图 14.5　听正常语音或其韵律成分**

功能性MRI扫描实验对象听正常话语（蓝色和绿色区域）或有意义成分过滤掉的韵律成分（橙色和黄色区域）时脑区活动。

资料来源：Meyer M, Alter K, Friederici A D, Lohmann G & von Cramon D Y, FMRI reveals brain regions mediating slow prosodic modulations in spoken sentences, *Human Brain Mapping*, 2002, 17, 73—88。经许可重印。

在 Meyer 等人(2002)的一项功能成像研究中,实验对象听到了正常句子或者只包括韵律成分,有意义的声音被过滤掉的句子。如图 14.5 所示,有意义的词性成分主要激活左半球(蓝色和绿色区域),韵律成分主要激活右半球(橙色和黄色区域)。

## 识别他人声音

目标 14.6 识别与识别他人声音有关的大脑区域。

口语中包含的词语传达关于事件、想法和其他形式的有意义信息——这些信息可以用书面形式很好地表达出来。韵律能够传达说话者的情绪状态或说话者想要强调的事情的信息。最后,言语可以传递完全独立于单词的意义的信息:说话者的身份、性别及其大概的年龄。

人们很早就学会识别特定个体的声音。甚至新生婴儿也能识别父母的声音,这显然是他们在母亲子宫中时学到的(Ockleford et al., 1988)。一些局部脑损伤的人很难识别声音——一种被称为语音失认症的疾病。

大多数语音失认症是由脑损伤引起的。对特定声音的识别独立于单词及其含义的识别:有些人已经丧失了理解单词的能力,但仍然能够识别声音;而另一些人则能够识别他人声音,但无法理解单词(Belin et al., 2004)。到目前为止,所有的后天性语音失认症(由脑损伤引起的语音失认)都发生在右半球,通常发生在顶叶或前颞上皮层。

功能成像研究表明,右前颞上皮层与语音识别是有关联的。例如,von Kriegstein 等人(2003)发现,要求实验对象识别特定声音而不是特定词语时,右前颞上皮层区域会被激活。Garrido 等人(2009)报告了第一例发育性语音失语症(即不是由脑损伤引起的语音失语症)。研究人员研究了 K.H.的案例。

现年 60 岁的管理顾问 K.H.,她一生都很难通过他人的声音认出人来。K.H.在一本大众科学杂志上读到一篇文章,其中描述了面孔失认症,难以识别他人面部——甚至是完全无法识别。她意识到她的障碍可能是这种疾病的听觉形式。测试显示,她的智力高于平均水平,在各种知觉任务上,包括面部识别、语音感知、环境声音识别和音乐感知,她获得了正常或高于正常分数。MRI 显示她的大脑结构没有异常,但是大脑组织中有一些细微的差异可以解释她的问题。

# 本节回顾

## 语言产生和理解:大脑机制

目标 14.1 比较大脑左右半球的语言相关功能,并讨论对侧半球的功能优势。

两个半球都有助于我们的语言能力。对于大多数人来说,大脑中的言语和语言功能有偏侧优势。语言理解和产生的回路位于左半球。右半球在处理言语和语言的情感内容、节奏和重音方面起着重要作用。

目标 14.2 列出一些与语言产生有关的因素,并找出相应的大脑区域。

要产生语言,一个人必须有一些可以交流的东西,可以是现在正在发生的事情,可以是发生在过去的事情或者是想象出来的事情。枕叶、颞叶和顶叶参与对当前事件和记忆的感知。交流想象中的事件很可能也涉及这些区域。布洛卡区位于左侧额叶,在控制言语肌肉的初级运动皮层区域,与言语和语言的产生有关。

目标 14.3 描述语言理解涉及的因素，并识别相应的大脑区域。

语言理解涉及使用左半球的威尔尼克区来识别单词。语言理解还需要理解单词的含义。对语言比喻方面的理解涉及右半球。

目标 14.4 描述双语语言加工中共同的和特定语言的大脑区域的证据。

双语个体可能拥有一些专门用于特定语言的大脑区域和共同使用两种语言的大脑区域。这些脑区可以通过 PET 和 fMRI 等成像技术来识别，也可以通过直接电刺激来识别。双语人群的研究显示了额叶和后颞叶/顶叶皮层的共同区域和特定语言区域。此外，在一些皮层下结构中还发现了特定语言区域。

目标 14.5 识别与韵律有关的大脑结构和功能。

韵律涉及声调、节奏和重音的变化，这些变化为语言增添了意义，尤其是情感意义。尽管布洛卡区失语症（由左半球损伤引起）患者有韵律缺陷，但控制韵律成分的其他神经机制似乎位于右半球。

目标 14.6 识别与识别他人声音有关的大脑区域。

语音失认症是一种由右顶叶或颞叶皮层受损引起的声音识别障碍。

## 思考题

在最近对 717 人进行的一项调查中，Seidman 等人（2013）发现，当使用手机时，大多数右利手者用他们的右耳进行交谈。同样地，大多数左利手者使用他们的左耳。虽然这项调查只调查了相关数据，但研究人员下一步可以检验的基于大脑的假设是什么？提出可能的解释和研究策略，以更好地解决这一问题。

# 语言产生和理解障碍

我们对大脑语言机制的大部分理解来自对障碍的研究。语言障碍包括语言的产生和理解障碍，虽揭示了不同的大脑途径和结构但往往有重叠。

## 语言产生障碍：布洛卡失语症

目标 14.7 描述布洛卡失语症的症状和神经基础，包括语法缺陷、命名缺陷和发音困难。

正如你已经读过的，额叶受损会导致布洛卡失语症，这是一种以缓慢、费力和不流利的言语为特征的障碍。虽然经常错读单词，但病人产生的单词通常是有意义的。大脑两半球的后部有一些可以交流的东西，但是额叶的损伤使病人很难表达这些想法。

正如你已经读过的，相比于产生语言，布洛卡失语症患者能够更好地理解语言。布洛卡失语症患者比其他人更容易说出某些类型的话。他们很难说出有语法意义的小单词，例如一个、这个、一些、里面或者大约。这些词被称为**虚词**，因为它们具有重要的语法功能。布洛卡失语症患者使用几乎全部**实词**——表达意义的词，包括名词、动词、形容词和副词，如苹果、房子、投掷或重量。这是一个来自布洛卡失语症患者的言语样本，他试图描述图 14.6 所示的场景。正如你将看到的，他的话是有意义的，但他说的没有语法。圆点表示长时间停顿：

**图 14.6 失语症评估**

厨房故事图是波士顿诊断失语症测试的一部分。

孩子……kk……可以……糖果……饼干……糖果……我不知道但这么写……别着急……砰……早一点……摔倒……男人……很多人没有……女孩。盘子……肥皂……肥皂……水……水……就这样掉下去了……盘子……就这样。饼干……可以……糖果……饼干饼干……他……趴下……就这样。女孩……滑水……水……而且很疼……有很多事要做……是她……清理干净……盘子……在上面……我觉得这样就行了。(Obreer and Gjerlow, 1999, p.41)

引起布洛卡失语症的病变主要集中在布洛卡区附近。然而,仅限于布洛卡区皮层的损伤似乎不会造成布洛卡失语症;这种损伤必须延伸到额叶周围区域和皮层下白质(Damasio, 1989; Naeser et al., 1989)。此外,有证据表明基底节区的病变——尤其是尾状核的头部——也会产生类似的布洛卡失语症(Damasio et al., 1984)。(见图 14.7)

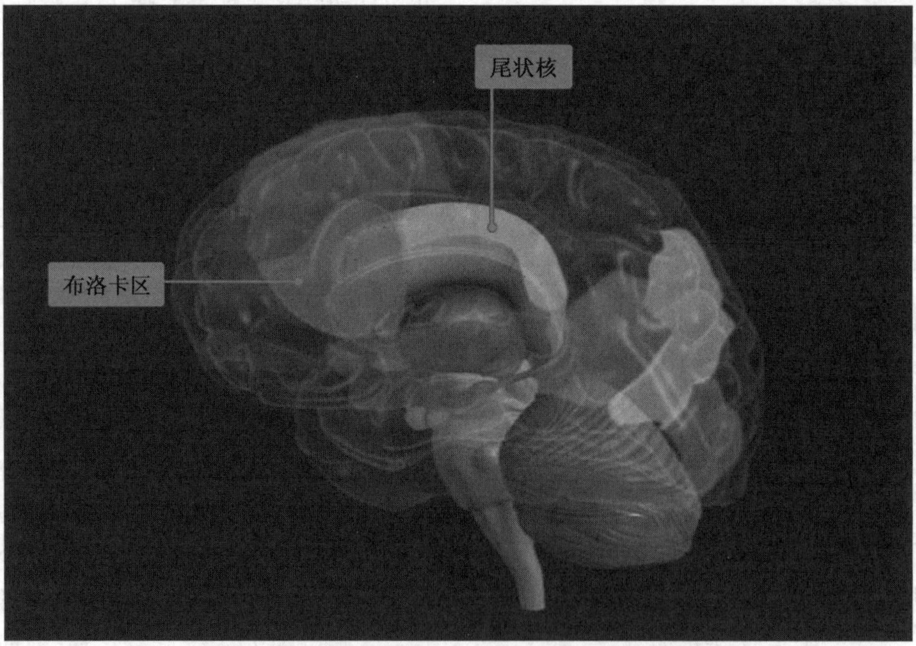


**图 14.7 布洛卡区或涉及布洛卡失语症的区域**

Watkins 等人(2002)研究了一个家族的三代人,其中一半成员患有由于 7 号染色体上单个基因突变引起的严重言语和语言障碍。主要的缺陷似乎涉及进行言语所需的顺序动作的能力,但受影响的人也很难重复他们听到的声音和形成动词的过去式。突变导致尾状核和左侧额叶下皮层(包括布洛卡区)发育异常。

布洛卡区及其周围的神经回路是做什么的？威尔尼克(1874)认为布洛卡区包含运动记忆，特别是肌肉运动序列的记忆，这是表达语言所需要的。说话涉及舌头、嘴唇和下巴的快速运动，这些动作必须相互配合，并与声带配合，因此，说话需要一些非常复杂的运动控制机制。只要适当地激活大脑中某个地方的神经元回路，就会执行这些运动序列。由于尾下左额叶的损伤(包括布洛卡区)破坏了表达单词的能力，因此这个区域可能是这些“程序”位置的候选区域。这一区域直接连接到控制语言肌肉的初级运动皮层的部分，这一事实肯定支持了这一结论。

但是，左侧额叶的言语功能不仅仅为过去说话的动作“编程序”。布洛卡失语症不仅仅是发音上的缺陷。一般来说，三种主要的言语和语言缺陷是由布洛卡区及其周围的病变造成的：语法缺陷、命名缺陷和发音困难。虽然大多数布洛卡失语症患者都会有一定程度的某种缺陷，但他们的严重程度可能因人而异——大概是因为他们的脑损伤的大小和位置不同。

**语法缺陷** **语法缺陷**指病人在使用语法结构方面的困难。这种缺陷可以独立出现，在发音或检索单词方面没有任何困难(Nadeau, 1988)。正如我们所看到的，患有布洛卡失语症的人很少使用虚词。此外，他们很少使用语法标记或者助动词，如-ed或have(如I have gone)。由于某些原因，他们经常使用-ing，可能是因为这个结尾将动词转换为名词，或者因为-ing在英语中是最常见的动词结尾，因此可能是动词的一种“默认”形式。Saffran等人(1980)研究了语法缺陷。以下引自试图描述图片的语法缺陷患者：

一个男孩被棒球击中头部的照片——

这个男孩被抓住了……这男孩是个搭便车……这个男孩被球击中了。(Saffran et al., 1980, p.229)

一个女孩给老师送花的照片——

女孩……想要……花……花和想要……女人……想要……女孩想要……花和女人。(Saffran et al, 1980, p.234)

到目前为止，我们已经把布洛卡失语症视为一种语言产生障碍。在平常的谈话中，布洛卡失语症患者似乎明白别人所说的一切。他们因无法很好地表达自己的想法而感到苦恼，他们经常通过手势来表达。他们说话和理解之间的巨大差异往往导致人们认为他们的理解是正常的。但事实并非如此。Schwartz等人(1980)展示了布洛卡失语症患者的一组图片，照片中动作的主体和对象被颠倒了：一辆卡车拉着一辆汽车，一辆汽车在拉着一辆卡车。当他们展示每一组图片时，他们读给实验对象一个句子，例如，主动句，比如卡车拉着汽车，或者被动句，比如汽车被卡车拉着。病人的任务是指出合适的图片，表明他们是否理解句子的语法结构。布洛卡失语症患者在被动句上表现很差，比如汽车被卡车拉着，因为被动句中语序对理解没有帮助。

Opitz(2003)和Friederici(2007)的功能成像研究表明，当人们学习人工语法时，布洛卡区会被激活，这支持布洛卡区参与语法规则学习的结论。Sakai等人(2002)让实验对象阅读正确的、语法错误的或语义错误的句子(也就是说，没有意义的句子)。当实验对象判断句子的语法或语义正确性时，研究者将经颅磁刺激(TMS)应用于布洛卡区。选择刺激参数激活布洛卡区，而不是干扰布洛卡区的功能。研究人员发现，这种刺激促进了语法判断，但不利于语义判断。这为证明布洛卡区在处理语言语法方面至关重要提供了更多的证据。

**命名缺陷** **命名缺陷**是布洛卡失语症的

第二大语言缺陷。命名缺陷指的是单词寻找困难；因为所有的失语症患者都省略或使用不恰当的单词，因此命名缺陷实际上是各种形式失语症的主要症状。面部表情和频繁使用像“呃”这样的声音清楚地表明布洛卡失语症患者正在寻找正确的单词。

**发音困难**　布洛卡失语症的第三个主要特征是发音困难。患者发音错误，经常改变发音顺序。例如，口红（lipstick）可能发音为“likstip”。布洛卡失语症患者知道他们的发音是错误的，并且常常试图纠正它。

不同患者可能有这三种缺陷的一种或多种组合的缺陷。这三种缺陷取决于病变的确切位置，并在一定程度上取决于他们的康复阶段。我们可以认为这些缺陷构成了等级。在最低的层次上，最基本的水平是控制言语肌肉的运动顺序；其损害会导致发音困难。下一个更高的层次是选择特定单词的“程序”，其损害会导致命名缺陷。最后，最高级的是语法结构的选择，包括语序、虚词的使用和词尾的使用，其损害会导致语法缺陷。

我们可能认为直接控制发音会涉及初级运动皮层的面部区域和基底节区，而词汇、语序和语法标记的选择则会涉及布洛卡区和额叶联合皮层的邻近区域。一些研究表明，布洛卡失语症不同类型的症状确实涉及不同的大脑区域。Dronkers 和她的同事（Baldo et al., 2011; Dronkers, 1996）确定了控制语音发音的关键位置：岛叶的左中央前回。岛叶皮层位于前颞叶后大脑半球外侧壁。正常情况下这一区域是隐藏的，只有当颞叶被解剖时才能看到[见图 14.8(a)]。Dronkers 绘制了患有和没有患有言语失语症的人的病变，发现他们的中风损害了大脑的同一区域，证明了这一区域的明显作用（**言语失用**是对舌头、嘴唇和喉咙的动作进行规划的一种能力上的障碍，而这些动作是产生适当的语音序列所必需的）。图 14.8(b)显示 25 例言语失用患者的病变重叠。正如你所看到的，黄色区域是 100%重叠的区域，落在岛叶的左侧中央前回。相反，19 例未显示言语失用的患者的病变中，该区域没有一例受到损害[见图 14.8(c)]。

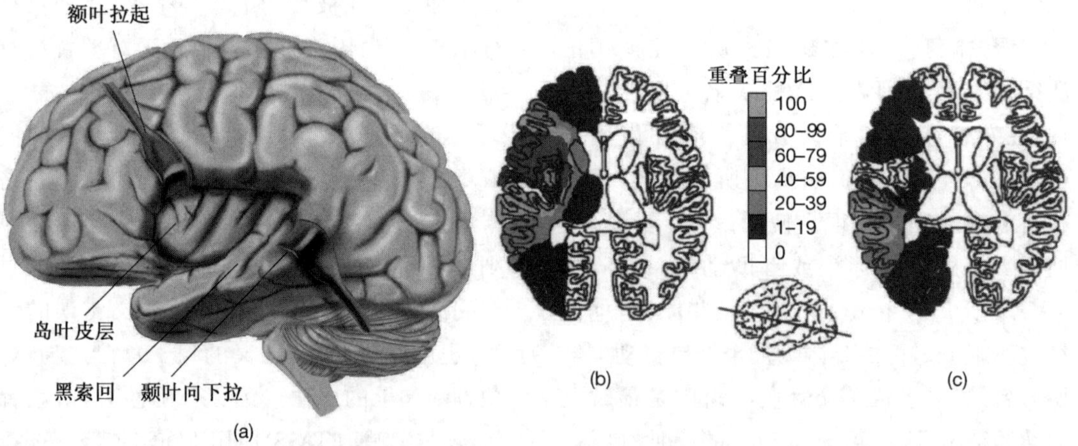


**图 14.8　岛叶皮层及其在言语中的参与**

(a)大脑皮层通常隐藏在颞叶前部后面。25 例(b)言语失用患者和(c)无言语失用者病变部位重叠的百分比显示了岛叶皮层的参与证据。所有导致言语失用病变唯一共同的区域是岛叶皮层的中央前回。

(b)和(c)资料来源：Dronkers, N.F articulation, *Nature*, 1996, 384 A new brain region 159—161。经许可复制。

至少有两项功能成像研究支持 Dronkers 的结论。Kuriki 等人（1999）和 Wise 等人

(1999)发现单词的发音引起左岛叶前部的激活。然而,其他研究表明,布洛卡区也参与了发音(Hillis et al., 2004; Nestor et al., 2003)。Stewart等人(2001)使用TMS干扰布洛卡区或初级运动皮层邻近区域神经元的活动,后者控制言语的肌肉。实验对象报告说,刺激运动皮层使他们感觉自己失去了对面部肌肉的控制。相比之下,对布洛卡区的刺激让他们觉得自己无法"把话说出来"。

即使我们非常清楚一个单词,我们中的大多数人也可能很难把这个单词说出来。这种现象被称为"舌尖现象"或者TOT。Shafto等人(2007)发现,那些经常想不出要说的正确词,但确信自己知道的人(即常常有TOT经历的人)在左岛叶皮层出现灰质缺失。这些发现也支持了岛叶皮层在表达方面的作用。

## 语言理解障碍:威尔尼克失语症

目标14.8 描述威尔尼克失语症的症状和神经基础,包括口语识别缺陷、理解缺陷和思想转换成言语缺陷。

语音的理解始于听觉系统,它检测和分析声音。但是认识单词是一回事,理解它们——即理解它们的含义——是另一回事。识别口语是一项复杂的感知任务,它依赖于对声音序列的记忆。这项任务似乎是由左半球上颞回的神经回路完成的,这个区域后来被称为威尔尼克区(参阅图14.1)。

正如你已经读过的,威尔尼克失语症患者的主要特点是语言理解能力差和无意义言语的产生。与布洛卡区失语症不同,威尔尼克失语症患者语言流畅而不费劲;不费劲地说出单词,也似乎没有在寻找它们。病人保持一条旋律线,声音正常地上升和下降。当你听一个患有威尔尼克失语症的人的讲话时,它似乎是语法的。也就是说,病人会使用虚词如as、but和使用复合动词时态和从句。然而,患者使用的实词很少,而他/她串在一起的单词没有意义,下面引用的例子说明了这一点:

测试员:你来医院之前做了什么?

病人:永远不要,现在mista oyge我想告诉你,当他租房的时候发生了这件事。他的——他的kell来了这里而且——他ren到了一些东西。事情发生了。在这件事上,ropiers和他在一起为了hi——是朋友——一样。事情就这样发生了,所以我不知道,他什么都没带来。他没有付钱。他roden所有这些arranjen来自iss pescid的pedis。在这层楼。他没让他们在这附近。(Kertesz, 1981, p.73)

由于威尔尼克失语症患者的语言缺陷,在评估他们理解语言的能力时,要求他们使用非语言反应是很重要的,我们不能仅仅因为他们没有给出正确的口头回答就认为患有威尔尼克失语症的人不理解其他人与他们沟通的内容。例如,可以通过指向前面桌子上的对象来评估一个人理解问题的能力。一个人可能会被要求"指向有墨水的"。如果该人指向笔以外的对象,则他们没有理解该请求。如果用这种方法测试,患有严重威尔尼克失语症的人确实会表现出很低的理解力。

威尔尼克失语症患者的一个显著的事实是,他们似乎经常不知道自己的缺陷。这些人似乎没能认识到他们的语言受到损害,也没认识到他们无法理解他人的语言。当有人告诉他们一些事情时,他们看起来并不困惑,尽管他们无法理解他们所听到的。这可能是理解的不足,阻止他们认识到,他们所说的和听到的是没有意义的。患有威尔尼克失语症的人仍然遵循社会习俗,与测试员轮流交谈,尽管他们不明白说了些什么,他们说的话也没有什么意义。他们对另一个人的面部表情和韵律保持敏感,当他/她提出问题并停下来寻求答案时，他们就开始说话。一位威尔尼克失语症患者在被要求说出 10 个常见物品时做出了以下反应：

toothbrush(牙刷)→"stoktery"
cigarette(香烟)→"cigarette"
pen(笔)→"tankt"
knife(剪刀)→"nike"
fork(叉)→"fahk"
quarter(四分之一)→"minkt"
per(笔)→"spentee"
matches(火柴)→"senktr"
key(钥匙)→"seek"
comb(梳子)→"sahk"

他自信地采取了行动，没有意识到他的大多数答复都不是真正的单词。他的回答不是他发明的新词；他被要求数次给出物品的名字，每次都给出不同的回答(除了香烟，他总是正确地命名)。

由于颞上回是听觉联合皮层的一个区域，由于威尔尼克失语症中的理解障碍非常突出，这种障碍的特征是接受性失语症。威尔尼克认为，现在以他名字命名的区域是构成单词声音序列的记忆位置。这一假说是合理的；它表明，上颞回的听觉联合皮层识别单词的声音，就像下颞回的视觉关合皮层识别物体的视觉一样。

但是，为什么对识别口语能力负责的区域的损害会影响人们的说话能力呢？事实并非如此；威尔尼克失语症，就像布洛卡失语症，实际上是由几个缺陷组成的。扰乱的能力包括对口语的识别，对单词意义的理解，以及将思想转化为语言的能力。让我们依次考虑这些能力中的每一个。

**口语识别缺陷** 正如你在本节的导言中所读到的，识别一个单词与理解它是不一样的。如果你几次听到一个新词，你就会学会识别它；但除非有人告诉你它的意思，否则你就无法理解它。识别是一项感知任务，理解包括从记忆中检索额外的(语言)信息。

左颞叶损伤可引起听觉词识别障碍。这种综合征叫做**纯词聋**(见图 14.9)。有纯词聋的人并不是聋子。他们能够感知和识别语言，但他们不能理解这些词。正如一位病人所说，"我能听到你说话，我只是不明白你在说什么。"另一个人说，"就好像在某个地方有旁路，我的耳朵和我的声音没有连接"(Saffran et al., 1976, p.211)。这些病人可以识别非言语的声音，如狗的吠声、门铃的声音和喇叭的鸣笛声。通常，即使他们听不懂说话的内容，他们也能识别言语语调所表达的情感。更重要的是，他们自己的言语没有受到影响。他们常常通过读嘴唇来理解别人在说什么。他们也能读写，有时还会要求人们以书面形式与他们交流。纯词聋并不是无法理解单词的含义；如果是的话，患有这种障碍

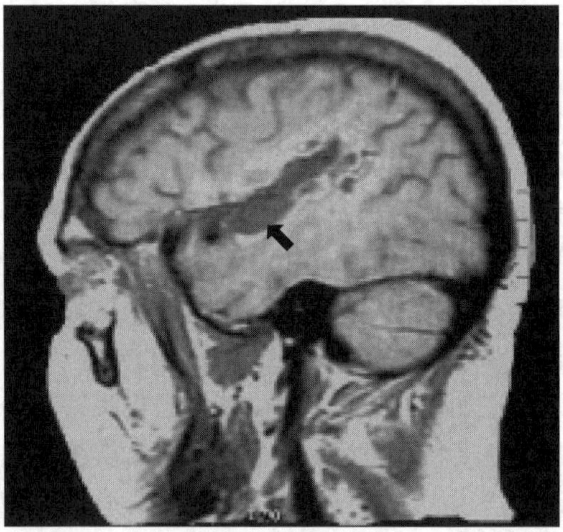

**图 14.9 纯词聋**

MRI 扫描显示纯词聋患者的上颞叶受损(箭头处)。

资料来源：Stefan atos G A, Gershkoff A & Madigan S, On pure word deafness, temporal processing, and the left hemisphere, Journal of the International Neuropsychological Society, 2005, 11, 456—470。经许可重印。

的人将无法读懂人们的嘴语或阅读纸上写的单词。他们的语言缺陷仅限于对口语的识别。

即使特定的口语词没有被识别出来，拥有纯词聋的人也能正确地感知人类言语的品质，并知道另一个人在说话。功能成像研究表明，对语音的感知激活了颞上回听觉联合皮层中的神经元。例如，Scott 等人(2000)识别出左颞上回的一个区域，该区域被可理解的言语所激活，表明该区域的活动是特定于对语音的感知，而不是特定的单词(见图 14.10)。Sharp 等人(2004)发现，同一脑区的病变导致语言理解不足。

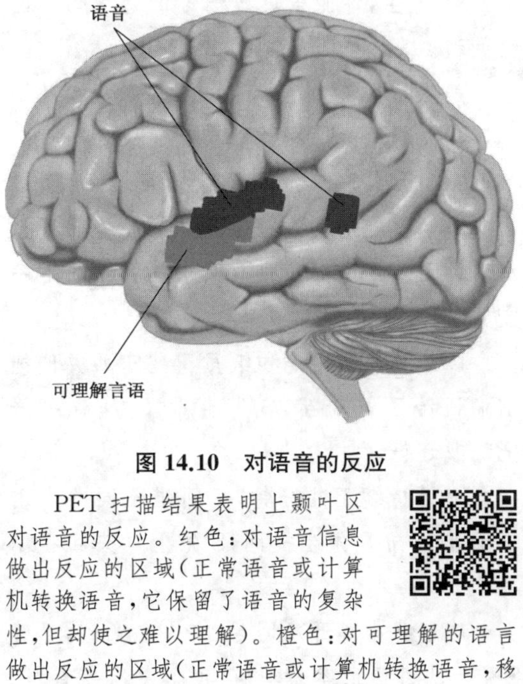


**图 14.10 对语音的反应**

PET 扫描结果表明上颞叶区对语音的反应。红色：对语音信息做出反应的区域(正常语音或计算机转换语音，它保留了语音的复杂性，但却使之难以理解)。橙色：对可理解的语言做出反应的区域(正常语音或计算机转换语音，移除大部分正常频率，但保留可理解的主干)。

资料来源：Scotte et al.，2000。

语音分析涉及什么？听觉系统要完成什么任务？左右半球听觉联合皮层的功能有什么不同？大多数研究人员认为，左半球主要参与判断快速变化的复杂声音成分的时间，而右半球主要参与判断变化较慢的成分，包括旋律。有证据表明，语音最关键的方面是时间，而不是音高。无论是男人的较低音高，还是妇女或儿童的更高音高，人们都能识别单词。事实上，大多数人都能理解语音，其中几乎所有的音高信息都被删除了，只留下了一些噪声，这些噪声是由人类语音的快速停止和启动所调制的。

有两种类型的脑损伤可导致纯词聋：颞叶上皮层听觉输入中断或颞叶上皮层本身受损(Poeppel，2001；Stefanatos et al.，2005)。任何一种类型的损害都会干扰对单词声音的分析，阻止人们识别他人的言语。

正如我们在第 8 章中所看到的，我们的大脑包含镜像神经元回路——当我们执行一个动作或看到别人所做的动作时激活的神经元。这些神经元的反馈可以帮助我们理解他人行为的意图。尽管语音识别是听觉事件，但研究表明，听觉词也会自动启动控制语音生成的大脑机制。这些脑回路似乎含有镜像神经元，这些神经元被单词的语音激活。例如，Fridricksson 等人(2008)发现，当人们观看(但没有听到)其他人进行言语运动时，颞叶(听觉)和额叶(运动)皮层语言区域被激活。当研究对象看到人们用嘴做非言语动作时，这些区域就不会被激活。

一些研究人员认为，来自默读发音的反馈(言语中涉及的肌肉极轻微的运动，并不会引起明显的运动)有助于语音识别(Pulvermüller and Fadiga，2010)。例如，Pulvermüller 等人(2006)的一项功能成像研究中，研究对象清晰地表达了包含辅音 p 或 t(例如 pa 和 ta)的音节，这些音节涉及嘴唇或舌头的运动。研究对象大声说出音节，默默地对自己说，并听别人说的音节。如图 14.11 所示，在所有三种情况下，涉及嘴唇运动(绿色)和舌运动(红色)的大脑区域都被激活。因此，说话、观察别人说话、思考说话、听语音都会激活语言所涉及的大脑区域，这表明镜像神经元回路在言语和语言理解中起着一定的作用。

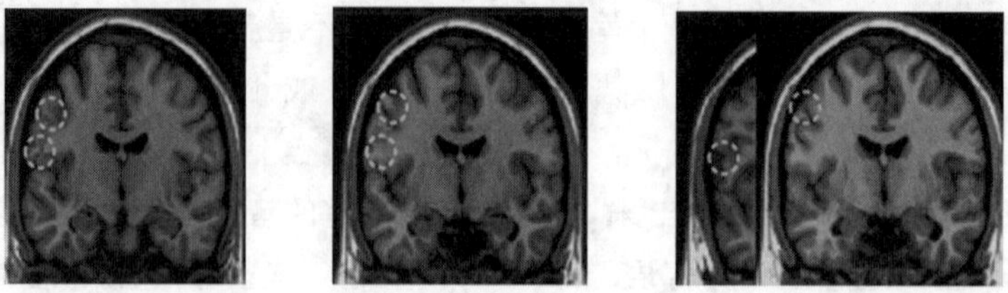

大声说音节　　对自己轻声说音节　　听其他人说音节

**图 14.11　镜像神经元和言语**

当人们大声说出音节，对自己轻声说音节，或听其他人在说音节时，会激活大脑初级运动皮层。有黄色圆圈的两个区域参与控制舌头的动作（以绿色表示音节包含 t 的读音，）和嘴唇的动作（以红色表示音节包含 p 的读音）。

资料来源：Pulvermüller F, Huss M, Kherif F, et al., Motor cortex maps articulatory features of speech sounds, *Proceedings of the National Academy of Sciences*, *USA*, 2006, 103, 7865—7870。经许可重印。

当我们说话时，或者当我们对说话所涉及的肌肉进行微妙的运动时，我们会从我们的舌头和口腔周围的皮肤获得体感反馈。Ito 等人(2009)发现这种反馈会影响我们对语音的感知。研究人员将带着机械装置的两只手臂贴在受试者的皮肤上，穿过他们的嘴角。该装置可以通过计算机控制实验，将皮肤向上或向下拉。受试者们听着计算机生成的单词，这些单词在 head 的读音和 had 的读音之间以十级变化。当受试者听到既不是 head 也不是 had 的中间音时，他们更有可能表示，当面部皮肤向上拉伸时，他们听到了 head 的单词读音，而面部皮肤向下拉伸时，他们更有可能听到 had 的单词读音。（自己试着说 head 和 had，注意嘴角所做的动作。当你说“head”的时候，你会感觉到你的嘴变宽了，嘴角也略微上升了；当你说“had”的时候，你会觉得你的嘴微微张开，嘴角往下拉）因此，正如这些研究结果所表明的那样，镜像神经元的活动以及来自言语运动的反馈都会影响语音感知。

下面这个病人的经验表明，对自己的言语进行监测对产生准确和流利的讲话起着重要的作用。

D 医生介绍了 S 先生，这位病人曾中风，导致纯词聋。

“S 先生，你能告诉我们你的感受吗？”医生问道。

病人听到他的声音时转过头说：“对不起，我听不懂你说的话。”

“你感觉怎么样？”D 医生大声地问。

“哦，我能听见你说的话，我只是听不懂你说的话。给你，”S 先生说，递给 D 医生一支铅笔和一小块纸。

D 医生拿起铅笔和纸写了些东西。他把它们还给了 S 先生，S 先生看了看，说：“好吧。我还好。”

对话持续了几分钟，房间里不同的人用书面形式向 S 先生提问，S 先生口头回答了他们。

在 S 先生离开房间后，有人注意到，尽管 S 先生的讲话很容易理解，但似乎有点奇怪。“是的，”一位语言治疗师说，“他讲话听起来几乎像个学会说话的聋子，但单词发音并不对。”

D 医生点点头，为我们播放了一段录音。“这是 10 年前他中风几个月后录制的。”我们听到了同样的声音，但这一次所有的单词都发音准确。“哦，”语言治疗师说。“他已经失去了监督自己讲话的能力，多年来，他忘记了各种单词发音的细节。”

“没错，”D 医生说。“这种变化是渐进的。”

**语言理解缺陷** 威尔尼克失语症的其他症状——不能理解单词的含义和无法使用有意义的言语表达思想——似乎是由从威尔尼克区延伸到外侧裂后部的损伤造成的，靠近颞叶、枕叶和顶叶的交界处。我们将把这一地区称为后语言区（见图 14.12）。后语言区似乎是在单词的听觉表征和这些词的意义之间交换信息的场所，这些信息作为记忆存储在感觉联合皮层的其余部分。

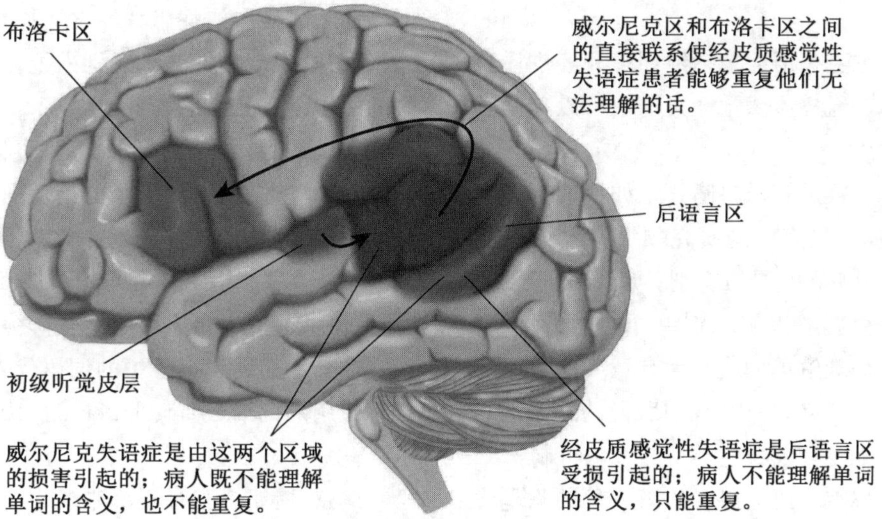


**图 14.12 经皮质感觉性失语与威尔尼克失语**

这个示意图显示了后语言区的位置和相互联系，并解释了它在经皮质感觉性失语和威尔尼克失语中的作用。

仅对后语言区的损害，即将威尔尼克区与后语言区的其他部分分离开来，就会产生一种被称为**经皮质感觉性失语**的障碍（见图 14.12）。经皮质感觉性失语和威尔尼克失语的区别在于，经皮质感觉性失语患者可以重复别人对他们说的话；因此，他们可以识别单词。然而，他们无法理解他们所听到和重复的单词的含义，也无法进行有意义的讲话。这些人怎么能在不理解的情况下重复他们听到的话呢？因为他们的后语言区域是受损的区域，重复不涉及大脑的这一部分。威尔尼克区和布洛卡区之间必须有直接的联系，后者绕过后语言区。

考虑以下案例，脑损伤后妇女的症状显示，重复语言的回路与专注于语言理解的回路是不同的：

一名妇女因一台损坏的热水器产生的一氧化碳造成了严重的脑损伤，她在医院待了几年才去世，从来没有说过任何有意义的话。她无法听从口头命令，也无法理解单词含义。然而，她经常重复别人对她说的话。例如，如果一位测试员说“请举起你的右手”，她会重复说“请举起你的右手”。有趣的是，她不模仿与自己不同的口音，如果有人对她说话时犯了语法错误，她有时会正确地重复句子。如果有人开始朗诵诗歌，她也可以吟诵。例如，当一位测试员说“玫瑰是红色的，紫罗兰是蓝色的”，她接着说“糖是甜的，你也是”。她会唱歌，当有人开始唱她熟悉的歌曲时，她也会跟着唱。在医院的时候，她甚至从收音机里学到了新歌。尽管有这些令人印象深刻的能力，但她并没有表现出理解她听到或说的任何东西的迹象。这种语言理解障碍，如经皮质感觉性失语和纯词聋，证实了这样的结论：识别和理解口语是不同的过程，涉及不同的大脑机制。(Geschwind et al., 1968)

威尔尼克失语症包括纯词聋和经皮质感觉性失语。经皮质感觉性失语也可以独立于纯词聋发生。

**思想转换成言语缺陷** 正如我们所看到的那样，威尔尼克区的研究领域涉及语音的分析，从而涉及单词的识别。后语言区域的损伤并不会影响人们识别单词的能力，但它会破坏人们理解单词或产生有意义的言语的能力。但是，确切地说，我们所说的这个词是什么意思呢？涉及哪些类型的大脑机制？

威尔尼克失语症患者的第三种缺陷是将思想和记忆转化为语言的缺陷。单词描述的是世界上的对象、行为或关系。因此，一个词的意义是由与它相关的特定记忆来定义的。例如，了解“树”这个词的含义意味着能够想象树木的物理特征：它们是什么样子的，风是怎样吹过树叶的，树皮是什么感觉，等等。它也意味着了解关于树木的事实：关于它们的根、芽、花、果实和木材，以及它们叶子中的叶绿素。动作词，如“扔”，涉及看到某人扔东西的记忆，也包括想象自己扔东西的感觉。这些记忆不储存在主要的语言和语言区域，而是存储在大脑的其他部分，特别是联合皮层的区域。不同类别的记忆可能存储在大脑的特定区域，但它们以某种方式连接在一起，因此听到单词“树”或“扔”就会激活所有记忆。(正如我们在第 13 章中看到的，海马结构参与了将相关记忆连接在一起的过程。)

正如你在关于布洛卡失语症的章节中所了解的，命名障碍是失语症的一个重要症状，指很难找到或记住一个恰当的单词。失语症的一种类型几乎是单纯的命名障碍。失语症患者的言语流利，语法流利，理解能力强，但很难找到合适的词。他们经常使用**迂回语**(字面意思是“以迂回的方式说话”)来绕开漏掉的单词。命名障碍失语症与威尔尼克失语症不同。与威尔尼克失语症患者不同的是，即使命名障碍失语症患者经常选择其他的方式来表达，但他们能够理解别人说什么，而且说的话也是有意义的。

下面的引语来自一位命名障碍失语症患者，他被要求描述先前显示的厨房图片，如图 14.6 所示。她的停顿，标记为省略号，表明找词困难。在某些情况下，当她找不到一个词时，她提供了一个定义(一种言外之意)，或者换一个其他的词。括号中的词语代表她可能打算使用的词语(Margolin et al., 1985)。

测试员：跟我们说说那张照片。

病人：这是一个女人有两个孩子，一个儿子和一个女儿，她的儿子要进入……厨房里的橱柜要出去[拿]一些……[饼干罐]里的饼干出来……可能是她做的，结果他滑[倒]了……错误的方向[向后]……在……他站在[凳子]上，朝……橱柜[地上]如果他向后倒，他可能会有一些问题[受伤]，因为那(凳子)不平衡。

命名障碍被描述为部分单词遗忘症。它可以由大脑前部或后部的病变产生，但只有后部病变才能语言流畅。最有可能的部位是左颞叶或顶叶，通常保留威尔尼克区。在上述妇女的情况下，损害包括左侧颞中下回，其中包括视觉联合皮层的一个重要区域。威尔尼克区没有被损坏。

比起其他类型的词，上面描述的病人更难找到名词。其他研究人员报告了类似的缺陷模式。例如，Semenza 和 Zettin(1989)及

Manning 和 Campbell(1992)描述了难以命名物体但对行动无困难的病人。有几项研究发现，动词命名障碍[更准确地说是动词提取困难(averbia)]是由布洛卡区及其周围的额叶皮层受损引起的(Bak et al., 2001; Damasio and Tranel, 1993; Daniele et al., 1994)。额叶致力于计划、组织和执行行动，因此额叶涉及记住行动名称的任务。

几项功能成像研究证实了布洛卡区域及其周围区域在产生动词中的重要性。例如，Hauk 等人(2004)让受试者阅读与身体不同部位的运动有关的动词。例如，咬、拍和踢，分别涉及面部、手臂和腿的运动。研究人员发现，当受试者阅读一个动词时，控制身体相关部分的运动皮层区域会激活(见图 14.13)。Buccino 等人(2005)的类似研究发现，涉及手部运动的听觉句子(例如，他转钥匙)激活了运动皮层的手区域，而涉及脚部运动的听觉句子(例如，他踩在草地上)激活了足部区域。想必，考虑到特定的动作激活了控制这些动作的区域。

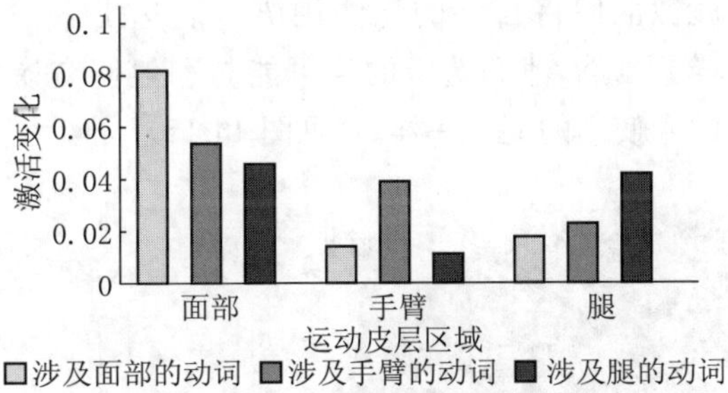


**图 14.13　动词和动作**

该图显示了当人们阅读比如咬、拍和踢之类的表动作的动词时，会激活控制面部、手臂和腿运动的相对应的运动皮层区域。

资料来源：Hauk O, Johnsran I & Pulvermüller F, Somatotopic representation of action words in human motor and premotor cortex, *Neuron*, 2004, 41, 301—307。

总之，威尔尼克失语症包括几种类型的症状，包括口语识别缺陷、理解缺陷和思想转换成言语缺陷。

## 传导性失语症

目标 14.9　识别传导性失语症的症状，并叙述它们在帮助了解布洛卡区和威尔尼克区联系中所起的作用。

正如我们在前面章节所看到的那样，经皮质感觉性失语症患者可以重复他们所听到的东西，这意味着威尔尼克区和布洛卡区之间有直接的联系——我们称之为：**弓状束**。这种轴突束存在于人脑中，但在非人类灵长类动物的大脑中不存在或小得多(Rilling et al., 2008)。弓状束似乎传达关于单词声音的信息，而不是它们的含义。这一结论的最佳证据来自一种被称为传导性失语的综合征，它是由延伸到皮层下白质并损害弓状束的下顶叶损伤而产生的(Damasio and Damasio, 1980)。(见图 14.14)

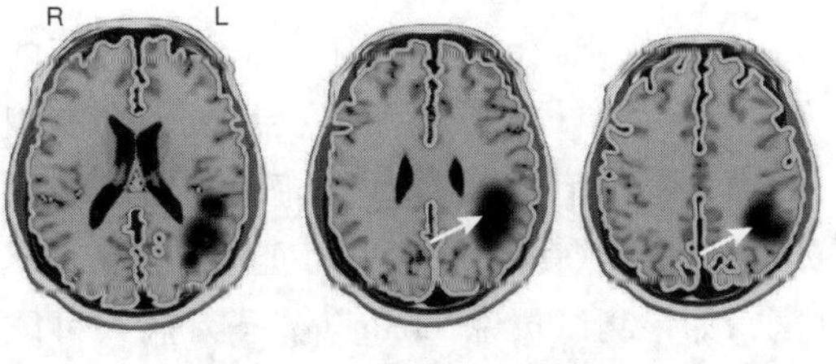


**图 14.14　传导性失语症**

核磁共振扫描结果显示皮层下损伤导致传导性失语症。该脑损伤损害了弓状束，一个连接威尔尼克区和布洛卡区的纤维丛。

资料来源：Based on Arnett, P. A., Rao, S. M., Hussain, M., Swanson, S. J., and Hammeke, T. A. Neurology, 1996, 47, 576—578。

**传导性失语症**患者的特征是有意义、流利的言语和较好的理解能力，但重复能力很差。例如，病人 L.B. 的自发言语(Margolin and Walker, 1981)非常出色；他很少犯错误，也没有命名物体的困难。下面的采访记录显示，L.B. 重复单词的能力仅限于真实的单词。他不能重复无稽之谈或新奇的声音。

测试员：bicycle（自行车）

病人：bicycle

测试员：hippopotamus（河马）

病人：hippopotamus

测试员：blaynge

病人：我不理解。

测试员：好，有些单词并不是真的，它们只是声音。Blaynge

病人：我不能……

测试员：blanch（漂白）

病人：blanch

测试员：north（北）

病人：north

测试员：rilld

病人：不，我说不出来。

你会注意到这个病人可以重复单个单词（在本例中是所有名词），但不能重复非言词。他能重复一个有意义的三词短语，但不能重复三个不相关的词。

有时候，当让一名患有传导性失语症的人重复一个单词，他/她可能会重复一个有相同意思或者相关联的单词。例如，如果测试员说"house"（房子），病人可能会说"home"（家）；如果测试员说"chair"（椅子），病人可能会说"sit"（坐下）。当让一名病人重复一句完整的句子，他可能会做出如下的反应：

测试员：汽车的油箱漏了，弄脏了巷道。

病人：他的车油箱漏了，把街道弄得一团糟。

在经皮质感觉性失语症和传导性失语症中，这些特征导致了这样的一种结论，存在着连接语言机制的颞叶和额叶的路径。通过弓状束的直接通路能够从威尔尼克区到布洛卡区简单地传递语音。当我们学习一种新的语言或者我们自己的语言中的一个新的单词，或者当我们试图去重复一个像"blaynge"这样的非言词时，我们使用这个通路去重复一些不熟悉的单词。后语言区和布洛卡区之间的第二路径是间接的，是基于词语意义的，而不是声音。当传导性失语症患者听到一个单词或一个句子，他们所听到的意思唤起了某种与这个意思相关的意象。（第二个例子中的病人大概想象了一辆车的燃油泄漏到人行道上的情景）。随后他们能够描述这一意象，就像他们将自己的想法用语言表达出来一样。当然，他们选择的词可能与和他们交谈的人使用的词不一样。（见图 14.15）

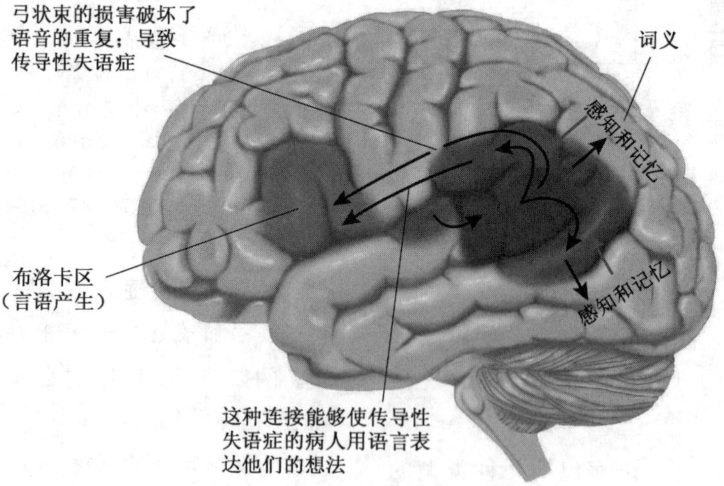


**图 14.15 传导性失语症的解释**

弓状束的损害使听觉信息向额叶的传导变得紊乱，但不是与意义相关的信息。

Catani 等人(2005)的一项研究为威尔尼克区和布洛卡区之间存在的两条通络提供了第一个解剖学证据,如图 14.15 所示。研究人员使用扩散张量成像(DTI)技术追踪人类大脑中的弓状束分支。第 5 章详细地介绍了弥散张量成像技术。研究人员发现了一条直接连接这两个区域的深层通路和一条由这两个部分组成的浅层路径。前部分连接了布洛卡区和顶叶下皮层,后部分连接了威尔尼克区和顶叶下皮层。直接通路的损害将会导致传导性失语症,然而间接通路的损伤不会导致丧失重复说话的能力,但会损坏理解能力。(如图 14.16 所示)

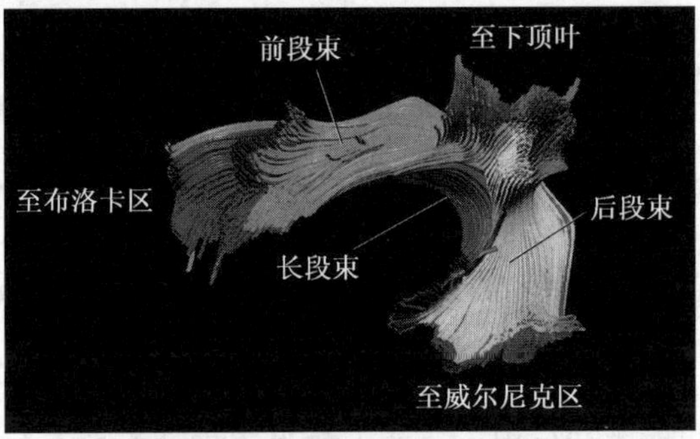


**图 14.16 弓状束的组成部分**

通过扩散张量核磁共振技术,计算机模拟复原弓状束组成。

资料来源:Catani, M., Jones, D. K., and ffytche, D. H., Perisylvian language networks of the human brain, *Annals of Neurology*, 2005, 57, 8—16。经许可重印。

传导性失语症的特征表明,在威尔尼克区和布洛卡区之间的连接在所听到的单词和言语的短期记忆中起着重要的作用。据推测,这种信息的演练可以通过在我们大脑中"自言自语"来完成,而不用真的大声说出来。想象我们自己说出这个单词激活了布洛卡区,而想象听到这个单词激活了颞叶的听觉联合区。由弓状束(包含轴突双向运动)连接的这两个区域来回循环信息。Baddeley (1993)将这个回路称为语音回路。

Aziz-Zadeh 等人(2005)获得证据证明我们在自言自语时确实使用了布洛卡区。研究人员将 TMS 应用于布洛卡区,当志愿者静静地计算屏幕中出现的单词的音节数时。研究人员用刺激参数来干扰外部(实际的)言语,他们发现这也干扰了内部语言。当 TMS 应用时,志愿者需要更长的时间来计算音节。

到目前为止,我们所绘制的图像表明,对语言的理解包括信息的流动,从威尔尼克区到后语言区,再到感觉和运动联合皮层的各个区域,这些区域包含给单词提供意义的记忆。自发语言的产生涉及有关知觉和记忆的信息的流动,这些信息从感觉和运动联合皮层区域到后语言区再到布洛卡区。这个模型过于简单化了,但它是概念化基本心理过程的一个有用的起点。例如,用词汇思考可能会涉及语言区域和周围联合皮层的双向沟通(以及海马体等区域和内侧颞叶)。

## 听障人失语症

目标 14.10 解释涉及美国手语产生和理解的大脑过程。

目前为止,我们的讨论仅仅局限于口语和书面语的大脑机制,但在多数人之间的沟通交流,包括一些使用手语的听障人社区的成员。手语是用手部的动作来表达。手语不是英语,也不是法语、西班牙语或是汉语。北美最常见的手语是 ASL——美国手语。ASL 包括名词、动词、形容词、副词和口头语言中的其他内容。人们能够通过手语快速而有效地交谈,可以讲笑话,可以基于手势的相似性制造双关语。使用 ASL 进行交流的人们也会使用他们的语言能力来思考单词。

一些研究人员认为,在我们人类的历史中,手语先于口语出现——我们的祖先最先使用手势来交流,然后才转向说话。正如本章前面所提到的,当我们看到或是执行特定的抓取、维持或操纵动作时,镜像神经元会变得活跃。有一些神经元位于布洛卡区。据推测，这些神经元在学习模仿他人手部动作方面扮演着重要的角色。确实，它们可能参与了我们祖先用来交流的手势的发展，毫无疑问，当人们用手语进行交流时，它们也被人们使用。Lacoboni 等人(1999)的功能成像研究发现，当人类观察和模仿手指的动作时，布洛卡区被激活。(见图 14.17)

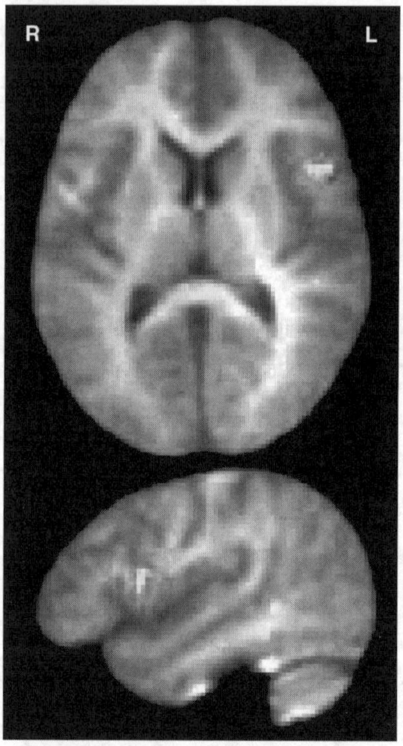


**图 14.17　布洛卡区镜像神经元**

正电子发射层扫描(PET)显示了当一个人看到一个手指运动或模仿它时，左下额叶的一个区域被激活。(上)水平截面；(下)左半球侧视图。

资料来源：Iacoboni, M., Woods, R. P., Brass, M., Bekkering, H., Mazziotta, J. C., and Rizzolatti, G., Cortical mechanisms of human imitation, *Science*, 1999, 286, 2526—2528. Copyright © 1999 by the American Association for the Advancement of Science。经许可重印。

几项研究发现了语言和手部动作之间的联系，这支持了一种观点，即现代人的口语是从手势进化而来的。例如，Gentilucci(2003)让参与者在看到他抓住大小不同的物体时说出音节“ba”或“ga”。当实验人员抓住一个大物体时，参与者们会比他在抓住小物体时更大程度张开嘴巴，并更大声说出这个音节。这些研究表明，大脑中控制着抓取的区域同时也参与了控制语言的运动。

美国手语的语法是基于它的视觉和空间性质。例如，如果一个人在一个地方对约翰做手势，后来在另一个地方对玛丽做手势，她能做到把她的手放到约翰的位置并移动到玛丽的位置，同时做“爱”的手势。她说，“约翰喜欢玛丽。”使用手语的人可以通过面部表情或他们做手势的速度和活力来修改手势的意义。因此，在口语中发现的许多介词、形容词和副词在美国手语中都不是特定需要的单词。手语是基于手部和胳膊的立体动作及面部表情来进行的，这一事实意味着手语的语法与口语的语法有很大的不同。因此，从口语到手语(或者反之亦然)的逐字翻译是不可能的。

美国手语的语法是空间性的这一事实表明，专门使用手语的人的失语症可能是由右半球(主要涉及空间知觉和记忆)的损伤引起的。然而，到现在为止文献所报道的所有患有失语症的听障患者的症状都与左半球的损伤有关。功能成像研究表明，在使用口语和手语的美国人群中，涉及语言的任务激活了相同的左半球区域(MacSweeney et al., 2008a)当一个正常听力的人被要求看两幅画，并要求说出画中物品的名字是否押韵，功能成像技术显示布洛卡区的激活增加，因为人们会默念这两个单词。那么同一脑区在听障人和非听障人身上激活了吗？(Mac Sweeney et al., 2008b)(见图 14.18)

正如你在本章之前读到的，右半球有助于口语中更微妙、更形象的方面。手语也是如此。Hickok 等人(1999)描述了两名右半球受损的听障手语使用者的案例。这两个案

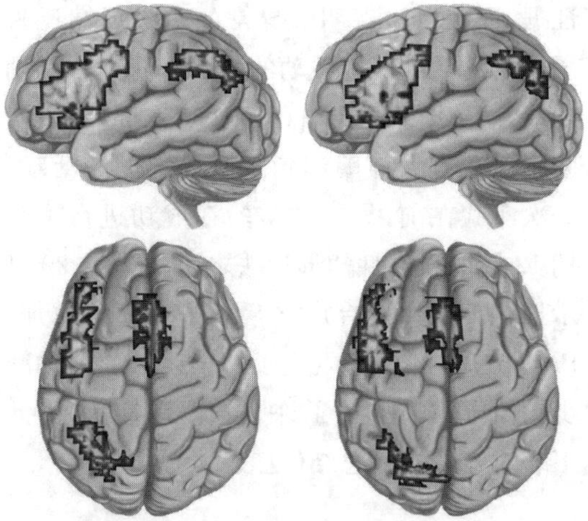


**图14.18 在押韵任务中的脑激活**

当听障人士和听力正常人士决定两个书面语词汇是否押韵时，大脑中与语言有关的区域也会被激活。

资料来源：MacSweeney, M., Waters, D., Brammer, M.J., et al., Phonological processing in deaf signers and the impact of age of first language acquisition, *NeuroImage*, 2008, 40, 1369—1379。

例都显示了使用手语进行对话的问题：一方面是保持连贯的主题有困难，另一方面是空间特征的微妙使用上存在困难。Newman等人(2010)的一项功能成像研究发现，当听障人观察包括像面部表情或头部、眼睛和身体的动作等叙事方式的手语时，右半球的下额叶皮层和上颞叶皮层被激活了，而左半球语言区域也如预期被激活了。

## 口吃

目标14.11 描述口吃的生物学基础并确定治疗策略。

口吃是一种语言障碍，其特征是频繁的停顿，声音的延长或声音、音节或单词的重复，这些都会干扰正常的说话。口吃似乎受到遗传因素的影响，约占总人口的1%，男性的口吃发病率是女性的3倍(Brown et al., 2005; Fisher, 2010)。当一个人说一个单词或者被要求读一串单词时，口吃很少发生；口吃经常发生在句子的开头，特别是句子很长或者语法非常复杂时。这项事实表明口吃是一种"选择、启动、流畅的发音所需的运动序列的执行"障碍(Watkins et al., 2008, p.50)。

口吃并不是神经回路异常的结果，而神经回路包含了语言的运动程序。例如，一个人与另一个人一起大声朗读、唱歌或有节奏地朗读时，口吃就会减少或消除。这个问题更多地在于与语言计划和启动有关的神经机制。Brown等人(2005)对功能成像研究进行元分析发现，口吃患者(相对于流利说话者)倾向于显示布洛卜区和岛叶(参与发音的区域)、辅助运动区和小脑蚓部的过度激活和颞叶听觉区域激活的缺失。图14.19比较了流利说话者和口吃者的大脑区域活动。橙色阴

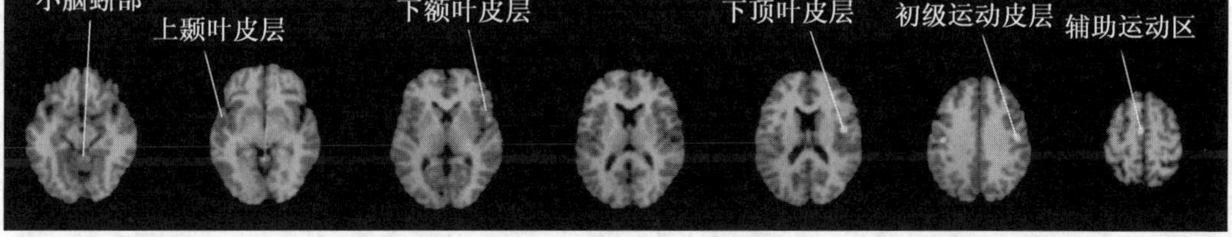


**图14.19 口吃和大脑**

计算机生成的图像显示了流利说话者(蓝色区域)和口吃者(橘色区域)说话时功能成像研究的元分析数据。

资料来源：Brown, S., Ingham, R. J., Ingham, J. C., Laird, A. R., and Fox, P. T., Stuttered and fluent speech production: An ALE meta-analysis of functional neuroimaging studies, *Human Brain Mapping*, 2005, 25, 105—117。经许可重印。

影的区域表示口吃患者大脑中高度活跃的区域;蓝色阴影区表示流利说话者大脑中高度活跃的区域(后一类中唯一的区域是颞叶)。研究者认为,这个问题可能是由于对个人自身声音的错误听觉反馈引起的,表现为颞叶活跃度缺乏。他们注意到 Salmelin 等人(2000)的脑磁图研究发现与言语产生有关的大脑区域的正常激活时间中断。

支持这一观点的证据包括这样一个事实,即延迟听觉反馈干扰了多数的流利说话者的讲话,但实际上却促进了许多口吃者的讲话(Foundas et al., 2004)。延迟听觉反馈是指一个戴耳机的人在听到他/她自己的声音时试图正常说话的过程,这种声音通常会被电子信号延迟 50～200 毫秒(便携式设备在市场上是可以买到的,它包括麦克风、耳机和提供延迟的电子设备)。如果仅仅是口吃者的发音控制有问题,延迟的听觉反馈将不会对他们的流畅性产生任何影响。

Watkins 等人(2008)利用扩散张量成像技术发现口吃者腹部前运动皮层下的白质减少。他们认为白质的轴突连接了腹侧前运动皮层和上颞叶皮层以及下顶叶皮层的区域,这些区域参与了整合语言规划与对自己声音的听觉反馈。

Neumann 等人(2005)提供了进一步的证据,证明口吃者明显异常的听觉反馈反映了他们的颞叶皮层活动的减少。研究者利用功能性核磁共振扫描(fMRI)来测量两次实验中口吃者大声朗读句子时局部的脑活动,一次实验在前,另一次实验在成功进行了为期 12 周的流畅性塑形疗法之后。图 14.20 显示经过 12 周的治疗之后,颞叶活动增加,Brown 等人(2005)发现了一个区域的活动减少。由于本节描述了许多术语和症状,因此下表对它们进行总结(见表 14.1)。

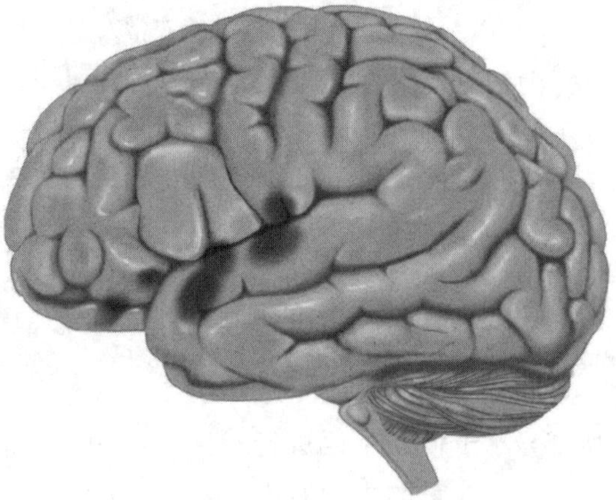

**图 14.20 口吃治疗效果**

功能性核磁共振扫描显示在成功治疗口吃一年后上颞叶区域活动增强。

资料来源:Neumann, K., Preibisch, C., Euler, H. A., von Gudenberg, A. W., Lanfermann, H., Gall, V., and Giraud, A.-L., Cortical plasticity associated with stuttering therapy, *Journal of Fluency Disorders*, 2005, 30, 23—39。

**表 14.1 脑损伤导致的失语症**

| 障　碍 | 病变的区域 | 自发性言语 | 理解 | 重复 | 命名 |
|---|---|---|---|---|---|
| 威尔尼克失语症 | 颞上回后部(威尔尼克区)和后语言区 | 流畅 | 差 | 差 | 差 |
| 纯词聋 | 威尔尼克区或与初级听觉皮层的联系 | 流畅 | 差 | 差 | 好 |
| 布洛卡失语症 | 额叶皮层前部至初级运动皮层底部(布洛卡区) | 不流畅 | 好 | 差[a] | 差 |
| 传导性失语症 | 侧裂上部顶叶下白质(弓状束) | 流畅 | 好 | 差 | 好 |
| 命名性失语症 | 顶叶和颞叶的不同部分 | 流畅 | 好 | 好 | 差 |
| 经皮质感觉性失语症 | 后语言区 | 流畅 | 差 | 好 | 差 |

注:[a] 可能比自发性言语好些。

## 本节回顾

### 语言产生和理解障碍

目标 14.7　描述布洛卡失语症的症状和神经基础，包括语法缺陷、命名缺陷和发音困难。

布洛卡失语症的特点是，由于大脑额叶的受损而导致言语缓慢、费力、不流畅。这种失语症通常是由从布洛卡区扩展到皮层下白质的脑损伤引起的。类似的失语症症状是由尾状核受损引起的。布洛卡失语症的症状包括语法缺陷（使用语法结构困难）、命名缺陷（找词困难）和发音困难。语法缺陷的研究表明，失语症的这种特点是由于布洛卡地区的受损造成的。发音困难与岛叶左侧中央前回受损有关。

目标 14.8　描述威尔尼克失语症的症状和神经基础，包括口语识别缺陷、理解缺陷和思想转换成言语缺陷。

威尔尼克失语症是由威尔尼克区和后语言区受损引起，主要表现为语言理解能力差、重复能力差、言语不流畅、无意义语言。威尔尼克区受损会导致言语知觉和语言理解的缺陷。后语言区，临近威尔尼克区，是语言理解和思想转化成言语所必需的区域。据推测，威尔尼克区包含了对单词发音的记忆，每一个记忆都通过后语言区与包含对单词所表示的事物的属性的记忆的回路以及负责发音的回路相连接。局限于威尔尼克区域的损伤会导致纯词聋——失去语言理解的能力，而不是完整的语言产生、阅读和写作。左半球参与声音的快速变化分析，这与左半球语音分析的作用相一致，也是声音快速变化的特征，经皮质感觉性失语症是由于后言语区受损而引起，主要表现为语言理解和产生能力差，但患者能够重复他们所听到的内容。因此，威尔尼克失语症的症状包括经皮质感觉性失语症和纯词聋。当人们听到别人说话时被激活的镜像神经元的反馈可能会促进语言识别。

目标 14.9　识别传导性失语症的症状，并叙述它们在帮助了解布洛卡区和威尔尼克区联系中所起的作用。

传导性失语的特点是有意义、流利的语言和较好的理解能力，但重复能力很差。具有经皮质感觉性失语症的人能够重复他们听不懂的单词，这一事实表明在威尔尼克区和布洛卡区之间有直接联系。确实有弓状束，弓状束受损会导致传导性失语症，在不影响理解和产生有意义的言语和语言能力的情况下，准确地重复所听到的内容的能力降低。连接下顶叶皮层的前束和后束组成的平行通路，可能是纯传导性失语症患者理解和解释他们所听到语言的原因。

目标 14.10　解释涉及美国手语产生和理解的大脑过程。

在听障人士和手语使用者的语言能力中，左脑半球扮演着更为重要的角色，就像对用听觉交流的人们所起到的作用一样。手势语言可能是口语的前身；布洛卡区镜像神经元被手部运动激活。

目标 14.11　描述口吃的生物学基础并确定治疗策略。

口吃似乎是由参与反馈、计划和发起讲话的神经回路的异常引起的，而不是由包含发音运动程序的神经回路引起的。功能影像证明是人自身声音所产生的听觉反馈不足。口吃者表现为布洛卡区、岛叶、辅助运动区、小脑蚓部过度激活，颞叶听觉区缺乏激活。延迟的听觉反馈会损害流利说话者的讲话，但往往有利于口吃者。

## 思考题

假设你被要求判断失语症患者的能力和缺陷，你会在你的测试中包括哪些问题，以测试是否存在特定的缺陷？

---

# 读写障碍

读和写与听和说密切相关；因此，口头和书面语言能力有许多共同的大脑机制。本节讨论读写障碍的神经基础。

## 与失语症的关系

目标 14.12　比较失语症和读写障碍。

失语症患者的读写能力几乎总是能够反映出他们的口语和理解能力。例如，威尔尼克失语症患者在读写上的困难不亚于在口语和理解语言方面的困难。布洛卡失语症患者的阅读理解能力和口语理解能力很好，但是朗读能力差。如果一个患者讲话不符合语法规则，他们的书写也是如此。如果他们在听他人讲话时未能理解语法规则，他们在阅读时也不能理解。传导性失语症患者一般都有阅读困难；如果他们大声朗读，他们经常语义错乱（对他们读到的一些单词说同义词或相关的词），就像他们试图重复所听到的一样。根据损伤的位置，一些经皮质感觉性失语症患者能够准确地大声朗读，但是不能理解所朗读的内容。

## 纯失读症

目标 14.13　指出纯失读症的症状，描述涉及的大脑结构。

Dejerine（1892）描述了一种显著的综合征，我们现在称之为**纯失读症**，有时也称为纯词盲或者是无失写症的失读症。他的病人左枕叶视觉皮层及胼胝体尾端有损伤。患者仍能够书写，尽管他已经失去了阅读的能力。事实上，如果给他看一些他自己写的东西，他不能读懂。下面的案例说明了纯失读症的独特性质。

这个案例是一个纯失读症患者发现自己能够用一种有趣的方式写作。几个月前，他的头部受伤导致脑部受损，这名患者想要私下里跟他的妻子说一点事情，因此他拿出一张便笺纸记录了下来。当他把这个便笺纸交给他妻子时，他惊讶地意识到虽然他不能说但是他可以写！他妻子将这个便笺纸拿给他们的神经科医生，医生让他读出来。尽管他记得便笺纸内容的大致意思，但是他看不懂自己写的字。

尽管纯失读症患者不能读，但是他们能够大声拼写单词。因此，他们没有忘记单词的拼写。纯失读症是有一种知觉障碍，与纯词聋相似，不同之处在于患者的视觉输入有困难，而不是听觉输入。这种障碍是由阻止信息到达左半球视觉联合皮层的损伤引起的（Damasio and Damasio，1983，1986；Molko et al.，2002）。图 14.21 解释了为什么 Dejerine 最初的病人不能阅读。示意图的左边显示了如果一个人只是左侧初级视觉皮层损伤，那么视觉信息会经过的路径。在这种情况下，人的右视野将会是盲的，他/她将看不到注视点右侧的任何东西，但是这种障碍的人可以阅读。他们唯一的问题是他们必须从每个单词的右边看起，这样他们才能看到所有的单词，这意味着他们比那些有完整视野的人读得慢。（见图 14.21）

让我们跟踪一个大脑受损并且能够大声朗读单词的人视觉信息流，来自左侧视野的信息传递到右侧纹状皮层（初级视觉皮层），然后再传递到右侧视觉联合皮层。从那里，信息穿过胼胝体后部，传递到左侧视觉联合皮层的视觉构词区（VWFA），并在那里进行进一步分析。然后，这些信息被传递到位于左额叶的言语机制，因此，这个人能够大声朗读单词。[再看看图 14.21(a)]

示意图的右边显示的是 Dejerine 的患者的信息。注意胼胝体的额外损伤如何阻止与书面文本有关的视觉信息到达左半球的 VWFA。由于大脑的这一区域对识别单词的能力至关重要，所以患者不能阅读。[见图 14.21(b)]

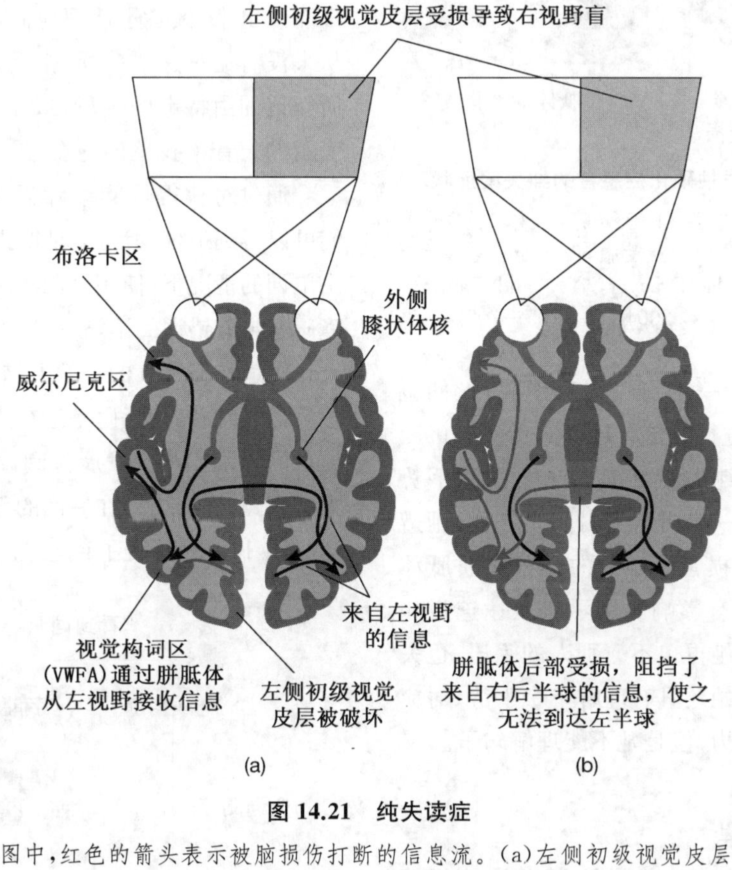


**图 14.21　纯失读症**

在这个示意图中，红色的箭头表示被脑损伤打断的信息流。(a)左侧初级视觉皮层受损的人大声朗读信息时所遵循的路线。(b)胼胝体后部的额外损伤阻断了信息的流动，产生了纯失读症。

Mao-Draayer 和 Panitch(2004)报道了一名多发性硬化症患者，这名患者在遭受左侧枕叶皮层下白质和胼胝体的损伤后，表现出纯失读症的症状。如图 14.22 所示，损伤部位正是 Dejerine 预测导致该综合征的位置，只不过是服务于左侧初级视觉皮层的白质受到损伤，而不是皮层本身。图 14.21 显示的是尽可能简单和概要的示意图，示意图说明只有一个路径涉及看到一个单词并发出这个单词音节，而忽略了涉及理解这个单词含义的神经结构。正如我们在本章后面看到的，来自脑损伤患者的证据表明看到和读出单词能够独立于理解单词而发生。尽管示意图被简化，但是它们是合理的，鉴于我们对阅读过程中神经成分的了解。

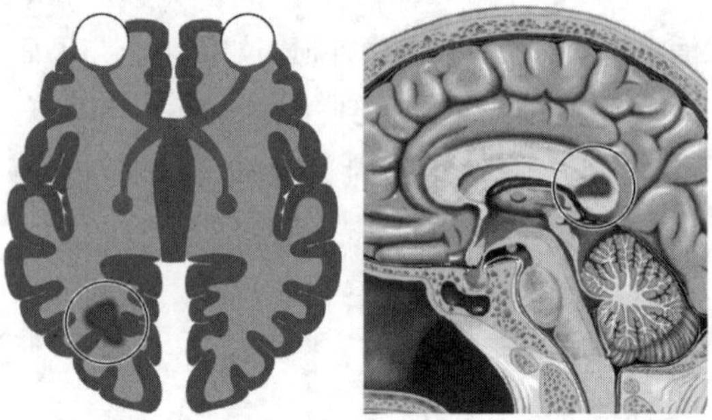


**图 14.22　多发性硬化症患者的纯失读症状**

损伤的部位与图 14.21 所示一致，只不过是左侧初级视觉皮层的白质受损，而不是皮层本身。

资料来源：Mao-Draayer，Y.，and Panitch，H. Multiple Sclerosis，2004，10，705—707。

文字不是唯一的可见语言形式，人们也可以通过手势进行交流。Hickok 等人(1995)报道了一例与纯失读症病因相似的“手势盲”。该患者是一名听障的右利手妇女，她遭受了一次中风，损害了她的左枕叶和胼胝体后部，损伤并没有影响她用手势表达连贯句子的能力，但是她再也不懂别人的手语，也失去了阅读能力，她还具有理解单个手势(对应单个单词)的能力，但是她不能理解句子。

## 对阅读的理解

目标 14.14　描述对获得性和发展性阅读障碍的研究如何帮助理解阅读中大脑的作用。

阅读至少涉及两个不同方面：从整体上直接识别一个单词，并逐字读出，当我们看到一个熟悉单词时，我们通常会认出它并读出来，这一过程称为**全词阅读**。(如果单词很长，我们会看到每个字母的片段。)第二种方法，也就是我们对不熟悉的单词使用的方法，需要识别单个字母和它们的发音，这个过程称为**语音阅读**。

我们发音能力的证据很容易获得，事实上，你可以通过阅读下列单词来证明语音阅读的存在：

glab trisk chint

这些并不是真正的单词，但大多数读者都能读出来，读者不认识他们，因为他们可能从来没有见过这些单词；相反，读者使用他们所知道的由特定的字母(或小字母组，如 ch)表示的声音来找单词的发音。

通过对获得性阅读障碍患者的研究，我们可以得到最好的证据，证明人们可以在不读出单词的情况下，使用全词法阅读单词。阅读障碍意味着错误阅读，获得性阅读障碍是那些已经知道如何阅读的人的大脑受损而造成的；相反，发展性阅读障碍是指在儿童学习阅读时出现的阅读困难。发展性阅读障碍似乎涉及大脑回路的异常，将在后面的部分讨论。

图 14.23 说明了阅读过程中的一些元

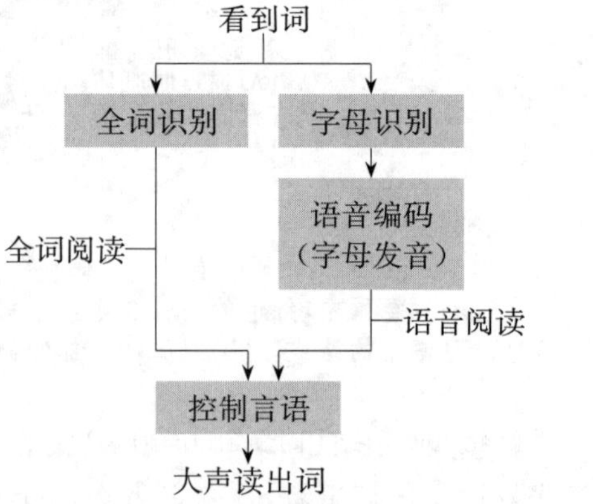


**图 14.23　阅读过程的模型**

在这个简化模型中，对最熟悉的词使用全词阅读，语音阅读用于不熟悉的词和非言词，如 glab、trisk 或 chint。

素，这张图过于简化了一个非常复杂的过程，但它有助于组织调查人员已经获得的一些事实，它只考虑单个单词的阅读和发音，而不考虑理解文本的含义，当我们看到一个熟悉的单词时，我们通常把它作为一个整体来识别和发音。如果我们看到一个不熟悉的单词或者可读的非言词，我们尝试着读出来。

研究人员总结了三种获得性阅读障碍，本节将描述其中三种：表面阅读障碍、直接阅读障碍和语音阅读障碍。

**表面阅读障碍** **表面阅读障碍**是一种全词阅读的缺陷，“表面”反映了患有这种障碍的人所犯的错误与单词的视觉外观和发音规则有关，而不是与单词的意思有关，后者在隐喻上比单词的外观更“深”。因为表面阅读障碍患者很难识别单词，所以他们必须把单词读出来，他们可以很容易地阅读单词与规则拼写，如 hand（手）、table（桌子）或者 chin（下巴），然而他们很难阅读拼写不规则的单词，如 sew、pint 和 yacht（缝合、品脱、游艇），事实上，他们可能会把这些单词读成 sue、pinnt 和 yatchet；他们可以毫无困难地阅读可读的非单词，如 glab、trisk 和 chint。由于表面阅读障碍患者不能通过外表识别整个单词，他们实际上必须听自己的发音来理解他们所读的内容，如果他们把单词 pint 读成 pinnt，他们会说它不是一个英语单词（它不是这样发音的）。如果单词是同音异义词，除非把它放在一个句子的上下文中读，否则他们是不可能理解它的，例如，如果你在没有附加信息的情况下听到单词 pair，你就无法知道说话者是指 pair、pear 或者 pare（一对、梨、削皮）。（见图 14.24）

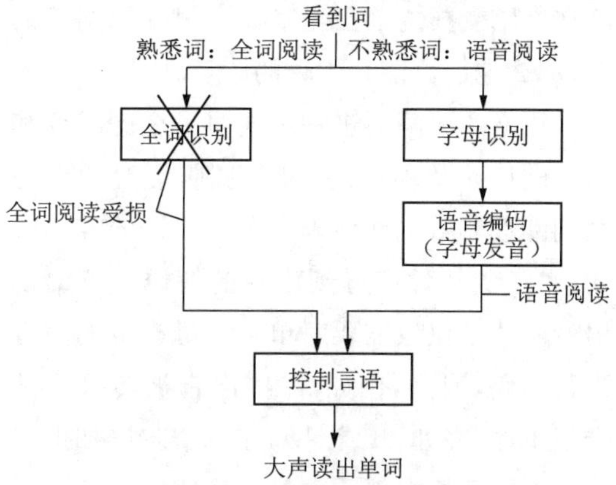


**图 14.24 表面阅读障碍**

在这个假设的例子中，全词阅读被损坏，只剩下语音阅读。

**直接阅读障碍** 正如你在本章前面看到的，识别口语单词不同于理解单词。例如，经皮质感觉性失语症患者尽管对他们所听到或者所说的不能理解，也能重复别人对他们说过的话。阅读也是如此，**直接阅读障碍**类似于经皮质感觉性失语症，只不过有问题的单词是书面的，而不是口头的（Gerhand, 2001; Lytton and Brust, 1989; Schwartz et al., 1979）。患有直接阅读障碍的患者即使听不懂他们自己说的话，也能大声朗读，Lytton 和 Brust 的病人在遭受了中风以后，左额叶和颞叶受损，失去了口头交流的能力，他的言语是无意义的，他不能明白别人对他所说的话。然而，他能够读一些他已经很熟悉的单词，但是他读不懂可读的非言词，因此他失去了语音阅读的能力，他的理解力似乎不足。当研究人员给他一个单词和几张照片时，其中一张与这个单词对应，他正确地读出单词，但不知道是哪张照片与之匹配。Gerhand 的病人也有类似的缺陷，只是她能够读出语音：她能够读出非单词，这些结果表明，负责语音阅读和全词阅读的脑区与负责语音的脑区直接相关。

**语音阅读障碍** **语音阅读障碍**症状与表面阅读障碍相反，有这种障碍的人可以用全词阅读，但是不能读出单词，因此，他们可以阅读他们已经熟悉的单词，但是很难明白如何阅读不熟悉的单词或可读的非单词（Dérouesné and Beauvois, 1979; Dérouesné and Beauvois, 1979）。如果语音阅读障碍患者在大脑受损之前已经掌握了很好的阅读词汇,那么他们可能是优秀的读者。

语音阅读障碍进一步证明了全词阅读和语音阅读涉及不同的大脑机制,语音阅读是我们阅读非言词或尚未学会的单词的唯一方式,它需要某种字母到声音的解码。英语的语音阅读不仅仅需要对单个字母产生的声音进行解码,因为,例如,一些声音被转录为两个字母序列(如 th 或 sh),在单个末尾加上字母 e 可以延长内部元音(can 变成 cane)。(见图 14.25)

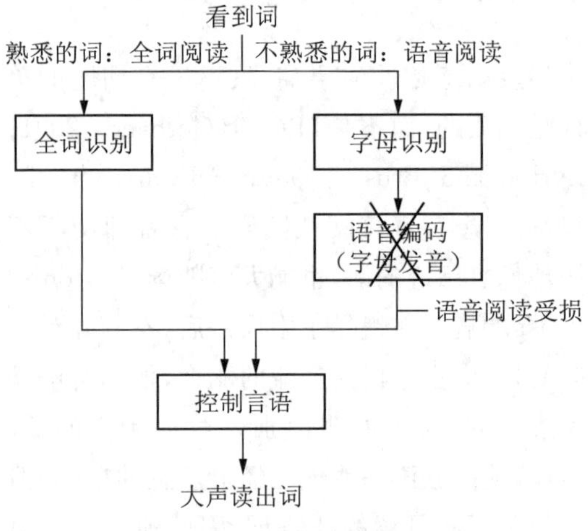


**图 14.25 语音阅读障碍**

在这个假设的例子中,语音阅读受到了损害,只剩下全词阅读

日语在语音阅读和全词阅读之间有着特别有趣的区别。日语使用两种书写符号,日文汉字符号是象形文字,由中文汉字改编而来(尽管读作日语),日文汉字借助视觉符号来表示概念,但不提供发音指南,因此,用日文汉字符号表示的单词类似于全词阅读。假名符号是音节的语音表示,因此对声学信息进行编码,这些符号主要用于表示外来单词或一般读者不太可能认识的日文汉字词,用假名符号表示的单词的阅读是语音的。(见图 14.26)

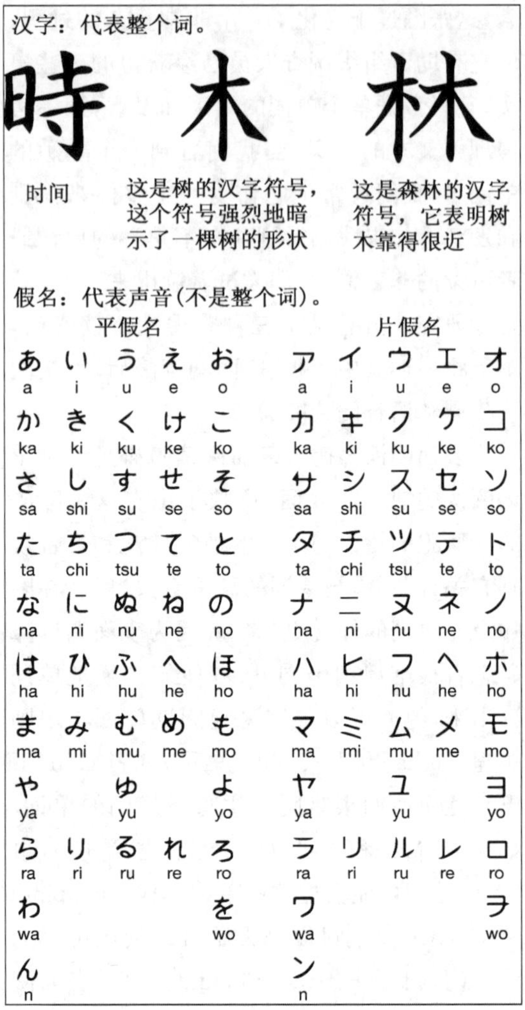


**图 14.26 汉字和假名的例子**

对同时阅读假名和汉字的局部脑损伤患者的研究表明,阅读假名和汉字符号涉及不同的大脑机制(Iwata, 1984; Sakurai et al., 20001)。汉字符号阅读困难是表面阅读障碍的一种形式,而假名符号阅读困难是语音阅读障碍的一种形式,这两种阅读涉及哪些区域?

来自英语、汉语和日语读者的病变和功能成像研究的结果表明,全词阅读的过程遵循视觉系统的腹侧流到达位于颞叶基部的梭状回区域。例如,Liu(2008)和 Thuy 等人(2004)的功能成像研究发现,日文汉字和中文汉字(全词阅读)的阅读激活了左侧梭状回,这是位于颞叶底部的大脑皮层区域,这个

区域被称为**视觉构词区**或 VWFA(Dehaene, 2009),正如我们在第 6 章中看到的,梭状回的一部分还涉及对面孔和其他形状的感知,这些形状需要专门知识来区分,同时,识别完整的单词或汉字符号需要专业知识。

负责语音阅读的神经回路的位置就不那么确定了,许多调查人员认为这涉及大脑皮层区域,这个区域包围下顶叶和上颞叶交界处(颞顶叶皮层),然后沿着纤维束从这个脑区到下额叶皮层,其中包括布洛卡区(Jobard et al., 2003; Sakurai et al., 2000; Tan et al., 2005; Thuy et al., 2004)。然而,只对 VWFA 皮层造成损害,而对底层白质没有造成损害,就会产生纯失读症(Beversdorf et al., 1997)。因此,虽然语音阅读可能涉及颞顶叶皮层,但 VWFA 似乎在这两种阅读形式中都扮演着重要角色。语音阅读涉及布洛卡区,这一事实表明它实际上可能涉及发音,我们不是通过在脑海中听到单词发音,而是通过感觉自己在无声地对自己发音(正如你在本章早些时候读到的,来自下额叶皮层的反馈在感知口语中扮演着重要角色)。一旦单词被任何一种方法识别出来,它们的意义就必须被访问,这意味着这两条路径汇聚在大脑中负责识别单词意义、语法结构和语义的区域。(见图 14.27 和表 14.2)

**表 14.2 比较语音和全词加工**

| 阅读类型 | 应用于读字母 | 应用于读符号 |
|---|---|---|
| 语　　音 | 根据字母读出不熟悉的单词 | 根据假名读出不熟悉的单词 |
| 全　　词 | 熟悉全词的识别 | 熟悉汉字的识别 |

**视觉构词区** 参与书写和听觉信息的神经回路最终也必须汇聚在一起,因为它们必须能够获得识别单词及其意义的相同的语言和语义信息。Marinkovic 等人(2003)进行了一项有趣的研究,他们利用脑磁图来追踪人们听到或读到单个单词时的区域大脑活动,研究表明,负责语音分析的神经激活从颞叶的听觉皮层开始,扩散到颞叶上(包括威尔尼克区)的听觉联合皮层,然后到下额叶(包括布洛卡区),负责分析印刷文字的神经活动开始于视觉皮层,然后扩散到颞叶基部(包括梭状回中的 VWFA),然后到下额叶皮层,颞顶叶皮层很少被激活,大概是因为这些参与者都是流利的阅读者,他们不需要读出要求他们读的常用单词。

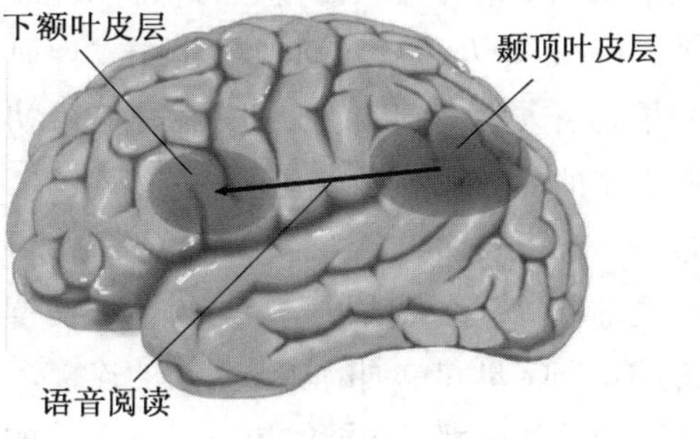


(a)

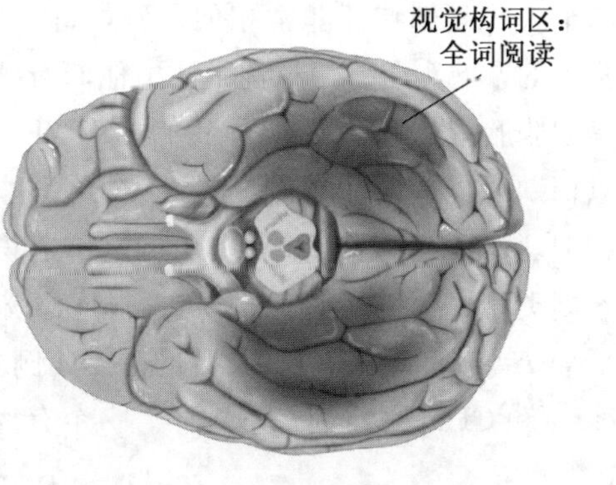


(b)

**图 14.27 语音和全词阅读**

(a)语音阅读(b)全词阅读。VWFA=梭状回皮层视觉构词区

让我们考虑一下 VWFA 的角色,视觉联合皮层的某些部分必须与感知书面文字有关,你会从第 6 章回忆起视觉失认症是一种知觉缺陷,在这种缺陷中,双侧视觉联合皮层受损的人无法通过视觉识别物体。然而,视觉失认症患者仍然能够阅读,这意味着对物体和单词的感知分析至少涉及一些不同的大

脑机制，这个事实既有趣又令人费解。当然，阅读能力不可能影响人类大脑的进化，因为书写的发明只有几千年的历史，而且时至今日，世界上大多数人还没有读过或写过东西，因此，阅读和物体识别使用的大脑机制无疑早在书写发明之前就存在了。然而，正如看到面孔的经验会影响右半球梭状回面部区域的发展一样，学习阅读单词的经验也会影响视觉文字区域神经回路的发生，而视觉文字区域位于左半球梭状回皮层，这可能并非巧合。Brem 等人(2010)的一项功能成像研究扫描了尚未学会阅读的幼儿的大脑，最初印刷文字的视觉刺激了两侧的枕颞后腹区，经过 3—4 个小时的文字和声音的关联教学后，单词的视觉刺激激活了左半球。学习阅读会影响识别字母和单词的神经系统的连接。

梭状回面部区域能够快速识别出人的眼睛、鼻子、嘴唇等面部特征的独特形态，即使两个人的面部特征非常相似。例如，同卵双胞胎的亲戚和密友一眼就能认出他们看到的是双胞胎中的哪个。同样，我们的 VWFA 可以识别一个单词，即使它与另一个单词非常相似。(见图 14.28) VFWA 还可以快速识别不同类型、字体或大小写的单词，这意味着 VWFA 可以识别不同形状的单词；例如，chair 和 CHAIR 看起来不一样。一个有经验的读者需要相同的时间来读同样熟悉的三字母单词和六字母单词(Nazir et al., 1998)，这意味着全词阅读过程没有确定一个一个字母，就像在正确的梭状回皮层中的人脸识别过程中，在人脸被识别之前，不必逐个识别人脸的每个特征。相反，我们可以识别出几个字母及其相对位置。

| 英语 | | 阿拉伯语 | | 印地语 | | 普通话 | |
|---|---|---|---|---|---|---|---|
| cars | ears | رمان | زمان | आज | आज | 夫 | 天 |
| 车 | 耳朵 | 石榴 | 时间/时代 | 今天 | 来 | | |

**图 14.28　文字的细微差别**

除非你能看懂阿拉伯语、印地语或普通话，否则你可能必须仔细检查这些词，找出细微的差别。然而，作为一个英语读者，你会立即认出单词“car”和“ears”。

资料来源：Devlin, J. T., Jamison, H. L., Gonnerman, L. M., and Matthews, P. M., The role of the posterior fusiform gyrus in reading, *Journal of Cognitive Neuroscience*, 2006, 18, 911—922。

许多研究发现，VWFA 的损伤会导致表面阅读障碍，即全词阅读障碍。Gaillard 等人(2006)的一项研究将 fMRI 与来自单个志愿者的损伤证据结合起来，认为左侧梭状回皮层确实包含该区域。一名患有严重癫痫的病人成为手术切除癫痫病灶的候选人，在进行手术之前，病人在脑部扫描的同时观看打印的文字和面部、房屋和工具的图片，他知道癫痫发作的病灶位于对阅读起关键作用的区域，但他的症状非常严重，因而选择了接受手术。正如预期的那样，手术造成了全词阅读障碍，结构和功能成像显示一个非常小的病变位于梭状回，即 VWFA 的位置。

**视觉构词区的可塑性**　在人们发明书面语言之前，我们现在所知的视觉联合皮层区域 VWFA 做了什么？它对不读不写的人有什么作用？Dehaene 等人(2010)指出：

> 阅读和数学等文化发明都是最近才出现的，不会对人类基因组产生影响，因此，它们必须通过回收利用为其他目的进化而来的神经元网络来获得，而这些神经元网络的初始特性与目标功能非常相似，并且具有足够的可塑性，尤其是在儿童时期，使其功能能够部分转化为这项新任务。(p.1837)

为了新的目的而利用大脑区域的能力可以让人类跨越许多不同的文化，使用许多不同的语言和书写系统，学习流利地读写。在某些情况下，流利程度和读写能力会迅速发展，这进一步支持了相关的神经通路先于新语言的发展而存在的观点。例如，假设至少有两种书面语言是由特定的个人发明的。谚文，韩语/朝鲜语的书写形式，是由世宗国王(和他的学者)在 14 世纪发明的。谚文字母表中的字符被设计成发音时嘴的形状。19 世纪初，生活在现在的北卡罗来纳州的切罗基人塞科亚，花了 12 年的时间开发了他的语言的书面版本，他分析了他的语言的声音，从英语和希腊字母中选择了 85 个符号，以及他发明的其他一些符号，他对英语和希腊字母所代表的声音并不熟悉，所以他给它们分配的声音与它们来自的语言毫无关系。在塞科亚字母出现后的几个月内，成千上万的人学会了阅读和书写切罗基语。

Changizi 等人(2006)分析了来自世界各地的大量以前和现在的书写系统中使用的字母和符号的配置，他们发现，这些字母似乎是由发明它们的文化所选择的，以匹配那些在自然界场景中发现的物体，而且它们都涉及线的连接点。早期的书写形式使用的是真实的图画，但是图画变得简单，最终变成了简单的线条或相交的线条和曲线。即使是复杂的符号，如汉字，也由交叉的笔画组成。图 14.29 展示了如何将两个线段的不同类型的交叉点转换为各种书写系统中的字母。据推测，在学习阅读的过程中，大脑中形成 VWFA 的区域最初是通过学习线条(直线和曲线)及其连接点的形状来识别物体的。我们的祖先发明了由这些特征所区分的符号的书写形式，梭状回的一部分被“回收”(Dehaene 等人这样描述它)进入 VWFA。

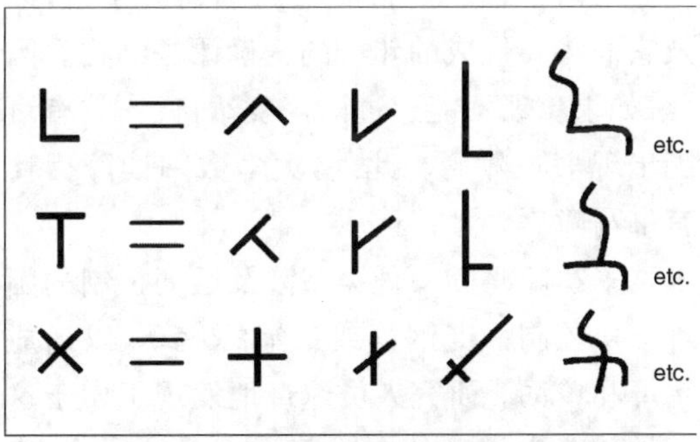


**图 14.29 两个线段的不同类型的交叉点可以转换成不同书写系统中的字母的例子**

线段可以转换成各种书写系统中的字母。

资料来源：Changizi, M. A., Zhang, Q., Ye, H., and Shimojo, S., The structures of letters and symbols throughout human history are selected to match those found in objects in natural scenes, *American Naturalist*, 2006, 167, E117—E139。

**发展性阅读障碍** 有些孩子在学习阅读方面有很大困难，并且永远不能成为流利的读者，即使他们很聪明。被称为**发展性阅读障碍**的特殊语言学习障碍，往往发生在家庭中，这一发现暗示了一种遗传(进而是生物学)成分，同卵双生子发展障碍的一致率在 84%—100%，异卵双生子发展障碍的一致率在 20%—35%(demet et al., 2004)。相关研究表明，3 号、6 号和 15 号染色体可能含有导致这种疾病不同成分的基因(Kang and Drayna, 2011)。

正如我们前面看到的，书面语言是最近才出现的，这一事实意味着自然选择不太可能给我们唯一作用是解释书面语言的大脑机制，因此，我们不应该期望发展性阅读障碍只涉及阅读障碍。事实上，研究人员已经发现了与阅读障碍相关的各种语言障碍，这些障碍并不直接与阅读有关。一个常见的缺陷是语音意识不足，也就是说，有发展性阅读障碍的人很难混合或重新排列他们听到的单词的发音(Eden and Zeffiro, 1998)。例如，他们很难识别如果我们把 cat 的第一个音去掉，就会得到 at 这个单词，他们也难以区分声音序列的顺序(Helenius et al., 1999)。诸如此类的问题可能会损害语音阅读能力，患有发展性阅读障碍的儿童往往在写作方面也有困难：他们会犯拼写错误、字母的空间排列不当、省略字母，他们的写作往往语法发展较弱(Habib, 2000)。

发展性阅读障碍具有异质性和复杂性的

特点，因此，它可能有不止一个原因。然而，大多数研究仔细研究了发展性阅读障碍患者障碍的性质，发现语音障碍是最常见的。例如，Ramus 等人(2003)对 16 名发展性阅读障碍患者的研究发现，所有参与者都有语音缺陷，这些缺陷，尤其是听觉缺陷，加重了人们的阅读困难，但似乎不是造成阅读困难的主要原因，其中 5 个人只有语音缺陷，这些缺陷足以干扰他们的阅读能力。

从功能成像研究中获得的一些证据表明，患有发展性阅读障碍的人的大脑处理书面信息的方式与阅读熟练的人不同。例如，Shaywitz 等人(2002)让 70 名有阅读障碍的儿童和 74 名没有阅读障碍的儿童阅读单词和可发音的非言词，研究人员发现两组人的大脑活动模式明显不同。儿童的阅读能力与左侧 VWFA 的激活呈正相关。Hoeft 等人(2007)发现，阅读障碍患者的左颞顶叶皮层(Shaywitz 等人发现的区域的背侧)和 VWFA 的活动减少，他们还发现包括布洛卡区在内的左下额叶皮层高度活跃。据推测，布洛卡区的激活反映了一种解码音系的努力，这种解码来自参与阅读的大脑后部功能较差的区域接收到的不完整信息。

包括英语在内的大多数语言都有许多不规则的单词，例如 cough、rough、bough 和 through(咳嗽、粗糙、树枝和通过)。因为没有语音规则来描述这些单词如何发音，英语的读者有义务记住它们。事实上，区分英语单词的 40 种发音可以用 1 120 种不同的方式拼写。相比之下，意大利语要正规得多；这种语言包含 25 种不同的发音，这些发音只能用 33 种字母组合来拼写(Helmuth, 2001)。Paulesu 等人(2001)发现，发展性阅读障碍在说意大利语的人群中很少见，而在说英语和法语(另一种有许多不规则单词的语言)的人群中更为常见。Paulesu 和他的同事发现有阅读障碍病史的大学生来自意大利、法国和英国，患有阅读障碍的意大利学生比那些说英语和法语的学生更难找到，他们的障碍也没有说英语和法语的学生严重。然而，功能成像显示，当要求这三组人阅读时，他们的扫描结果都显示了相同的激活模式：左枕颞皮层的活动减少，而这一区域正是 Shaywitz 等人(2020)发现的。

Paulesu 等(2001)的结论是，导致阅读障碍的大脑异常在他们所研究的三个国家是相似的，但意大利拼写的规律性使得在意大利有可能患上阅读障碍的人更容易学习阅读。顺便说一下，其他“阅读障碍友好型”语言包括西班牙语、芬兰语、捷克语和日语。这项研究的作者之一 Chris D.Frith 举了一个住在日本的澳大利亚男孩的例子，他学习日语，但经历了英语阅读障碍(Recer, 2001)。如果英语单词的拼写被规范化(例如，frend 代替 friend, frate 代替 freight, koff 代替 cough)，许多在当前系统下发展为阅读障碍的儿童可能会发展成更好的阅读者。

## 对书写的理解

目标 14.15　解释听觉、视觉、记忆和运动控制研究如何帮助理解大脑在书写中的作用。

书写依赖于对将要写的单词的了解，以及它们将要形成的句子的正确语法结构。因此，如果患者不能通过语言表达自己，就有可能出现书写障碍。此外，大多数阅读障碍伴有书写障碍。

书写障碍的一种类型涉及运动控制的困难——控制一支钢笔或铅笔的运动，以形成字母和单词。研究人员惊奇地发现了属于这一类的特定类型的书写障碍。例如：一些病人可以写数字而不是字母；有些可以写大写字母而不是小写字母；有些可以写辅音但不是元音；有些人写字潦草，但是不能用印刷体写大写英文字母；还有人可以正常地写信但很难在页面上整齐地排列(Alexander et al., 1992; Cubelli, 1991; Margolin and Goodman-Schulman，1992；Silveri，1996）。

大脑的许多区域都与书写有关。例如，造成各种形式失语症的损害会造成与言语相似的书写障碍，书写运动方面的组织包括背侧顶叶和运动前皮层。当人们从事书写时，这些区域（当然还有初级运动皮层）就会被激活，这些区域的破坏会损害书写（Katanoda et al.，2001；Menon and Desmond，2001；Otsuki et al.，1999）。Rijntjes 等人（1999）进行了一项功能成像研究，让人们用食指或大脚趾来签名，在这两种情况下，这样做都会激活控制手部运动的前运动皮层。这一发现表明，当我们学会做一系列复杂的动作，有关信息存储在控制正在使用的部分身体的运动联合区，这些信息可以用来控制在身体的其他部位作类似的运动。Longcamp 等人（2005）发现，仅仅看字母顺序的字符就能激活右利手左侧和左利手右侧的前运动皮层。（见图 14.30）

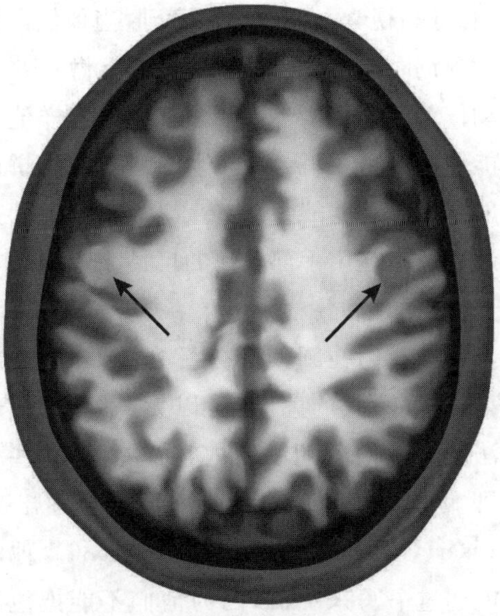

**图 14.30 书写和腹侧前运动皮层**

观看字母的志愿者激活了用于书写的大脑半球的腹侧前运动皮层：右利手志愿者的左半球（黄色）和左利手志愿者的右半球（红色）。

资料来源：Longcamp，M.，Anton，J.-L.，Roth，M.，and Velay，J.-L. Neuropsychologia，2005，43，1081—1089。

一种更基本的书写障碍包括拼写单词的能力问题，而不是手指准确移动的问题。就像阅读需要语音和全词处理一样，书写（或者更具体地说，拼写）需要不止一种方法。

**听觉在书写中的作用** 第一种方法与听觉有关。当孩子们获得语言技能时，他们首先学会识别单词的发音，然后学会说，学会阅读，最后学会书写。阅读和书写在很大程度上依赖于早期学到的技能，例如，要写很多单词，我们必须能够在脑海中读出它们，也就是说，要听到它们，并把它们默念出来。如果你想向自己证明这一点，试着从记忆中写出一个很长的词，如 antidisestablishmentarianism（反政教分离主义），看看你是否能做到，而不说出这个单词。如果你同时背诵一首诗或唱一首歌（甚至是默唱），你会发现书写停顿了。

**视觉在书写中的作用** 第二种书写方法是抄写一个特定单词的图像——复制一个视觉上的心理表象。你是否曾经眺望远方，想象一个单词的样子，以便记住如何拼写？有些人可能不使用语音拼写，而是必须把一些单词写下来，看看它们是否正确。这种方法涉及视觉记忆，而不是听觉记忆。

**记忆在书写中的作用** 第三种书写方法是记忆字母顺序。我们学习这些序列就像学习诗歌或歌词一样，例如，许多美国人学会用这样的吟唱来拼写 Mississippi（密西西比州）：**M**-i-s-s-**i**-s-s-**i**-p-p-**i**，强调粗体字。（类似地，许多说英语的人说字母表时的节奏与通常用来教字母表的儿歌一致。）这种方法包括记忆字母的顺序，而不是把声音翻译成相应的字母。

**运动记忆在书写中的作用** 最后，第四种书写方法涉及运动记忆。我们记住非常熟悉的单词的运动序列，比如我们自己的名字。我们大多数人在签名的时候不需要大声读出自己的名字，也不需要说出字母的顺序，也不需要想象自己的签名是什么样子的。

书写通常包括握着一支笔(例如,一支钢笔或铅笔),并在屏幕、纸张或其他表面移动笔尖,但是我们也可以用键盘来创建视觉记录。前三种书写方法(读出一个单词的字母,把它形象化,或者背诵一串记住的字母)不仅适用于书写,也适用于打字。然而,当我们写字或打字时,我们用手和手指做的动作是不同的。熟练的打字员学习自动生成经常使用的单词的动作序列,但这些动作不同于我们在书写这些单词时所做的动作。Otsuki 等人(2002)报道了一名男子因中风导致左额叶腹侧受损而丧失打字能力的案例,他的说话和语言理解能力、读写能力没有受到影响,而且除了研究人员所说的障碍之外,他没有表现出其他明显的运动障碍。

**书写的神经基础** 神经学的证据至少支持上述写作方法中的前三种。脑损伤可以损害第一种方法:语音书写,这种缺陷被称为**语音书写障碍**(Shallice, 1981)。(书写障碍指的是书写缺陷,就像阅读障碍指的是阅读缺陷一样。)患有这种障碍的人不能把单词读出来,也不能按照发音把它们写出来。因此,他们不能写不熟悉的单词或可读的非言词,例如阅读部分中出现的那些。然而,他们可以想象熟悉的单词,然后把它们写下来。

语音书写障碍似乎是由大脑中负责语音处理和发音的区域受损引起的,布洛卡区、腹侧中央前回和岛叶的损伤导致了这种紊乱,并且语音拼写任务激活了这些区域(Henry et al., 2007; Omura et al., 2004)。

**字形书写障碍**正好与语音书写障碍相反:它是一种基于视觉的书写障碍。患者只能读出单词;因此,他们可以拼写像 care 或 tree 这样的常规单词,并且他们可以写出可读的无意义单词。然而,他们在拼写不规则单词方面有困难,如 half 或 busy(Beauvois and Derouesne, 1981),他们可能会写成 haff 或者 bizzy。字形书写障碍(语音书写受损)与表面阅读障碍一样,是由颞叶底部的 VWFA 受损引起的(Henry et al., 2007)。

病变和功能影像研究均证明颞下后皮层涉及不规则拼写的英语单词或日文汉字的有关书写(Nakamura et al., 2000; Rapcsak and Beeson, 2004)。这一区域似乎与书写运动方面无关,而是与不规则单词的拼写和构成汉字的笔画有关。

第三种拼写方法取决于一个人已经记住了拼写特定单词的字母序列。Cipolotti 和 Warrington(1996)报道了一名患者缺乏这种能力的案例。这名患者左半球中风,严重影响了他口头拼写单词的能力,并影响了他识别测试员大声拼读的单词的能力。据推测,他拼写书面文字的能力取决于前两种书写方法:听觉和视觉。测试员注意到,当他们向他拼读单词时,他会把手放在膝盖上做一些书写动作。当他们要求他紧握双手,这样他就不能做出这些书写动作,他识别被大声拼读的四字母单词的能力从 66%下降到 14%,这看起来他是在用手部动作的反馈来识别他在膝盖上写的单词。

正如我们在阅读部分看到的,一些患者(直接阅读障碍的患者)可以大声朗读,但却无法理解他们所朗读的内容。同样,一些病人即使听不懂听写的单词也能写出来(Lesser, 1989; Roeltgen et al., 1986),他们不能通过书写来交流,因为他们不能把他们的想法转化成文字。其中一些患者甚至会拼写可读的非言词,这表明他们的语音拼写能力是正常的。Roeltgen 等人(1986)将这种障碍称为语义失写症,但是可能直接书写障碍这个术语更合适,因为它与直接阅读障碍是平行的。(见表 14.3)

表 14.3 大脑中与读写障碍有关的区域

| 阅读障碍 | 整词阅读 | 语音阅读 | 脑损伤区 | 评 注 |
|---|---|---|---|---|
| 纯失读症 | 差 | 差 | 左侧初级视觉皮层和胼胝体后部 | 能够书写 |
| 表面阅读障碍 | 差 | 好 | 视觉构词区 | |
| 语音阅读障碍 | 好 | 差 | VWFA;其他未知;可能是颞顶叶皮层和下额叶皮层(包括布洛卡区) | |
| 直接阅读障碍 | 好 | 好 | 左额叶和颞叶 | 不能理解 |
| **书写障碍** | **全词阅读** | **语音阅读** | | |
| 语音书写障碍 | 好 | 差 | 布洛卡区,腹侧中央前回,岛叶 | |
| 字形书写障碍 | 差 | 好 | 颞下后皮层 | |

# 本节回顾

## 读写障碍

目标 14.12 比较失语症和读写障碍。

就像失语症一样,大脑损伤会导致读写障碍。除了少数例外,失语症伴有与语言产生缺陷平行的书写缺陷和与语言理解缺陷平行的阅读缺陷。

目标 14.13 指出纯失读的症状,描述涉及的大脑结构。

纯失读症包括阅读上的缺陷,而这并不影响写作。纯失读症是由病变引起的,这些病变会导致右侧视野失明,破坏胼胝体后部的纤维,阻止视觉信息到达视觉联合皮层。

目标 14.14 描述对获得性和发展性阅读障碍的研究如何帮助理解阅读中大脑的作用。

获得性阅读障碍可以分为几种类型(表面、直接、语音),对这些障碍的研究提供了与阅读有关的大脑机制的信息。对书面文字的分析始于左后下颞叶皮层。语音信息由颞顶叶皮层和布洛卡区进行分析,而构词信息由位于梭状回皮层的视觉构词区进行分析。表面阅读障碍是一种全词阅读能力的丧失,语音障碍是丧失语音阅读能力。日本人对假名(语音)和日文汉字(象形)符号的阅读相当于语音和全词阅读,大脑不同部位的损伤会干扰这两种阅读形式。直接阅读障碍类似于经皮质感觉性失语症,患者可以大声朗读单词,但听不懂所朗读的内容,有些患者既能读言词又能读可读的非言词,因此,语音和全词阅读都可以被保留下来。

发展性阅读障碍是一种遗传性疾病,可能涉及大脑中对语言起作用的部分的异常发育。大多数患有发展性阅读障碍的人在口语和书面语的语音处理上都有困难。功能影像研究表明,左侧颞顶枕叶皮层的活化减少,而布洛卡区活化过度,可能与发展性阅读障碍有关。那些使用拼写和发音之间有规律对应关系的文字(如意大利语)学习阅读的儿童,比那些拼写不规则的文字(如英语或法语)的儿童更不容易患上阅读障碍。

目标 14.15 解释听觉、视觉、记忆和运动控制研究如何帮助理解大脑在书写中的作用。

脑损伤可以通过损害人们形成字母甚至特定类型的字母(如大写或小写字母或元音)的能力来破坏书写能力。背顶叶皮层似乎是了解产生字母运动的最关键区域。其他缺陷包括拼写单词的能力，我们通常使用至少四种不同的策略来拼写单词：语音（读出单词）、视觉（记住单词在纸上的样子）、顺序（回忆记住的字母序列）和动作（回忆在写非常熟悉的单词时记住的手部动作）。两种书写障碍分别表现在语音和视觉策略的实施上，这两种障碍的存在表明，在书写过程中涉及几种不同的大脑机制。有一例视力障碍，是指在没有其他阅读或书写障碍的情况下，打字能力出现的一种特殊缺陷。此外，一些患者还存在与直接阅读障碍类似的缺陷：他们会写一些再也听不懂的单词。

## 思考题

回想一下你什么时候开始学习阅读的，你是从老师或照料者那里学会阅读的吗？他们采用全词阅读、语音阅读或两者兼而有之？以你自己的教育经历为例，描述你学习阅读的经历是如何激活你大脑中的全词和/或语音通路的。运用你对大脑如何处理阅读的理解，建议哪种类型的阅读指导在当今的教育中最有价值。

## 本章回顾问题

1. 描述在语言学习中包含脑损伤个体，并解释偏侧化概念。
2. 描述布洛卡失语症和由布洛卡区损伤造成的三个主要的言语和语言缺陷：语法缺陷、命名缺陷和发音困难。
3. 描述威尔尼克失语症、纯词聋和经皮质感觉性失语症的症状，解释两者之间的关系并描述导致这些障碍的脑损伤。
4. 描述传导性失语症和命名性失语症的症状，包括听障人的失语症，以及导致这些障碍的脑损伤。
5. 描述韵律在交际中的应用研究及口吃的神经基础。
6. 描述纯失读症，并解释为什么这种障碍是由大脑的两个特定部分受损造成的。
7. 描述全词和语音阅读，并讨论获得性阅读障碍的分类。
8. 讨论在读写被发明之前，我们现在所说的VWFA的作用研究。
9. 描述发展性阅读障碍的神经学基础的研究。
10. 解释说和写之间的关系，并描述语音书写障碍、字形书写障碍和语义（直接）书写障碍的症状。

# 第 15 章

# 神经障碍

## 本章概要

**肿瘤和癫痫** 521
肿瘤 521
癫痫 523
**脑血管意外** 527
病因 527
治疗方法 529
**外伤性脑损伤** 532
病因 532
治疗方法 534
**发展性障碍** 534
有毒化学物质 534
遗传代谢病 535
唐氏综合征 536
**退行性疾病** 538
传染性海绵状脑病 538
帕金森病 540
亨廷顿舞蹈病 546
肌萎缩侧索硬化症 548
多发性硬化症 549
痴呆 550
科尔萨科夫综合征 554
**传染性疾病造成的损伤** 557
脑炎 557
脑膜炎 558

## 学习目标

目标 15.1 描述脑肿瘤的基本症状、病因及治疗。

目标 15.2 描述癫痫的基本症状、病因及治疗。

目标 15.3 解释脑血管意外的发生原因。

目标 15.4 解释如何治疗来解决脑血管意外的近期和长期症状。

目标 15.5 指出外伤性脑损伤的病因。

目标 15.6 描述外伤性脑损伤的治疗方法。

目标 15.7 描述酒精对神经系统发育的影响。

目标 15.8 对照遗传代谢病的症状、病因及治疗。

目标 15.9 指出唐氏综合征的症状、病因及治疗。

目标 15.10 描述传染性海绵状脑病如何导致脑损伤。

目标 15.11 描述帕金森病的症状、病因及治疗。

目标 15.12 描述亨廷顿舞蹈病的症状、病因及治疗。

目标 15.13 描述肌萎缩侧索硬化症的症状、病因及治疗。

目标 15.14 描述多发性硬化症的症状、病因及治疗。

目标 15.15 描述阿尔茨海默病的症状、病因及治疗。

目标 15.16 描述科尔萨科夫综合征的症状和病因。

目标 15.17 指出脑炎的症状、病因和治疗方法。

目标 15.18 指出脑膜炎的症状、病因和治疗方法。

R.夫人，一位离异的50岁小学教师，有天正坐在车里等信号灯变绿。突然，她的右脚开始颤抖。担心自己会无意识地踩油门并冲向十字路口，她很快停下车。起先她的小腿开始抖动，接着大腿也开始抖动。她感觉她的身体、胳膊开始和她的腿保持同等频率抖动。抖动开始慢下来，最终停了下来。这时信号灯已变绿，她后面的车开始鸣笛。她错过了绿灯，等到再次变为绿灯的时候，她已经恢复并足以驾车回家。

晚上，她的一些好朋友来到她的公寓并与其共进晚餐。吃完晚饭后，她的右腿又开始抖动。这时她正站着，而且这次抖动得更加快以至于她摔倒了。她的朋友听到了声响，马上跑来看发生了什么。她们看到R.夫人躺在地上，腿和胳膊僵硬地伸到身前并且无意识地抖动。她是无意识的，而且当朋友想去帮助她时，她无法回应她们。抖动接近一分钟后停了下来。R.夫人重新获得意识但似乎还有些迷茫。

R.夫人被一辆急救车送到医院，医生在听完对R.夫人症状的描述后，急诊室医生立刻叫来一位可以使用CT扫描仪的神经专家。扫描结果显示额叶之间有一个小的圆形白斑，位于胼胝体上方。两天后，神经外科医生切除了一个微小的良性肿瘤，R.夫人完全康复了。她如释重负地得知，如果及时切除脑瘤，这种类型的脑瘤很少会造成脑损伤。

在本章中，R.夫人的案例突出了几个重要的主题。R.夫人因良性肿瘤而癫痫发作。正如你将要看到的，有不同类型的肿瘤和几个不同的条件会导致癫痫发作。癫痫发作可以涉及身体受限部位的物理符号，也可以涉及整个身体，包括意识的变化。遗忘和癫痫发作后的混乱(如R.夫人所经历的)很常见，而且大多数癫痫在短时间内就会结束。

虽然大脑是最受保护的器官，但经我们了解的许多关于人脑功能的知识以及对脑损伤者的研究可知，许多病理过程都会损害它或破坏它的功能。在这本书里你已经遇到了很多神经障碍：运动障碍，像帕金森病；知觉障碍，像视觉失认症及由视觉系统损伤造成的失明；语言障碍，像失语症、失读症和失写症；记忆障碍，像科尔萨科夫综合征。本章论述大脑能够承受的几种主要神经病理学条件下的神经障碍种类——肿瘤和癫痫，脑血管疾病，脑外伤，发展性疾病，退化性疾病和由感染导致的障碍。每个部分都会讨论它们对行为的影响和治疗方式。下面图片展示的是基底神经节和黑质，在我们对上述病理学条件的审视中尤其要注意这两处。

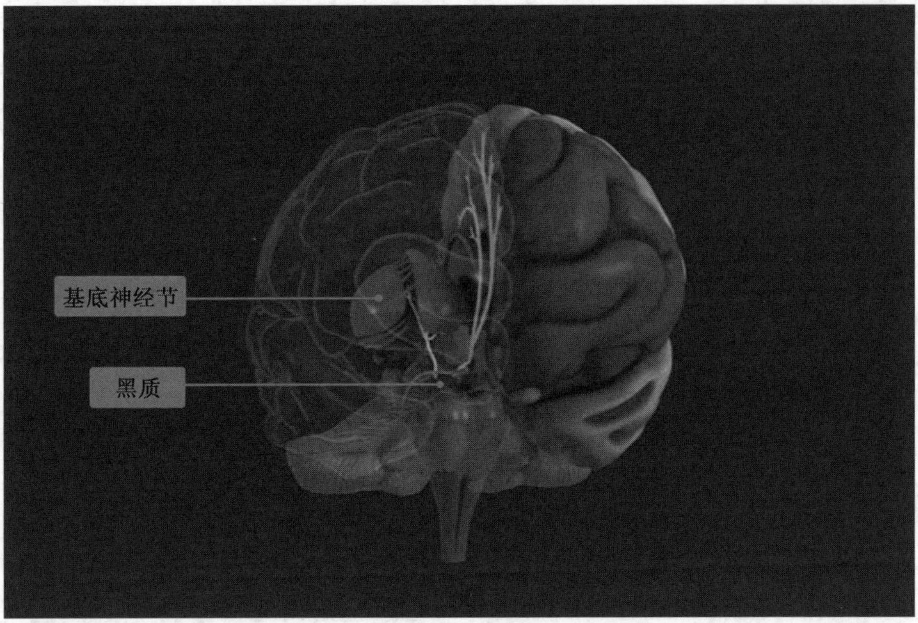


基底神经节和黑质。

## 肿瘤和癫痫

据估计，仅在美国就有超过 68 万人患有脑瘤（Porter et al.，2010），3%—5%的全球人口将会在他们的人生中经历一次癫痫（Bell et al.，2014；Sander and Sharvon，1996）。这两种情况可能会单独发生，或者像 R.夫人的情况一样，肿瘤可能会引起癫痫。在美国约有 250 万人患有癫痫。下一节将描述肿瘤和癫痫发作的生物学基础和症状。

### 肿瘤

目标 15.1　描述脑肿瘤的基本症状、病因及治疗。

**肿瘤**是一群无法控制生长而且没有用的细胞。一些是**恶性**的或是不治的，但是大多数的肿瘤是**良性**的——“无害的”（Davis et al.，2001；Porter et al.，2010）。恶性肿瘤与良性肿瘤之间的主要区别在于肿瘤是否包在荚膜内：是否在大量肿瘤细胞与周围组织之间存在明显界限。如果有这样的边界，肿瘤则是良性的，医生可以切除它，并且它不会再生。然而，如果肿瘤通过浸润周围的组织而生长，在肿瘤和健康组织之间就不会有可以准确切除的界限。如果外科医生切除肿瘤，一些细胞可能会被放过，这些细胞将会增殖形成一个新的肿瘤。此外，恶性肿瘤常常会**转移**。可以转移的肿瘤会脱落细胞，脱落的细胞可穿过血液，进入毛细血管，就像在体内不同部位生长的种子（见图 15.1）。

肿瘤对脑组织的损伤有两种方式：压迫和浸润。任何在大脑中生长的肿瘤，无论是恶性的或良性的，都可能产生神经系统症状，并威胁病人的生命。即使是良性肿瘤也会占据空间，从而使大脑产生对抗。压迫会直接破坏大脑组织，或通过阻断脑脊液的流动和引起脑积水来间接地损害大脑组织。更糟糕的是恶性肿瘤，它既可以造成压迫，也可以浸润。随着恶性肿瘤的生长，它侵入周围区域并破坏其通路上的细胞。图 15.2 显示了一个大型非恶性肿瘤的压迫效应。如你所见，肿瘤已经移位到侧脑室和第三脑室。

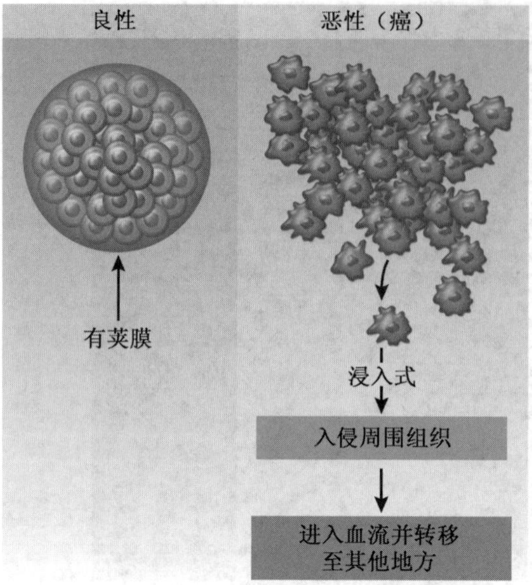


**图 15.1　良性和恶性肿瘤**

良性肿瘤是有荚膜的。恶性肿瘤缺少荚膜并且进入周围组织。来自恶性肿瘤的细胞可到达体内的新位置，形成新的肿瘤并生长。

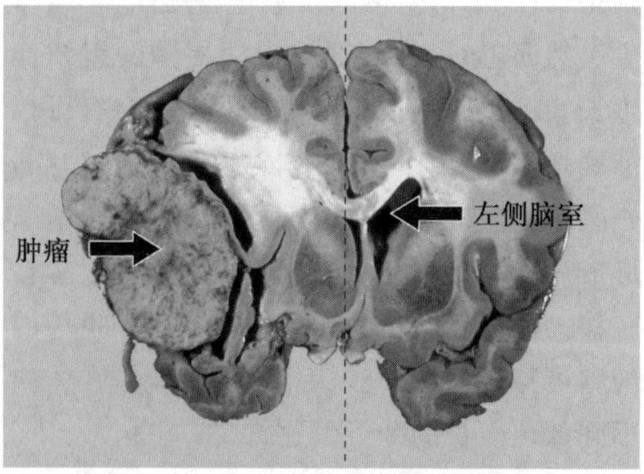


**图 15.2　良性肿瘤对大脑的压迫**

照片显示了人脑的一部分，展示了一个巨大的非恶性肿瘤(脑膜瘤)是如何将右侧大脑移向左侧的。(虚线表示中线位置。)右脑室几乎完全被阻塞。

资料来源：A. D'Agostino, Good Samaritan Hospital, Portland, Oregon。

**原因**　肿瘤并不起源于不能分裂的神经细胞。相反，它们来自大脑中的其他细胞或是由身体其他部位的肿瘤细胞转移而来的。最常见的类型已经在表 15.1 中列出。最严重的肿瘤类型是转移瘤和**神经胶质瘤**(来源于各种类型的胶质细胞)，它们通常是非常恶性和快速生长的。图 15.3(a)和图 15.3(b)分别位于基底神经节和脑桥。图 15.3(c)显示了侧脑室的一颗室管膜瘤(一种胶质瘤)。

**表 15.1　各种脑瘤的例子**

| 肿瘤种类 | 肿瘤的起始细胞 |
|---|---|
| 神经胶质瘤 | |
| 恶性胶质瘤 | 神经胶质细胞 |
| 星形细胞瘤 | 星形胶质细胞 |
| 室管膜瘤 | 心室室管膜细胞 |
| 少枝胶质细胞瘤 | 少突胶质细胞 |
| 脑膜瘤 | 脑膜细胞 |
| 神经鞘瘤 | 施万细胞或覆盖颅神经的结缔组织细胞 |
| 血管瘤 | 血管细胞 |
| 松果体瘤 | 松果腺细胞 |

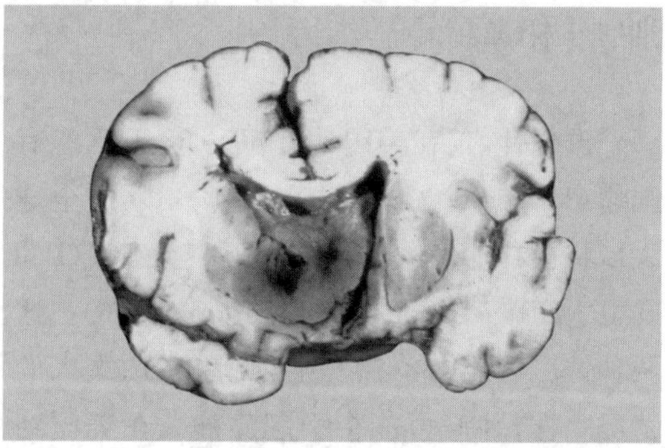

(a) 这张照片显示的是一片人脑，一个位于基底神经节的巨大的神经胶质瘤，它侵入了左右侧脑。

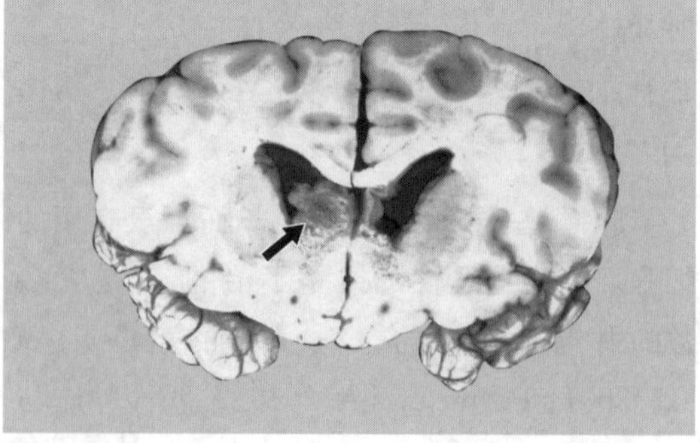

(b) 这张照片显示的是人类大脑的中矢状图，神经胶质瘤位于背侧脑桥(箭头)。

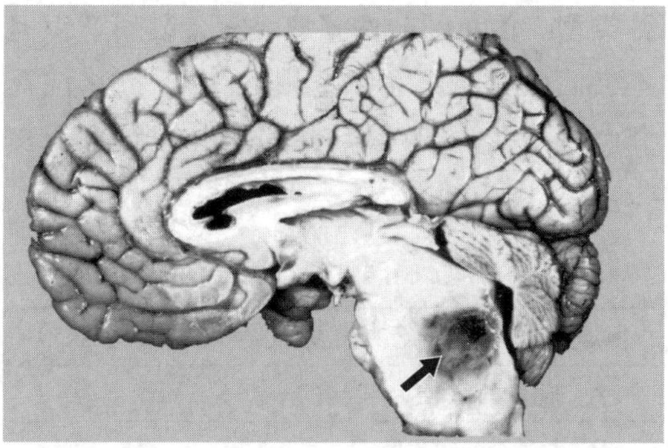

(c) 这张照片显示的是一片人脑，左室管膜瘤（箭头）。

资料来源：(a)—(c)A. D'Agostino, Good Samaritan Hospital, Portland, Oregon。

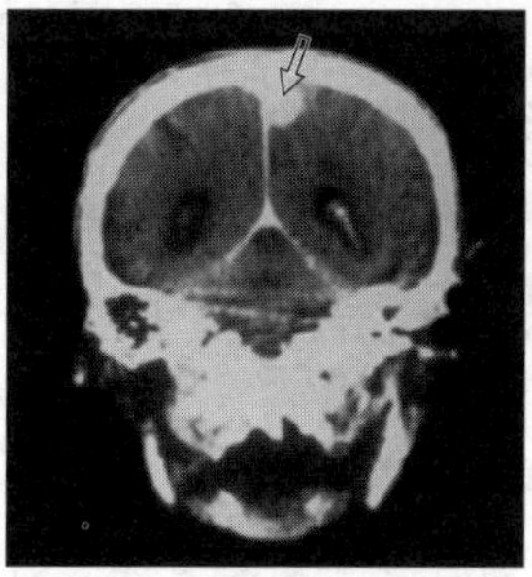

(d) 脑部 CT 扫描显示脑膜瘤的存在（箭头所示的圆形白点）。

**图 15.3 肿瘤类型**

资料来源：(d)J. McA. Jones, Good Samaritan Hospital, Portland, Oregon。

本章开头描述了 R.夫人的病例，她癫痫的突然发作表明在初级运动皮层顶部附近有肿瘤。确实，她患有脑膜瘤，包膜良性肿瘤由典型的硬脑膜或蛛网膜组成细胞组成。这种肿瘤往往起源于两个大脑半球之间的硬脑膜的一部分或是沿小脑幕，位于枕叶和小脑之间的硬脑膜片。[见图 15.3(d)]

有证据表明，恶性脑肿瘤是由罕见的细胞亚群引起的（Hadjipanayis and Van Meir, 2009）。恶性神经胶质瘤包括**肿瘤起始细胞**，起源于神经干细胞转化。神经干细胞迅速增殖并导致胶质瘤。

**治疗手段** 一些肿瘤对辐射很敏感，可以被集中在它们身上的射线破坏。通常，神经外科医生首先切除尽可能多的肿瘤，然后剩下的细胞是辐射的目标。其他肿瘤（如 R.夫人的肿瘤）可以通过手术完全切除。

有些脑肿瘤对化疗有反应，不管有没有放疗或外科手术。化疗涉及一种药物的使用，这种药物会导致细胞迅速分裂（如癌细胞），然后通过干扰它们的 DNA 复制致其死亡。化疗药物可以口服、静脉注射或直接植入癌细胞所在的区域。回顾第 4 章给药的途径。当化疗药物系统地进行管理时，它会针对体内所有的分裂细胞（不仅仅是癌细胞），从而产生副作用，如由于毛囊中分裂细胞的死亡而导致的脱发。

贝伐单抗是一种抑制血管生成（新生血管生长）的药物。因为快速增长的肿瘤需要更多的血液供应，细胞分泌血管内皮生长因子，一种诱导局部血管生成（新生血管的形成）的化学物质。贝伐单抗与之结合并使生长因子失活，延缓胶质瘤生长。不幸的是，药物只增加几个月的存活率，所以需要更多有效药物——例如被发现专门与肿瘤起始细胞的蛋白质结合的药物——去彻底摧毁这些肿瘤（Bredel, 2009; Chamberlain, 2011）。

## 癫痫

目标 15.2 描述癫痫的基本症状、病因及治疗。

癫痫发作是脑细胞突然过度活动的时期。有时，如果运动系统的神经元受到影响，癫痫就会引起**抽搐**，这是肌肉无法控制的运动，就像 R.夫人在癫痫发作时所经历的那样。但并不是所有的癫痫都会引起抽搐；事实上，大多数不会引起抽搐。在一些文化和宗教传统中，癫痫被认为是神的惩罚，或是恶魔的惩罚。在其他文化中，癫痫被视为精神联系的证据，并暗示个体可能成为治疗者或萨满（Fadiman, 1997）。在西方医学传统中，希波克拉底指出，士兵和角斗士的头部受伤有时会导致癫痫发作，就像他在其他病人身上看到的那样，这表明癫痫有其物理原因（Hoppe，2006）。

例如，一次癫痫发作可能是由于受伤或肿瘤，或一个人可能会在一生中经历许多次癫痫。由于负面的含义，有些医生不喜欢用癫痫一词来指代癫痫发作的状况。相反，他们用**癫痫性精神障碍**一词来指代有多种原因的疾病的症状。

表 15.2 列出了癫痫性精神障碍的基本类别。两个区别很重要：部分性对全面性癫痫和简单性对复杂性癫痫。**部分性癫痫**有一个明确的焦点，或刺激的来源：通常情况下，要么是由于旧伤造成的伤痕累累的区域，要么是发育异常，如畸形血管。参与癫痫发作的神经元仅限于大脑的一小部分。**全面性癫痫**是广泛存在的，涉及大脑的大部分区域。在许多情况下它们是从一个焦点中成长出来的，但在某些情况下，它们的起源并不能被发现。简单性和复杂性癫痫是部分性癫痫的两种类型。**简单部分性癫痫**经常会改变意识但不会使患者丧失意识。相反，由于特殊位置和严重程度、**复杂部分性癫痫**会导致意识丧失。（见图 15.4）

**表 15.2 癫痫性精神障碍的分类**

| |
|---|
| Ⅰ. 全面性癫痫（无明显局部发作） |
| A. 强直阵挛性（大发作） |
| B. 失神（小发作） |
| C. 失张力发作（肌张力丧失；暂时性瘫痪） |
| Ⅱ. 部分性癫痫（从焦点开始） |
| A. 简单（意识没有重大变化） |
| 1. 局部运动性发作 |
| 2. 运动性发作，随着运动的进展，发作沿着初级运动皮层传播。 |
| 3. 感觉（体感、视觉、听觉、嗅觉、前庭） |
| 4. 心理的（强迫思维、恐惧、愤怒等） |
| 5. 自主的（如，出汗、流口水等） |
| B. 复杂（有改变的意识）包括 1—5，如上所示 |
| Ⅲ. 部分性癫痫（简单或复杂）演变为全身发作：从简单或复杂的局部癫痫，然后变成大发作。 |

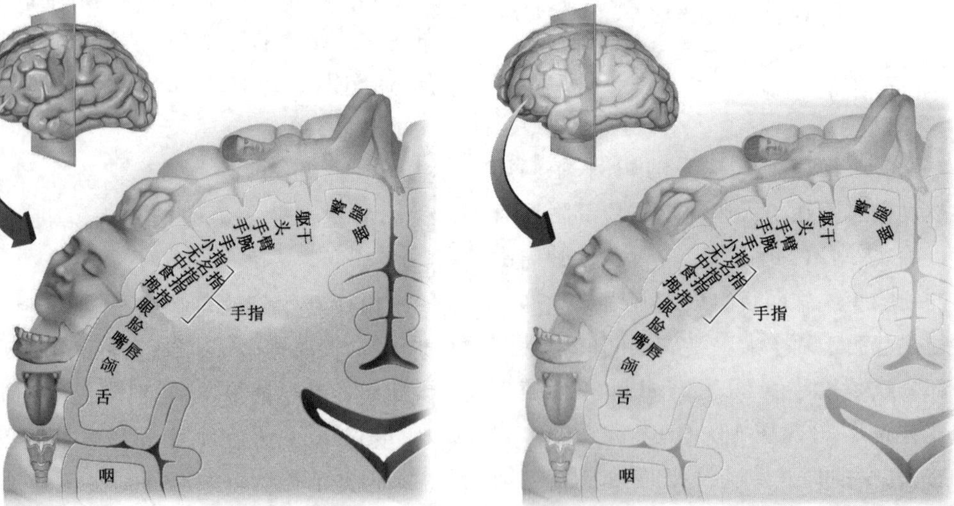


(a) (b)

**图 15.4 比较部分和全面性癫痫的区别**

(a) 部分性癫痫影响局部地区。例如，a 图中黄色部分癫痫活动局限于初级运动皮层，这个区域大脑癫痫发作就像 R.夫人在等信号灯转换时，癫痫初次发作时的症状，只有她的脚、腿、胳膊抽搐，然后身体开始抽搐。(b)全面性癫痫影响整个大脑。如 b 图中的黄色部分癫痫活动会影响整个大脑。

最严重的癫痫形式通常被称为**大发作**。这种发作是全身性的，因为它包括大脑的运动系统，并且伴随着抽搐。通常，大发作之前，身体会有警告症状，如情绪的变化或醒来的时候，发现出现肌肉活动的抽搐。（睡着时几乎每个人都会有这样的摇晃经历。）发作前几秒钟，人可能会有**先兆**，这可能是由围绕癫痫发作的神经元的兴奋引起的。这种兴奋效果类似于电刺激该区域所产生的效果。兴奋性质因焦点位置而异。例如，由于颞叶的结构参与了情绪行为的控制，发源于那里的焦点的癫痫发作通常以恐惧和恐惧的感觉开始，或者偶尔会感到兴奋。

大发作的开始称为**强直期**。在这个阶段，一个人的所有肌肉都会有力地收缩。手臂僵硬地伸出来，而且，随着绷紧的肌肉将空气挤出肺部，人可能会不由自主地哭出来。（此时病人已失去知觉。）病人保持一个僵硬的姿势大约 15 秒后，**阵挛期**开始。肌肉开始颤抖，然后开始抽搐——一开始很快，然后越来越慢。同时，翻白眼，面部肌肉收缩，舌头可能被咬。自主神经系统的兴奋表现为出汗和流口水。一段时间后，人的肌肉放松；只有这样，正常的呼吸才能重新开始。发作者可能会进入无反应睡眠状态，这个状态能持续数分钟。在此之后，这个人可能会短暂醒来，但通常会回到精疲力竭的睡眠中，可能会持续几个小时。

其他类型的癫痫发作要小得多。部分性癫痫发作涉及相对较小的大脑部分。症状可能包括感觉变化，运动活动，或两者兼而有之。例如，一个在运动皮层内或附近开始的简单部分性癫痫可包括从一个地方开始的抽搐，并随着兴奋沿着中央前回扩散到全身。在这一章的开头，R.夫人展示了这个案例，由脑膜瘤引起的癫痫发作。肿瘤压迫左侧初级运动皮层的“脚”区。当癫痫发作时，它涉及了脚；随着它蔓延开来，开始波及身体的其他部分。（见图 15.5）R.夫人的第一次发作是简单部分性发作，但她的第二次发作被归类为复杂部分性发作，因为她失去了知觉。从枕叶开始的癫痫可能会产生视觉症状，如色斑、闪光或暂时性失明；起源于顶叶的癫痫可引起躯体感觉，如疼痛感或又热又冷。颞叶癫痫发作可能导致幻觉，其中包括旧记忆；推测，涉及这些记忆的神经回路被扩散的神经兴奋激活。根据癫痫发作的部位和程度，病人可能会失去知觉或许不会失去知觉。

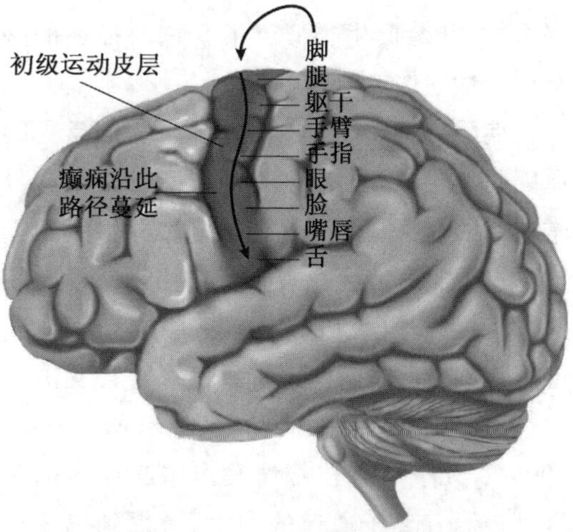


**图 15.5 初级运动皮层与癫痫**

R.夫人的癫痫发作始于初级运动皮层的脚部，随着癫痫发作的蔓延，她身体的更多部位被卷入其中。

儿童特别容易出现癫痫发作，许多儿童没有大发作，而是有很短的癫痫发作，这被称为**失神性发作**。失神性发作是一种全身性癫痫，失神性发作期间，孩子可能会停止他们正在做的事情，然后向远处凝视几秒钟，经常不停地眨眼睛。这些癫痫有时也称为小发作。在此期间，孩子们反应迟钝，而且他们通常不会注意到自己的发作。因为失神性发作每天可发生数百次，它们会干扰孩子在学校的表现。不幸的是，除非被诊断出癫痫，不然许多患有失神性发作的儿童会被认为注意力不集中，缺乏动力。

癫痫会导致严重的后果:它们会造成脑损伤。大约50%的癫痫患者表现出海马体损伤的证据。损伤的程度是与病人发作的次数和癫痫的严重程度有关。严重的海马体损伤可能是由**癫痫持续状态**的一段发作引起的,这是一种相对罕见的情况,病人在没有恢复意识的情况下经历了一系列的癫痫发作。这种损害似乎是由于癫痫发作时释放过多的谷氨酸所致,这可能导致谷氨酸兴奋性中毒(Thompson et al., 1996)。在下一节关于脑血管意外的章节中,将进一步讨论谷氨酸的兴奋性,并会产生类似于第5章所描述的兴奋性毒性损伤。

**病因** 癫痫发作有多种原因。最常见的原因是伤疤,这可能是由受伤、中风、发育异常造成的,或是由有刺激效应的肿瘤生长造成的。癫痫可能会在头部受伤相当一段时间后于身体内潜伏。例如,通常由于车祸而头部受伤的人,要在几个月后,癫痫才会发作。

遗传因素导致癫痫发生(Berkovic et al., 2006)。几乎所有在癫痫发作中起作用的基因都控制着离子通道的产生,考虑到离子通道控制神经膜的兴奋性并负责动作电位的传播,这便不足为奇。然而,大多数癫痫是由非遗传因素引起的。在过去,许多病例被认为是特发性的(不明原因的)。然而,磁共振成像技术的发展使其具有越来越高的分辨率和敏感性,这意味着由小脑异常引发的癫痫现在更可能被看到。

引起高烧的各种药物和感染也会导致癫痫发作。高烧在儿童中最常见,大约3%的4岁及4岁以下儿童因发烧而持续癫痫发作(Berkovic et al., 2006)。此外,癫痫发作通常与戒除慢性酒精、巴比妥酸盐、有时服用苯二氮䓬类药物时,突然停药有关。药物抑制作用的突然释放使大脑处于极度兴奋的状态。事实上,这种情况是一种医疗紧急情况,因为它是致命的。取代一种作用时间较长的药物并逐步减少药物用量,在戒掉镇静剂期间可减少癫痫发作的可能性。

**治疗** 癫痫可用抗惊厥药物治疗,其中许多药物的作用是提高抑制性突触的有效性,通常是通过氨基丁酸能突触增加抑制作用。许多人对这些药物反应良好,而且这些人能维持高质量的生活。在少数情况下,药物有一点或几乎没有什么帮助。有时,尽管服用了药物,癫痫病灶仍然如此易发以至于需要进行大脑手术,就像我们在第3章开篇案例中看到的那样。外科医生移除病灶周围的大脑区域(通常位于颞叶内侧)。大多数病人恢复良好,癫痫不再发作或发作次数减少。这与本章的开场案例中描述的R.夫人的治疗方案是不同的;在她的案例中,肿瘤的切除消除了刺激的来源,并结束了她的癫痫发作。R.夫人健康的脑组织并没有被切除。

因为癫痫手术通常需要切除大量的大脑组织(通常是从颞叶),所以我们可能会认为它会导致行为缺陷。但大多数情况下是相反的,人们在神经心理功能测试中的表现通常是提高了。去除脑组织是如何改善一个人的表现?

答案是通过观察大脑中发生的事情来提供的,不是在癫痫发作期间,而是在两次发作之间。发作灶,通常是疤痕组织的区域,刺激周围脑组织,增加神经活动并倾向于扩散到邻近的区域。在癫痫发作之间,兴奋活动的增加被抑制活动的补偿性增加所抑制。也就是说,发作灶周围的抑制神经元变得更加活跃。这种现象被称为发作间抑制。当兴奋超过这种抑制,癫痫发作。

问题是,补偿性抑制不仅抑制了兴奋,还抑制了周围相当大部分的脑组织的正常功能。因此,尽管焦点可能很小,但在癫痫发作之间,它的影响能到达大脑中更大的区域。切除癫痫病灶及周围脑组织消除了刺激来源，使补偿性抑制变得不必要。从发作间期抑制中解脱出来，位于前发作灶附近的脑组织现在可以正常发挥作用了。病人的神经心理能力也会有所提高。

## 本节回顾

### 肿瘤和癫痫

目标15.1 描述脑肿瘤的基本症状、病因及治疗。

肿瘤通过压迫产生脑损伤，如果是恶性肿瘤，则发生浸润。脑肿瘤是由神经元以外的各种细胞不受控制的生长引起的。良性肿瘤被荚膜包裹，因此有明显的边界，可以成功切除。恶性肿瘤可经手术切除，其余细胞可接受放疗或化疗。恶性胶质瘤包括肿瘤起始细胞，来源于神经干细胞，这些细胞对化疗和放射具有抗药性。贝伐单抗，一种能抑制血管瘤形成的药物，可以帮助减缓这些肿瘤的生长。

目标15.2 描述癫痫的基本症状、病因及治疗。

癫痫是大脑异常电活动的周期性发作。部分性癫痫发作是局部的，从病灶开始——通常是以前的损伤引起的一些疤痕组织或是肿瘤。当发作开始时，会产生先兆，包括特定的感觉或情绪的变化。简单部分性癫痫不会引起意识的深刻变化；复杂部分性癫痫则会。全身性癫痫发作可能起源于或不起源于单一的焦点，但它们涉及大脑的大部分。有些癫痫发作涉及运动活动，包括伴随全身发作的大抽搐。抽搐是由大脑运动系统的介入引起的。病人首先表现为强直期，包括几秒钟的僵硬，然后是阵挛期，包括有节奏的抽搐。失神性发作，也称为小发作，在儿童中很常见。这些普遍的癫痫发作的特点是注意力不集中和暂时性的意识丧失。由于戒除酒精或其他镇静剂的长期使用所产生的癫痫，似乎是由于突然从神经抑制中释放出来而产生的。癫痫可用抗惊厥药物治疗，对于由异常焦点引起的棘手的癫痫性精神障碍，癫痫手术可用于治疗，通常涉及内侧颞叶。

## 思考题

正如你在上一节中所读到的，大约50%的癫痫患者表现出海马体受损的迹象，海马体位于颞叶。许多人可能有颞叶癫痫，其中发作活动产生于颞叶的一个焦点。描述研究人员如何设计一项研究，以确定是癫痫活动导致海马体损伤，还是海马体损伤引起的癫痫活动。

# 脑血管意外

在前面的章节，你已经了解到脑血管意外或中风的影响。例如，你认识到中风会产生知觉、情绪识别、表达、记忆和语言方面的障碍。本节将仅描述中风的原因和治疗方法。

在美国，中风的发病率大约是每年75万例。中风的可能性与年龄有关；这一概率在45岁后每10年翻一番，并在75岁时达到每年增加1%—2%。

### 病因

目标15.3 解释脑血管意外的发生原因。

中风的两种主要类型是出血性和缺血

性。**出血性中风**是由脑内出血引起的，通常是由一条畸形的或被高血压削弱的血管造成。血液从有缺陷的血管中泄漏出来，在大脑中积聚，对周围的脑组织造成压力和损害。区域间的血液损失称为缺血。**缺血性中风**——阻塞血管和阻碍血液流动的情况——可能是由血栓或栓塞引起的。**血栓**是在血管中形成的血块，尤其是在血管壁已经受损的地方。有时，血栓变得如此之大，以至于血液不能流经血管而导致中风。容易形成血栓的人通常被建议服用一种药物，如阿司匹林，这有助于防止血栓形成。**栓塞**是在血管系统的某一部分形成的物质，断裂后被血流携裹流动，直到它到达过小的动脉而无法通过。栓塞卡在那里，通过血管树的其余部分（由动脉产生的"树枝"和"枝丫"）筑起血流中的水坝。栓塞可以由多种材料组成，包括来自心脏里感染的细菌碎片或从血块中脱落的碎片。（见图 15.6）

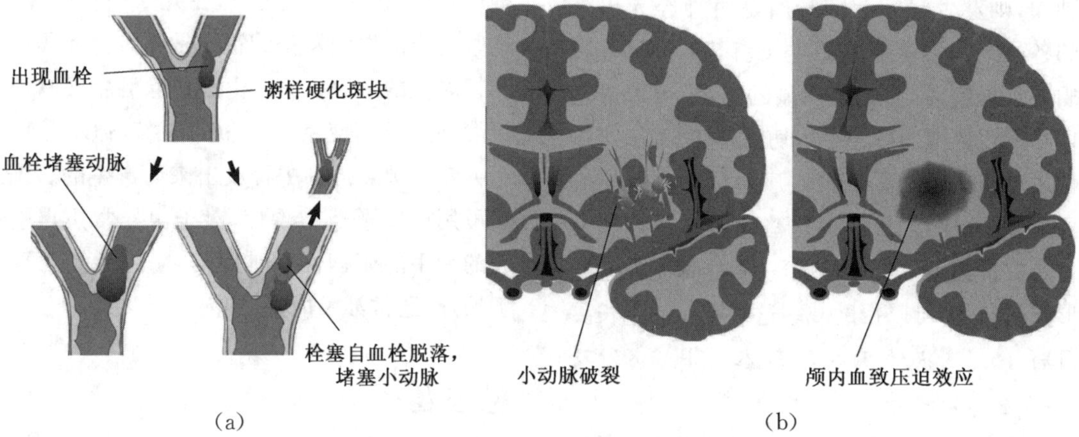


**图 15.6 中风**

(a) 血栓和栓塞的形成。(b)颅内出血。

当大脑区域的血液供应中断时，究竟是什么导致神经元死亡？我们可能会猜想神经元失去了葡萄糖和氧气的供应来代谢而死亡。但是研究表明，神经元死亡的直接原因是存在过量的谷氨酸。换言之，血液流失对大脑区域造成的损害实际上是一种兴奋性损伤，类似于在第 5 章中所描述的兴奋毒性化学物质对实验动物的伤害（回顾 Koroshetz and Moskowitz, 1996; Lo et al., 2003）。

当大脑区域的血液供应中断时，该区域的氧气和葡萄糖就会迅速耗尽。因此，调节细胞内外离子平衡的钠钾转运体，连同其他细胞机制都会停止运作。神经细胞膜去极化将导致谷氨酸释放。谷氨酸受体的活化进一步增加钠离子的流入，使细胞通过 NMDA 通道吸收到过量的钙。细胞内含有过量的钠和钙是有毒的，且细胞内的钠会使癌细胞吸收水分并膨胀。炎症则会吸引小胶质细胞并激活它们，导致它们变得具有吞噬性，而吞噬性的小胶质细胞会开始破坏受损细胞。炎症也会吸引白细胞，而白细胞可以附着在缺血性区域附近的毛细血管壁上，并阻塞它们。细胞中过多的钙激活了多种钙依赖酶，其中许多都会破坏对正常细胞功能至关重要的分子。最后，受损的线粒体产生**自由基**——具有不成对电子的分子，是强大的氧化剂。自由基极具毒性；它们会破坏核酸、蛋白质和脂肪酸。

## 治疗方法

目标 15.4 解释如何治疗来解决脑血管意外的近期和长期症状。

如果出血性中风是由高血压引起的，则给予药物以降低患者的血压。如果出血性中风是由虚弱或畸形的血管引起的，脑部手术可能被用来封堵有缺陷的血管，以防止再次出血。如果中风的原因是血栓且病人很快到达中风治疗中心，医生就会尝试溶解或物理清除血块。即使没有立即治疗，病人也会接受抗凝药物，使血液不太可能凝结，减少下一次中风的可能性。而如果栓塞是来源于细菌感染，将给予病人抗生素以抑制感染。

中风会产生永久性的脑损伤，但是，根据受影响的血管大小，损伤程度可以从微不足道到巨大。研究人员已经寻求方法，以尽量减轻中风引起的脑部伤害。一种方法是管理能溶解血块的药物，试图在缺血性脑区重建血液循环。这种做法取得了一些成功。在中风发作后，一种叫做 tPA(组织纤溶酶原激活剂)的血栓溶解药物有明显的作用，但效果只能维持在 3 小时内(NINDS, 1995)。tPA 是一种酶，它能导致纤维蛋白的溶解，这种蛋白质与血栓的形成有关。

最近的研究表明，虽然 tPA 有助于溶解血栓和恢复脑循环，它对中枢神经系统也有毒性作用。如果能穿过血脑屏障并到达间质液，tPA 可能会产生神经毒性。证据表明，在严重的中风情况下，血脑屏障受损，tPA 进入间质液后增加兴奋，将进一步损害血脑屏障，甚至可能导致脑出血(Benchenane et al., 2004; Klaur et al., 2004; Medcalf, 2011)。在 tPA 迅速恢复血液流动的情况下，血脑屏障不太可能被破坏，则酶将留在血管系统中，并不会造成任何伤害。另一种潜在的降凝剂是一种叫做去氨普酶的抗凝酶，从吸血蝙蝠的唾液中提取。实验室动物研究表明，与 tPA 不同，去氨普酶在直接注入大脑时不会导致兴奋性损伤(Reddrop et al., 2005)。对去氨普酶的临床试验表明(Hacke et al., 2005)，大多数患者在中风后接受去氨普酶注射，9 小时后将恢复血液流动和减少临床症状(见图 15.7)。

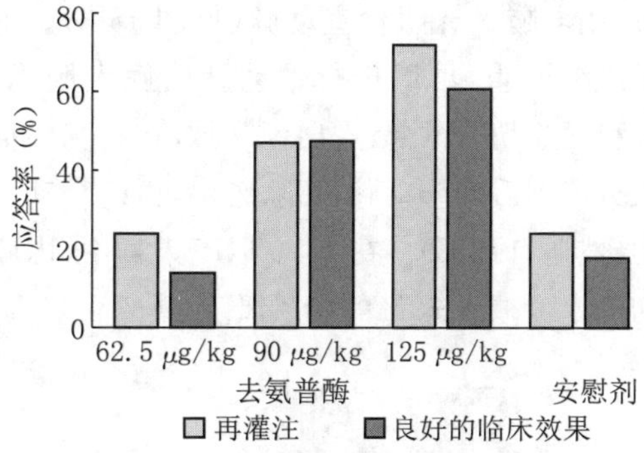


**图 15.7 去氨普酶在中风治疗中的应用**

图片显示了去氨普酶和安慰剂对脑血流恢复的影响(再灌注)和良好的临床效果。

资料来源：Hacke et al., 2005。

较大的脑血管闭塞可通过机械手段去除(Frendl and Csiba, 2011)。现已开发了两种都插入到脑血管中，直达梗阻位置的医疗器械。其中一种设备工作时像一个螺旋把手，外科医生可以使用该设备抓住梗阻并将其拉出体外。另一种设备工作依靠吸力：一旦设备的尖端触及梗阻，就将其抽成真空，使外科医生可以由此拔出血栓。这些方法的缺点是有些血块很难到达，而机械切除的尝试可能会进一步损害血管。这些设备的试验显示，使用吸取型装置更有可能获得临床上的改善，且更不容易导致脑出血。

如何防止中风？药物或生活方式改变可以减少的危险因素包括高血压、吸烟、糖尿病和高血脂。我们可以采取以减少这些风险因素的措施是众所周知的，所以不在这里详细描述。动脉粥样硬化是一种由胆固醇、脂肪、钙和细胞废物的沉积物组成一层斑块的过程，是由血栓引起的心脏病(心肌梗塞)和缺血性中风(由大脑和心脏血管动脉粥样硬化斑块造成)的前兆。

动脉粥样硬化斑块通常形成在颈内动脉——提供大部分的血液流向大脑半球的动脉。这些斑块会导致动脉内部严重收缩，大大增加了中风的风险。这种收缩可以在血管造影中可视化，通过将显影染料注射到血液中，用电脑X光机检查动脉(见图15.8)。如果收缩严重，可以执行颈动脉内膜剥脱术。外科医生切开颈部，露出颈动脉，在动脉中插入分流器后切开动脉，切除斑块，再缝合动脉(当然还有颈部)。在75岁以下人群中，内膜切除术可减少50%的中风风险。

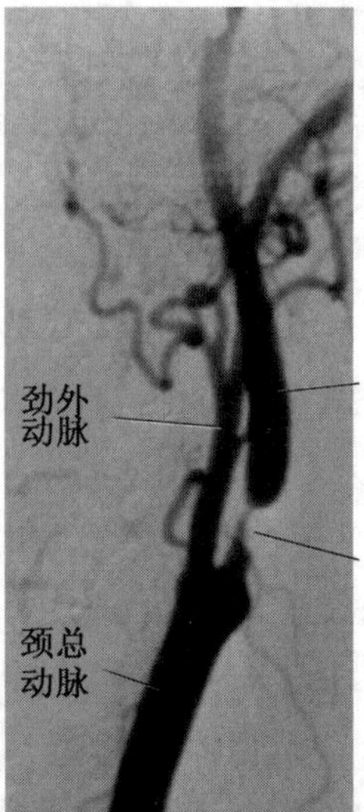


**图15.8 动脉粥样硬化斑块**

血管造影显示动脉粥样硬化斑块引起的颈内动脉阻塞。

资料来源：Stapf, C., and Mohr, J. P., Ischemic stroke therapy, Annual Review of Medicine, 2002, 53, 453—475。引用经许可。

另一种外科治疗方法是在变窄的颈动脉处放置支架(Yadav et al., 2004)。动脉支架是网状的植入装置，用于扩张和保持打开部分闭塞的动脉。这些设备最初是为治疗心脏的动脉而开发的，后来被修改为用于颈动脉。不幸的是，颈动脉支架的使用与未来中风的次数增加有关，且植入后的死亡率更高(见图15.9)。

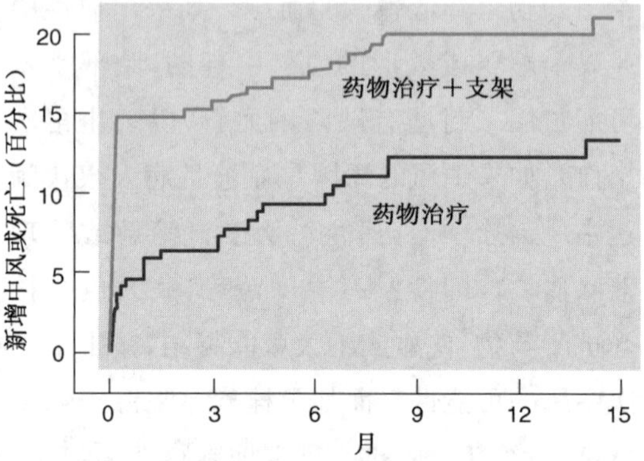


**图15.9 颈动脉支架的影响**

图中显示，接受颈动脉支架植入的患者在15个月内的中风和死亡率高于单纯接受药物治疗的患者。

资料来源：Chimowitz et al., 2011。

在研究与支架置入有关的结果之前，外科医生和医院正准备将颈动脉支架作为一个标准的程序以减少颈动脉粥样硬化，其成本为至少2万美元。而我们现在知道这将导致死亡率的增加。目前尚不清楚支架发展的未来将会带来什么，但新的材料，包括能够释放血栓的药物的聚合物，正在被测试以再次评估支架应用的潜力。

假设溶解或清除血栓的干预不成功或不可用，那么中风发生后我们可以做什么？主要的策略包括阻止大脑中抑制轴突生长的因子的药物使用，以激活大脑固有的神经生长因子，减少肿胀和炎症。例如，动物研究表明，应用NogoA抗体(一种抑制神经轴突分支和生长的髓鞘蛋白)可以增加脑损伤的恢复，运用天然产生的化学物质肌苷，可激活一种能促进轴突生长的蛋白质(Benowitz and Carmichael, 2010)。根据大脑损伤的位置，有中风的人会接受物理治疗，或者通过言语治疗来帮助他们恢复失去的功能。一些研究表明，运动和感官刺激可以帮助个体从脑损伤的影响中恢复（Cotman et al., 2007）。例如，Taub 等人（2006）研究手的能力受损和只使用一只手臂的中风患者。研究人员将患者未受影响的手臂放在悬带内 14 天，患者被迫使用受伤的手臂进行训练。对照组在相同的时间内接受认知、放松和体能锻炼。这一程序（称为约束诱导运动疗法），改善了患者受影响的手臂的长期使用能力（见图 15.10）。

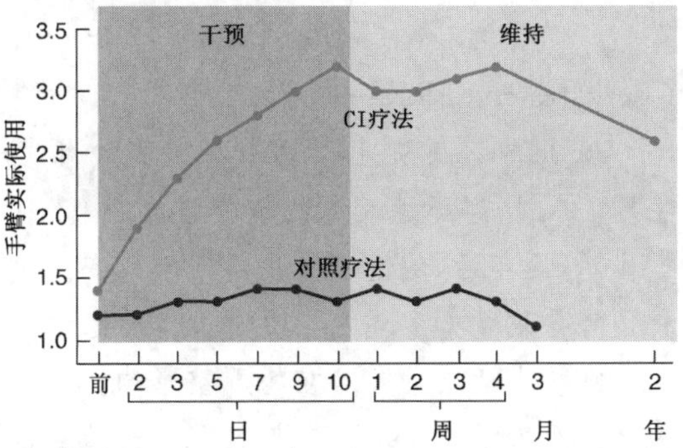


**图 15.10　约束诱导运动疗法**

该图显示了约束诱导（CI）疗法和对照疗法对受到中风损害的肢体使用的影响。

资料来源：Taub et al., 2006。

一项由 Liepert 等人（2000）进行的研究发现，约束诱导运动疗法导致了初级运动神经皮层的连接改变。调查人员使用经颅磁刺激图来绘制治疗前后控制受损手臂的对侧运动神经皮层的面积。除了改善病人对受损手臂的使用外，这种治疗还导致了这个区域的扩张——显然，波及运动皮层邻近区域——在 6 月后病人接受测试时该情况仍然存在。

正如你在第 8 章中所读到的，当一个人执行某项操作或看到其他人执行时，顶叶和腹前运动皮层的镜像神经元会变得活跃。Ertelt 等人（2007）研究中风患者结合日常生活中重复性的手掌和手臂运动疗法和只观看表演相同动作的录像的患者。相对比于对照组里观看录像的患者，实验组中患者的运动功能得到了具有长期效果的改善。此外，功能成像显示，参加运动的脑区也在增加，包括腹侧前运动神经皮层和辅助运动区。

在某些情况下，大脑或脊髓损伤的患者即使经过强化治疗也无法进行有效的肢体运动。在这种情况下，调查人员试图设计大脑与电脑的接口，允许病人控制电子和机械装置，以执行有效的操作。这种接口的开发者已经将电极的阵列直接植入患者的运动皮层，并应用表面电极来测量通过头骨和头皮传输的脑电图活动的变化。这些设备，虽然仍然在实验阶段，但已可以允许病人移动假肢，操作多关节的机械手臂，移动计算机显示器的光标，并操作计算机（Wolpaw and McFarland, 2004; Hochberg et al., 2006）。

## 本节回顾

### 脑血管意外

目标 15.3　解释脑血管意外的发生原因。

脑血管意外发生是血管的血栓或栓塞引起的血管破裂或阻塞（梗阻）所导致的。血栓是在血管内形成的血块，而栓塞在血液中流动而卡在动脉处的碎片。

目标 15.4　解释如何治疗来解决脑血管意外的近期和长期症状。

如果出血性中风是由高血压引起的，则给予药物以降低患者的血压。如果出血性中风是由虚弱或畸形的血管引起的，脑部手术可能被用来封堵有缺陷的血管，以防止再次出血。如果中风的原因是血栓，医生就会尝试溶解或物理清除血块。即使没有立即治疗，病人也会接受抗凝药物，使血液不太可能凝结，减少下一次中风的可能性。如果栓塞来源于细菌感染，将给予病人抗生素以抑制感染。药物正在研发，以减少中风发生后的损害，并促进脑组织再生。理疗可以促进康复，尽量减轻患者的缺陷。约束诱导运动疗法已被证明是运动皮层受到单侧损害后特别有用的恢复肢体运动的方法。运动疗法结合动作观察的活动被证实具有有益的效果，其原因可能是刺激镜像神经元系统有益于患者的康复。

## 思考题

许多目前可用于脑血管意外的治疗都有副作用，或者并不是所有患者都适用。人们非常需要更安全、更有效的治疗策略。描述一种新的治疗中风患者的方法。描述你的治疗如何解决或提高脑部神经损伤后的恢复。

---

# 外伤性脑损伤

A. P.是一名49岁的化学药品依赖顾问。他获得了社会工作专业的大学学位，并通过了作为专业顾问工作所需的执照考试；然而，他在所选择的领域找到并保住一份工作是困难的。在他的一生中，打架和一场严重的车祸给他造成多重的外伤性颅脑损伤。CT扫描显示，在上次受伤后数年，他的右额叶受损。那次受伤后，A. P.经历了重大的执行功能障碍，变得容易分心、烦躁、急躁、杂乱无章，在某些情况下控制他的愤怒存在着困难。

为了解决他对就业的两个主要的担忧，A. P.寻求了一个治疗师的帮助，以制定更有效的战略来对他的职业进行组织和报告写作。在进行了几项认知测试以评估A. P.的优缺点后，该治疗师设计了用于社会工作访谈的报告编写软件，以解决A. P.的执行和组织缺陷问题。在10周期间，治疗师与A. P.合作，共同改善和实践他的报告写作技巧。经过治疗，A. P.获得了化学药品依赖顾问的职位。他与他的雇主和治疗师合作，进一步将他的报告写到他工作的门诊诊所。A. P.在一年内被成功提拔为诊所中的高级职位(Turkstra and Flora, 2002)。

A. P.的案例突出了本节中的几个重要主题。A. P.经历过反复的创伤性脑损伤，证据显示，几年后，他的额叶皮层产生病变。这种伤害导致认知和情感上的损害，对他的职业生涯和生活质量有潜在的严重影响。为解决这些问题而进行的干预使A. P.能够追求他的专业发展并实现他的职业目标(Turkstra and Flora, 2002)。

## 病因

目标15.5　指出外伤性脑损伤的病因。

外伤性脑损伤(TBI)是一个严重的健康问题(Chen and D'Esposito, 2010)。仅在美国，就有大约140万人因外伤性脑损伤在急诊科接受治疗，27万人因外伤性脑损伤住院，5.2万人因外伤性脑损伤死亡。特别是自2000年以来，美国军事人员中就有超过30万例外伤性脑损伤被报告(Fischer, 2015)。外伤性脑损伤可能是因为一个子弹或头撞在一个尖锐的物体上，导致脑部受伤或头骨部分破碎。闭合型头部损伤不涉及大脑的穿透，但这些损伤也会造成严重的伤害或死亡。在军事人员中，经常发生的外伤是由爆炸装置造成的。毫无疑问，许多军事人员的脑部受到损伤，但由于不外显而没有被诊断出来。

穿透性脑损伤（也称为开放型头部损伤）会对被物体或骨骼损伤的大脑部分造成损害。另外，血管的损伤会使大脑的某些部分失去正常的血液供应，血液积聚会在大脑中施加压力而造成进一步的损伤。闭合型头部损伤——例如，由钝物撞击右前额造成——会因为它突然撞击头骨内部而挫伤右额叶（这种脑损伤被称为着力伤）。然后大脑会在相反的方向后退，对头骨的左后方区域进行挤压而造成粉碎（这被称为对冲伤）。在许多情况下，对冲伤会产生比着力伤更严重的伤害。

在撞击和对冲时，闭合型头部损伤比大脑皮层损伤更为严重。其束轴突会撕裂和扭曲，血管会破裂，脑脊液也会扭曲室壁。正如我们在有关癫痫症的一节中所看到的，外伤性脑损伤可以在几个月后以癫痫形式发作。

慢性外伤性脑病（CTE），一种外伤的形式，会演变成反复的头部外伤。慢性外伤性脑病在参加或接触运动的运动员身上经常出现，因导致经常性及反复性的头部创伤而受到关注。对慢性外伤性脑病的诊断（就像你将在本章晚些时候阅读的其他神经退行性疾病）通过对脑组织的解剖检查证实。情绪和认知损伤会作为慢性外伤性脑病的症状在受伤持续数年后出现。与患有阿尔茨海默病的个体的大脑相似，异常的 tau 蛋白在慢性外伤性脑病患者的皮层中累积。慢性外伤性脑病患者也显示脑体积减小和脑室扩大的现象（Korngold et al., 2013）。特别是，胼胝体、皮层区域和边缘系统似乎都被破坏，导致产生与这种疾病相关的执行控制和情绪调节缺陷（Baugh et al., 2012; Korngold et al., 2013）。（见图 15.11）

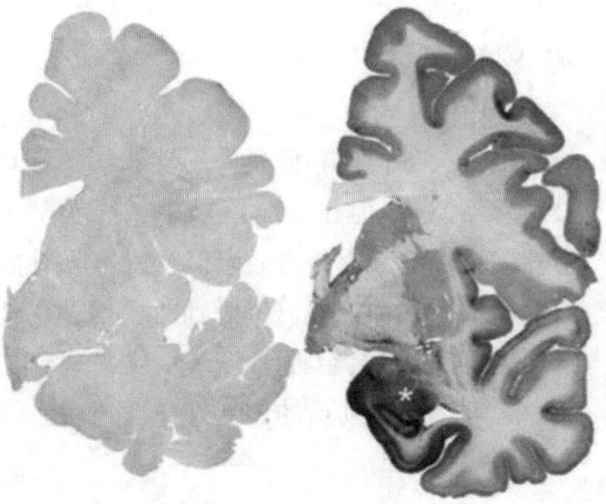

(a)

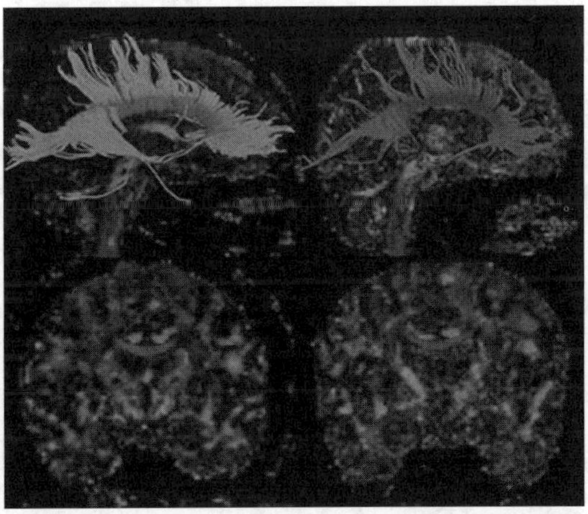

(b)

**图 15.11 慢性外伤性脑病中的大脑变化**

(a)该图显示一个慢性外伤性脑病（CTE）患者的部分大脑（右）相比于普通人的部分大脑（左）。在 CTE 区域中黑色的部分是异常 tau 蛋白在脑部损伤后积累的显示。白色星号表示杏仁核中这些蛋白质的致密堆积。(b)该图显示了一个普通人大脑（绿色，左）和一个患有慢性外伤性脑病的前职业拳击手的大脑（粉红色，右）胼胝体的扩散张量图像扫描。CTE 患者的脑部胼胝体显示损伤（较短和较不广泛的白质大片）与脑损伤相关。

资料来源：Baugh, C. M., et al., Chronic traumatic encephalopathy: Neurodegeneration following repetitive concussive and subconcussive brain trauma. *Brain Imaging and Behavior*, 2012, 6[2], 244—254。

## 治疗方法

目标 15.6 描述外伤性脑损伤的治疗方法。

立即、主要的外伤性脑损伤治疗方法通常包括减少肿胀和颅内压以及确保足够的血液流向受伤地区(McConeghy et al., 2012)。

继发脑损伤后,创伤治疗应处理最初损伤后的症状。即使是轻度的脑外伤,也能极大地增加一个人维持症状的风险,这不是立即外显的,而是随年龄增加而表现出来。例如,在早期生活中被击打过头部的人患阿尔茨海默病的可能性要高得多。除了给大脑造成身体创伤之外,脑外伤还会导致受损大脑组织中腺苷和谷氨酸含量增加。谷氨酸的增加将腺苷从其正常作用转化为抗炎剂,促进炎症,导致进一步的损伤。用一种抑制谷氨酸释放的药物治疗可以防止细胞外腺苷的作用(Dai et al., 2010)。其他的药理治疗已被测试,以减少与神经损伤有关的细胞内和细胞外过程的活动,但大多数结果是阴性的,或尚未在适当的大规模、随机化的临床试验中得到测试(McConeghy et al., 2012)。

治疗脑外伤的长期行为和认知效应涉及的策略和治疗脑血管意外引起的大脑损伤的方法相同。A.P.的案例展示了一种行为干预的例子,其中提到了外伤性脑损伤的一些长期影响。

---

# 本节回顾

### 外伤性脑损伤

目标 15.5 指出外伤性脑损伤的病因。

外伤性脑损伤可能是因为一颗子弹或头撞在一个尖锐的物体上,导致脑部受伤或头骨部分破碎。闭合型头部损伤也会造成脑损伤。

目标 15.6 描述外伤性脑损伤的治疗方法。

治疗包括立即减少肿胀和颅内压力,并提供足够的血液流动到受伤的脑区。药物治疗减少谷氨酸活性的方法也可以立即在脑损伤后使用。行为干预可以有效地解决脑外伤的长期症状。

## 思考题

虽然头部损伤和慢性外伤性脑病的确切关系尚不清晰,但在参与运动中减少头部创伤的严重性和频率是有效降低慢性外伤性脑病发病率的一种方法。考虑到对慢性外伤性脑病的了解,你会给教练什么建议来减轻与其一起训练的运动员的慢性外伤性脑病?

---

# 发展性障碍

正如你将在本节中所读到的,怀孕期间有毒物质的存在,遗传或非遗传的基因异常都会对大脑发育产生不利影响。在某些情况下。大脑发育受损会导致严重的认知发展障碍或是智力障碍。

## 有毒化学物质

目标 15.7 描述酒精对神经系统发育的影响。

智力障碍的一个常见病因就是孕期有毒物质对胎儿发育的伤害。致畸物可以是导致胚胎异常发育的任何化学或有毒物质。如,孕妇在怀孕早期感染风疹,病毒释放的有毒化学物质会干扰控制典型大脑发育的化学信号。大多数有医疗保健的孕妇可以通过接种风疹疫苗以防止孕期感染。

除了病毒产生的毒素外，各种药物也会对胎儿发育产生不利影响。如，在孕期，特别是怀孕的第三到第四周期，饮酒可造成智力残疾(Sulik, 2005)。一些研究人员认为，对发育中的神经系统的损害可能是在胎儿发育关键期孕妇饮酒过量造成的(Sokol et al., 2003)。孕期长期饮酒的妇女生下的婴儿通常比大多数婴儿小且发育要更慢，他们中的许多人都表现出胎儿酒精谱系障碍，这是一个包容性术语，指一系列以面部发育异常和与产前酒精接触有关的脑发育受损为特征的神经发育变化(Riley et al., 2011)。**胎儿酒精综合征**是这类疾病中一种特殊诊断。图15.12展示了患有胎儿酒精综合征儿童的面部，胎儿期接触酒精的小鼠胎儿和正常发育下的小鼠胎儿的面部照片。正如你所见，酒精对这两个物种的后代造成了相似的异常。面部异常相对不重要。更严重的是相对异常的脑发育。

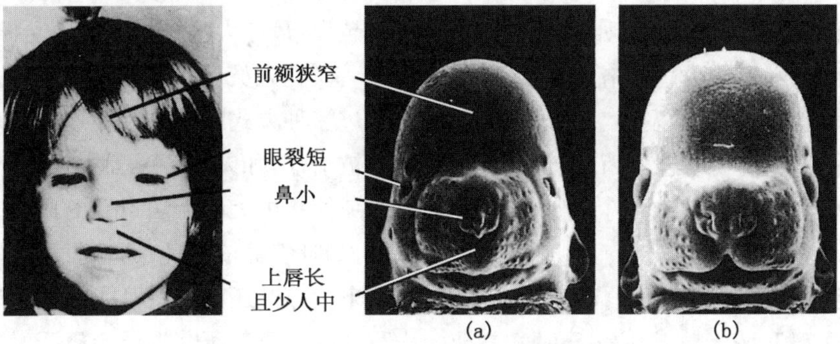


**图15.12 胎儿酒精综合征面部畸形**

这些照片显示了一个患有胎儿酒精综合征的孩子，以及放大了的小鼠胎儿。(a)母鼠在怀孕期间饮酒的小鼠胎儿。(b)典型发育的小鼠胎儿。

研究表明，酒精通过干扰一种**神经黏连蛋白**——一种帮助引导发育中的大脑神经元生长的蛋白质——来扰乱典型的脑发育(Abrevalo et al., 2008; Braun, 1996)。胎儿期接触酒精似乎对神经可塑性有直接影响。Sutherland等(1997)发现在怀孕期间摄入适量酒精的雌性大鼠的后代表现出较少的长时程增强(见第12章)。最后，胎儿酒精暴露对神经干细胞和祖细胞的发育有不利影响(Vangipuram and Lyman, 2010)。

## 遗传代谢病

目标15.8 对照遗传代谢病的症状、病因及治疗。

一些遗传的"代谢错误"会导致脑损伤或损害大脑发育。细胞的正常功能需要许多生化系统之间的复杂相互作用。这些系统依赖于酶，酶负责构造或分解特定的化合物。酶是蛋白质，因此由包括染色体在内的相关机制产生，包括合成它们的配方。"代谢错误"是指基因异常使得某些特定酶的配方出现错误，所以酶不能合成。如果这种酶是一种关键酶，后果可能更加严重。

至少有一百种不同的遗传代谢病会影响脑的发育，最常见的是**苯丙酮尿症**(PKU)。这种病是由于遗传上缺乏一种能将苯丙氨酸(一种氨基酸)转化成酪氨酸(另一种氨基酸)的酶而引起的。血液中过多的苯丙氨酸干扰中枢神经系统神经元的髓鞘化。大脑半球的髓鞘化大部分发生在出生后。因此，当一个患有苯丙酮尿症的婴儿接收到含有苯丙氨酸的食物后,氨基酸会急剧增加,大脑就无法正常发育。最终会造成严重的智力障碍,6 岁时平均智商大约为 20。作为比较,智商量表是被设计成这样的,一般人群的平均分数约为 100。

幸运的是,可以通过让婴儿吃低苯丙氨酸食物来治疗苯丙酮尿症。该饮食可保持血液内的苯丙氨酸的低水平,并且中枢神经系统神经元髓鞘化正常。一旦髓鞘化完成,饮食限制可以有所放松,因为高水平的苯丙氨酸不再威胁大脑发育。在产前发育过程中,胎儿受到母亲新陈代谢的保护,这就把苯丙氨酸从循环中排除了。然而,如果母亲患有苯丙酮尿症,她必须在孕期严格控制饮食,否则婴儿的大脑将无法正常发育。如果母亲吃典型的饮食,这些食物富含苯丙氨酸,血液中苯丙氨酸含量高不会损害她的大脑,但会损害胎儿的大脑。

出生后立即诊断苯丙酮尿症是十分重要的,因为这样婴儿的大脑就不会暴露在高水平的苯丙氨酸中。因此,许多政府都通过了法律,规定所有新生儿都必须做苯丙酮尿症检验。这个测验既便宜又准确,而且它已经预防了许多智力障碍案例。

代谢的其他遗传错误可以用类似的方法处理。如,未经治疗的**吡多醇依赖症**会对大脑白质、丘脑和小脑造成损害。它是通过大剂量的维生素 B6 治疗的。另一种代谢错误,**半乳糖血症**,是无法代谢乳糖(在牛奶中发现的一种糖)。如果不治疗,它会对大脑白质和小脑造成损害。治疗方法是使用不含乳糖的牛奶替代品。(半乳糖血症不应与乳糖不耐症混淆,乳糖不耐症是由乳糖酶[分解乳糖的消化酶]产生不足引起的。乳糖不耐症会导致消化紊乱,而不是大脑损伤。)

其他一些遗传代谢疾病尚不能成功治疗。如,**泰萨二氏病**主要发生在东欧犹太后裔的孩子身上,它会导致大脑膨胀并对头骨内部和硬脑膜褶皱造成损害。神经系统症从 4 个月大开始,包括对声音的夸张惊讶反应,精神萎靡,易怒,痉挛,癫痫,痴呆和最后死亡。

泰萨二氏病是几种代谢"储存"疾病之一。所有细胞都含有包裹的物质囊膜,称为溶酶体。这些囊状物构成细胞的废物清除系统;它们含有酶,酶分解细胞在正常活动下产生的废物。分解后的废物被回收(再被细胞利用)或被排泄出体外。代谢储存障碍是代谢的遗传错误,其中一种或多种重要酶的缺失。特定种类的废物不能被破坏,所以它们聚集在溶酶体中。溶酶体越来越大,细胞越来越大,最终大脑开始膨胀并受损。

研究人员调查遗传代谢错误,希望可以通过多种方式预防或治疗这些疾病。一些可以被治疗,如苯丙酮尿症、半乳糖血症,通过避免饮食中大脑无法耐受的成分来治疗。其他,如吡多醇依赖性,通过服用人体所需的物质来治疗。还有一些可能在某天通过基因工程技术治愈。研究人员希望开发出一种基因改造过的病毒,可以将这种细胞所缺乏的产生酶的基因信息注射到细胞内,并能使细胞的其他功能完好无损。

## 唐氏综合征

目标 15.9　指出唐氏综合征的症状、病因及治疗。

**唐氏综合征**是一种先天性疾病,会导致大脑发育的异常,造成不同程度的智力障碍。先天性并不一定意味着遗传性,它只是指出生时出现的一种障碍。它是由额外的 21 号染色体引起的。21 号染色体的小部分,包括大约 300 个基因,包含关键区域(Belichenko et al., 2010)。这种综合征与母亲的年龄有关,在大多数案例里,减数分裂错误产生的卵子有两个(而不是一个)21 号染色体(同样的错误也可能发生在精子细胞里,但不太常见)。35 岁以上女性出现这种错误的可能性增加。当受精发生时,父亲 21 条染色体的增加会产生三条而不是两条 21 号染色体。额外的染色体会导致生化变化,损害正常的大脑发育。从胎盘、羊水或脐带中获取产前样本的几种相对安全的方法的发展,使医生能够通过核型检查染色体,来鉴别出染色体异常的细胞,从而确定胎儿是否携带了唐氏综合征(见图 15.13)。

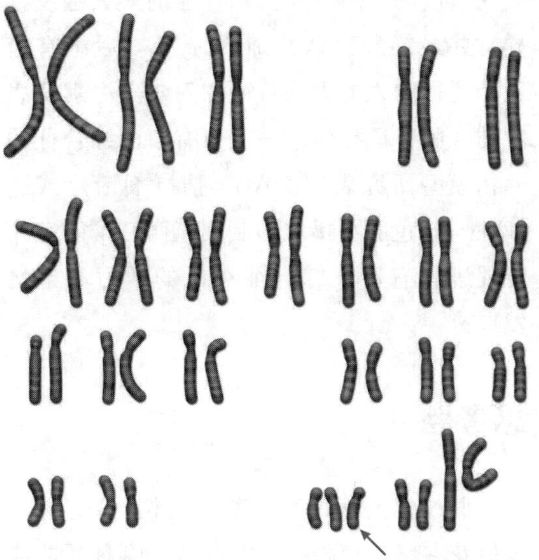

**图 15.13 唐氏综合征的核型**

核型允许医生检查遗传物质样本中的染色体数目。在这个例子中,注意到 21 号染色体有三个副本。(箭头)这是一个患有唐氏综合征的女性的核型。

唐氏综合征最早由 John Langdon Down 于 1866 年描述,在美国大约每 700 个人中就有一个人患有唐氏综合征。患有这种疾病的人通常身材矮小,面部发育也会发生变化。他们可能比正常发育的同龄人说活晚,但大多数唐氏综合征患者在 5 岁时学会说话。唐氏综合征患者的大脑比正常发育的同龄人轻约 10%,褶皱(脑回和脑沟)更小,折叠更少,额叶更小,颞上回(威尔尼克区的位置)更薄。30 岁以后,唐氏综合征患者的大脑会出现异常的显微结构并开始退化。因为这种退化类似于阿尔茨海默病,我们将在下一节讨论。如果开发有效治疗阿尔茨海默病的方法取得成功,它们可能有助于预防唐氏综合征大脑的退化。

几项研究结果表明,一些药物治疗可能对于唐氏综合征有关的学习和记忆障碍有有益的影响。唐氏综合征的小鼠模型表明,GABA 系统的过度活动可能损害海马突触可塑性和相关的学习和记忆。GABA 拮抗剂治疗改善了唐氏综合征小鼠模型中依赖于海马体的记忆任务表现并增强了长时程增强(Kleschevnikov et al., 2012)。

虽然这种动物模型研究很有前途,但 GABA 拮抗剂药物治疗的潜力受到潜在副作用的制约。降低 GABA 活性的药物会导致癫痫发作,并且与一般人群相比,唐氏综合征患者癫痫发作的风险更高(Matinez-Cue et al., 2014)。另一种改善唐氏综合征小鼠模型学习和记忆的潜在治疗药物是选择性 5-羟色胺再摄取抑制剂氟西汀。研究人员发现,服用氟西汀后,拥有额外染色体副本(作为唐氏综合征的模型)的小鼠,其记忆任务和长时程增强有所增强。氟西汀治疗也降低了小鼠大脑中的 GABA 浓度,这表明这种治疗在未来的临床实验中可能是有益的(Begenisic et al., 2014)。有关本节讨论的发展性障碍的综述,请参见表 15.3。

**表 15.3 发展性障碍**

| 原　因 | 描　述 | 症　状 |
|---|---|---|
| 接触致畸剂 | 接触致畸剂(如酒精)损害大脑发育 | 智力障碍 |
| 遗传代谢紊乱(如苯丙酮尿症,吡哆醇依赖性,半乳糖血症,泰萨二氏病) | 编码特定酶的基因异常。如果不治疗,会损害大脑发育 | 智力障碍;泰萨二氏病的脑肿胀 |
| 唐氏综合征 | 21 号染色体的三个副本使大脑发育受损 | 智力障碍;成年期大脑退化 |

## 本节回顾

### 发展性障碍

目标 15.7 描述酒精对神经系统发育的影响。

孕期胎儿暴露于酒精，对胎儿大脑发育有不利影响，特别是在关键时期。酒精会影响神经粘连蛋白和神经可塑性，导致大脑发育异常。

目标 15.8 对照遗传代谢病的症状、病因及治疗。

一些遗传代谢疾病会损害大脑发育。如，由于缺乏将苯丙氨酸转化成酪氨酸的酶造成的苯丙酮尿症。苯丙酮尿症影响髓鞘发育，如果不治疗，会导致智力障碍。苯丙酮尿症可以通过低苯丙氨酸饮食来治疗。吡哆醇依赖症会对大脑白质、丘脑、小脑产生损害，可用维生素 B6 治疗。半乳糖血症也能对大脑白质、小脑产生损害，可用不含乳糖的牛奶饮食来治疗。储存障碍，如泰萨二氏病，是由细胞不能破坏含有溶酶体的废物造成的，它会导致细胞膨胀，最终死亡。目前还没有治疗泰萨二氏病的方法。

目标 15.9 指出唐氏综合征的症状、病因及治疗。

唐氏综合征是由多余的 21 号染色体的出现造成的。患有唐氏综合征的人大脑发育异常并最终导致认知障碍。30 岁后患有唐氏综合征的人的大脑特征和阿尔茨海默病患者的大脑特征相似。一项患有唐氏综合征的动物模型研究表明 GABA 拮抗剂治疗或选择性 5-羟色胺再摄取抑制剂氟西汀可能有助于促进患有唐氏综合征小鼠的学习和记忆发展。

## 思考题

假设你主管政府或慈善机构，这有一笔可以花在脑发育障碍研究的钱。哪种预防或治疗发展性障碍的方法是最有效的？

# 退行性疾病

许多疾病过程导致脑细胞的退化。这些情况中的一些会伤害特定种类的细胞，这一事实的研究给了人们以发现伤害原因的希望并发现一种方法去阻止它，防止它在其他人身上发生。接下来的部分将讨论由朊病毒感染（传染性海绵状脑病），运动能力（帕金森病，亨廷顿病，肌萎缩侧索硬化，多发性硬化）和认知（阿尔茨海默病，科尔萨科夫综合征）受损引起的退行性疾病。对于每一种疾病，将提供有关的病因和治疗信息。

## 传染性海绵状脑病

目标 15.10 描述传染性海绵状脑病如何导致脑损伤。

20 世纪 80 年代末 90 年代初，英国爆发了牛海绵状脑病（BSE，或称疯牛病），引起了公众对特殊形式的脑病的关注。BSE 是一种**传染性海绵状脑病**（TSE）——一种致命的传染性脑病，其退化过程是大脑呈现出海绵状（或瑞士奶酪状）的外观。除了疯牛病，这些疾病还包括克罗伊茨费尔特-雅各布病（或克雅氏病），致死性家族性失眠症，库鲁病（影响人类）和痒病（主要影响羊）。尽管痒病不会传染给人类，但疯牛病可以传染给人类，而且它会产生克雅氏病的变种。

与其他传染性疾病不同，传染性海绵状脑病不是由微生物引起的，而是由简单的蛋白质引起的，这种蛋白质被称为**朊病毒**或“蛋白质传染分子”(Prusiner，1982)。朊蛋白存在于神经细胞的细胞膜中，人们相信它们在神经元的突触功能和髓鞘的保护中发挥作用(Popko，2010)。朊蛋白对蛋白质水解酶有抗性——这种酶可通过破坏肽键来破坏，而蛋白质是通过氨基酸连接在一起的。朊蛋白也能抵抗使正常蛋白质变性的高温，这就解释了为什么烹饪患有疯牛病的牛的肉不会破坏这种传染因子。正常朊蛋白($PrP^{c}$)和感染性朊蛋白($PrP^{Sc}$)的氨基酸序列相同，那么，为什么两个氨基酸序列相同的蛋白质会产生如此不同的效果呢？答案是，蛋白质的功能很大程度上取决于它的三维形状。正常朊蛋白和感染性朊蛋白的唯一区别是蛋白质的折叠方式(参见图 15.14)。一旦折叠错误的感染性朊蛋白进入细胞，它就会导致正常朊蛋白也折叠错误，这个转化的过程最终会杀死它们。(回顾 Miller，2009)

**图 15.14　错误折叠的蛋白质**

一种家族型克雅氏病以显性特征遗传，由 20 号染色体短臂上的 PRNP 基因突变引起，该基因编码人类朊蛋白基因。致死性家庭性失眠症，可以在第 9 章中读到，也通过 PRNP 基因的遗传突变在家庭中传播。然而，大多数传染性海绵状脑病病例是**散发性**的。也就是说，可发生在没有朊蛋白疾病家族史的人身上。朊蛋白疾病之所以独特，不仅是因为它们可以通过一种简单的蛋白质传播，还因为它们是遗传的或偶发的——而遗传和偶发的形式也可以传染给别人。克雅氏病在人类中最常见的传播形式是通过硬脑膜或角膜等组织的移植，这些组织可以从感染了朊病毒疾病的人的尸体中提取出来。一种人类朊蛋白疾病库鲁病(kuru)是通过同类相食传播的：出于对最近去世的亲属的尊重，新几内亚土著群体的成员吃了他们的大脑，有时因此感染了这种疾病。这种做法已经被废弃了(Gajdusek，1977)。20 世纪 50 年代，当西方医生最初描述这种疾病时，他们报告说，与成年男性相比，女性和儿童患库鲁病的概率更高，他们经常消耗神经系统组织，而成年男性则消耗其他器官或肌肉组织。单词 kuru 的意思是颤抖(或害怕)。这个术语可能指小脑退化引起的震颤或共济失调(Tollins et al.，2011)。

无论正常朊蛋白扮演什么角色，它似乎对细胞的生命并不是至关重要的。Bueler 等(1993)发现朊蛋白基因靶向突变的小鼠细胞在接种引起这种疾病的错误折叠的朊蛋白时，绝不会产生朊蛋白，也不会产生小鼠痒病。接种这些朊病毒的正常小鼠在 6 个月内死亡。

Steele 等人(2006)的一项研究表明，正常的朊蛋白在胎儿的神经发育和分化以及成人的神经再生方面起作用。研究人员培育了一种基因工程的小鼠，与正常小鼠相比，这些小鼠的 $PrP^{c}$ 数量增加，并发现脑室下区增殖细胞数量增加，齿状回神经元数量增加。

一些研究者(如 Bailey et al., 2004)提出朊病毒样机制可能在建立和维持长期记忆中发挥作用。长期记忆可以维持数十年,而对酶的破坏性有抵抗作用的朊蛋白可能在很长一段时间内维持突触的变化。Criado 等人(2005)发现对 PRNP 基因有靶向突变的小鼠在空间学习任务和齿状回建立长期电位时出现缺陷,Papassotiropoulos 等(2005)发现,在一个单词列表学习任务完成 24 小时后,具有朊蛋白基因特定等位基因的人比具有不同等位基因的人记住的信息多 17%。(这两种等位基因都被认为是正常的,与朊蛋白疾病无关。)

Mallucci 等人(2003)创造一种转基因小鼠,其神经元在 12 周大时产生一种破坏正常朊蛋白的酶。当动物几周大时,实验者用错误折叠的鼠痒病朊病毒感染他们。然后在 12 周时,这种酶开始活跃并开始破坏正常的 $PrP^{c}$。尽管分析大脑中的胶质细胞发现仍然含有错误折叠的 $PrP^{Sc}$,但疾病的进程停止了。神经元停止了正常的 $PrP^{c}$,也不能再转化为 $PrP^{Sc}$,所以小鼠正常生活。这种疾病在没有这种特定酶的小鼠身上继续发展,这些小鼠很快就死了。作者认为 $PrP^{c}$ 转化成 $PrP^{Sc}$ 的过程是杀死细胞的过程。

错误折叠的朊蛋白是怎样杀死神经元的?正如我们将在本章后面看到的患有其他退行性疾病的人的大脑,包括帕金森病、阿尔茨海默病、额颞叶痴呆、肌萎缩侧索硬化症和亨廷顿病,也包含错误折叠的朊蛋白的聚合(Miller 2009; Lee et al., 2010)。我们也将会看到,即使错误折叠的蛋白质不是朊蛋白,这种疾病也可以通过将蛋白质接种到其他动物的大脑中传染给它们。正如我们在第 3 章看到的,细胞包含了它们自杀的方式——一个被称为凋亡的过程。细胞凋亡可由外部触发,通过化学信号告诉细胞它不再被需要(例如,在发育过程中),或由内部触发,内部证据表明这个细胞的生化过程已经中断,使细胞不能再正常运作。也许错误折叠,异常的蛋白质积累提供了这样的信号。细胞凋亡涉及凋亡蛋白酶等"杀手酶"的产生。Mallucci 等人(2003)提出,凋亡蛋白酶-12 的失活可能提供了一种阻止传染性海绵状脑病进展的治疗方法。希望他们是对的。

## 帕金森病

目标 15.11 描述帕金森病的症状、病因及治疗。

帕金森病是由黑纹状体系统的退化引起的,它是一种将轴突发送到基底神经节的黑质多巴胺分泌神经元。在 65 岁以上的人群中,约有 1%患有帕金森病。帕金森病的主要症状是肌肉僵硬、行动迟缓、静息震颤和姿势不稳。例如,一旦一个帕金森病患者坐着,他/她会发现很难站起来。一旦这个人开始行走,他/她会很难停下来。伸手去够一个物品可能是准确的,但运动通常是在相当长的延迟之后才开始。书写缓慢而费力,随着书写的开始,字母会越来越小。姿势运动受损。一个在站立时被撞的健康人会迅速移动以恢复平衡——例如,向即将跌倒的方向迈出一步,或者伸出胳膊去抓住一件家具。然而,帕金森病患者却没有这样做,只是摔倒了。患有这种疾病的人甚至不可能伸出手臂来阻止摔倒。正如我们在第 8 章看到的,帕金森病患者的运动缺陷可以描述为由于基底神经节受损而导致的自主性、习惯性反应缺陷。

帕金森病还会产生一种静息性震颤——当个体有目的性地活动时,手臂和手的颤动就会减弱。震颤时伴有僵直,关节显得僵硬。然而震颤和僵硬并不是缓慢运动的原因。事实上,一些帕金森病患者运动极其缓慢,但几乎或很少有震颤。

对帕金森病患者的头部检验显示,黑纹状体多巴胺能神经元几乎消失。许多幸存的多巴胺神经元显示出**路易小体**,在细胞质中发现的异常圆形结构。路易小体有一个密集的蛋白质核心,周围环绕着一圈辐射状纤维(Forno, 1996)。(见图 15.15)

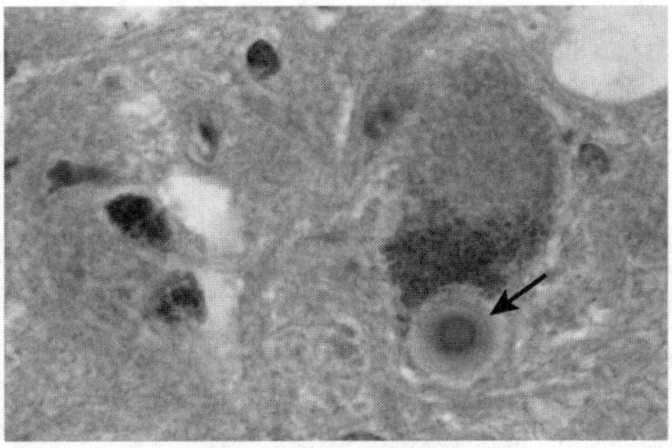

**图 15.15 路易小体**

帕金森病患者黑质显微照片显示路易体,箭头所示。

资料来源:Dr. Don Born, University of Washington。

多巴胺缺失对正常大脑功能有什么影响?功能成像研究表明,运动障碍(启动运动困难)与辅助运动区激活减少,震颤与神经系统的异常有关,包括脑桥、中脑、小脑和丘脑(Buhmann et al., 2003; Grafton, 2004)。

**病因** 尽管许多帕金森病案例似乎并没有基因起源,但研究人员发现,位于 4 号染色体的一个特定基因的突变会导致这种疾病(Polymeropoulos et al., 1996)。这种基因会产生一种被称为**α-突触核蛋白**的蛋白质,它通常位于突出前端,并且被认为参与了多巴胺能神经元的突触传递(Moore et al., 2005)。这种突变会产生毒性的功能增益,因为它会产生一种对细胞有害的蛋白质。引起**毒性功能获得**的突变通常占主导地位,因为无论一对染色体中的一个或两个成员包含突变基因,都会产生毒性物质。异常的 α-突触核蛋白错误折叠并形成聚合,特别是在多巴胺能神经元(Goedert, 2001)。路易小体的致密核主要由这些聚合体、神经纤维和突触小泡蛋白组成。

帕金森病另一种遗传形式是由 6 号染色体上的一个基因突变引起的,该基因产生一种名为 **parkin** 的基因(Kitada et al., 1998)。这种突变会导致**功能失去**,使其成为一种隐性遗传疾病。如果一个人只在一条染色体上携带一个突变的 **parkin** 基因,另一条染色体上的正常等位基因就可以产生足够数量的 **parkin** 基因来维持正常的细胞功能,这个人就不会患上帕金森病。正常的 **parkin** 基因在将有缺陷和错误折叠的蛋白质转移到**蛋白酶体**——负责破坏这些蛋白质的细胞器中起作用(Moore et al., 2005)。这种突变使得多巴胺能神经元积累大量的缺陷蛋白质,并最终损害它们。图 15.16 展示了 parkin 在蛋白酶体活动中的作用。parkin 有大量的**泛素**分子(一种小而紧凑的球状分子)帮助标记异常或

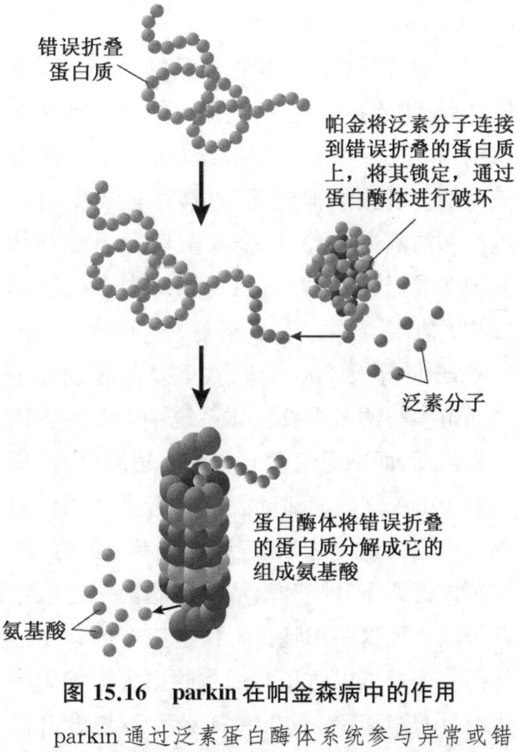


**图 15.16 parkin 在帕金森病中的作用**

parkin 通过泛素蛋白酶体系统参与异常或错误折叠蛋白质的破坏。如果 parkin 有缺陷是因为突变,异常或错误折叠的蛋白质就不能被破坏,所以它们在细胞中积累。如果 α-突触核蛋白的缺陷是因为突变,parkin 无法用泛素标记它,它在细胞中积累。

错误折叠的蛋白质。泛素化(这个过程被称为泛素化)的作用是将异常的蛋白质通过蛋白酶体分解成组成它们的氨基酸。有缺陷的parkin不能泛素化异常蛋白,它们在细胞中积累,最终杀死细胞。由于这种原因,多巴胺能神经元对这种积累特别敏感。

绝大多数帕金森病(大约95%)是散发性的。也就是说,它们也发生在没有帕金森病家族史的人身上。那是什么触发了α-突触核蛋白的积累和多巴胺神经元的破坏?研究表明,帕金森病可能是由于环境中的毒素物质、代谢缺陷或未知的传染病引起的。例如,杀虫剂鱼藤酮和百草枯可能导致帕金森病,其他不明毒素也可能。所有的这些化学物质抑制线粒体功能,导致错误折叠的α-突触核蛋白聚合,特别是在多巴胺能神经元的聚合。这些积累的蛋白质最终会杀死细胞(Dawson and Dawson, 2003)。

大脑含有多巴胺能神经元的两个主要系统:黑纹状体系统(它的受损可能会导致帕金森病)和中边缘/中皮层系统(由位于腹侧被盖区的多巴胺能神经元组成,神经支配着伏隔核和前额皮层)。帕金森病仅对黑纹状体系统造成损伤,所以这两个系统中多巴胺能(DA)神经元之间必然存在重要差异。Mosharov等人(2009)认为,重要的区别在于钙通道参与调节黑纹状体系统中DA细胞的自发活动,而钠通道参与调节中边缘/中皮质系统中DA细胞的活动。对啮齿类动物帕金森病模型的研究表明α-突触核蛋白的存在,细胞内钙离子升高和高浓度的胞内多巴胺结合可以杀死这些细胞。干预这三个因素中的任何一个都可以防止对细胞的损害。因为中边缘/中皮质系统的DA神经元不包含升高的钙离子,所以得以幸免。

**治疗** 尽管目前还没有帕金森病的治愈方法,但研究人员和临床医生已经开发出几种药物和外科干预措施来治疗帕金森病的症状。

*药物治疗* 正如我们在第4章看到的,帕金森病的标准治疗方法是左旋多巴,多巴胺的前体。大脑中左旋多巴水平的提高会使病人剩下的多巴胺能神经元产生和分泌更多的多巴胺,并在一段时间内减轻该病症状。但这种补偿并不是无限期的;最终,黑纹状体多巴胺能神经元的数量下降到非常低的水平,这种低水平会导致症状恶化。不幸的是,左旋多巴也会激活中边缘/中皮质系统中的DA神经元,产生如幻觉、错觉等副作用。

另一种药物,司来吉兰,通常会与左旋多巴相结合,用于治疗帕金森病。正如我们在第4章开始看到的,一些人在服用了被MPTP污染的违禁药物后出现了帕金森病的症状。随后在实验室动物身上进行的实验说明,左旋多巴这种可以抑制MAO-B酶活性的药物可以预防这种药物的毒性作用。给帕金森病患者服用左旋多巴的最初理由是它可能会阻止未知毒素对多巴胺能神经元的进一步伤害。很多研究(如Mizuno et al., 2010; Zhao et al., 2011)证实,左旋多巴的使用延缓了帕金森病的发展,特别是左旋多巴治疗在帕金森病刚开始发病时使用。然而,左旋多巴和MAO-B的其他抑制剂缓解症状的作用似乎在减弱。这些药物似乎不能减缓多巴胺能神经元的退化(William, 2010)。(见图15.17)

神经外科医生已经开发了三种立体定向治疗方法,旨在减轻对左旋多巴治疗无效的帕金森病症状。第一是胚胎组织移植,试图重建新纹状体中多巴胺的分泌。该组织从流产的人类胎儿的黑质中获得,通过立体定向引导的针头植入尾状核和壳核。正如我们在第5章看到的,PET扫描显示多巴胺能胎儿细胞能够在新的宿主脑内生长并分泌多巴胺,从而减少病人的症状——至少最初是这样的。

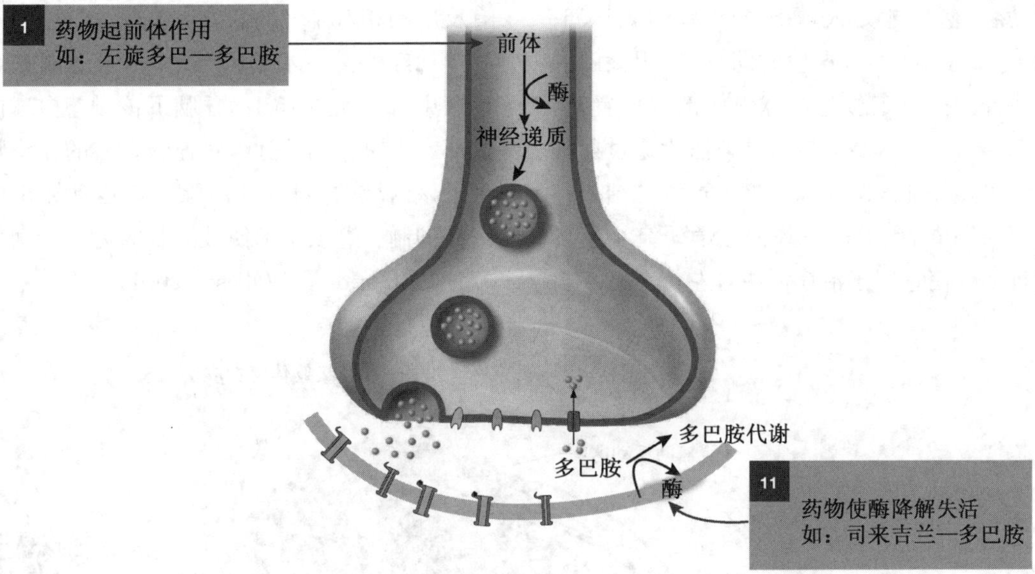


**图 15.17 帕金森病的药理治疗策略**

Freed(2002)在一项对 32 名胎儿组织移植病人的研究中发现，那些先前对左旋多巴有反应的病人最有可能从手术中受益。据推测，这些患者有足够数量的基底神经节神经元，其受体可以被药物或移植组织分泌的多巴胺刺激。不幸的是，许多移植病人后来发展为严重的、持续的运动障碍——麻烦和经常痛苦的不自主运动。因而，胎儿多巴胺能胎儿细胞移植不再被推荐(Olanow et al., 2003)。

进一步检查胎儿移植的命运表明，尽管移植的细胞可以存活并形成与神经元在受体组织中的连接，这些细胞最终形成 α-突触核蛋白的沉积物。研究帕金森病的动物模型发现，错误折叠的 α-突触核蛋白从受体自己的神经元转移到被移植的神经元(Kordower et al., 2011)。正如多数研究者所注意的，与朊蛋白一样，引起多种神经退行性疾病的错误折叠的蛋白质可以在大脑中从一个细胞转移到另一个细胞，从而诱导更多的蛋白质折叠错误(Lee et al., 2011)。看来，增加帕金森病患者健康细胞的基底神经节最终会失败，除非发现一种可以阻止导致错误折叠的 α-突触核蛋白沉积过程的方法。

外科手术　另一种治疗方法有着悠久历史，但直到最近成像技术和电生理技术的发展才使其越来越受欢迎。基底节区的主要产出来自**苍白球内侧部**($GP_i$)。(尾状核、壳核和苍白球是基底神经节的三个主要组成部分。)这种通过丘脑下核(STN)定向到运动皮层的输出是被抑制的。此外，多巴胺能输入尾状核和壳核的活性降低导致了苍白球内侧部活性增强。因此，对苍白球内侧部的损害可能有望减轻帕金森病的症状。

20 世纪 50 年代，Leksell 和他的同事对严重帕金森病患者进行了姑息切除——对苍白球内侧部进行外科破坏(Laitinen et al., 1992; Svennilson et al., 1960)。手术通常会降低患者的僵硬程度，提高患者的活动能力。不幸的是，手术有时会使病人症状恶化，有时会导致部分失明(视神经束位于苍白球内侧部的旁边)。

随着左旋多巴治疗在 20 世纪 60 年代的发展，姑息切除被废弃。然而，很明显，左旋多巴作用时间有限，帕金森病症状最终会复发。基于此原因，20 世纪 90 年代，神经外科医生又开始试验姑息手术疗法，首先是实验室动物，然后才是人(Graybiel et al.，1996；Lai et al.，2000)。这段时间，他们用核磁共振成像扫描来定位苍白球内侧部的位置，将电极插入目标区域。然后外科医生通过射频电流加热并摧毁脑组织。这个过程的结果是有巨大期望的，于是一些神经学研究小组开始推广使用它用于治疗那些对左旋多巴不再有反应的相对年轻的病人。

神经外科手术也将STN用于晚期帕金森病患者。如图15.18，丘脑下核对苍白球内侧部有兴奋作用，因此，对丘脑下核的损伤降低了该区域的活性，并清除了对运动输出的一些抑制。这项手术使被抑制的运动活动恢复正常(Guridi and Obeso，2001)。

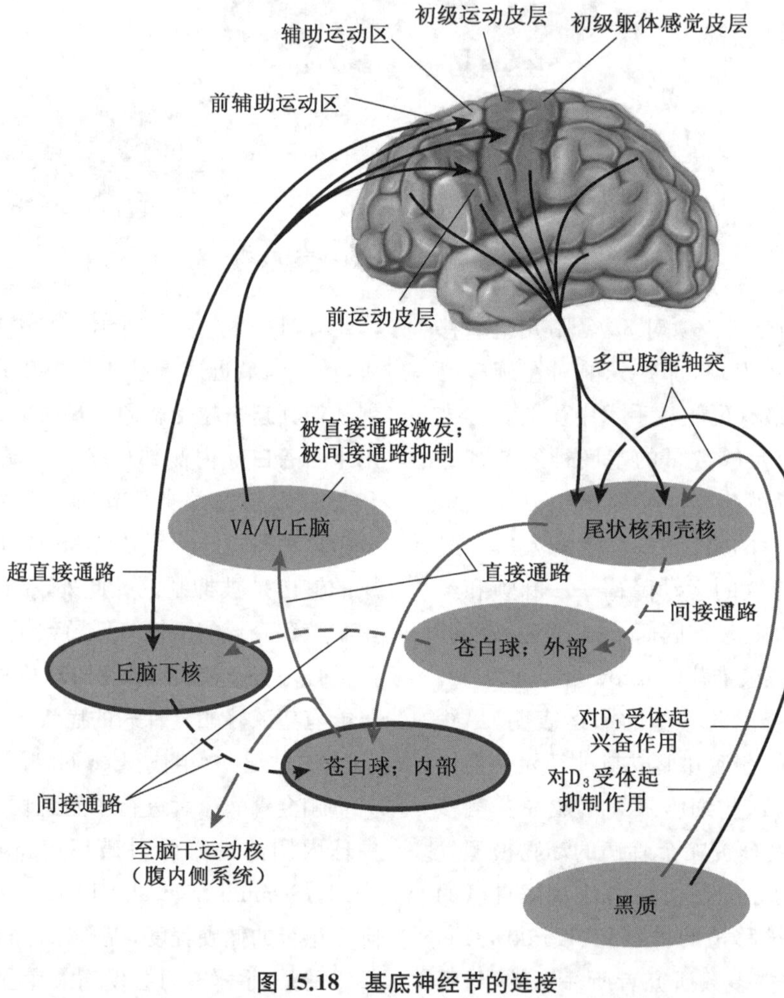


**图15.18 基底神经节的连接**

这张示意图显示了基底神经节和相关结构的主要连接。兴奋性连接显示为黑线；抑制性连接以红线表示。许多连接，例如对黑质的输入，为了清晰起见被省略了。对帕金森病进行立体定向手术的两个区域(苍白球和丘脑下核)用蓝色标出。对这些区域的损害会降低丘脑的抑制性输入，促进运动。对这些区域进行深部脑刺激也会产生类似的效果。

在第5章中，你会读到关于光遗传学的方法，它能使研究者刺激或抑制大脑特定位置的特定类型的神经元。Kravitz 等人(2010)利用基因工程病毒在小鼠纹状体神经元中注射光敏蛋白，这些神经元接受黑质多巴胺能神经元的轴突的输入。他们使用了两种不同的程序，使它们能够刺激含有多巴胺 $D_1$ 受体（部分是皮质—基底神经节回路的直接通路）神经元或多巴胺 $D_2$ 受体（部分是间接通路的）神经元。正如图 15.18 所示，直接通路的激活抑制苍白球内侧部，间接通路的激活刺激苍白球内侧部。他们发现，激活使苍白球内侧部的间接通路会导致小鼠表现出帕金森病的运动症状。他们还激活了黑纹状体系统病变小鼠的直接通路，这些小鼠表现出帕金森病的症状。当他们刺激抑制苍白球内侧部的通路时，帕金森病症状消失。这个实验清楚而简洁地证明了——至少在小鼠模型中——帕金森病的运动症状是由间接通路的平衡转移引起的。这些发现解释了为什么以苍白球内侧部为靶向的外科损毁能减轻这些症状。

第三种立体定位方法是通过植入 STN 或 $GP_i$ 的电极对大脑进行电刺激以减轻帕金森病症状（见图 15.19）。根据一些研究，**深部脑刺激**（DBS）丘脑下核在抑制震颤方面与脑损毁术一样有效，而且它副作用更少（Esselink et al.，2009）。另外，一个跟踪 3 年的研究没有发现接受移植的病人的认知退化是因为接受深部脑刺激的证据（Funkiewiez et al.，2004）。深部脑刺激可能对帕金森病的情感和认知病症如抑郁和痴呆方面有效果，但是这些研究的结果尚不清晰（Castelli et al.，2006；Funkiewicz et al.，2004）。

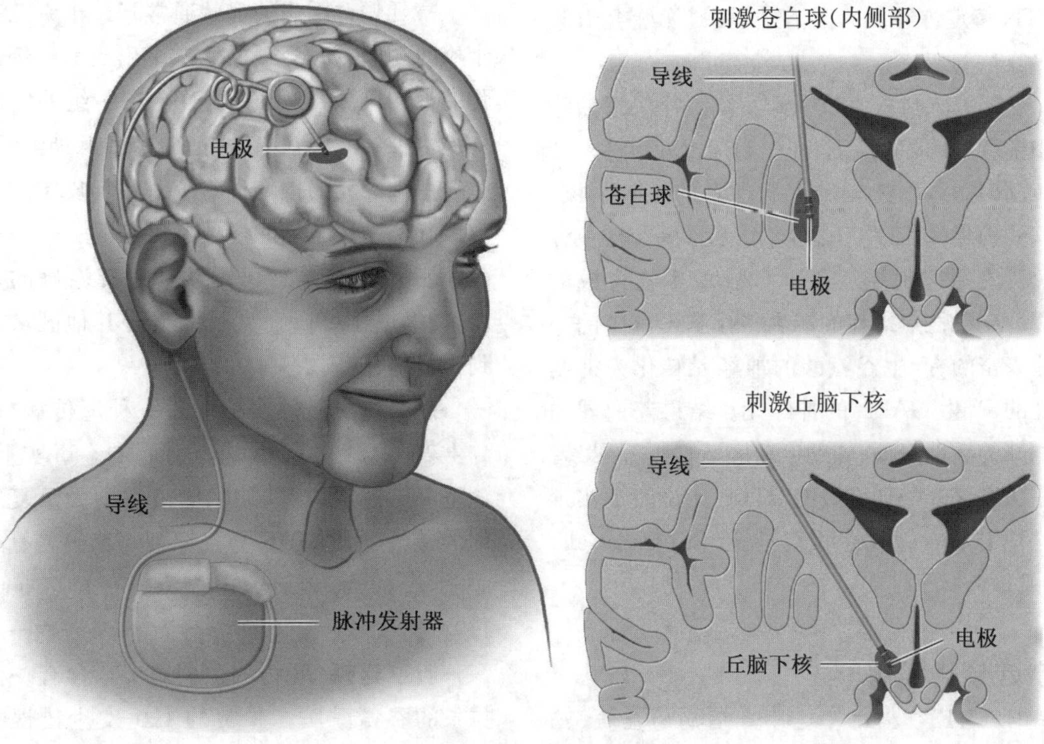


**图 15.19　深部脑刺激**

电极被植入病人的大脑，电线在皮下植入锁骨附近的刺激装置。

资料来源：Okun，M. S.，Deep-brain stimulation for Parkinson's disease，*New England Journal of Medicine*，2012，367[16]，1529—1538。

损伤或刺激可减轻震颤这一事实表明深部脑刺激对 STN 神经元有抑制作用，但是 Gradinaru 等人（2009）的一项光遗传学证明深部脑刺激的效果要比这复杂得多。Gradinaru 等人通过破坏右侧大脑黑纹状体多巴胺系统制造小鼠帕金森病的单侧运动症状。他们将抑制光敏蛋白插入右丘脑下核，发现细胞核中的抑制性神经元对运动症状没有影响，这表明深部脑刺激仅仅抑制 STN 神经元不能发挥其有益作用。接下来，他们在右侧 STN 中插入兴奋性光敏蛋白，发现核内神经元的兴奋并不影响运动症状，因此深部脑刺激也不能通过激活 STN 减少帕金森病运动症状。接下来，研究人员在进入 STN 的神经元轴突中插入兴奋性光敏蛋白。这次，这些轴突的激活确实抑制了帕金森病的运动症状。这些结果表明，深部脑刺激的治疗效果不是通过简单、激活或抑制 STN 中的神经元，而是通过激活进入该结构的轴突，在 STN 特定神经元的激活过程中，无疑会引起更复杂的变化。

研究人员一直试图开发基因疗法来治疗帕金森病的症状。Kaplitt 等人(2007)将一种转基因病毒引入帕金森病患者的丘脑下核，这种病毒携带了广泛性焦虑症的基因，一种负责主要抑制神经递质 GABA 生物合成的酶。广泛性焦虑症的产生将丘脑下核中的一些兴奋的、产生谷氨酸的神经元转化为抑制性的、产生 GABA 的神经元。结果苍白球内侧部的活性降低，辅助运动区活性增强，患者症状改善。一项更大的双盲临床试验证实了这种手术的有效性和安全性(LeWitt et al., 2011)。

## 亨廷顿舞蹈病

目标 15.12　描述亨廷顿舞蹈病的症状、病因及治疗。

影响基底神经节的另一种疾病，**亨廷顿舞蹈病**，是由尾状核和壳核变性引起的。帕金森病会导致运动困难，而亨廷顿舞蹈病则会导致无法控制的运动，尤其是肢体抽动。亨廷顿舞蹈病的运动看起来像是有目的的运动片段，但它并非是自愿发生的。这种疾病是进行式的，包括认知和情感的变化，最终导致死亡，通常在症状开始后 10—15 年(见图 15.20)。

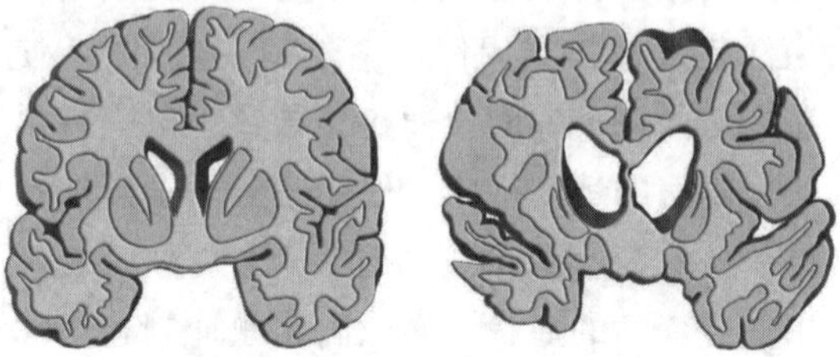


**图 15.20　亨廷顿舞蹈病的脑组织丢失**

一个正常的大脑(左)和一个去世的亨廷顿舞蹈病病人的大脑的比较。

亨廷顿舞蹈病的症状通常开始于人三四十岁时。但有时会开始于二十出头。神经退化的最初迹象出现在壳核中，在一组特定的抑制性神经元中：GABA 能中型多棘神经元。对这些神经元的损伤消除了对额叶皮层前运动区和辅助区施加的一些抑制控制。失去这种控制会导致无意识运动。随着疾病的发展，神经退化可以在大脑的很多其他区域看到，包括大脑皮层。

**病因**　亨廷顿舞蹈病是一种遗传病，由 4 号染色体上的显性基因引起的。事实上，该基因已被定位，其缺陷已被识别为重复序列的碱基(称为 CAG 重复序列)，编码谷氨酰胺氨基酸(Collaborative Research Group, 1993)。这种重复序列会导致基因产物——一种叫**亨廷顿**(Htt)的蛋白质——含有一段拉长的谷氨酰胺。异常的 Htt 发生错误折叠，并形成聚集在细胞核中的聚合体。长期服用谷氨酰胺的患者，其症状开始于较年轻的年龄，这一发现表明，亨廷顿蛋白分子的异常部分是导致该病的原因。(见图 15.21)这些事实表明，突变是通过毒性功能获得导致疾病的——异常的 Htt 会造成伤害。事实上，亨廷顿舞蹈病神经元死亡的原因是细胞凋亡（细胞“自杀”）。Li 等人（2000）发现如果给予半胱天冬酶抑制剂，作为亨廷顿舞蹈病模型的转基因小鼠可以活更长。异常的 Htt 可能通过破坏泛素蛋白酶系统的功能触发细胞凋亡，而泛素蛋白酶系统激活半胱天冬酶，它是参与细胞凋亡的酶之一（Hague et al.，2005）。

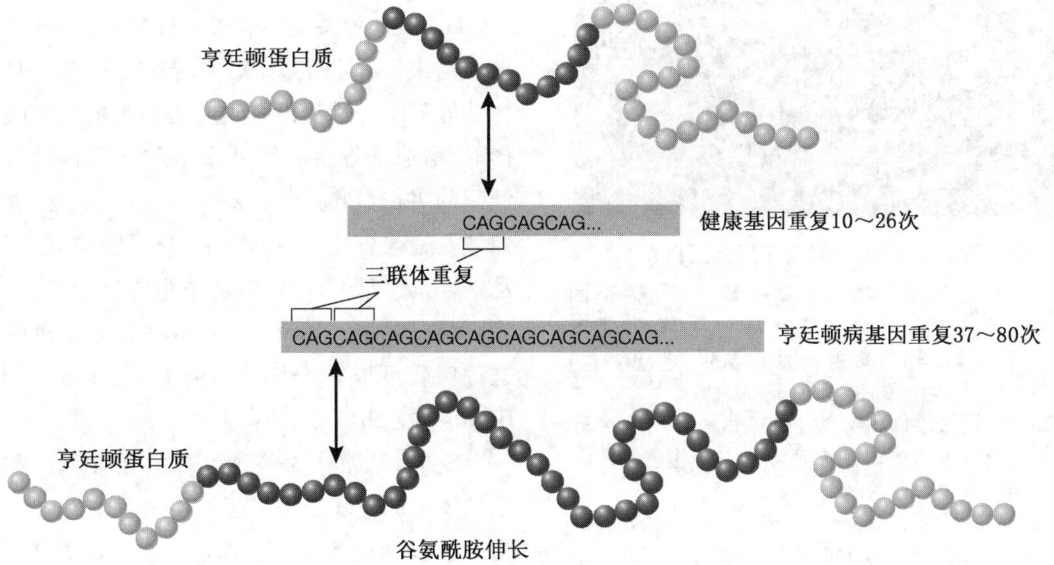


**图 15.21 亨廷顿舞蹈病的延长 CAG 重复**

亨廷顿病中，谷氨酰胺氨基酸的一系列碱基（CAG）被重复多次，导致异常亨廷顿蛋白的积累。过量的 CAG 重复会导致谷氨酰胺伸长。

正常 Htt 存在于全身细胞中，但在神经元和睾丸细胞中含量特别高。它存在于细胞质中，与微管、囊泡膜和突触蛋白结合，这表明它在囊泡运输、神经递质释放和囊泡膜循环中发挥作用（Levine et al.，2010）。Htt 基因的靶向突变是致命的，会导致胎儿在发育早期死亡（Nasir et al.，1995）所以 Htt 蛋白在发育中起着至关重要的作用。

研究人员一直在争论错误折叠的 Htt 在细胞核（即包涵体）中积累在疾病发展中的作用。这些内含物质可能会导致神经变性，它们可能有保护作用，或者根本就没有作用。Arrasata 和他的同事们做的一项实验（Arrasate et al.，2004；Miller et al.，2010）明确表示包涵体确实保护神经元。研究人员从大鼠纹状体神经元制备了组织培养物，它们被带异常 Htt 片段的基因感染。产生突变 Htt 的一些神经元形成包涵体，有些则没有。研究人员使用机器人显微镜观察了近十天去了解这些细胞发生了什么。他们发现包涵体似乎具有保护功能。含有包涵体的神经元比其他的细胞含有较低水平的突变 Htt，而且这些神经元比没有这些积累的神经元寿命更长（见图 15.22）。

**治疗** 目前还没有亨廷顿舞蹈病的治疗方法。然而，Southwell 等（2009）制备了一种特殊类型的抗体，作用于细胞内，称为 Happ1。这种抗体只针对亨廷顿蛋白的一部分。五个不同亨廷顿舞蹈病的小鼠实验模型的测验发现，Happ1 基因植入动物脑内可以抑制突变 Htt 的产生，并改善动物疾病症状。DiFiglia 和她的同事（DiFiglia et al.，2007；Pfister et al.，2009）使用的另一个方法涉及将小干扰 RNAs（siRNA）注入纹状体中，这种

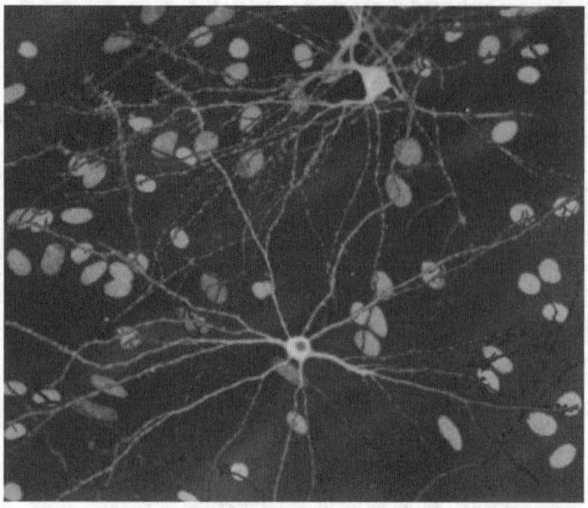

**图 15.22 感染异常亨廷顿蛋白**

显微照片显示了两个被感染的神经元与表达异常亨廷顿蛋白片段的基因。较低的神经元有包涵体(橙色),较高位置的没有。Arrasate 等(2004)发现含有包涵体的神经元存活时间比没有包涵体的存活时间长。蓝色椭圆是未受感染神经元的细胞核。

资料来源:Steven Finkbeiner, Gladstone Institute of Neurological Disease and the University of California, San Francisco。

方法阻止了 Htt 基因的转录——从而在该区域内产生突变的 Htt 蛋白。这种治疗可以减少纹状体神经元内包涵体的大小,延长纹状体神经元的寿命,并减少动物运动症状。

## 肌萎缩侧索硬化症

目标 15.13 描述肌萎缩侧索硬化症的症状、病因和治疗。

**肌萎缩侧索硬化症(ALS)**是一种攻击脊髓和脑神经运动神经元的退行性疾病(Zinman and Cudkowicz, 2011)。这一疾病的发病率约为十万分之五。症状包括痉挛(肌肉紧张加剧,导致僵硬和笨拙的运动)、夸张的伸展反应、渐进的虚弱和肌肉萎缩,最后可能会瘫痪。而控制眼球运动的肌肉是幸免于难的。一些认知能力,如执行功能、工作记忆、语言和社会认知也可能受到影响(Goldstein and Abrahams, 2013)。由于呼吸肌衰竭,死亡通常发生在疾病发病的 5—10 年后。

**病因** 10%的肌萎缩侧索硬化症是遗传性的;其他 90%是散发的。在遗传性病例中,10%—20%是由基因突变引起的,在 21 号染色体上发现产生了酶超氧化物歧化酶 1 (SOD1)。这种突变导致了毒性功能获得,蛋白质错误折叠和聚集,轴突转运受损和线粒体功能障碍。这也损害到胶质细胞的谷氨酸摄取,增加了谷氨酸胞外水平和导致运动神经元的兴奋(Bossy-Wetzel et al., 2004)。就像涉及错误折叠蛋白的其他退行性脑功能紊乱一样,突变 SOD1 可以从细胞传给细胞,就像朊蛋白一样。然而,目前还没有证据表明这种疾病可以在个体之间传播(Münch and Bertolotti, 2011)。

SOD1 通常作为一种解毒酶在细胞质和线粒体中被发现。它将超氧化物自由基转化为分子氧和过氧化氢(Milani et al., 2011)。超氧化物自由基在细胞质中自然存在,但浓度足够高时会导致中毒。

许多调查人员认为,偶发性肌萎缩侧索硬化症的主要原因是 RNA 的异常编辑。在大多数情况下,蛋白质是由两步过程产生的:活性基因的拷贝被转录到信使 RNA 链中,然后转化为核糖体中的氨基酸序列。然而,在某些情况下,酶在转录和翻译之间改变了 mRNA 分子,从而产生了不同的蛋白质。偶发性肌萎缩侧索硬化症中,mRNA 在运动神经元中错误编码特定谷氨酸受体亚单位(GluR2),导致谷氨酸 AMPA 受体的产生,就演变成允许了额外数量的钙离子进入这些神经元。正如你在本章中所读到的,过量的胞内钙有助于细胞凋亡,结果,细胞会死于兴奋性毒性。

Kawahara 等人(2004)检查了 5 例 ALS 患者的脊髓和脑部,发现脊髓运动神经元中的 RNA 编辑缺失的证据。没有 ALS 的个体,其所有运动神经元都显示出正常的 RNA 编辑。Hideyama 等人(2010)准备了一个对抗酶的基因的靶向突变，这种酶参与编辑负责生产 GluR2 亚基的 RNA，研究人员使用一个病毒载体，将这种突变的基因插入小鼠运动神经元。这些动物表现出与 ALS 相关的运动能力衰退，这是由于位于脊髓和脑部的运动神经元正在缓慢死亡。

**治疗** 目前唯一的治疗 ALS 的药物就是利鲁唑，一种减少谷氨酸诱导兴奋的药物，通过减少谷氨酸释放来实现效用。临床试验发现，接受利鲁唑治疗的患者平均寿命大约比接受安慰剂的患者长 2 个月(Miller et al.，2003)。显然，深入研究寻找更有效的治疗是有必要的。

## 多发性硬化症

目标 15.14 描述多发性硬化症的症状、病因及治疗。

**多发性硬化症(MS)**是一种自身免疫性脱髓鞘疾病。在中枢神经系统内的分散位置，免疫系统攻击髓鞘，留下称为硬化斑块的硬碎片(见图 15.23)。神经信息通过脱髓鞘轴突的正常传输被中断。因为损伤发生在整个大脑和脊髓的白质中，可见于各种各样的神经症状。

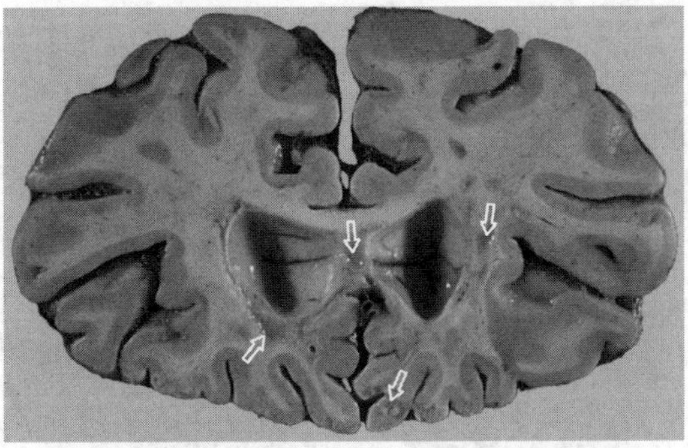

**图 15.23 多发性硬化症**

在一个多发性硬化症患者大脑的这个切片中，箭头指向白色物质中硬化的斑块。

资料来源：A. D'Agostino，Good Samaritan Hospital，Portland，Oregon。

多发性硬化症的症状经常出现，强度增加，然后减少，随后在不同的时间段后，症状又增加。在大多数情况下，这种模式(复发缓解型多发性硬化症)在疾病过程中随后会演变成进行性多发性硬化症。进行性多发性硬化症特点是缓慢，持续增加的症状。

**病因** 女性比男性更容易成为多发性硬化症患者，这种紊乱通常发生在二三十岁末的人群中。在远离赤道的地方度过童年的人们比住在赤道附近的人更容易被诊断患上这种疾病。因此，在一个病毒盛行的地区，一些疾病可能会在儿童期内收缩，导致该人的免疫系统攻击他/她自己的髓鞘。病毒可能会削弱血脑屏障，允许髓鞘蛋白进入一般循环，使免疫系统对其敏感，或者病毒会附着在髓鞘上。此外，在冬季晚期和早春时期出生的人的风险更高，这表明怀孕妇女感染的传染病(例如，冬季感染的病毒性疾病)也可能增加对这种疾病的敏感性。无论起源如何，这一过程是一个持续了几十年的长期存在。

**治疗** 只有少数治疗多发性硬化症的方法显示出有效性(Aktas et al.，2009)。第一种是干扰素 β，一种调节免疫系统反应性的蛋白质。干扰素 β 在一些多发性硬化症患者体内能减少病毒攻击的频率和严重性，并减缓神经功能障碍的进展(Arnason，1999)。然而治疗仅部分地有效。另一种部分有效的治疗是醋酸格拉替雷。醋酸格拉替雷是由氨基酸、酪氨酸、谷氨酸、丙氨酸和赖氨酸等随机序列组成的合成肽混合物。这种化合物最初是为了在实验动物中诱发多发性硬化症状而产生的，但结果却实际上减少了。干扰素 β 和醋酸格拉替雷仅对多发性硬化症的反复复发形式有效，而非进行形式。

向实验动物注射髓鞘中的蛋白，在其体内发现了一种实验性变态反应性脑脊髓炎(EAE)的脱髓鞘疾病。然后，免疫系统对髓鞘蛋白变得敏感并开始攻击自身髓鞘。醋酸格拉替雷的结果则正好相反；它没有导致

EAE,而是防止了它的发生,通过刺激免疫系统的某些细胞分泌抗炎症的化学物质如白细胞介素4,抑制了免疫细胞的活动,避免出现攻击自身髓鞘的情况出现(Farina et al., 2005)。如你所料,研究人员在多发性硬化症患者中对醋酸格拉替雷进行了测试,发现这种药物减少了显示复发缓解型患者症状:周期性出现神经症状,然后部分缓解。这种药物现在被批准用于治疗这种疾病。Sormani等人(2005)的结构化 MRI 研究发现,90%用醋酸格拉替雷进行治疗的患者的白质病变减少了20%—54%。

最近的临床试验表明,一种新的药物BG-12,可能有效减少脑损伤的数量,降低复发率和进行性 MS 的致残率(Fox et al., 2012; Gold et al., 2012; Kappos et al., 2014)。

虽然干扰素β和醋酸格拉替雷提供了一些缓解,但两种治疗手段都无法停止多发性硬化症的进展。一个令人鼓舞的治疗多发性硬化症的方法是自体造血干细胞移植——移植从患者自己的血液或骨髓中取出的成体干细胞。21位多发性硬化症患者的临床试验报告显示,37个月后其神经系统症状有显著改善(Burt et al., 2009)。

由于反复复发的多发性硬化症的症状是偶发性——新的或恶化的症状后是部分缓解——患者和他们的家人经常把症状的变化归因于最近发生的事情。例如,如果患者采取了新的药物或新的饮食,而症状变得更糟,患者将归咎于药物或饮食。反之,如果患者病情好转,他/她则会对药物或饮食表达满意。发展出对多发性硬化症真正有效的治疗是对抗无用治疗的最好方法。

## 痴呆

目标 15.15　描述阿尔茨海默病的症状、病因及治疗。

一些神经系统疾病会导致**痴呆**,而智能的退化则是有机脑功能紊乱所致。之前,路易的尸检结果被解释为帕金森病,然而,这种病也经常被发现与痴呆症有关。路易身上的结果在其余多达20%的痴呆患者中也有呈现(Breitve et al., 2014)。最常见的痴呆症称为**阿尔茨海默病**,65岁以上大约10%的人口患有该病,年龄超过85岁患有该病的则有近50%。它的特点是逐渐丧失记忆和其他认知功能。起初,人们可能很难记住约会,有时也会想不起单词或其他人的名字。随着时间的推移,他们在管理财务等任务上显示出越来越多的混乱和困难。记忆缺陷最关键的是忘记最近的事件,因此它类似于科尔萨科夫综合征的顺行性遗忘(将在下节详述)。如果有晚期阿茨海默病患者独自在外,他们很可能会迷路。随着这一致命疾病的进一步发展,患者的症状将变得越来越严重(Terry and Davies, 1980)。

阿尔茨海默病会导致海马体、内嗅皮层、大新皮层(特别是前额和颞叶的联合皮层)、基底核、蓝斑和中缝核的严重退化。图15.24显示了阿尔茨海默病患者的大脑和正常大脑。你可以看到患者的脑沟有多宽,特别是在额叶和颞叶,这表明其皮层组织的大量损失。

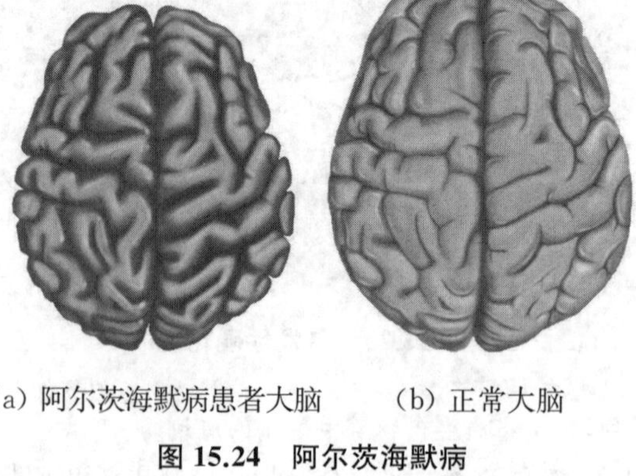

(a) 阿尔茨海默病患者大脑　　(b) 正常大脑

**图 15.24　阿尔茨海默病**

(a)阿尔茨海默病患者大脑的背侧视图。注意患者的脑沟特别宽,表明皮层退化。(b)正常大脑的背视图。

早些时候我们提到，唐氏综合征患者的大脑通常会产生异常结构，在阿尔茨海默病患者中也能看到：淀粉样斑块和神经原纤维缠结。**淀粉样斑块**是由蛋白质致密的核心组成的细胞外沉积物，它被称为**β-淀粉样蛋白**，被退化的轴突和树突所包围，连同活化的小胶质细胞和反应性胶质细胞，参与破坏细胞。最终，吞噬性胶质细胞破坏退化的轴突和树突，只留下核心的β-淀粉样蛋白（通常称为Aβ）。

**神经原纤维缠结**由垂死的神经元组成，包含过度磷酸化的**tau蛋白**的扭曲细丝在细胞内积累。正常的tau蛋白作为微管的组分，提供细胞的运输机制。在阿尔茨海默病的进展过程中，过量的磷酸根离子附着在tau蛋白的链上，从而改变了分子结构。在大脑皮层的锥体细胞的胞体和下部树突中可见异常的细丝，这会扰乱细胞内物质的转运。最终细胞死亡，留下了一系列的蛋白质丝（见图15.25）。

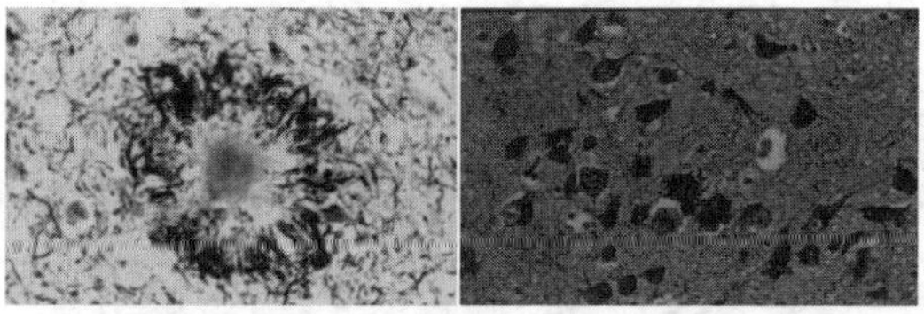

(a) (b)

**图 15.25 阿尔茨海默病的显微特征**

阿尔茨海默病已故患者的显微照片显示：(a)淀粉样斑块，填充有β-淀粉样蛋白；(b)神经原纤维缠结。

（照片由波士顿布莱根妇女医院D. J. Selkoe提供。）

淀粉样斑块的形成是由Aβ的缺陷形式产生的。Aβ的产生需要几个步骤。首先，基因编码制造一个含约700个氨基酸的**β-淀粉样蛋白**（APP）链。然后，β-淀粉样蛋白被**分泌酶**在两个地方切断，以产生Aβ。首先，切断β淀粉样蛋白的尾部形成β-分泌酶。其次，切断β-淀粉样蛋白的首端形成γ-分泌酶。结果是形成含有40或42个氨基酸的Aβ分子（见图15.26）。

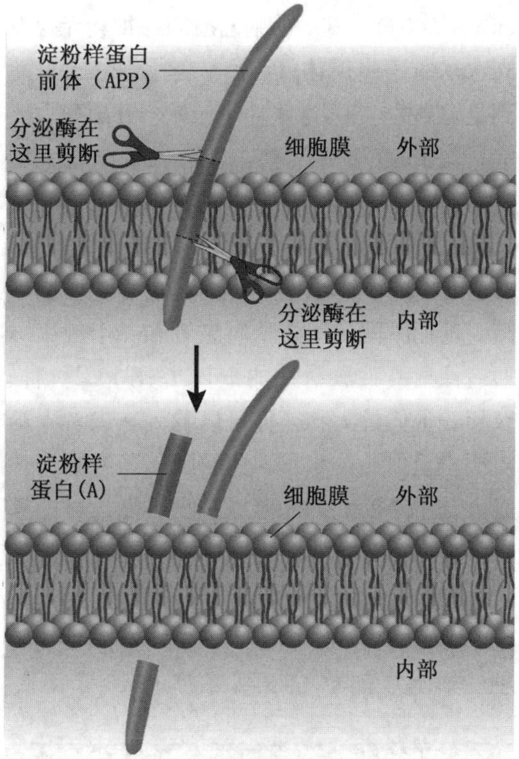


**图 15.26 β-淀粉样蛋白**

这一示意图显示了β-淀粉样蛋白(Aβ)的制备。

γ-分泌酶第二次切割APP分子的位置决定了产生哪种形式。在健康的大脑中，90%—95%的Aβ分子是短的；其余5%—10%则是长的。在阿尔茨海默病患者中，长Aβ的比例上升到总数的40%。长形态的高浓度倾向于不适当地折叠自己并且形成聚合，对细胞有毒性作用（正如我们在本章前面看到的，异常折叠朊病毒和α-突触核蛋白形成聚合，导致脑变性）。通常，少量长Aβ可以很容易地从大脑中清除。分子被给予一个泛素标记来破坏它们，然后它们会被送往蛋白酶体，在那里它们是无害的。但是，该系统不能跟上长Aβ异常制造的高水平。

基底前脑中的乙酰胆碱能神经元是阿尔

茨海默病中首先受影响的细胞之一。Aβ 作为 p75 神经营养受体的配体，通常对应激信号作出反应，并刺激细胞凋亡（Sotthibundhu et al., 2008）。基底前脑乙酰胆碱神经元含有高水平的这些受体；因此，一旦长 Aβ 水平达到足够高的水平，这些神经元就会开始死亡。

图 15.27 显示了阿尔茨海默病患者大脑中 Aβ 的异常积累。Klunk 和他的同事（Klunk et al., 2003; Mathis et al., 2005）开发 PiB，一种与 Aβ 结合的化学物质，容易穿过血脑屏障。他们给阿尔茨海默病患者和一个健康志愿者注射一种放射性的 PiB，并用 PET 扫描仪检查他们的大脑。你可以看到在患者大脑皮层中蛋白质的积累。测量阿尔茨海默病患者大脑中 Aβ 水平的能力将使研究人员能够评估潜在治疗方法的有效性。当这种治疗被设计出来时，在疾病发展早期发现 Aβ 积累的能力将使患者在大脑重大变性——并且伴随着认知能力下降之前开始治疗。

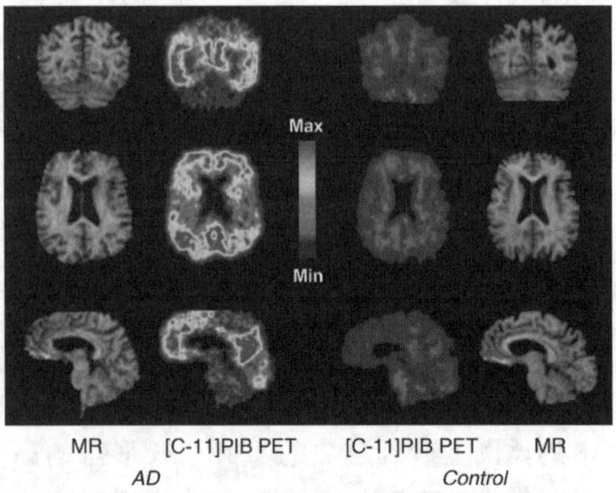


**图 15.27　β-淀粉样蛋白的检测**

PET 扫描显示，阿尔茨海默病患者健康志愿者大脑中 β-淀粉样蛋白（Aβ）的积累。AD＝阿尔茨海默病，MR＝结构磁共振成像，[C-11]PIB PET＝Aβ 的放射性配体注射后，对大脑进行 PET 扫描。

资料来源：William Klunk, Western Psychiatric Institute and Clinic, Pittsburgh, PA。

正如我们早些时候所看到的，阿尔茨海默病患者的大脑含有两种类型的蛋白质异常形式：Aβ 和 tau。似乎过量的异常 Aβ 是导致疾病的根源，而非 tau 蛋白。Aβ 前驱体和 APP 突变产生两种形式的异常蛋白质，并导致淀粉样斑块和神经原纤维缠结的发展。然而，tau 蛋白基因突变（在 17 号染色体上发现）只产生神经原纤维缠结。这些突变的结果是一种称为**额颞痴呆**（也称为皮克病）的紊乱，它导致额叶和颞叶皮层变性，前额叶损伤造成情绪变化和执行功能损失，颞叶损伤引起语言障碍（Goate, 1998; Goedert and Spillantini, 2000）。

细胞胞浆中存在过量的 Aβ 是导致神经变性的原因，而非细胞外淀粉样斑块的形成（Bossy-Wetzel et al., 2004）。Aβ 的胞内寡聚物（几个 Aβ 分子的聚合）激活小胶质细胞，引起炎症反应，从而触发免疫系统所产生的毒性细胞因子的释放——这种化学物质通常会破坏被感染细胞。Aβ 寡聚物还会引发胶质细胞过度释放谷氨酸，由于钙离子通过神经 NMDA 受体过量流入导致兴奋性毒性。它们还会导致突触功能障碍，抑制长时程增强，可能是因为轴突和树突转运受到干扰。

**病因**　研究表明，至少有些形式的阿尔茨海默病是发生在家族的，因此似乎具有遗传性。由于唐氏综合征（由额外的 21 号染色体引起）的大脑也含有 Aβ 的沉积物，一些调查人员推测 21 号染色体可能参与这种蛋白质的生产。事实上，St. George-Hyslop 等人（1987）发现，21 号染色体确实含有产生 APP 的基因。

自从发现了 APP 基因，一些研究发现这种基因的特定突变形成了家族性阿尔茨海默病（Martinez et al., 1993; Farlow et al., 1994）。此外，其他研究发现，在 1 号和 14 号染色体上发现的两个**早老素**基因的许多突变也产生了阿尔茨海默病。异常 APP 和早老素基因都导致了缺陷的长 Aβ 形式产生

(Hardy, 1997)。两种早老素蛋白, PS1 和 PS2,是 γ-分泌酶的亚基,具有大的复合结构的酶(De Strooper, 2003)。

然而,阿尔茨海默病的另一个遗传原因是**载脂蛋白 E**(ApoE)基因的突变,这种糖蛋白在血液中输送胆固醇,也在细胞修复中起着作用。载脂蛋白 E 的其中一个等位基因是 E4,通过干扰脑细胞外空间中对长 Aβ 的去除增加晚发性阿尔茨海默病的风险(Roses, 1997; Bu, 2010)。相比之下,ApoE2 等位基因实际上可以保护人们不患上阿尔茨海默病(最常见的是 E3 等位基因)。

创伤性脑损伤,如你在早先章节中读到的关于创伤性脑损伤和脑血管意外的章节,也是阿尔茨海默病的一个严重的危险因素。例如,对有持续闭合型头部损伤的人的大脑进行检查,可以看出淀粉样斑块分布广泛。拥有 ApoE4 等位基因的人经历脑外伤后,患阿尔茨海默病的风险尤其高(Bu, 2010)。肥胖、高血压、高胆固醇和糖尿病也是危险因素,这些因素也因 ApoE4 等位基因的存在而增加患阿尔茨海默病的风险(Martins et al., 2006)。虽然基因引发的异常 Aβ 在阿尔茨海默病的发展中起着重要作用,但事实是大多数形式的阿尔茨海默病是偶发的,而不是遗传性的。到目前为止,已知最强的阿尔茨海默病(非年龄)的非遗传风险因素是创伤性脑损伤。

另一个因素,受教育程度,也被证明发挥了重要作用。在美国国立老龄学会的支持下,研究测量了年长的天主教神职人员(教士、修女和僧侣)的认知表现,并在他们死后检查他们的大脑。Bennett 等人(2003)报告发现,即使在大脑中含有大量淀粉样斑块的人中,正规教育和认知性能的年增加也有积极的关系。例如,接受过一些研究生教育的人的认知测试成绩明显高于淀粉样斑块浓度相同但学历较低的人。因此,正规教育似乎使人即使面对脑变性,也能保持更高水平的认知表现。参加这项研究的 90% 人接受了一些大学教育。如果没有受过正规教育的人参与研究,教育和抗痴呆症之间的关系可能会更加牢固。当然,在认知能力方面个体差异可能会影响一个人追求高级研究的可能性,而这些差异本身也会起到重要作用。在任何情况下,从事积极的智力活动和采取促进健康生活方式,可能是一个人可以避免痴呆发展而做的最重要的事情。

Billings 等人(2007)做了一个与 AD 小鼠有关的实验,AD 小鼠是一种转基因小鼠品种,含有导致阿尔茨海默病发展的 APP 突变基因。调查人员开始在小鼠的生命早期训练其参加莫里斯水迷宫任务,第 13 章已详述。这些小鼠的训练时间是在 2 个月至 18 个月大之间每 3 月一次。训练推迟了 Aβ 的积累,导致了动物表现的缓慢下降。这项研究支持的结论是认知活动延缓阿尔茨海默病的出现。

与错误折叠朊蛋白引起的传染性海绵状性脑病一样,阿尔茨海默病的错误折叠 Aβ 也可以从细胞传播到细胞,从动物到动物。Kane 等人(2000)从已故阿尔茨海默病患者体内制备了匀质脑组织的稀释悬浮液,并在小鼠大脑中注入了一些液体。三月后,他们发现 Aβ 的淀粉样斑块和血管沉积大量发育。更令人不安的是,Eisele 等人(2009)将涂有少量错误折叠 Aβ 的不锈钢丝植入了小鼠的大脑中。这一过程也导致了受体中的 β-淀粉样变性——即使是在植入前已将钢丝煮沸。正如我们看到的,朊蛋白在被加热到沸点后仍保持着感染的功效。显然,错误折叠 Aβ 还保留了它作为种子的能力,在接受者大脑中诱导错误折叠。幸运的是,Eisele 等人发现更彻底的消毒阻断了 Aβ 触发错误折叠蛋白的生产的能力,所以阿尔茨海默病不可能通过手术器械传播。

**治疗** 目前,唯一获得批准的阿尔茨海默病药理治疗是乙酰胆碱酯酶抑制剂(多奈哌齐、利凡斯和加兰他敏)和 NMDA 受体拮抗剂(美金刚)。因为乙酰胆碱能神经元是阿尔茨海默病中首先被破坏的神经元之一,且这些神经元在皮层激活和记忆中起着作用,所以抑制 ACh 破坏并因此增强其活性的药物能使阿尔茨海默病患者的认知能力适度增加。然而,这些药物对神经变性的过程没有影响,也不会延长患者的生存期。美金刚是一种非竞争性 NMDA 受体阻滞剂,通过减缓由过量钙进入引起的乙酰胆碱能神经元的兴奋毒性破坏,似乎可以使痴呆症状略有改善(Rogawski amd Wenk, 2003)。

也许最有希望的预防阿尔茨海默病的方法来自对 AD 小鼠的免疫研究。Schenk 等人(1999)和 Bard 等人(2000)试图提高免疫系统对 Aβ 的敏感性。他们向 AD 小鼠注射了一种疫苗,他们希望这会刺激免疫系统摧毁 Aβ。治疗起了作用:该疫苗抑制了幼年接种疫苗的小鼠大脑中淀粉样斑块的发育,并停止甚至逆转了在生命后期接受疫苗的小鼠大脑斑块的发育。

阿尔茨海默病患者的临床试验试图通过提高患者免疫系统对蛋白质的敏感性来破坏 Aβ(Monsonego and Weiner, 2003)。在一项双盲研究中,30 例轻度到中度阿尔茨海默病患者接受注射一份 Aβ 蛋白。20 名患者产生了对 Aβ 的抗体,这会减慢疾病的病程,大概是因为他们的免疫系统开始破坏大脑中的 Aβ,且减少由于这种蛋白质积累而造成的神经破坏。Hock 等人(2003)比较接受 Aβ 抗体与未接受的患者的认知能力。如图 15.28 所示,抗体的产生大大降低了认知功能的下降。

免疫系统产生抗 Aβ 抗体的患者之一死于肺栓塞(肺部血管中的血凝块)。Nicoll 等人(2003)检查了这个病人的大脑,发现有证据表明免疫系统已经从大脑皮层的许多区域

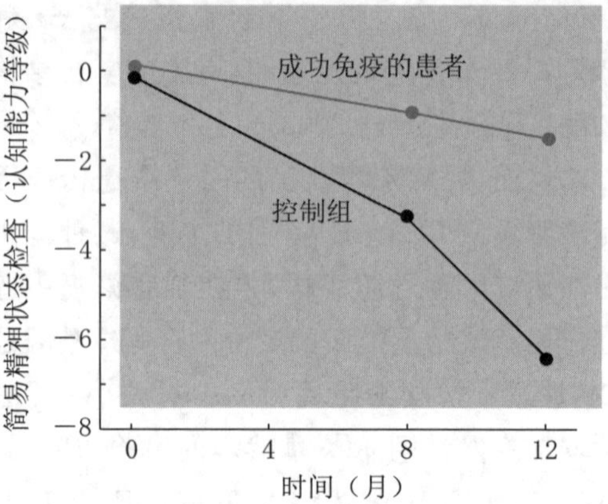


**图 15.28 对 Aβ 的免疫接种**

该图显示了免疫系统产生 Aβ 抗体(成功免疫的患者)和没有产生抗体(控制组)的患者的认知功能下降情况。

资料来源:Hock, 2003。

去除了 Aβ。不幸的是,Aβ 抗原的注射引起了 5%患者大脑中的炎症反应,因此临床试验被终止。治疗的新方法包括 aducanumab 的初步试验,aducanumab 是识别 Aβ 寡聚体的天然存在的保护性抗体的复制品。这项研究反映了一种新的免疫治疗方法(我们希望)能避免炎症反应(Fu et al., 2010; Marciani, 2015)。

## 科尔萨科夫综合征

目标 15.16 描述科尔萨科夫综合征的症状和病因。

另一种以痴呆症状为特征的退行性疾病,科尔萨科夫综合征,既非遗传性也无传染性。这是由环境因素造成的,通常(但不总是)涉及慢性饮酒。这种紊乱实际上是由酒精滥用引起的硫胺(维生素 B1)缺乏所致(Adams, 1969; Haas, 1988)。因为滥用酒精的人从摄入的酒精中摄取了大量的卡路里,所以他们通常吃得很差,而且维生素摄入量也很低。此外,酒精也会干扰硫胺的肠道吸收。随之而来的缺陷会导致脑损伤。硫胺素对于新陈代谢的步骤至关重要:丙酮酸的

羧化——丙酮酸是碳水化合物、脂肪和氨基酸分解的中间产物。科尔萨科夫综合征有时发生在接受静脉输液葡萄糖的严重营养不良个体身上；如果大脑细胞没有足够的硫胺代谢，就会突然获得葡萄糖，从而损害细胞，可能是因为它们积累了丙酮酸。因此，标准的医疗实践是对严重营养不良的病人注射葡萄糖时严格监管硫胺数量。

正如我们第 13 章中所看到，科尔萨科夫综合征引起的脑损伤会导致顺行性遗忘症。虽然在大脑的许多部位都可见变性，但这种疾病的特征性损害发生在位于大脑底部，下丘脑后部的乳头体中（见图 15.29）。

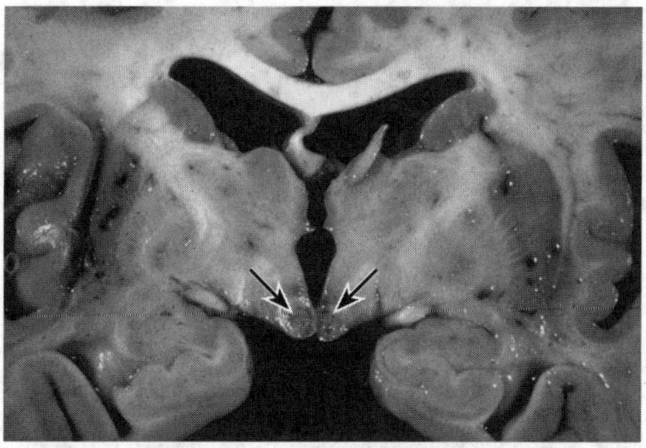

**图 15.29 科尔萨科夫综合征**

脑切片显示科尔萨科夫综合征患者的乳头体变性。

资料来源：A. D'Agostino，Good Samaritan Hospital，Portland Oregon。

## 本节回顾

### 退行性疾病

目标 15.10 描述传染性海绵状脑病如何导致脑损伤。

传染性海绵状脑病如克雅氏病、羊痒病和牛海绵状脑病是由一个简单的蛋白质分子产生的。正常朊蛋白（$PrP^{c}$）和传染性朊蛋白（$PrP^{Sc}$）的氨基酸序列是相同的，但它们的三维形状不同于它们的折叠方式。在某种程度上，错误折叠朊蛋白在神经元中的存在会导致正常朊蛋白成为错误折叠，并发生连锁反应。$PrP^{c}$ 转化为 $PrP^{Sc}$ 细胞，显然是通过引发细胞凋亡实现的。

目标 15.11 描述帕金森病的症状、病因及治疗。

帕金森病是由黑质多巴胺分泌神经元的退化引起的，这些神经元将轴突送到基底神经节并导致静止性震颤和肌肉僵硬、运动缓慢和姿势不稳定。这些神经元的死亡是由错误折叠的蛋白质 α-突触核蛋白的聚集引起的。帕金森病与两种突变有关。一种突变产生有缺陷的 α-突触核蛋白，另一种突变产生有缺陷的 parkin，这是一种蛋白质，有助于标记异常蛋白质以被蛋白酶体破坏。α-突触核蛋白的积累也可以由一些毒素引发，这表明该疾病的非遗传形式可能是由环境中存在的有毒物质引起的。帕金森病的治疗包括施用左旋多巴，在基底神经节中植入胎儿多巴胺能神经元，对苍白球或丘脑底核的一部分进行立体定向性破坏，以及植入能够使患者电刺激丘脑底核的电极。使用光遗传学方法的研究表明，深部脑刺激的有益作用是通过激活进入丘脑底核的轴突产生的。多巴胺能神经元的胎儿移植比最初看起来更不成功，可能是因为 α-突触核蛋白从受体自身的神经元转移到接受移植的神经元。为了降低丘脑核的兴奋性而设计的基因治疗试验取得了可喜的效果。

目标 15.12 描述亨廷顿舞蹈病的症状、病因及治疗。

亨廷顿舞蹈病是一种常染色体显性遗传性疾病，会导致尾状核和壳核变性。症状包括有意识运动中的不随意动作。突变的亨廷顿蛋白错误折叠并形成聚集，其在壳核中的GABA能神经元的细胞核中积累。虽然突变亨廷顿蛋白的主要作用是毒性功能获得，但该疾病似乎也会丧失功能；针对Htt基因的小鼠靶向突变是致命的。证据还表明，包涵体具有保护功能，通过分散在整个细胞中的突变亨廷顿蛋白。针对Htt的一部分靶向细胞内抗体和转移靶向Htt基因的小干扰RNA的动物研究已经产生了有希望的结果。目前没有可用的治疗方法，但使用胞内抗体和siRNA的研究显示出有希望的结果。

目标15.13　描述肌萎缩侧索硬化症的症状、病因及治疗。

肌萎缩侧索硬化症是一种致命的退行性疾病，症状包括痉挛、夸张的伸展反应、渐进的虚弱和肌肉萎缩，最后可能会致瘫痪。10%的肌萎缩侧索硬化症是遗传性的；其他90%是偶发的。偶发性肌萎缩侧索硬化症的主要原因似乎是RNA编辑的异常，这导致了AMPA受体亚基的产生，允许过量的钙进入细胞。目前唯一的治疗肌萎缩症药物就是利鲁唑，一种减少谷氨酸诱导兴奋的药物。

目标15.14　描述多发性硬化症的症状、病因及治疗。

多发性硬化症是一种脱髓鞘疾病，特点是周期性的神经症状发作，通常在发作间隔期症状部分缓解（复发缓解型多发性硬化症），其次会演变成进行性多发性硬化症。多发性硬化症的症状包括多种神经症状。损伤似乎是由机体的免疫系统引起的，它会攻击髓鞘中含有的蛋白质。大多数研究人员认为，在生命早期的病毒感染在某种程度上使免疫系统对髓鞘蛋白产生敏感。复发缓解型多发性硬化症的有效治疗方法包括干扰素β和醋酸格拉替雷，这是一种合成肽的混合物，似乎可刺激某些免疫细胞分泌抗炎症化学物质。

目标15.15　描述阿尔茨海默病的症状、病因及治疗。

阿尔茨海默病是一种以痴呆症状为特征的神经退行性疾病，涉及大部分大脑；疾病的进一步发展会最终破坏大部分海马体和皮层灰质。受影响个体的大脑含有许多淀粉样蛋白斑块，其中包含由退化的轴突和树突包围的错误折叠的长Aβ蛋白核心，以及由包含tau蛋白扭曲细丝的细胞内积聚垂死神经元组成的神经原纤维缠结。阿尔茨海默病的遗传形式涉及淀粉样蛋白前体蛋白（APP）的缺陷基因，将APP切成较小片段的分泌酶，或载脂蛋白E（ApoE，一种参与胆固醇转运和细胞膜修复的糖蛋白）。一个有希望的治疗方法是对Aβ的疫苗接种，而抗原的管理可能提供一种避免引发炎症反应的方法。在使用抗胆碱能药物或NMDA拮抗剂药物治疗一些患者时，观察到其症状的暂时减轻。运动和智力刺激似乎延缓了阿尔茨海默病的发生，而肥胖、高胆固醇水平和糖尿病则是重要的危险因素。

目标15.16　描述科尔萨科夫综合征的症状和病因。

科尔萨科夫综合征会产生顺行性遗忘，通常是酒精滥用的结果，但也可能由营养不良导致硫胺素缺乏引起。脑损伤最明显的部位是乳头体，但在大脑的许多其他部位也会发生损伤。治疗包括预防措施，例如在饮食中确保有足够的硫胺素，并将硫胺素和葡萄糖一起给予严重营养不良的患者。

## 思考题

你可能已经注意到本节中不同退行性疾病的几个相似之处。确定这些疾病中的两个相似之处，并解释为什么这些疾病可能共享这一因素。你可能会考虑到常见症状、遗传因素、蛋白质错误折叠或神经递质改变。

## 传染性疾病造成的损伤

1991 年至 1992 年间，有 9 名大学生出现头痛、发热、颈部僵硬、心理状态改变等症状。所有学生们都住在同一个社区里，而 3 名学生的症状十分严重，其病情最终是致命的。

为了进一步了解这种不寻常和令人震惊的疫情，流行病学家试图查明学生症状的原因以及这些病例之间任何可能的联系。研究人员采访了幸存的学生和他们的朋友，了解关于他们住在哪里，参加了什么俱乐部、运动或社会活动，他们参加的班级，兼职工作，以及他们与其他生病学生的联系。案件中没有发现学生间的直接联系。

经过进一步调查，研究人员发现，6 名学生在患病前大约一周就去了同一个当地的酒吧。研究人员随后对社区成员进行了调查，了解到该地区的酒吧和餐馆被调查者认为是特别拥挤且烟雾缭绕的。研究人员推测，拥挤和烟雾缭绕的环境促进了传染性生物体的传播。随访调查显示，对酒吧员工脑膜炎奈瑟菌的检测效果呈阳性(Imrey et al.，1996)。

以上所述的大学生个案研究说明了传染病的几种特点。一些神经系统疾病可能是由细菌、真菌或其他寄生虫或病毒传播的传染病引起的。最常见的是脑炎和脑膜炎。**脑炎**是一种侵袭整个大脑的传染病。急性脑炎的症状包括发热、烦躁和恶心，经常伴有抽搐、谵妄和脑损伤的迹象，如失语或瘫痪。不幸的是，除了支持性护理外，没有具体的治疗方法，且 5%～20%的病例是致命的；20%的幸存者会表现出一些残余的神经症状(见图 15.30)。

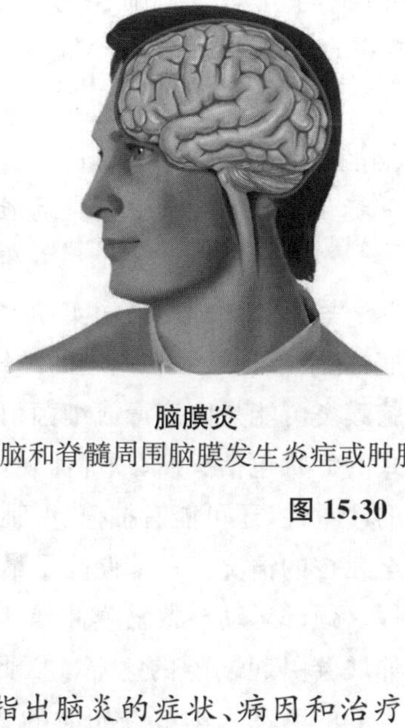

**脑膜炎**
大脑和脊髓周围脑膜发生炎症或肿胀

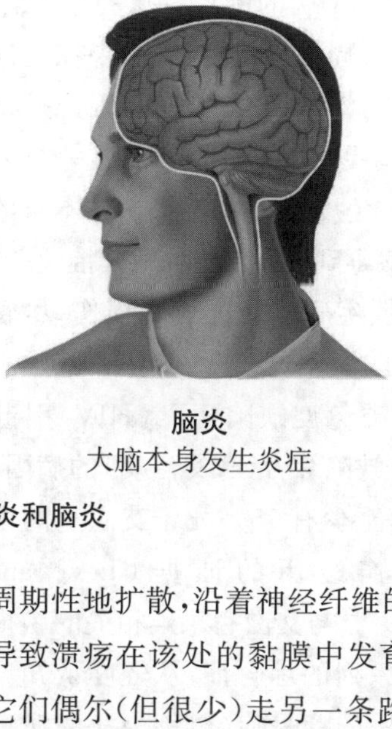

**脑炎**
大脑本身发生炎症

**图 15.30　脑膜炎和脑炎**

### 脑炎

目标 15.17　指出脑炎的症状、病因和治疗方法。

脑炎也可能是由**单纯疱疹病毒**引起的，这是口唇疱疹(或热病性疱疹)的病因，大部分人不时在口中和口周发病。通常，病毒在第五对脑神经节三叉神经节中静静存活，其中包含服务于脸部的体感神经元细胞。病毒周期性地扩散，沿着神经纤维的末端传播，并导致溃疡在该处的黏膜中发育。不幸的是，它们偶尔(但很少)走另一条路经进入大脑。疱疹脑炎是一种严重的疾病；这种病毒尤其会攻击前额叶和颞叶，并可能严重损害它们。

另外两种类型的病毒性脑炎可能是你所熟悉的：小儿麻痹症和狂犬病。幸运的是，在发达国家，自从疫苗接种以来，**急性前角脊髓灰质炎**(也称小儿麻痹症)已经非常少见。这种病毒对大脑和脊髓的运动神经元造成特定的损害：初级运动神经皮层；丘脑的运动神经核，下丘脑和脑干；小脑；脊髓灰质的腹角。毫无疑问，这些运动神经元含有某些化学物质，它们要么吸引病毒，要么在某种程度上使病毒对其致命。

**狂犬病** 是由受感染哺乳动物的唾液通过咬伤直接传递到人体中的病毒引起的。病毒通过周围神经向中枢神经系统传播，造成严重损伤。它也传播到外围器官，如唾液腺，这使得病毒可以通过该途径找到另一个宿主。症状包括短暂的发烧和头痛，其次是焦虑、过度的动作和言语、吞咽困难、运动紊乱、说话困难、癫痫发作、神志混乱，最后在发病症状出现后的7天内死亡。这种病毒对小脑和海马细胞有特殊的亲和力，海马损伤可能导致了早期症状中所看到的患者情绪变化。

幸运的是，狂犬病的潜伏期会持续几个月，而病毒则通过周围神经传播（如果在脸部或颈部受到咬伤，潜伏期会短得多，因为病毒到达大脑的距离更近）。在潜伏期内，一个人可以获得使个体免疫疾病的疫苗；个体本身的免疫系统会在病毒到达大脑之前将其摧毁。

一些传染性疾病也会造成脑损伤，尽管它们不是主要的中枢神经系统疾病。其中一种疾病是由人类免疫缺陷病毒（HIV）引起的，是后天免疫缺陷综合征（艾滋病）的病因。尸检记录显示，至少有75%死于艾滋病的人都曾有脑损伤经历的证据（Levy and Bredesen, 1989）。与艾滋病感染相关的脑损伤可以产生一系列的综合征，从轻度认知紊乱到艾滋病相关的痴呆症（也称为艾滋病痴呆综合症或ADC）。艾滋病感染引起的神经病理学特点是神经突触和海马体、大脑皮层和基底节神经元的死亡（Mattson et al., 2005; Valcour et al., 2011）。如果发现感染后很快就开始使用抗逆转录病毒联合治疗的积极治疗，可以预防或减少对大脑的损害。然而，活跃的病毒即使在血液中无法检测到，也会在大脑中持续存在，因此患者的认知能力和情感状态应该得到仔细的监控。如果不治疗病毒感染，大脑损伤就会进一步加深，导致认知和运动功能丧失，这是40岁以下人群认知下降的主要原因。起初患者可能会变得健忘，他们可能会更慢地思考和推理，可能会有找词困难（命名障碍）。最终，他们可能变得几乎无声。动作的缺陷可能从颤抖和难以进行复杂运动的开始，随后可能会进一步加重，使患者变得卧床不起（Maj, 1990）。

几年来，研究人员一直对这样一个事实感到困惑：虽然艾滋病感染肯定会导致神经损伤，但神经元本身并没有感染病毒。相反，病毒在大脑的星形胶质细胞中生存和复制。该神经病理学现象似乎是由糖蛋白gp120包膜引起的，该包膜覆盖了导致AIDS感染的RNA。gp120与引发细胞凋亡的其他蛋白质结合（Alirezaei et al., 2007; Mattson et al., 2005）。

## 脑膜炎

目标15.18 指出脑膜炎的症状、病因和治疗方法。

另一类脑部传染病实际上是指脑膜的炎症，即中枢神经系统周围的结缔组织层炎症。**脑膜炎**可能是由病毒或细菌引起的。所有形式的症状包括头痛、颈部僵硬，且取决于疾病的严重性，还可能有抽搐、混乱或失去知觉甚至死亡的情况。颈部僵硬是最重要的症状之一。颈部运动导致脑膜伸展；因为它们发炎，伸展会引起剧烈的疼痛。因此，患者会反对颈部的移动。本节开始时的案例中，学生们经历了脑膜炎。而通过对数以千计的其他学生进行疫苗接种，减少了社区中传染病的爆发。

最常见的病毒性脑膜炎的形式通常不会造成巨大的脑损伤，然而各种形式的细菌性脑膜炎则会。通常的原因是中耳感染传播到大脑中,从头部损伤到达大脑中的感染,或者是由于心室内存在感染细菌而脱落的栓塞。这种感染通常是由不洁的皮下针头引起的;因此,使用静脉注射药物的人更有可能患上脑膜炎(以及其他许多疾病)。脑膜的炎症可以通过干扰血液循环或阻断脑脊液通过蛛网膜下腔,引起脑积水而损害大脑。此外,颅神经也易受损伤。幸运的是,细菌性脑膜炎通常可以用抗生素有效地治疗。当然,早期诊断和及时治疗是必不可少的,因为无论是抗生素还是任何其他已知的治疗都不能修复受损的大脑。

## 本节回顾

### 传染性疾病造成的损伤

目标 15.17 指出脑炎的症状、病因和治疗方法。

脑炎通常由病毒引起,影响整个大脑,并可能导致发烧、烦躁、恶心、癫痫发作和神经系统的症状。一种形式是由单纯疱疹病毒引起的,它感染了大部分人群的三叉神经节。这种病毒往往攻击额叶和颞叶。脊髓灰质炎病毒攻击大脑和脊髓中的运动神经元,导致运动缺陷甚至瘫痪。狂犬病病毒由动物咬伤获得,通过周围神经传播,攻击大脑,特别是小脑和海马体。当 HIV 病毒的 gp120 蛋白包膜与其他引发细胞凋亡的蛋白结合时,HIV 感染也会产生脑损伤。抗逆转录病毒疗法的积极治疗可以最大限度地减少脑损伤。

目标 15.18 指出脑膜炎的症状、病因和治疗方法。

脑膜炎是脑膜的一种感染,由病毒或细菌引起头痛、颈部僵硬症状,取决于疾病的严重性,可能产生抽搐、混乱或丧失知觉甚至死亡的情况。通常较严重的细菌形态是由耳感染、头部损伤或心脏感染的栓塞引起的。

## 思考题

考虑与他人亲近的人应采取哪些预防措施,以减少感染可能导致脑炎或脑膜炎的概率。想象一下,你被要求为学校里的学生设计一本小册子,鼓励他们在搬进宿舍前考虑脑膜炎疫苗。你会和他们分享什么信息?

## 本章回顾问题

1. 讨论脑肿瘤、癫痫病、脑血管意外和创伤性脑损伤的病因、症状和治疗方法。
2. 讨论由有毒化学物质、遗传性代谢紊乱和唐氏综合征引起的发育紊乱。
3. 探讨错误折叠朊蛋白在传染性海绵状脑病中的作用。
4. 讨论帕金森病和亨廷顿病中发生的基底节变性的病因、症状和可行的治疗方法。
5. 讨论阿尔茨海默病引起的脑变性的病因、症状和可行的治疗方法。
6. 讨论肌萎缩侧索硬化、多发性硬化和科尔萨科夫综合征引起的脑变性的病因、症状和可行的治疗方法。
7. 讨论脑炎、艾滋病相关的痴呆症和脑膜炎的病因、症状和可行的治疗方法。

# 第 16 章

# 精神分裂症与情感障碍

## 本章概要

**精神分裂症** 562
描述 562
遗传可能性 564
环境因素 566
精神分裂症的异常 569
中脑边缘多巴胺通路:阳性症状 572
中脑皮层多巴胺通路:阴性和认知症状 574

**情感障碍** 579
描述 579
遗传可能性 580
生物疗法 580
前额皮层的作用 584
单胺假设 586
5-HT 转运体的作用 587
神经发生的作用 588
昼夜节律的作用 588

## 学习目标

目标 16.1 举例精神分裂症的阳性、阴性和认知症状。

目标 16.2 描述遗传性因素导致精神分裂症的证据。

目标 16.3 描述支持环境对精神分裂症发展产生作用的证据。

目标 16.4 描述与精神分裂症相关的行为、躯体和大脑异常。

目标 16.5 佐证中脑边缘多巴胺通路在精神分裂症阳性症状中的作用。

目标 16.6 佐证皮层在精神分裂症阴性和认知症状中的作用。

目标 16.7 比较重性抑郁和双相障碍的症状。

目标 16.8 描述基因导致情感障碍形成的证据。

目标 16.9 列举情感障碍的生物疗法。

目标 16.10 描述前额皮层在抑郁症中的作用。

目标 16.11 总结支持情感障碍单胺理论的证据。

目标 16.12 评价佐证血清素转运体等位基因多态性对情感障碍起作用的

证据。

目标 16.13 解释情感障碍、治疗及神经发生之间的关系。

目标 16.14 总结昼夜节律变化对情感障碍起作用的证据。

格兰特是一个被学校警察从当地大学带到急救室的 22 岁男学生。当他变得非常激动、朝他自己讲话、大叫时，格兰特的一个室友打电话给校园警察，因为出于对被监视和被跟踪的害怕，虽然两者都没有证据，但格兰特拒绝离开学生宿舍。

在高中取得优异成绩后，格兰特在大学里努力学习。但他发现很难集中注意力。他常常感到自己的脑子乱转，开始听到一些声音在他耳边重复说着消极的东西，告诉他他将会是一个失败的学生。最后，他的成绩真的开始受到影响。人们惊讶于当格兰特得知自己的所有课程都不及格时，他没有表达任何情绪。格兰特在第一年之后就休学了。

在离开学校之后，格兰特回家和父母一起住。他的父母越来越担心他的幻听，对食物受污染的不寻常看法，以及人们跟踪他或记录他的想法的看法。在父母的坚持下，格兰特最后约了一个心理医生，医生诊断出他是精神分裂症。

医生开了一种非典型的抗精神病药。尽管因为药物副作用重了 15 磅，但格兰特对治疗反应很好，在几个月之后做了重回大学的决定。然而，几个星期之后，在药物的副作用下格兰特变得沮丧，开始怀疑是不是药被污染了。他停止吃药并且避免与精神病医生的后续预约。他的症状回来了，几个月之后他再次进入学业缓读期。格兰特再一次离开学校回到家里。

这一次，格兰特的症状更严重，他住进了一家住院诊所接受治疗。服用了不同的非典型抗精神病药物之后，格兰特的症状，包括他关于药被污染和被监视的毫无根据的信念开始又一次消退。几个月后格兰特出院回到了学校。然而，他再次出现了不寻常的行为：表达出对食物污染的害怕，拒绝离开他的房间因为深信他被跟踪，这导致了他打电话给校园警察，随后去了急诊室。

格兰特的例子表明了精神分裂症一些重要的方面和它的治疗手段。对于许多人，精神分裂症的症状出现在青少年晚期和成人早期，此症男性比女性出现更普遍。患有精神分裂症的个体会经历广泛的体验，从幻听到妄想，再到迟钝的感情、减少的社会交往和注意力集中问题。精神分裂症的治疗包含多种类型的治疗干预，包括认知行为治疗、家庭心理教育、社会技能训练、支持性就业和抗精神病药物(Musser et al., 2013)。然而，许多人都经历过这些药物的不良副作用，而治疗的依从性可能是一个挑战。尽管精神分裂症的症状可能很严重，但在支持下，许多精神分裂症患者可以实现高质量的生活，并实现个人、专业和学术目标。

本书的大部分讨论都集中在典型的、适应性行为的生理学上。最后 3 章概述了症候适应不良行为的性质和生理学研究：精神障碍和药物滥用。精神障碍的临床症状包括有缺陷的或者不恰当的社会行为，不合逻辑、不连贯或者摆脱不了的想法，不恰当的情绪反应，包括沮丧、躁狂或者焦虑，还有妄想和幻觉。近几年的研究表明，这些症状是由于大脑结构和生物化学物质的异常引起的。

第 17 章讨论了焦虑障碍、自闭症、注意缺陷障碍和与压力有关的障碍。第 18 章讨论了药物滥用。这章讨论两组严重的精神障碍:精神分裂症和心境障碍,包括重性抑郁障碍和双相情感障碍。下图中大脑标亮的部分是前额叶,我们将在本章讨论这个区域。

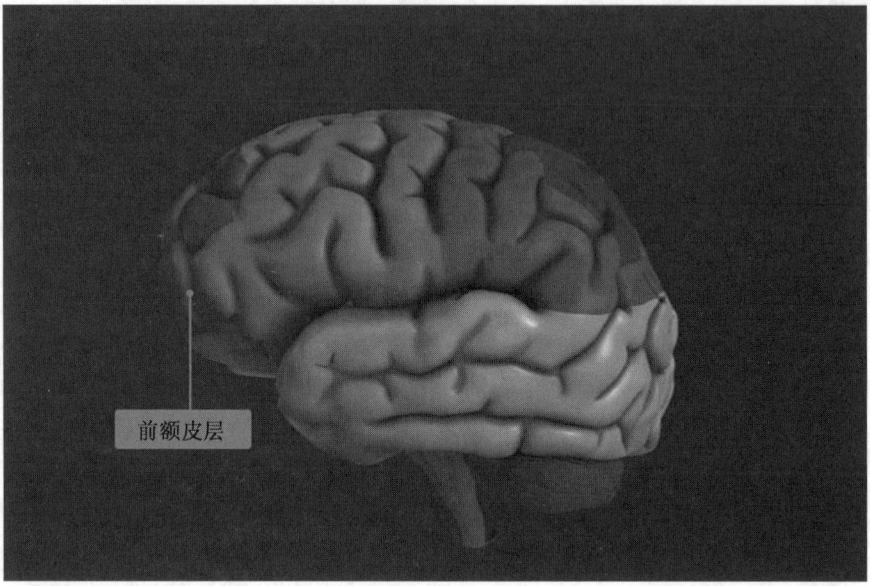


这里显示的是前额皮层,一个与精神分裂症症状有关的区域。

## 精神分裂症

### 描述

目标 16.1　举例精神分裂症的阳性、阴性和认知症状。

精神分裂症可能是存在的最被滥用的心理学术语之一。这个词的字面意思是"分裂的头脑",但它并不意味着一个分裂的或者多重的人格。布洛伊勒(Bleuler, 1911/1950)创造了这个术语,"精神分裂症"指的是由于大脑各种功能紊乱而与现实脱节,因此思想和感觉不再以一种典型方式共同工作。

精神分裂症是一种严重的精神障碍,发生率大约是世界人口的1%。精神分裂症的社会支出是巨大的,在美国,它的数字超过所有癌症的花费(Thaker and Carpenter, 2001)。古代文字中对症状的描述表明这种疾病可能已经存在了几千年(Jeste et al., 1985)。

虽然研究发现患有精神分裂症的人甚至在童年时期就出现一些异常现象,精神分裂症典型出现在青少年晚期或者成年早期。图16.1显示了被诊断为精神分裂症的男性和女性第一次出现精神障碍时的年龄。

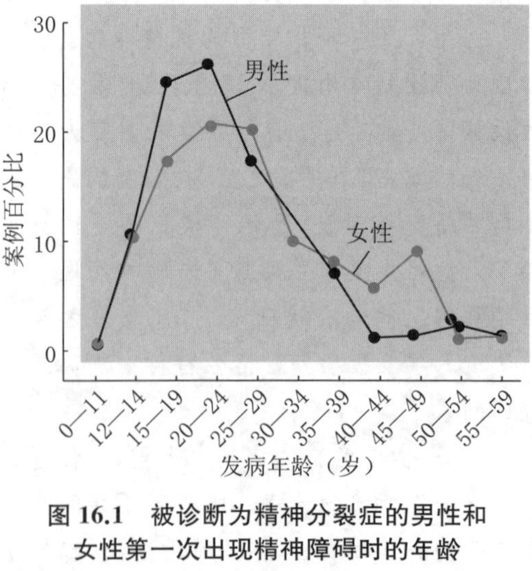


**图16.1　被诊断为精神分裂症的男性和女性第一次出现精神障碍时的年龄**

资料来源:Häfner et al., 1993。

精神分裂症的主要症状是普遍的。临床医生已经制定了可靠的标准来诊断不同文化背景的人(Flaum and Andreasen, 1990)。

**阳性症状** **精神分裂症**有三种症状:阳性的、阴性的和认知的(Mueser and McGurk, 2004)。**阳性症状**可被发现,包括思维紊乱、幻觉和妄想。**思维障碍**——无组织的、非理性的思维——是精神分裂症重要的症状。精神分裂症患者难以有逻辑地整理他们的想法、把合理和不可能的结果分开。在谈话中,当一个新联系出现的时候他们会从一个话题跳到另一个话题。有时,他们可能会用无意义的词语或选择押韵的词语而不是有意义的词语。**妄想**是与事实相反的信念,它不属于一个人所属的小团体(比如宗教信仰)。迫害妄想是认为别人是在跟踪、阴谋和密谋反对自己的错误信念。夸大妄想是错误地认为自己的权力、重要性或者拥有某些特殊的、别人没有的知识。控制妄想与被害妄想相关,患者认为自己通过被监视或者一个植入他大脑中的微小接收器被他人控制着。

精神分裂症第三个阳性的症状包括**幻觉**、实际并不存在的感觉刺激。精神分裂症最普遍的幻觉是听觉,大约有 70%的患者都有这种幻觉,接下来是视觉(25%),其他感觉形式的幻觉(大约 10%, Mueser et al., 1990)。典型的精神分裂症幻觉包含与人交谈的声音。有时候,这种声音命令患者去做一些事情;有时候,它们责骂患者没有价值;有时候发出没意义的短语(见表 16.1)。

**阴性症状** 和阳性症状相反,精神分裂症的**阴性症状**是一些典型行为的消失或缺少:消退的情绪反应、语言缺乏、缺乏主动性和毅力,快感缺乏(体验快乐的无能)和社交退缩。

**认知症状** 精神分裂症的**认知症状**可能是由大脑中与阴性症状重叠的区域的异常引起的。这些症状包括难以维持注意、低心理运动速度(比如,包含认知因素的运动,比如反应时、按顺序连接数字或者字母、交换数字和字母),学习和记忆的缺陷,缺乏抽象思维,缺乏问题解决能力(再次看表 16.1)。

**表 16.1 精神分裂症的症状**

| 症 状 |
| --- |
| **阳性** |
| 幻觉 |
| 思维障碍 |
| 妄想 |
| 迫害 |
| 伟大 |
| 控制 |
| **阴性** |
| 平淡的情绪反应 |
| 言语贫乏 |
| 缺乏主动性和毅力 |
| 快感缺乏 |
| 社交退缩 |
| **认知** |
| 持续注意困难 |
| 精神运动速度较低 |
| 学习与记忆的缺陷 |
| 抽象记忆差 |
| 问题解决能力差 |

阳性、阴性和认知症状并不是精神分裂症所特有的,它们也在其他障碍中出现。一些其他障碍也包括大脑损伤,特别是额叶。本章后面我们可以看到,阳性症状似乎与以多巴胺为神经递质的神经回路的过度活动有关。阴性与认知症状似乎是由于发展或退化过程使大脑某些区域的典型功能受损造成的。与阳性、阴性、认知症状一起,抑郁、焦虑、药物滥用和吸烟在精神分裂症中非常常见。

精神分裂症的症状通常在几年的时间内逐渐出现。通常,精神分裂症的第一个临床症状往往是抑郁,接着是社交退缩或者社交损伤(阴性症状)和认知困难(认知症状),然后阳性症状(Häfner, 2000; Häfner and an der Heiden, 2003; Häfner et al., 1999;

Häfner et al., 2003; Häfner et al., 2005)。正如我们稍后将看到的,这种症状的进展提供了一些提示,说明了导致这些症状的大脑异常的性质。

## 遗传可能性

目标 16.2 描述遗传性因素导致精神分裂症的证据。

来自双胞胎和收养研究的证据以及研究突变、父亲年龄和表观遗传学的证据都支持精神分裂症是一种生物学紊乱,遗传在其发展过程中起作用的假设。

至今,研究者们还没能定位一个单独的精神分裂症基因,虽然他们已经发现了许多貌似会增加这种疾病可能性的基因。Crow(2007)的一篇综述指出,23 对染色体中有 21 对与精神分裂症易感性有关的证据已有报告,但许多发现并没有被复制。Walsh 等人(2008)认为这些基因中的大量罕见突变在精神分裂症的发展过程中起着重要作用。

**基因突变** 一种罕见的突变涉及一种称为精神分裂症断裂基因 1(DISC1)的基因。该基因参与调节胚胎和成人神经发生、胚胎发育过程中的神经元迁移、兴奋性神经元突触后密度的功能及线粒体功能(Brandon et al., 2009; Kim et al., 2009; Park et al., 2010; Wang et al., 2010)。在一些有精神分裂症高发生率的家庭中发现了这样的突变(Chubb et al., 2008; Schumacher et al., 2009)。虽然 DISC1 的发生率非常低,但它的出现使精神分裂症发生可能性增加 50 倍(Blackwood et al., 2001)。这种基因突变似乎也增加其他精神障碍的发生率,包括双相情感障碍、重性抑郁障碍和自闭症(Kim et al., 2009)。我们将在本章后面描述关于 DISC1 异常在动物模型中的研究。

**双生子收养研究** 收养研究(Kety et al., 1968, 1994)和双生子研究(Gottesman and Shields, 1982; Tsuang et al., 1991)表明精神分裂症有遗传特征。如果精神分裂症是由单个基因产生的简单特征,若基因是显性的,我们就可以预期患有精神分裂症的父母的孩子至少 75%会出现这样的障碍;若基因是隐性的,父母患有精神分裂症的儿童都会发展出这种障碍。然而,实际的发生率少于 50%,这意味着要么同时涉及多个基因,要么具有“精神分裂症基因”的人容易患上精神分裂症,而这种疾病本身是由其他因素引发的。

如果易感假说是正确的,我们就可以预期一些带有“精神分裂症基因”的人不会表现出障碍;也就是说,他们所处的环境使得精神分裂永远不会被触发。这样的假说能被同卵双生子验证,这对双生子一个被诊断为精神分裂症而另一个没有。Gottesman 和 Bertelsen(1989)研究了一对不一致同卵双生子的孩子,发现这对双胞胎患有精神分裂症的孩子的比例几乎相同:父母患有精神分裂症的孩子占 16.8%,父母没有精神分裂症的孩子占 17.4%。异卵双生子的百分比分别为 17.4%和 2.1%。这个结果为精神分裂症的遗传提供了强有力的证据,同时也支持了携带精神分裂症基因不意味着这个人必定会发展成精神分裂症的结论。(详见表 16.2)

过去,大部分研究者假定精神分裂症在同卵双生子中的不一致一定是因为他们出生后暴露于某些环境因素的差异。但是同卵双生子不止基因一致,他们也处于相同的子宫环境。因此,因为所有产前因素应是一致的,所以任何差异必然是产后环境因素造成的结果。然而,一些调查者指出同卵双生子的产前因素是不一致的。同卵双生有两种:单绒毛膜和双绒毛膜。当胚泡(发育中的生物体)分裂成两半时,就会形成同卵双胞胎。如果在第 4 天之前发生双胞胎,这两个生物体会独立发育,各自形成自己的胎盘。(也就是说,这对双胞胎是双绒毛膜的。绒毛膜是囊

胚的外层，形成胎盘。）如果在第 4 天之后发生双胞胎，这两个生物体就会变成单质的，共用一个胎盘。（参见图 16.3）

胎盘在产前发展中有极大的作用。它把营养物质由母体循环输送给发育中的生物体，把废料运回母体，母体通过肝脏代谢掉或者通过尿液排出。如果毒素或感染性物质要影响胎儿发育，就必须通过这道屏障。共用一个胎盘的同卵双生子的产前环境比那些双绒毛膜同卵双生子要更像。因此，我们可以预想单绒毛膜双生子的一致率应该高于双绒毛膜同卵双生子，正如 Davis 等人（1995）报告的那样。Davis 和他的同事验证了患有精神分裂症的一致和不一致同卵双胞胎组。他们用几个指标来估计给定的一对是单绒毛膜同卵还是双绒毛膜同卵（例如，拥有指纹、利手、胎记或卷发等身体特征镜像的双胞胎更有可能是单绒毛膜）。调查者估计，精神分裂症的一致率在双绒毛膜同卵双生子中为 10.7%，在单绒毛膜同卵双生子中为 60%。这些结果为遗传和环境在产前发育过程中的相互作用提供了有力的证据。

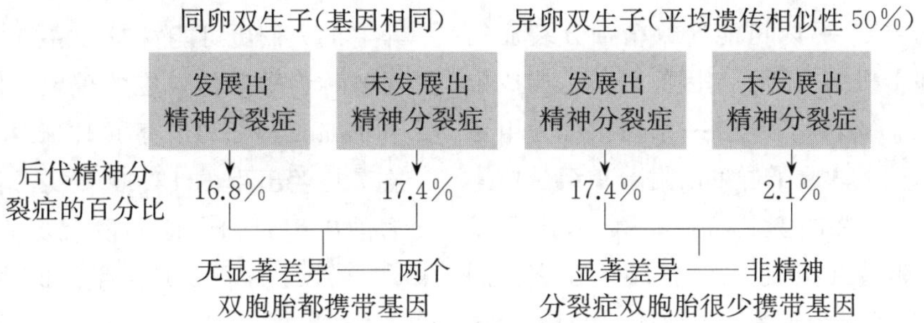


**图 16.2 遗传与精神分裂症**

该图概述了人们可能有未表达的精神分裂症基因的证据。

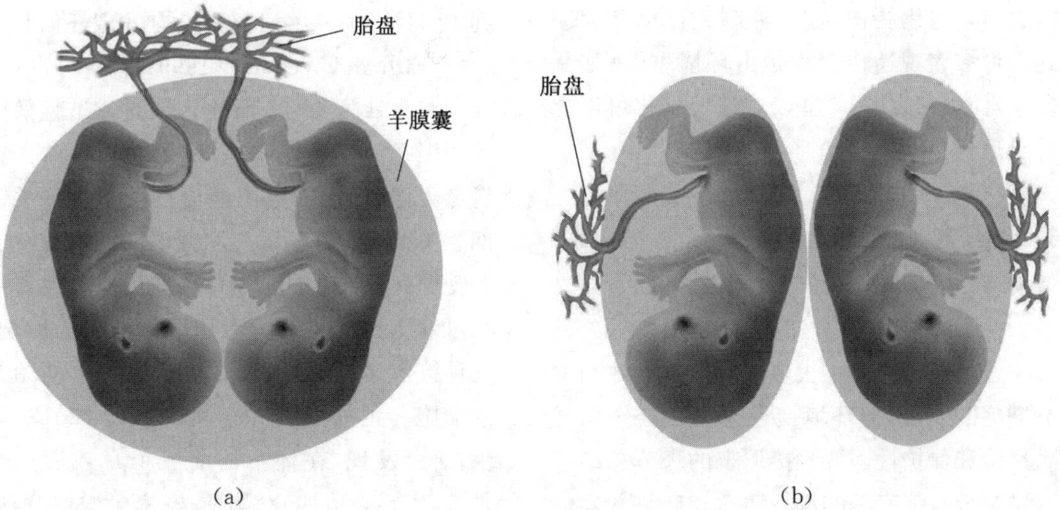


**图 16.3 同卵双生**

(a)单绒毛膜双胞胎，共用一个胎盘。(b)双绒毛膜双胞胎，每个都有自己的胎盘。

**父亲年龄** 父亲年龄的影响提供了深度的证据：基因突变可能会影响到精神分裂症的发生（Brown et al.，2002；Sipos et al.，2004）。一些研究已经发现，父亲年纪大的孩子更可能发展出精神分裂症。大部分调查者相信精神分裂症的增长率是由产生精子的精母细胞突变造成的。这些细胞在青春期后每16天分裂一次，这意味着35岁之前大概会分裂540次。相比之下，女性的卵母细胞在出生前分裂23次，出生后只分裂一次。当细胞分裂时DNA复制出错的可能性随着细胞分裂的次数增加而增加，复制错误的增加可能会导致突变的积累，而这些突变是导致精神分裂症发病率增加的原因。

**表观遗传学** 一些研究者（比如 Swerd et al., 2011; Tsankova et al., 2007）指出遗传机制与突变一样，可能导致精神分裂症的发展。遗传机制控制了基因的表达。构成染色体的长DNA链缠绕在一系列被称为组蛋白的蛋白质上。原子群可以附着在组蛋白中的氨基酸上，并改变其特性。例如，当甲基（$-CH_3$）附着在组蛋白上时，缠绕在它们周围的DNA区域会更紧密地收缩，从而阻止这些区域被转化为信使RNA。因此，组蛋白的甲基化阻止了特定基因的表达。（其他原子群也可以与组蛋白结合，抑制或促进基因表达。）许多表观遗传变化是由环境事件（如暴露于毒素）引发的，一些表观遗传变化可以遗传给后代。

## 环境因素

*目标16.3 描述支持环境对精神分裂症发展产生作用的证据。*

虽然遗传因素在很多情况下会导致精神分裂症的发展，但环境变量也会相互作用导致风险和保护性因素。接下来的环节总结了与精神分裂症有关的流行病学和产科并发症领域的一些研究。除了在这些环节中讨论的因素以外，个体的风险因素如移民身份、贫穷、创伤（比如儿童虐待）会导致精神分裂症的发展（van Os and Kapur, 2009; van Os and McGuffin, 2003; Varese et al., 2012）。

**流行病学研究** **流行病学**研究精神分裂症的人口分布和产生原因。因此，流行病学研究检查不同环境下人群中疾病的相对发生频率，并试图将疾病发生频率与这些环境中存在的因素联系起来。研究证据表明精神分裂症的发生率与一些独立的或相互作用的环境因素相关：出生季节、病毒性传染病、维生素D缺乏、人口密度、产前营养不良、药物滥用、妊娠和分娩并发症（Brown and Derkits, 2010; King et al., 2010）。让我们依次讨论这些因素。

*出生季节* 一些研究表示出生在冬末和早春的人们更可能发展出精神分裂症——一种被称为**季节性效应**的现象。例如，Kendell 和 Adams（1991）研究了1914年至1960年间在苏格兰出生的13 000多名精神分裂症患者的出生月份。他们发现更多的病人在2月、3月、4月和5月出生。这些结果已经被北半球的一些实验证实（Davies et al., 2003）。南半球一些研究也报道了出生在冬末春初的精神分裂症患者不成比例（从8月到12月）而另一些研究则没有发现任何影响（McGrath and Welham, 1999）。

*病毒性传染病* 什么因素是季节性效应的原因呢？一种可能是，如果女性在秋天或者冬天怀孕，她们更可能会在孩子发展关键期感染上病毒性疾病。胎儿的大脑发育可能会受到病毒产生的毒素的负面影响，或者更有可能受到母体对病毒的抗体的负面影响，这种抗体穿过胎盘屏障，攻击发育中的胎儿的细胞。正如 Selemon 和 Zecevic（2015）记录，研究发现，在怀孕的前三个月或后三个月，后代感染精神分裂症的概率会增加（稍后我们可以看到证据表明后三个月大脑的各个关键方面开始发育）。事实上，Kendell 和 Adams（1991）发现，如果去年秋天气温低于正常水平，那么在冬末春初出生的精神分裂症患者的相对数量尤其高——这个条件使得

人们一直在室内，易于病毒疾病的传播。

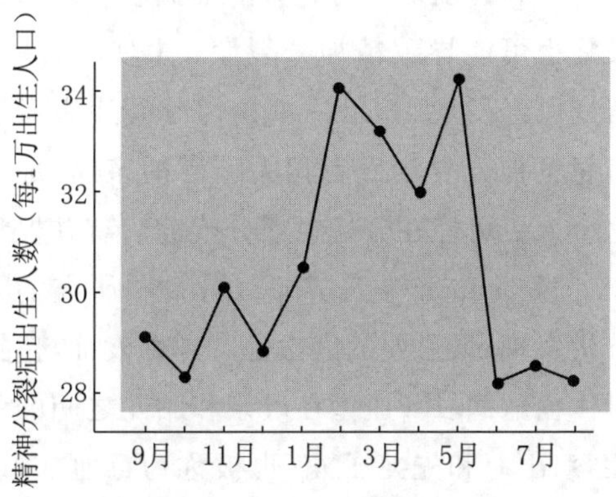


**图 16.4　季节性效应**

该图展示了每1万出生人口中精神分裂症患者的人数。

资料来源：Kendell and Adms，1991。

如果病毒假说是真的，那么在流行性感冒后几个月出生的婴儿患有精神分裂症的发生率就会增加而无论什么季节。一些研究观察到的就是这样的结果（Mednick et al.，1990；Sham et al.，1992）。Brown 等人（2004）在一个研究中检验了孩子患有精神分裂症的妈妈怀孕期间的血清储存样本。他们发现白细胞介素－8 水平升高，这是一种由免疫系统细胞分泌的蛋白质。他们发现这种化学物质的出现表明了感染或者炎症过程的出现，支持妊娠中期母体感染可增加孩子的精神分裂症的发病率。Brown（2006）指出，研究发现母亲感染至少另外两种传染病——风疹（德国麻疹）和弓形虫——与精神分裂症发病率的增加有关。

维生素 D 缺乏　尽管寒冷天气和聚集可能导致季节性效应，增加了感染传染病的可能性，另一种变量可能是普遍因素：维生素 D 缺乏。维生素 D 是一种脂溶性化学物质。Harms 等人（2011）总结了调查维生素 D 缺乏以及它与精神分裂症风险增加的联系的大量研究结果。这些研究报道了母亲维生素 D 缺乏与儿童精神分裂症的关系：越是极端的维度（阳光照射的强度和持续时间减少）、城市区域（生活方式减少了日晒），皮肤上有越多黑色素的人，尤其是极端纬度地区，由于总日晒减少，维生素 D 缺乏的风险增加（黑色素使得皮肤更黑减少了维生素 D 的合成，Harm et al.，2011）。有趣的是，一项研究中发现在幼儿出生的第一年给予维生素 D 补充与男孩精神分裂症的减少相关（McGrath et al.，2004）。因为维生素 D 在大脑发育中起着非常重要的作用，它的缺乏可能是精神分裂症的一个风险因素。这些原因显示至少有一些城市居民与生活在寒冷地区的精神分裂症患者可能是由于维生素 D 缺乏导致的。

人口密度　一些研究发现季节性效应主要影响城市，但在乡村地区很少被发现。事实上，生活在大城市中心的人们发展出精神分裂症的可能性比生活在乡村地区的人们高出大约 3 倍多（Eaton et al.，2000）。因为病毒更易于在高人口密度的地区传播，这一发现与以下假设相符：季节性效应的原因之一至少是孕妇在妊娠中期暴露于病毒疾病中。然而，Pedersen 和 Mortensen（2001）发现，直到 15 岁，一个人生活在城市越长时间，就越可能发展出精神分裂症。因此，城市环境可能影响人们出生前和出生后对精神分裂症的易感性。

产前营养不良　另一个产前因素被 Susser 和他的同事（Susser and Lin，1992；Susser et al.，1996）发现，在饥饿的冬天——第二次世界大战期间，德国封锁了荷兰，造成了严重的食品短缺，这一时期怀孕的妇女，她的孩子患精神分裂症的发生率增加两倍。David 和 Bracha（1996）指出与饥荒相关的精神分裂症的特定原因可能是缺乏硫胺素——或者更准确地说，当这些发展中的胎儿的妈妈在 1945 年 5 月封锁结束后突然开始正常饮食后，胎儿大脑里的毒物突然增加。正如我们在第 14 章所见，硫胺素缺乏后突然的再摄入会造成大脑的损伤。其他研究显示，体重不足的妇女更可能会生下之后发展出精神分裂症的婴儿，或者出生时体重过轻的婴儿有更高的精神分裂症的发生率（Kunugi et al., 2001; Wahlbeck et al., 2001）。

*药物滥用* 精神分裂症发展的最后一个环境风险因素是母体药物滥用——尤其是吸烟。Zammit 等人（2009）研究了母亲在怀孕期间使用烟草、大麻、酒精的影响，发现烟草使用与风险增加有关，这表明二手烟足以对胎儿的发展造成不利影响。过量摄入酒精——只有当母亲每星期摄入超过 210 毫升时才会增加精神分裂症的风险。如我们在 15 章所见，在怀孕期间摄入酒精将给婴儿造成胎儿酒精综合征的风险。

*交互作用和保护因素* 一些研究发现我们回顾的遗传因素和环境因素存在交互作用（Brown and Derkits, 2010; Freedman, 2010; Mittal et al., 2008）。例如，怀孕期间患有肾盂肾炎的妇女生下的婴儿患精神分裂症的概率是无肾盂肾炎妇女的 2 倍，如果有精神分裂症家族史，患精神分裂症的概率是 4 倍。（肾盂肾炎是一种通过尿道感染的传染病，通常与怀孕有关。）就其本身而言，母亲抑郁并不会增加女性后代患精神分裂症的风险，但在家族遗传风险的情况下，患精神分裂症的可能性会增加 4 倍。

大量研究集中在精神分裂症发展风险因素（基因和环境）上，很少有研究关注保护因素。避免暴露于环境毒物和传染性病原体，怀孕期间营养稳定，必要时补充维生素 B 和 D，避免产前压力，避免早期生活压力，避免早期使用大麻，尤其是支持性的社会和家庭环境都是有精神分裂症遗传风险的个体重要的保护因素（Schlosser et al., 2012）。由于许多研究的相关性和缺乏对保护性因素的专门关注，目前对这些因素在精神分裂症中的理解是有限的。

**产科并发症** 有充分的证据表明产科并发症也可能导致精神分裂症。事实上，一些研究已经发现，如果一个精神分裂症患者没有患精神分裂症或者相关障碍的亲属，那么这个人更可能在分娩时或分娩前后有并发症史。M.Cannon 等人（2002）对 8 项研究的元分析发现，最重要的因素是产前并发症，包括母体糖尿病、Rh 血型在母亲和胎儿之间的不相容、出血和先兆子痫（也被称为毒血症，以高血压、水肿和蛋白尿为特征的疾病）；胎儿发育异常，包括低出生体重、先天畸形和小头围；分娩期并发症，包括急症剖宫产、子宫并发症和胎儿缺氧。根据 Boksa（2004），最重要的分娩期并发症特征是脑供血或供氧中断。

Rehn 等人（2004）的研究提供了直接证据证明子宫和胎盘缺乏足够的血液供应会对大脑发育产生有害影响。研究人员通过在妊娠中期切断子宫动脉，在怀孕的豚鼠体内制造了慢性胎盘不足。当这些动物到了青春期，显示大脑重量减轻，脑室增大，但没有脑胶质增生的迹象。正如我们将在下一节看到的，这些变化也可以在精神分裂症患者的大脑中看到。

正如你之前读到的，精神分裂症是一种可遗传的疾病，但它的遗传性并不完全。很可能遗传的是对环境因素的易感性，这些环境因素会对大脑发育造成负面影响，或在以后的生活中造成大脑损伤。根据假设，有一些精神分裂症基因使一个人暴露于这些因素时更可能发展出障碍。然而，发展性障碍并不一定需要遗传性；一些精神分裂症个案甚至家族史中没有人得过或者没有得过与之相关的疾病。对与精神分裂症发病有关的环境因素的综述，见表 16.2。

**表 16.2 与精神分裂症发病有关的环境因素**

| 环境因素 | 精神分裂症环境因素的研究支持 |
|---|---|
| 出生季节 | 冬末春初出生的人更可能患精神分裂症 |
| 病毒传染 | 在流感流行几个月后出生的人患精神分裂症的概率增加 |
| 人口密度 | 住在大城市中心的人患病可能性是住在农村地区的人的 3 倍多 |
| 产前营养不良 | 低出生体重婴儿有更高的精神分裂症发生率 |
| 药物滥用 | 怀孕期间吸烟会增加后代患精神分裂症的风险 |
| 交互作用 | 怀孕期间患有肾盂肾炎的妇女所生下的婴儿患精神分裂症的概率是无此病妇女的 2 倍，如果有精神分裂症家族史，患精神分裂症的概率是 4 倍 |
| 产科并发症 | 紧急剖腹产、子宫并发症和出生时胎儿缺氧与精神分裂症的风险增加有关 |

## 精神分裂症的异常

目标 16.4 描述与精神分裂症相关的行为、躯体和大脑异常。

精神分裂症的发展与行为、外表特征、大脑结构和功能改变有关。有些异常甚至出现在精神分裂症症状出现之前，或者出现在未受影响的家庭成员中，这支持了这种疾病的生物学基础。以下部分将描述这些领域的研究。

**行为异常** 行为和解剖学上的证据都表明发展性异常与精神分裂症有关。让我们首先考虑一下行为证据。Walker 和他的同事(Walker et al., 1996; Walker et al., 1994)从一个孩子被诊断患有精神分裂症的家庭中获得家庭电影。他们让独立的观察员检查孩子们的行为。与未受影响的兄弟姐妹相比，后来被诊断患有精神分裂症的孩子在面部表情上表现出更多的负面情绪，更有可能出现异常的运动。(评级是盲目的；观察人员不知道哪些孩子后来被诊断患有精神分裂症。)在相似的研究中，Schiffman 等人(2004)支持了这些结果。在 1972 年，265 个丹麦儿童，年龄为 11—13 岁，吃午饭的时候被摄制了简短的录像。这个小组中有三分之一的孩子的一位家长诊断为精神分裂症。在 1991 年，调查人员检查了这些儿童的医疗记录，确定了他们中谁患了精神分裂症。评价员不知道这些孩子的身份，发现那些之后出现精神分裂症的孩子表现出了更少的社交。在这些男孩中，那些后来患上精神分裂症的人也表现出了一定程度的精神运动功能缺陷。这些研究的结果与如下假设一致，即虽然精神分裂症的症状在儿童时期没有出现，但后来发展为精神分裂症的儿童的早期大脑发展发生了改变。

**躯体异常** 未成年人的精神异常，比如腭弓高而窄或者特别宽或窄的眼距，也被证明与精神分裂症的发病率有关(Schiffman et al., 2002)(见表 16.3)。这些不同最初是由精神分裂症研究先锋克雷佩林在 19 世纪晚期提出的。正如 Schiffman 和他的同事提出，这些异常提供了对发展有不利影响的因素的

**表 16.3 与精神分裂症有关的微小躯体异常例子**

| 部位 | 描述 |
|---|---|
| 头部 | 两个或更多的发旋<br>头围超出正常范围 |
| 眼部 | 皮肤在眼角内侧折叠<br>双眼间距很宽 |
| 耳部 | 耳朵位置低<br>耳朵不对称 |
| 嘴部 | 腭弓高而窄<br>沟裂舌 |
| 手 | 第五根手指弯曲<br>单一掌褶纹 |
| 脚 | 第三个脚趾比第二个脚趾长<br>中间两个脚趾的部分粘连 |

资料来源：Schiffman et al., 2002。

证据。他们发现亲属中有被诊断为精神分裂症的人患精神分裂症的可能性为11.9%。这种可能性在人们有微小躯体异常时上升到30.8%；因此，产生微小躯体异常的因素至少有部分独立于与精神分裂症有关的基因因素。表16.3列出的异常包括头部、眼睛、耳朵和嘴巴的颅面变化。这些躯体特征上的异常可能与潜在的大脑发展有密切关系，它们可能源于共同的发展过程（Weinberg et al., 2007）。

**大脑异常** 一些研究已经通过CT和MRI扫描发现精神分裂症患者脑组织损伤的证据。在早期一项研究中，Weinberger和Wyatt（1982）对80例慢性精神分裂症患者和66例平均年龄相同（29岁）的对照组进行了CT扫描。在不知道病人的诊断的情况下，他们测量了侧脑室的最大扫描面积，用这个区域相对于脑组织的面积来代表。精神分裂症组的相对脑室大小是对照组的2倍以上（参见图16.5）。

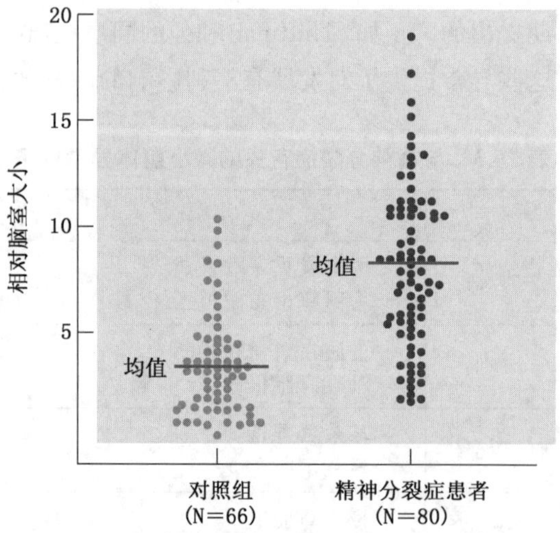


**图16.5 精神分裂症患者和对照组的相对脑室大小**

资料来源：Weinberger and Wyatt, 1982。

脑室增大最可能的原因是脑组织损失，因此，扫描提供了精神分裂症与大脑异常有联系的证据。事实上，Hulshoff-Pol等人（2002）发现，虽然每个人随着年龄的增长都会失去一些大脑灰质，但精神分裂症患者的组织丢失率更高（见表16.6）。

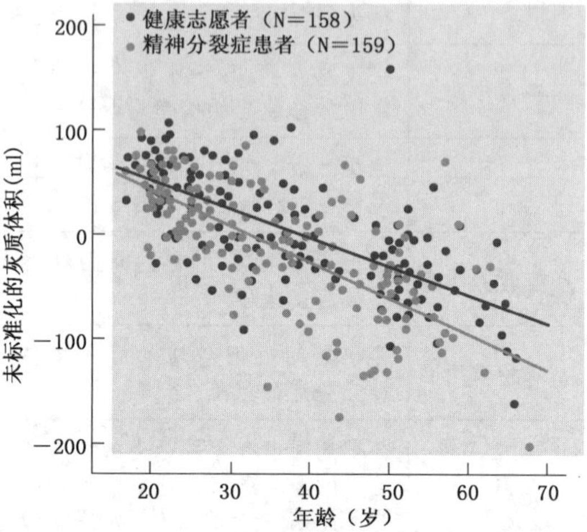


**图16.6 大脑灰质和精神分裂症**

该图显示了健康志愿者和精神分裂症患者大脑灰质体积随年龄的变化

资料来源：Hulshoff-Pol et al., 2002。

Gutiérrez-Galve等人（2010）发现精神分裂症患者和他们没有诊断出该症的亲属都显示了前额灰质和颞叶皮层的损失，表明了遗传因素影响了皮层发育，增加了对引起精神分裂症的因素的易感性。据推测，健康的亲属没有遇到这些因素。

如前所述，一些同卵双生子与精神分裂症发病不一致；也就是说，双胞胎中的一个会患上精神分裂症，而另一个不会。Suddath等人（1990）获得的证据表明，大脑结构的差异可能反映了这种不一致。研究人员检查了患有精神分裂症的同卵双生子的核磁共振扫描，发现在几乎每一个案例中，患有精神分裂症的双生子的侧脑室和第三脑室都更大，前海马变小，左颞叶灰质总量减少。图16.7展示了一对双胞胎的核磁共振扫描结果。正如你看到的，患有精神分裂症的侧脑室较大。

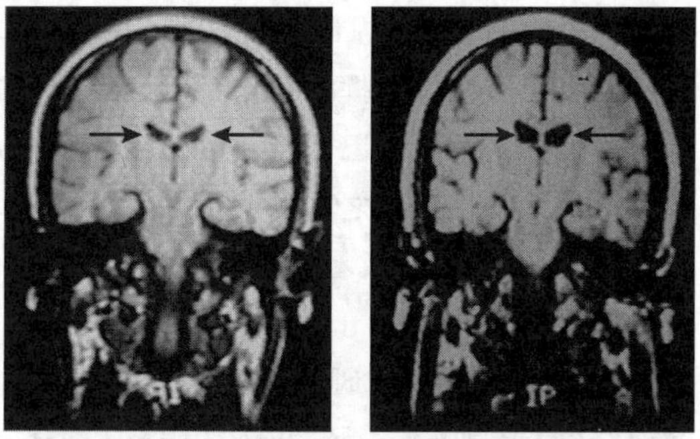


(a) (b)

**图 16.7 对患有精神分裂症的双胞胎大脑的核磁共振扫描。箭头指向侧脑室。**

(a)健康的双胞胎。(b)患有精神分裂症的双胞胎。

资料来源:D.R. Weinberger, National Institute of Mental Health, Saint Elizabeth's Hospital, Washington, DC。

是否将精神分裂症归类为神经退行性疾病还存在分歧。与第 15 章中你看到的其他精神退行性疾病相似,精神分裂症症状与脑容量损失有关。一些研究者认为精神分裂症符合神经退行性疾病的定义,因为包含脑组织的慢性进行性丧失,伴有神经和行为症状。例如,DeLisi 等人(2006)在一名有 10 年以上慢性精神分裂症症状的成人患者身上证明了脑容量(和脑室增大)的逐渐损失(参见图 16.8)。作者进一步指出,大脑结构的变化出现在症状出现之前。

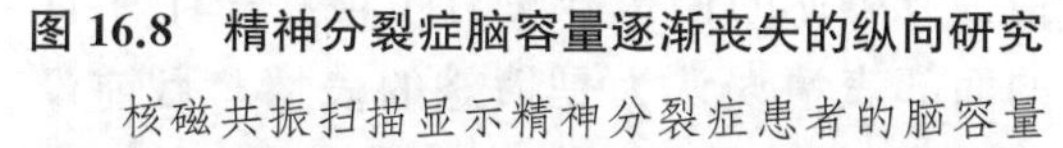


**图 16.8 精神分裂症脑容量逐渐丧失的纵向研究**

核磁共振扫描显示精神分裂症患者的脑容量在超过 10 年的时间里会减少。请注意侧脑室的增大(大脑中央的黑暗区域)。

资料来源:DeLisi et al., 2006。

相反的是,Woods(1998)提到 MRI 研究揭示了精神分裂症包含一个突然的快速的脑容量损失,通常是在成年早期,很少有证据表明退化会继续。Woods 表明这个精神分裂症的发病过程产前就开始了,然后休眠直到青春期,当一些未知的机制触发某些神经元种群的退化。胎儿时期出现的大脑异常是导致后来患上精神分裂症的人出现社会行为缺陷和学习成绩不佳的原因。然后,青春期后的某个时期,当大脑发生有一些严重的发展改变,更严重的退化产生,精神分裂症的症状开始出现。

Thompson 等人(2001)的研究发现了早发性精神分裂症患者青春期皮层灰质丢失的显著证据。研究者使用结构性核磁共振成像程序测量精神分裂症患者和对照组的大脑皮层灰质的体积,每隔两年进行一次。

青春期是大脑进行“修剪”的时期,核磁共振扫描显示,对照组的大脑皮层灰质预计会减少约 0.5%—1.0%。然而,精神分裂症志愿者的组织损失大约是其 2 倍。这种退化开始于顶叶,破坏继续向两侧扩散,包括颞叶、体感皮层和运动皮层,以及背外侧前额叶皮层(dlPFC)。随后来自同一个实验室研究(T.D. Cannon et al., 2002)比较了患有精神分裂症的同卵双胞胎的大脑皮层灰质。同卵双胞胎在基因上是相同的,研究人员发现,在患有精神分裂症的双胞胎中,大脑皮层的几个区域——尤其是 dlpfd——的体积减少了。(我们在这章后面会讲述更多。)

到目前为止,我们引用的证据表明,精神分裂症最重要的原因是产前大脑发育紊乱,在大多数情况下,这种紊乱最终会在青春期后表现出来。据推测,基因因素使一些胎儿对可能干扰发育的事件更加敏感。此外,即使没有遗传因素,环境所致产科并发症造成的损伤也可能导致精神分裂症的发展。这些因素的影响反映在皮层发育中,也许还反映在多巴胺能突触活动的改变中。

## 中脑边缘多巴胺通路：阳性症状

目标 16.5　佐证中脑边缘多巴胺通路在精神分裂症阳性症状中的作用。

药理学证据表明，精神分裂症的阳性症状是由于 DA 神经元的异常。更特别的是，大量证据表明，精神分裂症的阳性症状是中脑边缘通路 DA 突触过度活跃的结果。这一假说得到了精神分裂症患者大脑药物干预和生化异常证据的支持。

**多巴胺兴奋剂和拮抗剂的作用**　在 20 世纪中期，一家法国制药公司开发了一种叫做**氯丙嗪**的化合物，它似乎可以减少手术后的休克和焦虑(Snyder, 1974)。氯丙嗪在患有不同精神疾病的病人身上得到了试验：躁狂、抑郁、焦虑、神经症和精神分裂症(Delay and Deniker, 1952a, 1952b)。该药对神经症或情感性精神病疗效不佳，但对精神分裂症疗效显著。

氯丙嗪的抗精神病作用的发现深刻地改变了医生治疗精神分裂症患者的方式，使许多患者无需长期住院。抗精神病药物的疗效已经在许多双盲研究中得到证实(Baldessarini, 1977)。抗精神病药物消除，至少减少了精神分裂症的阳性症状。有益的影响不仅仅是改变病人的态度，幻觉和错觉也消失或变得不那么严重。自从氯丙嗪发现以来，许多其他药物已经被开发出来，可以缓解精神分裂症的阳性症状。这些药物被发现有一个共同点：它们阻断 $D_2$ 和 $D_3$ 多巴胺受体(Creese et al., 1976; Strange, 2008)。

另一种类别的药物有着相反的作用。这些药物产生精神分裂症的阳性症状。这些产生阳性症状的药物有一个共同的药理影响：充当多巴胺兴奋剂。这些药物包括安非他明、可卡因和哌甲酯(阻碍多巴胺的再摄取)和左旋多巴(刺激多巴胺的合成)。这些药物产生的症状可以通过抗精神病药物得到缓解，这一结果进一步佐证了抗精神病药物通过阻断多巴胺受体发挥治疗作用的论点。

我们如何解释多巴胺能突触过度活跃与精神分裂症阳性症状之间的明显联系？如我们在第 4 章和第 13 章看到的，多巴胺能神经元最重要的系统开始于两个中脑核：黑质和腹侧被盖区。大多数研究人员认为，中脑边缘通路(始于腹侧被盖区，止于伏隔核和杏仁核)更有可能与精神分裂症的阳性症状有关。我们在第 13 章看到，中脑边缘系统多巴胺能突触的活动似乎是强化过程中的一个重要环节。在这些突触上起兴奋作用的药物(如可卡因和安非他命)会强烈增强行为；如果服用大剂量，它们也会产生精神分裂症的阳性症状。

大概药物的两种效果是相关的。如果强化机制在不恰当的时候被激活，那么不恰当的行为，包括妄想可能会被增强。我们所有人都曾经有过一些不合理的想法，我们通常会把它放在一边，然后忘记。但是如果有一些增强神经机制在这些想法出现时变得活跃起来，我们将会认真对待他们。假以时日，可能会产生错觉。Fibiger(1991)表示偏执狂妄想症可能是由杏仁核多巴胺能输入活动增加引起的。Kapur(2003)进一步指出多巴胺能活动增强刺激(包括幻觉等刺激)的显著性和激励性，在精神分裂症症状完全发展之前。正如我们在第 11 章所见，杏仁核与厌恶刺激引起的条件性情绪反应有关。杏仁核从中脑边缘多巴胺能系统接收到强烈的投射，所以 Fibiger 的观点当然是合理的。为了证明这个想法，Pinkham 等人(2011)报告，患有精神分裂症的偏执狂更有可能将一个中性的面部表情误认为是愤怒的表情。目前没有表现出偏执狂症状的精神分裂症患者，对面部表情的辨认和对照组一样，认为是中性的。

**多巴胺转运异常**　什么证据表明精神分

裂症患者大脑中的多巴胺能活动异常？研究发现被诊断为精神分裂症的人大脑多巴胺神经元释放出更多的多巴胺的证据（Breier et al.，1997；Laruelle et al.，1996）。Laruelle 等人的一项脑功能成像研究测量了静脉注射安非他明后多巴胺的释放。如我们在第 4 章所见，安非他明刺激多巴胺的释放，显然是通过导致终扣上的多巴胺转运体向后运行。多巴胺被释放后，不是被回收，而是被泵出。这种效应也会抑制多巴胺的再摄取。Laruelle 等人发现，精神分裂症患者的纹状体中，安非他明释放的多巴胺多于对照组。他们还发现，多巴胺释放量越大的患者，阳性症状的增加越多（参见图 16.9）。

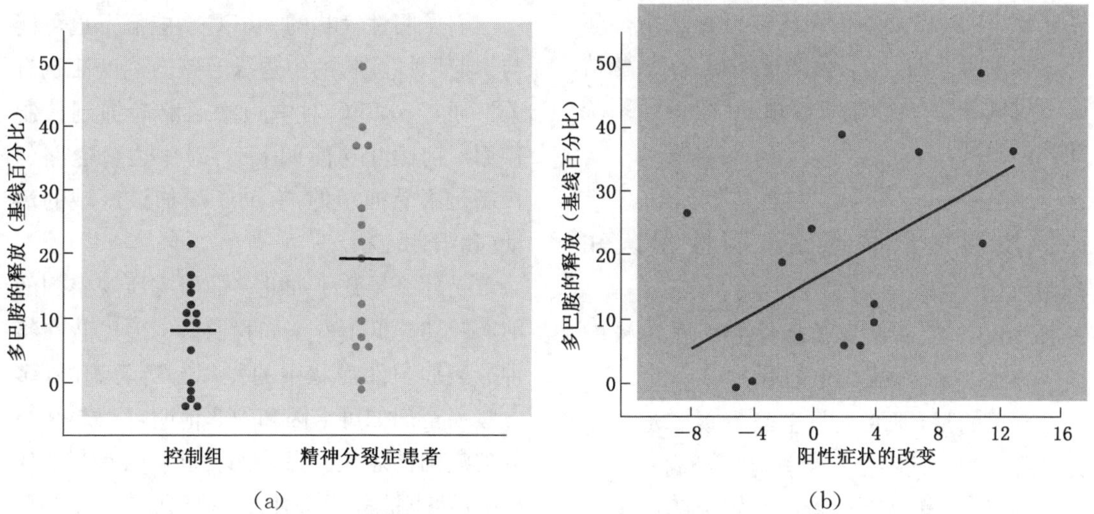


**图 16.9 多巴胺活动的增加与精神分裂症的阳性症状有关**

(a)安非他明引起的多巴胺释放的相对量。(b)精神分裂症患者多巴胺释放与阳性症状改变的关系。资料来源：Laruelle et al.，1996。

另一种可能——精神分裂症病人的大脑包含了大量的多巴胺受体——几年来受到了很多关注。因为早期的抗精神病药物似乎是通过阻断 $D_2$ 受体起作用的，最早的研究寻找精神分裂症患者大脑中这些受体数量的增加。研究人员进行了两种类型的分析：用放射性配体检测多巴胺受体后，对精神分裂症患者的大脑进行尸检和 PET 扫描。这些研究（Kestler et al.，2001；Stone et al.，2007）的回顾得出了在精神分裂症患者的大脑中，$D_2$ 受体的数量可能会有适度的增加，但这些增加似乎不太可能是该疾病的主要原因。

**精神分裂症长期药物治疗的结果** 减少或消除精神分裂症症状的药物的发现对这种疾病的治疗产生了革命性的影响。但多年来，所有常用来治疗精神分裂症的药物均引起了严重的副作用。由于这些药物减少多巴胺的传递，它们产生的副作用与帕金森病的症状非常相似。回顾第 15 章，帕金森病的症状是由于黑质多巴胺能神经元的丧失。早期的抗精神病药物通过阻断多巴胺的传递，都至少产生了一些与帕金森病类似的症状：行动迟缓、面部表情缺乏、全身无力。对大多数患者来说，这些症状是暂时的。不幸的是，大约三分之一长期服用传统抗精神病药物的患者出现了更严重的副作用。

由于服用了抗精神病药物，许多人患上了一种叫做**迟发性运动障碍**的神经障碍。迟发性运动障碍似乎与帕金森病相反。帕金森病患者运动困难，迟发性运动障碍患者不能停止运动。事实上，运动障碍通常发生在帕金森病患者接受过多的左旋多巴时。迟发性运动障碍的公认解释是一种被称为**超敏**的现象。超敏是一种补偿机制，在这种机制中，某些类型的受体如果被阻断它们的药物抑制一段时间，它们就会变得更加敏感。据推测，当尾状核中的 $D_2$ 受体和壳核被一种抗精神病药物长期阻滞时，它们会变得超敏，在某些情况下过度补偿了药物的作用，导致神经系统症状的出现。

## 中脑皮层多巴胺通路：阴性和认知症状

目标 16.6　佐证皮层在精神分裂症阴性和认知症状中的作用。

幸运的是，研究人员已经发现了治疗精神分裂症症状而不会产生神经系统副作用的药物，而且迟发性运动障碍在很大程度上可以通过新的药物治疗来避免。在这些非典型抗精神病药物中，至少有一种氯氮平似乎能减轻阳性、阴性和认知症状。氯氮平是第一种非典型抗精神病药物，其他一些药物包括利培酮、奥氮平、齐拉西酮和阿立哌唑。这些是在本章开始的案例研究中规定要授予的药物类型。为了理解这些药物是如何起作用的，我们首先需要更多地了解精神分裂症神经病理学研究的结果，这就引出了下一部分。

**前额叶功能低下**　到目前为止，我们一直在讨论精神分裂症阳性症状的生理学，主要是幻觉、妄想和思维紊乱。这些症状很可能与多巴胺能神经元的一种已知功能有关：强化。但精神分裂症的阴性症状和认知症状是不同的。虽然阳性症状是精神分裂症（以及安非他明或可卡因精神病）独有的，但阴性症状和认知症状类似于几种不同方式造成的脑损伤。许多证据表明，精神分裂症的这些症状确实是大脑异常的结果，尤其是在额叶前部皮层，这是中皮层通路的目标。

Weinberger（1988）首次提出精神分裂症的负性症状主要是由前额叶功能低下，即前额叶活动减少，尤其是背外侧前额叶（dlPFC）引起的。许多研究表明，精神分裂症患者在对前额叶损伤敏感的神经心理学测试中表现不佳。

引发阴性症状的 dlPFC 功能低下也可能与引起阳性症状的中边缘通路的过度活跃有关。通常，dlPFC 对中边缘通路起抑制控制作用。前额叶功能低下时，对中边缘通路的控制是不受抑制的，有助于增加该区域的活动（和阳性症状）。

是什么导致了如此多的研究所观察到的前额叶功能低下？正如我们讨论多巴胺在精神分裂症阳性症状中的作用时所看到的，多巴胺兴奋剂如可卡因和安非他明可引起精神分裂症阳性症状。另外两种药物，PCP（苯环己哌啶，也被称为天使尘）和氯胺酮（K 粉），可以导致精神分裂症的阳性、阴性认知症状（Adler et al., 1999；Avila et al., 2002；Lahti et al., 2001）。由于 PCP 和氯胺酮能诱发精神分裂症的全部症状，许多研究者认为研究这些药物的生理和行为效应将有助于解开精神分裂症的谜团。

氯胺酮和 PCP 产生的阴性和认知症状显然是由额叶代谢活动减少引起的。Jentsch 等人（1997）每天给药猴子两次 PCP，持续两周。一周后，他们对这些动物进行了一项任务测试，这项任务涉及绕过障碍物去拿一块食物，而患有前额皮质损伤的猴子表现不佳。对照组的猴子表现良好，但那些接受 PCP 治疗的猴子表现出严重的缺陷（参见图 16.10）。

**谷氨酸的作用**　谷氨酸活性受损可能与精神分裂症的发展有关，尤其是阴性和认知症状。支持谷氨酸假设的证据最初来自研究报道：精神分裂症患者的 CSF 的谷氨酸浓度

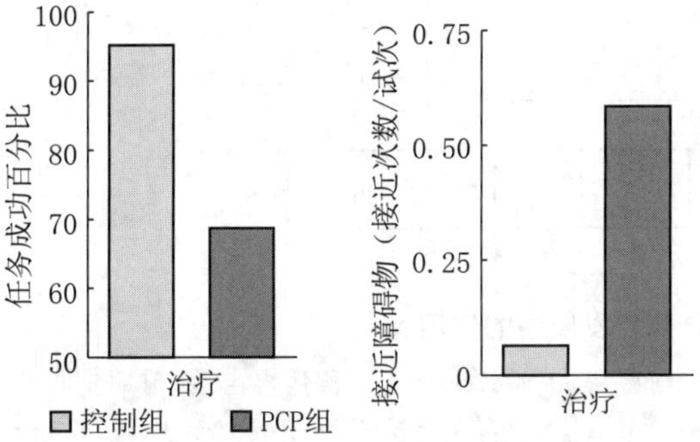


**图 16.10 慢性 PCP 的治疗**

该图显示了两个星期的 PCP 治疗对猴子在绕障碍物任务中的表现的影响。接近障碍物的次数越多，表明错误的反应越顽固。

资料来源：Jentsch et al.，1997。

下降（Kim et al.，1980），长期的、低剂量的谷氨酸拮抗剂摄入（如 PCP 和氯胺酮）可致健康个体产生阴性和认知症状（Coyle，2006）。这些发现表明，谷氨酸活性降低可能与精神分裂症的阴性和认知症状有关。

大家可能还记得，PCP 是谷氨酸 NMDA 受体的一种间接拮抗剂。（氯胺酮也是。）通过抑制 NMDA 受体的活性，PCP 抑制了大脑几个区域的活性，最明显的是背外侧前额叶。这些药物还会降低该区域的多巴胺利用率（Elsworth et al.，2008），可能由于其对 NMDA 受体的抑制作用。NMDA 和多巴胺受体的低活性似乎在负性和认知症状的产生中起着重要作用：抑制这些受体导致额下功能低下，这似乎是这两类症状的主要原因。

我们发现非典型抗精神病药物氯氮平减轻了精神分裂症的阳性、阴性和认知症状。它还可以减少氯胺酮在人类中引发的精神病症状（Malhotra et al.，1997）。（由于 PCP 有毒性作用，通常不用于人体研究。）在猴子的一项研究中，Youngren 等人（1999）发现，注射氯氮平，导致中脑边缘系统的多巴胺释放减少，这显然降低了阳性症状，也会导致前额叶皮层多巴胺释放增加，这显然降低了阴性和认知症状。

PCP 和氯胺酮还有一个有趣的方面可能与精神分裂症的病因有关。如我们所见，氯胺酮和 PCP 有相似的作用。氯胺酮被用作儿童和动物的麻醉剂。在成人中它不常被用作麻醉剂，因为它会致使患者手术后醒来时精神病发作。氯胺酮在青春期前儿童中没有这种作用，而在大鼠进入青春期之前给药 PCP 不会损害其大脑（Marshall and Longnecker，1990；Stone et al.，2007）。没有人知道为什么氯胺酮（可能还有 PCP）只在成年人中产生精神病性行为；也许这种解释与精神分裂症的症状也出现在青春期之后这一事实有关。（青春期后发生的任何发育变化，使大脑容易受到 NMDA 拮抗剂的精神病性影响，也可能与此时精神分裂症症状的出现有关。）

**发展变化** 我们之前提到过，DISC1 基因的突变是精神分裂症已知的遗传原因。Niwa 等（2010）将靶向 DISC1 基因的小干扰 RNA（siRNA）注入胎鼠脑室区祖细胞。（你可以从第 3 章回忆起，这些祖细胞产生了大脑的神经元。）在胎儿发育的最后一周，这一过程抑制了前额皮层锥体神经元中 DISC1 的表达。起初，这些神经元看起来是正常的，但在青春期前后，在前额皮层的锥体神经元的生理特征和它们的树突棘结构上都出现了异常。中脑多巴胺能系统也开始出现异常，该系统投射到前额皮层，导致该区域多巴胺水平较低。当这些变化发生时，类似精神分裂症的行为异常开始出现。这些发现表明，前额皮层锥体神经元的异常是导致精神分裂症的主要原因（参见图 16.11）。

另一项研究结果支持了另一种假说，即纹状体多巴胺能系统的异常可能是导致精神分裂症的主要原因。Lewis 等人（2005）回顾了证据，表明精神分裂症患者出现的额下活动似乎是背外侧前额叶中 GABA 能抑制性传递的缺陷所致，该缺陷破坏了该区域产生

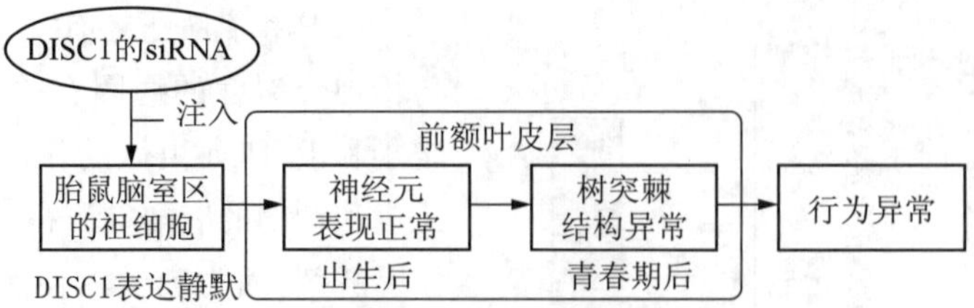


**图 16.11 DISC1 在精神分裂症发展中的作用**

Niwa 等(2010)注入 siRNA,阻止胎儿小鼠脑室区祖细胞中 DISC1 的表达。虽然出生后,前额皮层的神经元看起来是正常的,但在青春期后,这些神经元的树突棘出现异常,导致类似精神分裂症的行为异常。在人类中,精神分裂症的症状通常出现在青春期之后。

的正常电节律。Li 等人(2011)利用转基因病毒载体将基因插入小鼠纹状体(包括背侧纹状体和伏隔核),增加了那里 $D_2$ 多巴胺受体的产生。在 Niwa 等人的研究中,这一过程导致了精神分裂症行为缺陷特征的发展,包括背外侧前额叶的异常活动,这是由于该区域 GABA 能抑制性传递缺陷所致(参见图 16.12)。

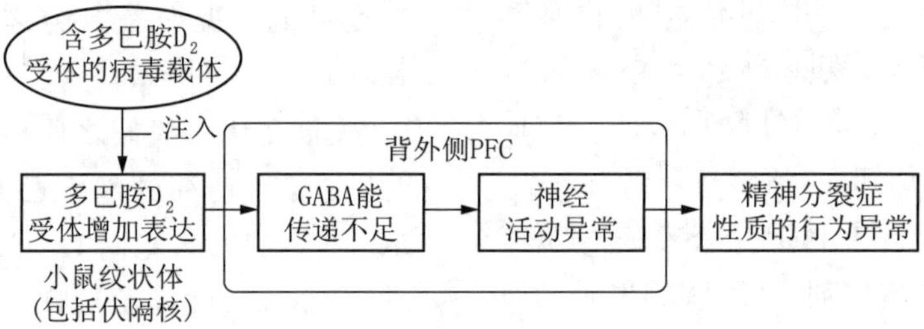


**图 16.12 多巴胺 $D_2$ 受体在精神分裂症发展中的作用**

Li 等人(2011)使用病毒载体增加小鼠纹状体多巴胺 $D_2$ 受体的表达。其结果是,前额叶背外侧皮层 GABA 能传递减少,而那里异常的神经活动导致精神分裂症的行为缺陷。

**非典型抗精神病药物** 本节的研究结果解释了为什么传统的抗精神病药物不能减少负性和认知症状:产生这些症状的原因之一是前额皮层多巴胺受体激活减少,而阻断多巴胺受体的药物,如果有的话,会使这些症状恶化。新的非典型抗精神病药物有什么不同?

非典型抗精神病药物似乎能做到这一点:它们增加了前额皮层的多巴胺能活动,并减少了中边缘系统的多巴胺能活动。让我们检查一种非典型抗精神病药物阿立哌唑的作用(Lieberman, 2004; Winans, 2003)。阿立哌唑在多巴胺受体中起部分兴奋剂的作用。**部分兴奋剂**是一种对特定受体有很高亲和力但比正常配体较少激活该受体的药物。这意味着在精神分裂症患者中,阿立哌唑作为中脑边缘系统的拮抗剂(中脑边缘系统多巴胺含量高),但在前额叶皮层等多巴胺含量低的区域起着兴奋剂的作用。因此,这一作用似乎解释了阿立哌唑减轻所有三类精神分裂症症状的能力(参见图 16.13)。

精神分裂症是一种复杂而严重的疾病,引发了广泛的假说和研究。一些假说还没有得到支持,一些假说还没有得到充分验证。或许未来的研究终将发现,当前的假设都是错误的,而新的假设是正确的。

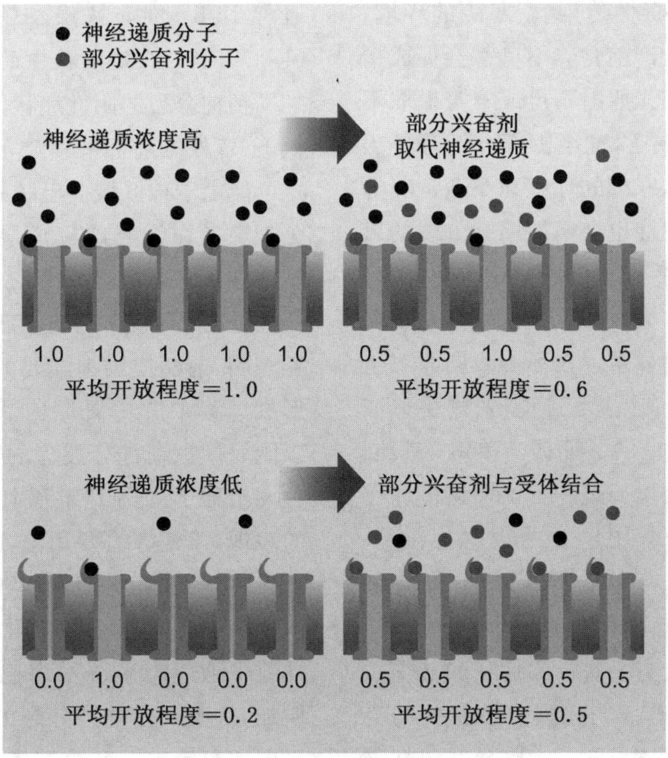


**图 16.13 部分兴奋剂的作用**

该图解释了部分兴奋剂在正常配体高、低浓度区域的差异效应。每个受体下方的数字表示离子通道的开放程度:1.0=完全开放,0.5=部分开放,0.0=完全关闭。部分兴奋剂在神经递质细胞外浓度高时降低平均开放程度,在神经递质细胞外浓度低时增加平均开放程度。

## 本节回顾

### 精神分裂症

目标 16.1 举例精神分裂症的阳性、阴性和认知症状。

精神分裂症包括阳性症状、阴性症状和认知症状。前者会出现异常行为,如幻觉、错觉和思想杂乱。后两者为缺少正常行为。阴性症状包括垂头丧气的情绪反应、言语匮乏、缺少动机和坚持、快感缺乏和社会退缩,认知症状包括维持注意困难、低神经运动速度、抽象思维能力和问题解决能力较差。

目标 16.2 描述遗传性因素导致精神分裂症的证据。

尽管精神分裂并不是某单一的基因造成的特质,但患有精神分裂症的父母,其孩子也伴随精神分裂的情况明显增加。在不一致异卵双胞胎中,患精神分裂的双胞胎的孩子要比未患病双胞胎的孩子更容易出现精神分裂。证据表明,并不是所有的案例都是由遗传导致的。很多人看似携带精神分裂基因,却没有患病。最近的证据表明,父亲的年龄是精神分裂的一个因素,推测是由于年龄增长,产生精子的细胞染色体更容易突变。大量罕见的突变或是表观遗传变异容易让人患精神分裂。

目标 16.3 描述支持环境对精神分裂症发展产生作用的证据。

精神分裂症的流行病学研究表明,出生

的季节、孕期患病毒性传染病、寒冷的环境、增长的人口密度和产前营养不良都会促成精神分裂的发生。阳光照射不足或本身摄取不足导致维生素D缺乏，这至少部分解释了出生季节、人口密度、寒冷的环境和孕期营养等的影响。产科并发症也会增加精神分裂的风险，即使是在无此疾病史的家庭中。此外，后来被诊断为精神分裂症的儿童也在早期表现出动作和面部表情异常。在不一致同卵双生子中，未受感染的成员第三脑室和侧脑室增大、海马体减小也提供了证据。单绒毛膜同卵双胞胎共患率的增长进一步证明遗传和产前环境因素的交互作用。

目标 16.4 描述与精神分裂症相关的行为、躯体和大脑异常。

先于诊断前会有一些行为症状如社交减少、异常的运动动作。与精神分裂相关的身体畸形包括微小躯体异常。大脑异常包括脑室扩大、脑萎缩等。

目标 16.5 佐证中脑边缘多巴胺通路在精神分裂症阳性症状中的作用。

多巴胺假设的提出，是因为研究发现多巴胺拮抗剂可以减轻精神分裂的阳性症状，多巴胺兴奋剂可以增加或产生多巴胺拮抗剂。该假设提出，精神分裂的阳性症状是由于中脑边缘系统中多巴胺能神经突触过度活跃导致的，该中脑边缘系统针对伏核和杏仁核。多巴胺可以合理解释精神分裂的阳性症状，不恰当的想法得以持续进而成为错觉。还没有证据表明，静息状态下多巴胺会异常地大量释放。但是，PET研究表明，苯丙胺的用药可以导致精神分裂患者的大脑释放更多多巴胺。证据表明，精神分裂者的大脑轻微地含有更多的多巴胺 $D_2$ 受体。但是受体的增加并没有对精神分裂的出现产生较大的影响。

目标 16.6 佐证皮层在精神分裂症阴性和认知症状中的作用。

精神分裂的阴性症状似乎是前额叶功能低下（背外侧前额叶皮层活性降低）的结果，这可能由于该区域多巴胺的释放减少。精神分裂患者在需要前额皮层活动的任务上表现糟糕。功能成像研究表明，当病人试图执行任务时，前额皮层的活动在减弱。其他研究表明，前额皮层神经元的异常是精神分裂形成过程中的主要原因。PCP和氯胺酮可以同时模拟精神分裂症的阴性和阳性症状。长期给猴子用药PCP破坏了它们执行任务的表现，该任务需要用前额皮层来完成。此外，这样的破坏与因药物导致的前额多巴胺活动减少有关。证据表明，前额叶功能低下导致中脑边缘系统中多巴胺能神经元活动增加，从而产生精神分裂的阳性症状。前额皮层和腹侧被盖区的连接是该现象的原因。氯氮平可以缓解前额叶功能低下，增加猴子执行任务的表现，降低腹侧被盖区多巴胺的释放，同时减轻精神分裂的阳性和阴性症状。

## 思考题

设想一位女精神病患者拒绝摄入抗精神病药物和接受其他形式的治疗。她无家可归、营养不良，有着极少的社会支持，鲜与他人联系。她的父母尝试让她去寻求帮助，但是她认为其他人对她都怀有阴谋。进一步假设，我们可以预测有90%可能性她会在短短几年内去世。她没有暴力行为，她也从未提到过自杀，所以我们难以证明，她的行为会否对自己和他人造成直接的威胁。她的父母应该强制让她接受治疗吗？还是说她有权拒绝治疗，继续过当下的生活？

## 情感障碍

> 心理医生问我是否想自杀，我不情愿地告诉他是的，但是我没有详细说明原因，因为这似乎没有必要。我没告诉他，事实上，屋子里的许多物件都成了自我毁灭的潜在设备：阁楼椽(和外面的一两棵枫树)，是上吊的工具；车库，是吸一氧化碳的好去处；浴缸，是盛我划开动脉时盛血液的容器。对我而言，厨房的刀也只有一个用处。心脏病发作死亡似乎更吸引我、饶恕了我，因为这样的死法承担了积极的责任。我也有过自己引起肺炎的想法——穿着短袖，在严寒的多雨之林中漫长地徒步旅行。我也酝酿过借假装的事故了却此生……走到附近高速上的大货车前……如此可怕的幻想，让健全的人们都感到战栗的幻想，对于一颗抑郁的心来说，就像淫荡的白日梦之于强性欲者。(Styron，1990，pp.52—53)

Affect，作为一个名词，是指感情或情感。正如精神分裂的首要特征就是紊乱的思想。情感障碍(也叫情绪障碍)，以情感失调为特征。Styron(1990)对重性抑郁症患者的生活的描述刻画出许多情感障碍的特征，包括抑郁的心理学症状。

### 描述

目标 16.7　比较重性抑郁和双相障碍的症状。

感情和情绪都是人类生活必不可少的一部分。它们代表了我们对生活中事件的评价。确切来说，感情和情绪就是人类生活的全部。我们大多数的情绪状态反映了在我们身上发生了什么。我们的感情与现实世界紧密相连，通常是我们对事件重要性的评估的结果。但是对于一些人而言，情感与现实毫无关系。这些人有着极端狂热或绝望的情感，这些情感并不是因生活中的事件而生的。例如，对于一个缺少爱的人，出现抑郁很正常。但是当抑郁成了一种生活方式，不再对亲朋好友的同情做出回应时，这种抑郁就是病态的。抑郁症在男性间的流行率达 3%，在女性间的流行率是 7%。这使它成为失能的第四大原因(Kesser et al.，2003)。

重度情感障碍有两种主要类型，第一种的特征是：躁狂和抑郁的周期性交替，这种状态叫做双相障碍。该障碍困扰的男性和女性数量相当。躁狂发作可持续几天到几个月。双相障碍通常是比较严重的、致命的，甚至是难治疗的(Chen et al.，2010)。接着的抑郁发作持续时间是躁狂发作的 3 倍。第二种情感障碍是重性抑郁(MDD)，特征是没有躁狂发作的抑郁发作。这种抑郁是持续的、不间断的，更为典型的是多次发作。有时会出现没有抑郁发作期的躁狂，但是很罕见。

情感障碍很危险，一个饱受重度情感障碍的人会有很高的自杀风险。根据 Chen 和 Dilsaver(1996)的研究，15.9%的重性抑郁患者和 29.2%的双相患者试图自杀。Schneider 等(2001)发现，情感障碍患者非自然原因死亡率是普通同龄人的 28.8 倍。事实上，诊断为情感障碍和精神分裂症的人同样有日益增加的自杀风险(Inskip et al.，1998)。

抑郁患者精力很弱，他们说话和行动非常缓慢，有时几乎变得很迟钝。在其他时间里，他们可能会漫无目的地徘徊，可能会经常哭泣。他们无法体验快乐，对食物和性失去了兴趣。他们的睡眠紊乱，经常会有入睡困难，醒得很早，却很难再次入睡。甚至他们的身体机能也开始抑郁。他们经常会便秘。重性抑郁患者经常会觉得自己没有价值，有极强的负罪感。

躁狂发作的特征是：并不因环境而产生精神欢愉。躁狂的诊断部分是程度的问题。

一个人不会把过度表现和热情看作是病态生活。躁狂患者通常会展现出不停的言语、肌动活动和夸张。他们迅速地从一个话题转向另一个话题。经常会出现幻想。但是他们缺乏精神分裂中的严重思想混乱。他们通常觉得自己非常重要，如果被反驳，会变得易激惹、愤怒、具有防御性。经常，他们长期不睡觉，拼命地做不切实际的工作。参与目标导向的活动。有时，他们的工作很有成效。George Frideric Handel 写的《弥赛亚》，合唱音乐中的巨作，就是在他躁狂发作期间诞生的。

## 遗传可能性

目标 16.8　描述基因导致情感障碍形成的证据。

证据表明，情感障碍的形成具有遗传特征（Hamet and Tremblay，2005）。例如，Rosenthal(1971)发现，情感障碍患者的近亲患该病的概率是普通人近亲患该病的概率的10倍。Gershon 等(1976)发现，如果同卵双胞胎中一方患情感障碍，则另一方患病可能性高达 69%。相比之下，异卵双胞胎的合和率只有 13%。情感障碍的遗传性暗示了该症有共同的生物基础。

基因研究发现，一些染色体上的基因与情感障碍的形成有关。但是大部分关联研究的结果并没有被复制（Hamet and Tremblay，2005）。全基因关联研究的综述（Terracciano et al.，2010）提到，与生理节律控制有关的 RORA 基因，与重度情感障碍的出现呈强相关。证据表明，另一个负责编码亲代谢性谷氨酸盐受体产生的基因 GRM8 与障碍也有关。McGrath 等(2009)发现 RORB，另一个节律基因，与儿童中的快速循环双相情感障碍有关。正如我们该章之后部分将看到，睡眠和生理节律扰乱在情感障碍的形成中扮演重要角色。

## 生物疗法

目标 16.9　列举情感障碍的生物疗法。

对于重度情感障碍，有一些已经建立的、实验过的生物疗法：单胺氧化酶（MAO）抑制物，用来抑制去甲肾上腺素和血清素的再吸收或干扰 NMDA 受体、电休克疗法、经颅磁刺激法、深层大脑刺激、迷走神经刺激、光疗法和睡眠剥夺。（光疗法和睡眠剥夺会在本章之后部分讨论）。双相障碍可以通过锂和一些抗精神病药物治疗。生物疗法对这些障碍的作用证实了其生理学基础。此外，锂在治疗双相障碍上的有效而不是对治疗重性抑郁有效的事实，表明这两种疾病有根本的区别（Soares and Gershon，1998）。

**药物治疗**　临床试验表明，有抑郁症状的病人中，约有 2/3 的患者对于抗抑郁干预见效。约有有 1/3 的患者对安慰剂治疗见效。大约 1/3 的抑郁患者在标准的抗抑郁治疗下并无起色（Stahl，2008）。这部分首先讨论一些抗抑郁治疗，再去探究一些针对情感障碍的药物治疗策略。

20 世纪 50 年代之前，针对抑郁症并没有有效的药物治疗。在 20 世纪 40 年代后期，临床医生注意到一些用于治疗肺结核的药物似乎可以提高病人的情绪。研究者随后发现这些药物的派生物，异烟酰异丙肼，减轻了抑郁的症状（Crane，1957）。异烟酰异丙肼抑制了 MAO 的活动。如在第 4 章中看到的，MAO 在终扣消灭了过多的单胺类递质。因此，异烟酰异丙肼使得突触中的多巴胺、去甲肾上腺素和血清素增加。其他 MAO 抑制剂很快也被发现了。不幸的是，MAO 抑制剂有严重的副作用，因此使用它们必须小心谨慎。

*抗抑郁药物*　幸运的是，其他类型的抗抑郁药物很快被发现了，这些药物无副作用：**三环抗抑郁药物**。人们发现这些药物通过终

扣抑制 5-HT 和去甲肾上腺素的再吸收。通过减少再吸收,这些药物让神经递质与突触后受体相连,从而延长突触后电位。因此,MAO 抑制剂和三环抗抑郁药物都是单胺能兴奋剂。

自从三环抗抑郁药物被发现以后,其他有共同效果的药物也被发现出来。最重要的是**选择性血清素再摄取抑制剂**(SSRIs),它的作用正如其名。一些药,因抗抑郁特征和能减少强迫症和社交恐惧的作用而被广泛用药给病人,如氟西汀(百忧解)、西酞普兰、帕罗西汀等(在第 17 章有描述)。另一种药物也被研发出来了——**血清素和去甲肾上腺素再摄取抑制剂**(SNRIs),该药物的作用也如其名。包括米那普仑、度洛西汀和文拉法辛,这些药以 1∶1、1∶10、1∶30 的比率对 5-HT 和去甲肾上腺素能神经转运体有相应的效果(Stahl et al., 2005)。药物分子以此比率阻断血清素与去甲肾上腺素转运体再摄取神经递质。SSRIs 和 SNRIs 有较少的非特异行为,因此比三环抗抑郁药物和 MAO 拮抗剂有较少的副作用(见图 16.14)。

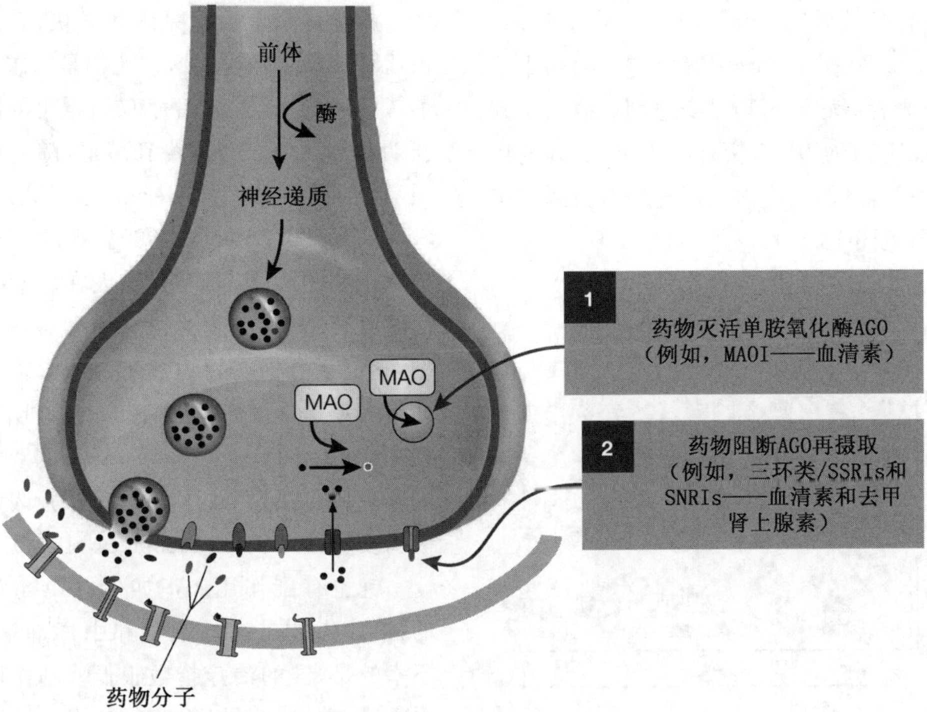


**图 16.14 抗抑郁药作用的比较**

抗抑郁药物的短期效果是增加出现在突触的单胺类神经递质的数量,以结合前突触受体和后突触受体。在摄取药物几分钟或几小时内,药物分子就会到达突触,上述情况就开始出现了。但是,会有**疗效延迟**现象,需要吃几周的药才能有抗抑郁的效果。如果能很快到达突触,为什么需要这么才能生效呢?

一个可能的解释是,为了回应好几周神经递质的提高(尤其是 5-HT),突触前自受体已脱敏,对神经递质不太敏感。回顾第 4 章,阻止了自受体导致终端的神经递质释放增加。这进一步增加了突触中神经递质的数量,放大了突触后受体的信息。突触前受体脱敏的时间与抗抑郁药物开始起效的时间一致。不幸的是，刺激后突触受体不仅会产生治疗效果，也会让这些药物产生副作用。

氯胺酮　尽管目前正在使用的大多数抗抑郁药物是作为去甲肾上腺素能或血清素能激活的兴奋剂抑制神经递质的再吸收，证据表明一种 NMDA 拮抗剂，氯胺酮，可以减轻**难治性抑郁**的症状。通过动物实验表明，注入氯胺酮减少了与抑郁症患者的相似的行为。对人类的影像学研究显示，抑郁症人脑谷氨酰胺水平增加，这表明谷氨酸能传递的介入有治疗效果（Yilmaz et al.，2002；Sanacora et al.，2004）。Zarate 等（2006）给药难治性抑郁患者氯胺酮药物或安慰剂。摄入不到 2 小时，71%的病人症状有所改善，29%的病人症状得到缓解。这样积极的反应持续了至少一周（见图 16.15）。

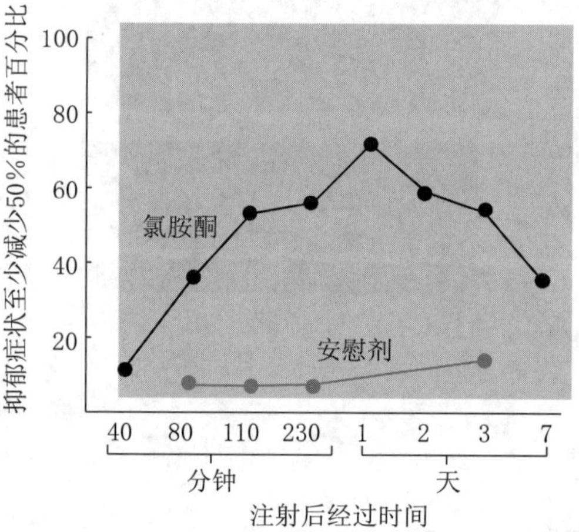


**图 16.15　用氯胺酮治疗抑郁症**

该图显示了氯胺酮对抑郁症状的影响。
资料来源：Zarate et al.，2006。

氯胺酮是非常有效的药物，但是对于严重的抑郁症效果持续短。氯胺酮的充分使用可以减少自杀的可能性。不幸的是，显然难治性抑郁患者对其他治疗方法无应答。你可以回顾一下本章前段对精神分裂的讨论，长期使用氯胺酮或 PCP，其他的 NMDA 拮抗剂，会产生精神分裂的症状。显然，抑郁症的治疗不能用长期的、大量的氯胺酮来治疗，但是在安全测试中，ann het Rot 等（2010）发现，在 12 天中注入适当的剂量可以产生很好的抗抑郁作用，而只有轻微的、短暂的副作用。效果平均持续 19 天，有一个病人在 3 个月内摆脱了症状。在另一项难治性抑郁研究中，用适当剂量治疗重性抑郁，单纯注射氯胺酮减少抑郁症状要比控制注射更有效。大约 40%的氯胺酮组在注射的一个月后，抑郁症状有所缓解（Murrough et al.，2013）。

锂　**锂**用于治疗见效非常快，它被用来治疗双相情感障碍。这种药物是以碳酸锂的形式给病人用药，在治疗双相障碍的躁狂发作期非常有效。一旦躁狂减退，随后的抑郁通常也不会发生（Gerbino et al.，1978；Soares and Gershon，1998）。锂的作用不是抑制正常的情感，而是让病人在应对日常生活时能够感觉到、表达出喜悦和难过。同样的，它也不会损伤智力加工过程。很多病人已经多年接受该药物的治疗而没有明显的副作用（Fieve，1979）。70%—80%的双相情感障碍患者在一到两周内对锂的治疗表现出积极的反应（Price and Heninger，1994）。

锂也有副作用。正如你在第 4 章读到的，治疗指数是有效剂量和中毒剂量的差。不幸的是，锂的治疗指数很低。副作用包括手颤、体重增加、排尿过度、口渴。摄入中毒剂量会造成恶心、腹泻、运动不协调、迷糊和昏迷。因为低治疗指数，病人血液中锂含量需要定时测量，以确保病人没有注入过量的锂。很不幸，一些病人无法忍受锂的副作用，甚至更不幸的是，锂是目前为止对双相情感障碍最有效的治疗方式。

研究者发现，锂具有很多生理效应，但是他们还没有发现锂减轻躁狂的具体药理作用（Phiel and Klein，2001）。一些研究者提出，锂可以使某些类型的神经递质受体数量保持稳定，从而阻止了神经敏感度的大幅变化(Jope et al., 1996)。其他人也表示锂可以增加神经保护蛋白的产生，以防止细胞死亡(Manji et al., 2001)。

事实上，Moore 等(2000)发现，4 周针对双相情感障碍的锂治疗增加了病人脑灰质的体积。这个发现表明锂促进了神经胶质的增长。我们在本章前面得知，精神分裂症有可能是因为 DISCI 基因的突变导致的，该基因与神经发生、神经元迁移、兴奋性神经元中后突触密度的功能有关。研究表明，锂对后突触密度的功能有效。DISC1 的突变增加了双相障碍和精神分裂发生的可能性，锂似乎可以弥补突变的副作用(Brandon et al., 2009; Flores et al., 2001)

**电休克疗法** 另一种针对抑郁症的生物疗法有一段很有趣的历史。20 世纪早期，一位叫 von Meduna 的医师提出，具有精神病症状且易于发作的病人，在每一次电击后立刻有改善。他推论，大脑中的神经活动风暴提高了病人的心理状态。他发明了一种方法，即通过摄入药物让病人发作，但是这个程序对病人而言很危险。1937 年，Ugo Cerletti，一位意大利的精神医师发明了低风险的方法来让病人发作(Cerletti and Bini, 1938)。他决定尝试用电来更安全地诱发病人发作。

Cerletti 在狗身上尝试了该方法，发现对头骨的电击引发了发作。这些动物恢复了，并没有明显的副作用。接着他开始用人类做实验，发现这种方法比曾被广泛使用的化学药物治疗更安全。作为 Cerletti 的实验结果，电休克疗法(ECT)变成了心理疾病常见的治疗方法。患者接受 ECT 之前会被麻醉，摄入一种类似于箭毒的药物，这会让患者的肌肉暂时瘫痪，防止因惊厥造成的伤害。病人会连上呼吸机，直到药效消退。电极被放在病人的头皮上，通常是连接非言语支配大脑半球，以避免损伤言语记忆。电流用来引起发作。通常，一位病人每周接受 3 次治疗，直到看到最大的改善，这基本上有 6—12 次治疗。ECT 的效果已经被安慰剂研究证实了，在该研究中，病人被麻醉但未给予电击(Weiner and Krystal, 1994)。尽管 ECT 本来是用于治疗一些障碍，包括精神分裂症，现在它的使用限于躁狂和抑郁的治疗。

抗抑郁药物治疗有一些副作用，如恶心、焦虑、性功能障碍和体重增加。但是，主要问题是在大量的病人中，该药物无法缓解他们的抑郁。20%—40%的重性抑郁障碍开始治疗时对抗抑郁药物没有明显的反应。当病人没有改善时，医生会尝试其他的药物。一些病人到最后也不会有改善，成了难治性抑郁。本节第一部分呈现的生物治疗清单如此长的原因是，因为没有一种单独的治疗方法可以对所有病人都见效。对于有些病人，甚至没有见效的治疗方法。存在如此多的难治性抑郁病人激励了研究者探寻其他方法来缓解仍遭受疾病折磨的病人的症状。

即使抑郁病人对药物有反应，也不会那么快。需 2—3 周，才能看到症状的改善。相反，ECT 的效果会更快些。一些由 ECT 引起的发作可以在几天内、通过单种治疗、有效减轻重性和难治性抑郁的症状。症状缓解的成功率高达 50%，但是复发也比较常见(Holtzheimer and Mayberg, 2011b)。尽管 ECT 的延长、过度使用会造成大脑损伤，对记忆造成长久的伤害(Squire, 1974)，在抗抑郁药物有效前的过渡期正确使用 ECT 无疑拯救了一些想要自杀的病人。随着发展，改进型 ECT 程序已经减少了治疗伴随的记忆损伤。

ECT 是如何实施抗抑郁疗效的呢？我们知道，很长时间内，发作会有抗痉挛的效果：ECT 降低了大脑活动，提升了大脑发作阈值，让发作不太可能发生。(Nobler et al.,

2001；Sackeim et al.，1983）。这样的变化也可以减少抑郁症状。然而，关于 ECT 抗抑郁效果本质的证据仍然不确定(Bolwig，2011)。

**迷走神经刺激术** 迷走神经的电击是另一种实验方法，很有治疗抑郁症的前景(Groves and Brown，2005)。迷走神经刺激给大脑以间接刺激，它是无痛的，也不会引起发作。事实上，这种方式本来是用作预防癫痫疾病发作的方法。该刺激是通过植入的装置完成的，装置类似用于深度大脑刺激的装置，除了刺激电极是连接迷走神经。迷走神经约 80%的轴突是不同的，所以迷走神经的电击激活了脑干区域(见图表 16.16)。Daban 等(2008)的综述总结出，这种方法在难治性抑郁症的治疗上很有前景，但是还需要进一步的双盲临床试验来证实效果。

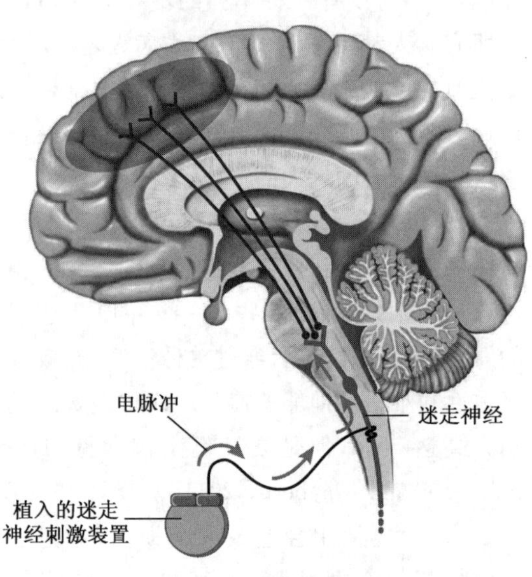


**图 16.16 迷走神经刺激**

迷走神经电刺激激活了大脑的几个区域。

**经颅磁刺激** 研究者还发现经颅磁刺激(TMS)可以给 ECT 带来一些好处，而不会增加认知损伤或记忆损失的风险。一些研究表明，用于前额皮层的经颅磁刺激可以减轻抑郁症状，且不会产生明显的副作用(Fitzgerald，2004；Kito et al.，2011；Padberg and Moller，2003)。大部分研究显示，复发率低于 30%，与 ECT 相似(Holtzheimer and Mayberg，2011b)。

**深部脑刺激** 正如我们在第 15 章所见，直接电击丘脑底核可明显缓解帕金森病症状。初步研究也提出，深部脑刺激(DBS)对难治性抑郁症是一种有用的治疗方法。(Mayberg et al.，2005；Lozano et al.，2008)。Mayberg 和同事在人脑**膝下前扣带回皮层**(Subgenual ACC)下植入电极，该区域在前额皮层中间。如果你以矢状面视角看胼胝体，你会看到，前侧结构像一个屈着的膝盖。膝下前扣带回皮层在胼胝体前方的“膝”的下方。刺激后的反应很快，并且随着时间增加。一个月治疗后，35%的病人表现出进步，10%的病人得到完全的缓解。六个月的治疗后，60%的病人有改善，35 的人有得到缓解。

深部脑刺激也可直接针对伏隔核。回顾第 13 章，该区域的多巴胺释放对强化和对愉悦刺激的回应起至关重要的作用。事实上，该区域受到刺激后，动物会压杆。因为抑郁有伤心、冷淡、缺少愉悦感的特征，该区域就是 DBS 的目标。Bewernick 等(2010)发现，伏隔核的深部脑刺激确实可以减少 50%难治性抑郁症的抑郁症状，这些患者曾对药理学的治疗、心理学的治疗或 ECT 不见效。

## 前额皮层的作用

目标 16.10 描述前额皮层在抑郁症中的作用。

Mayberg 和她的同事(Holtzheimer and Mayberg，2011b；Mayberg，2009；Mayberg et al.，2005)提出，前额皮层在抑郁症的形成中具有至关重要的作用。尤其是，假设提出，膝下前扣带回皮层(膝下 ACC)在脑网状区作为一个重要的焦点，与情绪管理有关。在成功实施抗抑郁治疗后，该区活动会减少。

正如前面所提到的，指向膝下 ACC 的深层大脑刺激已被发现可以减轻抑郁症状。事实上，在对抑郁病人的神经影像研究中发现，该区域活动过度，其他前额皮层区域活动减少，包括背外侧 PFC、前外侧 PFC、腹正中 PFC、眶额皮层（Mayberg，2009）。研究表明，大量成功的抗抑郁治疗减少了膝下 ACC 的活动，通常，增加了前额皮层其他区域的活动。

图 16.17 呈现的是难治性抑郁症病人膝下 ACC 在接受 DBS 前(a)、接受 DBS 3 个月后(b)和 6 个月后(c)的脑功能成像。红色部分活动增加，蓝色部分活动减少。正如你所见，膝下 ACC 最初活动过度，但是在 DBS 后，它成功减轻了抑郁症状，该区域减轻了它的活动。前额皮层外侧区活动的变化没有呈现。

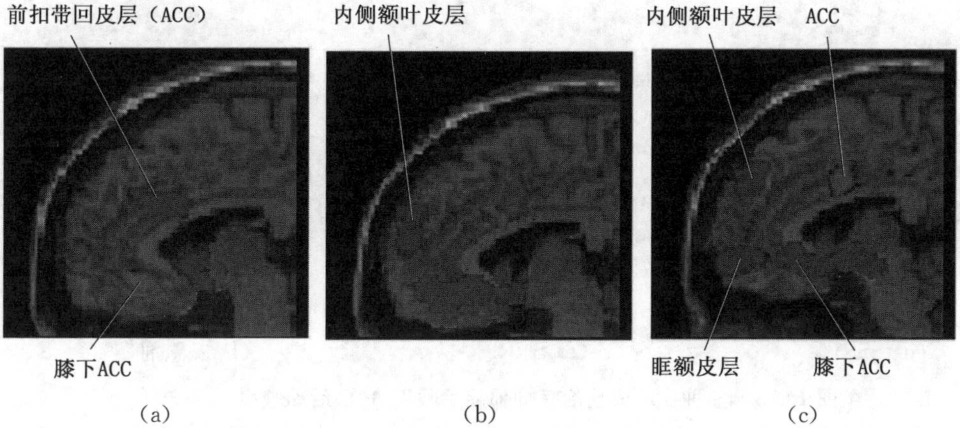


**图 16.17 深层大脑刺激对膝下 ACC 的影响**

Mayberg 等(2005)在治疗难治性抑郁症患者时在膝下 ACC 中植入刺激电极。该图显示了患者(a)在接受 DBS 之前，(b)在接受 DBS3 个月之后，和(c)在接受 DBS 6 个月之后脑功能性成像扫描结果。活动增加以红色显示；活动减少以蓝色显示。膝下 ACC 最初表现出活动增加，在刺激过程中降低，并且减少了抑郁症的症状。

资料来源：Mayberg，H.S.，Lozano，A.M.，Voon，V.，et al.，Deep brain stimulation for treatment-resistant depression，Neuron，2005，45，651—660。经许可重印。

图 16.18 显示的是通过各种治疗方法(包括针对前额皮层的 DBS 和 TMS；ECT；迷走神经刺激；SSRI、SNRI 和安慰剂的用药)成功治疗的抑郁症病人，其前额皮层区域功能成像扫描的结果。成功的治疗会让膝下 ACC 活动减少。图 16.17 中，在成功的治疗后，活动增加的区域为红色，活动减少的区域为蓝色。

为什么抑郁症状成功的治疗似乎都与膝下 ACC 活动减少、前额皮层区域活动增加有关呢？正如我们所见，膝下 ACC 与前额皮层区域是相互关联的。同样与杏仁核、海马、伏隔核有关系。正如我们在第 11 章所见，前额皮层在杏仁核的抑制中起至关重要的作用，杏仁核与消极情感回应的获得和表达有关，比如恐惧。因此，抑郁症的成功治疗，减少了膝下 ACC 的活动，通过这两个结构直接的联系或借由前额皮层间接的联系增加了杏仁核的活动。膝下 ACC 的具体作用将会通过进一步的研究得以阐明。

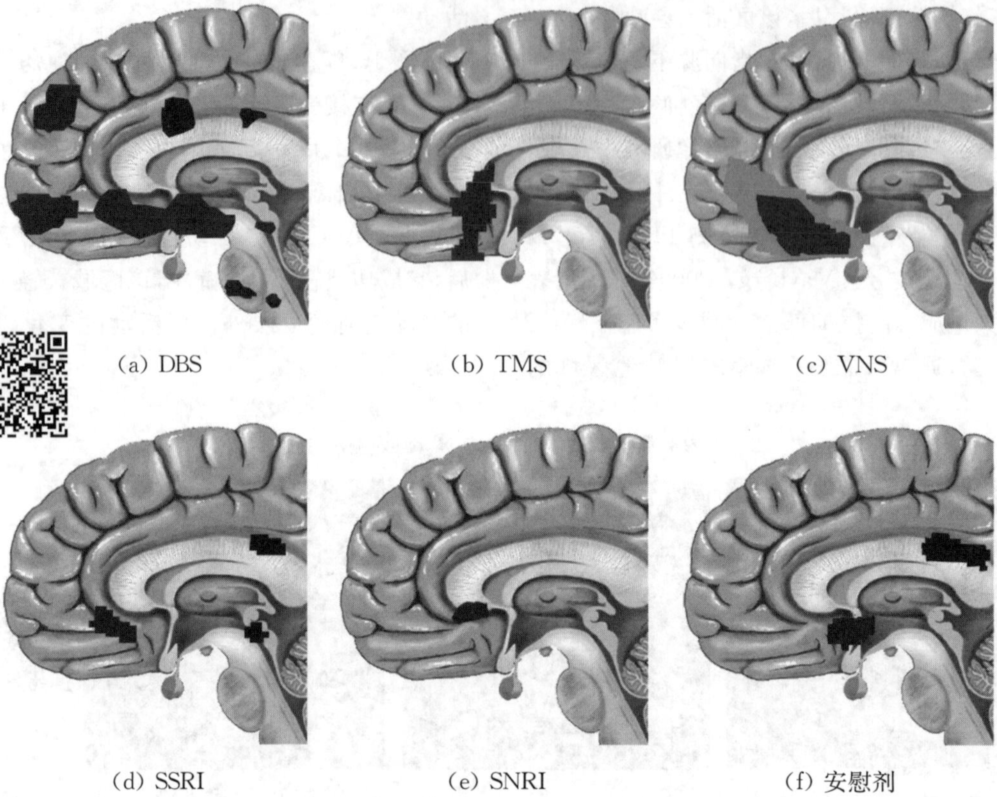


**图 16.18 多种疗法成功治疗抑郁症后膝下 ACC 活动减少**

该图显示了人脑的前中矢状视图的标准图。借助功能性成像扫描，描绘了抑郁症状得到成功治疗时大脑作出反应活动增加（红色）或减少（蓝色）的区域。采用(a)DBS，(b)TMS，(c)VNS，(d)SSRI，(e)SNRI，(f)安慰剂治疗。

资料来源：(a) Mayberg et al.，2005；(b) Kito et al.，2011；(c) Pardo et al.，2008；(d) Mayberg et al.，2002；(e) Kennedy et al.，2007；(f) Mayberg et al.，2002。

## 单胺假设

目标 16.11 总结支持情感障碍单胺理论的证据。

抑郁症可以通过 MAO 抑制剂和药物对单胺的吸收进行抑制而得到治疗，这就是**单胺假说**：抑郁症是由单胺能神经元活动不足导致的。许多调查者已经将研究聚焦到两种单胺上：去甲肾上腺素和血清素。

正如本章前面所说，精神分裂多巴胺假说的提出是因为多巴胺兴奋剂可以产生精神分裂症的症状、多巴胺拮抗剂可以减轻症状。同样的，抑郁症的单胺假说也是因为单胺拮抗剂可以产生抑郁症状、单胺兴奋剂可以减少抑郁症状。正如第 4 章所说，药物利血平阻止了转运体的活动，该转运体用神经递质填充单胺能末梢的突触小泡。利血平以前被用于降低血压，通过阻止肌肉血管内去甲肾上腺素的释放，这可以使肌肉得到放松。但是利血平有一个严重的副作用：通过干扰脑内去甲肾上腺素和血清素的释放，它容易导致抑郁。事实上，在它被用作抗高血压剂使用的早期，有 15%接受治疗的人变得抑郁（Sachar and Baron，1979）。正如我们所见，单胺拮抗剂产生了抑郁的症状，单胺兴奋剂可以缓解症状。

Delgoda 等（1990）开发了一种严谨的方法来研究血清素在抑郁症中的角色：**色氨酸损耗程序**。他们的研究对象是接受抗抑郁药物治疗的病人，病人目前状态很好。第一天他们让病人进行低色氨酸饮食（例如，沙拉、玉米、奶油芝士、果冻）。第二天，病人喝一种氨基酸鸡尾酒，不含有色氨酸。通过血脑屏障的氨基酸摄入是由氨基酸转运体完成的。因为病人的血液色氨酸水平很低，其他氨基酸含量高，很少有色氨酸可以进入大脑，脑内的色氨酸水平就会急剧降低。回顾一下，色氨酸是 5-HT（5-羟色胺）或血清素的前体。因此，治疗降低了脑内色氨酸的水平。

Delgado 和他的同事发现，色氨酸损耗会导致大部分病人抑郁症复发。之后，当他们开始正常饮食时，他们就恢复了。结果强有力地表明，至少某些抗抑郁药物的治疗效果取决于脑内血清素的存在。随后的研究也证实了这些结果。这些研究还表明，色氨酸损耗对健康人的情绪几乎没有影响，但是它确实降低了有个人或家族情感障碍史者的情绪（Neumeister et al.，2004；Young and Leyton，2002）。

大部分研究者认为，简单的单胺假设，即抑郁是由于低水平的去甲肾上腺素或血清素导致的，这样的假设太过于简单了。色氨酸剥夺的效果无疑证明了血清素在抑郁症中的作用。但是剥夺实验导致的抑郁只出现在有个人或家族情感障碍史的案例中。无家族抑郁症史的健康人，其血清素能活动的急剧降低对情绪并无影响。因此，对于易感人群大脑中，似乎有生理学差异。同样，尽管 SSRI 和 SNRI 迅速增加了脑内 5-HT 或血清素的水平，直到摄入药物几周后，单胺能神经适应了神经递质的增加，这样才会有效。事实证明，简单的单胺能活动增加并不会让情绪正常。很多研究者认为，因摄入抗抑郁药物而导致的细胞外单胺增加，会产生一系列连锁反应，最终致使脑内发生变化，出现抗抑郁的效果。连锁反应的真相还不得而知。

## 5-HT 转运体的作用

目标 16.12 评价佐证血清素转运体等位基因多态性对情感障碍起作用的证据。

一些研究已经收集到有关抑郁症的血清素转运体。5-HT 转运体（5-HTT）的部分基因——基因启动子，有短和长的两种形式。由 Caspi 等（2003）进行的一项纵向研究对 847 人进行长达 20 年的跟踪研究，从 3 岁开始，记录他们生活中的抑郁事件，包括童年期的虐待、失恋、丧友或丧亲、重大疾病、工作危机等。调查者发现，重性抑郁和自杀的可能性随着人们在生活中遇到压力事件数量的增加而增加的。此外，5-HTT 基因启动子上有一个或两个短等位基因的人，抑郁和自杀的可能性增长更大。该研究展示了环境和基因之间相互作用的证据（见图 16.19）。

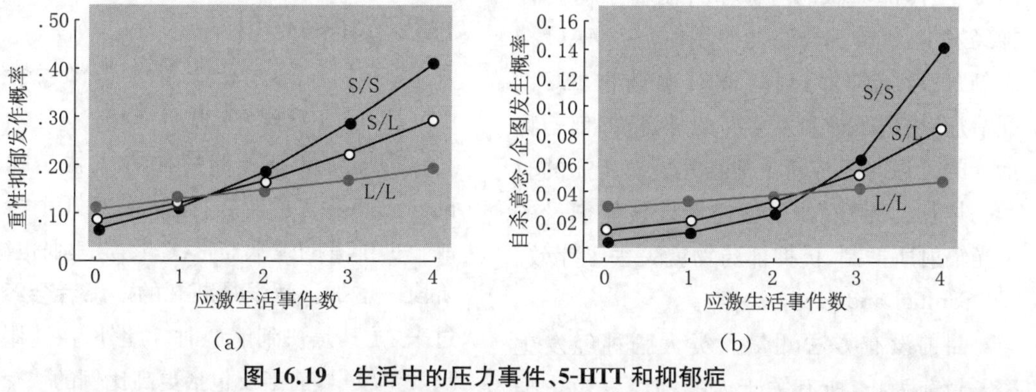


**图 16.19 生活中的压力事件、5-HTT 和抑郁症**

该图展示重性抑郁和自杀意念或企图的概率，与 5-HT 转运体基因启动子区具有两个长等位基因（L/L）、一个短等位基因（S/L）或两个短等位基因（S/S）的人遭受过应激生活事件的数量之间的函数关系。

资料来源：Caspi et al.，2003。

许多研究表明 5-HTT 启动子在抑郁症的形成中扮演着重要角色。例如，Rausch 等(2002)发现，有两个长等位基因的抑郁病人比那些只有一个或两个短等位基因的病人更容易对抗抑郁药物治疗反应。事实上，有长等位基因的人更容易对安慰剂有效。一项由 Lee 等(2002)实施的研究发现，有两个长等位基因的抑郁患者的抗抑郁药物治疗比有一个或两个短等位基因的患者表现出更好的长期效果。Neumeister 等(2002)发现，有一个或两个短等位基因的人，其色氨酸损耗更容易产生抑郁症状。

不幸的是，一些针对 5-HTT 转运体在抑郁症中的作用的研究的元分析表明，尽管一些研究结果显示有积极作用，但是将所有发表的研究结果综合，并没有显示出显著效果(Risch et al., 2009; Taylor et al., 2010; Viviani et al., 2010)。目前，5-HTT 转运体在抑郁症中的作用还未证实。

## 神经发生的作用

目标 16.13　解释情感障碍、治疗及神经发生之间的关系。

正如第 3 章和第 13 章所陈述，神经发生可以发生在齿状回，位于成人大脑的海马结构的部分区域。针对实验室动物的研究表明，产生抑郁症状的应激事件阻碍了海马体神经发生，抗抑郁药物的使用(包括 MAO 抑制剂、三环抗抑郁药物、SSRI 类药物、ECT、锂治疗)增进了神经发生。此外，抗抑郁药物治疗的延迟时间与新生神经元成熟所需的时间一样长。此外，如果神经发生被低剂量的 X 光辐射所抑制，抗抑郁药物就失去了疗效。(见 Samual and Hen, 2011)。

目前没有方法测量人类大脑神经发生率。目前为止，所有关于人的神经发生依据都是从实验室动物研究推断而来。但是 Pereira 等(2007)使用 MRI 进行研究，MRI 可以估测人和鼠的海马结构中特定区域的血容量。他们发现，锻炼(对小鼠来说是转轮，对人类来说是有氧运动)提高了齿状回的血容量，该区域是神经发生的地方。组织程序证实，鼠脑中增加的神经发生与增加的血容量有关，这强有力地支持了运动可以引发人脑神经发生这一观点。(见图 16.20)

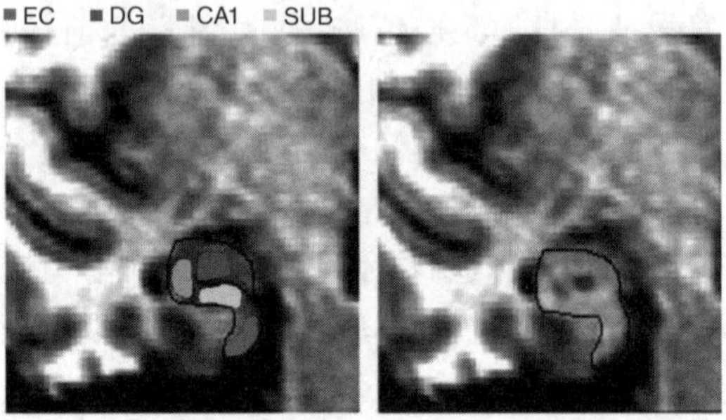


(a)　　(b)

**图 16.20　运动和神经发生**

扫描显示了有氧运动对人的海马结构区域的血容量的影响。该测量可以用作神经发生的间接测量。

(a)海马体区域。EC＝内嗅皮层，DG＝齿状回，SUB＝下托。(b)区域血量。颜色“较红”表示血容量增加。

资料来源：A.C., Huddleston, D.E., Brickman, A.M., et al., An in vivo correlate of exercise-induced neurogenesis in the adult dentate gyrus, Proceedings of the National Academy of Sciences, USA, 2007, 104, 5638-5643。经许可复制。

## 昼夜节律的作用

目标 16.14　总结昼夜节律变化对情感障碍起作用的证据。

抑郁症最显著的特征之一就是睡眠紊乱。正如第 9 章所述，睡眠由好几个阶段组成。抑郁者的睡眠非常浅；慢波睡眠也减少，阶段一增加。睡眠是断裂的。患者会经常醒过来，尤其是快到清晨时。此外，快速眼动睡眠发生较早，前半夜包括更高比例的快速眼动阶段，快速眼动睡眠中快速眼动增加(Kupfer, 1976; Vogel et al., 1980)。(见图 16.21)

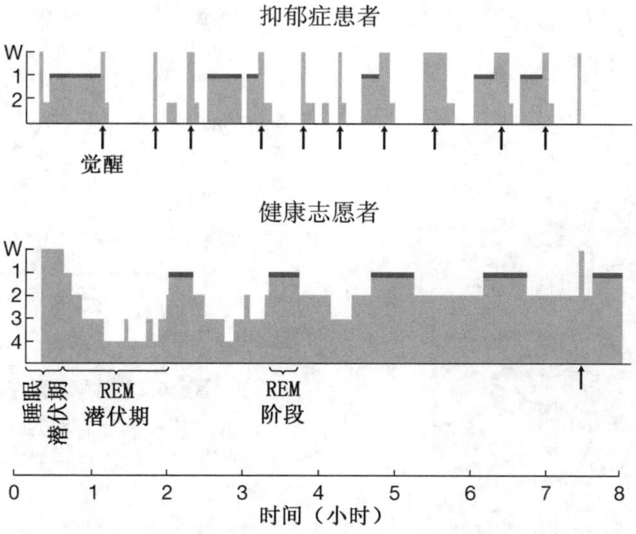


**图 16.21 睡眠和抑郁症**

该图说明了健康被试和重性抑郁患者的睡眠阶段模式。值得注意的是，抑郁患者的睡眠潜伏期、快速眼动睡眠(REM)潜伏期和慢波睡眠减少，睡眠碎片化。深色条表示快速眼动睡眠时间。

资料来源：Gillin, J.C., and Borbély, A.A., Sleep: A neurobiological window on affective disorders, *Trends in Neurosciences*, 1985, 8, 537—542。

研究表明，抑郁发作的人群中，多达 90% 的人睡眠模式发生变化，通常是发起和保持良好的睡眠困难(Wulff et al., 2010)。此外，在有抑郁发作史的人群中，持续失眠增加了复发的风险；新妈妈经历了睡眠崩解，她的产后抑郁风险也会增加(Postmontier, 2008)。

**快速眼动睡眠剥夺** 一种最有效的抗抑郁治疗方法就是睡眠剥夺，要么是完全剥夺，要么是选择性剥夺。选择性快速眼动睡眠剥夺：监测人的脑电图，每当表现出快速眼动睡眠迹象时就唤醒他们，这样可以有效缓解抑郁(Vogel et al., 1990; Vogel et al., 1975)。在几周的治疗过程中，效果像抗抑郁药物一样比较缓慢。很多病人在剥夺中止后仍表现出长期改善。因此，它是一个很实用、很有效的方法。此外，且不论具体药理作用，其他治疗抑郁症的方法会抑制快速眼动睡眠，延迟开始的时间，并减少持续的时间(Grunhauls et al., 1997; Scherschlicht et al., 1982; Thase, 2000; Vogel et al., 1990)。这些事实表明，快速眼动睡眠和情绪多少有关。这些结果表明，成功的抗抑郁治疗效果可能就是抑制快速眼动睡眠，情绪的变化可能是抑制的结果。但是，至少一种抗抑郁药物显示在双盲、安慰剂对照实验研究中未抑制快速眼动睡眠。(Mayers and Baldwin, 2005)。因此，抑制快速眼动睡眠未必是抗抑郁药物起作用的唯一方式。

**慢波睡眠剥夺** 选择性睡眠剥夺的另一种形式——慢波睡眠剥夺(SWS 剥夺)，有效地减少了一些抑郁病人的症状。由 Landsness 等实施的研究中，在实验室中，重性抑郁患者的睡眠障碍被脑电图监测。每当脑电图中慢波出现，研究者就会呈现声音、不需要叫醒病人来抑制慢波睡眠。结果很乐观：大多数病人对抑郁症状的自我评估减少了(见图 16.22)。尽管研究者没有直接操控快速眼动睡眠，SWS 剥夺也会影响快速眼动睡眠在总体睡眠时间中的比例。事实上，快速眼动睡眠的减少与抑郁症状等级呈正相关。因此，很可能 SWS 剥夺的有益结果事实上是由快速眼动睡眠的抑制产生的。但是，快速眼动睡眠的剥夺通常会在几周内产生治疗效果，本研究的疗效在一晚的 SWS 剥夺后就出现了。这种方法值得进一步研究。

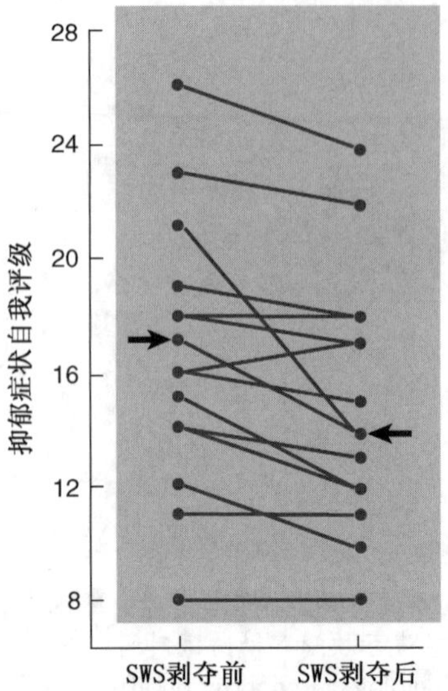


**图 16.22 慢波睡眠剥夺**

该图显示了夜间睡眠前后重性抑郁患者的抑郁症状自我评级，其中 EEG 慢波被声学刺激抑制。每条线表示单个患者的评级。箭头表示组中位数。

资料来源：Landsness et al.，2011。

**完全睡眠剥夺** 完全睡眠剥夺也有抗抑郁效果。不像特定的快速眼动睡眠剥夺需要好几周才能减轻抑郁，完全睡眠剥夺可以立刻产生效果(Wu and Bunney，1990)。典型地，睡眠剥夺消除抑郁，但是在一晚正常的睡眠后，第二天就恢复了。事实上，可他命治疗和完全的睡眠剥夺可以立即见效(但是很短暂)的唯二治疗方法。Wu 和 Bunny 提出，在睡眠期间，大脑产生化学物质，这种物质对易感人群会有致抑郁的效果。在醒着的时候，该物质会被渐渐新陈代谢掉从而失活。该假设的一些证据已经在图 16.23 中呈现出来。数据来源于 8 项不同的研究(Wu and Bunney，1990)，呈现了对睡眠剥夺有效和无效的抑郁者的自我评估。完全的睡眠剥夺在近 2/3 的时间内改善了重性抑郁病人的情绪。

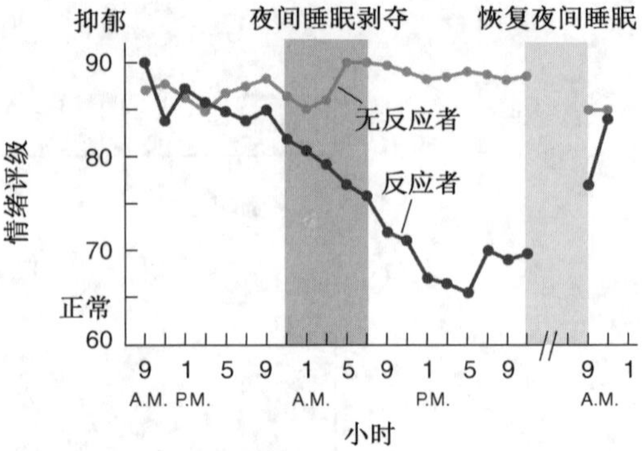


**图 16.23 睡眠剥夺的抗抑郁作用**

该图显示了被剥夺一夜睡眠后有反应和无反应的患者的平均情绪评级与一天中所处的时间的函数关系。

资料来源：Wu and Bunney，1990。

为什么只有一些人在睡眠剥夺治疗中有改善呢？这个问题尚未得出答案，但是一些研究表明，谁可以得到改善、谁无法得到改善是可以被预测的。(Haug，1992；Riemann et al.，1991；Wirz-Justice and Van den Hoofdakker，1999)。总的来说，那些情绪保持稳定的抑郁患者或许无法从睡眠剥夺中获得改善，而那些情绪波动比较大的病人容易起效。最有可能有反应的是那些早上觉得抑郁但是随着时间推进渐渐好转的病人。在这些人群中，睡眠剥夺似乎可以预防致抑郁效果的发生。如果看了图 16.23，你就可以看到有反应的人在最后会感觉更好。在经历了无眠的夜晚、在接下来的一天仍会有改善。第二天他们就可以正常睡觉，抑郁在下一个早晨便会回来。正如 Wu 和 Bunny 所提到的，这些数据与睡眠可以产生抑郁效果的假说是一致的。

尽管完全睡眠剥夺对于治疗抑郁症来说并不是一个很实际可行的方法(不可能让病人不确定地醒着)，一些研究表明部分睡眠剥夺加速了抗抑郁药物的改善效果。例如，Leibenluft 等(1933)发现，在睡眠较早阶段或夜深时剥夺难治性抑郁症患者的睡眠可以促进抗抑郁药物治疗的效果。一些研究者也发现，间歇的完全睡眠剥夺（如在 4 周的时间内以 2 周一次的频率）可以产生有效的结果（Papadimitriou et al., 1993）。

**授时因子的作用** 另一种现象将抑郁症与睡眠和觉醒联系起来，或者更具体来说是负责生理节律的机制。一些人在冬季变得抑郁，此时白天变短、夜晚变长（Rosenthal et al., 1984）。这种形式的抑郁症状叫做季节性情感障碍（SAD），或多或少与重性抑郁不同。两者形式都包括嗜睡、睡眠紊乱，但是季节性抑郁包括对碳水化合物的渴望，并伴随体重的增加（正如前面所述，许多重性抑郁患者往往会失去食欲）。

像 MDD（重性抑郁障碍）和双相情感障碍一样，SAD 似乎也有基因基础。在一项 6 439 名成人双胞胎研究中，Madden 等（1996）发现，SAD 在家族中多见。他们估测，在季节性情感障碍中至少 29％的变量可以归结于基因。一种促进 SAD 易感性的基因是一种特别的等位基因，它负责产生黑视蛋白、视网膜光色素等以侦测光的出现，使生理节律同步（Wulff et al., 2010）。

Gonzalez 和 Aston-Jones（2006；2008）发现，在黑暗中待上 6 周的大鼠会表现出抑郁行为。此外，调查者发现蓝斑去甲肾上腺素能神经元、腹侧被盖区多巴胺能神经元、中缝核血清素能神经元中细胞凋亡增加。此外，他们观察到前额皮层中有少量的 NE、DA 和 5-HT 末稍。（你可以从第 9 章中回顾这些知识：单胺能区域对睡眠和觉醒很重要）。地者帕明（一种抗抑郁药物）的用药减少了行为和解剖上的抑郁迹象。或许，作者提到，他们观察到的解剖变化是延长暴露在有限的光下产生抑制作用的结果（见图 16.24）。

SAD 可以通过**光照疗法**来治疗：每天将人暴露于亮光下几个小时（Rosenthal et al., 1985；Stinson and Thompson, 1990）。回顾一下，睡眠和觉醒生理节律是由视交叉上核的活动控制的。光作为授时因子：也就是说，使生物钟与每天的白天黑夜循环相同步。一种可能是，SAD 病人需要比普通人更强的授时因子来重置他们的生物钟。根据 Lewy 等（2006）的研究，SAD 是由睡眠周期和褪黑激素分泌周期不协调导致的。正常情况下，褪黑激素在人晚上入睡前开始分泌。事实上，褪黑激素分泌开始到睡眠中总的时间约是 6 个小时（入睡到清晨醒来之间的时间）。SAD 病人在睡眠和褪黑素分泌之间经常会表现出

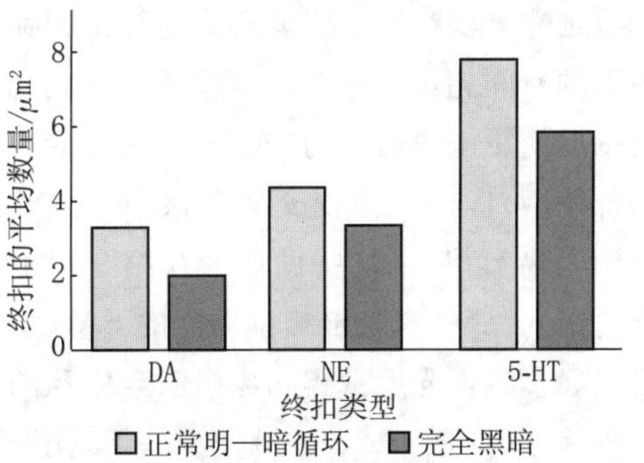


**图 16.24 在完全黑暗中生活对单胺能系统的影响**

在完全黑暗中度过 6 周的大鼠，其蓝斑的 NE 神经元，腹侧被盖区的 DA 神经元和中缝核的 5-HT 神经元显示出细胞凋亡。该图显示了在 6 周后来自每个区域的神经元到前额皮层的终扣的数量。

资料来源：Gonzalez and Aston-Jones 2006，2008 年。

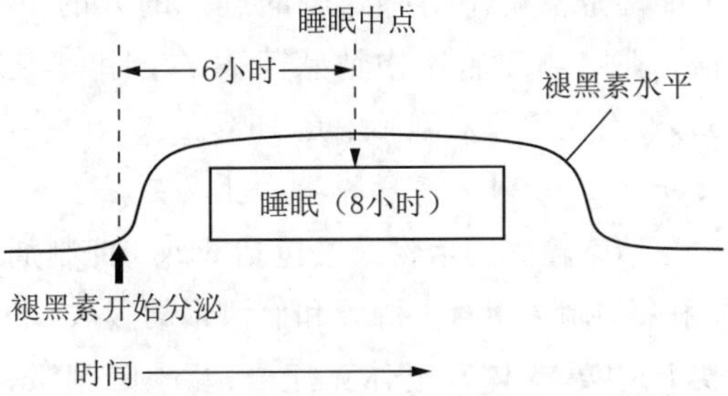


**图 16.25 睡眠周期与褪黑素分泌**

通常，褪黑素分泌从傍晚开始，直到睡眠中期，大约持续 6 小时。大多数季节性情感障碍病人褪黑素分泌开始得更早，表现为睡眠周期与褪黑素分泌存在相位滞后。另一些病人表现为相位超前，即褪黑素分泌开始得更晚。

相位延迟，也就是说，褪黑素分泌开始到睡眠中期的时间超过6小时。清晨暴露于亮光下或午后使用褪黑素药物（或者说，两种治疗方法都使用）促进了由视交叉上核中生物钟控制的生物节律。（这些循环会在第9章中进行讨论）。那些表现出相位提前的SAD病人可以通过晚上光照暴露和褪黑激素用药的方法来治疗（见图16.25）。顺便说一下，光照疗法已经被证实可以帮助重性抑郁患者，尤其是联合抗抑郁药物一起使用（Terman，2007）。

光照疗法对SAD是比较安全有效的一种方法。根据Wirz-Justice等（1996）的研究，甚至不需要特殊装置。他们发现，每天早上一小时外出散步减少了SAD症状。他们提出，即使是在阴暗的冬天，早晨的天空也比室内的人造灯光提供更多光照，所以户外散步可以增加人们的光照暴露。锻炼也会有这样的帮助。许多研究表明（如Dunn et al.，2005）锻炼可以改善抑郁症状。

## 本节回顾

### 情感障碍

目标16.7　比较重性抑郁和双相障碍的症状。

重性抑郁障碍的症状包括无躁狂的慢性或阵发性抑郁。重性抑郁患者会觉得很伤心、没有价值、内疚，有自杀的可能性。双相障碍症状包括躁狂和抑郁的交替，躁狂症状包括感觉精神非常愉悦，说话和动作活动增加以及夸大。

目标16.8　描述基因导致情感障碍形成的证据。

遗传研究表明，基因突变至少是部分情感障碍的原因，近亲患情感障碍的人得病的可能性是没有患情感障碍的近亲的人的10倍。在同卵双胞胎中情感障碍的合和率是69%，而在异卵双胞胎中是13%。

目标16.9　列举情感障碍的生物疗法。

情感障碍的生物疗法包括MAO抑制剂（用来抑制去甲肾上腺素和血清素的吸收、干扰NMDA受体）、电休克疗法、经颅磁刺激、深层大脑刺激、迷走神经刺激、光照疗法、睡眠剥夺、锂疗法、安定药和抗痉挛药。

目标16.10　描述前额皮层在抑郁症中的作用。

一项可信的神经影像研究发现，抑郁症病人的膝下前扣带回皮层活动过度，而前额皮层的其他区域活动不足，包括腹正中、背外侧、背内侧PFC和眶额皮层。大量成功的抗抑郁治疗减少了膝下前扣带回皮层的脑区活动，通常增加了前额皮层其他区域的活动。

目标16.11　总结支持情感障碍单胺理论的证据。

去甲肾上腺素和血清素兴奋剂的治疗效果、利血平和单胺能拮抗剂的致抑郁效果，均证明了抑郁症的单胺理论。脑内色氨酸（5-HT的前体）的剥夺导致了正处于缓解期的患者症状反复，这进一步支持了5-HT对情绪起作用这一结论。但是，尽管SSRI对脑内血清素传递立即有效，但在几周内并没有缓解抑郁症状，所以简单的单胺理论似乎并不正确。

目标16.12　评价佐证血清素转运体等位基因多态性对情感障碍起作用的证据。

生活压力增加了有一个或两个5-HT转运蛋体基因启动子短等位基因的人患抑郁的可能性增加。有两个长等位基因的抑郁患者在抗抑郁治疗下会有良好的成效。但是，现有的元分析结果并不支持5-HTT基因启动子在抑郁中的作用。

目标16.13 解释情感障碍、治疗及神经发生之间的关系。

压力和抑郁与海马体神经发生的减少有关。抗抑郁治疗可以增加海马体神经发生。治疗效果开始的时间与神经发生增加的时间是一致的。

目标16.14 总结昼夜节律变化对情感障碍起作用的证据。

睡眠紊乱是情感障碍的症状特征。事实上,快速的(而不是暂时的)完全睡眠剥夺减少了许多抑郁患者的症状,选择性快速眼动睡眠剥夺见效很慢,但是更持久。此外,几乎所有有效的抗抑郁治疗都会抑制快速眼动睡眠。抑郁症的一种特殊形式——季节性情感障碍,可以通过暴露于亮光下得到治疗。

## 思考题

一名电视评论员,谈到年轻明星的自杀,说起不开心的年轻人,恼怒地问道:"如果他们遇到经济危机、'二战'或越南战争,这些年轻人又会在做什么?"如果抑郁症是由不正常的大脑功能导致的,这些评论合理吗?解释是或否的原因。

## 本章回顾问题

1. 描述精神分裂的症状,讨论精神分裂是遗传而来的证据。
2. 讨论可以缓解或产生精神分裂的阳性的药物,讨论精神分裂症患者脑内可能多巴胺异常的有关研究。
3. 讨论精神分裂与大脑损伤的直接证据。
4. 描述前额皮层在精神分裂症状中的作用。
5. 描述两种重度情感障碍(重性抑郁和双相情感障碍)、疾病的遗传及生理治疗。
6. 总结抑郁症的多巴胺假说,神经发生的变化、大脑异常的证据、膝下扣带回皮层在抑郁症中的作用。
7. 解释生理节律和季节节律在情感障碍中的作用:快速眼动睡眠剥夺、慢波睡眠剥夺、完全睡眠剥夺的效果和季节性情感障碍。

物海马体的功能。紧张的大鼠的空间任务学习能力受到损伤，从紧张的大鼠的大脑中取下的海马切片发现，启动爆发增强（一种长时程增强）受到损害。（见图 17.4）Thomas 等人（2007）的一项研究发现，急性压力减少了神经发生过程中产生的海马神经元的长期存活率。正如我们在第 16 章所看到的，海马神经的损伤似乎在抑郁症的发展中起着一定的作用。

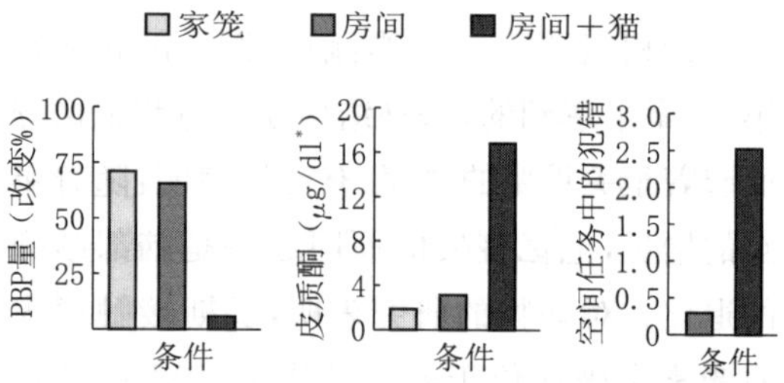


**图 17.4　急性压力、糖皮质激素水平、突触可塑性和学习**

图中显示了将大鼠暴露于猫的视线和气味，所引起的急性压力的影响。压力提高了大鼠的糖皮质激素水平（大鼠的皮质酮），损害了这些动物脑切片中启动爆发增强（PBP，一种长时程增强形式）的发育，并干扰了对需要海马体的空间任务的学习。

资料来源：Diamond et al，1999。

Uno 等人（1989）发现，如果长期压力足够剧烈，它甚至会对年轻灵长类动物造成严重的脑损伤。调查人员研究了肯尼亚的一个灵长类动物中心里的一群疣猴。它们发现，一些猴子显然死于压力。疣猴中有等级社会，接近底层的猴子被其他猴子捉弄，因此，它们几乎不断地承受压力。（我们人类并不是唯一具有社会结构，并在某些成员中引起压力反应的物种。）死去的猴子有胃溃疡和肾上腺肿大，这是慢性压力的症状。在对它们的大脑进行检查后，研究人员发现，海马结构中的 CA1 区的神经元被完全破坏了。严重的压力似乎也会导致人类的脑损伤；在那些受到折磨的人的 CT 扫描中，Jensen 等人（1982）发现了脑部退化的证据。早期压力似乎也会影响大脑的发育。van Harmelen 等人（2010）发现，儿童期发生的情感虐待事件与背内侧前额叶皮层体积平均减少 7.2%有关。（见图 17.5）在有关产前压力的下一节中，你将更多了解早期生活压力对大脑发育的影响的有关内容。

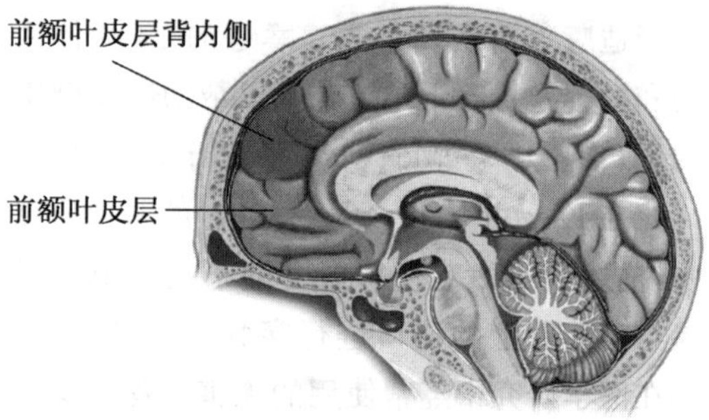


**图 17.5　早期压力使得背内侧前额叶皮层体积减少**

儿童期遭受情感虐待的人的背内侧前额叶皮层体积减少 7.2%。

资料来源：van Harmelen et al，2010。

一些研究证实，慢性疼痛的压力对大脑和认知行为有不良影响。Apkarian 等人（2004b）发现，每次发生严重的慢性背痛，会导致大脑皮层失去 1.3 $cm^3$ 的灰质，其中背外侧前额叶皮层的灰质减少最多。此外 Apkarian 等人（2004a）发现慢性背痛导致工作表现不佳，这已经被证明是由前额叶病变引起的。

**产前压力**　产前压力可通过干扰海马体的正常发育，导致长期的学习和记忆障碍。Son 等人（2006）使怀孕小鼠在小房间内处于周期性束缚所造成的压力下。它们发现，这种处理会干扰压力下雌性后代海马体长时程增强的建立，以及妨害需要海马体参与的空间学习任务的完成。在人类方面，一些研究报告称，产前和早期的压力会减少成后海马

---

* μg/dl 即微克/分升（1 微克$=1\times10^{-6}$克，1 分升=100 毫升）。——编者注

体体积(Woon and Hedges, 2008)。

Brunson 等人(2005)证实,早期的压力会导致后期海马体功能的退化。在出生后的一周,研究人员把雌性大鼠和新生幼鼠放在笼子里,笼子里铺着坚硬的地板,而且只有少量的筑巢材料。在 4—5 个月大的时候,对它们进行检测,它们的行为是正常的。然而,在 12 个月大的时候,它们再次接受测试,研究人员观察到它们在水迷宫中表现不佳,海马体的长时程增强发育不足。他们还发现,海马体树突萎缩,这可能是空间学习和突触可塑性受损的原因。

Salm 等人(2004)发现,轻度的产前压力会影响大脑发育,并对动物产生持续一生的改变。在怀孕的最后一周,每天一次将怀孕大鼠从笼子里取出,并给它们注射少量的无菌盐水——这个过程持续不到 5 分钟。这种轻度的压力改变了幼鼠杏仁核的发育。研究人员发现,在处于轻度产前压力状态的动物中,杏仁核外侧核的体积在成年后增加约 30%。(见图 17.6)正如先前的实验所表明,产前压力增加了个体对新环境的恐惧(Ward et al, 2000)。据推测,外侧核尺寸的增加是造成这种恐惧的原因之一。

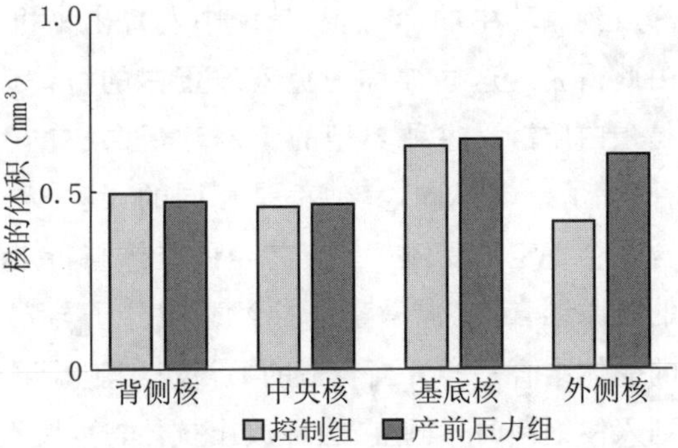


**图 17.6　产前压力和杏仁核**

图中显示了控制组大鼠和处于产前压力的大鼠的杏仁核体积。

资料来源:Salm et al, 2004。

至少分泌糖皮质激素似乎会调节某些产前压力对胎儿的影响。Barbazange 等人(1996)使怀孕的雌性大鼠承受压力,并观察这种处理对后代成年后的影响。他们发现,在大鼠成年时受到约束压力,有产前压力的大鼠会长时间分泌糖皮质激素。然而,如果母鼠的肾上腺被切除,以致糖皮质激素水平在压力情境下不会增加,它们的后代在成年后反应正常。(实验者对切除肾上腺的母鼠控制了糖皮质激素的量,以使其保持健康。)(见图 17.7)

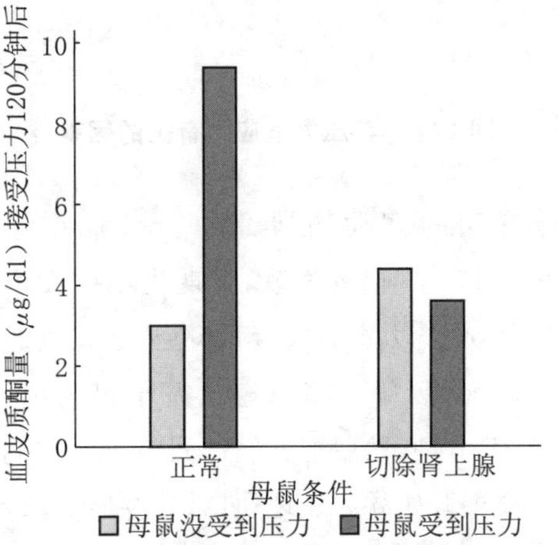


**图 17.7　成年期的产前压力和糖皮质激素**

图中显示了产前压力和糖皮质激素水平对成年大鼠压力反应的影响。在母鼠受到压力之前对其进行肾上腺切除,可以预防后代在成年后产生更高的压力反应。

资料来源:Barbazange et al, 1996。

**适应力**　然而,有关压力和大脑的消息并不全是坏的。研究人员对研究大脑的适应力和可塑性越来越感兴趣。暴露在早期的或长期压力下的多数人都能维持健康的大脑和心理功能。各种保护性激素等因素(如睾酮、神经肽 Y 以及一种名为 DHEA 的激素,能调节过量皮质醇的不良影响);控制压力有关的刺激,可以在压力情境下增加适应力。研究人员正在积极地研究大脑变化、基因表达和内分泌功能,以评估脑部基本的适应力(Russo et al, 2012)。(见图 17.8)

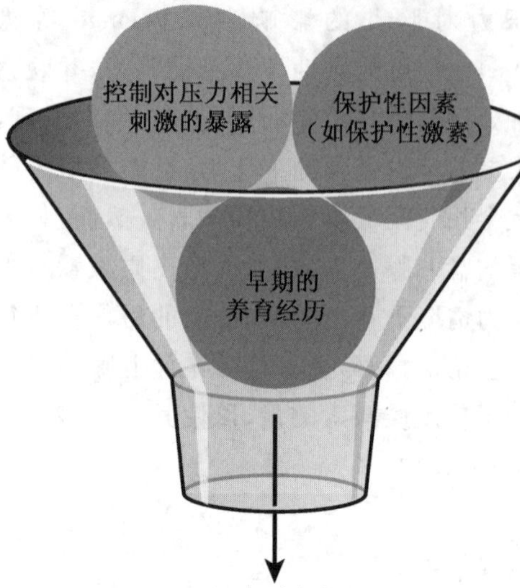


**图 17.8　与压力适应力有关的因素**

在实验室动物研究中，Fenoglio 等人(2006)的一项研究发现，早期生活中发生的某些经历可以减少成年后对压力情境的反应。Fenoglio 等人将鼠崽从笼子里拿出，拿着过 15 分钟，然后把它们送回笼子。它们的母亲立即开始舔和梳理幼崽。这种养育行为激活了鼠崽大脑的几个区域，包括杏仁核中央核和下丘脑室旁核，下丘脑室旁核是分泌 CRH 的神经元的位置。这种处理是为了减少 CRH 的产生，以应对压力刺激，这使得激素压力反应终身衰减。

## 精神神经免疫学

目标 17.4　*总结免疫系统和神经系统在应对压力时的关系。*

正如我们所看到的，长期压力对人的健康有害，甚至会导致脑损伤。产生这些影响最重要的原因是糖皮质激素水平的升高，但是由肾上腺素和去甲肾上腺素引起的高血压也起了一定的作用。此外，压力反应会损害免疫系统的功能，正是免疫系统保护我们免受病毒、微生物、真菌和其他类型寄生虫的攻击。研究免疫系统和行为之间的相互作用(由神经系统调节)被称为**精神神经免疫学**。这一领域的研究将在下一节中进行介绍。

**免疫系统**　免疫系统是人体最复杂的系统之一。它的功能是保护我们不受感染，而且由于传染性有机体在进化过程中产生了诡计，我们的免疫系统已经进化出了自己的诡计。我们在这里给出的描述是简略且简化的，但展现了该系统的一些重要元素。

免疫系统来源于在骨髓和胸腺中发育的白细胞。某些细胞在血液或淋巴系统中漫游；另一些则永久停留在一个地方。当身体受到外来生物(包括细菌、真菌和病毒)的侵袭时，会产生两种特殊的免疫反应：化学调节的和细胞调节的反应。化学调节的免疫反应涉及抗体。传染性微生物表面有独特的蛋白质，称为**抗原**。这些蛋白质作为入侵者的“呼叫卡”，使免疫系统能识别它们。通过接触微生物，免疫系统学会识别这些蛋白质。这种学习的结果是发展出特殊的细胞系，产生特定的**抗体**——识别抗原和帮助杀死入侵的微生物的蛋白质。

抗体的一种是由 **B 淋巴细胞**(或 B 细胞)释放到循环中的，它们从骨髓中发育出来也由此得名。这些被称为**免疫球蛋白**的抗体，是蛋白质链。每种类型的免疫球蛋白(有五种)除了一端不同，其他都是相同的，其中包含一个特定的受体。一个特定的受体与特定的抗原结合，就像激素或神经递质分子与它的受体结合一样。当合适的 B 淋巴细胞检测到入侵细菌时，细胞就会释放出抗体，这些抗体与入侵微生物表面的抗原结合。这些抗原要么直接杀死入侵者，要么吸引其他白细胞，然后再破坏它们。(见图 17.9a)

免疫系统的另一种防御，即细胞调节的免疫反应，是由 **T 淋巴细胞**(或称 T 细胞)产生的，T 细胞最初在胸腺中发育。这些细胞也产生抗体，但是抗体仍然附着在膜的外面。T 淋巴细胞主要保护身体免受真菌、病毒和多细胞寄生虫的侵害。当抗原与表面抗体结合时，这些细胞要么直接杀死入侵者，要么向其他白细胞发出杀死它们的信号。（见图 17.9b）

图 17.9 中所示的反应非常简单；实际上，化学调节的免疫反应和细胞调节的免疫反应都涉及几种不同类型的细胞。这些细胞之间的通信是通过**细胞因子**来完成的，细胞因子是刺激细胞分裂的化学物质。在检测入侵微生物（主要是白细胞介素-1 和白细胞介素-2）时，特定白细胞释放的细胞因子，会导致其他白细胞增殖并直接攻击入侵者。糖皮质激素抑制特异性免疫反应的主要途径是与细胞因子传递的信息相关联（Sapolsky，1992）。

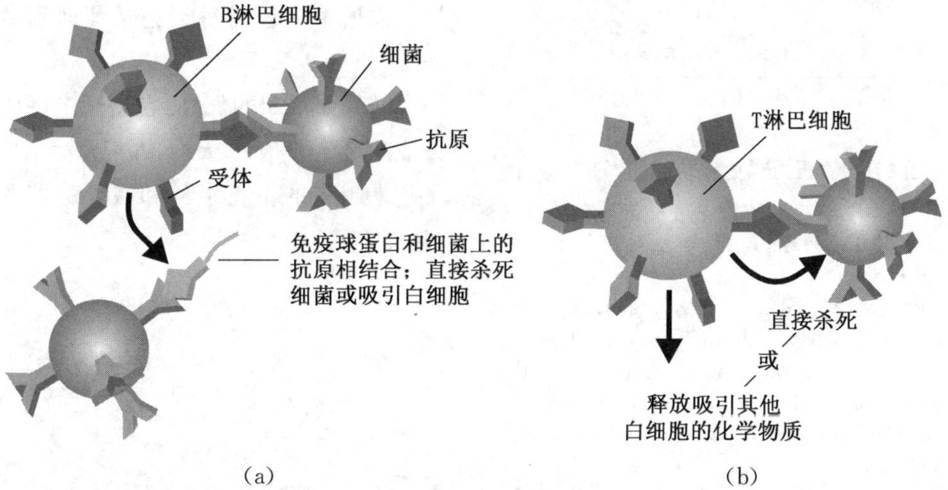


**图 17.9　免疫反应**

(a)化学调节反应。B 淋巴细胞检测到细菌上的抗原并释放出特定的免疫球蛋白。(b)细胞调节的反应。T 淋巴细胞检测到细菌上的抗原并直接杀死它，或者释放一种吸引其他白细胞的化学物质。

**免疫系统的神经控制**　正如我们在下一节中将看到的，压力反应会增加感染传染病的可能性。这些影响的生理解释是什么？一个答案，可能是最重要的，是压力增加了糖皮质激素的分泌。正如我们所看到的，这些激素直接抑制免疫系统的活动。

在本章的前面，你阅读了有关慢性压力对阿尔茨海默病患者护理人员伤口愈合的影响的研究结果。对这一人群的进一步研究，揭示了压力与免疫功能之间的关系。Kiecolt-Gaser 等人（1987）证明了压力与免疫系统之间有直接关系。通过几项不同的实验室测试，这些研究人员发现，患有阿尔茨海默病的家庭成员的照料者，承受着巨大的压力，表现出较弱的免疫系统。衡量一个人免疫反应质量的一个指标是免疫反应产生的抗体量。Glaser 等人（2000）发现，在接受肺炎球菌细菌疫苗治疗后，照顾患有阿尔茨海默病的配偶的人保持较低的 IgG 抗体水平。（见图 17.10）丧亲是压力的另一个来源，也抑制了免疫系统。Schleifer 等人（1983）对患乳腺癌妇女的丈夫进行了测试，发现他们在妻子去世后的免疫反应较低。Knapp 等人（1992）甚至发现，当健康的人想象自己重温不愉快的情感经历时，其血液样本中的免疫反应会减少。最后，面临接受手术心理压力的人(Ahlers et al, 2008)，参加学术考试(Paik et al, 2000)，甚至经历脸书引起的社交压力(Campisi et al, 2012)，都会使人表现出不同程度的免疫抑制。

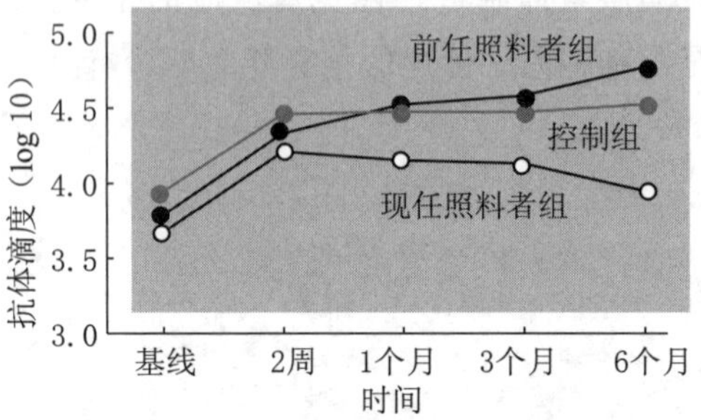


**图 17.10 压力对免疫功能的影响**

图中显示了在应对肺炎球菌疫苗时血液中的抗体，分别取自控制组，前任、现任阿尔茨海默病配偶的照料者。

资料来源：Glaser, R., Sheridan, J., Malarkey, W.B., Mac Callum, R.C., and Kiecolt-Glaser, J. K., Chronic stress modulates the immune response to a pneumococcal pneumonia vaccine, *Psychosomatic Medicine*, 2000, 62, 804—807。

某些研究表明，压力对免疫反应的抑制主要(但不完全)是由糖皮质激素调节的(Keller et al, 1983)。由于大脑控制糖皮质激素的分泌(通过分泌 CRH)，大脑负责抑制这些激素对免疫系统的影响。杏仁核中央核的神经元向下丘脑室旁核分泌 CRH 的神经元发送轴突；因此，我们可以合理地预测，负责情绪反应的机制也是负责压力反应和伴随的免疫抑制的机制。

**压力与传染性疾病** 通常，当一个已婚人士死亡时，他/她的配偶不久也会死亡，通常是因为感染。事实上，在一个人的生活中，各种各样的压力事件会增加疾病的易感性。例如，Glaser 等人(1987)发现医科学生更容易患上急性感染，并在期末考试期间，其免疫系统受到抑制。

Stone 等人(1987)试图确定人们日常生活中的压力事件是否会使他们容易患上呼吸道感染。如果一个人接触到可能导致这种疾病的微生物，症状不会在几天内就出现，也就是说，接触与实际疾病的迹象之间有一个潜伏期。因此，作者推断，如果压力事件抑制了免疫系统，那么在这种压力下几天内，人们可能会更有可能患上呼吸道感染。为了验证他们的假设，要求志愿者每天记录他们生活中好的和不良的事件，为期 12 周。志愿者们还需每天记录任何不适或疾病症状。

结果如预期的那样：在出现上呼吸道感染症状之前的 3—5 天内，人们在生活中经历了越来越多的不良事件和减少的好的事件(见图 17.11)。

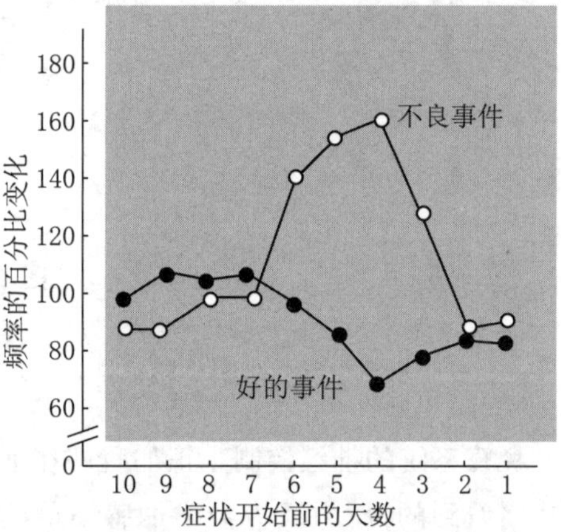


**图 17.11 好的和不良事件对上呼吸道感染易感性的作用**

图中显示上呼吸道感染症状出现前 10 天内不良事件和好的事件发生频率的平均百分比变化。

资料来源：Stone et al, 1987。

Stone 等人(1987)认为，这种影响是由一种特殊的免疫球蛋白的减少引起的，这种免疫球蛋白存在于黏膜的分泌物中，包括在鼻子、口腔、喉咙和肺中。这种免疫球蛋白，IgA，作为防御进入鼻子或口腔的传染性微生物的第一道防线。他们发现 IgA 与情绪有关；当某个人不开心或沮丧时，IgA 水平会低于正常水平。其他研究称，与学业考试引起的相关压力致 IgA 减少，在压力源结束后两周内也会减少(Deinzer et al, 2000; Deinzer, Schuller, 1998)。结果表明，由不良事件引起的压力可能通过抑制 IgA 的产生，从而导致患上呼吸道感染的可能性增加。

Stone 等人的研究结果被 Cohen 等人(1991)的一个实验所证实了。研究人员发现，使用含感冒病毒的滴鼻剂的参与者更有可能患感冒，如果他们报告过去一年的压力经历，并说自己感到受威胁，失控，或者被事件所震惊。(见图 17.12)

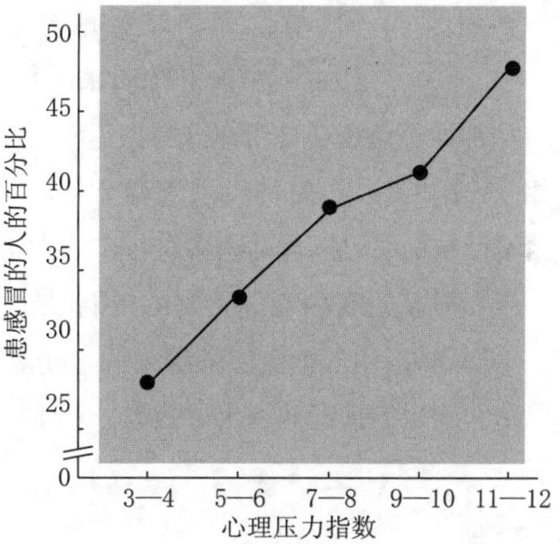


**图 17.12　感冒和心理压力**

图中显示了患感冒的志愿者的百分比，以此作为心理压力指数的函数。

资料来源：Cohen et al, 1991。

## 本节回顾

### 压力

**目标 17.1　比较 SAM 系统和 HPA 轴在协调压力反应方面的作用**

SAM 系统包括下丘脑和交感神经系统，激活肾上腺髓质，释放肾上腺素和去甲肾上腺素。这些激素有助于葡萄糖代谢和血压升高。HPA 轴包括下丘脑的激活，从而释放促肾上腺皮质激素释放激素(CRH)。CRH 激活垂体前叶释放促肾上腺皮质激素(ACTH)。ACTH 可使肾上腺释放糖皮质激素，促进糖代谢，刺激行为反应，增加血流量，并抑制性激素的分泌。总之，SAM 系统和 HPA 轴的激活有助于产生压力反应，使个人能够对压力源作出反应(通常是通过战斗或逃跑)。

**目标 17.2　描述慢性压力相关的负面健康结果**

虽然肾上腺素和去甲肾上腺素水平的升高会使血压升高，但对健康的危害大多来自糖皮质激素。长期暴露于高水平的这些激素下会导致高血压，损坏肌肉组织，导致不孕症，抑制生长，抑制炎症反应，并抑制免疫系统。这些影响促使增加溃疡、糖尿病、心脏病、中风的发生率，增加伤口愈合时间，以及抑制儿童的生长。

**目标 17.3　比较长期接触糖皮质激素和早期养育经验在大脑应对压力方面的影响**

长期接触糖皮质激素会损伤海马体，急性压力会损害海马功能。在产前或产后早期接触压力会影响大脑发育，包括海马功能受损和杏仁核增大。压力也降低了成年个体神经发生所产生的海马神经元的存活率。这些变化似乎使动物更容易对压力环境做出反应。在人类身上，慢性疼痛的压力会导致脑灰质的损失，特别是在前额叶皮层，伴随涉及前额叶皮层的行为缺陷。早期接触养育行为激活了鼠仔大脑的几个区域，包括杏仁核中央核和下丘脑室旁核，下丘脑是分泌 CRH 的神经元的位置。这种处理的结果是面对压力刺激时减少 CRH 的产生，这使激素压力反应终身衰减。

目标 17.4　总结免疫系统和神经系统在应对压力时的关系

精神神经免疫学是研究行为与免疫系统之间相互作用的领域，由神经系统调节。各种压力情境已被证明可以提高人们对传染病的承受力。压力损害免疫功能最重要的机制，是通过增加 HPA 轴产生的糖皮质激素水平。对骨髓、淋巴结和胸腺的神经输入也可能起一定作用。

## 思考题

作为大学辅导计划的一部分，你已经同意第一学期指导一年级学生。作为一名有经验的学生，你可能已经注意到，你和你的朋友更可能在这个学期的压力点上患病——当考试或项目争夺你的时间和注意力时。你知道，糖皮质激素的释放很可能会增加感染的风险。作为一名好导师，你想和你的学员分享这些信息，帮助他们避免生病。给你的学员写一封电子邮件，解释糖皮质激素如何使他们处于患病的危险之中。向你的学员提建议，帮助他们在大学的第一年避免或尽量减少免疫抑制的风险。

---

# 创伤后应激障碍

如伴随战争、暴力和自然灾害的悲剧性和创伤性事件，后果往往包括心理症状，这些症状会在压力事件结束后持续很久。根据 DSM-5，**创伤后应激障碍**（PTSD）包括“在接触一个或多个创伤性事件之后所发展出的特征性症状”（美国精神医学协会，2013，p.274）。如果创伤性事件涉及来自人的危险或暴力，如殴打、强奸或战时经历，则会增加患 PTSD 的可能性（Yehuda，Le Doux，2007）。虽然男性比女性更容易受创伤性事件的影响，但女性在接触此类事件后更有可能 PTSD。（Fullerton et al，2001）。

在美国，PTSD 的终生流行率为 8.7%（美国精神医学协会，2013；Kessler et al，2005）；然而，据报告，欧洲和大多数亚洲、非洲和拉丁美洲国家的患病率约为 0.5%—1%（Hinton，Lewis-Fernandez，2011）。PTSD 的发病和严重程度因文化而异，文化可能影响 PTSD 症状的表达（Hinton，Lewis-Fernandez，2011）。

## 症状

目标 17.5　列举 PTSD 的症状。

PTSD 的症状包括反复出现的梦或对创伤性事件的回忆、创伤性事件反复发生的感觉（“闪回”）和强烈的心理痛苦。这些梦、回忆或闪回可能会导致人们避免思考创伤性事件，这往往会致使人们对社会活动的兴趣减弱，感到与他人分离，情感压抑，以及感到未来暗淡和空虚。其他心理症状包括难以入睡，易激惹，愤怒爆发，难以集中注意力，以及对突然的噪声或运动的强烈反应。如描述所示，PTSD 患者的心理健康功能受损。他们的身体还往往较差（Zayfert et al，2002）。（见表 17.1）

## 遗传可能性

目标 17.6　描述遗传和环境因素对 PTSD 发展的影响。

PTSD 的风险取决于遗传和环境心理因素。Kolassa 等人（2010）研究了卢旺达种族灭绝的 424 名幸存者。他们发现患有 PTSD 的可能性随着所经历的创伤性事件数量的增

**表 17.1　PTSD 的症状**

| |
|---|
| 与产生悲痛的创伤性事件相关的反复出现的记忆、梦或闪回 |
| 避免与创伤性事件有关的刺激 |
| 与创伤性事件相关的情绪或想法的变化，比如与事件有关的记忆丧失、负面情绪增加（如恐惧、愤怒、内疚） |
| 与创伤性事件相关事件的生理反应（例如心率增加或呼吸急促） |
| 易激惹、高度警惕和更多的惊吓反应、愤怒、攻击性行为、自我毁灭行为、注意力集中问题和失眠 |

资料来源：American Psychiatric Association，2013。

加而增加。（见图 17.13）他们还发现，对产生的 COMT 具有特定等位基因的人，更有可能发展为 PTSD，COMT 即一种会破坏间质液中儿茶酚胺的酶。这个等位基因（Val158Met 多态性）与儿茶酚胺的破坏速度较慢有关，这支持了其他研究的结论，即这些神经递质与压力的有害影响有关。

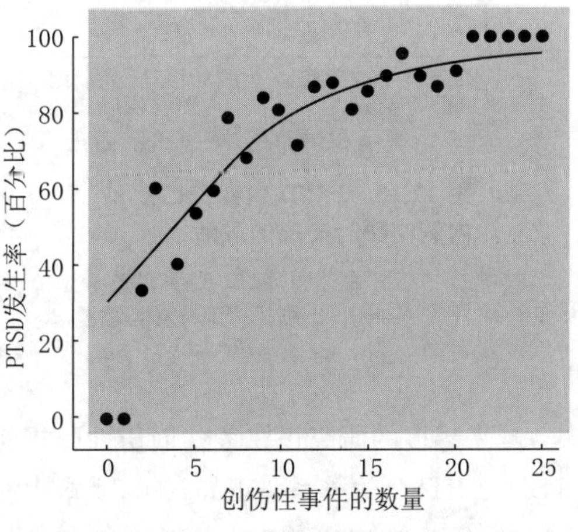


**图 17.13　PTSD 和创伤性事件的发生率**

图中显示了卢旺达种族灭绝幸存者中 PTSD 的发病率，这与他们所遭受的创伤性事件的数量有关。

资料来源：Kolassa et al，2010。

双胞胎研究表明，PTSD 与恐慌症、广泛性焦虑症和抑郁症有重合之处，至少在一定程度上是由共同的遗传因素造成的（Nugent et al，2008）。据推测，这些遗传因素使一些人对压力的影响更加敏感。双胞胎研究的证据表明，遗传因素使得一个人更易患上 PTSD。事实上，遗传因素不仅会影响遭遇创伤性事件后患上 PTSD 的可能性，还会影响该人遭遇此类事件的可能性（Stein et al，2002）。据推测，具有易怒基因倾向的人更可能受到攻击，而那些有冒险行为倾向的人更有可能在事故中陷入困境。一些研究已经确定特定基因可能是患上 PTSD 的危险因素。这些基因包括负责产生多巴胺 $D_2$ 受体、多巴胺转运蛋白和 5-羟色胺转运体的基因（Nugent et al，2008）。

## 大脑变化

目标 17.7　描述 PTSD 相关的大脑变化。

正如我们在上一节中所看到的，实验室动物的研究表明，长期暴露于压力下会导致大脑异常，特别是在海马体和杏仁核。至少有两项 MRI 研究发现，有战争相关 PTSD 的退伍军人海马体损伤的证据（Bremner et al，1995；Gurvits et al，1996）。在 Gurvits 等人的研究中，海马结构的体积减少 20% 以上，损失与老兵所经历的战争暴露量成正比。Lindoler 等人（2005）发现，患有 PTSD 的警察海马体比那些也曾遭受创伤但没有患病的警官要小。

Gilbertson 等人（2002）有一项耐人寻味的研究表明：PTSD 患者海马体体积的减少至少部分是在压力前发生的。换句话说，海马体较小可能是 PTSD 的易感因素。Gilbertson 等人研究了 40 对同卵双胞胎，其中只有一名在越南战争中经历过战斗。在经历战斗的人中，几乎有一半患上了 PTSD。正如预期，这些男性的海马体体积比那些战后没有患上 PTSD 的男性要小。此外，较小的海马体与更严重的 PTSD 有关。有趣的是，PTSD 患者待在家中的双胞胎兄弟的海马体体积也比平均水平要小。考虑到同卵双生子在基因上是相同的，而且大脑通常非常相似，这一发现表明，海马体较小的人在遭受心理创伤后更可能患上 PTSD。（见图 17.14）

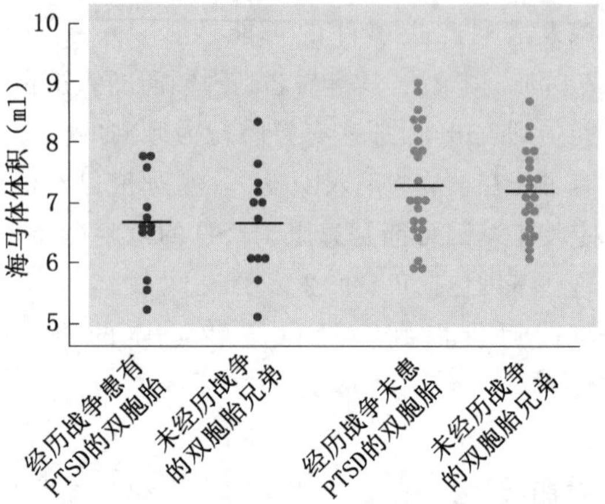


**图 17.14　同卵双胞胎的海马体体积**

图中显示，未接触战争的双胞胎之一的海马体大小与其双胞胎兄弟的大小相似，而不管他们是否患有 PTSD。这些结果表明，海马体的大小是在战争之前由遗传决定。

资料来源：Gilbertson et al，2002。

海马体在一个人患 PTSD 的易感性中可能扮演什么角色？一种可能是海马体涉及对创伤性事件发生的背景的认知。海马体有助于区分安全环境和危险环境（Yehuda，Le Doux，2007）。假设一个人被另一个人袭击了。其他人稍微类似于攻击者，或情境与攻击情境轻度相似，都可能激活杏仁核，并引发情感反应。然而，正常功能的海马体可以检测到当前环境与攻击相关的环境的差异，并抑制杏仁核的活动。

你在前几段中读到：大多数接触到潜在创伤性事件的人都能抑制自己的情绪反应。是什么大脑机制抑制了情绪反应并使人能够恢复？正如我们在第 11 章和第 16 章中所看到的，前额叶皮层可以对杏仁核产生抑制作用，并抑制情绪反应。例如，内侧前额叶皮层在条件性情绪反应的消失中起着至关重要的作用。事实上，Milad 等人（2004）发现，表现出条件性情绪反应迅速消失的人的内侧前额叶皮质更厚。正如我们之前所看到的，van Harmelen 等人（2010）发现，在儿童时期遭受情感虐待的成人，前额叶腹内侧皮层的体积有所减少。

某些研究发现，杏仁核负责 PTSD 患者的情绪反应，而前额叶皮层通过抑制杏仁核的活动而对非 PTSD 患者发挥作用（Rauch et al，2006）。例如，Shin 等人（2005）的一项功能成像研究发现，当显示恐惧面部表情的照片时，PTSD 患者比非患者表现出更多的杏仁核激活和更少的前额叶皮层激活。事实上，PTSD 患者的症状与杏仁核的激活呈正相关，与内侧前额叶皮层的激活呈负相关。（见图 17.15）

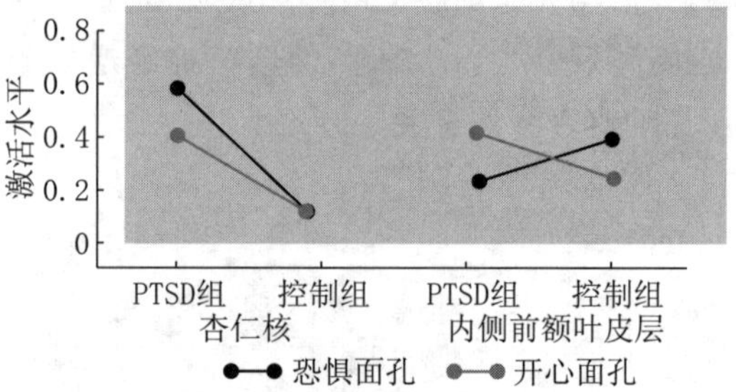


**图 17.15　PTSD 患者杏仁核和内侧前额叶皮层的激活**

图中显示控制组和 PTSD 患者组的杏仁核和内侧前额叶皮层对开心或恐惧面孔的反应。

资料来源：Shin et al，2005。

越来越多的研究正在考察创伤性脑损伤（TBI）与 PTSD 的关系。正如在第 15 章中所描述的，TBI 被定义为“对头部的打击或颠簸，它破坏了大脑的功能，导致意识的短暂丧失或交替”（也称为脑震荡；Simmons，Matthews，2012，p.599）。受过战争、机动车辆事故或运动伤害的人可能会有持续性 TBI，这可能导致轴突损伤，并引发神经精神症状。PTSD 和 TBI 在许多人身上共同发生，尤其是那些参与战争的人。PTSD 和 TBI 有几个共同特征，如焦虑和较高的警惕性（Kaplan et al，2010）。边缘皮层的重叠脑区和脑源性神经营养因子（BDNF）的变化可能与 TBI 和 PTSD 有关（Kaplan et al，2010；Simmons，Matthews，2012）。

## 治疗

目标 17.8　总结 PTSD 的治疗方法。

许多人在面对创伤时表现出适应性。尽管许多人在一生中都面临潜在的创伤性事件，但大多数人很快恢复，并没有患上 PTSD（Kessler et al，1995）。例如，Rothbaum 和 Davis（2003）报告说，在被强奸两周后，92％的研究对象出现了符合 PTSD 诊断标准的症状。然而，在 30 天内，大多数受害者的症状已经消退。PTSD 最常见的治疗方法是认知行为疗法、团体疗法和抗抑郁药。Boggio 等人（2010）报告了经颅磁刺激（TMS）对 30 例 PTSD 患者背外侧前额叶皮层的临床试验结果。他们发现，10 个疗程的刺激左或右背外侧前额叶皮层（dlPFC）显著减少了 PTSD 症状，3 个月后仍能看到有益的效果。（见图 17.16）SSRIs 治疗使 PTSD 患者症状减少，认知功能改善，海马体体积增加（Bossini et al，2007；Vermetten et al，2003）。此外，心理治疗 PTSD 与降低杏仁核活动和提高前额叶皮层、背侧前扣带回皮层和海马体的活动有关（Thomaes et al，2014）。

创伤性事件后的一些治疗策略集中于预防 PTSD。在最近的一篇关于预防性药物治疗的综述中，Searcy 等人（2012）描述了一些研究，其中包括在经历创伤后立即给患者注射皮质醇，目的是向 HPA 轴提供额外的消极反馈，以减少其活动。这种违反直觉的策略似乎是有效的，而且接受皮质醇的患者比接受安慰剂的患者更不可能达到 PTSD 的诊断标准。在同一次审查中，Searcy 等人（2012）还报告了阻断儿茶酚胺压力激素（肾上腺素或去甲肾上腺素）和在创伤性事件发生后立即使用药物增强 GABA 能活动的效果。虽然目前结果仅限于少数几项研究，但似乎在创伤性事件发生后立即使用药物来操纵压力反应可能是 PTSD 有前景的治疗方法（Searcy et al，2012）。

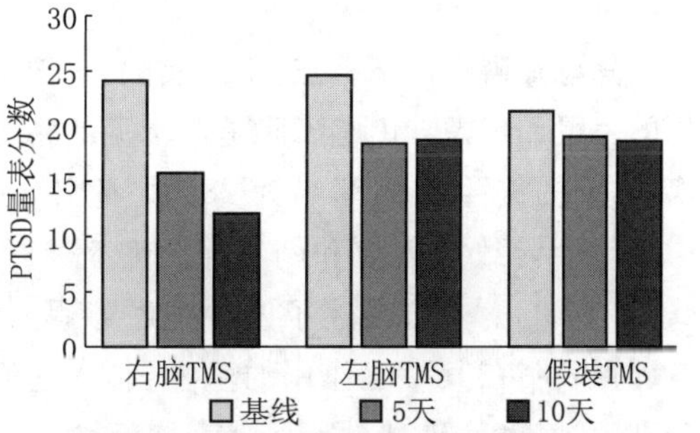


**图 17.16　经颅磁刺激和 PTSD**

图中显示背外侧前额叶皮层的经颅磁刺激（TMS）对 PTSD 症状的影响。

资料来源：Boggio et al，2010。

# 本节回顾

## 创伤后应激障碍

目标 17.5　列举 PTSD 的症状。

创伤后应激障碍（PTSD）的症状包括反复梦见或对事件的回忆；创伤性事件反复发生的感觉（“闪回”）；强烈的心理困扰，如难以入睡、易激惹、愤怒爆发，难以集中注意力，以及对突然的噪声或运动的强烈反应。

目标 17.6　描述遗传和环境因素对 PTSD 发展的影响。

PTSD 的风险取决于遗传和环境因素。环境因素可以包括所经历的创伤性事件的数量，来自其他人的危险或暴力，如袭击、强奸或战时经历。遗传因素可能与 $D_2$ 受体、多巴胺转运蛋白和5-羟色胺转运体基因的差异有关。海马体体积减少是PTSD发生的易感因素。

目标17.7　描述PTSD相关的脑部变化。

海马体的体积减少和损害与PTSD有关。在严重压力下抵抗患上PTSD的人的前额叶皮层似乎抑制了杏仁核。PTSD患者的前额叶皮层似乎处于低活动状态。创伤性脑损伤(TBI)和PTSD是共同发生的,可能涉及脑部变化的重合。

目标17.8　总结PTSD的治疗方法。

对PTSD的治疗包括心理疗法和抗抑郁药。经颅磁刺激背外侧前额叶皮层似乎可以减轻PTSD的症状。目前正在研究防止创伤后患上PTSD的干预方法。

## 思考题

作为一名社区心理健康组织的实习生,你的督导要求你帮助设计创伤后应激障碍(PTSD)的教材。督导告诉你,一些社区成员不相信PTSD有生物学基础。出于这种观念,许多人不寻求治疗。给你的督导写一封电子邮件,描述你要设计的宣传材料,解释与PTSD相关的脑部变化。也在你的电子邮件中陈述治疗如何使大脑产生变化。

---

# 焦虑障碍

**焦虑障碍**有以下特点:不现实的、毫无根据的恐惧和焦虑。焦虑障碍是最常见的精神疾病,它的终生患病率约为28%。此外,焦虑障碍会导致抑郁症和药物滥用障碍(Tye et al, 2011)。本节描述了四种焦虑障碍,并有证据表明在其中起作用的生物因素,它们分别为:惊恐障碍、广场恐怖症、广泛性焦虑障碍和社交焦虑障碍。虽然传统上将强迫症归为焦虑障碍,但它与其他焦虑障碍有不同的症状,且涉及不同的脑部区域,因此将在下节单独讨论。

## 症状

目标17.9　列举焦虑障碍的症状。

**惊恐障碍**患者会有间歇性的急性焦虑发作——一段强烈且持续的恐惧,将持续几秒到几个小时不等。在美国,该疾病在成人中的患病率约为3%—5%(Schumach et al, 2011);然而,在亚非和拉丁美洲等国家,发病率较低(约0.1%—0.8%;Lewis-Fernández et al, 2010)。文化差异和期望与惊恐障碍经历有关(美国精神医学协会,2013)。女性患惊恐障碍的可能性约是男性的2倍,这种差异出现在青春期早期(美国精神医学协会,2013)。某些研究将COMT基因的差异与女性的惊恐障碍联系起来;然而也可能涉及许多因素(Domschke et al, 2007)。

惊恐发作包括许多身体症状,如呼吸急促、汗湿、心跳不规律、头晕目眩及不真实感。惊恐发作患者常常感觉自己快要死了,并在医院急诊室寻求帮助。在惊恐发作期间,许多患者都会有**预期焦虑**——担心会有另一次惊恐发作。

预期焦虑是另一种焦虑障碍:广场恐怖症(agoraphobia, agora意为"开阔空间")的症状。广场恐怖症的症状包括对离家、处于开阔空间或封闭空间、排队或处于人群中的强烈恐惧或焦虑。广场恐怖症患者可能会回避这些情形,并对这些情形感到恐惧或焦虑,而这些情形与其所致的实际威胁或危险相比是不相称的。广场恐怖症可能会严重致残;某些患者已经在家里待了好几年,不敢在外面冒险,因为他们可能会在公共场合出现惊恐发作。

**广泛性焦虑障碍**的主要特点是过度焦虑和忧虑，由于患者很难控制这些症状，临床上会出现明显痛苦，扰乱患者的生活。广泛性焦虑障碍的患病率约为 3%，女性的发病率约为男性的 2 倍。比起非欧洲血统或发展中国家的人，有欧洲血统及来自发达国家的人更容易患上广泛性焦虑障碍（Lewis-Fernández et al, 2010）。

**社交焦虑障碍**（又称社交恐惧症）是一种因害怕暴露于他人监督之下而产生的持续的、过度的恐惧，从而回避需要现身的社交场合（例如在公共场合发言或表演）的障碍。如果情形不可避免，患者会经历强烈的焦虑和痛苦。社交焦虑障碍在男性和女性中的患病率几乎相等，约为 5%。在美国，比起亚裔、拉丁裔、非裔美国人和非裔加勒比后裔，非西班牙裔白种人有更高的比率患上社交焦虑障碍（Lewis-Fernández et al, 2010）。社交焦虑障碍的经历因文化而异。在日本和韩国，个人可能会有对人恐怖症（taijin kyofusho）或焦虑，因此他会使别人感到不舒服。研究表明，使用某些药物提高血清素系统活性，可以有效治疗对人恐怖症及社交焦虑障碍的症状，这表明这些病症有共同的神经基础（Stein, 2009）。（见表 17.2）

**表 17.2 焦虑障碍的症状**

| 惊恐障碍 | 广场恐怖症 | 广泛性焦虑障碍 | 社交焦虑障碍 |
|---|---|---|---|
| 惊恐发作，包括生理症状、强烈不适和强烈恐惧，并在几分钟内迅速发作 | 情境诱发的恐惧或焦虑，如身处人群或难以逃离的地方，或置身于危险及独自一人的地方 | 在许多不同情境和环境中过度焦虑和担忧 | 在有他人评估的情境中感到恐惧和焦虑 |
| 持续担心惊恐发作发生 | 对情境的恐惧与实际情况不相称 | 担心其难以控制 | 避免社交情境 |
| 行为上的改变，如回避发生过惊恐发作的地方 | 回避引起恐惧或焦虑的情境 | 焦虑不安、疲劳、记忆力或注意力问题、紧张和失眠 | 在无法避免的社交场合中感到强烈恐惧 |

资料来源：American Psychiatric Association, 2013。

## 遗传可能性

目标 17.10 描述遗传与环境因素对焦虑障碍发展的作用。

家庭研究和双胞胎研究表明，惊恐发作、广泛性焦虑和社交焦虑都有遗传成分（Hettema et al., 2001; Merikangas and Low, 2005）。基因研究表明，编码 BDNF 蛋白产生的基因变异可能对焦虑障碍起作用。BDNF 在发育过程中调节神经元的存活和分化，在长期强化和记忆中发挥作用，并与焦虑和抑郁有关（Yu et al., 2009）。BDNF 基因的一种特定等位基因（Val66Met）会损害人类和小鼠的条件性恐惧记忆的消除。结果使额叶皮层—杏仁核神经回路异常活跃。该等位基因不能正常发生于小鼠体内，但可以插入其基因组中。Soliman 等人（2010）发现，等位基因 Val66Met 的存在会改变 vmPFC 的神经回路，损害人类和小鼠的条件性恐惧记忆的消除。因此，该等位基因的存在降低了 vmPFC 在消除期间的活性。

在患有惊恐发作史的人群中，惊恐障碍可被各种激活自主神经系统的疗法诱发，如通过注射乳酸（肌肉活动的副产品），育亨宾

(yohimbine，$\alpha_2$ 肾上腺素能受体拮抗剂)，或多沙普仑(doxapram，一种麻醉医师用来增加呼吸频率的药物)，或通过呼吸二氧化碳量升高的空气(Stein and Uhde，1995)。乳酸和二氧化碳都会增加心率以及呼吸频率，正如运动带来的效果；育亨宾对神经系统具有药理效果。

## 大脑变化

目标 17.11　描述与焦虑障碍相关的大脑变化。

脑功能成像研究表明杏仁核、扣带、前额叶和岛叶皮层与焦虑障碍有关。Fischer 等人(1998)目睹了一名志愿者在局部大脑血流被 PET 扫描仪测量时意外发生惊恐发作。他们观察到右侧眶额叶皮层和前扣带回皮层活动减少。Pfleiderer 等人(2007)还观察了一名接受 fMRI 扫描的志愿者的惊恐发作，并发现杏仁核活动增加。Phan 等人(2005)发现当伴有社交障碍的人看到生气、厌恶、恐惧的情绪面部图片时，杏仁核活动增加。总之，杏仁核的激活与患者症状的严重程度呈正相关。Monk 等人(2008)发现伴有广泛性焦虑障碍的青少年看到生气的面部表情时，杏仁核的活动增加且腹侧前额叶皮层区(vmPFC)活动减少。他们也有证据表明健康对照组的 vmPFC 抑制了杏仁核活动，而焦虑障碍组没有。(正如你可从第 11 章中回忆到的那样，vmPFC 在消除和抑制恐惧和焦虑方面起着关键作用。)Stein 等人(2007)发现，焦虑程度高的大学生(但没有诊断出其患有焦虑症)杏仁核和岛叶皮层的激活增加，而这两者都与焦虑水平呈正相关。

Tye 等人(2011)发现，对杏仁核基底外侧核神经元末梢的光遗传学刺激导致小鼠焦虑行为的立即终止，杏仁核神经元与中央核神经元形成突触。相反，对相同末梢的光抑制会导致焦虑行为。借助在第 5 章中描述的光遗传学方法，有希望发现与焦虑的发展和控制有关的神经回路。

## 治疗

目标 17.12　总结焦虑障碍的治疗方法。

有时焦虑障碍用苯二氮䓬类药物来治疗。如上所述，杏仁核活动的增加是焦虑障碍的一个常见特征，杏仁核含有高浓度的 $GABA_A$ 受体，这是苯二氮䓬类药物的靶点。(参见图 17.17)Paulus 等人(2005)发现使用苯二氮䓬类药物(氯拉西泮)可以减少观看表情的志愿者的杏仁核和脑岛的激活。氟马西尼(flumazenil)是一种苯二氮䓬类拮抗剂(与苯二氮䓬类药物的作用相反)，它能引起恐慌症患者的恐慌，但无法控制(Nutt et al.，1990)。

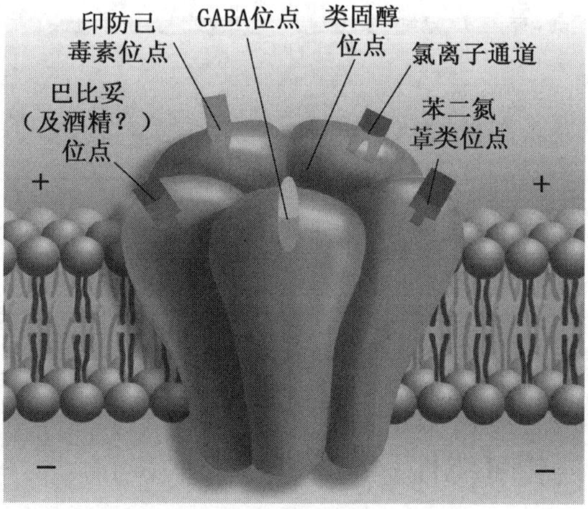


**图 17.17　苯二氮䓬类药物与 $GABA_A$ 受体结合**

苯二氮䓬类药物经常被用于紧急治疗焦虑障碍，因为这些药物能够快速产生治疗效果。但它们不适用于长期治疗。它们会使人镇静，同时引起耐受性和戒断症状，并且有滥用的可能。基于这些原因，研究人员正在寻找其他药物来治疗焦虑障碍。苯二氮䓬类药物通过与特定结合位点的 $GABA_A$ 受体相互作用发挥作用(Sigel and Buhr，1997)。激活这个受体上已知的结合位点的化学物质，神经类固醇结合位点，增强 $GABA_A$ 受体的活性。在焦虑发作的过程中，神经类固醇的合成，以及由此产生的 $GABA_A$ 受体的活性被抑制。近期开发的一种药物 XBD173 能促进神经类固醇的合成，从而增加 $GABA_A$ 受体的活性。对人类患者的测试表明，这种药物可以减少恐慌，在 7 天的治疗后不会产生镇静或戒断症状(Nothdurfte et al.，2011)。因此，这种药物有希望成为治疗焦虑障碍的候选药物。

如第 16 章所言，血清素可能对抑郁症具有一定作用。很多证据也表明血清素对焦虑障碍有一定作用。尽管本节讨论的焦虑障碍与强迫症(下一节将对此进行描述)的症状非常不同，但特异性血清素再摄取抑制剂(SSRIs)；作为有效的血清素激动剂的氟西汀(fluoxetine)已经成为治疗这些疾病的第一线药物——最好与认知行为疗法相结合(Asniset al，2001；Ressler and Mayberg，2007)。图 17.18 显示了氟伏沙明(fluvoxamine，一种 SSRI 类药物)对患者惊恐发作次数的影响(参见图 17.18)。

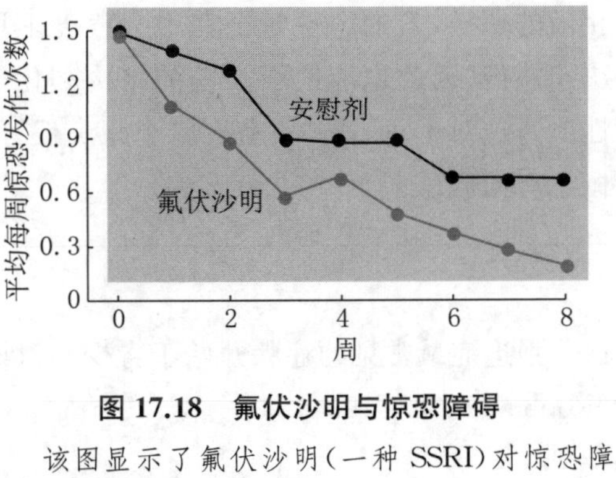


**图 17.18　氟伏沙明与惊恐障碍**

该图显示了氟伏沙明(一种 SSRI)对惊恐障碍严重程度的影响。

资料来源：Asnis et al.，2011。

在第 16 章也可以看到，连接到甘氨酸结合位点的 NMDA 受体的间接激动剂已经被成功地用于治疗精神分裂症，初步研究表明，焦虑障碍也是如此。一些研究已经成功地将 D-环丝氨酸(DCS)与认知行为疗法联合用于治疗焦虑障碍患者。例如，研究表明 DCS 有助于治疗社交焦虑障碍和惊恐发作(参见图 17.19)。

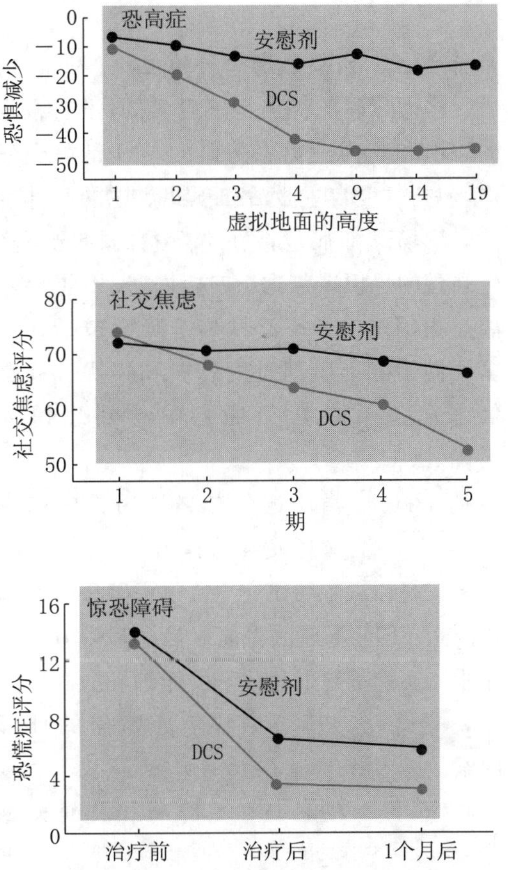


**图 17.19　D-环丝氨酸和焦虑障碍**

图中显示了 D-环丝氨酸(DCS)和安慰剂结合认知行为治疗对恐高症、社交恐惧症和惊恐障碍症状的影响。

在焦虑障碍的治疗中，认知行为疗法经常采用使病人对他们所恐惧的物体或情况脱敏的程序。例如，Ressler 等人(2004)使用计算机程序将患者置于虚拟的玻璃电梯中，逐渐将他们从地面起升得越来越高。这一过程旨在通过消除条件情绪反应而起作用。事实上，Walker 等人(2002)的一项研究发现注射 D-环丝氨酸促进了大鼠条件情绪反应的消失。这种药物对条件情绪反应的表现没有任何影响，除非它与消除训练一起使用。注射这种药本身没有效果。推测 D-环丝氨酸通过增强认知行为治疗消除恐惧反应的能力来发挥其治疗作用。

## 本节回顾

目标 17.9　列举焦虑障碍的症状。

焦虑障碍的特点是不现实的，没有根据的恐惧和焦虑。惊恐障碍的特征是惊恐发作，包括过度自主激活和预期焦虑的身体症状。广场恐怖症包括在不熟悉的情况下产生强烈的恐惧或焦虑，在这种情况下想要逃离是很困难的。广泛性焦虑障碍包括在许多不同情况下感到过度恐惧和担忧。社交焦虑症包括在社交场合中感到恐惧和担忧。

目标 17.10　描述遗传与环境因素对焦虑障碍发展的作用。

家庭和双胞胎研究支持焦虑障碍含有遗传因素。BDNF 基因可能对焦虑障碍有一定作用。实验室对引起惊恐发作的乳酸和二氧化碳的研究支持了导致焦虑障碍的环境因素。

目标 17.11　描述与焦虑障碍相关的大脑变化。

功能成像和光遗传学研究表明，杏仁核活动增加而前额皮层活动减少与焦虑障碍有关。其他研究表明，扣带和岛叶皮层也包括在内。

目标 17.12　总结焦虑障碍的治疗方法。

苯二氮䓬类药物、SSRIs、认知行为疗法、脱敏程序和 D-环丝氨酸可用于治疗焦虑障碍。

## 思考题

大多数有理性的人都会同意，一个患有精神障碍的人不会因为自己的思想和行为受到责备。例如，我们大多数人都会同情那些被惊恐发作打乱了生活的人，我们不会认为他们的困境是意志力的失败。毕竟，不管这些疾病是由创伤经历还是大脑异常（或两者兼有）引起的，受折磨的人对这些症状无从选择。但是，那些不那么引人注目的例子呢：我们是否应该责备人们的羞怯、敌意或其他不适应的性格特征？如果，正如许多心理学家相信的那样，人的个性特征在很大程度上取决于遗传（因此也取决于大脑的结构和化学性质），这对于我们的“责备”和“个人责任”的概念有何启示？

# 强迫症

顾名思义，患有**强迫症**（OCD）的人会受**强迫思维**执着、非自愿的想法、想象或者无法改变的冲动，并且伴有**强迫行为**自己无法阻止的行为。在美国和国际上，强迫症的发病率都是 1%—2%。女性比男性更容易被确诊。强迫症最常见的症状开始于青少年时期（Robbins et al., 1984）。

## 症状

目标 17.13　列举 OCD 的症状。

强迫思维包括对身体分泌物、污垢、细菌及其他相似物的关注与厌恶；对某些不良事件发生的恐惧；或是对对称性、规则或精确度的要求。大多数强迫症可分为四类：计数、检验、清洁和逃避。例如，人们可能重复检查炉子是否关好，门窗是否锁好。有些人即使双手满是痛疮，仍会每日多次清洗自己的衣服。另一些人则会细致地打扫房间或不停地洗涤、烘干、叠衣服。一些人由于害怕室外污染而拒绝外出，并且拒绝接触其他家庭成员。如果他们不小心被"污染"，通常需要进行漫长的净化仪式。

强迫症可以在包括精神分裂症在内的各种精神疾病中被观察到。然而，与精神分裂症患者不同，强迫症患者认识到他们的思想和行为是不合理的。强迫思维往往变得越来越苛刻，直至影响到人们的职业和日常生活。虽然强迫症通常与其他焦虑症有关，但是现在人们认为强迫症更接近于以功能失调思想和重复行为为特征的其他疾病，如囤积症或拔毛症（美国精神医学协会，2013）。（见表 17.3）

**表 17.3 强迫症状**

| 强迫障碍 |
| --- |
| 强迫思维：反复出现的和不想要的担忧、想法或冲动，可能导致焦虑或痛苦，人们可能会试图忽略或抑制这些强迫思维，通常是通过强迫行为。 |
| 强迫行为：对强迫思维的重复行为；强迫行为可以防止或减少与强迫有关的焦虑或痛苦 |
| 强迫思维和强迫行为剥夺了人们从事其他活动的时间，降低了个人的生活质量。 |

一些研究者认为强迫症中出现的强迫行为是一种物种特有的行为，例如，梳理、清洁，以及注意潜在危险的来源，这些是由于大脑功能紊乱而从正常的控制机制中释放出来的（Rapoport and Wise，1988）。Fiske 和 Haslam（1997）认为 OCD 的行为只是典型的人类行为发展和实践社会仪式的病理例子。例如，人们举行文化仪式来标志社会地位的转变或变化，诊断或治疗疾病，恢复与神的关系或确保狩猎或种植的成功。考虑以下场景（Fiske and Haslam，1997）：

想象你在一个陌生的国家旅行。出去散步时，你看到一个穿着红色衣服的男人，站在红漆门口的红垫子上……同样的祷告他说了 6 次。他拿出 6 盆水，小心翼翼地在门前对称地排列。然后他在 6 个盆里洗了 6 次手，每次动作都完全相同。当他这样做的时候，他重复着同样的话，偶尔用右手的手指轻敲耳垂。通过你的翻译，你问他在做什么。他回答说，地下有危险的污染物质……他必须净化自己，否则可怕的事情就会发生。他似乎很想告诉你他的担忧。（P.211）

为什么男人会这样做？他是遵循宗教仪式的牧师，还是患有强迫症？如果不更多地了解男性文化所遵循的仪式，我们就不能断言。Fiske 和 Haslam 对比了 52 种文化中被描述为仪式、工作或其他活动的强迫症和其他心理障碍的特征。他们报告说强迫症的特征在这些文化中的仪式中被发现。其他心理障碍的特征就不那么常见了。总的来说，有证据表明强迫症的症状是典型人类行为的夸张表现。

Zhong 和 Liljenquist（2006）发现，美国西北大学的学生在明显不知情的情况下，认为清洁仪式可以"洗去他们的罪恶"。研究人员让被试详细回忆他们过去做过的道德或不道德的事情。然后，他们被要求用字母填写空格，以完成一些单词片段。有些词片段可以通过不同填写变成与净化相关或不相关的词。例如：W—H，SH—ER，S—P 可以拼成"wash"（洗）、"shower"（洗澡）、"soap"（肥皂）或者"wish"（希望）、"shaker"（调酒器）、"step"（步）。描述过不良行为的被试更容易想到与清洁相关的词汇。当提供免费的礼物——铅笔或消毒纸巾——时，描述不当行为的被试更有可能选择消毒纸巾。

## 遗传可能性

目标 17.14 描述遗传和环境因素对 OCD 发展的作用。

有证据表明,遗传因素在强迫症的发展中至少起着一定的作用。几项研究发现,同卵双胞胎的强迫思维和强迫行为比异卵双胞胎更容易发生(Hettema et al., 2001)。家庭研究发现强迫症与儿童时期出现的神经紊乱有关(Pauls and Leckman, 1986; Paulset al., 1986)。**抽动秽语综合征**(Tourette's syndrome),其特征是肌肉和声音抽搐:面部表情、蹲坐、踱步、旋转、吠叫、嗅探、咳嗽、咕哝或重复特定的词语(尤其是粗俗的词语)。Leonard 等人(1992a, 1992b)发现许多强迫症患者有抽搐症状,许多抽动秽语综合征患者表现出强迫思维和强迫行为。Grados 等人(2001)发现OCD 和抽动障碍(包括抽动秽语综合征在内的一大类)之间的家族关联。两组研究人员都认为这两种疾病是由相同的潜在基因型引起的。目前还不清楚,为什么一些具有这种基因型的人会患上抽动秽语综合征,而另一些人会患上强迫症。

和精神分裂症一样,不是所有的强迫症病例都有遗传来源;这种紊乱有时发生在大脑损伤后,由于出生创伤、脑炎和头部创伤等(Berthier et al., 1996; Hollander et al., 1990);特别是当症状与基底神经节、扣带回和前额皮层的损伤或功能障碍有关时(Giedd et al., 1995; Robinson et al., 1995)。

抽动障碍(包含 OCD)可以由一组 β-溶血性链球菌感染引起(Kawikova et al., 2010; Perlmutter et al., 1998)。这种感染会引发多种自身免疫性疾病,患者的免疫系统会攻击并损害身体的某些组织,包括心脏、肾脏和大脑某些部位。

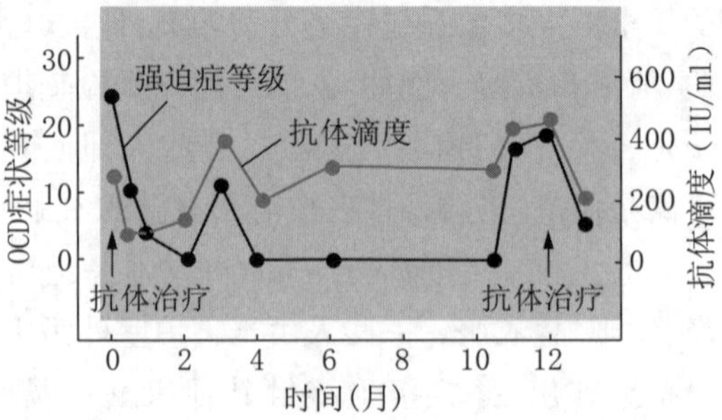


**图 17.20 强迫症和链球菌溶血性感染**

图中显示了儿童症状与血液中抗链球菌DNA-B 水平具有平行关系,从而表明其存在活动性感染。

基底节区受损可能引起强迫症状。Boder 等人(2001)报道了一个 25 岁男子的案例,他未经治疗的喉咙痛发展成一种自身免疫性疾病,产生了强迫思维和强迫行为。调查人员发现典型 β-溶血性链球菌抗体,且核磁共振扫描显示基底神经节异常。Giedd 等人(2000)对 34 名患有链球菌相关的抽动障碍或强迫症的儿童进行了核磁共振研究,他们发现基底节区的尺寸增加,是由于该区域的自身免疫炎症。

## 大脑变化

目标 17.15 描述与 OCD 相关的大脑变化。

几项功能成像研究发现有证据证明OCD 患者额叶(frontal lobes)和尾状核活动增加。Whiteside 等人(2004)的一项综述发现,脑功能成像研究一致发现尾状核和眶额叶皮层活动增加。Guehl 等人(2008)将微电极插入三个 OCD 患者的尾状核,这些患者正在接受神经外科的评估。他们发现,其中两名患者报告显示在手术过程中出现了强迫思维,同时显示尾状核神经元活动增加。第三个病人没有出现强迫思维,且显示出较低的神经活动率。

Saxena 等人(1998)的一篇综述描述了一

些研究，这些研究测量了强迫症患者在药物或认知行为治疗成功前后的大脑区域活动。一般来说，患者症状的改善与尾状核和眶额皮层活动的减少有关。认知行为疗法和药物疗法产生相似的结果这一事实尤其引人注目：它表明非常不同的程序可能会带来生理变化，从而减轻严重的精神障碍。

## 治疗

*目标 17.16　总结 OCD 的治疗方法。*

治疗强迫症的常用药物有三种：克罗米帕明（clomipramine）、氟西汀（fluoxetine）和氟伏沙明（fluvoxamine）。这些有效的抗强迫症药物是 5-HT 再摄取特异性阻滞剂；因此，它们是 5-羟色胺受体激动剂。一般来说，血清素（即 5-羟色胺）对物种典型行为有抑制作用。因此，研究人员推测，这些药物通过减少先天倾向的强度来减轻强迫症的症状，包括计数、检查、清洁和回避行为，而这些行为可能是这种疾病的基础。包括眶额皮层和基底神经节在内的与强迫症有关的大脑区域，能够接受血清素能末梢的输入。

5-羟色胺能活性在抑制强迫行为中的重要性通过三种有趣的强迫行为来强调：拔毛癖（trichotillomania）、咬指甲癖（onychophagia）和肢端舔舐性皮炎（acral lick dermatitis）。拔毛癖是强迫性的。患有这种疾病的人（几乎都是女性）经常每晚花几个小时把头发一根接一根地拔出来，有时还会吃掉它们（Rapoport，1991）。咬指甲癖是一种强迫性的咬指甲行为，在极端情况下会对手指末端造成严重伤害。（对于那些足够敏捷的人来说，咬脚指甲并不少见。）双盲研究表明，这两种疾病都可以由氯丙咪嗪（clomipramine）成功得到治疗，是治疗强迫症的首选药物（Leonard et al.，1992a）。

肢端舔舐性皮炎是一种源自狗的疾病，不是人类的。有些狗会不断地舔他们身体的一部分，特别是前腿或后腿关节（称为腕关节和肘关节）。舔掉毛发，经常也会侵蚀掉皮肤。这种紊乱可能是遗传的；它基本只在大丹犬、拉布拉多寻回犬和德国牧羊犬等大型品种中出现，且是家族性的。一项双盲研究发现氯丙咪嗪可以减少这种强迫行为（Rapoport et al.，1992）。

我们在前面的小节中看到 NMDA 受体激动剂、D-环丝氨酸似乎对治疗各种焦虑症有用。这种药物似乎也有助于治疗强迫症状。Wilhelm 等人（2008）的一项双盲研究发现，与接受安慰剂疗法的患者相比，接受 D-环丝氨酸治疗的患者在接受认知行为治疗后，其强迫症症状明显减轻，并在疗程结束后仍维持该效果。由此可知，该药物促进了不适应思维和行为的消失，正如它促进焦虑障碍患者的条件情绪反应的消退一样（见图 17.21）。

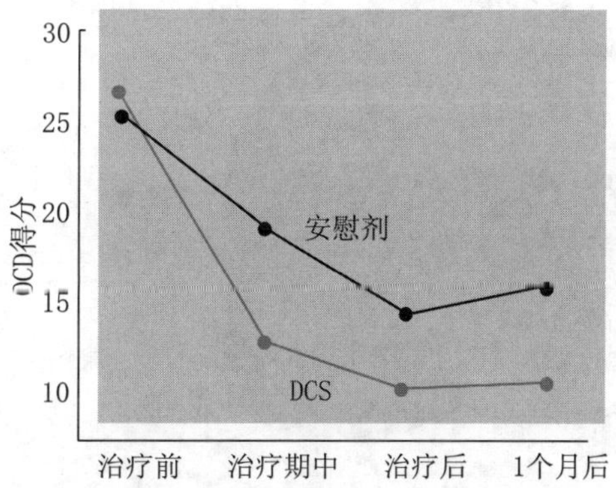


**图 17.21　D-环丝氨酸和强迫症**

图中显示了 D-环丝氨酸和安慰剂结合认知行为治疗对强迫症状的影响。

资料来源：Wilhelm et al.，2008。

部分重度 OCD 患者已成功应用神经外科技术——扣带回切开术——破坏额叶皮层下特定纤维束进行治疗，包括扣带回（连接前额叶和有扣带皮层的颞叶边缘皮层）以及含有连接基底神经节和前额皮层的纤维区域（Ballantine et al.，1987；Mindus et al.，1994）。该技术已有较高的成功率（Dougherty et al.，2002)。

另一个较为成功的手术——囊切开术——破坏连接尾状核和内侧前额皮层的纤维束(内囊)的区域(Rück et al.，2008)。大脑损伤是无法消除的，所以这种手术只能作为最后的手段。正如 Rück 等人的报告，有些病人在手术后会有不良的副作用，例如计划编制问题、对事物无兴趣或难以抑制社交不当行为。

从第 15 章可知，深部脑刺激(DBS)已经被发现治疗帕金森病有用。因为强迫症，像帕金森病一样，可能涉及基底神经节的异常，部分临床已经尝试使用针对基底神经节或与之相关的纤维束的 DBS 来治疗这种疾病。这种治疗方式可能可以减少一些患者的 OCD 症状(Abelson et al.，2005；Larson，2008)。Le Jeune 等人(2010)发现针对丘脑下核的深部脑刺激可以减轻强迫症状，丘脑下核在皮层—基底神经节回路中起着不可或缺的作用。内囊破坏术是更现代化的精神外科手术之一。Goodman 等人(2010)发现针对内囊的深部脑刺激减轻了 4/6 的严重 OCD 患者的症状。不同于其他破坏脑组织的神经外科手术，DBS 的一个显著好处为：可逆性——如果刺激产生良好效果，电极可以被去除。

从第 8—14 章知，基底神经节的主要部分，尾状核和壳核接收来自大脑皮层的信息。当这一信息被基底神经节处理时，通过两条通路进入丘脑，然后被送回皮层。直接通路是兴奋性的，间接通路是抑制性的(见图 17.22)。Saxena 等人(1998)提出 OCD 症状可能是由

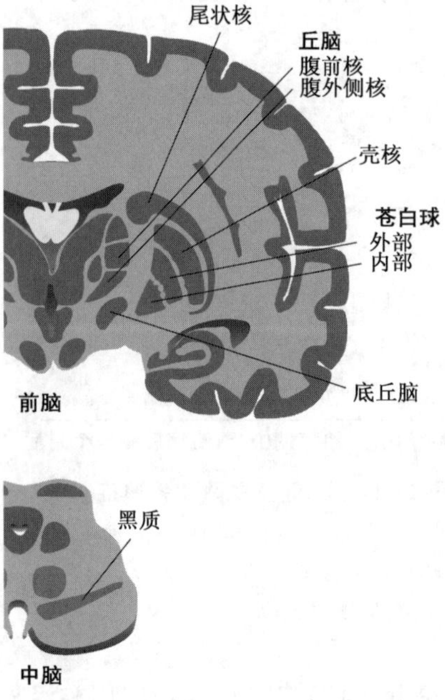


(a)

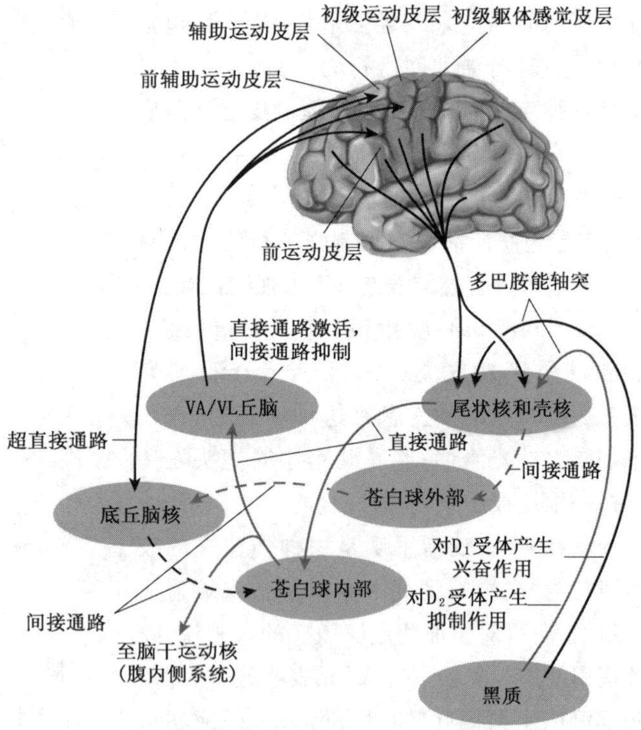


(b)

**表 17.22 基底节区的直接和间接通路**

(a)基底节区成分和相关结构的位置。(b)基底节区和相关结构的主要连接。兴奋性连接以黑线表示；抑制连接以红线表示。

于直接通路过于活跃。他们提出，这一通路的功能之一是控制以前学过的行为程序，这些程序已自动化，以快速执行。眶额皮层参与识别对个体有意义的情境，可以激活这一通路及其控制的行为。抑制间接通路涉及抑制这些自动化行为，使人能够调整为其他适合当下情境的行为。因此，强迫行为与直接通路、间接通路失衡有关。

## 本节回顾

### 强迫症

目标 17.13　列举 OCD 的症状。

强迫症的特征是强迫思维—不想要的想法—以及强迫行为—不可控制的行为，特别是那些涉及清洁和关注危险的行为。

目标 17.14　描述遗传和环境因素对 OCD 发展的作用。

强迫症具有遗传基础，与抽动秽语综合征（一种以抽搐和发声为特征的神经障碍）有关。它可以由出生时的脑损伤、脑炎和头部损伤引起，特别是当涉及基底神经节时。一种特定的 β-溶血性链球菌可能可以通过刺激基底神经节上的自身免疫攻击，从而产生强迫症。

目标 17.15　描述与 OCD 相关的大脑变化。

脑功能成像显示强迫症患者的眶额叶皮层、扣带皮层和尾状核的活动增加。减轻强迫症症状的药物治疗或认知行为治疗通常能成功地降低眶额叶皮层和尾状核的活性。

目标 17.16　总结 OCD 的治疗方法。

治疗强迫症最有效的药物是 SSRI 类药物，如克罗米帕明、氟西汀和氟伏沙明。克罗米帕明也能抑制另外三种强迫——拔毛癖、咬指甲癖和（狗）肢端舔舐性皮炎。与认知行为疗法并行，作为 NMDA 受体间接激动剂的 D-环丝氨酸似乎也能减轻强迫症状。部分研究者认为克罗米帕明和相关药物通过增加血清素能通路的活性来减轻 OCD 症状，而血清素能通路在物种典型行为中起抑制作用。其他治疗方法对于严重 OCD 患者没有效果，但外科手术如扣带回切开术和囊膜切开术可以缓解症状。植入电极的深部脑刺激已被证明对某些病人有效，而且与扣带回切开术和胶囊切开术不同，它具有可逆的好处。

### 思考题

假设你有一个亲戚最近被诊断出患有强迫症。你知道他正挣扎地决定最适合他的治疗策略。你的亲戚打电话给你，向你询问大脑证据支持哪种治疗策略有效。为了帮助你的亲戚在做这个困难的决定时获得更多信息，简要概述一下治疗方法并解释它们对神经系统的影响。

## 自闭症谱系障碍

本章接下来的章节将讨论两种神经发育障碍：自闭症谱系障碍和注意缺陷多动障碍。自闭症谱系障碍和注意缺陷多动障碍的特征在生命早期就存在。自闭症谱系障碍和注意缺陷多动障碍在男性中有更高的患病率。我们首先关注自闭症谱系障碍。

父母爱和珍惜他们的孩子，并希望得到孩子爱和珍惜自己的回应。不幸的是，一些婴儿出生时就有一种障碍，会损害他们回报父母关爱的能力。**自闭症谱系障碍**(ASD,通常简称为自闭症)的症状包括无法与他人建立典型的社会关系,沟通能力发育受损,以及出现重复的、刻板的行为,固定的兴趣,或严格遵守常规,大多数自闭症患者会表现出认知障碍。这种综合征由肯纳(Kanner, 1943)命名,他选择了 autism 这个词("auto",自我,"-ism",状态)来指代孩子明显的自我全神贯注。

ASD在美国和其他国家的流行率约为1% (Brugha et al., 2011)。这种疾病在男性中的发病率是女性的4倍。然而,如果只考虑有智力缺陷的自闭症病例,比例会降至2∶1;如果只考虑高功能自闭症病例(那些智力平均或高于平均水平、具有良好沟通能力的人),比例会上升至大约7∶1(Fombonne, 2005)。这些数据表明,社交障碍在男性中更为常见,但认知和交流障碍在男性和女性中分布平均。与此相关的诊断是,雷特综合征是一种遗传性神经系统综合征,见于婴儿期正常大脑发育受阻的女孩。

有一段时间,临床医生认为 ASD 在社会经济地位较高的家庭中更为普遍,但最近的研究发现,在所有社会经济阶层中,诊断率是相同的。据报道,ASD的发病率在过去20年中有所增加,但有证据表明,这种明显的增加是由于人们对这种疾病的认识提高和诊断标准的扩大。

研究未能找到证据表明自闭症与儿童接种疫苗有关。事实上,最初声称获得了免疫和自闭症之间联系的证据的研究者被英国医学总会认定为失信,最初提出这种说法的文章被曾发表该文章的《柳叶刀杂志》撤回(Dwyer, 2010)。

## 症状

目标 17.17　列举 ASD 的症状。

根据 DSM-5,自闭症谱系障碍的诊断需要存在两大类症状:"交互性社交交流和社交互动的持续损害",以及"受限的、重复的行为、兴趣或活动模式。从儿童早期出现,并限制或损害了日常功能"(American Psychiatric Association, 2013, p.53)。社交障碍是最先出现的症状。患有 ASD 的婴儿可能会对被抱起表现出矛盾的态度,或者当被抱起时,他们可能会弓着背,好像他们不想被抱一样。他们不会看照顾他们的人或对其微笑。如果他们生病、受伤或疲惫,他们不会向别人寻求安慰。随着年龄的增长,他们不会与其他孩子建立社交关系,也不会与人有眼神交流。在严重的病例中,患有 ASD 的人可能没有意识到其他人的存在。

自闭症谱系障碍患者的语言发育可能不正常、延迟或不存在。患有自闭症的人经常会重复别人对他们说过的话,他们可能会把自己称为他人——使用第二或第三人称。例如,他们可能会说:"你想喝点牛奶吗?"意思是"我想喝点牛奶。"他们可能死记硬背地学习单词和短语,但却不能有效地、创造性地使用它们。那些确实掌握了较好语言技能的人可能会在不了解他人兴趣的情况下谈论自己关注的事物。患有自闭症谱系障碍的人可能会依据字面意思解释别人的讲话。例如,当一个患有自闭症的人被问:"你能把盐递给我吗?"* 他们的回答可能是"可以",而不是因为他们想要搞笑或讽刺。

患有自闭症谱系障碍的人可能会表现出不寻常的兴趣和行为。例如,他们可能会表现出刻板的动作,比如来回拍手或前后摇摆。他们可能会痴迷于研究物体,嗅探物体,感受物体的质地,或者来回移动物体。他们可能会依附于一个特定的物体,并坚持随身携带它。他们可能全神贯注于排列物体或用它们

---

* 原文为"Can you pass the salt?"字面意思如文中所述,可引申为就餐中为转移话题而出此言。——编者注

形成图案，而对周围发生的一切视而不见。患有自闭症的人经常坚持遵循精确的程序，当他们被阻止这样做时可能会变得心烦意乱。他们对涉及幻想的故事不感兴趣，并且没有假想性游戏的表现。尽管很多伴随 ASD 的人认知能力受损，但不是每个人都能被诊断出来。一些伴有自闭症谱系障碍的人可能会有较为熟练或优雅的肢体动作；有些人则有特殊且独立的能力，例如轻易完成四位数的相乘（见表 17.4）。

**表 17.4　自闭症谱系障碍儿童症状**

| 自闭症谱系障碍 |
| --- |
| 在许多情况下缺乏沟通和社交互动。 |
| 有限的或重复的行为、兴趣或活动。 |
| 症状出现在儿童期。 |

资料来源：American Psychiatric Association，2013。

## 遗传可能性

目标 17.18　描述遗传和环境因素对 ASD 发展的作用。

有证据表明自闭症谱系障碍存在很强的遗传性。遗传因素的最佳证据来自双胞胎研究。这些研究表明，70%—90%的同卵双生子会伴随 ASD，而异卵双生子比率为 5%—10%（Sebat et al.，2007）。一项来自 Ozonoff 等人（2011）的研究发现，有伴有 ASD 的兄弟姐妹的婴儿，患 ASD 的可能性为 18.7%。遗传研究表明 ASD 可以由多种罕见的突变引起，特别是那些干扰神经系统的发育和沟通的突变（Betancur et al.，2009）。

自闭症谱系障碍具有高度遗传性这一事实是一种推论，表明这种障碍是大脑结构或生化异常的结果。此外，各种各样的医学疾病——尤其是在产前发育过程中发生的疾病——都可能导致自闭症的症状。有证据表明，大约 10%的 ASD 病例具有可确定的生物学病因，如妊娠期风疹、产前服用沙利度胺、疱疹病毒引起的脑炎，以及结节性硬化症——一种导致包括大脑在内的许多器官形成良性肿瘤的遗传疾病（DeLong，1999；Fombonne，2005；Rapin，1999）。Ploeger 等人（2010）认为对胎儿发育特定阶段的干扰可能导致 ASD。早期器官发育发生是胚胎发育的一个阶段，发生在受精后 20—40 天。在这一阶段，主要器官开始发育，干扰典型发育的因素可能导致许多畸形，包括肢体畸形、颅骨和面部畸形和脑病。在 20 世纪 60 年代，许多孕妇服用沙利度胺，一种抑制晨吐症状的药物。不幸的是，后来发现这种药物会导致严重的出生缺陷，包括自闭症谱系障碍。因为大多数妇女知道她们什么时候服用沙利度胺，药物暴露的时间可能与妇女儿童自闭症的发展有关。在受精后的 20—36 天是早期器官发生的阶段，是一段敏感期，孕妇接触沙利度胺最有可能导致自闭症的发展。由此推测当时药物对典型脑发育的干扰为 ASD 后期发展奠定了基础。

## 大脑变化

目标 17.19　描述与 ASD 相关的大脑变化。

有证据表明患有自闭症谱系障碍的儿童，大脑发育发生了显著的变化。Courchesne 等人（2005，2007）提到在自闭症谱系障碍中，尽管大脑在出生时平均略小，但它会异常迅速地生长，在 2—3 岁时，它比正常发育的同龄儿童的大脑大 10%左右。随着这种早期的快速增长，患有 ASD 的人大脑生长速度减慢，所以到了青春期，ASD 只比正常情况大 1%—2%。

在自闭症谱系障碍中，并不是所有大脑区域都表现出相同的生长模式。在自闭症患者中，与功能受损最相关的区域在生命早期发育最快，在儿童早期和青少年时期发育最慢。例如，前两年大脑额叶皮层和颞叶皮层生长迅速，但在接下来的四年里，自闭症谱系障碍患者的大脑大小几乎没有增长，而在正常发育的大脑中，这两个区域分别增长了20%和17%。然而，一些大脑皮层区域的生长模式，如纹状皮层和纹外皮层，在自闭症患者的大脑中是相对典型的。杏仁核在发育过程中也表现出一种异常的生长模式。4岁时，ASD患儿的杏仁核更大。在成年早期，其杏仁核与正常发育的人的杏仁核大小相同，但神经元更少(Schumann and Amaral, 2006)。

自闭症患者的大脑也显示出白质的变化。Herbert等人(2004)在一项对自闭症患者大脑的研究中发现，包含短程轴突的白质体积增加了，但包含连接大脑远端区域的远程轴突的白质体积却没有增加。Courchesne等人(2005, 2007)认为在发育早期产生过多的神经元可能会导致大量的短程轴突的发育，从而抑制长程轴突的发育。明显的大脑皮层局部区域的超连接可能解释了自闭症患者所表现出的特殊的、孤立的才能和技能。

Frith等人(1991)认为自闭症谱系障碍的一些社交障碍源自大脑的变化，这种脑变化阻止人们形成"心理理论"。也就是说，他们不能"以他们的精神状态来预测和解释其他人类的行为"(p.434)。他们不能从别人的情感表达、语气和行为中推断出他们的想法、感受和意图。

研究人员采用结构成像和功能成像的方法来研究自闭症谱系障碍三种症状的神经基础。例如，Castelli等人(2002)向具有典型发展的志愿者和高功能ASD患者展示动画，描绘了两个三角形以不同的目标导向方式相互作用(例如，追逐或战斗)，或者暗示一个三角形试图欺骗或哄骗另一个三角形。例如，典型发育的人对动画的描述为："三角形在小房间里相互拥抱，大三角形想说服小的离开，但小三角形不想……再次拥抱"(p.143)。而伴有ASD的人能够准确地描述三角形的目标导向，但很难描述试图欺骗或哄骗对方的三角形的"意图"。换句话说，他们很难形成心理理论。在展示动画的过程中，脑功能成像显示早期视觉联合皮层(腹外皮层)正常激活，但自闭症患者颞上沟(STS)和内侧前额皮层的激活要低得多(见图17.23)。先前的研究表明，STS在检测指示另一个个体行为的刺激物中扮演着重要的角色(Allison et al., 2000)。

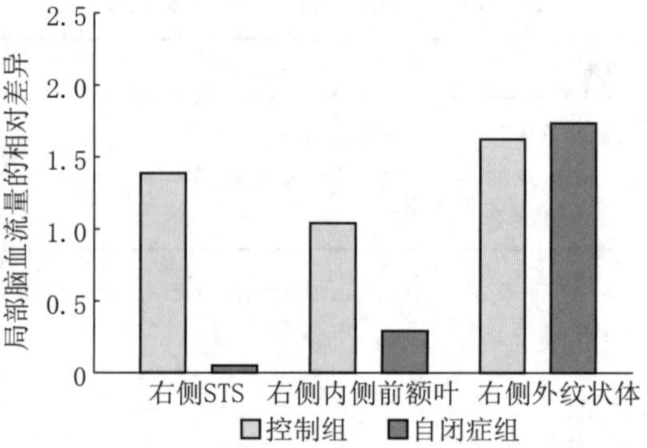


**图 17.23 心理理论**

图中显示了自闭症成年人和控制组被试观看"心理理论"动画时特定大脑区域的相对激活。动画展示了两个三角形以隐含的意图交互移动。

STS=颞上沟。

资料来源：Castelli et al., 2002。

自闭症谱系障碍患者对他人缺乏兴趣或理解，这反映在他们对人脸的反应上。正如我们在第6章看到的，梭状回面部区域(FFA)，位于纹外皮层，参与个体对面部的识别。Schultz(2005)的一项功能成像研究发现，伴有ASD的成人的FFA在观看人脸照片时几乎没有活动(见图17.24)。患有自闭症谱系障碍的人很难识别面部表情或他人目光的方向，与他人作目光接触的概率也很低。在自闭症患者中，FFA似乎无法对人脸做出反应，因为研究他人面部的时间可能非常少，因此人际互动方面的专业知识也没有发展。Grelotti等人(2005)报道了一个患有ASD的男孩，他对《数码宝贝》中的角色非常感兴趣。当男孩看人脸照片时，功能成像显示 FFA 没有激活，但是《数码宝贝》角色的照片会引起这个区域的强烈激活。这个病例支持这样的结论，即自闭症患者观看面孔不能激活 FFA 是由于对面孔缺乏兴趣或缺乏对面孔的体验，而不是 FFA 异常引起的。

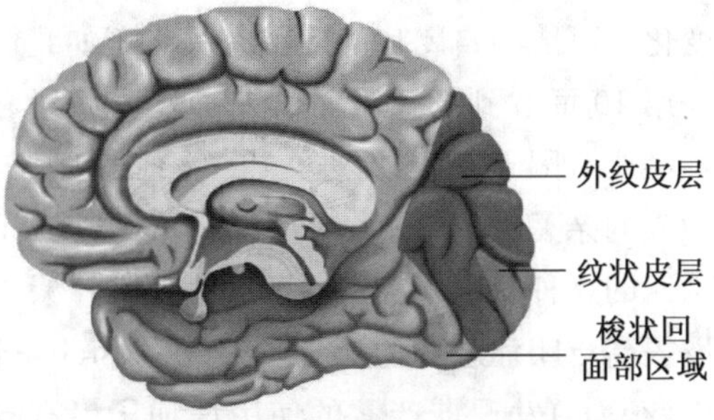


**图 17.24 梭状回面部区域与自闭症**

扫描图显示，在正常发育的同龄人中，梭状回面部区域会被激活，但自闭症患者在看人脸照片时，梭状回面部区域不会被激活。

资料来源：Schultz，R. T.，*International Journal of Developmental Neuroscience*，2005，23，125—141。

Pelphrey 等人（2002）的一项研究发现，自闭症谱系障碍患者在被要求识别面部照片中所显示的情绪时，无法直视他人的眼睛，而这为判断情绪提供信息。这种倾向可能导致在分析社会信息上有障碍。自闭症患者的杏仁核发育异常，可能至少在一定程度上导致他们与他人眼神接触减少，以及评估他人情绪状态困难。

许多研究者注意到，在自闭症谱系障碍中出现的重复性的、刻板的行为和强迫性的专注，类似于强迫症的症状。正如我们在本章前文看到的，强迫症的症状似乎与尾状核活性的增加有关。研究表明自闭症的行为症状也是如此。一些研究发现自闭症患者尾状核体积增大（Langen et al.，2007；Sears et al.，1999）。事实上，Hollander 等人（2005）发现右侧状核体积与 ASD 患者的重复行为评分呈正相关（参见图 17.25）。

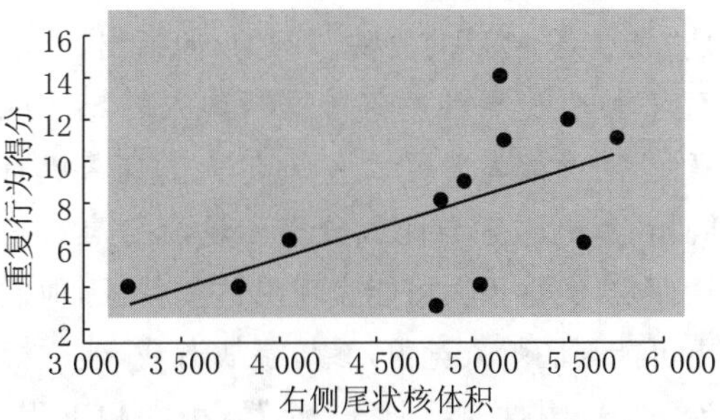


**图 17.25 自闭症患者的尾状核和刻板行为**

图中显示了自闭症患者的重复性行为得分与右侧尾状核的体积。更大的右侧尾状核体积与更高的得分相关。

资料来源：Hollander et al.，2005。

第 8 章和第 11 章描述了镜像神经元回路在感知情绪和行为意图中的作用。当我们看到另一个人表达情感或执行目标导向的行动时，这个回路就会被激活，而该活动的反馈帮助我们理解这个人的感受或试图完成什么。换句话说，镜像神经元系统可能涉及我们理解人们试图做什么以及共情他们的情绪的能力。

Iacoboni 和 Dapretto（2006）认为自闭症中的社交缺陷可能是镜像神经元系统发育异常的结果。事实上，Dapretto 等人（2006）的功能成像研究观察到 ASD 患儿镜像运动神经元系统的激活不足，Hadjikhani 等人（2006）的结构 MRI 研究发现 ASD 患者镜像神经元系统的大脑皮层更薄。Senju 等人（2007）的一项研究甚至发现自闭症儿童在看到别人打哈欠的视频时不会打哈欠。正常发育的志愿者观看打哈欠视频，在看视频时或看完视频后，打呵欠的概率会增加，但看其他类型的嘴巴动作的视频后，打呵欠的概率不会增加。可推测，镜像神经元系统可能参与了这种类型的模仿。

Baron-Cohen（2002）注意到，自闭症谱系障碍患者的行为特征似乎夸大了与男性相关的特征。如我们所见，ASD发病率男性为女性的4倍。Baron-Cohen推测，这些紊乱可能是“极端男性脑”的反映。例如，他指出，一般而言，女性比男性更善于推断他人的想法或意图，对面部表情更敏感，对他人的痛苦更有同情心，更愿意与他人分享和轮流分享。一般而言，男性不太可能表现出这些特征，他们更可能与同龄人竞争，参与混战游戏，建立统治阶层。男性对玩具车、武器、积木和工程、金属加工、电脑编程等兴趣更大，通常更擅长看地图。换言之，相对于社会关系，男性通常对物理对象和逻辑系统更感兴趣。根据Baron-Cohen的观点，自闭症患者表现出一种夸张的男性兴趣和行为模式。例如，对别人不感兴趣和对一排一排的物体的计数和排列痴迷，这在许多自闭症患者中被视为男性特征的极端例子。

第10章提到大脑的性别分化主要由于产前暴露于雄性激素。Auyeung等人(2009)使用测评自闭症谱系障碍症状的两项测试，评估母亲做过羊膜穿刺术(妊娠期取出少量羊水)的正常发育儿童的行为。Auyeung等人发现，男性和女性胎儿睾丸激素水平与这些测试的得分呈显著正相关。此外，Knickmeyer等人(2006)发现患有先天性肾上腺增生的女性，胎儿在发育过程中接触到异常高水平的雄性激素，有更多与自闭症相关的特征。即使Baron-Cohen的假设正确，我们也不能得出自闭症是由产前暴露于过量睾丸激素引起的结论。一个“极端男性脑”可能是由基因异常引起的，这些异常会增加发育中大脑对雄性激素的敏感度，自闭症也可能由与大脑男性化无关的其他原因所致。

除了类固醇激素的变化，神经肽信号的变化也可能与自闭症的症状有关。正如我们在第10章看到的，催产素，一种作为激素和神经调节因子的肽，促进交往，增加信任和与他人的亲密。Modahl等人(1998)发现ASD患儿的这种肽水平较低。研究表明催产素可以提高自闭症患者的社交能力。Guastella等人(2010a)发现催产素的使用增加了患有自闭症的青春期男孩在情感认知测试中的表现。Andari等人(2010)发现催产素能提高ASD成年人在电脑掷球游戏中的表现，该游戏需要与虚拟搭档进行社交互动。其他研究人员认为，催产素受体基因密码的改变可能是ASD社交缺陷的原因(Campbell et al., 2011)。自闭症的新治疗方法已经开始关注大脑的改变。一些研究小组正在开发基于催产素的干预措施(Gordon et al., 2013; Preti et al., 2014)或前额叶皮层深部脑刺激(Enticott et al., 2014)来作为自闭症治疗的新途径。

## 本节回顾

### 自闭症谱系障碍

目标17.17　列举ASD的症状。

自闭症谱系障碍(ASD)的症状包括社交和交流障碍，以及有限的、重复的兴趣、活动或行为模式。症状出现在生命早期。

目标17.18　描述遗传和环境因素对ASD发展的作用。

基因研究表明自闭症是高度可遗传的，但许多不同的基因对它的发展负责。ASD也可能由影响产前发育事件引起，例如产前沙利度胺暴露或母亲感染风疹。

目标17.19　描述与ASD相关的大脑变化。

核磁共振成像研究表明，后来被诊断为自闭症谱系障碍的婴儿，大脑在2—3岁前发育异常迅速，此后发育速度比未受影响的儿童慢。杏仁核的发育模式类似。大脑中涉及交流功能和解释社交刺激等高阶过程的区域发展得更快,但之后不能继续正常发展。ASD 患者往往不注意他人的面部表情,这反映在他们的梭状回面部区域缺乏激活,他们感知他人面部表情的能力受损。在 ASD 中,脑白质的体积和连通性发生了改变。在需要心理理论的任务中,STS 和前额皮层的激活在 ASD 患者身上是不同的。ASD 可能与镜像神经元系统激活减少有关。尾状核活性增加可能与 ASD 的一些行为症状有关。神经肽后叶催产素水平降低或后叶催产素受体改变也可能与 ASD 的社交症状有关。

## 思考题

你听说过有研究表明儿童免疫接种与自闭症的发展有关吗?你听说过(在阅读本章之前)报道这项研究及其主要作者的出版物是否可信吗?你认为为什么许多父母仍然害怕让他们的孩子接种疫苗?

# 注意缺陷/多动障碍

有些孩子很难集中注意力,待着不动来完成任务。在某个时候,大多数孩子都会表现出这些特征。但是患有**注意缺陷/多动障碍**(ADHD)的儿童经常表现出这些症状,以至于影响了他们的学习能力。ADHD 的症状在童年和成年都能影响个体。

## 症状

目标 17.20 列举 ADHD 的症状。

ADHD 是儿童时期最常见的行为障碍。它通常首先在教室里被发现,孩子们被要求安静地坐着,专心听老师讲课,或者稳定地完成一个任务。一些孩子无法达到这种这些期望,之后表现变得逐渐明显。他们无法控制反应,不加思考的行动,往往表现出鲁莽和冲动的行为,并让干扰活动侵入正在进行的任务。

根据《精神疾病诊断与统计手册(第 5 版)》,ADHD 的诊断需要出现 6 个或 9 个以上的注意力不集中症状和/或至少持续了 6 个月的 9 个多动和冲动症状中的 6 个或更多。注意力不集中的症状包括诸如“在任务或游戏活动中经常难以维持注意力”或“经常容易被外界的刺激分神”,多动和冲动的症状包括诸如“经常在不适当的场所跑来跑去或爬上爬下”或“经常打断或侵扰他人(例如,插入别人的对话或游戏)”(American Psychiatric Association, 2013, pp.59—60)。

ADHD 会对孩子的教育和同教室的其他孩子的教育造成很大的干扰。在大多数文化中,ADHD 的患病率约为 5%(American Psychiatric Association, 2013)。男孩被诊断为 ADHD 的可能性是女孩的 10 倍,但在成年后这个比例大约是 2∶1,这表明很多患有这种疾病的女孩没有被诊断出来。因为症状可能多种多样——一些儿童的症状主要是注意力不集中,一些是多动,还有一些是混合症状——大多数研究者认为这种疾病有多种原因。诊断常常是困难的,因为症状没有被很好地定义。多动症通常与攻击性、品行障碍、学习障碍、抑郁、焦虑和自卑联系在一起。大约 60%的 ADHD 儿童在成年后继续表现出这种障碍的症状,在此期间,不成比例的儿童发展为反社会人格障碍,还可能被诊断为药物滥用障碍(Ernst et al., 1998)。ADHD 成年患者也更可能出现认知损害和低职业成就,这可以由其受教育程度预测(Seidman et al., 1998)。

**表 17.5　注意缺陷多动障碍的症状**

| |
|---|
| 注意力不集中和/或过度活跃的一种持续的模式——冲动，干扰功能或发展。 |
| 不注意：对细节的注意减少；犯粗心的错误，或没有按照指示或完成活动；组织有困难；避免需要持续关注的活动；容易分心，健忘；有时会丢失东西。 |
| 过度活跃和冲动：烦躁不安或局促不安，在需要坐着的时候离开座位，在不合适的时候跑或爬，说话过度，打断或在问题说完之前回答，等待有困难。 |
| 症状出现在儿童时期。 |

资料来源：American Psychiatric Association, 2013。

根据 Sagvolden 和他的同事的看法(Sagvolden and Sergeant, 1998; Sagvolden et al., 2005)，ADHD 患儿的冲动和多动行为是由于强化梯度延迟的结果，这种延迟梯度比正常情况下更陡峭。正如我们在第 13 章看到的，食物刺激的出现可以强化之前的行为。例如，一块食物可以强化大鼠刚完成的杠杆按压，一个微笑可以强化一个人的谈话尝试。行为后立即给予时强化刺激最有效：因此，延迟越长，强化效果越差。Sagvolden 和 Sergeant 认为，ADHD 患者大脑多巴胺能传递缺陷会增加其强化梯度延迟的陡度，这意味着即时强化对这些儿童更为有效，但延迟的强化也会失去其效力，即使是短暂延迟(参见图 17.26)。

为什么更大的强化梯度延迟会产生 ADHD 症状？Sagvolden 和他的同事们认为，对于坡度较大的人来说，延迟较短的强化会更加有效，从而导致过度活跃。另一方面，这些人做出延迟强化的行为较困难，如日常的许多行为(尤其是课堂活动)。为了支持这一假设，Sagvolden 等人(1998)对发展正常的男孩和患有 ADHD 的男孩进行了操作性条件反射任务的训练。当信号出现时，每 30 秒就

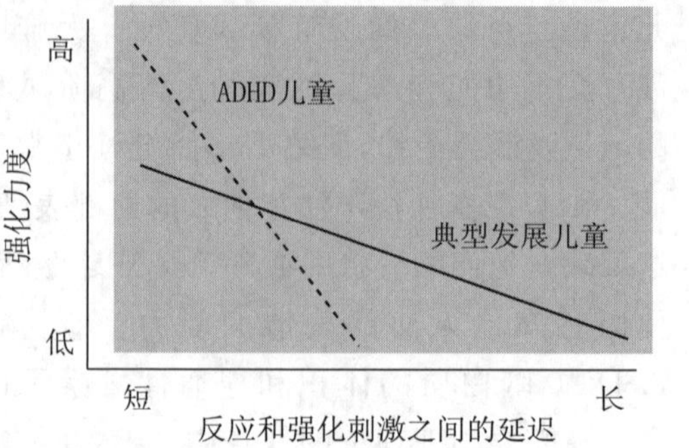


**图 17.26　ADHD 强化梯度延迟假设**

该图说明了不同的强化梯度延迟随时间的变化。Sagvolden 和 Sergeant(1998)假设更陡的坡度是 ADHD 儿童冲动行为的原因。

会有硬币或小奖品来加强反应。当信号不存在时，反应从未得到加强。发展正常的男孩只有在信号出现时才会做出反应。当信号熄灭时，他们耐心地等待，直到它再次响起。相比之下，患有 ADHD 的男孩表现出冲动行为，不管信号是否存在，他们都作出间歇性的快速反应。根据研究人员的说法，这种反应模式是由于强化梯度的急剧延迟导致的。

## 遗传可能性

目标 17.21　描述遗传和环境因素对 ADHD 发展的作用。

家庭研究和双胞胎研究都有强有力的证据表明遗传因素在决定一个人患 ADHD 的可能性方面起着重要作用。据估计 ADHD 的遗传性很高，75%—91%不等(Thapar et al., 2005)。

有关人类前额叶皮层多巴胺水平对行为产生影响的有力证据，来自对拥有两种不同酶基因变体的人的研究，这种酶会影响大脑中多巴胺水平。COMT(儿茶酚-O-甲基转移酶)是一种分解细胞外液中儿茶酚胺(包括多巴胺和去甲肾上腺素)的酶。虽然再摄取是清除突触中儿茶酚胺的主要手段，但 COMT 在这些神经递质释放后的失活中也发挥了作用。Mattay 等人(2003)指出安非他明(amphetamine，类似于盐酸哌甲酯）的临床疗效是可变的。在部分人中，安非他明能增加积极情绪，促进认知任务的完成，但对其他人却有相反的效果。Mattay 等人测试了安非他明对具有两种不同 COMT 基因变体的人完成工作记忆任务的影响。他们发现，在服用低剂量的安非他明时，具有 val-val 变体的人表现更好，而有 val-val 变体的人的脑儿茶酚胺水平较低。相比之下，给有 met-met 变体的人服用安非他明，这些人的大脑中儿茶酚胺含量较高，实际上损害了他们的表现。据推测，第一组被推到 U 形曲线上，而第二组，已经在曲线顶端附近，被推到另一边（见图 17.27 和图 17.28）。

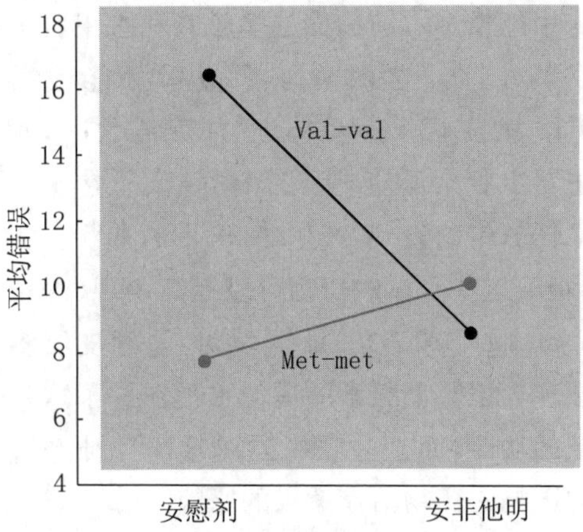


**图 17.27 安非他明与 COMT 等位基因在工作记忆中的相互作用**

该图显示了安非他明对具有两种不同 COMT 酶基因变体的人的工作记忆任务表现的不同影响。安非他明增强了 val-val 变体个体的表现，降低了 met-met 变体个体的表现。

资料来源：Mattay et al.，2003。

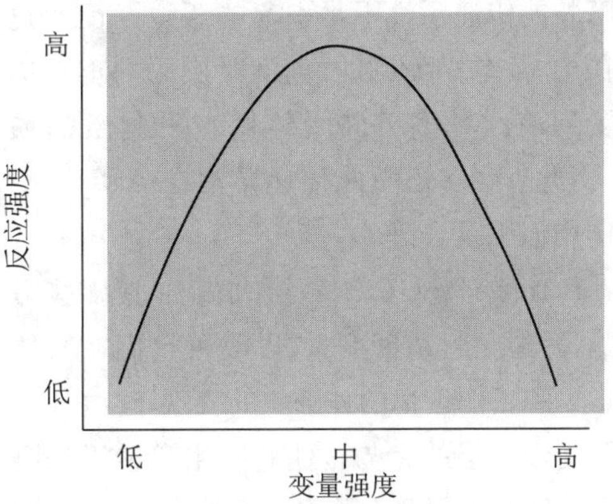


**图 17.28 倒 U 形曲线**

图中所示为倒 U 形曲线函数，其中横轴上变量的高低值与纵轴上变量的低值相关联，而横轴中值与纵轴高值相关联。据推测，大脑多巴胺水平与 ADHD 症状之间的关系遵循此函数。

## 大脑变化

目标 17.22 描述与 ADHD 相关的大脑变化。

我们在上一节看到自闭症儿童的大脑发育不同于正常发育的儿童。Castellanos 等人（2002）报道了 ADHD 患儿的大脑总容量与正常发育的同龄人相比有所下降。Shaw 等人（2007）的一项研究发现，ADHD 患儿的大脑发育也存在差异。研究人员发现患有 ADHD 的儿童大脑皮层发育迟缓。事实上，ADHD 患儿 10.5 岁时的大脑皮层厚度与 7.5 岁时未受影响的大脑皮层厚度基本相同。最终，ADHD 儿童的大脑发育会赶上未受影响的儿童。

ADHD 的症状类似于前额皮层受损所产生的症状：注意力不集中、健忘、冲动、计划不周和多动（Aron et al.，2004）。正如我们在第 13 章看到的，前额皮层在短期记忆中起着关键作用。我们使用短期记忆来记住我们刚刚感知到的东西，记住我们刚刚从长期记忆中回忆起的信息，并加工所有这些信息。因此，短期记忆通常被称为工作记忆。前额皮层利用工作记忆来指导思想和行为，调节注意力，监控我们行为的影响，并为未来的行为制订计划（Arnsten，2009）。执行这些功能的神经回路受损或异常会引起 ADHD 的症状。

ADHD 最常见的治疗方法是服用利他

林(Ritalin),一种抑制多巴胺再摄取的药物。安非他明,另一种多巴胺激动剂,也能减少ADHD的症状,但这种药物的使用频率要低得多。正如我们在第16章中看到的,多巴胺拮抗剂被发现可以减少精神分裂症的阳性症状,这一事实表明了精神分裂症是由多巴胺能传递过度活跃引起的假说。类似地,多巴胺激动剂盐酸哌甲酯(methylphenidate)能够缓解ADHD症状,这一事实表明该疾病是由多巴胺能传递活性不足引起的假说。正如我们在第13章中看到的,前额叶皮层的正常功能受到该区域多巴胺受体低水平刺激的损害,由此表明多巴胺能传递异常在ADHD中起作用似乎是合理的。

Berridge等人(2006)给大鼠注射盐酸哌甲酯,并建立起适度剂量,以改善它们在需要注意力和工作记忆的任务中的表现,这些任务涉及前额皮层的参与。他们使用微透析来测量多巴胺和去甲肾上腺素的释放,发现药物增加了这两种神经递质在前额皮层的水平,而不是在其他大脑区域。Devilbiss 和 Berridge (2008)的一项后续研究发现,适度剂量的盐酸哌甲酯可以提高前额皮层神经元的反应能力。高剂量的盐酸哌甲酯能显著抑制神经活动。

许多研究表明,前额皮层多巴胺水平对该区域功能的影响呈倒U形曲线(见图17.28)。许多行为函数的图形呈倒U形。例如,适度的激励水平可以提高大多数任务的绩效,但非常低的激励水平无法促使一个人去完成任务,而非常高的激励水平往往会让人紧张,干扰他们的绩效。盐酸哌甲酯作用的剂量—反应曲线也遵循倒U形,这就是为什么贝里奇等人测试不同剂量的药物以找到有利动物表现的剂量。临床医生发现ADHD的治疗也是如此:剂量过低是无效的,剂量过高会导致活动水平增加,扰乱儿童的注意力和认知。

我们提到,Berridge等人(2006)发现,盐酸哌甲酯增加了前额皮层多巴胺和去甲肾上腺素的水平。这两种效果似乎都能改善ADHD的症状。$\alpha_2$受体(受体家族之一,对去甲肾上腺素反应)阻滞剂损害猴子在工作记忆任务中的表现,产生ADHD的症状。相反,刺激这些受体的药物可以提高表现(Arnsten and Li, 2005)。证据表明,前额皮层多巴胺和去甲肾上腺素的最佳水平促进了这一区域的功能,而盐酸哌甲酯对这两种神经递质的影响是药物治疗效果的原因。

大多数研究人员认为ADHD是由大脑区域神经网络异常引起,这些区域包括纹状体(尾状核和壳核)和前额皮层,而前额皮层与纹状体相互联系。功能成像研究支持这一假说。有研究报道,ADHD患者执行需要仔细注意和抑制反应能力的任务时,尾状核(Durston et al., 2003; Rubia et al., 1999; Vaidya et al., 2005)或内侧前额叶皮层(Rubia et al., 1999; Tamm et al., 2004)活性降低。考虑到这两个区域多巴胺能神经支配的重要性,这为以下观点提供了额外的支持:多巴胺能传递异常可能是ADHD患者大脑功能改变的原因。

## 本节回顾

### 注意缺陷/多动障碍

目标17.20　列举ADHD的症状。

ADHD儿童表现出注意力不集中、多动和冲动的症状。

目标17.21　描述遗传和环境因素对ADHD发展的作用。

家庭和双胞胎研究表明ADHD有遗传性。分子遗传学研究发现ADHD与COMT

的不同等位基因之间存在关联。COMT 是一种酶，能使单胺类药物失去活性。有证据表明，强化梯度延迟更有可能是冲动和多动的原因。

目标 17.22 描述与 ADHD 相关的大脑变化。

ADHD 儿童的大脑发育与未受影响儿童的大脑发育相同，但发育速度较慢。大多数研究人员认为 ADHD 是由大脑中涉及纹状体和前额皮层的区域神经网络异常引起的。功能成像研究显示，ADHD 患者在执行需要仔细注意和抑制反应能力的任务时，大脑中的这些结构处于低激活状态。最常见的药物是一种多巴胺激动剂盐酸哌甲酯，这表明这种疾病是由多巴胺能传递活性不足引起的。

## 思考题

当地一所小学的家长和教师组织邀请你在下次会议上谈谈与 ADHD 有关的大脑变化。为了做好准备，准备几个演讲要点，并预期听众可能提出的三个问题及回答。

## 本章回顾问题

1. 请描述压力产生的生理反应及其对健康的影响。
2. 讨论心理神经免疫学，以及免疫系统与压力之间的相互作用。
3. 讨论创伤后应激障碍。
4. 描述惊恐障碍的症状及可能的成因。
5. 描述强迫障碍的症状及可能的成因。
6. 描述自闭症谱系障碍的症状及可能的成因。
7. 描述注意缺陷多动障碍的症状及可能的成因。

# 第 18 章

# 药物滥用

## 本章概要


**药物滥用的共同特征** 632

正强化 633

负强化 640

**遗传** 643

酒精 644

尼古丁 645

兴奋剂 645

**常见的滥用药物** 646

阿片类 646

兴奋剂 648

尼古丁 649

酒精 653

大麻 655

**药物滥用的治疗** 658

阿片类 658

兴奋剂 659

尼古丁 660

酒精 661

脑刺激 662


## 学习目标

目标 18.1 描述所有药物滥用共有的正强化特征，包括一般神经机制。

目标 18.2 解释负强化如何作用于药物滥用的发展，包括生理依赖、渴求和复发。

目标 18.3 总结遗传对酗酒起作用的证据。

目标 18.4 总结遗传对尼古丁滥用起作用的证据。

目标 18.5 总结遗传对兴奋剂滥用起作用的证据。

目标 18.6 描述阿片类药物滥用中强化的效果和作用及生理依赖。

目标 18.7 描述兴奋剂滥用中强化的效果和作用。

目标 18.8 描述尼古丁滥用中强化的效果和作用及生理依赖。

目标 18.9 描述酒精滥用中强化的效果和作用及生理依赖。

目标 18.10 描述大麻滥用中强化的效果和作用。

目标 18.11 总结有关阿片类药物滥用有效治疗方法的研究。

目标 18.12 总结有关兴奋剂滥用有效治疗方法的研究。

目标 18.13 总结有关尼古丁滥用有效治疗方法的研究。

目标 18.14 总结有关酒精滥用有效治疗方法的研究。

目标 18.15 描述脑刺激疗法用于药物滥用的可能性。

滥用处方麻醉剂几年后，约翰开始觉得可能可以重新开始自己的生活。他几年前已经开始使用奥施康定(羟考酮)。最初，他是因为好奇才尝试的。他的父亲因为背痛服用奥施康定，然后约翰和他的朋友为自己偷了一些药并卖给其他朋友。每次服用 1—2 片，约翰感到轻松愉快。

一开始，约翰口服药丸，但几个月后，一个聚会上的朋友给他展示如何将药丸变成粉末并吸食。通过这种服用药物的新方式，约翰可以使用更少的药并且体验比之前更强烈的感受。在接下来的几个月里，约翰和他的朋友开始更加频繁地吸食奥施康定。从父亲的处方中偷药不再可行后，约翰开始每隔几周从邻居那里买一次药。他的用量逐渐增加，很快他每周都要买药了。

变成这样的频繁使用者，约翰开始负债来维持习惯。他开始想方设法地去获得更多的药丸。他帮助朋友做事来换取奥施康定，并且为了获得更多药丸售卖自己的物品。他开始花好几个小时去制订详细计划来确保药物供应。他为了获得处方拜访了 3 位医生，抱怨他并不存在的背痛。约翰的一个熟人向他提到，他可以注射一个装满粉末的胶囊并且享受同样的兴奋程度，而不是吸食两粒药丸。约翰对于注射药物感到很紧张，但是对药物日益迫切的渴望最终促使他尝试注射药物。也有人叫约翰尝试海洛因，因为它更便宜。约翰开始替代使用海洛因及其他阿片类药物例如氢可酮和羟考酮，只要他能找到它们。

试图获取药物所花费的时间，避免在使用药物的时候被抓住，以及受药物影响，诸如此类的情况开始累加。约翰无法在工作上以及对家人和朋友履行自己的义务。他失去了自己的工作，并且不断地和家人争吵。一天晚上，一次争吵之后，约翰注射了些海洛因，上了车，开走了。他开出了道路，撞到了树，车坏了，他也受了轻微的伤，并且因在药物影响下开车而被抓捕(Lankenau et al., 2012)。在他的庭审上，法官让他选择受监禁或者戒毒康复项目。他选择了后者。

项目开始不久，他对于被抓并且有机会停止曾经陷入的用药循环感到如释重负。他对于在医生的监督下接受处方并服用另一种阿片类药物美沙酮，作为他治疗项目的一部分感到惊讶。美沙酮有助于减轻他的戒断症状，并且让他可以集中注意力在治疗的其他方面。项目顾问告诉他要避开他的旧邻居，也不要再和以前的熟人联系。约翰听从他们的建议。他已经开始新的生活 8 周了，他有一份工作，并且开始弥补和家人的关系。他做得很好，但有时，尽管他有很好的意志力，他也会想自己有多么想念使用阿片的时候。

之后某一天，当他下班回家，他看到一个写着反毒广告的广告牌。这是反毒机构的海报，展示了海洛因、针以及药丸的巨大图形图像。约翰突然萌发了强烈的冲动。他闭上眼睛，努力去驱除这种感觉，但是他所能想到的都是使用阿片的感觉。

药物滥用给我们的物种带来严重的问题。想想由于滥用我们最古老的药物之一——酒精所导致的负面结果:交通事故,胎儿酒精综合征,肝硬化,柯萨科夫综合征以及心脏病和中风风险增加。吸烟(尼古丁成瘾)会增加患肺癌、心脏病和中风的风险,吸烟女性会生出体型较小、健康状况较差的婴儿。可卡因滥用可导致精神病性行为,脑损伤,并且过量使用会导致死亡;利润丰厚的非法市场上竞争破坏了邻里关系和社区,颠覆了政治和司法系统,并导致许多暴力死亡。使用人造毒品会使使用者面临未经检验且经常被污染的药品的未知危险,正如一些人发现他们服用了一种被神经毒素污染的合成阿片类药物后患上帕金森病那样(这个不幸的事件在第5章开头的案例中有所描述)。静脉注射毒品的人感染人类免疫缺陷病毒(HIV)、肝炎或其他传染病的风险更高。到底是什么吸引这么多人去使用这些药物?

正如你在第13章了解到的生理强化那样,你可能想到部分原因是由于药物滥用名单上的这些药物一般会刺激负责正强化的脑机制。此外,这类药物大多数会减少或者消除不愉快的感受,其中有些还是药物本身产生的。从长远来看,这些药物的直接作用比人们所知道的要强得多。作为一个类别,滥用药物包括获准的(合法,例如尼古丁、酒精),违禁的(非法,例如海洛因),处方(例如羟考酮),非处方(例如吸入剂),天然来源(存在于植物、动物或真菌,例如大麻)和合成的(由人类通过化学过程制造,例如甲基苯丙胺)物质。

约翰的经历展示了物质使用障碍的许多诊断标准(美国精神医学会,2013)。(见表18.1。)物质使用障碍的特点是对物质使用的控制受损(例如服用越来越多的药物);想要减少使用药物的数量或减少不成功的尝试;获得药物所花费的大量时间;吸毒;未能履行教育,职业或家庭义务;即使在经历与使用该药物有关的人际关系问题后仍继续使用;尽管出现了与其使用有关的问题,也未能停止使用该药物;经历容忍和戒断(美国精神医学会,2013年)。

**表 18.1　药物使用障碍的症状**

| |
|---|
| 重复使用药物导致对其作用产生耐受性 |
| 上瘾 |
| 企图减少药物量的使用 |
| 花大量时间去寻找或使用药物,或从其作用中恢复 |
| 尽管因为药物使用导致工作、学习、家庭或人际交往等出现问题,依然继续使用 |
| 即使处于危险情况或在药物加重身体或心理症状时仍继续使用 |

资料来源:根据美国精神医学会,2013。

在本章中,我们将研究与药物滥用相关的共同特征。本章总结了一些常被滥用的特定类别的药物的详细说明和治疗方案。章节开篇的图展示了在药物滥用中起关键作用的腹侧被盖区和伏隔核。

## 药物滥用的共同特征

许多研究人员和临床医生已经不喜欢用“成瘾”一词。尽管成瘾有时被用来指从吸毒到赌博等与强迫性或习惯性行为相关的严重问题,但许多专家不同意定义成瘾的特征,该术语通常具有负面含义。相反,许多专业人士(以及美国精神医学会——负责精神障碍诊断标准的组织)采用了“药物滥用”这一术语。该术语具有更中性的含义,并且与医学模型更为一致。表18.1中描述的标准与药物使用障碍的诊断相符。虽然这个术语与药物滥用有所不同,但这一诊断与我们将在本章中描述为药物滥用的行为模式相符合。

这个医学模型强调生理因素(包括生理和遗传因素)构成强迫行为的基础,例如药物滥用。该模型通常强调基于生物学的治疗,例如使用药物干预来治疗症状或改变行为。这些治疗方法将旨在减少吸毒行为的综合治

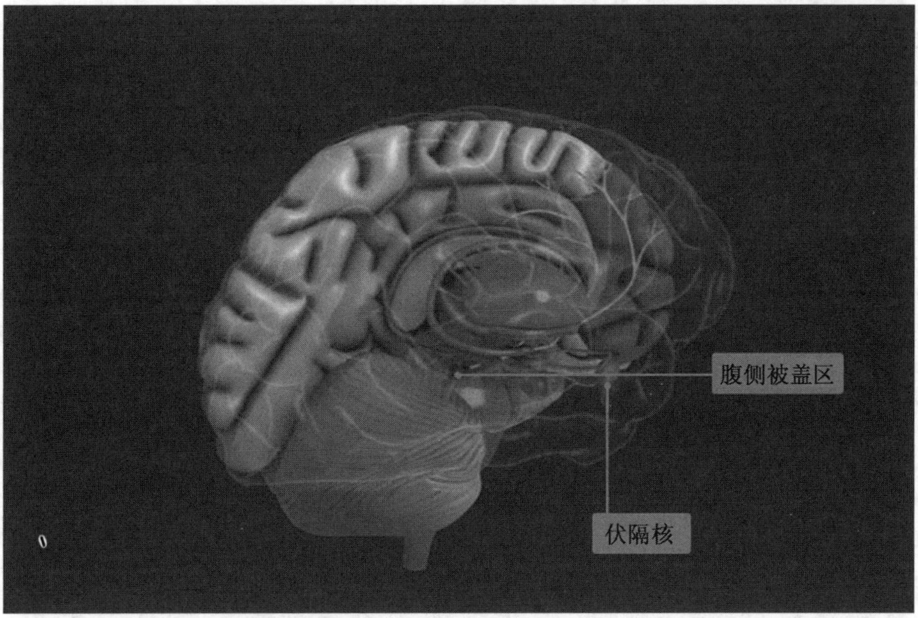


这里展示的是脑部中对药物滥用起作用的区域。

疗计划中的许多因素融合成一种生物心理社会方法(物质滥用治疗中心,1997)。在本章中,我们将重点探讨药物滥用的生物学方面。

人们使用药物治疗疼痛的历史能追溯到数千年前。很久之前,人们在自然界中发现的很多物质——主要是植物的叶、种子和根,还有一些动物所产出的东西,都有药用价值。他们发现草约有助于预防感染,促进愈合,舒缓胃部不适,减少疼痛,或者有助于夜间睡眠。他们还发现了软性毒品——当我们在食用、饮用或者吸入的时候,药物会产生令人愉悦的效果。最普遍的娱乐性药物,也许是我们祖先发现的第一种药物——乙醇。酵母孢子随处可见,这些微生物可以以糖溶液为食,并以副产物的形式产生酒精。毫无疑问,世界上许多不同地区的人们都发现了饮用液体产生的愉悦效果,这种液体已经被单独放置了一段时间,例如积聚在水果容器底部的果汁。由于细菌的作用,果汁可能会变酸并且味道不好,但酒精的作用鼓励人们进行实验,从而开发出各种各样的发酵饮料。

我们的祖先还发现了其他软性毒品。其中一些只在当地消费,另一些变得十分受欢迎,以至于作为商业作物传遍全世界。例如,亚洲人发现了罂粟汁和茶树叶做成的饮料的作用,印度人发现了大麻烟的影响,南美洲人发现了咀嚼古柯叶和用咖啡豆制作饮料的效果,北美人发现了烟草烟雾的影响。他们发现的许多药物实际上都是用于保护植物避免被动物(主要是昆虫)吃。虽然这些药物过量的话会有毒,但我们的祖先学会了服用一定量的药物而不会生病——至少不会马上就生病。这些药物对大脑的影响使他们想要更多。表 18.2 列出了一些最常滥用的药物,并指出了它们在中枢神经系统中的作用位置。

## 正强化

目标 18.1 描述所有药物滥用共有的正强化特征,包括一般神经机制。

会引起依赖性的药物必须首先强化人们的行为。就像我们在第 13 章看到的那样,正强化是指某些刺激对前面的行为产生的影响。

表 18.2　常见的药物滥用

| 药　　物 | 神经介质系统 | 作用部位 |
|---|---|---|
| 乙醇 | 谷氨酸盐/氨基丁酸(GABA) | NMDA 受体(间接拮抗剂)<br>$GABA_A$ 受体(间接兴奋剂) |
| 巴比妥 | GABA | $GABA_A$ 受体(间接兴奋剂) |
| 大麻 | 阿片类大麻 | CB1 大麻素受体(兴奋剂) |
| 尼古丁 | 乙酰胆碱 | 烟碱 ACh 受体(兴奋剂) |
| 阿片制剂(海洛因,吗啡,处方镇痛药) | 阿片类 | $\mu$ 和 $\delta$ 阿片受体(兴奋剂) |
| 苯环利定(PCP)和氯胺酮 | 谷氨酸 | NMDA 受体(间接拮抗剂) |
| 可卡因 | 单胺类神经递质 | 阻断多巴胺(和 5-羟色胺及去甲肾上腺素)再摄取 |
| 苯丙胺和甲基苯丙胺 | 多巴胺 | 导致多巴胺释放(反向运行多巴胺转运蛋白) |

资料来源:Adapted from Hyman, S.E., and Malenka, R.C., Addiction and the brain: The neurobiology of compulsion and its persistence, *Nature Reviews*: *Neuroscience*, 2001, 2, 695—703。

如果在特定情况下,行为经常伴随着食欲刺激(这是有机体倾向于接近的刺激),那么在这种情况下,这种行为将变得更加频繁。例如,如果一只饥饿的大鼠不小心碰到杠杆并获得一些食物,那么大鼠最终会学会按下杠杆。实际上发生的是,食欲刺激的出现激活了大脑中的强化机制,增加了当下(有杠杆的房间)最近反应(按压杠杆)的可能性。

大多数滥用的药物都具有强化作用(有一种例外——致幻剂)。也就是说,它们的效果包括激活强化机制。这种激活强化了刚刚作出的反应。特别是,如果药物是通过注射或吸入等快速作用途径服用的,最后的反应将是服用该药物的行为,以便加强反应。这种强化形式强大而直接,适用于各种物种。例如,大鼠或猴子将很快学会按下控制装置的杠杆,该装置通过插入静脉的塑料管注射可卡因。正如本章开头约翰的案例中所述,改变给药方式可能会改变药物滥用的可能性。与使用较慢的给药途径(例如口服药物)相比,吸食、吸烟或注射会自动增加药物滥用的可能性,因为更多的药物会更快地进入大脑并且更加强烈地激活强化路径(见图 18.1)。

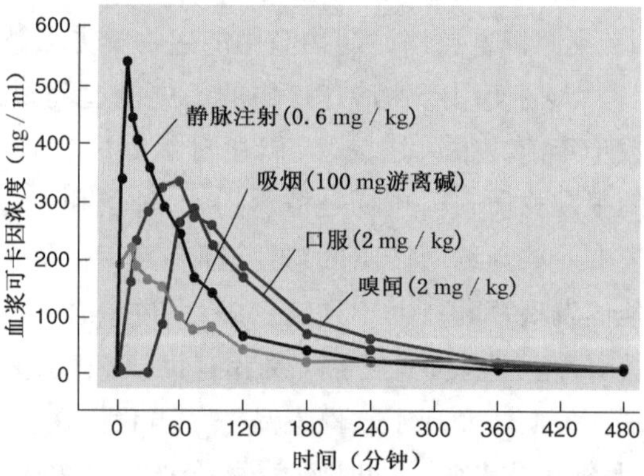


**图 18.1　药物的给药途径和滥用的可能性**

该图显示了静脉注射、吸入、口服和嗅闻之后血浆中的可卡因浓度。

资料来源:Feldman, R.S., Meyer, J.S., and Quenzer, L.F. Principles of Neuropsychopharmacology. Sunderland, MA: Sinauer Associates, 1997; after Jones, R.T. NIDA Research Monographs, 1990, 99, 30—41。

**在药物滥用中的作用**　当出现食欲刺激时,强化通常会发生,因为我们正好做了一些让它们发生的事情——而不是因为实验者正在控制情况。如果强化在反应之后立即发生,则强化刺激的有效性最大。如果强化刺激被延迟,则效果会大大降低。通过检查操作性条件反射的功能可以找到这一事实的原因:了解我们自己行为的后果。通常,原因和影响在时间上密切相关;我们作出一种行为,并获得相应的结果,无论好坏。行动的结果告诉我们是否重复该行动,并且反应超过几秒之后的事件可能不是由该反应引起的。

正如我们在第 4 章中所看到的,许多将使用药物作为娱乐的人更喜欢海洛因而不是吗啡,不是因为海洛因具有不同的效果,而是因为它具有更快的效果。事实上,海洛因一到达大脑就会转化为吗啡。但由于海洛因的脂溶性更高,它能更快地通过血脑屏障,对大脑的影响比吗啡更快。当药物在强化机制的活动中突然发生变化时,会出现最有效的强化;缓慢的变化强化性更少。一个人愉快地吸毒,通常会寻求由速效药物产生的突然"上头"。(正如我们稍后将看到的,使用美沙酮治疗阿片滥用和尼古丁贴片来治疗烟草滥用就是基于这种现象。)

早先,我们提出了一个问题,即为什么人们会让自己处于与强化药物滥用有关的风险。人们是否选择依赖可以在短期内产生令人愉悦的效果,但从长远来看也会产生强大的厌恶效果的药物:失业和失去社会地位,法律问题和可能的监禁问题,健康损害,甚至过早死亡?答案是,正如我们所看到的,我们的强化机制已演变为处理我们行为的直接影响。对某些人来说,药物的直接增强作用可能会超过对长期厌恶影响的认识。幸运的是,大多数人都能抵抗短期影响;只有极少数尝试高强度药物的人继续滥用它们。虽然可卡因是所有软性毒品中滥用潜力最高的药物之一,但只有约 15%的人使用它,将药物的使用升级到滥用的程度(Wagner and Anthony, 2002)。正如我们稍后将看到的,特定的大脑机制负责抑制具有不利长期后果的行为。

如果通过缓慢作用的途径服用药物,强化也可能发生,但该过程稍微复杂一些。如果一个人服用药丸几分钟后会感到兴奋,他/她肯定会想要吞服这个药丸。对这种行为的回忆将激活实际吞咽药丸涉及的相同的神经回路,并且由于药物的作用而活跃的强化机制将强化行为。其他认知过程也有助于强化,例如期待兴奋的发生。也许有人说,"服用其中一种药,你会达到一个很兴奋的点!"但如果非人类动物服用其中一种药丸,其行为不太可能得到强化。当兴奋效应发生时,动物将做一些其他事情而不是尝试药物。如果没有能力将药物的作用与早期行为联系起来,从而激活参与该行为表现的脑回路,则行为与药物强化作用之间的延迟会阻止动物学习服用该药物。

**神经机制** 正如我们在第 13 章中看到的,到目前为止所研究的所有天然强化物(例如食物之于饥饿动物,水之于口渴的人,或性接触)都有一个共同的生理效应:它们会导致多巴胺在伏隔核(White, 1996)的释放。这种效应并不是强化刺激的唯一影戏影响,甚至厌恶刺激也可以触发多巴胺的释放(Salamone, 1992)。但是,虽然我们还没有多少关于强化的神经基础的理解,但多巴胺的释放似乎是正向强化发生的必要条件(但不是充分条件)。

*中脑边缘通路的作用* 滥用的药物——包括安非他明,可卡因,阿片类药物,尼古丁,酒精,五氯苯酚和大麻——通过微透析测量发现,会引发伏隔核(NAC)中多巴胺的释放(Di Chiara, 1995)。不同的药物以不同的方式刺激多巴胺释放。特定药物与中脑边缘多巴胺能系统相互作用方式的细节,将在后面专门讨论特定药物分类的章节中描述(见图 18.2)。

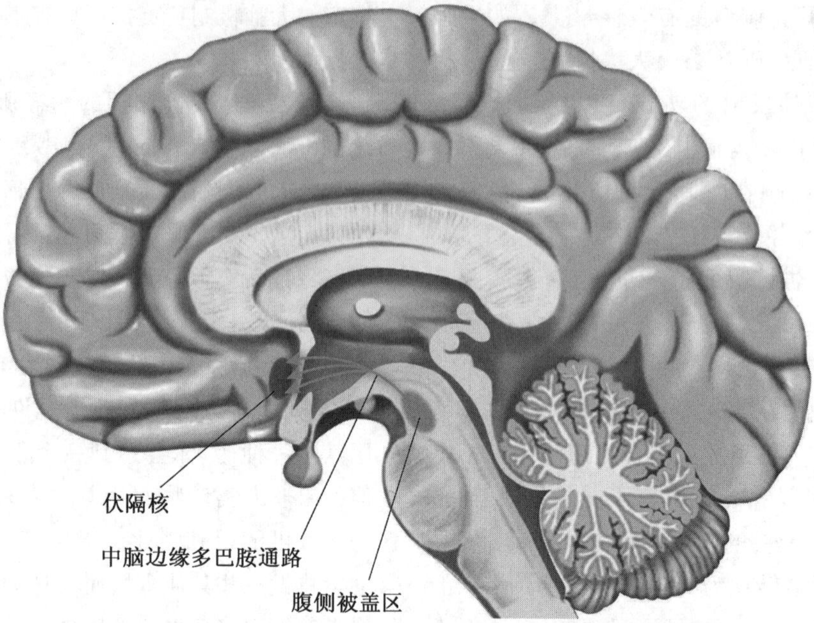


**图 18.2　中脑边缘多巴胺通路的激活是强化的必要条件**

药物的强化特性涉及与天然强化物相同的大脑机制，这一事实表明这些药物利用了通常有助于我们适应环境的大脑机制。药物滥用的过程似乎始于中脑边缘的多巴胺能系统，然后在接受这些神经元输入的其他大脑区域产生长期变化（Kauer and Malenka, 2007）。首先，变化似乎发生在腹侧被盖区（VTA）。Saal 等人（2003）发现，单次给予各种常用药物（包括可卡因，安非他明，吗啡，酒精和尼古丁）可增加小鼠 VTA 中多巴胺能神经元兴奋性突触的强度。这种变化似乎是由于将额外的 AMPA 受体插入 DA 神经元的突触后膜（Mameli et al., 2009）。正如我们在第 13 章中所看到的，这个过程通常由谷氨酸能 NMDA 受体介导，是许多学习形式的神经基础。单次注射强化药物可在 VTA 中产生突触强化，持续约 5 天。如果动物服用可卡因大约 2 周，VTA 的变化仍然存在。

*纹状体的作用*　由于 VTA 的变化，在接受来自 VTA 的多巴胺能输入的多个区域中观察到活化增加，包括腹侧纹状体（包括 NAC）和背侧纹状体（包括尾状核和壳核）。导致药物滥用特征的强迫行为的突触变化仅在持续使用药物后才会发生。最重要的变化似乎发生在背侧纹状体。我们在第 13 章中看到，基底神经节（包括背侧纹状体）在操作性条件反射中起着至关重要的作用，药物滥用只涉及这一点。

起初，使用药物的人会经历药物引起的愉悦效果，强化将药物输送到大脑的行为（获取药物，采取必要的措施准备药物，然后吞咽、吸烟、嗅闻或注射药物）。最终，这些行为会变成习惯，并且实施行为的冲动变得难以抵抗。在腹侧纹状体（即 NAC）中发生的早期强化效应鼓励吸毒行为，但使行为成为习惯的变化涉及背侧纹状体。正如我们在第 8 章中看到的，背侧纹状体的一个重要作用是建立自动行为——这是帕金森病患者受损的行为类型，这是由于对该区域的多巴胺能输入被破坏。用猴子做的研究，通过长时间输注可卡因来强化反应，表现出渐进的神经变化，从腹侧纹状体（在 NAC 中）开始，随着行为变得更加自动化和习惯性，继续向上延伸到背侧纹状体。（Letchworthet al., 2001;

Porrinoet al.，2004，2007)。

**中脑边缘通路与纹状体之间的联系** Belin 和 Everitt(2008)的一项实验表明，负责慢性药物使用的神经变化遵循纹状体和腹侧被盖区之间的一系列相互连接的背侧级联。解剖学研究表明，腹侧 NAC 中的神经元向 VTA 投射，将多巴胺能投射发送回 NAC 更背侧的区域以此类推。这种来回的交流继续进行，将不断增加的纹状体的背侧区域连接到尾状核和壳核。Belin 和 Everitt 发现，双侧输注多巴胺拮抗剂进入大鼠背侧纹状体可抑制与可卡因输注相关的对光的反应，但单侧输注无效。他们还发现，NAC 的单侧病变对应答没有影响。然而，他们发现大脑一侧的 NAC 病变与大脑另一侧的背侧纹状体输注多巴胺拮抗剂相结合，抑制了对光的反应(图 18.3)。一个使用大鼠做的研究为背侧纹状体在自动的、习惯性或强迫性行为中起关键作用提供了进一步的支持，研究发现将多巴胺拮抗剂输注到背侧纹状体中抑制了通过与静脉注射可卡因匹配的因光照而强化的杠杆按压(Vanderschuren et al.，2005)。这些结果表明，强迫性服药行为的控制是通过腹侧和背侧纹状体之间的相互作用来建立的，这些相互作用是由这些区域与 VTA 之间的多巴胺能连接所介导的。

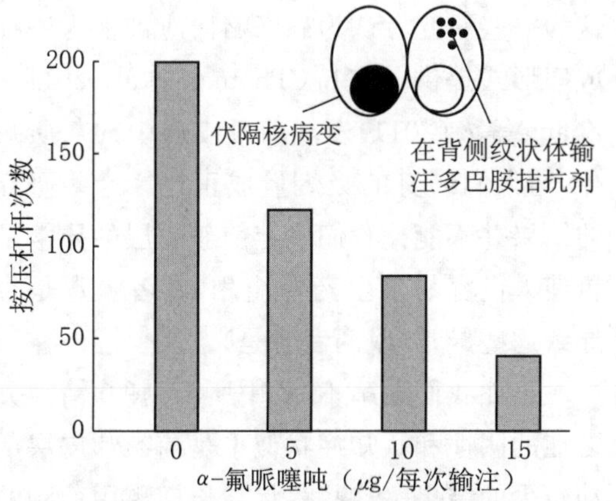


**图 18.3　背侧纹状体神经变化的建立**

该图显示了输注不同量的药物的效果，所述药物阻断多巴胺受体进入伏隔核病变对侧的背侧纹状体。

资料来源：Belin and Everitt，2008。

Volkow 及其同事的功能成像研究(Volkow et al.，2011)提供了涉及人类及其他动物的背侧纹状体的药物滥用的证据。研究人员发现，当滥用可卡因的人注射哌甲酯(一种具有可卡因或苯丙胺效果的药物)时，他们的 NAC 或背侧纹状体中多巴胺的释放比非使用者少得多。然而，当这群人看到人们吸食可卡因的视频时，他们背侧纹状体多巴胺释放增加。因此，滥用药物的人对药物本身的反应减弱，但对纹状体相关的反应在背侧纹状体中得到了增强(见图 18.4)。

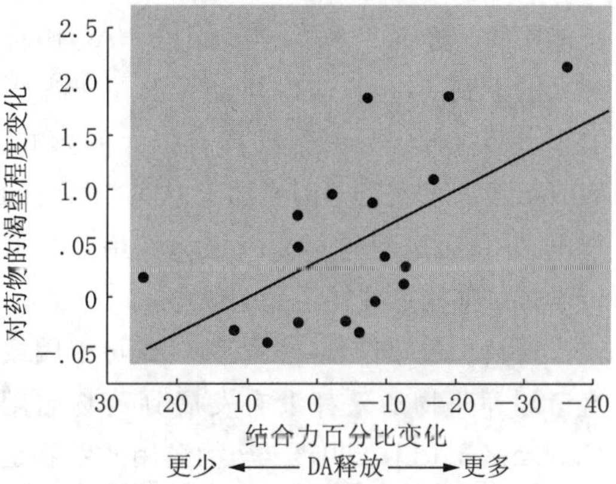


**图 18.4　哌甲酯刺激多巴胺释放**

散点图显示壳核(背侧纹状体的一部分)中多巴胺的释放增加与滥用可卡因的人对药物的渴望增加有关。

资料来源：Volkow et al.，2011。

总而言之，NAC 中多巴胺的释放导致了获取药物的行为，但背侧纹状体的变化是造成强迫性药物摄入习惯的原因。此外，对于滥用该药物的个体，多巴胺在背侧纹状体中释放不是通过药物本身，而是通过与获取和服用药物相关的刺激，包括服用药物的地方和服用该药物的人。因此，当人们首先服用滥用药物时，他们会有愉悦的经历。如果他们继续服用这种药物，那么他们服用这种药物的冲动并不是出于令人愉悦的效果,而是出于与药物有关的暗示,这些暗示导致了寻求药物行为的冲动。正如 Volkow 和她的同事所指出的那样,滥用药物的人在寻找药物时会被唤醒和激励,但当他们处于无药物环境时,他们会退缩并且精神萎靡,从事与摄入药物无关的活动。

*多巴胺受体* NAC 和后期纹状体中发生的改变包括中型多棘神经元上的多巴胺受体的变化,这些神经元是从这两个区域投射到大脑其他部分的轴突的来源。可观察到多巴胺 $D_1$ 受体增加,导致激发和促进行为,而多巴胺 $D_2$ 受体减少,导致抑制和抑制行为。Witten 等人的一项研究(2010)发现由可卡因摄入引起的 NAC 神经变化之一涉及乙酰胆碱能中间神经元。ACh 神经元占 NAC 中神经元的不到 1%,但这些神经元对位于那里的中型多棘神经元的活动具有强大的影响。Witten 等人发现可卡因增加了中间神经元的放电,并且通过阻碍可卡因强化作用的光遗传学方法抑制这些神经元的放电。

*前额皮层的作用* 大多数尝试可卡因或羟考酮等药物的人都没有发展到药物滥用(Volkow and Li, 2005)。药物滥用的发展是遗传,年龄(青少年最易受伤害)和环境因素(如获得药物的渠道和压力性生活事件的发生)的函数。遗传的作用将在后续章节中讨论。

前额皮层在判断,冒险和控制不当行为方面的作用可以解释,为什么青少年比成人更容易受到药物滥用的影响。青春期是大脑发生快速而深刻的成熟变化的时期——特别是在前额皮层。在这些脑回路达到其成人的形式之前,青少年更有可能表现出更高水平的冲动,新奇驱动,冒险行为,包括尝试酒精、尼古丁和非法药物。成人的药物滥用通常始于青春期或青年期的吸毒。大约 50% 的药物滥用案例在 15—18 岁开始,极少数从 20 岁开始。此外,早期的吸毒与更严重的药物滥用和滥用多种药物的可能性有更大相关(Chambers et al., 2003)。事实上,Tarter 等人(2003)发现,在行为抑制测试中得分最低的 10—12 岁男孩在 19 岁时发生药物滥用的风险增加。前额叶皮层的某些区域与纹状体有抑制关联,并且这些区域有所增加的活动与药物滥用的抵抗力相关。据推测,青少年药物滥用易感性增加与其前额皮层抑制机制相对不成熟有关。参与行为控制和判断的神经回路的最终发展,以及来自经验增加的成熟,显然有助于青春期孩子抵制滥用药物的诱惑。

长期药物滥用的人不仅表现出在涉及前额皮层的任务上的缺陷,与该区域病变的人一样,他们也表现出该区域的结构异常。例如,Franklin(2002)等人报道,滥用可卡因的人前额皮层各区灰质平均下降 5%—11%。Thompson(2004)等人发现滥用甲基苯丙胺的人的扣带皮层和边缘皮层的灰质体积减少。Ersche 等人(2011)发现滥用可卡因的人的大脑有类似灰质体积减少。de Ruiter 等人(2011)发现了重度吸烟者和病态赌徒背内侧 PFC 活化减少引起的丧失行为控制的证据,这为一些研究者认为病态赌博应被视为一种成瘾形式提供了支持(Thomas et al, 2011)。Zhang 等人(2011)发现前额皮层中的灰质减少,与人们终身的吸烟量成正比。这些研究的结果并不能让我们确定前额皮层的异常是否使人们容易发生药物滥用,或者吸毒是否导致这些异常(或两者皆是)。

正如我们在第 16 章中所看到的,精神分裂症的阴性和认知症状似乎是前额叶皮层活动减少的结果。这些症状与长期滥用药物的症状非常相似。事实上,研究表明精神分裂症和药物滥用的合并症很高(合并症是指在一个人同时存在两种或多种疾病)。例如,精神分裂症患者中有多达一半的人患有药物滥用障碍（酒精或非法药物），70%—90%依赖尼古丁（Brady and Sinha，2005）。事实上，在美国，约占人口 7%的患有精神疾病的吸烟者消费了所有卷烟的 34%（Dani and Harris，2005）。Mathalon 等人（2003）发现酒精滥用患者的前额灰质体积减少了 10.1%，精神分裂症患者减少了 9.0%，同时患上两种疾病患者的前额灰质体积减少了 15.6%（见图 18.5）。

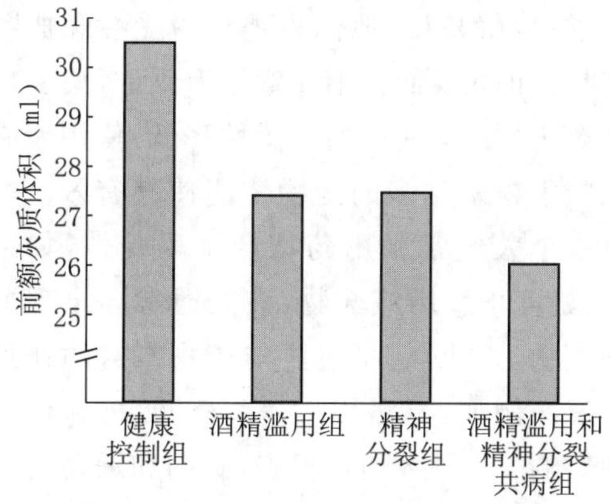


**图 18.5　酒精中毒、精神分裂症和前额灰质**

该图显示了健康控制组、滥用酒精的患者、精神分裂症患者和同时患有这两种疾病的患者前额皮层中的灰质体积。

资料来源：Mathalon et al.，2003。

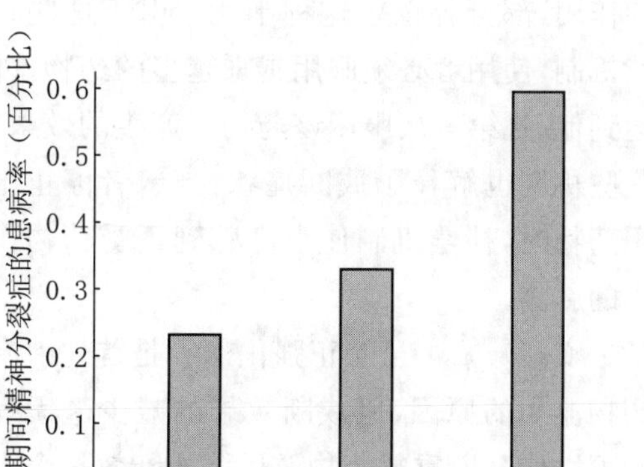


**图 18.6　吸烟和精神分裂症**

该图显示了 4—16 年随访期间，精神分裂症的患病率与 18 岁时每天吸烟数量的函数关系。

资料来源：Weiser et al.，2004。

Weiser（2004）等人每年随机抽取青少年新兵进行抽烟问卷调查。在 4—16 年的随访期内，他们发现，每天吸食至少 10 支香烟的新兵中精神分裂症患者的住院率比非吸烟者高 2.3 倍。这些结果显示前额叶皮层的异常可能是精神疾病和药物滥用障碍的一个共同因素。再有，研究尚未确定先前存在的异常是否会增加患上这些疾病的风险或这些疾病是否会导致异常。

*神经肽*　两种肽，食欲素和 MCH，在药物的强化作用中起关键作用。正如我们在第 9 章和第 12 章中所看到的，食欲素（也称为下视丘分泌素）在控制睡眠阶段和寻求食物的行为中起着重要作用。食欲素在下丘脑外侧神经元中合成，并在大脑的许多部位释放，包括那些在强化中起作用的部位，如 VTA、NAC 和背侧纹状体。施用强化药物或呈现与它们相关的刺激物激活食欲素神经元，并且将食欲素输注到 VTA 中，会恢复先前消失的毒瘾。（本章稍后将讨论毒瘾复发的问题。）此外，注入一种阻断食欲素受体进入 VTA 的药物也会阻断由药物相关线索引发的毒瘾，并阻止习得条件性位置偏爱——偏爱先前使用强化药物的位置（Aston-Jones et al.，2009；Kenney，2011；Scharf et al.，2010）。

第二种肽，MCH（黑色素聚集激素），也在下丘脑外侧合成，正如我们在第 12 章所见，它激发饥饿感并降低新陈代谢率。MCH 受体存在于大脑的几个部位，包括 NAC，它们也存在于含有 DA 受体的神经元中。Chung（2009）等人发现刺激 DA 受体和 MCH 受体增加 NAC 神经元的激发，并且使阻断 MCH 受体的药物降低了可卡因或可卡因相关线索改变动物行为的有效性。针对 MCH 受体基因的靶向突变具有相同的效果。Cippitelli 等人（2010）发现 MCH 在酒精摄入方面起到了类似的作用。

## 负强化

目标 18.2 解释负强化如何作用于药物滥用的发展，包括生理依赖、渴求和复发。

你是否曾经有过头痛，肌肉疼痛或其他伤害或疾病导致的疼痛或不适？你是如何改变自己的行为以减轻疼痛或不适的？也许你因为自己的头痛或疾病服用了止痛药，或者因为肌肉酸痛做了按摩。如果你做了些什么来缓解疼痛，你作出的决定肯定会得到强化。

关闭（或减少）厌恶刺激的行为将得到强化。这种现象被称为**负强化**。例如，请考虑以下情形：驾驶汽车的人听到仪表盘上发出恼人噪声，他到处寻找声音的来源，最终用手击打仪表盘。噪声停止了。下次汽车发出声音时，他立即再次击打仪表盘。当男子击打仪表盘（反应）时，不愉快的噪声（厌恶刺激）终止，因此反应得到强化。

不应将负强化与惩罚混淆。这两种现象都涉及厌恶刺激，但负强化使得行为反应更有可能发生，而惩罚使其不太可能发生。在行为的语境下，"正"意味着在学习环境中添加某些东西，而"负"意味着将某些东西消除。强化意味着增加未来行为发生的可能性，惩罚意味着降低未来发生行为的可能性（见表 18.3）。

**表 18.3 正强化、负强化和惩罚**

| | 增加行为 | 减少行为 |
|---|---|---|
| 在环境中增加要素 | 正强化：吸烟（吸入尼古丁）会让你感觉更加警觉，你将来会多吸烟。 | 正惩罚：吸烟会让你感到恶心，你将来会少吸烟。 |
| 在环境中移除要素 | 负强化：吸烟会使你对吸烟的渴望消失，你将来会多吸烟。 | 负惩罚：要吸烟，即使在寒冷或下雨天，也必须到户外，离开家、学校或办公室。你将来会少吸烟。 |

负强化可以解释某些条件下习得的慢性药物使用。如果一个有压力的人苦于一些不愉快的感觉，然后服用一种消除这些感觉的药物，那么该人的服药行为可能会得到强化。例如，酒精可以缓解焦虑情绪。一个发现自己处在一种引起焦虑的情况下的人可能会发现，喝一两杯酒可以让他/她感觉好多了。事实上，人们经常预见这种效应，并在情况真正发生之前开始饮酒。

**生理依赖** 滥用药物的人通常会依赖药物；也就是说，他们表现出耐受性和戒断症状。正如我们在第 4 章中看到的，耐受性是对药物持续使用的敏感性降低；使用者必须服用越来越多的药物才能使其有效。一旦一个人经常服用药物产生耐受性，如果他/她停止服用该药物，该人通常会出现戒断症状。戒断症状主要与药物本身的作用相反。例如，海洛因——兴奋，便秘和放松的影响——导致烦躁不安，腹泻和躁动的退缩效应。

*耐受性* 大多数研究者认为，耐受性是由于身体试图弥补体内药物反复出现的异常情况而产生的。药物扰乱了大脑中正常的稳态机制，并且这些机制开始产生与药物相反的作用，部分补偿了这种干扰。由于这些补偿机制，使用者必须服用越来越多的药物，以达到他/她第一次服用该药物时产生的效果。这些机制也解释了戒断症状：当患者停止服用药物时，补偿机制使自己感到不受药物作用的影响。

*戒断反应* 虽然正强化似乎是首先引起药物滥用的原因，但戒断效果的减少毫无疑问可以使某人重复药物滥用。戒断效果令人不愉快，但一旦患者服用某些药物，这些效果就会消失，产生负强化，并有助于继续使用该药物。

**渴求** 为什么人们渴望药物？为什么即使经过长时间的戒酒也会酒瘾发作？即使在

没有服用药物的情况下持续数月或数年之后，以前滥用药物的人有时会经历强烈的渴望，导致复发。长时间服用药物肯定会在大脑中产生一些持久的变化，这会增加一个人复发的可能性。了解这一过程可能有助于临床医生设计出能够帮助人们一劳永逸地打破药物依赖的治疗方法。

食物的味道可以引起饥饿，这就是为什么我们把饭前吃的小菜称为"开胃菜"。对于有药物滥用史的人来说，小剂量的药物有类似的效果：它会增加渴望，或者对这种药物的"胃口"。此外，通过经典条件反射，过去与药物相关的刺激也可以引起渴望。例如，依赖酒精的人看到酒瓶可能会感到想喝酒。过去，赞助禁毒计划的机构有时会制作海报，说明药物滥用的危险性，包括注射器、针头、成堆的白色粉末等等。可能这些海报确实成功地提醒那些不使用毒品的人应该避免使用毒品。但我们确实知道，它们对那些试图打破吸毒习惯的人的影响恰恰与预期相反。正如我们在本章开头的案例中看到的，约翰看到了一张描绘毒品用具的海报，这一场景激发了他再次服用这种药物的冲动。因此，该策略不再用于禁毒运动。

**复发**　通过实验动物研究渴求的方法之一是借助寻求药物的恢复模式。首先训练动物做出反应（例如，按压杠杆），通过静脉注射诸如可卡因的药物来强化。接下来，通过注射盐溶液而不是药物来消除反应。一旦动物停止反应，实验者就会"免费"注射药物（药物恢复程序）或提供与药物相关的刺激（提示恢复程序）。为了响应这些刺激，动物再次开始按压杠杆（Kalivas，2006）。据推测，这种复发（恢复之前消退的反应）是一个很好的模型，可以描述长期使用药物的人寻求药物的行为（见图 18.7）。

消退　要了解恢复的过程（以及它的基础），我们首先考虑消退过程中会发生什么。

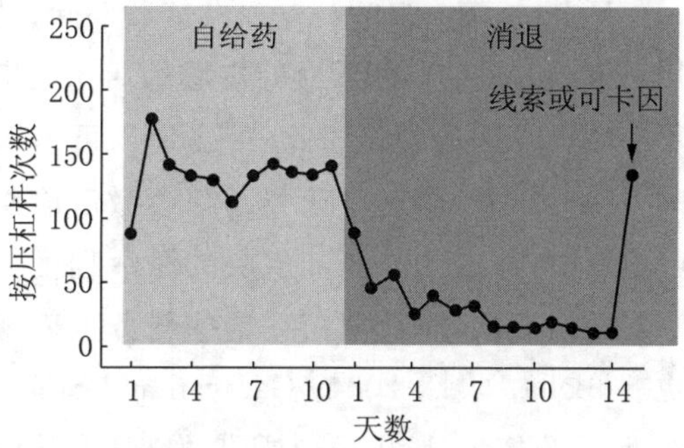


**图 18.7　恢复程序：复发模型**

该图显示了在自给药阶段，为了注射强化药物而实施的按压杠杆行为的习得和当药物不再使用时，按压杠杆行为的消失。在习得期间，药物的"免费"获得或与药物相关的提示的呈现将恢复反应。

资料来源：Kalivas et al.，2006。

正如我们在第 11 章中看到的，消退是一种学习形式。动物不会忘记做出特定的反应；它学会了不去做。腹内侧前额皮层（vmPFC）在此过程中起着关键作用。例如，我们在第 11 章中看到，vmPFC 病变会损害条件性情绪反应的消退，该区域受到刺激会抑制条件性情绪反应，并且消退训练会激活位于那里的神经元。

对大鼠的研究表明，前额叶皮层的不同区域通过与大脑强化系统的兴奋性和抑制性连接，对药物相关的反应发挥促进和抑制作用。这些影响似乎是消退和恢复的原因。Peters 等人（2008）发现，通过输注 AMPA（一种谷氨酸兴奋剂）刺激 vmPFC，可以阻断正常反应的恢复，这种反应通常是由一针可卡因，或者与可卡因强化相关的刺激产生的。也就是说，vmPFC 的激活抑制了反应。McFarland 等人（2003）发现通过向背侧前扣带皮层（dACC）注射 GABA 兴奋剂，阻断了为了可卡因输注恢复的按压杠杆，背侧前扣带皮层是与 NAC 具有兴奋性连接的背部 PFC 区域。也就是说，dACC 的抑制阻止了恢复的反应。这些结果表明 dACC 在瘾中起作用，并且 vmPFC 在其抑制中起作用。

Volkow 等人(1992)发现在禁欲期间,滥用可卡因的人的内侧前额叶皮层的活动低于不使用可卡因的被试。此外,当使用可卡因的人执行任务,而这些任务通常会激活前额叶皮层时,其内侧前额叶皮层的激活程度低于对照组被试,而且他们在这些任务上表现更差(Bolla et al., 2004; Garavan and Stout, 2005)。事实上,Bolla 等人研究发现,大脑内侧前额叶皮层的激活量与人们通常每周服用的可卡因量成反比:大脑活动越低,吸食可卡因的量就越多(见图 18.8)。

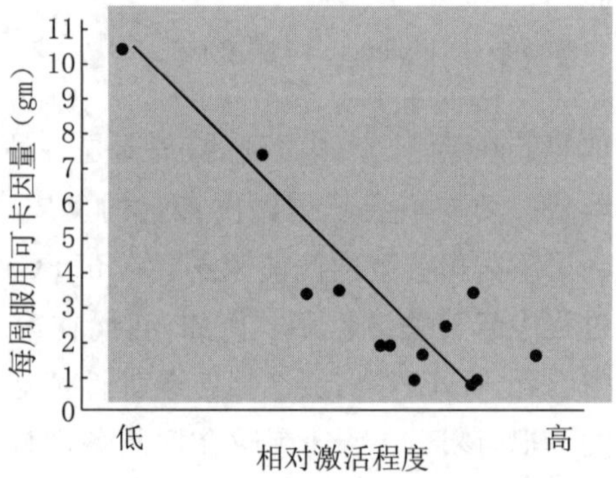


**图 18.8 可卡因摄入量与内侧前额叶皮层**

该图显示了内侧前额叶皮层的相对激活程度,这与滥用药物的人每周通常服用的可卡因量有关。

资料来源:Bolla et al., 2004。

*压力* 正如我们刚才所看到的,药物相关刺激的出现会引发渴求和寻找毒品的行为。此外,临床医生长期观察发现,压力会导致复发。这些效应已经在那些学会自己吸食可卡因或海洛因的大鼠身上观察到了。例如,Covington 和 Miczek(2001)将首次用于试验的大鼠与经过训练占主导地位的大鼠配对。在被占主导地位的大鼠打败后,有社会性压力的大鼠对可卡因的影响变得更加敏感,并表现出大量药物的自我服用。Kosten 等人(2000)研究表明,早年出现的压力会对吸毒行为产生长期的影响。他们通过将幼鼠与母鼠和同窝其他幼鼠隔离开来,每天一小时,持续八天,从而给幼鼠带来压力。当这些大鼠在成年后有机会接触可卡因时,它们很快就养成了习惯,并且比没有经受压力的大鼠服用更多的药物(见图 18.9)。

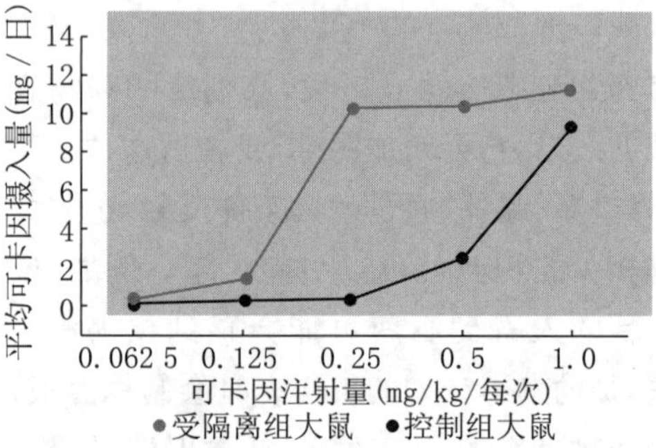


**图 18.9 社会压力和可卡因摄入量**

图中显示了正常大鼠和经受早期隔离压力的大鼠的可卡因摄入量。

资料来源:Kosten et al., 2000。

压力经历和药物渴求之间的一个重要联系是由促肾上腺皮质激素释放激素(CRH)提供的[这种肽也被称为促肾上腺皮质激素释放因子(CRF)]。正如我们在第 17 章中看到的,CRH 在应激对健康的不良影响和焦虑症的发展中起着重要作用。正如给予一种药物或暴露于先前与吸毒行为相关的刺激物会导致复发一样,压力的经历也是如此(Shalev et al., 2010)。例如,使用 CRH 可以恢复服用药物的行为,而使用阻断 CRH 受体的药物可以减少从药物或药物线索中复发的可能性。VTA 中的 CRH 受体显得尤为重要。例如,将 CRH 注入 VTA 会导致复发,而注射 CRH 受体拮抗剂可防止在压力刺激下恢复服药(Z.Wang et al., 2007)。

## 本节回顾

### 药物滥用的共同特征

目标 18.1 描述了所有滥用药物共同的正强化特征，包括一般神经机制。

当一种行为有规律地伴随着食欲刺激——一种有机体会接近的刺激时，正强化就会发生。滥用药物会产生正强化作用；它们会强化用药行为。实验动物学会作出导致这些药物输送的反应。药物产生作用的速度越快，生理依赖的建立速度就越快。所有产生正强化作用的药物都能刺激 NAC 中多巴胺的释放，这是一种在强化作用中起重要作用的结构。开始于 VTA 和 NAC 最终涉及背侧纹状体的神经变化在操作性条件作用中起着至关重要的作用。食欲素和 MCH 在滥用药物行为的建立中也起着一定的作用。前额叶皮层抑制回路的活动增强了对药物滥用的抵抗力。青少年对药物滥用的易感性可能与前额叶皮层相对不成熟有关。

目标 18.2 解释负强化如何作用于药物滥用的发展，包括生理依赖、渴求和复发。

负强化发生在一种行为之后，减少或终止厌恶性刺激，并负责启动或维持药物的使用。使用一定剂量的药物可以减少因生理依赖而引起的不愉快的戒断症状，这无疑对维持药物的使用起了作用，但这并不是产生渴求的唯一原因。

渴望（一种基于生理依赖的用药冲动）不能完全用戒断症状来解释，因为即使在一个人长期不服药之后，它也会发生。在实验室动物中，一针“免费”的可卡因或先前与可卡因相关的刺激物恢复了寻求药物的行为，成为复发的一个模型。vmPFC 在恢复过程中起抑制作用，dACC 起促进作用。长期滥用药物与前额叶皮层活动减少和前额叶灰质体积减少有关，这可能会损害人们的判断力和抑制不恰当反应的能力，如进一步滥用药物。压力刺激（即使是那些在生命早期发生的刺激）也会增加药物滥用的易感性。VTA 中 CRH 的释放在这一过程中起着重要的作用。

## 思考题

解释一下药物滥用“劫持”强化系统意味着什么。

## 遗传

并不是每个人都同样有可能滥用物质。很多人适度饮酒，大多数吸食可卡因和海洛因等物质的人在使用时没有身体依赖。证据表明，遗传和环境因素在确定一个人用药的可能性和用药升级为滥用药物的可能性方面都发挥着作用。此外，还有一般因素（如服用和滥用若干药物的可能性）和特定因素（如服用和滥用某一特定药物的可能性）。

Tsuang 等人（1998）研究了 3 372 对男性双胞胎，以估计药物滥用的遗传因素。他们发现了强大的一般遗传和环境因素：滥用任何一类药物都与滥用所有其他类别的药物有关——镇静剂、兴奋剂、阿片类、大麻和迷幻剂。大麻滥用尤其受到家庭环境因素的影响。除致幻剂外，所有类别的滥用都受到该类别特有的遗传因素的影响。海洛因滥用的遗传因素尤为独特。另一项对男性双胞胎的研究发现,所有类别药物的使用都有很强的共同遗传因素,此外,共同的环境因素对药物使用的影响大于对滥用的影响(Kendler te al.,2003)。换句话说,环境在影响一个人尝试一种药物,并可能继续以娱乐的方式使用它方面起着很大的作用,但是遗传学在决定一个人的使用是否发展为药物滥用方面扮演了更重要的角色。

Goldman 等人(2005)回顾了两项试图测量各种药物滥用和类似行为,如赌博的遗传力的研究。如图 18.10 所示,作者囊括了病态赌博。下一节将探讨酗酒、尼古丁和可卡因等兴奋剂滥用的遗传因素。

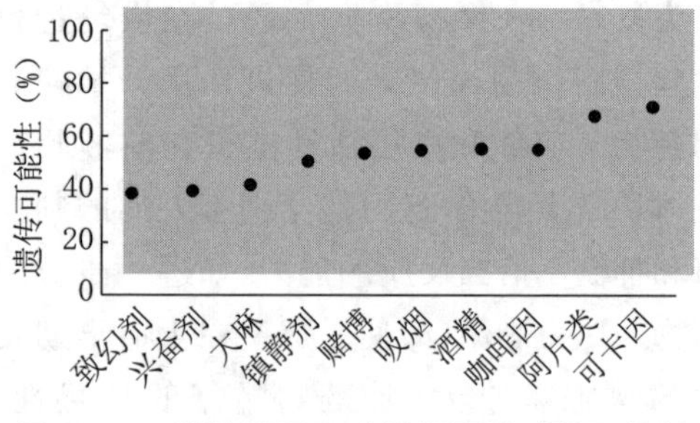


**图 18.10 药物滥用和赌博问题的遗传可能性**

资料来源:Goldman et al.,2005。

## 酒精

目标 18.3 总结遗传对酗酒起作用的证据。

酗酒的遗传基础比其他药物滥用受到更多关注。在美国,10%的人饮用 50%的酒精(Heckler,1983)。许多双胞胎和收养研究证实,这种差异的主要原因是遗传。

酒精滥用的易感性可能是由酒精消化或代谢能力差异,或大脑结构或生物化学差异引起的。有证据表明,负责产生酒精代谢酶的基因的变异性在酗酒的易感性中起着作用。这种基因的一个特殊变体在东亚特别普遍,导致人对酒精摄入产生反应,这种反应令大多数人感到厌恶,而且不鼓励进一步饮酒(Goldman,2005)(见图 18.11)。然而,大多数研究人员认为,大脑生理上的差异——例如,控制对药物强化作用的敏感性或对各种环境压力的敏感性的大脑变化——更有可能发挥作用。例如,增加对环境压力源的敏感性可能会鼓励人使用酒精以作为减少压力相关焦虑的一种手段。

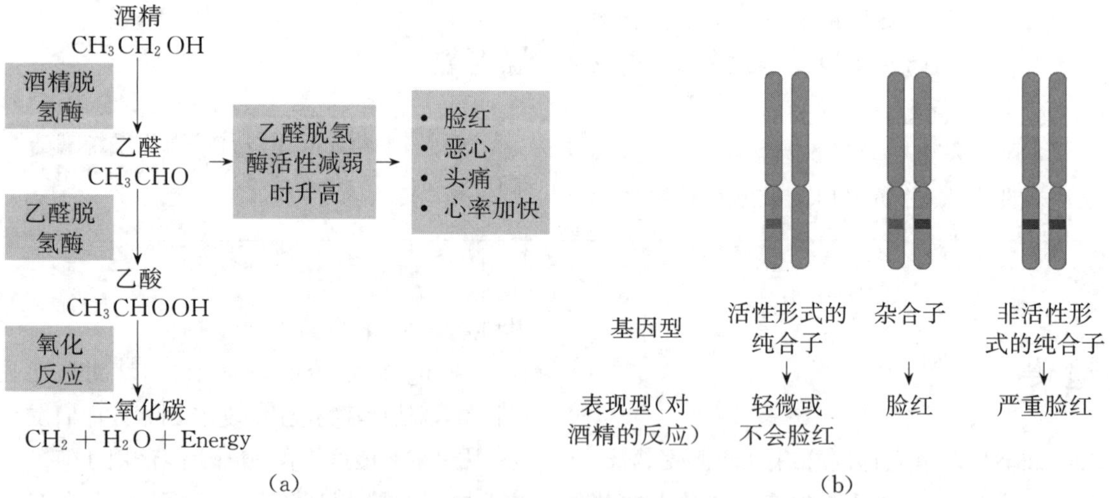


**图 18.11 酒精代谢**

(a)酒精分解有两个步骤:酒精脱氢酶的不活跃导致有毒的中间产物积累,使人感到不适并避免饮酒。(b)每个人都有两条含有酒精代谢酶基因的染色体。两个活性形式的基因副本(纯合子)导致正常的酒精代谢。而非活性基因的两个副本会导致酒精代谢受损和厌恶性反应。非活性基因(杂合子)的一个副本导致中间醇代谢。

资料来源:Based on Meyer, J.S., and Quenzer, L.F., *Psychopharmacology: drugs, the brain, and behavior*, Sunderland, MA: Sinauer Associates, 2005。

## 尼古丁

目标 18.4 总结遗传对尼古丁滥用起作用的证据。

研究人员还关注了药物滥用易感性可能涉及特定神经递质系统功能差异的可能性。烟碱型乙酰胆碱(ACh)受体含有 α5 亚基,存在于内侧缰核神经元上,在抑制尼古丁的强化作用中起作用。遗传学研究发现,负责产生这种受体的基因的一个特定等位基因与尼古丁滥用的易感性增加和随后的肺癌发展有关(Bierut, 2008)。Kuryatov 等人的研究(2011)发现,该等位基因的存在降低了 α5-ACh 受体的敏感性,从而降低了对大剂量尼古丁的抑制作用。其结果是增加了对尼古丁强化作用的敏感性。

## 兴奋剂

目标 18.5 总结遗传对兴奋剂滥用起作用的证据。

Renthal 等人(2009)对可卡因对小鼠 DNA 中遗传物质的影响进行了全基因组分析。他们发现可卡因会激活数百个基因,其中许多基因已被认为与药物的行为效应有关。他们最有趣的发现之一是可卡因依赖于产生去乙酰化酶(sirtuins)的基因,而去乙酰化酶是在细胞中起重要调节作用的蛋白质。他们还发现,去乙酰化酶兴奋剂增加了可卡因的强化作用,而去乙酰化酶拮抗剂则减少了可卡因的强化作用。正如其他研究人员指出的,他们的方法有望发现滥用药物的分子生物学,并为滥用药物的人确定潜在的治疗方法。

---

# 本节回顾

## 遗传

目标 18.3 总结遗传对酗酒起作用的证据。

虽然环境因素和遗传因素都会影响药物滥用障碍的发生,但双胞胎研究支持特定基因对维持药物的使用有作用这个观点。一些单独的基因已被证明会影响特定药物的滥用。例如,酒精脱氢酶基因的变异对酗酒的易感性起作用。

目标 18.4 总结遗传对尼古丁滥用起作用的证据。

α5-ACh 受体基因的变异会影响尼古丁滥用的可能性。

目标 18.5 总结遗传对兴奋剂滥用起作用的证据。

产生去乙酰化酶的基因调节对可卡因滥用潜在可能性的反应。

# 思考题

除了上一节所述的基因因素外,你还能想到哪些基因因素可能会影响一个人对药物滥用的易感性?例如,什么样的个体差异可能会影响一个人尝试一种药物、喜欢该药物的效果,或者不再重复使用一种药物的可能性?

## 常见的滥用药物

众所周知，人们会滥用各种各样的药物，包括：酒精，巴比妥酸盐，阿片类，烟草，安非他明，可卡因，大麻，人造毒品，致幻剂如LSD、PCP，挥发性溶剂如胶水、汽油、乙醚和一氧化二氮。我们依据药物的流行性以及能够滥用的程度把讨论限定在最重要的一些药物中。一些药物，如咖啡因，既受欢迎又有强化作用，但因为通常不会导致中毒、损害健康或干扰生产力，这里不再讨论。（第4章讨论了咖啡因对人产生的行为影响和作用位点。）本章不讨论各种各样的致幻剂如LSD或PCP的信息。尽管有些人喜欢致幻剂，另一些人觉得它们令人恐惧，LSD的使用通常不会导致滥用。动物不容易自我施用致幻剂，即使重复使用也几乎没有生理依赖。苯环利定（PCP）作为NMDA受体的间接拮抗剂，这意味着它的效果与酒精重叠。我们选择更多地谈论酒精，而不是单独介绍滥用程度远远超过任何致幻药物的PCP。这个部分将描述阿片类药物，兴奋剂、尼古丁、酒精和大麻的滥用情况。

### 阿片类

目标18.6 描述阿片类药物滥用中强化的效果和作用及生理依赖。

阿片来自罂粟，几个世纪来人们一直用来吃和熏制。许多处方止痛药[如奥施康定（OxyContin）在本章开头的案例研究中有描述]含有合成阿片制剂，许多人造毒品是合成阿片制剂（例如在第5章开头的案例研究中制造失败的批次）。

**描述** 阿片剂滥用有一些很高的个人和社会成本。阿片剂滥用不仅违法（既非海洛因等不法形式，也非滥用处方药），而且由于耐受性，一个人必须服用越来越多的药物以达到“上头”状态。因此，这种习惯变得越来越昂贵，并且有些人可能去犯罪以获得足够的钱来支撑不断增量的药物使用。许多阿片类药物可以采用静脉注射；目前，大部分注射海洛因等药物的人会接触到被肝炎和艾滋病病毒污染过的注射器。如果孕妇身体依赖阿片类药物，胎儿也将依赖于药物，这种药物很容易穿过胎盘屏障。新生儿必须在出生后立即给予阿片类药物，然后逐渐减少药物断奶，以预防或减少戒断症状。对给定批次的合成阿片制剂的强度的不确定性，使得使用者可能接受异常大剂量，可能导致致命后果。用于稀释阿片类药物的一些物质本身就是有毒的。

**强化** 正如我们早些时候看到的，实验动物会自行使用阿片类药物。当阿片类药物系统地给药时，它会刺激位于大脑各部分神经元上的阿片受体，并产生多种效果，包括镇痛、低温（降低体温）、镇静和强化作用。导水管周围灰质的阿片受体主要负责镇痛，视前区的阿片受体负责降低体温，中脑网状结构的阿片受体主要负责镇静。如我们所见，腹侧被盖区和伏隔核中的阿片受体似乎在阿片类药物的强化作用中发挥作用（见图18.12）。

正如我们在第4章中看到的，阿片类受体主要有三种：$\mu$（缪）、$\delta$（德尔塔）和$\kappa$（卡帕）。有证据表明，$\mu$受体和$\delta$受体负责强化和镇痛，$\kappa$受体的刺激产生厌恶效应。$\mu$受体作用的证据来源于Matters（1996）等人的一项研究。他对负责在小鼠体内产生$\mu$阿片受体的基因进行了定向突变。这些动物长大后，对吗啡的强化或镇痛作用完全不敏感，在连续6天注射了更多剂量的吗啡后，它们没有表现出戒断症状的迹象（见图18.13）。

正如我们早些时候看到的，强化刺激会导致NAC中多巴胺的释放。注射阿片类药物也不例外；Wise（1995）等人发现，当一只大鼠按压注射海洛因的杠杆时，NAC中的多巴胺水平增加了150%—300%。大鼠还将按

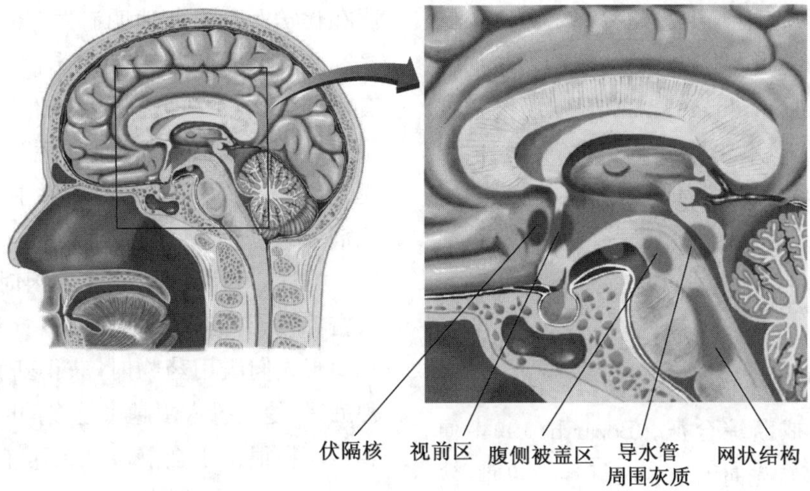


**图 18.12 阿片的效果**

伏隔核和腹侧被盖区的阿片受体参与了阿片类药物的强化作用。视前区的受体与低温有关。导水管周围灰质的受体主要负责镇痛，网状结构的受体负责镇静。

压杠杆，将阿片类药物直接注射到腹侧覆盖区(Devine, Wise, 1994)或伏隔核(Goeders, 1984)。换句话说，强化将阿片类药物注射到中胚层多巴胺能系统两端的行为。

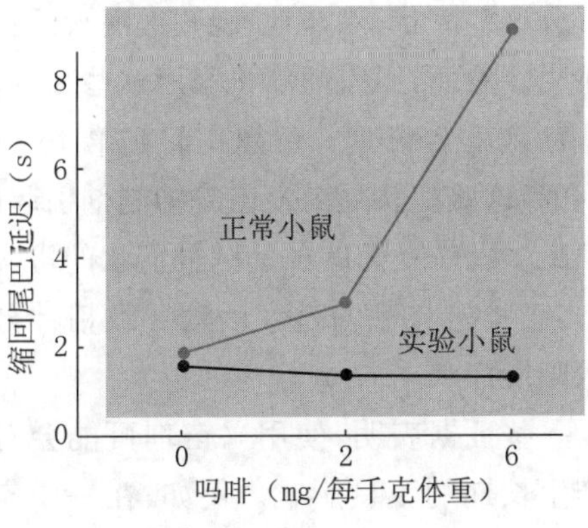


(a)

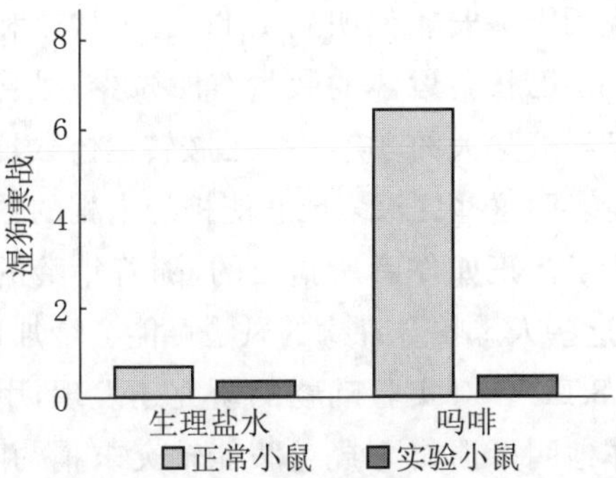


(b)

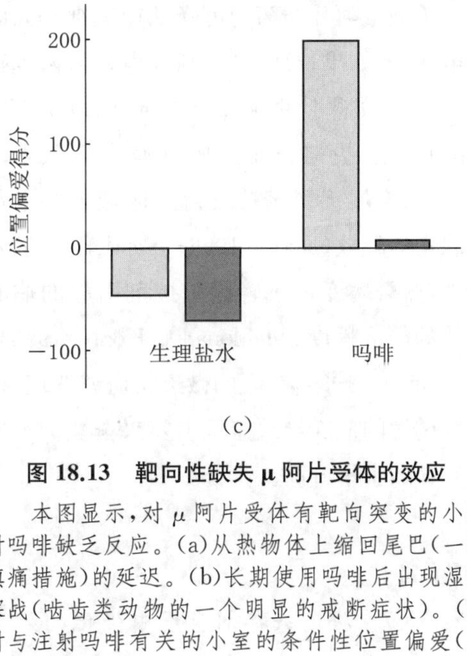


(c)

**图 18.13 靶向性缺失 μ 阿片受体的效应**

本图显示，对 μ 阿片受体有靶向突变的小鼠对吗啡缺乏反应。(a)从热物体上缩回尾巴(一种镇痛措施)的延迟。(b)长期使用吗啡后出现湿狗寒战(啮齿类动物的一个明显的戒断症状)。(c)对与注射吗啡有关的小室的条件性位置偏爱(一种强化措施)。

资料来源：Matthes et al., 1996。

内源性阿片类药物的释放甚至可能在某些药物的强化作用中发挥作用。研究表明，纳洛酮(一种阻断阿片受体的药物)可以减少酒精对人类和实验动物的强化作用。事实上，阿片类阻滞剂的使用是一种经批准的酒精滥用疗法。

**生理依赖** 有几项研究考察了负责发展阿片类药物的耐受性和随后的戒断效应的神经系统。Maldonado(1992)等人使大鼠依赖吗啡,然后将纳洛酮注射到大脑各区域,以确定突然阻断阿片受体是否会刺激戒断症状。这种技术——长时间服用一种滥用药物,然后用一种拮抗剂阻断其作用——被称为**拮抗剂诱发戒断**。研究人员发现,最敏感的部位是蓝斑,其次是导水管周围灰质。注射纳洛酮后产生弱戒断综合征。Bozarth(1994)使用类似技术(首先向大脑各区域注入吗啡,然后通过给动物注射纳洛酮来加速戒断),证实了蓝斑和导水管周围灰质在产生戒断症状中的作用。

单剂量阿片类药物可降低蓝斑神经元的放电率,但如果长期给药,则放电率将恢复正常。然后,如果使用阿片类拮抗剂(以诱发戒断症状),这些神经元的放电速度会急剧增加,从而增加接受该核投射的区域内去甲肾上腺素的释放(Koob, 1996; Nestler, 1996)。此外,蓝斑病变可减轻因拮抗剂引起的戒断症状的严重程度(Maldonado; Koob, 1993)。Aghajanian(1994)等人的微透析研究发现,拮抗剂诱发的戒断导致蓝斑主要兴奋性神经递质谷氨酸水平升高。

## 兴奋剂

目标 18.7 描述兴奋剂滥用中强化的效果和作用。

可卡因和安非他明具有相似的行为效应,因为两者都是强效的多巴胺兴奋剂。然而,它们的作用位点是不同的。可卡因与多巴胺转运蛋白结合并使其失活,从而阻断多巴胺在终扣释放后的再摄取。安非他明也能抑制多巴胺再摄取,但它最重要的作用是直接刺激多巴胺从终扣释放出来。甲基安非他明在化学上与安非他明有关,但效力要大得多。游离型可卡因(快克可卡因)是一种特别有效的药物,被吸入,进入肺部的血液供应,很快到达大脑。因为它的作用是如此强大和迅速,有可能是所有可用药物中最有效的强化剂。

**描述** 当人们吸食可卡因时,他们变得兴奋、活跃和健谈。他们说感觉到强大和警觉。当人们滥用药物时,获得药物就成了一种痴迷,他们投入了越来越多的时间和金钱。实验动物很快学会静脉注射可卡因,也表现出兴奋和强烈的探索活动。在接受药物一两天后,大鼠开始表现出刻板运动,如梳头、摇头和持续运动(Geary, 1987)。

可卡因和安非他明在经常滥用这些药物的人身上产生的令人震惊的影响之一是精神病行为:幻觉、迫害妄想、情绪紊乱和重复行为。这些症状与精神分裂症的阳性症状非常相似,即使是受过训练的心理健康专家也无法区分这些症状,除非他/她知道病人的药物滥用史。然而,当人们停止服用这些药物时,这些症状就会减少。正如我们在第 16 章中看到的,这些症状是由多巴胺抑制剂引起的,而阻断多巴胺受体的药物减轻症状的事实表明,多巴胺能突触的过度活动导致精神分裂症的阳性症状。

一些证据表明,使用兴奋剂可能会对大脑产生长期的不良影响。例如,在一项应用 PET 的研究中(McCann et al., 1998)发现,有滥用甲基安非他明病史的人,尾状核和壳核中多巴胺转运体的数量有所减少,尽管他们已经戒除大约 3 年。多巴胺转运体数量的减少表明这些区域多巴胺能神经末梢的数量减少了。正如作者所指出的,随着年龄的增长,这些人患帕金森病的风险可能会增加(见图 18.14)。对实验动物的研究还发现,甲基安非他明可损伤 5-羟色胺能轴突末梢,并通过大脑皮层、纹状体和海马的凋亡触发神经

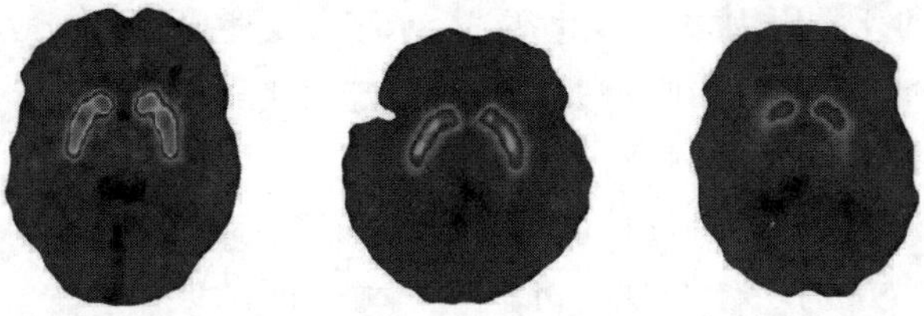


**图 18.14 多巴胺转运蛋白、甲基安非他明滥用和帕金森病**

扫描图显示了控制组、曾滥用甲基安非他明组和帕金森病组的多巴胺转运蛋白浓度。多巴胺转运体浓度降低表明多巴胺能末梢的丧失。

资料来源：McCann, U.D., Wong, D.F., Yokoi, F., et al., *Journal of Neuroscieuce*, 1998, 18, 8417—8422。

元死亡(Cadet et al., 2003)。

**强化** 如果大鼠或猴子一直可以操作杠杆，允许它们自行给药可卡因，它们就可能自我注射大量可卡因直至死亡。因此，研究这种药物的研究人员必须限制动物使用药物。正如我们所见，中胚层多巴胺系统在所有形式的强化中起着至关重要的作用，除了通过直接刺激阿片受体介导的强化作用外。许多研究表明，用微透析法测定，静脉注射可卡因和安非他明会增加伏隔核中多巴胺的浓度。例如。图 18.15 显示了 Di Ciano 等人(1995)收集的数据：在一项针对大鼠的研究中，他们研究了动物如何学会按压注射可卡因或安非他明的杠杆。底部的条形图表示动物的反应，而折线图则表示伏隔核中多巴胺的水平。

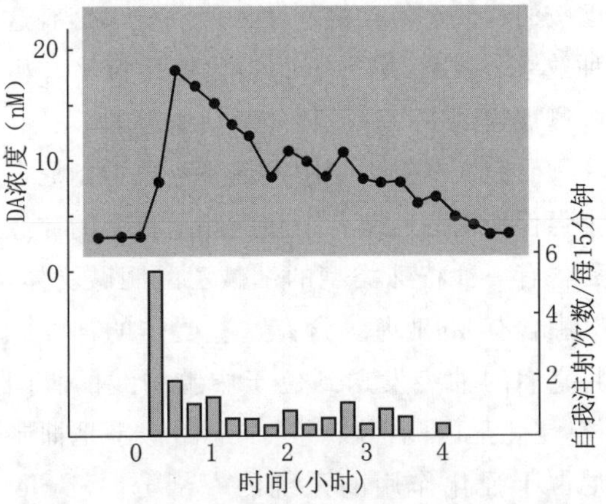


自我注射安非他明

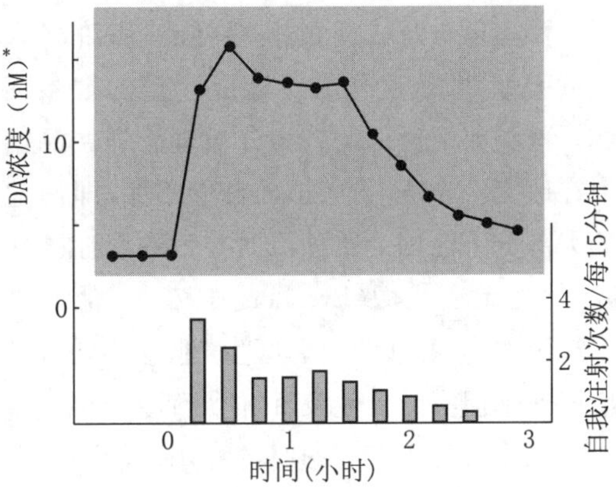


自我注射可卡因

**图 18.15 伏隔核多巴胺的释放**

这些图显示，在大鼠静脉注射可卡因或安非他明的过程中，微透析法测量了伏隔核中多巴胺(DA)的浓度。

资料来源：Di Ciano et al., 1995。

## 尼古丁

目标 18.8 描述尼古丁滥用中强化的效果和作用及生理依赖。

尽管尼古丁的使用很普遍，但它是一种滥用药物，造成的死亡人数比本章迄今描述的其他药物都多。

**描述** 烟草烟雾中尼古丁和其他物质结合会致癌，导致肺癌、口癌、喉癌和食道癌。世界上大约 1/3 的成年人吸烟，吸烟是发展

---

* nM=nmol/L，即纳摩尔每升。——编者注

中国家致死人数上升的死亡原因之一。世界卫生组织估计，在青少年时期开始吸烟并终生吸烟的人中，有 50%将死于与吸烟有关的疾病。在发达国家，吸烟是可预防死亡的主要原因(Dani, Harris, 2005)。仅在美国，每年就有超过 43 万人死于烟草滥用(Chou, Narasimhan, 2005)。在世界范围内，中风是第二大死因，肺癌是第五大死因(Lozano et al., 2013)。这两种死亡原因都受到吸烟的负面影响。孕妇吸烟对胎儿健康也有负面影响——可能比可卡因更糟糕(Slotkin, 1998)。

不应低估尼古丁的滥用可能性；许多人继续吸烟，即使这样做会造成严重的健康问题。例如弗洛伊德的精神分析理论强调洞察力在改变一个人行为方面的重要性，即使他的大部分下巴因为这种习惯导致的癌症被切除，他也无法戒烟(Brecher, 1972)。他遭受了严重的疼痛，作为一名医生，他意识到自己应该戒烟但实际上他没有，他最后死于癌症。

**强化** 尼古丁有很高的滥用可能性。在对文献的回顾中，Stolerman 和 Jarvis(1995)指出，吸烟者往往有规律地吸烟或根本不吸烟；很少有人能抽得很少。20 名吸烟者中有 19 人每天吸烟，3 500 名吸烟者中只有 60 人每天吸烟少于 5 支。40%的人在切除喉部(通常是为了治疗喉癌)后继续吸烟。超过 50%的心脏病幸存者继续吸烟，约 50%的人在肺癌手术后继续吸烟。在那些试图通过参加一个特别项目来戒烟的人中，20%的人能够戒烟 1 年。那些试图自己戒烟的人的记录要差得多：1/3 的人能停 1 天，1/4 的人戒烟 1 周，但只有 4%的人能戒掉 6 个月。

我们的物种并不是唯一愿意自己吸食尼古丁的物种；实验动物也是如此(Donny et al., 1995)。尼古丁刺激烟碱乙酰胆碱受体。它还能提高中脑系统多巴胺能神经元的活性(Mereu et al., 1987)，并使多巴胺在伏隔核中释放(Damsma et al., 1989)。图 18.16 显示了 2 次注射尼古丁或生理盐水对微透析法测定的伏隔核细胞外多巴胺水平的影响。

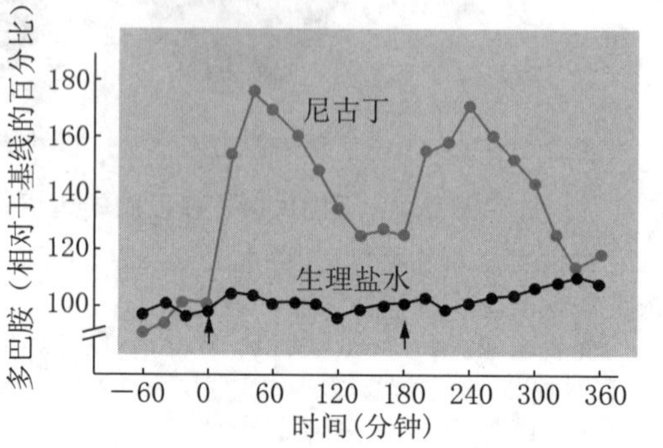


**图 18.16 伏隔核中尼古丁和多巴胺的释放**

图中显示了在注射尼古丁或生理盐水后，微透析法测量的伏隔核多巴胺浓度的变化。箭头表示注射的时间。

资料来源：Damsma et al., 1989。

将烟碱兴奋剂直接注入腹侧被盖区将强化条件性位置偏爱(Museo and Wise, 1994)。相反，在腹侧被盖区中注射烟碱拮抗剂将阻断尼古丁促使伏隔核释放多巴胺的能力，并减少静脉注射尼古丁的强化作用(Corrigall et al., 1994; Gotti et al., 2010)。但是，尽管烟碱受体在腹侧被盖区和伏隔核中都有发现，Coregall 等人发现向伏隔核注射烟碱拮抗剂对强化无影响。与这些发现一致，Nisell 等人(1994)发现，将烟碱拮抗剂注入腹侧被盖区将防止静脉注射尼古丁触发伏隔核中多巴胺的释放。将拮抗剂注入伏隔核不会有这种效果。因此，尼古丁的强化作用似乎是由腹侧被盖区中烟碱受体的激活引起的。

研究人员在大脑中发现了一条抑制尼古丁强化作用的通路。中脑内侧缰核中的神经元含有一种特殊类型的烟碱乙酰胆碱受体，其中含有 α5 亚基。含有这些受体的神经元将它们的轴突发送到位于中脑中线的脚间核，尾侧至内侧缰核。这个通路似乎是抑制尼古丁强化作用的系统的一部分。Fowler 等人(2011)对小鼠内侧缰核 α5-ACh 受体的合成基因进行了靶向突变。他们发现，基因敲除增加了的自我给药高剂量尼古丁。他们还发现，这一过程降低了尼古丁激活脚间核的能力，而该核中的活动中断则增加了自我给药尼古丁能力。内侧缰核—脚间核回路似乎保护动物（大概就是我们自己的物种），使其免受大量尼古丁的摄入。也就是当每一次注射中含有尼古丁的量增加时，控制组鼠会提高其反应率——达到一个点。最终，更大的注射会抑制动物的反应速度，使其不会接受过多的尼古丁。但是，如果缰核中的 α5-ACh 受体失活，这种抑制作用就不会发生（见图 18.17）。

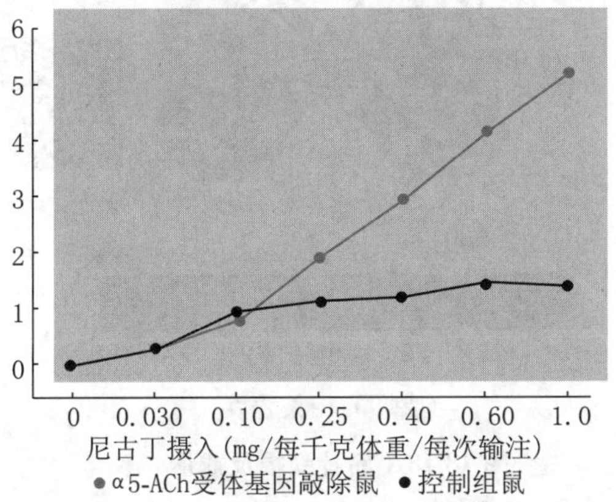


**图 18.17 α5-Ach 受体基因敲除对小鼠的影响**

图中显示，当小鼠接受了内侧缰核的 α5-Ach 受体基因靶向突变，其自我给药尼古丁的剂量随之增加，说明该脑区控制小鼠的药物摄入。

资料来源：Fowler et al., 2001。

**大麻素受体的作用** 研究发现，内源性大麻素在尼古丁的强化作用中起着重要作用。利莫那班（Rimonabant）是一种阻隔大麻素类 CB1 受体的药物，通过减少伏隔核中多巴胺的释放（De Vries and Schoffelmeer, 2005），减少大鼠自我给药尼古丁和寻求尼古丁行为（Cohen et al., 2005）。通过阻断 CB1 受体，利莫那班降低了尼古丁的强化作用。正如我们在第 12 章中看到的，利莫那班在短期内被用于抗肥胖治疗，但由于危险的副作用而退出市场。临床试验发现利莫那班似乎有助于防止那些试图戒烟的人复吸，但它也没有被批准用于这个目的。然而，这种药物对人类和实验动物的影响表明，对尼古丁的渴望，就像对食物的渴望一样，通过释放大脑中的内源性大麻素而增强。

**生理依赖** 烟碱乙酰胆碱受体存在三种状态。当乙酰胆碱的终扣释放出 ACh 时，受体就会短暂地打开，允许钙离子的进入（大多数烟碱受体在释放另一种神经递质的终扣上起异源受体的作用，钙离子的进入刺激了神经递质的释放）。几毫秒内，酶 AChE 破坏了乙酰胆碱，受体要么再次关闭，要么进入脱敏状态，在此过程中，它们与乙酰胆碱结合，但对乙酰胆碱没有反应。正常情况下，烟碱受体很少进入脱敏状态。然而，当一个人吸烟时，大脑中的尼古丁水平会缓慢上升，并在很长一段时间内保持稳定，因为尼古丁与乙酰胆碱不同，不会被 AChE 破坏。起初，烟碱受体被激活，但持续低水平的药物将许多烟碱受体转化为脱敏状态。因此，尼古丁对烟碱受体具有双重作用：激活和去甲基化。此外，由于一再使用这种药物，可能是为了应对脱敏，烟碱受体的数量增加（Dani and De Biasi, 2001）。

大多数烟民报告说，早晨的第一支烟带来了最大的乐趣，大概是因为整晚没有吸烟让他们的许多烟碱受体进入封闭状态，并再次变得敏感。早晨的第一剂尼古丁激活了这些受体，并具有强化作用。在那之后，烟碱受体中的很大一部分又变得不敏感；因此，大多数烟民说，他们吸烟不是为了娱乐，而是为了放松，从紧张和渴望中解脱出来。如果吸烟者戒烟数周，他们大脑中烟碱受体的数量就会恢复正常。然而，高复发率说明，吸烟渴望继续存在，这意味着大脑的其他变化一定已经发生。

长期使用后戒烟会导致症状严重，包括焦

虑、焦躁不安、失眠和无法集中精力(Hughes et al., 1989)。就像其他药物的戒断症状一样,这些症状可能会增加复发的可能性,但不能解释为什么人们一开始就依赖这种药物。下面病人 N 的案例显示了这一现象的一个不寻常例子。

病人 N 是一个从 14 岁开始吸烟的 38 岁男子,中风时,他每天抽 40 多支未经过滤的香烟,而且非常喜欢抽烟……他过去经常有吸烟的冲动,尤其是在他醒来后、吃完饭、喝了咖啡或酒,当他和其他抽烟的人在一起的时候。他常常发现,在不适当的情况下,例如在工作或生病时,很难不吸烟。中风前他知道吸烟对健康的危害,但并不特别担心这些风险。中风前他从未尝试戒烟,也无意戒烟。他中风前的晚上抽了最后一支烟。当被问及他戒烟的原因时,他简单地说:“我忘了我是个吸烟者。”当被要求详细说明时,他说他没有忘记他是一个吸烟者的事实,而是说“我的身体忘记了吸烟的冲动。”在住院期间,他没有吸烟的冲动,尽管他有机会出去吸烟。鉴于他之前对烟的渴望程度,他不想在医院吸烟令他的妻子感到非常惊讶。他回忆起他在医院里的室友是如何经常外出吸烟的,他对室友回来时的气味感到非常厌恶,于是他要求换房间。他自告奋勇地说,中风前在他的梦中吸烟是令人愉快的,现在却令人厌恶。虽然他最终相信他的中风在某种程度上是由吸烟引起的,但中风并不是他戒烟的原因。事实上,他不记得曾经做过任何戒烟的努力。相反,在他看来,他似乎对吸烟完全失去了兴趣。当被问到他的中风是否破坏了他大脑的某些部分时……这使他想抽烟,他同意情况很可能是这样(Naqvi et al., 2007, p.534)。

Naqvi(2007)等人报告说,N 中风,损害了他的岛叶。事实上,其他几个有岛叶损伤的病人也有同样经历。Naqvi 等人确认 19 名吸烟者岛叶受损,50 名吸烟者脑损伤而这一区域幸免。在 19 名岛叶受损的患者中,12 名“轻易戒烟,立即戒烟,不复发,并不再有吸烟渴望”(Naqvi et al., 2007, p.531)。一位岛叶损伤患者戒烟,但仍报告说有吸烟的冲动。图 18.18 显示了计算机生成的脑损伤图像,显示了与吸烟中断有统计学意义的相关性。正如你所看到的,岛叶是红色的,与戒烟的关系最密切。

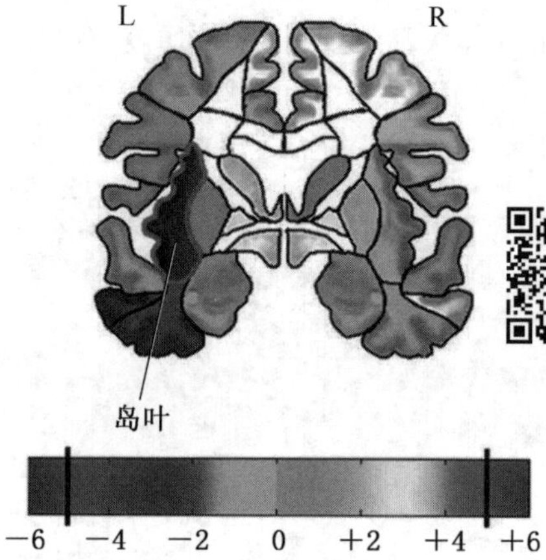


**图 18.18 岛叶受损及戒烟**

该图显示了大脑中与戒烟关系最密切的区域(以红色显示)。

资料来源:Naqvi, N. H., Rudrauf, D., Damasio, H., and Bechara, A., Damage to the insula disrupts addiction to cigarette smoking, Science, 2007, 315, 531—534。引用经许可。

其他研究证实了 Naqvi 等人的研究发现(Hefzy et al., 2001。此外,Forget 等(2010)发现,向大鼠岛叶注射抑制剂可减弱尼古丁的强化效果(见图 18.19)。之前提到过,Zhang 等人(2011)发现,吸烟者额叶灰质减少,这至少能解释为什么吸烟者很难戒除吸烟这一陋习。这些研究也发现,吸烟者的岛叶更大,这与岛叶在尼古丁成瘾中的作用是一致的。

戒烟的几个威慑因素之一是,当人们戒烟时,暴饮暴食和体重增加经常发生。正如

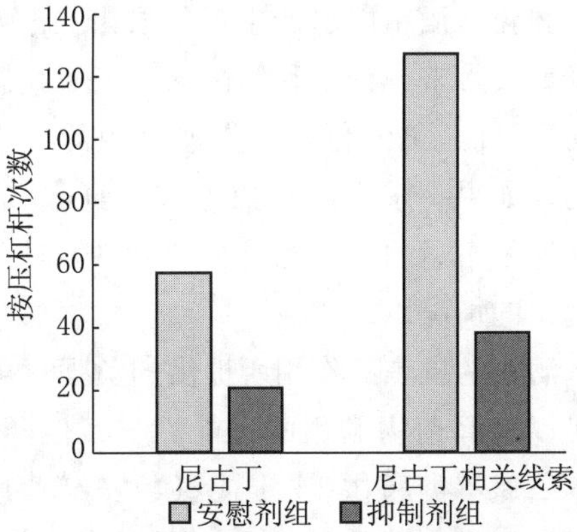


**图 18.19 岛叶失活对大鼠寻找药物行为恢复的影响**

大鼠被训练成给自己注射尼古丁，然后行为消退。该图显示，岛叶失活大大减少了尼古丁或先前与尼古丁有关的线索所引起的寻找药物的行为。

资料来源：Forget et al.，2010。

本章前面和第 12 章所提到的，大脑中 MCH 和食欲素的释放促进了饮食和代谢率的降低。Jo 等人(2005)发现尼古丁抑制 MCH 神经元，从而抑制食欲。当人们试图戒烟时，他们常常对这样一个事实感到沮丧：他们大脑中尼古丁的缺乏释放了他们的 MCH 神经元，从而增加了他们的食欲。尼古丁还能刺激食欲素的释放，正如我们在本章前面所看到的，它参与了寻找药物的行为(Huang et al.，2011)。食欲素在大脑的许多部位释放，但有一个区域可能在吸烟中起着特别重要的作用：岛叶。Hollander 等人(2008)发现，将一种药物注入岛叶，阻断食欲素受体，降低了大鼠注射尼古丁的反应。

## 酒精

目标 18.9 描述酒精滥用中强化的效果和作用及生理依赖。

酒精给社会带来了巨大的代价。汽车事故造成的伤亡中有很大一部分与饮酒有关，酒精助长了暴力和攻击行为。酗酒的人往往失去工作、家庭和家人；许多人死于肝硬化、暴露于风险或因生活条件差和受伤或忽视健康而引起的疾病。了解这种药物的生理和行为效应是一个重要的问题。

**强化** 在低剂量时，酒精会产生轻微的兴奋感，并有缓解焦虑的作用，也就是说，它可以减少焦虑所致的不适。在更高的剂量下，它会产生不协调和镇静作用。在实验室动物研究中，抗焦虑作用表现为从厌恶刺激的惩罚效应中释放出来。例如，如果一只动物在作出特定反应(例如，获得食物或水)时受到电击，它就会停止反应。无论如何，如果它被给予一些酒精，它将开始再次作出反应(Koob et al.，1984)。这一现象解释了为什么当人们喝太多酒时，他们会去做自己通常不会做的事情；酒精消除了社会控制对他们行为的抑制作用。

酒精在神经系统中有两个主要的作用位点，分别是 NMDA 受体的间接拮抗剂和 $GABA_A$ 受体的间接兴奋剂(Chandler et al.，1998)。即酒精增强 GABA 在 $GABA_A$ 受体上的作用，干扰谷氨酸在 NMDA 受体上的传递。

正如我们在第 13 章中所看到的，NMDA 受体在长时程增强中发挥作用，这是一种在学习中起着重要作用的现象。酒精可拮抗谷氨酸在 NMDA 受体上的作用，干扰长时程增强作用，并干扰海马中位置细胞的空间感受域(Givens and McMahon，1995；Matthews et al.，1996)。据推测，这种影响至少部分解释了酒精对记忆和其他认知功能的有害影响。

酒精的第二个作用位点是 $GABA_A$ 受体。酒精与此受体上的许多结合位点之一结合，增加 GABA 在开放氯离子通道和产生抑制性突触后电位方面的作用。Proctor 等人(1992)记录了大鼠脑切片中大脑皮层单个神经元的活性。他们发现，酒精的存在显著增加了 GABA 在 $GABA_A$ 受体上作用所产生的突触后反应。正如我们在第 4 章中看到的，苯二氮䓬类药物的抗焦虑作用是由于它们作为 $GABA_A$ 受体间接兴奋剂而产生的。因为酒精也有这种作用，我们可以推测酒精的抗焦虑作用也是这种药理的结果。酒精的镇静作用似乎也在 $GABA_A$ 受体上发挥作用。Suzdak 等人(1986)发现了一种药物(Ro15-4513)，通过阻断这个受体上的酒精结合位点来逆转酒精中毒。虽然酒精的行为效应是由它们对 $GABA_A$ 受体和 NMDA 受体的作用介导的，但高剂量酒精对体内所有细胞都有其他致命的影响，包括细胞膜的不稳定。

正如你之前所读过的，产前接触酒精会对胎儿发育中的神经系统产生影响。Ikonomidou 等人(2000)发现，未成熟的大鼠脑暴露于酒精会发生凋亡，引起广泛的细胞死亡。研究人员使未成熟大鼠在脑发育期不同时间接触酒精，发现不同区域在不同时间容易受到酒精的影响。显然，酒精对 GABA 和谷氨酸受体的作用都会导致细胞凋亡。为了证实这一机制，Ikonomidou 等人发现 $GABA_A$ 兴奋剂(苯巴比妥，巴比妥酸盐的一种)或 NMDA 拮抗剂(MK-801)对 7 日龄大鼠造成脑损伤(见图 18.20)。

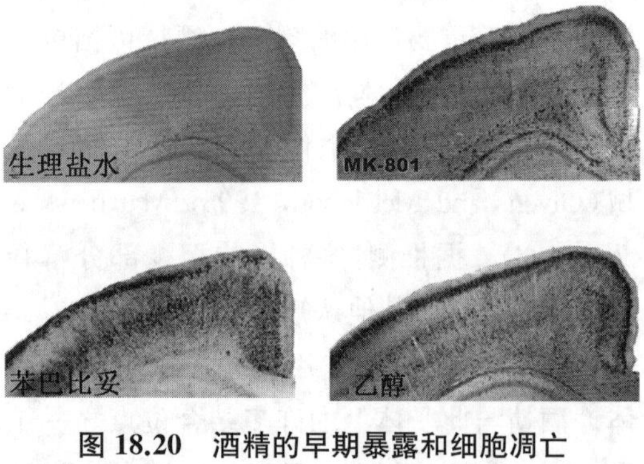


**图 18.20 酒精的早期暴露和细胞凋亡**

大鼠脑切片的显微照片显示神经元退化(黑点)。大脑在快速生长时期暴露于酒精会诱导细胞凋亡，从而导致细胞死亡。这些作用是由酒精作为 NMDA 拮抗剂和 $GABA_A$ 兴奋剂的作用来介导的。NMDA 拮抗剂 MK-801 和 $GABA_A$ 兴奋剂苯巴比妥也能诱导细胞凋亡。

资料来源：Ikonomidou, C., Bittigau, P., Ishimaru, M.J., et al., Ethanol-induced apoptotic neurodegeneration and fetal alcohol syndrome, *Science*, 2000, 287, 1056—1060。引用经许可。

**强化** 酒精能够产生正负强化。正强化本身就会带来一种温和的快感。正如我们前面所看到的，负强化是由厌恶刺激的终止引起的。如果一个人感到焦虑和不舒服，那么缓解这种不适的抗焦虑药至少可以暂时摆脱不愉快的情况。

酒精的抗焦虑作用所提供的负强化可能不足以解释药物滥用的可能性。其他药物，如苯二氮䓬类药物(安定或氯羟安定)，甚至比酒精具有更强的抗焦虑作用，但此类药物被滥用的频率较低。这可能是刺激和抗焦虑作用的独特结合：正负强化使一些人难以抗拒酒精。

酒精和其他滥用药物一样，通过微透析测量发现，可以提高中脑系统多巴胺能神经元的活性，并增加 NAC 中多巴胺的释放(Gessa et al., 1985, Imperato and Di Chiara, 1986)。多巴胺的释放似乎与酒精的正强化作用有关。直接向 NAC 注射多巴胺拮抗剂可减少大鼠的酒精摄入量(Samson et al., 1993)，以及将药物注射到 VTA 中，从而降低那里多巴胺能神经元的活动(Hodge et al., 1993)。在一项双盲研究中，Enggasser 和 de Wit(2001)发现，氟哌啶醇是一种能阻止 DA 受体的抗精神病药物，它减少了被试随后饮用的酒精量。据推测，这种药物降低了酒精的强化作用。此外，通常在喝了一杯之后感到兴奋和欣快的人报告说，服用氟哌啶醇后，这些感觉会减弱。

阿片受体似乎参与了一种不直接涉及多巴胺能神经元的强化机制。酒精的强化作用至少部分由于它能够触发内源性阿片的释放。一些研究表明，纳洛酮等阿片类受体阻断剂阻断了酒精对各种物种，包括大鼠、猴子和人类的强化作用(Altschuler et al., 1980; Davidson et al., 1996; Reid, 1996)。此外，内源性阿片可能在酒精渴求中发挥作用。Heinz 等人(2005)发现，1—3 周的禁酒增加了 NAC 中 μ 阿片受体的数量。受体的数量越多,渴望就越强烈。据推测,μ 受体数量增加加强了内源性阿片对大脑的影响,并成为对酒精渴求的一个因素(见图 18.21)。

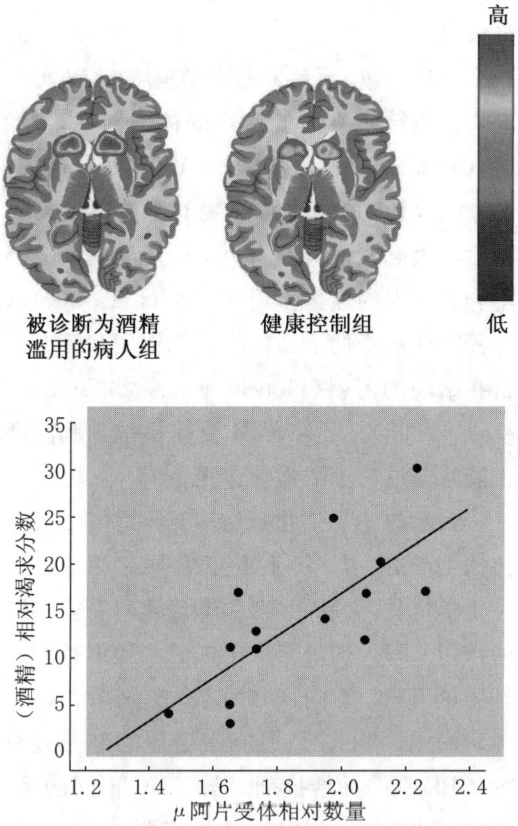


**图 18.21 对酒精的渴望和 μ 阿片受体**

PET 扫描图显示,戒酒组和健康控制组的背侧纹状体存在 μ 阿片受体。图中显示了相对酒精渴求分数,作为 μ 阿片受体相对数量的函数。

资料来源:Heinz et al., 2005。

**生理依赖** 长期戒酒(就像长期摄入海洛因、可卡因、安非他明和尼古丁)会降低 NAC 中胚层神经元的活性及其多巴胺的释放(Diana et al., 1993)。如果使用 NMDA 受体间接拮抗剂,NAC 中的多巴胺分泌就会恢复。有证据表明以下一系列的事件:单剂量酒精的一些急性作用是由药物对 NMDA 受体的拮抗作用引起的。NMDA 受体的长期抑制导致上调——受体敏感性的补偿性增加。然后,当酒精摄入突然停止,NMDA 受体活性的增加抑制了 NAC 腹侧被盖区神经元的活动和多巴胺的释放。

虽然阿片类药物戒断效应往往言过其实,但巴比妥酸盐或酒精的戒除效应是严重的,甚至可能致命。当 NMDA 受体从酒精的抑制作用中反弹时,它们的敏感性会增加,这会引发癫痫发作,被认为是一种医疗紧急事件,通常使用苯二氮草类药物治疗。Liljequist(1991)证实了这些反应的原因,他发现戒酒引起的癫痫发作可以通过给予小鼠一种阻断 NMDA 受体的药物来预防。

## 大麻

目标 18.10 描述大麻滥用中强化的效果和作用。

另一种人们经常自我使用的药物是 THC,这是大麻的有效成分。THC 可由大麻植株产生的,也可合成。2010 年,近 30 000 次急诊室访问都有 K2 或 Spice 等合成大麻素类的影子,比 2001 年(据美国药物滥用和精神卫生服务管理局)增加了一倍。2012 年,合成大麻素在美国被定为非法。

**描述** 正如第 4 章所述,内源性大麻素的作用位点是 CB1 受体。CB1 受体的内源性配体是脂类。使用一种阻隔 CB1 受体的药物,可消除吸食大麻所产生的兴奋(Huestis et al., 2001)。

第 4 章中也提到海马体含有大量的 CB1 受体。大麻会导致记忆障碍。有证据表明,这种药物是通过破坏海马体的正常功能起作用的,而海马体在记忆中又起着如此重要的作用。海马体 CA1 区的锥体细胞释放内源性大麻素,这提供了一个逆行信号,抑制通常对其起抑制作用的 GABA 能神经元。这样,内源性大麻素的释放促进了 CA1 锥体细胞的活性,并促进了长时程增强作用(Kunos and Batkai，2001）。

我们可能认为，促进海马体的长时程增强将增强其记忆功能。然而，事实恰恰相反。Hampson 和 Deadwyler（2000）发现，大麻素对空间记忆任务的影响与海马体损伤产生的作用相似。因此，CA1 区 CB1 受体的过度激活似乎干扰了海马结构的正常功能。

一些研究人员（Le Bec et al.，2009；Minozzi et al.，2010；Moore et al.，2007）报告了一项与长期使用大麻有关的令人不安的发现：精神分裂症等精神疾病的发生率在大麻使用者中有所增加，特别是那些经常使用大麻的人。青少年的大脑似乎特别容易因大麻暴露而对发育产生影响。啮齿类动物在幼年期接触 THC 会导致之后任务表现受损，从而造成类似精神分裂的症状（Rubino and Parolaro，2014）。但相关的研究不能证明因果关系的存在，有可能出现精神病症状的人更可能使用大麻。然而，统计数据表明，不能排除大麻使用与精神病之间的因果关系。

**强化** THC 和其他被滥用的药物一样，对多巴胺能神经元有刺激作用。Chen 等人（1990）向大鼠注射低剂量 THC，通过微透析测量 NAC 中释放多巴胺。果然，他们发现注射会导致多巴胺释放（见图 18.22）。他们在 VTA 中局部注射少量 THC，对 NAC 中多巴胺的释放没有影响。然而，在 NAC 中注射 THC 确实导致了多巴胺的释放。因此，药物似乎直接作用于多巴胺能终扣，大概是在突触前异源受体上，在那里它增加了多巴胺的释放。

包括小鼠、大鼠和猴子在内的多种实验动物会自行使用刺激 CB1 受体的药物，包括 THC（Maldonado and Rodriguez de Fonseca，2002）。阻断 CB1 受体产生的靶向突变不仅消除了大麻素的强化作用，而且也消除了吗啡和海洛因的强化作用（Cossu et al.，2001）。这种突变也降低了酒精的强化作用和可卡因自我给药的习得（Houchi et al.，2005；Soria et al.，2005）。此外，CB1 受体拮抗剂利莫那班能减弱尼古丁的强化作用。

大麻的主要强化成分 THC 是仅由大麻植株生产的大约 70 种化学物质之一。另一种化学物质，大麻二醇（CBD），起着完全不同的作用。与大剂量会产生焦虑和类似精神病行为的 THC 不同，CBD 具有抗焦虑和抗精神病作用。THC 是大麻素受体的部分兴奋剂，CBD 是一种拮抗剂。与 THC 不同的是，CBD 不产生精神效应：它没有强化，也不会产生"上头"效应。近年来，大麻中的 THC 水

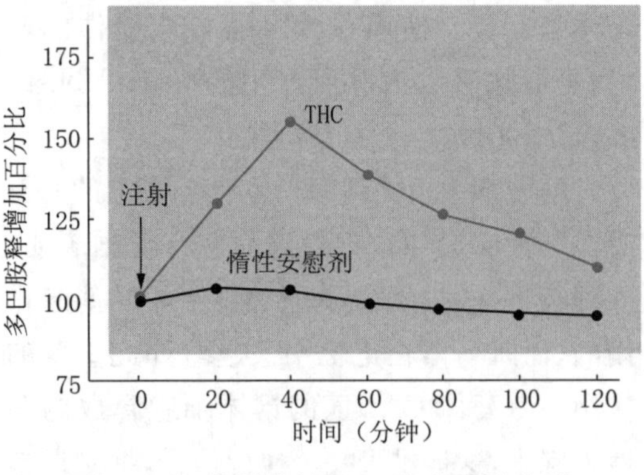


**图 18.22 伏隔核的 THC 和多巴胺分泌**

图中显示了在注射 THC 或惰性安慰剂后，微透析测量的伏隔核多巴胺浓度变化。

资料来源：Chen et al.，1990。

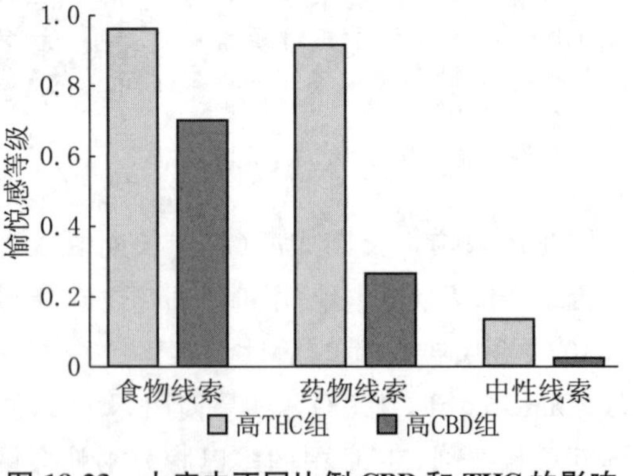


**图 18.23 大麻中不同比例 CBD 和 THC 的影响**

图中显示，吸食含有大量 CBD 的大麻会降低与吸食大麻相关的照片带给人的愉悦感。

资料来源：Morgan et al.，2010。

平大幅上升，而 CBD 水平则有所下降。在过去 10 年中，寻求大麻滥用治疗的人数也有所增加(Morgan et al.，2010)。Morgan 和她的同事招募了 94 名经常吸食大麻的人，对 THC 和 CBD 的影响进行了研究。研究人员测量了大麻样品和被试尿液中 THC 和 CBD 的浓度。他们发现，那些习惯吸食大麻的人，CBD 含量较低，THC 含量较高，他们更关注大麻相关刺激的照片，并表示更喜欢这些照片，相比那些习惯吸食 CBD 水平较高的大麻的人。两组人对与食物有关的照片都给予了很高的评价，所以 CBD 对他们的食欲没有影响(见图 18.23)。Ren 等人(2009)发现注射 CBD 可以减少大鼠的海洛因寻找行为，效果甚至持续到 2 周后，这表明这种药物的作用并不局限于大麻。CBD 不影响动物吸食海洛因，但降低了以前与海洛因有关的刺激的强化作用。

## 本节回顾

### 常见的滥用药物

目标 18.6　描述阿片类药物滥用中强化的效果和作用及生理依赖。

阿片类药物产生镇痛、低温、镇静和强化作用。中脑导水管周围灰质的阿片受体负责镇痛，视前区的阿片受体负责降低体温，中脑网状结结的阿片受体负责镇静，VTA 和 NAC 的阿片受体至少部分参与强化作用。一项针对小鼠的突变表明，$\mu$ 阿片受体负责镇痛、强化和戒断症状。内源性阿片的释放可能在天然刺激或酒精等其他药物的强化作用中发挥作用。向导水管周围灰质和蓝斑注射纳洛酮，可以诱发由阿片类药物引起的症状，表明这些结构与症状有关。

目标 18.7　描述兴奋剂滥用中强化的效果和作用。

可卡因能抑制终扣对多巴胺的再摄取，而安非他明会使终扣中的多巴胺转运体反向输送，从而从终扣释放多巴胺。可卡因和安非他明除了产生警觉、激活和正强化作用外，还能产生类似精神分裂症阳性症状的精神病症状。可卡因和安非他明的强化作用是通过增加 NAC 中的多巴胺来实现的。慢性甲基安非他明滥用与纹状体多巴胺能轴突和末梢减少有关(表现为多巴胺转运体数量减少)。

目标 18.8　描述尼古丁滥用中强化的效果和作用及生理依赖。

尼古丁不会引起中毒，而且容易获得且合法。对尼古丁的渴望是极具动力的。尼古丁刺激多巴胺能神经元释放 DA，而尼古丁注入 VTA 强化 DA 的释放。CB1 受体也参与了尼古丁的强化作用。尼古丁刺激烟碱型乙酰胆碱受体，但也使其失敏，从而产生戒断效应。烟碱受体在 VTA 突触前终扣上的激活也会产生长时程增强作用。岛叶受损与戒烟有关，这表明该区域在维持吸烟中起着重要作用。抑制其活性的抑制剂减少了实验动物的尼古丁摄入量。尼古丁刺激下丘脑外侧区 GABA 的释放，降低 MCH 神经元的活性，减少摄食量，从而解释了戒烟常导致体重增加的原因。向岛叶注射一种食欲素拮抗剂可以抑制尼古丁摄入。从内侧缰核到脚间核的回路活动也是如此。这种作用取决于缰核内是否存在 $\alpha$5-ACh 受体神经元。

目标 18.9　描述酒精滥用中强化的效应和作用及生理依赖。

酒精具有正强化作用，并由此产生抗焦虑作用；也具有负强化作用。它是 NMDA 受体的间接拮抗剂和 $GABA_A$ 受体的间接兴奋剂。它能抑制 NAC 中多巴胺的释放。长期戒酒会导致癫痫发作，这种效应似乎是由 NMDA 受体的代偿性上调引起的。内源性阿片的释放也在酒精的强化作用中起作用。戒酒期间 $\mu$ 阿片受体数量的增加可能会加剧对酒精的渴求。

目标 18.10　描述大麻滥用中强化的效应和作用。

大麻的有效成分 THC，是一种刺激受体，其天然配体是大麻素。与其他滥用药物一样，THC 能刺激 NAC 中多巴胺的释放。大麻中大麻二醇(CBD)的存在对大麻依赖有保护作用。CB1 受体负责 THC 和内源性大麻素的生理和行为效应。针对 CB1 受体的靶向突变降低了酒精、可卡因和阿片类药物以及大麻素的强化作用。阻断 CB1 受体也降低了尼古丁的强化作用。大麻素通过作用于海马体 CA1 区抑制性 GABA 能神经元而导致记忆缺陷。越来越多的研究表明，使用大麻与精神分裂症的发病率增加有关。

## 思考题

尽管烟草公司高管过去坚持认为香烟不会致人上瘾，并声称人们吸烟仅仅是因为这一行为给他们带来快乐。但研究表明，尼古丁确实是一种有效的滥用药物。你认为花这么长时间才认识到这个事实的原因是什么？

# 药物滥用的治疗

研究药物滥用的神经科学有很多原因，包括对药物强化的性质和精神活性药物的药理学的学术兴趣。但大多数研究人员希望他们的研究成果将有助于开发治疗方法，更好地预防药物滥用。药物滥用的发生率很高，研究尚未解决这一问题，但已取得一些进展。

各种治疗措施已被开发出来。在选择治疗干预时，两个重要的考虑因素是：首先确定干预是否得到证明疗效的研究的支持，然后评估支持治疗的研究的质量和数量。应急管理(一种使用代币或奖励减少药物滥用的行为干预形式)、认知疗法、家庭疗法、阿片类药物和尼古丁兴奋剂替代剂以及与行为干预相结合的阿片类药物拮抗剂等治疗策略，得到了药物滥用有效治疗手段研究的支持(Carroll and Onken，2014；Carroll and Rounsaville，2014)。

尽管制定了广泛的干预措施，但药物滥用的成功治疗仍具有挑战性。大约 40%—60%的人在药物滥用干预一年后戒除(McLellan et al.，2000)。同样重要的是人们在治疗上有不同的目标，从完全禁药到减少药物的使用。本节的其余部分是一些经验支持的药物滥用干预措施的摘要，已知这些干预措施与负责药物滥用的大脑机制相互作用。但这不是全部，研究仍在开发新的和潜在的更有效的治疗方法。

## 阿片类

目标 18.11　总结有关阿片类药物滥用有效治疗方法的研究。

阿片类药物滥用的一种治疗方法是美沙酮维持。美沙酮是一种有效的阿片类制剂，就像吗啡或海洛因一样。如果以适合注射的形式提供美沙酮，它就会被滥用(美沙酮诊所必须小心控制美沙酮的库存，以防止其被偷及出售)。美沙酮维持计划是，给病人口服药物，他们必须在监督人员在场的情况下使用。因为口服给药途径缓慢增加脑中的阿片类药物水平，所以这种药物不会产生高水平，反之注射阿片类药物的方式就会如此。此外，由于美沙酮的持续时间很长，患者的阿片受体被占据很长时间，这意味着注射海洛因没有什么效果。当然，很大剂量的海洛因仍然会产生"高了"，所以这种方法并不是万无一失的。

一种较新的药物丁丙诺啡比美沙酮更有希望成为阿片类药物滥用治疗的一种更好的治疗剂（Vocci et al.，2005）。丁丙诺啡是 $\mu$ 阿片受体的部分兴奋剂。第 16 章中提到，部分兴奋剂是一种药物，它对特定的受体有很高的接受度，但对该受体的激活程度低于正常配体。这一作用降低了受体配体在高浓度区域的作用，并在低浓度区域增加了受体配体的作用（如图 16.13）。丁丙诺啡阻断阿片类药物的作用，而其本身只产生微弱的阿片作用。与美沙酮不同，它对非法药物市场没有什么价值。一项随机的安慰剂对照试验比较了丁丙诺啡和丁丙诺啡加纳洛酮对阿片滥用康复者的疗效（Fudala et al.，2003）。两个药物治疗组的人报告说，他们对阿片的渴望要比控制组少。服用丁丙诺啡的人继续禁药的比例是 17.8%，服用丁丙诺啡加纳洛酮的人是 20.7%，服用安慰剂的人只有 5.8%（如图 18.24）。1 个月后，所有被试均做了 11 个月的丁丙诺啡和纳洛酮治疗。在 11 个月期间，禁药者百分比（尿样中未测得阿片类）在不同时期为 35.2%—67.4%不等。

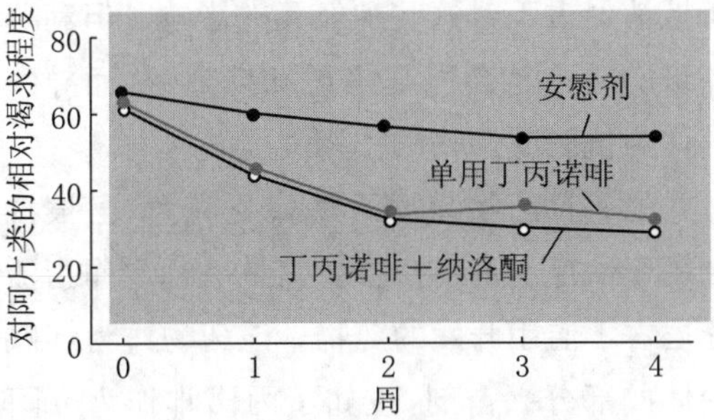


**图 18.24 丁丙诺啡治疗阿片类药物滥用**

图中显示了丁丙诺啡、丁丙诺啡加纳洛酮和安慰剂治疗阿片类药物滥用者，对阿片类药物渴求的影响。

资料来源：Fudala et al.，2003。

丁丙诺啡的一个主要优点，除了有效性，是它可以用于办公室基础治疗。添加小剂量纳洛酮可确保该药物组合没有滥用可能性，事实上，如果目前滥用阿片类药物的人使用该药物，则会引起戒断症状。

正如我们所看到的，阿片受体阻滞剂如纳洛酮和纳曲酮干扰阿片类药物的作用。急诊室总是有这样的药物用来治疗服用过量海洛因的病人，而且许多生命都是通过这些方法被挽救的。但是，虽然阿片类拮抗剂会阻断海洛因的作用，但本章之前的研究表明，它应该会增加对海洛因的渴望程度。

## 兴奋剂

目标 18.12 *总结有关兴奋剂滥用有效治疗方法的研究。*

正如我们早些时候看到的，可卡因和安非他明的强化作用主要是这些药物使 NAC 中产生的多巴胺水平急剧增加的结果。阻断多巴胺受体的药物当然可以阻断可卡因和安非他明的强化作用，但它们也会恶劣心境和快感缺乏。人们不会容忍这些药物产生的不愉快的感觉，所以它们对可卡因和安非他明的滥用没有帮助。刺激多巴胺受体的药物可以减少一个人对可卡因或安非他明的依赖，但这些药物与它们所取代的药物一样具有滥用可能性，对健康也有同样的有害影响。

Carrera（1995）等人的一项研究提出了一种解决可卡因成瘾的有趣方法。他将可卡因与一种外来蛋白结合，并设法刺激大鼠的免疫系统产生对可卡因的抗体，这些抗体与可卡因分子结合，阻止它们越过血脑屏障。因此，这些"可卡因免疫"大鼠对可卡因的激活作用不太敏感，注射可卡因后，这些动物大脑中的可卡因含量也较低。自开展这项研究以来，对可卡因、海洛因、甲基安非他明和尼古丁疫苗进行了动物研究，并对可卡因和尼古丁疫苗进行了若干人类临床试验（Cerny and

Cerny，2009；Carroll et al.，2011；Hicks et al.，2011；Stowe et al.，2011）。这些动物研究和人类试验的结果是积极的，更广泛的人类试验正在进行中。至少从理论上讲，用免疫疗法治疗药物滥用应只干扰滥用药物的作用，而不应影响人的强化机制的正常运作。因此，治疗不应降低他们体验正常快乐的能力。这种策略的一个潜在限制是抗体的特异性。例如，如果一种抗体是针对可卡因的，它可能不会阻止甲安非他明在血脑屏障上的运输，从而使一个人能够实现一种相关但不完全相同的药物分子的强化作用。

## 尼古丁

目标 18.13　*总结有关尼古丁滥用有效治疗方法的研究。*

一种类似美沙酮维持的治疗方法已被成功地用作尼古丁滥用的辅助治疗。释放尼古丁的口香糖和透皮贴片可用于戒烟治疗。这两种方法在大脑中都保持了足够高的尼古丁水平，从而降低了人们对尼古丁的渴望。一旦吸烟的行为习惯消退，尼古丁的剂量就可以减少，从而使人远离药物。仔细对照的研究表明，尼古丁维持疗法，而不是安慰剂，在治疗尼古丁依赖方面是有用的（Raupach and van Schayck，2011）。如果尼古丁是咨询计划的一部分，它维持疗法是最有效的。

戒烟干预仅包括尼古丁维持的局限性之一是，这一过程并不能提供吸烟的一个重要的非尼古丁成分：香烟烟雾在气道上的作用所产生的感觉。正如我们在本章前面所看到的，与滥用药物有关的刺激在维持药物滥用方面发挥着重要作用。烟民们在 7 秒内对正常香烟和去尼古丁香烟的愉悦度进行评分，这比尼古丁离开肺部、进入血液并到达大脑所需的时间要短。据报道，吸去烟碱的香烟产生了同样强烈的快感和满足感，并减少了吸烟的冲动。此外，通过先吸入局部麻醉剂来阻断烟雾经过气道的感觉会降低吸烟的满意度。去烟碱香烟不能完全代替普通香烟，因为尼古丁本身，而不仅仅是烟雾的其他成分，对气道的感觉起着重要的作用。事实上，一种阻断烟碱受体但不穿过血脑屏障的药物——咪噻吩降低了吸烟的感官效应，从而降低了满足感。由于咪噻吩不干扰尼古丁对大脑的影响，这一发现表明尼古丁的中枢效应本身并不足以维持尼古丁滥用。相反，香烟烟雾成分对气道的感官影响与尼古丁对大脑更延迟和更持续的影响结合，使吸烟变得如此难以停止（Naqvi and Bechara，2005；Rose，2006）。

正如我们在本章前面所看到的，对实验动物的研究发现，内源性大麻素参与了尼古丁和大麻的强化作用。最近的一项临床试验报告说，一种 CB1 受体拮抗剂利莫那班能有效地帮助吸烟者戒烟（Henningfield et al.，2005）。这种药物的一个重要好处是戒烟者体重增加减少，而体重增加通常伴随着戒烟，常常使试图戒烟的人气馁。正如我们在第 12 章中看到的，内环烷类物质刺激进食，显然是通过增加 MCH 和食欲素的释放来实现的。阻断 CB1 受体可消除这一效应，并有助于抵消尼古丁对这些神经元的影响。但利莫那班的问题是会引起焦虑和抑郁，从而导致其作为抗肥胖药物的作用减弱。

另一种药物是酒石酸伐尼克兰，已被批准用于治疗尼古丁依赖。它是一种专作为治疗尼古丁滥用开发的药物。该药物作为烟碱受体的部分兴奋剂，正如丁丙诺啡作为 $\mu$ 阿片受体的部分兴奋剂。作为一种部分烟碱兴奋剂，酒石酸伐尼克兰维持了一定程度的烟碱受体激活，但阻止了高水平的尼古丁提供过度的刺激。图 18.25 显示了在一项随机、双盲、安慰剂对照研究中，使用酒石酸伐尼克兰和安非他酮治疗对吸烟者持续戒除率的影响(Nides et al., 2006)。在52周的治疗计划结束时，14.4%的吸烟者仍在戒断，而服用安非他酮和安慰剂的戒断比例分别为6.3%和4.9%。

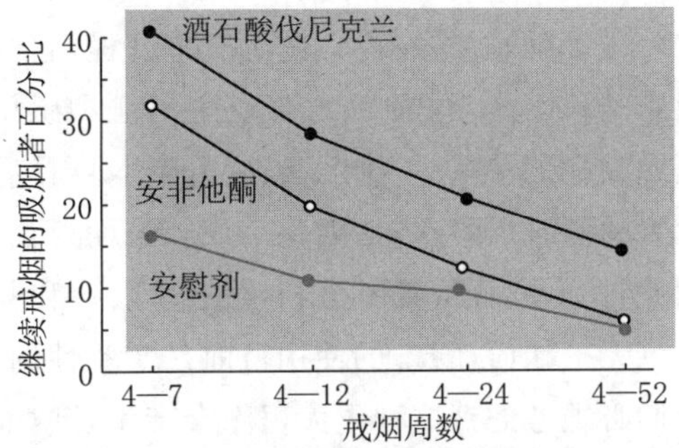


**图18.25 用酒石酸伐尼克兰治疗吸烟**

图中显示了使用酒石酸伐尼克兰、安非他酮和安慰剂戒烟的吸烟者的比例。

资料来源：Nides et al., 2006。

## 酒精

目标18.14 总结有关酒精滥用有效治疗方法的研究。

正如前面提到的，一些研究表明，阿片类拮抗剂降低了酒精对各物种的强化价值，包括我们人类自己。这一发现表明，酒精的强化作用(至少在一定程度上)是由内源性阿片的分泌和脑中阿片受体的激活所产生的。Davidson等人(1996)的研究说明了这一影响。研究人员安排了一项双盲安慰剂对照研究，对16名大学生年龄的男女进行了研究，以调查纳曲酮对社会饮酒者的影响。没有一个被试滥用酒精，怀孕测试确认没有孕妇。他们聚在当地一家餐馆或酒吧的桌子旁，喝3次每次2小时的酒，间隔2周。在测试开始前的几天，他们吞下了含有纳曲酮或惰性安慰剂的胶囊。结果表明，纳曲酮增加了喝第一杯和喝第二杯的时间间隔，并且治疗结束时纳曲酮治疗组的血液酒精水平较低。总的来说，服用纳曲酮的人发现他们的酒水味道不太好，事实上，他们中的一些人在喝完第一口之后就要求喝另一种饮料。

这些结果与关于纳曲酮作为治疗酒精滥用的辅助方案的有效性的报道是一致的。例如，有人(O'Brien et al., 1996)报告了两个长期使用纳曲酮和更传统的行为疗法的结果。这两个项目都发现，纳曲酮的使用大大增加了成功的可能性。如图18.26所示，纳曲酮降低了被试对酒精的渴望，增加了戒酒人数。目前，许多治疗项目使用一种缓释形式的纳曲酮来帮助治疗酒精中毒，其结果令人高兴(Gastfriend, 2011)。

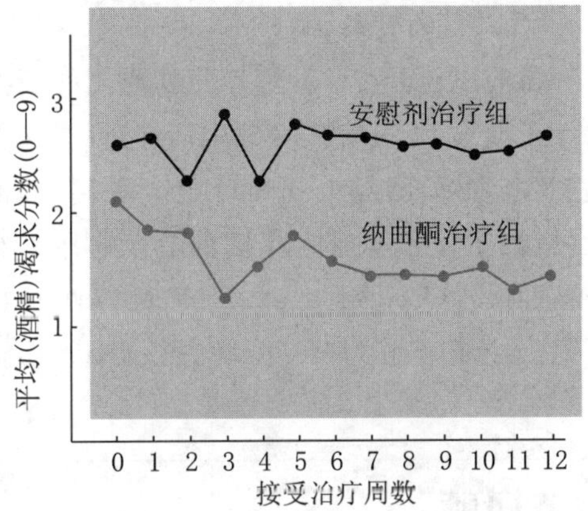


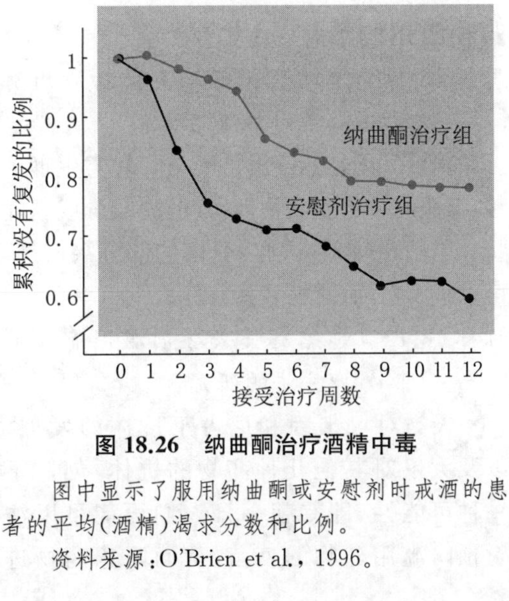


**图18.26 纳曲酮治疗酒精中毒**

图中显示了服用纳曲酮或安慰剂时戒酒的患者的平均(酒精)渴求分数和比例。

资料来源：O'Brien et al., 1996。

另一种药物已显示出治疗酗酒的希望。正如我们在本章前面所看到的，酒精是 $GABA_A$ 受体的间接兴奋剂和 NMDA 受体的间接拮抗剂。阿坎酸是一种 NMDA 受体拮抗剂，曾在欧洲用于治疗癫痫，它因能阻止酒精戒断引起的癫痫发作而接受了测试。研究人员发现，这种药物有一个意想不到的好处：接受这种药物治疗的患者不太可能再次开始饮酒（Wickelgren，1998）。几项双盲研究证实了阿坎酸的治疗效果，但这些益处似乎并不大（Rösner et al.，2010）。

## 脑刺激

目标 18.5　描述脑刺激疗法用于药物滥用的可能性。

目前正在调查一种治疗药物滥用的新办法。正如第 13、16 和 17 章中所提过的，深部脑刺激（DBS）已经被证明对帕金森病、抑郁症、焦虑症和强迫症的症状有治疗作用。有回顾性报告（Luigjes et al. 2011）称，7 项动物研究已经调查了 NAC、丘脑底核（STN）、背纹状体、缰核、内侧 PFC 和下丘脑 DBS 的有效性。对人类被试的 11 项研究针对的是 NAC 或 STN 的 DBS。到目前为止，提交人报告说，NAC 似乎是最有希望的目标。例如，Mantione 等人（2010）使用 DBS 刺激一名 47 岁吸烟男性的 NAC，该男子毫不费力地停止吸烟和减重（他是肥胖）。

深部脑刺激不是一个轻率的过程，它涉及脑外科手术，这种手术有发生出血和感染等并发症的风险。当然，药物滥用本身具有重大的健康风险，包括因感染或肺癌而死亡，因此每个病例都需要分析潜在的风险和益处。无论如何，DBS 的使用目前是实验性的，我们必须考虑到这种重大程序会产生安慰剂效应的强烈可能性（手术过程很容易受到安慰剂效应的影响）。一种较小的侵入性手术，即经颅磁刺激（TMS），也被研究作为药物滥用的治疗方法。例如，Amiaz 等人（2009）等人将 TMS 应用于吸烟人群左侧背侧 PFC，治疗减少了烟草使用（经尿样分析证实），但治疗效果随着时间推移而降低。

---

# 本节回顾

## 药物滥用的治疗

目标 18.11　总结有关阿片类药物滥用有效治疗方法的研究。

美沙酮维持治疗海洛因与阿片类生理依赖，口服时不产生欣快效果，但能减少戒断症状。丁丙诺啡是 $\mu$ 阿片受体的部分兴奋剂，可以减少对阿片类药物的渴求。

目标 18.12　总结有关兴奋剂滥用有效治疗方法的研究。

人类对可卡因和尼古丁抗体的发展，以及大鼠对其他几种药物的抗体，创造了一种可能性，即有朝一日人们可能可以注射预防滥用药物的疫苗，从而防止药物进入大脑。

目标 18.13　总结有关尼古丁滥用有效治疗方法的研究。

含尼古丁的口香糖和透皮贴剂有助于吸烟者减少尼古丁的戒断症状。然而，香烟烟雾的存在所产生的气道感觉在尼古丁滥用中起着重要作用，口服和经皮肤尼古丁给药并不能提供这些感觉。利莫那班，一种 CB1 受体拮抗剂，有助于戒烟和减少体重增加的可能性，但它可能会产生不利的情绪影响。安非他酮，一种抗抑郁药物，也被证明可以帮助吸烟者戒烟。酒石酸伐尼克兰，烟碱受体的部分兴奋剂，可能更有效。

目标 18.14 总结有关酒精滥用有效治疗方法的研究。

治疗酒精滥用最有效的药理学辅助药物似乎是阿片类拮抗剂，它减少了药物的强化作用。阿坎酸是一种 NMDA 受体拮抗剂，似乎也有助于酒精滥用的治疗。

目标 18.15 描述脑刺激疗法用于药物滥用的可能性。

脑深部刺激前额叶皮层的 NAC、STN 和 TMS 有望成为药物滥用的一种治疗方法。

## 思考题

最近，一位朋友向你征求了关于帮助对酗酒治疗感兴趣的家庭成员的建议。你的朋友很好奇药物治疗酗酒是如何起作用的。请你用邮件解释一种或多种药物治疗酗酒的方法。

## 本章回顾问题

1. 描述药物滥用的两个共同特征：正强化和负强化。
2. 描述导致药物渴求和药物滥用复发的神经机制。
3. 总结阿片类药物强化作用和戒断作用的神经基础。
4. 描述兴奋剂可卡因、安非他明和尼古丁的行为和生理效应。
5. 描述酒精和大麻对行为和身体的影响。
6. 描述关于遗传在药物滥用中所起作用的研究。
7. 探讨药物滥用的不同治疗策略。

# 词汇表

**2-脱氧葡萄糖(2-DG)** 一种与葡萄糖一起进入细胞但不会被代谢的糖。

**α-黑素细胞刺激素(α-melanocyte-stimulating hormone, α-MSH)** 一种神经肽,作为MC4受体的兴奋剂,可以抑制进食。

**α-突触核蛋白(α-synuclein)** 通常存在于突触前膜中的蛋白质,它显然与突触可塑性有关。这种蛋白的异常积聚显然是帕金森病神经退行性疾病的原因。

**失神癫痫发作(absence seizure)** 一种常见于儿童的癫痫发作。其特征包括一段时间内无法集中注意力,而这些片段并不会被记住。也被称为癫痫小发作(petit mal seizure)。

**吸收阶段(absorptive phase)** 新陈代谢的一个阶段。营养物质被消化系统吸收,葡萄糖和氨基酸构成该阶段细胞的主要能量来源,过量的营养素以甘油三酯的形式存储在脂肪组织中。

**辅助嗅球(accessory olfactory bulb)** 一种位于主要嗅球中的神经结构,接收来自犁鼻器的信息。

**调节(accommodation)** 由睫状肌完成的眼睛晶状体厚度的变化,将近距离或远距离物体的图像聚焦在视网膜上。

**乙酰胆碱(acetylcholine, Ach)** 一种神经递质,存在于大脑、脊髓和外周神经系统的某些部位;负责肌肉收缩。

**乙酰胆碱酯酶(acetylcholinesterase, AChE)** 在终扣释放后立即破坏乙酰胆碱的酶,从而终止突触后电位。

**肌动蛋白(actin)** 肌球蛋白中的一种蛋白质,为肌肉收缩提供物理基础。

**动作电位(action potential)** 短暂的电脉冲,为沿轴突传导信息提供基础。

**激素的激活作用(activational effect of hormone)** 激素在完全发育的生物体中的作用;可能取决于有机体之前接触激素的组织作用。

**急性脊髓前角灰质炎(acute anterior poliomyelitis)** 一种破坏大脑和脊髓运动神经元的病毒性疾病。

**腺苷(adenosine)** 一种神经调节剂,由神经元释放,参与高水平的代谢活动;可能在睡眠开始时起主要作用。

**三磷酸腺苷(adenosine triphosphate, ATP):** 一种对细胞能量代谢至关重要的分子;它的分解解放了能源。

**肾上腺髓质(adrenal medulla)** 肾上腺的内部,位于肾脏顶部,由交感神经纤维控制;分泌肾上腺素和去甲肾上腺素。

**促肾上腺皮质激素(adrenocorticotropic hormone, ACTH)** 由垂体前叶释放的一种激素,可响应CRH;刺激肾上腺皮质产生糖皮质激素。

**睡眠相位前移综合征(advanced sleep phase syndrome)** 睡眠和温度循环节律提前 4 小时,显然是由参与 SCN 神经元节律性的基因(per2)突变引起的。

**情感盲视(affective blindsight)** 在盲区内看不到物体却可以准确识别情绪的面部表情,同时保持无意识感知的能力;由视觉皮层损伤引起的。

**传入轴突(afferent axon)** 一种指向中枢神经系统的轴突,传递感觉信息。

**亲和力(affinity)** 两个分子连接在一起的准备状态。

**兴奋剂(agonist)** 一种促进特定神经递质对突触后细胞作用的药物。

**广场恐怖症(agoraphobia)** 害怕远离住所或其他可以庇护自己的地方。

**刺鼠相关蛋白(agouti-related protein, AGRP)** 神经肽,作为 MC4 受体的拮抗剂,增加进食。

**语法缺陷(agrammatism)** 布洛卡失语症的常见症状之一;难以理解或正确使用语法,例如动词结尾和词序。

**运动不能(akinetopsia)** 无法感知运动,由视觉联合皮层的区域 V5(也称为 MST)的损伤引起。

**全或无定律(all-or-none law)** 一旦在轴突中触发动作电位,就会在没有减量的情况下传播到纤维末端。

**等位基因(allele)** 构成基因的 DNA 碱基对特定序列的性质;例如,编码蓝色或棕色虹膜色素的基因是特定基因的不同等位基因。

**应变稳态(allostasis)** 响应刺激并恢复和维持体内平衡的过程,包括系统设定点的变化,以响应超出典型稳态功能范围的刺激。

**适应负荷(allostatic load)** 当压力反应过大或压力反应未关闭时,身体系统累积的和总体的损耗。

**烯丙基甘氨酸(allylglycine)** 一种抑制 GAD 活性从而阻断 GABA 合成的药物。

**α 活动(alpha activity)** 从大脑记录的 8—12 Hz 的平滑脑电活动;通常与放松状态有关。

**α 运动神经元(alpha motor neuron)** 一种神经元,其轴突与骨骼肌的外肌纤维形成突触;激活收缩肌肉纤维。

**阿普唑仑(Alprazolam)** $GABA_A$ 受体的间接兴奋剂;为苯二氮䓬类药物的一部分。

**阿尔茨海默病(Alzheimer's disease)** 一种病因不明的退行性脑病;导致进行性记忆丧失,运动缺陷,最终致人死亡。

**无长突细胞(amacrine cell)** 视网膜中的一个神经元,它将相邻的神经节细胞和双极细胞的内部突起相互连接起来。

**AMPA 受体(AMPA receptor)** 控制钠离子通道的离子型谷氨酸受体;打开时,它会产生 EPSP。

**安非他明(amphetamine)** 多巴胺和去甲肾上腺素转运蛋白的拮抗剂,使它们反向运转,将这些神经递质释放到突触中。

**AMPT** 一种阻断酪氨酸羟化酶活性,从而干扰儿茶酚胺合成的药物。

**壶腹(ampulla)** 半规管的膨大部分;包含壶腹帽。

**失歌症(amusia)** 由遗传因素或脑损伤导致的音乐能力丧失或损害。

**杏仁核(amygdala)** 位于颞叶前端内部的脑结构,含有一组细胞核,是边缘系统的一部分。

**淀粉样斑块(amyloid plaque)** 一种细胞外沉积物,含有致密的 β-淀粉样蛋白核心,被退化的轴突和树突、活化的小胶质细胞和反应性星形胶质细胞包围。

**肌萎缩侧索硬化症(amyotrophic lateral sclerosis, ALS)** 一种侵袭脊髓和颅神经运动神经元的退行性疾病。

**大麻素(anandamide)** 第一种被发现的大麻素,可能是最重要的大麻素。

**雄激素(androgen)** 男性性类固醇激素。睾酮是主要的哺乳动物雄激素。

**雄激素不敏感综合征(androgen insensitivity syndrome)** 由先天性缺乏功能性雄激素受体引起的病症;在有XY性染色体的人中,导致发育成有睾丸但没有内部性器官的女性。

**命名缺陷(anomia)** 难以找到(记住)适当的词来描述对象、行动或属性;失语症的症状之一。

**神经性厌食症(anorexia nervosa)** 一种最常折磨年轻女性的疾病;表现为过度关注超重导致过度节食和经常强迫性运动;会导致饥饿。

**拮抗剂(antagonist)** 一种抵抗或抑制特定神经递质对突触后细胞作用的药物。

**拮抗剂突然戒断(antagonist-precipitated withdrawal)** 对长期服用药物者突然停药或给药拮抗剂产生的突然戒断。

**前部(anterior)** 相对于中枢神经系统,位于头部附近或朝向头部。

**前扣带皮层(anterior cingulate cortex)** 是大脑皮层的一个区域,与不愉快刺激的感知有关,包括疼痛和口渴。

**垂体前叶(anterior pituitary gland)** 脑垂体前部;内分泌腺,其分泌物由下丘脑激素控制。

**顺行(anterograde)** 沿着轴突的方向,从细胞体到终扣。

**顺行性遗忘(anterograde amnesia)** 一种失忆症,无法记忆发生在大脑失调后的事件,如头部受伤或某些退行性脑病。

**顺行标记法(anterograde)** 一种组织学方法,用于标记细胞体位于特定区域的神经元的轴突和终扣。

**抗苗勒激素(anti-Mullerian hormone)** 一种由胎儿睾丸分泌的肽,它抑制苗勒系统的发育,否则苗勒系统会发育成雌性内部性器官。

**抗体(antibody)** 由免疫系统细胞产生的一种蛋白质,可识别入侵微生物中存在的抗原。

**预期焦虑(anticipatory anxiety)** 担心惊恐发作;可能导致广场恐怖症。

**抗原(antigen)** 存在于微生物上的蛋白质,其允许免疫系统将微生物识别为入侵者。

**反义寡核苷酸(antisense oligonucleotide)** RNA或DNA的修饰链,与特定的mRNA分子结合,阻止其产生蛋白质。

**焦虑障碍(anxiety disorder)** 一种心理障碍,其特征是紧张、自主神经系统过度活跃、预期即将发生灾难,以及对危险的持续警惕。

**抗焦虑(anxiolytic)** 起到降低焦虑的效果。

**AP5(2-氨基-5-膦酸戊酸酯)** 阻断NMDA受体上谷氨酸结合位点的药物。

**失语症(aphasia)** 难以产生或理解言语,由脑损伤引起,而非耳聋或单纯运动缺陷引起。

**载脂蛋白E(apolipoprotein E)** 一种糖蛋白,可在血液中运输胆固醇并在细胞修复中发挥作用;载脂蛋白E基因的E4等位基因的存在,增加了迟发阿尔茨海默病的风险。

**阿扑吗啡(apomorphine)** 一种以低剂量阻断多巴胺自身受体的药物。在较高剂量下,也可阻断突触后受体。

**细胞凋亡(apoptosis)** 由激活细胞内遗传机制的化学信号引起的细胞死亡。

**失用症(apraxia)** 在没有瘫痪或肌肉无力的情况下,难以进行有目的的运动。

**言语失用(apraxia of speech)** 对产生正确语音序列所需的舌头、嘴唇和喉咙运动进行编程的能力受到的损害。

**蛛网膜颗粒(arachnoid granulation)** 通过硬脑膜进入上矢状窦的蛛网膜小突起,脑脊液流经过它们后被重新吸收到血液供应中。

**蛛网膜(arachnoid membrane)** 脑膜的中间层,位于外硬脑膜和内软脑膜之间。

**弓状束(arcuate fasciculus)** 连接威尔尼克区与布洛卡区的一束轴突。受损则会导致传导性失语。

**弓状核(nucleus nucleus)** 下丘脑基部的核,控制垂体前叶分泌物;含有NPY分泌神经元参与代谢的摄食和控制。

**后极区(area postrema)** 髓质区域,血脑屏

障较弱。毒药可以在那里被检测到，并且可以引发呕吐。

**星形胶质细胞(astrocyte)** 一种神经胶质细胞，为中枢神经系统的神经元提供支持，提供营养物质和其他物质，并调节细胞外液的化学成分。

**不对称分裂(asymmetrical division)** 祖细胞的分裂，产生另一个祖细胞和一个神经元，它从脑室区域开始向其在大脑内的最终位置迁移。

**阿托品(atropine)** 一种阻断毒蕈碱乙酰胆碱受体的药物。

**注意缺陷/多动障碍(attention-deficit/hyperactivity disorder, ADHD)** 一种以无法被抑制的反应、缺乏持续注意力和多动症为特征的疾病，首先出现在儿童期。

**先兆(aura)** 在癫痫发作之前的感觉，其确切性质取决于癫痫发作点的位置。

**自闭症谱系障碍(autism spectrum disorder, ASD)** 一种慢性疾病，其症状包括不能与其他人发展正常的社交关系、交流能力发展受损、缺乏想象力以及重复的刻板动作。

**自主神经系统(autonomic nervous system, ANS)** 外周神经系统控制身体不受意识支配功能的部分。

**射线自显迹法(autoradiography)** 放射性物质在一片组织中定位的过程，以辐射使覆盖在组织上的照相乳剂或相片曝光。

**自身受体(autoreceptor)** 一种位于突触前神经元上的受体分子，它对该神经元释放的神经递质起反应。

**轴突(axon)** 长而细的圆柱形结构，将信息从神经元的体细胞传递到其终扣。

**轴突膨体(axonal varicosity)** 沿轴突长度的扩大区域，包含突触小泡并释放神经递质或神经调节剂。

**轴浆质转运(axoplasmic transport)** 一种活跃的过程，通过该过程，物质沿着轴的长度推进微管。

**β-淀粉样蛋白(β-amyloid)** 在阿尔茨海默病患者的大脑中发现过量的蛋白质。

**β-淀粉样蛋白前体蛋白(β-amyloid precursor protein)** 由细胞产生和分泌的蛋白质，作为β-淀粉样蛋白的前体。

**B-淋巴细胞(B-lymphocyte)** 源自骨髓的白细胞，免疫系统的一部分。

**基底神经节(basal ganglia)** 一组在尾状核、苍白球和壳核中的皮下神经核，运动系统的重要部分。

**基底核杏仁核(basal nucleus)** 是从侧核接收信息并向腹内侧前额叶皮层和中央核发送投射的核。

**基底膜(basilar membrane)** 内耳耳蜗膜，含有柯蒂氏器官。

**行为神经科学家(behavioral neuroscientist)** 研究行为生理学的科学家，主要通过对实验动物进行生理和行为实验。

**带状区(belt region)** 第一级听觉联合皮层，围绕初级听觉皮层。

**良性肿瘤(benign tumor)** 非癌症(字面意思是"无害的")肿瘤，有明显的边界，不能转移。

**苯二氮䓬(benzodiazepine)** 一类抗焦虑药物；$GABA_A$ 受体的间接兴奋剂。

**β活动(beta activity)** 大脑中的频率介于13—30 Hz 的不规则电活动，通常与唤醒状态有关。

**荷包牡丹碱(bicuculline)** $GABA_A$ 受体上 GABA 结合位点的直接拮抗剂。

**双语能力(bilingual)** 以两种语言流利地交流。

**结合位点(binding site)** 受体蛋白质与配体结合的位置。

**暴食(binge-eating)** 一种症状为过度饮食的疾病。

**双极细胞(bipolar cell)** 位于视网膜中间层的双极神经元，将信息从光感受器传递到神经节细胞。

**双相情感障碍(bipolar disorder)** 一种严

重的情绪障碍，其特征是躁狂和抑郁的周期性出现。

**黑寡妇蜘蛛毒液(black widow spider venom)** 由黑寡妇蜘蛛产生的一种毒物，可触发乙酰胆碱的释放。

**盲视(blindsight)** 在视野中无法看到物体的人能够准确地触及它们，同时保持无意识感知它们的能力，由对视觉刺激的有意识感知所涉及的皮层区域的损伤引起。

**血脑屏障(blood-brain barrier)** 由大脑毛细血管壁细胞产生的血液和大脑之间的半透性屏障。

**肉毒杆菌毒素(botulinum toxin)** 乙酰胆碱拮抗剂，可以防止终扣释放。

**脑干(brain stem)** 大脑的“茎”，从髓质到中脑，不包括小脑。

**前囟(bregma)** 头骨的矢状缝和冠状缝线的交界处；经常被用作立体定向脑手术的参考点。

**亮度(brightness)** 颜色知觉的一个维度，主要是其强度。

**布鲁斯效应(Bruce effect)** 由不是孩子父亲的男性尿液中的信息素气味引起的妊娠终止，首先在小鼠中被鉴定。

**神经性贪食症(bulimia nervosa)** 过度饥饿和进食，经常伴有强迫性呕吐或用泻药清除，有时见于神经性厌食症患者。

**丁螺环酮(buspirone)** 5-HT1A 的部分兴奋剂。

**距状裂(calcarine fissure)** 位于大脑内侧表面枕叶的裂隙，大多数初级视觉皮层位于其上下两侧。

**CaM-KII** Ⅱ型钙调蛋白激酶，一种必须被钙激活的酶，可能在建立长时程增强方面发挥作用。

**CART** 可卡因和安非他明调节转录肽，一种肽神经递质，存在于弓状核神经元系统中，可抑制摄食。

**半胱天冬酶(caspase)** 一种在细胞凋亡或程序性细胞死亡中起作用的“杀手酶”。

**猝倒(cataplexy)** 嗜睡症的症状，在醒来时发生完全麻痹。

**儿茶酚胺(catecholamine)** 一种胺，包括神经递质多巴胺、去甲肾上腺素和肾上腺素。

**马尾(cauda equina)** 一束位于脊髓末端尾部的脊髓脊椎根。

**尾部(caudal)** “朝向尾巴”，相对于中枢神经系统，沿着远离面部前方的神经轴向。

**尾部阻滞(caudal block)** 通过向马尾部周围的脑脊液注射局部麻醉剂，产生身体下部的麻醉和麻痹。

**尾状核(caudate nucleus)** 一个远端核，基底神经节的输入核之一，参与控制自主运动。

**中枢神经系统(central nervous system, CNS)** 大脑和脊髓。

**中央杏仁核(central nucleus)** 一个杏仁核区域，接收来自基底、侧面和附属基底核的信息，并将投射发送到大脑中的各种区域，参与情绪反应。

**中央沟(central sulcus)** 将额叶与顶叶分开的沟。

**小脑皮层(cerebellar cortex)** 覆盖小脑表面的皮层。

**小脑脚(cerebellar peduncle)** 三束轴突中的一组，将每个小脑半球连接到背部脑桥。

**小脑(cerebellum)** 脑的一个主要部分，位于脑桥背侧，包含两个小脑半球，覆盖着小脑皮层；是运动系统的重要组成部分。

**皮层性色盲(cerebral achromatopsia)** 无法区分不同的色调，由视觉联合皮层 V8 区域的损伤引起。

**大脑导水管(cerebral aqueduct)** 一种狭窄的管，连接大脑的第三和第四脑室，位于中脑的中心。

**大脑皮层(cerebral cortex)** 大脑半球灰质的最外层。

**大脑半球(cerebral hemisphere)** 前脑的两个主要部分之一，被大脑皮层覆盖。

**脑脊液(cerebrospinal fluid)** 一种清澈的液体,类似血浆,可以填充大脑的脑室系统,以及脑和脊髓周围的蛛网膜下腔。

**脑血管意外(cerebrovascular accident)** 中风,大脑中血管闭塞或破裂引起的脑损伤。

**氯丙嗪(chlorpromazine)** 一种通过阻断多巴胺 D2 受体来减轻精神分裂症状的药物。

**胆囊收缩素(cholecystokinin)** 由十二指肠分泌的一种激素,它调节胃动力并使胆囊收缩,提供了通过迷走神经传递到大脑的饱腹感信号。

**胆碱乙酰转移酶(choline acetyltransferase)** 将乙酸根离子从乙酰辅酶 A 转移到胆碱中的酶,产生神经递质乙酰胆碱。

**鼓索(chorda tympani)** 通过鼓膜下方的面神经分支,传达来自舌头前部的味觉信息,并可以控制一些唾液腺的分泌。

**脉络丛(choroid plexus)** 高处维管组织突出到脑室并产生脑脊髓液。

**染色体(chromosome)** 在细胞核中发现的一条 DNA 链,含有相关的蛋白质,携带遗传信息。

**纤毛(cilium)** 一种参与运动或传导感觉信息的细胞的毛发附属物,存在于听觉和前庭系统的受体上。

**扣带回(cingulate gyrus)** 一条沿着沟槽侧壁分开大脑半球的边缘皮层,正好位于胼胝体上方。

**昼夜节律(circadian rhythm)** 行为或生理过程的每日节律变化。

**迂回语(circumlocution)** 命名障碍患者使用的一种策略,通过这种策略,当他们无法想出最恰当的词时,他们会找到替代方式将想表达的说出。

**折刀样反射(clasp-knife reflex)** 当用力弯曲或伸展动物的肢体时会发生的反射,是动物去大脑强直性的一种表现,抵抗会被突然放松所取代。

**经典条件反射(classical conditioning)** 一种学习程序,当产生防御性或食欲反应(无条件反应,UR)的无条件刺激(US)多次跟随在不会产生特定反应的刺激后出现,第一刺激(现称为条件刺激,CS)自身就可以唤起反应(现在称为条件反应,CR)。

**阵挛期(clonic phase)** 一个巨大的癫痫发作阶段,患者表现出有节奏的抽搐运动。

**氯氮平(clozapine)** 一种非典型抗精神病药物。

**可卡因(cocaine)** 一种抑制多巴胺再摄取的药物。

**耳蜗(cochlea)** 内耳的蜗牛状结构,包含听觉传导机制。

**人工耳蜗(cochlear implant)** 一种手术植入内耳的电子设备,可使聋人听到声音。

**耳蜗神经(cochlear nerve)** 听觉神经的分支,将听觉信息从耳蜗传递到大脑。

**耳蜗神经核(cochlear nucleus)** 髓质中的一组细胞核中的一个,从耳蜗接收听觉信息。

**认知症状(cognitive symptom)** 一种精神分裂症的症状,涉及认知缺陷,例如难以维持注意力、学习和记忆缺陷、抽象思维差、解决问题能力差。

**颜色恒常性(color constancy)** 在不同光照条件下观察到的物体颜色的相对恒定。

**互补色(complementary colors)** 混合在一起时会产生白色或灰色的颜色。

**复杂部分性发作(complex partial seizure)** 部分性癫痫发作,从焦点开始发生但是保持局部化不扩散,可导致意识丧失。

**强迫思维(compulsion)** 即使不喜欢也必须做出某种行为的感觉。

**计算机断层扫描(computerized tomography, CT)** 使用一种装置,可以通过扫描 X 射线束获得数据,并利用计算机对数据进行分析,从而产生该物体"切片"的二维图像。

**条件性情绪反应(conditioned emotional response)** 当中性刺激后跟厌恶刺激时发生的经典条件反应,通常包括自主神经、行为和内分泌成分，如心率变化、僵直和压力相关激素的分泌。

**传导性失语症(conduction aphasia)** 一种失语症，其特点是无法重复所听到的单词，但能够正常说话并理解他人的言语。

**视椎细胞(cone)** 视网膜上的一种受体细胞，对三种不同波长的光中的一种最敏感，可以对色觉编码。

**共焦激光扫描显微镜(confocal laser scanning microscope)** 一种显微镜，通过用激光束扫描组织，提供包含荧光分子的各种深度厚组织的高分辨率图像。

**先天性肾上腺增生(congenital adrenal hyperplasia)** 以肾上腺皮质分泌过多雄激素为特征的病症，在女性患者中会引起外生殖器的男性化。

**结构性失用症(constructional apraxia)** 在绘制图片或图表，或制作积木或木棍等元素的几何结构方面的困难，由右顶叶损伤引起的。

**内容词(content word)** 一个传达意义的名词、动词、形容词或副词。

**对侧(contralateral)** 位于身体的另一侧。

**痉挛(convulsion)** 由癫痫引起的剧烈的无法控制的肌肉运动。

**柯立芝效应(Coolidge effect)** 将一个新的女性性伴侣介绍给一个处于不应期的男性所产生的恢复效果。

**核心区域(core region)** 初级听觉皮层，位于颞叶背面的脑回。

**胼胝体(corpus callosum)** 一大束轴突，将大脑两侧相关皮层的相应区域相互连接起来。

**黄体(corpus luteum)** 排卵后从卵巢卵泡发育出来的一簇细胞，分泌雌二醇和黄体酮。

**校正机制(correctional mechanism)** 在调节过程中，能够改变系统变量值的机制。

**皮质延髓束(corticobulbar tract)** 从运动皮层到第五、第七、第九、第十、第十一和第十二颅神经的一束轴突，控制眼睛、颈部、舌头和部分眼外肌的运动。

**皮质红核束(corticorubral tract)** 从运动皮层到红核的轴突系统。

**皮质脊髓束(corticospinal tract)** 轴突系统，起于运动皮层，终于脊髓的腹侧灰质。

**促肾上腺皮质激素释放激素(corticotropin-releasing hormone)** 一种下丘脑激素，刺激垂体前叶分泌 ACTH(促肾上腺皮质激素)。

**颅神经(cranial nerve)** 一种外周神经，直接附着在大脑上。

**横截面(cross section)** 相对于中枢神经系统而言，切片与神经轴线成直角。

**冷冻切片机(cryostat)** 一种在冷冻室内制造非常薄的身体组织切片的仪器。

**吸盘(cupula)** 在半规管的壶腹发现的凝胶状肿块，会根据管道中流体的流动而移动。

**箭毒(curare)** 一种阻断烟碱型乙酰胆碱受体的药物。

**皮肤感(cutaneous sense)** 体觉的一种，包括对涉及皮肤的刺激的敏感性。

**细胞色素氧化酶斑块(cytochrome oxidase blob)** 初级视觉皮层模块的中心区域，由细胞色素氧化酶染色显示；包含波长敏感的神经元，小细胞系统的一部分。

**细胞因子(cytokine)** 当某些白细胞检测到入侵微生物时，释放的一类化学物质，导致其他白细胞增殖并对入侵者发动攻击。

**细胞质(cytoplasm)** 细胞内部含有的黏性半液体物质。

**细胞骨架(cytoskeleton)** 由微管和其他蛋白质纤维组成，彼此相连并形成黏性团块，使细胞具有其形状。

**去脑(decerebrate)** 描述一种已经横切脑干的动物。

**去脑强直(decerebrate rigidity)** 兴奋和拮抗肌肉同时收缩，由脑状结构的去脑或损伤引起的。

**去脑(decerebration)** 一种切断脑干的外科手术，将后脑与前脑断开。

**深部脑刺激(deep brain stimulation, DBS)**

一种外科手术，涉及在大脑的特定区域植入电极并连接允许通过电极电刺激该区域的装置。

**深小脑核(deep cerebellar nuclei)** 位于小脑半球内的细胞核，接收来自小脑皮层的投射，并将小脑的投射传递到大脑的其他部位。

**去雌化效应(defeminizing effect)** 发育早期存在的激素的作用，减少或阻止女性解剖学特征的形成或行为特征的后期发展。

**防御行为(defensive behavior)** 一种物种典型的行为，动物通过这种行为来抵御另一种动物的威胁。

**戴特细胞(Deiters's cell)** 柯蒂氏器官中存在的支持细胞，维护听觉毛细胞。

**延迟样本匹配任务(delayed matching-to-sample task)** 一项任务，要求被试报告之前感知到了哪一种刺激。

**睡眠相位后移综合征(delayed sleep phase syndrome)** 睡眠和温度循环节律延迟 4 小时，可能是由于参与 SCN 神经元节律的基因(per3)突变引起。

**δ 活动(delta activity)** 从大脑记录到的规律的、同步的脑电活动，频率小于 4 Hz，在慢波睡眠的最深阶段发生。

**妄想(delusion)** 一种明显与现实相矛盾的信念。

**痴呆症(dementia)** 失去认知能力，如记忆、感知、言语能力和判断力。常见原因是多发中风和阿尔茨海默病。

**树突(dendrite)** 一种分支的树状结构，附着在神经元的体细胞上；从其他神经元的终扣接收信息。

**树突峰电位(dendritic spike)** 在某些类型的锥体细胞的树突中发生的动作电位。

**树突棘(Dendritic spine)** 树突表面上的一个小芽，与另一个神经元的终扣形成一个突触。

**齿状核(dentate nucleus)** 小脑深部的神经核，参与控制皮质脊髓和红核脊髓系统的快速而熟练的运动。

**脱氧核糖核酸(deoxyribonucleic acid, DNA)** 一种长而复杂的大分子，由两条相互连接的螺旋链组成；与相关蛋白质一起，DNA 链构成染色体。

**去极化(depolarization)** 细胞膜电位从正常静息电位降低(至零)，膜电位变得正向值更大。

**联苯(deprenyl)** 一种阻断 MAO-B 活性的药物，充当多巴胺兴奋剂。

**检测器(detector)** 在调节过程中的一种机制，用于指示系统变量何时偏离其设定点。

**绿色盲(deuteranopia)** 一种遗传的色觉缺陷，混淆红色和绿色色调；"绿色"锥体细胞充满了"红色"锥形视蛋白。

**发育性阅读障碍(developmental dyslexia)** 智力和感知能力正常，但是具有阅读困难，可以通过遗传，或由产前或围产期因素引起。

**地西泮(diazepam)** $GABA_A$ 受体的间接兴奋剂，苯二氮䓬类药物之一。

**间脑(diencephalon)** 围绕第三脑室的前脑区域；包括丘脑和下丘脑。

**扩散(diffusion)** 从高浓度区域到低浓度区域的分子运动。

**弥散张量成像(diffusion tensor imaging, DTI)** 一种成像方法，使用改良的 MRI 扫描仪显示活脑中有髓鞘的轴突束。

**二氢睾酮(dihydrotestosterone)** 一种雄激素，在 5α 还原酶作用下从睾酮产生。

**直接兴奋剂(direct agonist)** 一种与受体结合并激活受体的药物。

**直接拮抗剂(direct antagonist)** 受体阻滞剂的同义词。

**直接阅读障碍(direct dyslexia)** 一种由脑损伤引起的语言障碍，患者可以在不理解单词意义的情况下大声朗读单词。

**(基底神经节)直接通路(direct pathway[in basal ganglia])** 包括尾状核和壳核，苍白球的内部分裂和腹侧前/腹外侧丘脑核的通路，对运动有兴奋作用。

**特定神经能量的学说(doctrine of specific**

**nerve energies)** Müller 提出，由于所有神经纤维都携带相同类型的信息，因此感觉信息必须由活跃的特定神经纤维指定。

**多巴胺(dopamine, DA)** 神经递质；儿茶酚胺的一种。

**多巴胺转运蛋白(dopamine transporter)** 从突触中去除多巴胺的蛋白质。

**背向(dorsal)** 相对于中枢神经系统而言"向后"，在垂直于神经轴向的方向朝向头部的顶部或背部。

**背外侧膝状核(dorsal lateral geniculate nucleus, LGN)** 丘脑外侧膝状体内的一组细胞体，接收来自视网膜的输入并投射到初级视觉皮层。

**背根神经节(dorsal root ganglion)** 一种背根上的结节，包含传入脊神经神经元的细胞体。

**背根(Dorsal root)** 包含传入感觉纤维的脊髓根。

**背侧束(dorsal stream)** 视觉皮层互连区域系统，涉及空间位置感知，从纹状皮层开始，至后顶叶皮层结束。

**剂量—反应曲线(dose-response curve)** 药物作用量与给药量的函数关系图。

**唐氏综合征(Down syndrome)** 一种由额外的第二十一条染色体的存在而引起的疾病，特征包括中度至重度智力残疾，并且通常会出现生理异常。

**屈大麻酚(dronabinol)** 大麻素受体兴奋剂。

**二元论(dualism)** 该理论认为身体是物质的，但心灵(或灵魂)不是。

**十二指肠(duodenum)** 小肠的第一部分，直接附着在胃部。

**硬脑膜(dura mater)** 最外层的脑膜，坚韧而富有弹性。

**传出轴突(efferent axon)** 一种远离中枢神经系统的轴突，将运动指令传递给肌肉和腺体。

**眼电图(electro-oculogram, EOG)** 通过放置在眼睛周围皮肤上的电极记录眼睛的电位，可以检测眼球运动。

**电休克疗法(electroconvulsive therapy, ECT)** 短暂电击应用于头部，可以导致癫痫发作，被用来缓解严重抑郁症。

**脑电图(electroencephalogram, EEG)** 通过在头皮上放置电极记录的大脑电位。

**电解质(electrolyte)** 物质离子化水溶液，即可溶性酸、碱或盐。

**肌电图(electromyogram, EMG)** 从放置在肌肉上或肌肉中的电极记录的电位。

**静电压力(electrostatic pressure)** 带有相反符号的原子粒子之间的吸引力或带有相同符号的原子粒子之间的排斥力。

**栓塞(embolus)** 一种物质(如血凝块，脂肪或细菌碎片)从其原始位置移出并堵塞动脉；在大脑中，栓子可导致中风。

**情绪面部麻痹(emotional facial paresis)** 虽然和情绪相关的面部肌肉都可以由患者自主运动，但是这些肌肉运动却无法被情绪自发地引起，由前额岛叶皮层，额叶皮质下白质或丘脑部分损伤引起。

**脑炎(encephalitis)** 脑部炎症，由细菌、病毒或有毒化学物质引起。

**内源性大麻素(endocannabinoid)** 一种脂质，大麻素受体的内源性配体，也与大麻的活性成分 THC 结合。

**内分泌腺(endocrine gland)** 一种腺体，可将其分泌物释放到毛细血管周围的细胞外液中，从而进入血液。

**内源性阿片(endogenous opioid)** 一类由大脑分泌的肽，可起到阿片类药物的作用。

**内质网(endoplasmic reticulum)** 细胞细胞质内的平行膜层。粗面内质网含有核糖体，并参与细胞分泌的蛋白质的产生。光滑内质网是脂质合成的位点，并为参与各种细胞过程的分子的分离提供通道。

**终板电位(endplate potential)** 终扣释放乙酰胆碱时，动作终板发生的突触后电位。

**脑啡肽(enkephalin)** 内源性阿片之一。

**酶促失活(enzymatic deactivation)** 酶释放后对神经递质的破坏,例如乙酰胆碱酯酶对乙酰胆碱的破坏。

**酶(enzyme)** 一种控制化学反应的分子,将两种物质结合或将物质分成两部分。

**流行病学(epidemiology)** 研究人群疾病的分布和原因的学科。

**肾上腺素(epinephrine)** 儿茶酚胺的一种,肾上腺髓质分泌的一种激素,也可作为大脑中的神经递质。

**情景记忆(episodic memory)** 一种对以时间组织的事件感知集合的记忆,可以通过特定的情境进行识别。

**雌二醇(estradiol)** 许多哺乳动物(包括人类)的主要雌激素。

**雌激素(estrogen)** 一类性激素,可引起女性生殖器的成熟,乳房组织生长,以及女性特有的其他身体特征的发育。

**发情周期(estrous cycle)** 除灵长类动物外的哺乳动物的雌性生殖周期。

**发情期(estrus)** 许多雌性哺乳动物(不包括人类)的性接受期。

**右旋佐匹克隆(eszopiclone)** $GABA_A$ 受体的间接兴奋剂,可以用来治疗失眠症。

**进化(evolution)** 一种由于自然选择而产生的物种的结构和生理学的逐渐变化,通常产生更复杂的生物。

**兴奋性氨基酸转运蛋白(excitatory amino acid transporters)** 从突触中去除谷氨酸(和其他兴奋性氨基酸)的蛋白质。

**兴奋性突触后电位(excitatory postsynaptic potential, EPSP)** 由终扣释放神经递质引起的突触后突触膜的兴奋性去极化。

**兴奋毒性损伤(excitotoxic lesion)** 通过向脑内注射兴奋性氨基酸(如红藻氨酸)所产生的脑损伤。

**胞吐作用(exocytosis)** 细胞通过囊泡分泌物质,是神经递质分泌的过程。

**实验性切除(experimental ablation)** 去除或破坏实验动物的一部分大脑,导致动物无法执行某些行为,从而推论被切除的大脑控制该行为。

**伸展(extension)** 一种肢体运动,倾向于伸直关节,屈曲的相反运动。

**细胞外液(extracellular fluid)** 细胞外的所有体液,包括间质液、血浆和脑脊液。

**外肌纤维(extrafusal muscle fiber)** 一种肌肉纤维,负责骨骼肌收缩所施加的力。

**外纹状身体区域(extrastriate body area, EBA)** 位于外侧枕颞皮层的视觉联合皮层区域,涉及除面部外的人体和身体部位的感知。

**外纹状皮层(视觉联合皮层或V2)(extrastriate cortex, visual association cortex, or V2)** 视觉联合皮层区域,接收来自纹状皮层和上丘的纤维,并投射到下颞皮层。

**小脑顶核(fastigial nucleus)** 一个位于小脑深部的脑核,参与控制网状脊髓束和前庭脊髓束的运动。

**禁食阶段(fasting phase)** 新陈代谢的一个阶段,消化系统无法获得营养;在此阶段,葡萄糖、氨基酸和脂肪酸来源于糖原,蛋白质和脂肪组织。

**致死性家族失眠症(fatal familial insomnia)** 一种以进行性失眠为特征的致命的遗传性疾病。

**脂肪酸(fatty acid)** 一种衍生自甘油三酯和甘油分解的物质;除大脑外,大部分细胞都能代谢。

**氟苯丙胺(fenfluramine)** 一种刺激5-HT释放的药物。

**胎儿酒精综合征(fetal alcohol syndrome)** 由孕妇摄入酒精而引起的出生缺陷,包括特征性的面部异常和错误的大脑发育。

**战或逃反应(fight-or-flight response)** 对战斗或逃跑的物种典型的预备反应,被认为是压力对健康造成有害影响的原因。

**裂(fissure)** 大脑表面的一个主要凹槽,大于沟(sulcus)。

**固定剂(fixative)** 一种化学物质,如福尔马林,可以用于准备和保存身体组织。

**屈曲(flexion)** 一种肢体运动,往往会弯曲关节,与伸展相反。

**绒球小结叶(flocculonodular lobe)** 小脑的一个区域,参与控制姿势反射。

**荧光金(fluoxetine)** 一种用作逆行标志的染料,由终扣吸收并带回细胞体。

**氟西汀(fluoxetine)** 一种抑制 5-HT 再摄取的药物。

**促卵泡激素(follicle-stimulating hormone, FSH)** 垂体前叶的激素,可引起卵巢卵泡的发育和卵子的成熟。

**前脑(forebrain)** 大脑中三个主要部分中最前的,包括端脑和间脑。

**福尔马林(formalin)** 甲醛的气体水溶液,最常用的组织固定剂。

**穹窿(fornix)** 连接海马体与大脑其他部分的纤维束,包括下丘脑的乳头体,是边缘系统的一部分。

**Fos** 响应突触刺激而在神经元细胞核中产生的一种蛋白质。

**功能成像(functional imaging)** 一种检测大脑特定区域代谢或化学变化的计算机化方法。

**第四脑室(fourth ventricle)** 位于小脑和背部脑桥之间的脑室,位于脑的中心。

**中央凹(fovea)** 视网膜的区域,负责鸟类和高等哺乳动物最敏锐的视野。对颜色敏感的锥体细胞是中央凹中唯一的感光细胞类型。

**自由基(free radical)** 具有不成对电子的分子,可以作为强氧化剂,对细胞有毒。

**额叶(frontal lobe)** 大脑皮层的前部,顶叶的喙端,颞叶的背侧。

**正面切片(frontal section)** 通过大脑平行于前额的切片。

**额颞叶痴呆(frontotemporal dementia)** tau 蛋白基因突变导致额叶和颞叶皮层退化,随后发生痴呆。

**功能词(function word)** 介词、冠词或其他单词,几乎没有表达句子的含义,但在指定其语法结构时很重要。

**功能性核磁共振成像(functional MRI, fMRI)** 功能性成像方法,是 MRI 程序改进程序,允许通过检测血氧水平的变化来测量大脑中的区域代谢。

**功能主义(functionalism)** 理解生物现象(行为或生理结构)的最佳方法是试图理解其对有机体的有用功能。

**基频(fundamental frequency)** 复杂声音的最低频率,通常也是最强烈的频率,通常被认为是声音的基本音高。

**富马酸(fusaric acid)** 一种抑制多巴胺 β-羟化酶活性,从而阻止去甲肾上腺素产生的药物。

**梭形面孔区域(fusiform face area, FFA)** 位于下颞部的视觉联合皮层区域,涉及需要专业知识识别的复杂物体和人脸感知。

**G 蛋白(G protein)** 与代谢型受体偶联的蛋白质,当配体与受体结合并激活受体时,将信息传递给其他分子

**γ-氨基丁酸(GABA)** 一种氨基酸,大脑中最重要的抑制性神经递质。

**GABA 转运蛋白(GABA transporter)** 一种从突触中去除 GABA 的蛋白质。

**半乳糖血症(galactosemia)** 一种遗传性代谢紊乱,表现为半乳糖不易被身体代谢。

**配子(gamete)** 成熟的生殖细胞,比如精子或卵子。

**γ 运动神经元(gamma motor neuron)** 一种神经元,其轴突与肌内肌纤维形成突触。

**神经节细胞(ganglion cell)** 位于视网膜中的神经元,接收来自双极细胞的视觉信息,其的轴突上行至视神经。

**间隙连接(gap junction)** 细胞之间的特殊连接,允许通过电耦合进行直接通信。

**基因(gene)** 染色体的功能单元,指导一种或多种蛋白质的合成。

**概括(generalization)** 一种科学解释,基于对类似现象的许多观察得出的一般结论。

**广泛性焦虑障碍(generalized anxiety disorder)** 一种以过度焦虑和担忧为特征的疾病,严重的可致生命危险。

**全面性癫痫(generalized seizure)** 涉及大部分大脑的癫痫发作,与部分性癫痫形成对比,后者局限于大脑的一部分。

**遗传性别(genetic sex)** 由XX(雌性)或XY(雄性)染色体的存在决定。

**基因组(genome)** 构成特定物种DNA的完整基因组。

**胃饥饿素(ghrelin)** 由胃释放的一种肽激素,可增加进食,由大脑中的神经元产生的。

**无毛皮肤(glabrous skin)** 不含毛发的皮肤,存在于手掌和脚掌上。

**胶质细胞(glia)** 中枢神经系统的支持细胞。

**胶质瘤(glioma)** 由几种神经胶质细胞中的一种组成的癌性脑肿瘤。

**苍白球(globus pallidus)** 种端脑的神经核,基底神经节的主要输出核,参与控制自主运动。

**胰高血糖素(glucagon)** 一种促进肝糖原转化为葡萄糖的胰腺激素。

**糖皮质激素(glucocorticoid)** 肾上腺皮质激素中的一种,在蛋白质和碳水化合物代谢中很重要,特别是在受到压力时分泌。

**葡萄糖剥夺(glucoprivation)** 细胞可用葡萄糖水平急剧下降。可能是由血糖水平下降或抑制葡萄糖代谢的药物引起。

**谷氨酸(glutamate)** 一种氨基酸,大脑中最重要的兴奋性神经递质。

**谷氨酸兴奋性毒性(glutamate excitotoxicity)** 过量谷氨酸对突触后细胞的毒性过度刺激。

**谷氨酰胺合成酶(glutamine synthase)** 将谷氨酸分解成前体谷氨酰胺的酶。

**甘油(glycerol)** 一种来源于甘油三酯和脂肪酸分解所产生的物质,可以通过肝脏转化为葡萄糖。

**糖原(glycogen)** 一种通常被称为动物淀粉的多糖,储存在肝脏和肌肉中,构成短期营养储备。

**高尔基体(Golgi apparatus)** 细胞质中平行膜的复合物,包裹分泌细胞的产物。

**高尔基肌腱器(Golgi tendon organ)** 肌腱和肌肉交界处的受体器官,对拉伸敏感。

**性腺(gonad)** 卵巢或睾丸。

**促性腺激素(gonadotropic hormone)** 一种垂体前叶激素,对性腺细胞有刺激作用。

**促性腺激素释放激素(gonadotropin-releasing hormone, GnRH)** 一种下丘脑激素,刺激垂体前叶分泌促性腺激素。

**大癫痫发作(grand mal seizure)** 一种全身性、强直—阵挛性癫痫发作,会导致惊厥。

**脑回(gyrus,复数gyri)** 大脑半球皮层的卷积,由沟或裂分开。

**毛细胞(hair cell)** 听觉器官的感受细胞。

**幻觉(hallucination)** 对不存在的对象或事件的感知。

**Hebb规则(Hebb rule)** Donald Hebb提出的假设,即学习的细胞基础涉及加强突触后神经元发射时反复激活的突触。

**密胆碱-3(hemicholinium-3)** 胆碱转运蛋白的拮抗剂。

**出血性中风(hemorrhagic stroke)** 由脑血管破裂引起的脑血管意外。

**海洛因(heroin)** 阿片受体的兴奋剂。

**单纯疱疹病毒(herpes simplex virus)** 一种用于顺行性跨神经元追踪的疱疹病毒,它标记了一系列突触相互连接的神经元。

**赫兹(hertz)** 每秒的周期。

**后脑(hindbrain)** 大脑三大部分中最后部的,包括后脑和末脑。

**组胺(histamine)** 一种由组氨酸合成的神经递质,在维持觉醒和唤醒中起着重要作用。

**内稳态(homeostasis)** 身体的物质和特征(如温度和葡萄糖水平)保持在最佳水平的

过程。

**水平细胞(horizontal cell)** 视网膜中的神经元,它将相邻的光感受器和双极细胞的外部过程相互连接起来。

**水平剖面(horizontal section)** 通过大脑并平行于地面的切片。

**激素(hormone)** 一种由内分泌腺释放的化学物质,对其他器官的靶细胞有影响。

**色调(hue)** 色彩的感知维度之一,占主导地位的波长。

**亨廷素(huntingtin, Htt)** 一种蛋白质,可用于促进脑源性神经营养因子的产生和转运。亨廷素异常是亨廷顿病的原因。

**亨廷顿病(Huntington's disease)** 一种导致基底神经节退化的遗传性疾病,其特征是逐渐严重的无法控制的抽搐运动、扭动、痴呆,最后死亡。

**超直接路径(hyperdirect pathway)** 从前SMA到丘脑底核的兴奋路径,增加GPi的活性,并且在预防或快速停止由直接路径引发的运动中起作用。

**超极化(hyperpolarization)** 相对于正常静息电位,细胞膜电位增加;膜电位变得更负。

**催眠幻觉(hypnagogic hallucination)** 嗜睡症的症状,在一个人入睡之前发生的生动梦境,伴有睡眠麻痹。

**前额叶功能低下(hypofrontality)** 前额皮层活动减少,被认为是导致精神分裂症阴性症状的原因。

**下丘脑垂体肾上腺轴(hypothalamic pituitary adrenal axis)** 作为应激反应的一部分被激活的回路,导致糖皮质激素的释放。

**下丘脑(hypothalamus)** 位于丘脑下方的间脑细胞核,参与自主神经系统的调节,垂体前叶和后叶的控制,以及物种典型行为的整合。

**血容量不足(hypovolemia)** 血管内液体积减少。

**咪唑克生(idazoxan)** 一种阻断突触前去甲肾上腺素能α2受体的药物,因此可作为兴奋剂,促进去甲肾上腺素的合成和释放。

**免疫细胞化学方法(immunocytochemical method)** 一种组织学方法,使用放射性抗体或与染料分子结合的抗体来指示肽的特定蛋白质的存在。

**免疫球蛋白(immunoglobulin)** B-淋巴细胞释放的抗体,与抗原结合,有助于破坏入侵的微生物。

**砧骨(incus)** 三个听小骨中的第二个。

**间接兴奋剂(indirect agonist)** 一种附着于受体结合位点并促进受体作用的药物,不干扰主配体的结合位点。

**间接拮抗剂(indirect antagonist)** 一种附着在受体结合位点并干扰受体作用的药物,不干扰主配体的结合位点。

**(基底神经节)间接通路(indirect pathway [in basal ganglia])** 包括尾状核和壳核、苍白球的外部分裂、丘脑底核、苍白球的内部分裂和腹侧前/腹外侧丘脑核的路,对运动有抑制作用。

**下丘(inferior colliculi)** 中脑顶部的下丘突起,是听觉系统的一部分。

**下颞叶皮层(inferior temporal cortex)** 视觉联合皮层腹侧的最高一层,参与对物体的感知,包括人的身体和面孔。

**知情同意(informed consent)** 研究人员必须告知任何潜在被试有关研究性质、如何收集和存储任何数据、以及参与的预期收益和成本的过程。

**摄入行为(ingestive behavior)** 吃或喝。

**吸入(inhalation)** 将一种蒸气物质吸入肺部。

**抑制性突触后电位(inhibitory postsynaptic potential, IPSP)** 由终扣释放神经递质所引起的突触后突触膜的抑制性超极化。

**附着斑(insertional plaque)** 尖端连接到纤毛的连接点。

**吹入法(insufflation)** 通过嗅闻或吸食来摄入物质,比如药物通过鼻黏膜吸收。

**岛叶皮层(insular cortex)** 大脑皮层的凹

陷区域，通常由喙侧上颞叶和尾侧下额叶覆盖。

**胰岛素(insulin)** 一种促进葡萄糖和氨基酸进入细胞，将葡萄糖转化为糖原，以及将脂肪转运到脂肪组织中的胰腺激素。

**苍白球的内部分裂(internal division of the globus pallidus, GPi)** 苍白球的分裂，通过丘脑提供对运动皮层的抑制性输入，有时被立体定向手术破坏，从而治疗帕金森病的症状。

**中间神经元(interneuron)** 一种完全位于中枢神经系统内的神经元。

**中间核(interposed nuclei)** 一组小脑深部的核团，参与控制红核脊髓系统。

**间质液(interstitial fluid)** 浸润细胞的液体，填充细胞体之间的间隙。

**细胞内液(intracellular fluid)** 细胞内含有的液体。

**脑内给药(intracerebral administration)** 将物质直接注入大脑。

**脑室内给药[intracerebroventricular(ICV) administration]** 将物质注入一个脑室。

**梭内肌纤维(intrafusal muscle fiber)** 一种肌肉纤维，起到拉伸感受器的作用，与外肌纤维平行排列，从而检测肌肉长度的变化。

**肌内注射[intramuscular(IM) injection]** 将物质注射到肌肉中。

**顶内沟(intraparietal sulcus, IPS)** 视觉联合皮层背侧末端，参与对位置的感知、视觉注意力以及控制眼睛和手部动作。

**腹腔注射[intraperitoneal(IP) injection]** 将物质注入腹膜腔——围绕胃，肠，肝和其他腹部器官的空间。

**血管内液体(intravascular fluid)** 血管内的液体。

**静脉注射[intravenous(IV) injection]** 将物质直接注入静脉。

**离子(ion)** 带电分子。阳离子带正电，阴离子带负电。

**离子通道(ion channel)** 一种特殊的蛋白质分子，允许特定离子进入或离开细胞。

**离子型受体(ionotropic receptor)** 一种受体，含有神经递质和离子通道的结合位点，当神经递质分子附着于结合位点时，通道会打开。

**同侧(ipsilateral)** 位于身体的同一侧。

**缺血性中风(ischemic stroke)** 由缺血性血管引起的脑血管意外和中断大脑区域的血液供应。

**詹姆斯—兰格理论(James-Lange theory)** 一种情绪理论，表明行为和生理反应是由情境直接引起的，情绪感受是由对这些行为和反应的反馈产生的。

**红藻氨酸受体(kainate receptor)** 一种控制钠通道的离子型谷氨酸受体，由红藻氨酸刺激。

**氯胺酮(ketamine)** 一种与 NMDA 受体的非竞争性结合位点结合，作为间接拮抗剂的药物。

**运动觉(kinesthesia)** 感知身体自身的运动。

**吻素(kisspeptin)** 由瘦蛋白受体控制的下丘脑弓状核神经元产生的肽，对于青春期开始和维持生殖能力至关重要。

**尘细胞亚层(koniocellular sublayer)** 背外侧膝状核的神经元亚层之一，存在于每个大细胞和小细胞层的腹侧，可以将信息从短波长("蓝色")锥体传输到初级视觉皮层。

**科萨科夫综合征(Korsakoff's syndrome)** 由慢性酒精滥用或营养不良引起的脑损伤导致的永久性顺行性遗忘。

**l-DOPA** DOPA 的左旋形式，儿茶酚胺的前体，由于其作为多巴胺兴奋剂的作用，常用于治疗帕金森病。

**薄片(lamella)** 一层含有光色素的膜；在视网膜的视杆和视锥细胞中被发现。

**外侧(lateral)** 朝向身体的一侧，远离中间。

**皮质脊髓侧束(lateral corticospinal tract)** 轴突系统起源于运动皮层终止于脊髓的对侧腹侧灰质，控制远端肢体的运动。

**外侧裂(lateral fissure)** 将颞叶与上覆的额叶和顶叶分开的裂缝。

**外侧膝状体核(lateral geniculate nucleus)** 一组在丘脑外侧膝状体内的细胞体,从视网膜接收纤维并将纤维投射到初级视觉皮层。

**外侧组(lateral group)** 皮质脊髓束、皮质球状管和红核脊髓束。

**外侧丘系(lateral lemniscus)** 一条横向穿过髓质和脑桥的纤维带,输送听觉系统的纤维。

**外侧核(lateral nucleus)** 杏仁核的一个神经核,它接收来自新皮层、丘脑和海马体的感觉信息,并向基底核、辅助基底核和杏仁核中央核发送投射。

**外侧枕叶复合体(lateral occipital complex, LOC)** 一个级外皮层区域,涉及人体和面部以外的物体感知。

**侧脑室(lateral ventricle)** 位于端脑中心的两个脑室中的一个。

**李—波特效应(Lee-Boot effect)** 在一起饲养的雌性动物群中,发情周期减缓和最终停止,由动物尿液中的信息素引起,首先在小鼠身上被观察到。

**瘦素(leptin)** 脂肪组织分泌的一种激素,能减少食物摄入并增加代谢率,主要通过抑制弓状核中的 NPY 分泌神经元。

**病变研究(lesion study)** 实验性切除的同义词。

**路易体(Lewy body)** 异常的圆形结构,具有由 α-突触核蛋白组成的致密核心,存在于帕金森病患者黑质纹状体神经元的细胞质中。

**配体(ligand)** 一种与受体结合位点结合的化学物质。

**边缘皮层(limbic cortex)** 系统发育中的老皮层,位于大脑半球的内侧缘("异组织缘"),边缘系统的一部分。

**边缘系统(limbic system)** 一组大脑区域,包括前丘脑核、杏仁核、海马体、边缘皮层和下丘脑,以及它们相互连接的纤维束。

**脂肪剥夺(lipoprivation)** 细胞可利用的脂肪酸水平急剧下降,通常由抑制脂肪酸代谢的药物引起。

**锂(lithium)** 一种化学元素,碳酸锂被用于治疗双相情感障碍。

**蓝斑(locus coeruleus, LC)** 一组深色的去甲肾上腺素能细胞体,位于第四脑室底部喙端附近的脑桥中,参与唤醒和警惕。

**长时程增强(long-term potentiation, LTP)** 由于某种输入的重复高频活动,导致神经元对特定突触输入的兴奋性的长期增加。

**脊柱前凸(lordosis)** 在许多四足雌性哺乳动物中可见的脊柱性反射,背部拱起以响应接近的雄性或接触其体侧,从而抬高后躯。

**功能丧失(loss of function)** 由隐性基因引起的遗传性疾病,该基因不能产生对健康有益的蛋白质。

**响度(loudness)** 声音的感知维度,和强度相对应。

**LSD** 一种刺激 5-HT2A 受体的药物。

**黄体生成素(luteinizing hormone, LH)** 垂体前叶的激素,导致卵巢卵泡排卵和发育成黄体。

**溶酶体(lysosome)** 被膜包围的细胞器,含有分解废物的酶。

**大电极(macroelectrode)** 一种电极,用于记录大脑特定区域内大量神经元的电活动,比微电极大得多。

**磁共振成像(magnetic resonance imaging, MRI)** 一种可以准确对身体内部进行成像的技术,涉及无线电波和强磁场之间的相互作用。

**脑磁图(magnetoencephalography)** 一种通过电活动引起的磁场来检测同步激活的神经元组的过程,会使用一系列超导量子干涉设备或 SQUID。

**大细胞层(magnocellular layer)** 背侧膝状核内部的两层神经元之一,将感知形状、运动、深度和亮度的微小差异所需的信息传递给初级视觉皮层。

**重性抑郁(major depressive disorder, MDD)**

一种严重的情绪障碍，由不间断的抑郁或抑郁期组成，不会与躁狂期交替出现。

**恶性肿瘤(malignant tumor)** 一种癌症肿瘤，缺乏明显的边界，可能会转移。

**锤骨(malleus)** 三个听小骨中的第一个。

**乳头体(mammillary bodies)** 大脑底部下丘脑后端的突出，包含一些下丘脑核，是边缘系统的一部分。

**雄性化作用(masculinizing effect)** 在发育早期存在的激素的作用，促进男性典型的解剖学或行为特征的后期发展。

**MDMA** 一种用作去甲肾上腺素能和5-羟色胺能兴奋剂的药物，也称为“摇头丸”，具有兴奋和致幻作用。

**机械感受器(mechanoreceptor)** 响应机械刺激的感觉神经元：例如，那些产生皮肤压力、拉伸，或皮肤振动或肌肉或肌腱拉伸的感觉神经元。

**中间的(medial)** 朝向身体中部，远离侧面。

**内侧前脑束(medial forebrain bundle)** 一种纤维束，通过基底前脑和下丘脑外侧向喙端—尾端方向延伸，这些轴突的电刺激起到强化作用。

**内侧膝状体核(medial geniculate nucleus)** 一组丘脑内侧膝状体内的细胞体，接收来自听觉系统的纤维并将纤维投射到初级听觉皮层。

**杏仁内侧核(medial nucleus of the amygdala)** 从嗅球和附属嗅球接收嗅觉信息的细胞核，参与气味和信息素对生殖行为的影响。

**内侧视前区(medial preoptic area, MPA)** 一个细胞体区域，位于下丘脑的下方，在男性性行为中起着至关重要的作用。

**中位视前核(median preoptic nucleus)** 一个小核，位于前连合的交叉周围，在血管紧张素刺激的口渴中起作用。

**延髓(meulla oblongata)** 位于末脑，大脑最尾部，紧接着脊髓的喙端。

**梅氏小体(Meissner's corpuscle)** 一种触觉敏感的皮肤受体，对(特别是通过指尖)检测边缘轮廓或盲文样刺激非常重要。

**黑色素聚集激素(melanin-concentrating hormone, MCH)** 一种肽神经递质，存在于下丘脑外侧神经元系统中，可刺激食欲，降低代谢率。

**黑素细胞皮质激素受体4(melanocortin 4 receptor, MC4R)** 在脑中发现的与α-MSH和刺豚鼠相关蛋白结合的受体，起着控制食欲的作用。

**视黑素(melanopsin)** 视网膜神经节细胞中存在的一种光色素，其轴突将信息传递给SCN，丘脑和橄榄顶盖前核。

**褪黑激素(melatonin)** 松果体夜间分泌的一种激素，在昼夜节律和季节性节奏中起作用。

**膜(membrane)** 主要由脂质分子组成的结构，是细胞的外边界，并且还构成许多细胞器，例如高尔基体。

**膜电位(membrane potential)** 穿过细胞膜的电荷，细胞内外的电位差。

**脑膜(meninx，复数meninges)** 包裹中枢神经系统的三层组织——硬脑膜、蛛网膜和软脑膜。

**脑膜瘤(meningioma)** 由构成脑膜的细胞组成的良性脑肿瘤。

**脑膜炎(meningitis)** 脑膜的炎症，可能是由病毒或细菌引起的。

**月经周期(menstrual cycle)** 包括人类在内的大多数灵长类动物的雌性的生殖周期，特征为子宫内膜生长、排卵、黄体发育，以及(如果不怀孕的话)月经。

**梅克尔触盘(Merkel's disk)** 一种触觉敏感皮肤接收器，对于(特别是通过指尖)检测形状和粗糙度非常重要。

**中脑运动区(mesencephalic locomotor region)** 中脑网状结构的一个区域，其刺激引起通常在运动过程中看到的肢体的交替运动。

**中脑(mesencephalon)** 围绕脑导水管的大脑区域，包括顶盖和被盖。

**中脑皮层通路(mesocortical system)** 一种多巴胺能神经元系统，起于腹侧被盖区，终于前额叶皮层。

**中脑边缘系统(mesolimbic system)** 一种多巴胺能神经元系统,起于腹侧被盖区终于伏隔核、杏仁核和海马体。

**信使核糖核酸(messenger ribonucleic acid, mRNA)** 一种大分子,它提供从染色体的一部分传递到核糖体,进行蛋白质合成的遗传信息。

**代谢型谷氨酸受体(metabotropic glutamate receptor)** 一种对谷氨酸敏感的代谢型受体。

**代谢型受体(metabotropic receptor)** 一种受体,含有神经递质的结合位点。当神经递质分子附着在结合位点时,会激活一种酶,该酶则会激发一系列事件,细胞膜的其他部分打开离子通道。

**转移(metastasis)** 细胞脱离肿瘤,穿过血管系统,在身体其他部位生长的过程。

**美沙酮(methadone)** 阿片受体的兴奋剂。

**甲基苯丙胺(methylmphetamine)** 多巴胺和去甲肾上腺素转运蛋白的拮抗剂,使它们反向运转,将这些神经递质释放到突触中。

**哌甲酯(microdialysis)** 一种抑制多巴胺再摄取的药物。

**微透析(microdialysis)** 一种分析组织液中存在的化学物质的方法,通过植入脑中的半透膜制成的小管提取。

**微电极(microelectrode)** 一种非常精细的电极,通常用于记录单个神经元的活动。

**小胶质细胞(microglia)** 最小的神经胶质细胞,充当吞噬细胞并保护大脑免受入侵微生物的侵害。

**显微镜用薄片切片机(microtome)** 一种用于制成非常薄的身体组织切片的仪器。

**微管(microtubule)** 一长串蛋白质细丝束排列在一个空心核心周围,细胞骨架的一部分,负责在细胞内从一个地方运送物质到另一个地方。

**中脑(midbrain)** 大脑三大部分的核心。

**正中矢状面(midsagittal plane)** 通过神经轴垂直于地面的平面,将大脑分成对称的两部分。

**镜像神经元(mirror neurons)** 位于腹侧前运动皮层和下顶叶小叶的神经元,当个体进行特定运动或看到另一个人进行该运动时,它会作出反应。

**线粒体(mitochondrion)** 一种负责从营养物中提取能量的细胞器。

**二尖瓣细胞(mitral cell)** 位于嗅球中的神经元,接收嗅觉受体的信息,二尖瓣细胞的轴突将信息传递给大脑的其他部分。

**吗氯贝胺(moclobemide)** 一种阻断 MAO-A 活性的药物,充当去甲肾上腺素能兴奋剂。

**一元论(monism)** 认为世界只包含物质和能量,而心灵是神经系统运作产生的现象。

**单胺(monoamine)** 一种胺,包括吲哚胺(如 5-羟色胺)和儿茶酚胺(如多巴胺、去甲肾上腺素和肾上腺素)。

**单胺假说(monoamine hypothesis)** 一种假设,即抑郁症是由一种或多种单胺系统的低活性引起的。

**单胺氧化酶(monoamine oxidase, MAO)** 一种破坏单胺的酶,包括多巴胺、去甲肾上腺素和血清素。

**单突触伸展反射(monosynaptic stretchlex)** 一种反射,肌肉因快速伸展而收缩,涉及感觉神经元和运动神经元,它们之间有一个突触。

**吗啡(morphine)** 阿片受体的兴奋剂。

**运动联合皮层(motor association cortex)** 额叶向初级运动皮层延伸的区域,也称为前运动皮层。

**运动终板(motor endplate)** 神经肌肉接头的突触后膜。

**运动学习(motor learning)** 学习做出新的反应。

**运动神经元(motor neuron)** 位于中枢神经系统内的神经元,控制肌肉收缩或腺体分泌。

**运动单元(motor unit)** 运动神经元及其相关的肌纤维。

**毒蕈碱(muscarine)** 代谢型乙酰胆碱受体

的兴奋剂。

**毒蕈碱受体(muscarinic receptor)** 由毒蕈碱刺激并被阿托品阻断的代谢型乙酰胆碱受体。

**蝇蕈醇(muscimol)** GABA 结合位点对 $GABA_A$ 受体的直接兴奋剂。

**突变(mutation)** 精子或卵子染色体中包含的遗传信息的变化,可以传递给生物体的后代,提供遗传变异。

**髓鞘(myelin sheath)** 围绕轴突并隔离它们的鞘,防止信息在相邻轴突之间扩散。

**肌原纤维(myofibril)** 肌肉纤维的一种元素,由肌动蛋白和肌球蛋白的重叠链组成,负责肌肉收缩。

**肌球蛋白(myosin)** 一种为肌肉收缩提供物理基础的蛋白质(与肌动蛋白一起)。

**苗勒系统(Müllerian system)** 女性内部性器官的胚胎前体。

**纳洛酮(naloxone)** 一种阻断阿片受体的药物。

**发作性睡病(narcolepsy)** 一种睡眠障碍,其特征是不可抗拒的睡眠期、猝倒发作、睡眠麻痹和催眠幻觉。

**自然选择(natural selection)** 赋予选择性优势(增加动物生存和繁殖的可能性)的遗传性状在群体中变得更普遍的过程。

**负后象(negative afterimage)** 视网膜的一部分暴露于强烈的视觉刺激后看到的图像,由物理刺激补色组成。

**负反馈(negative feedback)** 一种过程,即行动产生的效果可以减少或终止该行动,是调节系统的一个特征。

**负强化(negative reinforcement)** 消除或减少厌恶刺激,这种刺激取决于特定的反应,伴随着反应频率的增加。

**阴性症状(negative symptom)** 精神分裂症的一种症状,其特征是缺乏通常存在的行为,如社交退缩、缺乏情感和动机减少。

**新皮层(neocortex)** 系统发育的最新皮层,包括初级感觉皮层、初级运动皮层和联合皮层。

**新斯的明(neostigmine)** 一种抑制乙酰胆碱酯酶活性的药物。

**幼态持续(neoteny)** 成熟过程放缓,从而获得更多的成长时间,是大脑发育的重要因素。

**神经黏附蛋白(neural adhesion protein)** 一种在大脑发育中起作用的蛋白质,有助于指导神经元的生长。

**神经整合(neural integration)** 抑制性和兴奋性突触后电位总合和控制神经元发射速率的过程。

**神经管(neural tube)** 一种中空管,在头端封闭,在胚胎发育早期由外胚层组织形成,是中枢神经系统的起源。

**神经轴(neuraxis)** 从脊髓底部到前脑前部的中枢神经系统中心的假想线。

**神经伦理学(neuroethics)** 一个跨学科的领域,致力于理解神经科学研究伦理学的影响和发展最佳实践。

**神经原纤维缠结(neurofibrillary tangle)** 一种垂死的神经元,细胞内积累异常磷酸化的、曾经作为细胞内部骨架的微管相关蛋白丝。

**神经发生(neurogenesis)** 通过神经干细胞的分裂产生新的神经元,发生在海马体和嗅球中,在学习中起作用。

**神经调质(neuromodulator)** 一种天然分泌的物质,其作用类似于神经递质,但它不限于突触间隙,而是通过细胞外液扩散。

**神经肌肉连接点(neuromuscular junction)** 轴突和肌纤维的终扣之间的突触。

**神经分泌细胞(neurosecretory cell)** 一种分泌激素或激素样物质的神经元。

**神经元(neurons)** 神经细胞,神经系统的信息处理和信息传递细胞。

**神经肽 Y(neuropeptide Y, NPY)** 一种肽神经递质,存在于弓状核神经元系统中,刺激摄食、胰岛素和糖皮质激素分泌,减少甘油三酯的分解,降低体温。

**依赖神经递质的离子通道(neurotransmitter-**

dependent ion channel） 当一个神经递质分子与突触后受体结合时打开的离子通道。

**神经递质（neurotransmitter）** 由终扣释放的化学物质，对另一个神经元有兴奋或抑制的作用。

**尼古丁（nicotine）** 离子型乙酰胆碱受体的兴奋剂。

**烟碱受体（nicotinic receptor）** 一种离子型乙酰胆碱受体，受尼古丁刺激并被箭毒阻断。

**黑质纹状体系统（nigrostriatal system）** 一种神经元系统，起源于黑质，终止于新纹状体（尾状核和壳核）。

**一氧化氮合成酶（nitric oxide synthase）** 一种负责产生一氧化氮（NO）的酶。

**NMDA 受体（NMDA receptor）** 一种专门的离子型谷氨酸受体，可控制通常被 $Mg^{2+}$ 离子阻断的钙通道，参与长时程增强。

**郎飞氏结（node of Ranvier）** 相邻的少突神经胶质细胞或施万细胞之间有髓鞘轴突的裸露部分。

**非竞争性结合（noncompetitive binding）** 药物与受体位点的结合，不干扰主配体的结合位点。

**去甲肾上腺素（norepinephrine, NE）** 一种儿茶酚胺，是一种神经递质，存在于大脑和自主神经系统的交感神经分裂中。

**去甲肾上腺素转运蛋白（norepinephrine transporter）** 从突触中去除去甲肾上腺素的蛋白质。

**核仁（nucleolus）** 细胞核内产生核糖体的结构。

**细胞核（nucleus，复数 nuclei）** 中枢神经系统中可识别的一组神经细胞体；或细胞中央区域的结构，包含核仁和染色体。

**伏核（nucleus accumbens, NAC）** 隔膜附近的基底前脑核，从腹侧被盖区域的神经元接收多巴胺分泌终扣，参与强化和注意。

**孤束核（nucleus of the solitary tract）** 髓质核，从内脏器官和味觉系统接收信息。

**能旁巨细胞核（nucleus paragigantocellularis, nPGi）** 髓质核，接收来自内侧视前区的输入并包含神经元，其轴突与脊髓中参与雄性性反射的运动神经元形成突触。

**中缝大核（nucleus raphe magnus）** 中缝的核心，含有血清素分泌神经元，投射到脊髓的背灰质，并参与阿片类药物产生的镇痛作用。

**ob 小鼠（ob mouse）** 一种小鼠品种，其肥胖和低代谢率是由一种阻止瘦素产生的基因突变引起的。

**强迫思维（obsession）** 一个人专注的不受欢迎的想法或念头。

**强迫症（obsessive-compulsive disorder, OCD）** 一种以强迫思维和强迫行为为特征的精神障碍。

**阻塞性脑积水（obstructive hydrocephalus）** 一种大脑全部或部分脑室扩大的病症，由阻碍脑脊液正常流动的阻塞引起。

**枕叶（occipital lobe）** 位于大脑皮层区域顶叶和颞叶的尾部。

**嗅球（olfactory bulb）** 嗅觉末端的突起，接收来自嗅觉受体的输入。

**嗅上皮（olfactory epithelium）** 覆盖筛状板的鼻窦上皮组织，含有嗅觉受体的纤毛。

**嗅小球（olfactory glomerulus）** 一束二尖瓣细胞的树突和嗅觉受体轴突的相关终扣。

**少突胶质细胞（oligodendrocyte）** 中枢神经系统中一种神经胶质细胞，形成髓鞘。

**橄榄耳蜗束（olivocochlear bundle）** 一组传出轴突，从髓质的橄榄复合体传播到耳蜗上的听觉毛细胞。

**恩丹西酮（ondansetron）** 5-HT3 受体拮抗剂。

**操作性条件作用（operant conditioning）** 一种学习过程，通过该过程，特定情境中特定行为的影响会增加（强化）或减少（惩罚）行为的可能性，也称为工具性条件作用（instrumental conditioning）。

**阿片（opium）** 阿片受体的兴奋剂。

**视蛋白(opsin)** 一种蛋白质,与视网膜一起构成了色素。

**视交叉(optic chiasm)** 视神经之间的X形连接,位于脑底部下方、脑垂体前方。

**视神经盘(optic disk)** 形成视神经的神经节细胞纤维视网膜出口点的位置,形成盲点。

**光流(optic flow)** 由观察者与环境之间的相对运动引起的视野中点的复杂运动,提供有关物体与观察者的相对距离以及相对运动方向的信息。

**视神经(optic nerve)** 视网膜神经节细胞的轴突束离开眼睛并将信息传递到外侧膝状核。

**光遗传学方法(optogenetic method)** 利用转基因病毒将光敏离子通道插入大脑特定神经元的膜中,当应用适当波长的光时,可以使神经元去极化或超极化。

**口服给药(oral administration)** 将物质注入口中以使其被吞咽。

**食欲肽(orexin)** 一种肽,也称为下视丘分泌素,由细胞体位于下丘脑的神经元产生,破坏食欲肽可以导致发作性睡病。

**柯蒂氏器官(organ of Corti)** 基底膜上的感觉器官,包含听觉毛细胞。

**器官感觉(organic sense)** 一种感觉形态,由位于身体内部器官内的感受器引起。

**(激素的)组织效应(organizational effect[of hormone])** 激素对组织分化和发育的影响。

**字形书写障碍(orthographic dysgraphia)** 一种书写障碍,患者可以拼写符合拼法规则的单词但无法拼写不规则的单词。

**渗透性渴(osmometric thirst)** 通过间质液相对于细胞内液的渗透压增加产生的口渴,从而产生细胞脱水。

**渗透压感受器(osmoreceptor)** 一种神经元,可检测围绕它的间质液溶质浓度的变化。

**听小骨(ossicle)** 中耳的三块骨头中的一块。

**卵圆窗(oval window)** 耳蜗周围骨骼中的一个开口,露出膜,镫骨的底板压在该膜上,将声音振动传递到耳蜗内的液体中。

**卵泡(ovarian follicle)** 卵母细胞周围的一组上皮细胞,发育成卵子。

**泛音(overtone)** 在基频的倍数处出现的复杂音调的频率。

**终板血管器(organum vasculosum of the lamina terminalis, OVLT)** 位于第三脑室的前后部分之前的室旁器官,有孔的毛细血管对其输送血液,因此缺乏血脑屏障。

**氧可酮(oxycodone)** 阿片受体的兴奋剂。

**催产素(oxytocin)** 由垂体后叶分泌的一种激素,导致乳管、子宫和男性射精系统的平滑肌收缩,也可作为大脑中的神经递质。

**帕西尼氏小体(Pacinian corpuscle)** 一种对振动敏感的皮肤感受器,对于检测手中物体的振动很重要。

**惊恐障碍(panic disorder)** 一种以偶发症状为特征的疾病,如呼吸短促、心跳不规则和其他自主神经症状,伴有强烈恐惧。

**带状旁区(parabelt region)** 第二级听觉联合皮层,围绕带状区。

**海马旁回(parahippocampal cortex)** 邻近海马结构的边缘皮层区域,与鼻周皮层一起,在内嗅皮层和大脑其他区域之间传递信息。

**海马旁区(parahippocampal place area, PPA)** 内侧颞叶的边缘皮质区域,参与特定地点(场景)的感知。

**副交感神经分系统(parasympathetic division)** 自主神经系统的一部分,控制在放松状态下发生的功能。

**室旁核(paraventricular nucleus, PVN)** 位于背侧第三脑室附近的下丘脑核,包含控制自主神经系统和垂体后叶的神经元。

**顶叶(parietal lobe)** 大脑皮层向额叶尾部和颞叶背侧的区域。

**顶叶到达区(parietal reach region)** 内侧后顶叶皮层中的一个区域,在控制指向或伸手的动作中起关键作用。

**帕金蛋白(parkin)** 一种蛋白质,在将有缺陷或错误折叠的蛋白质运送到蛋白酶体中起作用,突变帕金蛋白是家族性帕金森病的一个原因。

**帕金森病(Parkinson's disease)** 一种神经系统疾病,其特征是震颤、四肢僵硬、平衡不良、运动发起困难,由黑质纹状体系退化引起的。

**部分兴奋剂(partial agonist)** 一种对特定受体具有非常高的亲和力,但比正常配体较少激活该受体的药物,在低浓度的正常配体区域中作为兴奋剂,在高浓度区域中作为拮抗剂。

**部分性发作(partial seizure)** 一种癫痫发作,从焦点开始并保持局部化,不会扩散到大脑的其他部位。

**分娩(parturition)** 生下胎儿的行为。

**小细胞层(parvocellular layer)** 层背侧膝状核中四个外层神经元之一,将感知颜色和细节所需的信息传递给初级视觉皮层。

**苯环己哌啶(Phencyclidine, PCP)** 与NMDA受体的PCP结合位点结合,并作为间接拮抗剂的药物。

**PCPA** 一种抑制色氨酸羟化酶活性从而干扰5-HT合成的药物。

**肽(peptide)** 通过肽键连接在一起的氨基酸链。大多数神经调节剂和一些激素由肽分子组成。

**肽YY3-36(peptide YY3-36, PYY)** 餐后胃肠系统释放的肽,分泌量与膳食大小成比例。

**知觉(perception)** 从感官知觉中有意识地体验和解释信息。

**知觉学习(perceptual learning)** 学习识别特定的刺激。

**灌注(perfusion)** 为组织学检查准备大脑时,动物的血液被诸如盐水溶液或固定剂等液体替换的过程。

**导水管周围灰质(periaqueductal gray matter, PAG)** 围绕脑导水管的中脑区域,在各种物种典型行为中起着至关重要的作用,包括女性性行为。

**外周神经系统(peripheral nervous system, PNS)** 脑和脊髓外的神经系统的一部分,包括连接到大脑和脊髓的神经。

**鼻周皮层(perirhinal cortex)** 与海马结构相邻的边缘皮质区域,与海马旁皮层一起,在内嗅皮层和大脑其他区域之间传递信息。

**持续性苗勒管综合征(persistent Müllerian duct syndrome)** 由先天性缺乏抗苗勒管激素或这种激素受体引起的病症;对于男性,会导致男性和女性内部性器官的发育。

**菜豆白细胞凝集素(Phaseolus vulgaris leukoagglutinin, PHA-L)** 一种来源于芸豆的蛋白质,用作顺行示踪剂,由树突和细胞体吸收并带到轴突的末端。

**吞噬作用(phagocytosis)** 细胞吞噬和消化由细胞变性引起的其他细胞或碎片的过程。

**幻肢(phantom limb)** 起源于被截肢的肢体的感觉。

**药代动力学(pharmacokinetics)** 药物被吸收、在体内扩散、代谢和排泄的过程。

**相位差(phase difference)** 声波到达双耳耳膜处时间的差异。

**苯丙酮尿症(phenylketonuria, PKU)** 由缺乏将氨基酸苯丙氨酸转化为酪氨酸的酶而引起的遗传性疾病,除非在出生后不久实施特殊饮食,否则苯丙氨酸积累会导致脑损伤。

**信息素(pheromone)** 一种动物释放的化学物质,影响另一动物的行为或生理,通常可以被闻到或尝到。

**语音阅读(phonetic reading)** 通过解码字母串的语音意义进行阅读,也叫声音阅读。

**语音书写障碍(phonological dysgraphia)** 一种写作障碍,难以阅读不熟悉的单词或可发音的非单词。

**语音阅读障碍症(phonological dyslexia)** 一种阅读障碍,可以阅读熟悉的单词,但难以阅读不熟悉的单词或可发音的非单词。

**光色素(photopigment)** 一种与视网膜结合的蛋白质染料,来自维生素A,负责视觉信息的转导。

**光感受器(photoreceptor)** 视网膜感受细胞之一,将光能转换为电势。

**光疗(phototherapy)** 每日暴露在强光下治疗季节性情感障碍。

**生理依赖(physical dependence)** 重复使用药物后的补偿性变化,当药物不再服用时会导致戒断症状。

**软脑膜(pia mater)** 夹在大脑表面的脑膜内层,很薄很脆弱。

**松果腺(pineal gland)** 附着于背顶盖的腺体,可以产生褪黑激素并在昼夜节律和季节性节律中起作用。

**音调(pitch)** 声音的感知维度,对应于基频。

**位置编码(place code)** 依靠其在基底膜上的不同位置,对不同频率的信息进行编码的一种系统。

**安慰剂(placebo)** 一种无效的物质,用于代替具有生理活性药物,在实验中作为控制条件研究给药的效果。

**脑桥(pons)** 后脑的一个区域,位于髓质的喙端、中脑的尾部、小脑的腹侧。

**脑桥核(pontine nucleus)** 脑桥中的一个大核,是小脑输入的重要来源。

**群体兴奋性突触后电位(population EPSP)** 一种诱发电位,代表一群神经元的兴奋性突触后电位。

**阳性症状(positive symptom)** 精神分裂症明显存在的症状,包括妄想、幻觉或思维障碍。

**正电子发射断层扫描(positron emission tomography, PET)** 一种功能成像方法,揭示放射性示踪剂在活脑中的定位。

**后部(posterior)** 相对于中枢神经系统,位于尾部附近或朝向尾部。

**后顶叶皮层(posterior parietal cortex)** 视觉联合皮层背侧的最高部分,参与运动和空间位置的感知。

**垂体后叶(posterior pituitary gland)** 垂体的后部,是一种内分泌腺,含有分泌激素的轴突终扣,其细胞体位于下丘脑内。

**节后神经元(postganglionic neuron)** 自主神经系统的神经元,与其靶器官直接形成突触。

**突触后膜(postsynaptic membrane)** 突触中终扣对面的细胞膜,是负责接收信息的细胞膜。

**突触后电位(postsynaptic potential)** 突触后神经元膜电位的改变,由突触中神经递质的释放产生。

**突触后受体(postsynaptic receptor)** 突触后突触膜中的一种受体分子,含有神经递质的结合位点。

**创伤后应激障碍(posttraumatic stress disorder, PTSD)** 由于暴露于极端危险和压力的情况而引起的心理障碍,症状包括反复出现的梦或闪回,会干扰社交活动,造成绝望感。

**捕食(predation)** 攻击一只属于另一种群的动物,这个种群往往是自己经常捕食的动物种群。

**前额叶皮层(prefrontal cortex)** 额叶区域与运动联合皮层的连接区域。

**神经节前神经元(preganglionic neuron)** 自主神经系统的传出神经元,其细胞体位于颅神经核或脊髓灰质的中间角,其终扣的突触在自主神经节的神经节后神经元上。

**前运动皮层(premotor cortex)** 侧额叶的运动联合皮层区域,延伸到初级运动皮层。

**早老素(presenilin)** 由缺陷基因产生的蛋白质,使β-淀粉样蛋白前体蛋白转变为异常的短形式,可能是阿尔茨海默病的病因。

**突触前促进(presynaptic facilitation)** 突触前的终扣在轴突突触中的作用,可以增加突触后终扣释放的神经递质的量。

**突触前抑制(presynaptic inhibition)** 突触前终扣在轴突突触中的作用,可以减少突触后终扣释放的神经递质的量。

**突触前膜(presynaptic membrane)** 终扣的膜,位于突触后膜附近,神经递质通过该膜释放。

**初级听觉皮层(primary auditory cortex)** 颞上叶区域,其主要输入来自听觉系统。

**初级运动皮层(primary motor cortex)** 后额叶区域,包含控制骨骼肌运动的神经元。

**初级躯体感觉皮层(primary somatosensory cortex)** 前顶叶区域,其主要输入来自体感系统。

**初级视觉皮层或纹状皮层(primary visual cortex or striate cortex)** 后枕叶区域,其主要输入来自视觉系统。

**朊蛋白(prion)** 一种蛋白质,可以两种三维形状不同的形式,朊蛋白错误折叠的积累是传染性海绵状脑病的原因。

**祖细胞(progenitor cells)** 分裂并产生中枢神经系统细胞的脑室区细胞。

**黄体酮(progesterone)** 由卵巢产生的类固醇激素,在月经周期的后期和怀孕期维持子宫的子宫内膜,与雌二醇一起促进雌性哺乳动物在发情周期的接受性。

**投射纤维(projection fiber)** 一种神经元的轴突,位于大脑的一个区域,其末梢与另一区域的神经元形成突触。

**催乳素(prolactin)** 一种产生乳汁所必需的脑垂体前叶激素,可以促进母性行为。

**本体感觉(proprioception)** 对身体的位置和姿势的感知。

**韵律(prosody)** 除了特定词语所指定的语音之外,使用语调和强调的变化来传达语音中的意义,是情感交流的重要手段。

**面孔失认症(prosopagnosia)** 无法通过面孔认出某个特定的人。

**红色盲(protanopia)** 一种可遗传的色觉缺陷,其中红色和绿色色调混淆,因为"红色"锥体细胞里充满了"绿色"锥形视蛋白。

**蛋白酶体(proteasome)** 一种细胞器,负责破坏细胞内缺陷或降解的蛋白质。

**伪狂犬病病毒(pseudorabies virus)** 一种削弱形式的猪疱疹病毒,用于逆行跨神经元追踪,标记一系列突触相互连接的神经元。

**心理神经免疫学(psychoneuroimmunology)** 神经科学的一个分支,涉及环境刺激、神经系统和免疫系统之间的相互作用。

**惩罚刺激(punishing stimulus)** 一种跟随特定行为而产生的令人厌恶的刺激,可以使行为发生频率降低。

**纯失读(pure alexia)** 在不丧失书写能力的情况下丧失阅读能力,由脑损伤产生。

**纯词聋(pure word deafness)** 能在无法理解言语意义的情况下听、说和(通常)阅读和写作的能力;因威尔尼克区受损或该区域的听觉输入中断所致。

**追随运动(pursuit movement)** 眼睛做的运动,以维持中央凹上的运动物体的图像。

**壳核(putamen)** 一个端脑核,是基底神经节的输入核之一,参与控制随意运动。

**锥体束(pyramidal tract)** 皮质脊髓束位于髓质腹侧边缘的部分。

**吡哆醇依赖症(pyridoxine dependency)** 一种代谢紊乱,有此种障碍的婴儿需要大于正常量的吡哆醇(维生素 B6)以避免神经系统症状。

**狂犬病(rabies)** 一种导致脑损伤的致命病毒性疾病;通常通过感染动物的叮咬传播。

**放射状胶质细胞(radial glia)** 一种特殊的神经胶质,纤维从脑室区向外生长到皮质表面,为大脑发育期间向外迁移的神经元提供引导。

**中缝核(raphe nuclei)** 一组位于髓质、脑桥和中脑网状结构中的细胞核,位于中线,含有5-羟色胺能神经元。

**频率编码(rate code)** 通过听觉系统神经元的发射速率对不同频率的信息进行编码的系统。

**速率定律(rate law)** 在轴突中传播的刺激或其他信息强度变化的原理,由轴突发射速率的变化来表示。

**反弹现象(rebound phenomenon)** 频率或强度在被暂时抑制后增强的现象,例如,在 REM 睡眠剥夺期后看到 REM 睡眠增加。

**感受野(receptive field)** 视觉区域中视觉刺激的呈现对特定神经元的发射率产生变化的那部分视野。

**受体阻滞剂(receptor blocker)** 一种与受体结合但不会激活它的药物,可以防止天然配体与受体结合。

**受体电位(receptor potential)** 受体细胞响应物理刺激产生的缓慢的分级电位。

**重新巩固(reconsolidation)** 在原来的巩固之后发生的记忆巩固过程,可以通过提醒原始刺激来触发,被认为是改变现有记忆的方法。

**红核(red nucleus)** 中脑的一个大核,接收来自小脑和运动皮层的输入,并将轴突发送到脊髓中的运动神经元。

**还原(reduction)** 一种科学的解释,将一种现象根据构成它的更基本的过程来描述。

**反射(reflex)** 一种自动的、刻板的运动,是刺激的直接结果。

**不应期(refractory period)** 特定动作(例如男性射精)后的一段时间,在此期间不再发生该动作。

**强化刺激(reinforcing stimulus)** 一种紧跟特定行为而发生,从而使行为变得更加频繁,可以满足个体需求的刺激。

**释放区(release zone)** 突触前囊泡内部的区域,突触囊泡附着于此并释放神经递质进入突触间隙。

**快速眼动睡眠(REM sleep)** 睡眠的一个阶段,在此期间失去同步的脑电活动,产生梦境、快速眼球运动和肌肉麻痹,也称为异相睡眠。

**快速眼动睡眠行为障碍(REM sleep behavior disorder)** 一种神经系统疾病,患者在REM睡眠期间肌肉不会麻痹,从而会将梦的内容实际表现出来。

**利血平(reserpine)** 一种干扰突触小泡中单胺储存的药物。

**静息电位(resting potential)** 当神经元没有被兴奋性或抑制性突触后电位改变时的膜电位,巨型鱿鱼轴突的静息电位大约－70 mV。

**网状结构(reticular formation)** 一种大神经组织网络,位于脑干的中心区域,从髓质到间脑。

**网状脊髓束(reticulospinal tract)** 从网状结构到脊髓灰质的一束轴突;控制负责姿势运动的肌肉。

**视网膜(retina)** 神经组织和光感受的细胞,位于眼球后部的内表面。

**视黄醛(retinal)** 一种由维生素A合成的化学物质,与视蛋白一起形成光色素。

**视网膜像差(retinal disparity)** 位于距离观察者不同距离的物体上的点将落在两个视网膜上稍微不同的位置的事实;为立体视觉提供了基础。

**逆行(retrograde)** 沿着轴突从终扣朝细胞体的方向。

**逆行性遗忘(retrograde amnesia)** 一种失忆症,患者会遗忘在对大脑造成诸如头部受伤或电惊厥性休克等干扰之前所发生的事件。

**逆行标记方法(retrograde labeling)** 一种组织学的方法,可以用于标记细胞体,这些细胞体产生与特定区域中的细胞形成突触的终扣。

**再摄取(reuptake)** 由终扣释放的神经递质刚刚通过突触前膜再次进入神经元,从而终止突触后电位。

**视紫红质(rhodopsin)** 存在于视杆细胞中的特殊视蛋白。

**核糖体(ribosome)** 由蛋白质组成的细胞质结构,作为从mRNA转化而来的蛋白质的产生位点。

**利莫那班(rimonabant)** 阻断CB1受体的药物。

**视杆细胞(rod)** 一种对低强度的光敏感的受体细胞。

**喙端(rostral)** 朝向喙的方向,相对于中枢神经系统来说,沿着神经轴朝向前方的方向。

**圆窗(round window)** 内耳耳蜗周围骨骼中的开口,允许振动通过椭圆形窗口传递到耳蜗中的液体中。

**红核脊髓束(rubrospinal tract)** 从红核到脊髓的轴突系统,可以控制独立的肢体运动。

**罗菲尼小体(Ruffini corpuscle)** 一种对接触敏感的皮肤感受器,对于检测对皮肤的拉伸或静力很重要,在本体感受中也很重要。

**扫视运动(saccadic movement)** 用于扫描视觉场景的眼睛快速而不稳定的运动。

**球囊(saccule)** 前庭囊之一。

**矢状切面(sagittal section)** 通过大脑平行于神经轴并垂直于地面的切片。

**跳跃式传导(saltatory conduction)** 通过有髓鞘轴突传导动作电位。动作电位从郎飞氏结的一个节点跳到下一个节点。

**饱腹感机制(satiety mechanism)** 一种导致饥饿或口渴中断的大脑机制,由充足和可用的营养物质或水的供应所产生。

**饱和度(saturation)** 色彩的感知维度之一,颜色的纯度。

**扫描电子显微镜(scanning electron microscope)** 一种显微镜,通过用细的电子束扫描物体,提供关于小物体表面形状的三维信息。

**精神分裂症(schizophrenia)** 一种严重的精神疾病,其特征是思维紊乱、妄想、幻觉和奇怪的行为。

**施万细胞(Schwann cell)** 外周神经系统中的一类细胞,包裹在有髓鞘的轴突周围,提供一段髓鞘。

**季节性情感障碍(seasonal affective disorder, SAD)** 一种情绪障碍,其特征是抑郁、嗜睡、睡眠障碍,以及在冬季日照短暂时对碳水化合物的渴望。

**季节性效应(seasonality effect)** 在冬末和早春出生的人中精神分裂症的发病率增加。

**第二信使(second messenger)** 当G蛋白激活酶时产生的化学物质,可以携带导致离子通道打开或导致细胞中发生其他事件的信号。

**分泌酶(secretase)** 一类将β-淀粉样蛋白前体蛋白切割成较小片段的酶,包括β-淀粉样蛋白。

**癫痫(seizure disorder)** 用来指代癫痫(epilepsy)的术语。

**选择优势(selective advantage)** 一种生物体的特征,可以产生超过其物种后代的平均数量。

**选择性5-羟色胺再摄取抑制剂(selective serotonin reuptake inhibitor, SSRI)** 一种抗抑郁药,主要抑制5-羟色胺的再摄取。

**语义痴呆(semantic dementia)** 由于侧颞叶的新皮层进行性退化所引起的语义记忆丧失。

**语义记忆(semantic memory)** 对事实和一般信息的记忆。

**半规管(semicircular canal)** 前庭器官的三个环状结构中的一个,用于检测头部旋转的变化。

**感觉(sensation)** 神经系统的特化细胞检测环境刺激并将其能量转换为感受器电位的过程。

**致敏性(sensitization)** 反复给药导致药物有效性增加。

**感觉联合皮层(sensory association cortex)** 从初级感觉皮层区域接收信息的大脑皮层区域。

**感觉神经元(sensory neuron)** 一种神经元,可检测外部或内部环境的变化,并将有关这些变化的信息发送给中枢神经系统。

**感受器(sensory receptor)** 一种检测特定类别物理事件的专门神经元。

**感觉转导(sensory transduction)** 感觉刺激转化为缓慢的分级受体电位的过程。

**血清素(serotonin, 5-HT)** 一种吲哚胺神经递质,也称为5-羟色胺。

**血清素和去甲肾上腺素再摄取抑制剂(serotonin and norepinephrine reuptake inhibitor, SNRI)** 一种抗抑郁药,主要抑制去甲肾上腺素和血清素的再摄取。

**血清素转运蛋白(serotonin transporter)**

从突触中去除血清素的蛋白质。

**设定点(set point)** 调节机制中系统变量的最佳值。

**性染色体(sex chromosome)** X和Y染色体,可以决定生物体的遗传性别。通常,XX个体是女性,XY个体是男性。

**性二态行为(sexually dimorphic behavior)** 具有不同形式或在男性和女性中以不同概率或不同情况发生的行为。

**性二态核(sexually dimorphic nucleus, SDN)** 位于视前区的核,雄性比雌性大得多;首先在大鼠中观察到,在雄性性行为中起作用。

**假性病变(sham lesion)** 一种安慰剂程序,它复制了产生脑部病变的所有步骤,除了实际导致脑损伤的步骤。

**单纯部分性发作(simple partial seizure)** 部分性发作,从焦点开始并保持局部化,不会产生意识丧失。

**正弦波光栅(sine-wave grating)** 一系列直线平行波段,根据正弦波函数沿垂直于其长度的直线连续变化。

**单细胞记录(single-unit recording)** 记录单个神经元的电活动。

**骨骼肌(skeletal muscle)** 一种附着在骨骼上的横纹肌。

**睡眠呼吸暂停(sleep apnea)** 睡觉时停止呼吸。

**睡眠发作(sleep attack)** 一种嗜睡症的症状;白天无法抵抗的睡意,但人醒来后会感觉神清气爽。

**睡眠麻痹(sleep paralysis)** 一种嗜睡症的症状,在一个人入睡之前发生瘫痪。

**与睡眠有关的饮食障碍(sleep-related eating disorder)** 一种病症,个体离开他/她的床并在睡觉时寻找和吃食物,第二天通常没有相关的记忆。

**社交焦虑障碍(social anxiety disorder)** 一种疾病,其特征是过度害怕暴露于他人的审视之下,导致回避被要求作出表现的社交场合。

**钠—钾泵(sodium-potassium pump)** 在所有细胞的膜中都存在的一种蛋白质,它将钠离子中从细胞中泵出,并将钾离子输送到细胞中。

**细胞体(soma)** 神经元的细胞体,包含细胞核。

**躯体神经系统(somatic nervous system)** 外周神经系统的一部分,控制骨骼肌的运动或将躯体感觉信息传递给中枢神经系统。

**躯体定位组构(somatotopic organization)** 在大脑的特定区域中表示的身体部位的位置映射。

**空间频率(spatial frequency)** 正弦波光栅中频带的相对宽度,以每度视角的周期测量。

**脊髓(spinal cord)** 从髓质尾部延伸的神经组织线。

**脊神经(spinal nerve)** 附着于脊髓的周围神经。

**脊髓根(spinal root)** 由结缔组织包围的一束轴突,成对出现,融合并形成脊神经。

**偶发病(sporadic disease)** 一种很少发生的疾病,并不是由遗传或传染因子引起的。

**SRY** Y染色体上的基因,其产物指示未分化的胎儿性腺发育成睾丸,其官方的名称是性别决定区域Y。

**镫骨(stapes)** 三个听小骨中的最后一个。

**癫痫持续状态(status epilepticus)** 患者在没有恢复意识的情况下经历一系列癫痫发作的情况。

**立体定位装置(stereotaxic apparatus)** 一种允许外科医生将电极或套管定位到大脑的特定部位的装置。

**立体定位图谱(stereotaxic atlas)** 特定动物大脑区域图的集合,其测量值为立体定位手术提供坐标。

**立体定向手术(stereotaxic surgery)** 使用立体定位装置将电极或插管定位在大脑的特定位置的脑外科手术。

**类固醇(steroid)** 一种低分子量的化学物质,来源于胆固醇。类固醇激素通过附着在细胞核内的受体来影响它们的靶细胞。

**刺激—反应学习(stimulus-response learning)** 学习在特定刺激的情况下自动做出特定反应;包括经典条件作用和工具性条件作用。

**压力(stress)** 一个笼统的、不精确的术语,可以指压力反应或引起压力反应的情况。

**应激反应(stress response)** 由厌恶或威胁情境引起的生理反应。

**纹状皮层(初级视觉皮层或 V1)(striate cortex, primary visual cortex or V1)** 初级视觉皮层。

**横纹肌(striated muscle)** 骨骼肌,含有条纹的肌肉。

**蛛网膜下腔(subarachnoid space)** 充满液体的空间,可以作为大脑的缓冲,位于蛛网膜和软脑膜之间。

**皮层下区域(subcortical region)** 位于大脑内,皮层表面下方的区域。

**皮下注射[subcutaneous(SC) injection]** 将物质注入皮肤下方的空间。

**穹窿下器(subfornical organ, SFO)** 位于侧脑室汇合处的小器官,附着于穹窿的下侧,包含检测血液中血管紧张素存在的神经元,并激发引发饮酒的神经回路。

**膝下前扣带皮层(subgenual anterior cingulate cortex, subgenual ACC)** 内侧前额叶皮层位于胼胝体前部“膝盖”下方的区域,在抑郁症的症状中起作用。

**亚侧背神经核(sublaterodorsal nucleus, SLD)** 背侧脑桥的一个区域,位于蓝斑的腹侧,包含 REM-ON 神经元,是 REM 触发器的一部分。

**舌下给药(sublingual administration)** 通过将药物置于舌下进行给药。

**顺从行为(submissive behavior)** 动物为响应另一动物的威胁行为而表现出的行为,用于防止遭到攻击。

**黑质(substantia nigra)** 被盖内一种深色的区域,包含神经元,与基底神经节中的尾状核和壳核相通。

**丘脑底核(subthalamic nucleus)** 位于丘脑腹侧的核,是包括基底神经节在内的皮层下运动系统的重要组成部分,是治疗帕金森病的深部脑刺激的目标区域。

**脑室下区(subventricular zone, SVZ)** 位于脑室区内的一层祖细胞,在具有较大的脑的哺乳动物中较厚。

**沟(sulcus,复数为 sulci)** 大脑半球表面的凹槽,比裂小一些。

**上丘(superior colliculi)** 中脑顶部的突起,是视觉系统的一部分。

**上橄榄核群(superior olivary complex)** 髓质中的一组细胞核,涉及听觉功能,包括声音源的定位。

**上矢状窦(superior sagittal sinus)** 一种位于中线的静脉窦,位于两个大脑半球之间的胼胝体的背侧。

**超敏感性(supersensitivity)** 神经递质受体的敏感性增加,是由传入轴突的损伤或神经递质释放的长期阻塞所引起的。

**辅助运动区(supplementary motor area, SMA)** 背侧和背内侧额叶的运动联合皮层区域,位于初级运动皮层的延髓区域。

**视交叉上核(suprachiasmatic nucleus, SCN)** 位于视交叉上方的核。它包含一个生物钟,负责组织身体的许多昼夜节律。

**表面阅读障碍(surface dyslexia)** 一种阅读障碍,患者可以用语音方式阅读单词,但难以通过全词阅读来阅读不规则拼写的单词。

**对称分裂(symmetrical division)** 祖细胞的分裂,会产生两个相同的祖细胞,可以增加脑室区的大小,从而增加由其发展出的大脑的大小。

**交感神经肾上腺髓质系统(sympathetic adrenal-medullary system, SAM system)** 作为应激反应的一部分而被激活的脑回路;导致儿茶酚胺释放。

**交感神经部分(sympathetic division)** 自主神经系统的一部分,控制与唤醒和能量消耗有关的机能。

**交感神经节(sympathetic ganglia)** 包含交感神经系统的节前神经元和后神经元之间的突触的神经节。

**交感神经节链(sympathetic ganglion chain)** 一对交感神经节中的一组,位于脊柱腹外侧。

**突触(synapse)** 轴突的终扣和另一个神经元的膜之间的连接点。

**突触间隙(synaptic cleft)** 突触前膜与突触后膜之间的空间。

**突触囊泡(synaptic vesicle)** 在终扣中发现的一种小而空心的珠状结构,含有神经递质分子。

**系统变量(system variable)** 由调节机制控制的变量,例如加热系统中的温度。

**T-淋巴细胞(T-lymphocyte)** 一种起源于胸腺的白细胞,是免疫系统的一部分。

**迟发性运动障碍(tardive dyskinesia)** 一种运动障碍,可在长期使用抗精神病药物治疗后发生,其特征是面部和颈部的不随意运动。

**靶细胞(target cell)** 直接受激素或其他化学信号影响的细胞类型。

**靶向突变(targeted mutation)** 在实验室中产生并插入小鼠染色体的突变基因(也称为"敲除基因"),无法产生功能性蛋白质。

**tau蛋白(tau protein)** 通常作为微管组分的蛋白质,提供细胞的运输机制和细胞骨架。

**泰萨二氏病(Tay-Sachs disease)** 一种可遗传的、致命的代谢性储存障碍。溶酶体中缺乏酶会导致废物积累和大脑细胞肿胀。

**覆膜(tectorial membrane)** 位于基底膜上方的膜,用作听觉毛细胞的纤毛移动的架子。

**顶盖脊髓束(tectospinal tract)** 从顶盖到脊髓的一束轴突,用眼球运动协调头部和躯干运动。

**顶盖(tectum)** 中脑的背部,包括上丘和下丘。

**被盖(tegmentum)** 中脑的腹部,包括导水管周围灰质、网状结构、红核和黑质。

**颞叶(temporal lobe)** 大脑皮层的一个区域,位于枕叶的喙端、颞叶和额叶的腹侧。

**终扣(terminal button)** 轴突分支末端的蕾,与另一个神经元形成突触,向该神经元发送信息。

**睾酮(testosterone)** 男性的主要雄激素。

**丘脑(thalamus)** 位于下丘脑上方的间脑的最大部分,包含将信息投射到大脑皮层特定区域并从中接收信息的细胞核。

**THC** 大麻中的有效成分,可以激活大脑中的CB1受体。

**治疗指数(therapeutic index)** 在50%的动物中产生所需效果的剂量与在50%的动物中产生毒性效应的剂量之间的比率。

**治疗滞后(therapeutic lag)** 抗抑郁治疗开始和治疗开始出现效果之间的时间,通常为数周。

**θ活动(theta activity)** 在慢波睡眠和REM睡眠的早期阶段间歇性地发生3.5 Hz—7.5 Hz的EEG活动。

**第三脑室(third ventricle)** 位于间脑中心的脑室。

**思维障碍(thought disorder)** 混乱、非理性的思维。

**威胁行为(threat behavior)** 一种物种典型行为,警告另一只动物,如果它不逃离或表现出顺从行为,它可能会受到攻击。

**激发阈值(threshold of excitation)** 产生动作电位必须达到的膜电位值。

**血栓(thrombus)** 一种在血管内形成的血凝块,可能会堵塞血液流动。

**噻加宾(tiagabine)** 一种GABA转运蛋白拮抗剂。

**音色(timbre)** 声音的一个感知维度,对应于声音的复杂性。

**尖端连丝(tip link)** 一根弹性细丝,将一个纤毛的尖端连接到相邻的纤毛的一侧。

**耐受性(tolerance)** 反复给药后药物有效性降低。

**强直期(tonic phase)** 癫痫发作的第一阶段,所有患者的骨骼肌都会收缩。

**音高定位表征(tonotopic representation)** 在大脑的特定区域中表示的不同声音频率的位置映射。

**局部给药(topical administration)** 将物质直接给予皮肤或黏膜。

**抽动秽语综合征(Tourette's syndrome)** 一种神经系统疾病,以抽搐和不自主发声为特征,有时强迫性地说出猥亵的和重复他人的言语。

**毒性功能获得(toxic gain of function)** 表示由显性突变引起的遗传性疾病,其涉及产生具有毒性作用的蛋白质的缺陷基因。

**经皮质感觉性失语(transcortical sensory aphasia)** 一种言语障碍,患者难以理解言语并产生有意义的自发言语,但可以重复说话,是由威尔尼克区后的大脑区域损伤引起的。

**经颅磁刺激(transcranial magnetic stimulation, TMS)** 将电脉冲通过放置在颅骨旁边的线圈,从而产生的磁场来刺激大脑皮层;干扰被刺激的大脑区域的功能。

**转导(transduction)** 参见**感觉转导**。

**传染性海绵状脑病(transmissible spongiform encephalopathy, TSE)** 一种传染性脑病,其退行性过程使大脑呈现海绵状外观,是由错误折叠的朊蛋白积累引起的。

**透射电子显微镜(transmission electron microscope)** 一种显微镜,它将聚焦的电子束通过薄片组织,以显示极小的细节。

**难治性抑郁症(treatment-resistant depression)** 一种重性抑郁,在几种不同的治疗方法试验后症状没有缓解。

**三环类抗抑郁药(tricyclic antidepressant)** 用于治疗抑郁症的一类药物,可以抑制去甲肾上腺素和血清素再摄取,但也影响其他神经递质;以其分子结构命名。

**甘油三酯(triglyceride)** 脂肪细胞中脂肪储存的形式,由甘油与三个脂肪酸连接组成。

**蓝色盲(tritanopia)** 遗传的有缺陷的色觉,其中短波长色调混淆;由于感知"蓝色"的锥体细胞缺乏或有缺陷。

**色氨酸损耗程序(tryptophan depletion procedure)** 一种涉及低色氨酸饮食和不含色氨酸的氨基酸"鸡尾酒"的方法,可以降低脑色氨酸并因此降低 5-HT 的合成。

**结节乳头核(tuberomammillary nucleus, TMN)** 腹侧后下丘脑的核,仅存在于乳头体的下端,包含参与皮质激活和行为唤醒的组胺能神经元。

**肿瘤(tumor)** 大量的、没有任何有用功能的、生长不受控制的细胞。

**肿瘤起始细胞(tumor initiating cell)** 源自神经干细胞转化的细胞,迅速增殖,并产生神经胶质瘤。

**特纳综合征(Turner syndrome)** 仅存在一条性染色体(X 染色体)。其特征是缺乏卵巢,但其他的女性性器官和生殖器正常。

**鼓膜(tympanic membrane)** 耳膜。

**泛素(ubiquitin)** 一种蛋白质,它将自身附着在有缺陷或错误折叠的蛋白质上,从而使它们被蛋白酶体靶向破坏。

**鲜味(umami)** 谷氨酸产生的味觉。

**椭圆囊(utricle)** 前庭囊之一。

**迷走神经(vagus nerve)** 最大的颅神经,将自主神经系统的副交感神经系统的传出纤维传递到胸腔和腹腔的器官。

**范登堡效应(Vandenbergh effect)** 在与雄性一起饲养的雌性动物中观察到的青春期早发病,由男性尿液中的信息素引起,首先在小鼠身上观察到。

**腹侧(ventral)** 朝向腹部,相对于中枢神经系统,在垂直于神经轴向的方向上朝向颅骨底部或身体的前表面。

**(丘脑)腹侧前核[ventral anterior nucleus (of thalamus)]** 丘脑核,接收来自基底神经节的投射,并向运动皮层发送投射。

**皮质脊髓前束(ventral corticospinal tract)** 轴突系统起源于运动皮层并终止于脊髓的同侧腹侧灰质;控制大腿和躯干的运动。

**脊神经前根(ventral root)** 含有外向(传出)运动纤维的脊髓根。

**腹侧通路(ventral stream)** 一种视觉皮层互连区域系统,涉及形态感知,从纹状皮层开始,到颞下皮层结束。

**腹侧被盖区(ventral tegmental area, VTA)** 腹侧中脑中的一组多巴胺能神经元,其轴突形成中脑边缘和中皮层系统,在强化过程中起着关键作用。

**脑室(ventricle)** 脑内空腔之一,充满脑脊液。

**脑室区(ventricular zone, VZ)** 一层排列在神经管内部的细胞,含有分裂并产生中枢神经系统细胞的祖细胞。

**(丘脑)腹外侧核(ventrolateral nucleus[of thalamus])** 丘脑核,接收基底神经节的投射,并向运动皮层发送投射。

**腹外侧核(ventrolateral nucleus)** 丘脑的一个核,它接收来自小脑的输入并将轴突送到初级运动皮层。

**腹外侧脑室周围灰质(ventrolateral periaq ueductal gray matter, vlPAG)** 背侧中脑区域,包含 REM-OFF 神经元;REM 触发器的一部分。

**腹外侧视前区(ventrolateral preoptic area, vlPOA)** 视前区的一组 GABA 能神经元,其活动抑制警觉性和行为唤醒并促进睡眠。

**腹内侧组(ventromedial group)** 前庭脊髓束,顶盖脊髓束,网状脊髓束和腹侧皮质脊髓束。

**下丘脑腹内侧核(ventromedial nucleus of the hypothalamus, VMH)** 位于第三脑室壁附近的下丘脑大核,在女性性行为中起着至关重要的作用。

**腹内侧前额叶皮层(ventromedial prefrontal cortex, vmPFC)** 前额叶皮层位于前额叶底部的区域,与中线相邻。

**异向运动(vergence movement)** 眼睛的协同运动,确保物体的图像落在两个视网膜的相同部分上。

**小脑蚓体(vermis)** 位于中线的小脑部分,接收体感信息并通过其与顶端核的连接帮助控制前庭脊髓和网状脊髓束。

**囊泡 ACh 转运蛋白(vesicle ACh transporter)** 囊泡膜中的蛋白质,将乙酰胆碱泵入囊泡。

**囊泡 GABA 转运蛋白(vesicle GABA transporter)** 囊泡膜中的蛋白质,将 GABA 泵入囊泡。

**囊泡谷氨酸转运蛋白(vesicle glutamate transporter)** 囊泡膜中的蛋白质,将谷氨酸泵入囊泡。

**囊泡单胺转运蛋白(vesicle monoamine transporter)** 囊泡膜中的蛋白质,将单胺类神经递质泵入囊泡。

**囊泡转运蛋白(vesicle transporter)** 囊泡膜中的蛋白质,将神经递质泵入囊泡。

**前庭神经节(vestibular ganglion)** 前庭神经上的一个结节,包含双极神经元的细胞体,将前庭信息传递给大脑。

**前庭囊(vestibular sac)** 每个内耳中的一组两个受体器官中的一个,用于检测头部倾斜程度的变化。

**前庭脊髓束(vestibulospinal tract)** 一束从前庭核到脊髓灰质的轴突,根据前庭系统的信息控制姿势运动。

**氨己烯酸(vigabatrin)** 通过阻断酶 GABA 氨基转移酶防止 GABA 分解。

**视觉失认症(visual agnosia)** 没有失明的情况下出现的视觉感知缺陷,由脑损伤引起。

**视觉通路(visual pathway)** 从视网膜到外侧膝状核到纹状和外侧皮层区域的视觉处理路径。

**视觉词形区域(visual word-form area, VWFA)** 颞叶底部的梭状回区域,在整个单词识别中起着关键作用。

**意志性面瘫(volitional facial paresis)** 难以随意移动面部肌肉,由初级运动皮层或其皮层下连接的面部区域的损伤引起的。

**依赖电压的离子通道(voltage-dependent ion**

**图书在版编目(CIP)数据**

行为生理学 ：第12版 / (美)尼尔·R.卡尔森(Neil R. Carlson)，(美)梅利莎·A.伯基特(Melissa A. Birkett)著 ；徐步云，贺荟中译 .— 上海 ：上海社会科学院出版社，2020

书名原文：Physiology of Behavior，12th edition

ISBN 978-7-5520-3050-1

Ⅰ. ①行… Ⅱ. ①尼… ②梅… ③徐… ④贺… Ⅲ. ①行为—生理心理学 Ⅳ. ①B845

中国版本图书馆 CIP 数据核字(2021)第 044858 号



上海市版权局著作权合同登记号：图字 09-2016-850 号

**行为生理学(第12版)**

著　　者：(美)尼尔·R.卡尔森　(美)梅利莎·A.伯基特

译　　者：徐步云　贺荟中

责任编辑：赵秋蕙

封面设计：黄婧昉

出版发行：上海社会科学院出版社

上海顺昌路 622 号　邮编 200025

电话总机 021-63315947　销售热线 021-53063735

http://www.sassp.cn　E-mail：sassp@sassp.cn

照　　排：南京理工出版信息技术有限公司

印　　刷：上海景条印刷有限公司

开　　本：787 毫米×1092 毫米　1/16

印　　张：44.75

字　　数：1082 千

版　　次：2021 年 7 月第 1 版　2021 年 7 月第 1 次印刷

审 图 号：GS(2021)4376 号

ISBN 978-7-5520-3050-1/B·297　　定价：178.00 元